Encyclopedia of Medicinal Plants 1

세계 약용식물 백과사전 1

초판인쇄   2016년 11월 11일
초판발행   2016년 11월 11일

지　　음   자오중전(趙中振) · 샤오페이건(蕭培根)
옮　　김   성락선 · 하헌용
감　　수   성락선
기　　획   박능원
편　　집   조은아
디 자 인   이효은
마 케 팅   송대호

펴 낸 곳   한국학술정보(주)
주　　소   경기도 파주시 회동길 230(문발동)
전　　화   031) 908-3181(대표)
팩　　스   031) 908-3189
홈페이지   http://ebook.kstudy.com
E-mail   출판사업부 publish@kstudy.com
등　　록   제일산-115호(2000.6.19)

I S B N   978-89-268-7626-8 94480
           978-89-268-7625-1 (전4권)

세계 약용식물 백과사전

자오중전(趙中振)・샤오페이건(蕭培根) 지음
성락선・하헌용 옮김
성락선 감수

1

《세계 약용식물 백과사전》 역자 서(序)

중국에는 《중약대사전(中藥大辭典)》, 《신편중약지(新編中藥誌)》, 《중화본초(中華本草)》 및 《중약지(中藥誌)》 등 각 성(城), 각 소수민족마다 사용하고 있는 약용식물의 쓰임새에 대한 정보를 대규모로 집대성하는 작업이 1900년대 중반에 걸쳐 국가적 차원에서 이루어졌다. 그러나 우리나라에는 중국, 일본은 물론 인도, 유럽, 영국, 베트남 등의 약용식물을 대상으로 생약에 대하여 국가 기준에 따라 일목요연하게 정리된 자료집이 없었던 게 사실이다. 그러던 차에 오래전부터 왕래하고 있던 홍콩침회대학의 자오중전(趙中振) 교수가 중국 내 각 소수민족이 사용하고 있는 중약을 중국의 기준에 맞추어 집대성한 《당대약용식물전(當代藥用植物典)》(한국어판: 세계 약용식물 백과사전)을 번역하여 출간하게 된 것은 뜻깊은 일이라 생각된다.

중문판(2007)과 영문판(2009)의 출간에 이어, 한국어판은 《중국약전(中國藥典)》(2015년 판)에 맞추어 저자에 의해 새롭게 개정·보완된 것을 번역·편집한 것이다. 뿐만 아니라 원서의 개요와 해설에 사용되었던 식물 학명에 대해서는 저자가 전달하고자 하는 내용에 충실하기 위하여 《한국식물도감》(이영로, 교학사, 2006)을 참고하여 그 학명에 맞는 우리나라 식물명을 기재하였으며, 함유성분, 약리작용 그리고 용도 부분에 사용된 약리학적, 한의학적 용어 풀이에 대해서는 동의대학교 한의과대학 김인락 교수, 경희대학교 한의과대학 최호영 교수, 원광대학교 약학대학 김윤경 교수, 광주한방병원 성강경 원장 등의 감수를 받아 사용하였음을 밝힌다.

또한 한국어판을 출간하면서 《대한민국약전》(제11개정판), 《대한민국약전외한약(생약)규격집》(제4개정판)을 각 약용식물의 개요에 추가하여 우리나라 기준에 맞추어 편집함으로써 독자들이 이해하는 데 도움을 주고자 하였다.

이 책이 앞으로 우리나라와 중국, 일본을 비롯한 세계 각국의 약용식물을 국가 기준에 맞게 체계화하는 주춧돌이 되기를 바란다. 더 나아가 본초학, 생약학, 약용식물학에의 응용은 물론 천연물의약품, 건강기능성 식품, 한방화장품 등을 연구하고 개발하는 데 널리 활용되기를 기대한다. 끝으로 이 책이 출간되기까지 자료 정리를 위해 수고해 준 김영욱 박사와 김진석 박사에게 고마움을 표하며 한국학술정보(주)의 채종준 대표이사님을 비롯한 관계자들에게도 감사의 마음을 전한다.

2016년 10월
전남 장흥 천연자원연구센터에서 성락선

역자 약력

성락선(成樂宣)

전북대학교 농학 박사
충남대학교 약학 박사

경운대학교 한방자원학부 겸임교수 역임
식품의약품안전처 생약연구과장 역임

現 중국 하얼빈상업대학 약학원 객좌교수
전라남도 천연자원연구센터 센터장
한국생약학회 부회장

저서
《원색한약재감별도감》(식품의약품안전청, 2009) 등 다수

하헌용(河憲鏞)

원광대학교 분자생물학과 졸업
우석대학교 한의학과 졸업
원광대학교 한의약학 석사
원광대학교 의학 박사

한국보건산업진흥원 책임연구원 역임
원광대학교 보건환경대학원 겸임교수 역임

現 서원대학교 제약공학과 교수
한국보건복지인력개발원 강사
농수산물유통공사 강사
한국전통의학연구소 부소장
한국생약학회 정회원

저서
《신농본초 양생법》(상·하) 등 다수

21세기에 들어서서 대자연으로의 회귀 열풍이 전 세계를 뒤덮는 가운데 중국 전통약물에 대한 사람들의 이목이 집중되고 있다. 노령화와 건강 생활에 대한 추구로 인해 천연식물약과 중국 전통약물의 병에 대한 방지, 치료, 예방, 보건 등 특성과 장점이 사람들에게 받아들여지게 되었는데 이는 국제간 연구, 개발 및 판매, 사용 상황에서 알 수 있다. 중국 전통약물은 중화민족의 문화보물로 수천 년의 임상응용 가운데서 많은 귀중한 경험을 누적하여 서양의약과 함께 인류 의료보건 영역에서 중요한 역할을 하고 있으며 인류의 공동자산이기도 하다. 이 보물에 대해 보다 심도 있게 인식하고 개발하며 국제적으로 동서양 천연식물약에 대한 이해와 인식을 강화하는 것은 대다수 사람들의 바람이자 시장의 수요이며 학술 발전의 필연적 방향이기도 하다.

동서양 문화의 합류점으로서 정보시스템이 발달한 것은 홍콩의 강점이다.

2003년 하반기, 홍콩중약연구원은 《당대약용식물전(當代藥用植物典)》(한국어판: 세계 약용식물 백과사전)을 편찬하여 중의약 정보 교류를 강화하려고 기획하였으며 2004년 작업을 시작하였다. 이 프로젝트는 연구원에서 총괄하고 자오중전(趙中振) 교수와 샤오페이건(蕭培根) 원사가 공동으로 편집하였으며 다른 여러 중의약 전문가, 학자들이 공동으로 완성하였다.

본서의 주요 특징은 다음과 같다.

1. **동서양 집대성**

   본서는 3편 총 4권으로 각각 동양편(제1, 2권), 서양편(제3권), 영남(嶺南)편(제4권)으로 나뉜다. 내용적으로는 서로 다른 전통 의학체계의 전통약 및 신흥 약용식물제품, 천연보건약품, 천연화장품, 천연색소 등이 포함되었다.

2. **동시대성**

   저자는 국내외 약용식물에 대해 심층적인 조사와 연구를 진행하며 많은 전통약물학 문헌자료를 체계적으로 정리, 귀납, 분석하였으며 각 약용식물의 화학, 약리학, 임상의학 등 국내외 연구에서의 최신 정보도 수록하기 위해 노력하였다. 또한 데이터베이스로서 부단히 업데이트될 것이다.

3. **풍부한 그림과 글**

   본서에 수록된 사진은 대부분 편저자가 오랜 시간 동안 약재 생산지와 자생지에 들어가 얻어낸 귀중한 1차 자료들로 약용식물의 감별 특징을 과학적으로 기록하고 그 자연적인 생장 모습을 생동감 있게 보여 주고 있다. 책 속에 수록된 식물표본은 현재 홍콩침회대학 중약표본센터에 완벽하게 보관되어 있다.

4. **온고지신**

   본서는 단순하게 문헌으로만 이루어진 것이 아니라 전문적 내용 뒤에는 편마다 해설을 첨부하여 식물약품 개발과 지속적인 이용에 대한 저자의 견해를 논술하였다. 또한 일부 중약의 안전성 문제에 대해서도 제시하였다.

5. **중국어 · 영어 · 한국어판 출간**

   본서는 국제적인 교류를 위해 중문판과 영문판, 한국어판으로 출판된다. 특히 한국어판에는 《대한민국약전》(제11개정판)과 《대한민국약전외한약(생약)규격집》(제4개정판)의 내용을 첨가하여 기술하였다. 약재명은 중약명 사용을 원칙으로 하였다.

   전체적으로 본서는 내용이 풍부하고 실용성이 강하여 의약 교육, 과학연구, 생산, 검사, 관리, 임상, 무역 등 여러 영역에서 종사하는 이들이 참고서로 사용할 수 있다.

본서는 편폭이 크고 수록된 약용식물 및 관련 문헌자료가 광범위하며 또한 관련 학과 영역에서의 연구 및 발전이 급속도로 진행되고 있어 미흡한 점이나 착오 또는 누락이 있을 수도 있으므로 독자 여러분의 진심 어린 질책을 기다린다.

자오중전(趙中振)

1982년 북경중의약대학 학사
1985년 중국중의과학원 석사
1992년 도쿄약과대학 박사

홍콩침회대학(香港浸會大學) 중의약학원 부원장, 석좌교수
홍콩 공인 중의사(中醫師)
홍콩 중약표준과학위원회 위원
국제고문위원회 위원
홍콩중의중약발전위원회 위원
중국약전위원회 위원
오랜 기간 중의약 교육, 연구 및 국제교류에 힘을 쏟고 있다.

저서
《당대약용식물전(當代藥用植物典)》(중 · 영문판)
《상용중약재감별도전(常用中藥材鑑別圖典)》(중 · 일 · 영문판)
《중약현미감별도감(中藥顯微鑑別圖鑑)》(중 · 영문판)
《홍콩 혼용하기 쉬운 중약》(중 · 영문판)
《백방도해(百方圖解)》,《백약도해(百藥圖解)》시리즈

샤오페이건(蕭培根)

1953년 하문대학(厦門大學) 이학(理學) 학사
1994년 중국공학원 원사
2002년 홍콩침회대학 명예 이학 박사

중국의학과학원약용식물연구소 연구원 · 명예 소장
국가중의약관리국중약자원이용과보호중점실험실 주임
〈중국중약잡지〉 편집장
〈Journal of Ethnopharmacology〉,〈Phytomedicine, Phytotherapy Research〉등의 편집위원
북경중의약대학 중약학원 교수, 명예 소장
홍콩침회대학 중의약학원 객원교수
오랜 기간 약용식물 및 중약 연구에 종사하며 약용 계통학 창설

저서
《중국본초도록(中國本草圖錄)》
《신편중약지(新編中藥志)》등 대형 전문도서 다수

일러두기

1. 본서에는 상용 약용식물 500종을 실었으며 관련된 원식물은 800여 종에 달한다. 중문판, 영문판 및 한국어판으로 출간되었다. 전체 서적은 제1, 2권 동양편(동양 전통의학 상용 약을 주로 하였다. 예를 들어 중국, 일본, 한반도, 인도 등), 제3권 서양편(유럽, 아메리카 상용식물 약을 주로 하였다. 예를 들어 유럽, 러시아, 미국 등), 제4권 영남편(영남 지역에서 나거나 상용하는 초약을 주로 하고 이 지역을 거쳐 무역에서 유통되는 약용식물도 포함됨)으로 나눈다.

2. 본서는 학명의 A, B, C 순으로 목록화하였으며 그에 따른 우리나라 식물명과 한약재명, 개요, 원식물 사진, 약재 사진, 함유성분과 구조식, 약리작용, 용도, 해설, 참고문헌 등으로 나누어 순서대로 서술하였다.

3. 명칭
   (1) 학명에 따른 약용 자원식물의 우리나라 식물명을 순서로 하여 오른쪽 상단에 작은 글자로 각국 약전 수록 상황을 표기하였다. 이를테면 CP(《중국약전(中國藥典)》), KP[《대한민국약전》(제11개정판)], KHP[《대한민국약전외한약(생약)규격집》(제4개정판)], JP(《일본약국방(日本藥局方)》), VP(《베트남약전(越南藥典)》), IP(《인도약전(印度藥典)》), USP(《미국약전(美國藥典)》), EP(《유럽약전(歐洲藥典)》), BP(《영국약전(英國藥典)》)이다.
   (2) 우리나라 약재명 외에 중문명 한자, 한어병음명, 라틴어학명, 약재 라틴어명 등을 수록하였다.
   (3) 약용식물의 라틴어학명과 중문명은 《중국약전》(2015년 판)의 원식물 이름을 기준으로 하였고 《중국약전》에 수록되지 않은 경우에는 《신편중약지(新編中藥誌)》, 《중화본초(中華本草)》 등 관련 전문도서를 따랐다. 민족약은 《중국민족약지(中國民族藥誌)》에 수록된 명칭을 기준으로 하였다. 국외 약용식물의 라틴어학명은 그 나라 약전을 기준으로 하고 중문명은 《구미식물약(歐美植物藥)》 및 기타 관련 문헌을 참고로 하였다.
   (4) 약재의 중문명과 라틴어명은 《중국약전》을 기준으로 하고 《중국약전》에 수록되지 않은 경우 《중화본초》를 참고로 하였다.

4. 개요
   (1) 약용식물종의 식물분류학에서의 위치를 표기하였다. 과명(괄호 안에 과의 라틴어명을 표기), 식물명(괄호 안에 라틴어학명을 표기) 및 약용 부위를 적었으며 여러 부위가 약용으로 사용되는 경우 나누어서 서술하였다. 참고로 식물과명은 우리나라의 식물분류체계와 맞추기 위하여 다음과 같이 바꾸어 수록하였다. 꿀풀과 Laminaceae를 Labiatae로, 십자화과 Brassicaceae를 Cruciferae로, 벼과 Poaceae를 Gramineae로, 실고사리과 Lygodiaceae를 Schizaeaceae로, 콩과 Fabaceae를 Leguminosae로 우리나라 식물분류체계를 따랐음을 밝힌다.
   (2) 약용식물의 속명을 기술하고 괄호 안에 라틴어 속명을 적었으며 그 속과 종에 해당하는 식물의 세계에서의 분포지역 및 산지를 소개하였다. 일반적으로 주(洲)와 국가까지 적고 특수품종은 도지산지(道地産地)를 수록하였다.
   (3) 약용식물의 가장 빠른 문헌 출처와 역사 연혁을 간단하게 소개하고 주요 생산국가에서의 법정(法定) 지위 및 약재의 주요산지를 기술하였다.
   (4) 한국어판의 경우 《대한민국약전》(11개정판), 《대한민국약전외한약(생약)규격집》(제4개정판)에 등재된 기원식물명, 학명, 사용 부위 등을 기재하여 문헌비교에 도움이 되도록 하였다.
   (5) 함유성분 연구 성과 중 활성성분과 지표성분을 주요하게 소개하고 주요 약전에서 약재의 품질을 관리하는 방법을 기술하였다.
   (6) 약리작용을 간략히 서술하였다.
   (7) 주요 효능을 소개하였다.

5. 원식물과 약재 사진
   (1) 본서에서 사용한 컬러 사진에는 원식물 사진, 약재 사진 및 일부 재배단지의 사진이 포함되었다.
   (2) 원식물 사진에는 그 약용식물종 사진이나 근연종 사진 등이 포함되며 약재 사진은 원약재 사진과 음편(飮片) 사진 등이 포함되었다.

6. 함유성분
   (1) 주요 국내외 저널, 전문도서에서 이미 발표된 주요성분, 유효성분(또는 국가에서 규정한 약용·식용으로 겸용할 수 있는 영양성분), 특유성분을 수록하였다. 원식물의 품질을 관리할 수 있는 지표성분에 대해서는 중점적으로 기술하였다. 영문판에 수록된 내용을 바탕으로 하였다.

(2) 화학구조식은 통일적으로 ISIS Draw 프로그램을 사용하였으며 그 아랫부분의 적당한 곳에 영문 명칭을 적었다.

(3) 동일한 식물의 서로 다른 부위가 단일한 상품으로 약재에 사용될 때 함유성분 연구 내용이 적은 것은 간단하게 기술하고 각 부위 내용이 많은 것은 단락을 나누어 기술하였다.

7. 약리작용

(1) 이미 발표된 약용식물종 및 그 유효성분 또는 추출물의 실험 약리작용을 소개하였으며 약리작용에 따라 간단하게 기술하거나 항목별로 조목조목 기술하였다. 우선 주요 약리작용을 서술하고 기타 작용은 내용의 많고 적음에 따라 차례로 기술하였다.

(2) 실험연구소에서 사용하는 약물(약용 부위, 추출용액 등 포함), 약물 투여 경로, 실험동물, 사용기구 등을 기술하고 [ ] 부호로 문헌번호를 표기하였다.

(3) 처음으로 쓰이는 약리 전문용어는 괄호 안에 영문 약어를 표기하고 두 번째부터는 중문 명칭 또는 영문 약어만 표기하였다.

8. 용도

(1) 본서에는 약용식물, 약용 함유성분 기원식물, 건강식품 기원식물, 화장품 기원식물 등이 수록되었다. 그러므로 본 항목을 '용도'라 하고 각각 효능, 주치, 현대임상 세 부분으로 나누어 적었다. 서로 다른 기원종의 용도를 객관적으로 서술하기 위해 노력하였다. 약용 함유성분 기원식물에 대해서는 그 용도만 설명하고 따로 항목을 나누어 설명하지는 않았다.

(2) 효능과 주치에 있어서는 중의이론에 근거하여 약용식물종 및 각 약용 부위에 대해 정확하게 기술하였다. 《중국약전》, 《중화본초》 및 기타 관련 전문도서를 주로 참고하였다.

(3) 현대임상 부분에서는 임상 실험을 기준으로 하여 약용식물의 임상 적응증에 대해서 기술하였다.

9. 해설

(1) 약용식물을 주로 하여 역사적, 미래지향적 통찰력으로 해당 식물의 특징과 부족한 점을 개괄적으로 기술하고 개발 응용 전망, 발전 방향 및 중점을 제시하였다.

(2) 중국위생부에서 규정한 식용·약용 공용품목 또는 홍콩에서 흔히 볼 수 있는 독극물 목록에 있는 약용식물종에 대해서는 따로 설명하였다.

(3) 또한 해당 약용식물 재배단지의 분포상황에 대해서도 기술하였다.

(4) 이미 뚜렷한 부작용으로 인해 보도된 적이 있는 약용식물에 대해서는 개괄적으로 그 안전성 문제와 응용 주의사항을 논술하였다.

10. 참고문헌

(1) 1990년대 이전의 멸실된 문헌에 대해서는 재인용하는 방식을 취하였다.

(2) 원 출처에서 전문용어나 인명에 뚜렷한 오기가 있는 부분은 수정하였다.

(3) 참고문헌은 국제표준 형식을 취하였다.

11. 계량단위는 국제표준 계량단위와 부호를 사용하였다. 숫자는 모두 아라비아숫자를 사용하였고 주요성분 함량은 유효한 두 자릿수를 취하였다.

12. 본서 색인에는 우리나라 식물명 및 약재명, 학명 색인, 영문명 색인이 있다.

차 례

세계 약용식물 백과사전 ①

세주오가 細柱五加 ^{CP, KP}

Acanthopanax gracilistylus W. W. Smith
Slenderstyle Acanthopanax

개 요

오갈피나무과(Araliaceae)

세주오가(細柱五加, *Acanthopanax gracilistylus* W. W. Smith)의 뿌리껍질을 건조한 것

중약명: 오가피(五加皮)

오갈피나무속(*Acanthopanax*) 식물은 전 세계에 약 35종이 있는데 모두 아시아에 분포하며 중국에만 약 26종이 자생하여 세계적으로 가장 많은 종이 분포한다. 약으로 사용되는 것은 약 22종이다. 주요산지는 중국의 중남, 서남, 섬서, 강소, 안휘, 절강, 강서, 복건 등이다.

'오가피'란 약명은 《신농본초경(神農本草經)》에서 처음으로 찾아볼 수 있으며 상품으로 분류되었다. 역대 본초서적의 기록에 따르면 오가피는 세주오가 및 오갈피나무속에 속하는 다양한 식물의 뿌리껍질을 말한다. 《중국약전(中國藥典)》(2015년 판)에 수록된 이 품목은 중약 오가피의 법정기원식물이다. 주요산지는 중국의 호북, 하남, 안휘 등이다. 《대한민국약전》(11개정판)에는 오가피를 "두릅나무과에 속하는 오갈피나무(*Acanthopanax sessiliflorum* Seeman) 또는 기타 동속식물의 뿌리껍질 및 줄기껍질"로 등재하고 있다.

세주오가의 주요 활성성분은 페닐프로파노이드 배당체, 디테르페노이드, 정유 등이다. 《중국약전》에서는 약재의 성상 및 현미경 감별 특징 등의 방법을 통하여 오가피의 약재의 규격을 정하고 있다.

약리연구를 통해서 세주오가는 항염, 진통, 항피로, 면역조절, 항종양 등의 작용이 있는 것으로 알려져 있다.

한의학에서 오가피는 거풍습(祛風濕), 보간신(補肝腎), 강근골(強筋骨), 이수(利水) 등의 효능이 있다.

세주오가 細柱五加 *Acanthopanax gracilistylus* W. W. Smith

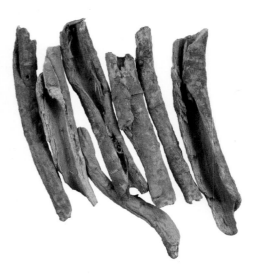

약재 오가피 藥材五加皮
Acanthopanacis Gracilistyli Cortex

1cm

백록 白簕 *A. trifoliatus* (L.) Merr.

함유성분

뿌리껍질에는 배당체 성분으로 syringin (eleutheroside B), eleutheroside B$_1$ 디테르페노이드 성분으로 16α-hydroxy-(-)-kauran-19-oic acid,

syringin

eleutheroside B1

세주오가 細柱五加 CP, KP

(-)-pimara-9(11),15-dien-19-oic acid[1], ent-16α,17-dihydroxy-kauran-19-oic acid[2], 3-hydroxy-lup-20(29)-en-23,28-dioic acid, 정유성분으로 4-methylsalicylaldehyde, eucarvone, dihydrocarvone, cuparene, myristin, verbenone, *trans*-verbenol[3], 그리고 아미노산[4] 성분이 함유되어 있다.

줄기껍질에는 글리코사이드류로 glycosides가, 정유성분으로는 verbenone, *p*-mentha-1,5,8-triene, n-butyl isobutylphthalate, *p*-mentha-1,5-diene-8-ol[3, 5] 등이 있다.

잎에는 트리테르페노이드 글리코시드 성분으로 acankoreosides A, C, D 및 wujiapiosides A, B[6, 7]의 성분이 있다.

 ## 약리작용

1. **항염, 진통**

   오가피 물 추출물 혹은 부탄올 추출물을 복강에 주사하면 카라기난으로 유도된 Rat의 발바닥 종창에 뚜렷한 억제작용이 있다. 오가피에 함유된 디테르페노이드 성분은 항염활성이 있다[2]. 열판자극 실험에서 Mouse의 복강에 오가피의 부탄올 추출물을 주사하면 뚜렷한 진통작용이 있다.

2. **적응력 강화작용**

   오가피의 물 추출물을 Mouse의 위에 주입하면 유영시간과 정상 기압에서 산소결핍 상황을 견디는 시간 및 한랭한 조건에서의 생존시간을 연장시킨다. 또한 중노령(中老齡)의 Rat에 있어서 체내 지질과산화물(LPO)의 생성을 현저하게 억제한다[8-9].

3. **면역조절**

   복강에 오가피 주사제를 주사하면 Mouse의 복강대식세포의 탐식률을 억제하고 혈소판인자의 수치를 뚜렷이 낮추는 동시에 이식조직에 있어서 세포 생존시간을 현저하게 연장시킨다[10]. 세주오가 추출물은 *in vitro*에서 인체임파세포의 증식반응을 뚜렷하게 억제하지만 단핵세포의 세포인자 생성은 뚜렷하게 촉진시킨다[11]. 오가피에 함유된 모든 배당체는 Mouse의 혈청 항체 농도를 뚜렷하게 증가시킨다. 오가피의 알코올 추출물을 위에 주입하면 시클로포스파미드로 유발된 백혈구 감소에 대해 길항효과를 보인다.

4. **성선호르몬 유사작용**

   남오가의 배당체를 위에 주입하면 어린 Rat의 고환, 전립선 및 정낭의 무게를 뚜렷하게 증가시킨다.

5. **간 보호**

   오가피 물 추출물에서 채취한 상층액과 다당을 Mouse의 위에 주입하면 어린 Mouse와 사염화탄소에 의해 간이 손상된 Mouse의 간세포 유전자 합성을 뚜렷하게 증가시킨다.

6. **항위궤양**

   남오가의 테르페노이드산을 위에 주입하면 염증성 통증을 제거하고 무수에탄올 및 유문결찰로 인한 Rat의 실험성 위궤양에 양호한 보호작용이 있다. 또 유문결찰이 있는 Rat의 위액 중의 헥소사민 함량을 뚜렷하게 증가시킬 수 있다[10].

7. **항종양**

   세주오가의 추출물은 *in vitro*에서 인체종양세포 MT-2, Ragi, HL-60, TMK-1 및 HSC-2의 증식을 뚜렷하게 억제한다[12]. 오가피의 물 추출물은 특히 *in vitro*에서 종양세포 MT-2의 증식을 농도 의존적으로 억제한다. 위에 주입하면 종양이 유도된 Mouse의 일반적인 정황을 개선하는 효과가 있고 종양의 성장을 뚜렷하게 늦추며 생존기간을 현저하게 연장하는데 그 항종양 활성성분은 단백질이다. 이 단백질은 단핵세포의 세포인자 분비 촉진을 통하여 그 탐식기능을 강화함으로써 종양세포를 죽이고 종양의 발생을 억제한다[13-15].

8. **항돌연변이**

   오가피의 물 추출물을 위에 주입하면 미토마이신 C에 의해 유발된 Mouse의 골수세포 미핵률(微核率)과 정자기형률에 뚜렷한 길항작용이 있다[16].

9. **기타**

   오가피는 다이어트[17] 및 히알루로니다아제 활성 억제[18] 등의 작용이 있다.

 ## 용 도

오가피는 중의임상에서 사용하는 약이다. 거풍습(祛風濕, 풍습이 겹친 것으로 관절이 아프고, 만지면 통증이 심해지는 것), 강근골(強筋骨, 근육과 뼈를 강하고 튼튼하게 함), 이뇨 등의 효능이 있으며, 풍습비통(風濕痹痛, 풍습으로 인해 관절이 아프고, 통증이 심해지는 증상), 사지구련(四肢拘攣, 팔다리의 근육이 오그라드는 증상), 간신부족[肝腎不足, 간신음허(肝腎陰虛)와 같은 뜻으로 간과 신장의 음혈이 부족하여 허약함], 요슬산연(腰膝酸軟, 허리와 무릎이 시큰거리고 힘이 없어지는 증상), 소아행지(小兒行遲, 어린아이가 돌이 지나고, 2세가 되도록 걷지 못함), 수종(水腫, 전신이 붓는 증상), 소변불리(小便不利, 소변배출이 원활하지 못함) 등의 치료에 사용한다.

현대임상에서는 풍습성 관절염, 소아마비 후유증, 양위(陽痿, 발기부전), 빈혈, 신경쇠약 등의 병증에 사용한다.

해 설

현재 시중에서 판매되고 있는 오가피는 동속식물 여러 종의 뿌리껍질이 혼합되어 있다. 최근 오갈피나무속 14종 남오가피 약재의 화학 성분에 대한 분석이 이루어졌으며 이에 따르면 백오가(白五加, *Acanthopanax trifoliatus* (L.) Merr.)와 그의 변이종인 강모백오가(剛毛白 五加, *A. trifoliatus* (L.) Merr. var. *setosus* Li) 이외의 기타 각종 오가피의 총 배당체 및 배당체 B, 배당체 D의 함량은 기본적으로 동일한 것으로 나타났다. 가시오갈피나무(刺五加, *A. senticosus* (Rupr. et Maxim.) Harms)와 세주오가를 비교하면 자오가에 비교적 강한 항피로, 항스트레스, 백혈구 증식작용이 있는 것으로 밝혀졌다. 홍모오가(紅毛五加, *A. giraldii* Harms)의 물 추출물의 항피로작용은 오가피보다 조금 떨어지지만 백혈구 증식작용과 항염작용은 모두 자오가보다 뛰어나다.

다년간의 연구와 임상경험으로 볼 때 오가피는 비교적 좋은 보익강장약임에 틀림없다. 보고에 따르면 오갈피나무속 식물 및 그 추출물 로 기능성 식품뿐만 아니라 자오가를 이용한 다류(茶類)를 제조할 수 있으며 추출물과 니코틴산필로카르핀을 이용한 발모제 등을 만들 수 있다. 자오가에 함유된 다양한 배당체에는 피지분비, 피부보습 작용 및 주름 감소에 효능이 있으며 그 효과는 인삼 추출물보다 우수 하다. 이는 오가피가 건강기능성 및 미용, 화장품 등의 연구에 다양한 가능성이 있다는 것을 보여 준다.

참고문헌

1. 劉向前, 陸昌銖, 張承燁. 細柱五加皮化學成分的研究. 中草藥. 2004, **35**(3): 250-252

2. 唐祥怡, 馬元春, 李培金. 細柱五加抗炎二萜的分離和鑒定. 中國中藥雜誌. 1995, **20**(4): 231

3. 劉向前, 張承燁, 印文教, 柳鍾薰, 陸昌銖. 細柱五加的揮發油成分分析. 中草藥. 2001, **32**(12): 1074-1075

4. 金同順, 歐惠英. 3種五加中微量元素和氨基酸含量分析. 南京師大學報(自然科學版). 1995, **18**(12): 45-49

5. XQ Liu, SY Chang, SY Park, T Nohara, CS Yook. Studies on the constituents of the stem barks of *Acanthopanax gracillistylus* W. W. Smith. *Natural Product Sciences*. 2002, **8**(1): 23-25

6. XQ Liu, SY Chang, SY Park, T Nohara, CS Yook. A new lupane-triterpene glycoside from the leaves of *Acanthopanax gracilistylus*. *Archives of Pharmacal Research*. 2002, **25**(6): 831-836

7. CS Yook, XQ Liu, SY Chang, SY Park, T Nohara. Lupane-triterpene glycosides from the leaves of *Acanthopanax gracilistylus*. *Chemical & Pharmaceutical Bulletin*. 2002, **50**(10): 1383-1385

8. 謝世榮, 黃彩雲, 黃勝英. 五加皮水提液的抗衰老作用研究. 中藥藥理與臨床. 2004, **20**(2): 26

9. 謝世榮, 黃彩雲, 黃勝英. 五加皮總苷的抗衰老作用研究. 醫藥導報. 2003, **22**(4): 226-228

10. 王本祥. 現代中藥藥理學. 天津: 天津科學技術出版社. 1997: 423-424

11. BE Shan, Y Yoshita, T Sugiura, U Yamashita. Suppressive effect of Chinese medicinal herb, *Acanthopanax gracilistylus*, extract on human lymphocytes *in vitro*. *Clinical and Experimental Immunology*. 1999, **118**(1): 41-48

12. BE Shan, K Zeki, T Sugiura, Y Yoshida, U Yamashita. Chinese medicinal herb, *Acanthopanax gracilistylus*, extract induces cell cycle arrest of human tumor cells *in vitro*. *Japanese Journal of Cancer Research*. 2000, **91**(4): 383-389

13. 單保恩, 李巧霞, 梁文傑, 許紅, 劉冀琴, 張華, 劉剛叁. 中藥五加皮抗腫瘤作用體內外實驗研究. 中國中西醫結合雜誌. 2004, **24**(1): 55-58

14. 單保恩, 斯重陽, 張金忠, 梁文傑, 李巧霞, 張華, 劉剛叁. 中藥五加皮抗腫瘤活性成分的分離. 癌變. 畸變. 突變. 2004, **16**(4): 203-205, 222

15. 單保恩, 段建萍, 張麗華, 梁文傑, 李巧霞, 劉冀琴, 張華, 劉剛叁. 五加皮抗腫瘤活性物質Age對單核細胞產生TNF-α和IL-12的影響. 中國免疫學雜誌. 2003, **19**(7): 490-493

16. 劉冰, 龐慧民, 陳敏怡. 五加皮的體內抗誘變性研究. 癌變. 畸變. 突變. 1999, **11**(1): 11-14

17. 朱彩鳳, 朱鉉, 李鳳龍, 徐善華. 細柱五加根皮水提液減肥作用的實驗研究. 延邊大學醫學學報. 1997, **20**(3): 152-154

18. Y Kim, YK Noh, GI Lee, YK Kim, KS Lee, KR Min. Inhibitory effects of herbal medicines on hyaluronidase activity. *Saengyak Hakhoechi*. 1995, **26**(3): 265-272

Araliaceae

가시오갈피나무 刺五加 ^{CP, KHP, JP}

Acanthopanax senticosus (Rupr. et Maxim.) Harms
Manyprickle Acanthopanax

개요

오갈피나무과(Araliaceae)

가시오갈피나무(刺五加, *Acanthopanax senticosus* (Rupr. et Maxim.) Harms)의 뿌리와 뿌리줄기 및 줄기를 건조한 것

중약명: 자오가(刺五加)

오갈피나무속(*Acanthopanax*) 식물은 전 세계에 약 35종이 있는데 모두 아시아에 분포하며 중국에 약 26종이 있다. 현재 약으로 쓰이는 것은 약 22종이다. 주요산지는 중국의 흑룡강, 길림, 요녕, 하북, 산서 등이다. 한반도와 일본 및 러시아 원동 지역에도 분포한다.

《신농본초경(神農本草經)》에서만 오가피의 기록을 찾을 수 있다. 역대 본초서적에서 오가피의 형태에 대해 묘사한 것을 살펴보면, 오가피는 오갈피나무과 오갈피나무속 여러 종 식물로 가시오갈피나무도 여기에 포함된다. 근대에 와서도 가시오갈피나무의 뿌리껍질을 오가피의 대용으로 사용한 기록이 있다. 《중국약전(中國藥典)》(2015년 판)에 수록된 이 종은 중약 자오가의 법정기원식물이다. 주요산지는 중국의 요녕, 길림, 흑룡강성, 하북, 섬서 등이다. 《대한민국약전외한약(생약)규격집》(제4개정판)에는 자오가를 "두릅나무과(Araliaceae)에 속하는 가시오갈피나무(*Acanthopanax senticosus* Harms)의 뿌리 및 뿌리줄기"로 등재하고 있다.

가시오갈피나무의 뿌리, 뿌리줄기, 줄기에는 주로 페닐프로파노이드 배당체, 다당, 플라보노이드 등의 성분이 있다. 《중국약전》에서는 고속액체크로마토그래피법을 이용하여 정유의 함량을 0.05% 이상으로 약재의 규격을 정하고 있다.

약리연구를 통해서 가시오갈피나무는 진정, 뇌빈혈 보호, 항종양, 면역증강, 노화지연 등의 작용이 있는 것으로 알려져 있다.

한의학에서 자오가는 익기건비(益氣健脾), 보신안신(補腎安神) 등의 효능이 있다.

가시오갈피나무 刺五加 *Acanthopanax senticosus* (Rupr. et Maxim.) Harms

가시오갈피나무 刺五加
A. senticosus (Rupr. et Maxim.) Harms

약재 자오가 藥材刺五加
Acanthopanacis Senticosi Radix et Rhizoma seu Caulis

1cm

함유성분

뿌리, 뿌리줄기 및 줄기에는 배당체 성분으로 eleutherosides A, B, B₁, C, D, E, F, G[1-3], 다당류 성분으로 PES-A, PES-B, ASII, ASIII[4], 그리고 기타 성분으로 ciwujiatone, isofraxidin[5], neociwujiaphenol, feruloyl sucrose[6], betulinic acid, amygdalin, sesamin, liriodendrin[7], trans-4, 4'dihydroxy-3,3'dimethoxystilbene, glycosides of protoprimulagenin A[8], chlorogenic acid[9], vanillic acid, syringic acid, tyrosol, isovanillin[10] 등이 함유되어 있다.

잎에는 트리테르페노이드 사포닌 성분으로 senticosides A, B, C, D, E, F[11], eleutherosides I, K, L, M[12], ciwujianosides A₁, A₂, A₃, A₄, B, C₁, C₂, C₃, C₄, D₁, D₂, D₃, E[13-14], 플라보노이드 성분으로 quercitrin, hyperin, quercetin, rutin[15] 등이 함유되어 있다.

eleutheroside B

가시오갈피나무 刺五加 CP, KHP, JP

약리작용

1. **중추신경에 대한 영향**

   자오가의 알코올 추출액을 복강에 주사하면 Mouse의 자가활동이 뚜렷하게 감소하고 경궐의 잠복기와 수면시간을 연장하며 명확한 진정작용이 있다. 또 노쇠한 Rat의 문상체(紋狀體), 중뇌, 모노아민산화효소-B(MAO-B)의 활성을 감소시키며 시상하부 MAO-A의 활성을 증가시킨다. 자오가 알코올 추출물 혹은 물 추출물을 복강에 주사하면 펜토바르비탈나트륨으로 유도된 Mouse의 수면시간을 연장한다.

2. **뇌심혈관계에 대한 영향**

   1) 심장과 뇌에 대한 작용

   가시오갈피나무 잎에서 추출한 사포닌을 혀 아래 정맥에 주사하면 Rat의 심근결혈 재관류 손상에 대해 뚜렷한 보호작용이 있고 심근경색 범위를 현저하게 축소시키며 크레아틴키나아제(CK), 젖산탈수소효소(LDH) 활성 및 지질과산화물(LPO)의 함량을 낮출 수 있고, 슈퍼옥시드디스무타아제(SOD) 및 글루타치온과산화효소(GSH-Px)의 활성을 촉진시킬 수 있다. 엔도셀린(ET), 안지오텐신 II 수용체(Ang II), 트롬복산 A_2(TXA$_2$) 등의 농도를 현저하게 낮추며 프로스타사이클린(PGI$_2$) 및 PGI$_2$/TXA$_2$의 비율을 현저하게 증가시킬 뿐만 아니라 심근경색 부위 및 심근 유리지방산(FFA)의 함량을 뚜렷하게 낮춘다[16]. 가시오갈피나무 잎에 함유된 사포닌을 복강에 주사하면 급성 심근경색이 있는 Rat의 심실기형을 억제하고 Rat의 심장기능을 정상화하는 작용이 있다[17]. 가시오갈피나무 잎의 사포닌을 정맥에 주사하면 염화바륨으로 유발된 Rat의 심박 실상을 신속하게 회복시키고 기니피그의 우아바인에 대한 내성을 뚜렷하게 증가시키며[18] 대량의 염화칼슘으로 유발된 Rat의 심실경련에 의한 사망에도 비교적 양호한 보호작용이 있다[19]. 자오가의 추출물을 꼬리정맥에 주사하면 Mouse의 전뇌빈혈 및 Rat의 불완전뇌빈혈에 대한 보호작용이 있으며 Mouse의 호흡시간을 연장하는 동시에 Rat의 뇌수분함량, 뇌지수(腦指數) 및 LDH의 증가를 뚜렷이 억제한다[20]. 가시오갈피나무 잎의 사포닌은 in vitro에서 결혈성 뉴런 손상 모형에 대한 뉴런의 생존율을 제고하고 LDH 및 일산화질소의 함량을 낮추며 결혈성 뉴런 손상에 보호작용이 있다[21].

   2) 혈류량 변화에 대한 작용

   자오가의 주사액을 정맥에 주사하면 견주망막하공출혈(SAH) 후에 ET의 수치가 올라가는 것을 뚜렷하게 억제한다. 또 SAH 후의 뇌혈관경련(CVS)과 뇌척수 속의 칼시토닌 유전자 관련 펩티드(CGRP) 함량을 낮출 수 있다[22]. 가시오갈피나무 잎의 사포닌을 복강에 주사하면 실험성 뇌허혈 모델 Rat의 혈류량 변화 및 혈소판효능의 이상변화에 뚜렷한 개선작용이 있고 전체 혈액점도, 혈장점도, 혈장섬유단백원 농도, 혈액침전, 적혈구 압착, 적혈구 응집지수, 적혈구 변성수치를 낮추며 혈소판 침착 및 응집효과를 억제한다[23].

   3) 혈지 감소

   가시오갈피나무 잎의 사포닌을 복강에 주사하면 실험성 고혈지증이 있는 Rat의 혈청 중의 트리글리세라이드, 총콜레스테롤(TC), 저밀도지단백콜레스테롤(LDL-C), TXA$_2$, LPO의 함량 등을 감소시키는 동시에 고밀도지단백콜레스테롤(HDL-C), PGI$_2$ 및 SOD의 활성을 향상시키고 TC/HDL-C 및 LDL-C/HDL-C의 비율을 낮추며 PGI$_2$/TXA$_2$의 비율을 높이는 동시에 간장지방 침착을 경감시킨다[24].

3. **면역조절**

   자오가다당(ASPS)을 복강에 주사하면 시클로포스파미드(Cy)에 의해 감소된 Mouse의 비장과 장계막임파절(腸系膜淋巴節)의 세포수를 증가시키고 비장과 임파절피질(淋巴節皮質)의 총체적을 억제함으로써 면역효능을 증강시키는 작용이 있다[25]. 강박수영으로 유발된 스트레스성 면역억제 Mouse에 자오가의 추출물을 경구투여하면 Mouse의 T임파세포와 B임파세포에 상호작용을 유발하며 세포살상 활성 및 비특이성 면역세포의 기능에 변화를 유발한다[26]. Mouse의 복강 내에 ASPS를 주사하면 Mouse의 세포면역효능 및 적혈구의 체액성 면역반응을 특이적으로 증강한다[27]. ASPS는 효과적으로 면역 강화작용이 있는 Mouse의 B임파세포 기능을 유효하게 촉진시키고 ASPS를 복강에 주사하면 이형 유전자 골수이식의 Mouse 비장세포가 콘카나발린 A와 지질과당(LPS)에 대한 증식반응을 강화하며 TNP-Ba의 용혈용균반형성세포(PFC) 반응을 증강한다[28]. 자오가의 주사액을 Mouse의 꼬리정맥에 주사하면 그 망막내피계통의 탐식효능을 증강하고 면역기관의 중량수치도 증가하는 추세를 보인다[29]. 자오가의 다당 추출물을 귀 뒤의 정맥에 주사하면 Cy로 유발된 집토끼의 백혈구수치 감소에도 억제작용이 있다[30]. ASPS 및 그 배당체 B, D, E는 이상적인 인터페론 촉진제이다[31].

4. **노화지연, 비특이적 자극에 대한 작용**

   가시오갈피나무 뿌리 추출물을 복용시키면 기니피그 피부의 LPO 생성을 억제하고 콜라겐의 유실을 방지하며 외주혈액순환을 촉진하고 항피로작용이 있다[32]. 자오가에 함유된 하이페린, 클로로겐산 및 dl-α-tocopherol은 Rat의 간미립체의 LPO의 생성을 억제할 수 있다[33]. 자오가의 총 배당체를 위에 주입하면 운동력을 증강하고 피로 생성을 방지하고 피로 회복을 촉진하는 작용이 있으며 Mouse의 유영가능 시간을 연장하고 Mouse의 운동내력을 증강시킨다. 수영 후의 Mouse의 LDH 활성 및 Mouse의 체내 근육당원과 간장당원(肝臟糖原)의 저장량을 뚜렷하게 증가시킨다. Mouse 전체 혈액 중의 젖산과 혈청 중 요소암모니아의 함량을 낮춘다[34]. 글리코시드 및 총 플라보노이드는 항산소부족, 항고저온, 항방사능, 항스트레스 반응, 항화학 및 생물독성 해독 등의 작용이 있다[35].

5. **내분비계에 대한 영향**

   자오가는 내분비계통의 문란을 조절하고 피질호르몬의 촉진으로 유발된 Rat의 아드레날린 분비 증가를 저해하고 코르티손으로 유발된 부신피질위축을 감소할 수 있다. 가시오갈피나무 잎에서 추출한 사포닌을 Mouse 혹은 Rat의 복강에 주사하면 포도당, 알록산 및 아드레날린으로 인한 고혈당에 뚜렷한 억제작용이 있다[36]. 위에 주입하면 II형 당뇨병에 걸린 Rat의 인슐린 분비를 촉진하며 동시에 공복 및 포도당을 복용한 후에 사용하면 글루카곤유사펩티드-1(Glp-1)의 분비를 높일 수 있으며 혈당수치를 낮출 수 있다[37-38]. 자오가의 주사액을 복강에 주사하면 건강한 수컷 Mouse의 고환중량이 증가하고 곡세정관의 직경, 정자 생성세포 및 정자의 수량을 증가시킬 수 있다[39]. 자오가의 수액 및 포화부틸알코올 추출물은 in vitro에서 인체정자의 운동효능을 뚜렷하게 개선하고 정자의 활력을 자극한다[40].

6. 물질대사 조절

자오가의 추출물을 피하에 주사하면 휴지상태의 Rat 근육 중의 젖산과 피루브산의 함량이 증가하고 간장 내의 당(糖) 함량을 감소시킬 수 있다. 자오가의 줄기껍질에서 추출한 약액을 복용하면 수컷 Rat의 장기적인 강제유영으로 유발된 간장당원의 하강을 뚜렷하게 억제할 수 있다[41]. 글리코시드는 유영 후의 수컷 Rat 혹은 국부뇌허혈이 있는 Rat의 단백질과 유전자의 합성을 촉진하고 지방의 대사를 증가시킬 수 있다. 이외에 자오가의 추출물을 근육에 주사하면 소의 무기염대사 추세를 정상화할 수 있다.

7. 항종양

가시오갈피나무의 줄기껍질에서 추출한 수액은 in vitro에서 위암세포 KATO III의 생장을 억제함과 동시에 사멸을 유도할 수 있다[42]. ASPS는 체외배양한 Mouse의 종양세포 S180과 인체백혈병세포 K562의 증식을 억제함과 동시에 S180 세포막인지질 및 아라키돈산의 함량을 감소시킬 수 있으며 동시에 막 포스파티딜콜린의 전환을 억제할 수 있다[43-44]. ASPS를 위에 주입하면 종양을 이식한 Mouse의 S180 육종세포 사멸을 유도할 수 있는데 그 작용기전은 bax 유전자의 발현을 촉진하는 것과 관련이 있다[45]. 자오가의 잎에서 추출한 사포닌은 in vitro에서 간암세포 SMMC-7721의 증식을 억제함과 동시에 사멸을 유도할 수 있다[46]. 자오가의 주사액을 Mouse의 복강에 주사하면 종양괴사인자(TNF)와 인터루킨-2의 생성을 유도하고 세포자살 활성을 증강할 수 있으며 종양의 생장을 억제하고 감소시킬 뿐만 아니라 폐 조직과 혈장 중의 뇨자극 효소형 플라스미노겐활성인자(UPA)와 플라스미노겐활성억제인자-1(PAI-1)의 활성을 감소시킬 수 있고 실험용 Mouse의 폐암 침식과 전이과정에 관여한다[47-48].

8. 기타

자오가에 함유된 이소프락시딘은 항염작용이 있으며[49], 자오가의 주사액은 실험동물의 골성 관절염 관절효능을 개선해 주는 작용이 있다[50]. 자오가의 알코올 침출액 혹은 달인 약액은 백색포도상구균에 대해 억제작용이 있다. 이외 자오가는 기침을 멎게 하고 가래를 제거하며 항과민 등의 작용이 있다[51].

용도

자오가는 중의임상에서 사용하는 약이다. 보신강요(補腎強腰, 신장을 보익하고 허리를 튼튼하게 함), 익기안신(益氣安神, 기를 보익하고 정신을 편안하게 함), 활혈통락(活血通絡, 혈의 운행을 활발히 하여 맥이 잘 소통되게 함) 등의 효능이 있으며, 신허체약(腎虛體弱, 신장이 허하여 체력이 약해진 것), 요슬산연(腰膝酸軟, 허리와 무릎이 시큰거리고 힘이 없어지는 증상), 소아행지(小兒行遲, 어린아이가 돌이 지나고, 2세가 되도록 걷지 못함), 비허핍력(脾虛乏力, 비장이 허하여 무기력함), 기허부종(氣虛浮腫, 기가 허약하여 부어오름), 실면다몽(失眠多夢, 잠을 잘 자지 못하고 꿈을 많이 꿈), 건망(健忘, 기억력 감퇴로 인해 쉽게 잊어버림), 흉비동통[胸痺疼痛, 흉비증(胸痺症)으로 가슴이 아픈 것], 풍한습비통(風寒濕痺痛, 풍한습으로 인해 관절 등이 저림), 질타종통(跌打腫痛, 넘어지거나 부딪쳐서 피부가 부으면서 동통이 있음), 식욕부진 등의 치료에 사용한다.

현대임상에서는 풍습성 관절염, 고혈압, 저혈압, 관심병(冠心病, 관상동맥경화증), 심교통(心絞痛, 가슴이 쥐어짜는 것처럼 몹시 아픈 것), 고지혈증, 당뇨병, 만성 기관지염, 신경쇠약 등의 병증에 사용한다.

해설

자오가 및 그 제제는 국내외에서 임상 약물로 사용되는 이외에 여러 가지 기능성 식품과 보건약품으로 개발되었다. 예를 들면 가시오갈피나무 과일우유, 자오가 두유건강식품, 사료첨가제, 시베리아인삼, 항산화 및 비타민, 미량원소복합제 등이 있다. 그 밖에 가시오갈피나무의 어린잎도 양질의 산나물로 식용할 수 있는데 그 맛은 담백하고 향기롭다. 이를 자주 먹으면 장근골(壯筋骨), 활혈거어(活血祛瘀), 안신익기(安神益氣) 등의 효능이 있다.

가시오갈피나무는 중국 및 한국 등지에서 멸종위기에 처한 보호식물이다. 지속적인 이용을 위해 조직배양기술, 묘목번식, 인공재배법을 개발하는 것을 통해 가시오갈피나무를 보호하고 활용할 수 있는 관건이라고 할 수 있다[52].

참고문헌

1. YS Ovdov, GM Frolova, MY Nefedova, GB Elyakov. Glycosides of *Eleutherococcus senticosus*. II. The structure of eleutherosides A, B1, C, and D. *Khimiya Prirodnykh Soedinenii*. 1967, **3**(1): 63-64

2. YS Ovdov, GM Frolova, AK Dzizenko, VI Litvinenko. Structure and properties of eleutheroside B, glycoside of *Eleutherococcus senticosus*. *Seriya Khimicheskaya*. 1969, **6**: 1370-1372

3. VF Lapchik, YS Ovodov. Localization of eleutherosides in the stem and root tissues of *Eleuterococcus senticosus*. *Rastitel'nye Resursy*. 1970, **6**(2): 228-229

4. 佟麗, 李吉來. 刺五加多糖研究進展. 天然產物研究與開發. 1997, **11**(1): 87-92

5. 吳立軍, 鄭健, 姜寶虹, 沈燕, 單征, 劉湘傑, 閆淑梅. 刺五加莖葉化學成分. 藥學學報. 1999, **34**(4): 294-296

6. 吳立軍, 阮麗軍, 鄭健, 王菲菲, 丁複莉, 龔海平. 刺五加莖葉化學成分研究. 藥學學報. 1999, **34**(11): 839-841

7. 趙餘慶, 楊松松, 柳江華, 趙光燃. 刺五加化學成分的研究. 中國中藥雜誌. 1993, **18**(7): 428-429

8. E Segier-Kujawa, M Kaloga. Triterpenoid saponins of *Eleutherococcus senticosus*. *Journal of Natural Products*. 1991, **54**(4): 1044-1048

9. M Aoyagi, Y Hatakeyama, M Anetai. Determination of some constituents in *Acanthopanax senticosus* Harms(PartV). Drying method and chemical evaluation of stems. *Hokkaidoritsu Eisei Kenkyushoho*. 2000, **50**: 91-93

10. 苑艷光, 王錄全, 吳立軍, 吳振. 刺五加莖的化學成分. 瀋陽藥科大學學報. 2002, **19**(5): 325-327

11. NI Suprunov. Glycosides of *Eleutherococcus senticosus* leaves. *Khimiya Prirodnykh Soedinenii*. 1970, **6**(4): 486

12. GM Frolova. YS Ovodov. Triterpenoid glycosides of *Eleutherococcus senticosus* leaves. II. Structure of eleutherosides I, K, L, and M. *Khimiya Prirodnykh Soedinenii*. 1971, **5**: 618-622

13. CJ Shao, RJ Kasai, JD Xu, O Tanaka. Saponins from leaves of *Acanthopanax senticosus* Harms., Ciwujia. II. Structures of Ciwujianosides A_1, A_2, A_3, A_4, and D_3. *Chemical & Pharmaceutical Bulletin*. 1989, **37**(1): 42-45

14. CJ Shao, RJ Kasai, JD Xu, O Tanaka. Saponins from leaves of *Acanthopanax senticosus* Harms., Ciwujia:structures of ciwujianosides B, C_1, C_2, C_3, C_4, D_1, D_2 and E. *Chemical & Pharmaceutical Bulletin*. 1988, **36**(2): 601-608

15. ML Chen, FR Song, MQ Guo, ZQ Liu, SY Liu. Analysis of flavonoid constituents from leaves of *Acanthopanax senticosus* Harms by electrospray tandem mass spectrometry. *Rapid Communications in Mass Spectrometry*. 2002, **16**(4): 264-271

16. 睢大員, 曲紹春, 于小風, 陳燕萍, 馬興元. 刺五加葉皂苷對大鼠心肌缺血再灌注損傷的保護作用. 中國中藥雜誌. 2004, **29**(1): 71-74

17. 劉冷, 睢大員, 曲紹春, 于小風, 王志才, 陳燕萍. 刺五加葉皂苷對急性心肌梗塞大鼠心室重構的作用. 吉林大學學報(醫學版). 2004, **30**(1): 66-70

18. 曹霞, 高宇飛, 李紅, 楊紅, 楊世傑, 杜雪榮. 人參, 西洋參及刺五加皂苷對離體工作心臟作用的對比研究. 白求恩醫科大學學報. 2001, **27**(3): 246-248

19. 睢大員, 呂忠智, 于曉風. 刺五加葉皂苷的抗實驗性心律失常作用. 中草藥. 1997, **28**(2): 99-101

20. 封國峙, 王春華, 魏晶. 注射用刺五加對腦缺血的保護作用. 瀋陽藥科大學學報. 2003, **20**(1): 38-40

21. 陳應柱, 顧永健, 吳小梅. 刺五加皂苷對缺血性腦損傷的保護作用. 中國急救醫學. 2004, **24**(8): 583-584

22. 周春奎, 馮加純, 吳軍, 饒明俐. 刺五加對實驗性蛛網膜下腔出血後腦血管痙攣及內皮素和降鈣素基因相關肽的影響. 中國神經精神疾病雜誌. 2000, **26**(4): 206-208

23. 姜紅玉, 睢大員, 于曉風, 曲紹春, 徐華麗, 王志才, 陳燕萍. 刺五加葉皂苷對實驗性腦缺血大鼠血液流變學及血小板功能的影響. 吉林大學學報(醫學版). 2004, **30**(3): 384-386

24. 睢大員, 韓叢成, 于曉風, 曲紹春. 刺五加葉皂苷對高脂血症大鼠血脂代謝的影響及其抗氧化作用. 吉林大學學報(醫學版). 2004, **30**(1): 56-59

25. 袁學千, 王淑梅, 高權國. 刺五加多糖增強小鼠免疫功能的實驗研究. 中醫藥學報. 2004, **32**(4): 48-49

26. SB Sadykov, RZ Satbaeva, TN Ganefel'd. Effect of *Eleutherococcus senticosus* extract on the T-system immune response during stress. *Zdravookhranenie Kazakhstana*. 1987, **11**: 52-55

27. 許士凱. 刺五加多糖(ASPS) 對小鼠免疫功能的影響. 中成藥. 1990, **12**(3): 25-26

28. 謝蜀生, 秦鳳華, 張文仁, 龍振洲. 刺五加多糖對異基因骨髓移植小鼠免疫功能重建的影響. 北京醫科大學學報. 1989, **21**(4): 289-291

29. 崔毅. 刺五加注射液對實驗動物免疫功能及免疫器官的影響. 中國醫藥研究. 2004, **2**(3): 45-46

30. 宮汝淳. 刺五加對家兔白細胞的影響. 通化師範學院學報. 2004, **25**(4): 65-66

31. 楊吉成, 劉靜山, 盛偉華. 多糖類及刺五加苷類的干擾素促誘生效應. 中草藥. 1990, **21**(1): 27-28

32. T Mizoguchi, Y Kato, H Kubota, H Takekoshi, T Toyoshi, N Yamazaki. Physiological effects of ezo ukogi(*Acanthopanax senticosus* Harms)root extract in experimental animals. *Nippon Eiyo, Shokuryo Gakkaishi*. 2004, **57**(6): 257-263

33. T Takahashi, T Sato, T Goto, T Hayashi, H Kaneshima. Inhibitory effects of constituents of *Acanthopanax senticosus on* lipid peroxidation in rat liver microsomes. *Hokkaidoritsu Eisei Kenkyushoho*. 1989, **39**: 94-97

34. 曲中原, 齊典, 朱慧瑜, 金哲雄. 刺五加總苷抗疲勞實驗研究. 中國現代實用醫學雜誌. 2004, **3**(19-20): 22-25

35. 陳月, 王寶貴, 張桂英, 顏煒群. 刺五加皂苷的抗輻射損傷作用. 吉林大學學報(醫學版). 2005, **31**(3): 423-425

36. 睢大員, 呂忠智, 李淑惠, 蔡毅. 刺五加葉皂苷降血糖作用. 中國中藥雜誌. 1994, **19**(11): 683-685

37. 李艷君, 歐葉濤, 李曉濤, 扈清雲, 楊揚, 姜吉文. 刺五加葉皂苷對 II 型糖尿病大鼠 GLP-1 和血糖分泌的影響. 解剖科學進展. 2003, **9**(3): 238-239

38. 扈清雲, 李艳君, 王景濤, 歐葉濤, 王培軍, 楊楊. 刺五加葉皂苷對 II 型糖尿病大鼠胰島素分泌影響的形態學研究. 黑龍江醫藥科學. 2003, **26**(6): 21-22

39. 黃秀蘭, 吳燕紅, 周宜君. 刺五加對小鼠睪丸作用的初步研究. 中央民族大學學報(自然科學版). 2003, **l2**(1): 37-39

40. 尹春萍, 劉璐, 黃坡, 吳維, 劉繼紅. 刺五加提取物體外對精子運動參數的影響. 中國男科學雜誌. 2003, **17**(6): 381-383

41. H Takeda. Effects of *Acanthopanax senticosus* Harms stem bark extract, and its main components, on exhaustion time, liver and skeletal muscle glycogen levels, and serum indices in swimming-exercised rats. *Toho Igakkai Zasshi*. 1990, **37**(3): 323-333

42. H Hibasami, T Fujikawa, H Takeda, S Nishibe, T Satoh, T Fujisawa, K Nakashima. Induction of apoptosis by *Acanthopanax senticosus* Harms and its component, sesamin in human stomach cancer KATO III cells. *Oncology Reports*. 2000, 7(6): 1213-1216

43. 佟麗, 黃添友, 梁謀, 吳波, 梁念慈, 李吉來. 刺五加多糖抗腫瘤作用與機理的實驗研究. 中國藥理學通報. 1994, **10**(2): 105-109

44. 佟麗, 黃添友, 吳波, 梁謀, 梁念慈. 植物多糖抗腫瘤作用與機理研究 III, 茯苓多糖(PPS) 和刺五加多糖(ASPS) 對S180細胞膜脂肪酸組成的影響. 天然產物研究與開發. 1995, 7(1): 5-9

45. 陳忠林, 蔡宇. 刺五加多糖誘導S180肉瘤細胞凋亡和bax基因表達的影響. 中華實用中西醫雜誌. 2005, **18**(15): 578-579

46. 呂冬霞, 杜愛林, 呂學詵, 魏風香, 劉英芹, 朱金玲, 王秀岩, 李月秋. 刺五加皂苷對肝癌SMMC-7721細胞凋亡的影響. 中國老年學雜誌. 2005, **25**(7): 822-823

47. 黃德彬, 冉瑞智, 余昭芬. 刺五加注射液對小鼠腫瘤壞死因子的誘生作用. 湖北民族學院學報(醫學版). 2004, **21**(1): 29-31

48. 張敬一, 許順江, 史文海, 張乃哲. 刺五加在小鼠實驗性肺癌侵襲轉移過程中作用的探討. 中華臨床醫學實踐雜誌. 2004, **3**(3): 229-233

49. T Yamazaki, T Tokiwa, S Shimosaka, M Sakurai, T Matsumura, T Tsukiyama. Anti-inflammatory effects of a major component of *Acanthopanax senticosus* Harms, isofraxidin. *SeibutsuButsuriKagaku*. 2004, **48**(2): 55-58

50. 羅國良, 王芳, 郭大雙, 石衛人, 劉晨峰, 張永斌. 刺五加注射液關節灌注對模型兔膝骨性關節炎的治療作用. 中醫藥通報. 2005, **4**(3): 58-61

51. JM Yi, SH Hong, JH Kim, HK Kim, HJ Song, HM Kim. Effect of *Acanthopanax senticosus* stem on mast cell-dependent anaphylaxis. *Journal of Ethnopharmacology*. 2002, **79**(3): 347-352

52. 貝麗霞, 陳祥梅, 趙海紅. 藥用植物刺五加組織培養關鍵技術的研究. 中國農學通報. 2005, **21**(6): 91-93, 159

쇠무릎 牛膝 CP, KP, JP, VP

Achyranthes bidentata Bl.

Twotoothed Achyranthes

 개요

비름과(Amaranthaceae)

쇠무릎(牛膝, *Achyranthes bidentata* Bl.)의 뿌리를 건조한 것

중약명: 우슬(牛膝) 또는 회우슬(懷牛膝)

비름속(*Achyranthes*) 식물은 전 세계에 약 15종이 있으며 주로 열대 및 아열대 지역에 분포한다. 중국에 3종이 있는데 모두 약으로 사용한다. 중국의 동북 지역을 제외하고 전국 각지에 광범위하게 분포한다. 한반도, 러시아, 인도, 베트남, 필리핀, 말레이시아, 유럽 등지에도 분포한다.

'우슬'이란 약명은 《신농본초경(神農本草經)》에 처음으로 기재되었지만 회우슬과 천우슬(川牛膝)로 구분되지는 않았다. 《명의별록(名醫別錄)》 및 그 후의 많은 본초서적에서 쇠무릎의 산지와 원식물의 형태 묘사를 비교하였을 때 이 종은 전통 약용 우슬의 정품에 해당한다[1]. 《중국약전(中國藥典)》(2015년 판)에 수록된 이 종은 중약 우슬의 법정기원식물이다. 쇠무릎은 주로 중국의 하남에서 재배되는데 '사대회약(四大懷藥)' 중의 하나이다. 《대한민국약전》(11개정판)에는 우슬을 "비름과에 속하는 쇠무릎(*Achyranthes japonica* Nakai) 또는 우슬(*Achyranthes bidentata* Blume)의 뿌리"로 등재하고 있다.

쇠무릎의 뿌리에 함유된 주요한 활성성분은 올레아난 트리테르페노이드 사포닌, 엑디스테론, 다당 등이 있다. 《중국약전》에서는 약재의 성상, 현미경 감별 특징, 수분, 회분 및 엑스함량 등으로 약재의 규격을 정하고 있다.

약리연구를 통하여 쇠무릎에는 진통, 항염증, 면역력 증강, 항노화, 기억력 증강 등의 작용이 있는 것으로 알려져 있다.

한의학에서 우슬은 보간신(補肝腎), 강근골(強筋骨) 등의 효능이 있다.

쇠무릎 牛膝 *Achyranthes bidentata* Bl.

약재 우슬 藥材牛膝
Achyranthis Bidentatae Radix

1cm

함유성분

뿌리에는 트리테르페노이드 사포닌 성분으로 achybidensaponins I, II[2] (achyranthosides I, II)[6], bidentatosides I, II[3-4], ginsenoside R0, olea-nolic acid 28-O-β-D-glucopyranoside[5], 스테론 성분으로 β-ecdysterone, 25S-inokosterone, 25R-inokosterone[7], achyranthesterone A[8]가, 다당류 성분으로 Achyranthes bidentata peptide polysaccharide ABAB[9], Achyranthes bidentata polysaccharide (ABPS)[10] 등이 함유되어 있다. 뿌리에는 또한 알칼로이드와 쿠마린류 성분이 함유되어 있다[11-12].

이와 함께 뿌리에는 정유성분으로 2,6-dimethyl-pyrazine, 2-methoxy-3-isopropyl-pyrazine, 2-methoxy-3-isobutyl-pyrazine 등이 함유되어 있다[13].

achybidensaponin I
R$_1$= α-L-Rha(1→3)-β-D-glcA
R$_2$= β-D-glc

achybidensaponin II
R$_1$= β-D-glcA
R$_2$= β-D-glc

약리작용

1. 면역조절

우슬다당을 위에 주입하면 Mouse의 단핵대식세포의 탐식작용을 증강하고 어린 Mouse의 혈청 용혈 수준과 항체형성세포의 수량을 증가시킨다[14]. 우슬다당은 in vitro에서 노령 Mouse T임파세포의 증식과 인터루킨-2의 분비를 제고하고 in vivo에서 노령 Mouse의 T임파세포와 혈청 중 종양괴사인자(TNF-α 혹은 TNF-β) 및 일산화질소의 생성과 일산화질소합성효소(NOS)의 활성을 뚜렷하게 증가시킨다[15].

2. 항노화

우슬을 달인 약액을 위에 주입하면 30일 내에 노화모델 Mouse의 슈퍼옥시드디스무타아제 활성을 제고하고 지질과산화물(LPO)의 수치를 낮출 수 있다[16].

3. 항응혈

우슬다당을 위에 주입하면 Mouse의 응혈시간을 연장하고 Rat의 혈장 프로트롬빈반응시간(PT)과 응혈활성효소시간을 연장시킨다[17].

4. 항종양

우슬다당은 Mouse 육종세포 S180과 인체백혈병세포 K562의 증식을 억제한다[18]. 우슬의 사포닌은 in vitro에서 에를리히복수암 (EAC) 세포의 성장을 농도 의존적으로 억제한다. In vivo에서는 Mouse의 S180 복수형 육종 및 간암 실체종양에도 억제작용이 있다[19].

5. 항염, 진통

우슬의 각기 다른 포제품을 위에 주입하면 초산으로 유발된 Mouse의 몸부림 반응을 억제하고 통증역치를 제고하며 파두유(巴豆油)로 유발된 Mouse의 귀두염증에도 뚜렷한 억제작용이 있다. 우슬의 사포닌을 위에 주입하면 디메칠벤젠으로 유발된 Mouse의 귓바퀴 종창과 단백에 의한 Mouse의 발바닥 종창을 경감시키고 경지육아종(瓊脂肉芽腫)의 중량을 줄이며 열판에서의 Mouse의 접촉시간을 연장시킬 수 있다[20-21].

6. 자궁 흥분

우슬의 사포닌은 Rat의 자궁에 현저한 농도 의존적 흥분작용이 있다. 우슬 사포닌 A는 Rat, Mouse의 자궁 및 집토끼의 자궁에 농도 의존성 수축을 뚜렷하게 나타낸다[22-23].

7. 항바이러스

In vitro 실험에서 우슬다당황산염은 B형 간염바이러스(HBV) 표면항원(HBsAg)과 e항원(HBeAg)의 활성을 강력하게 억제하는 동시에 I형 단순포진바이러스(HSV-1) 억제에도 효과적이다[24].

Amaranthaceae

쇠무릎 牛膝 ^{CP, KP, JP, VP}

8. 기억력 개선

Mouse의 위에 우슬을 달인 약액을 7일간 주입하면 펜토바르비탈로 유발된 기억장애를 뚜렷하게 개선한다[25]. 우슬 추출물은 스코폴라민과 MK-801으로 유발된 Rat의 건망증을 개선할 수 있다[26].

9. 기타

우슬의 알코올 추출물 속에 함유된 엑디스테론은 *in vitro*에서 Rat의 골질세포 UMR106의 증식작용을 촉진한다[27]. Mouse 위에 우슬을 달인 약액을 주입하면 Mouse의 강제 유영시간을 연장하고 내성을 뚜렷하게 증가시킨다[25].

용도

우슬은 중의임상에서 사용하는 약이다. 활혈통경(活血通經, 혈액순환을 촉진하여 월경이 재개되게 함), 보간신(補肝腎, 간과 신장이 음허한 것을 보하는 것), 강근골(强筋骨, 근육과 뼈를 강하고 튼튼하게 함), 인혈하행(引血下行, 혈을 이끌어 아래로 내려감), 이뇨통림(利尿通淋, 이뇨시키고 소변이 잘 통하게 함) 등의 효능이 있으며, 어혈조체[瘀血阻滯, 혈행이 원활하지 못하거나 체내의 혈이 소산(疏散)하지 못하여 맺혀 있음]의 경폐(經閉, 월경이 있어야 할 시기에 월경이 없는 것), 통경(痛經, 월경통), 월경불순, 산후복통[惡露不盡, 오로부진(惡露不盡)이라고도 하며, 해산한 뒤 3주 이상 지나서 백대하까지도 없어야 할 시기에 피가 계속 나오는 병증], 질타손상(跌打損傷, 외상으로 인한 온갖 병증), 신허요통(腎虛腰痛, 신장의 기능이 허약해져서 나타나는 요통), 오랜 비요슬산통(痺腰膝酸痛, 허리와 무릎 부위가 시큰거리고 아픔), 핍력(乏力, 무기력함), 임증(淋證, 임병), 수종(水腫, 전신이 붓는 증상), 소변불리(小便不利, 소변배출이 원활하지 못함), 화열상염(火熱上炎, 화열의 병증이 상부에 나타나는 것), 음허화왕[陰虛火旺, 음정(陰精)이 부족해져서 허화(虛火)가 왕성해진 것], 두통, 현훈(眩暈, 현기증), 토혈(吐血, 피를 토하는 병증), 육혈(衄血, 코피가 나는 증상) 등의 치료에 사용한다.
현대임상에서는 마진합병폐렴(麻疹合倂肺炎, 홍역에 의해 일어나는 소아의 급성 발진성 전염병), 고혈압, 사충병(絲蟲病)으로 인한 유미뇨(乳糜尿, 우유와 같이 뿌옇게 혼탁된 오줌) 등의 병증에 사용한다.

해설

쇠무릎은 약으로 사용된 역사가 오래되었고 임상에서 광범위하게 사용되었기 때문에 함유성분과 약리활성에 대한 연구도 비교적 다양하게 진행되었다. 쇠무릎의 사포닌에는 뚜렷한 항생육, 항종양, 항염진통 등의 작용이 있다. 쇠무릎 다당은 비교적 강한 면역력 증강과 항노화작용이 있다. 현재 쇠무릎은 다당면역조절제가 개발되어 있으며 이외에도 쇠무릎의 스테론에 강혈당, 강혈지(降血脂), 간 보호 등의 작용이 알려져 있다.

참고문헌

1. 袁秀榮, 常章富. 懷牛膝. 川牛膝本草考證. 中國中藥雜誌. 2002, **27**(7): 545
2. 王曉娟, 朱玲珍. 牛膝皂苷的化學成分研究. 第四軍醫大學學報. 1996, **17**(6): 427-430
3. AC Mitaine-Offer, A Marouf, C Pizza, TC Khanh, B Chauffert, MA Lacaille-Dubois. Bidentatoside I, a new triterpene saponin from *Achyranthes bidentata. Journal of Natural Products.* 2001, **64**(2): 243-245
4. AC Mitaine-Offer, A Marouf, B Hanquet, N Birlirakis, MA Lacaille-Dubois. Two triterpene saponins from *Achyranthes bidentata. Chemical & Pharmaceutical Bulletin.* 2001, **49**(11): 1492-1494
5. 孟大利, 李銑, 熊印華, 王金輝. 中藥牛膝中化學成分的研究. 瀋陽藥科大學學報. 2002, **19**(1): 27-30
6. 王廣樹, 周小平, 楊曉虹, 徐景達. 牛膝中酸性三萜皂苷成分的分離與鑒定. 中國藥物化學雜誌. 2004, **14**(1): 40-42
7. 朱婷婷, 梁鴻, 趙玉英, 王邠. 牛膝甾酮25位差向異構體的分離與鑒定. 藥學學報. 2004, **39**(11): 913-916
8. DL Meng, X Li, JH Wang, W Li. A new phytosterone from *Achyranthes bidentata* Bl. *Journal of Asian Natural Products Research.* 2005, **7**(2): 181-184
9. 方積年, 張志花, 劉柏年. 牛膝多糖的化學研究. 藥學學報. 1990, **25**(7): 526-529
10. 陳曉明, 徐願堅, 田庚元. 牛膝多糖的理化性質研究及結構確證. 藥學學報. 2005, **40**(1): 32-35
11. G Bisht, H Sandhu, LS Bisht. Chemical constituents and antimicrobial activity of *Achyranthes bidentata. Journal of the Indian Chemical Society.* 1990, **67**(12): 1002-1003
12. T Nguyen, S Nikolov, TD Nguyen. Chemical research of the aerial part of *Achyranthes bidentata* Blume. *Tap Chi Duoc Hoc.* 1995, 6: 17-18, 21
13. 巢志茂, 何波, 尚爾金. 懷牛膝揮發油成分分析. 天然産物研究與開發. 1999, **11**(4): 41-44
14. 唐黎明, 呂志筠, 章小萍, 李建華. 牛膝多糖藥效學研究. 中成藥. 1996, **18**(5): 31-32
15. 李宗鍇. 牛膝多糖的免疫調節作用. 藥學學報. 1997, **32**(12): 881-887
16. 馬愛蓮, 郭煥. 懷牛膝抗衰老作用研究. 中藥材. 1998, **21**(7): 360-362
17. 毛平, 夏卉莉, 袁秀榮, 葉偉成. 懷牛膝多糖抗凝血作用實驗研究. 時珍國醫國藥. 2000, **11**(12): 1075-1076
18. 余上才, 章育正. 牛膝多糖抗腫瘤作用及免疫機制實驗研究. 中華腫瘤雜誌. 1995, **17**(4): 275-278

28   세계 약용식물 백과사전 1

19. 王一飛, 王慶端, 劉晨江, 江金花, 孫文欣, 夏薇, 吳玉. 懷牛膝總皂苷對腫瘤細胞的抑制作用. 河南醫科大學學報. 1997, **32**(4): 4-6

20. 陸兔林, 毛春芹, 張麗, 徐衛民. 牛膝不同炮製品鎮痛抗炎作用研究. 中藥材. 1997, **20**(10): 507-509

21. 高昌珉, 高建, 馬如龍, 徐先祥, 黃鵬, 倪受東. 牛膝總皂苷抗炎, 鎮痛和活血作用研究. 安徽醫藥. 2003, **7**(4): 248-249

22. 王世祥, 車錫平. 懷牛膝總皂苷對 離體大鼠子宮的興奮作用及機理研究. 西北藥學雜誌. 1996, **11**(4): 160-162

23. 郭勝民, 車錫平, 范曉雯. 懷牛膝皂苷A對動物子宮平滑肌的作用. 西安醫科大學學報. 1997, **18**(2): 216-218,225

24. 田庚元, 李壽桐, 宋麥麗, 鄭民實, 李文. 牛膝多糖硫酸酯的合成及其抗病毒活性. 藥學學報. 1995, **30**(2): 107-111

25. 馬愛蓮, 郭煥. 懷牛膝對記憶力和耐力的影響. 中藥材. 1998, **21**(12): 624-628

26. YC Lin, CR Wu, CJ Lin, MT Hsieh. The ameliorating effects of cognition-enhancing Chinese herbs on scopolamine-and MK-801-induced amnesia in rats. *American Journal of Chinese Medicine*. 2003, **31**(4): 543-549

27. 高曉燕, 王大爲, 李發美. 牛膝中脫皮甾酮的含量測定及促成骨樣細胞增殖活性. 藥學學報. 2000, **35**(11): 868-870

쇠무릎 재배모습

오두 烏頭 CP, KP, KHP, JP, VP

Aconitum carmichaeli Debx.
Common Monkshood

개요

미나리아재비과(Ranunculaceae)

오두(烏頭, *Aconitum carmichaeli* Debx.)의 모근(母根)을 건조한 것   중약명: 천오(川烏)

오두의 자근경(子根經)을 가공한 것   중약명: 부자(附子)

초오속(*Aconitum*) 식물은 전 세계에 약 350종이 있으며 북반구의 온대 지역에 주로 분포한다. 대부분 아시아에서 나며 유럽과 북아메리카에도 일부 분포한다. 중국에 약 167종이 있는데 현재 약 36종이 약으로 사용되며 사천, 운남 동부, 호북, 귀주, 호남 등지와 베트남 북부에 분포한다.

'천오'와 '부자'의 약명은 최초로 《신농본초경(神農本草經)》에 하품으로 기재되었다. 역대의 본초서적에 많은 기록이 있으며 《중국약전(中國藥典)》(2015년 판)에 수록된 이 종은 중약 천오와 부자의 법정기원식물이다. 생품(生品)은 습관적으로 니부자(泥附子)라고 부른다. 주요 유통품종은 가공방법의 차이에 따라 염부자(鹽附子), 흑순편(黑順片), 백부편(白附片) 등으로 나뉜다. 주요산지는 중국의 사천, 섬서 등지이다. 《대한민국약전외한약(생약)규격집》(제4개정판)에는 천오를 "오두(*Aconitum carmichaeli* Debeaux, 미나리아재비과)의 모근의 덩이뿌리"로, 《대한민국약전》(11개정판)에는 부자를 "오두의 자근(子根)을 가공하여 만든 염부자, 부자편(附子片) 및 포부자(炮附子)"로 등재하고 있다.

초오속 식물의 주요 활성성분과 독성성분은 알칼로이드 화합물이다. 연구에 의하면 초오속 식물 중에는 일반적으로 활성성분인 아코니틴 등 디테르페노이드 알칼로이드 성분이 존재하는데 이는 초오속 식물이 가지는 특정성분이다. 《중국약전》에서는 고속액체크로마토그래피법을 이용하여 그 성분을 분석하였을 때, 천오속 주성분으로 알칼로이드성분인 아코니틴, 하이파코니틴 그리고 메사코니틴의 총 함량을 0.040% 이상으로 독성에 관하여 규정하고 있으며, 고속액체크로마토그래피법을 이용하여 그 성분을 분석하였을 때, 벤조일아코니틴, 벤조일하이파코니틴 그리고 벤조일메사코니틴의 총 함량을 0.07~0.15%로 약재의 규격을 정하고 있다.

약리연구를 통하여 천오에는 강심(強心), 항염, 진통 등의 작용이 있는 것으로 알려져 있다.

한의학에서 천오는 거풍제습(祛風除濕), 온경지통(溫經止痛)의 효능이 있으며, 부자는 회양구역(回陽救逆), 보화조양(補火助陽), 거제한습(祛除寒濕)의 효능이 있다.

오두 烏頭 *Aconitum carmichaeli* Debx.

약재 부자 藥材附子 Aconiti Lateralis Preparata Radix

염부자 鹽附子(좌) 흑순편 黑順片(중) 백부편 白附片(우)

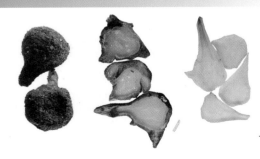

1cm

함유성분

천오와 부자에는 주로 디테르페노이드 알칼로이드 성분으로 aconitine, mesaconitine, hypaconitine, jesaconitine, deoxyaconitine, talatisamine, isotalatizidine, senbusines A, B, C, 14-acetyltalatisamine, karacoline, neoline, lipoaconitine, lipohypaconitine, lipomesaconitine, lipodeoxyaconitine[1-5]이 함유되어 있다. 덩이뿌리에는 또한 coryneine chloride, salsolinol, higenamine[3], benzoylaconine, benzoylhypaconine, benzoylmesaconine[2], isodelphinine[4], songorine, N-deethylneoline[6], 14-O-cinnamoylneoline, 14-O-anisoylneoline, 14-O-veratroylneoline, 14-O-acetylneoline, foresaconitine, crassicauline A[7], fuzitine, neojiangyouaconitine[8], mesaconitine-N-oxide (α), mesaconitine-N-oxide (β), aldohypaconitine, songoramine[4], uracil[9] 성분과 aconitans A, B, C, D[10-11] 성분이 함유되어 있다.

aconitine: $R_1=C_2H_5$, $R_2=OH$
mesaconitine: $R_1=CH_3$, $R_2=OH$
hypaconitine: $R_1=CH_3$, $R_2=H$

 약리작용

1. **심혈관계에 대한 작용**

   1) 강심

   부자의 각기 다른 포제품은 적출심장(두꺼비, 기니피그, Rat, 토끼 등의 심장)에 대해 강심작용이 있고 심근수축력과 심근수축 속도를 명확하게 증강시킨다[12-14]. 부자의 강심성분으로는 코리네인클로라이드, 히게나민, 살소리놀과 우라실 등이 있다[9, 15].

   2) 항심근 손상

   부자의 열수 추출물을 위에 주입하면 Rat가 얼음물로 인한 스트레스 상태에서 내원성 카테콜아민의 분비 증가로 유발된 혈소판응집성 심근 손상에 대해 일정한 보호작용이 있으며 동시에 일정 정도의 심근세포 결합으로 인한 이상변화를 회복시킨다[16]. 초음파 포제부자는 뇌하수체후엽호르몬으로 초래된 심근허혈에 대하여 현저한 보호작용이 있다[13].

   3) 심장박동에 대한 영향

   부자는 심박부조와 항심박부조의 이중작용이 있다. 부자의 열수 추출물, 주사액과 히게나민은 여러 종의 심박부조 동물모델에 대해 뚜렷한 저항작용이 있고 산소 소모량을 낮추며 혈류 및 산소 공급량을 증가시킨다. 아코니틴을 약으로 투입하여 일정한 농도에 도달되면 여러 종의 동물에 심박부조를 일으킨다. 따라서 농도가 높아지면 불규칙적으로 서맥(徐脈), 빈맥(頻脈), 심실성 기외수축, 심실성 심동과속, 심실경련 등을 일으킬 뿐만 아니라 심지어 심장박동을 멈추게 한다. 생천오(生川烏)의 아코니틴을 대용량으로 사용하면 심박부조의 작용을 초래하고, 또 오래 달인 부자의 아코니틴 함량이 비교적 낮기 때문에 같은 제량을 사용할 때에는 주로 강심작용이 나타난다[17].

   4) 혈압에 대한 영향

   부자는 혈압을 상승시키고 하강시키는 이중작용이 있는데 그중 코리네인클로리드가 혈압을 상승시키는 성분 가운데 하나이고 히게나민은 혈압을 떨어뜨리는 성분 중의 하나이다[15]. 아코니틴은 혈압을 내리지만 과량으로 사용할 경우 혈압이 먼저 불규칙적으로 되었다가 나중에는 현저하게 떨어진다[17].

   5) 혈류량 변화에 대한 영향

   부자의 주사액을 복강에 주사하면 혈압 상승으로 인한 산소결핍이 있는 집토끼 모델의 장계막미세순환장애를 개선하는 작용이 있고 혈액 흐름을 안정시키며 적혈구응집 반응을 지연시킨다[18]. 부자의 물 추출물을 주입하면 전기자극으로 유발된 Rat의 동맥혈전 형성을 억제하고 혈소판 트롬빈시간(TT) 및 응혈효소원의 소모시간을 연장시킨다[19].

오두 烏頭 CP, KP, KHP, JP, VP

2. 항염

부자의 물 추출물을 위에 주입하면 프로이드 불완전면역반응 항진제로 인한 Rat의 원발성 및 지발성 발바닥 종창을 현저하게 감소시키며 그 항염기전은 시상하부의 부신피질호르몬(CRH) 분비를 증가시켜 부신피질자극호르몬(ACTH)의 분비와 전달을 촉진시키게 되며 시상하부뇌하수체부신(HPA) 축은 CRH 증가를 유도하여 유기체면역세포가 분비하는 세포인자의 수준을 조절하도록 해 준다[20]. 천오의 아코니틴염을 위에 주입하면 카라기난, 단백, 히스타민과 5-하이드록시트리프타민(5-HT)으로 유발된 Rat의 발바닥 종창에 대하여 뚜렷한 억제작용을 보이고 디메칠벤젠으로 유발된 Mouse의 귓바퀴 종창과 5-HT로 유발된 모세혈관 투과성 증가에 대해서도 억제작용이 있다[17].

3. 진통

Mouse의 열판자극과 초산반응 실험에서 증명된 바에 의하면 부자의 열수 추출물과 천오의 아코니틴염(위에 약을 투입), 천오 주사액(복강주사) 등은 모두 뚜렷한 진통작용이 있고 Mouse의 열판자극 실험에서 통증역가에 대한 내성을 증가시킨다[21-22].

4. 항자극

부자의 열수 추출물을 위에 주입하면 머리를 절단한 Mouse가 입을 벌리는 동작 지속시간과 청산가리에 중독된 Mouse의 생존시간을 뚜렷하게 연장시킨다[23]. 백부편과 흑부편(黑附片) 수전제 및 흑부편의 에칠아세테이트 추출물은 −5℃ 저온환경에서 추위에 직면한 Mouse의 생존율을 연장시킨다[12].

5. 면역효능에 대한 영향

부자의 열수 추출물을 위에 주입하면 Mouse의 비장임파세포의 인터루킨-2 분비를 뚜렷하게 촉진시키며 Mouse의 대식세포 탐식효능을 제고하는 작용이 있다[12, 24]. 아코니틴은 면역효능을 억제하는 작용이 있다[17].

6. 항종양

천오 주사액은 인체위암세포 증식을 억제함과 동시에 체외배양 위암세포의 유사분열을 억제하며 원발성 간암 환자의 생존기간을 연장한다. 복강에 아코니틴을 주사하면 Mouse의 S180 육종에 대해 뚜렷한 억제작용이 있다[25]. 부자다당은 in vitro에서 전골수성 백혈병세포의 분화를 유도하는 작용이 있다[26].

7. 국부마취

아코니틴은 피부점막에 자극작용이 있어 가려움, 작열감 등이 생기는 동시에 감각신경말초 마비, 또 국부마취작용을 나타낸다[17].

8. 기타

부자의 열수 추출물은 항궤양, 항설사 작용이 있다[21]. 천오다당은 항혈당과 항산소 결핍작용을 나타낸다[11].

용도

이 품목은 중의임상에서 사용하는 약이다.

천오

천오는 중의임상에서 사용하는 약이다. 거풍제습[祛風除濕, 풍습(風濕)을 없애 줌], 온경지통[溫經止痛, 경맥(經脈)을 따뜻하게 해 줌] 등의 효능이 있으며, 풍한습비(風寒濕痺, 풍한습으로 저림), 제한동통(除寒疼痛, 몸이 쑤시고 아픔), 질타손상(跌打損傷, 외상으로 인한 온갖 병증) 등의 치료에 사용한다.
현대임상에서는 풍습성 관절염, 수술마비, 두통, 치통, 중풍, 외과창양(外科瘡瘍, 체표에 발생하는 부스럼) 등의 병증에 사용한다.

부자

부자는 중의임상에서 사용하는 약이다. 회양구역[回陽救逆, 양기를 회복시켜서 궐역(厥逆)을 낮게 함], 보화조양[補火助陽, 보화(補火)하여 양기를 조장함], 구풍한습사(逐風寒濕邪, 풍한습으로 인해 저림) 등의 효능이 있으며, 원양쇠미(元陽衰微, 원양이 쇠미해짐), 음한내성(陰寒內盛, 찬 기운이 안에서 왕성한 증상), 풍한습비(風寒濕痺, 풍한습으로 저림), 수습종만(水濕腫滿, 수습하여 몸이 붓고 배가 그득함) 등의 치료에 사용한다.
현대임상에서는 풍습성, 유풍습성 관절염, 부정맥, 병두(病竇)합병증, 감염성 쇼크와 다발성 동맥염 등 병증에 사용한다.

해설

부자의 임상 약효는 가공방법에 따라 많은 차이를 보인다. 포제한 부자는 70~80%의 독성을 낮출 뿐만 아니라 준열성(峻烈性)이 크게 감소되어 완증(緩證)에 사용한다.
약전에서는 부자의 일반적 사용량이 3~15g으로 정해져 있다. 이를테면 보익작용을 증강할 때에는 흔히 1.5~4.5g을 사용하고 강심, 온중산한지통(溫中散寒止痛)에 사용할 때에는 흔히 4.5~9.0g을 사용하며 회양구역에 사용할 때에는 흔히 대량으로 사용하지만 중독수치를 초과하지 않는 것을 원칙으로 한다.
임상에서 부자를 탕제로 사용할 때 먼저 30~60분 끓이고 사용량이 비교적 많을 때에는 끓이는 시간을 연장하여 독성을 낮추는데 먹어

보아서 매운 감이 없을 정도로 끓이는 것이 가장 좋다[27].

현재 상품약재는 주로 중국 사천의 강유부자기지에서 생산되는데 자근(子根)은 각종 부편으로 가공되고 모근은 천오로 가공된다.

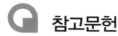 ## 참고문헌

1. I Kitagawa, ZL Chen, M Yoshihara, M Yoshikawa. Chemical studies on crude drug processing. II. Aconiti tuber (1). On the constituents of "Chuan-wu", the dried tuber of *Aconitum carmichaeli* Debx. *Yakugaku Zasshi*. 1984, **104**(8): 848-857

2. I Kitagawa, ZL Chen, M Yoshihara, K Kobayashi, M Yoshikawa, N Ono, Y Yoshimura. Chemical studies on crude drug processing. III. Aconiti tuber(2). On the constituents of "Pao-fuzi", the processed tuber of *Aconitum carmichaeli* Debx. and biological activities of lipoalkaloids. *Yakugaku Zasshi*. 1984, **104**(8): 858-866

3. 李姬萍, 田頌九, 王國榮. 烏頭類藥物的化學成分及分析方法概況. 中國中藥雜誌. 2001, **26**(10): 659-662

4. 王憲楷, 趙同芳. 中壩附子及其化學成分. 中國藥學雜誌. 1993, **28**(11): 690-692

5. C Konno, M Shirasaka, H Hikino. Pharmaceutical studies on Aconitum roots. 9. Structure of senbusine A, B and C, diterpenic alkaloids of *Aconitum carmichaeli* roots from China. *Journal of Natural Products*. 1982, **45**(2): 128-133

6. SZ Choi, HC Kwon, YD Min, SO Lee, KR Kim, SU Choi, KH Son, SS Kang, KR Lee. Diterpene alkaloids from Kyong-Po Buja (processed *Aconitumcarmichaeli*). *Saengyak Hakhoechi*. 2002, **33**(3): 187-190

7. SH Shim, JS Kim, SS Kang. Norditerpenoid alkaloids from the processed tubers of *Aconitum carmichaeli*. *Chemical & Pharmaceutical Bulletin*. 2003, **51**(8): 999-1002

8. 張衛東, 韓公羽, 梁華清. 四川江油附子生物鹼成分的研究. 藥學學報. 1992, **27**(9): 670-673

9. 韓公羽, 梁華清, 廖耀中, 劉明珠, 戴富寶. 四川江油附子新的强心成分. 第二軍醫大學學報. 1991, **12**(1): 10-13

10. M Tomoda, K Shimada, C Konno, M Murakami, H Hikino. Validity of the Oriental medicines. Part 98. Antidiabetic drugs. 11. Structure of aconitan A, a hypoglycemic glycan of *Aconitum carmichaeli* roots. *Carbohydrate Research*. 1986, **147**(1): 160-164

11. 蘇孝禮, 劉成基. 烏頭及其炮製品中粗多糖藥理作用的研究. 中藥材. 1991, **14**(5): 27-29

12. 周永祿, 李秀嬋, 王曉東, 周世清, 黃衡. 川産道地藥材江油附子的藥理比較研究. 四川中草藥研究. 1995, **37-38**: 24-28

13. 楊明, 沈映君, 張爲亮. 附子生用與炮用的藥理作用比較. 中國中藥雜誌. 2000, **25**(12): 717-720

14. 陳長勳, 金若敏, 賀勁松, 李儀奎. 用血清藥理實驗方法觀察附子的强心作用. 中國中醫藥科技. 1996, **3**(3): 12-14

15. 江京莉, 周遠鵬. 附子的藥理作用和毒性. 中成藥. 1991, **13**(12): 37-38

16. 許青媛, 楊甫昭, 陳春梅. 附子的回陽救逆藥理研究. 陝西中醫. 1996, **17**(2): 89-90

17. 王本祥. 現代中藥藥理學. 天津: 天津科學技術出版社. 1997: 425-430

18. 李立, 王斌, 趙群蘭. 附子, 當歸的抗缺氧作用及對微循環障礙的影響. 山西醫學院學報. 1990, **21**(1): 4-9

19. 許青媛, 于利森, 張小利, 陳瑞明, 陳春梅. 附子, 吳茱萸對實驗性血栓形成和凝血系統的影響. 西北藥學雜誌. 1990, 5(2): 9-11

20. 張宏, 彭成. 附子抗免疫佐劑性關節炎的蛋白質組學研究. 中華實用中西醫雜誌. 2005, **18**(22): 1566-1569

21. 朱自平, 沈雅琴, 張明發, 陳光娟, 馬樹德. 附子的溫中止痛藥理研究. 中國中藥雜誌. 1992, **17**(4): 238-241

22. 黃衍民, 李成韶, 潘留華, 朱建偉, 洪偉, 黃福, 吳曉放. 烏頭注射液對小鼠的鎮痛作用及其藥效動力學研究. 中國藥學雜誌. 2000, **35**(9): 613-615

23. 張明發, 沈雅琴, 許青媛. 附子和吳茱萸對缺氧和受寒小鼠的影響. 天然産物研究與開發. 1990, **2**(1): 23-27

24. 陳玉春. 人參, 附子與參附湯的免疫調節作用機理初探. 中成藥. 1994, **16**(8): 30-31

25. 黃永融. 烏頭抗癌研究概述. 福建中醫藥. 1991, **22**(1): 54-56

26. 彭文珍, 吳雄志, 曾升平, 陳丹, 陳佩鈺. 附子多糖誘導人早幼粒白血病細胞分化研究. 職業衛生與病傷. 2003, **18**(2): 123-124

27. 朱林平. 附子毒性研究概況. 江西中醫藥. 2004, **35**(6): 53-55

이삭바꽃 北烏頭 CP, KP

Aconitum kusnezoffii Reichb.
Kusnezoff Monkshood

개요

미나리아재비과(Ranunculaceae)
이삭바꽃(北烏頭, *Aconitum kusnezoffii* Reichb.)의 덩이뿌리를 건조한 것
건조한 덩이뿌리의 포제가공품. 몽고족의 의사들도 사용한다

중약명: 초오(草烏)
중약명: 제초오(製草烏)

초오속(*Aconitum*) 식물은 전 세계에 약 350종이 있으며 북반구 온대에 분포한다. 주로 아시아에 분포하며 일부는 유럽, 북아메리카에 분포한다. 중국에는 약 167종이 있고 현재 약으로 쓰이는 것은 36종이다. 이삭바꽃은 중국의 흑룡강성, 길림, 요녕, 내몽고 하북, 산서 등지에 분포한다. 러시아의 시베리아, 한반도에도 분포하는 것이 있다.

초오는 '오두'의 약명으로 《신농본초경(神農本草經)》에 하품으로 가장 먼저 기재되었다. 역대 본초서적에 기재된 초오는 대부분 오두의 야생품과 이삭바꽃 등 현재의 이삭바꽃 식물이다. 《중국약전(中國藥典)》(2015년 판)에 기재된 이 종은 중약 초오의 법정기원식물이다. 《대한민국약전》(11개정판)에는 부자를 "오두(*Aconitum carmichaeli* Debeaux, 미나리아재비과)의 자근(子根)을 가공하여 만든 염부자(鹽附子), 부자편(附子片) 및 포부자(炮附子)"로 등재하고 있다.(30쪽 "오두" 참조) 《중국약전》에서는 고속액체크로마토그래피법을 이용하여 그 성분을 분석하였을 때, 천오속 주성분으로 알칼로이드성분인 아코니틴, 하이파코니틴 그리고 메사코니틴의 총 함량을 0.040% 이상으로 독성에 관하여 규정하고 있으며, 고속액체크로마토그래피법을 이용하여 그 성분을 분석하였을 때, 벤조일아코니틴, 벤조일하이파코니틴 그리고 벤조일메사코니틴의 총 함량을 0.020~0.070%로 약재의 규격을 정하고 있다. 주요산지는 중국의 흑룡강성, 길림, 요녕, 하북, 산서, 내몽고 등지이다.

이삭바꽃에는 주로 디테르페노이드 알칼로이드 화합물이 있다. 초오속 식물에는 활성성분으로 아코니틴 등 디테르페노이드 알칼로이드 성분이 함유되어 있는데 이는 이 속 식물의 특정성분이다.

약리연구를 통하여 초오에는 진통, 항염 등의 작용이 있는 것으로 알려져 있다.

한의학에서 초오는 거풍제습(祛風除濕), 온경지통(溫經止痛) 등의 효능이 있다.

이삭바꽃 北烏頭 *Aconitum kusnezoffii* Reichb.

약재 초오 藥材草烏 Aconiti Kusnezoffii Radix

1cm

함유성분

덩이뿌리에는 디테르페노이드 알칼로이드 성분으로 aconitine, mesaconitine, hypaconitine, deoxyaconitine, beiwutine[1-2], neoline, songorine, isotalatisidine, talatisidine, 10-hydroxyneoline[3], 6-epichasmanine[4], 14-benzoylaconine, 14-benzoylmesaconine, 15α-hydroxyneoline, chasmanine, talatizamine, foresticine, lycoctonine, anthranoyllycoctonine[5], beiwusines A, B, spiramine H[6], beiwudine[7], acsonine[8]이 함유되어 있으며, 다당류 성분으로 주로 rhamnose, xylose, mannose, glucose, galactose 그리고 arabinose[9] 등의 성분이 함유되어 있다.

지상부에는 denudatine, lepenine[2], beiwutine, beiwucine, 8-O-ethyl-14-benzoylmesaconine[10] 성분이 함유되어 있다.

꽃에는 hypaconitine, mesaconitine, beiwutine, lepenine, 3-acetylaconitine, 3-acetylmesaconitine, 3-acetylaconifine, deoxyaconitine[11-12] 성분이 함유되어 있다.

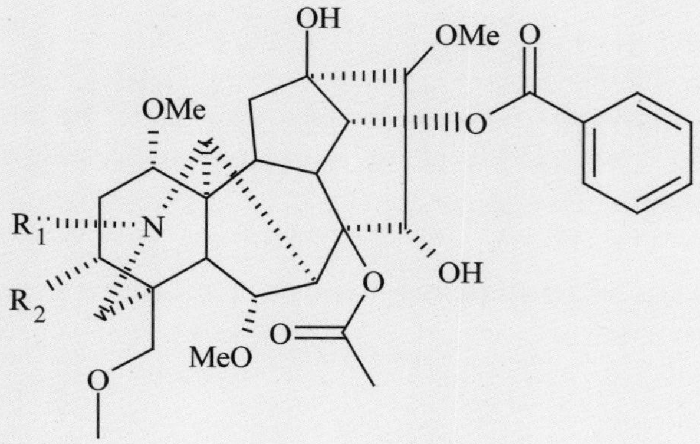

aconitine: R_1=C_2H_5 , R_2=OH
mesaconitine: R_1=CH_3 , R_2=OH
hypaconitine: R_1=CH_3 , R_2=H

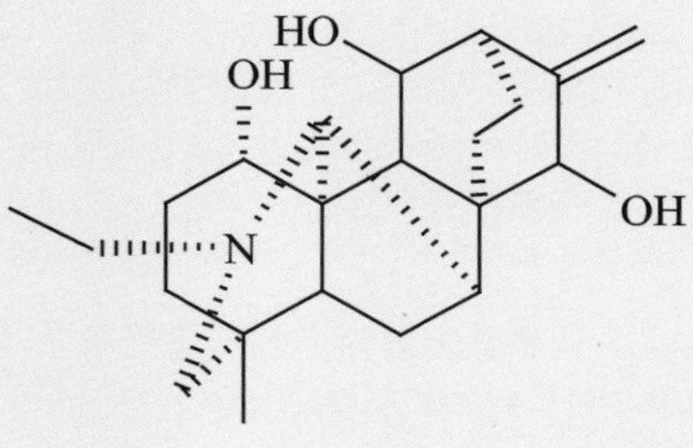

lepenine

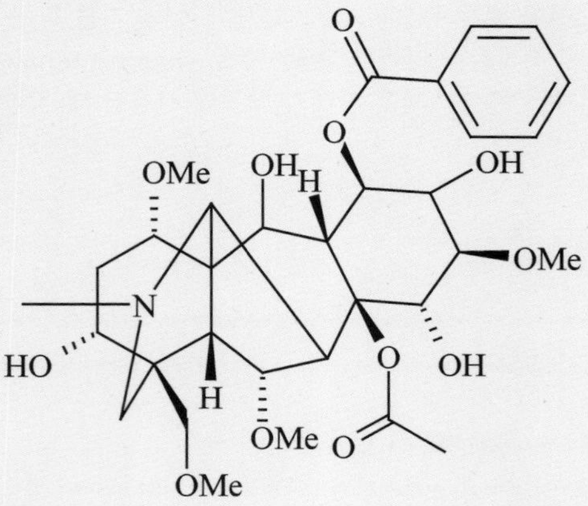

beiwutine

이삭바꽃 北烏頭 ^{CP, KP}

약리작용

1. **항염**

초오의 열수 추출물은 단백으로 유발된 Rat의 족저수종을 억제한다. 초오를 복용하면 파두유(巴豆油)로 유발된 쥐의 귓바퀴 종창과 복강모세혈관 투과성의 증강을 억제한다.

2. **진통**

Mouse의 열판자극과 초산자극 및 미부가압(尾部加壓) 실험 등을 통하여 초오의 생약제제와 자근 야생품은 모두 진통작용이 있어 통증역치를 제고한다. 주요한 진통 유효성분은 아코니틴 등 디테르페노이드 알칼로이드이다. 초오의 주사액을 복강에 주사하면 Mouse의 통증역치를 2배 이상 상승시킨다. 감초(甘草), 흑두(黑豆)와 함께 포제하면 초오의 독성은 낮아지지만 진통효과에는 영향을 주지 않는다.

3. **국부마취**

아코니틴은 피부점막의 감각신경말초를 자극하여 소양감, 작열감을 유발하며 마비감각 후에 국부마취작용이 나타난다.

4. **심혈관계에 대한 영향**

집토끼에 대한 실험을 통하여 초오의 아코니틴염은 아드레날린의 심근에 대한 작용을 증강하고 염화칼슘에 의해 T-wave와 뇌하수체후엽호르몬의 분비 증가를 통해 초기 S-T단 상승 및 속발로 인해 발생한 S-T단 하강에 대한 저항성을 나타낸다. 아코니틴은 *in vitro*에서 Rat 심근세포 L형 칼슘채널의 활성을 뚜렷이 저해하며 채널 개방시간을 단축하고 폐쇄시간을 연장하여 개방 확률을 낮출 수 있다. 아코니틴은 심박부조, 혈관확장 및 신경계통의 흥분성 변화를 초래할 수 있는데, 이는 아코니틴이 칼슘채널을 저해하는 작용과 연관된다[13].

5. **항종양**

초오의 산성 추출물 및 알코올 침출물 등을 복강에 주사하면 Mouse의 간암에 대해 뚜렷한 억제작용이 있는데 그 항암 활성성분은 독성의 디에스테르형 알칼로이드이다[14-15].

용도

초오는 중의임상에서 사용하는 약이다. 거풍제습[祛風除濕, 풍습(風濕)을 없애 줌], 온경지통[溫經止痛, 경맥(經脈)을 따뜻하게 해 줌] 등의 효능이 있으며, 풍한습비(風寒濕痺, 풍한습으로 저림), 모든 한기(寒氣)로 인한 통증, 타박상 등의 치료에 사용한다.

현대임상에서는 풍습성 관절염, 수술마취, 두통, 치통, 중풍, 외과창양(外科瘡瘍, 체표에 발생하는 부스럼) 등의 병증에 사용한다.

해 설

중국 남방에서 판매하는 초오는 주로 이삭바꽃과 오두이다. 일부 지역에서는 소모원추오두(疏毛圓錐烏頭, *Aconitum paniculigerum* var. *wulingense* (Nakai) W. T. Wang), 광경압록오두(光梗鴨綠烏頭, *A. jaluense* var. *glabrescens* Nakai), 다근오두(多根烏頭, *A. karakolicum* Rapaics) 등 여러 가지 종류가 있는데 주로 아코니틴이 많이 있다. 남방의 일부 성에서 사용하는 초오(草烏, *A. carmichaeli* Debx.)는 이외에도 대오두류(大烏頭類, 덩이뿌리가 길고 크다) 혹은 등오두(藤烏頭, 땅 위에 줄기를 감은 것)가 있다. 이들은 모두 만오두계(蔓烏頭系) 및 현주오두계(顯柱烏頭系)의 여러 종 식물에 속하는데 덩이뿌리에는 주로 yunnanaconitine이 있다. yunnanaconitine과 아코니틴은 모두 디테르페노이드 알칼로이드이다. 하지만 전자는 독성이 너무 강하기 때문에 사용할 때 적절한 감별이 필요하다.

참고문헌

1. 王永高, 朱元龍, 朱任宏. 中國烏頭之研究XIII：北草烏中的生物鹼. 藥學學報. 1980, **15**(9): 526-531

2. D Uhrin, B Proksa, J Zhamiansan. Lepenine and denudatine:new alkaloids from *Aconitum kusnezoffii. Planta Medica*. 1991, **57**(4): 390-391

3. EG Mil'grom, MN Sultankhodzhaev, CH Chang. Qualitative mass-spectrometric analysis of total diterpene alkaloids from roots of *Aconitum kusnezoffii. Khimiya Prirodnykh Soedinenii*. 1996, **1**: 89-92

4. ZB Li, FP Wang. Structure of 6-epichasmanine. *Chinese Chemical Letters*. 1996, 7(5): 443-444

5. 李正邦, 呂光華, 陳東林, 王鋒鵬. 草烏中生物鹼的化學研究. 天然產物研究與開發. 1997, **9**(1): 9-14

6. ZB Li, FP Wang. Two new diterpenoid alkaloids, beiwusines A and B, from *Aconitum kusnezoffii. Journal of Asian Natural Products Research*. 1998, **1**(2): 87-92

7. FP Wang, ZB Li, CT Che. Beiwudine, a norditerpenoid alkaloid from *Aconitum kusnezoffii. Journal of Natural Products*. 1998, **61**(12): 1555-1556

8. EG Zinurova, TV Khakimova, LV Spirikhin, MS Yunusov, PG Gorovoi, GA Tolstikov. A new norditerpenoid alkaloid acsonine from the roots of *Aconitum kusnezoffii* Reichb. *Russian Chemical Bulletin*. 2001, **50**(2): 311-312

9. 孫玉軍, 陳彥, 吳佳靜, 汪邦順, 郭志榮. 草烏多糖的分離純化和組成性質研究. 中國藥學雜誌. 2000, **35**(11): 731-733

10. 于海蘭, 賈世山. 蒙藥草烏葉中的一個新二萜生物鹼Beiwucine. 藥學學報. 2000, **35**(3): 232-234

11. 任玉琳, 黃兆宏, 賈世山. 蒙藥草烏花中的三酯型二萜生物鹼的分離和鑑定. 藥學學報. 1999, **34**(11): 873-876

12. 王勇, 劉志強, 宋鳳瑞, 劉淑瑩. 草烏花及其煎煮液中二萜生物鹼的電噴霧串聯質譜研究. 藥學學報. 2003, **38**(4): 290-293

13. 陳龍, 馬驍, 蔡寶昌, 陸躍明, 吳皓. 烏頭鹼對大鼠心肌細胞鈣通道阻滯作用的單通道分析. 藥學學報. 1995, **30**(3): 168-171

14. 郭愛華. 草烏提取液抗肝癌實驗研究. 山西職工醫學院學報. 2000, **10**(2): 4-5

15. 黃圍, 侯世祥, 謝瑞犀, 莊鎮華, 王舫彤, 鍾寧. 草烏抗肝癌靶向製劑有效部位的浸出, 純化與確證. 中國中藥雜誌. 1997, **22**(11): 667-671

석창포 石菖蒲 ^{CP, KHP}

Araceae

Acorus tatarinowii Schott

Grassleaf Sweetflag

개요

천남성과(Araceae)

석창포(石菖蒲, *Acorus tatarinowii* Schott)의 뿌리줄기

중약명: 석창포

창포속(*Acorus*) 식물은 전 세계에 약 7종이 있으며 북온대로부터 아열대에 분포한다. 중국에 약 7종이 있는데 중국 각 성에 분포한다. 현재 약으로 사용되는 것은 약 3종으로 중국 황하 유역 이남 각지에 분포한다. 인도 동북부로부터 태국 북부까지도 분포하는 것이 있다.

'창포'의 약명은 《신농본초경(神農本草經)》에 상품으로 처음 기재되기 시작했다. 《중국약전(中國藥典)》(2015년 판)에 수록된 이종은 중약 석창포의 법정기원식물이다. 주요산지는 사천, 절강, 강소, 호남이며 사천과 절강의 산출량이 가장 많다. 《대한민국약전외한약(생약)규격집》(제4개정판)에는 석창포를 "석창포(*Acorus gramineus* Solander, 천남성과)의 뿌리줄기"로 등재하고 있다.

창포속 식물의 주요 활성성분은 정유성분이다. 《중국약전》에서는 약재에 함유된 정유성분의 함량기준을 1.0%(mL/g) 이상으로 약재의 규격을 정하고 있다.

약리연구를 통하여 석창포에는 진정, 항경궐(抗驚厥, 갑자기 몹시 놀라서 정신을 잃고 넘어지며 몸이 싸늘해지는 증상), 해경평천(解痙平喘), 기억력 개선, 세균 억제, 항노화 등의 작용이 있는 것으로 알려져 있다.

한의학에서 석창포는 개규녕신(開竅寧神), 화습화위(化濕和胃) 등의 효능이 있다.

석창포 石菖蒲 *Acorus tatarinowii* Schott

약재 석창포 藥材石菖蒲 Acori Tatarinowii Rhizoma

1cm

수창포 水菖蒲 *A. calamus* L.

함유성분

뿌리줄기에는 주로 정유성분으로 β-asarone, α-asarone, cis-methyl-isoeugenol, trans-methyl-isoeugenol, elemicin, caryophyllene, acoradiene, cedrene[1], methyl chavicol[2], gramenone[3], safrole, eugenol, asarylaldehyde, α-patchoulene, camphor[4] 등이 함유되어 있다.

뿌리줄기의 물 추출물에는 2,4,5-trimethoxybenzoic acid, 4-hydroxy-3-methoxybenzoic acid, 2,4,5-trimethoxy benzaldehyde, butanedioic acid, octanedioic acid, 5-hydroxymethyl-2-furaldehyde, 2,5-dimethoxybenzoquinone[5] 성분이 함유되어 있다.

또한 acoramone, isoacoramone, cis-epoxyasarone, threo-1′2′dihydroxyasarone, erythro-1′2′dihydroxyasarone[6] 성분 등이 함유되어 있다.

α-asarone: R=

β-asarone: R=

 약리작용

1. 중추신경계에 대한 영향

   석창포의 물 추출물, 알코올 추출물, 정유성분, α-아사론, β-아사론, 거유전제(祛油煎劑) 등은 모두 Mouse에 대한 바르비탈 수면 작용을 증강한다[7-8]. 석창포의 알코올 추출액과 정유성분은 스트리크닌의 척추흥분을 증강하는 작용이 있다. 물 추출물과 알코올 추출물은 피크로톡신과 함께 중추신경계통을 흥분시키는 작용이 있고 경련 횟수와 사망률을 증가시킨다. 정유성분은 또 피크로톡신의 흥분작용을 길항하는데, 이는 석창포의 알코올 추출물이 척추, 중뇌 및 대뇌를 흥분시킬 수 있다는 것을 설명한다. 정유성분은 척추를 흥분시키고 중뇌와 대뇌를 억제할 수 있다[7]. 석창포의 정유성분, α-아사론, β-아사론은 디메풀린으로 유발된 Mouse의 경련잠복기와 사망시간을 연장하는 작용이 있는데 α-아사론은 항경련의 주요성분 가운데 하나이다[8-9]. 최대전자극 쇼크발작 자극과 펜틸레네테트라졸 최소역발작 자극의 연구를 통하여 밝혀진 바와 같이 석창포의 전제와 정유성분은 모두 Rat에 대하여 항경궐 작용이 있고 또 경련으로 유발된 γ-아미노낙산(GABA)의 신경원 손상을 방지한다[10].

2. 학습기억 촉진

   석창포의 전제를 위에 주입하면 아질산나트륨으로 유발된 Mouse의 기억공고장애, 스코폴라민으로 유발된 기억획득장애 및 에탄올로 유발된 기억재현장애에 대하여 모두 뚜렷한 개선작용이 있다. 또 정상적인 Mouse의 기억획득을 촉진한다[11].

3. 뇌에 대한 작용

   석창포의 정유성분, 거유전제와 함유추출액은 뇌혈액부족재관류 Rat 모델에 대해 모두 보호작용을 보이며 뇌수종을 감소시키고 Rat의 대뇌피질신경세포 자멸을 감소시킨다[12-13]. 석창포의 정유성분과 함유추출액은 Rat 해마신경세포의 괴사를 감소시킨다. 석창포의 정유성분과 β-아사론은 Rat의 대뇌피질신경세포 bcl-x 유전자의 발현을 증가시키고 Rat의 대뇌피질과 해마신경세포 bax 유전자의 발현을 억제할 수 있는데 이는 석창포의 정유성분, 특히 β-아사론이 Rat의 신경세포 자멸을 억제하는 주요성분임을 증명하며[13] 양자 모두 Mouse의 정상적인 혈액과 혈액의 뇌투과성을 향상시킨다[14].

4. 평천(平喘)

   석창포의 정유성분, α-아사론, β-아사론은 히스타민과 아세틸콜린으로 유발된 기니피그의 기관경련성 수축을 현저하게 억제할 수 있는데 이는 농도에 따라 의존적으로 작용한다[15].

5. 소화계통에 대한 영향

   석창포의 정유성분, 거유전제, α-아사론, β-아사론은 모두 집토끼의 장관의 자발성 수축을 억제하고 아세틸콜린, 히스타민 및 염화바륨으로 인한 장관경련을 억제하며 Rat의 장관유동과 Mouse의 소장운동을 증가하고 성체 Rat의 담즙분비를 촉진할 수 있다[16]. 석창포의 물 추출물을 알코올에 침전한 후의 상층액을 복강에 주사하면 Rat의 위, 십이지장의 수축활동에 모두 억제작용이 있는데

석창포 石菖蒲 CP, KHP

그 작용은 콜린의 말단을 통해 M수용체 및 미주신경 비콜린이 수용체를 발현하는 것으로 아드레날린 α와 β수용체와는 무관하다[17].

6. 항심박부조

석창포의 정유성분을 복강에 주사하면 아코니틴으로 유발된 Rat의 심박부조와 아드레날린 및 염화바륨으로 유발된 집토끼의 심박부조를 억제한다. 치료용으로 사용할 시에는 심장박동을 늦추는 작용이 있다[18].

7. 항균

석창포의 추출액은 agar배지에서 연쇄구균, 비티균, 산기간균, 황색포도상구균, 고초간균, 표피포도상구균, 변형간균, 대장간균 등에 모두 일정 정도의 억제작용이 있는데 그중 연쇄구균과 비티균에 대한 억제효과가 가장 강하다[19].

8. 기타

석창포에는 또 항스트레스[8, 14]와 항우울 등의 작용이 있다[20-21].

용도

석창포는 중의임상에서 사용하는 약이다. 개규녕신(開竅寧神, 막힌 곳을 뚫어 정신을 안정시킴), 화습화위(化濕和胃, 습하고 탁한 것을 제거해서 비위를 조화함) 등의 효능이 있으며, 담습(痰濕, 습하고 탁한 것이 체내에 오래 정체되어 생기는 담)이 청규(淸竅, 머리와 얼굴에 있는 눈, 코, 입, 귀 등 구멍을 통틀어 이름)를 막은 것으로 인한 신지혼미(神志昏迷, 정신이 마치 무엇이 덮어씌운 듯이 흐릿한 증상), 습저중초(濕阻中焦, 비위에 습한 것이 막혀서 생기는 병증), 완복장민(脘腹脹悶, 완복 부위가 부르고 그득한 것), 비색동통(痞塞疼痛, 몸이 쑤시고 아픔) 등의 치료에 사용한다.

현대임상에서는 간질, 폐성뇌병(肺性腦病, 폐성 뇌염 또는 이산화탄소 마취성 뇌병), 뇌경색, 기관지염, 풍습성 관절염, 천식, 위축성 위염, 비염, 백내장 등의 병증에 사용한다.

해설

수창포(水菖蒲, Acorus calamus L.)의 주요산지는 중국의 사천, 호북, 호남 등이다. 민간에서 약으로 사용하는데 그 효능은 석창포와 비슷하다. 근래의 연구에서 석창포의 오수(汚水)에 대한 정화능력이 발견되었는데 오수 중에서 정상적으로 생장할 수 있고 오수 중의 중금속에 대해 강한 흡수능력이 있으며 수질에 양호한 정화반응이 있는 것으로 밝혀졌다[22]. 연구를 통해서 조류와 광선 및 광물질영양에 대하여 경쟁할 뿐만 아니라 수중에 화학물질을 분비하여 조류에 대해 손상을 주거나 제거한다. 배양석창포를 배양조류에 사용하면 조류의 엽록소 α를 파괴하고 조세포(藻細胞)의 사망을 촉진할 수 있다[23]. 때문에 석창포의 재배를 널리 보급하는 것은 환경을 보호하고 수원을 정화하는 데 적극적인 작용이 있지만 오수를 정화한 석창포를 다시 약으로 사용할 수는 없다. 이는 인체에 미치는 중금속 피해를 방지하기 위함이다.

참고문헌

1. 唐洪梅, 席萍, 薛秀清. 石菖蒲不同提取物化學成分的GC-MS分析. 廣東藥學. 2001, 11(6): 33-35

2. 高玉瓊, 劉建華, 霍昕. 石菖蒲揮发油成分的研究. 貴陽醫學院學報. 2003, 28(1): 31-33

3. 劉馳, 朱亮鋒, 何志誠, 俞黔生, 馬益林. 石菖蒲中一新倍半萜. 植物資源與環境. 1993, 2(3): 22-25

4. 吳惠勤, 張桂英, 曾莉, 張忠義, 雷正傑. 超臨界CO₂萃取石菖蒲有效成分的GC-MS分析. 分析測試學報. 2000, 19(6): 70-71

5. 楊曉燕, 陳發奎, 吳立軍. 石菖蒲水煎液化學成分的研究. 中草藥. 1998, 29(11): 730-731

6. J Hu, X Feng. Phenylpropanes from *Acorus tatarinowii*. *Planta Medica*. 2000, 66(7): 662-664

7. 方永奇, 吳啟瑞, 王麗新, 鄒衍衍, 柯雪紅. 石菖蒲對中樞神經系統興奮–鎮靜作用研究. 廣西中醫藥. 2001, 24(1): 49-50

8. 胡錦官, 顧健, 王志旺. 石菖蒲及其有效成分對中樞神經系統作用的實驗研究. 中藥藥理與臨床. 1999, 15(3): 19-21

9. 楊立彬, 黃民, 梁健民, 蔡正旭, 王宇紅, 張淑琴. 石菖蒲及其成分對幼鼠電刺激反應性和電致驚厥閾的影響. 中風與神經疾病雜誌. 2004, 21(2): 112-113

10. WP Liao, L Chen, YH Yi, WW Sun, MM Gao, T Su, SQ Yang. Study of antiepileptic effect of extracts from *Acorus tatarinowii* Schott. *Epilepsia*. 2005, 46(1): 21-24

11. 周大興, 李昌煜, 林乾良. 石菖蒲對小鼠學習記憶的促進作用. 中草藥. 1992, 23(8): 417-419

12. 方永奇, 李翎, 鄒衍衍, 魏剛, 林雙峰. 石菖蒲對缺血–再灌注腦損傷大鼠腦電圖和腦水腫的影響. 中國中醫急症. 2003, 12(1): 55-56

13. 方永奇, 匡忠生, 謝宇輝, 李翎, 吳啟端, 魏剛, 林雙峰. 石菖蒲對缺血–再灌注腦損傷大鼠神經細胞凋亡的影響. 現代中西醫結合雜誌. 2002, 11(17): 1647-1649

14. 吳啟端, 方永奇, 李翎, 林雙峰, 魏剛. 石菖蒲醒腦開竅的有效部位篩选. 時珍國醫國藥. 2002, 13(5): 260-261

15. 楊社華, 王志旺, 胡錦官. 石菖蒲及其有效成分對豚鼠汽管平滑肌作用的實驗研究. 甘肅中醫學院學報. 2003, 20(2): 12-13,45

16. 胡錦官, 顧健, 王志旺. 石菖蒲及其有效成分對消化系統的作用. 中藥藥理與臨床. 1999, 15(2): 16-18

17. 秦曉民, 徐敬東, 邱小青, 王文. 石菖蒲對大鼠胃腸肌电作用的實驗研究. 中國中藥雜誌. 1998, 23(2): 107-109

18. 申軍, 肖柳英, 張丹. 石菖蒲揮發油抗心律失常的實驗研究. 廣州醫藥. 1993, **3**: 44-45

19. 何池全, 陳少鳳, 葉居新. 石菖蒲抑菌效應的研究. 環境與開發. 1997, **12**(3): 1-3, 6

20. 李明亞, 陳紅梅. 石菖蒲對行爲絕望動物抑鬱模型的抗抑鬱作用. 中藥材. 2001, **24**(1): 40-41

21. 李明亞, 李娟好, 季寧東, 郭麗冰, 甘火榮, 莊嵐. 石菖蒲幾種粗提物的抗抑鬱作用. 廣東藥學院學報. 2004, **20**(2): 141-144

22. 楊海龍, 洪瑞川. 石菖蒲對汙水適應性的研究. 南昌大學學報(理科版). 1994, **18**(1): 97-102

23. 葉居新, 何池全, 陳少風. 石菖蒲的克藻效應. 植物生態學報. 1999, **23**(4): 379-384

Campanulaceae

잔대 沙參 CP, KHP

Adenophora stricta Miq.
Upright Ladybell

개요

초롱꽃과(Campanulaceae)
잔대(沙參, *Adenophora stricta* Miq.)의 뿌리를 건조한 것
중약명: 남사삼(南沙參)

잔대속(*Adenophora*) 식물은 전 세계에 약 50종이 있으며 아시아 동부에 주로 분포한다. 특히 중국의 동부, 일본, 한반도 및 러시아 원동 지역에 자생한다. 중국에 약 40종이 분포하는데 현재 약으로 쓰이는 것은 약 30종이다. 이 종은 강소, 안휘, 절강, 강서, 호북 등에 분포한다.

'사삼'이란 약명은 《신농본초경(神農本草經)》에 상품으로 처음 기재되었다. 역대 본초서적에 기재된 잔대는 이 속의 여러 종 식물이며 《중국약전(中國藥典)》(2015년 판)에 수록된 이 종은 중약 남사삼의 법정식물기원 중 하나이다. 주요산지는 중국의 귀주, 사천, 하남, 안휘, 강소 및 흑룡강 등지이다. 《대한민국약전외한약(생약)규격집》(제4개정판)에는 사삼을 "초롱꽃과에 속하는 잔대 (*Adenophora triphylla* var. *japonica* Hara) 또는 사삼(*Adenophora stricta* Miq.)의 뿌리"로 등재하고 있다.

잔대속 식물의 주요성분으로는 다당류 화합물, 스테롤, 트리테르페노이드 화합물 등이 있다. 《중국약전》에서는 사삼의 알코올 용해성 엑스함량을 30% 이상으로 약재의 규격을 정하고 있다.

약리연구를 통하여 잔대는 인체면역조절, 항방사능, 항종양 등의 작용이 있는 것으로 알려져 있다.

한의학에서 사삼은 양음청폐(養陰淸肺), 화담(化痰), 익기(益氣)의 효능이 있다.

잔대 沙參 *Adenophora stricta* Miq.

약재 남사삼 藥材南沙參 Adenophorae Radix

1cm

함유성분

뿌리에는 다당류와[1], 트리테르페노이드 성분으로 cycloartenol acetate, lupenone, taraxerone[2-3], sessilifolic acid-3-O-isovalerate[4], 스테롤 성분으로 β-sitosterol-O-β-D-glucopyranoside, β-sitosteryl glucoside-6'-O-palmitoyl ester[2], 쿠마린 성분으로 praeruptorin A, 3'angeloyl-4'isovaleryl-(3'S,4'S)-cis-khellactone[2] 등이 함유되어 있다. 뿐만 아니라 paeonol[5] 성분도 함유되어 있다.

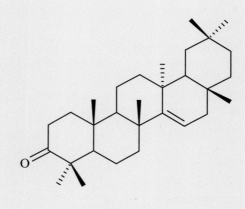

taraxerone

 약리작용

1. **면역조절**

   사삼다당 및 물 추출물을 위에 주입하면 정상적인 Mouse의 탄소섬유정화도 및 탐식지수 α를 증가시키고 단핵대식세포의 탐식기능을 증강한다. 디니트로플루오로벤젠(DNFB)으로 유발된 지발성 알레르기 반응이 있는 Mouse의 귓바퀴 종창을 감소시키고 지발성 알레르기 반응을 경감시킬 수 있다. 사삼다당과 물 추출물은 Mouse의 흉선 무게를 증가시키고 또한 Mouse의 비장무게를 증가시킨다[6].

2. **진해거담(鎭咳祛痰)**

   사삼의 에탄올과 에칠아세테이트 추출물을 위에 주입하면 구연산으로 유발된 기니피그의 기침에 대하여 길항작용이 있고 에칠아세테이트 추출물을 위에 주입하면 Mouse의 페놀레드 배설을 증가시킬 수 있는데 이로써 양호한 거담작용을 나타낸다[6].

3. **항방사능**

   사삼의 다당을 위에 주입하면 60Co-γ선 조사(照射)로 유발된 Mouse의 면역기관의 무게와 백혈구 수량의 감소를 뚜렷하게 길항하고 조사로 유발된 보조성 T임파세포와 억제성 T임파세포의 비율(T$_H$/T$_S$)이 낮아지는 것을 정상화하며 복강대식세포 탐식률과 탐식지수를 뚜렷하게 증가시킨다. 또한 방사선에 노출된 Rat의 혈청 중의 말론디알데하이드(MDA)의 함량을 감소시키고 혈액 중의 글루타티온과산화효소(GSH-Px)의 활성을 증가하며 적혈구 내의 슈퍼옥시드디스무타아제의 함량을 높일 수 있다. 이외에도 사삼의 다당을 위에 주입하면 만성적으로 방사선에 노출된 수컷 Mouse의 웅성생식세포의 방사능 손상에 양호한 보호작용을 보인다[7-9].

4. **항노화**

   사삼의 다당을 위에 주입하면 노년 Mouse의 MDA의 생성과 간과 뇌조직 내의 리포푸신의 형성을 현저하게 억제하고 간과 뇌조직 내의 모노아민산화효소(MAO)의 활성을 낮출 수 있으며 혈청 내의 케톤 함량을 증가시킬 수 있다. 사삼의 다당이 함유된 배양기를 사용하면 초파리의 수명을 연장할 수 있고 성활력과 교배빈도를 증가시킬 수 있는데, 이로써 비교적 우수한 항노화작용이 있는 것으로 파악할 수 있다[10].

5. **학습기억 개선**

   사삼의 다당을 위에 주입하면 스코폴라민, 아질산나트륨, 에탄올로 유발된 Mouse의 기억획득, 공황장애 및 재현장애 등에 모두 뚜렷한 개선작용이 있다. 그 작용기전은 유리기 제거, 모노아민산화효소-B(MAO-B)의 활성을 낮추는 것과 연관된다[11].

6. **항종양**

   사삼의 열수 추출물을 Mouse의 일상음용수로 사용하면 우레탄으로 유발된 폐선암에 억제작용이 있는데 이런 작용은 아마도 유기체의 면역효능을 제고하는 것과 연관된 것으로 보인다[12]. 사삼의 다당을 Mouse의 위에 주입하면 활성산소의 제거를 통하여 내원성 활성산소 제거인자를 보호할 수 있으며 이로써 항폐암작용이 나타난다[13].

잔대 沙參 ^{CP, KHP}

용도

사삼은 중의임상에서 사용하는 약이다. 양음청폐(養陰淸肺, 음이 허한 것을 보하여 폐를 맑게 함), 익기(益氣, 양기를 보함) 등의 효능이 있으며, 폐허[肺虛, 폐의 기혈(氣血), 음양(陰陽)이 부족하거나 약해진 상태]로 인한 조열해수(燥熱咳嗽, 폐음으로 윤기가 없어져 말라서 쉰 기침과 가래가 나오는 것), 열병 후의 기음부족(氣陰不足), 비위허약(脾胃虛弱) 등의 치료에 사용한다.
현대임상에서는 기관지염, 위염, 당뇨병, 폐암 등의 병증에 사용한다.

해설

이 종 외에도 《중국약전》에서는 엽사삼(葉沙參, *Adenophora tetraphylla* (Thunb.) Fisch.)을 중약 남사삼의 법정기원식물로 수록하고 있다.
중국의 일부 지역에는 남사삼의 약용식물 종류가 약 20여 종에 달한다. 때문에 사용할 때 반드시 품종과 품질에 주의하여야 한다.
귀주는 현재 중국에서 잔대의 생산량이 가장 많은 지역으로 인공재배에도 성공하였다. 기타 각지에서는 주로 야생자원에 의존한다.
잔대에는 다당, 스테롤과 트리테르페노이드 화합물이 풍부하게 함유되어 있다. 잔대는 또 맛이 좋으며 영양가가 높을 뿐만 아니라 광범위하게 분포한다. 귀주에서는 잔대를 엄채(醃菜)로 식용한다. 잔대의 용도를 더욱 개발하여 기능성 영양식품을 만들 수 있을 것으로 기대한다.

참고문헌

1. 屠鵬飛, 徐國鈞, 徐珞珊, 金蓉鸞. 沙參類的研究III. 多糖的含量測定. 中草藥. 1992, **23**(7): 355-356

2. SJ Du, P Gariboldi, G Jommi. Constituents of Shashen *(Adenophora axilliflora). Planta Medica.* 1986, **4**: 317-320

3. 江佩芬, 高增平. 南沙參化學成分的研究. 中國中藥雜誌. 1990, **15**(8): 38-39

4. Y Ueyama, K Furukawa. Volatile components of shajin. *Nippon Nogei Kagaku Kaishi.* 1987, **61**(12): 1577-1582

5. PF Tu, GJ Xu, XW Yang, M Hattori, T Namba. A triterpene from the roots of *Adenophora stricta* subsp. *sessilifolia. Shoyakugaku Zasshi.* 1990, **44**(2): 98-100

6. 龔曉健, 季暉, 李萍, 楊倫, 陳友地, 毛新偉. 沙參提取物鎮咳祛痰及免疫增强作用研究. 中國現代應用藥學雜誌. 2000, **17**(4): 258-260

7. 葛明珠, 趙亞莉, 任少林. 南沙參多糖對小鼠免疫器官輻射損傷的防護. 中草藥. 1996, **27**(11): 673-675

8. 唐富天, 梁莉, 李新芳. 南沙參多糖對大鼠的輻射防護作用. 中藥藥理與臨床. 2002, **18**(2): 15-17

9. 梁莉, 李梅, 李新芳. 南沙參多糖對亞慢性受照小鼠的抗突變作用研究. 中藥藥理與臨床. 2003, **19**(3): 10-11

10. 李春紅, 李泆, 李新芳, 李瑜. 南沙參多糖抗衰老作用的實驗研究. 中國藥理學通報. 2002, **18**(4): 452-455

11. 張春梅, 李新芳. 南沙參多糖改善化學品誘導小鼠學習記憶障礙的研究. 中藥藥理與臨床. 2001, **17**(4): 19-21

12. 凌昌全, 韓明權, 高虹, 陳善香, 劉嘉湘. 扶正類中藥對氨基甲酸乙酯誘發肺腺癌的抑制作用. 中國中西醫結合雜誌. 1992, **12**(3): 169

13. 李泆, 鄧宏珠, 李春紅, 李瑜, 李新芳. 南沙參多糖對肺癌小鼠氧自由基作用的實驗研究. 中國中醫藥科技. 2000, 7(4): 233-234

짚신나물 龍芽草 ^{CP, KHP}

Agrimonia pilosa Ledeb.
Hairyvein Agrimony

 개요

장미과(Rosaceae)

짚신나물(龍芽草, *Agrimonia pilosa* Ledeb.)의 지상부를 건조한 것

중약명: 선학초(仙鶴草)

짚신나물속(*Agrimonia*) 식물은 전 세계에 약 10종이 있으며 북온대, 열대 고산 및 라틴아메리카에 분포한다. 중국에 약 4종, 변이종 1종이 있는데 모두 민간에서 약으로 사용한다. 본종은 중국의 길림, 요녕, 산동, 절강 등지에 분포하며 러시아, 한반도, 일본에도 분포하는 것이 있다.

선학초는 '용아초'란 약명으로《도경본초(圖經本草)》에 최초로 수록되었으며 현재의 품종과 동일하다.《중국약전(中國藥典)》(2015년판)에 수록된 이 종은 중약 선학초의 법정기원식물이다.《대한민국약전외한약(생약)규격집》(제4개정판)에는 용아초를 "장미과에 속하는 짚신나물(*Agrimonia pilosa* Ledebour) 또는 기타 동속식물의 전초"로 등재하고 있다.《중국약전》에서는 약재의 성상과 현미경 감별을 하도록 하고 있으며, 아그리몰 B를 대조품으로 하여 박층크로마토그래피의 Rf값을 지표로 약재를 관리하고 있다. 주요산지는 중국 절강, 강소, 호북 등이다. 이외에 안휘, 요녕, 복건, 광동, 하북, 산동 등에도 분포한다.

짚신나물에는 주로 탄닌, 플라보노이드, 락톤, 트리테르페노이드 등의 성분이 있다. 그중 카테콜타닌은 선학초의 지혈활성 성분이다. 아그리몰은 항말라리아활성 성분이다.《중국약전》에서는 약재의 성상과 현미경 감별 특징 등의 방법으로 약재의 규격을 정하고 있다.

약리연구를 통하여 짚신나물에는 지혈, 살충, 항균, 항바이러스, 항염, 진통, 항종양 등의 작용이 있는 것으로 알려져 있다.

한의학에서는 선학초에 수렴지혈(收斂止血), 해독살충, 이질, 말라리아 등에 효능이 있다.

짚신나물 龍芽草 *Agrimonia pilosa* Ledeb.

약재 선학초 藥材仙鶴草 Agrimoniae Herba

1cm

짚신나물 龍芽草 ^{CP, KHP}

함유성분

전초에는 정유성분으로 6,10,14-trimethyl-2-pentadecanone, α-bisabolol[1], 트리테르페노이드 성분으로 1β,2α,3β,19α-tetrahydroxyurs-12-en-28-oic acid, 1β,2β,3β,19α-tetrahydroxyurs-12-en-28-oic acid[2], ursolic acid, pomolic acid, tormentic acid, corosolic acid[3], 플라보노이드 성분으로 (2S,3S)-(-)-taxifolin-3-O-glucoside, (2R,3R)-(+)-taxifolin-3-O-glucoside, hyperin[4], quercetin, quercitrin, rutin[5], 탄닌 성분으로 agrimoniin[7], 플로로글루시놀 성분으로 agrimols A, B, C, D, E, F, G, agrimophol[8-9], 유기산 성분으로 ellagic acid, gallic acid, caffeic acid, agrimonic acids A, B 등이 함유되어 있다.

지하부에는 탄닌 성분으로 ellagic acid-4-O-β-D-xylopyranoside[6], 트리테르페노이드 성분으로 2α,19α-dihydroxyursolic acid-28-β-D-glucopyranoside[2], 플라보노이드 성분으로 (2S,3S)-(-)-taxifolin-3-O-glucoside[10], 카테킨 유도체 성분으로 pilosanols A, B, C[11], 이소쿠마린 성분으로 agrimonolide, agrimonolide-6-O-β-D-glucoside[12] 등이 함유되어 있다.

agrimophol

agrimol A

약리작용

1. **지혈**

   용아초에는 대량의 탄닌 및 소량의 비타민 K 등 잘 알려진 지혈성분이 있는데 이로써 지혈작용을 나타낸다. 아데노신이인산(ADP)으로 유발된 토끼의 체외 혈액혈소판응집 실험을 통해서 알 수 있듯이 용아초는 뚜렷한 응혈 촉진작용이 있는데 이는 아마도 물 추출물에 함유된 탄닌과 비타민 K의 상호작용인 것으로 추측된다.

2. **항말라리아**

   동물 실험을 통해서 알려진 바와 같이 아그리몰 A, B, C, D, E 등에는 모두 일정한 항말라리아활성이 있다.

3. **살충, 항병원미생물**

   아그리몰은 조충(條蟲), 회충, 혈흡충, 적충(滴蟲) 등에 모두 살충작용이 있다. 아그리모페올은 일본 혈흡충에 대해 살충작용이 있는데 니리다졸과 함께 사용할 때 그 효과가 가장 좋다. 용아초의 전제(煎劑) 및 그 메탄올 침출고는 그람양성균에 대해 일정한 억제작용이 있다[13]. 열수 혹은 에탄올 침출액은 in vitro에서 고초간균, 황색포도상구균, 대장간균, 녹농간균, 플렉스네리이질간균, 상한간균 및 인체형 결핵간균 등에 모두 억제작용이 있다. 물 추출물은 I형 단순포진바이러스(HSV-1)에 대한 억제작용이 있다[14]. 메탄올 추출물은 또 I형 인체면역결핍바이러스(HIV-1)에 대한 억제작용이 있다[15].

4. **항염, 진통**

   에탄올 추출물을 위에 주입하면 디메칠벤젠으로 인한 Mouse의 귓바퀴 종창을 뚜렷하게 억제할 수 있고 열판자극으로 인한 Mouse

의 통증 및 타르타르산안티몬칼륨으로 유발된 Mouse의 경련반응에 모두 뚜렷한 억제작용이 있다[16]. 열수 추출물을 위에 주입하면 열판자극으로 유발된 Mouse의 통증 및 초산으로 유발된 Mouse의 경련반응에 뚜렷한 억제작용이 있다[17].

5. 심혈관계에 대한 영향

용아초의 알코올 추출물은 개구리, 토끼, 개 등 동물의 혈압을 높일 수 있고 심장박동을 늘리며 외주 및 내장혈관을 수축시킬 수 있고 호흡을 흥분시키는 작용이 있다. 선학초의 추출물을 정맥에 주사하면 마취된 토끼의 혈압을 뚜렷이 낮추는 작용이 있는데 알코올 추출물의 작용이 물 추출물보다 강하다[18].

6. 항종양, 항돌연변이

용아초의 물 추출물은 in vitro에서 인체장선암세포 SW620, 간암세포 HepG2, 백혈병세포 HL-60의 증식을 뚜렷하게 억제한다[19-20]. 용아초의 탄닌은 in vitro에서 인체자궁경부암세포 HeLa, 인체폐선암세포 SPC-A-1 및 유선암세포 MCF7 등에 대해 억제작용이 있다[21]. 용아초의 수제알코올 추출물을 위에 주입하면 인체위암세포 MGC803, 폐선암세포 SPC-A-1과 Mouse에 이식된 자궁경부암세포 HeLa에 대해 뚜렷한 억제작용이 있다[22]. 용아초의 열수 추출물을 복강에 주사하면 에를리히복수암(EAC)에 걸린 Mouse의 생존시간을 연장함과 동시에 간암복수 모델의 Mouse의 종양 무게가 증가되는 것을 억제할 수 있다[17]. 엽상종 Mouse에게 복용시키면 인터루킨-2 활성 및 종양세포에 대한 적혈구의 면역첨부효능을 뚜렷하게 증강한다[23-24]. 용아초의 물 추출물을 위에 주입하면 시클로포스파미드로 유발된 Mouse의 골수세포미핵과 마이토마신 C로 유발된 Mouse의 고환세포 염색체변이를 뚜렷하게 억제한다. 또 Mouse의 육종 S180과 간암 H-22 이식성 종양의 생장을 현저하게 억제한다[25].

7. 항혈당

용아초의 물 추출물, 물과 알코올 등을 추출하여 만든 과립제(주로 플라보노이드가 함유)를 위에 주입하면 스트렙토조토신, 아드레날린 혹은 알록산 등으로 인해 고혈당이 유발된 Mouse에 대해 뚜렷한 혈당강하작용이 있는데 그 작용기전은 인슐린 분비를 촉진하거나 조직의 당전화 이용을 증가시키는 것과 연관된다[26-27].

8. 기타

용아초에 함유된 이소쿠마린 화합물은 간 보호작용이 있다[12].

용도

용아초는 중의임상에서 사용하는 약이다. 수렴지혈[收斂止血, 수삽(收澁)하는 약물로써 지혈함], 보허(補虛), 소적[消積, 적취(積聚)를 제거함], 지리(止痢, 이질을 치료함) 등의 효능이 있으며, 객혈(喀血, 피가 섞인 가래를 기침과 함께 뱉어 내는 것), 토혈(吐血, 피를 토하는 병증), 육혈(衄血, 코피가 나는 증상), 변혈[便血, 분변에 대혈(帶血)이 되거나 혹은 단순히 하혈하는 증후], 붕루[崩漏, 월경주기와 무관하게 불규칙적인 질 출혈이 일어나는 병증], 사리(瀉痢, 이질), 탈력노상(脫力勞傷, 정신적 피로나 육체적 피로), 신피핍력[神疲乏力, 기허(氣虛) 또는 양허(陽虛)로 인해 힘이 부족하거나 쉽게 지치는 증상], 얼굴이 누렇게 뜬 것, 창절옹종(瘡癤癰腫, 피부에 얇게 생긴 헌데) 등의 치료에 사용한다. 현대임상에서는 소화관 출혈, 기능성 자궁 출혈, 원발성 기관지폐암, 폐부전이암, 혈세포감소, 조충 및 적충성 음도염(滴蟲性陰道炎, 질염), 이질과 말라리아 등의 병증에 사용한다.

해 설

짚신나물의 화학, 약리에 대한 연구는 비교적 다양하게 진행되었다. 그 지혈, 구조충(驅條蟲), 항균 등 성분은 이미 명확해졌고 짚신나물 내의 항암 유효성분 및 플라보노이드 화합물에 대한 연구 보고는 아직까지 많지 않다. 짚신나물의 약리효과와 지혈에 관해서는 아직도 적지 않은 의문이 존재하므로 향후 다양하고 계속적인 연구가 필요하다.

짚신나물은 높은 약용가치 이외에도 풍부한 단백질, 당분, 비타민, 무기염 및 식용섬유 등 영양물질이 풍부하게 함유되어 있기 때문에 야생 채소 자원으로 개발할 수 있고 인공순화를 통하여 집중적으로 재배하거나 채소로 재배가 가능하다.

참고문헌

1. 趙瑩, 李平亞, 劉金平. 仙鶴草揮發油化學成分的研究. 中國藥學雜誌. 2001, 36(10): 672

2. I Kouno, N Baba, Y Ohni, N Kawano. Triterpenoids from Agrimonia pilosa. Phytochemistry. 1988, 27(1): 297-299

3. RB An, HC Kim, GS Jeong, SH Oh, H Oh, YC Kim. Constituents of the aerial parts of Agrimonia pilosa. Natural Product Sciences. 2005, 11(4): 196-198

4. 李霞, 葉敏, 余修祥, 何爲江, 李榮芷. 仙鶴草化學成分的研究. 北京醫科大學學報. 1995, 27(1): 60-61

5. XQ Xu, XZ Qi, W Wang, GN Chen. Separation and determination of flavonoids in Agrimonia pilosa ledeb. by capillary electrophoresis with electrochemical detection. Journal of Separation Science. 2005, 28(7): 647-652

6. 裴月湖, 李銑, 朱廷儒. 仙鶴草根芽中新鞣花酸苷的結構研究. 藥學學報. 1990, 25(10): 798-800

7. T Murayama, N Kishi, R Koshiura, K Takagi, T Furukawa, K Miyamoto. Agrimoniin, an antitumor tannin of Agrimonia pilosa Ledeb., induces interleukin-1. Anticancer Research. 1992, 12(5): 1471-1474

8. 李良泉, 鄭亚平, 盧佩琳, 李英, 盖元珠, 王德生, 陈一心. 仙鶴草根有效成分的研究. 化學學報. 1978, **36**(1): 43-48

9. M Yamaki, M Kashihara, K Ishiguro, S Takagi. Antimicrobial principles of Xianhecao (*Agrimonia pilosa*). *Planta Medica*. 1989, **55**(2): 169-170

10. 裴月湖, 李銑, 朱廷儒, 吳立軍. 仙鶴草根芽中新二氫黃酮苷的結構研究. 藥學學報. 1990, **25**(4): 267-270

11. S Kasai, S Watanabe, J Kawabata, S Tahara, J Mizutani. Antimicrobial catechin derivatives of *Agrimonia pilosa*. *Phytochemistry*. 1992, **31**(3): 787-789

12. EJ Park, H Oh, TH Kang, DH Sohn, YC Kim. An isocoumarin with hepatoprotective activity in HepG2 and primary hepatocytes from *Agrimonia pilosa*. *Archives of Pharmacal Research*. 2004, **27**(9): 944-946

13. 王本祥. 現代中藥藥理學. 天津: 天津科學技術出版社. 1997: 795-802

14. YL Li, LSM Ooi, H Wang, PPH But, VEC Ooi. Antiviral activities of medicinal herbs traditionally used in southern mainland China. *Phytotherapy Research*. 2004, **18**(9): 718-722

15. BS Min, YH Kim, M Tomiyama, N Nakamura, H Miyashiro, T Otake, M Hattori. Inhibitory effects of Korean plants on HIV-1 activities. *Phytotherapy Research*. 2001, **15**(6): 481-486

16. 王德才, 高允生, 李柯, 孔志峰, 朱玉雲. 仙鶴草乙醇提取物抗炎鎮痛作用的實驗研究. 泰山醫學院學報. 2004, **25**(1): 7-8

17. 常敏毅. 仙鶴草對小鼠抗腫瘤, 鎮痛及升白細胞作用的觀察. 浙江中醫學院學報. 1998, **22**(5): 30-31

18. 王德才, 高允生, 朱玉雲, 李娟, 徐曉燕. 仙鶴草提取物對兔血壓的影響. 中國中醫藥信息雜誌. 2003, **10**(3): 21-24

19. 李玉祥, 樊華, 張勁松, 陳永萱, W Reutter. 中草藥抗癌的體外實驗. 中國藥科大學學報. 1999, **30**(1): 37-42

20. 高凱民, 周玲, 陳金英, 李鳳琴, 張玲. 仙鶴草煎劑對 HL-60 細胞的體外誘導凋亡作用. 中藥材. 2000, **23**(9): 561-562

21. 袁靜, 王元勳, 侯正明, 張虹亞, 陳向濤. 仙鶴草鞣酸體外對人體腫瘤細胞的抑制作用. 中國中醫藥科技. 2000, **7**(6): 378-379

22. 王思功, 李予蓉, 王瑞寧, 馮莉. 仙鶴草對人癌細胞裸鼠移植瘤的影響. 第四軍醫大學學報. 1998, **19**(6): 702-704

23. 曹勇, 駱永珍. 仙鶴草對荷瘤小鼠脾 IL-2 活性影響的研究. 中國中醫藥科技. 1999, **6**(4): 242

24. 曹勇, 駱永珍. 仙鶴草對腫瘤紅細胞免疫及其調節功能影響的實驗研究. 雲南中醫學院學報. 1998, **21**(4): 18-21

25. 李紅枝, 黃清松, 陳偉強, 黃思翔. 仙鶴草抗突變和抑制腫瘤作用實驗研究. 數理醫學雜誌. 2005, **18**(5): 471-473

26. 王思功, 李予蓉, 王瑞寧, 馮莉. 仙鶴草顆粒對小鼠血糖的影響. 第四軍醫大學學報. 1999, **20**(7): 640-642

27. 范尚坦, 李金蘭, 姚振華. 仙鶴草降血糖的實驗研究. 醫藥導報. 2004, **23**(10): 710-711

자귀나무 合歡 ^{CP, KHP}

Albizia julibrissin Durazz.

Silktree

 개 요

콩과(Leguminosae)

자귀나무(合歡, *Albizia julibrissin* Durazz.)의 나무껍질을 건조한 것   중약명: 합환피(合歡皮)

자귀나무의 꽃을 말린 것   중약명: 합환화(合歡花)

자귀나무속(*Albizia*) 식물은 전 세계에 약 150종으로 아시아, 아프리카, 호주 및 아메리카의 열대, 아열대 지역에 분포한다. 중국에는 약 17종이 있으며 이 속에서 현재 약으로 사용되는 것은 약 8종이다. 이 종은 중국의 동북에서부터 화남 및 서남부의 각지에 분포한다. 유럽, 중앙아시아에서 동아시아까지 모두 분포하며 북아메리카에서 재배된다.

'합환'의 약명은 《신농본초경(神農本草經)》에 중품으로 처음 기재되었으며, 역대 본초서적에도 꾸준히 기재되었다. 고대로부터 약으로 쓰인 것은 모두 이 종이다. 《중국약전(中國藥典)》(2015년 판)에 수록된 이 종은 중약 합환피와 합환화의 법정기원식물이다. 《대한민국약전외한약(생약)규격집》(제4개정판)에는 합환피를 "자귀나무(*Albizzia julibrissin* Durazzini, 콩과)의 줄기껍질"로 등재하고 있다.

《중국약전》에서는 고속액체크로마토그래피법을 이용하여 합환피의 경우 시링가레스놀아피오푸라노실디글루코피라노시드 [(−)−syringaresnol−4−O−β−D−apiofuranosyl−(1→2)−β−D−glucopyranoside]의 함량을 0.030% 이상으로 규격을 정하고 있으며, 합환화의 경우 퀘르세틴의 함량을 1.0% 이상으로 규격을 정하고 있다. 합환피의 주요산지는 호북, 강소, 절강, 안휘 등이며 그중 호북의 산량이 가장 많다. 합환화의 주요산지는 하북, 하남, 섬서, 산동, 강서, 호북, 강소, 절강, 안휘, 사천 등이다.

자귀나무속 식물의 나무껍질 속에는 함유된 주요한 활성성분으로는 트리테르페노이드 사포닌, 리그난, 플라보노이드이다. 《중국약전》에서는 박층크로마토그래피법과 약재비교 대조법으로 합환피와 합환화의 약재의 규격을 정하고 있다.

약리연구를 통하여 자귀나무에는 진정, 최면, 항우울, 항종양 및 면역활성 등의 작용이 있는 것으로 알려져 있다.

한의학에서 합환피와 합환화는 안신해울(安神解鬱), 활혈소옹(活血消癰) 등의 효능이 있다.

자귀나무 合歡 *Albizia julibrissin* Durazz.

약재 합환피 藥材合歡皮
Albiziae Cortex

1cm

자귀나무 合歡 CP, KHP

함유성분

나무껍질에는 트리테르페노이드와 트리테르페노이드 사포닌 성분으로 acacigenin B, machaerinic acid lactone[1], 21-[4-(ethylidene)-2-tetrahydrofuran methacryloyl] machaerinic acid[2], julibrogenin A, machaerinic acid methylester, julibrotriterpenoidal lactone A[3], julibroside I, II, III, A₁, A₂, A₃, A₄, B₁, C₁, J₃, J₆, J₁₀, J₁₁, J₁₈, J₁₉, J₂₀, J₂₃, J₂₄, J₂₈[4-13], acacic acid methylester, prosapogenin-10[14], 리그난류 성분으로 시린가레시놀과 그 배당체[15-17], 플라보노이드 성분으로 isookanin, luteolin, geraldone, daidzein, sophoflavescenol, kurarinone, kurarinol, kuraridin, kuraridinol[17], 그리고 페놀 배당체 성분으로 albibrissinosides A, B[18]가 함유되어 있다. 또한 다당 성분 등이 함유되어 있다.

심재에는 4,6-dimethoxyphthalide와 pinitol[19] 성분이 함유되어 있고, 꽃에는 quercitrin, isoquercitrin[20-21] 같은 정유와 플라보노이드 성분이 함유되어 있으며, 꼬투리에는 echinocystic acid와 albiside[22], 씨에는 3,5,4'trihydroxy-7,3-dimethoxyflavonol -3-O-β-D-glucopyranosyl-α-L-xylopyranoside[23] 등의 성분이 함유되어 있다.

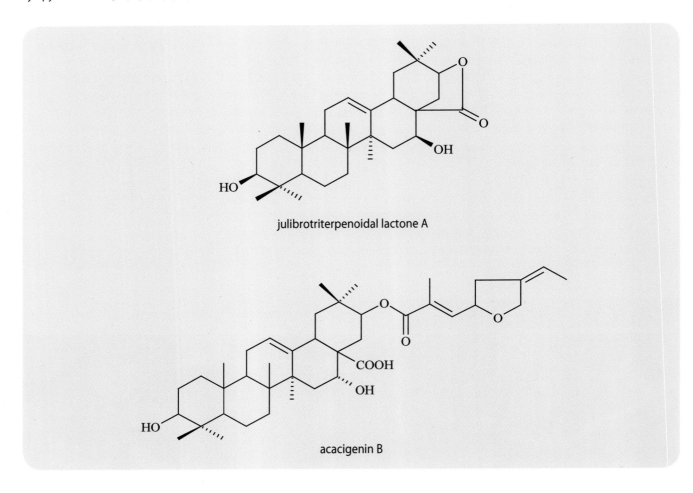

julibrotriterpenoidal lactone A

acacigenin B

약리작용

1. 진정, 최면

   자귀나무의 나무껍질, 화서 및 나뭇잎의 열수 추출물을 위에 주입하면 Mouse의 자발활동이 뚜렷하게 억제되며 펜토바르비탈과 뚜렷한 상승작용을 보임으로써 진정, 최면의 효능을 나타낸다[24-26]. 합환화의 진정, 최면작용은 그 속에 함유된 퀘르시트린 및 이소퀘르시트린과 연관된다[21].

2. 항우울 및 항불안

   합환화의 물 추출물을 위에 주입하면 '행위절망(行爲絶望)'이 있는 동물의 억울행위를 뚜렷하게 길항하고 Mouse의 강박유영 실험과 꼬리장력 실험에서 '행위절망'이 있는 Mouse의 움직이지 않는 시간을 단축시키며 개장(開場) 실험에서 Mouse의 자발활동을 감소시킨다[27]. 합환피의 물 추출물을 Rat에게 복용시키면 항불안작용이 있는데 이 작용은 신경계통(특히 5-HT₁A수용체)에 대한 5-하이드록시트리프타민의 유도를 통해 이루어지는 것이다[28].

3. 면역활성

   합환피의 알코올 추출물, 물 추출물, 다당 혹은 사포닌을 복강에 주사하면 적혈구 면역복합물화환율(RBC · ICR), 적혈구 C₃b수용체화환율(RBC · C$_{3b}$RR), 백혈구에 대한 적혈구의 탐식 촉진율, 슈퍼옥시드디스무타아제 활성 및 적혈구 C$_{3b}$수용체화환촉진율(RFER) 등을 현저하게 증가시킬 수 있으며 다당과 사포닌에서 그 활성이 더욱 확실하다. 이는 합환피가 실험 Mouse의 적혈구 면역효능을 양성으로 조절해 주는 작용이 있다는 것을 보여 주는데 그 주요 활성성분이 다당과 사포닌임을 알 수 있다[29].

4. 항종양

합환피의 다당을 복강에 주사하면 S180 엽상종이 있는 Mouse의 종양생장에 대해 뚜렷한 억제작용이 있고 T세포분화를 촉진하며 또 시클로스파미드(Cy)의 종양억제작용과 시너지 효과를 가져오는 동시에 Cy의 면역억제를 감소시킬 수 있다[30]. 합환피의 에탄올 추출물을 복강에 주사하면 C57BL/6흉선류 엽상종이 있는 Mouse의 인터루킨-2의 활성에 대해 뚜렷한 증강작용이 있는데 그 항암활성은 면역조절작용과 연관된다[31]. 쥬리브로그닌 J$_{18}$, J$_{19}$, J$_{28}$ 등은 *in vitro*에서 인체자궁경부암세포 HeLa, 인체간암세포 Bel-7402, 인체유선암세포 MDA-MB-435 혹은 인체전열선암세포 PC-3M-1E8의 증식을 뚜렷하게 억제할 수 있다[9, 13].

5. 항균

In vitro 실험을 통해서 알 수 있듯이, 자귀나무 씨의 메탄올 추출물은 뿌리곰팡이, 황색누룩곰팡이와 흑색누룩곰팡이를 억제할 수 있다. 이 추출물의 클로로포름 분획은 나병균과 황색포도상구균 등 그람양성균 및 대장간균 등 그람음성균에 대해 매우 좋은 항균작용이 있다[23].

6. 항생육

합환피의 냉수 추출물을 양의 막강(膜腔) 내에 주입하면 잉태 중인 배자를 위축되게 하고 임신을 중지시킬 수 있다. 합환피의 사포닌을 자궁에 주사하면 잉태 6~7일의 Rat의 태포(胎胞)를 위축시켜 죽일 수 있는데 이로써 합환피의 불임작용 유효성분이 사포닌이라는 것을 알 수 있다[32].

7. 기타

합환수피(合歡樹皮)의 추출물은 혈소판활성인자(PAF) 수용체를 길항할 수 있고 혈액순환을 촉진시키며 부종을 가라앉히는 등의 작용이 있다[32].

용 도

합환피는 중의임상에서 사용하는 약이다. 안신해울(安神解鬱, 심신을 안정시켜 마음의 답답함을 가라앉힘), 활혈소종[活血消腫, 활혈하게 하여 옹저(癰疽)나 상처가 부은 것을 가라앉힘] 등의 효능이 있으며, 분노우울, 번조불면(煩躁不眠, 가슴이 번거롭고 답답하여 잠을 잘 수 없음), 타박골절, 혈어종통(血瘀腫痛, 피가 맺혀서 피부가 부으면서 쑤시고 아픔), 옹종창독(癰腫瘡毒, 살갗에 생기는 종기가 곪아 터진 뒤 오래도록 낫지 않아 부스럼이 되는 병증) 등의 치료에 사용한다.
현대임상에서는 야맹증과 신경쇠약 등의 병증에 사용한다.

해 설

자귀나무속 식물 산합환(山合歡, *Albizia kalkora* (Roxb.) Prain)의 나무껍질은 북경, 산서, 하북, 하남, 사천 등지에서 합환피로 사용된다. 문헌에 의하면 자귀나무는 산합환의 진정작용과 기본적으로 유사하지만 산합환은 아직 《중국약전》에 기재되지 않았기에 양자의 화학성분과 임상치료효과에 대한 비교연구가 추가적으로 보완되어야 할 것이다.
우울과 불면은 현대 사회의 보편적인 문제로 사람들의 작업과 생활에 많은 불편을 가져다준다. 흔히 사용되는 항우울약은 대부분 화학약물로 장기간 복용하면 다양한 부작용을 유발한다. 그러나 자귀나무자원은 그 양이 풍부하고 자고이래 해울안신(解鬱安神)의 양약(良藥)으로 사용해 왔기 때문에 활용 전망이 높다고 할 수 있다.
자귀나무는 생육기간이 짧고 나무 형태가 높으며 수관이 넓고, 분홍색의 꽃은 화살모양으로 흩어져 있어 가로수로 유용하며 정원의 관상식물로 재배할 수 있다. 자귀나무의 목재는 대부분 가구 제조에 쓰이고, 여린 잎은 먹을 수 있으며 늙은 잎은 세탁에 활용할 수 있어 비교적 높은 경제적 가치를 가지고 있다.

참고문헌

1. SS Kang, WS Woo. Sapogenins from *Albizia julibrissin. Archives of Pharmacal Research.* 1983, **6**(1): 25-28

2. WS Woo, SS Kang. Isolation of a new monoterpene conjugated triterpenoid from the stem bark of *Albizia julibrissin. Journal of Natural Products.* 1984, **47**(3): 547-549

3. 陳四平, 張如意. 合歡皮中三萜皂苷元的研究. 藥學學報. 1997, **32**(2): 144-147

4. T Ikeda, S Fujiwara, J Kinjo, T Nohara, Y Ida, J Shoji, T Shingu, R Isobe, T Kajimoto. Three new triterpenoidal saponins acylated with monoterpenic acid from Albizziae Cortex. *Bulletin of the Chemical Society of Japan.* 1995, **68**(12): 3483-3490

5. J Kinjo, K Araki, K Fukui, H Higuchi, T Ikeda, T Nohara, Y Ida, N Takemoto, M Miyakoshi, J Shoji. Studies on leguminous plants. XXXIV. Six new triterpenoidal glycosides including two new sapogenols from *Albizzia* cortex. V. *Chemical & Pharmaceutical Bulletin.* 1992, **40**(12): 3269-3273

6. 陳四平, 張如意, 馬立斌, 涂光忠. 合歡皮中新皂苷的結構鑒定. 藥學學報. 1997, **32**(2): 110-115

7. 鄒坤, 趙玉英, 張如意. 合歡皂苷J₆的結構鑒定. 實用醫學進修雜誌. 1999, **27**(2): 79-83

8. 鄒坤, 王邠, 趙玉英, 張如意. 合歡中一對非對映異構九糖苷的分離鑒定. 化學學報. 2004, **62**(6): 625-629

9. K Zou, JR Cui, B Wang, YY Zhao, RY Zhang. A pair of isomeric saponins with cytotoxicity from *Albizia julibrissin*. *Journal of Asian Natural Products Research*. 2005, **7**(6): 783-789

10. 鄒坤, 趙玉英, 王邠, 徐峰, 張如意, 鄭俊華. 合歡皂苷J20的結構鑒定. 藥學學報. 1999, **34**(7): 522-525

11. 鄒坤, 趙玉英, 涂光忠, 張如意, 鄭俊華. 合歡皮中一個新的三萜皂苷. 中國藥學(英文版). 2000, **9**(3): 125-127

12. 鄒坤, 王邠, 趙玉英, 鄭俊華, 張如意. 合歡皮中一個新的八糖苷. 北京大學學報(醫學版). 2004, **36**(1): 18-20

13. H Liang, WY Tong, YY Zhao, JR Cui, GZ Tu. An antitumor compound julibroside J28 from *Albizia julibrissin*. *Bioorganic & Medicinal Chemistry Letters*. 2005, **15**(20): 4493-4495

14. 鄭璐, 吳剛, 王邠, 吳立軍, 趙玉英. 合歡皂苷及苷元的分離鑒定. 北京大學學報(醫學版). 2004, **36**(4): 421-425

15. 佟文勇, 米靚, 梁鴻, 趙玉英. 合歡皮化學成分的分離鑒定. 北京大學學報(醫學版). 2003, **35**(2): 180-183

16. J Kinjo, K Fukui, H Higuchi, T Nohara. Leguminous plants. 23. The first isolation of lignan tri- and tetra-glycosides. *Chemical & Pharmaceutical Bulletin*. 1991, **39**(6): 1623-1625

17. MJ Jung, SS Kang, HA Jung, GJ Kim, JS Choi. Isolation of flavonoids and a cerebroside from stem bark of *Albizia julibrissin*. *Archives of Pharmacal Research*. 2004, **27**(6): 593-599

18. MJ Jung, SS Kang, YJ Jung, JS Choi. Phenolic glycosides from the stem bark of *Albizia julibrissin*. *Chemical & Pharmaceutical Bulletin*. 2004, **52**(12): 1501-1503

19. Y Nakano, T Takashima. Extractives of *Albizia julibrissin heartwood*. *Mokuzai Gakkaishi*. 1975, **21**(10): 577-580

20. 李作平, 郜嵩, 郝存書, 范桂敏. 合歡花化學成分的研究. 中國中藥雜誌. 2000, **25**(2): 103-104

21. TH Kang, SJ Jeong, NY Kim, R Higuchi, YC Kim. Sedative activity of 2flavonol glycosides isolated from the flowers of *Albizia julibrissin*. *Journal of Ethnopharmacology*. 2000, **71**(1, 2): 321-323

22. TV Sergienko, TB Mogilevtseva, VY Chirva. Chemical study of *Albizia julibrissin* beans. *Khimiya Prirodnykh Soedinenii*. 1977, **5**: 708

23. RN Yadava, VMS Reddy. A biologically active flavonol glycoside of seeds of *Albizia julibrissin Durazz*. *Journal of the Institution of Chemists*. 2001, **73**(5): 195-199

24. 李潔. 合歡皮與山合歡皮鎮靜催眠作用的比較研究. 時珍國醫國藥. 2005, **16**(6): 488

25. 單國存, 石磊虹. 合歡花與南蛇藤果實水煎劑鎮靜, 催眠作用的比較. 中藥材. 1989, **12**(5): 36-37

26. 趙曉峰, 徐健, 施明, 龐傳宇, 王翹楚. 合歡樹葉鎮靜催眠作用的藥理實驗研究. 中成藥. 1996, **18**(8): 48

27. 李作平, 趙丁, 任雷鳴, 朱忠寧. 合歡花抗抑鬱作用的藥理實驗研究初探. 河北醫科大學學報. 2003, **24**(4): 214-216

28. JW Jung, JH Cho, NY Ahn, HR Oh, SY Kim, CG Jang, JH Ryu. Effect of chronic *Albizia julibrissin* treatment on 5-hydroxytryptamine_{1A} receptors in rat brain. *Pharmacology, Biochemistry and Behavior*. 2005, **81**(1): 205-210

29. 田維毅, 武孔雲, 白惠卿. 合歡皮紅細胞免疫活性成分及其機制的研究. 四川中醫. 2003, **21**(10): 17-19

30. 韓莉, 崔景榮, 李敏, 葉穎, 劉倩, 吳軍. 合歡皮多糖對S180荷瘤小鼠的抑瘤及免疫調節作用的研究. 實用醫學進修雜誌. 2000, **28**(3): 144-146

31. 田維毅, 尚麗江, 白惠卿, 馬春玲. 合歡皮乙醇提取物對荷瘤小鼠IL-2生物活性的影響. 貴州醫藥. 2002, **26**(5): 392-393

32. 蔚冬紅, 喬善義, 趙毅民. 中藥合歡皮研究概況. 中國中藥雜誌. 2004, **29**(7): 619-624

부추 韭菜 CP, KHP

Allium tuberosum Rottl. ex Spreng
Tuber Onion

 개요

백합과(Liliaceae)

부추(韭菜, *Allium tuberosum* Rottl. ex Spreng)의 씨를 건조한 것

중약명: 구채자(韭菜子)

파속(*Allium*) 식물은 전 세계에 약 500종이 있으며 주로 북반구에 분포한다. 중국에 약 110종이 있는데 현재 이 속 식물에서 약으로 사용되는 것은 약 13종이다. 이 종의 원산지는 아시아 동남부인데 현재 세계 각지에서 모두 재배한다.

부추는 '구(韭)'라는 명칭으로 《명의별록(名醫別錄)》에 중품으로 처음 기재되었다. 《중국약전(中國藥典)》(2015년 판)에 수록된 이 종은 중약 구채자의 법정기원식물이다. 《대한민국약전외한약(생약)규격집》(제4개정판)에는 구자를 "부추(*Allium tuberosum* Rottler, 백합과)의 씨"로 등재하고 있다. 《중국약전》에서는 약재의 성상, 현미경 감별 특징, 성미 및 박층크로마토그래피법을 이용하여 약재를 관리하고 있다. 중국 각지에서 모두 재배한다.

부추에는 주로 유황 화합물, 배당체 및 플라보노이드 성분이 있다.

약리연구를 통하여 부추의 씨에는 항균, 거담(祛痰) 등의 작용이 있는 것으로 알려져 있다.

한의학에서 구채자는 온보간신(溫補肝腎), 장양고정(壯陽固精)의 효능이 있다.

부추 韭菜 *Allium tuberosum* Rottl. ex Spreng

약재 구채자 藥材韭菜子 Allii Tuberosi Semen

1cm

부추 韭菜 CP, KHP

함유성분

씨에는 스테로이드 사포닌 성분으로 tuberosides A, B, C, D, E, F, G, H, I, J, K, L, M[1-5], nicotianoside C, (22S)-cholest-5-ene-1β,3β,16β,22-tetrol-1-O-α-L-rhamnopyranosyl-16-O-β-D-glucopyranoside[6], 알칼로이드 성분으로 tuberosines A, B, N-trans-feruloyl-3-methyldopamine, N-trans-coumaroyl tyramine, 3-formylindole, 3-pyridine carboxylic acid, tuber-ceramide, 페놀산 성분으로 vernolic acid, 3-methoxy-4-hydroxybenzoic acid, p-hydroxybenzoic acid, 3,5-dimethoxy-4-hydroxybenzoic acid, lignans, syringaresinol[6-9] 성분이 함유되어 있다.

잎에는 플라보노이드 성분으로 3-O-sophorosyl-7-O-β-D-(2'-feruloylglucosyl) kaempferol, 3,4'di-O-β-D-feruloylglucosyl kaempferol, 3-O-β-D-(2-O-feruloyl) glucosyl-7,4'-di-O-β-D-glucosylkaempferol, 3,4'di-O-β-D-glucosyl quercetin, 3-O-β-sophorosyl-kaempferol[10] 등이 함유되어 있다.

뿌리줄기와 잎 그리고 꽃에는 휘발성 기름(주로 황화물로 조성된) 등이 함유되어 있다[11].

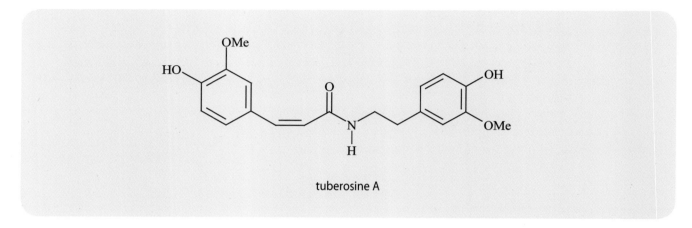

tuberosine A

약리작용

1. 항균

   구채 중에 함유된 유황 화합물은 마늘에스테르효소의 작용에 의해 알리신을 전화할 수 있는데 이러한 경로로 항균작용이 활성화된다. 구채의 유황 화합물은 포도상구균, 폐렴구균, 연쇄구균, 상한간균, 대장간균, 이질간균, 아메바원충 및 일부 진균들을 억제할 수 있다. 부추의 잎은 또 음도적충을 사멸시키는 작용이 있다.

2. 거담

   부추의 씨에 함유된 사포닌은 위점막을 자극하여 반사작용으로 유발된 호흡도 분비물을 증가함으로써 거담작용을 일으킨다.

3. 항종양

   In vitro 실험에서 증명된 바와 같이 튜베로사이드 M은 인체전골수성 백혈병세포 HL-60의 증식을 뚜렷하게 억제할 수 있다[5].

4. 적응작용

   부추씨 기름은 초파리의 고온과 저온에 견디는 능력을 뚜렷이 증강시킬 수 있다[11].

5. 적혈구응집작용

   부추의 잎에 함유된 식물성 렉틴은 토끼의 적혈구에 강한 응집작용을 나타낸다[12].

용도

구자

구자는 중의임상에서 사용하는 약이다. 온보간신(溫補肝腎, 간과 신장이 음허한 것을 보하는 것), 장양고정[壯陽固精, 보양하여 신기(腎氣)를 유정(遺精), 활설(滑泄)하게 함] 등의 효능이 있으며, 신양허(腎陽虛, 전신의 기능이 신장의 허약으로 인한 병증)하여 생기는 양위유정(陽痿遺精, 음경이 발기되지 않거나 성교 없이 정액이 흘러나오는 병증), 유뇨뇨빈(遺尿尿頻, 소변이 저절로 나와 자주 소변을 보는 증상), 백대과다[白帶過多, 여성의 질에서 분비되는 대하(帶下) 중 백색 점액이 과한 증상], 간과 신장의 부족으로 유발된 요슬산연냉통(腰膝酸軟冷痛, 허리와 무릎에 시리고 차가운 통증이 있는 증상)에 사용한다.

현대임상에서는 신경쇠약, 난치성 애역(呃逆, 기가 상충하여 목구멍에서 딸꾹질이 끊임없이 연속하는 증상), 장염 등의 병증에 사용한다.

구채

구채는 중의임상에서 사용하는 약이다. 보신온중(補腎溫中, 신장을 보익함), 행기산어(行氣散瘀, 기를 행하게 하여 어혈을 풀어 줌), 해독 등의 효능이 있으며, 신장이 허하여 생긴 양위(陽痿, 발기부전), 이한복통(裏寒腹痛, 체내 장부의 양기가 부족하고 차며 복부가 아픈 증상), 열격반위(噎膈反胃, 음식을 섭취할 때 장애를 받아서 먹는 즉시 토하는 것), 흉비동통[胸痺疼痛, 흉비증(胸痺症)으로 가슴이 아픈 것], 육혈(衄血, 코피가 나는 증상), 토혈(吐血, 피를 토하는 병증), 뇨혈(尿血, 혈이 요도를 따라 배출되고 통증이 없는 병증), 이질, 치질, 옹종창독(癰腫瘡毒, 살갗에 생기는 종기가 곪아 터진 뒤 오래도록 낫지 않아 부스럼이 되는 병증), 칠창[漆瘡, 칠독(漆毒)에 접촉되어 발생하는 부스럼증], 타박상 등의 치료에 사용한다.

현대임상에서는 과민성 출혈증, 유선염, 두드러기 등의 병증에 사용한다.

해 설

구자는 약으로 사용하며 부추의 잎은 식용할 수 있다. 부추의 뿌리에는 온중(溫中), 행기(行氣), 산어(散瘀), 해독 등의 효능이 있기 때문에 이한복통, 식적복창(食積腹脹), 흉비동통, 적백대하(赤白帶下), 육혈, 토혈, 타박상 등의 병증을 치료할 수 있다. 구자 중에 함유된 사포닌은 다슬기에 대해 살멸작용이 있기에 간흡충이 유행하는 지역에서 숙주(다슬기)를 살멸하는 데 사용할 수 있다[13].

참고문헌

1. SM Sang, AN Lao, HC Wang, ZL Chen. Furostanol saponins from *Allium tuberosum*. *Phytochemistry*. 1999, **52**(8): 1611-1615

2. SM Sang, AN Lao, HC Wang, ZL Chen. Two new spirostanol saponins from *Allium tuberosum*. *Journal of Natural Products*. 1999, **62**(7): 1028-1029

3. SM Sang, SL Mao, AN Lao, ZL Chen, CT Ho. Four new steroidal saponins from the seeds of *Allium tuberosum*. *Journal of Agricultural and Food Chemistry*. 2001, **49**(3): 1475-1478

4. SM Sang, ML Zou, ZH Xia, AN Lao, ZL Chen, CT Ho. New spirostanol saponins from Chinese chives *(Allium tuberosum)*. *Journal of Agricultural and Food Chemistry*. 2001, **49**(10): 4780-4783

5. SM Sang, ML Zou, XW Zhang, AN Lao, ZL Chen. Tuberoside M, a new cytotoxic spirostanol saponin from the seeds of *Allium tuberosum*. *Journal of Asian Natural Products Research*. 2002, **4**(1): 69-72

6. 桑聖民, 夏增華, 毛士龍, 勞愛娜, 陳仲良. 中藥韭子化學成分的研究. 中國中藥雜誌. 2000, **25**(5): 286-288

7. 桑聖民, 毛士龍, 勞愛娜, 陳仲良. 中藥韭子中一个新酰胺成分. 中草藥. 2000, **31**(4): 244-245

8. 桑聖民, 毛士龍, 勞愛娜, 陳仲良. 中藥韭子中一个新生物碱成分. 天然産物研究與開發. 2000, **12**(2): 1-3

9. ZM Zou, LJ Li, DQ Yu, PZ Cong. Sphingosine derivatives from the seeds of *Allium tuberosum*. *Journal of Asian Natural Products Research*. 1999, **2**(1): 55-61

10. 王鴻梅, 馮靜. 韭菜挥发油中化學性分的研究. 天津醫科大學學報. 2002, **8**(2): 191-192

11. 馬慶臣, 呂文華, 李廷利, 楊玉靜. 韭菜籽油抗高溫和抗低溫作用的實驗研究. 中醫藥學報. 2000, **2**: 78

12. 余萍, 黃德棋, 林玉滿. 韭菜凝集素的純化及部分性质的研究. 福建師範大學學報(自然科學版). 1995, **11**(3): 71-75

13. 趙慶華, 吳東儒, 李國賢, 趙幟平. 葱屬植物韭子皂苷的化學結構及基滅螺活性的研究. 安徽大學學報(自然科學版). 1993, **4**: 62-64

가회톱 白蘞 CP, KHP

Ampelopsis japonica (Thunb.) Makino

Japanese Ampelopsis

개요

포도과(Vitaceae)

가회톱(白蘞, *Ampelopsis japonica* (Thunb.) Makino)의 덩이뿌리를 건조한 것

중약명: 백렴(白蘞)

개머루속(*Ampelopsis*) 식물은 전 세계에 약 30종이 있으며 아시아, 북아메리카와 중앙아메리카에 분포한다. 중국에 17종이 있는데 이속에서 현재 약으로 사용되는 것은 13종이다. 이 종은 중국의 동북, 화북, 화동, 중남 및 서남 지역에 분포하며 일본에도 분포하는 것이 있다.

'백렴'이란 약명은 《신농본초경(神農本草經)》에 하품으로 처음 기재되었다. 역대의 본초서적에 기재되었으며 오늘날의 약용품종과 일치한다. 《중국약전(中國藥典)》(2015년 판)에 수록된 이 종은 중약 백렴의 법정기원식물이다. 주요산지는 중국의 하남, 호북, 강서, 안휘 등이다. 강소, 절강, 사천, 광서 등지에서도 생산되는 것이 있다. 《대한민국약전외한약(생약)규격집》(제4개정판)에는 백렴을 "가회톱(*Ampelopsis japonica* Makino, 포도과)의 덩이뿌리"로 등재하고 있다.

가회톱에는 주로 안트라퀴논, 유기산, 타닌 등의 성분을 함유한다. 그중 피시온, 크리소파놀, 푸마르산, 몰식자산 등이 항균과 항진균 작용의 유효성분이다[1]. 《중국약전》에서는 약재의 성상, 현미경 감별 특징, 박층크로마토그래피법, 이물, 수분, 총회분량, 산불용성회분량, 알코올 추출물 등으로 약재의 규격을 정하고 있다.

약리연구를 통하여 가회톱에는 항균, 항종양 등의 작용이 있는 것으로 알려져 있다.

한의학에서 백렴은 청열해독(淸熱解毒), 소옹산결(消癰散結) 등의 효능이 있다.

가회톱 白蘞 *Ampelopsis japonica* (Thunb.) Makino

약재 백렴 藥材白蘞 Ampelopsis Radix

1cm

함유성분

덩이뿌리에는 탄닌 성분으로 gallic acid, (+)-catechin, (-)-epicatechin, (+)-gallocatechin, 안트라퀴논 성분으로 physcion, chrysophanol, emodin[3], 유기산 성분으로 protocatechuic acid, gentistic acid, fumaric acid[1], 플라보노이드 성분으로 quercetin, 트리테르페노이드와 트리테르페노이드 사포닌으로 lupeol, momordin I[5], 스틸벤 성분으로 resveratrol, 리그난류 성분으로 schizandriside, 스테롤 성분으로 β-sitosterol, stigmasterol 등이 함유되어 있다.

잎에는 gallic acid, 1,2,6-tri-O-galloyl-β-D-glucopyranoside, 1,2,3,6-tetra-O-galloyl-β-D-glucopyranoside, 1,2,4,6-tetra-O-galloyl-β-D-glucopy-ranoside, 1,2,3,4,6-penta-O-galloyl-β-D-glucopyranoside[6], quercetin-3-O-α-L-rhamnoside[7] 성분이 함유되어 있다.

physcion

fumaric acid

약리작용

1. 항균

    In vitro 실험을 통해서 알 수 있듯이 신선한 백렴 및 백렴초탄(白蘞炒炭)과 그 열수 추출물은 황색포도상구균, 녹농간균, 플렉스네리이질간균과 대장간균 등에 대해 모두 일정한 항균작용이 있는데 포제품의 작용이 더욱 강하고 그중에서 백렴초탄의 작용이 가장 뛰어나다[8].

2. 항종양

    In vitro 실험을 통해서 알 수 있듯이 백렴의 추출물은 인체자궁경부암세포 JTC-26을 억제할 수 있다. 백렴에 함유된 모몰딘 I은 인

가회톱 白蘝 CP, KHP

체전골수성 백혈병세포 HL-60의 자멸을 유도할 수 있다[5].

3. 면역증강

백렴의 알코올 추출물을 위에 주입하면 Mouse의 외주혈액임파세포, α-나프틸아세테트산에스터가수분해효소(ANAE)의 촉진율, 비장임파세포의 증식기능과 대식세포의 탐식기능에 모두 촉진작용이 있다[9].

4. 기타

백렴은 혈액순환을 개선하는 작용이 양호하며 신경계통의 문란을 치료하는 등의 작용이 있다[10].

용 도

백렴은 중의임상에서 사용하는 약이다. 청열해독(淸熱解毒, 화열을 깨끗이 제거하고 몸의 독을 없이함), 소옹산결(消癰散結, 큰 종기나 상처가 부은 것을 삭아 없어지게 하고 뭉치거나 몰린 것을 헤치는 효능), 생기지통(生肌止痛, 새살이 돋아나게 하고 통증을 멈추는 것) 등의 효능이 있으며, 창옹종독(瘡癰腫毒, 부스럼의 빛깔이 밝고 껍질이 얇은 종기가 헌 곳 또는 헌데의 독), 수화탕상(水火燙傷, 끓는 물에 데어서 다친 증상) 등의 치료에 사용한다.

현대임상에서는 외과염증, 피부염, 급 · 만성 세균성 이질, 상기도 출혈, 임파선염 등의 병증에 사용한다.

해 설

가회톱의 함유성분과 약리작용은 향후 더욱 연구가 필요하다. 근래의 연구를 통하여 가회톱의 추출물은 피부에 대해 미백작용이 있기에[11] 미용보호품의 첨가제로 사용되며[12] 화장품 공업에서 아주 좋은 전망이 있다.

참고문헌

1. 何宏賢, 謝麗華, 金蓉鶯. 白蘝化學成分的初步研究. 中草藥. 1994, **25**(11): 568

2. T Kato, T Suyama, F Yamane, Y Morita. Chemical components of a commercial crude drug Byakuren (Ampelopsis Radix). Shoyakugaku Zasshi. 1992, 46(4): 302-309

3. 鄒濟高, 金蓉鶯, 何宏賢. 白蘝化學成分研究. 中藥材. 2000, **23**(2): 91-93

4. T Kato, F Yamane, Y Morita. Chemical components of crude drug "Byakuren" (Ampelopsis Radix). *Natural Medicines*. 1995, 49(4): 478-483

5. JH Kim, EM Ju, DK Lee, HJ Hwang. Induction of apoptosis by momordin I in promyelocytic leukemia (HL-60) cells. *Anticancer Research*. 2002, **22**(3): 1885-1889

6. 俞文勝, 陳新民, 楊磊, 李宇飛. 白蘝單寧化學成分的研究. 天然產物研究與開發. 1995, **7**(1): 15-18

7. 俞文勝, 陳新民, 楊磊. 白蘝多酚類化學成分的研究(II). 中藥材. 1995, **18**(6): 297-301

8. 閔凡印, 周一鴻, 宋學立, 楊維高. 白蘝炒製前後的體外抗菌作用. 中國中藥雜誌. 1995, **20**(12): 728-729

9. 俞琦, 蔡琨, 田維毅. 白蘝醇提物免疫活性的初步研究. 貴陽中醫學院學報. 2005, **27**(2): 20-21

10. S Choi, SD Shin, YH Ahn. New formulation of oriental drug, Woowhangchungshimwaon. *Japan Kokai Tokkyo Koho*. 1999: 22

11. YH Cho, SG Hong, JH Kim, BC Lee, JJ Lee, SM Park, HB Pyo. Cosmetic composition containing *Ampelopsis japonica extract*. *Republic Korean Kongkae Taeho Kongbo*. 2003

12. JY Kim. Skin whitening agent and production thereof. *Republic Korean Kongkae Taeho Kongbo*. 2003

지모 知母 CP, KP, JP, VP

Anemarrhena asphodeloides Bge.
Common Anemarrhena

 개요

백합과(Liliaceae)

지모(知母, *Anemarrhena asphodeloides* Bge.)의 뿌리줄기를 건조한 것

중약명: 지모

지모속(*Anemarrhena*) 식물은 전 세계에 오직 1종이 있는데 중국과 한반도에 분포한다. 지모는 중국의 동북, 화북, 섬서, 감숙, 영파, 산동, 강소 등에 분포한다.

'지모'란 약명은 《신농본초경(神農本草經)》에 중품으로 처음 기재되었으며, 이후 역대의 본초서적에 꾸준히 기재되었다. 《중국약전(中國藥典)》(2015년 판)에 수록된 이 종은 중약 지모의 법정기원식물이다. 주요산지는 중국의 하북성이다. 그 밖에 산서, 하남, 감숙, 섬서, 내몽고 및 동북에도 자생하는 것이 있다. 《대한민국약전》(11개정판)에는 지모를 "지모(*Anemarrhena asphodeloides* Bunge, 백합과)의 뿌리줄기"로 등재하고 있다.

지모속 식물의 주요 활성성분으로는 스테로이드 사포닌이 있다. 《중국약전》에서는 고속액체크로마토그래피법을 이용하여 지모의 망기페린의 함량을 0.70% 이상, 티모사포닌 BII의 함량을 3.0% 이상으로, 지모 음편(飮片) 중 망기페린의 함량을 0.50% 이상, 티모사포닌 BII의 함량을 3.0% 이상으로, 지모염(知母盐) 중 망기페린의 함량을 0.40% 이상, 티모사포닌 BII의 함량을 2.0% 이상으로 약재의 규격을 정하고 있다.

약리연구를 통하여 지모에는 항균, 항바이러스, 해열, 항염지해(抗炎止咳), 강혈당 등의 작용이 있는 것으로 알려져 있다.

한의학에서 지모는 청열사화(清熱瀉火), 자음윤조(滋陰潤燥) 등의 효능이 있다.

지모 知母 *Anemarrhena asphodeloides* Bge.

약재 모지모 藥材毛知母 Anemarrhenae Rhizoma

1cm

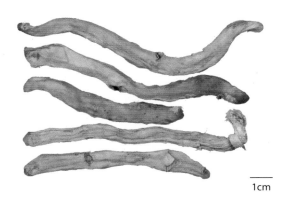
약재 광지모 藥材光知母 Anemarrhenae Rhizoma

1cm

지모 知母 ^{CP, KP, JP, VP}

함유성분

뿌리줄기에는 스테로이드 사포게닌과 사포닌으로 anemarsaponins A₁ , A₂, B, C, E, F, G[1-3], anemarrhenasaponins I, II, III, IV, Ia[4-6], sarsasapogenin, marcogenin[7], pseudoprototimosaponin AIII[8], timosaponins AIII, B, BI, BII, BIII, BIV, BV, BVI, C₁, C₂, D, D₁, D₂, E₁, F, G, H₁, H₂, I₁, I₂[6-7, 9-14], xilingsaponins A, B[15], smilageninoside[16], degalactotigonin, F-gitonin[17], 플라보노이드 성분으로 baohuoside I, icariside I[7], 크산톤 성분으로 mangiferin (chinonin), neomangiferin[18], 다당류 성분으로 anemarans A, B, C, D[19], PS-I[20] 등이 함유되어 있다.
지상부에는 크산톤 성분으로 mangiferin, isomangiferin[21] 등이 함유되어 있다.

timosaponin B III

neomangiferin

약리작용

1. 항병원미생물

지모 열수 추출물은 *in vitro*에서 이질간균, 상한간균, 결핵간균 등의 세균과 허란씨황선균, 동심성모선균 등의 피부진균에 대하여 억제작용이 있다. 망기페린은 *in vitro*에서 A형 인체독감바이러스(H1N1)[22]와 단순포진바이러스(HSV) Sm44[23]에 대하여 뚜렷한 억제작용이 있다. 망기페린을 복강에 주사하면 H1N1에 감염된 Mouse의 임상증상을 개선하고 14일 내의 사망률을 감소시키며 생존시간을 연장한다[24].

2. 항염

망기페린을 복강에 주사하면 난청단백으로 천식이 유발된 기니피그의 혈청과 폐포관세액 내 일산화질소와 엔도셀린-1(ET-1)의 함량 및 모세혈관 투과성을 낮출 수 있고 폐조직의 염증을 감소시킬 수 있으며 천식발작을 예방할 수 있는데 그 항염작용은 글루코코르티코이드와 유사하다[25]. 지모의 다당은 콩팥샘 기능을 조절할 수 있고 Rat의 혈장 코르티코스테론 농도를 제고할 수 있으며 부신피질자극호르몬(ACTH) 분비를 촉진하는 것을 억제할 수 있다. 또한 프로스타글란딘 E의 합성 혹은 방출을 억제할 수 있으며 여러 가지 염증치료제로 유발된 급성 모세혈관 투과성을 높일 수 있고 염증성 삼출을 증가시킬 수 있으며 조직수종 및 만성 육아종의 증가에 뚜렷한 억제작용이 있다[26].

3. 해열

지모의 침고(浸膏)를 피하에 주사하면 대장간균으로 유발된 토끼의 발열을 억제할 수 있는데 그 효과가 지속적이다.

4. 항혈당

지모의 물 추출물은 *in vitro*에서 α-글리코시다아제의 활성을 억제할 수 있다[27]. 지모의 다당을 알록산으로 고혈당이 유발된 쥐의 위에 주입하면 간장당원(肝臟糖原)의 합성을 증가시킬 수 있으며 간장당원의 분해를 감소시킬 수 있고 골격근의 ^3H-2-deoxy-glucose에 대한 섭취를 증가시켜 혈당을 낮출 수 있다[28]. 지모의 물 추출물 또는 망기페린을 위에 주입하면 II형 당뇨유발유전자 KK-Ay가 유전된 Mouse의 혈당수치를 낮춤과 동시에 인슐린의 저항성을 감소시킬 수 있다[29].

5. 대뇌기능에 대한 영향

지모의 사포게닌은 원대배양신경세포 M수용체의 생성을 촉진할 수 있으며[30], 전환유전세포 CHOm2의 M_2수용체와 mRNA의 안정성과 함량 및 M_2수용체의 밀도를 제고할 수 있다[31]. 지모의 사포게닌 및 이성체를 복용하면 노년 Rat의 기억력을 뚜렷하게 개선시킬 수 있으며 뇌 내 M_1수용체의 밀도를 제고시킬 수 있다[32]. 지모의 사포게닌을 복용하면 β-아미노이드와 흥분성 아미노산으로 유발되어 치매에 걸린 Rat의 대뇌피질, 해마체, 선상체 내의 M수용체 밀도를 제고시킬 수 있으며[33], 동물모델 뇌 속의 콜린아세틸전이효소(ChAT)의 활성을 제고시켜 β-아미노이드의 침적을 감소시킬 수 있다[34]. 지모의 사포닌을 복용하면 β-아미노이드로 유발되어 치매에 걸린 Rat의 뇌조직 내의 슈퍼옥시드디스무타아제 활성을 제고시킬 수 있고 말론디알데하이드(MDA)의 수치를 낮출 수 있으며 항산화기능을 증강시킬 수 있을 뿐만 아니라 학습기억을 개선할 수 있다[35]. 또한 노년 Rat의 뇌 속 N수용체의 농도를 제고할 수 있고[36], 약물로 유발된 Mouse의 학습기억장애를 개선할 수 있다[37].

6. 호르몬에 대한 영향

지모의 사포닌 및 아글리콘은 하이드로코르티손으로 콩팥샘 피질기능 항진이 유발된 토끼의 외주혈액임파세포의 수치를 상승시키고 Rat의 뇌조직 내 β-아드레날린수용체의 밀도를 정상적으로 회복시킬 수 있는데 토끼의 간장 글루코코르티코이드 수용체의 밀도와 혈청 코르디솔의 함량에는 영향을 주지 않는다[38].

7. 항산화, 항방사능

망기페린을 위에 주입하면 γ사선 조사(照射) 후 Mouse의 간장, 비장, 신장 속 지질과산화물(LPO)의 함량을 낮출 수 있고 5'-TMP 유리기에 대해 비교적 강한 제거작용이 있다[39].

8. 항종양

망기페린은 *in vitro*에서 전골수성 백혈병세포 HL-60의 생장에 대해 억제작용이 있고[40], 아드리아마이신(ADM)으로 유발된 Rat의 심장 선입체의 MDA 생성, ATP효소 활성상실과 막유동성저해 등 독성에 대해 보호작용이 있으며 동시에 ADM의 약효를 상쇄하지 않는 특징이 있다[41].

9. 기타

지모의 스테로이드 사포닌은 혈소판응집에 뚜렷한 억제작용이 있다[42]. 망기페린은 음허한 Mouse의 체중을 증가시키고 혈장 cAMP의 함량과 cAMP/cGMP의 비율을 낮출 수 있다. Mouse의 지발성 면역과민반응을 증가시킬 수 있다[43]. 또한 만성 저산소고이산화탄소성의 Rat의 폐동맥고압과 폐혈관결절이 재건되는 것을 억제하는 작용이 있다[44].

지모 知母 CP, KP, JP, VP

용도

지모는 중의임상에서 사용하는 약이다. 청열사화(淸熱瀉火, 열을 식히고 화기를 없애는 것), 자음윤조(滋陰潤燥, 보습) 등의 효능이 있으며, 열병번갈[熱病煩渴, 열성병(熱性病)으로 가슴이 답답하여 입이 마르고 갈증이 나는 병증], 폐열해수(肺熱咳嗽, 폐열로 기침할 때 쉰 소리가 나고 가래도 나오는 증상), 음허조해(陰虛燥咳, 음허로 마른기침을 하는 것), 골증조열(骨蒸潮熱, 뼛속이 쑤시고 저열이 간격을 두고 일어나는 신열), 음허소갈[陰虛消渴, 음허로 인한 소갈(消渴)], 장조변비(腸燥便秘, 대장의 진액이 줄어들어 대변이 굳어진 것) 등의 치료에 사용한다.

현대임상에서는 노년치매, 급성 열병, 당뇨병, 풍습성 관절염 등 병증에 사용한다.

해설

근래 지모에 대한 연구의 대부분은 지모 사포닌의 노년치매 방면에 대한 작용으로 대표적인 연구의 성과는 항노년치매에 대한 작용이며 N-니코틴수체 함량의 제고에 의한 것으로 밝혀지고 있다. 세계적 노령화의 도래와 더불어 지모 사포닌은 학습과 기억 방면에 대한 작용증강이 체계적으로 인정받고 있으며 이와 관련된 상품의 탐구와 개발이 관심을 모으고 있다.

지모의 상품약재는 광지모(光知母)와 모지모(毛知母), 두 가지로 나뉜다. 채집할 때 뿌리줄기를 파내어 줄기와 싹 및 수염뿌리를 제거한 후, 황용모(黃絨毛)와 담황색의 엽흔(葉痕) 및 경흔(莖痕)을 햇볕에 말린 것을 모지모라고 하며, 신선한 지모의 껍질을 벗긴 후에 햇볕에 말린 것을 광지모라 한다.

참고문헌

1. 董俊興, 韓公羽. 中藥知母有效成分硏究. 藥學學報. 1992, **27**(1): 26-32

2. 馬百平, 董俊興, 王秉侅, 顏賢忠. 知母中呋甾皂苷的硏究. 藥學學報. 1996, **31**(4): 271-277

3. BP Ma, BJ Wang, JX Dong, XZ Yan, HJ Zhang, AP Tu. New spirostanol glycosides from *Anemarrhena asphodeloides. Planta Medica.* 1997, **63**(4): 376-379

4. S Saito, S Nagase, K Ichinose. New steroidal saponins from the rhizomes of *Anemarrhena asphodeloides* Bunge (Liliaceae). *Chemical & Pharmaceutical Bulletin.* 1994, **42**(11): 2342-2345

5. 孟志雲, 徐綏緖. 知母中的皂苷成分. 中國藥物化學雜誌. 1998, **8**(2): 135-136,140

6. ZY Meng, JY Zhang, SX Xu, K Sagahara. Steroidal saponins from *Anemarrhena asphodeloides* and their effects on superoxide generation. *Planta Medica.* 1999, **65**(7): 661-663

7. 邊際, 徐綏緖, 黃松, 王喆星. 知母化學成分的硏究. 瀋陽藥科大學學報. 1996, **13**(1): 34-40

8. N Nakashima, I Kimura, M Kimura, H Matsuura. Isolation of pseudoprototimosaponin AIII from rhizomes of *Anemarrhena asphodeloides* and its hypoglycemic activity in streptozotocin-induced diabetic mice. *Journal of Natural Products.* 1993, **56**(3): 345-350

9. 徐綏緖. 知母中三個新的呋甾皂苷. 瀋陽藥科大學學報. 1998, **15**(2): 130-131

10. 徐綏緖, 周曉棉. 知母中新的甾體皂苷. 瀋陽藥科大學學報. 1998, **15**(4): 254-256

11. 楊軍衡, 曾雷, 易誠. 中藥知母新皂苷成分的硏究. 天然産物硏究與開發. 2001, **13**(5): 18-21

12. 孟志雲, 李文, 徐綏緖, 漆新國, 沙義. 知母的皂苷成分. 藥學學報. 1999, **34**(6): 451-453

13. 孟志雲, 徐綏緖, 孟令宏. 知母皂苷E1和E2. 藥學學報. 1998, **33**(9): 693-696

14. 孟志雲, 徐綏緖, 李文, 沙沂. 知母中新的皂苷成分. 中國藥物化學雜誌. 1999, **9**(4): 294-298

15. 洪永福, 張廣明, 孫連娜, 韓公羽, 計國楨. 西陵知母中甾體皂苷的分離與鑒定. 藥學學報. 1999, **34**(7): 518-521

16. 郭冬, 李書, 池群, 孫文基, 沙振方, 趙效文. 知母中一個新皂苷的分離和結構鑒定. 藥學學報. 1991, **26**(8): 619-621

17. S Nagumo, S Kishi, T Inoue, M Nagai. Saponins of Anemarrhena rhizoma. *Yakugaku Zasshi.* 1991, **111**(6): 306-310

18. 洪永福, 韓公羽, 郭學敏. 西陵知母中新芒果苷的分離與結構鑒定. 藥學學報. 1997, **32**(6): 473-475

19. M Takahashi, C Konno, H Hikino. Validity of the Oriental medicines. 86. Antidiabetes drugs. 7. Isolation and hypoglycemic activity of anemarans A, B, C and D, glycans of *Anemarrhena asphodeloides* rhizomes. *Planta Medica.* 1985, **2**: 100-102

20. 王靖, 陳琦, 趙幟平, 吳東儒. 知母多糖PS-I的分離, 純化和分析. 安徽大學學報(自然科學版). 1996, **20**(1): 83-87

21. M Aritomi, T Kawasaki. New xanthone C-glucoside, position isomer of mangiferin, from *Anemarrhena asphodeloides. Chemical & Pharmaceutical Bulletin.* 1970, **18**(11): 2327-2333

22. 李沙, 甄宏. 知母寧體外抗甲型流感病毒作用硏究. 中國藥師. 2005, **8**(4): 267-270

23. 蔣傑, 向繼洲. 知母寧體外抗單純性疱疹病毒I型體外活性硏究. 中國藥師. 2004, **7**(9): 666-670

24. 蔣傑, 李明, 向繼洲. 知母寧抗流感病毒作用硏究. 中國藥師. 2004, **7**(5): 335-338

25. 李惠萍, 丁勁松, 李明, 全彩娟. 知母寧對豚鼠哮喘的預防作用及對體內一氧化氮和內皮素的影響. 中國藥學雜誌. 1999, **34**(1): 14-17

26. 陳萬生, 韓軍, 李力, 喬傳卓. 知母總多糖的抗炎作用. 第二軍醫大學學報. 1999, **20**(10): 758-760

27. 劉志峰, 李萍, 李愼軍, 劉相斌, 劉珂. 5種中藥體外α-糖苷酶抑制作用的觀察. 山東中醫雜誌, 2004, **23**(1): 41-43

28. 盧盛華, 孫洪偉, 王菊英, 魏欣冰, 徐紅岩. 知母聚糖降糖作用及其機理研究. 中國生化藥物雜誌. 2003, **24**(2): 81-83

29. T Miura, H Ichiki, N Iwamoto, M Kato, M Kubo, H Sasaki, M Okada, T Ishida, Y Seino, K Tanigawa. Antidiabetic activity of the rhizoma of *Anemarrhena asphodeloides* and active components, mangiferin and its glucoside. *Biological & Pharmaceutical Bulletin.* 2001, **24**(9): 1009-1011

30. 范國煌, 易寧育, 夏宗勤. 知母皂苷元對原代培養的神經細胞M受體密度和代謝動力學的影響. 中國中醫基礎醫學雜誌. 1997, **3**(6): 15-17

31. 張永芳, 胡雅兒, 夏宗勤. 知母活性成分ZDY101調節M_2受體mRNA穩定性的研究. 上海第二醫科大學學報. 2005, **25**(4): 368-370, 381

32. 陳勤, 曹炎貴, 林義明, 夏宗勤, 胡雅兒. 知母皂苷元及其異構體對老年大鼠學習記憶和腦內M_1受體密度的影響. 中國藥理學通報. 2004, **20**(5): 561-564

33. 陳勤, 夏宗勤, 胡雅兒. 知母皂苷元對癡呆模型大鼠腦內M受體密度分布的影響. 激光生物學報. 2003, **12**(6): 445-449

34. 陳勤, 夏宗勤, 胡雅兒. 知母皂苷元對擬癡呆大鼠β–澱粉樣肽沉積及膽鹼能系統功能的影響. 中國藥理學通報. 2002, **18**(4): 390-393

35. S OuYang, LS Sun, SL Guo, X Liu, JP Xu, Effects of timosaponins on learning and memory abilities of rats with dementia induced by lateral cerebral ventricular injection of amyloid β-peptide. *Journal of First Military Medical University.* 2005, **25**(2): 121-126

36. 徐江平. 知母皂苷對衰老大鼠腦M, N膽鹼受體的調節作用. 中國老年學雜誌. 2001, **21**(5): 379-380

37. 馬玉奎, 李莉, 劉國賓. 知母皂苷對學習記憶障礙模型小鼠的作用, 齊魯藥事. 2005, **24**(3): 172-174

38. 趙樹進, 韓麗萍, 李俊洪. 知母皂苷及其苷元對動物模型β腎上腺素受體的調整作用. 中國醫院藥學雜誌. 2000, **20**(2): 70-73

39. 王崇道, 強亦忠, 勞勤華, 邵源. 幾種製劑抗氧化與清除自由基效應的比較研究. 工業衛生與職業病v2000, **26**(1): 13-16

40. 侯敢, 黃迪南, 祝其鋒. 三種天然抗氧化劑對早幼粒白血病細胞(HL-60)的生長抑制作用研究. 湖南中醫學院學報. 1996, **16**(1): 49-51

41. 王道毅, 陳煉, 李忌, 李伯剛. 知母寧 (Chinonin) 對阿霉素的減毒增效作用. 天然產物研究與開發. 2000, **12**(4): 8-11

42. J Zhang, Z Meng, M Zhang, D Ma, S Xu, H Kodama. Effect of six steroidal saponins isolated from anemarrhenae rhizoma on platelet aggregation and hemolysis in human blood. *Clinica Chimica Acta.* 1999, **289**(1-2): 79-88

43. 王鳳芝, 陶站華, 王曉惠, 白秀梅. 中藥知母對小鼠免疫功能的影響. 黑龍江醫藥科學. 2002, **25**(3): 7-8

44. 黃曉穎, 王良興, 李明, 陳少賢, 徐正祄, 王群姬. 知母寧對慢性低O_2高CO_2大鼠肺動脈高壓的影響及其機制研究. 中國應用生理學雜誌. 2002, **18**(1): 75-79

꿩의바람꽃 多被銀蓮花 CP

Anemone raddeana Regel
Radde Anemone

개요

미나리아재비과(Ranunculaceae)

꿩의바람꽃(多被銀蓮花, *Anemone raddeana* Regel)의 뿌리줄기를 건조한 것

중약명: 양두첨(兩頭尖)

바람꽃속(*Anemone*) 식물은 전 세계에 약 150종이 있으며 전 세계의 각 대륙에 분포한다. 대다수는 아시아와 유럽에 분포한다. 중국에는 광동과 해남도를 제외한 중국 각지에 분포한다. 중국산은 약 52종이 있는데 이 속에서 현재 약으로 사용되는 것은 약 10종이다. 이 종은 중국의 동북과 산동에 분포한다. 한반도, 러시아의 원동 지역에도 분포하는 것이 있다.

'양두첨'이란 약명은 《본초품회정요(本草品匯精要)》에 최초로 기재되었다. 《중국약전(中國藥典)》(2015년 판)에 수록된 이 종은 중약 양두첨의 법정기원식물이다. 주요산지는 중국의 흑룡강, 길림, 요녕, 산동 등이다.

꿩의바람꽃의 주요 활성성분으로는 올레아난형 트리테르페노이드 및 그 배당체 등이 있다. 《중국약전》에서는 고속액체크로마토그래피법을 이용하여 양두첨 건조품에 함유된 라데아닌 A의 함량을 0.20% 이상으로 약재의 규격을 정하고 있다.

약리연구를 통하여 양두첨에는 항염, 항종양, 진통, 항경련 등의 작용이 있는 것으로 알려져 있다.

한의학에서 양두첨은 거풍습(祛風濕), 산한지통(散寒止痛), 소옹종(消癰腫) 등의 효능이 있다.

꿩의바람꽃 多被銀蓮花 *Anemone raddeana* Regel

약재 양두첨 藥材兩頭尖
Anemones Raddeanae Rhizoma

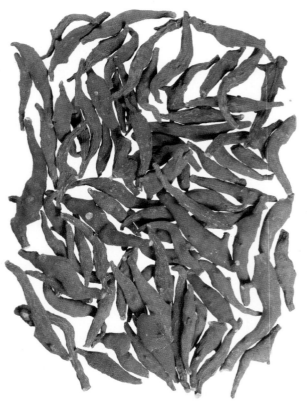

1cm

함유성분

뿌리줄기에는 트리테르페노이드 사포닌 성분으로 raddeanin A (raddeanoside R₃), raddeanins B-D, raddeanin E (raddeanoside R₆), raddeanin F (raddeanoside R₇)[1-5], raddeanosides R₂, R₈₋₁₁, raddeanosides 12, 14-18[6-12], hederasaponin B, eleutheroside K[6], hederacolchiside F, leontoside D[12], triterpenoids, 올레아놀산, acetyloleanolic acid, betulin, betulic acid[9], lupeol[13], 락톤 성분으로 ranunculin[14] 등이 함유되어 있다. 지상부에는 또한 raddeanin A[15] 등이 함유되어 있다.

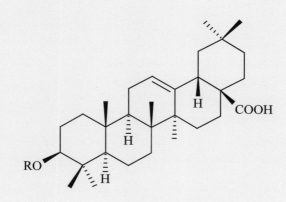

raddeanin A: R =α-L-rha-(1→2)-β-D-glu-(1→2)-α-L-ara-

 약리작용

1. 항염

   양두첨의 물 추출물은 파두유(巴豆油)로 유발된 Mouse의 귓바퀴 종창에 뚜렷한 억제작용이 있다[17]. 양두첨에 함유된 트리테르페노이드 화합물 및 트리테르페노이드 사포닌 화합물은 인체과립세포 중 단백질의 티로솔인산화를 억제함과 동시에 과산화물의 신생을 억제할 수 있는데 이는 항염기전 중의 하나일 것으로 예상된다[13, 16].

2. 항균

   양두첨의 사포닌은 황색포도상구균, 대장간균 등에 대하여 아주 강한 억제작용이 있다[17].

3. 항종양

   양두첨 중의 올레아난형 트리테르페노이드 사포닌은 비교적 강한 항종양작용이 있다. 양두첨의 사포닌은 *in vitro*에서 인체암세포 SMMC-7721, 자궁경부암세포 HeLa 및 Rat의 섬유종양세포 L929 등에 대하여 뚜렷한 생장 억제작용이 있다[18]. 라데아닌 A는 *in vitro*에서 간장복수암세포 유전자의 합성을 억제시킬 수 있고 Mouse의 복강에 주사하면 혈장 내의 cAMP 수치를 뚜렷하게 향상시킬 수 있다[19].

4. cAMP-PDE의 억제작용

   양두첨의 지용성 사포닌과 수용성 사포닌은 *in vitro*에서 토끼 뇌 내의 cAMP-PDE를 억제할 수 있다[20].

5. 기타

   양두첨의 사포닌에는 또한 진통, 진정, 항경련[17]과 항용혈작용 등이 있다.

 용도

양두첨은 중의임상에서 사용하는 약이다. 거풍습(祛風濕, 풍습이 겹친 것으로 관절이 아프고, 만지면 통증이 심해지는 것), 산한지통(散寒止痛, 오한을 없애고 통증을 멈추는 효능), 소옹종(消癰腫, 악성 종기와 그 독 기운을 없애는 효능) 등의 효능이 있으며, 풍한습비(風寒濕痺, 풍한습으로 저림), 사지구련(四肢拘攣, 팔다리의 근육이 오그라드는 증상), 골절동통(骨節疼痛, 뼈마디가 쑤시고 아픈 것), 옹종궤란(癰腫潰爛, 옹종이 생겨 썩어 문드러짐) 등의 치료에 사용한다.

현대임상에서는 풍습성 관절염, 외과염증 등 병증에 사용한다.

꿩의바람꽃 多被銀蓮花 ^{CP}

해 설

양두첨의 상품 약재 중에서는 소량의 들바람꽃(黑水銀蓮花, *Anemone amurensis* (Korsch.) Kom)의 뿌리줄기가 섞인 것을 발견할 수 있으며 야외에서 표본을 채집할 때에도 꿩의바람꽃과 들바람꽃이 함께 생장하는 것을 자주 볼 수 있다. 따라서 꿩의바람꽃을 채집할 때 들바람꽃이 혼입되기 쉽다[21]. 들바람꽃은 발한 및 간과 신장의 효능을 증강시키는 작용이 있다. 꿩의바람꽃의 약효 및 효능을 표준화하기 위해서 감별에 대한 연구가 추가적으로 진행되어야 한다.

꿩의바람꽃에 일정한 독성이 있기 때문에 사용하는 과정 중에 반드시 약물의 용량에 주의해야 한다[22].

참고문헌

1. 吳鳳鍔, 朱子淸. 中藥竹節香附化學成分的研究. 化學學報. 1984, **42**(3): 253-258

2. 吳鳳鍔, 朱子淸. 中藥竹節香附化學成分的研究III. 高等學校化學學報. 1985, **6**(1): 36-40

3. 吳鳳鍔, 朱子淸. 中藥竹節香附化學成分的研究IV. 化學學報. 1984, **42**(12): 1266-1270

4. 吳鳳鍔, 朱子淸. 中藥竹節香附化學成分的研究V. 化學學報. 1985, **43**(1): 82-86

5. 吳鳳鍔, 朱子淸. 中藥竹節香附化學成分的研究VI. 蘭州大學學報(自然科學版). 1984, **20**(2): 164

6. 李順意, 李紫, 王世敏, 陳勇. 高效液相色譜-質譜-質譜法快速鑒定中藥竹節香附的皂苷. 湖北大學學報(自然科學版). 2000, **22**(4): 382-386

7. FE Wu, K Koike, T Ohimoto, WX Chen. Saponins from Chinese folk medicine, "zhu jie xiang fu," *Anemone raddeana* Regel. *Chemical & Pharmaceutical Bulletin.* 1989, **37**(9): 2445-2447

8. JM Zhang, BG Li, MK Wang, YZ Chen. Oleanolic acid based bisglycosides from *Anemone raddeana* Regel. *Phytochemistry.* 1997, **45**(5): 1031-1033

9. 路金才, 徐琲琲, 張新艶, 孫啟時. 兩頭尖的化學成分研究. 藥學學報. 2002, **37**(9): 709-712

10. 王曉穎, 劉大有, 夏忠庭, 劉科峰, 李靜. 兩頭尖化學成分研究. 分析化學. 2004, **32**(5): 587-592

11. 夏忠庭, 劉大有, 王曉穎, 劉科峰, 張培成. 兩頭尖的化學成分研究 (I). 化學學報. 2004, **62**(19): 1935-1940

12. 夏忠庭, 劉大有, 王曉穎, 楊秀偉, 劉科峰. 兩頭尖的化學成分研究 (II). 高等學校化學學報. 2004, **25**(11): 2057-2059

13. K Yamashita, HW Lu, JC Lu, G Chen, T Yokoyama, Y Sagara, M Manabe, H Kodama. Effect of three triterpenoids, lupeol, betulin, and betulinic acid on the stimulus-induced superoxide generation and tyrosyl phosphorylation of proteins in human neutrophils. *Clinica ChimicaActa.* 2002, **325**(1-2): 91-96

14. 劉大有. 兩頭尖中毛茛苷的分離和鑒定. 中草藥. 1983, **14**(12): 532-533

15. 劉大有, 李勇, 趙博, 周鴻立, 劉淑華, 高妃. 兩頭尖地上部分化學成分及其含量測定分析. 長春中醫學院學報. 2005, **21**(3): 43-44

16. JC Lu, QS Sun, K Sugahara, Y Sagara, H Kodama. Effect of six compounds isolated from rhizome of *Anemone raddeana* on the superoxide generation in human neutrophil. *Biochemical and Biophysical Research Communications.* 2001, **280**(3): 918-922

17. 冉忠梅, 陳金門, 劉宇. 兩頭尖抗炎活性的初步測試. 中國民族民間醫藥雜誌. 2000, **46**: 293-294

18. 張嘉岷, 曹莉, 吳爭鳴. 竹節香附中三萜類成分的抗腫瘤活性研究. 中國新藥雜誌. 2003, **12**(3): 191-193

19. 張爾賢, 吳鳳鍔. 竹節香附糖苷和多種天然多糖的 cAMP-PDE 抑制活性研究. 中國生化藥物雜誌. 1993, **1**: 61-64

20. 劉力生, 蕭顯華, 張龍弟, 鄭榮梁, 吳鳳鍔, 朱子淸. 多被銀蓮花素A對癌細胞DNA, RNA, 蛋白質和血漿cAMP含量的影響. 中國藥理學報. 1985, **6**(3): 192-194

21. 秦桂蓮, 崔金有, 徐飛. 兩頭尖與黑水銀蓮花根莖的鑒別研究. 中藥材. 1989, **12**(7): 15-17

22. 景新. 竹節香附提取物治療癌症. 國外药讯. 2004, 11: 34

일당귀 日當歸 KHP

Angelica acutiloba (Sieb. et Zucc.) Kitag.

Japanese Angelica

 개 요

산형과(Apiaceae/Umbelliferae)

일당귀(日當歸, *Angelica acutiloba* (Sieb. et Zucc.) Kitag.)의 뿌리를 건조한 것으로 일본에서는 당귀(當歸)라 부른다

중약명: 일본당귀(日本當歸)

바디나물속(*Angelica*) 식물은 전 세계에 약 80종이 있으며 북온대 지역와 뉴질랜드에 분포한다. 중국에 약 26종, 변이종 5종, 변형종 1종이 있는데 이 속에서 현재 약으로 쓰이는 것은 약 16종이다. 이 종은 일본, 한반도 및 중국의 길림성 연변조선족자치주에서 재배된다.

'당귀'의 약명은《일본약국방(日本藥局方)》(제15판)에 기재되었는데, 일본과 중약에서 사용하는 약재 당귀의 법정기원식물이다[1]. 주요산지는 일본, 한반도 및 중국 연변 지역이다.《대한민국약전외한약(생약)규격집》(제4개정판)에는 일당귀를 "산형과에 속하는 *Angelica acutiloba* Kitagawa 또는 *Angelica acutiloba* Kitagawa var. *sugiyamae* Hikino의 뿌리"로 등재하고 있다.

일당귀에는 주로 정유가 함유되어 있고 또 쿠마린, 페놀산, 다당류 등이 있다.《일본약국방》에서는 약재의 성상, 현미경 감별 특징, 순도 실험 및 희석알코올 추출물 함량 측정 등을 통하여 약재의 규격을 정하고 있다.

약리연구를 통하여 일당귀에는 자궁평활근 수축빈도 증가, 간 보호, 조혈기능 증가 등의 작용이 있는 것으로 알려져 있다.

일본 한의약에서는 강신건체(強身健體), 안신(安神) 등의 치료에 사용하고 또 부인과병의 치료에도 사용된다.

일당귀 日當歸 *Angelica acutiloba* (Sieb. et Zucc.) Kitag.

일당귀 日當歸 KHP

약재 일본당귀 藥材日本當歸 Angelicae Acutilobae Radix

1cm

1cm

함유성분

뿌리에는 정유성분으로 ligustilide, butylidenephthalide, cnidilide, isocnidilide, sedanolide, p-cymene[2-3], 쿠마린류 성분으로 bergapten, xanthotoxin, isopimpinellin[4-5], scopoletin, umbelliferone, 폴리아세틸렌 성분으로 falcarinol, falcarindiol, falcarinolone[6], 그리고 유기산 성분으로 ferulic acid, vanillic acid 등이 함유되어 있다.
열매에는 쿠마린류 성분으로 bergapten, xanthotoxin, isopimpinellin 등의 성분이 함유되어 있다.

cnidilide

butylidenephthalide

약리작용

1. 자궁평활근에 대한 영향

   일당귀의 열수 추출물은 임신하지 않은 Rat의 자궁평활근 수축폭을 뚜렷하게 늘려 준다. 임신 초기 Rat의 적출자궁평활근의 수축 빈도를 뚜렷하게 증가시키지만 수축도에 대해서는 그 영향이 뚜렷하지 않다. 일당귀의 물 추출물은 뇌하수체후엽호르몬으로 인한 Rat의 자궁평활근 수축을 길항할 수 있다[8].

2. 간 보호

   일당귀의 물 추출물을 위에 주입하면 사염화탄소 및 에탄올로 인해 유발된 Mouse의 글루타민산 피루빈산 트랜스아미나제 혹은 글루타민산 옥살로초산 트랜스아미나제의 수치가 올라가는 것을 뚜렷하게 억제할 수 있는데 이로써 일당귀의 물 추출물은 사염화탄소 및 아세트알데히드성 간 손상에 대해 보호작용이 있다는 것을 제시한다[9].

3. 조혈계통에 대한 작용

일당귀의 수용성 부위(주로 다당이 함유)를 복용하면 플루오르우라실로 유발되어 빈혈에 걸린 Mouse의 조혈효능에 대해 촉진작용을 한다[10].

4. 기타

일당귀 추출물의 부탄올 부위(주요성분은 스코폴라민이 함유)를 복용하면 스코폴라민으로 유발된 Rat의 공간인지장애를 개선할 수 있다[11].

용 도

일당귀는 일본과 중의임상에서 사용하는 약이다. 보혈(補血), 활혈(活血), 조경(調經, 월경 등을 정상적인 상태로 만들어 주는 것), 지통(止痛), 윤장(潤腸, 장의 기운을 원활히 해 줌) 등의 효능이 있으며, 심간혈허(心肝血虛, 간과 심장의 기능이 허약하여 음혈이 감소 혹은 영양공급의 부족으로 혈이 허한 증상), 면색위황(面色萎黃, 얼굴색이 누렇게 떠서 나타나는 병증), 현훈심계(眩暈心悸, 어지러우며 심장이 심하게 뛰는 것), 혈허(血虛) 혹은 혈허를 겸한 어체(瘀滯, 뭉치고 얽혀서 정체되는 병증)로 유발된 월경불순, 월경통, 폐경, 혈허 혹은 혈체(血滯, 혈액순환이 더디어 잘 나가지 못하는 것)를 겸한 한응(寒凝, 음한 기운이 응결된 것) 및 타박상, 풍한습조(風寒濕阻, 풍한습사가 조체되어 나타나는 병증)로 유발된 통증, 옹저(癰疽, 큰 종기)로 야기된 창양(瘡瘍), 혈허로 유발된 장조변비(腸燥便秘, 대장의 진액이 줄어들어 대변이 굳어진 것) 등의 치료에 사용한다.

현대임상에서는 급성 혈액부족성 뇌중풍, 돌발성 이롱(耳聾, 소리를 듣지 못하는 증상), 혈전폐색성 혈관염, 부정맥 등의 병증에 사용한다.

해 설

이 식물은 일본에서 약재 당귀의 법정기원식물로 편입되었다. 중국에서는 1940년대에 길림성 연변에서 수입하여 재배되었고 중국의 동북에서 이미 지방 약으로 사용된 역사는 60여 년이 된다. 한반도에서는 이 종을 일당귀의 약재로 사용한다. 일당귀는 해경지통(解痙止痛) 효능의 방면에서 당귀(當歸, *Angelica sinensis* (Oliv.) Diels)와 유사한 면이 있다.

일당귀, 중국당귀 및 참당귀(朝鮮當歸, *A. gigas* Nakai)계 동속식물은 일본, 중국과 한국에서 모두 당귀의 약재로 쓰인다. 그의 주요 활성성분으로는 페룰산, 리구스틸라이드 및 부틸프탈라이드 등의 물질이다. 연구자료에 의하면 이 세 가지 주요 활성성분의 함량 차이는 비교적 크지만 임상치료효과에서의 차이 여부에 대해서는 추가적인 연구가 필요하다[12].

참고문헌

1. 日本公定書協會. 日本藥局方(第十五版). 廣川書店出版社. 2006: 3664-3665

2. I Takano, I Yasuda, N Takahashi, T Hamano, T Seto, K Akiyama. Analysis of essential oils in various species of Angelica root by capillary gas chromatography. *Tokyo-toritsu Eisei Kenkyusho Kenkyu Nenpo.* 1990, **41**: 62-69

3. 杜蕾蕾, 王曉靜, 蔡傳真, 王天志. 四川栽培東當歸揮發油成分分析. 中藥材. 2002, **25**(7): 477-478

4. KY Yen, TW Wang, CM Chen, MS Lee. Chemical constituents of umbelliferous plants of Taiwan. V. Coumarin compounds in "Tangkwei" of Taiwan. *Taiwan Yaoxue Zazhi.* 1966, 18(1): 16-22

5. KY Yen, Chemical constituents of umbelliferous plants of Taiwan. XII. Coumarins of the fruit of Angelica acutiloba. Taiwan Yaoxue Zazhi. 1967, 19(12): 41-44

6. S Tanaka, Y Ikeshiro, M Tabata, M Konoshima. Anti-nociceptive substances from the roots of *Angelica acutiloba. Arzneimittel-Forschung.* 1977, **27**(11): 2039-2045

7. SJ Sheu, YS Ho, YP Chen, YH Hsu. Analysis and processing of Chinese herbal drugs; VI. The study of Angecae Radix. Planta Medica. 1987, 53(4): 377-378

8. 李波, 趙雅靈, 袁惠南. 當歸與東當歸對大鼠離體子宮平滑肌的影響. 中藥藥理與臨床. 1995, **6**: 40-42

9. 張善玉, 金在久, 申英愛, 朴惠順. 東當歸對四氯化碳及乙醇性肝損傷的保護作用. 中國野生植物資源. 2003, **22**(1): 42-43

10. R Hatano, F Takano ,S Fushiya, M Michimata, T Tanaka, I Kazama, M Suzuki, M Matsubara. Water-soluble extracts from *Angelica acutiloba* Kitagawa enhance hematopoiesis by activating immature erythroid cells in mice with 5-fluorouracil-induced anemia. *Experimental Hematology.* 2004, **32**(10): 918-924

11. I Hatip-Al-Khatib, N Egashira, K Mishima, K Iwasaki, K Iwasaki, K Kurauchi, K Inui, T Ikeda, M Fujiwara. Determination of the effectiveness of components of the herbal medicine Toki-Shakuyaku-San and fractions of *Angelica acutiloba* in improving the scopolamine-induced impairment of rat's spatial cognition in eight-armed radial maze test. *Journal of Pharmacological Sciences.* 2004, **96**(1): 33-41

12. SC Lao, SP Li, KKW Kan, P Li, JB Wan, YT Wang, TTX Dong, KWK Tsim. Identification and quantification of 13 components in *Angelica sinensis*(Danggui) by gas chromatography-mass spectrometry coupled with pressurized liquid extraction. *Analytica Chimica Acta.* 2004, **526**(2): 131-137

구릿대 白芷 CP, KP, JP, VP

Angelica dahurica (Fisch. ex Hoffm.) Benth. et Hook. f.
Dahurian Angelica

개 요

산형과(Apiaceae/Umbelliferae)

구릿대(白芷, *Angelica dahurica* (Fisch. ex Hoffm.) Benth. et Hook. f.)의 뿌리를 건조한 것

중약명: 백지(白芷)

바디나물속(*Angelica*) 식물은 전 세계에 약 80종이 있는데 중국에 약 26종, 변이종 1종이 있다. 이 속에서 현재 약으로 사용되는 것은 약 16종이다. 구릿대는 주로 중국의 하북, 하남 두 성에서 재배되는데 기타 북방의 각 성에도 흔히 재배된다.

'백지'의 약명은 《신농본초경(神農本草經)》에 중품으로 처음 기재되었으며 역대의 본초서적에도 많이 수록되었다. 《중국약전(中國藥典)》(2015년 판)에 수록된 이 종은 중약 백지의 법정기원식물 중 하나이다. 주요산지는 중국의 하남의 우현(禹縣), 장갈(長葛), 상구(商丘) 및 하북의 안국(安國) 등이다. 상품명으로는 우백지(禹白芷)와 기백지(祁白芷)가 있다. 《대한민국약전》(11개정판)에는 백지를 "산형과에 속하는 구릿대(*Angelica dahurica* Bentham et Hooker f.) 또는 항백지(杭白芷, *Angelica dahurica* Bentham et Hooker f. var. *formosana* Shan et Yuan)의 뿌리"로 등재하고 있다.

구릿대에는 주로 쿠마린과 방향성분을 함유하고 있으며 쿠마린 화합물은 구릿대의 주요 활성성분이다. 《중국약전》에서는 임페라토린을 대조품으로 하여 백지에 함유된 임페라토린의 함량을 0.080% 이상으로 약재의 규격을 정하고 있다.

약리연구를 통하여 구릿대는 해열, 진통, 항염, 혈관확장 혹은 수축, 광과민, 지방분해 촉진, 지방합성 억제, 해경(解痙), 항미생물 등의 작용이 있는 것으로 알려져 있다.

한의학에서 백지에 산풍제습(散風除濕), 통규지통(通竅止痛), 소종배농(消腫排膿) 등의 효능이 있다.

구릿대 白芷
Angelica dahurica (Fisch. ex Hoffm.) Benth. et Hook. f.

항백지 抗白芷
A. dahurica (Fisch. ex Hoffm.) Benth. et Hook. f. var. *formosana* (Boiss.) Shan et Yuan

약재 백지 藥材白芷 - 기백지 祁白芷
Angelicae Dahuricae Radix

약재 백지 藥材白芷 - 항백지 抗白芷
Angelicae Dahuricae Radix

1cm

1cm

함유성분

뿌리에는 쿠마린류 성분으로 imperatorin, isoimperatorin, oxypeucedanin, oxypeucedanin hydrate[1], phellopterin, byakangelicin, tert-O-methylbyakangelicin[2], 쿠마린 배당체 성분으로 nodakenin, 3'hydroxymarmesinin, tert-O-β-D-glucopyranosyl byakangelicin, sec-O-β-D-glu-copyranosyl byakangelicin, scopolin[3], skimmin, 8-O-β-D-glucopyranosyl xanthotoxol, tert-O-β-D-glucopyranosyl heraclenol[4], 정유성분으로 elemene, 8-nonenoic acid 등이 함유되어 있다. 또한 dahuribirins A, B, C, D, E, F, G[5], oxypeucedanin hydrate acetonide[6]와 같은 쿠마린류와 fal-carindiol[7]과 같은 폴리아세틸렌 성분이 뿌리에서 분리되었다.

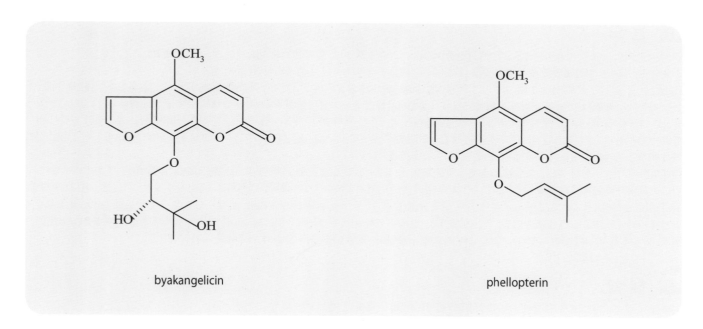

byakangelicin

phellopterin

약리작용

1. 해열, 항염, 진통

배부피하(背部皮下)에 펩톤을 주사하여 발열이 유발된 집토끼에 백지의 열수 추출물을 경구투여하면 뚜렷한 해열작용이 있다. 디메틸벤젠으로 유발된 Mouse의 귓바퀴 종창에 뚜렷한 억제작용이 있고 초산으로 유발된 Mouse의 경련반응을 억제함과 동시에 통증역치를 뚜렷하게 증가시킨다[8]. 백지의 초임계 추출물 유제(乳劑)를 코의 점막에 넣으면 비교적 빠르게 뇌의 보호벽을 투과하여 Rat의 뇌조직 안으로 들어가는데 이는 비강에 약을 주입하였을 때 편두통을 치료할 수 있는 근거를 뒷받침한다고 할 수 있다[9].

구릿대 白芷 CP, KP, JP, VP

2. **심혈관 및 혈액계통에 대한 영향**

백지의 쿠마린 성분인 바이아칸겔리신은 관상혈관을 확장시킬 수 있고 이소임페라토린은 실험 개구리의 심장수축력을 낮출 수 있다. *In vitro* 실험에서 표명하다시피 백지의 에테르 용해성 성분은 혈관을 확장시키는 작용이 있으며 수용성 성분은 혈관을 수축하는 작용이 있다. 백지 수용성 성분을 위에 주입하면 Mouse 응혈시간을 단축시킬 수 있다[10].

3. **피부에 대한 작용**

백지에 함유된 푸로쿠마린 화합물은 광과민작용이 있기에 광화학요법을 사용하여 마른버짐을 치료할 수 있다. 광민활성은 임페라토린이 가장 강한데 그다음으로 크산토톡솔, 이소임페라토린, 펠로프테린이다. 백지의 에탄올 추출물은 체외배양의 멜라닌세포의 침착과 전이를 뚜렷하게 증가시킬 수 있는데 이로써 백전풍(白癜風)에 대한 치료작용을 나타낸다[11]. 백지의 물 추출물은 체외배양의 Mouse의 촉발모낭에 대해 뚜렷한 생장 촉진작용이 있다[12].

4. **평활근에 대한 영향**

백지의 에테르 용액과 수용성 성분은 모두 실험용 집토끼의 소장 자발성 운동을 억제할 수 있고 염화바륨으로 인한 강직성 수축을 억제할 수 있다. 에테르 용해성분은 또 피소스티그민과 메칠프로스티그민으로 유발된 장관 강직성 수축을 길항할 수 있다[10].

5. **항종양**

백지는 독소호르몬-L로 유도된 악성 종양의 발현을 뚜렷하게 억제할 수 있는데 백지 중에서 분리해 낸 임페라토린은 독소호르몬-L로 유도된 지방분해에 대해 뚜렷한 억제작용이 있다[13]. 백지 열매에 함유된 에르고스테롤 과산화물은 3종의 종양세포에 대해 강력한 억제활성을 나타내며 3-hydroxy-p-methyl-1-alkene-6-ketone은 마우스 흑색종양세포 B16-F10의 증식을 억제하는 작용이 있다[14]. 백지 및 그 속에 함유된 임페라토린과 이소임페라토린은 *in vitro*에서 종양 촉진제 12-O-tetradecanoylphorbol-13-acetate의 활성을 강력하게 억제할 수 있다[15].

6. **기타**

백지는 또한 중추신경계통을 흥분시킬 수 있다[16]. 백지에 함유된 임페라토린과 바이아칸겔리신에는 뚜렷한 간 보호작용이 있다[17]. 백지의 헥산 및 에스테르 추출물은 간장약물대사효소에 대해 억제작용이 있지만 백지 중에서 분리해 낸 펠로프테린과 바이아칸겔리신은 간장약물효소에 대해 억제와 상향작용을 유도한다[2]. 백지에서 분리해 낸 바이아칸겔리신 및 tert-O-methylbyakangelicin은 알도오스 환원효소를 억제할 수 있고 Rat의 백내장에 대해 억제작용이 있다[18].

용도

백지는 중의임상에서 사용하는 약이다. 해표산풍[解表散風, 풍사(風邪)를 인체 밖으로 내보내는 것], 통규[通竅, 구규(九竅)를 막히지 않게 소통시키는 효능], 지통(止痛), 소종배농[消腫排膿, 옹저(癰疽)나 상처가 부은 것을 가라앉힘] 등의 효능이 있으며, 외감풍한[外感風寒, 외감(外感) 중 풍사와 한사(寒邪)가 인체 내로 침입한 증상], 두통, 비색(鼻塞, 코 막힘), 양명두통(陽明頭痛, 상한양명병(傷寒陽明病) 때 나는 두통), 치통, 비연(鼻淵, 코에서 끈적하고 더러운 콧물이 흘러나오는 병증), 풍습비통(風濕痺痛, 풍습으로 인해 관절이 아프고, 통증이 심해지는 증상), 대하과다[帶下過多, 생식기의 점막을 습윤(濕潤)하는 분비물인 대하(帶下)가 과다한 증상], 창옹종독(瘡癰腫毒, 부스럼의 빛깔이 밝고 껍질이 얇은 종기가 헌 곳 또는 헌데의 독), 피부풍습소양[皮膚風濕瘙癢, 풍사와 습사(濕邪)가 겹친 것으로 관절이 아프고, 만지면 통증이 심해져서 피부가 가려운 증상], 독사에 물린 상처 등의 치료에 사용한다.

현대임상에서는 소화성 궤양, 충수염(蟲垂炎), 월경불순, 월경통, 분강염(盆腔炎, 골반내염), 관절낭적수(關節囊積水, 관절낭 내에 물이 고임), 고환내막적수(睾丸內膜積水, 고환의 내막 안에 물이 고임), 간경화복수(肝硬化腹水, 간경화로 인해 배에 물이 차는 것), 백내장, 화상, 좌창[痤瘡, 여드름 등으로 얼굴 등의 피부에 가시 같은 구진(丘疹)이 생긴 것], 황갈반(黃褐斑, 여성들 안면의 광대뼈 부위, 이마, 코에 황갈색 반점이 나타나는 병증), 은설병(銀屑病, 홍반(紅斑)과 구진으로 인하여 피부 표면에 여러 층으로 된 백색 비늘가루가 생기는 병증], 백전풍(白癜風, 피부에 흰 반점이 생기는 병증), 탈모 등의 치료에 사용한다. 또한 화장품과 향수의 원료로도 사용한다[19-20].

해설

구릿대는 중국위생부에서 규정한 약식동원품목*의 하나이다. 《중국약전》에서는 또 동속식물 항백지(杭白芷, *Angelica dahurica* (Fisch. ex Hoffm.) Benth. et Hook. f. var. *formosana* (Boiss.) Shan et Yuan)를 수록하고 있는데 이 역시 중약 백지의 법정기원식물이다. 주요산지는 중국의 사천, 절강 등이며 그 함유성분은 백지와 대체적으로 유사하다[21-23].

구릿대를 원식물로 하는 백지 약재로는 중국 하남의 우현, 장갈, 상구를 주요산지로 하는 우백지, 하북의 안국을 주요산지로 하는 기백지가 있다. 항백지를 기원식물로 하는 백지로는 중국의 사천을 주요산지로 하는 천백지, 절강을 주요산지로 하는 항백지가 있다. 현재 사천의 수녕에는 이미 구릿대의 대규모 재배단지가 조성되어 있다.

구릿대도 훌륭한 향료와 조미료의 식물자원이다. 역대의 본초서적에서는 '백지는 얼굴을 촉촉하게 하고 얼굴의 흠집을 제거한다'라고 기재했다. 현대의 연구를 통하여 백지는 확실히 햇볕을 차단하고 자외선을 막아 주며 타이로시나아제의 활성을 억제하는 작용이 있는 것

---

* 부록(502~505쪽) 참고

이 확인되었다[17]. 문헌에서도 백지는 피부광독성(皮膚光毒性)에 대한 방어능력이 있다고 보도했다. 때문에 이 방면의 약리연구가 추가적으로 진행되어야 하며 이를 통하여 구릿대 자원의 다양한 개발과 이용을 촉진할 수 있을 것이다.

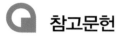 **참고문헌**

1. 張如意, 張建華, 王洋, 沈莉. 白芷化學成分的分離與鑒定. 北京醫學院學報. 1985, **17**(2): 103-104

2. KH Shin, ON Kim, WS Woo. Effect of the constituents of Angelicae Dahuricae Radix on hepatic drug-metabolizing enzyme activity. *Saengyak Hakhoechi*. 1988, **19**(1): 19-27

3. SH Kim, SS Kang, CM Kim. Coumarin glycosides from the roots of *Angelica dahurica*. *Archives of Pharmacal Research*. 1992, **15**(1): 73-77

4. YS Kwon, CM Kim. Coumarin glycosides from the roots of *Angelica dahurica*. *Saengyak Hakhoechi*. 1992, **23**(4): 221-224

5. NH Wang, K Yoshizaki, K Baba. Seven new bifuranocoumarins, dahuribirin A-G, from Japanese Bai Zhi. *Chemical & Pharmaceutical Bulletin*. 2001, **49**(9): 1085-1088

6. PN Thanh, WY Jin, GY Song, KH Bae, SS Kang. Cytotoxic coumarins from the root of *Angelica dahurica*. *Archives of Pharmacal Research*. 2004, **27**(12): 1211-1215

7. D Lechner, M Stavri, M Oluwatuyi, R Pereda-Miranda, S Gibbons. The anti-staphylococcal activity of *Angelica dahurica*(BaiZhi). *Phytochemistry*. 2004, **65**(3): 331-335

8. 李宏宇, 戴躍進, 張海波, 謝成科. 不同商品白芷的藥理研究. 中國中藥雜誌. 1991, **16**(9): 560-562

9. 龔志南, 徐蓮英, 宋經中, 陶建生, 馬樹人. 中藥白芷乳劑大鼠鼻腔給藥的體內研究. 中國臨床藥學雜誌. 2001, **10**(6): 370-373

10. 鳳良元, 鄢順琴, 楊瑞琴, 徐兆蘭. 五種不同產地白芷藥理作用的比較研究. 安徽中醫學院學報. 1990, **9**(2): 56-59

11. 馬慧群, 馮捷, 張憲旗, 牟寬厚, 劉超, 牛新武, 黨倩麗. 補骨脂, 白芷對黑素細胞遷移和黏附影響的比較. 現代中西醫結合雜誌. 2005, **14**(7): 850-851

12. 范衛新, 朱文元. 55種中藥對小鼠觸鬚毛囊體外培養生物學特性的研究. 臨床皮膚科雜誌. 2001, **30**(2): 81-84

13. 吳耕書, 張荔彥. 五加皮, 茜草, 白芷對毒激素-L誘導的惡病質樣表現抑制作用的實驗研究. 中國中醫藥科技. 1997, **4**(1): 13-15

14. 上原靖洋, 白芷中的活性成分, 國外醫學中醫中葯分冊. 2002, **24**(4): 247-248

15. T Okuyama, M Takata, H Nishino, A Nishino, J Takayasu, A Iwashima. Studies on the antitumor-promoting activity of naturally occurring substances. II. Inhibition of tumor-promoter-enhanced phospholipid metabolism by umbelliferous materials. *Chemical & Pharmaceutical Bulletin*. 1990, **38**(4): 1084-1086

16. 王本祥. 現代中藥藥理學. 天津: 天津科學技術出版社. 1997: 77-81

17. H Oh, HS Lee, T Kim, KY Chai, HT Chung, TO Kwon, JY Jun, OS Jeong, YC Kim, YG Yun. Furocoumarins from *Angelica dahurica* with hepatoprotective activity on tacrine-induced cytotoxicity in Hep G2 cells. *Planta Medica*. 2002, **68**(5): 463-464

18. KH Sin. Use of byakangelicin and its tertiary-O-methyl derivative for treating cataract. *PCT International Application*. 1994: 30

19. 許廷生, 梁秀蘭. 白芷的臨床新應用. 中國社區醫師. 2002, **18**(23): 22-23

20. 王夢月, 賈敏如, 馬逾英. 白芷開發現狀與前景. 中國中醫藥信息雜誌. 2002, **9**(8): 77-78

21. 張涵慶, 袁昌齊, 陳桂英, 丁雲梅, 陳尚齊, 鄧玉瓊. 杭白芷根化學成分的研究. 藥學通報. 1980, **15**(9): 386-388

22. 周繼銘, 余朝菁, 杭宜卿. 白芷的研究V. 化學成分的研究. 中草藥. 1987, **18**(6): 242-246

23. 張強, 李章萬. 杭白芷揮發油成分的GC-MS分析. 中藥材. 1997, **20**(1): 28-30

참당귀 참當歸 KP

Angelica gigas Nakai

Korean Angelica

 개요

산형과(Apiaceae/Umbelliferae)

참당귀(參當歸, *Angelica gigas* Nakai)의 뿌리를 건조한 것

중약명: 조선당귀(朝鮮當歸)

바디나물속(*Angelica*) 식물은 전 세계에 약 80종이 있는데 북온대 지역과 뉴질랜드에 분포한다. 중국에 26종, 변이종 5종, 변형종 1종이 있는데 이 속 식물에서 현재 약으로 사용되는 것은 약 16종이다. 이 종의 분포와 주요산지는 중국의 동북 지역이며 한반도와 일본에도 나는 것이 있다. 《대한민국약전》(11개정판)에는 당귀를 "참당귀(*Angelica gigas* Nakai, 산형과)의 뿌리"로 등재하고 있다.

참당귀에는 주로 쿠마린 화합물이 있다. 정유가 함유되어 있으며 또 폴리아세틸렌과 플라보노이드 배당체 성분이 있다. 참당귀에 함유된 쿠마린 성분으로는 데쿠르신, 데쿠르시놀과 데쿠르시놀안젤레이트 등이 있으며 여러 가지 생리활성이 알려져 있다.

약리연구를 통하여 참당귀에는 학습기억 개선, 항종양, 간 보호, 항균, 진통 등의 작용이 있는 것으로 알려져 있다.

참당귀 참當歸 *Angelica gigas* Nakai

약재 조선당귀 藥材朝鮮當歸 Angelicae Gigantis Radix

1cm

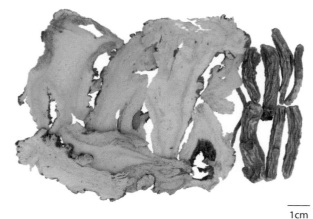

1cm

함유성분

뿌리에는 쿠마린과 그 배당체 성분으로 decursin, decursinol, decursinol angelate[1-3], umbelliferon, nodakenin, nodakenetin, bergapten, imperatorin, isoimperatorin, xanthotoxin, xanthotoxol, scoparone, columbianadin, scopoletin[4-5], peucedanone[6], 4"hydroxytigloyldecursinol[8], 플라보노이드 배당체 성분으로 diosmin[6], 폴리아세틸렌 성분으로 octadeca-1,9-dien-4,6-diyn-3,8,18-triol[10] 등이 함유되어 있다. 지상부에는 플라보노이드 성분으로 quercetin, luteolin, kaempferol[11]과 쿠마린 성분으로 gigasol[12] 등이 함유되어 있다.

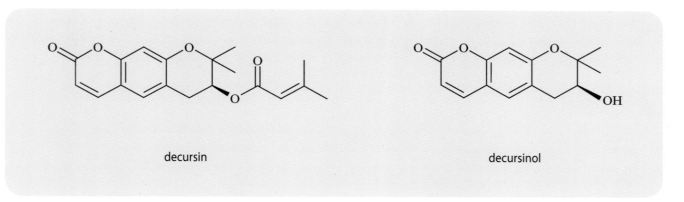

decursin

decursinol

약리작용

1. 기억력 손상

   복강에 데쿠르신을 주사하면 스코폴라민으로 유발된 Mouse의 건망증을 뚜렷하게 개선할 수 있는데 이는 아마도 해마체의 아세틸콜린에스트라제의 활성을 억제하는 것을 통하여 항건망작용을 발휘하는 것으로 추정된다. 조선당귀의 에탄올 추출물 혹은 데쿠르시놀을 먹이면 β-아밀로이드로 유도된 Mouse의 기억 손상을 경감시키는데 이는 조선당귀에 조로성 치매와 관련된 기억 손상을 예방하는 작용이 있음을 제시하는 것으로 판단된다[14-15].

2. 간 보호

   데쿠르신과 데쿠르시놀안젤레이트는 사염화탄소(CCl_4) 중독으로 유발된 Rat의 간 손상으로 인한 혈청 아미노기전이효소의 상승을 낮추어 준다[16].

3. 진정, 진통

   조선당귀에 함유된 데쿠르신과 데쿠르시놀은 벤조산나트륨카페인으로 처리된 Mouse의 자주 활동을 억제할 수 있다. 데쿠르시놀의 억제작용은 데쿠르신보다 강하다[17]. 조선당귀의 메탄올 추출물을 Mouse에게 복용시키면 각종 통증에 대해 모두 진통작용이 있다. 특히 염증성 통증에 대한 진통작용이 큰데 그 작용 부위는 중추신경계이다[18].

4. 항암

데쿠르신, 데쿠르시놀, 데쿠르시놀안젤레이트 등 쿠마린 성분은 P388 세포계에 대해 뚜렷한 세포독성이 나타난다[19]. 복강에 데쿠르신과 데쿠르시놀안젤레이트를 주사하면 접종 S180 육종이 있는 Mouse의 종양 무게와 체적을 뚜렷하게 낮추어 주고 생명주기를 뚜렷하게 연장시킬 수 있다[20]. 데쿠르신은 인체전립선암세포 DU145, PC-3, LNCaP의 생장에 강렬한 억제작용이 있다[21].

5. 항산화

데쿠르신과 데쿠르시놀안젤레이트는 CCl_4로 중독된 Rat의 슈퍼옥시드디스무타아제, 카탈라아제와 글루타치온과산화효소(GSH-Px)의 활성을 증가할 수 있다[16].

6. 기타

체외 실험에서 증명하다시피 데쿠르신과 데쿠르시놀안젤레이트는 고초간균에 대해 뚜렷한 억제작용을 한다[22].

용도

조선당귀(참당귀)는 중의임상에서 사용하는 약이다. 보혈(補血), 활혈(活血), 조경(調經, 월경 등을 정상적인 상태로 만들어 주는 것), 지통(止痛), 윤장(潤腸, 장의 기운을 원활히 해 줌) 등의 효능이 있으며, 심간혈허(心肝血虛, 간과 심장의 기능이 허약하여 음혈이 감소 혹은 영양 공급의 부족으로 혈이 허한 증상), 면색위황(面色萎黃, 얼굴색이 누렇게 떠서 나타나는 병증), 현훈심계(眩暈心悸, 어지러우며 심장이 심하게 뛰는 것), 혹은 혈허(血虛)를 겸한 어체(瘀滯, 뭉치고 얽혀서 정체되는 병증)의 월경불순, 월경통, 경폐(經閉, 월경이 있어야 할 시기에 월경이 없는 것) 등 증상, 혈허 혹은 혈허를 겸한 한응(寒凝, 음한 기운이 응결된 것)의 타박상, 풍한습조(風寒濕阻, 풍한습사가 조체되어 나타나는 병증)의 통증, 옹저(癰疽, 큰 종기)로 인한 창양(瘡瘍), 혈허의 장조변비(腸燥便秘, 대장의 진액이 줄어들어 대변이 굳어진 것) 등의 치료에 사용한다.

현대임상에서는 또 급성 혈액부족성 뇌중풍, 돌발성 이롱(耳聾, 소리를 듣지 못하는 증상), 혈전폐색성 혈관염, 부정맥 등의 병증에 사용한다.

해 설

한반도와 중국의 길림성 연변조선족자치주에서는 이 식물의 뿌리를 당귀로 사용하고 일본에서는 이 종을 독활(獨活)로 사용한다. 참당귀, 중국당귀(當歸, *Angelica sinensis* (Oliv.) Diels)와 일당귀(日當歸, *Angelica acutiloba* (Sieb. et Zucc.) Kitag.) 등 세 가지 종류는 모두 당귀의 약재이다. 하지만 그들의 함유성분은 비교적 큰 차이를 갖고 있기 때문에 상호 비교연구가 추가로 진행되어야 한다[23].

참고문헌

1. KS Ahn, WS Sim, IH Kim. Decursin:a cytotoxic agent and protein kinase C activator from the root of *Angelica gigas*. *Planta Medica*. 1996, **62**(1): 7-9

2. HJ Chi. Components of umbelliferous plants in Korea. V. Components of the fruits of *Angelica gigas*. 2. *Yakhak Hoechi*. 1967, 11(3-4): 39-40

3. KS Ryu, ND Hong, NJ Kim, YY Kong. Studies on the coumarin constituents of the root of *Angelica gigas* Nakai. Isolation of decursinol angelate and assay of decursinol angelate and decursin. *Saengyak Hakhoechi*. 1990, **21**(1): 64-68

4. HJ Chi. Components of umbelliferous plants in Korea. VI. Chemical components of the roots of *Angelica gigas*. *Yakhak Hoechi*. 1969, 13(1): 47-50

5. 楊秀偉, 王繼彦, 嚴仲鎧, 劉大有. 四種長白山產當歸屬藥用植物的香豆精成分研究. 中藥材. 1994, **17**(4): 30-32

6. SY Kang, KY Lee, SH Sung, MJ Park, YC Kim. Coumarins isolated from *Angelica gigas* inhibit acetylcholinesterase:structure-activity relationships. *Journal of Natural Products*. 2001, **64**(5): 683-685

7. YY Lee, S Lee, JL Jin, HS Yun-Choi. Platelet anti-aggregatory effects of coumarins from the roots of *Angelica genuflexa* and *A. gigas*. *Archives of Pharmacal Research*. 2003, **26**(9): 723-726

8. SY Kang, KY Lee, SH Sung YC Kim. Four new neuroprotective dihydropyranocoumarins from *Angelica gigas*. *Journal of Natural Products*. 2005, **68**(1): 56-59

9. S Lee, SS Kang, KH Shin. A flavone glycoside from *Angelica gigas* roots. *Natural Product Sciences*. 2002, **8**(4): 127-128

10. YE Choi, H Ahn, JH Ryu. Polyacetylenes from *Angelica gigas* and their inhibitory activity on nitric oxide synthesis in activated macrophages. *Biological & Pharmaceutical Bulletin*. 2000, **23**(7): 884-886

11. HI Moon, KT Ahn, KR Lee, OP Zee. Flavonoid compounds and biological activities of the aerial parts of *Angelica gigas*. *Yakhak Hoechi*. 2000, **44**(2): 119-127

12. YZ Chang. Structure of gigasol, a new-bis-coumarin, isolated from aerial parts of *Angelica gigas*. *Choson Minjujuui Inmin Konghwaguk Kwahagwon Tongbo* 1991, **6**: 47-51

13. SJ Sheu, YS Ho, YP Chen, HY Hsu. Analysis and processing of Chinese herbal drugs; VI. The study of *Angelicae Radix*. *Planta Medica*. 1987, 53(4): 377-378

14. SY Kang, KY Lee, MJ Park, YC Kim, GJ Markelonis, TH Oh, YC Kim. Decursin from *Angelica gigas* mitigates amnesia induced by scopolamine in mice. *Neurobiology of Learning and Memory*. 2003, **79**(1): 11-18

15. JJ Yan, DH Kim, YS Moon, JS Jung, EM Ahn, NI Baek, DK Song. Protection against beta-amyloid peptide-induced memory impairment with long-term administration of extract of *Angelica gigas* or decursinol in mice. *Progress in Neuro-Psychopharmacology & Biological Psychiatry*. 2004, **28**(1): 25-30

16. S Lee, YS Lee, SH Jung, KH Shin, BK Kim, SS Kang. Antioxidant activities of decursinol angelate and decursin from *Angelica gigas* roots. *Natural Product Sciences*. 2003, **9**(3): 170-173

17. HS Kim, JS Park, HJ Park, HJ Chi. A study of the effects of the root components of *Angelica gigas* Nakai on voluntary activity in mice. *Soul Taehakkyo Saengyak Yonguso Opjukjip*. 1980, **19**: 65-68

18. SS Choi, KJ Han, HK Lee, EJ Han, HW Suh. Antinociceptive profiles of crude extract from roots of *Angelica gigas* Nakai in various pain models. *Biological & Pharmaceutical Bulletin*. 2003, **26**(9): 1283-1288

19. H Itokawa, Y Yun, H Morita, K Takeya, SR Lee. Cytotoxic coumarins from roots of *Angelica gigas* Nakai. *Natural Medicines*. 1994, **48**(4): 334-335

20. S Lee, YS Lee, SH Jung, KH Shin, BK Kim, SS Kang. Anti-tumor activities of decursinol angelate and decursin from *Angelica gigas*. *Archives of Pharmacal Research*. 2003, **26**(9): 727-730

21. D Yim, RP Singh, C Agarwal, S Lee, H Chi, R Agarwal. A novel anticancer agent, decursin, induces G_1 arrest and apoptosis in human prostate carcinoma cells. *Cancer Research*. 2005, **65**(3): 1035-1044

22. S Lee, DS Shin, JS Kim, KB Oh, SS Kang. Antibacterial coumarins from *Angelica gigas* roots. *Archives of Pharmacal Research*. 2003, **26**(6): 449-452

23. 康廷國. 朝鮮當歸揮發油的GC-MS分析. 中藥材. 1990, **13**(3): 28-29

중치모당귀 重齒毛當歸 ^{CP}

Angelica pubescens Maxim. f. *biserrata* Shan et Yuan
Doubleteeth Angelica

 개요

산형과(Apiaceae/Umbelliferae)

중치모당귀(重齒毛當歸, *Angelica pubescens* Maxim. f. *biserrata* Shan et Yuan)의 뿌리

중약명: 독활(獨活)

바디나무속(*Angelica*) 식물은 전 세계에 약 80종이 있는데 중국에 약 26종, 변이종 5종, 변형종 1종이 있다. 중국의 동북, 서북, 서남 등지에 분포하는데 현재 이 속에서 약재로 사용되는 것은 16종이다. 이 종은 안휘, 절강, 강서, 호남, 사천 등에 분포한다. 사천, 호 북 및 섬서 등의 고산지대에서 재배된다.

'독활'의 약명은 《신농본초경(神農本草經)》에 상품으로 처음 기재되었다. 《중국약전(中國藥典)》(2015년 판)에 수록된 이 종은 중약 독활의 법정기원식물이다. 주요산지는 사천, 호북, 섬서, 절강 등지이다. 사천, 호북 및 섬서의 고산 지역에 이미 재배되는 것이 있다.

독활에는 주로 쿠마린, 정유 등 성분이 함유되어 있으며 그중 쿠마린 성분이 주요 활성성분이다. 《중국약전》에서는 고속액체크로마 토그래피법을 이용하여 중치모당귀 중 오스톨의 함량을 0.50% 이상, 콜룸비아나딘의 함량을 0.080% 이상으로 약재의 규격을 정하 고 있다.

약리연구를 통하여 독활에는 항염, 진통, 진정, 항혈전, 항심률실상(抗心律失常) 등의 작용이 있는 것으로 알려져 있다.

한의학에서 독활은 거풍제습(祛風除濕), 거한지통(祛寒止痛)의 효능이 있다.

중치모당귀 重齒毛當歸
Angelica pubescens Maxim. f. *biserrata* Shan et Yuan

약재 독활 藥材獨活
Angelicae Pubescentis Radix

1cm

 함유성분

뿌리에는 쿠마린류 성분으로 osthole, bergapten, angelol[1] (angelol A), angelols B, C, D, E, F, G, H, J[3], angelin[2], columbianetin, columbianetin acetate, columbianadin, columbianetin propionate, columbianetin-β-D-glucopyranoside[4], isoimperatorin, xanthotoxin, umbelliferone, nodakenin, oxypeucedanin hydrate[5], angelitriol, angelidiol 그리고 폴리아세틸렌 성분으로 falcarindiol 등이 함유되어 있다.
또한 정유성분으로 eremophilene, thymol, α-cedrene, humulene, p-cresol, β-cedrene 등의 함량이 상대적으로 높게 함유되어 있다. 정유 성분으로는 α-pinene이 가장 풍부하게 함유되어 있는 것으로 보고되었다[10].

columbianetin: R=H
columbianetin acetate: R=COCH₃

osthol

약리작용

1. **항염, 진통**

   독활의 메탄올, 클로로포름 및 에칠아세테이트 추출물은 초산과 열판자극으로 유발된 통증을 뚜렷하게 감소시킨다. 포름알데히드와 카라기난으로 발생한 종창도 감소시킬 수 있다. 독활에서 분리해 낸 콜룸비아나딘 및 콜룸비아네틴아세테이트, 베르가프텐, 움벨리페론 등은 뚜렷한 항염, 진통활성을 나타낸다[11-12].

2. **혈액계통에 대한 영향**

   독활의 알코올 추출물은 아데노신이인산(ADP)이 체외에 사용되어 유도된 Rat의 혈소판응집, 동·정맥 주변의 혈전 형성, Chandler 법 체외혈전 형성에 대해 억제작용이 있다. 그의 활성성분은 오스톨, 콜룸비아네틴, 콜룸비아네틴아세테이트 등이다. 알코올 추출물은 또 Mouse의 꼬리 출혈시간을 연장시킨다[4].

3. **심혈관계에 대한 영향**

   독활에는 적출된 개구리 심장에 대해 억제작용이 있다. 독활의 복합제제를 마취된 개 혹은 고양이의 정맥에 주사하면 혈압을 내리는 작용이 있다. 열수 추출물을 개구리의 다리에 주입하면 혈관수축작용이 있다. 물 추출물 부분은 항심박부조작용이 있는데 그의 유효성분은 γ-아미노부티르산이다.

4. **해경(解痙)**

   독활의 정유성분은 아세틸콜린으로 유발된 실험용 기니피그의 회장에 대해 경련성 수축을 억제한다. 크산토톡신, 베르가프텐 등 성분은 토끼의 회장에 뚜렷한 해경작용이 있다.

5. **기타**

   독활에 함유된 베르가프텐, 크산토톡신은 항종양, 광민감 등의 작용이 있다. 오스톨 등 성분의 *in vitro* 실험에서 지질산효소와 사이클로옥시게나제에 억제작용이 있다는 것이 발견되었다[13].

용도

독활은 중의임상에서 사용하는 약이다. 거풍습(祛風濕, 풍습이 겹친 것으로 관절이 아프고, 만지면 통증이 심해지는 것), 지비통(止痹痛, 저리고 아픈 통증을 그치게 함), 해표[解表, 표증(表證)을 제거하는 것] 등의 효능이 있으며, 풍한습비통(風寒濕痹痛, 풍한습으로 인해 관절 등이 저림), 외감풍한협습증 등의 치료에 사용한다.

중치모당귀 重齒毛當歸 ^{CP}

현대임상에서는 치통, 풍습성 관절염, 풍습성 관절염 유사병증, 요퇴통(腰腿痛, 허리 및 다리의 통증), 소아마비, 메니에르증후군[14]의 치료에 사용한다.

해 설

중국 고대 본초서적에 보면 독활과 강활(羌活, *Notopterygium incisum* Ting ex H.T. Chang)을 나누지 않은 현상이 존재하는데 중의들이 사용하는 중약 독활은 바디나물속의 여러 종 식물 외에 독활속(*Heracleum*) 및 오갈피나무과(Araliaceae) 식물이 포함된다.
중치모당귀는 중약용 독활 상품의 법정품종으로 중국에는 이미 독활 표준화 생산단지가 조성되어 있다.
독활은 관절 및 진통 등 분야에 치료효과가 뚜렷하기에 추가적 연구 및 개발의 가치가 있다.

참고문헌

1. K Hata, M Kozawa. Constitution of angelol, a new coumarin isolated from the root of *Angelica pubescens*. *Tetrahedron Letters*. 1965, **50**: 4557-4562

2. M Kozawa, K Baba, Y Matsuyama, K Hata. Studies on coumarins from the root of *Angelica pubescens* Maxim. III. Structures of various coumarins including angelin, a new prenylcoumarin. *Chemical & Pharmaceutical Bulletin*. 1980, 28(6): 1782-1787

3. K Baba, Y Matsuyama, M Kozawa. Studies on coumarins from the root of *Angelica pubescens* Maxim. IV. Structures of angelol-type prenylcoumarins. *Chemical & Pharmaceutical Bulletin*. 1982, **30**(6): 2025-2035

4. 李榮芷, 何雲清, 喬明, 徐岩, 張啟博, 孟娟如, 顧雲, 葛六萍. 中藥獨活活性成分香豆素及其苷的化學研究. 藥學學報. 1989, **24**(7): 546-551

5. 柳江華, 譚嚴, 陳玉萍, 徐綏緒, 姚新生. 重齒毛當歸化學成分的研究. 中草藥. 1994, **25**(6): 288-291

6. JH Liu, SX Xu, XS Yao, H Kobayashi. Two new 6-alkylcoumarins from *Angelica pubescens biserrata*. *Planta Medica*. 1995, **61**(5): 482-484

7. 柳江華, 徐綏緒, 孟志雲, 姚新生, 吳玉强. 重齒毛當歸中香豆素的進一步分離. 中國藥學. 1997, **6**(4): 221-224

8. JH Liu, S Zschocke, R Bauer. A polyacetylenic acetate and a coumarin from *Angelica pubescens* f. *biserrata*. *Phytochemistry*. 1998, **49**(1): 211-213

9. 周成明, 姚川, 孫海林. 獨活揮發油化學成分的研究. 中藥材. 1990, **13**(8): 29-32

10. 邱琴, 劉廷禮, 崔兆傑, 趙怡. 獨活揮發油化學成分的氣相色譜-質譜法測定. 分析測試學報. 2000, **19**(2): 58-60

11. YF Chen, HY Tsai, TS Wu. Anti-inflammatory and analgesic activities from roots of *Angelica pubescens*. *Planta Medica*. 1995, **61**(1): 2-8

12. TS Wu, JH Yeh, MJ Liou, HY Tsai, YF Chen, KF Huang. Antiinflammatory and analgesic principles from the roots of *Angelica pubescens*. *Chinese Pharmaceutical Journal(Taipei, Taiwan)*. 1994, **46**(1): 45-52

13. JH Liu, S Zschocke, E Reininger, R Bauer. Inhibitory effects of *Angelica pubescens* f. *biserrata* on 5-lipoxygenase and cyclooxygenase. *Planta Medica*. 1998, **64**(6): 525-529

14. 王傳麗, 張永健. 獨活煮鷄蛋治療美尼尔氏綜合征. 時珍國葯研究. 1996, 7(4): 196

중국당귀 當歸 ^{CP}

Angelica sinensis (Oliv.) Diels

Chinese Angelica

개 요

산형과(Apiaceae/Umbelliferae)

중국당귀(當歸, *Angelica sinensis* (Oliv.) Diels)의 뿌리

중약명: 당귀(當歸)

바디나물속(*Angelica*) 식물은 전 세계에 약 80종이 있는데 중국에 약 26종, 변이종 5종, 변형종 1종이 있다. 이 속 식물에서 현재 약
으로 사용되는 것은 약 16종이다. 이 종은 중국의 감숙, 사천, 운남, 호북, 섬서, 귀주 등에서 재배한다.

'당귀'의 약명은 《신농본초경(神農本草經)》에 중품으로 처음 기재했다. 《중국약전(中國藥典)》(2015년 판)에 수록된 이 종은 중약 당귀
의 법정기원식물이다. 주요산지는 중국의 감숙, 사천, 운남 등이다.

당귀에는 주로 정유성분과 유기산성분이 있다. 《중국약전》에서는 정유함량분석법을 이용하여 당귀 중 정유함량을 0.4%(mL/g) 이상
으로, 고속액체크로마토그래피법을 이용하여 페룰산의 함량을 0.050% 이상으로 약재의 규격을 정하고 있다.

약리연구를 통하여 당귀는 혈소판응집 저해, 항혈전, 항심률실상(抗心律失常), 관상동맥 확장, 항혈지, 혈중단백 및 적혈구 생성 촉
진, 항염, 진통, 자궁평활근 조절 등의 작용이 있는 것으로 알려져 있다.

한의학에서 당귀에는 보혈(補血), 활혈(活血), 조경(調經) 등의 효능이 있다.

중국당귀 當歸 *Angelica sinensis* (Oliv.) Diels

약재 당귀 藥材當歸 Angelicae Sinensis Radix

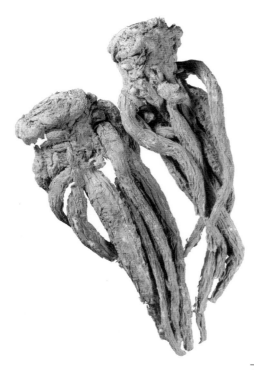

1cm

중국당귀 當歸 ^{CP}

함유성분

뿌리에는 주로 페놀성, 중성 그리고 산성의 정유성분이 많이 함유되어 있다. 페놀성 기름에는 주로 carvacrol, phenol, o-cresol, p-cresol, guaiacol 성분이, 중성 기름에는 주로 ligustilide, α-pinene, myrcene, β-ocimene, alloocimene, n-butylphthalide, n-butylidenephthalide, angelic ketone 성분이, 그리고 산성유로는 camphoric acid, anisic acid, azelaic acid, sebacic acid, myristic acid, phthalicanhydride 성분이 주로 함유되어 있다.

뿌리에는 또한 유기산 성분으로 ferulic acid, succinic acid, nicotinic acid, vanillic acid, palmitic acid 등이 함유되어 있다.

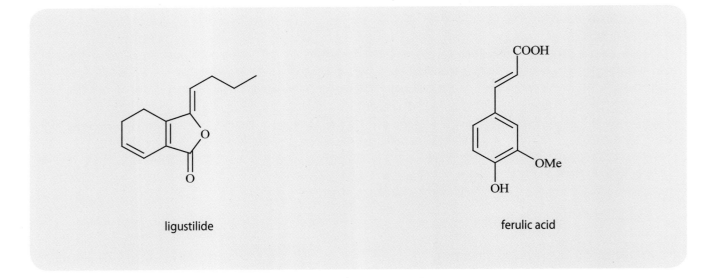

ligustilide

ferulic acid

약리작용

1. **혈액 및 조혈계통에 대한 영향**

   당귀 혹은 페룰산을 정맥에 주사하거나 복용시키면 Rat의 아데노신이인산(ADP)과 콜라겐단백으로 유발된 혈소판응집에 뚜렷한 억제작용이 있다. 당귀 및 페룰산나트륨에는 뚜렷한 항혈전작용이 있어 혈전건조중량을 뚜렷하게 감소시키고 혈전증가 속도를 느리게 할 수 있다[1]. 당귀다당은 Mouse(복강에 주사)와 집토끼(귓바퀴정맥에 주사)의 응혈시간을 연장시킬 수 있고 출혈시간을 단축할 수 있으며 트롬빈시간(TT)과 활성부분트롬보플라스틴시간(APTT)을 뚜렷하게 연장할 수 있다. 또한 프로트롬빈반응시간(PT)에 대한 영향이 비교적 적기 때문에 in vitro에서 혈소판응집률을 뚜렷하게 높일 수 있으며 항응혈과 지혈의 상향조절작용을 나타낼 수 있다[2]. 당귀다당을 피하에 주사하면 다기능조혈건세포(CFU-S)와 조혈모세포의 증식과 분화에 뚜렷한 촉진작용이 있고 동시에 조혈원세포가 입단계세포로 분화하는 것을 촉진할 수 있는데 이로써 혈중단백 및 적혈구의 생성을 촉진할 수 있다[3-6]. 당귀다당을 in vitro에서 인체다향성조혈모세포(CFU-Mix)의 증식을 뚜렷하게 촉진할 수 있다[7].

2. **심혈관계에 대한 영향**

   당귀의 전제(煎劑) 및 함유된 정유성분은 실험용 두꺼비의 심장수축 폭과 빈도를 억제할 수 있다. 당귀의 침고(浸膏)는 실험용 기니피그의 관상동맥을 뚜렷하게 확장할 수 있고 관상동맥의 혈류량을 증가시킬 수 있다. 당귀의 알코올 추출물 및 페룰산은 심박부절을 길항할 수 있다. 페룰산은 아드레날린 등에 의한 실험용 Mouse의 관상동맥 수축을 길항하는 작용이 있다. 당귀분(當歸粉)을 복용하면 혈지를 낮출 수 있고 실험성 동맥죽상경화를 억제할 수 있다.

3. **항염, 진통**

   당귀의 열수 추출물 및 페룰산은 여러 가지 염증유도제로 유발된 급·만성 염증에 대해 뚜렷한 억제작용이 있으며 Rat의 양측 부신을 제거하여도 그 항염작용은 여전히 존재한다. 동시에 Rat 염증조직의 프로스타글란딘 E_2 분비량을 낮출 수 있다[8-9]. 복강에 당귀의 물 추출 알코올 침출액 및 페룰산나트륨을 주사하면 초산으로 유발된 Mouse 경련반응 횟수를 감소시킬 수 있다[10].

4. **평활근에 대한 영향**

   당귀 추출물은 기니피그의 적출기관지에 대해 이완작용이 있다. 또 경련유도제인 아세틸콜린, 히스타민 및 염화바륨으로 유발된 기관지평활근 경련 및 수축에 대해 뚜렷한 진경작용이 있다[11]. 당귀 정유는 실험용 Rat의 자궁평활근에 대해 양방향 조절작용이 있는데 소량을 사용할 시에 약간의 흥분작용이 있으며 대량을 사용할 시 뚜렷한 억제작용이 있다. 비교적 많은 양을 사용할 때 옥시토신으로 유발된 자궁흥분에 대해 농도 의존적인 억제작용이 있고 또 높은 칼슘 함량으로 유발된 자궁수축을 뚜렷하게 억제할 수 있다[12].

5. 면역계통에 대한 영향

당귀의 알코올 추출물은 *in vitro*에서 단독 혹은 협동으로 콘카나발린 A(Con A)/지질다당(LPS)을 발휘하여 Mouse의 비장 및 흉선 T, B임파세포의 증식작용을 촉진하며 하이드로프레드니손은 Con A로 유발된 비장 및 흉선 T임파세포의 증식반응에 대한 억제작용을 길항할 수 있다[13]. 당귀다당을 복강에 주사하면 하이드로코르티손으로 유발된 Mouse의 비장위축을 길항할 수 있지만 흉선에 대한 영향은 그다지 크지 않다. 하이드로코르티손으로 면역억제 된 Mouse의 탄소분자 제거율을 뚜렷하게 증가할 수 있지만 Mouse의 면역글로불린 G(IgG)와 면역글로불린 M(IgM)의 생성에 대해 비교적 강한 억제작용이 있다. 당귀다당을 *in vitro*에서 또 Mouse의 비장세포와 복강대식세포의 증식을 증강시킨다. 당귀다당을 사용하면 비특이성 면역을 증강함과 동시에 체액성 면역을 억제하는 양방향 면역조절기능이 있다[14].

6. 기억력 증가

페룰산은 약물로 유발된 Rat의 학습기억장애를 개선할 수 있는데 그 작용기전은 아세틸콜린이 신경계통 및 뇌의 혈류량을 촉진하는 것과 관련이 있다[15].

7. 기타

당귀 주사액을 복강에 주사하면 방사선에 의해 손상된 Mouse의 간장 및 신장조직에 대해 뚜렷한 보호작용이 있다[16-17].

용도

당귀(중국당귀)는 중의임상에서 사용하는 약이다. 보혈(補血), 활혈(活血), 조경(調經, 월경 등을 정상적인 상태로 만들어 주는 것), 지통(止痛), 윤장(潤腸, 장의 기운을 원활히 해 줌) 등의 효능이 있으며, 심간혈허(心肝血虛, 간과 심장의 기능이 허약하여 음혈이 감소 혹은 영양공급의 부족으로 혈이 허한 증상), 면색위황(面色萎黃, 얼굴색이 누렇게 떠서 나타나는 병증), 현훈심계(眩暈心悸, 어지러우며 심장이 심하게 뛰는 것), 혹은 혈허(血虛)를 겸한 어체(瘀滯, 뭉치고 얽혀서 정체되는 병증)의 월경불순, 월경통, 경폐(經閉, 월경이 있어야 할 시기에 월경이 없는 것) 등 증상, 혈허 혹은 혈허를 겸한 한응(寒凝, 음한 기운이 응결된 것)의 타박상, 풍한습조(風寒濕阻, 풍한습사가 조체되어 나타나는 병증)의 통증, 옹저(癰疽, 큰 종기)로 인한 창양(瘡瘍), 혈허의 장조변비(腸燥便秘, 대장의 진액이 줄어들어 대변이 굳어진 것) 등의 치료에 사용한다.

현대임상에서는 급성 혈액부족성 뇌중풍, 돌발성 이롱(耳聾, 소리를 듣지 못하는 증상), 혈전폐색성 혈관염, 부정맥 등의 병증에 사용한다.

해설

중국당귀의 열매, 잎, 뿌리 등 부위에 함유된 방향성 정유에는 방향, 방부작용이 있어 식품과 사료 및 염제품(醃製品)의 조미제로 쓰인다. 또한 화장품, 비누, 치약, 구강청결제의 향료 및 향료를 조화하는 성분으로 쓰이며 유럽에서는 또한 사탕 제조업, 양조업에 광범위하게 쓰인다. 추가적이고 종합적인 이용연구와 개발을 통하여 그의 부가치를 제고시켜 당귀상품의 더욱 광활한 시장개척 및 용도를 창출할 수 있다.

중국당귀는 임상에서 광범위하게 사용될 뿐만 아니라 그 사용량도 많다. 중국에서 약으로 쓰이는 당귀상품은 주로 재배품이며 재배면적이 넓고 품질이 비교적 좋다. 현재 중국의 감숙에서는 당귀의 표준화 재배단지가 조성되었다.

참고문헌

1. 張翠蘭, 文德鑒. 當歸對血液及造血系統藥理作用研究進展. 湖北民族學院學報. 醫學版. 2002, 19(4): 34-35, 38

2. 楊鐵虹, 賈敏, 梅其炳, 商澎. 當歸多糖對凝血和血小板聚集的影響. 中藥材. 2002, 25(5): 344-345

3. 王亞平, 祝彼得. 當歸多糖對小鼠粒單系血細胞發生的影響. 解剖學雜誌. 1993, 16(2): 125-129

4. 王亞平, 祝彼得. 當歸多糖對小鼠紅系細胞增殖的影響. 中華血液學雜誌. 1993, 14(12): 650-651

5. 王亞平, 黃曉芹, 祝彼得, 王勇, 姜蓉. 當歸多糖誘導L-細胞產生造血生長因子的實驗研究. 解剖學報. 1996, 27(1): 69-74

6. 王亞平, 祝彼得. 當歸多糖對造血祖細胞增殖調控機理的研究. 中華醫學雜誌. 1996, 76(5): 363-366

7. 姜蓉, 吳宏, 王亞平. 當歸多糖 (APS) 對造血生長因子受體表達調控的試驗研究. 解剖科學進展. 2004, 10: 55

8. 胡慧娟, 杭秉茜, 王鵬書. 当归的抗炎作用. 中國中藥雜誌. 1991, 16(11): 684-686

9. 胡慧娟, 杭秉茜, 王朋書. 阿魏酸的抗炎作用. 中國藥科大學學報. 1990, 21(5): 279-282

10. 楊瑜, 查仲玲, 朱惠, 王智勇. 當歸提取物的鎮痛作用. 醫藥導報. 2002, 21(8): 481-482

11. 章辰芳, 孔繁智. 當歸對呼吸系統作用的研究概況. 中草藥. 1999, 30(4): 311-313

12. 肖軍花, 周健, 丁麗麗, 周全軍, 陳劍峰, 王征, 王嘉陵, 向繼洲. 當歸揮發油對子宮的雙向作用及其活性部位篩選. 華中科技大學學報 (醫學版). 2003, 32(6): 589-592, 596

13. 夏雪雁, 彭仁琇. 當歸醇沉物對體外小鼠脾, 胸腺淋巴細胞增殖的影響. 中草藥. 1999, **30**(2): 112-115

14. 楊鐵虹, 賈敏, 梅其炳. 當歸多糖對小鼠免疫功能的調節作用. 中成藥. 2005, **27**(5): 563-565

15. MT Hsieh, FH Tsai, YC Lin, WH Wang, CR Wu. Effects of ferulic acid on the impairment of inhibitory avoidance performance in rats. *Planta Medica*. 2002, **68**(8): 754-756

16. 袁新初, 張端蓮, 周乾毅, 余瑛, 崔冶建, 陝光, 唐甜, 熊燕娥, 李紅. 當歸注射液對輻射損傷後肝組織中超氧化物歧化酶活性的影響. 解剖學研究. 2003, **25**(2): 114-116

17. 鄧成國, 楊虹, 張端蓮, 楊勇, 崔冶建. 當歸注射液對輻射損傷後腎組織中超氧化物歧化酶活性的定量分析. 數理醫藥學雜誌. 2004, **17**(1): 18-19

중국당귀 대규모 재배단지

Arctium lappa L.

Great Burdock

 ## 개 요

국화과(Asteraceae)

우엉(牛蒡, *Arctium lappa* L.)의 잘 익은 열매를 건조한 것

중약명: 우방자(牛蒡子)

우엉속(*Arctium*) 식물은 전 세계에 약 10종이 있으며 아시아와 유럽의 온대 지역에 분포한다. 중국에 2종이 있는데 모두 약으로 쓸 수 있다. 이 종은 유라시아 대륙에 광범위하게 분포하는데 중국 남북 각지에 모두 분포한다.

우방자는 '악실(惡實)'이란 약명으로 《명의별록(名醫別錄)》에 중품으로 처음 기재되었으며 역대의 본초서적에 많은 기록이 있다. 《중국약전(中國藥典)》(2015년 판)에 수록된 이 종은 중약 우방자의 법정기원식물이다. 주요산지는 중국의 동북, 절강, 강소 등지인데 동북의 생산량이 가장 많고 절강의 품질이 가장 좋다. 《대한민국약전외한약(생약)규격집》(제4개정판)에는 우방근을 "우엉(*Arctium lappa* Linne, 국화과)의 뿌리"로, 《대한민국약전》(11개정판)에는 우방자를 "우엉의 잘 익은 열매"로 등재하고 있다.

우엉속 식물의 주요 활성성분은 리그난이다. 아르크티인 및 아크르티게닌은 우엉의 유효성분이다. 《중국약전》에서는 고속액체크로마토그래피법을 이용하여 아르크티인의 함량을 5.0% 이상으로 약재의 규격을 정하고 있다.

약리연구를 통하여 우엉에는 뚜렷한 항바이러스, 기체면역력 제고 등의 작용이 있는 것으로 알려져 있다.

한의학에서 우방자는 소산풍열(疏散風熱), 선폐투진(宣肺透疹), 해독인후(解毒利咽) 등의 효능이 있다.

우엉 牛蒡 *Arctium lappa* L.

약재 우방자 藥材牛蒡子 Arctii Fructus

1cm

우엉 牛蒡 CP, KP, KHP, JP

함유성분

열매에는 주로 리그난류 성분으로 arctiin, arctigenin, matairesinol[3], lappaols A, B, C, D, E, F, H[4-6], isolappaols A, C, neoarctins A, B[3, 7], arctignans A, B, C, D, E, F, G, H[8] 등이 함유되어 있다.

잎에는 arctiin, arctigenin[9], flavonoids, quercetin-3-O-rutinoside, kaempferol-3-O-rutinoside[10] 성분이 함유되어 있다.

뿌리에는 우엉 올리고당(BOS-2)[11]과 정유성분이 함유되어 있다.

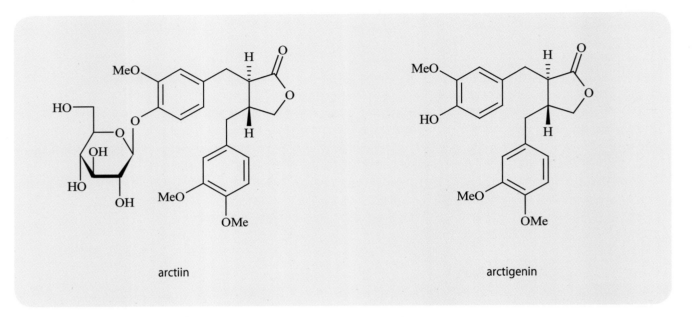

arctiin   arctigenin

약리작용

1. **항균, 항바이러스**

   우방자의 물 추출액을 in vitro에서, 근색모선균, 동심성모선균, 허란씨황선균 등 여러 가지 피부진균에 대해 억제작용이 있다. 아르크티게닌을 복용시키면 A형 인체독감바이러스(H1N1)로 유발된 Mouse의 폐렴병변을 뚜렷하게 억제할 수 있고[13], in vitro에서 직접적으로 H1N1의 복제작용을 억제할 수 있다[14]. 우방자의 알코올 추출물을 in vitro에서 파두유(巴豆油)와 낙산염으로 유발된 엡스타인바바이러스(EBV) 특이성 유전자효소, 유전자폴리메라제, 조기항원, 항원막 발현에 대해 모두 억제작용이 있다[15]. 또한 I형 인체면역결핍바이러스(HIV-1)의 MT-4임파세포, U937세포 및 외주혈단핵세포(PBMC)에서의 복제를 억제하는 작용이 있다[16].

2. **항종양**

   우방자의 전제(煎劑)를 위에 주입하면 Mouse의 S180 이식종양에 대해 억제작용이 있다[17]. 아르크티인과 아르크티게닌은 in vitro에서 간암세포 HepG2에 대해 강한 세포독성이 있고[18], 아르크티게닌은 in vitro에서 인체전골수성 백혈병세포 HL-60과 임파백혈병세포 MOLT-4의 생장에 대해 억제작용이 있다[18]. 우방자의 디클로로메탄 추출물은 in vitro에서 이선암 PANC-1세포에 대해 세포독성 활성이 있고 아르크티게닌을 복강에 주사하면 면역억제 쥐 PANC-1 이식종양의 생장을 억제할 수 있다[19].

3. **면역력 제고**

   우방자의 알코올 추출물을 위에 주입하면 정상적인 Mouse의 임파세포전화율과 α-초산나프탈린에스테르효소(ANAE)의 양성률을 뚜렷하게 증가시키고 항체생성세포의 형성과 대식세포의 탐식기능을 증가시킬 수 있으며 Mouse의 면역계통의 효능을 증강할 수 있다[20].

4. **항혈당**

   우방자의 알코올 추출물을 위에 주입하면 포도당을 복용하여 당뇨병에 걸린 Mouse와 고혈당과 알록산으로 인해 당뇨병에 걸린 Mouse의 혈당수치를 뚜렷하게 낮출 수 있다[20].

5. **신장 보호**

   우엉 뿌리의 알코올 추출물은 in vitro에서 α-글리코시다아제의 활성을 억제한다[21]. 우방자의 알코올 추출물을 위에 주입하면 스트렙토조토신으로 인해 당뇨병에 걸린 Rat의 다음(多飮), 다식(多食), 체중감소 등의 증세를 뚜렷하게 개선할 수 있다. 또 뇨단백(尿蛋白)과 뇨미량백단백(尿微量白蛋白)의 수치를 낮출 수 있으며 신장 형질전환생장인자-1(TGF-1) mRNA, 단핵추화단백(MCP-1) mRNA의 발현을 감소시키고 신장 피질세포막단백발현효소 C(PKC)의 활성을 낮출 수 있다[23].

6. 기타

아르크티인과 아르크티게닌은 혈소판활성인자(PAF) 수용체의 활성을 억제할 수 있고[24], 아르크티게닌은 강렬한 칼슘이온 길항작용이 있으며 염화칼륨으로 유발된 실험용 Rat의 기관, 결장, 폐동맥, 흉강주동맥평활근의 수축과 염화칼슘으로 유발된 실험용 기니피그의 기관지평활근 수축에 대해 비경쟁성 억제작용이 있다[25]. 아르크티인은 혈관을 확장하는 작용이 있다. 우엉의 올리고당은 *in vitro*에서 상기간균의 생장을 촉진할 수 있다[26].

용도

우방자는 중의임상에서 사용하는 약이다. 소산풍열[疏散風熱, 풍사(風邪)와 열사(熱邪)를 소산(消散)시키는 것], 투진이인(透疹利咽, 투진하고 인후를 이롭게 하는 것), 해독산종(解毒散腫, 해독하고 부종을 없애는 것) 등의 효능이 있으며, 풍열감모[風熱感冒, 감모(感冒)의 하나로 풍열사(風熱邪)로 인해 생긴 감기], 인후종통(咽喉腫痛, 목이 붓고 아픈 것), 마진불투(麻疹不透, 홍역이 아직 투발되지 않은 것), 옹종창독(癰腫瘡毒, 살갗에 생기는 종기가 곪아 터진 뒤 오래도록 낫지 않아 부스럼이 되는 병증), 자시후비[疿腮喉痺, 온독의 하나로 후내(喉內)가 아프고 부어올라 폐색(閉塞)되는 것], 변비 등의 치료에 사용한다.

현대임상에서는 또 급·만성 인후염, 편도선염, 기관지염 등의 병증에 사용한다.

해 설

중국의 신강 지역에서 나는 동속식물 모두우방(毛頭牛蒡, *Arctium tomentosum* Mill.)의 열매가 우방자의 약재로 쓰였으며, 임상약으로 쓰인 역사 또한 유구하다. 근래의 연구에서 모두우방 열매의 효능, 함유성분 및 약리작용 등은 모두우방자와 유사하고 아르크티인의 함량은 《중국약전》에 수록된 우방자의 함량 규격을 만족한다. 또 모두우방은 신강 지역에 광범히 분포하기 때문에 그 개발 및 용도에 대하여 주목할 필요가 있다.

중국, 일본, 한국과 유럽에는 우엉 뿌리 및 여린 줄기를 식용하는 전통습관이 있다. 일본에서는 우엉을 신체를 튼튼히 하는 보건품으로 간주한다.

근래 우엉은 중국에서 대량으로 재배되어 왔으며 강소 농현은 '중국우방지향(中國牛蒡之鄉)'으로 명명되었다. 현재 우엉 계열의 건강식품 200여 종이 개발되어 동남아시아에서 널리 판매되고 있다. 약식(藥食)식물인 우엉은 건강식품 분야에 다양한 전망이 있다.

참고문헌

1. 金在佶, 肖培根. 東洋傳統藥物原色圖鑑. 圖書出版永林社. 1995: 217

2. British Herbal Association. British Herbal Pharmacopoeia. United Kingdom:British Herbal Medicine Association. 1996: 47-49

3. 王海燕, 楊峻山. 牛蒡子化學成分的研究. 藥學學報. 1993, **28**(12): 911-917

4. A Ichihara, K Oda, Y Numata, S Sakamura. Lappanol A and B, novel lignans from *Arctium lappa* L. *Tetrahedron Letters*. 1976, **44**: 3961-3964

5. A Ichihara, Y Numata, S Kanai, S Sakamura. New sesquilignans from *Arctium lappa* L. The structure of lappanol C, D and E. *Agricultural and Biological Chemistry*. 1977, **41**(9): 1813-1814

6. A Ichihara, S Kanai, Y Numata, S Sakamura. Structures of lappanol F and H, dilignans from *Arctium lappa* L. *Tetrahedron Letters*. 1978, **33**: 3035-3038

7. HY Wang, JS Yang. Neoarctin A from *Arctium lappa* L. *Chinese Chemical Letters*. 1995, 6(3): 217-220

8. K Umehara, A Sugawa, M Kuroyanagi, A Ueno, T Taki. Studies on differentiation-inducers from Arctium Fructus. *Chemical & Pharmaceutical Bulletin*. 1993, **41**(10): 1774-1779

9. SM Liu, KS Chen, W Schliemann, D Strack. Isolation and identification of arctin and arctigenin in leaves of burdock (*Arctium lappa* L.) by polyamide column chromatography in combination with HPLC-ESI/MS. *Phytochemical Analysis*. 2005, 16(2): 86-89

10. 劉世明, 陳靠山, S Willibald, S Dieter. 聚酰胺柱層析/反向高效液相色譜/電噴霧離子質譜法分離鑒定牛蒡葉中兩種黃酮苷. 分析化學. 2003, **31**(8): 1023

11. 郝林華, 陳磊, 仲娜, 陳靠山, 李光友. 牛蒡寡糖的分離純化及結構研究. 高等學校化學學報. 2005, **26**(7): 1242-1247

12. 王曉, 程傳格, 楊予濤, 鄭成超. 牛蒡揮發油化學成分分析. 天然產物研究與開發. 2004, **16**(1): 33-35

13. 楊子峰, 劉妮, 黃碧松, 王艷芳, 胡英傑, 朱宇同. 牛蒡苷元體內抗甲1型流感病毒作用的研究. 中藥材. 2005, **28**(11): 1012-1014

14. 高陽, 董雪, 康廷國, 趙長智, 黃智, 張效禹. 牛蒡苷元體外抗流感病毒性. 中草藥. 2002, **33**(8): 724-726

15. 陳鐵宏, 黃迪. 牛蒡子對Epstein-Barr病毒抗原表達的抑制作用. 中華實驗和臨床病毒學雜誌. 1994, **8**(4): 323-326

16. XJ Yao, MA Wainbergl, MA Parniak. Mechanism of inhibition of HIV-1 infection *in vitro* by purified extract of *Prunella vulgris*. *Virology*. 1992, 187(1): 56-62

17. 孫鐵民, 梁偉, 林莉, 黃延娜, 金雨, 李春玲. 牛蒡子對癌瘤作用的實驗研究. 遼寧中醫學院學報. 2002, **4**(4): 310

18. 任常勝, 朱庆玲. 牛蒡子的研究概況. 中國民族醫藥雜誌. 2003: 36-38

19. S Awale, J Lu, S K Kalauni, Y Kurashima, Y Tezuka, S Kadota, H Esumi. Identification of arctigenin as an antitumor agent having the ability to eliminate the tolerance of cancer cells to nutrient starvation. *Cancer Research*. 2006, **66**(3): 1751-1757

20. 闊淩霄, 李亞明. 牛蒡子提取物對小鼠免疫功能及血糖的作用. 西北藥學雜誌. 1993, **8**(2): 75-78

21. M Miyazawa, N Yagi, K Taguchi. Inhibitory compounds of α-glucosidase activity from *Arctium lappa* L. *Journal of Oleo Science.* 2005, **54**(11): 589-594

22. 王海穎, 陳以平. 牛蒡子提取物對糖尿病大鼠腎臟病變作用機制的實驗研究. 中成藥. 2004, **26**(9): 745-749

23. 王海穎, 朱戎, 鄧躍毅, 沈玲妹, 陳以平, 鍾逸斐. 牛蒡子提取物對糖尿病大鼠腎臟蛋白激酶C活性作用的研究. 中國中醫基礎醫學雜誌. 2002, **8**(5): 382-383

24. 韓桂秋, 白光清, 王夕紅. 牛蒡子中血小板活化因子 (PAF) 受體拮抗劑的分離和結構鑒定. 中草藥. 1992, **23**(11): 563-566

25. Y Gao, TG Kang, XY Zhang. Studies on the calcium antagonist action of arctigenin. 中草藥. 2000, **31**(10): 758-762

26. 郝林華, 陳靠山, 李光友. 牛蒡寡糖對雙歧桿菌體外生長的促進作用. 海洋科學進展. 2005, **23**(3): 347-352

백량금 朱砂根 ^{CP}

Ardisia crenata Sims

Coral Ardisia

개요

자금우과(Myrsinaceae)

백량금(朱砂根, *Ardisia crenata* Sims)의 뿌리를 건조한 것

중약명: 주사근(朱砂根)

자금우속(*Ardisia*) 식물은 전 세계에 약 300종이 있으며 열대 아메리카, 태평양 섬, 인도반도 동부 및 아시아 동부로부터 남부에 분포하고 소수는 대양주에 분포한다. 중국에 68종이 있는데 대다수가 약용으로 사용된다. 이 종은 주로 중국의 서장 동남부 및 진령, 장강 이남의 각지에 분포한다. 인도, 미얀마, 말레이반도, 인도네시아로부터 일본까지 모두 분포한다.

'주사근'이란 약명은《본초강목(本草綱目)》에 처음으로 기재되었다. 《중국약전(中國藥典)》(2015년 판)에 수록된 이 종은 중약 주사근의 법정기원식물이다. 주요산지는 중국 광서이며 광동, 강서, 절강 등지에도 나는 것이 있다.

자금우속 식물의 주요 활성성분으로는 트리테르페노이드 사포닌과 쿠마린 등이 있다. 그중 쿠마린 성분인 베르게닌, 사포닌 등에는 뚜렷한 항종양, 항인체면역결핍바이러스(anti-HIV) 활성이 있다. 《중국약전》에서는 주사근에 함유된 베르게닌의 함량을 1.5% 이상으로 약재의 규격을 정하고 있다.

약리연구를 통하여 주사근에는 항균, 항염, 지통(止痛) 등의 작용이 있는 것으로 알려져 있다.

한의학에서 주사근은 소종지통(消腫止痛), 활혈산어(活血散瘀), 거풍제습(祛風除濕) 등의 효능이 있다.

백량금 朱砂根 *Ardisia crenata* Sims

약재 주사근 藥材朱砂根 Ardisiae Crenatae Radix

1cm

백량금 朱砂根 CP

함유성분

뿌리에는 쿠마린류 성분으로 bergenin[1], demethylbergenin, 11-O-syrinylbergenin[2], 11-O-galloylbergenin, 11-O-vanilloylbergenin, 11-O-(3',4'-dimethylgalloyl)-bergenin[3], 트리테르펜 성분으로 cyclamiretin A[4], 트리테르페노이드 사포닌 성분으로 ardicrenin[5], ardisiacrispins A, B[6], ardisi-crenosides A, B, C, D, E, F, G, H[6-9] 등이 함유되어 있다. 또한 rapanone[1]과 고리형 뎁시펩타이드 FR900359[10] 성분이 함유되어 있다.

cyclamiretin A

ardisicrenoside A

약리작용

1. 항균

주사근의 알코올 추출액은 *in vitro*에서 A형 용혈성 연쇄구균, B형 용혈성 연쇄구균, 황색포도상구균에 대해 세균억제와 살균작용이 있다[11].

2. 항염

주사근의 알코올 추출액을 위에 주입하면 초산으로 인해 Mouse의 모세혈관 투과성이 높아지는 것을 억제할 수 있고 Rat의 단백질성 발바닥 종창을 억제할 수 있다[11].

3. 항생육

주사근의 60% 에탄올 추출물에는 항생육작용이 있다. 주사근의 트리테르페노이드 사포닌은 조기임신중절작용이 있다. 주사근의 트리테르페노이드 사포닌에는 성체 Mouse, 기니피그와 집토끼 실험자궁모델에 대해 모두 흥분작용이 있다. 소량을 사용하면 자궁 수축빈도를 빠르게 하고 정도를 크게 하며 장력을 뚜렷하게 높여 준다. 대량을 사용하면 자궁에 수직성 수축을 일으킨다.

4. 지해(止咳)

베르게닌의 지해강도는 용량비율로 파라세타몰의 1/4∼1/7에 해당한다.

5. 기타

주사근 중에서 추출한 환상헤피타데피시페터더 FR900359는 혈소판응집을 억제할 수 있고 혈압을 낮출 수 있다[10].

용도

주사근은 중의임상에서 사용하는 약이다. 청열해독(淸熱解毒, 화열을 깨끗이 제거하고 몸의 독을 없이함), 활혈지통(活血止痛, 혈액순환을 촉진하여 통증을 멈추게 함) 등의 효능이 있으며, 인후종통(咽喉腫痛, 목 안이 붓고 아픈 증상), 유화[流火, 습사(濕邪)와 열사(熱邪)가 울체된 채 오래되어 열상(熱象)을 나타내는 것], 유선염, 고환염(睾丸炎, 고환에 생긴 염증), 황달, 이질, 풍습열비[風濕熱痺, 풍(風), 열(熱), 습(濕)에 의해 관절이 아프고, 만지면 통증이 심해지는 것], 타박상 등의 치료에 사용한다.

현대임상에서는 위통, 치통, 편도선염, 신염, 사충성 임파선염 등의 병증에 사용한다.

해설

백량금은 중국 민간에서 흔히 사용되는 중초약(中草藥) 중 하나이다. 그것의 뿌리와 잎에는 소종지통, 활혈산어, 거풍제습 등의 효능이 있다. 임상에서는 여러 종류의 병증치료에 쓴다. 백량금의 열매를 식용할 수 있고, 기름을 얻을 수 있으며, 비누를 제조하는 원료로 사용할 수 있다. 백량금은 관상식물로 원예 분야에서 광범위하게 용용할 수 있다.

참고문헌

1. 倪慕雲, 韓力. 朱砂根化學成分的研究. 中藥通報. 1988, 13(12): 737-738

2. 韓力, 倪慕雲. 中藥朱砂根化學成分的研究. 中國中藥雜誌. 1989, 14(12): 33-35

3. ZH Jia, K Mitsunaga, K Koike, T Ohmoto. New bergenin derivatives from *Ardisia crenata*. *Natural Medicines*. 1995, 49(2): 187-189

4. 關雄泰, 汪茂田, 宮予敏, 趙天增, 洪山海. 朱砂根中皂苷元及次生苷的研究. 中草藥. 1987, 18(8): 338-341

5. MT Wang, XT Guan, XW Han, SH Hong. A new triterpenoid saponin from *Ardisia crenata*. *Planta Medica*. 1992, 58(2): 205-207

6. ZH Jia, K Koike, T Ohmoto, MY Ni. Triterpenoid saponins from *Ardisia crenata*. *Phytochemistry*. 1994, 37(5): 1389-1396

7. ZH Jia, K Koike, T Nikaido, T Ohmoto, MY Ni. Triterpenoid saponins from *Ardisia crenata* and their inhibitory activity on cAMP phosphodiesterase. *Chemical & Pharmaceutical Bulletin*. 1994, 42(11): 2309-2314

8. ZH Jia, K Koike, T Nikaido, T Ohmoto. Two novel triterpenoid pentasaccharides with an unusual glycosyl glycerol side chain from *Ardisia crenata*. *Tetrahedron*. 1994, 50(41): 11853-11864

9. K Koike, ZH Jia, S Ohura, S Mochida, T Nikaido. Minor triterpenoid saponins from *Ardisia crenata*. *Chemical & Pharmaceutical Bulletin*. 1999, 47(3): 434-435

10. M Fujioka, S Koda, Y Morimoto, K Biemann. Structure of FR900359, a cyclic depsipeptide from *Ardisia crenata* Sims. *Journal of Organic Chemistry*. 1988, 53(12): 2820-2825

11. 田振華, 何燕, 駱紅梅, 黃勇其. 朱砂根抗炎抗菌作用研究. 西北藥學雜誌. 1998, 13(3): 109-110

천남성 天南星 CP, KP, VP

Arisaema erubescens (Wall.) Schott

Reddish Jack-in-the-pulpit

 ## 개 요

천남성과(Araceae)

천남성(天南星, *Arisaema erubescens* (Wall.) Schott)의 덩이줄기를 건조한 것

중약명: 천남성

천남성속(*Arisaema*) 식물은 전 세계에 약 150종이 있는데 대부분이 아시아의 열대, 아열대와 온대에 분포하며 소수가 아프리카의 열대, 중부 아메리카와 북아메리카에 분포한다. 중국에 약 82종이 있는데 그중 59종은 중국 고유종이다. 운남에 분포량이 가장 많아 약 40종이나 된다. 중국에서 이 속이 현재 약으로 사용되는 것은 10여 종이다. 이 종은 동북, 내몽고, 신강, 산동 등을 제외한 모든 성에 분포하며 인도, 네팔, 미얀마, 태국에도 분포하는 것도 있다.

천남성은 '호장(虎掌)'이라는 약명으로 《신농본초경(神農本草經)》에 최초로 기재되었다. 《중국약전(中國藥典)》(2015년 판)에 수록된 이 종은 중약 천남성의 법정기원식물이다. 주요산지는 중국의 섬서, 감숙, 사천, 귀주, 운남 등이다. 《대한민국약전》(11개정판)에는 천남성을 "천남성과에 속하는 둥근잎천남성(*Arisaema amurense* Maximowicz), 천남성(*Arisaema erubescens* Schott) 또는 두루미천남성 *Arisaema heterophyllum* Blume)의 덩이뿌리로서 주피를 완전히 제거한 것"으로 등재하고 있다.

천남성속 식물의 덩이줄기에는 주로 지방산, 플라보노이드 배당체 및 스테롤 화합물이 있다[1]. 아직까지 본속 식물의 유효, 유독성분에 대해서는 알 수 없다. 《중국약전》에서는 천남성의 플라보노이드와 아피게닌의 총 함량을 0.050% 이상으로 약재의 규격을 정하고 있다.

약리연구를 통하여 천남성은 거담(祛痰), 항경궐(抗驚厥, 갑자기 몹시 놀라서 정신을 잃고 넘어지며 몸이 싸늘해지는 증상), 항종양 등의 작용이 있는 것으로 알려져 있다.

한의학에서 천남성은 조습화담(燥濕化痰), 거풍지경(祛風止痙), 산결소종(散結消腫) 등의 효능이 있다.

천남성 天南星 *Arisaema erubescens* (Wall.) Schott	이엽천남성 異葉天南星 *A. heterophyllum* Bl.

약재 천남성 藥材天南星 Arisaematis Rhizoma

1cm

함유성분

덩이줄기에는 스테롤 성분으로 daucosterol, β-sitosterol[2], 지방산 성분으로 triacontanoic acid, cerotic acid[2-3], 지방족탄화수소 성분의 tetracontane[2], 그리고 플라보노이드 배당체 성분으로 schaftoside, isoschaftoside[4] 성분이 함유되어 있다. 또한 ethyl gallate, gallic acid[2], paeonol[5], aurantiamide acetate[6] 등의 성분이 있다.

paeonol

schaftoside

isoschaftoside

천남성 天南星 CP, KP, VP

약리작용

1. 거담

   천남성의 열수 추출물을 마취된 토끼에게 복용시키면 호흡기점막액의 분비를 뚜렷하게 증가시킬 수 있다. 천남성의 열수 추출물을 Mouse의 위에 주입하면 호흡기효소 분비량을 증가시킬 수 있는데 이로써 거담작용을 나타낸다[7].

2. 항종양

   신선한 천남성의 물 추출 알코올 침출액은 *in vitro*에서 자궁경부암세포 HeLa에 대한 억제작용이 있고 세포를 단괴로 농축시키며 세포구조를 파괴하고 부분적으로 세포를 탈락시킬 수 있다[8]. 천남성 물 추출물을 위에 주입하면 Mouse의 간암세포 H22에도 일정한 억제작용이 있다[9].

3. 항경궐

   Mouse의 복강에 천남성 열수 추출물을 주사하면 스트리키닌, 펜틸렌테트라졸, 카페인, 니코틴 등으로 유발된 경련의 발생률과 사망률을 뚜렷하게 감소시킨다[10].

4. 진정

   천남성의 전제(煎劑)를 복강에 주사하면 집토끼와 Rat으로 하여금 몇 분 이내에 안정되게 하고 수면을 유도하며 소리에 대한 반응이 느려지게 한다[10]. 천남성의 알코올 추출물을 위에 주입하면 Mouse의 능동활동에도 뚜렷한 억제작용이 있으며 또한 Mouse의 펜토바르비탈나트륨으로 유발된 수면시간을 연장시킬 수 있는데 이는 천남성과 펜토바르비탈나트륨 사이에 상호작용이 있다는 것을 나타낸다[11].

5. 항심박부절

   Rat에게 천남성의 알코올 추출물을 복용시키면 알칼로이드로 인해 유발된 심박부절의 지속시간을 단축시킬 수 있다[11].

용도

천남성은 중의임상에서 사용하는 약이다. 조습화담[燥濕化痰, 습사(濕邪)를 제거하고 가래를 없애는 것], 거풍지경[祛風止痙, 풍사(風邪)를 소산(消散)시키는 것], 소종지통(消腫止痛, 부종을 가라앉히고 통증을 감소시킴) 등의 효능이 있으며, 습담[濕痰, 습하고 탁한 것이 체내에 오래 정체되어 생기는 담(痰)], 한담증(寒痰證, 한담(寒痰)에 의한 병증], 풍담증[風痰證, 풍담(風痰)으로 인한 증], 옹저종통(癰疽腫痛, 부스럼, 종기 등으로 피부가 부으면서 동통이 있는 것), 독사에 물린 상처 등의 치료에 사용한다.

현대임상에서는 편두통, 관심병(冠心病, 관상동맥경화증), 자궁경부암 등의 병증에 사용한다.

해설

신선한 천남성은 홍콩상견독극중약[香港常見毒劇中藥] 31종(광물성 제외)*의 목록에 등록되어 있다. 《중국약전》에서는 또 이엽천남성(異葉天南星, *Arisaema heterophyllum* Bl.)과 동북천남성(東北天南星, *A. amurense* Maxim.)을 중약 천남성의 법정기원식물로 수록했다. 하지만 현재의 약재 중에서 천남성의 형태를 '호장형(虎掌型)'과 '원구형(圓球形)'으로 나누며 약재시장에서 공인하는 천남성의 우등품종은 '호장남성(虎掌南星, 사면에 범 발바닥 같은 씨가 있어 얻어진 명칭)'이며, 그 내원은 반하속(*Pinellia*) 식물 장엽반하(掌葉半夏, *Pinellia pedatisecta* Schott)의 덩이줄기이다. 호장남성은 사용된 역사가 오래되었고 생산량이 매우 많아 천남성의 주류품종으로 알려져 있다.

반하와 천남성은 서로 다른 약재로 효능, 주치에 각각의 특장이 있다. 따라서 양자에 대한 비교연구가 더욱 심도 있게 이루어져야 한다.

참고문헌

1. 杜樹山, 孟蕾, 徐艷春, 魏璐雪. 天南星屬植物研究進展. 北京中醫藥大學學報. 2001, **24**(3): 49-51

2. 杜樹山, 徐艷春, 魏璐雪. 天南星化學成分研究 (I). 中草藥. 2003, **34**(4): 310,342

3. 杜樹山, 徐艷春, 魏璐雪. 天南星中脂肪酸的分析. 北京中醫藥大學學報. 2003, **26**(2): 44-46

4. 杜樹山, 雷寧, 吳明, 張文生, 徐艷春, 魏璐雪. 高效液相色譜法測定天南星中夏佛托苷和異夏佛托苷的含量. 中國藥學雜誌. 2005, **40**(1): 21-23

5. S Ducki, JA Hadfield, NJLawrence, XG Zhang, AT McGown. Isolation of paeonol from *Arisaema erubescens*. *Planta Medica*. 1995, **61**(6): 586-587

6. S Ducki, JA Hadfield, XG Zhang, NJ Lawrence, AT McGown. Isolation of aurantiamide acetate from *Arisaema erubescens*. *Planta Medica*. 1996, **62**(3): 277-278

---

* 산두근(山豆根), 속수자(續隨子), 천오(川烏), 천선자(天仙子), 천남성(天南星), 파두(巴豆), 반하(半夏), 감수(甘遂), 백부자(白附子), 부자(附子), 낭독(狼毒), 초오(草烏), 마전자(馬錢子), 등황(藤黃), 양금화(洋金花), 귀구(鬼臼), 철봉수[鐵棒樹], 또는 설상일지호(雪上一枝蒿)], 요양화(鬧羊花), 청랑충(青娘蟲), 홍랑충(紅娘蟲), 반모(斑蝥), 섬수(蟾酥).

7. 馮漢林, 劉美麗. 天南星及其代用品研究概況. 中草藥. 1993, **24**(11): 602-605

8. 王慶才. 生南星生半夏在腫瘤臨床中的應用. 遼寧中醫雜誌. 1993, **3**: 37-38

9. 張蘋, 李燕玲, 任連生, 湯瑩. 馬錢子, 天南星對小鼠移植性腫瘤H22的抑瘤作用. 中國藥物與臨床. 2005, **5**(4): 272-274

10. 韋英傑, 楊中林. 天南星研究進展. 時珍國醫國藥. 2001, **12**(3): 264-267

11. 秦彩玲, 胡世林, 劉君英, 程志銘. 有毒中藥天南星的安全性和藥理活性的研究. 中草藥. 1994, **25**(10): 527-530

12. 謝宗萬, 中藥材正名詞典. 北京: 北京科學技術出版社. 2004: 285

Boraginaceae

신강자초 新疆紫草 ^{CP, KP, JP}

Arnebia euchroma (Royle) Johnst.

Sinkiang Arnebia

 개요

자초과(Boraginaceae)

신강자초(新疆紫草, *Arnebia euchroma* (Royle) Johnst.)의 뿌리를 건조한 것

중약명: 자초(紫草)

연자초속(*Arnebia*) 식물은 전 세계에 약 25종이 있으며 주로 아프리카 북부, 유럽, 중앙아시아 및 히말라야 등지에 분포한다. 중국산이 6종이 있는데 서북 및 화북 지역에 분포한다. 이 속에서 현재 약으로 사용되는 것은 약 3종이다. 이 종은 중국의 신강 및 서장 서부에 분포하며 인도 서북부, 네팔, 파키스탄, 아프가니스탄, 이란, 러시아의 중앙아시아 지역 및 시베리아 지역에도 분포하는 것이 있다.

'자초'의 약명은 《신농본초경(神農本草經)》에 중품으로 처음 기재되었다. 《중국약전(中國藥典)》(2015년 판)에 수록된 이 종은 중약 자초의 법정기원식물이다. 《일본약국방(日本藥局方)》에서는 경자초(硬紫草, *Lithospermum erythrorhizon* Sieb. et Zucc.)를 중약 자초의 법정기원식물로 수록했다. 주요산지는 신강인데 생산량이 가장 많다. 《대한민국약전》(11개정판)에는 자근을 "지치과에 속하는 지치(*Lithospermum erythrorhizon* Siebold et Zuccarini), 신강자초(*Arnebia euchroma* Johnst.) 또는 내몽자초(內蒙紫草, *Arnebia guttata* Bunge)의 뿌리"로 등재하고 있다.

신강자초의 뿌리에 주로 함유된 활성성분은 나프토퀴논이다. 이외에도 페놀산 등이 있다. 《중국약전》에서는 자외가시부흡광도측정법을 통하여 히드록시나프토퀴논의 함량을 시코닌 0.8% 이상으로, 고속액체크로마토그래피법을 이용하여 β,β'-디메칠아크릴알카닌의 함량을 0.3% 이상으로 약재의 규격을 정하고 있다.

약리연구를 통하여 자초는 항균, 항염, 항종양, 항응혈 및 항인체면역결핍바이러스(anti-HIV) 등의 작용이 있는 것으로 알려져 있다. 한의학에서 자초는 활혈양혈(活血凉血), 해독투진(解毒透疹) 등의 효능이 있다.

신강자초 新疆紫草 *Arnebia euchroma* (Royle) Johnst.

약재 자초 藥材紫草 Arnebiae Radix

1cm

함유성분

뿌리에는 나프토퀴논계 색소인 shikonin(R 이성체), alkannin(S 이성체), 그리고 그 유도체인 acetylshikonin, β,β'-dimethylacrylshikonin, isobutyrylshikonin, α-methylbutyrylshikonin, isovalerylshikonin, acetylalkannin, β,β'-dimethylacrylalkannin, isobutyrylalkannin, α-methylbutyrylalkannin, isovalerylalkannin 성분이 있으며, 페놀과 퀴논계 성분인 arnebinone, arnebinol, arnebifuranone[2], de-O-me-thyll-asiodiplodin[3]이 있고 또한, 페놀산 성분으로서 rosmarinic acid 등이 있다.

alkannin

shikonin

rosmarinic acid

신강자초 新疆紫草 CP, KP, JP

약리작용

1. 항균, 항바이러스

   In vitro 실험을 통해 알려진 바와 같이 시코닌, 알카닌 및 그 유도체는 메티실린 내성 황색포도상구균, 반코마이신 내성 장구균, 백색 염주균 등 진균에 대해 억제작용이 있다[4-5]. 신강자초에서 분리해 낸 카페인사취물나트륨 및 칼리암염은 anti-HIV 작용이 있다[6]. 신강자초를 체외에 사용하면 항C형 간염바이러스(HCV) 작용이 있다[7].

2. 항염, 항과민

   시코닌을 피하에 주사하면 파두유(巴豆油)로 유발된 Mouse의 귀염증과 효모로 유발된 Rat의 발바닥 종창에 뚜렷한 억제작용이 있다. 백혈구 체외배양 시스템에서 시코닌을 사용하면 류코트리엔 B_4(LTB$_4$)와 5-하이드록시에이코사테트라엔산(5-HETE)의 생합성을 억제한다. 시코닌의 유도체인 1,4-나프토퀴논, 데옥시시코닌, 아세틸시코닌, β,β'-디메칠아크릴시코닌은 LTB$_4$의 생합성에도 억제작용이 있다[8]. 신강자초의 뿌리에 함유된 석유에테르, 클로로포름, 에탄올 및 물 추출물을 복용시키면 카라기난 등으로 유발된 Rat의 발바닥 종창에 대해 억제작용이 있다[9].

3. 항암

   알카닌의 유도체는 *in vitro*에서 인체폐선암세포 GLC-82, 인체비인암세포 CNE2, 인체간암세포 Bel-7402, 인체백혈병세포 K562 등에 대해 세포독성작용이 있다[10]. 시코닌은 체외배양의 인체대장암세포 CCL229의 자멸을 유도할 수 있다[11]. 시코닌은 체외배양의 Mouse 교질암세포 C6, 인체설린암세포 Tca-8113과 인체자궁경부암세포 HeLa 등에 대해 뚜렷한 살상과 억제작용이 있다[12]. 시코닌은 체외배양의 인체간암세포 SMMC-7721의 증식을 억제할 수 있고 위에 주입하면 엽상간암 H22에 걸린 Mouse에게 뚜렷한 억제작용이 있다[13]. 신강자초의 에탄올 추출물을 위에 주입하면 모노크로탈린으로 유발된 Rat의 간두저색종합증(SOS)에 대해 예방작용을 한다[14].

4. 항혈소판응집

   시코닌의 유도체는 교원, 아라키돈산, 응혈효소, 혈소판응집인자 등으로 유발된 집토끼의 혈소판응집에 대해 억제작용이 있고 동시에 높은 함량의 칼륨 및 노르에피네프린으로 유발된 Rat의 동맥수축을 억제할 수 있다[15-16]. *In vitro* 실험에서 신강자초의 수용성 성분인 arnebinol과 de-O-methyllasiodiplodin에는 프로스타글란딘의 생합성을 억제하는 작용이 있다[3].

5. 기타

   신강자초의 추출물은 조기임신중절[17], 진통, 진정 등의 작용이 있다.

용 도

자초는 중의임상에서 사용하는 약이다. 활혈양혈[活血涼血, 혈(血)의 운행을 활발히 하고 피를 서늘하게 함], 해독투진[解毒透疹, 독성을 없애 주고 반진(癍疹), 홍역(紅疫)의 사기(邪氣)를 피부 밖으로 뿜어 냄] 등의 효능이 있으며, 반진자흑[斑疹紫黑, 열병을 앓는 동안에 체표에 나타나는 반진(斑疹)의 색이 검붉은 것], 마진불투(麻疹不透, 홍역이 아직 투발되지 않은 것), 옹저창양(癰疽瘡瘍, 종기와 부스럼), 습진음양[濕疹陰癢, 풍습열사(風濕熱邪)가 피부에 침입함으로 인해 발생한 습진], 수화탕상(水火燙傷 끓는 물에 데어서 다친 증상) 등의 치료에 사용한다.

현대임상에서는 피부병을 예로 들면 완선(頑癬), 매괴강진(玫瑰糠疹, 장미색 비강진), 외과창양(外科瘡瘍, 체표에 발생하는 부스럼), 과민성 자반(紫癍, 열병으로 자색의 반점이 발생하는 증상), 중이염, 단포바이러스성 각막염, 바이러스성 간염, 만성 전립선염, 자궁경부염 및 약물자극으로 인한 속발성 진행성 정맥염 등의 병증에 사용한다.

해 설

중국 고대의 본초서적에 기재된 자초는 상품 경자초이며《일본약국방》에도 기재되었다.

《중국약전》에서는 동속식물인 내몽자초(內蒙紫草, *Arnebia guttata* Bge.)를 중약 자초의 또 다른 법정기원식물로 수록했다. 이외에 전자초(滇紫草, *Onosma paniculatum* Bur. et Franch.), 밀화전자초(密花滇紫草, *O. confertum* W. W. Smith), 노예전자초(露蕊滇紫草, *O. exsertum* Hemsl.) 및 장화전자초(長花滇紫草, *O. hookeri* Clarke var. *longiflorum* Duthie ex Stapf) 등도 운남, 서장 등지에서 자초의 약용으로 사용한다.

신강자초의 분포 면적은 광범위할 뿐만 아니라 생산량이 많으며 1970년대로부터 약용 자초의 주류품종으로 그의 조직배양에 관련된 연구보고도 다수 나와 있다[18].

시코닌 성분은 빛깔이 아름답고 착색력이 강하며 내열(耐熱), 내산(耐酸), 내광(耐光), 항균, 항염, 혈액순환 촉진 등의 작용이 있기 때문에 이미 화학용품, 식품, 염료 등의 착색제로 널리 사용된다. 신강자초는 천연식용색소 및 화장품의 개발 분야에 아주 큰 잠재력이 있다.

참고문헌

1. 黃志紓, 張敏, 馬林, 古練權. 紫草的化學成分及其藥理活性研究概況. 天然產物研究與開發. 2000, **12**(1): 73-82

2. XS Yao, Y Ebizuka, H Noguchi, F Kiuchi, M Shibuya, Y Iitaka, H Seto, U Sankawa. Biologically active constituents of *Arnebia euchroma*:structures of new monoterpenylbenzo quinones:arnebinone and arnebifuranone. *Chemical & Pharmaceutical Bulletin.* 1991, **39**(11): 2962-2964

3. XS Yao, Y Ebbizuka, H Noguchi, F Kiuchi, M Shibuya, Y Iitaka, H Seto, U Sankawa. Biologically active constituents of *Arnebia euchroma*:structure of arnebinol, an ansa-type monoterpenylbenzenoid with inhibitory activity on prostaglandin biosynthesis. *Chemical & Pharmaceutical Bulletin.* 1991, **39**(11): 2956-2961

4. CC Shen, WJ Syu, SY Li, CH Lin, GH Lee, CM Sun. Antimicrobial activities of naphthazarins from *Arnebia euchroma. Journal of Natural Products.* 2002, **65**(12): 1857-1862

5. K Sasaki, F Yoshizaki, H Abe. The anti-Candida activity of Shikon. *Yakugaku Zasshi.* 2000, **120**(6): 587-589

6. Y Kashiwada, M Nishizawa, T Yamagishi, T Tanaka, G Nonaka, LM Cosentino, JV Snider, K Lee. Anti-AIDS agents, 18. Sodium and potassium salts of caffeic acid tetramers from *Arnebia euchroma* as anti-HIV agents. *Journal of Natural Products.* 1995, **58**(3): 392-400

7. TY Ho, SL Wu, IL Lai, KS Cheng, ST Kao, CY Hsiang. An *in vitro* system combined with an in-house quantitation assay for screening hepatitis C virus inhibitors. *Antiviral Research.* 2003, **58**(3): 199-208

8. 王文傑, 白金葉, 劉大培, 薛立明, 朱秀媛. 紫草素抗炎及對白三烯 B4 生物合成的抑制作用. 藥學學報. 1994, **29**(3): 161-165

9. BS Kaith, NS Kaith, NS Chauhan. Anti-inflammatory effect of *Arnebia euchroma* root extracts in rats. *Journal of Ethnopharmacology.* 1996, **55**(1): 77-80

10. ZS Huang, HQ Wu, ZF Duan, BF Xie, ZC Liu, GK Feng, LQ Gu, ASC Chan, YM Li. Synthesis and cytotoxicity study of alkannin derivatives. *European Journal of Medicinal Chemistry.* 2004, **39**(9): 755-764

11. 蔣英麗, 宋今丹. 新疆紫草素誘導人大腸癌細胞的凋亡. 癌症. 2001, **20**(12): 1355-1358

12. 林江, 韓福剛, 王開正. 新疆紫草素對腫瘤細胞生長抑制作用的研究. 瀘州醫學院學報. 2003, **26**(2): 102-106

13. 徐貴穎, 郭敏, 王英麗. 新疆紫草素對荷H22肝癌小鼠抗腫瘤的實驗性研究. 中華醫學全科雜誌. 2004, **3**(5): 22-24

14. 趙婷, 吳彤, 陸道培. 新疆紫草的乙醇提取物抗肝竇阻塞綜合徵作用的實驗研究. 中國藥學雜誌. 2005, **40**(21): 1626-1629

15. YS Chang, SC Kuo, SH Weng, SC Jan, FN Ko, CM Teng. Inhibition of platelet aggregation by shikonin derivatives isolated from *Arnebia euchroma. Planta Medica.* 1993, **59**(5): 401-404

16. FN Ko, YS Lee, SC Kuo, YS Chang, CM Teng. Inhibition on platelet activation by shikonin derivatives isolated from *Arnebia euchroma. Biochimica et Biophysica Acta.* 1995, **1268**(3): 329-334

17. 夏立程, 王彩霞, 李萍, 朱濱. 具抗早孕活性的新疆紫草浸膏中金屬元素的分析. 中草藥. 1996, **27**: 65-66

18. 計巧靈, 王衛國, 李仁敬, 李康. 新疆紫草外植體組織培養和植株再生. 新疆大學學報(自然科學版). 1993, **10**(3): 91-94

개똥쑥 黃花蒿 CP, KHP

Artemisia annua L.
Annual Wormwood

 개 요

국화과(Asteraceae)

개똥쑥(黃花蒿, *Artemisia annua* L.)의 지상부를 건조한 것

중약명: 청호(靑蒿)

쑥속(*Artemisia*) 식물은 전 세계에 약 300종이 있으며 주로 아시아, 유럽 및 북아프리카의 온대, 한온대와 아열대 지역에 분포한다. 중국에 약 190종이 있는데 각지에 일반적으로 분포되어 있다. 서북, 화북, 동북 및 서남 각지에 가장 많으며 약 23종이 약으로 사용된다. 개똥쑥은 세계에 널리 분포하는 종으로 중국에서 해발 1,500m 이하의 지역으로부터 해발 3,650m의 청장고원까지 모두 분포되어 있다.

'청호'란 약명은 《52병방(五十二病方)》에 처음으로 기재되었으며 《신농본초경(神農本草經)》에 초호(草蒿)란 별명으로 하품에 수록되었다. 《중국약전(中國藥典)》(2015년 판)에서는 이 종을 중약 청호의 법정기원식물로 수록했다. 청호는 중국 각지에서 모두 자생한다. 《대한민국약전외한약(생약)규격집》(제4개정판)에는 청호를 "국화과에 속하는 개똥쑥(*Artemisia annua* Linne) 또는 개사철쑥(*Artemisia apiacea* Hance)의 지상부"로 등재하고 있다.

개똥쑥에는 주로 정유, 세스퀴테르펜락톤, 플라보노이드, 쿠마린 등 다양한 성분이 있다. 《중국약전》에서는 아르테미시닌을 대조품으로 박층크로마토그래피법을 이용하여 청호에 대한 정성감별로 약재의 규격을 정하고 있다.

약리연구를 통하여 개똥쑥은 해열, 항염, 진통, 항말라리아, 항혈흡충(抗血吸蟲), 면역조절, 항종양, 항균, 항바이러스 등의 작용이 있는 것으로 알려져 있다.

한의학에서 청호는 청열해서(淸熱解暑), 제증(除蒸), 절학(截瘧) 등의 효능이 있다.

개똥쑥 黃花蒿 *Artemisia annua* L.

약재 청호 藥材靑蒿 Artemisiae Annuae Herba

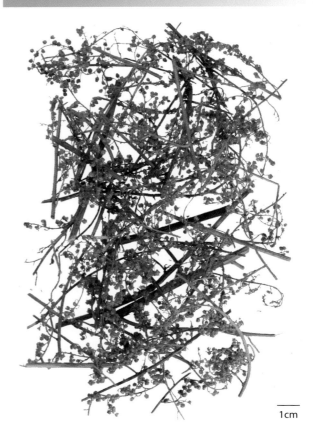

1cm

함유성분

지상부에는 정유성분으로(그 양과 품질은 생산지와 추출방법에 따라 큰 영향을 받음) artemisia ketone, α-pinene, 1,8-cineole, camphor, α-selinene, borneol[1-3], β-caryophyllene, caryophyllene oxide, trans-β-farnesene, artemisic acid (artemisinic acid, arteannuic acid), deoxyqinghaosu, aromadendrene, spathulenol, cubenol)[4-6], 세스퀴테르페노이 성분으로 qinghaosu (artemisinin, arteannuin), qinghaosu I (artemisinin A, arteannuin A), qinghaosu II (artemisinin B, arteannuin B), artemisinin C (arteannuin C), qinghaosu III (hydroartemisinin, deoxyartemisinin), qinghaosu IV~VI, arteannuins G, K, L, M, O[8], deoxyisoartemisinin B (epideoxyarteannuin B), 5a-[3'(15'),7'(14'),11'(13')-trien] pentadecan yloxydihydroarteannuin B[9], dihydro-epideoxyarteannuin B, dehydroartemisinic acid, epoxyartemisinic acid, artemisinol, norannuic acid, annulide, 플라보노이드 성분으로 cirsilineol, eupatorin, penduletin, tamarixetin, rhamnetin, cirsimaritin, rhamnocitrin, chrysoeriol, patuletin, chrysosplenol D, chrysosplenetin[10], 그리고 쿠마린 성분으로 scopoletin, 6,8-dimethoxy-7-hydroxycoumarin, scoparon 등이 있다. 지상부에는 또한 농축 탄닌이 함유되어 있다[11].

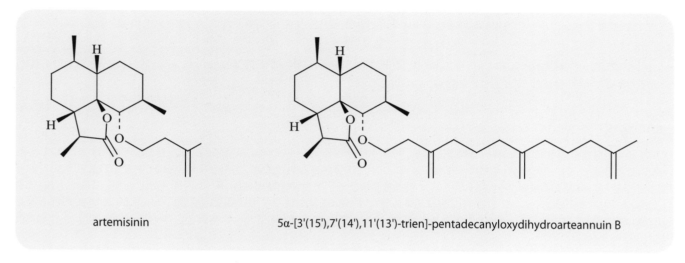

artemisinin

5α-[3'(15'),7'(14'),11'(13')-trien]-pentadecanyloxydihydroarteannuin B

 약리작용

1. **항말라리아**

   개똥쑥에서 분리해 낸 아르테미시닌은 말라리아원충에 대하여 직접적인 살멸작용이 있다. 주요 작용은 말라리아원충의 막결합구조에 대해 선립체기능을 교란시킬 수 있다. 약을 주사한 후, 20시간이 되면 자살액포가 대량으로 집결되면서 말라리아원충의 와해를 유발하여 사망을 초래한다. 아르테미시닌의 합성유도체인 디하이드로아르테미시닌을 소량으로 사용하면 원숭이 체내의 말라리아원충을 제거할 수 있는데 그 의학적 원충 제거기능은 아르테수네이트를 정맥에 주사하는 것보다 강력하다. 디하이드로아르테미시닌 알약은 발열을 완화시키고 말라리아원충을 제거하며 재발률을 억제하는 방면에서는 피페라퀸 인산염보다 우수하다[12].

2. **항균, 항바이러스**

   개똥쑥의 초제물(에칠에테르와 에탄올 추출 부위)과 아르테미신산은 *in vitro*에서 그람양성균에 대해 일정한 억제작용이 있다[13]. 키리소스페레놀과 키리소스프렌네틴은 베르베린과 함께 사용하면 황색포도상구균 내성균주를 뚜렷하게 억제할 수 있다[10]. 개똥쑥의 물 추출물은 *in vitro*에서 단순포진과 B형 간염바이러스(HBV)를 막아 줄 수 있는데 그 항바이러스의 활성성분은 축합탄닌이다[11, 14]. 아르테미시닌과 그의 유도체 아르테메테르는 *in vitro*에서 비록 직접적으로 콕사키바이러스 B₃(CVB₃)을 사멸시키지 못하지만 CVB₃에 감염된 뒤 유전자 복제 등의 절차에서 항바이러스작용을 발휘할 수 있다[15].

3. **항내독소**

   개똥쑥의 에탄올 추출물, 아르테미시닌을 위에 주입하면 Rat의 간선 지질과산화물(LPO), 산성인산가수분해효소(ACP), 내독소, 종양괴사인자-α(TNF-α), 세포색소 P450의 농도를 낮출 수 있으며 슈퍼옥시드디스무타아제의 활성을 높일 수 있다. 또한 내독소 쇼크로 인한 Mouse의 사망률을 낮출 수 있고 Mouse의 평균 생존시간을 연장할 수 있으며 간과 폐조직의 형태에 대한 보호작용이 있다[16]. 아르테수네이트는 *in vitro*에서 내독소 혹은 내독소 합병 인터페론으로 유발된 일산화질소(NO) 합성에 대해 뚜렷한 억제작용이 있다. Mouse의 근육에 아르테수네이트를 주사하면 복강대식세포의 내독소에 대한 반응성을 낮출 수 있고 내독소의 자극을 받아 생산된 NO의 수치를 뚜렷하게 감소할 수 있다[17].

4. **해열, 항염, 진통**

   개똥쑥의 줄기와 잎에 함유된 물 추출물을 위에 주입하면 정상적인 Rat의 체온을 뚜렷하게 낮출 수 있다. 물 추출물, 에칠아세테이트 추출물 및 부탄올 추출물을 위에 주입하면 신선한 효모로 인해 발열이 있는 Rat에게 뚜렷한 해열작용이 있다. 물 추출물을 위에

개똥쑥 黃花蒿 ^{CP, KHP}

주입하면 효모로 인한 Rat의 발바닥관절 종창, 단백질로 유발된 Mouse의 발바닥 종창, 디메칠벤젠으로 유발된 Mouse의 귓바퀴 종창 등에 뚜렷한 억제작용이 있다. 스코폴레틴을 위에 주입하면 효모로 유발된 Mouse의 발바닥관절 종창에도 뚜렷한 억제작용이 있다. 물 추출물을 위에 주입하면 초산으로 유발된 Mouse의 경련 차수를 감소시킬 수 있다[13].

5. 항혈흡충

아르테미시닌의 합성유도체인 아르테에테르 혹은 아르테메테르를 위에 주입하면 일본혈흡충에 감염된 Mouse를 치료할 수 있고 Mouse의 체내에 있는 일본혈흡충 유충과 성충에 대해 살멸작용이 있다[18].

6. 항종양

In vitro 실험을 통해서 알 수 있듯이 아르테미시닌 및 그의 유도체 아르테수네이트는 인체유선암세포 MCF-7의 세포주기를 뚜렷하게 변화시킬 수 있다. 아르테수네이트로 유발된 MCF-7세포의 자멸과 직접적인 세포독성작용은 아르테미시닌보다 현저하게 강력하다[19]. 아르테수네이트는 위암세포의 생장을 현저하게 억제하는 동시에 위암세포의 자멸을 유도할 수 있다[20]. 아르테미시닌의 합성유도체인 디하이드로아르테미시닌과 낙산염을 함께 사용하면 인체종양세포의 자멸을 촉진할 수 있다[21]. 아르테미시닌을 먹이면 7,12-디메칠벤즈안트라센(DMBA)으로 유발된 Rat의 유선암의 발전을 늦출 수 있다[22].

7. 기타

디하이드로-에피데옥시아르테아누인과 디하이드로아르테미시닌에는 항위궤양 활성이 있고[7], 아르테미시닌에는 항심박부절[23], 면역조절[24] 등의 작용이 있다.

용 도

청호는 중의임상에서 사용하는 약이다. 청허열(淸虛熱, 허해서 나는 열을 깨끗이 제거함), 거골증(除骨蒸, 골증을 제거하는 것), 해서(解暑, 더위 먹은 것을 풀어 줌), 절학(截瘧, 말라리아의 발작을 미리 막는 것) 등의 효능이 있으며, 온사상음[溫邪傷陰, 온열병(溫熱病)으로 진음(眞陰)이 손상된 것], 야열조랭(夜熱早冷, 밤에 열이 나고 아침에 추위를 탐), 음허발열(陰虛發熱, 음허로 인한 발열), 노열골증[勞熱骨蒸, 오후나 밤이 되면서 저열이 발생하여 마치 골내(骨內)에서 외부로 향하여 투발(透發)되는 듯한 열감이 있는 병증], 서사(暑邪), 발열로 인한 두통구갈[頭痛口渴, 머리가 아프며 화조(火燥)로 인한 갈증], 학질한열(瘧疾寒熱, 말라리아에 걸려 오한과 발열이 왕래하는 증상), 황달 등의 치료에 사용한다.

현대임상에서는 중서(中暑, 찬 기운을 받게 되어 일어나는 급성 병증), 치은염(齒齦炎, 잇몸에 생기는 염증), 코피 등의 병증에 사용한다.

해 설

개똥쑥은 세계에 널리 분포된 품종으로 《주후비급방(肘後備急方)》 및 후대의 의약서적들에 말라리아를 치료할 수 있는 것으로 기재되었다. 1970년대에 중국 과학자들은 개똥쑥에서 아르테미시닌을 분리하고 동시에 그 구조 및 항말라리아활성을 증명하였다. 이로부터 오직 생물알칼리 성분만이 항말라리아활성이 있다고 여기던 시각은 변화되었다[12-13]. 아르테미시닌 및 그의 합성유도체 아르테에테르, 아르테메테르, 아르테수네이트, 디하이드로아르테미시닌 등도 광범위하게 임상에서 사용된다.

개똥쑥 외에 쑥속 몇백 종 기타 식물 중에서는 아르테미시닌을 발견하지 못했고, 또 기타성분에 항말라리아활성이 있는 것을 발견하지 못하였다. 아르테미시닌 및 그의 합성유도체의 생산은 오직 천연자원에 의존한다. 그러나 세계 절대다수 지역에서 생장하는 개똥쑥 중의 아르테미시닌 함량은 아주 낮고 오직 소수 지역의 개똥쑥 중에만 아르테미시닌의 함량이 비교적 높은 편으로 공업적 생산가치가 있다. 개똥쑥 자원의 품질에는 생태 및 지역성이 있으며[25], 광범위한 야생자원 고찰을 반드시 진행하여 우수품종의 개똥쑥 품종을 선택하여야만 임상의 수요를 만족시킬 수 있다. 따라서 아르테미시닌 및 유도체의 약리활성에 대한 연구가 부단히 확대되어야 하며 이 분야의 연구는 이미 중요한 과학적 이슈가 되어 있다.

참고문헌

1. 董岩, 劉洪玲. 青蒿與黃花蒿揮發油化學成分對比研究. 中藥材. 2004, **27**(8): 568-571

2. I Rasooli, MB Rezaee, ML Moosavi, K Jaimand. Microbial sensitivity to and chemical properties of the essential oil of *Artemisia annua* L. *Journal of Essential Oil Research*. 2003, **15**(1): 59-62

3. N Jain, SK Srivastava, KK Aggarwal, S Kumar, KV Syamasundar. Essential oil composition of *Artemisia annua* L. 'Asha' from the plains of northern India. *Journal of Essential Oil Research*. 2002, **14**(4): 305-307

4. 陳飛龍, 賀豐, 李吉來, 羅佳波, 吳忠, 于紅宇, 王立傑, 林敬明. 不同方法提取的青蒿揮發油成分的GS-MS分析. 中藥材. 2001, **24**(3): 176-178

5. 邱琴, 崔兆傑, 劉廷禮, 田賞. 青蒿揮發油化學成分的GS/MS研究. 中成藥. 2001, **23**(4): 278-280

6. Y Holm, I Laakso, R Hiltunen, B Galambosi. Variation in the essential oil composition of *Artemisia annua* L. of different origin cultivated in Finland. *Flavour and Fragrance Journal*. 1997, **12**(4): 241-246

7. MA Foglio, PC Dias, MA Antonio, A Possenti, RAF Rodrigues, E Ferreira da Silva, VLG Rehder, J Ernesto de Carvalho. Antiulcerogenic activity of some sesquiterpene lactones

isolated from *Artemisia annua. Planta Medica.* 2002, **68**(6): 515-518

8. LK Sy, KK Cheung, NY Zhu, GD Brown. Structure elucidation of arteannuin O, a novel cadinane diol from *Artemisia annua,* and the synthesis of arteannuins K, L, M and O. *Tetrahedron.* 2001, **57**(40): 8481-8493

9. T Singh, RS Bhakuni. A new sesquiterpene lactone from *Artemisia annua* leaves. *Indian Journal of Chemistry, Section B:Organic Chemistry Including Medicinal Chemistry.* 2004, **43B**(12): 2734-2736

10. FR Stermitz, LN Scriven, G Tegos, K Lewis. Two flavonols from *Artemisia annua* which potentiate the activity of berberine and norfloxacin against a resistant strain of *Staphylococcus aureus. Planta Medica.* 2002, **68**(12): 1140-1141

11. 張軍峰, 譚健, 蒲薔, 劉穎華, 劉月雪, 何開澤. 青蒿鞣質抗病毒活性研究. 天然產物研究與開發. 2004, **16**(4): 307-311

12. YY Tu. The development of the antimalarial drugs with new type of chemical structure- qinghaosu and dihydroqinghaosu. *Southeast Asian Journal of Tropical Medicine and Public Health.* 2004, **35**(2): 250-251

13. 黃黎, 劉菊福, 劉林祥, 李德鳳, 張毅, 牛惠珍, 宋紅月, 章春宜, 劉曉宏, 屠呦呦. 中藥青蒿的解熱抗炎作用研究. 中國中藥雜誌. 1993, **18**(1): 44-48

14. 張軍峰, 譚健, 蒲薔, 劉穎華, 何開澤. 青蒿提取物抗單純疱疹病毒活性研究. 天然產物研究與開發. 2003, **15**(2): 104-108

15. 馬培林, 李惠, 董欣, 李呼倫, 張鳳民. 青蒿素類藥物抗柯薩奇B組病毒的體外實驗研究. 微生物學雜誌. 2003, **23**: 40

16. 譚余慶, 趙一, 林啟雲, 謝干瓊, 楊品純, 尹雪曼. 青蒿提取物抗內毒素實驗研究. 中國中藥雜誌. 1999, **24**(3): 166-171

17. 梁愛華, 薛寶雲, 李春英, 王金華, 王嵐. 青蒿琥酯對內毒素誘導的一氧化氮合成的抑制作用. 中國中藥雜誌. 2001, **26**(11): 770-773

18. 肖樹華, 殷靜雯, 梅靜艷, 尤紀青, 李英, 姜洪建. 蒿乙醚的抗血吸蟲作用. 藥學學報. 1992, **27**(3): 161-165

19. 林芳, 錢之玉, 薛紅衛, 丁健, 林莉莉. 青蒿素和青蒿琥酯對人乳腺癌MCF-7細胞的體外抑制作用比較研究. 中草藥. 2003, **34**(4): 347-349

20. 趙君寧, 何一然, 張振玉, 孫士其, 王書奎. 青蒿琥酯對人胃癌細胞增殖及凋亡的影響. 中國癌症雜誌. 2005, **15**(4): 347-350

21. NP Singh, HC Lai. Synergistic cytotoxicity of artemisinin and sodium butyrate on human cancer cells. *Anticancer Research.* 2005, **25**(6B): 4325-4331

22. H Lai, NP Singh. Oral artemisinin prevents and delays the development of 7,12-dimethylbenz[a]anthracene (DMBA)-induced breast cancer in the rat. *Cancer Letters.* 2006, **231**(1): 43-48

23. 王慧珍, 楊寶峰, 羅大力, 張晉, 廖淑傑. 青蒿素抗心律失常作用的研究. 中國藥理學通報. 1998, **14**(1): 94

24. 舒貝, 馬行一. 青蒿素及其衍生物的免疫調節作用. 中國中西醫結合腎病雜誌. 2005, **6**(3): 176-178

25. 鍾國躍, 周華蓉, 凌雲, 胡鳴, 趙萍萍. 黃花蒿優質種質資源的研究. 中草藥. 1998, **29**(4): 264-267

황해쑥 艾 CP, KHP

Artemisia argyi Lévl. et Vant.

Argy Wormwood

개요

국화과(Asteraceae)

황해쑥(艾, *Artemisia argyi* Lévl. et Vant.)의 잎을 건조한 것

중약명: 애엽(艾葉)

쑥속(*Artemisia*) 식물은 전 세계에 약 300종 이상 있으며 주로 아시아, 유럽 및 북아프리카의 온대, 한온대 및 아열대 지역에 분포한다. 중국에는 약 190종이 있으며 전국 각지에 분포한다. 서북, 화북, 동북 및 서남 지역에 가장 많다. 이 속에서 현재 약으로 사용되는 것은 약 23종이다. 이 종은 건조한 지역과 고한(高寒)지대를 제외한 중국 각지에 모두 분포하며 몽골, 한반도, 러시아의 원동 지역에도 분포하는 것이 있다.

'애'란 약명은 《52병방(五十二病方)》에 처음으로 기재되었고, 《명의별록(名醫別錄)》에 중품으로 수록되었다. 중국의 역대 본초서적에서도 대부분 기재되었다. 《중국약전(中國藥典)》(2015년 판)에서는 이 종을 중약 애엽의 법정기원식물로 수록했다. 주요산지는 중국의 안휘, 산동인데 안휘 가산현의 생산량이 가장 많다. 황해쑥은 애엽유(艾葉油)의 원료로 사용된다. 《대한민국약전외한약(생약)규격집》(제4개정판)에는 애엽을 "국화과에 속하는 황해쑥 (*Artemisia argyi* Lev. et Vant.), 쑥(*Artemisia princeps* Pampanini) 또는 산쑥 (*Artemisia montana* Pampani)의 잎 및 어린줄기"로 등재하고 있다.

황해쑥에는 주로 정유, 플라보노이드와 테르페노이드 등의 성분이 있다. 《중국약전》에서는 가스크로마토그래피법을 이용하여 1,8-옥시도피메탄(1,8-oxido-p-menthane)의 함량을 0.050% 이상으로 약재의 규격을 정하고 있다.

약리연구를 통하여 황해쑥은 응혈지혈(凝血止血), 평천지해(平喘止咳), 항균 등의 작용이 있는 것으로 알려져 있다.

한의학에서 애엽은 온경(溫經), 지혈, 산한(散寒), 지통(止痛) 등의 효능이 있다.

황해쑥 艾 *Artemisia argyi* Lévl. et Vant.

약재 애엽 藥材艾葉 Artemisiae Argyi Folium

1cm

함유성분

잎에는 정유성분으로 terpinen-4-ol, 1,8-cineole, camphor, borneol, artemisia alcohol, linalool, limonene, bornyl acetate[1-2], caryophyllene, α-bergamotene, piperitol[3], 플라보노이드 성분으로 eupatilin, jaceosidin, apigenin, chrysoeriol[4], 5-hydroxy-3'4'6,7,-tetramethoxyflavone, 5,6-dihydroxy-3'4'7,- trimethoxyflavone, 4'5,6,-trihydroxy-3'7-dimethoxyflavone, 3'5,7,-trihydroxy- 4'5',6-trimethoxyflavone, ladanein, hispidulin[5], quercetin, naringenin[6], 그리고 테르페노이드 성분으로 arteminolides A, B, C, D[7], artemisolide[8], 11,13-dihydroarteglasin A[9], moxartenolide[10], friedelin[6] 등이 함유되어 있다.

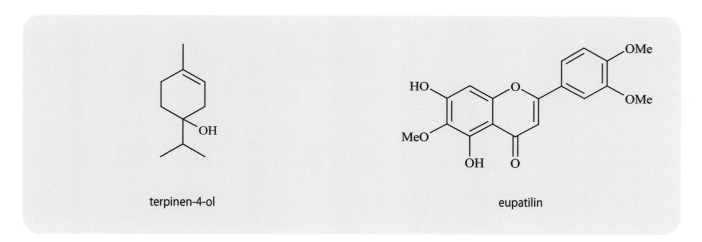

terpinen-4-ol

eupatilin

약리작용

1. 응혈지혈

쑥 잎의 물 추출물을 위에 주입하면 Mouse의 응혈시간을 단축시키고 초애엽탄(醋艾葉炭), 애엽탄(艾葉炭), 단애엽탄(煅艾葉炭) 등의 물 추출물을 위에 주입하면 Mouse의 절단된 꼬리의 출혈시간과 응혈시간을 단축시킬 수 있다[11-12].

2. 평천(平喘), 지해(止咳), 거담(祛痰)

애엽유(艾葉油) 및 모노테르펜, 세스퀴테르펜은 평천작용이 있는데 그중에서 α-테르피넬올의 작용이 특히 강하다. 애엽유를 위에 주입하거나 기체로 분무하면 히스타민과 아세틸콜린으로 유발된 기니피그의 천식잠복기를 연장시킬 수 있으며 호흡이 정지된 기니피그 기관지평활근을 이완할 수 있다. 동시에 구연산으로 유발된 기니피그의 기침을 억제하고 Mouse의 기도효소 분비를 촉진하며 기관지를 확장하고 기침을 멎게 하며 가래를 제거하는 작용이 있다. 그 작용기전은 항알레르기 작용과 관련된다[13-14].

3. 항균

시험관법과 거름종이확산법의 결과에 의하면 애엽유는 대장간균, 황색포도상구균, 백색염주균, 녹농간균, 고초간균 등에 모두 강한 억균(抑菌)작용이 있다[15].

황해쑥 艾 CP, KHP

4. **항바이러스**

체외 실험을 통하여 알려진 바와 같이 애엽유에는 호흡기세포융합바이러스(RSV)에 대해 일정한 억제작용이 있다[16].

5. **심혈관계에 대한 영향**

애엽유는 적출된 두꺼비 심장, 적출된 토끼 심장 등의 수축력에 대해 억제작용이 있다. 포제된 애엽에서 분리해 낸 목스아르테놀라이드도 고농도 K^+, 노르에피네프린 및 5-하이드록시트리프타민 등으로 유발된 Rat의 적출동맥 수축을 길항할 수 있다[10].

6. **면역증강**

애엽유를 Mouse의 위에 주입하면 복강염성 삼출백혈구의 탐식률을 뚜렷하게 증가시킬 수 있다. 쑥뜸은 Mouse의 단핵대식세포의 탐식기능을 증강시키고 인체면역력을 증강시킨다[17].

7. **항피로**

애엽유를 며칠간 복용시키면 Mouse의 부유 유영시간을 뚜렷하게 연장시킬 수 있고 운동 시 혈청의 요소질소 수치를 낮추어 줄 수 있으며 운동 후에 젖산이 상승되는 것을 억제함과 동시에 제거를 촉진시킬 수 있다. 또한 간의 글리코겐 소모량을 감소시킬 수 있으며 항피로작용을 발현한다[18].

8. **항종양**

애엽의 열수 추출물, 메탄올 추출물 및 그 크로마토그래피 분리물은 Mouse의 백혈병세포계 L1210, H9(ATCC HTB176) 암세포와 J744A.1세포 등에 대해 세포독성이 있다[19~22]. 그중에 함유된 플라보노이드 화합물, 유파틸린, 자세오시딘, 아피게닌, 크리소에리올은 직접적으로 돌연변이원 Trp-P-2의 활성을 제거하거나 그 대사활성화를 억제할 수 있다[4]. 자세오시딘은 또 인체유두종바이러스(HPV) E6과 E7 단백의 효능을 억제할 수 있다[23]. 테르페노이드 화합물 아르테미노리드 A, B, C, D는 파르네실전이효소(FPT)의 활성을 억제할 수 있다[7].

9. **기타**

생애엽(生艾葉) 및 그의 각종 포제품 추출물을 위에 주입하면 디메칠벤젠으로 유발된 Mouse의 귓바퀴 종창을 뚜렷하게 억제할 수 있고 항염작용이 있다[12]. 애엽초탄의 물 추출물을 위에 주입하면 열판자극과 초산으로 유발된 Mouse의 통증에 대해 뚜렷한 진통작용이 있다[11]. 애엽유의 현탁액을 십이지장에 주사하면 정상적인 Rat의 담즙유량을 증가시킬 수 있다. 또한 쑥 잎의 전제(煎劑)는 임신하지 않은 집토끼의 적출자궁을 흥분시키는 작용이 있다.

용도

애엽은 중의임상에서 사용하는 약이다. 온경지혈[溫經止血, 경맥(經脈)을 따뜻하게 하여 지혈함], 산한조경(散寒調經, 차가운 기운을 몰아내어 월경을 정상적인 상태로 만들어 주는 것), 태기(胎氣)를 안정시키는 등의 효능이 있으며, 허한출혈(虛寒出血, 양허로 출혈이 나타나는 증상으로 특히 자궁 출혈에 적합함), 하초허한[下焦虛寒, 하초(下焦)가 허한(虛寒)한 질환] 혹은 한객포궁(寒客胞宮, 한사가 자궁에 들어감)으로 인한 월경불순, 월경통, 궁랭불잉(宮冷不孕, 불임증의 하나로 월경량이 줄어들고 제날짜에 월경을 하지 못함), 태루하혈(胎漏下血, 임신부가 통증 없이 소량의 하혈을 하는 것), 태동불안(胎動不安, 임신 기간 중 갑자기 복통이 생기면서 하혈이 수반되는 증상), 한성해천[寒性咳喘, 기침과 기천(氣喘)이 함께 나타나는 병증] 등의 치료에 사용한다.

현대임상에서는 간염, 간경화, 만성 기관염 등의 병증에 사용한다.

해설

애엽은 흔히 쓰이는 중약이다. 하지만 현재 상품 애엽의 기원식물은 이 종 이외 동속의 여러 종 식물의 잎을 애엽으로 사용하기에 혼용하기 쉽다. 마왕퇴(馬王堆)에서 출토한 백서(帛書)《52병방(五十二病方)》에 쑥찜과 쑥뜸요법이 기재되었다. 애엽은 중국의 민간에서 매우 광범위하게 사용되는데 민간에서는 단오에 문간에 쑥을 걸거나 혹은 쑥 잎으로 씨를 싸는 풍속이 있다. 쑥의 원식물에는 벌레가 끼지 않는다. 때문에 옛사람들은 쑥에 대해 '신성하기에 잡귀신이 범접하지 못한다'거나 심지어 '벌레를 물리치고 악귀를 물리친다'는 관념을 부여하게 만들었다[24].

애엽은 전통적으로 대부분 구제(灸劑)로 쓰였지만 그 함유성분 및 혈위침구(穴位針灸), 물리열치료에 대한 근거가 명확하기 때문에 요즘은 더욱 광범위하게 사용된다. 전통적인 구제 외에도 최근에는 각종 복방(複方) 및 미형구제(微型灸劑), 캡슐제, 편제(片劑), 유제(油劑), β-시클로덱스트린 포함물, 입욕제, 적환제(滴丸劑) 등의 제형이 연구, 제작되어 임상에서 널리 사용됨과 동시에 건강기능성 및 미용 등의 방면에서도 널리 사용되고 있다[25].

참고문헌

1. 潘炳光, 徐植靈, 吉力. 艾葉揮發油的化學研究. 中國中藥雜誌. 1992, **17**(12): 741-744

2. 劉國聲. 艾葉揮發油成分的研究. 中草藥. 1990, **21**(9): 8-9

3. 姚發業, 邱琴, 劉廷禮, 苗欣. 艾葉揮發油的化學成分. 分析測試学报. 2001, **20**(3): 42-45

4. T Nakasugi, M Nakashima, K Komai. Antimutagens in Gaiyou (*Artemisia argyi* Levl. et Vant.). *Journal of Agricultural and Food Chemistry*. 2000, **48**(8): 3256-3266

5. JM Seo, HM Kang, KH Son, JH Kim, CW Lee, HM Kim, SI Chang, BM Kwon. Antitumor activity of flavones isolated from *Artemisia argyi*. *Planta Medica*. 2003, **69**(3): 218-222

6. RX Tan, ZJ Jia, Eudesmanolides and other constituents from *Artemisia argyi*. *Planta Medica*. 1992, **58**(4): 370-372

7. SH Lee, HK Kim, JM Seo, HM Kang, JH Kim, KH Son, H Lee, BM Kwon, J Shin, Y Seo. Arteminolides B, C, and D, new inhibitors of farnesyl protein transferase from *Artemisia argyi*. *Journal of Organic Chemistry*. 2002, **67**(22): 7670-7675

8. JH Kim, HK Kim, SB Jeon, KH Son, EH Kim, SK Kang, ND Sung, BM Kwon. New sesquiterpene-monoterpene lactone, artemisolide, isolated from *Artemisia argyi*. *Tetrahedron Letters*. 2002, **43**(35): 6205-6208

9. MI Yusupov, SK Zakirov, ID Sham'yanov, A Abdusamatov. 11, 13-Dihydroarteglasin A, a new guaianolide from *Artemisia argyi*. *Khimiya Prirodnykh Soedinenii*. 1990, **4**: 555-556

10. M Yoshikawa, H Shimada, H Matsuda, J Yamahara, N Murakami. Bioactive constituents of Chinese natural medicines. I. New sesquiterpene ketones with vasorelaxant effect from Chinese moxa, the processed leaves of *Artemisia argyi* Lévl. et Vant. :moxartenone and moxartenolide. *Chemical & Pharmaceutical Bulletin*. 1996, **44**(9): 1656-1662

11. 瞿燕, 秦旭華, 潘曉麗. 艾葉和醋艾葉炭止血, 鎮痛作用比較研究. 中藥藥理與臨床. 2005, 21(4): 46-47

12. 楊長江, 田繼義, 張傳平, 李雪. 艾葉不同炮製品對實驗性炎症及出血, 凝血時間的影響. 陝西中醫學院學報. 2004, **27**(4): 63-64

13. 謝強敏, 卞如濂, 楊秋火, 唐法娣, 王硯. 艾葉油的呼吸系統藥理作用I, 支氣管擴張, 鎮咳和祛痰作用. 中國現代應用藥學雜誌. 1999, **16**(4): 16-19

14. 謝強敏, 唐法娣, 王硯, 楊秋火, 卞如濂. 艾葉油的呼吸系統藥理作用II, 抗過敏作用. 中國現代應用藥學雜誌. 1999, **16**(5): 3-6

15. 吳士筠, 洪宗國, 劉峰成. 艾露抑菌作用研究. 中南民族大學學報(自然科學版). 2002, **21**(4): 17-18

16. 韓軼, 戴璨, 湯璐瑛. 艾葉揮發油抗病毒作用的初步研究. 氨基酸和生物資源. 2005, **27**(2): 14-16

17. 梅全喜. 艾葉的藥理作用研究概況. 中草藥. 1996, **27**(5): 311-314

18. 蔣涵, 侯安繼, 項志學, 陳友香. 蘄艾揮發油的抗疲勞作用研究. 武漢大學學報(醫學版). 2005, **26**(3): 373-374,390

19. DY Jung, SW Park. Cytotoxicity of water fration of *Artemisia argyi* against L1210 cells and antioxidant enzyme activities. *Yakhak Hoechi*. 2002, **46**(1): 39-46

20. KH Kim, DY Jung, TJ Min, SW Park. Cytotoxicity of *Artemisia argyi* extract against H9 (ATCC HTB 176) cell and antioxidant enzyme activities. *Yakhak Hoechi*. 1999, **43**(5): 598-605

21. DY Jung, HK Ha, AN Kim, SM Lee, TJ Min, SW Park. Cytotoxicity of SD-994, a methanolic extract of *Artemisia argyi*, against L1210 cells with concomitant induction of antioxidant enzymes. *Yakhak Hoechi*. 2000, 44(3): 213-223

22. TE Lee, SW Park, TJ Min. Antiproliferative effect of *Artemisia argyi* extract against J774A. 1 cells and subcellular auperoxide dismutase (SOD) activity changes. Journal of Biochemistry and Molecular Biology. 1999, **32**(6): 585-593

23. HG Lee, KA Yu, WK Oh, TW Baeg, HC Oh, JS Ahn, WC Jang, JW Kim, JS Lim, YK Choe, DY Yoon. Inhibitory effect of jaceosidin isolated from *Artemisia argyi* on the function of E6 and E7 oncoproteins of HPV 16. *Journal of Ethnopharmacology*. 2005, **98**(3): 339-343

24. 鄭漢臣, 魏道智, 黃寶康, 辛海量, 秦路平. 艾葉的民俗應用與現代研究. 中國醫學生物技術應用雜誌. 2003, **2**: 35-39

25. 李慧. 艾葉的藥理研究進展及開發應用. 基層中藥雜誌. 2002, **16**(3): 51-53

비쑥 濱蒿 CP

Artemisia scoparia Waldst. et Kit.

Virgate Wormwood

개요

국화과(Asteraceae)

비쑥(濱蒿, *Artemisia scoparia* Waldst. et Kit.)의 지상부를 건조한 것

중약명: 인진(茵陳)

봄철에 채집한 것을 습관적으로 '면인진(綿茵陳)'이라 칭하고, 가을철에 채집한 것을 '인진호(茵陳蒿)'라고 칭한다.

쑥속(*Artemisia*) 식물은 전 세계에 약 300종 이상이 있으며 주로 아시아, 유럽 및 북아프리카의 온대, 한온대 및 아열대 지역에 분포한다. 중국에 약 190종이 있고 중국 각지에 고르게 분포한다. 서북, 화북, 동북 및 서남 지역에 가장 많다. 이 속에서 현재 약으로 쓰이는 것은 약 23종이다. 이 종은 중국 각지에 분포하며 한반도, 일본, 이라크, 터키, 아프가니스탄, 인도와 러시아에도 분포하는 것이 있다.

비쑥의 '인진호'란 약명은 《신농본초경(神農本草經)》에 상품으로 처음 기재되었으며 역대 본초서적에 대부분 기록되었다. 중국에서 전통적으로 사용되는 것은 이 종과 사철쑥(茵陳蒿, *Artemisia capillaris* Thunb.)이다. 《중국약전(中國藥典)》(2015년 판)에서는 이 종을 중약 인진의 법정기원식물로 수록하였다. 주요산지는 중국의 섬서, 하북 등지이다. 섬서에서 나는 것을 서인진(西茵陳)이라 부르는데 품질이 가장 우수하다. 《대한민국약전외한약(생약)규격집》(제4개정판)에는 인진호를 "사철쑥(*Artemisia capillaris* Thunberg, 국화과)의 지상부이다. 봄에 채취한 것을 '면인진'이라 하고, 가을에 채취한 것을 '인진호'라 한다"로 등재하고 있다.

비쑥의 유효성분으로는 주로 정유, 쿠마린, 플라보노이드, 크로몬 화합물 등을 함유하고 있다. 그중 여러 가지 성분은 보간이담(保肝利膽)의 활성이 있다. 《중국약전》에서는 고속액체크로마토그래피법을 이용하여 클로로겐산의 함량을 0.50% 이상, 스코파론의 함량을 0.20% 이상으로 약재의 규격을 정하고 있다.

약리연구를 통하여 비쑥에는 이담보간(利膽保肝), 소염, 진통, 이뇨, 항혈압 등의 작용이 있는 것으로 알려져 있다.

한의학에서 인진은 청열이습(淸熱利濕), 이담퇴황(利膽退黃) 등의 효능이 있다.

비쑥 濱蒿 *Artemisia scoparia* Waldst. et Kit.

약재 인진 藥材茵陳 Artemisiae Scopariae Herba

1cm

사철쑥 茵陳蒿 *A. capillaris* Thunb.

함유성분

전초에는 정유성분으로(개화기에 풍부함) α-pinene, β-pinene, camphor, butyraldehyde, furfuraldehyde, capillene, capillin, α-curcumene, eugenol, 1,8-cineole, β-caryophyllene[1-3] 등이 함유되어 있다.

꽃망울과 지상부에는 쿠마린류 성분으로 scoparone, capillarin[4], 7-methylesculetin, scopoletin[5], 7-methoxycoumarin, isosabandin[6], sabandins A, B[7] 등이 함유되어 있고, 플라보노이드 성분으로 7-methylaromadendrin, rhamnocitrin, eupalitin, cirsimaritin, eupatolitin[5], cirsilineol, arcapillin, cirsiliol[8], hyperin, pedalitin[9], kumatakenin[10], rutin[11], 그리고 크로몬 성분으로 6-methylcapillarisin[10], capillarisin[12] 등이 함유되어 있다. 또한 p-hydroxyacetophenone[13] 등의 성분이 있다.

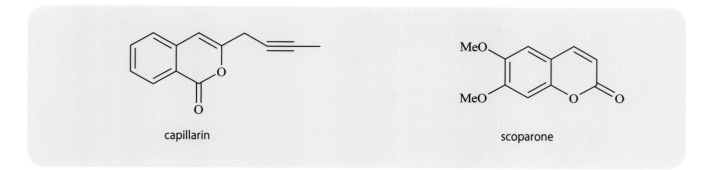

capillarin

scoparone

 약리작용

1. **이담(利膽)**
빈호에 함유된 p-하이드록시아세토페논을 십이지장에 주사하면 정상적인 Rat의 담즙분비를 뚜렷하게 증가시킬 수 있고 니트오시아나민으로 인해 간장 손상이 유발된 Rat의 담즙분비를 촉진할 수 있으며 동시에 담즙 속의 고형물과 담즙산의 함량을 높일 수 있다. p-하이드록시아세토페논을 위에 주입하면 Rat의 혈청 황달지수와 빌리루빈을 낮출 수 있다[12].

2. **간 보호**
루틴을 복용하면 파라세타몰로 간장 손상이 유발된 Mouse의 사망률을 뚜렷하게 낮출 수 있으며 또한 파라세타몰과 사염화탄소(CCl₄)로 유발된 Rat의 혈청 아미노기전이효소의 수치가 상승하는 것을 막을 수 있다. 루틴은 CCl₄로 간장 손상이 유발된 Mouse의 펜토바르비탈 수면시간을 연장할 수 있다[11]. 빈호의 메탄올 수용액은 파라세타몰로 유발된 Rat의 혈청 글루타민산 피루빈산 트랜스아미나제(GPT)와 글루타민산 옥살로초산 트랜스아미나제(GOT)의 수치를 뚜렷하게 높일 수 있다[14].

3. **항종양**
카필라리신은 in vitro에서 L-929와 KB세포에 대해 비교적 강한 세포독성이 있고 in vivo에서는 육종 Meth A의 생장을 뚜렷하게 억제할 수 있다. 카필라리신과 시르시마리틴은 in vitro에서 자궁경부암세포 HeLa와 에를리히복수암(EAC) 세포의 증식을 뚜렷이 억제할 수 있다[15].

4. **심혈관계에 대한 영향**
빈호에는 칼슘채널 통로차단제와 유사한 성분이 함유되어 있기 때문에 Rat의 정맥에 빈호의 80% 메탄올 추출물을 주사하면 강혈압과 심장박동을 늦추는 작용을 일으킨다[16]. 스코파론은 in vitro에서 혈관을 이완할 수 있고 항증식 및 유리기 제거 등의 활성이 있다. 스코파론을 당뇨병 합병 고혈지증이 있는 집토끼에 사용하면 동맥죽상경화를 뚜렷하게 감소시킬 수 있고 혈장 중의 콜레스테롤 함량을 낮출 수 있으며 대동맥내막 플라그와 동맥내막 두께를 감소시킬 수 있다[17].

5. **기관지평활근에 대한 영향**
스코파론은 기니피그의 적출된 기관지평활근을 직접 이완시킬 수 있고 약을 분무하면 아세틸콜린과 히스타민 혼합액으로 유발된 기니피그의 호흡곤란을 효과적으로 길항할 수 있다[18-19]. 스코파론이 기니피그의 기관지평활근을 이완시키는 주요 작용기전은 세포 내 칼슘농도 수치를 억제하는 것이다[20].

6. **구충**
빈호의 정유성분을 장에 주사하면 Mouse 체내의 연막각도충, 장가제충, 쥐의 관상선충, 쥐의 편충 등 기생충을 효과적으로 살멸할 수 있다[21].

7. **기타**
체외 실험을 통해서 알려진 바와 같이 빈호의 정유성분은 구강의 여러 가지 세균에 대해 억제작용이 있다[3]. 스코파론은 지질다당(LPS)으로 활성화된 인체정맥상피세포의 지혈유발효소 발현을 억제할 수 있다[22].

비쑥 濱蒿 CP

용도

빈호는 중의임상에서 사용하는 약이다. 청열이습[清熱利濕, 열을 내리고 습사(濕邪)를 제거함], 이담퇴황[利膽退黃, 담(膽)을 이롭게 하여 황달을 물리침] 등의 효능이 있으며, 황달, 습온(濕溫), 습사(濕邪)로 머리가 아프고 가슴과 배가 그득하며 다리가 싸늘해지는 증상], 습진, 습창(濕瘡, 다리에 나는 부스럼) 등의 치료에 사용한다.
현대임상에서는 또 급·만성 간담질병(예를 들면 간담결석, 급·만성 간담염증, 용혈성 황달, 고지혈증 등)의 병증에 사용한다.

해설

《중국약전》에서는 비쑥 외에 또 인진호(茵陳蒿, A. capillaris Thunb.)를 중약 인진의 법정기원식물로 수록했다. 인진호와 비쑥에는 모두 이담성분인 스코파론이 있다. 각기 다른 계절에 채집된 인진호와 비쑥의 이담작용은 아주 유사하다. 두 가지의 정유성분의 조성성분도 기본적으로 비슷하다. 그러므로 이들 양자는 인진의 두 가지 주류품종으로 병행해서 사용할 수 있다. 역사적으로는 줄곧 인진의 약성이 채집계절과 아주 큰 연관이 있다고 본다. 민언운(民諺雲)이 말하기를 "3월에는 인진을, 4월은 호(蒿)를, 5월에는 시소(柴燒, 땔감-쓸모 없는 식물)를 채집한다"라고 했다.
인진호와 비쑥의 화전기(花前期), 화뢰기(花蕾期)와 개화기(開花期) 식물의 열수 추출물은 양호한 이담작용이 있기 때문에 그 개발과 연구에 관심이 필요하다. 중의의 사용경험을 통하여 어린 싹에는 이담성분이 다량 함유되어 있음을 알 수 있으며, 본초서적에 기재된 인진의 두 시기 채집계절에 대한 고찰 또한 필요할 것이다. 그러나 면인진(綿茵陳)의 채집시기는 5~6월이 적합하고 인진호는 입추(8월 중하순)가 가장 적합하다.

참고문헌

1. K Dakshinamurti. Chemical constituents of the oil of *Artemisia scoparia*. *Indian Pharmacist*. 1953, **8**: 257-260

2. OA Konovalova, VS Kabanov, KS Rybalko, VI Sheichenko. The composition of Essential Oil of *Artemisia scoparia* Waldst. et Kit. *Rastitel'nye Resursy*. 1989, **25**(3): 404-410

3. JD Cha, MR Jeong, SI Jeong, SE Moon, JY Kim, BS Kil, YH Song. Chemical composition and antimicrobial activity of the essential oils of *Artemisia scoparia* and *A. capillaris*. *Planta Medica*. 2005, **71**(2): 186-190

4. B Cubukcu, AH Mericli, N Guner, N Ozhatay. Constituents of Turkish *Artemisia scoparia*. *Fitoterapia*. 1990, **61**(4): 377-378

5. I Chandrasekharan, HA Khan, A Ghanim. Flavonoids from *Artemisia scoparia*. *Planta Medica*. 1981, **43**(3): 310-311

6. 謝韜, 梁敬鈺, 劉淨, 王敏, 魏秀麗, 楊春華. 濱蒿化學成分的研究. 中國藥科大學學報. 2004, **35**(3): 401-403

7. MS Ali, M Jahangir, M Saleem. Structural distinction between sabandins A and B from *Artemisia scoparia* Waldst. *Natural Product Research*. 2003, **17**(1): 1-4

8. 張啟偉, 張永欣, 張穎, 蕭永慶, 王智民. 濱蒿化學成分的研究. 中國中藥雜誌. 2002, **27**(3): 202-204

9. 林生, 蕭永慶, 張啟偉, 張寧寧. 濱蒿化學成分的研究(II). 中國中藥雜誌. 2004, **29**(2): 152-154

10. 林生, 蕭永慶, 張啟偉, 石建功, 王智民. 濱蒿化學成分的研究(III). 中國中藥雜誌. 2004, **29**(5): 429-431

11. KH Janbaz, SA Saeed, AH Gilani. Protective effect of rutin on paracetamol- and CCl₄-inducedhepatotoxicity in rodents. *Fitoterapia*. 2002, **73**(7-8): 557-563

12. CX Liu, GZ Ye. Choleretic activity of p-hydroxyacetophenone isolated from *Artemisia scoparia* Waldst. et Kit. in the rat. *Phytotherapy Research*. 1991, **5**(4): 182-184

13. 孫秀燕, 邢山閏, 李明慧, 王立群, 苑健. 用液相色譜-質譜聯用法測定濱蒿中的茵陳色原酮. 瀋陽藥科大學學報. 2000, **17**(2): 110-113

14. AUH Gilani, KH Janbaz. Protective effect of *Artemisia scoparia* extract against acetaminophen-induced hepatotoxicity. *General Pharmacology*. 1993, **24**(6): 1455-1458

15. 蔣潔雲, 徐強, 王蓉, 李佩珍. 茵陳抗腫瘤活性成分的研究. 中國藥科大學學報. 1992, **23**(5): 283-286

16. 蔡幼清. 濱蒿提取物的鈣离子通阻滯活性. 國外醫學中醫中藥分册. 1995, 17(3): 42-43

17. YL Chen, HC Huang, YI Weng, YJ Yu, YT Lee. Morphological evidence for the antiatherogenic effect of scoparone in hyperlipidemic diabetic rabbits. *Cardiovascular Research*. 1994, **28**(11): 1679-1685

18. 劉洪瑞, 朱喆, 李智, 叢華, 于秀華, 滕贊. 濱蒿內酯對豚鼠哮喘模型平喘作用的研究. 中國醫科大學學報. 2000, **29**(5): 333-334

19. 趙明沂, 朱喆, 李智, 叢華, 楊向紅. 濱蒿內酯對豚鼠離體氣管平滑肌作用的研究. 中國醫科大學學報. 2000, **29**(5): 335-337

20. 劉洪瑞, 李智, 王曉紅, 韓雪松, 滕贊, 孫哲. 濱蒿內酯對豚鼠氣管平滑肌細胞細胞內鈣離子濃度的影響. 中國醫科大學學報. 2002, **31**(4): 249-251

21. RE Chabanov, AN Aleskerova, SN Dzhanakhmedova, LA Safieva. Experimental estimation of antiparasitic activities of essential oils from some Artemisia (Asteraceae) species of Azerbaijan Flora. *Rastitel'nye Resursy*. 2004, **40**(4): 94-98

22. YM Lee, G Hsiao, JW Chang, JR Sheu, MH Yen. Scoparone inhibits tissue factor expression in lipopolysaccharide-activated human umbilical vein endothelial cells. *Journal of Biomedical Science*. 2003, **10**(5): 518-525

비쑥 재배모습

민족도리풀 北細辛 CP, KP, JP

Asarum heterotropoides Fr. Schmidt var. *mandshuricum* (Maxim.) Kitag.
Manchurian Wild Ginger

개요

쥐방울과(쥐방울덩굴과, Aristolochiaceae)

민족도리풀(北細辛, *Asarum heterotropoides* Fr. Schmidt var. *mandshuricum* (Maxim.) Kitag.)의 뿌리 및 뿌리줄기를 건조한 것

중약명: 세신(細辛)

족도리풀속(*Asarum*) 식물은 전 세계에 약 90종이 있으며 주로 아시아 동부와 남부에 분포한다. 그 밖에 소수의 종이 아시아 북부, 유럽과 북아프리카에 분포한다. 중국산은 약 30종이 있으며 중국의 남북 각지에 분포하고 장강 이남의 각 성에 가장 많다. 이 속에서 현재 약으로 사용되는 것은 약 22종이다. 변종은 중국의 흑룡강, 길림, 요녕 등지에 분포한다.

'세신'이란 약명은 《신농본초경(神農本草經)》에 상품으로 처음 기재되었으며 역대의 본초서적에 많이 수록되었다. 《중국약전(中國藥典)》(2015년 판)에서는 이 종을 중약 세신의 법정기원식물로 수록했다. 민족도리풀은 동북 지역의 도지(道地) 약재로 주요산지는 중국의 흑룡강, 길림, 요녕 등이다. 《대한민국약전》(11개정판)에는 세신을 "쥐방울과에 속하는 민족도리풀(*Asiasarum heterotropoides* F. Maekawa var. *mandshuricum* F. Maekawa) 또는 서울족도리풀(*Asiasarum sieboldii* Miquel var. *seoulense* Nakai)의 뿌리 및 뿌리줄기"로 등재하고 있다.

민족도리풀의 주요 활성성분으로는 정유성분이 함유되어 있으며 일반적으로 리그난, 플라보노이드 등의 성분이 있다. 《중국약전》에서는 정유함량분석법을 이용하여 정유함량을 2.0%(mL/g) 이상으로, 고속액체크로마토그래피법을 이용하여 아리스톨로크산 I의 함량을 0.001% 이하로, 아사리닌의 함량을 0.050% 이하로 약재의 규격을 정하고 있다.

약리연구를 통하여 민족도리풀에는 항염, 해열, 진통, 항경궐(抗驚厥, 갑자기 몹시 놀라서 정신을 잃고 넘어지며 몸이 싸늘해지는 증상), 면역억제, 국부마취, 항히스타민, 항아토피 반응과 평활근 이완 등의 작용이 알려져 있다.

한의학에서 세신은 거풍산한(祛風散寒), 통규(通竅), 지통(止痛), 온폐화음(溫肺化飮) 등의 효능이 있다.

민족도리풀 北細辛 *Asarum heterotropoides* Fr. Schmidt var. *mandshuricum* (Maxim.) Kitag.

약재 세신 藥材細辛 Asari Radix et Rhizoma

1cm

서울족도리풀 漢城細辛 *A. sieboldii* Miq. var. *seoulense* Nakai

족도리풀 華細辛 *A. sieboldii* Miq.

함유성분

전초(건조물)에는 정유성분(2.5%)으로 methyl eugenol, eucarvone, safrole, 1,8-cineole, asaryl ketone, asaricin, camphene, α-pinene, β-pinene, 3-carene, N-isobutyldodecatetraenamide, myristicin[1-3], 리그난류 성분으로 l-sesamin, l-asarinin[4], 그리고 플라보노이드 성분으로 kaempferol-3-glucoside, kaempferol-3-rutinoside, kaempferol-3-gentiobioside[5] 등이 함유되어 있다. 이 중에서 methyl eugenol, 3-carene, 1,8-cineole과 eucarvone는 생리활성성분이며 N-isobutyldodecatetraenamide는 지표성분이고 사프롤과 미리스티신은 독성 성분이다[3].

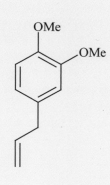

methyl eugenol

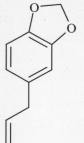

safrole

약리작용

1. **항경궐, 진통**

   북세신의 정유성분을 Mouse의 복강에 주사하면 펜틸레네테트라졸로 유발된 경련 및 전기자극으로 유발된 경련에 뚜렷한 진정작용이 있고 경련잠복기와 사망시간을 현저하게 연장시킬 수 있다. 북세신의 정유성분을 위에 주입하면 초산으로 유발된 경련 횟수를 뚜렷하게 감소시키고 비교적 강한 진정작용이 있는데 그 작용기전은 메칠유게놀의 중추억제작용과 연관된다[6].

2. **해열**

   북세신의 정유성분을 위에 주입하면 정상적인 Mouse의 체온을 낮출 수 있다. 북세신의 정유성분을 피하에 주사하면 효모현탁액으로 유발된 Rat의 발열모델에 대해 뚜렷한 해열작용이 있는데 그 지속시간이 비교적 길다[6].

3. **항염**

   북세신의 정유성분을 복강에 주사하면 뚜렷한 항염작용이 있고 카라기난, 프로스타글란딘 E₂, 히스타민 등에 의해 유발된 Rat의 발바닥 종창 및 효모, 포름알데히드로 유발된 Rat의 발목관절 종창에 대하여 뚜렷한 억제작용이 있으며 파두유(巴豆油)로 유발된

민족도리풀 北細辛 ^{CP, KP, JP}

Mouse의 귀 종창과 Rat과 토끼와 항혈청으로 유발된 Rat의 피수 종창 등에도 길항작용이 있다[7-8]. 이외에 또 Rat의 면구육아조직의 증식을 억제할 수 있다[9].

4. 항균
북북세신의 초임계 이산화탄소 추출물은 *in vitro*에서 고초간균, 황색포도상구균, 대장간균, 살모넬라균, 납양아포간균, 푸른곰팡이균 등에 대해 비교적 강한 억제작용이 있다[10].

5. 진해거담(鎭咳祛痰)
북세신의 정유성분은 기니피그 적출심장의 관상동맥 혈류량을 뚜렷하게 증가시킨다[8]. 또 노르에피네프린으로 유발된 토끼의 적출된 주동맥평활근의 수축을 억제할 수 있다[11].

6. 항위궤양
메칠유게놀을 복강에 주사하면 암모니아수로 유발된 Mouse의 기침에 대해 뚜렷한 진해작용이 있다. 메칠유게놀은 또 기관지분비량을 뚜렷하게 증가할 수 있고 담액을 희석하는 작용을 나타낸다[12].

7. 평활근 이완
북세신의 정유성분은 히스타민, 아세틸콜린으로 유발된 적출기관의 경련을 이완시킬 수 있다. 히스타민, 아세틸콜린과 염화바륨으로 유발된 기니피그의 적출회장의 경련을 이완시킬 수 있다[8].

8. 기타
아사리닌에는 항종양작용이 있다[13]. *In vitro*의 항바이러스 실험에서 세신의 물 추출물은 인체유두종바이러스(HPV)에 대해 파괴작용이 있다[14]. 북세신의 리그난을 위에 주입하면 Rat의 심장이식 급성 이종면역반응에 대해 길항작용이 있을 뿐만 아니라 동시에 면역감소제 사이클로스포린 A에 대해 양호한 상호작용이 있다[15].

용도

세신은 중의임상에서 사용하는 약이다. 거풍산한[祛風散寒, 풍(風)을 제거하고 한(寒)을 흩어지게 함], 통규[通竅, 구규(九竅)를 막히지 않게 소통시키는 효능], 지통(止痛), 온폐화음[溫肺化飮, 폐를 따뜻하게 하여 수음(水飮)을 없애는 효능] 등의 효능이 있으며, 풍한감모[風寒感冒, 풍사(風邪)와 한사(寒邪)가 겹쳐 오한이 나면서 열이 나고 머리와 온몸이 아프며 코가 막히고 기침과 재채기가 나며 혀에 이끼가 끼고 맥이 부(浮)한 증상], 양허외감[陽虛外感, 양기가 허약하여 주리(腠理)가 치밀하지 못하여 쉽게 외감에 걸리는 것], 두통, 비연(鼻淵, 코에서 끈적하고 더러운 콧물이 흘러나오는 병증), 치통, 비통(痺痛, 코에 생기는 염증), 한담정음[寒痰停飮, 습담으로 인해 체내 일정 부위에 머물러 있는 수음(水飮)], 기역천해[氣逆喘咳, 식체(食滯), 화열(火熱), 담탁(痰濁), 정신적인 억울 상태 등에 영향을 받아 기가 역상(逆上)하여 불순해지는 병리], 궐증(厥證, 갑자기 정신을 잃고 쓰러지는 병증), 취비취체(吹鼻取嚔, 재채기) 등의 치료에 사용한다.

현대임상에서는 만성 기관지염, 풍습성 관절염, 심교통(心絞痛, 가슴이 쥐어짜는 것처럼 몹시 아픈 것), 양위(陽痿, 발기부전) 등의 병증에 사용한다. 또한 국부마취에도 쓰인다.

해 설

《중국약전》에서는 민족도리풀 이외에도 서울족도리풀(漢城細辛, *Asarum sieboldii* Miq. var. *seoulense* Nakai)과 족도리풀(華細辛, *A. sieboldii* Miq.)을 중약 세신의 법정기원식물 내원종으로 수록했다.

서울족도리풀과 족도리풀은 민족도리풀과 유사한 약리작용이 있는데 그 함유성분도 대체적으로 비슷하며 주로 정유성분을 함유하고 있다. 민족도리풀과 비교하면 서울족도리풀(말린 것)의 정유성분 함량이 비교적 낮아 대략 1.0% 정도이다. 족도리풀(말린 것)의 정유성분의 함량은 민족도리풀과 거의 비슷하며 대략 2.6% 정도이다.

족도리풀속의 아리스톨로크산 함량은 지상부가 가장 많고 뿌리부분이 가장 적다. 이외에도 물에 달여서 추출한 아리스톨로크산의 함량은 유기용매에서 추출한 것보다 비교적 적다. 그중 복방(複方)으로 달인 세신 뿌리에서는 아리스톨로크산을 검출해 낼 수 없다. 때문에 홍콩의 위생서에서는 세신은 뿌리 부위만 사용할 수 있다고 규정하였다.

중국 동북 지역은 민족도리풀의 도지 산지이다. 최근, 길림성 통화현과 흑룡강성 칠대하시에 세신의 재배기지가 건립되었다.

참고문헌

1. 黃順旺. 北細辛中不含馬兜鈴酸的薄層色譜法鑒別. 安徽醫藥. 2003, 7(4): 299-300

2. 田珍, 董善年, 王寶榮, 樓之岑. 國産細辛屬植物中揮發油的成分鑒定-I. 遼細辛的揮發油. 北京大學學報(醫學版). 1981, 13(3): 179-182

3. 張峰, 王龍星, 羅茜, 蕭紅斌, 梁鑫淼, 蔡少青. 氣相色譜-質譜分析北細辛根和根莖中的揮發性成分. 色譜. 2002, 20(5): 467-470

4. 蔡少青, 王禾, 陳世忠, 樓之岑. 北細辛非揮發性化學成分的研究. 北京醫科大學學報. 1996, 28(3): 228-230

5. 王棟, 夏曉暉. 北細辛地上部分化學成分的研究. 中草藥. 1998, 29(2): 83-84

6. 孫建寧, 徐秋蘋, 王風仁, 吳金英, 馬立新, 陳木天, 楊春澍. 三種細辛屬植物揮發油對中樞神經系統的作用. 中國藥學雜誌. 1991, **26**(8): 470-472

7. 曲淑岩, 毋英傑. 細辛油的抗炎作用. 藥學學報. 1982, **17**(1): 12-14

8. 胡月娟, 周弘, 王家國, 張毅, 李儀奎. 細辛揮發油的解痙抗炎作用. 中國藥理學通報. 1986, **2**(1): 41-43

9. 錢立群, 錢大瑋, 謝偉, 洪翠英, 閻玲. 細辛揮發油對實驗性炎症大鼠血清, 肝臟中鋅, 銅含量的影響. 中草藥. 1996, **27**(5): 290-293

10. 張妙玲, 唐裕芳, 葉進富, 鄧孝平, 曾虹燕. 細辛超臨界 CO_2 萃取物抑菌活性研究. 四川食品與發酵. 2004, **40**(1): 36-38

11. YJ Hu, J Xu, O Wongsawatkul. The preliminary study of certain pharmacological effects of Xi Xin oil. *Journal of Chinese Pharmaceutical Sciences.* 1993, **2**(2): 156-158

12. 周慧秋, 于濱, 喬婉紅, 王大勇, 張萬榮, 白雲, 蘇雲明. 甲基丁香酚藥理作用研究. 中醫藥學報. 2000, **2**: 79-80

13. M Takasaki, T Konoshima, I Yasuda, T Hamano, H Tokuda. Inhibitory effects of shouseiryu-to on two-stage carcinogenesis. II. Anti-tumor-promoting activities of lignans from *Asiasarum heterotropoides* var. *mandshuricum. Biological & Pharmaceutical Bulletin.* 1997, **20**(7): 776-780

14. 鄧遠輝, 馮怡, 孫靜, 周丹, 楊柳, 賴嘉穎. 細辛抗人乳頭瘤病毒的作用研究. 中藥材. 2004, **27**(9): 665-667

15. 牟翠鳴, 陳述, 董志超. 細辛木脂素抗心臟移植急性排斥反應的實驗觀察. 黑龍江醫藥. 2004, **17**(5): 347-348

천문동 天冬 CP, KP, JP

Asparagus cochinchinensis (Lour.) Merr.

Cochin Chinese Asparagus

개요

백합과(Liliaceae)

천문동(天冬, *Asparagus cochinchinensis* (Lour.) Merr.)의 덩이뿌리를 건조한 것

중약명: 천동(天冬)

비짜루속(*Asparagus*) 식물은 전 세계에 약 300종이 있으며 아프리카를 제외한 전 세계의 온대로부터 열대 지역에 모두 분포한다. 중국에는 24종, 일부 외래 재배종이 있는데 전국 각지에 널리 분포한다. 중국의 이 속에서 현재 약으로 사용되는 것은 13종이다. 이 종은 하북, 산서, 섬서, 감숙 등의 남부에서부터 화동, 중남, 서남의 각 성에까지 분포하며 한반도, 일본, 라오스와 베트남에도 분포하는 것도 있다.

'천동'이란 약명은 《신농본초경(神農本草經)》에 상품으로 처음 기재되었으며 역대의 초본서적에 많이 기재되었다. 《중국약전(中國藥典)》(2015년 판)에서는 이 종을 중약 천동의 법정기원식물 내원종으로 수록했다. 천문동의 주요산지는 귀주, 광서, 사천, 운남 등이며 섬서, 감숙, 안휘, 호북, 하남, 호남, 강서 등에도 나는 것이 있다. 귀주의 산량이 가장 많을 뿐더러 품질도 가장 좋다. 《대한민국약전》(11개정판)에는 천문동을 "천문동(*Asparagus cochinchinensis* Merrill, 백합과)의 덩이뿌리로서 뜨거운 물로 삶거나 찐 뒤에 겉껍질을 제거하고 말린 것"으로 등재하고 있다.

천문동에는 주로 스테로이드 사포닌과 다당이 있다[1]. 《중국약전》에서는 열침법을 통한 희석알코올의 함량이 용제침전물의 80% 이상인 것으로 약재의 규격을 정하고 있다.

약리연구를 통하여 천문동에는 진해거담(鎭咳祛痰), 항균, 항종양, 면역억제 등의 작용이 있는 것으로 알려져 있다.

한의학에서 천동은 자음윤조(滋陰潤燥), 청폐생진(淸肺生津)의 효능이 있다.

천문동 天冬 *Asparagus cochinchinensis* (Lour.) Merr.

약재 천동 藥材天冬 Asparagi Radix

1cm

methylprotodioscin

nyasol

diosgenin

천문동 天冬 CP, KP, JP

함유성분

덩이뿌리에는 스테로이드 사포닌 성분으로 aspacochiosides A, B, C, 3-O-[α-L-rhamnopyranosyl-(1→4)β-D-glucopyranosyl]-26-O-(β-D-glucopyranosyl)-(25S)-5β-spirostane-3β-ol[2], 3-O-[α-L-rhamnopyranosyl-(1→4)β-D-glucopyranosyl]-26-O-(β-D-glucopyranosyl)-(25R)-furosta-5,20-diene-3β,26-diol, methylprotodioscin, pseudoprotodioscin[3], asparacoside, asparacosins A, B[4], 3-O-[α-L-rhamnopyranosyl-(1→4)β-D-glucopyranosyl]-(25S)-5β-spirostane-3β-ol, 스테로이드 사포게닌 성분으로 diosgenin, sarsasapogenin[5], phenolic compounds, asparenydiol, 3''-methoxy asparenydiol, 3'-hydroxy-4'-methoxy-4'dehydroxynyasol, nyasol, 3''-methoxynyasol, 1,3-bis-di-p-hydroxyphenyl-4-penten-1-one, trans-coniferyl alcohol[4], 다당류 성분으로 asparagus polysaccharides A, B, C, D[6] 성분 등이 함유되어 있다.

약리작용

1. 진해(鎭咳), 거담(祛痰), 평천(平喘)
   천문동의 열수 추출물을 위에 주입하면 강한 암모니아수로 유발된 Mouse의 기침빈도와 히스타민으로 유발된 기니피그의 기침빈도를 뚜렷하게 감소시킬 수 있다. Mouse의 호흡도 중에 페놀레드 배설을 뚜렷하게 증가시킬 수 있으며 뚜렷한 거담작용이 있다. 히스타민으로 유발된 기니피그의 천식발작증세를 유효하게 감소시킬 수 있다[7].

2. 항균
   In vitro 실험에서 천문동의 열수 추출물은 그람양성균과 그람음성균에 대해 뚜렷한 항균작용이 있다[8]. 천문동에 함유된 3-O-[α-L-rhamnopyramosyl-(1→4)-β-D-glucopyranosyl]-(25S)-5β-spirostaine-3β-ol은 백색염주균 등 진균에 대해 항균활성이 있다[5].

3. 항종양
   천문동의 물 추출물은 간암세포 HepG2에 대한 종양괴사인자-α(TNF-α)의 세포자살반응을 감소시킴으로써 에탄올로 유발된 간 독성을 완화할 수 있다[9]. 천문동의 물 추출물을 위에 주입하면 접종육종 S180의 실체형 종양이 있는 Mouse의 종양을 뚜렷하게 감소시킴과 동시에 Mouse의 생존율을 연장하며 접종간암 H22 실체형 종양이 있는 Mouse에게도 뚜렷한 종양 억제작용이 있다[9]. 3-O-[α-L-rhamnopyramosyl-(1→4)-β-D-glucopyranosyl]-(25S)-5β-spirostaine-3β-ol을 in vitro에서 인체백혈병세포 HL-60과 인체유선암세포에 대해 일정한 항암활성이 있다[5]. 또한 천문동의 다당도 항암 활성성분의 하나이다[6].

4. 항산화, 항노화
   D-갈락토오스로 인해 노화가 진행된 Mouse의 위에 천문동의 물 추출액을 주입하면 혈청 중의 일산화질소합성효소(NOS)의 활성을 뚜렷하게 증강할 수 있고 일산화질소의 함량을 증가시킬 수 있으며 리포푸신(LF)의 함량을 낮출 수 있다[11]. 천문동의 클로로포름, 에탄올, 물 추출물을 위에 주입하면 모두 다른 정도로 글루타치온과산화효소(GSH-Px)의 활성을 제고시킬 수 있으며 LF의 함량을 낮출 수 있는데 그중에서 클로로포름 추출물의 항산화작용이 가장 강력하다[12]. 물 추출물은 또 고뇌(高腦)와 간장조직 중의 Na+/K+-ATP 효소의 활성을 제고할 수 있고 뇌, 간, 혈장 중의 말론디알데하이드(MDA)의 함량을 낮출 수 있으며 천문동의 다당도 간장조직 내의 MDA의 함량을 낮출 수 있다. 천문동의 다당을 위에 주입하면 정상적인 Mouse의 흉선과 비장중량을 증가시킬 수 있고 물 추출물을 위에 주입하면 Mouse가 산소결핍에 견디는 시간을 연장시킬 수 있다[13].

5. 혈소판응집 억제
   In vitro 실험에서 천문동의 75% 에탄올 추출액은 아데노신이인산(ADP)으로 유발된 혈소판응집을 억제할 수 있다[14].

용도

천문동은 중의임상에서 사용하는 약이다. 양음윤조(養陰潤燥, 음이 허한 것을 보하여 자윤하게 함), 청화생진(淸火生津, 열을 내리며 진액을 자양함) 등의 효능이 있으며, 음허폐열[陰虛肺熱, 음허로 열이 폐경(肺經)에 침범한 병증], 신음부족[腎陰不足, 전신에 자윤(滋潤)이나 영양이 부족함], 음허화왕[陰虛火旺, 음정(陰精)이 부족해져서 허화(虛火)가 왕성해진 것]의 조열도한(潮熱盜汗, 주기적으로 열이 나면서 밤중에 자신도 모르게 땀이 나면서 깨면 땀이 멎는 증상), 유정(遺精, 성교 없이 정액이 흘러나오는 병증), 내열소갈[內熱消渴, 몸 안의 열기로 소갈(消渴)하는 증상], 장조변비(腸燥便秘, 대장의 진액이 줄어들어 대변이 굳어진 것) 등의 치료에 사용한다.
현대임상에서는 백일해, 폐농양, 폐결핵, 편도선염 및 당뇨병 등의 병증에 사용한다.

해설

《중국약전》에서 이 종을 법정기원식물 내원종으로 수록했지만 민간에서는 비짜루속 여러 가지 식물을 모두 천문동의 약재로 사용하고 있으며, 그 종류로는 자천동(刺天冬, Asparagus myriacanthus Wang et S. C. Chen)과 양치천동(羊齒天冬, A. filicinus Ham. ex D. Don) 등이 있다. 연구에서 알려진 바와 같이 비짜루속 여러 가지 식물에도 천문동과 유사한 활성성분이 함유되어 있으며 비짜루속 식물의 자원 이용에 대해서는 추가적인 연구가 필요하다.
중국 사천의 내강은 천천동(川天冬)의 도지(道地) 산지로 이미 160년의 재배역사가 있으며 현재에는 대규모 현대화 천문동 재배단지가 조성되었다.
약용 외에도 천문동은 자연친화적 건강음료로 개발되었기 때문에 시장 전망 또한 밝다.

 ## 참고문헌

1. 姚念環, 孔令義. 天門冬屬植物化學成分及生物活性研究進展. 天然產物研究與開發. 1999, **11**(2): 67-71

2. JG Shi, GQ Li, SY Huang, SY Mo, Y Wang, YC Yang, WY Hu. Furostanol oligoglycosides from *Asparagus cochinchinensis*. *Journal of Asian Natural Products Research*. 2004, **6**(2): 99-105

3. ZZ Liang, R Aquino, F De Simone, A Dini, O Schettino, C Pizza. Oligofurostanosides from *Asparagus cochinchinensis*. *Planta Medica*. 1988, **54**(4): 344-346

4. HJ Zhang, K Sydara, GT Tan, CY Ma, B Southavong, DD Soejarto, JM Pezzuto, HHS Fong. Bioactive constituents from *Asparagus cochinchinensis*. *Journal of Natural Products*. 2004, **67**(2): 194-200

5. 徐從立, 陳海生, 譚興起, 宣偉東. 中藥天冬的化學成分研究. 天然產物研究與開發. 2005, **17**(2): 128-130

6. 杜旭華, 郭允珍. 抗癌植物藥的開發研究IV. 中藥天冬的多糖類抗癌活性成分的提取與分離. 瀋陽藥學院學報. 1990, **7**(3): 197-200

7. 羅俊, 龍慶德, 李誠秀, 李玲, 黃能慧, 蕭敏, 唐培仙. 地冬與天冬的鎮咳, 祛痰及平喘作用比較. 貴陽醫學院學報. 1998, **23**(2): 132-134

8. 溫晶媛, 李穎, 丁聲頌, 李群歡. 中國百合科天冬屬九種藥用植物的藥理作用篩選. 上海醫科大學學報. 1993, **20**(2): 107-111

9. HN Koo, HJ Jeong, JY Choi, SD Choi, TJ Choi, YS Cheon, KS Kim, BK Kang, ST Park, CH Chang, CH Kim, YM Lee, HM Kim, NK An, JJ Kim. Inhibition of tumor necrosis factor-alpha-induced apoptosis by *Asparagus cochinchinensis*in Hep G2 cells. *Journal of Ethnopharmacology*. 2000, **73**(1-2): 137-143

10. 羅俊, 龍慶德, 李誠秀, 李玲, 黃能慧. 地冬及天冬對荷瘤小鼠的抑瘤作用. 貴陽醫學院學報. 2000, **25**(1): 15-16

11. 趙玉佳, 孟祥麗, 李秀玲, 曲鳳玉. 天冬水提液及其納米中藥對衰老模型小鼠NOS, NO, LPF的影響. 中國野生植物資源. 2005, **24**(3): 49-51

12. 王旭, 劉紅, 周淑晶, 曲鳳玉. 天冬提取液對小鼠心肌LPF, GSH-Px影響的實驗研究. 中國野生植物資源. 2004, **23**(2): 43,65

13. 李敏, 費曜, 王家葵. 天冬藥材藥理實驗研究. 時珍國醫國藥. 2005, **16**(7): 580-582

14. 張小麗, 謝人明, 馮英菊. 四種中藥對血小板聚集性的影響. 西北藥學雜誌. 2000, **15**(6): 260-261

개미취 紫菀 ^{CP, KP}

Aster tataricus L. f.

Tatarian Aster

 개 요

국화과(Asteraceae)

개미취(紫菀, *Aster tataricus* L. f.)의 뿌리와 뿌리줄기를 건조한 것

중약명: 자완(紫菀)

자완속(*Aster*) 식물은 전 세계에 약 250종이 있으며 아시아, 유럽 및 북아프리카에 광범위하게 분포한다. 중국에는 약 100종이 있는데 이 속에서 현재 약으로 사용되는 것은 약 40종이다. 이 종은 중국의 흑룡강, 길림, 요녕, 내몽고, 산서, 하북, 하남, 섬서 및 감숙에서 나며 한반도, 일본 및 러시아의 시베리아 동부에도 분포한다.

'자완'이란 약명은 《신농본초경(神農本草經)》에 중품으로 처음 기재되었으며 역대의 본초서적에 많이 기재되었다. 《중국약전(中國藥典)》(2015년 판)에서는 이 종을 중약 자완의 법정기원식물 내원종으로 수록했다. 주요산지는 하북의 안국(安國) 및 안휘의 보현(亳縣), 와양(渦陽)이다. 《대한민국약전》(11개정판)에는 자완을 "개미취(*Aster tataricus* Linne fil., 국화과)의 뿌리 및 뿌리줄기"로 등재하고 있다.

개미취에는 주로 트리테르페노이드 사포닌과 사이클로펩티드 성분이 있다. 《중국약전》에서는 고속액체크로마토그래피법을 이용하여 시오논의 함량을 0.15% 이상으로, 자완 음편(飮片)의 경우 시오논의 함량을 0.10% 이상으로 약재의 규격을 정하고 있다.

약리연구를 통하여 개미취에는 거담(祛痰), 진해(鎭咳), 항균, 항종양 등의 작용이 있는 것으로 알려져 있다.

한의학에서 자완은 윤폐하기(潤肺下氣), 화담지해(化痰止咳)의 효능이 있다.

개미취 紫菀 *Aster tataricus* L. f.

개미취 紫菀 *A. tataricus* L. f.

약재 자완 藥材紫菀 Asteris Radix et Rhizoma

1cm

함유성분

뿌리와 뿌리줄기에는 트리테르페노이드와 트리테르페노이드 사포닌 성분으로 shionone, friedelin, epifriedelin[1-2], taraxerol, daucosterin[3], astertarones A, B[4-5], aster saponins A, B, C, D, E, F, G[6], β-amyrin[7], 모노테르페노이드 성분으로 shionosides A, B, C[8], 고리형 펩티드 성분으로 astins A, B, C, D, E, F, G, H, J[9-12], asteins A, B, 플라보노이드 성분으로 quercetin, kaempferol, 3-O-methylkaempferol[7], 아마이드 성분으로 N-(N-benzoyl-L-phenylalanyl)-O-acetyl-L-phenylalanol[13], 그리고 안트라퀴논 성분으로서 emodin, chrysophanol, phy-scion[14] 등이 함유되어 있다.

shionone

R_1=ara-(1→6)-glc-
R_2=xyl-(1→4)-rha-
astersaponin G

개미취 紫菀 CP, KP

약리작용

1. **거담, 진해**

자완의 열수 추출물, 시오논, 에피프리델린을 위에 주입하면 Mouse의 호흡도 중의 페놀레드 분비를 뚜렷하게 증가시킬 수 있다[15]. 자완에서 분리해 낸 butyl-D-ribuloside 배당체도 거담작용이 있다. 시오논, 에피프리델린을 위에 주입하면 암모니아수로 유발된 Mouse의 기침을 뚜렷하게 억제할 수 있다[15].

2. **항미생물**

In vitro 실험에서 자완은 대장간균, 이질간균, 변형간균, 상한간균, 부상한간균, 녹농간균과 콜레라균에 대해 억제작용이 있음과 동시에 항치병성 진균과 항인플루엔자바이러스 작용이 있다[16].

3. **항종양**

자완에 함유된 에피프리델린은 Mouse의 에를리히복수암(EAC)에 대해 억제작용이 있다. 자완에 함유된 사이클로펩티드에도 항종양 활성이 있다[16-17].

4. **기타**

자완에서 분리해 낸 쿠에르세틴, 캠페롤, 스코폴레틴과 에모딘은 초산유리기의 생성 및 지질과산화물(LPO)을 뚜렷하게 억제할 수 있다. 쿠에르세틴과 캠페롤은 용혈을 억제하는 작용이 있다[18].

용도

자완은 중의임상에서 사용하는 약이다. 윤폐선폐[潤肺宣肺, 폐를 윤택하게 하고 폐기(肺氣)를 통하게 함], 화담지해[化痰止咳, 거담(祛痰)하여 기침을 그치게 함] 등의 효능이 있으며, 해수유담(咳嗽有痰, 기침할 때 소리도 나고 가래도 나오는 증상), 폐기불선(肺氣不宣, 폐의 기가 퍼지지 못하는 것)으로 야기된 폐옹(肺癰, 폐에 농양이 생긴 병증), 폐비[肺痹, 비증(痹證)의 하나], 소변불통 등의 치료에 사용한다.

현대임상에서는 백일해, 만성 기관지염, 폐렴 및 요저류(尿瀦留, 소변이 모두 배출되지 않고 남아 있는 증상) 등의 병증에 사용한다.

해설

중국 대부분의 지역에서는 곰취속(*Ligularia*) 여러 가지 식물의 뿌리 및 뿌리줄기를 중약 자완으로 사용할 수 있는데 통틀어 산자완(山紫菀)이라고 칭한다. 산자완의 약재에는 대부분 피롤리지딘 알칼로이드가 많이 함유되어 있는데, 최근에는 이미 중요한 식물성 간독성 유발성분으로 알려져 있다. 일부분의 산자완에는 또 돌연변이, 발암 및 기형 유발 등의 작용이 있는 것으로 알려져 있다. 하지만 산자완의 자원이 풍부하기 때문에 널리 사용되며 그 사용된 역사가 깊다. 현대약리연구를 통하여 산자완에는 부분적으로 뚜렷한 거담진해작용이 있음과 동시에 일정한 세포독성 및 살충 활성이 있음이 알려져 있다. 임상에서는 반드시 구별하여 사용해야 한다.

참고문헌

1. 盧艷花, 王峥濤, 葉文才, 徐珞珊, 舒躍中. 紫菀化學成分的研究. 中國藥科大學學報. 1998, **29**(2): 97-99

2. O Shirota, H Morita, K Takeya, H Itokawa, Y Iitaka. Cytotoxic triterpene from *Aster tataricus*. *Natural Medicines*. 1997, **51**(2): 170-172

3. 王國艷, 吳弢, 林平川, 翁桂新, 王峥濤. 紫菀三萜類化學成分的研究. 中草藥. 2003, **34**(10): 875-876

4. T Akihisa, Y Kimura, K Koike, T Tai, K Yasukawa, K Arai, Y Suzuki, T Nikaido. Astertarone A:a triterpenoid ketone isolated from the roots of *Aster tataricus* L. *Chemical & Pharmaceutical Bulletin*. 1998, **46**(11): 1824-1826

5. T Akihisa, Y Kimura, T Tai, K Arai. Astertarone B, a hydroxy-triterpenoid ketone from the roots of *Aster tataricus* L. *Chemical & Pharmaceutical Bulletin*. 1999, **47**(8): 1161-1163

6. T Nagao, H Okabe, T Yamauchi. Studies on the constituents of *Aster tataricus* L. f. III. Structures of aster saponins E and F isolated from the root. *Chemical & Pharmaceutical Bulletin*. 1990, **38**(3): 783-785

7. 盧艷花, 王峥濤, 徐珞珊, 吳子斌. 紫菀中的多元酚類化合物. 中草藥. 2002, **33**(1): 17-18

8. 程東亮, 邵宇, 楊立, 鄒佩秀. 紫菀中一個新單萜苷的結構. 植物學報. 1993, **35**(4): 311-313

9. H Morita, S Nagashima, K Takeya, H Itokawa. Cyclic peptides from higher plants. XX. Solution forms of antitumor cyclic pentapeptides with 3, 4-dichlorinated proline residues, astins A and C, from *Aster tataricus*. *Chemical & Pharmaceutical Bulletin*. 1995, **43**(8): 1395-1397

10. 邵宇, 程東亮, 崔育新. 紫菀中的一個新寡肽. 高等學校化學學報. 1993, **14**(11): 1551-1552

11. H Morita, S Nagashima, K Takeya, H Itokawa. Cyclic peptides from higher plants. Part 8. Three novel cyclic pentapeptides, astins F, G and H from *Aster tataricus*. *Heterocycles*. 1994, **38**(10): 2247-2252

12. H Morita, S Nagashima, K Takeya, H Itokawa. Cyclic peptides from higher plants. XII. Structure of a new peptide, astin J, from *Aster tataricus*. *Chemical & Pharmaceutical Bulletin*. 1995, **43**(2): 271-273

13. 鄒澄, 張榮平, 趙碧濤, 敖翔, 郝小江, 周俊. 紫菀活性酰胺研究. 雲南植物研究. 1999, **21**(1): 121-124

14. 盧艷花, 王崢濤, 徐珞珊, 吳子斌. 紫菀中的3個蒽醌類化合物. 中國藥學. 2003, **12**(2): 112-113

15. 盧艷花, 戴岳, 王崢濤, 徐珞珊. 紫菀祛痰鎮咳作用及其有效部位和有效成分. 中草藥. 1999, **30**(5): 360-362

16. 王本祥. 現代中藥藥理學. 天津: 天津科學技術出版社. 1997: 1019-1021

17. H Morita, S Nagashima, K Takeya, H Itokawa, Y Iitaka. Antitumor cyclic pentapeptides, astin series, from *Aster tataricus*. *Tennen Yuki Kagobutsu Toronkai Koen Yoshishu*. 1994, **36**: 445-452

18. TB Ng, F Liu, YH Lu, CHK Cheng, ZT Wang. Antioxidant activity of compounds from the medicinal herb *Aster tataricus*. *Comparative Biochemistry and Physiology, Part C: Toxicology* & *Pharmacology*. 2003, **136C**(2): 109-115

개미취 대규모 재배단지

황기 黃芪 CP, KP, JP, VP

Astragalus membranaceus (Fisch.) Bge.

Milk-vetch

 개 요

콩과(Leguminosae)

황기(黃芪, *Astragalus membranaceus* (Fisch.) Bge.)의 뿌리를 건조한 것

중약명: 황기

황기속(*Astragalus*) 식물은 전 세계에 약 2,000종이 있다. 주로 유럽 대륙, 남아메리카와 아프리카에 분포하며 소수의 종류가 북아프리카와 대양주에 분포한다. 중국에 약 278종, 아종 2종, 변이종 35종, 변형종 2종이 있는데 중국의 이 속에서 현재 약으로 사용되는 것은 약 10종이다. 이 종은 중국 동북, 화북, 서북 지역에 분포하며 러시아의 원동 지역에도 분포하는 것이 있다.

'황기'란 약명으로 《신농본초경(神農本草經)》에 상품으로 처음 기재되었으며 역대의 본초서적에 모두 기재되어 있다. 《중국약전(中國藥典)》(2015년 판)에서는 이 종을 중약 황기의 법정기원식물 내원종으로 수록했다. 주요산지는 중국의 흑룡강, 길림, 내몽고, 하북 등지인데 근년에 야생자원이 감소되면서 흑룡강, 하북, 산동, 강소 등지에서 재배한다. 《대한민국약전》(11개정판)에는 황기를 "콩과에 속하는 황기(*Astragalus membranaceus* Bunge) 또는 몽골황기(蒙古黃耆, *Astragalus membranaceus* Bunge var. *mongholicus* Hsiao)의 뿌리로서 그대로 또는 주피를 제거한 것"으로 등재하고 있다.

황기에 주로 함유된 활성성분으로는 트리테르페노이드 사포닌, 플라보노이드, 다당 등이 있다. 《중국약전》에서는 고속액체크로마토그래피법을 이용하여 아스트라갈로시드 A의 함량을 0.04% 이상, 칼리코신글루코시드의 함량을 0.020% 이상으로 약재의 규격을 정하고 있다.

약리연구를 통하여 황기는 면역력 제고 항스트레스, 심장과 뇌 보호 등의 작용이 있는 것으로 알려져 있다.

한의학에서 황기는 보기고표(補氣固表), 이뇨탁독(利尿托毒) 등의 효능이 있다.

황기 黃芪 *Astragalus membranaceus* (Fisch.) Bge.

몽고황기 蒙古黃芪
A. membranaceus (Fisch.) Bge. var. *mongholicus* (Bge.) Hsiao

약재 황기 藥材黃芪 Astragali Radix

1cm

함유성분

뿌리에는 트리테르페노이드 성분으로 astragalosides I, II, III, IV, V, VI, VII, VIII, astramembrannin I (astragalin A), astramembrannin II, acetyl-astragaloside I, isoastragalosides I, II, soyasaponin I[2-4], cyclocanthoside E[7]와 그 대부분의 아글리콘 성분으로 cycloastragenol[1] 등이 있으며, 쿠마린류 성분으로 2'-angeloyloxy-1',2'-dihydroxanthyletin, 2'-senecioyloxy-1',2'-dihydroxanthyletin[8], 그리고 플라보노이드 성분으로 calycosin, calycosin-7-O-β-D-glucopyranoside, calycosin-7-O-β-D-glucopyranoside-6"-O-malonate, ononin, formononetin[10], formononetin-7-O-β-D-glucoside-6"-O-malonate[15], odoratin-7-O-β-D-glucopyranoside, 9,10-dimethoxypterocarpan-3-O-β-D-glucopyranoside, 2'-hydroxy-3',4'-dimethoxypterocarpan-7-O-β-D-glucopyranoside[9], 3-hydroxy-9,10-dimethoxypterocarpan-3-O-β-D-glucoside, 3,9-dimethoxy-10-hydroxypterocarpan, 3,9,10-trimethoxypterocarpan, 2',8-dihydroxy-4',7-dimethoxyisoflavan, 2',3,7-trihydroxy-4'-methoxyisoflavan[12], 2'-hydroxy-3',4',7-trimethoxyisoflavan, 2'-hydroxy-3',4'-dimethoxyisoflavan-7-O-β-D-glucopyranoside[14], 2',7-dihydroxy-3',4'-dimethoxyisoflavan-7-O-β-D-glucoside, 3',8-dihydroxy-4',7-dimethoxyisoflavone, 3',7-dihydroxy-4',8-dimethoxyisoflavone[13], 3'-methoxy-5'-hydroxy-isoflavone-7-O-β-D-glucoside[7] 등이 있다. 또한 다당류가 풍성하게 함유되어 있다.

지상부에는 트리테르페노이드 사포닌 성분으로 huangqiyenins A, B, D[16-17], 플라보노이드 성분으로 quercetin, quercetin-3-glucoside[19], isorhamnetin, rhamnocitrin-3-glucoside, kaempferol[18] 등이 함유되어 있다.

약리작용

1. 면역조절

황기의 복합 추출물을 복강에 주사하면 시클로포스파미드(Cy)로 유발된 Mouse의 지발성과민반응(DTH)을 개선할 수 있고 *in vitro*에서 콘카나발린 A(Con A)와 지질다당(LPS)에 의해 유도된 Mouse의 비장임파세포의 증식과 인터루킨-2 분비에 대한 촉진작용이 있다[20]. 황기의 수용성 플라보노이드를 정맥에 주사하면 하이드로코르티손으로 인해 면역이 떨어진 Mouse의 T세포 총수, $L_3T_4^+$, Lyt_2^+ 세포 백분율과 $L_3T_4^+$, Lyt_2^+ 세포비율을 제고시킬 수 있고 Con A로 유발된 Mouse의 비장임파세포 증식을 촉진할 수 있는데[21] 황기의 줄기와 잎의 플라보노이드도 이와 흡사한 작용이 있다[22]. 황기의 다당을 복강에 주사하면 창상스트레스로 유발된 Mouse의 흉선, 비장의 무게를 회복시킬 수 있고 흉선을 억제할 수 있으며 임파세포 중의 NF-κB와 인터루킨-10의 mRNA 발현 수치를 높일 수 있다[23]. 전신홍반성 루푸스 모델 Mouse의 복강에 황기 다당을 주사하면 소용량을 사용할 시 6종의 항카르디올리핀항체(ACL)를 높여 줄 수 있고 대용량을 사용할 시에는 그의 신생을 억제하는 작용이 있다[24].

2. 심장, 대뇌 보호

황기의 주사액을 실험 Rat의 흉부 주동맥에 주사하면 내피 의존성 수축향상작용이 있고 혈관의 환장력을 조절하며[25], Rat의 실험 심근혈액부족 재관류로 손상된 초기의 종양괴사인자(TNF)의 수치를 낮출 수 있다[26]. 황기의 다당을 복강에 주사하면 동맥죽상경

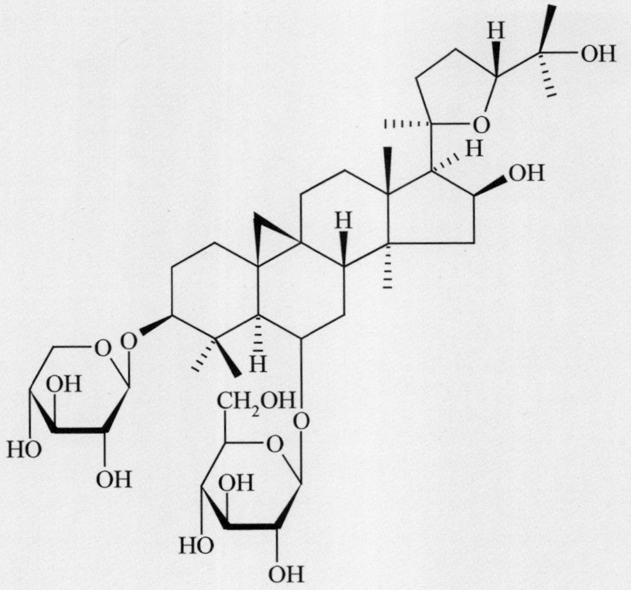

황기 黃芪 CP, KP, JP, VP

astragaloside I

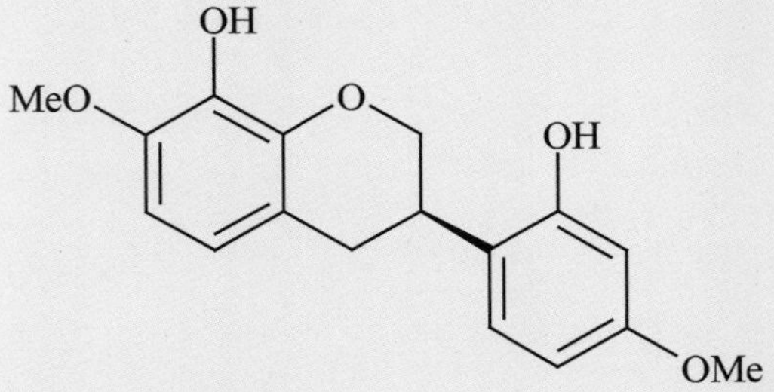

(3R)-8,2'-dihydroxy- 7,4'-dimethoxyisoflavan

화로 유발된 집토끼 혈청 중의 총콜레스테롤(TC), 중성지방, 말론디알데하이드(MDA), 엔도셀린의 함량을 낮출 수 있고 혈관내피 세포를 보호할 수 있다[27]. 아스트라갈로시드를 복강에 주사하면 결혈 뇌조직의 MDA의 함량을 뚜렷하게 낮출 수 있고 글루타치온 과산화효소(GSH-Px)의 활성을 높일 수 있다[28].

3. 조혈기능 촉진

황기의 다당을 피하에 주사하면 마이토마이신 C로 인해 골수가 억제된 Mouse의 골수와 비장의 조혈조세포의 증식과 성숙을 촉진 할 수 있다[29]. 정상 및 Cy 화학요법을 거친 Mouse의 골수, 외주혈, 비장조혈간세포의 증식을 촉진할 수 있다[30]. 황기의 다당은 in vitro에서 인체외주혈단핵세포(PBMC)가 입세포집락자극인자(G-CSF)와 입세포대식세포집락자극인자(GM-CSF)를 분비하는 것을 촉진할 수 있고 백혈구수치를 높여 줄 수 있다[31].

4. 노화방지

화학발광법에서 알려진 바와 같이 황기의 사포닌은 활성산소의 전자를 제거할 수 있다[32]. 황기의 다당을 위에 주입하면 D-갈락토 오스로 유발된 Mouse의 흉선지수와 비장지수를 높일 수 있고 혈청과 간장조직의 MDA를 낮출 수 있으며 슈퍼옥시드디스무타아제 의 활성을 높일 수 있다. 또한 뇌조직 중의 리포푸신을 낮출 수 있으며 신장조직의 GSH-Px와 일산화질소합성효소(NOS)의 활성을 높일 수 있다[33].

5. 항종양

황기의 물 추출물은 in vitro에서 인체 PBMC의 증식을 증가시킬 수 있고 세포독성 T림프구(CTL)의 종양세포에 대한 살상활성을 제고할 수 있으며 외주혈첨부단핵세포(PBAM)가 종양세포에 대한 탐식과 세포인자의 신생을 촉진할 수 있고 외주혈B세포(PBBC) 가 면역글로블린 G(IgG)를 산생하는 능력을 촉진할 수 있다[34]. 황기의 물 추출물은 in vitro에서 인체간암세포 SMMC-7721의 증식 을 제고시킬 수 있고 동시에 그의 전입체 대사활성을 낮출 수 있다. 복강에 주사하면 Mouse의 S180 실험종양의 무게를 억제할 수 있고 T, B임파세포의 비율과 복강의 탐식세포의 활성을 제고시킬 수 있다[35]. 황기의 다당은 in vitro에서 종양세포의 자멸을 유도할 수 있고[36] Mouse의 대식세포 일산화질소의 합성을 촉진할 수 있으며 흑색종에 대한 살상작용을 증강시킬 수 있다[37].

6. 항바이러스

황기의 복합 배당체와 다당은 in vitro에서 B형 간염바이러스(HBV)를 억제할 수 있고 인체간암세포 HepG2-2.2.15의 증식을 억제함과 동시에 HBV-DNA로 전염된 HepG2-2.2.15 세포가 표면항원(HBsAg)과 e항원(HBeAg)을 분비하는 것을 억제할 수 있다[38].

7. 기타

황기의 사포닌은 D-갈락토오스와 아세트아미노펜으로 유발된 간 손상을 완화할 수 있다[39]. 황기의 다당은 지방세포가 포도당을 섭취할 수 있게 하고 세포분화와 초과산화물증식인자-γ(PPAR-γ)의 mRNA 발현을 촉진할 수 있고[40], NOD가 있는 Mouse의 I형 당뇨병 발병을 예방할 수 있다[41].

용도

황기는 중의임상에서 사용하는 약이다. 보기승양[補氣升陽, 비(脾)의 기운을 북돋아 양기를 상승시킴], 익위고표[益衛固表, 위기(衛氣)를 보익하고 표(表)를 단단하게 함], 이수소종[利水消腫, 이수(利水)하여 부종을 가라앉혀 줌], 탁창생기(托瘡生肌, 헌데가 생긴 부위에서 새살이 돋아나는 것) 등의 효능이 있으며, 비위기허[脾胃氣虛, 비기(脾氣)가 부족한 증상] 및 중기하함[中氣下陷, 비(脾)의 기운이 허해서 장부(臟腑)가 아래로 처지는 증상]의 여러 증상, 폐기허(肺氣虛, 폐의 기가 허약한 증상) 및 표허자한[表虛自汗, 영기(營氣)와 위기의 기능 장애로 주리(腠理)를 조화하지 못하여 저절로 땀이 나는 병증], 기허외감(氣虛外感, 기가 허하여 감기와 같이 기후가 고르지 못하여 생기는 병) 등 여러 증상, 기허수습실운(氣虛水濕失運, 기의 생성이 부족하거나 지나치게 많이 소모되어 기의 기능이 감퇴되어 인체 진액이 병리적으로 변한 상태), 소변불리(小便不利, 소변배출이 원활하지 못함), 기혈부족(氣血不足, 기와 혈이 부족한 것), 창양내함[瘡瘍內陷, 독사(毒邪)가 침입하여 사열(邪熱)이 혈을 졸임으로 인해 기혈(氣血)이 정체됨]으로 인한 농성불궤(膿成不潰, 농이 곪아 터지지 않는 것) 혹은 궤양이 오래되어도 아물지 않는 것 등의 치료에 사용한다.

현대임상에서는 천식, 만성 기관지염, 과민성 비염, 소화성 궤양, 위축성 위염, 바이러스성 간염, 바이러스성 심근염, 만성 신염, 빈혈, 탈항, 자궁탈수 등의 병증에 사용한다.

해설

《중국약전》에서는 몽고황기(蒙古黃芪, Astragalus membranaceus (Fisch.) Bge. var. mongholicus (Bge.) Hsiao)를 중약 황기의 법정기원식물 내원종으로 수록했다. 몽고황기는 중국 흑룡강, 내몽고 하북, 산서 등에 분포한다. 약재의 주요산지는 중국의 길림, 산서, 내몽고 영하, 산동, 섬서, 하북 등인데 재배 위주로 품질이 비교적 우수하며 전국에 널리 판매된다. 최근 내몽고에는 이미 몽고황기의 표준화 재배단지가 조성되었다.

황기는 역사적으로 뿌리를 약용하였으며 황기의 뿌리와 지상부의 비교분석에서 알 수 있듯이 양자의 플라보노이드 성분은 다소 차이가 있지만 사포닌 성분은 완전히 일치하므로 다양한 개발 이용 가치가 있다.

황기속 식물은 중국에 널리 분포하는데 이 속 식물은 온대의 건조한 지역, 반건조한 지역에서 생장하기 때문에, 생장이 느리고 자원의 자연 갱신이 제한되어 야생자원의 수량이 부족하다. 그 밖에 황기는 심근성(深根性) 식물로 수토를 유지하고 우량작물을 이용한 인공재배를 통해 자원의 지속적인 활용법을 확보해야 한다.

참고문헌

1. I Kitagawa, HK Wang, A Takagi, M Fuchida, I Miura, M Yoshikawa. Saponin and sapogenol. XXXIV. Chemical constituents of Astragali Radix, the root of *Astragalus membranaceus* Bunge. (1). Cycloastragenol, the 9, 19-cyclolanostane- type aglycone of astragalosides, and the artifact aglycone astragenol. *Chemical & Pharmaceutical Bulletin*. 1983, **31**(2): 689-697

2. I Kitagawa, HK Wang, M Saito, A Takagi, M Yoshikawa. Saponin and sapogenol. XXXV. Chemical constituents of Astragali Radix, the root of *Astragalus membranaceus* Bunge. (2). Astragalosides I, II and IV, acetylastragaloside I and isoastragalosides I and II. *Chemical & Pharmaceutical Bulletin*. 1983, **31**(2): 698-708

3. I Kitagawa, HK Wang, M Saito, M Yoshikawa. Saponin and sapogenol. XXXVI. Chemical constituents of Astragali Radix, the root of *Astragalus membranaceus* Bunge. (3). Astragalosides III, V, and VI. *Chemical & Pharmaceutical Bulletin*. 1983, **31**(2): 709-715

4. I Kitagawa, HK Wang, M Yoshikawa. Saponin and sapogenol. XXXVII. Chemical constituents of Astragali Radix, the root of *Astragalus membranaceus* Bunge. (4). Astragalosides VII and VIII. *Chemical & Pharmaceutical Bulletin*. 1983, **31**(2): 716-722

5. 曹正中, 兪家華, 甘立宪, 周维善. 膜莢黃芪黃芪甘元的結構. 化學學報. 1983, 41(12): 1137-1145

6. 曹正中, 兪家華, 甘立宪, 陳毓群. 膜莢黃芪甘的結構. 化學學報. 1983, 43(6): 581-585

7. 曹正中, 曹園, 易以軍, 吳永平, 冷宗康, D Li, NL Owen. 膜莢黃芪中新異黃酮苷的結構鑒定. 藥學學報. 1999, **34**(5): 392-394

8. JS Kim, CS Kim. A study on the constituents from the roots of *Astragalus membranaceus*(Bunge)(III). *Saengyak Hakhoechi*. 2000, **31**(1): 109-111

9. 李銳, 付鐵軍, 及元喬, 丁立生, 彭樹林. 膜莢黃芪與蒙古黃芪化學成分的高級液相色譜-質譜研究. 分析化學. 2005, 33(12): 1676-1680

10. JS Kim, CS Kim, A study on constituents from the roots of *Astragalus membranaceus* (II). *Saengyak Hakhoechi*. 1997, **28**(2): 75-79

11. D Dungerdorzh, VV Petrenko. Kumatakenin from *Astragalus membranaceus*. *Khimiya Prirodnykh Soedinenii*. 1972, 3: 389

12. CQ Song, ZR Zheng, D Liu, ZB Hu. Antimicrobial isoflavans from *Astragalus membranaceus* (Fisch.) Bunge. *Zhiwu Xuebao*. 1997, 39(5): 486-488

13. CQ Song, ZR Zheng, D Liu, ZB Hu, WY Shen. Isoflavones from *Astragalus membranaceus*. *Zhiwu Xuebao*. 1997, 39(8): 764-768

14. CQ Song, ZR Zheng, D Liu, ZB Hu, WY Shen. Pterocarpans and isoflavans from *Astragalus membranaceus* Bunge. *Zhiwu Xuebao*. 1997, 39(12): 1169-1171

15. LZ Lin, XG He, M Lindenmaier, G Nolan, J Yang, M Cleary, SX Qiu, GA Cordell. Liquid chromatography-electrospray ionization mass spectrometry study of the flavonoids of the roots of *Astragalus mongholicus* and *A. membranaceus. Journal of Chromatography*, A. 2000, **876**(1-2): 87-95

16. YL Ma, ZK Tian, HX Kuang, CS Yuan, CJ Shao, K Ohtani, R Kasai, O Tanaka, Y Okada, T Okuyama. Studies of the constituents of *Astragalus membranaceus* Bunge. III. Structures of triterpenoidal glycosides, huangqiyenins A and B, from the leaves. *Chemical & Pharmaceutical Bulletin*. 1997, **45**(2): 358-361

17. HX Kuang, N Zhang, ZK Tian, P Zhang, Y Okada, T Okuyama. Studies on the constituents of *Astragalus membranaceus* II. Structure of triterpenoidal glycoside, huangqiyenin D, from its leaves. *Natural Medicines*. 1997, **51**(4): 358-360

18. IA Cheshuina. Flavonol aglycons of *Astragalus membranaceus. Khimiya Prirodnykh Soedinenii*. 1990, **6**: 832-833

19. 馬英麗, 田振坤, 苑春生, 孟銳. 黃芪莖葉化學成分的研究. 瀋陽藥學院學報. 1991, **8**(2): 121-123, 136

20. 徐明, 胡秀萍, 朱虹, 吳櫻櫻, 鄺荔香, 楊雁. 黃芪總提物的免疫調節作用. 中藥藥理與臨床. 2005, **21**(3): 27-29

21. 楊鳳華, 康成, 李淑華, 張德山. 黃芪水溶性黃酮類對小鼠細胞免疫功能的影響. 時珍國醫國藥. 2002, 13(12): 718-719

22. 焦艷, 聞傑, 于曉紅, 張德山. 膜莢黃芪莖葉總黃酮對小鼠細胞免疫功能的影響. 中國中西醫結合雜誌. 1999, **19**(6): 356-358

23. 劉俊英, 曾廣仙, 熊金蓉, 代麗紅, 趙璐. 黃芪多糖對創傷應激小鼠胸腺, 脾臟淋巴細胞中NF-κB mRNA與IL-10 mRNA表達影響的形態計量學研究. 中國體視學與圖像分析. 2004, **9**(1): 21-24

24. 王曉琴, 趙玉銘, 王雅坤, 陳洪鐸. 黃芪多糖對紅斑狼瘡小鼠6種抗磷脂抗體的影響. 中國免疫學雜誌. 2004, **20**(8): 558-560

25. 張必祺, 孫堅, 胡申江, 單綺嫻, 夏強. 黃芪的內皮依賴性血管舒縮作用及其機制. 中國藥理學與毒理學雜誌. 2005, **19**(1): 44-48

26. 徐世安, 徐斌, 陳曉慨, 朱兵, 王占明. 黃芪對腫瘤壞死因子介導大鼠缺血再灌注心肌細胞凋亡的作用. 中國新藥與臨床雜誌. 2004, **23**(10): 671-674

27. 吳勇, 石顯水, 王石順, 歐陽靜萍, 文重遠. 黃芪多糖對動脈粥樣硬化內皮細胞的保護作用. 中國臨床康復. 2005, **9**(23): 238-240

28. 邱永明, 王黛. 黃芪改善缺血性腦損害的作用機制. 神經疾病與精神衛生. 2001, **1**(2): 55-56

29. 夏星, N Dao. 黃芪多糖對絲裂霉素C (MMC)致骨髓抑制小鼠骨髓及脾臟造血祖細胞的生成作用的影響. 中國藥理學通報. 2003, **19**(7): 812-814

30. 翁玲, 劉學英, 劉彥, 張穎, 趙林愛, 鄧筱玲. 黃芪多糖對小鼠骨髓及外周血造血幹細胞的增殖及動員作用. 基礎醫學與臨床. 2003, **23**(3): 306-309

31. 婁曉芬, 張炳華, 宋京, 劉彬, 鄧筱玲. 黃芪多糖對有核細胞分泌造血細胞因子的影響. 中藥新藥與臨床藥理. 2003, **14**(5): 310-312

32. 劉星堦, 江明華, 俞正坤, 鄭基蒙, 龔志銘, 張靜華, 戴瑞鴻. 黃芪有效成分研究V. 黃芪中清除超氧陰離子成分的分離和檢測. 天然産物研究與開發. 1991, **3**(4): 1-6

33. 葛斌, 許愛霞, 楊社華. 黃芪多糖抗衰老作用機制的研究. 中國醫院藥學雜誌. 2004, **24**(10): 610-612

34. 王潤田, 單保恩, 李巧霞, 唐建發, 喬芳, 杜肖娜, 李宏, 葉靜. 黃芪提取物免疫調節活性的體外實驗研究. 中國中西醫結合雜誌. 2002, **22**(6): 453-456

35. 蕭正明, 趙聯合, 邱軍, 董麗華, 宋景貴, 徐朝輝. 黃芪水提物對人肝癌細胞和瘤鼠免疫細胞的影響. 山東中醫藥大學學報. 2004, **28**(2): 136-139

36. 陳光, 臧文臣, 劉顯清, 王慶國. 黃芪多糖對動物腫瘤細胞凋亡影響的研究. 中醫藥學報. 2002, **30**(4): 55-56

37. 姚金鳳, 王志新, 張曉勇, 張瑞峰. 黃芪多糖對小鼠腹腔巨噬細胞免疫功能的調節作用研究. 河南大學學報(醫學版). 2005, **24**(1): 34-36

38. 鄒宇宏, 楊雁, 吳强, 陳敏珠, 張勝權. 黃芪提取物體外抗乙肝病毒作用. 安徽醫科大學學報. 2003, **38**(4): 267-269

39. 張銀娣, 沈建平, 朱樹華, 黃大虭, 丁勇, 張曉林. 黃芪皂苷抗實驗性肝損傷作用. 藥學學報. 1992, **27**(6): 401-406

40. 王樹海, 王文健, 汪雪峰, 陳偉華. 黃芪多糖和小蘗鹼對3T3-L1脂肪細胞糖代謝及細胞分化的影響. 中國中西醫結合雜誌. 2004, **24**(10): 926-928

41. 陳蔚, 劉芳, 俞茂華, 朱秋毓, 朱禧星. 黃芪多糖對NOD小鼠1型糖尿病的預防作用. 復旦學報(醫學科學版). 2001, **28**(1): 57-60

황기 대규모 재배단지

모창출 茅蒼朮 CP, KP, JP, VP

Atractylodes lancea (Thunb.) DC.
Swordlike Atractylodes

개요

국화과(Asteraceae)

모창출(茅蒼朮, *Atractylodes lancea* (Thunb.) DC.)의 뿌리줄기를 건조한 것

중약명: 창출(蒼朮)

삽주속(*Atractylodes*) 식물은 전 세계에 약 7종이 있는데 주로 아시아 동부 지역에 분포한다. 중국에 약 5종이 있는데 그중에서 약으로 사용되는 것은 약 4종이다. 모창출은 중국의 하남, 동북, 강소, 절강, 강서, 호남, 사천 등지에 분포하며 전국 각지에서 많이 재배된다. '출(朮)'이란 약명은 《신농본초경(神農本草經)》에 상품으로 처음 기재되었지만 백출(白朮), 창출의 구분이 없었다. 《본초경집주(本草經集注)》에서는 형태와 약재의 모양에 따라 출을 백(白), 적(赤) 두 가지 종류로 구분했는데 이 두 가지 종이 바로 현재의 백출, 창출과 일치하지만 그 효능은 분리하지 않았다. 《본초연의(本草衍義)》에서 비로소 명확하게 백출, 창출이 구분되었다. 장원소(張元素)는 백출과 창출의 효능과 주치에 대하여 논술하면서 양자를 분리하여 사용하기 시작하였으며 그 구분이 오늘날까지 이른다. 《중국약전(中國藥典)》(2015년 판)에서는 이 종을 중약 창출의 법정기원식물 내원종의 하나로 수록하고 있다. 모창출의 주요산지는 중국의 강소, 호북, 하남 등이며 절강, 안휘, 강서에서도 나는 것이 있다. 강소의 구용(句容), 하남의 동백(桐柏)에서 나는 것이 품질 면에서 비교적 좋으며 호남성은 모창출의 주요산지로 생산량이 가장 많다. 《대한민국약전》(11개정판)에는 창출을 "국화과에 속하는 모창출(*Atractylodes lancea* De Candlle) 또는 북창출(北蒼朮, *Atractylodes chinensis* Koidzumi)의 뿌리줄기"로 등재하고 있다.

창출 약재에는 주로 정유성분과 세스퀴테르펜 배당체가 있다. 정유성분 아트락틸로딘은 창출의 특징적 성분이다. 《중국약전》에서도 고속액체크로마토그래피법을 이용하여 건조시료 중 아트락틸로딘의 함량을 0.30%로, 음편(飮片) 중 아트락틸로딘의 함량을 0.20% 이상으로 약재의 규격을 정하고 있다.

약리연구를 통하여 모창출에는 항위궤양, 비장이 허한 것을 개선, 간장단백합성 촉진, 항바이러스, 항혈당, 항염, 이뇨 등의 작용이 있는 것으로 알려져 있다.

한의학에서 창출은 조습건비(燥濕健脾), 거풍습(祛風濕), 해표(解表) 등의 효능이 있다.

모창출 茅蒼朮 *Atractylodes lancea* (Thunb.) DC.

북창출 北蒼朮 *A. Chinensis* (DC.) Koidz.

약재 창출 藥材蒼朮 Atractylodis Rhizoma

1cm

함유성분

뿌리줄기에는 정유성분으로 atractylodin, hinesol, atractylon, β-eudesmol, elemol[1-2], 폴리아세틸렌 성분으로 atractylodinol, acetylatracty-lodinol[3], 세스퀴테르페노이드 성분으로 acetoxyatractylon, 3β-hydroxyatractylon[4], atractylosides A, B, C, D, E, F, G, H, I[5], atractyloside A-14-O-β-D-fructofuranoside, (1S,4S,5S,7R,10S)-10,11,14-trihydroxyguai-3-one-11-O-β-D-glucopyranoside, (5R,7R,10S)-isopterocarpolone-β-D-glucopyranoside, (2R,3R,5R,7R,10S)-atractyloside G-2-O-β-D-glucopyranoside, (2E,8E)-2,8-decadiene-4,6-diyne-1,10-diol-1-O-β-D-glucopyranoside[6], 4(15),11-eudesmadiene, 트리테르페노이드 성분으로 3-acetyl-β-amyrin, 쿠마린류 성분으로 osthol[7] 등이 함유되어 있다.

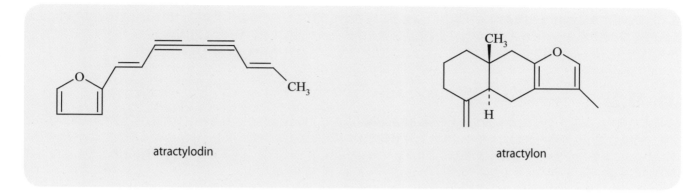

atractylodin

atractylon

 약리작용

1. 위장관에 대한 작용

    창출의 추출물과 폴리아세틸렌 성분을 위에 주입하면 NG-nitro-L-arginine으로 유도된 Rat의 위장공복을 늦추는 것을 개선할 수 있다[8]. 창출의 메탄올 추출물 중의 히네솔과 β-유데스몰은 유문결찰이 있는 Rat의 위액분비에 대해 뚜렷한 억제작용이 있다. β-유데스몰은 Rat의 유문결찰, 히스타민, 아스피린 등으로 유발된 위궤양을 효과적으로 억제할 수 있고 히스타민으로 유발된 위산분비에도 뚜렷한 억제작용이 나타난다[9]. β-유데스몰을 위에 주입하면 정상적인 Mouse의 위장운동을 뚜렷하게 촉진시킬 수 있으며 네오스티그민에 의해 자극되어 Mouse의 위장운동이 빨라지는 것을 뚜렷하게 길항하는 작용이 있다. 또한 비장이 허한 모형의 Mouse 체중을 증가시킬 수 있고 병증을 개선할 수 있으며 또한 위장운동 억제를 정상화한다[10].

2. 간 보호

    In vitro 실험에서 창출의 추출물은 사염화탄소와 갈락토오스로 유발된 Rat의 간세포독성에 대해 일정한 보호작용이 있는데 그의 유효성분은 아트락틸론, β-유데스몰, 히네솔이다[11]. 아트락틸론은 t-부틸하이드로퍼옥사이드(t-BHP)로 유발된 체외배양의 Rat의 간세포 손상에 대해 보호작용이 있고 말론디알데하이드의 생성을 감소할 수 있으며 젖산탈수소효소(LDH)와 알라닌아미노기전이효소(ALT)가 세포 밖으로 삼출되는 것을 억제할 수 있으며 손상된 간세포 유전자를 회복시킬 수 있다[12].

3. 항균

    창출의 애엽연훈제는 *in vitro*에서 폐렴구균, 독감간균, 황색포도상구균, 고초간균, 녹농간균에 대해 뚜렷한 멸균작용이 있다[13]. 창출의 산성다당을 위에 주입하면 백색효모에 감염된 Mouse에게 뚜렷한 보호작용이 있고 Mouse의 생존시간을 연장시킬 수 있다[14].

4. 항산소 결핍

    창출의 아세톤 추출물 및 β-유데스몰을 위에 주입하면 시안화칼륨에 중독된 Mouse의 생존시간을 뚜렷하게 연장할 수 있고 사망률을 낮출 수 있으며 비교적 강한 항산화기능을 갖고 있다. 창출의 항산화작용의 주요활성은 β-유데스몰이다[15].

5. 신경계통에 대한 작용

    β-유데스몰은 Mouse의 중복성 자극으로 인한 아세틸콜린에스테라제의 재방출을 낮추는 것을 통하여 네오스티그민으로 유발된 신경근육장애를 길항할 수 있다[16]. β-유데스몰은 Mouse의 염화석시닐콜린으로 유발된 신경근육마취의 차단작용을 증강할 수 있는데 이는 니코틴의 아세틸콜린에스테라제 수용체의 통로를 차단하는 방법으로 작용한다[17-19]. β-유데스몰의 구조에 대한 연구에서 그의 시클로헥실리덴도 염화석시닐콜린으로 유발된 신경근육마취에 대해 차단작용을 일으킬 수 있는데[20-21], 각기 다른 치환기의 시클로헥실리덴의 연구를 통해서 에스테르 그룹으로 대체한 것이 효과가 더욱 뚜렷함을 알 수 있다[22].

6. 혈관이상증식 억제

    β-유데스몰은 *in vitro*에서 돼지의 모세혈관내피세포와 인체복대동맥혈관내피세포(HUVEC)의 증식을 억제할 수 있다. 또 염기성섬유모세포생장인자(bFGF)로 유발된 HUVEC 천이(遷移) 및 매트리겔 중의 HUVEC의 혈관 형성작용을 억제할 수 있다. *In vivo* 실험에서 알려진 바와 같이 β-유데스몰은 Mouse의 피하매립의 매트리겔로 유발된 혈관증식을 억제할 수 있다[23].

모창출 茅蒼朮 CP, KP, JP, VP

7. 기타

창출의 열수 추출물은 Rat 혈장 중의 물 분해물인 크산틴산화효소를 억제하는 작용이 있고 크산틴의 배설을 촉진할 수 있다[24]. 창출의 다당성분은 골수세포의 증식을 자극할 수 있다[25]. 창출은 또 혈당을 낮출 수 있으며 진정, 중추억제, 항종양 등의 작용이 있다.

용도

창출은 중의임상에서 사용하는 약이다. 조습건비[燥濕健脾, 습진 것을 마르게 하고 비(脾)의 기능을 강화시켜 줌], 거풍습(祛風濕, 풍습이 겹친 것으로 관절이 아프고, 만지면 통증이 심해지는 것), 명목(明目, 눈을 밝게 함) 등의 효능이 있으며, 습체중초(濕滯中焦, 중초에 습이 정체된 것), 풍습비증[風濕痹證, 풍사(風邪)와 습사(濕邪)가 겹친 것으로 관절이 아프고, 만지면 통증이 심해지는 것], 외감풍한협습표증(外感風寒挾濕表證, 외감풍한과 습이 저체된 표증), 야맹증 및 안목혼삽(眼目昏澁, 눈이 어지럽고 꺼끌꺼끌함) 등의 치료에 사용한다.

현대임상에서는 급·만성 위장염, 구루병, 습진, 수종(水腫, 전신이 붓는 증상) 등의 병증에 사용한다.

해설

《중국약전》에서는 모창출 외에도 북창출(北蒼朮, Atractylodes chinensis (DC.) Koidz.)을 중약 창출의 법정기원식물 내원종으로 수록하고 있다. 북창출은 모창출과 유사한 약리작용이 있으며 그의 함유성분도 대체적으로 유사하다. 북창출에는 주로 정유성분, 폴리아세틸렌과 테르페노이드 화합물이 있다. 북창출과 모창출은 유효성분의 함량 차이로 구별하는데, 모창출의 정유성분 함량이 북창출에 비해 높게 나타난다. 북창출에는 α-비사보롤이 있다[1, 26-29].

모창출은 또한 남창출(南蒼朮)이라고도 부르며, 주요산지는 강소인데 강소의 구용 모산(茅山)에서 나는 것으로 인해 얻어진 이름이다. 북창출의 주요산지는 하북, 산서, 섬서 등 중국의 북방 지역이다. 전통적으로 약재품질은 모창출이 북창출보다 우수하다고 여긴다.

모창출은 지하부분 전체의 20%를 뿌리가 차지하고 있으며 전통적으로 산지에서 가공 시 이물로 여겨 제거해 왔다. 실험을 통하여 모창출의 뿌리에 함유된 정유성분의 함량은 뿌리줄기보다 낮지만 박층크로마토그래피법과 크로마토그래피 피크의 측정에서는 기본적으로 일치하고 있다. 따라서 모창출의 뿌리와 뿌리줄기를 같이 약으로 쓰는 것을 고려해야 하며 적당히 사용량을 조절해야 한다[30].

모창출은 약용 외에도 아주 효과가 좋은 공기소독제이다. 또 살균작용이 강하고 효과 유지 시간이 길며 냄새가 향기롭고 자극성이 없으며, 인체에 무독하여 공공장소에서 공기소독을 할 수 있을 뿐만 아니라, 기계에도 부식과 손상을 주지 않는 등의 특장이 있다. 때문에 모창출은 특수한 조건에서—예를 들면 중환자실, 화상병실, 산부인과 및 산모와 아이와 함께 있는 병실 등 환자의 이동이 불편한 상황이거나 혹은 청결실, 의기실(醫器室) 등의 시설과 파이프가 있는, 즉 부식을 피해야 하는 산성환경에서 모두 공기소독을 할 수 있는 이점이 있다.

참고문헌

1. 吉力, 敖平, 潘炯光, 楊京玉, 楊健, 胡世林. 蒼朮揮發油的氣相色譜-質譜聯用分析. 中國中藥雜誌. 2001, 26(3): 182-185

2. Y Nisikawa, Y Watanabe, T Seto, I Yasuda. Studies on the components of Atractylodes. I. New sesquiterpenoids in the rhizome of Atractylodes lancea De Candolle. Yakugaku Zasshi. 1976, 96(9): 1089-1093

3. M Resch, J Heilmann, A Steigel, R Bauer. Further phenols and polyacetylenes from the rhizomes of Atractylodes lancea and their anti-inflammatory activity. Planta Medica. 2001, 67(5): 437-442

4. 郭蘭萍, 劉俊英, 吉力, 黃璐琦. 茅蒼朮道地藥材的揮發油組成特徵分析. 中國中藥雜誌. 2002, 27(11): 814-819

5. S Yahara, T Higashi, K Iwaki, T Nohara, N Marubayashi, I Ueda, H Kohda, K Goto, H Izumi. Studies on the constituents of Atractylodes lancea. Chemical & Pharmaceutical Bulletin. 1989, 37(11): 2995-3000

6. J Kitajima, A Kamoshita, T Ishikawa, A Takano, T Fukuda, S Isoda, Y Ida. Glycosides of Atractylodes lancea. Chemical & Pharmaceutical Bulletin. 2003, 51(6): 673-678

7. VM Chau, VK Phan, TH Hoang, JJ Lee, YH Kim. Terpenoids and coumarin from Atractylodes lancea growing in Vietnam. Tap Chi Hoa Hoc. 2004, 42(4): 499-502

8. Y Nakai, T Kido, K Hashimoto, Y Kase, I Sakakibara, M Higuchi, H Sasaki. Effect of the rhizomes of Atractylodes lancea and its constituents on the delay of gastric emptying. Journal of Ethnopharmacology. 2003, 84(1): 51-55

9. M Nogami, T Moriura, M Kubo, T Tani. Studies on the origin, processing and quality of crude drugs. II. Pharmacological evaluation of the Chinese crude drug "Zhu" in experimental stomach ulcer. (2). Inhibitory effect of extract of Atractylodes lancea on gastric secretion. Chemical & Pharmaceutical Bulletin. 1986, 34(9): 3854-3860

10. 王金華, 薛寶雲, 梁愛雲, 王嵐, 付梅紅, 葉祖光. 蒼朮有效成分b-桉葉醇對小鼠小腸推進功能的影響. 中國藥學雜誌. 2002, 37(4): 266-268

11. Y Kiso, M Tohkin, H Hikino. Antihepatotoxic principles of Atractylodes rhizomes. Journal of Natural Products. 1983, 46(5): 651-654

12. JM Hwang, TH Tseng, YS Hsieh, FP Chou, CJ Wang, CY Chu. Inhibitory effect of atractylon on tert-butyl hydroperoxide induced DNA damage and hepatic toxicity in rat hepatocytes. Archives of Toxicology. 1996, 70(10): 640-644

13. 王本祥. 現代中藥藥理學. 天津: 天津科學技術出版社. 1997: 517-520

14. N Inagaki, Y Komatsu, H Sasaki, H Kiyohara, H Yamada, H Ishibashi, S Tansho, H Yamaguchi, S Abe. Acidic polysaccharides from rhizomes of Atractylodes lancea as protective principle in Candida-infected mice. Planta Medica. 2001, 67(5): 428-431

15. 李育浩, 梁頌名, 山原條二. 蒼朮的抗缺氧作用及其活性成分. 中藥材. 1991, 14(6): 41-43

16. LC Chiou, CC Chang. Antagonism by β-eudesmol of neostigmine-induced neuromuscular failure in mouse diaphragms. *European Journal of Pharmacology*. 1992, **216**(2): 199-206

17. H Nojima, I Kimura, M Kimura. Blocking action of succinylcholine with β-eudesmol on acetylcholine-activated channel activity at endplates of single muscle cells of adult mice. *Brain Research*. 1992, **575**(2): 337-340

18. M Muroi, K Tanaka, I Kimura, M Kimura. β-eudesmol (a main component of *Atractylodes lancea*)-induced potentiation of depolarizing neuromuscular blockade in diaphragm muscles of normal and diabetic mice. *Japanese Journal of Pharmacology*. 1989, **50**(1): 69-71

19. M Kimura, H Nojima, M Muroi, I Kimura. Mechanism of the blocking action of β-eudesmol on the nicotinic acetylcholine receptor channel in mouse skeletal muscles. *Neuropharmacology*. 1991, **30**(8): 835-841

20. M Kimura, K Tanaka, Y Takamura, H Nojima, I Kiumra, S Yano, M Tanaka. Structural components of β-eudesmol essential for its potentiating effect on succinylcholine-induced neuromuscular blockade in mice. *Biological* & *Pharmaceutical Bulletin*. 1994, **17**(9): 1232-1240

21. M Kimura, I Kimura, M Muroi, K Tanaka, H Nojima, T Uwano. Different modes of potentiation by β-eudesmol, a main compound from *Atractylodes lancea*, depending on neuromuscular blocking actions of p-phenylene-polymethylene bis-ammonium derivatives in isolated phrenic nerve-diaphragm muscles of normal and alloxan-diabetic mice. *Japanese Journal of Pharmacology*. 1992, **60**(1): 19-24

22. M Kimura, PV Diwan, S Yanagi, Y Kon-no, H Nojima, I Kimura. Potentiating effects of β-eudesmol-related cyclohexylidene derivatives on succinylcholine-induced neuromuscular block in isolated phrenic nerve-diaphragm muscles of normal and alloxan-diabetic mice. *Biological* & *Pharmaceutical Bulletin*. 1995, **18**(3): 407-410

23. H Tsuneki, El Ma, S Kobayashi, N Sekizaki, K Maekawa, T Sasaoka, MW Wang, I Kimura. Antiangiogenic activity of β-eudesmol *in vitro* and *in vivo*. *European Journal Pharmacology*. 2005, **512**(2-3): 105-115

24. T Sakurai, H Yamada, K Saito, Y Kano. Enzyme inhibitory activities of acetylene and sesquiterpene compounds in Atractylodes Rhizome. *Biological* & *Pharmaceutical Bulletin*. 1993, **16**(2): 142-145

25. KW Yu, H Kiyohara, T Matsumoto, HC Yang, H Yamada. Intestinal immune system modulating polysaccharides from rhizomes of *Atractylodes lancea*. *Planta Medica*. 1998, **64**(8): 714-719

26. I Yosioka, T Nishino, T Tani, I Kitagawa. The constituents on the rhizomes of *Atractylodes lancea* DC var. *chinensis* Kitamura("Jin-changzhu") and *Atractylodes ovata* DC("Chinese baizhu"). The gas chromatographic analysis of the crude drug "zhu". *Yakugaku zasshi*. 1976, **96**(10): 1229-1235

27. Y Nishikawa, I Yasuda, Y Watanabe, T Seto. Studies on the components of *Atractylodes*. II. New polyacetylenic compounds in the rhizome of *Atractylodes lancea* De Candolle var. *chinensis* Kitamura. *Yakugaku Zasshi*. 1976, **96**(11): 1322-1326

28. 李霞, 王金輝, 李銑, 梁大連. 北蒼朮化學成分的研究I. 瀋陽藥科大學學報. 2002, **19**(3): 178-180

29. 李霞, 王金輝, 孟大利, 李銑. 麩炒北蒼朮的化學成分. 瀋陽藥科大學學報. 2003, **20**(3): 173-175

30. 王玉璽, 李漢保, 周繼紅. 蒼朮的質量研究-茅蒼朮根和根莖中揮發油的比較. 中國中藥雜誌. 1991, **16**(7): 393-394

백출 白朮 CP, KP, VP

Atractylodes macrocephala Koidz.
Large-headed Atractylodes

개요

국화과(Asteraceae)

백출(白朮, *Atractylodes macrocephala* Koidz.)의 뿌리줄기를 건조한 것

중약명: 백출

삽주속(*Atractylodes*) 식물은 전 세계에 약 7종이 있는데 주로 아시아 동부 지역에 분포한다. 중국에 약 4종이 있으며 이 속에서 현재 약용으로 사용하는 것은 약 5종이다. 백출의 야생종은 이미 보기 힘든 상태이고 현재 중국 각지에서 대부분 재배된다.

'출(朮)'이란 약명은 《신농본초경(神農本草經)》에 상품으로 처음 기재되었지만, 백출과 창출(蒼朮)을 구분하지는 않았다. 《본초경집주(本草經集注)》에서는 형태와 약재의 모양에 따라 출을 백(白), 적(赤) 두 가지 종류로 구분했는데 이 두 종이 바로 현재의 백출, 창출과 일치하며 그 효능은 분리하지 않았다. 《본초연의(本草衍義)》에 이르러서야 백출과 창출의 구분이 명확해졌다. 중국에서 고대로부터 지금까지 사용되어 온 중약 백출은 모두 이 종이다. 《중국약전(中國藥典)》(2015년 판)에서는 이 종을 중약 백출의 법정기원식물 내원종으로 수록했다. 주요산지는 절강, 안휘, 호남 일대이며 그중 절강의 재배량이 비교적 많다. 《대한민국약전》(11개정판)에는 백출을 "국화과에 속하는 삽주(*Atractylodes japonica* Koidzumi) 또는 백출(*Atractylodes macrocephala* Koidzumi)의 뿌리줄기로서 그대로 또는 주피를 제거한 것"으로 등재하고 있다.

삽주속 식물의 지하부에는 세스퀴테르페노이드가 주로 함유된 정유성분이 있다. 백출에 함유된 selina-4(14),7(11)-dien-8-one은 백출이 삽주속 기타 약용식물과 구별될 수 있는 중요한 성분이다. 《중국약전》에서는 약재의 성상, 현미경 감별 특징 및 박층크로마토그래피법으로 약재의 규격을 정하고 있다.

약리연구를 통하여 백출은 이뇨, 위장계통기능 양방향조절, 항염, 항종양 등의 작용이 있는 것으로 알려져 있다.

한의학에서 백출은 건비익기(健脾益氣), 조습이수(燥濕利水) 등의 효능이 있다.

백출 白朮 *Atractylodes macrocephala* Koidz.

약재 백출 藥材白朮
Atractylodis
Macrocephalae Rhizoma

1cm

함유성분

뿌리줄기에는 주로 정유성분으로 α-humulene, β-humulene, α-curcumene, γ-elemene, β-elemol, atractylone, 3β-acetoxyatractylone, selina -4(14),7(11)-dien-8-one, hinesol[1] 등이 함유되어 있으며, 또한 1,7,7-trimethyl-dicyclo[2.2.1]-hept-5-ene-2-ol, 2,3,5,5,8,8-hexamethyl-cycloocta-1,3,6-triene 등도 최근에 정유성분으로 분리되었다. 세스퀴테르페노이드 성분으로 atractylenolides I, II, III, IV[3], atractylenolactam[4], bei-shulenolide A, peroxiatractylenolide III[5], biepiasterolide (an unusual symmetrical bisesquiterpene)[6] 등이 함유되어 있으며, 다당류 성분으로 AMP-1[7] 등이 함유되어 있다.

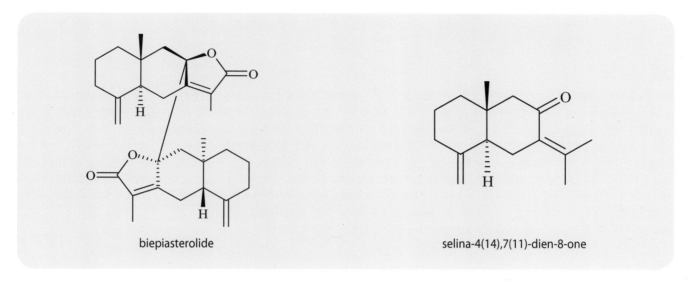

biepiasterolide   selina-4(14),7(11)-dien-8-one

약리작용

1. 소화계통에 대한 작용

백출은 위장관계통에 대하여 양방향조절작용이 있고 백출의 열수 추출물을 위에 주입하면 Mouse 위장 및 소장의 유동운동을 뚜렷하게 촉진할 수 있다[8]. 반면 백출의 아세톤 추출물은 Rat의 위장공복을 억제하며 Mouse의 소장 운반기능을 촉진할 수 있다[9]. 백출의 아세톤 추출물은 담즙분비를 촉진할 수 있고 백출의 정유성분, 아세톤과 유효성분 아트락틸론은 Rat의 스트레스성 위궤양을 억제할 수 있다.

2. 이뇨

백출의 열수 추출물과 유침고(流浸膏)를 Rat, 토끼, 개 등에 경구투여하거나 정맥에 주사하면 모두 뚜렷하고 지속적인 이뇨작용이 있으며 동시에 나트륨의 배출을 촉진할 수 있다. 백출은 뇌하수체후엽호르몬의 항이뇨작용에 영향을 주지 않으며 전해질의 재흡수와 암모니아의 배출을 줄임으로써 pH값을 높이고 이뇨작용을 직접적으로 유발한다.

3. 항암

백출의 정유성분을 위에 주입하면 Mouse의 이식성 종양간암 H22 및 육종 S180에 대해 뚜렷한 억제작용이 있다[10]. 백출의 열수 추출물을 위에 주입하면 또한 Mouse의 이식성 육종에 대해 억제작용이 있는데 이것은 아마도 종양의 자멸을 조절하는 유전자 bcl-2의 발현을 억제함으로써 종양억제를 유도하는 것으로 보인다[11]. 백출의 메탄올 추출물은 인체임파종양세포 Jurkat T, 백혈병세포 U937과 HL-60의 자멸을 유발할 수 있다[12]. 백출은 종양세포의 증식률을 낮추고 종양조직의 침식성을 감소시키며 인체 항종양반응기능을 제고함과 동시에 종양세포에 대해 세포독성작용을 한다[13]. 백출에 함유된 아트락틸레놀리드 I은 세포인자 인터루킨-1, 종양괴사인자-α(TNF-α) 및 소변 중의 단백수해유도인자(PIF)의 수치를 뚜렷하게 낮출 수 있다[14]. 이외에도 백출의 다당 AMP-1에도 항종양 활성이 있다[7].

4. 항경련

백출의 정유성분 중 세스퀴테르펜락톤은 Rat의 적출자궁의 수축 및 적출회장의 자발운동과 수축을 뚜렷하게 낮출 수 있으며, 아세틸콜린, 히스타민, 염화칼슘, 네오스티그민 등으로 유발된 Rat의 적출회장의 경련을 억제할 수 있는데 그 작용기전은 콜린수용체 및 칼슘채널을 억제하는 것과 관련이 있다[15-16].

5. 항노화, 항산화

백출의 열수 추출물을 며칠 동안 복용시키면 노령 Rat의 심근 Na^+/K^+-ATP 효소의 활성을 뚜렷하게 증강할 수 있는데 그 작용기전은 아마도 혈청의 총항산화기능을 제고시키는 것과 관련이 있을 것으로 판단된다[17]. 백출의 수전제와 백출의 다당을 위에 주입하면

백출 白朮 CP, KP, VP

Mouse의 뇌와 간의 슈퍼옥시드디스무타아제의 활성을 뚜렷하게 제고시킬 수 있고, 간 중의 말론디알데하이드와 뇌 중의 리포푸신의 함량을 낮출 수 있는데 백출에 함유된 다당이 항산화작용의 주요성분이다[18].

6. 복막공개방(腹膜孔開放) 조절

현미경 감별 특징과 2차원 컴퓨터 분석을 통하여 관찰한 결과에 따르면, 백출의 열수 추출물을 복강에 주사하면 Mouse 복막공(腹膜孔)을 뚜렷하게 확장함과 동시에 복막공개방 수치를 증가시키고 평균 분포밀도를 뚜렷하게 높일 수 있는데, 이는 아마도 백출이 복수를 제거하는 기전을 통하여 발현되는 것으로 보인다[19~20].

7. 기타

백출은 또한 면역기능을 증강하고[21], 강혈당, 강혈지(降血脂)[22], 항염[23], 항백색염주균[24] 등의 작용을 한다.

용도

백출은 중의임상에서 사용하는 약이다. 보기건비[補氣健脾, 기허(氣虛)와 비허(脾虛)를 치료하여 튼튼하게 함], 조습이수[燥濕利水, 습(濕)을 말려 주며 소변이 잘 통하게 함], 지한(止汗, 땀나는 것을 멈추게 하는 것), 안태[安胎, 태기(胎氣)를 안정시킴] 등의 효능이 있으며, 비위기허[脾胃氣虛, 비기(脾氣)가 부족한 증상], 운화무력(運化無力, 비의 운화기능이 무력해지는 것), 식소변당(食少便溏, 식사를 지나치게 적게 하여 대변이 무른 증상), 완복창만(脘腹脹滿, 완복 부위가 부르고 그득한 것), 지연신피(肢軟神疲, 사지가 늘어지고 정신이 피로함), 비허수정[脾虛水停, 비(脾)의 음양기혈(陰陽氣血)이 부족하여 수음(水飮)이 내정(內停)된 증상]으로 인한 담음(痰飮, 진액이 정상적으로 운화되지 못해 체내에 머물러 쌓여 있는 병증), 수종(水腫, 전신이 붓는 증상), 소변불리(小便不利, 소변배출이 원활하지 못함), 비허기약(脾虛氣弱, 비위가 허하고 기가 약해짐), 기표불고[肌表不固, 외부를 보호하는 양기가 허해져 쉽게 외사(外邪)가 침입하여 발병하는 것]로 인해 땀이 많은 것, 태동불안(胎動不安, 임신 기간 중 갑자기 복통이 생기면서 하혈이 수반되는 증상) 등의 치료에 사용한다.

현대임상에서는 자극성 위장증상, 임신으로 인한 구토, 풍습성 관절염 병증에 사용한다.

해설

중국에서 오늘날까지 사용해 온 중약 백출의 기원식물은 모두 이 종이다. 하지만 일본과 한국에서는 역사 이래 본토에서 자라고 있는 삽주(關蒼朮, *Atractylodes japonica* Koidz. ex Kitam.)의 뿌리줄기를 백출의 약재로 사용해 왔다. 백출과 삽주의 식물형태는 유사하고 주요 함유성분 및 약리작용도 비교적 비슷하다. 삽주의 자원은 중국에 비교적 풍부하기 때문에 약용 백출의 새로운 자원으로 개발할 수 있을 것으로 기대한다.

참고문헌

1. 張强, 李章萬. 白朮揮發油成分的分析. 華西藥學雜誌. 1997, **12**(2): 119-120

2. 邱琴, 崔兆傑, 劉廷禮, 張善東. 白朮揮發油化學成分的GC-MS研究. 中草藥. 2002, **33** (11): 980-981, 1001

3. 黃寶山, 孫建楛, 陳仲良. 白朮內酯IV的分離鑒定. 植物學報. 1992, **34**(8): 614-617

4. ZL Chen, WY Cao, GX Zhou, M Wichtl. A sesquiterpene lactam from *Artractylodes macrocephala*. *Phytochemistry*. 1997, **45**(4): 765-767

5. QF Zhang, SD Luo, HY Wang. Two new sesquiterpenes from *Atractylodes macrocephala*. *Chinese Chemical Letters*. 1998, **9**(12): 1097-1100

6. 王保德, 余亦華, 滕寧寧, 蔣山好, 朱大元. 雙表白朮內酯的結構鑒定. 化學學報. 1999, **57**: 1022-1025

7. JJ Shan, W Ke, JE Deng, GY Tian. Structural elucidation and antitumor activity of polysaccharide AMP-1 from *Atractylodes macrocephala* K. *Chinese Journal of Chemistry*. 2003, **21**(1): 87-90

8. 李岩, 孫思予, 周卓. 白朮對小鼠胃排空及小腸推進功能影響的實驗研究. 遼寧醫學雜誌. 1996, **10**(4): 186

9. 李育浩, 梁頌名, 山原條二, 谷口久美子. 白朮對胃腸功能的影響. 中藥材. 1991, **14**(9): 38-40

10. 王翕, 劉玉瑛, 史天良, 張鴻翔, 楊廣文. 白朮揮發油抗實體瘤的作用研究. 中國藥物與臨床. 2002, **2**(4): 239-240

11. 鄭廣娟. 白朮對小鼠S180肉瘤的抑瘤作用及腫瘤凋亡相關基因bcl-2表達的影響. 生物醫學工程研究. 2003, **22**(3): 48-50

12. HL Huang, CC Chen, CY Yeh, Huang RL. Reactive oxygen species mediation of Baizhu-induced apoptosis in human leukemia cells. *Journal of Ethnopharmacology*. 2005, **97**(1): 21-29

13. 劉思貞, 邵玉芹, 祝希嫻. 白朮藥理研究新進展. 時珍國醫國藥. 1999, **10**(8): 634-635

14. 劉映, 葉峰, 邱根全, 章梅, 王銳, 何群英, 蔡雲. 白朮內酯 I 對腫瘤惡病質患者細胞因子和腫瘤代謝因子的影響. 第一軍醫大學學報. 2005, **25**(10): 1308-1311

15. 張奕强, 許實波, 林永成, 李群, 張曉, 賴英榮. 三種白朮倍半萜烯內酯拮抗大鼠離體子宮收縮. 中國藥理學報. 2000, **21**(1): 91-96

16. 張弈强, 許實波, 林永成. 白朮內酯系列物的胃腸抑制作用. 中藥材. 1999, **22** (12): 636-640

17. 歐芹, 江旭東, 王桂傑, 魏曉東, 白晶. 白朮水煎劑灌服對老齡大鼠心肌Na⁺/K⁺-ATPase和血清TAA的影響. 黑龍江醫藥科學. 2001, **24**(2): 1, 3

18. 徐麗珊, 金曉玲, 邵鄰相. 白朮及白朮多糖對小鼠學習記憶和抗氧化作用的影響. 科技通報. 2003, **19**(6): 513-515

19. 李繼承, 呂志連, 石元和, 沈毅, 陳一芳. 腹膜孔的藥物調節和計算機圖像處理. 中國醫學科學院學報. 1996, **18**(3): 219-223

20. 呂志連, 李繼承, 石元和, 陳漢民. 白朮黨參黃芪對小鼠腹膜孔調控作用的實驗觀察. 中醫雜誌. 1996, **37**(9): 560-561

21. 彭新國, 邱世翠, 李彩玉, 張群. 白朮對小鼠免疫功能影響的實驗研究. 時珍國醫國藥. 2001, **12**(5): 396-397

22. 許長照, 張瑜瑤. 祁白朮治療脾虛證小鼠對消化器官組化和超微結構的影響. 中國中西醫結合消化雜誌. 2001, **9**(5): 268-271

23. JM Prieto, MC Recio, RM Giner, S Manez, EM Giner-Larza, JL Rios. Influence of traditional Chinese anti-inflammatory medicinal plants on leukocyte and platelet functions. Journal of Pharmacy and Pharmacology. 2003, **55**(9): 1275-1282

24. 焦新生, 劉朝奇, 韓莉, 萬福珠. 黃芪和白朮對感染白色念珠菌的荷瘤鼠作用的實驗研究. 上海免疫學雜誌. 1995, **15**(5): 313

목향 木香 CP, KHP, JP

Aucklandia lappa Decne.
Common Aucklandia

개요

국화과(Asteraceae)

목향(木香, *Aucklandia lappa* Decne.)의 뿌리를 건조한 것

중약명: 목향

분취속(*Saussurea*) 식물은 전 세계에 약 400종이 있으며 유럽과 아시아에 분포한다. 중국에 약 264종 및 많은 변종이 있는데 전국 각 지에 분포한다. 중국의 이 속에서 현재 약으로 사용되는 것은 약 39종이다. 이 종의 원산지는 인도의 카슈미르 등지인데 중국의 사천, 운남, 광서, 귀주, 섬서, 감숙, 호남, 광동, 서장 등 각 성에서 모두 재배된다.

'목향'이란 약명은 《신농본초경(神農本草經)》에 상품으로 처음 기재되었으며 역대의 본초서적에 많이 기재되었다. 이 종은 예로부터 광주(廣州)를 통해 수입되었기에 광목향(廣木香)이라 부르기도 한다. 후에 운남에서 대량으로 파종하게 되면서 또 운목향(雲木香)이라 불렀다. 현재 일본의 정창원(正倉院)에 보존된 당(唐)나라의 목향이 바로 이 종이다. 《중국약전(中國藥典)》(2015년 판)에서는 이 종을 중약 목향의 법정기원식물 내원종으로 수록했다. 주요 재배지는 운남의 여강, 적경, 대리, 사천의 부릉 등이다. 이외에 호남, 호북 등지에서도 재배된다. 《대한민국약전외한약(생약)규격집》(제4개정판)에는 목향을 "목향(*Aucklandia lappa* Decne., 국화과)의 뿌리로 거친 껍질을 제거한 것"으로 등재하고 있다.

목향에 함유된 주요한 활성성분으로는 세스퀴테르페노이드, 세스퀴테르펜락톤 등이 있다. 《중국약전》에서는 고속액체크로마토그래피법을 이용하여 건조시료 중 코스투놀리드, 디하이드로코스투스 락톤의 총 함량을 1.8% 이상으로, 음편(飮片) 중 그 성분을 1.5% 이상으로 약재의 규격을 정하고 있다.

약리연구를 통하여 목향에는 건위(健胃), 이담(利膽), 해경(解痙), 항혈압, 항균 등의 작용이 있는 것으로 알려져 있다.

한의학에서 목향은 행기지통(行氣止痛), 조중도체(調中導滯) 등의 효능이 있다.

목향 木香 *Aucklandia lappa* Decne.

약재 목향 藥材木香 Aucklandiae Radix

1cm

함유성분

뿌리에는 정유성분과 세스퀴테르펜 락톤 성분으로 sesquiterpene lactones: costunolide, dehydrocostuslactone, dihydrocostuslactone, α- cyclocostunolide, β-cyclocostunolide, alantolactone, isoalantolactone[1], hydrodehydrocostuslactone[2], 11,13-epoxydehydrocostuslactone, 11,13-epoxy-3-ketodehydrocostuslactone, 11,13-epoxyisozaluzanin C[3], 4β-methoxydehydrocostuslactone[4], santamarine, reynosin, magnolialide, arbusculin A[5], dihydrodehydrocostuslactone[6], 세스퀴테르페노이드 성분으로 costic acid, isocostic acid[5], caryophyllene monooxide[2], selinene, costol, ar-curcumene[7], germacrene A[8], 트리테르페노이드 성분으로 friedelin[2], betulin[9], 그리고 페닐프로필 알코올 배당체 성분으로 syringin[10] 등이 함유되어 있다. 또한 aplotaxene[6], chlorogenic acid[10], pregnenolone[11], saussureamines A, B[12] 등의 성분이 함유되어 있다.

costunolide

costic acid

 약리작용

1. 건위

목향의 열수 추출물을 위에 주입하면 정상적인 Mouse의 위장공복 촉진작용을 뚜렷하게 증강시킬 수 있으며 Mouse의 L-아르기닌으로 유발된 위장공복장애를 개선시켜 줄 수 있다[13]. 이외에도 목향의 열수 추출물을 위에 주입하면 개의 생장억제호르몬의 분비를 촉진할 수 있고 소화성 궤양의 치료에 효과가 있다[14]. 목향의 아세톤 추출물을 위에 주입하면 염산-에탄올로 유발된 Rat의 급성 위점막 손상에 대해 뚜렷한 길항작용이 있다[15].

2. 이담

개에게 목향의 열수 추출물을 복용시키면 담낭에 대해 뚜렷한 수축이 나타난다[16]. 코스틸 추출물을 Rat의 위에 주입하면 담즙류량이 증가되고 이담작용이 뚜렷하게 나타나는데[17] 그 주요 활성성분은 코스투놀리드와 데하이드로코스투스이다[18]. 목향의 메탄올 추출물 및 그에 함유된 코스투놀리드, 데하이드로코스투스락톤, 아욱크란디아민 A와 B는 *in vitro*에서 지질다당(LPS) 활성화에 의해 유발된 Mouse의 복막대식세포가 분비하는 일산화질소합성효소(NOS) 및 열충격단백질 72(HSP 72)의 유도와 관련된 핵전사인자 NF-κB의 활성에 대하여 억제작용이 있다[12].

3. 항염

목향의 알코올 추출물을 Mouse의 위에 주입하면 파두유(巴豆油)로 유발된 귓바퀴 염증성 종창 및 카라기난으로 유발된 발바닥 종창에 대해 비교적 양호한 억제작용이 있다[17].

4. 항균

In vitro 실험에 의하면 목향의 에칠에테르 추출물은 푸사리움 모니리포메, 푸사리움 솔라니균, 황색구균곰팡이균 등 각막치병균에 대해 양호한 항균작용이 있다[19]. 주로 진균의 세포벽, 선립체 등 세포기관의 균사세포를 파괴하는 것을 통하여 항균효과를 나타낸다[20].

5. 항산화

목향의 추출물은 1-diphenyl-2-picrylhydrazyl(DPPH)에서 유리기의 함량을 뚜렷하게 낮출 수 있으며 지질과산화(LPO) 반응을 감소시킬 수 있다. 또한 초산유리기와 일산화질소의 합성을 억제할 수 있는데 그의 항산화작용은 아마도 클로로겐산의 활성과 관련이 있을 것으로 생각된다[21].

용도

목향은 중의임상에서 사용하는 약이다. 행기(行氣, 기를 돌게 함), 지통(止痛), 소창[消脹, 복강(腹腔) 안에 액체가 괴어 배가 잔뜩 부은 증상을 없애는 효능] 등의 효능이 있으며, 비위기체(脾胃氣滯, 비위의 기가 막힌 것), 사리이급후중(瀉痢裏急後重, 이질의 증상으로 아랫배가 끌어당기는 것같이 아프면서 금시 대변이 나올 것 같아 자주 변소에 가나 대변이 시원히 나오지 않고 뒤가 무직한 것), 복통협통(腹痛脅痛, 복통과 가슴 부위의 통증), 황달 등의 치료에 사용한다.

현대임상에서는 식욕부진, 복통, 이질, 간담통증(肝膽痛症) 등 질병의 병증에 사용한다.

해설

중약 목향의 라틴학명은 《중국약전》, 《중화본초(中華本草)》 등 중약 문헌에 모두 *Aucklandia lappa* Decne.으로 기재되었으며, 동시에 *Saussurea lappa* (Decne.) C. B. Clarke를 이명(異名)으로 사용했다. 《중국식물지(中國植物志)》 제78권 제2분책(1999)에서는 분취속에 귀속시키고 *S. costus* (Falc.) Lipsch.를 라틴학명으로 사용했다.

지금까지 목향의 개발 이용은 주로 약용과 향료 두 가지 방면으로 이루어졌다. 약용으로는 대부분 뿌리줄기를 직접 약재로 사용한다. 향료로는 주로 목향유와 침고(浸膏)를 생산하거나 원재료를 직접 추출하여 사용한다. 목향은 중국에서 생산량이 가장 많고 함유성분이 풍부하며 비교적 광범위한 생물활성을 가지고 있다.

참고문헌

1. SV Govindan, SC Bhattacharyya. Alantolides and cyclocostunolides from *Saussurea lappa* Clarke(costusroot). *Indian Journal of Chemistry, Section B:Organic Chemistry Including Medicinal Chemistry*. 1977, **15B**(10): 956-957

2. SB Mathur. Composition of Punjab costus root oil. *Phytochemistry*. 1972, **11**(1): 449-450

3. BR Chhabra, S Gupta, M Jain, PS Kalsi. Sesquiterpene lactones from *Saussurea lappa*. *Phytochemistry*. 1998, **49**(3): 801-804

4. IP Singh, KK Talwar, JK Arora, BR Chhabra, PS Kalsi. A biologically active guaianolide from *Saussurea lappa*. *Phytochemistry*. 1992, **31**(7): 2529-2531

5. 楊輝, 謝金倫, 孫漢董. 雲木香化學成分研究I. 雲南植物研究. 1997, **19**(1): 85-91

6. 祝璇, 徐國鈞, 金蓉鸞, 徐珞珊, 李兆琳, 薛敦淵, 陳寧. 閃蒸-毛細管氣相色譜-質譜法鑒定中藥木香類的成分. 中國藥科大學學報. 1990, **21**(3): 159-162

7. B Maurer, A Grieder. Sesquiterpenoids from costus root oil (*Saussurea lappa* Clarke). *Helvetica ChimicaActa*. 1977, **60**(7): 2177-2190

8. JW de Kraker, MC Franssen, A de Groot, T Shibata, HJ Bouwmeester. Germacrenes from fresh costus roots. *Phytochemistry*. 2001, **58**(3): 481-487

9. 尹宏權, 齊秀蘭, 華會明, 裴月湖. 雲木香化學成分研究. 中國藥物化學雜誌. 2005, **15**(4): 217-220

10. 李碩, 胡立宏, 樓鳳昌. 雲木香化學成分研究. 中國天然藥物. 2004, **2**(1): 62-64

11. 楊輝, 謝金倫, 孫漢董. 雲木香化學成分研究II. 雲南植物研究. 1997, **1**(1): 92-96

12. H Matsuda, I Toguchida, K Ninomiya, T Kageura, T Morikawa, M Yoshikawa. Effects of sesquiterpenes and amino acid-sesquiterpene conjugates from the roots of *Saussurea lappa* on inducible nitric oxide synthase and heat shock protein in lipopolysaccharide-activated macrophages. *Bioorganic & Medicinal Chemistry*. 2003, **11**(5): 709-715

13. 張國華, 王賀玲. 木香對胃腸運動作用的影響及機制研究. 中國現代實用醫學雜誌. 2004, **3**(13): 24-26

14. 陳少夫, 潘麗麗, 李岩, 孫素雲, 李宇權, 富永明. 木香對犬胃酸及血清胃泌素, 血漿生長抑素濃度的影響. 中醫藥研究. 1998, **14**(5): 46-48

15. 應軍, 羅小萍. 木香對大鼠急性胃粘膜損傷的拮抗作用. 中藥材. 1999, **22**(10): 526-527

16. 劉敬軍, 鄭長青, 周卓, 牛富玉. 廣金錢草, 木香對犬膽囊運動及血漿CCK含量影響的實驗研究. 中華醫學研究雜誌. 2003, **3**(5): 404-405

17. 邵蕓, 黃芳, 王強, 竇昌貴. 木香醇提取物的抗炎利膽作用. 江蘇藥學與臨床研究. 2005, **13**(4): 5-6

18. 王永兵, 王強, 毛富林, 張玉鳳, 黃芳, 竇昌貴. 木香的藥效學研究. 中國藥科大學學報. 2001, **32**(2): 146-148

19. 劉翠青, 陳聯群, 張榮梅, 王錦, 王桂榮, 楊福江. 木香等中藥乙醚提取物抗角膜真菌作用研究. 中華實用中西醫雜誌. 2005, **18**(8): 1216-1217

20. 劉翠青, 陳聯群, 張榮梅, 王錦, 田新利. 木香乙醚提取部分抗角膜真菌的電鏡觀察. 中華實用中西醫雜誌. 2005, **18**(19): 1162-1163

21. MM Pandey, R Govindarajan, AKS Rawat, P Pushpangadan. Free radical scavenging potential of *Saussurea costus. India Acta Pharmaceutica.* 2005, **55**(3): 297-304

목이 木耳

 Auriculariaceae

Auricularia auricula (L. ex Hook.) Underw.

Jew's Ear

개 요

목이과(Auriculariaceae)

목이(木耳, *Auricularia auricula* (L. ex Hook.) Underw.)의 자실체를 건조한 것

중약명: 목이

'목이'의 약명은《신농본초경(神農本草經)》에서 처음으로 기재되었다. 목이의 주요산지는 중국 사천과 복건이고 중국 대부분의 지역에서 생산된다.

목이의 주요 활성성분은 다당류 화합물이며 그 밖에 에르고스테롤, 레시틴, 세팔린 등이 있다[1]. 목이는 영양적 가치가 아주 높은 보건균주이다.

약리연구를 통하여 목이에는 항응혈, 항혈소판응집, 항혈전, 인체면역기능 향상, 항혈지, 항노화 등의 작용이 있는 것으로 알려져 있다.

한의학에서 목이는 보기양혈(補氣養血), 윤폐지해(潤肺止咳), 지혈 등의 효능이 있다.

목이 木耳 *Auricularia auricula* (L. ex Hook.) Underw.

털목이 母木耳 *A. polytricha* (Mont.) Sacc.

약재 목이 藥材木耳 Auriculariae Auriculae Fructificatio

1cm

함유성분

자실체에는 다당류 성분으로 Auricularia auricula polysaccharide, acidic polysaccharide (FII)[2], WEA II[3], D-glucans A, C, E, acidic heteropoly-saccharides B, D[4] 등의 성분이 함유되어 있으며, 또한 ergosterol, provitamin D₂, ustilaginoidin, lecithin, cephalin[1], 아미노산, 단백질 그리고 비타민 등이 함유되어 있다. 균사체에는 exopolysaccharide[5] 성분이 함유되어 있다.

약리작용

1. 항노화
   목이의 다당을 Mouse의 복강에 주사하면 Mouse의 평균 유영시간을 연장시킬 수 있고 Mouse의 항피로기능을 증강시킬 수 있으며 Mouse의 적출한 뇌 내의 모노아민산화효소-B(MAO-B)의 활성을 억제할 수 있다. 목이의 다당을 초파리에게 먹이면 비행기능을 증강시킬 수 있고 초파리의 평균 수명을 뚜렷하게 연장시킬 수 있다[6].

2. 백혈구 증가
   아시딕헤테로폴리사카리드를 Mouse의 복강에 주사하면 백혈구 증강작용이 뚜렷하게 나타난다[7]. 이외에 목이의 다당을 복강에 주사하면 시클로포스파미드로 유발된 Mouse의 백혈구 감소에도 아주 좋은 억제작용이 있다[8].

3. 면역 촉진 및 항종양
   목이의 과립을 위에 주입하면 Mouse의 특이성 항체 형성 세포 수와 고지혈증에 걸린 집토끼의 면역글로불린 G(IgG)의 함량을 뚜렷하게 증가시킬 수 있으며 동물에 대한 체액면역에 대하여 뚜렷한 촉진작용이 있다[9]. 목이의 다당을 복강에 주사하면 또 엽상종이 있는 Mouse의 임파세포 증식을 억제하고 인터루킨-2의 분비와 임파세포 내의 칼슘이온 농도를 제고할 수 있다. 전반적으로 세포면역효능을 제고시킬 수 있으며 Mouse의 생존시간을 연장할 수 있을 뿐만 아니라 인체면역조절을 통하여 항종양작용을 유도한다[10].

4. 항응혈
   목이의 물 추출물을 Rat의 위에 주입하면 혈소판응집효소의 응집시간을 연장시킬 수 있고 혈장항응혈효소 III의 활성을 제고할 수 있어 뚜렷한 항응혈작용이 있다[11]. 목이의 다당을 정맥, 복강, 위에 주입하면 Mouse 응혈시간을 뚜렷하게 연장시킨다[12].

5. 항혈소판응집
   산성다당을 Rat에게 복용시키면 혈소판응집을 뚜렷하게 억제할 수 있다[13]. 목이 균사체의 알코올 추출물은 *in vitro*에서 아데노신이인산(ADP)으로 유발된 Rat의 혈소판응집을 뚜렷하게 억제할 수 있는데 농도에 대한 의존성이 있다. 목이 균사체의 알코올 추출물

목이 木耳

을 Rat의 위에 주입하거나, 다리 내측의 정맥에 주사하면 마찬가지로 ADP로 유발된 혈소판응집을 억제하는 작용이 있다[14].

6. 항혈전 형성

목이의 다당을 토끼의 위에 주입하면 특이성 혈전과 섬유단백혈전 형성시간을 뚜렷하게 연장시킬 수 있고 혈전장도(血栓長度)를 감소시킬 수 있으며 혈전의 습윤중량과 건조중량을 감소시킬 수 있다. 또한 혈소판의 수량을 감소할 수 있으며 혈소판 부착률과 혈액 점도를 감소시킬 수 있다. 또 기니피그의 유글로불린의 용해시간을 뚜렷하게 감소시킬 수 있고 혈장섬유단백원을 감소시키며 플라스미노겐의 활성을 높여 현저한 항혈전작용을 나타낸다[15].

7. 항혈지 및 항동맥죽상경화

목이의 다당을 복용시키면 콜레스테롤이 높은 토끼의 혈중 총콜레스테롤(TC), 중성지방(TG) 및 저밀도지단백(LDL)의 함량을 뚜렷하게 낮출 수 있고 고밀도지질단백(HDL)의 함량을 높일 수 있으며 지질과산화물(LPO)인 말론디알데하이드의 함량을 감소시킴과 동시에 슈퍼옥시드디스무타아제의 활성을 증가시킬 수 있다. 또한 이미 형성된 동맥죽상경화반괴를 축소시킬 수 있다. 이는 목이의 다당이 혈지를 낮추고 콜레스테롤을 감소시키며 항지질과산화, 동맥죽상경화 형성 예방, 그리고 이미 형성된 동맥죽상경화반괴를 예방하는 작용이 있다는 것을 의미한다[16-17].

8. 강심(强心)

집토끼의 적출심장, 기니피그의 적출심장 및 Rat의 심장 실험에 의하면 목이의 다당은 심장수축력을 증강시키고 심장송출량을 증강할 수 있지만 심장박동을 빠르게 하지 않으며 Na^+/K^+-ATP 효소에 대해 뚜렷한 억제작용이 있다[13].

9. 기타

목이의 다당은 또 항간염, 항돌연변이[19], 불임[20], 항혈당[21-24], 항산화[25], 항방사능, 항염, 항궤양, 항균 등의 작용이 있다.

 용 도

목이는 중의임상에서 사용하는 약이다. 보기양혈(補氣養血, 보기하고 보혈하는 것), 윤폐지해(潤肺止咳, 폐를 적셔 주고 기침을 멎게 함), 지혈 등의 효능이 있으며, 기허혈휴[氣虛血虧, 기허로 인한 기능쇠퇴와 혈허(血虛)로 인한 조직기관의 실양(失養)이 동시에 존재하는 병증], 폐허구해[肺虛久咳, 폐의 기혈(氣血), 음양(陰陽)이 부족하거나 약해져서 기침이 오래된 것], 해혈(咳血, 기침을 할 때 피가 나는 증상), 육혈(衄血, 코피가 나는 증상), 혈리(血痢, 대변에 피가 섞이거나 순전히 피만 나오는 이질), 치창출혈(痔瘡出血, 치질에 의해 출혈이 나타나는 것), 부인의 붕루(崩漏, 월경주기와 무관하게 불규칙적인 질 출혈이 일어나는 병증) 등의 치료에 사용한다.

현대임상에서는 고혈압, 안저출혈(眼底出血, 유리체·망막·맥락막의 출혈), 자궁경부암, 음도암(陰道癌, 여성의 질 입구에 생기는 암), 타박상 등의 병증에 사용한다.

해 설

목이 외에도 동속식물 털목이(毛木耳, *Auricularia polytricha* (Mont.) Sacc.)와 추목이(皺木耳, *A. delicata* (Fr.) P. Henn.)의 건조한 자실체(子實體)도 목이와 같이 식용과 약용으로 사용할 수 있다. 털목이와 추목이는 목이와 흡사한 약리작용이 있고 그 함유성분도 대체적으로 비슷하며 주로 다당화합물이 있다. 이 품목은 약식(藥食) 두 가지로 쓰이는데 목이에는 풍부한 영양성분이 함유되어 있기 때문에 소중지육(素中之肉)으로 불리는 영양적 가치가 아주 높은 건강식품균주이다.

목이의 자원은 풍부하고 가격이 저렴하며 재배기술이 쉽고 생물발효기술로 균사체를 제조하는 것도 성공하였다. 또한 목이의 의약용도의 추가적인 연구를 위해 표준화 생산의 과학적 기초를 확보하고 있다.

참고문헌

1. 張才擎. 黑木耳藥用研究的進展. 中國中醫藥科技. 2001, **8**(5): 339-340

2. 陈和生, 李漢东, 王曉林. 黑木耳酸性多糖 (F II) 的分離, 純化及相對分子質量測定. 中國醫院藥學雜誌. 2002, **22**(6): 348-349

3. 沈業壽, 李能樹, 吳東儒. 黑木耳子實體水溶性多糖的分離純化及其部分理化性質和生物效用. 安徽大學學報 (自然科學版). 1992, **16**(2): 82-86

4. L Zhang, LQ Yang, Q Ding, XF Chen. Studies on molecular weights of polysaccharides of *Auricularia auricula-judae. Carbohydrate Research*. 1995, **270**(1): 1-10

5. V Cavazzoni, A Adami. Exopolysaccharides produced by mycelial edible mushrooms. *Italian Journal of Food Science*. 1992, **4**(1): 9-15

6. 陈依娜, 夏尔宁, 王淑如, 陳瓊華. 黑木耳, 銀耳及銀耳孢子多糖延緩衰老作用. 現代應用藥學. 1989, **6**(2): 9-10

7. 張俐娜, 陳和生, 李翔. 黑木耳多糖酸性雜多糖構效關係的研究. 高等學校化學學報. 1994, **15**(8): 1231-1234

8. 夏爾寧, 陳瓊華. 木耳多糖, 銀耳多糖和銀耳孢子多糖生物活性的比較. 南京藥學院學報. 1984, **3**: 53-53

9. 徐淑玲, 關崇芬, 張永祥, 趙東, 王笑虹, 李爽姿, 王淑支. 木耳沖劑的功能研究. 中國實驗臨床免疫學雜誌. 1993, **5**(6): 41-43

10. 張秀娟, 于慧茹, 耿丹, 鄒翔, 汲晨鋒. 黑木耳多糖對荷瘤小鼠細胞免疫功能的影響. 中成藥. 2005, **27**(6): 691-693

11. 汪培清, 林建著, 吳作干, 汪碧萍, 馮亞, 阮景綿. 木耳抗凝降脂的動物實驗. 福建中醫學院學報. 1993, **3**(4): 230-231

12. 申建和, 陳瓊華. 黑木耳多糖, 銀耳多糖, 銀耳孢子多糖的抗凝血作用. 中國藥科大學學報. 1987, **18**(2): 137-140

13. SJ Yoon, MA Yu, YR Pyun, JK Hwang, DC Chu, LR Juneja, PAS Mourao. The nontoxic mushroom *Auricularia auricular* contains a polysaccharide with anticoagulant activity mediated by antithrombin. *Thrombosis Research*. 2003, **112**(3): 151-158

14. 曾雪瑜, 李友娣, 何飛, 陳力力, 林明德. 木耳菌絲體及其醇提物的藥理作用. 中國中藥雜誌. 1994, **19**(7): 430-432

15. 申建和, 陳瓊華. 木耳多糖, 銀耳多糖和銀耳孢子多糖對實驗性血栓形成的影響. 中國藥科大學學報. 1990, **21**(1): 39-42

16. 郭素芬, 曾光, 李志強, 韓亞岩. 木耳多糖對實驗性動脈粥樣硬化斑塊消退作用的影響. 牡丹江醫學院學報. 2004, **25**(1): 1-4

17. 蔡小玲, 章佩芬, 何有明, 鄺旭, 殷隆發. 黑木耳多糖, 紅菇多糖的降膽固醇作用研究. 深圳中西醫結合雜誌. 2002, **12**(3): 137-139

18. 申建和, 陳瓊華. 木耳多糖, 銀耳多糖和銀耳孢子多糖的強心作用. 生化藥物雜誌. 1990, **4**: 20-23

19. 周慧萍, 殷霞, 高紅霞, 王淑如, 陳瓊華. 銀耳多糖和黑木耳多糖的抗肝炎和抗突變作用. 中國藥科大學學報. 1989, **20**(1): 51-53

20. 何冰芳, 陳瓊華. 黑木耳多糖對小鼠的抗生育作用. 中國藥科大學學報. 1991, **22**(1): 48-49

21. 薛性建, 鞠彪, 王淑如, 陳瓊華. 銀耳多糖和木耳多糖對四氧嘧啶糖尿病小鼠高血糖的防治作用. 中國藥科大學學報. 1989, **20**(3): 181-183

22. ZM Yuan, PM He, JH Cui, H Takeuchi. Hypoglycemic effect of water-soluble polysaccharide from *Auricularia auricula-judae* Quel. on genetically diabetic KK-Ay mice. *Bioscience, Biotechnology, and Biochemistry*. 1998, **62**(10): 1898-1903

23. ZM Yuan, PM He, H Takeuchi. Ameliorating effects of *Auricularia auricula-judae* Quel on blood glucose level and insulin secretion in streptozotocin-induced diabetic rats. *Nippon Eiyo, Shokuryo Gakkaishi*. 1998, **51**(3): 129-133

24. H Takeujchi. P He, LY Mooi. Reductive effect of hot-water extracts from woody ear (*Auricularia auricula-judae* Quel.) on food intake and blood glucose concentration in genetically diabetic KK-Ay mice. journal of *Nutritional Science and Vitaminology*. 2004, **50**(4): 300-304

25. K Acharya, K Samui, M Rai, BB Dutta, R Acharya. Antioxidant and nitric oxide synthase activation properties of *Auricularia auricula*. *Indian Journal of Experimental Biology*. 2004, **42**(5): 538-540

범부채 射干 CP, KHP

Belamcanda chinensis (L.) DC.

Blackberry Lily

 개요

붓꽃과/연미과(Iridaceae)

범부채(射干, *Belamcanda chinensis* (L.) DC.)의 뿌리줄기를 건조한 것

중약명: 사간(射干)

범부채속(*Belamcanda*) 식물은 전 세계에 모두 2종이 있으며 아시아 동부에 분포한다. 중국산은 1종으로 이 종은 중국 대부분 지역에 분포한다. 한반도, 일본, 인도, 베트남과 러시아에도 분포한다.

'사간'이란 약명은 《신농본초경(神農本草經)》에 처음으로 기재되었다. 《중국약전(中國藥典)》(2015년 판)에서는 이 종을 중약 사간의 법정기원식물로 수록했다. 주요산지는 중국의 호북, 하남, 강서, 안휘이며 그 밖에 호남, 섬서, 절강, 귀주, 운남 등에 야생하는 것이 있다. 《대한민국약전외한약(생약)규격집》(제4개정판)에는 사간을 "범부채(*Belamcanda chinensis* Leman., 붓꽃과)의 뿌리줄기"로 등재하고 있다.

범부채에 함유된 주요성분은 이소플라보노이드와 트리테르펜 화합물이다. 《중국약전》에서는 고속액체크로마토그래피법을 이용하여 사간에 함유된 아이리스플로렌틴의 함량을 0.1% 이상으로 약재의 규격을 정하고 있다.

약리연구를 통하여 사간에는 항균, 항염, 항바이러스 등의 작용이 있는 것으로 알려져 있다.

한의학에서 사간은 청열해독(淸熱解毒), 거담(祛痰), 이인(利咽) 등의 효능이 있다.

범부채 射干 *Belamcanda chinensis* (L.) DC.

약재 사간 藥材射干
Belamcandae Rhizoma

1cm

함유성분

뿌리줄기에는 이소플라보노이드와 그 배당체 성분으로 tectoridin, iridin, tectorigenin, irigenin, belamcanidin[2], irisflorentin, dimethyltectorigenin, muningin[3], noririsflorentin[4], dichotomitin, 3',4',5,7-tetrahydroxy-8-methoxy-isoflavone[5], irilone, genistein[6], hispidulin[7], 페닐 프로필 알코올 배당체 성분으로 shegansu C[8], triterpenoids, iridobelamal A[9], 3-O-decanoyl-16-acetylisoiridogermanal, belachinal, anhydrobelachinal, epianhydrobelachinal, isoanhydrobelachinal[10], belamcandal, 16-O-acetyl iso-iridogermanal[11], 그리고 스틸벤 성분으로 isorhapotigenin, resveratrol[12], shegansu B[13] 등이 함유되어 있다.

씨에는 enediones 성분으로 belamcandones A, B, C, D[14], 그리고 페놀 성분으로 belamcandols A, B[15] 등이 함유되어 있다. 꽃과 잎에는 mangiferin 성분이 함유되어 있다.

irisflorentin

isorhapotigenin

 약리작용

1. 항균

사간의 에칠에테르 추출물은 *in vitro*에서 적색모선균, 발선모선균, 개소포자균, 석고상소포자균과 유모표피사상균 등 다섯 가지 상견 피부선균에 대해 농도 의존적으로 뚜렷한 억제작용이 있다. 사간 중 극성(極性)이 작은 지용성 성분은 항피부선균 활성이 있다[16]. 사간의 열수 추출물은 *in vitro*에서 녹농간균에 대해 비교적 강한 억제작용이 있다[17]. 사간의 열수 추출물은 여러 종의 내약성 주녹농간균 P29에 대해서도 비교적 강한 억제작용이 있음과 동시에 P29 균주가 가지고 있는 R질입(내약성 질입)에 대해서도 제거작용이 있다[18]. 텍토리게닌을 *in vitro*에서 트리코파이톤 피부치병균을 억제할 수 있다[19].

2. 항바이러스

사간에는 아주 강한 항바이러스작용이 있다. 1:20의 농도에서 사간의 물 추출물은 선바이러스, 에코₁₁(ECHO₁₁)바이러스, 포진바이러스 등으로 유발된 세포병변을 억제할 수 있다. 1:10의 농도에서는 독감바이러스가 닭의 배아에서 생장하는 것을 억제한다[20].

3. 항염

사간의 알코올 추출물은 염증의 초기와 말기에 모두 뚜렷한 억제작용이 있다. 사간의 주요 항염성분은 텍토리딘과 텍토리게닌이며 망기페린, 레스베라트롤, 이소르하포티게닌 등에도 항염작용이 있다[21]. 텍토리딘과 텍토리게닌은 12-O-tetradecanoylphorbol-13-acetate(TPA)로 활성화된 Rat의 복막대식세포 중의 프로스타글란딘 E₂의 신생을 억제할 수 있는데 텍토리게닌의 작용이 더 강하다[22]. 그 작용기전은 염증세포 중의 사이클로옥시게나제-2의 유도와 연관된다[23].

4. 항과민

사간에 함유된 텍토리딘을 주성분으로 하는 과립제는 난청단백으로 유발된 Rat의 수동피부과민반응(PCA)을 억제한다[24].

5. 기타

사간 중의 이소플라보노이드 성분은 활성산소를 제거할 수 있고[25] 항산화, 간 보호작용[26] 및 항종양 활성이 있다[27]. 사간에 함유된 belamcandols A와 B 및 belamcandones류의 성분들은 신경세포의 생존과 성장을 증진시키며 더불어 아세틸콜린에스테라제의 활성을 증강한다. 사간에서 추출한 세포활성제는 피부노화를 방지하고 피부의 상태를 개선하며 상처 유합을 촉진하는 작용이 있다[29~31].

범부채 射干 CP, KHP

용도

사간은 중의임상에서 사용하는 약이다. 청열해독(淸熱解毒, 화열을 깨끗이 제거하고 몸의 독을 없이함), 거담리인[祛痰利咽, 담(痰)을 제거하고 인후를 이롭게 함] 등의 효능이 있으며, 인후종통(咽喉腫痛, 목 안이 붓고 아픈 증상), 담성해천(痰盛咳喘, 가래가 성하고 기침으로 숨이 차는 증상) 등의 치료에 사용한다.

현대임상에서는 인후염, 이하선염, 급성 편도선염, 기관지염과 천식 등의 병증에 사용한다.

해설

범부채는 현재까지 이물동명품(異物同名品)으로 존재해 왔다. 이 종 외에도 같은 과 붓꽃속(*Iris*) 식물 중국붓꽃(*Iris tectorum* Maxim.)의 뿌리줄기를 천사간(川射干)이라 부른다. 중국 사천에서 범부채를 광범위하게 사용한 역사는 비교적 오래되었으며, 각종 본초서적에도 다양하게 기재되었다. 《중국약전》에서는 천사간에 대해 조목별로 분리해 놓았다. 천사간에는 소적(消積), 파어(破瘀), 행수(行水), 해독 등의 효능이 있어 창만(脹滿), 징가(癥瘕), 적취(積聚), 팽창, 종독(腫毒), 치루(痔漏), 질타손상(跌打損傷) 등에 사용한다. 이 같은 치료효과는 범부채와 다르기 때문에 두 약을 동일하게 사용할 수는 없다.

범부채는 약용 외에도 뿌리가 길게 발달하기 때문에, 토양을 고정시키고 홍수를 예방하며 토사의 유동을 방지하는 중요한 작용을 한다. 그 밖에도 범부채의 잎 모양과 꽃 모양이 아름답고 색채가 아름다워 관상용 식물로도 재배된다.

참고문헌

1. 吉文亮, 秦民堅, 王峥涛. 中藥射干的化學与藥理研究進展. 國外醫藥 : 植物藥分冊. 2000. 15(2): 57-60
2. M Yamaki, T Kato, M Kashihara, S Takagi. Isoflavones of *Belamcanda chinensis*. *Planta Medica*. 1990, **56**(3): 335
3. GH Eu, WS Woo, HS Chung, EH Woo. Isoflavonoids of *Belamcanda chinensis*. (II). *Saengyak Hakhoechi*. 1991, **22**(1): 13-17
4. WS Woo, EH Woo. An isoflavone noririsflorentin from *Belamcanda chinensis*. *Phytochemistry*. 1993, **33**(4): 939-940
5. 周立新, 林茂, 赫蘭峰. 射干的化學成分研究 (I). 中草藥. 1996, **27**(1): 8-10, 59
6. 吉文亮, 秦民堅, 王錚濤. 射干的化學成分研究 (I). 中國藥科大學學報. 2001, **32**(3): 197-199
7. 秦民堅, 吉文亮, 王峥濤. 射干的化學成分研究 (II). 中草藥. 2004, **35**(5): 487-489
8. M Lin, LX Zhou, WY He, GF Cheng. Shegansu C, a novel phenylpropanoid ester of sucrose from *Belamcanda chinensis*. *Journal of Asian Natural Products Research*. 1998, **1**(1): 67-75
9. K Takahashi, Y Hoshino, S Suzuki, Y Hano, T Nomura. Iridals from *Iris tectorum* and *Belamcanda chinensis*. *Phytochemistry*. 2000, **53**(8): 925-929
10. H Ito, S Onoue, Y Miyake, T Yoshida. Iridal-type triterpenoids with ichthyotoxic activity from *Belamcanda chinensis*. *Journal of Natural Products*. 1999, **62**(1): 89-93
11. F Abe, RF Chen, T Yamauchi. Iridals from *Belamcanda chinensis* and *Iris japonica*. *Phytochemistry*. 1991, **30**(10): 3379-3382
12. LX Zhou, M Lin. Studies on chemical constituents of *Belamcanda chinensis*(L.) DC. II. *Chinese Chemical Letters*. 1997, **8**(2): 133-134
13. LX Zhou, M Lin. A new stilbene dimer—shegansu B from Belamcanda chinensis. *Journal of Asian Natural Products Research*. 2000, **2**(3): 169-175
14. K Seki, K Haga, R Kaneko. Belamcandones A-D, dioxotetrahydrodibenzofurans from *Belamcanda chinensis*. *Phytochemistry*. 1995, **38**(3): 703-709
15. Y Fukuyama, J Okino, M Kodama. Structures of belamcandols A and B isolated from the seed of *Belamcanda chinensis*. *Chemical & Pharmaceutical Bulletin*. 1991, **39**(7): 1877-1879
16. 劉春平, 王鳳榮, 南國榮, 四榮聯, 王剛生, 郭文友. 中藥射干提取物對皮膚癬菌抑菌作用研究. 中華皮膚科雜誌. 1998, **31**(5): 310-311
17. 于軍, 徐麗華, 王雲, 蕭洋, 于紅. 射干和馬齒莧對46株綠膿桿菌體外抑菌試驗的研究. 白求恩醫科大學學報. 2001, **27**(2): 130-131
18. 王雲, 于軍, 于紅. 射干提取液對綠膿桿菌P29株R質粒體內外消除作用研究. 長春中醫學院學報. 1999, **15**(3): 64
19. KB Oh, H Kang, H Matsuoka. Detection of antifungal activity in *Belamcanda chinensis* by asingle-cell bioassay method and isolation of its active compound, tectorigenin. *Bioscience, Biotechnology, and Biochemistry*. 2001, **65**(4): 939-942
20. 王本祥. 現代中藥藥理學. 天津 : 天津科學技術出版社. 1997: 238-240
21. 鍾鳴, 關旭俊, 黃炳生, 邱苑嫻. 中藥射干現代研究進展. 中藥材. 2001, **24**(12): 904-907
22. KH Shin, YP Kim, SS Lim, S Lee, N Ryu, M Yamada, K Ohuchi. Inhibition of prostaglandin E2 production by the isoflavones tectorigenin and tectoridin isolated from the rhizomes of *Belamcanda chinensis*. *Planta Medica*. 1999, **65**(8): 776-777
23. YP Kim, M Yamada, SS Lim ; SH Lee, N Ryu, KH Shin, K Ohuchi. Inhibition by tectorigenin and tectoridin of prostaglandin E2 production and cyclooxygenase-2 induction in rat peritoneal macrophages. *Biochimica et Biophysica Acta*. 1999, **1438**(3): 399-407
24. H Tsuchiya, H Iketani, H Tsucha, Y Komatsu. Allergy inhibitors containing 3-phenyl-4H-1-benzopyran-4-one derivatives. *Japan Kokai Tokkyo Koho*. 1988: 8
25. 秦民堅, 吉文亮, 劉峻, 趙俊, 余國奠. 射干中異黃酮成分清除自由基的作用. 中草藥. 2003, **34**(7): 640-641
26. SH Jung, YS Lee, SS Lim, S Lee, KH Shin, YS Kim. Antioxidant activities of isoflavones from the rhizomes of *Belamcanda chinensis* on carbon tetrachloride-induced hepatic injury in rats. *Archives of Pharmacal Research*. 2004, **27**(2): 184-188

27. SH Jung, YS Lee, S Lee, SS Lim, YS Kim, K Ohuchi, KH Shin. Anti-angiogenic and anti-tumor activities of isoflavonoids from the rhizomes of *Belamcanda chinensis*. *Planta Medica*. 2003, **69**(7): 617-622

28. Y Fukuyama, M Kodama. 2-O-Tricyclo[6.3.1.02'5]dodecan-1-yl-2,2'-biphenol, 3-(pentadec-10-enyl)anisole, benzofuran, benzopyran, and benzoyloxybicyclo [4.3.0] nonane dervatives having nerve cell-repairing activity from plants. *Japan Kokai Tokkyo Koho*. 1993: 13

29. N Kawai, M Hori, Y Ko, H Ando. Cell activator containing *Belamcanda chinensis* extract and α-hydroxy acids and their users for cosmetics. *Japan Kokai Tokkyo Koho*. 1997: 13

30. H Tsukada, S Nishiyama. Rough skin-preventing and antiaging cosmetics. *Japan Kokai Tokkyo Koho*. 1998: 6

31. H Tsukata, S Nishiyama. Skin mosturizers containing Belamcanda eXtracts and tocopherols. *Japan Kokai Tokkyo Koho*. 1998: 7

범부채 재배단지

당매자나무 細葉小檗 ^{CP}

Berberis poiretii Schneid.

Poiret Barberry

개요

매자나무과(Berberidaceae)

당매자나무(細葉小檗, *Berberis poiretii* Schneid.)의 뿌리와 줄기 및 나무껍질

중약명: 삼과침(三棵針)

매자나무속(*Berberis*) 식물은 전 세계에 약 500종이 있으며 매자나무과 중의 한 속으로 유럽, 아시아, 남아프리카와 북아프리카에 광범히 분포한다. 중국에 약 250종이 있는데 현재 20여 종이 약으로 사용된다. 이 종은 중국의 길림, 요녕, 내몽고, 청해, 섬서, 산서, 하북 등에 분포한다. 한반도, 몽골과 러시아에도 분포하는 것이 있다.

'소벽(小檗)'의 약명은 《신수본초(新修本草)》에 맨 처음 기재되었으며, '삼과침'이란 약명은 《분류초약성(分類草藥性)》에 처음 기재되었다. 매자나무속 식물에는 대부분 세 갈래의 가시가 있어 민간에서는 흔히 여러 종의 매자나무속 식물을 통칭하여 삼과침이라고 부른다. 주요산지는 중국 길림, 요녕, 내몽고, 하북, 산서 등이다. 대부분 야생에 자생하며 일반적으로 베르베린의 원료를 추출하는 데 사용한다.

매자나무속 식물의 주요 활성성분은 알칼로이드이며 문헌에 따르면 대부분 베르바민과 베르베린으로 이들 성분을 주요 지표성분으로 약재의 규격을 정하고 있다.

약리연구를 통하여 삼과침은 베르바민과 베르베린은 항부정맥, 항혈지, 항혈당, 칼슘조절 단백 길항, 항종양, 활성산소 제거, 면역반응 억제와 항불안 등의 작용이 있는 것으로 알려져 있다.

한의학에서 삼과침은 청열(淸熱), 조습(燥濕), 사화해독(瀉火解毒) 등의 효능이 있다.

당매자나무 細葉小檗 *Berberis poiretii* Schneid.

약재 삼과침 藥材三棵針
Berberidis Poiretii Radix seu Cortex et Ramulus

1cm

함유성분

뿌리에는 주로 알칼로이드 성분으로 berbamine, berberine, palmatine, jatrorrhizine[1], columbamine, isotetrandrine[2] 등이 함유되어 있다. 열매에는 안토시아니딘이 아글리콘으로 pelargonidin과 cyanidin으로 함유되어 있다[3].
알칼로이드의 함량은 뿌리껍질에 가장 많고, 줄기껍질과 뿌리의 목부 그리고 줄기의 목부 순으로 함유되어 있으며 지하부 쪽이 지상부 쪽보다 많다[4].

berbamine

약리작용

1. 심혈관계에 대한 작용

1) 심장에 대한 작용

*In vivo*와 *in vitro* 심실근육 실험에서 베르베린은 심실탈분극 연장을 통해 항부정맥작용을 유도한다[5]. Rat의 적출된 가슴주동맥 실험에서 베르베린은 안지오텐신전환효소(ACE)의 활성을 억제할 수 있고 혈관 중의 일산화질소/cGMP의 방출을 통해 항혈압작용을 유도한다[6]. 베르베린을 복용시키면 Rat의 실험성 심장 비대를 억제할 수 있고 혈장 중의 노르에피네프린과 아드레날린 수치 및 좌심실조직 중의 아드레날린 수치를 낮출 수 있는데 이로써 베르베린이 교감신경 활성을 조절할 수 있으며 동시에 비정상적인 심장기능을 개선할 뿐만 아니라 압력부하 과다로 유발되는 좌심실 비대를 방지할 수 있다[7-8]. 기니피그의 좌심방과 기관지 실험을 통하여 알 수 있듯이 베르베린은 칼륨채널에 대해서도 차단작용이 있다[9]. DNA 합성과 세포 증식 분석에서 베르베린은 농도 의존적으로 Rat의 주동맥혈관 평활근세포의 생장을 억제할 수 있는데 그 작용기전은 세포외신호조절인산화효소(ERK)의 활성을 억제함으로써 조기생장반응인자 신호 전체를 차단하는 방법으로 발현된다[10].

2) 항혈지, 항혈당

간암세포 용도 연구에 의하면 베르베린은 소포체 효소를 활성화시킴으로써 저밀도지단백(LDL) 수용체의 발현을 조절할 수 있는데 이는 스타틴과는 다른 작용기전을 통하여 혈당을 저하한다. 또 다른 연구에서는 베르베린이 아데노신일인산(AMP) 활성단백효소를 활성화시킴으로써 지질합성을 억제할 수 있다는 것이 밝혀졌다[11-12]. Caco-2 세포주 중에서 베르베린은 α-글루코시다제 배당체효소를 억제할 수 있으며 장상피세포의 포도당 전화를 감소시킴으로써 항혈당작용을 발현할 수 있다[13]. 베르베린은 또한 지방이 많은 Rat의 고인슐린 혈증을 뚜렷하게 낮출 수 있고 장기간의 고지질 섭취로 유발된 인슐린 저항성과 내장비만을 개선시킬 수 있으며 인슐린 민감성을 제고시킬 수 있다. 이러한 작용은 인슐린 분비를 촉진시키고 지질대사를 조절하는 것과 연관된다[14-16].

2. 칼슘조절단백 길항

베르바민은 집토끼의 회장평활근자율성 및 아세틸콜린, 히스타민으로 유발된 수축반응을 농도 의존적으로 억제하는 작용이 있다[17]. 정상적인 소[牛]배아 신장세포의 증식에 대해 억제작용이 있는 동시에 세포 내의 칼슘조절 단백수치를 낮출 수 있다[18]. Rat의 심근세포는 전기압력 의존성과 수용체 조절성 칼슘채널에 의해 상승된 칼슘이온에 대해 길항작용이 있지만 칼슘이온의 방출에 대해서는 영향을 주지 않는다[19]. 또한 아데노신삼인산(ATP)에 의해 상승된 세포 내의 칼슘을 낮출 수 있으며[20] 동시에 염화칼륨, 노르에피네프린과 칼시마이신으로 인해 칼슘농도가 상승되는 것을 억제할 수 있다[21].

3. 항종양

염산베르베린을 위에 주입하면 실험성 위암 전 병변 Rat의 암 전 병변의 발생률을 뚜렷하게 낮추는 것이 발견되었는데 그 기전은 세포자살률을 높이는 것, 유전자의 발현을 조절하는 것과 관련이 있다[22]. 염산베르베린은 농도 의존적으로 결장암세포의 생장과 증식을 억제할 수 있는데 그 작용기전은 아마도 세포 내의 칼슘이온 농도를 억제하고 모종의 경로를 통하여 사이클로옥시게나제-2 mRNA의 수량과 단백질 발현을 억제하는 것으로 예상된다. 동시에 사이클로옥시게나제-2의 활성을 억제함으로써 프로스타글란딘 E$_2$의 생성을 억제한다[23]. 그 밖에도 베르바민은 인체자궁경부암세포 HeLa, 백혈병세포 L1210과 HL-60, 전립선암세포, 에를리히 복수암(EAC)세포 및 위암세포 SNU-5에 대해 모두 억제작용이 있는데 베르베린의 항종양작용기전은 세포주기정지 유도, 카스파

당매자나무 細葉小檗 CP

제-3의 의존경로 조절, 활성인자 카스파제-3의 활성, 항암세포전이와 관련된 β-카테닌의 조절을 통한 신호전도 억제 등과 관련된다. 또 혈관내피세포의 증식을 억제함과 동시에 혈관내피세포의 자멸을 촉진시킴으로써 종양혈관이 형성되는 것을 억제할 수 있다[24-31]. 베르바민 및 그 유도체는 인체자궁경부암세포[32, 34], 악성 흑색종양세포[33], 폐대식종양세포[34]와 백혈병세포 K562의 생장 및 증식에 대해 뚜렷한 억제작용이 있고 K562에 대해서는 신속한 자멸을 유도한다[35]. 베르바민 및 그 유도체가 세포 증식을 억제하는 작용은 아마도 세포 내 칼모듈린의 수치를 낮추는 것과 연관된 것으로 보인다[34, 36].

4. 유리기 제거

베르바민은 산소유리기를 제거하고 백내장의 발생과 발전에 뚜렷한 예방 및 억제작용이 있다[37]. 베르바민은 유리기의 혈액부족 뇌조직[38] 및 신장조직에 대한 손상작용을 감소시킬 수 있다[39].

5. 기타

베르바민은 지발성과민반응(DTH)과 혼합임파세포 반응에 대해 억제작용이 있다[40]. 베르베린은 또 항긴장작용[41] 및 토끼의 음경해면체에 대해 농도 의존적 이완작용이 있다[42-43].

용도

당매자나무는 베르베린을 추출하는 식물 원료의 하나이다. 현대임상에서 베르베린은 장도감염(腸道感染), 설사 등의 병증에 사용된다.

해설

당매자나무는 자생 범위가 넓어 그 자원이 풍부하며 동속 여러 종의 식물에도 유사한 함유성분이 있다. 공업에서 당매자나무는 베르베린을 추출하는 원료로 사용한다. 또한 베르바민은 당매자나무에 그 함량이 아주 높을 뿐만 아니라 아주 좋은 약리활성이 있다. 때문에 반드시 당매자나무 자원에 대한 이용을 연구하고 적극적으로 관련된 상품을 개발하여야 한다.

당매자나무의 열매는 맛이 달콤하여 먹을 수 있고 영양이 풍부하다. 또한 천연 안토사이아니딘 색소성분이 함유되어 있기에 천연색소 첨가제로 개발할 수 있을 뿐만 아니라 사탕, 음료 등 식품공업에도 사용할 수 있다.

참고문헌

1. 潘競先, 尹輔明, 沈傳勇, 魯純素, 韓桂秋. 三顆針活性成分的研究. 天然産物研究與開發. 1989, 1(2): 23-26

2. 呂光華, 陳建民, 蕭培根. 改變檢測波長HPLC法測定小檗屬植物根中的生物鹼. 藥學學報. 1995, 30(4): 280-285

3. 于鳳蘭, 王華亭, 吳承順. 細葉小檗果色素成分研究. 天然産物研究與開發. 1992, 4(4): 23-26

4. 呂光華, 王立爲, 陳建民, 蕭培根. 小檗屬植物中的生物鹼成分測定及資源利用. 中草藥. 1999, 30(6): 428-430

5. YX Wang, XY Yao, YH Tan. Effects of berberine on delayed after depolarizations in ventricular muscles in vitro and in vivo. Journal of Cardiovascular Pharmacology. 1994, 23(5): 716-722

6. DG Kang, EJ Sohn, EK Kwon, JH Han, H Oh, HS Lee. Effects of berberine on angiotensin-converting enzyme and NO/cGMP system in vessels. Vascular Pharmacology. 2002, 39(6): 281-286

7. Y Hong, SS Hui, BT Chan, J Hou. Effect of berberine on catecholamine levels in rats with experimental cardiac hypertrophy. Life Science. 2003, 72(22): 2499-2507

8. Y Hong, SC Hui, TY Chan, JY Hou. Effect of berberine on regression of pressure-overload induced cardiac hypertrophy in rats. The American Journal of Chinese Medicine. 2002, 30(4): 589-599

9. 戴長蓉, 羅來源. 小檗鹼對豚鼠左心房和氣管的作用. 中國臨床藥理學與治療學. 2005, 10(5): 567-569

10. KW Liang, CT Ting, SC Yin, YT Chen, SJ Lin, JK Liao, SL Hsu. Berberine suppresses MEK/ERK-dependent Egr-1 signaling pathway and inhibits vascular smooth muscle cell regrowth after in vitro mechanical injury. Biochemical Pharmacology. 2006, 71(6): 806-817

11. WJ Kong, J Wei, P Abidi, MH Lin, S Inaba, C Li, YL Wang, ZZ Wang, SY Si, HN Pan, SK Wang, JD Wu, Y Wang, ZR Li, JW Liu, JD Jiang. Berberine is a novel cholesterol-lowing drug working through a unique mechanism distinct from statins. Nature Medicine. 2004, 10: 1344-1351

12. JM Brusq, N Ancellin, P Grondin, R Guillard, S Martin, Y Saintillan, M Issandou. Inhibition of lipid synthesis through activation of AMP-kinase:an additional mechanism for the hypolipidemic effects of Berberine. Journal of Lipid Research. 200[6]

13. GY Pan, ZJ Huang, GJ Wang, JP Fawcett, XD Liu, XC Zhao, JG Sun, YY Xie. The antihyperglycaemic activity of berberine arises from a decrease of glucose absorption. Planta Medica. 2003, 69(7): 632-636

14. 周麗斌, 楊穎, 尚文斌, 李鳳英, 唐金鳳, 王曉, 劉尚全, 袁國躍, 陳名道. 小檗鹼改善高脂飲食大鼠的胰島素抵抗. 放射免疫學雜誌. 2005, 18(3): 198-200

15. 崔琳琳, 趙曉華, 李麗, 安剛. 小檗鹼對高脂膳食大鼠胰島素抵抗的早期干預實驗研究. 中西醫結合心腦血管病雜誌. 2005, 3(3): 230-231

16. SH Leng, FE Lu, LJ Xu. Therapeutic effects of berberine in impaired glucose tolerance rats and its influence on insulin secretion. Acta Pharmacologica Sinica. 2004, 25(4): 496-502

17. 李樂, 莊斐爾, 趙東科, 李西寬. 小檗胺鬆弛家兔離體迴腸的作用. 西安醫科大學學報. 1994, 15(3): 264-266

18. 張金紅, 耿朝暉, 段江燕, 陳家童, 賀宏, 黃建英. 鈣調蛋白拮抗劑-小檗胺及其衍生物對正常牛胚腎細胞毒性的影響. 細胞生物學雜誌. 1997, 19(2): 76-79

19. 喬國芬, 周宏, 李柏岩, 李文漢. 小檗胺對高鉀, 去甲腎上腺素及咖啡因引起大鼠心肌細胞內鈣動員的拮抗作用. 中國藥理學報. 1999, **20**(4): 292-296

20. 李柏岩, 喬國芬, 趙艷玲, 周宏, 李文漢. 小檗胺對ATP誘導的培養平滑肌及心肌細胞內游離鈣動員的影響. 中國藥理學報. 1999, **20**(8): 705-708

21. 李柏岩, 付兵, 趙艷玲, 李文漢. 小檗胺對培養的HeLa細胞內游離鈣濃度的作用. 中國藥理學報. 1999, **20**(11): 1011-1014

22. 姚保泰, 吳敏, 王博. 鹽酸小檗鹼抗大鼠胃癌前病變及其作用機製. 中國中西醫結合消化雜誌. 2005, **13**(2): 81-84

23. 台衛平, 田耕, 黃業斌, 周俊, 張泰昌, 羅和生. 鹽酸小檗鹼抑制結腸癌細胞環氧化酶-2/鈣離子途徑. 中國藥理學通報. 2005, **21**(8): 950-953

24. S Jantova, L Cipak, M Cernakova, D Kost'alova. Effect of berberine on proliferation, cell cycle and apoptosis in HeLa and L1210 cells. *The Journal of Pharmacy and Pharmacology*. 2003, **55**(8): 1143-1149

25. CC Lin, ST Kao, GW Chen, HC Ho, JG Chung. Apoptosis of human leukemia HL-60 cells and murine leukemia WEHI-3 cells induced by berberine through the activation of caspase-3. *Anticancer Research*. 2006, **26**(1A): 227-242

26. SK Mantena, SD Sharma, SK Katiyar. Berberine, a natural product, induces G1-phase cell cycle arrest and caspase-3-dependent apoptosis in human prostate carcinoma cells. *Molecular Cancer Therapeutics*. 2006, 5(2): 296-308

27. S Letasiova, S Jantova, M Miko, R Ovadekova, M Horvathova. Effect of berberine on proliferation, biosynthesis of macromolecules, cell cycle and induction of intercalation with DNA, dsDNA damage and apoptosis in Ehrlich ascites carcinoma cells. *The Journal of Pharmacy and Pharmacology*. 2006, **58**(2): 263-270

28. JP Lin, JS Yang, JH Lee, WT Hsieh, JG Chung. Berberine induces cell cycle arrest and apoptosis in human gastric carcinoma SNU-5 cell line. *World Journal of Gastroenterology*. 2006, **12**(1): 21-28

29. PL Peng, YS Hsieh, CJ Wang, JL Hsu, FP Chou. Inhibitory effect of berberine on the invasion of human lung cancer cells via decreased productions of urokinase-plasminogen activator and matrix metalloproteinase-2. *Toxicology and Applied Pharmacology*. 2006, **214**(1): 8-15

30. 郝鈺, 徐泊文, 鄭宏, 杭小同, 邱全瑛, 黃啓福. 小檗鹼對人臍靜脈內皮細胞增殖與凋亡的作用. 中國病理生理雜誌. 2005, **21**(6): 1124-1127

31. 何百成, 康全, 楊俊卿, 尚京川, 何通川, 周岐新. 小檗鹼抗腫瘤作用與Wnt/β-catenin信號轉導關繫. 中國藥理學通報. 2005, **21**(9): 1108-1111

32. 張金紅, 耿朝暉, 段江燕, 陳家童, 梁梦, 俞耀庭. 小檗胺及其衍生物的結構對宮頸癌(HeLa)細胞生長增殖的影響. 南開大學學報(自然科學). 1996, **29**(2): 89-94

33. 張金紅, 段江燕, 耿朝暉, 陳家童, 黃建英, 李希. 小檗胺及其衍生物對惡性黑色素瘤細胞增殖的影響. 中草藥. 1997, **28**(8): 483-485

34. 張金紅, 許乃寒, 徐暢, 陳家童, 劉惠君. 小檗胺衍生物(EBB) 體外抑制肺癌細胞增殖機制的初探. 細胞生物學雜誌. 2001, **23**(4): 218-223

35. 徐磊, 趙小英, 徐榮臻, 吳東. 鈣調素拮抗劑小檗胺誘導K562細胞凋亡及其機制的研究. 中華血液學雜誌. 2003, **24**(5): 261-262

36. 段江燕, 張金紅. 小檗胺類化合物對黑色瘤細胞內鈣調蛋白水平的影響. 中草藥. 2002, **33**(1): 59-61

37. 何浩, 張家萍, 張昌穎. 小檗胺對糖尿病性白內障的預防及SOD, CAT和GSH-Px酶活性變化研究. 中國生物化學與分子生物學報. 1998, **14**(8): 304-308

38. 周虹, 王玲, 郝曉敏, 高雲瑞, 李文漢. 小檗胺及喜得鎮對實驗性腦缺血保護作用的研究. 中國藥理學通報. 1998, **14**(2): 165-166

39. 邸波, 吳紅赤, 王傑, 王守仁. 小檗胺對大鼠腎缺血再灌注損傷保護作用的研究. 哈爾濱醫科大學學報. 1999, **33**(3): 189-191

40. CN Luo, X Lin, WK Li, F Pu, LW Wang, SS Xie, PG Xiao. Effect of berbamine on T-cell mediated immunity and the prevention of rejection on skin transplants in mice. *Journal of Ethnopharmacology*. 1998, **59**(3): 211-215

41. WH Peng, CR Wu, CS Chen, CF Chen, ZC Leu, MT Hsieh. Anxiolytic effect of berberine on exploratory activity of the mouse in two experimental: interaction with drugs acting at 5-HT receptors. *Life Science*. 2004, 75(20): 2451-2462

42. 潭艷, 胡本容, 向繼洲. 小檗鹼對兔陰莖海綿體的舒張效應及作用機制. 華中科技大學學報(醫學板). 2005, 34(2): 145-148

43. 潭艷, 胡本容, 向繼洲. 小檗鹼對离体陰莖海綿體 NO-cCMP 信號通路的調報. 2005, 21(4): 435-440

도깨비바늘 鬼針草 CP

Bidens bipinnata L.
Spanish Needles

 개요

국화과(Asteraceae)

도깨비바늘(鬼針草, *Bidens bipinnata* L.)의 전초(全草)를 건조한 것

중약명: 귀침초(鬼針草)

도깨비바늘속(*Bidens*)은 전 세계에 약 230종이 있으며 전 세계의 열대 및 온대 각지에 분포한다. 중국에만 9종, 변이종 2종이 있는데 이 속에서 현재 약으로 사용되는 것은 약 7종이다. 이 종은 중국의 동북, 화북, 화중, 화동, 화남, 서남 및 섬서, 감숙 등지에 분포하며 아메리카, 아시아, 유럽 및 아프리카 동부에도 분포하는 것이 있다.

'귀침초'란 약명은 《본초습유(本草拾遺)》에 처음으로 기재되었으며 중국의 대부분 지역에서 모두 난다.

도깨비바늘속 식물에는 주로 플라보노이드와 폴리아세틸렌이 함유되어 있다.

약리연구를 통하여 도깨비바늘에는 강혈지(降血脂), 항혈전, 항균, 항염, 항혈압, 진통 등의 작용이 있는 것으로 알려져 있다.

한의학에서 귀침초에 청열해독(淸熱解毒), 거풍제습(祛風除濕), 활혈소종(活血消腫) 등의 효능이 있다.

도깨비바늘 鬼針草 *Bidens bipinnata* L.

세잎도깨비바늘 三葉鬼針草 *B. pilosa* L.

함유성분

지상부에는 플라보노이드 성분으로 hyperoside, okanin, maritimetin[2], isookanin-7-O-β-D-glucopyranoside, isookanin 7-O-(4″,6″-diacetyl) -β-D-glucopyranoside[5], bidenosides A, B[4], F, G, 아세틸렌 배당체 성분으로 bidenosides C, D[6], 폴리아세틸렌 성분으로 bipinnatpoly-acetyloside[3, 7], bipinnatpolyacetyloside B, 그리고 페닐프로파노이드 배당체 성분으로 benzenethyl-O-β-D-glucopyranoside, benzyl-O-β-D-glucopyranoside, eugenyl-O-β-D-glucopyranoside[8], 4-O-(6″-O-p-coumaroyl-β-D-glucopyranosyl)-p-coumaric acid 등이 함유되어 있다.
전초에는 또한 페놀산으로 salicylic acid, protocatechuic acid, gallic acid[9] 등이 함유되어 있다.

bidenoside A

bidenoside B

 약리작용

1. **항염**

   귀침초 중의 비핀나토폴리아세틸로사이드를 위에 주입하거나 복강에 주사하거나 함유된 플라보노이드를 외부에 바르면 모두 파두유(巴豆油)로 유발된 Mouse의 귓바퀴 종창 및 단백으로 유발된 발바닥 종창을 뚜렷하게 억제할 수 있다. 비핀나토폴리아세틸로사이드를 위에 주입하면 Mouse의 모세혈관 투과성을 뚜렷하게 낮출 수 있다. 또한 비핀나토폴리아세틸로사이드와 함유된 플라보노이드를 위에 주입하면 면구로 초래된 Rat의 육아종을 억제할 수 있다. 비핀나토폴리아세틸로사이드를 위에 주입하면 초산으로 유발되어 염증이 있는 Rat의 백혈구의 유주를 억제할 수 있다[10].

2. **중추신경계통에 대한 작용**

   귀침초의 주사액을 복강에 주사하면 Mouse의 펜토바르비탈나트륨의 수면시간을 뚜렷하게 연장할 수 있고 Mouse의 자발활동 차수를 뚜렷하게 감소시킬 수 있다. 동시에 클로로프로마진과 상호작용이 있고 암페타민과 함께 길항작용이 나타난다. 반면 스트리크닌으로 유발된 경련에 대해서는 길항작용이 나타나지 않는데 이로써 귀침초에 아주 좋은 중추억제작용이 있음을 알 수 있다[9].

3. **강혈지**

   귀침초의 추출물을 위에 주입하면 고지혈이 있는 Rat의 혈청 총콜레스테롤(TC), 중성지방(TG) 및 저밀도지단백(LDL)의 함량을 뚜렷하게 낮출 수 있다. 고밀도지단백(HDL)의 TC 중에서의 비율을 높일 수 있으며 혈액점도비를 감소시킬 수 있다[11].

4. 혈압강하

귀침초의 과립제는 고혈압 환자의 수축기 혈압과 이완기 혈압을 뚜렷하게 낮출 수 있는데 그 혈압강하작용은 α–아드레날린수용체와 β–아드레날린수용체의 저해 및 카테콜아민의 신호전달과는 무관하며 아마도 직접적으로 혈관을 확장시켜 혈압을 낮추는 것으로 추측된다[12-15].

5. 혈당강하

귀침초의 에탄올 추출물의 에칠아세테이트 부위를 위에 주입하면 알록산으로 인해 고혈당이 있는 Mouse의 혈당을 낮추는 작용이 있다. 추출물의 에칠아세테이트와 부탄올 추출 분획을 위에 주입하면 인슐린의 분비를 자극하거나 당대사에 영향을 주며 정상적인 Mouse의 혈당을 낮출 수 있다[16].

6. 심장에 대한 영향

주동맥에 관을 꽂고 귀침초의 추출액을 주사하면 토끼 적출심장의 심장박동이 늦어지고 심근수축력이 약해지다가 1분 후에는 심장박동이 정상으로 회복되고 심근수축력이 증강된다[9].

7. 혈소판응집 억제

In vitro 실험을 통하여 귀침초 추출물 수침고(水浸膏)는 아데노신이인산(ADP)과 콜라겐으로 유발된 Rat의 혈소판응집 반응을 뚜렷하게 억제할 수 있다. 또한 농도 의존적으로 콜라겐에 의한 혈소판응집 전의 잠복기를 연장시킬 수 있다[17].

8. 항종양

세포 독성 측정(MTT assay)을 통하여 확인한 결과 귀침초의 다섯 가지 추출성분은 체외배양의 두 가지 종양세포인 인체전골수성 백혈병세포 HL-60과 인체조직임파종양세포 V937을 억제할 수 있다. 그 결과에 따르면 귀침초의 다섯 가지 성분은 이 두 가지 종양세포에 대해 각기 다른 정도의 억제작용이 있고 그중 폴리아세틸렌 배당체와 비핀나토폴리아세틸로사이드의 억제활성이 가장 강하다[18].

9. 기타

추체(扭體) 실험과 열판자극 실험에서 귀침초의 주사액을 Mouse 복강에 주사하면 일정한 진통작용이 있다[9].

 용도

귀침초는 중의임상에서 사용하는 약이다. 청열해독(淸熱解毒, 화열을 깨끗이 제거하고 몸의 독을 없이함), 거풍제습[祛風除濕, 풍습(風濕)을 없애 줌], 활혈소종[活血消腫, 활혈하게 하여 옹저(癰疽)나 상처가 부은 것을 가라앉힘] 등의 효능이 있으며, 인후종통(咽喉腫痛, 목 안이 붓고 아픈 증상), 설사, 이질, 황달, 장옹(腸癰, 아랫배가 뭉치어 붓고, 열과 오한이 나며, 오줌이 자주 마려운 증세가 있으며, 대변과 함께 피고름이 나오는 병), 정절종독(疔癤腫毒, 부스럼과 종기 또는 헌데의 독), 사충교상(蛇蟲咬傷, 뱀이나 벌레에 물린 상처), 풍습비통(風濕痺痛, 풍습으로 인해 관절이 아프고, 통증이 심해지는 증상), 타박상 등의 치료에 사용한다.

현대임상에서는 전립선염, 간염, 신염, 기관지염과 당뇨병 등에 사용한다.

해 설

동속식물 세잎도깨비바늘(三葉鬼針草, *Bidens pilosa* L.)은 중국 민간에서 도깨비바늘과 동등하게 약으로 사용된다. 도깨비바늘은 중국에 광범위하게 분포하는데 대부분 들에 자생하는 잡초이기에 자원이 아주 풍부하다. 도깨비바늘을 이용한 각종 건강식품이 이미 개발되어 있으며 간염, 신염, 당뇨병과 기관지염의 치료에 사용하는데 아주 좋은 항염, 발암억제와 항당뇨작용이 있다. 멕시코, 하와이 등지에서 도깨비바늘속의 여러 종 식물은 당뇨병, 허약, 인후통, 위기능 이상 및 천식 등을 치료하는 전통약이다.

연구에서 도깨비바늘속 플라보노이드 성분, 비핀나토폴리아세틸로사이드는 이미 이 식물의 항염 유효성분인 것이 증명되었는데, 이는 이 성분의 항염에 대한 효능을 보여 주는 것으로 후속 연구를 진행하는 데 중요한 가치를 갖는다. 그 밖에 폴리아세틸렌 배당체 성분은 항종양 분야에서 뚜렷한 활성을 보이고 있기 때문에 가격이 저렴한 항종양 약물로 개발될 잠재력을 가지고 있다.

참고문헌

1. 張新, 钟磊, 王志伟. 鬼針草屬藥用植物化學成分与藥理作用研究槪況. 國外醫藥: 植物藥分冊. 1999, **14**(5): 195-198

2. 王建平, 惠秋莎, 秦紅岩, 朱繼軍, 石井永, 原山尚. 鬼針草化學成分的研究(1). 中草藥. 1992, **23**(5): 229-231

3. JP Wang, H Ishii, T Harayama, YM Gao, QS Hui, HY Zhang, JX Chen. Study on the chemical constituents of *Bidens bipinnata* a new polyacetylene glycoside. *Chinese Chemical Letters*. 1992, **3**(4): 287-288

4. S Li, HX Kuang, Y Okada, T Okuyama. A new aurone glucoside and a new chalcone glucoside from *Bidens bipinnata* Linne. *Heterocycles*. 2003, **61**: 557-561

5. S Li, HX Kuang, Y Okada, T Okuyama. New flavanone and chalcone glucosides from *Bidens bipinnata* Linn. *Journal of Asian Natural Products Research*. 2005, **7**(1): 67-70

6.　S Li, HX Kuang, Y Okada, T Okuyama. New acetylenic glucosides from *Bidens bipinnata* Linne. *Chemical & Pharmaceutical Bulletin*. 2004, **52**(4): 439-440

7.　馬明, 王建平, 徐凌川. 婆婆針化學成分的研究. 中草藥. 2005, **36**(1): 7-9

8.　李帥, 匡海學, 岡田嘉仁, 奧山徹. 鬼針草化學成分的研究(I). 中草藥. 2003, **34**(9): 782-785

9.　陳禮明, 徐維平. 鬼針草化學成分與藥理作用概述. 基層中藥雜誌. 1997, **11**(1): 50-51

10.　王建平, 張惠雲, 秦紅岩, 高玉敏, 周生海, 王名洲. 鬼針草抗炎新成分的藥理作用. 中草藥. 1997, **28**(11): 665-668

11.　馮向東, 朱曉英, 高光偉. 鬼針草煎劑對高脂大鼠的藥理作用. 基層中藥雜誌. 2000, **14**(5): 3-4

12.　陳曉虎, 唐蜀華, 李燕, 蔣衛民. 鬼針草顆粒劑治療高血壓病, 高胰島素血症的臨床研究. 南京中醫藥大學學報. 1998, **14**(1): 19-20

13.　李玲, 劉旭傑, 郝洪. 鬼針草降壓作用與腎上腺素受體的關係. 第四軍醫大學學報. 2004, **25**(23): 2

14.　劉旭傑, 郝洪, 李玲. 鬼針草對血管平滑肌的作用. 第四軍醫大學學報. 2004, **25**(19): 1767

15.　劉旭傑, 李玲, 郝海鷗. 鬼針草對遞質耗竭影響的藥理研究. 醫藥論壇雜誌. 2003, **24**(18): 51

16.　李帥, 匡海學, 畢明剛, 肖洪彬. 鬼針草提取物對II型糖尿病小鼠降血糖作用的研究. 中醫藥學報. 2003, **31**(5): 37-38

17.　張建新, 吳樹勳, 楊純, 李蘭芳, 趙淑雲. 鬼針草提取物對血小板聚集功能的影響. 河北醫藥. 1989, **11**(4): 241-242

18.　王建平, 秦紅岩, 張惠雲, 王名洲, 張玲, 王薈, 郭鳴, 毛海婷. 鬼針草提取成分對白血病細胞的體外抑制作用. 中藥材. 1997, **20**(5): 247-249

자란 白及 ^{CP, KHP}

Bletilla striata (Thunb.) Reichb. f.

Chinese Ground Orchid

개요

난초과(Orchidaceae)

자란(白及, *Bletilla striata* (Thunb.) Reichb. f.)의 덩이줄기를 건조한 것

중약명: 백급(白及)

자란속(*Bletilla*) 식물은 전 세계에 약 6종이 있으며 아시아의 미얀마 북부를 포함하여 중국 및 일본에 분포한다. 중국에는 약 4종이 있는데 이 속에서 현재 약으로 사용하는 것은 약 4종이다. 이 종은 중국의 섬서, 감숙, 강소, 안휘, 절강, 강서, 복건, 호북, 호남, 광동, 광서, 사천과 귀주에 분포하며 한반도와 일본에도 분포하는 것이 있다.

'백급'이란 약명은 《신농본초경(神農本草經)》에서 하품으로 처음 기재되었다. 역대 본초서적에 대부분 기재되었으며 현재와 이전의 기원식물은 일치한다. 《중국약전(中國藥典)》(2015년 판)에서는 이 종을 중약 백급의 법정기원식물 내원종으로 수록했다. 주로 중국의 귀주, 사천, 호북, 호남, 안휘, 하남, 절강, 섬서 등에서 채취한다. 《대한민국약전외한약(생약)규격집》(제4개정판)에는 백급을 "자란(*Bletilla striata* (Thunberg) Reichenbach fil., 난초과)의 덩이줄기"로 등재하고 있다.

자란의 주요 함유성분으로는 스틸베노이드와 페난트렌 화합물이 있다. 《중국약전》에서는 약재의 성상, 박층크로마토그래피법, 수분 및 총회분 함량, 산불용성회분검사 등을 통하여 약재의 규격을 정하고 있다.

약리연구를 통하여 백급에는 지혈, 위점막 보호, 항균, 항산화, 항종양 등의 작용이 있는 것으로 알려져 있다.

한의학에서 백급은 수렴지혈(收斂止血), 소종생기(消腫生肌) 등의 효능이 있다.

자란 白及 *Bletilla striata* (Thunb.) Reichb. f.

약재 백급 藥材白及 Bletillae Rhizoma

1cm

함유성분

덩이줄기에는 스틸베노이드 성분으로 batatasin III, 3'-O-methylbatatasin III[1], 3',3,5-trimethoxybibenzyl, 3,5-dimethoxybibenzyl[2-3], 2,6-bis (p-hydroxybenzyl)3',5-dimethoxy-3-hydroxy bibenzyl[4], 3'-hydroxy-5-methoxybibenzyl-3-O-β-D-glucopyranoside[5], 5-hydroxy-4-(p-hydroxybenzyl)-3',3-dimethoxybibenzyl[6], 그리고 페난트렌 성분으로 blestriarenes A, B, C[1], blestrianols A, B, C[7], blestrins A, B, C, D[8-9], bletilols A, B, C[10], 2,7-dihydroxy-4-methoxyphenanthrene-2-O-glucoside[11], 2,4,7-trimethoxyphenanthrene[2], 4,7-dihydroxy-2-methoxy-9, 10-dihydrophenanthrene[4], 3,7-dihydroxy-2,4-dimethoxyphenanthrene[3], blespirol[12] 등이 함유되어 있다. 또한 physcion, cyclobalanol[13], syringaresinol, caffeic acid[14] 등의 성분이 함유되어 있다.

batatasin III: R=H
3'-O-methylbatatasin III: R=CH₃

blestriarene A

약리작용

1. 지혈

백급의 만난은 개의 실험성 간 손상으로 인한 출혈에 대하여 지혈작용이 있고 지혈시간과 출혈량을 뚜렷하게 단축시킨다[15]. 백급액(白及液)을 개구리의 하강정맥에 주입하면 말초혈관 내의 적혈구응집을 통해 인공혈전을 형성되게 함으로써 혈관벽의 손상을 수복하는 작용이 있지만 비교적 큰 혈관 내 혈류의 유출에는 지혈작용이 없다[16]. 개의 간엽(肝葉) 혹은 비장 대부분을 제거하고 토끼의 대퇴근육을 가로로 절단한 후에 백급의 물 침출물을 상처의 표면에 붙이면 스스로 회복할 수 있으며 출혈을 즉시 멈출 수 있다. 백급의 지혈작용은 백급에 함유된 콜라겐 성분과 연관된다[16]. 백급의 부탄올 추출과 수용성 부위는 아데노신이인산(ADP)으로 유발된 혈소판 최대 응집률을 뚜렷하게 제고할 수 있는데 이로써 백급의 지혈작용은 혈소판응집을 촉진하는 것과 연관된다는 것을 제시한다[17].

2. 위점막 보호

백급의 전제(煎劑)를 위에 주입하면 염산, 에탄올, 유문결찰과 초산으로 유발된 Rat의 위점막 손상을 뚜렷하게 감소시킬 수 있다[18-19].

3. 항균

백급은 그람양성균과 인체형 결핵간균에 대해 억제작용이 있다[16]. 또한 백급의 수침제는 오두안소포자균에 대해서도 억제작용이 있다[16]. In vitro 실험에서 백급에 함유된 벤질 성분은 그람양성균, 황색포도상구균, 고초간균, 바실루스세레우스간균과 노카르디아 등에 대해 억제작용이 있는 것으로 밝혀졌다. 백급의 벤난티렌 A, B, C는 그람양성균, 황색포도상구균 및 변형연쇄구균 등에 억제작용이 있다.

4. 항산화

백급의 추출물은 종양 혈관내피세포성장인자(VEGF)와 그 수용체의 결합을 억제함으로써 종양 혈관의 생성을 억제할 수 있다[21]. 백급은 간동맥전색제로써 화학요법 약물과 간동맥 결찰술을 결합하면 간장세포암의 생장을 뚜렷하게 억제한다[22].

5. 기타

백급은 또 각질형성세포의 유주를 촉진시킬 수 있는데 이러한 작용은 피부 상처를 치료하고 조기유합을 촉진하는 데 중요한 작용을 한다[23]. 백급의 다당은 in vitro에서 내피세포의 생장을 촉진하는 작용이 있다[24].

자란 白及 CP, KHP

용도

백급은 중의임상에서 사용하는 약이다. 수렴지혈[收斂止血, 수삽(收澁)하는 약물로써 지혈함], 소종생기[消腫生肌, 옹저(癰疽)나 상처가 부은 것을 가라앉히고 헌데가 생긴 부위에 새살이 돋아나게 함] 등의 효능이 있으며, 객혈(喀血, 피가 섞인 가래를 기침과 함께 뱉어 내는 것), 토혈(吐血, 피를 토하는 병증), 육혈(衄血, 코피가 나는 증상), 변혈[便血, 분변에 대혈(帶血)이 되거나 혹은 단순히 하혈하는 증후], 외상 출혈, 옹종[癰腫, 옹저(癰疽) 때 부어오른 것], 화상 및 수족균열, 항렬(肛裂, 항문의 주름 바깥쪽으로 살이 갈라져 터지는 병증) 등의 치료에 사용한다.

현대임상에서는 폐결핵 객혈, 상부소화관 출혈, 위 및 십이지장궤양 혹은 내장 출혈, 외상 출혈 및 밧줄 등에 묶인 것으로 생긴 상처의 병증에 사용한다.

해 설

자란의 씨는 발아될 때 진균공생 적응이 필요하기에 발아율이 극히 낮고 자연번식이 어렵다. 때문에 자란의 야생자원이 이미 보기 드물어 중국에서는 멸종위기 식물로 규정되었다. 현재 백급은 소량으로 인공재배되는데 유성번식(有性繁殖)과 무성번식(無性繁殖)의 두 가지 방법이 있다.

자란의 만난을 달리 백급교(白及膠)라고 부른다. 뚜렷한 지혈작용 외에도 아라비아교와 황기교(黃芪膠)의 대용품으로 쓰일 뿐만 아니라 제약공업에서는 부형제, 점착제와 유화제로 사용된다. 또 의학에서는 초음파 우합제와 대용혈장으로 쓰이는 등 그 용도가 매우 다양하다[25].

참고문헌

1. M Yamaki, L Bai, K Inoue, S Takagi. Biphenanthrenes from *Bletilla striata*. *Phytochemistry*. 1989, **28**(12): 3503-3505

2. M Yamaki, T Kato, L Bai, K Inoue, S Takagi. Nonpolar constituents from *Bletilla striata*. Part 5. Methylated stilbenoids from *Bletilla striata*. *Phytochemistry*. 1991, **30**(8): 2759-2760

3. 韓廣軒, 王立新, 張衛東, 楊志, 李廷釗, 姜濤, 劉文庸. 中藥白及的化學成分研究(I). 第二軍醫大學學報. 2002, 23(4): 443-445

4. S Takagi, M Yamaki, K Inoue. Antimicrobial agents from *Bletilla striata*. *Phytochemistry*. 1983, **22**(4): 1011-1015

5. 韓廣軒, 王立新, 張衛東, 王麥莉, 劉洪濤, 蕭建華. 中藥白及化學成分研究(II). 第二軍醫大學學報. 2002, 23(9): 1029-1031

6. 韓廣軒, 王立新, 顧正兵, 張衛東. 中藥白及中一新的聯苄化合物. 藥學學報. 2002, 37(3): 194-195

7. L Bai, T Kato, K Inoue, M Yamakai, S Takagi. Nonpolar constituents from *Bletilla striata*. Part 6. Blestrianol A, B and C, biphenanthrenes from *Bletilla striata*. Phytochemistry. 1991, **30**(8): 2733-2735

8. L Bai, M Yamaki, K Inoue, S Takagi. Blestrin A and B, bis(dihydrophenanthrene) ethers from *Bletilla striata*. *Phytochemistry*. 1990, **29**(4): 1259-1260

9. M Yamaki, L Bai, T Kato, K Inoue, S Takagi, Y Yamagata, K Tomita. Bisphenanthrene ethers from *Bletilla striata*. Part 7. *Phytochemistry*. 1992, **31**(11): 3985-3987

10. M Yamaki, L Bai, T Kato, K Inoue, S Takagi. Constituents of *Bletilla striata*. Part 8. Three dihydrophenanthropyrans from *Bletilla striata*. *Phytochemistry*. 1993, **32**(2): 427-430

11. M Yamaki, T Kato, L Bai, K Inoue, S Takagi. Constituents of *Bletilla striata*. 9. Phenanthrene glucosides from *Bletilla striata*. *Phytochemistry*. 1993, **34**(2): 535-537

12. M Yamaki, L Bai, T Kato, K Inoue, S Takagi, Y Yamagata, K Tomita. Blespirol, a phenanthrene with a spirolactone ring from *Bletilla striata*. *Phytochemistry*. 1993, **33**(6): 1497-1498

13. 王立新, 韓廣軒, 舒瑩, 劉文庸, 張衛東. 中藥白及化學成分的研究. 中國中藥雜誌. 2001, 26(10): 690-692

14. 韓廣軒, 王立新, 王麥莉, 張衛東, 李廷釗, 劉文庸, 陳海生. 中藥白及化學成分的研究. 藥學實踐雜誌. 2001, 19(6): 360-361

15. 悅隨士, 田河林, 李麗鳴, 張延霞, 王新華, 劉現軍. 白及甘露聚糖對狗實驗性肝損傷的止血作用. 中華醫學雜誌. 1995, 75(10): 632-633

16. 王本祥. 現代中藥藥理學. 天津科學技術出版社. 1999: 802-807

17. 陸波, 徐亞敏, 張漢明, 李鐵軍, 丘彥. 白及不同提取部位對家兔血小板聚集的影響. 解放軍藥學學報. 2005, 21(5): 330-332

18. 耿志國, 鄭世玲, 王遵瓊. 白及對鹽酸引起的大鼠胃粘膜損傷的保護作用. 中草藥. 1990, 31(2): 24-25

19. 劉海鵬, 陳向濤, 汪惠麗, 黨參, 白及, 製大黃及其配伍抗大鼠實驗性胃潰瘍作用. 中國臨床藥理學與治療學雜誌. 1997, 2(2): 92-94

20. 芮海雲, 吳國榮, 陳景耀, 章浩, 陸長梅. 白及中性多糖抗氧化作用的實驗研究. 南京師大學報(自然科學版). 2003, 26(4): 94-98

21. 馮敢生, 李欣, 鄭傳勝, 周承凱, 柳曦, 吳漢平. 中藥白及提取物抑制腫瘤血管生成機制的實驗研究. 中華醫學雜誌. 2003, 83(5): 412-416

22. 錢駿, 鄭傳勝, 吳漢平, V Daryusch, O Elsie, T Vogl, 馮敢生. 白及應用於大鼠實驗性肝細胞癌介入治療的研究. 中國醫院藥學雜誌. 2005, 25(5): 391-394

23. 陳德利, 施偉民, 徐倩, 高青雲, 朴英蘭, 沈亮亮. 中藥白及促進角質形成細胞的游走. 中華皮膚科雜誌. 1999, 32(3): 161-162

24. 孫劍濤, 王春明, 張峻峰. 白及多糖對人臍靜脈內皮細胞粘附生長的影響. 中藥材. 2005, 28(11): 1006-1007

25. 曹建國. 白及膠研究概況. 江西中醫學院學報. 1996, 8(2): 44-45

자란 재배모습

꾸지나무 構樹 CP, KHP

Broussonetia papyrifera (L.) Vent.

Paper Mulberry

개 요

뽕나무과(Moraceae)

꾸지나무(構樹, *Broussonetia papyrifera* (L.) Vent.)의 잘 익은 열매를 건조한 것

중약명: 저실자(楮實子)

닥나무속(*Broussonetia*) 식물은 전 세계에 약 4종이 있으며 아시아 동부와 태평양의 도서에 주로 분포한다. 중국 전역에 분포하며 현재 약으로 사용되는 것은 약 3종이다. 이 종은 중국의 남북 각지에 분포하며 한반도, 일본, 베트남, 말레이시아, 태국, 미얀마에도 분포하는 것이 있다.

'저실(楮實)'은 《명의별록(名醫別錄)》에 상품으로 처음 기재되었으며 《중국약전(中國藥典)》(2015년 판)에서는 이 종을 중약 저실자의 법정기원식물 내원종으로 수록했다. 《대한민국약전외한약(생약)규격집》(제4개정판)에는 저실자를 "뽕나무과에 속하는 꾸지나무 (*Broussonetia papyrifera* (L.) Ventenat) 또는 닥나무(*Broussonetia kazinoki* Siebold)의 핵과"로 등재하고 있다. 《중국약전》에서는 약재의 성상, 현미경 감별 특징, 성미 및 박층크로마토그래피법으로 약재를 관리하고 있다. 주요산지는 호북, 산서, 감숙 등이다.

꾸지나무의 주요 활성성분은 플라보노이드 화합물이다.

약리연구를 통하여 꾸지나무의 열매는 항노화, 치매, 항혈소판응집, 항산화, 항균 등의 작용이 있는 것으로 알려져 있다.

한의학에서 저실자는 자신(滋腎), 청간(清肝), 명목(明目) 등의 효능이 있다[1].

꾸지나무 構樹 *Broussonetia papyrifera* (L.) Vent. 꽃이 달린 가지 花枝

꾸지나무 構樹 *B. papyrifera* (L.) Vent.
열매가 달린 가지 果枝

약재 저실자 藥材楮實子 Broussonetiae Fructus

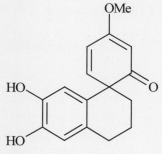

1cm

함유성분

열매에는 사포닌과 비타민 B 그리고 지방유 등이 함유되어 있다.
씨에는 불검화물의 기름과 포화지방산, oleinic acid, linoleic acid 등이 함유되어 있다.
나무껍질에는 broussoflavonols A, B, broussochalcones A, B[2], kazinols A, B[3] 등의 성분이 함유되어 있다.
뿌리껍질에는 broussoflavonols C, D, E, F, G[4-6], papyriflavonol A[7], broussoflavan A[6] 등이 함유되어 있다.
줄기에는 genkwanin, marmesine, betulinic acid[8] 등이 함유되어 있다.
균이 접종된 중층조직에는 broussonins C, D, E, F, broussinol, demethylbroussin[9], spirobroussonins A, B[10] 등의 성분이 생성된다.
이 식물에는 broussonins A, B[11] 등이 함유되어 있다.

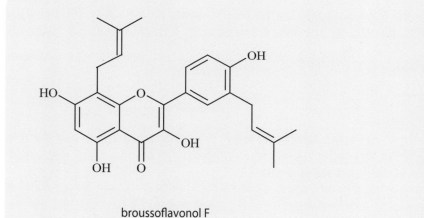

broussoflavonol F

spirobroussonin A

약리작용

1. 심혈관계에 대한 영향

꾸지나무 엽의 전제(煎劑) 및 알코올 추출물은 마취된 개 및 양에 대해 뚜렷한 강혈압작용이 있고 꾸지나무 엽에서 추출된 플라보노이드 배당체를 토끼와 Rat의 심장에 주사하면 심근수축력을 뚜렷하게 억제할 수 있는데 이런 수축력 억제는 염화칼슘의 부분적 길항에 의한 것이다. 심근수축력을 억제하는 동시에 심장박동을 늦추고 심방 및 심실다발성 심박실상을 유발하지만 관상동맥 혈류량에 대해서는 뚜렷한 영향이 없다. 알코올 추출물과 플라보노이드 배당체는 토끼와 기니피그의 심방에 대해 역시 비슷한 작용이 있지만 심방수축빈도에는 뚜렷한 영향을 주지는 않는다. 꾸지나무의 플라보노이드 배당체를 토끼의 귀에 주사하면 혈관 혈류량을 뚜렷하게 증가시키고 혈관확장작용을 나타낸다[12].

꾸지나무 構樹 CP, KHP

2. 항균

In vitro 실험에서 브로우스소닌 A와 B는 푸사리움 로세움, 푸사리움 솔라니, 검은누룩곰팡이균 등 진균에 대해 일정한 억제작용이 있다[13].

3. 항산화

저실자유(楮實子油)와 저실자의 플라보노이드는 뚜렷한 항산화와 유리기 제거작용이 있다. 이들의 산소자유기 억제율은 각기 43.85%와 24.56%이다[14].

4. 지질산화 억제와 혈관평활근 증식

브로우스소플라반 A는 Rat의 뇌균질 현탁액에서 Fe^{2+}로 유발된 지질과산화(LPO)를 뚜렷하게 억제할 수 있다. 또 Rat의 혈관평활근 세포의 증식을 억제할 수 있다[5].

5. 기억 촉진

저실액(楮實液)을 위에 주입하면 정상적인 Mouse의 공간분별학습과 기억획득에 대한 촉진작용이 있다. 스코폴라민으로 유발된 기억획득장애를 길항할 수 있으며 클로람페니콜과 아질산나트륨으로 유발된 기억공고불량을 개선할 수 있다. 30% 에탄올로 유발된 기억재현결함을 개선함과 동시에 아질산나트륨 중독으로 인한 산소부족에 뚜렷한 개선작용이 있다[15].

6. 혈소판응집 억제

꾸지나무 근피에서 분리해 낸 플라보노이드 화합물 브로우스소칼콘 A, 카지놀 A 등은 자가혈줄기세포재생술(PRP)의 혈장과 산토끼의 혈소판 분산매에 있어서 아라키돈산 혹은 응혈효소로 유발된 혈소판응집에 대해 강렬한 억제작용이 있다[12].

7. 기타

꾸지나무의 전 식물체의 에칠아세테이트 추출물 및 플라보노이드 성분은 *in vitro*에서 방향화 효소를 억제할 수 있고 유선암과 전립선암을 예방, 치료하는 약물로 개발될 수 있다. 또한 브로우스소칼콘 A 등은 프로테인타이로신포스파타제 1B의 작용을 억제하고 II형 당뇨병을 치료하기 위한 새로운 약물 개발에 사용한다[12].

용도

저실자는 중의임상에서 사용하는 약이다. 자신양음[滋腎養陰, 신음(腎陰)을 자양하고, 음이 허한 것을 보함], 청간명목(淸肝明目, 간열을 식혀서 눈을 맑게 함], 건비이수[健脾利水, 건비(健脾)시켜 수기(水氣)를 원활히 통하게 함] 등의 효능이 있으며, 신허요슬산연[腎虛腰膝酸軟, 신허(腎虛)로 허리가 시큰거리고 아프며 각슬(脚膝)에 힘이 없고 과로하면 더욱 심해지는 병증], 양위(陽痿, 발기부전), 목혼(目昏, 눈이 침침하고 사물이 흐릿하게 보이는 것), 목예[目翳, 눈에 예막(翳膜)이 생긴 것], 수종(水腫, 전신이 붓는 증상), 소변 양이 적은 것 등의 치료에 사용한다.

현대임상에서는 복수(腹水, 배에 물이 차는 증상), 백내장 등의 병증에 사용한다.

해 설

근래의 약리와 임상연구에서 꾸지나무의 열매인 저실자는 일정한 항노화, 항치매의 작용이 있는 것으로 밝혀졌다. 만일 이에 관련된 연구를 깊게 진행하면 노인성 질병을 치료할 수 있는 새로운 약이 개발될 가능성이 있다. 꾸지나무의 침전물은 비교적 강한 타이로시나아제 억제작용이 있고 유리기 제거작용이 있으며 미백 등 미용 분야에 사용할 수 있다.

열매 외에 꾸지나무의 기타 부위도 약으로 쓸 수 있다. 나무껍질은 이수, 지혈의 효능이 있어 저수백피(楮樹白皮)라고 부른다. 뿌리는 혈의 운행을 활발히 하여 어혈을 없애고 열을 제거하며 습사를 몸 밖으로 배설시키는데 저수근(楮樹根)이라고 부른다. 잎은 양혈지혈(涼血止血), 이뇨, 해독 등의 효능이 있어 '저엽(楮葉)'이라고 칭한다.

꾸지나무는 적응성이 넓고 발아력이 강하기에 쉽게 번식되어 녹화와 붕괴방지 등에 사용되는 중요한 수종이다. 나무껍질은 고품질 종이 및 방직의 원료이다. 꾸지나무의 잎은 단백질 함량이 풍부한데 단백질 함량이 24%에 달하며 독이 없어 양질의 단백질 사료에 사용할 수 있다. 또 건강식품의 첨가제로도 사용할 수 있다.

참고문헌

1. 趙家軍, 胡支農, 戴新民. 中藥楮實的本草記載和現代硏究進展. 解放軍藥學學報. 2000, **16**(4): 197-200

2. J Matsumoto, T Fujimoto, C Takino, M Saitoh, Y Hano, T Fukai, T Nomura. Components of *Broussonetia papyrifera* (L.) Vent. I. Structures of two new isoprenylated flavonols and two chalcone derivatives. *Chemical & Pharmaceutical Bulletin*. 1985, **33**(8): 3250-3256

3. J Ikuta, Y Hano, T Nomura. Constituents of the cultivated mulberry tree. Part XXXI. Components of *Broussonetia papyrifera* (L.) Vent. 2. Structures of two new isoprenylated flavans, kazinols A and B. *Heterocycles*. 1985, **23**(11): 2835-2842

4. T Fukai, T Nomura. Constituents of the Moraceae plants. Part 5. Revised structures of broussoflavonols C and D, and the structure of broussoflavonol E. *Heterocycles*. 1989,

29(12): 2379-2390

5.   SC Fang, BJ Shieh, RR Wu, CN Lin. Isoprenylated flavonols of formosan *Broussonetia papyrifera*. *Phytochemistry*. 1995, **38**(2): 535-537

6.   HH Ko, SM Yu, FN Ko, CM Teng, CN Lin. Bioactive constituents of Morus australis and *Broussonetia papyrifera*. *Journal of Natural Products*. 1997, **60**(10): 1008-1011

7.   KH Son, SJ Kwon, HW Chang, HP Kim, SS Kang. Papyriflavonol A, a new prenylated flavonol from *Broussonetia papyrifera*. *Fitoterapia*. 2001, **72**(4): 456-458

8.   PW Liang, CC Chen, YP Chen, HY Hsu. Constituents of *Broussonetia papyrifera* Vent. *Huaxue*. 1986, **44**(4): 152-154

9.   M Takasugi, N Niino, S Nagao, M Anetai, T Masamune, A Shirata, K Takahashi. Studies on the phytoalexins of the Moraceae. 13. Eight minor phytoalexins from diseased paper mulberry. *Chemistry Letters*. 1984, **5**: 689-692

10. M Takasugi, N Niino, M Anetai, T Masamune, A Shirata, K Takahashi. Studies on phytoalexins of the Moraceae. 14. Structure of two stress metabolites, spirobroussonin A and B, from diseased paper mulberry. *Chemistry Letters*. 1984, **5**: 693-694

11. PA De Almeida, SVJ Fraiz, R Braz-Filho. Synthesis and structural confirmation of natural 1, 3-diarylpropanes. *Journal of the Brazilian Chemical Society*. 1999, **10**(5): 347-353

12. 渠桂榮, 張倩, 李彩麗. 構樹的藥理與臨床作用研究述略. 中醫藥學刊. 2003, 21(11): 1810-1811

13. Y Iida, H Yonemura, KB Oh, M Saito, H Matsuoka. Sensitive screening of antifungal compounds from acetone extracts of medicinal plants with a bio-cell tracer. *Yakugaku Zasshi*. 1999, **119**(12): 964-971

14. 袁曉, 袁萍. 楮實子油及楮實子黃酮成分的抗氧化清除自由基作用的研究. 天然產物研究與開發. 2005, **17**(suppl.): 23-26

15. 戴新民, 張尊祥. 中藥藥理與臨床. 1997, **13**(5): 27-29

16. 黃寶康, 秦路平, 張朝暉, 鄭漢臣. 中藥楮實子的臨床應用. 時珍國醫國藥. 2002, 13(7): 434-435

밀몽화 密蒙花 ^{CP, KHP}

Loganiaceae

Buddleja officinalis Maxim.
Pale Butterfly Bush

 개 요

마전과(Loganiaceae)

밀몽화(密蒙花, *Buddleja officinalis* Maxim.)의 꽃봉오리 및 화서를 건조한 것

중약명: 밀몽화

취어초속(*Buddleja*) 식물은 전 세계에 약 100종이 있으며 아메리카, 아프리카와 아시아의 열대로부터 온대 지역까지 분포한다. 중국에는 약 29종, 변이종 4종이 있는데 전국의 대부분 성에 분포한다. 이 속에서 현재 약으로 사용되는 것은 약 6종이다. 이 종은 중국 대부분의 지역에 분포하며 부탄, 미얀마, 베트남에도 분포하는 것이 있다.

'밀몽화'란 약명은 《개보본초(開寶本草)》에 처음 기재되었으며 역대의 본초서적에도 다수 기재되었다. 예전과 현재의 기원식물의 품종은 동일하며 《중국약전(中國藥典)》(2015년 판)에서는 이 종을 중약 밀몽화의 법정기원식물 내원종으로 수록했다. 주요산지는 호북, 사천, 하남, 섬서, 운남인데 호북과 사천의 생산량이 비교적 많다. 《대한민국약전외한약(생약)규격집》(제4개정판)에는 밀몽화를 "밀몽화(*Buddleja officinalis* Maximowicz, 마전과)의 꽃봉오리 또는 화서"로 등재하고 있다.

밀몽화에는 주로 플라보노이드 배당체, 페닐알코올 배당체, 트리테르페노이드 및 트리테르페노이드 사포닌 등의 성분이 함유되어 있다. 《중국약전》에서는 고속액체크로마토그래피법을 이용하여 밀몽화의 부드딜레오시드의 함량을 0.50% 이상으로 약재의 규격을 정하고 있다.

약리연구를 통하여 밀몽화에는 항균, 항염, 항산화 등의 작용이 있는 것으로 알려져 있다.

한의학에서 밀몽화는 청열(淸熱), 윤간(潤肝), 명목(明目), 퇴예(退翳) 등의 효능이 있다.

밀몽화 密蒙花 *Buddleja officinalis* Maxim.

약재 밀몽화 藥材密蒙花 Buddlejae Flos

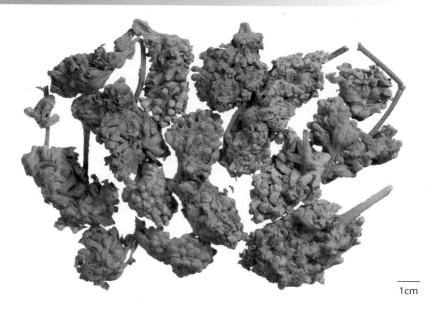

1cm

linarin

acteoside

밀몽화 密蒙花 CP, KHP

함유성분

꽃봉오리 및 화서에는 플라보노이드와 플라보노이드 배당체 성분으로 buddleoside (linarin), apigenin, luteolin, neobudofficide, cosmosiin, luteolin-7-O-glucopyranoside, luteolin-7-O-rutinoside, acacetin[1-2], 트리테르페노이드와 트리테르페노이 사포닌 성분으로 mimengosides A, B, C, D, E, F, G[3-4], olean-13(18)-ene-3-one, δ-amyrin, euph-8,24-diene-3-yl acetate[5], songaroside A[6], 그리고 페닐프로파노이드 배당체 성분으로 verbascoside (acteoside), isoacteroside, cistanoside F, campneoside II[6], calceolarioside, echinacoside, forsythoside B, angoroside A[2], salidroside[7], neobudofficide B[8], 6β-hydroxyacteoside, poliumoside, martynoside[9] 등이 함유되어 있다.
잎에는 트리테르페노이드 성분으로 lupeol acetate, cycloeucalenol, 그리고 페닐 알코올 배당체로 verbascoside, 6β-hydroxyacteoside, poliumoside, echinacoside, cistanoside F[10] 등이 함유되어 있다.

약리작용

1. 항균
   밀몽화의 물 추출물 및 단일 플라보노이드는 *in vitro*에서 황색포도상구균과 B형 용혈성 연쇄구균 등에 대해 억제작용이 있다[11]. 밀몽화의 악테오사이드도 *in vitro*에서 항균활성이 있다[8].

2. 항염
   밀몽화의 클로로포름 추출물은 *in vitro*에서 사이클로옥시게나제의 활성을 억제할 수 있으며 항염작용이 있다[8].

3. 항백내장
   밀몽화의 메탄올 추출물 및 루테올린 등 플라보노이드 및 플라보노이드 배당체 성분을 *in vitro*에서 또 Rat의 결정형 알도오스 환원효소의 활성을 억제할 수 있는데 이로써 항백내장작용을 드러낸다[12].

4. 간장에 대한 작용(세포 보호작용)
   밀몽화의 플라보노이드 및 페닐레타노이드 배당체 성분은 배양된 간세포에 대해 보호작용이 있고 세포독성의 유도를 억제할 수 있다[13].

5. 항종양
   밀몽화의 악테오사이드 등 페닐레타노이드 배당체 성분은 *in vitro*에서 항종양 활성이 있다[8-9]. 밀몽화의 트리테르페노이드 사포닌 성분은 *in vitro*에서 백혈병세포 HL-60에 대해 비교적 약한 억제작용이 있다[4].

6. 항산화
   밀몽화에서 분리해 낸 루테올린 및 악테오사이드는 *in vitro*에서 항산화 활성이 있다[14]. 베르바스코시드는 1-methyl-4-phenyl-pyridinium ion(MPP⁺)으로 유발된 PC12 신경세포괴사에 대해 뚜렷한 억제작용이 있는데 이것은 아마도 신경퇴행성 질병인 파킨슨병에 대하여 치료작용을 나타낼 것으로 예측된다[15].

7. 면역조절
   밀몽화의 물 추출물을 위에 주입하면 시클로포스파미드로 유발된 Mouse의 면역기능 손상에 대해 길항작용이 있다[16].

8. 기타
   밀몽화에 함유된 Rat의 혈청은 *in vitro*에서 인체정맥혈관내피세포의 증식을 억제할 수 있다[17]. 밀몽화는 또한 이뇨, 해경(解痙), 평활근 이완 등의 작용이 있다.

용도

밀몽화는 중의임상에서 사용하는 약이다. 청열양간[清熱養肝, 열기를 식히며 간의 음액(陰液)을 보태어 줌], 명목퇴예[明目退翳, 눈을 밝게 하고 예막(翳膜)을 치료함] 등의 효능이 있으며, 목적예장[目赤翳障, 눈이 충혈되고 눈의 겉부분에 예막(翳膜)이 없이 눈동자가 속으로 가려지는 병증] 등의 치료에 사용한다.
현대임상에서는 안결합막염, 야맹증, 백내장, 고혈압으로 인한 두훈(頭暈, 머리가 어지러운 증상), 안화[眼花, 안력(眼力)이 쇠하여 눈앞에 불꽃같은 것이 어른거림] 등의 병증에 사용한다.

해 설

밀몽화는 중의학에서 안과질환을 치료하는 약으로 쓰이며, 현대약리연구를 통하여 양호한 항균, 항염 및 간 보호 활성이 초보적으로 증명되었으나 유관된 약리작용 및 작용기전에 대해서는 추가적인 연구가 필요하다.
밀몽화의 황색소(黃色素)는 안전하고도 안정적인 천연식용색소의 하나로 의약, 식품 및 화장품 분야에서 다양한 용도로 개발이 가능하다[18-19].

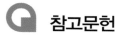 **참고문헌**

1. 李教社, 趙玉英, 王邠, 李秀蘭, 馬立斌. 密蒙花黃酮類化合物的分離和鑒定. 藥學學報. 1996,**31**(1): 849-854

2. YH Liao, PJ Houghton, JRS Hoult. Novel and known constituents from *Buddleja* species and their activity against leukocyte eicosanoid generation. *Journal of Natural Products.* 1999, **62**(9): 1241-1245

3. N Ding, S Yahara, T Nohara. Structure of mimengoside A and B, new triterpenoid glycosides from Buddlejae Flos produced in China. *Chemical & Pharmaceutical Bulletin.* 1992, **40**(3): 780-782

4. HZ Guo, K Koike, W Li, T Satou, D Guo, T Nikaido. Saponins from the flower buds of *Buddleja officinalis. Journal of Natural Products.* 2004, **67**(1): 10-13

5. 王邠, 李教社, 趙玉英, 胡長風. 密蒙花三萜等成分的研究. 北京醫科大學學報. 1996, **28**(6): 473-477

6. 韓澎, 崔亞君, 郭洪祝, 果德安. 密蒙花化學成分及其活性研究. 中草藥. 2004, **35**(10): 1086-1091

7. 李教社, 趙玉英, 王邠. 密蒙花中苯乙醇苷的分離和鑒定. 中國中藥雜誌. 1997, **22**(10): 613-615

8. 李教社, 趙玉英, 馬立斌. 密蒙花中的新苯乙醇苷. 中國藥學. 1997, **6**(4): 178-181

9. 張虎翼, 潘競先. 密蒙花中的苯丙素酚苷和黃酮苷研究, 中國藥學. 1996, **5**(2): 105-110

10. 余冬蕾, 張青, 張虎翼, 潘競先. 羊耳朵葉化學成分的研究. 天然產物研究與開發. 1997, **9**(4): 14-18

11. 李秀蘭, 孫光潔, 戴樹培, 李教社, 張海軍, 趙玉英. 密蒙花/結香有效成分的抑菌作用. 西北藥學雜誌. 1996, **11**(4): 165-166

12. H Matsuda, H Cai, M Kubo, H Tosa, M Iinuma. Study on anti-cataract drugs from natural sources. II. Effects of Buddlejae Flos on *in vitro* aldose reductase activity. *Biological & Pharmaceutical Bulletin.* 1995, **18**(3): 463-466

13. PJ Houghton, H Hikino. Anti-hepatotoxic activity of extracts and constituents of *Buddleja* species. *Planta Medica.* 1989, **55**(2): 123-126

14. MS Piao, MR Kim, DG Lee, Y Park, KS Hahm, YH Moon, ER Woo. Antioxidative constituents from *Buddleia officinalis. Archives of Pharmacal Research.* 2003, **26**(6): 453-457

15. GQ Sheng, JR Zhang, XP Pu, J Ma, CL Li. Protective effect of verbascoside on 1-methyl-4-phenylpyridinium ion-induced neurotoxicity in PC12 cells. *European Journal of Pharmacology.* 2002, **451**(2): 119-124

16. 吳克楓, 劉佳, 俞紅. 密蒙花對正常及免疫低下小鼠的免疫調節作用. 貴陽醫學院學報. 1977, **22**(4): 359-360

17. 接傳紅, 高健生. 中藥密蒙花抗血管內皮細胞增生作用的研究. 眼科. 2004, **13**(6): 348-350

18. 俞紅, 吳克楓, 孫如一. 食用天然色素密蒙黃穩定性分析研究. 廣東微量元素科學. 2001, **8**(1): 57-59

19. 殷彩霞, 唐春, 李聰, 彭莉. 密蒙花黃色素性能研究. 化學世界. 2000, **41**(1): 33-37

시호 柴胡 CP, KP

Bupleurum chinense DC.
Chinese Thorowax

 개요

산형과(Apiaceae/Umbelliferae)

시호(柴胡, *Bupleurum chinense* DC.)의 뿌리를 건조한 것

중약명: 시호, 북시호(北柴胡)

시호속(*Bupleurum*) 식물은 전 세계에 약 100종이 있으며 주로 북반구의 온대, 아열대 지역에 분포한다. 중국에 약 40종이 있으며 20여 종의 변이종 및 변형종이 있는데 그 대부분이 중국의 서북 및 서남 고원지대에서 난다. 이 속에서 현재 약으로 사용되는 것은 약 20종이다. 중국의 동북, 화북, 서북, 화동과 화중 등에 분포한다.

'시호'란 약명은 《신농본초경(神農本草經)》에 상품으로 처음 기재되었으며 역대의 본초서적에 모두 기재되었다. 《중국약전(中國藥典)》(2015년 판)에서는 이 종을 중약 시호의 법정기원식물 내원종으로 수록했다. 주요산지는 중국의 하북, 요녕, 길림, 흑룡강, 하남, 섬서 및 한반도 등이다. 《대한민국약전》(11개정판)에는 시호를 "산형과에 속하는 시호(*Bupleurum falcatum* Linne) 또는 그 변종의 뿌리"로 등재하고 있다.

시호속 식물의 주요 활성성분은 트리테르페노이드 사포닌 화합물이다. 《중국약전》에서는 고속액체크로마토그래피법을 이용하여 사이코사포닌 A와 D의 총 함량을 0.30% 이상으로 약재의 규격을 정하고 있다.

약리연구를 통하여 시호에는 해열, 항염, 진통, 진정, 진해(鎮咳), 보간이담(保肝利膽), 항바이러스 등의 작용이 있는 것으로 알려져 있다.

한의학에서 시호는 해표퇴열(解表退熱), 소간해울(疏肝解鬱) 등의 효능이 있다.

시호 柴胡 *Bupleurum chinense* DC.

약재 시호 藥材柴胡
Bupleuri Radix

1cm

함유성분

뿌리에는 사포닌 성분으로 saikosaponins a, b₂, b₃, c, d, f, l, q-1, t, v, v-1, v-2[1-5], 2″-O-acetyl-saikosaponin a, 2″-O-acetylsaikosaponin b₂[2], 3″-O- acetyl-saikosaponin b₂, 3″-O-acetyl-saikosaponin d[3], 6″-O-acetyl-saikosaponin b₂, 6″-O-acetylsaikosaponin d[4], 정유성분으로 2-methylcyclopentanone, limonene, myrcene[6], 플라보노이드 성분으로 saikochromoside A[7], saikochromic acid, rutin, quercetin, isorhamnetin, narcissin[8-9], 그리고 α-spinasterol과 xylitol[9-10] 성분 등이 함유되어 있다.

saikosaponin a: R₁=β-OH, R₂=OH,
R₃=β-D-glu(1→3)-β-D-fuc-

saikosaponin c: R₁=β-OH, R₂=H,
R₃=β-D-glu(1→6)-[α-L-rha-(1→4)]
- β-D-glu-

saikosaponin d: R₁= α-OH, R₂=OH,
R₃=β-D-glu(1→3)-β-D-fuc-

약리작용

1. 해열

피하에 시호의 알코올 침고(浸膏) 5%의 수용액을 주사하면 대장간균으로 유발된 발열에 대해 뚜렷한 해열작용이 있다. 시호의 물 추출물은 유행성 독감 사(死)백신으로 유발된 집토끼의 발열에 대해 뚜렷한 해열작용이 있다. 시호의 뿌리 및 줄기, 잎의 열수 추출물을 토끼에 경구투여하면 근육에 발효된 우유를 주사하여 생긴 발열을 뚜렷하게 내릴 수 있는데 그중 시호 뿌리 열수 추출물의 항온작용이 더욱 뚜렷하다. 사이코사포닌을 복용하면 상한 및 부상한 혼합백신으로 인한 발열과 정상적인 Rat의 체온을 떨어뜨린다. 시호의 정유성분은 2,4-디니트로페놀과 효모로 인해 열이 있는 토끼, 그리고 맥주효모 혼합액으로 인해 열이 있는 Rat에 대해 해열작용이 있다[11]. 이외에도 사이코게닌 a도 뚜렷한 해열작용이 있다.

2. 항염

사이코사포닌과 시호의 정유성분을 복강에 주입하면 카라기난으로 유발된 Rat의 발바닥 종창에 대해 뚜렷한 억제작용이 있다. 사이코사포닌 a와 d는 모두 항삼출(抗滲出)과 항면구육아종작용이 있다. 이외에도 사이코사포닌 d는 항신염작용이 있는데 이는 글루코코르티코이드의 분비를 촉진시키는 것과 연관된다[12-13].

3. 진정, 진통

Mouse의 등반 실험과 Rat의 조건성 회피반응에서 사이코사포닌과 사이코게닌 a를 복용하면 뚜렷한 운동억제와 안정작용이 있다. Mouse에게 시호 사포닌을 복용시키고 복강에 사포게닌 a를 주사하면 펜토바르비탈로 유발된 수면시간을 뚜렷하게 연장하는데 후자는 또한 Mouse에 대한 메스암페타민과 카페인의 흥분작용을 길항할 수 있다. Mouse에 대한 압미법(壓尾法), 초산자극 및 꼬리 전기자극에서 사이코사포닌은 통증역치를 뚜렷하게 높이며 진통작용이 있다. 시호 사포게닌 a와 배당체 잔여물을 복강에 주사하면 Mouse의 초산자극반응을 억제할 수 있고 배당체 잔여물은 압박법으로 유발된 통증에도 뚜렷한 진통작용이 있다.

4. 진해

기계자극을 통한 기침 유발에서 기니피그의 복강에 사이코사포닌과 사이코게닌 a를 주사하면 진해작용이 있다. 사이코게닌 a의 진해작용은 농도 의존적이다.

5. 항바이러스

사이코사포닌 a, d는 in vitro 실험에서 독감바이러스에 대해 억제작용이 있다. 또한 시호의 주사액은 유행성 출혈열 바이러스에 대해 일정한 억제작용이 있다.

6. 간장 보호, 이담(利膽)

시호는 상한균주, 에탄올, 사염화탄소(CCl₄), D-갈락토사민 등으로 유발된 간장 손상에 대해 뚜렷한 항손상과 담즙분비를 촉진하는 활성이 있다. 사이코사포닌 및 사이코사포닌 a, b1, b2, c, d는 실험성 간장 손상에 대해 뚜렷한 억제작용이 있다. 그중 사이코사포닌 d는 CCl₄로 유발된 만성 간염에도 뚜렷한 효과가 있다. 사이코사포닌은 일차배양간세포 내의 DNA 함량의 증가를 촉진함과 동시에 세포외 기질합성을 억제하며 간장 손상과 간장 섬유화를 예방할 수 있다[14-15].

7. **면역조절**

사이코사포닌 d는 *in vitro*에서 Mouse의 비장 T임파세포의 기능을 양방향으로 조절함과 동시에 인터루킨-2(IL-2)의 생성을 촉진하고 IL-2 수용체의 발현을 조절해 준다[16]. 사이코사포닌은 대식세포와 임파세포의 기능을 활성화시키는 것을 통해 인체 비특이성 및 특이성 면역반응을 증강함으로써 면역조절작용을 유도한다[17].

8. **항종양**

사이코사포닌 d는 인체백혈병세포 HL-60과 K562의 증식에 대해 시간 및 농도 의존적 억제작용을 나타내며[18] 이러한 작용은 세포 자멸의 유도[19]와 암인자 bcl-2의 발현을 억제하는 것[20-21]과 관련이 있다.

9. **기타**

시호 물 추출물의 폴리페놀 성분은 세포유사분열의 활성을 촉진시키는 작용이 있다[22-23].

용도

시호는 중의임상에서 사용하는 약이다. 소풍퇴열[疏風退熱, 풍열(風熱)을 소산시키는 것], 소간해울[疏肝解鬱, 간의 소설(疏泄)기능이 저하된 것을 개선하여 막힌 것을 뚫어 냄], 승양거함(升陽擧陷, 양기를 끌어올리고 처져 내려간 것을 끌어올림) 등의 효능이 있으며, 한열왕래[寒熱往來, 한(寒)과 열(熱)이 서로 번갈아 가면서 하루에 여러 차례 발작하는 것], 감기발열, 간울기체[肝鬱氣滯, 간의 기운이 울체(鬱滯)되어 몸 전체의 기의 운행이 원활하지 않은 증상], 월경불순, 기허하함[氣虛下陷, 비기(脾氣)가 허하여 비기의 끌어 올리는 기능에 장애가 생겨 청양(淸陽)이 상승하지 못하는 병증], 구사탈항(久瀉脫肛, 오랜 설사로 항문이 밖으로 빠져나온 병증), 퇴열절학(退熱截瘧, 열이 내리고 말라리아가 나음) 등의 치료에 사용한다.

현대임상에서는 바이러스성 간염, 이선염, 유행성 이하선염, 단순포자바이러스성 각막염, 구창(口瘡, 입안이 허는 병증), 다형홍반(多形紅斑, 여러 가지 형태의 홍반으로 피부의 빛깔이 붉게 변하는 증상), 고지혈증 등의 병증에 사용한다.

해설

《중국약전》에서는 협엽시호(狹葉柴胡, *Bupleurum scorzonerifolium* Willd.)를 중약 시호의 법정기원식물로 기재했다. 《일본약국방(日本藥局方)》(제15판)에서 기재한 시호의 내원은 삼도시호(三島柴胡, *B. falcatum* L.)이다. 동속식물 대엽시호(大葉柴胡, *B. longiradiatum* Turcz.)는 독성이 있고 각종 시호에 함유된 사이코사포닌 a, d의 양은 차이가 비교적 크다[24].

시호의 분포는 비록 광범위하지만 약으로 쓰이는 부위는 뿌리이고 그 자원량은 그다지 많지 않다. 더욱이 시호 씨의 발아율은 낮아 약용자원이 매우 부족하기 때문에 재배기술에 대한 연구를 강화할 필요가 있다.

본초학적 고증에 의하면 발한해표(發汗解表), 승거청양(升擧淸陽), 소간해울은 협엽시호의 뿌리를 포함한 전초의 효능 특징이다[25]. 중국의 강소, 안휘 등지에서 광범위하게 사용되는 봄철에 채집한 협엽시호의 뿌리를 포함한 전초를 춘시호(春柴胡)라 부른다. 최근 성분연구를 통해서 뿌리 부위에는 주로 사포닌 화합물이 함유되어 있고, 지상부에는 주로 플라보노이드, 리그난과 정유성분이 함유되어 있는 것으로 알려졌다. 때문에 전통 중의의 용도와 결합하여 협엽시호의 약리활성 부위와 약용부위를 명확히 하는 것이 매우 중요하다.

참고문헌

1. 梁鴻, 趙玉英, 邱海蘊, 黃頡, 張如意. 北柴胡中新皂苷的結構鑒定. 藥學學報. 1998, **33**(1): 37-41

2. 梁鴻, 趙玉英, 白焱晶, 張如意, 涂光忠. 柴胡皂苷v的結構鑒定. 藥學學報. 1998, **33**(4): 282-285

3. 梁鴻, 韓紫岩, 趙玉英, 王邠, 崔育新, 楊文修, 余奕. 新化合物柴胡皂苷q-1的結構鑒定. 植物學報. 2001, **43**(2): 198-200

4. QX Liu, H Liang, YY Zhao, B Wang, WX Yang, Y Yu. Saikosaponin v-1 from roots of *Bupleurum chinense* DC. *Journal of Asian Natural Products Research*. 2001, **3**(2): 139-144

5. H Liang, YJ Cui, YY Zhao, B Wang, WX Yang, Y Yu. Saikosaponin v-2 from *Bupleurum chinense*. *Chinese Chemical Letters*. 2001, **12**(4): 331-332

6. 郭濟賢, 潘勝利, 李穎, 洪筱坤, 王智華. 中國柴胡屬19種植物揮發油化學成分的研究. 上海醫科大學學報. 1990, **17**(4): 278-282

7. H Liang, YY Zhao, RY Zhang. A new chromone glycoside from *Bupleurum chinense*. *Chinese Chemical Letters*. 1998, **9**(1): 69-70

8. 梁鴻, 趙玉英, 崔艷君, 劉沁舡. 北柴胡中黃酮類化合物的分離鑒定. 北京醫科大學學報. 2000, **32**(3): 223-225

9. 李青翠, 梁鴻, 趙玉英, 張如意, 張禮和. 北柴胡根化學成分的研究. 中國藥學. 1997, **6**(3): 165-167

10. 梁鴻, 白焱晶, 趙玉英, 張如意. 北柴胡化學成分研究. 中國藥學. 1998, **7**(2): 98-99

11. 張青葉, 胡聰, 叢月珠. 三島柴胡與北柴胡解熱作用比較. 中藥材. 1997, **20**(3): 147-149

12. 徐安平, 崔若蘭. 柴胡皂苷d對實驗性膜性腎炎療效及作用機理研究. 腎臟病與透析腎移植雜誌. 1995, **4**(3): 215-217

13. 梁雲, 崔若蘭. 柴胡皂苷d治療抗腎小球基膜型腎炎的實驗研究. 第二軍醫大學學報. 1999, **20**(7): 416-419

14. 陳爽, 賈長恩, 楊美娟, 于世瀛, 趙麗雲, 趙福建. 柴胡皂苷對FSC激活及合成細胞外基質的實驗研究. 北京中醫藥大學學報. 1999, **22**(1): 31-34

15. 陳爽, 賈長恩, 楊美娟, 于世瀛, 趙麗雲, 趙福建. 柴胡皂苷對肝細胞增殖及基質合成的實驗研究. 中國中醫基礎醫學雜誌. 1999, **5**(5): 21-25

16. M Kato, MY Pu, K Isobe, T Iwamoto, F Nagase, T Lwin, YH Zhang, T Hattori, N Yanagita, I Nakashima. Characterization of the immunoregulatory action of saikosaponin-d. *Cell Immunology.* 1994, **159**(1): 15-25

17. 梁雲, 崔若蘭. 柴胡皂苷及其同系物抗炎和免疫功能的研究進展. 中國中西醫結合雜誌. 1998, **18**(7): 446-448

18. 陳靜波, 夏薇, 崔清潭. 柴胡皂苷d(SSd)對HL-60細胞增殖的抑制作用. 北華大學學報(自然科學版). 2001, **2**(6): 486-488

19. 步世忠, 許金廉, 孫繼虎, 陳宜張, 商權. 柴胡皂苷d上調HL-60細胞糖皮質激素受體mRNA並誘導細胞凋亡. 中華血液學雜誌. 1999, **20**(7): 354-356

20. 夏薇, 崔新羽, 陳靜波. 柴胡皂苷d(SSd)對K562細胞凋亡及基因表達影響的研究. 中國現代醫學雜誌. 2002, **12**(10): 21-23

21. 夏薇, 崔新羽, 崔清潭. 柴胡皂苷d(SSd)對K562細胞增殖的抑制作用. 北華大學學報(自然科學版). 2002, **3**(2): 113-115

22. S Izumi, N Ohno, T Kawakita, K Nomoto, T Yadomae. Wide range of molecular weight distribution of mitogenic substance(s) in the hot water extract of a Chinese herbal medicine, *Bupleurum chinense. Biological* & *Pharmaceutical Bulletin.* 1997, **20**(7): 759-764

23. S Ohtsu, S Izumi, S Iwanaga, N Ohno, T Yadomae. Analysis of mitogenic substances in *Bupleurum chinense* by ESR spectroscopy. *Biological* & *Pharmaceutical Bulletin.* 1997, **20**(1): 97-100

24. 茅仁剛, 林東昊, 王智華, 洪筱坤, 潘勝利. HPLC法測定不同品種柴胡中的柴胡皂苷a, c, d含量. 中草藥. 2002, **33**(5): 412-414

25. 馬亞民, 楊長江, 王林鳳. 柴胡本草考證. 陝西中醫學院學報. 2001, **24**(2): 42-43

Apiaceae

삼도시호 三島柴胡 ^{KP, JP}

Bupleurum falcatum L.
Hare's Ear

 개 요

산형과(Apiaceae/Umbelliferae)

삼도시호(三島柴胡, *Bupleurum falcatum* L.)의 뿌리를 건조한 것

중약명: 시호(柴胡)

시호속(*Bupleurum*) 식물은 전 세계에 약 100종이 있으며 주로 북반구의 온대, 아열대 지역에 분포한다. 중국에 40종, 20여 종의 변이종 및 변형종이 있는데 대부분이 서북 및 서남 고원지대에서 난다. 이 속에서 현재 약으로 사용되는 것은 20여 종이며 주로 일본, 한반도 등에 분포한다. 근래 중국의 부분적인 지역에서 인공으로 재배되고 있다.

《일본약국방(日本藥局方)》(제15판)에서 이 종을 기재했다[1]. 《대한민국약전》(11개정판)에는 시호를 "산형과에 속하는 시호(*Bupleurum falcatum* Linne) 또는 그 변종의 뿌리"로 등재하고 있다.(170쪽 "시호" 참조) 사이코사포닌 a, c, d 및 시호 사포닌은 약재의 품질관리에 주요 지표성분이다[2].

삼도시호에는 트리테르페노이드, 다당, 폴리아세틸렌 화합물 및 정유성분 등이 있다.

삼도시호는 일본에서 감기와 간염의 예방, 치료에 광범위하게 사용된다.

약리연구를 통하여 삼도시호의 다당류 성분은 항궤양과 면역조절작용이 있는 것으로 알려져 있다.

삼도시호 三島柴胡 *Bupleurum falcatum* L.

약재 삼도시호 藥材三島柴胡 Bupleuri Falcati Radix

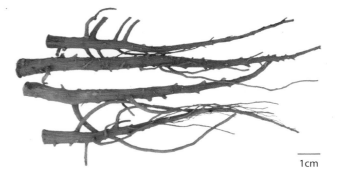

1cm

함유성분

뿌리에는 트리테르페노이드 사포닌 성분으로 saikosaponins a, b₁, b₂, b₄, c, d, e, f[3-4], hydroxylsaikosaponins a, c, d, 4″-O-acetylsaikosaponin d[4], malonylsaikosaponins a, d[5], saikogenins d, f, g[6], 다당류 성분으로 bupleurans 2IIb, 2IIc[7-9], 폴리아세틸렌 성분으로 saikodiynes A, B, C, 2Z-9Z-pentadecadiene-4,5-diyn-1-ol[10], 플라보노이드 성분으로 saikochromone A[6] 등이 함유되어 있다.

열매에는 phenethyl alcohol 8-O-β-D-glucopyranosyl-(1→2)-O-β-D-apiofuranosyl-(1→6)-β-D-glucopyranoside, phenethyl alcohol 8-O-β-D-glucopyranosyl-(1→2)-β-D-g lucopyranoside, isopentenol 1-O-β-D-apiofuranosyl-(1→6)-β-Dglucopyranoside, icarisides D₁, F₂, saikosaponins a, c, d[11] 등이 함유되어 있다.

씨에는 saikosaponins c, d, 6″-O-acetylsaikosaponin d[12] 등이 함유되어 있다.

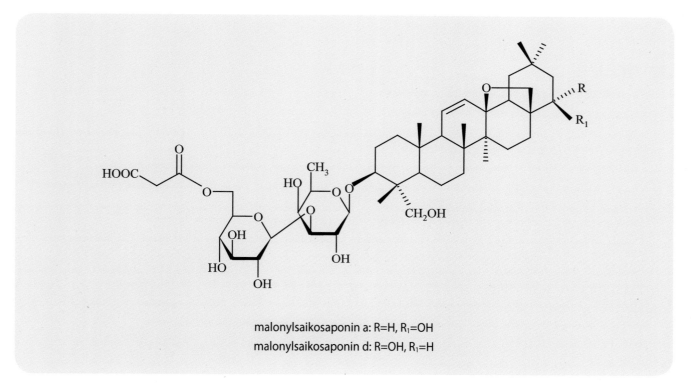

malonylsaikosaponin a: R=H, R₁=OH
malonylsaikosaponin d: R=OH, R₁=H

약리작용

1. **항궤양**

    삼도시호의 다당을 복용하면 염산-에탄올 혹은 에탄올과 수침(水浸)으로 유발된 Mouse의 위궤양 및 유문결찰과 초산으로 인한 Rat의 위궤양에 대해 길항작용이 있지만 위액 중의 프로스타글란딘 E_2[7, 13-14]의 함량에는 영향을 주지 않는다. 삼도시호 다당 부프레유란 2IIc를 Mouse의 정맥에 주사하면 24시간 후 간장에서 검출되는데[15] 그 구조 중의 갈락토실은 항궤양 활성의 중요한 성분이다[16].

2. **면역조절**

    삼도시호의 다당 부프레유란 2IIb는 Fc 수용체의 발현을 증폭함으로써 면역복합물질과 대식세포의 결합을 증강시킨다[8]. Mouse가 연속 7일간 삼도시호의 다당 부프레유란 2IIc를 복용하면 비장세포의 증식기능을 뚜렷하게 증강시킨다. *In vitro* 연구에서 부프레유란 2IIc는 세포주기조절을 통하여 단백의 발현을 조정함으로써 B임파세포의 증식을 촉진시키는 것으로 밝혀졌다. 동시에 B임파세포는 인터루킨-6을 방출한다[17-20]. *In vitro* 실험에서는 또 부프레유란 2IIc가 정상인 혈장과 초유(初乳) 중의 항체 면역글로불린 M(IgM), 면역글로불린 G(IgG)와 면역글로불린 A(IgA)가 상이한 정도로 결합된다는 것이 발견되었다[21]. 그 밖에 사이코사포닌 d는 프로테인키나아제 C-θ(PKCθ), c-Jun-N-terminal kinase(JNK)와 NF-κB 핵전사인자를 조절하여 Mouse의 T임파세포 활성을 억제할 수 있다[22]. 총적으로 삼도시호의 다당 부프레유란 2IIb 및 2IIc는 각기 비특이성 체액면역을 증강시키는데 이로써 사이코사포닌 d가 세포면역 반응을 억제할 수 있다.

3. **기타**

    삼도시호에서 분리한 사이코사포닌은 Na⁺/K⁺-ATP 효소를 억제할 수 있다[23]. 사이코사포닌 a, d와 e는 강한 항세포점성과 용혈작용이 있다[24]. 사이코사포닌 d는 세포자살작용을 촉진시키는데 그 시스템은 c-myc 및 p53의 mRNA 수치가 증가되는 것과 연관된다[25]. 사이코사포닌 a는 실험성 과민천식에 대해 억제작용이 있다[26].

삼도시호 三島柴胡 ^{KP, JP}

용도

《일본약국방》(제15판)에서는 삼도시호가 일본한방 처방에서 약으로 쓰인다고 기재하였다. 삼도시호는 정신우울, 소염배농(消炎排膿, 염증을 제거하고 고름을 뽑아내는 효능), 치질 등을 치료하며, 그 처방으로는 시박탕(柴樸湯), 시호계지탕, 소시호탕, 가미소요산 등이 있다.

해설

삼도시호는 일본에서 각종 시호가 함유된 한방제제로 광범위하게 사용된다. 중국에서도 중의처방으로 쓰이는 시호는 주로 시호(柴胡, *Bupleurum chinense* DC.)와 협엽시호(狹葉柴胡, *Bupleurum scorzonerifolium* Willd.) 두 종이다. 중국과 일본의 시호의 내원은 서로 다르나 현대임상에서 사용되는 제제 등에는 일반적으로 동일한 약으로 쓰인다. 때문에 이 두 종을 비교하여 깊이 연구할 필요가 있다.

삼도시호의 식물야생자원은 많지 않기 때문에 현재 각종 제품에서 쓰이는 것은 재배품이 대부분이다.

참고문헌

1. 日本公定書協會. 日本藥局方. 十五版. 東京 : 廣川書店. 2006: 3561-3563

2. 原田正敏. 繁用生薬の成分定量-天然薬物分析データ集. 1989: 161

3. H Ishii, M Nakamura, S Seo, K Tori, T Tozyo, Y Yoshimura. Isolation, characterization, and nuclear magnetic resonance spectra of new saponins from the roots of *Bupleurum falcatum* L. *Chemical & Pharmaceutical Bulletin*. 1980, **28**(8): 2367-2373

4. N Ebata, K Nakajima, K Hayashi, M Okada, M Maruno. Saponins from the root of *Bupleurum falcatum*. *Phytochemistry*. 1996, **41**(3): 895-901

5. N Ebata, K Nakajima, H Taguchi, H Mitsuhashi. Isolation of new saponins from the root of *Bupleurum falcatum* L. *Chemical & Pharmaceutical Bulletin*. 1990, **38**(5): 1432-1434

6. M Kobayashi, T Tawara, T Tsuchida, H Mitsuhashi. Studies on the constituents of Umbelliferae plants. XVIII. Minor constituents of Bupleuri Radix:occurrence of saikogenins, polyhydroxysterols, a trihydroxy C18 fatty acid, a lignan and a new chromone. *Chemical & Pharmaceutical Bulletin*. 1990, **38**(11): 3169-3171

7. H Yamada, XB Sun, T Matsumoto, KS Ra, M Hirano, H Kiyohara. Purification of anti-ulcer polysaccharides from the roots of *Bupleurum falcatum*. *Planta Medica*. 1991, **57**(6): 555-559

8. T Matsumoto, JC Cyong, H Kiyohara, H Matsui, A Abe, M Hirano, H Danbara, H Yamada. The pectic polysaccharide from *Bupleurum falcatum* L. enhances immune-complexes binding to peritoneal macrophages through Fc receptor expression. *International Journal of Immunopharmacology*. 1993, **15**(6): 683-693

9. H Yamada. Structure and pharmacological activity of pectic polysaccharides from the roots of *Bupleurum falcatum* L. *Nippon Yakurigaku Zasshi*. 1995, **106**(3): 229-237

10. M Morita, K Nakajima, Y Ikeya, H Mitsuhashi. Polyacetylenes from roots of *Bupleurum falcatum*. *Phytochemistry*. 1991, **30**(5): 1543-1545

11. M Ono, A Yoshida, Y Ito, T Nohara. Phenethyl alcohol glycosides and isopentenol glycoside from fruit of *Bupleurum falcatum*. *Phytochemistry*. 1999, **51**(6): 819-823

12. 劉繡華, 何建英, 范興濤, 陳伯森, 汪漢卿. 三島柴胡種子中的柴胡皂苷. 化學研究. 2000, 11(1): 8-11

13. XB Sun, T Matsumoto, H Yamada. Effects of a polysaccharide fraction from the roots of *Bupleurum falcatum* L. on experimental gastric ulcer models in rats and mice. *The Journal of Pharmacy and Pharmacology*. 1991, **43**(10): 699-704

14. T Matsumoto, XB Sun, T Hanawa, H Kodaira, K Ishii, H Yamada. Effect of the antiulcer polysaccharide fraction from *Bupleurum falcatum* L. on the healing of gastric ulcer induced by acetic acid in rats. *Phytotherapy Research*. 2002, **16**(1): 91-93

15. MH Sakurai, T Matsumoto, H Kiyohara, H Yamada. Detection and tissue distribution of anti-ulcer pectic polysaccharides from *Bupleurum falcatum* by polyclonal antibody. *Planta Medica*. 1996, **62**(4): 341-346

16. MH Sakurai, H Kiyohara, T Matsumoto, Y Tsumuraya, Y Hashimoto, H Yamada. Characterization of antigenic epitopes in anti-ulcer pectic polysaccharides from *Bupleurum falcatum* L. using several carbohydrases. *Carbohydrate Research*. 1998, **311**(4): 219-229

17. MH Sakurai, T Matsumoto, H Kiyohara, H Yamada. B-cell proliferation activity of pectic polysaccharide from a medicinal herb, the roots of *Bupleurum falcatum* L. and its structural requirement. *Immunology*. 1999, **97**(3): 540-547

18. Y Guo, T Matsumoto, Y Kikuchi, T Ikejima, B Wang, H Yamada. Effects of a pectic polysaccharide from a medicinal herb, the roots of *Bupleurum falcatum* L. on interleukin 6 production of murine B cells and Bcelllines. *Immunopharmacology*. 2000, **49**(3): 307-316

19. T Matsumoto, YJ Guo, T Ikejima, H Yamada. Induction of cell cycle regulatory proteins by murine B cell proliferating pectic polysaccharide from the roots of *Bupleurum falcatum* L. *Immunology Letters*. 2003, **89**(2-3): 111-118

20. T Matsumoto, K Hosono-Nishiyama, YJ Guo, T Ikejima, H Yamada. A possible signal transduction pathway for cyclin D2 expression by a pectic polysaccharide from the roots of bupleurum falcatum L. in murine B cell. *International Immunopharmacology*. 2005, **5**(9): 1373-1386

21. H Kiyohara, T Matsumoto, T Nagai, SJ Kim, H Yamada. The presence of natural human antibodies reactive against pharmacologically active pectic polysaccharides from herbal medicines. *Phytomedicine*. 2006, **18**: 1-7

22. CY Leung, L Liu, RN Wong, YY Zeng, M Li, H Zhou. Saikosaponin-d inhibits T cell activation through the modulation of PKCtheta, JNK, and NF-kappaB transcription factor. *Biochemical and Biophysical Research Communications*. 2005, **338**(4): 1920-1927

23. T Ehata, M Morita, Y Okui, H Mihashi. Isolation of saponins from roots of *Bupleurum falcatum* L. as Na⁺/K⁺-APTase inhibitors. *Japan Kokai Yokkyo Koho*. 1992

24. BZ Ahn, YD Yoon, YH Lee, BH Kim, DE Sok. Inhibitory effect of Bupleuri Radix saponins on adhesion of some solid tumor cells and relation to hemolytic action:screening

of 232 herbal drugs for anti-cell adhesion. *Planta Medica*. 1998, **64**(3): 220-224

25. MJ Hsu, JS Cheng, HC Huang. Effect of saikosaponin, a triterpene saponin, on apoptosis in lymphocytes:association with c-myc, p53, and bcl-2 mRNA. *British Journal of Pharmacology*. 2000, **131**(7): 1285-1293

26. KH Park, J Park, D Koh, Y Lim. Effect of saikosaponin-A, a triterpenoid glycoside, isolated from *Bupleurum falcatum* on experimental allergic asthma. *Phytotherapy Research*. 2002, **16**(4): 359-36[3]

능소화 凌霄 CP, KHP

Campsis grandiflora (Thunb.) K. Schum.
Chinese Trumpet Creeper

개요

능소화과(Bignoniaceae)

능소화(凌霄, *Campsis grandiflora* (Thunb.) K. Schum.)의 꽃을 건조한 것

중약명: 능소화(凌霄花)

능소화속(*Campsis*) 식물은 전 세계에 2종이 있는데 모두 약으로 쓴다. 이 종은 장강 유역 및 화북, 화남과 대만 등지에서 나며 일본에도 분포하는 것이 있다. 베트남, 인도, 파키스탄 등의 국가에서도 재배된다.

능소화는 '자위(紫葳)'란 약명으로 《신농본초경(神農本草經)》에 중품으로 처음 기재되었으며 능소화란 이름은 《신수본초(新修本草)》에서 처음으로 기재되었다. 예전과 현대의 식물기원은 일치하며 《중국약전(中國藥典)》(2015년 판)에서는 이 종을 중약 능소화의 법정기원식물 내원종의 하나로 규정했다. 주요산지는 중국의 강소, 절강, 안휘, 산동 및 북경 등이다. 《대한민국약전외한약(생약)규격집》(제4개정판)에는 능소화를 "능소화과에서 속하는 능소화(*Campsis grandiflora* Schumann) 또는 미주능소화(*Campsis radicans* Seemen)의 꽃"으로 등재하고 있다.

능소화의 주요 함유성분은 플라보노이드 화합물이다. 또한 이리도이드 배당체와 트리테르페노이드 성분이 있다. 《중국약전》에서는 약재의 성상, 현미경 감별 특징, 성미 및 박층크로마토그래피법으로 약재를 관리하고 있다.

약리연구를 통하여 능소화에는 항균, 항혈전, 항종양 등의 작용이 있는 것으로 알려져 있다.

한의학에서 능소화는 양혈(凉血), 화어(化瘀), 거풍(祛風) 등의 효능이 있다.

능소화 凌霄 *Campsis grandiflora* (Thunb.) K. Schum.

약재 능소화 藥材凌霄花 Campsis Flos

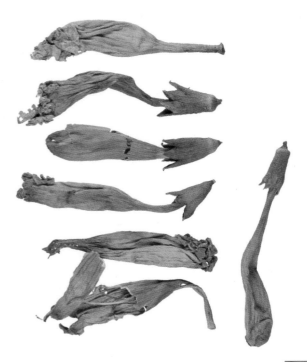

1cm

미주(아메리카)능소화 美洲凌霄 *Campsis radicans* (L.) Seem

함유성분

꽃에는 플라보노이드 성분으로 apigenin, 페닐에타노이드 배당체 성분으로 verbascoside (acteoside)[1], cornoside[4], 트리테르페노이드 성분으로 올레아놀산, ursolic acid, 23-hydroxyursolic acid, corosolic acid, maslinic acid, arjunolic acid[3], 그리고 스테롤 성분으로 β-sitosterol, daucosterol[5], 그리고 정유성분으로 furfural, 5-methyl furfural[6] 등이 함유되어 있다.

잎에는 플라보노이드 성분으로 naringenin-7-O-α-L-rhamnosyl (1→4)-rhamnoside, dihydrokaempferol-3-O-α-L-rhamnoside-5-O-β-D-glucoside[7], iridoids, campenoside, 5-hydroxycampenoside[8], campsiside, pondraneoside[2], cachinesides I, III, VI, V[9-10], cachinol, 1-O-methyl-cachinol[11], 그리고 트리테르페노이드 성분으로 올레아놀산, hederagenin, ursolic acid, tormentic acid, myrianthic acid[12] 등이 함유되어 있다.

campenoside

능소화 凌霄 CP, KHP

약리작용

1. **항균**

   평판도말법 실험에서 능소화의 꽃과 잎의 전제(煎劑)는 플렉스네리이질간균과 상한간균에 대해 억제작용이 있다.

2. **항혈전 형성**

   능소화의 열수 추출물은 뚜렷한 항혈전작용이 있다. 능소화는 적혈구 전기영동을 빠르게 하고 적혈구 전기영동률을 촉진시키며 혈액적혈구로 하여금 분산상태에 이르게 한다[13]. 잎에 함유된 트리테르페노이드와 이리도이드 배당체 성분은 콜라겐 혹은 아드레날린으로 유도된 혈소판응집에 일정한 억제작용이 있다[11-12].

3. **항종양**

   능소화의 꽃봉오리 추출물은 소의 뇌에서 추출된 단백질인산화효소 C에 대해 억제작용이 있고 *in vitro*에서 피부암세포 M14에 대해 일정한 세포독성이 있다[13].

4. **혈관평활근에 대한 작용**

   능소화의 열수 추출물은 돼지의 관상동맥에 대해 이완작용이 있고 그의 수축을 뚜렷하게 억제할 수 있다[14].

5. **자궁평활근에 대한 작용**

   능소화의 열수 추출물은 임신하지 않은 Mouse의 자궁수축을 뚜렷하게 억제할 수 있고 자궁의 수축강도를 낮출 수 있다. 또한 자궁수축빈도와 수축활성을 억제할 수 있다. 또한 능소화의 열수 추출물은 임신한 Mouse의 자궁에 대해 수축빈도와 수축강도를 증가함과 동시에 그의 수축활성을 증강할 수 있다[14]. 능소화의 아세톤 : 메탄올(1:1)의 추출 부위도 임신된 Mouse의 자궁근육의 수축강도를 뚜렷하게 증강할 수 있다[1].

6. **기타**

   능소화 추출물에는 항산화와 항염작용이 있다[15-16]. 그의 메탄올 추출물은 아밀라아제를 억제할 수 있다[17]. 능소화의 트리테르페노이드 성분은 인체콜레스테롤아실전이효소(hACAT-1)에 대해 뚜렷한 억제작용이 있다[3]. 능소화의 다우코스테롤은 파르네실전이효소(FPT)의 활성에 대해 억제작용이 있다[5].

용 도

능소화는 중의임상에서 사용하는 약이다. 파어통경[破瘀通經, 파혈(破血)하여 경폐(經閉)를 치료하여 월경이 재개되게 함], 양혈거풍[凉血祛風, 양혈(凉血)로 풍사(風邪)를 소산(消散)시키는 것] 등의 효능이 있으며, 혈어경폐(血瘀經閉, 어혈로 인해 월경이 막히는 증상), 징가(癥瘕, 여성 생식기에 발생하는 종괴(腫塊)] 및 타박상, 주신소양(周身瘙癢, 몸의 이곳저곳이 가려움), 풍진(風疹, 발진성 급성 피부 전염병) 등의 치료에 사용한다.

현대임상에서는 원발성 간암, 위장관용종, 홍반성 낭창, 두드러기[18] 등의 병증에 사용한다.

해 설

《중국약전》에서는 미주(아메리카)능소화(美洲凌霄, *Campsis radicans* (L.) Seem)를 능소화의 법정기원식물 내원종으로 수록했다. 미주능소화는 혈전 형성 억제작용을 제외하고 그 효능이 능소화와 비슷하다. 주의할 점은 미주능소화는 적출된 임신자궁에 대해 특수성을 보이는데, 적출된 임신자궁으로 하여금 규칙적인 흥분과 억제작용을 유도한다. 이로써 미주능소화는 임신유도제로 연구개발될 수 있음을 제시한다. 이외에도 미주능소화와 능소화의 함유성분은 상이하기 때문에 두 종의 약리작용을 비교연구해야 할 것이다.

참고문헌

1. 趙謙, 廖矛川, 郭濟賢. 凌霄花的化學成分與抗生育活性. 天然産物研究與開發. 2002, **14**(3): 1-6

2. Y Imakura, S Kobayashi, Y Yamahara, M Kihara, M Tagawa, F Murai. Studies on constituents of Bignoniaceae plants. IV. Isolation and structure of a new iridoid glucoside, campsiside, from *Campsis chinensis*. *Chemical & Pharmaceutical Bulletin*. 1985, **33**(6): 2220-2227

3. DH Kim, KM Han, IS Chung, DK Kim, SH Kim, BM Kwon, TS Jeong, MH Park, EM Ahn, NI Baek. Triterpenoids from the flower of *Campsis grandiflora* K. Schum. as human acyl-CoA:cholesterol acyltransferase inhibitors. *Archives of Pharmacal Research*. 2005, **28**(5): 550-556

4. DH Kim, YJ Oh, KM Han, IS Chung, DK Kim, SH Kim, BM Kwon, MH Park, NI Baek. Development of biologically active compounds from edible plant sources XIV. Cyclohexylethanoids from the flower of *Campsis grandiflora* K. Schum. *Agricultural Chemistry and Biotechnology*. 2005, **48**(1): 35-37

5. DH Kim, MC Song, KM Han, MH Bang, BM Kwon, SH Kim, DK Kim, IS Chung, MH Park, NI Baek. Development of biologically active compounds from edible plant sources. X. Isolation of lipids from the flower of *Campsis grandiflora* K. Schum. and their inhibitory effect on FPTase. *Han'guk Eungyong Sangmyong Hwahakhoeji*. 2004, **47**(3): 357-360

6. Y Ueyama, S Hashimoto, K Furukawa, H Nii. The essential oil from the flower of *Campsis grandiflora* (Thumb.) K. Schum. from China. *Flavour and Fragrance Journal*. 1989,

4(3): 103-107

7.   M Ahmad, N Jain, M Kamil, M Ilyas. Isolation and characterization of two new flavanone disaccharides from the leaves of *Tecoma grandiflora* Bignoniaceae. *Journal of Chemical Research, Synopses.* 1991, **5**: 109

8.   S Kobayashi, Y Imakura, Y Yamahara, T Shingu. New iridoid glucosides, campenoside and 5-hydroxycampenoside, from *Campsis chinensis* Voss. *Heterocycles.* 1981, **16**(9): 1475-1478

9.   Y Imakura, S Kobayashi, K Kida, M Kido. Iridoid glucosides from *Campsis chinensis*. *Phytochemistry.* 1984, **23**(10): 2263-2269

10. Y Imakura, S Kobayashi. Structures of cachineside III, IV and V, iridoid glucosides from *Campsis chinensis* Voss. *Heterocycles.* 1986, **24**(9): 2593-2601

11. JL Jin, SL Lee, YY Lee, JE Heo, JM Kim, HS Yun-Choi. Two new non-glycosidic iridoids from the leaves of *Campsis grandiflora*. *Planta Medica.* 2005, **71**(6): 578-580

12. JL Jin, YY Lee, JE Heo, L See, JM Kim, HS Yun-Choi. Anti-platelet pentacyclic triterpenoids from leaves of *Campsis grandiflora*. *Archives of Pharmacal Research.* 2004, **27**(4): 376-380

13. HS Lee, MS Park, WK Oh, SC Ahn, BY Kim, HM Kim, GT Oh, TI Mheen, JS Ahn. Isolation and biological activity of verbascoside, a potent inhibitor of protein kinase C from the calyx of *Campsis grandiflora*. *Yakhak Hoechi.* 1993, **37**(6): 598-604

14. 沈琴, 郭濟賢, 邵以德. 中藥凌霄花的藥理學考察. 天然產物研究與開發. 1995, **7**(2): 6-11

15. XY Cui, JH Kim, X Zhao, BQ Chen, BC Lee, HB Pyo, YP Yun, YH Zhang. Antioxidative and acute anti-inflammatory effects of *Campsis grandiflora* flower. *Journal of Ethnopharmacology.* 2006, **103**(2): 223-228

16. HS Kang, HY Chung, KH Son, SS Kang, JS Choi. Scavenging effect of Korean medicinal plants on the peroxynitrite and total ROS. *Natural Product Sciences.* 2003, **9**(2): 73-79

17. SH Kim, CS Kwon, JS Lee, KH Son, JK Lim, JS Kim. Inhibition of carbohydrate-digesting enzymes and amelioration of glucose tolerance by Korean medicinal herbs. *Journal of Food Science and Nutrition.* 2002, **7**(1): 62-66

18. 黃梅生. 凌霄花合劑治療蕁麻疹95例. 廣西中醫藥. 1994, 17(3): 7

삼 大麻 CP, KHP, JP, IP

Cannabis sativa L.

Hemp

개요

뽕나무과(Moraceae)

삼(大麻, *Cannabis sativa* L.)의 잘 익은 열매를 건조한 것

중약명: 화마인(火麻仁)

삼속(*Cannabis*) 식물은 전 세계에 오직 1종이 있으며 원산지는 인도와 중동 지역이다. 현재 세계의 온대와 열대 지역에 널리 분포하고 일반적으로 재배된다. 이 종은 중국의 동북, 화북, 화동, 중남 등에 분포한다.

'화마인'이란 약명은 《신농본초경(神農本草經)》에서 상품으로 처음 기재되었으며 역대의 본초서적에 많이 수록되었다. 《중국약전(中國藥典)》(2015년 판)에서는 이 종을 중약 화마인의 법정기원식물 내원종으로 수록했다. 중국 각지에서 모두 재배된다. 《대한민국약전외한약(생약)규격집》(제4개정판)에는 마인을 "삼(*Cannabis sativa* Linne, 뽕나무과)의 씨"로 등재하고 있다.

삼의 주요 활성성분으로는 칸나비노이드 화합물이며 그 밖에 정유성분이 있다. 그중 칸나비놀은 주요 생리활성성분의 하나로 진통, 지통(止痛), 수면 및 마취작용이 있다. 유쾌감이 있기 때문에 의존성이 생기기 쉽다. 국제적으로는 테트라하이드로칸나비놀(THC), 칸나비놀과 칸나비디올의 비율로 중독성 삼과 섬유용 삼을 구분하는 근거로 삼는다[1].

약리연구를 통하여 화마인의 활성성분은 항종양, 녹내장, 진통, 진정, 항경련, 지토(止吐) 등의 작용이 있는 것으로 알려져 있다[2].

한의학에서 화마인은 윤장통변(潤腸通便)의 효능이 있다.

삼 大麻 *Cannabis sativa* L.

약재 화마인 藥材火麻仁 Cannabis Fructus

1cm

함유성분

전초에는 칸나비노이드 성분으로 tetrahydrocannabinol, cannabinal, cannabidid[3], cannabigerol, cannabidivarin[2], cannabivarin, cannabi-cyclol[1], 그리고 정유성분으로 β-caryophyllene, α-selinene, β-santalene, γ-terpinene[2] 등이 함유되어 있다.
열매에는 아마이드 성분으로 cannabisins A, B, C, D, E, F, G[4-6], grossamide, N-trans-caffeoyltyramine, N-trans-feruloyltyramine[4] 등이 함유되어 있다.

Δ⁹-tetrahydrocannabinol

cannabisin A

 약리작용

1. **진통**

   정맥에 THC를 주사하면 Rat, Mouse의 꼬리회전자극 및 열판자극 실험에서 모두 진통작용을 나타나는데 흡입 혹은 정맥주사를 동시에 사용하면 효과가 증강된다[7]. 연구를 통해 마인을 각종 통증 동물모형에 전신성으로 사용하면 상해성 자극과 통각과민에 대해 길항작용이 있을 뿐만 아니라 외주, 척추, 대뇌에 대해서도 모두 진정작용이 있다[8].

2. **행동변화**

   복강에 THC를 주사하면 Rat와 Mouse의 자발운동이 증가되었다가 후에 감소되는 현상이 나타난다. 마카크원숭이의 조건성 도피반사를 개선시킬 수 있고, Rat의 회피반응을 뚜렷하게 억제시킬 수 있다. THC를 복용시키면 침팬지와 마카크원숭이에 대해 시간, 거리와 자극에 대한 감별 기능을 낮출 수 있다[9].

3. **신경약리 효능**

   토끼정맥에 THC를 주사하면 활동량이 증가되고 불안증세가 나타나는 동시에 뇌전도 변화가 동반되며 신경뉴런피질과 중뇌조직의 흥분성이 증가된다. 마취된 개의 정맥에 THC를 주사하면 전자극으로 인한 설신경의 설악반사(舌顎反射)를 억제시킬 수 있다[9].

4. **심혈관계에 대한 영향**

   마취 후의 동물에 대해 THC는 심장박동이 고른 정황에서 정맥회류를 감소함으로써 심장혈의 박출량을 감소시키고 혈압을 낮추며

삼 大麻 CP, KHP, JP, IP

심장박동을 느리게 하는 작용이 있으며 마취되지 않는 동물과 사람에 대해서는 혈압강하작용이 없다[9].

5. 항경련

THC는 Rat과 Mouse의 전기쇼크 시 경련작용에 대한 보호작용이 있고 Mouse의 청각성 경련에 대한 민감성을 낮춰 주며 전기자극 Rat의 편도선자극으로 인한 경련을 길항할 수 있다[3].

6. 항종양

폐암말기의 Rat에게 THC를 연속적으로 주사하면 1/3의 암종체적이 축소되고 평균 생존시간은 다른 쥐에 비해 연장된다. 그 밖에 *in vitro* 실험에서 알 수 있듯이 인체유선암세포는 THC에도 아주 민감하다[10].

7. 면역계통에 대한 영향

대마는 주로 속발성 면역에 영향을 주는데 면역세포 기능과 세포인자 생성을 변화시킴으로써 인체의 항감염능력을 저하시킨다. 레지오넬라에 감염된 Mouse의 정맥에 THC를 주사하면 사망률이 뚜렷하게 높아진다[11].

용도

마인은 중의임상에서 사용하는 약이다. 윤장통변[潤腸通便, 장(腸)을 적셔 주고 대변을 통하게 함] 등의 효능이 있으며, 장조변비(腸燥便秘, 대장의 진액이 줄어들어 대변이 굳어진 것) 등의 치료에 사용한다.

현대임상에서 요도염, 습관성 변비, 신경계통질병[12], 파킨슨병과 운동질병 및 구토를 멈추고 식욕촉진[13] 등의 목적으로 사용한다.

해설

삼은 중국위생부에서 규정한 약식동원품목*의 하나이다. 유럽의 민간에서는 대마를 흔히 진통제로 쓴다. 유럽인들은 천식, 녹내장, 간질 등의 증세를 치료하는 데도 사용한다[14]. 2002년 10월, 영국의 GW Pharmaceutical 회사에서는 대마제품이 다발경화증, 척추손상 등 환자들의 난치성 통증을 완화하고 수면문제를 개선한다고 보고했다[15]. 이외에도 대마에 포함된 THC는 종양 억제작용이 있고 일종의 신형 항종양 약물로 개발될 가능성이 있다.

삼은 오랫동안 재배된 식물로 중요한 농용(農用) 및 약용가치가 있다. 그 줄기는 제지 원료로 쓸 수 있고 열매에는 유지가 풍부히 함유되어 기름을 짤 수도 있다.

삼에 함유된 칸나빈과 칸나비놀 등의 성분은 마취작용이 있으며, 중추신경에 작용되어 정서불안과 과대망상 등의 신경증세를 유발한다. 자주 사용하면 의존성이 생기고 인체에 심각한 손상을 주게 된다. 대마는 국제사회에서 금지하는 중독 우려 의약품의 하나이다. 때문에 사용할 때 각별히 조심하여야 한다.

참고문헌

1. 何洪源, 王聰慧, 郭繼森, 韓偉. GC/MS分析新疆大麻煙中的大麻類物質. 分析試驗室. 2003, 22(3): 34-37

2. 張鳳英, 何萍雯. GC和GC/MS對新疆不同產地大麻成分的分析研究. 質譜學報. 1992, 13(3): 1-6

3. 王琪. 大麻的藥理及其臨床應用. 疼痛. 2001, 9(3): 125-126

4. I Sakakibara, T Katsuhara, Y Ikeya, K Hayashi, H Mitsuhashi. Cannabisin A, an arylnaphthalene lignanamide from fruits of *Cannabis sativa*. *Phytochemistry*. 1991, 30(9): 3013-3016

5. I Sakakibara, Y Ikeya, K Hayashi, H Mitsuhashi. Three phenyldihydronaphthalene lignanamides from fruits of *Cannabis sativa*. *Phytochemistry*. 1992, 31(9): 3219-3223

6. I Sakakibara, Y Ikeya, K Hayashi, M Okada, M Maruno. Three acyclic bis-phenylpropane lignanamides from fruits of *Cannabis sativa*. *Phytochemistry*. 1995, 38(4): 1003-1007

7. 黃顯奮, 嚴泓渠, 姜建偉, 劉忠英, 何曉平, 曹小定. Δ9-四氫大麻酚加強電針鎮痛的實驗研究. 上海醫科大學學報. 1992, 19(1): 13-16

8. 毛應啟梁, 吳根誠. 大麻的疼痛調製作用及其機制. 國外醫學：生理, 病理科學與臨床分冊. 2003, 23(1): 79-81

9. 張開鎬. 大麻的藥理學效應. 中國臨床藥理學雜誌. 1990, 6(2): 111-114

10. 徐錚奎. 大麻藥理作用研究與臨床應用新進展. 中國醫藥情報. 2004, 10(2): 31-32

11. 嚴明山, 連慕蘭, 黃晉生. 大麻和大麻受體與免疫應答. 生理科學進展. 2000, 31(3): 261-264

12. P Consroe. Brain cannabinoid systems as targets for the therapy of neurological disorders. *Neurobiology of Disease*. 1998, 5: 534-551

13. L Whitfield. Stimulating your appetite. *Positively Aware: The Monthly Journal of the Test Positive Aware Network*. 1998, 9(2): 27

14. 徐錚奎. 大麻作爲藥用植物爲期不遠. 中國製藥信息. 1999, 15(4): 25

15. 英GW公司大麻藥品臨床試驗新進展. 國外醫藥：植物藥分冊. 2003, 18(1): 40

* 부록(502~505쪽) 참고

삼 대규모 재배단지

Leguminosae

결명자 決明 CP, KP, JP

Cassia obtusifolia L.

Sicklepod

개요

콩과(Leguminosae)

결명자(決明, *Cassia obtusifolia* L.)의 잘 익은 씨를 건조한 것

중약명: 결명자(決明子)

차풀속(*Cassia*) 식물은 전 세계에 약 600종이 있고 세계의 열대와 아열대 지역에 주로 분포하며 소수가 온대 지역에 분포한다. 중국에서 자생하는 것은 10여 종이고 파종하여 재배되는 것은 총 20여 종이다. 이 속에서 현재 약으로 사용되는 것은 대략 20종이 며 이 종은 중국의 각 성에서 모두 재배된다.

'결명자'란 약명은 《신농본초경(神農本草經)》에 상품으로 처음 기재되었으며 중국에서 오늘날까지 사용해 온 중약 결명자는 모두 이 속의 여러 종 식물이다. 《중국약전(中國藥典)》(2015년 판)에서는 이 종을 중약 결명자의 법정기원식물 내원종 가운데 하나로 수록 하였다. 주요산지는 중국의 강소, 안휘, 사천 등이며 상술한 지역의 생산량도 비교적 많다. 《대한민국약전》(11개정판)에는 결명자를 "콩과에 속하는 결명자(*Cassia tora* Linne) 또는 결명(*Cassia obtusifolia* Linne)의 잘 익은 씨"로 등재하고 있다.

차풀속 식물의 주요 활성성분은 안트라퀴논 유도체이다. 《중국약전》에서는 고속액체크로마토그래피법을 이용하여 건조시료 중 크리소파놀의 함량을 0.20% 이상, 아우란티오 옵투신의 함량을 0.080% 이상으로, 음편(飮片) 중 두 성분의 함량을 각각 0.12%, 0.080% 이상으로 약재의 규격을 정하고 있다.

약리연구를 통하여 결명자에는 강압, 혈지조절, 간장 보호, 면역조절 등의 작용이 있는 것으로 알려져 있다.

한의학에서 결명자는 청간명목(淸肝明目), 윤장통변(潤腸通便) 등의 효능이 있다.

 결명자 決明 *Cassia obtusifolia* L.

약재 결명자 藥材決明子 Cassiae Obtusifoliae Semen

1cm

함유성분

씨에는 안트라퀴논 성분으로 chrysophanol, physcion, physcion-8-O-β-D-glucoside, emodin, aloe-emodin, aurantioobtusin[1], obtusin, rhein[2], obtusifolin[3], chryso-obtusin[4], gluco-obtusifolin, gluco-chryso-obtusin, gluco-aurantioobtusin[5], alaternin-1-O-β-D-glucopyranoside, chrysoobutsin-2-O-β-D-glucopyranoside[6], chrysophanol-9-anthrone[7], 1-desmethylobtusin, 1-desmethylchryso-obtusin, 1-desmethylaurantio-obtusin[8], emodin-1-O-β-gentiobioside[9] 등이 함유되어 있다. 또한 나프토피론 성분으로 cassiasides A, B, B₂, C, C₂[10-12], rubrofusarin-6-O-gentiobioside[11] 등이 함유되어 있다.

obtusin

rubrofusarin-6-O-gentiobioside

약리작용

1. 혈압강하

결명자의 수침액(水浸液), 알코올 물 침출액 및 에탄올 침출액을 위에 주입하면 마취된 개, 고양이, 토끼 및 Rat에 대해 모두 항혈압 작용이 있고 자발성 유전성 고혈압이 있는 Rat의 수축혈압과 이완혈압을 동시에 낮출 수 있는데 그 강압 유효물질은 안트라퀴논 배당체 및 올리고당일 것으로 예상된다[13].

2. 혈지조절

결명자 가루, 에칠아세테이트 추출물, 부탄올 추출물과 물 추출물을 위에 주입하면 모두 고지혈증이 있는 Rat의 총콜레스테롤(TC)을 뚜렷하게 낮출 수 있고 고밀도지단백(HDL)의 수치를 뚜렷하게 높일 수 있는데 그 주요 활성성분은 배당체, 단백질 및 다당 등인 것으로 보인다[14]. In vitro 실험에서 결명자의 종자침고(種子浸膏)는 콜레스테롤의 합성에 대해 일정한 억제작용이 있다[15].

3. 항균

In vitro 실험에서 결명자의 에칠에스테르 추출액 및 초산에탄올 추출액은 황색포도상구균, 대장간균, 고초간균, 산기간균 등에 대해 모두 비교적 강한 억제작용이 있다[16].

4. 간장 보호

결명자의 물 추출물은 사염화탄소로 유발된 Rat의 간장 손상과 D-갈락토오스 혹은 지질다당(LPS)으로 유발된 Mouse의 간장 손상에 대해 모두 뚜렷한 보호작용이 있다[17].

5. 면역조절

결명자의 열수 추출 알코올침제를 피하에 주사하면 Mouse의 흉선을 뚜렷하게 위축시킬 수 있고 외주임파세포의 a-나프틸아세트산 에스터가수분해효소(ANAE)의 염색양성률을 뚜렷하게 낮출 수 있다. 또한 2,4-디니트로클로로벤젠(DNCB)으로 유발된 Mouse 피부의 지발성과민반응(DTH)을 억제시키지만 혈청 용혈효소의 형성에 대해서는 아무런 영향을 주지 않는다. 그 밖에 결명자의 열수 추출 알코올침제는 Mouse의 복강대식세포의 탐식계 적혈구 백분율과 탐식지수를 뚜렷하게 제고시킬 수 있으며 용혈효소의 수치도 뚜렷하게 제고시킬 수 있다. 이로써 결명자는 세포면역기능에 대해 억제작용이 있고 체액면역기능에 대해서는 아무런 영향을 주지 않지만 대식세포의 탐식기능에 대해 증강작용이 있음을 알 수 있다[18].

6. 항혈소판응집

결명자의 글루코-옵투신페린, 글루코-크리소-옵투신 및 글루코-아우란터-옵투신은 아데노신이인산(ADP), 아라키도닉산(AA) 혹은 콜라겐으로 유발된 혈소판응집에 대해 강력한 억제작용이 있다[5].

7. 기타

결명자에는 윤장통변[19], 명목(明目)[20], 유문나선간균 억제[21] 등의 작용이 있다.

용 도

결명자는 중의임상에서 사용하는 약이다. 청간명목(淸肝明目, 간열을 식혀서 눈을 맑게 함), 윤장통변[潤腸通便, 장(腸)을 적셔 주고 대변을 통하게 함] 등의 효능이 있으며, 목적목암(目赤目暗, 눈 흰자위가 충혈되고 눈이 어두워 주위를 잘 분간하지 못하는 병증), 장조변비(腸燥便秘, 대장의 진액이 줄어들어 대변이 굳어진 것) 등의 치료에 사용한다.

현대임상에서는 각막염[12], 고혈압, 부정맥 및 고지혈증 등의 병증에 사용한다.

해 설

결명자는 중국위생부에서 규정한 약식동원품목*의 하나이다. 《중국약전》에서는 이 종 외에도 동속식물 소결명(小決明, Cassia tora L.)을 중약 결명자의 법정기원식물로 수록하고 있다. 결명자의 함유성분 연구에서 알 수 있듯이 결명자와 소결명 사이의 성분 차이가 비교적 크기 때문에 동일한 조건하에서 두 가지 품종의 함유성분과 약효를 비교하여 연구할 필요가 있다.

결명자는 넓게 분포하기 때문에 자원을 확보하기 쉬우며 다양한 약용가치가 있다. 특히 고혈압, 고지혈, 습관성 변비 등의 치료에 비교적 좋은 효과가 있다. 아직까지는 이런 질병을 치료하는 특효약물이 없기 때문에 결명자는 이 부분에 전망이 아주 좋다. 그 밖에 결명자에는 인체에 필요한 영양소와 여러 종의 기능유전자가 풍부히 들어 있어 양호한 약식동원건강식품의 원료라고 할 수 있다. 결명자를 구워 말리면 짙은 커피향이 나고 유화성(乳化性)과 가공성이 모두 비교적 좋다. 따라서 다양한 형태의 건강식품을 만들 수 있다.

참고문헌

1. 郝延軍, 桑育黎, 趙余慶. 決明子蒽醌類化學成分研究. 中草藥. 2003, 34(1): 18-19

2. 蘭紅梅, 于超, 王宇, 李建軍. 高效液相色譜法同時測定決明子中六個蒽醌類化合物的含量. 重慶中草藥研究. 2001, 43: 45-48

3. M Takido. Studies on the constituents of the seeds of *Cassia obtusifolia* L. I. the structure of obtusifolin. *Chemical & Pharmaceutical Bulletin*. 1958, 6(4): 397-400

4. M Takido. Constituents of the seeds of *Cassia obtusifolia* II. The structures of obtusin, chryso-obtusin, and aurantio-obtusin. *Chemical & Pharmaceutical Bulletin*. 1960, 8: 246-251

5. HS Yun-Choi, JH Kim, M Takido. Potential inhibitors of platelet aggregation from plant sources, V. Anthraquinones from seeds of *Cassia obtusifolia* and related compounds. *Journal of Natural Products*. 1990, 53(3): 630-633

6. S Kitanaka, F Kimura, M Takido. Studies on the constituents of purgative crude drugs. XVII. Studies on the constituents of the seeds of *Cassia obtusifolia* Linn. The structures of two new anthraquinone glycosides. *Chemical & Pharmaceutical Bulletin*. 1985, 33(3): 1274-1276

7. DC Lewis, T Shibamoto. Analysis of toxic anthraquinones and related compounds with a fused silica capillary column. *Journal of High Resolution Chromatography and Chromatography Communications*. 1985, 8(6): 280-282

8. S Kitanaka, M Takido. Studies on the constituents of purgative crude drugs. Part XIV. Studies on the constituents of the seeds of *Cassia obtusifolia* Linn. The structures of three new anthraquinones. *Chemical & Pharmaceutical Bulletin*. 1984, 32(3): 860-864

9. CH Li, XY Wei, XE Li, P Wu, BJ Guo. A new anthraquinone glycoside from the seeds of *Cassia obtusifolia*. *Chinese Chemical Letters*. 2004, 15(12): 1448-1450

10. 劉松青, 高振同, 楊大堅, 代青, 孔令冰. HPLC測定決明子中決明子苷A, B含量. 中國藥學雜誌. 1999, 34(4): 267-269

11. S Kitanaka, M Takido. Studies on the constituents of purgative crude drugs. XXI. Studies on the constituents of the seeds of *Cassia obtusifolia* L. The structures of two naphthopyrone glycosides. *Chemical & Pharmaceutical Bulletin*. 1988, 36(10): 3980-3984

12. S Kitanaka, T Nakayama, T Shibano, E Ohkoshi, M Takido. Antiallergic agent from natural sources. Structures and inhibitory effect of histamine release of naphthopyrone glycosides from seeds of *Cassia obtusifolia* L. *Chemical & Pharmaceutical Bulletin*. 1998, 46(10): 1650-1652

13. 李纘娥, 郭寶江, 曾志. 決明子蛋白質, 低聚糖及蒽醌苷降壓作用的實驗研究. 中草藥. 2003, 34(9): 842-843

14. 李楚華, 李纘娥, 郭寶江. 決明子提取物降脂作用的研究. 華南師範大學學報(自然科學版). 2002, 4: 29-32

15. 何菊英, 劉松青, 彭永富, 陳澤蓮. 決明子降血脂作用機制研究. 中國藥房. 2003, 14(4): 202-204

16. 熊衛東, 馬慶一. 含蒽醌的中草藥——一類潛在的天然抑菌防腐劑初探. 天津中醫藥. 2004, 21(2): 158-160

17. K Hase, S Kadota, P Basnet, T Namba, T Takahashi. Hepatoprotective effects of traditional medicines. Isolation of the active constituent from seeds of *Celosia argentea*. *Phytotherapy Research*. 1996, 10(5): 387-392

* 부록(502~505쪽) 참고

18. 南景一, 王忠, 沈玉清, 楊正娟, 李民飛, 康麗. 決明子對小鼠免疫功能影響的實驗研究. 遼寧中醫雜誌. 1989, 13(5): 43-44

19. 張加雄, 萬麗, 胡軼娟, 何曉燕, 朱軍. 決明子提取物瀉下作用研究. 時珍國醫國藥. 2005, 16(6): 467-468

20. 韓昌志. 決明子的明目作用. 中國醫院藥學雜誌. 1993, 13(5): 200-201

21. Y Li, C Xu, Q Zhang, JY Liu, RX Tan. *In vitro* anti-*Helicobacter pylori* action of 30 Chinese herbal medicines used to treat ulcer diseases. *Journal of Ethnopharmacology*. 2005, 98(3): 329-333

개맨드라미 靑葙 ^{CP, KHP}

Celosia argentea L.

Feather Cockscomb

 개요

비름과(Amaranthaceae)

개맨드라미(靑葙, *Celosia argentea* L.)의 잘 익은 씨를 건조한 것

중약명: 청상자(靑葙子)

맨드라미속(*Celosia*) 식물은 전 세계에 약 60종이 있으며 아시아, 아프리카, 아메리카의 아열대와 온대 지역에 분포한다. 중국에는 약 3종이 있다. 이 속에서 현재 약으로 사용되는 것은 약 3종이다. 이 종은 중국의 각 성에 분포하는데 야생과 재배가 모두 가능하다. 한반도, 일본, 인도, 베트남, 미얀마, 태국, 필리핀, 말레이시아 및 유럽 열대 지역에 모두 분포한다.

'청상자'란 약명은 《신농본초경(神農本草經)》에 하품으로 처음 기재되었으며 《중국약전(中國藥典)》(2015년 판)에서는 이 종을 중약 청상자의 법정기원식물로 수록했다. 주요산지는 중국의 대부분 지역이다. 《대한민국약전외한약(생약)규격집》(제4개정판)에는 청상자를 "개맨드라미(*Celosia argentea* Linne, 비름과)의 씨"로 등재하고 있다.

개맨드라미의 지상부에는 주로 플라보노이드 화합물이 있다.

약리연구를 통하여 개맨드라미의 씨는 안압강하, 혈압강하, 항균 등의 작용이 있는 것으로 알려져 있다.

한의학에서 청상자는 거풍열(祛風熱), 청간화(淸肝火), 명목퇴예(明目退翳) 등의 효능이 있다. 청상자는 인도 민간에서 당뇨병을 치료하는 데 사용한다[1].

개맨드라미 靑葙 *Celosia argentea* L.

약재 청상자 藥材青葙子 Celosiae Semen

1cm

함유성분

지상부에는 플라보노이드 성분으로 tlatlancuayin, betavulgarin[2] 등이 함유되어 있다.

씨에는 펩타이드 성분으로 celogenamide A[3], celogentins A, B, C, D, E, F, G, H, J[4-5], K[6], moroidin[7], 아미노산 성분으로 aspartic acid, threonine, glutamic acid[8], 다당류 성분으로 celosian[14] 등이 함유되어 있다.

잎에는 배당체 성분으로 citrusin C, indican, (3Z)-hexenyl-1-O-(6-O-α-rhamnopyranosyl-β-glucopyranoside), (7E)-6,9-dihydromegastigma-7-ene-3-one-9-O-β-glucopyranoside[9] 등이 함유되어 있다.

화서에는 betalains[10] 등이 함유되어 있다.

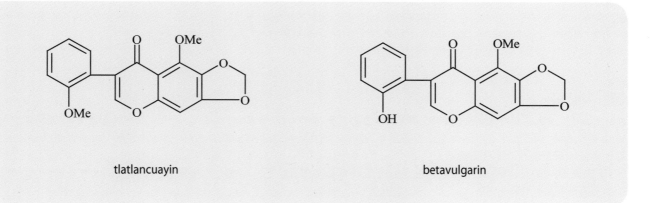

tlatlancuayin

betavulgarin

약리작용

1. 눈에 대한 작용

청상자의 열수 추출물을 위에 주입하면 정상적인 토끼의 안구내압을 낮출 수 있다[11]. *In vitro* 실험에서 청상자의 열수 추출물은 Rat 수정체의 항산화기능을 제고함과 동시에 결정체 상피세포의 괴사를 억제한다[12].

2. 간장 보호

청상자의 셀로시안은 사염화탄소(CCl4)로 인해 간장 손상이 유발된 Rat 및 D-갈락토사민/지질다당(LPS)으로 인해 간장 손상이 유발된 Mouse에 대해 모두 뚜렷한 보호작용이 있다[13]. 또한 CCl4로 간장 손상이 유발된 Rat의 글루타민산 피루빈산 트랜스아미나제(GPT), 글루타민산 옥살로초산 트랜스아미나제(GOT)와 젖산탈수소효소(LDH) 및 빌리루빈의 농도가 상승하는 것을 뚜렷하게 억제할 수 있다[14].

개맨드라미 青葙 CP, KHP

3. **항당뇨병**

청상자의 에탄올 추출물은 알록산으로 인해 당뇨병이 유발된 Rat의 혈당 농도를 뚜렷하게 낮춤과 동시에 당뇨병에 걸린 Rat의 체중이 감소하는 것을 억제할 수 있다[1].

4. **항균**

개맨드라미 잎의 메탄올 추출물에는 다양한 항균작용이 있고[15], 개맨드라미 잎의 에탄올 추출물은 화상으로 감염된 환자의 몸에서 추출한 병원체에 대해 비교적 강한 억제작용이 있다[16].

5. **기타**

동물실험에서 청상자는 혈압을 내리는 작용이 있다. 모로이딘은 모세혈관단백질의 결합작용을 억제시킬 수 있다[17]. 개맨드라미 잎에 함유된 에탄올 추출물은 또 상처조직의 유합을 촉진시키는 작용이 있다[18]. 개맨드라미의 추출물에는 면역조절 활성이 있으며[19-20] 개맨드라미의 셀로시안은 Mouse의 체내 종양괴사인자-α(TNF-α)의 합성을 유도할 수 있다[21].

용도

청상자

청상자는 중의임상에서 사용하는 약이다. 청설간화[清泄肝火, 간기(肝氣)의 기능항진으로 인해 발생하는 열상(熱象)을 청설하는 것], 명목퇴예[明目退臀, 눈을 밝게 하고 예막(臀膜)을 치료함] 등의 효능이 있으며, 목적예장(目赤臀障, 눈이 충혈되고 눈의 겉부분에 예막이 없이 눈동자가 속으로 가려지는 병증) 등의 치료에 사용한다.

현대임상에서는 또 야맹증, 홍채·모양체염증, 월경과다, 고혈압 등의 치료에 사용한다.

청상(전초)

개맨드라미의 전초는 조습청열(燥濕清熱, 습기를 말리고 열기를 식히는 효능), 살충지양(殺蟲止癢, 기생충을 제거하고 가려움증을 가라앉힘), 양혈지혈[涼血止血, 양혈(涼血)함으로써 지혈함]의 효능이 있으며, 습열대하[濕熱帶下, 몸 안에 습열(濕熱)이 성해서 대맥(帶脈)의 기능이 저하되어 생긴 대하 증상], 소변불리(小便不利, 소변배출이 원활하지 못함), 뇨탁(尿濁, 소변이 뿌옇게 흐린 병증), 설사, 음양(陰癢, 음부의 가려움증), 창개(瘡疥, 살갗이 몹시 가려운 전염성 피부병으로, 즉 옴을 가리킴), 풍소신양[風騷身恙, 풍소(風瘙)로 인해 몸이 가려운 것], 치창(痔瘡, 항문에 군살이 밖으로 비집고 나오면서 분비물이 생기는 병증), 육혈(衄血, 코피가 나는 증상), 외상 출혈 등에 사용한다.

청상화

청상화는 양혈지혈, 청간제습(清肝除濕)의 효능이 있으며 붕루(崩漏, 월경주기와 무관하게 불규칙적인 질 출혈이 일어나는 병증), 적리(赤痢, 어린아이의 설사한 변이 붉은색인 것) 등과 같은 모든 출혈증과 열림(熱淋, 임병의 하나로 오줌의 빛이 붉어지고 아랫배가 몹시 아픔), 백대[白帶, 여성의 질에서 분비되는 대하(帶下) 중 백색 점액 상태] 등에 사용한다.

현대임상에서는 월경불순, 월경과다, 망막 출혈 등의 병증에 사용한다.

해 설

개맨드라미의 전초와 화서는 약으로 쓴다. 전초에는 조습청열, 살충지양, 양혈지혈의 작용이 있다. 꽃에는 양혈지혈, 청간제습, 명목 등의 작용이 있다. 어린잎과 줄기는 채소로 식용할 수 있으며, 전초는 사료로 사용할 수 있다. 잎의 추출물은 피부를 희게 하고 보호하는 작용이 있어 화장품 제조에 사용된다[22].

약리연구를 통하여 청상자는 안압을 내리는 작용이 있기 때문에 임상에서는 녹내장, 백내장 등의 치료에 사용하며 특히 백내장을 치료하는 천연치료제로 전망이 밝다.

참고문헌

1. T Vetrichelvan, M Jegadeesan, BAU Devi. Anti-diabetic activity of alcoholic extract of *Celosia argentea* Linn. seeds in rats. *Biological & Pharmaceutical Bulletin*. 2002, **25**(4): 526-528

2. TT Jong, CC Hwang. Two rare isoflavones from *Celosia argentea*. *Planta Medica*. 1995, **61**(6): 584-585

3. H Morita, H Suzuki, J Kobayashi. Celogenamide A, a new cyclic peptide from the seeds of *Celosia argentea*. *Journal of Natural Products*. 2004, **67**(9): 1628-1630

4. J Kobayashi, H Suzuki, K Shimbo, K Takeya, H Morita. Celogentins A-C, new antimitotic bicyclic peptides from the seeds of *Celosia argentea*. *Journal of Organic Chemistry*. 2001, **66**(20): 6626-6633

5. H Suzuki, H Morita, S Iwasaki, J Kobayashi. New antimitotic bicyclic peptides, celogentins D-H, and J, from the seeds of *Celosia argentea*. *Tetrahedron*. 2003, **59**(28): 5307-5315

6. H Suzuki, H Morita, M Shiro, J Kobayashi. Celogentin K, a new cyclic peptide from the seeds of *Celosia argentea* and X-ray structure of moroidin. *Tetrahedron*. 2004, **60**(11): 2489-2495

7. H Morita; K Shimbo; H Shigemori; J Kobayashi. Antimitotic activity of moroidin, a bicyclic peptide from the seeds of *Celosia argentea*. *Bioorganic & Medicinal Chemistry Letters*. 2000, **10**(5): 469-471

8. 鄭慶華, 崔熙. 周平, 李松林. 青箱子和鶏冠子中氨基酸和元素的比較研究. 中藥材. 1996, **19**(2): 86-87

9. A Sawabe, T Obata, Y Nochika, M Morita, N Yamashita, Y Matsubara, T Okamoto. Glycosides in the leaves of African *Celosia argentea* L. *Nihon Yukagakkaishi*. 1998, **47**(1): 25-30

10. W Schliemann, Y Cai, T Degenkolb, J Schmidt, H Corke. Betalains of *Celosia argentea*. *Phytochemistry*. 2001, **58**(1): 159-165

11. 淤澤溥, 李文明, 蔣家雄. 青箱子對家兔瞳孔和眼內壓的影向. 雲南中醫雜誌. 1990, **11**(1): 30-31

12. 黃秀格, 祁明信, 汪朝陽, 王勇. 4種歸肝經明目中藥對晶狀體上皮細胞凋亡 相關基因bcl-2和Bax的調控. 中國臨床藥理學與治療學. 2004, **9**(3): 322-325

13. 胡潤生. 抗肝炎植物藥研究進展. 國外醫藥: 植物藥分冊. 1998, 13(2): 65-67

14. K Hase, S Kadota, P Basnet, T Takahashi, T Namba. Protective effect of celosian, an acidic polysaccharide, on chemically and immunologically induced liver injuries. *Biological & Pharmaceutical* Bulletin. 1996, **19**(4): 567-572

15. C Wiart, S Mogana, S Khalifah, M Mahan, S Ismail, M Buckle, AK Narayana, M Sulaiman. Antimicrobial screening of plants used for traditional medicine in the state of Perak, Peninsular Malaysia. *Fitoterapia*. 2004, **75**(1): 68-73

16. A Gnanamani, KS Priya, N Radhakrishnan, M Babu. Antibacterial activity of two plant extracts on eight burn pathogens. *Journal of Ethnopharmacology*. 2003, **86**(1): 59-61

17. H Morita, K Shimbo, H Shigemori, J Kobayashi. Antimitotic activity of moroidin, a bicyclic peptide from the seeds of *Celosia argentea*. *Bioorganic & Medicinal Chemistry Letters*. 2000, **10**(5): 469-471

18. KS Priya, G Arumugam, B Rathinam, A Wells, M Babu. *Celosia argentea* Linn. leaf extract improves wound healing in a rat burn wound model. *Wound Repair and Regeneration*. 2004, **12**(6): 618-625

19. Y Hayakawa, H Fujii, K Hase, Y Ohishi, R Sakukawa, S Kadota, T Namba, I Saiki. Anti-metastatic and immunomodulating properties of the water extract from *Celosia argentea* seeds. *Biological & Pharmaceutical Bulletin*. 1998, **21**(11): 1154-1159

20. K Imaoka, H Ushijima, S Inouye, T Takahashi, Y Kojima. Effects of *Celosia argentea* and *Cucurbita moschata* extracts on anti-DNP IgE antibody production in mice. *Arerugi*. 1994, **43**(5): 652-659

21. K Hase, P Basnet, S Kadota, T Namba. Immunostimulating activity of Celosian, an antihepatotoxic polysaccharide isolated from *Celosia argentea*. *Planta Medica*. 1997, **63**(3): 216-219

22. A Sawab, Y Matsubara, M Iwasaki, T Okamoto, M Morita, T Tada, F Hattori, S Shiohara, K Shimomura, K Nishimura, Y Fujihara, M Nomura. Extraction of chemical constituents from *Celosia argentea* leaves and skin-lightening cosmetics containing the chemical constituents. *Tennen Yuki Kagobutsu Toronkai Koen Yoshishu*. 1999, **41**: 559-564

맨드라미 鷄冠花 CP, KHP

Celosia cristata L.
Common Cockscomb

개 요

비름과(Amaranthaceae)
맨드라미(鷄冠花, *Celosia cristata* L.)의 화서를 건조한 것
중약명: 계관화(鷄冠花)

맨드라미속(*Celosia*) 식물은 전 세계에 약 60종이 있으며 아시아, 북아프리카 및 유럽의 아열대와 온대 지역에 분포한다. 중국에는 약 3종이 있으며 이 속에서 현재 약으로 사용되는 것은 3종이다. 이 종은 중국의 남북부 각지에 분포하며 전 세계의 온난 지역에도 모두 분포한다.

'계관화'란 약명은 《가우본초(嘉祐本草)》에 처음 기재되었으며 역대의 본초서적에 많이 기재되었다. 《중국약전(中國藥典)》(2015년 판)에서는 이 종을 중약 계관화의 법정기원식물로 수록했다. 중국 각지에서 모두 재배된다. 《대한민국약전외한약(생약)규격집》(제4 개정판)에는 계관화를 "맨드라미(*Celosia cristata* Linne, 비름과)의 화서"로 등재하고 있다.

맨드라미에 함유된 주요 활성성분으로는 베타레인 성분이 있으며 《중국약전》에서는 약재의 성상 및 박층크로마토그래피법을 이용하여 약재의 규격을 정하고 있다.

약리연구를 통하여 맨드라미에는 지혈, 항피로, 강혈지(降血脂) 등의 작용이 있는 것으로 알려져 있다.

한의학에서 계관화는 수렴(收斂), 지혈, 지대(止帶), 지리(止痢) 등의 효능이 있다.

맨드라미 鷄冠花 *Celosia cristata* L.

약재 계관화 藥材鷄冠花 Celosiae Cristatae Flos

1cm

함유성분

화서에는 betalains 성분으로 amaranthin, betacyanin, betaxanthin, isoamaranthin, celosianin, isocelosianin, 스테로이드 성분으로 24-ethyl-22-dehydrolathosterol, 24-methyl-22-dehydrolathosterol[1] 등이 함유되어 있다.
줄기, 잎, 화서 그리고 씨에는 18종의 아미노산과 무기질 등이 함유되어 있다[2].
꽃에는 플라보노이드 성분으로 kaempferitrin 등이 함유되어 있다.

kaempferitrin

amaranthin

약리작용

1. 지혈

계관화의 열수 추출물을 Mouse의 위에 주입하면 꼬리 절단으로 인한 출혈시간을 뚜렷하게 단축시킬 수 있다. 집토끼의 위에 주입하면 응혈시간, 응혈효소의 환원시간, 칼슘 재첨가시간을 단축시킬 수 있고 유글로불린의 용해시간을 뚜렷하게 연장할 수 있으며[3] 혈중의 비타민 C와 칼슘채널을 현저하게 증가시킬 수 있다[4].

2. 종양억제와 면역조절

계관화의 열수 추출물을 S180 엽상종 Mouse의 위에 주입하면 Mouse의 엽상종 무게가 뚜렷하게 감소하고 흉선과 비장중량이 증가되는데 이는 계관화가 S180 종양세포의 생장을 억제함과 동시에 면역기관의 무게가 증가한다는 것을 제시한다[5]. 계관화의 물 추출물을 Mouse의 위에 주입하면 시클로포스파미드(Cy)를 길항하는 작용이 있고 Cy로 인해 면역이 손상된 Mouse의 각종 면역수치를 회복시킬 수 있다. 정상적인 Mouse의 면역효능과 대식세포의 탐식능력을 증강시킬 수 있다[6]. 계관화의 플라보노이드 화합물을 Mouse의 위에 주입하면 스트렙토조토신으로 인해 당뇨병에 걸린 Mouse의 무게를 증가시킬 수 있고 비장중량수치를 낮출 수 있다. 또한 단핵대식세포의 탐식률과 탐식수치를 낮출 수 있고 계관화의 플라보노이드 화합물은 당뇨병에 걸린 동물의 대식세포의 탐식작용을 조절할 수 있으며 대식세포의 활성으로 유발된 면역병리손상을 감소시킬 수 있다[7].

3. 항노화

신선한 계관화의 약액을 D-갈락토오스로 인해 노쇠해진 Mouse의 위에 주입하면 슈퍼옥시드디스무타아제와 글루타치온과산화효소(GSH-Px)의 활성 및 전체 항산화 수준을 뚜렷하게 높일 수 있으며 말론디알데하이드와 리포푸신 함량을 감소시킬 수 있다. 이는 계관화가 D-갈락토오스로 유발된 노화를 길항하는 작용이 있다는 것을 의미한다[8].

4. 살충

In vitro 실험에서 계관화의 전제(煎劑)는 인체음도모적충(人體陰道毛滴蟲)을 살멸하는 작용이 있다. In vitro 실험에서 계관화의 전제와 등량의 적충배양액을 혼합하여 30분이 지나면 충체는 둥글게 변하고 활동력이 감소되며 60분 후에는 대부분의 적충이 소멸된다[9].

5. 항혈지

계관화의 에탄올 추출물을 Rat의 위에 주입하면 고지혈이 있는 Rat의 혈청 총콜레스테롤(TC)을 낮출 수 있고 혈청 고밀도지단백(HDL)의 함량을 높임과 동시에 고지혈이 있는 Rat의 혈청과 간장의 아연 함량을 높여 주며 혈청과 간장의 구리 함량을 낮출 수 있다. 계관화의 에탄올 추출물은 고지혈이 있는 Rat의 체내 아연, 동, 철, 칼슘의 대사를 조절해 주고 혈지수치에 대해 영향을 줄 수 있다[10]. 간장절편경(肝臟切片鏡)으로 관찰해 보면 지방세포가 감소되고 육안으로 간장을 관찰해 보면 크기가 뚜렷하게 축소되어 있으며 간/체 비율을 현저하게 감소시킨다[11].

6. 골질이완 예방

In vitro 실험에서 계관화의 플라보노이드 화합물은 Rat의 성골세포 증식과 분화 및 형질전환생장인자-B₁(TGF-B₁)의 분비를 촉진시킬 수 있으며 Rat의 성골세포 칼슘화 및 인슐린유사생장인자-1(IGF-1)의 발현을 촉진시킴으로써 골질이완의 발생을 예방할 수 있다[12-13]. 계관화의 에탄올 추출물을 Rat에게 먹이면 불소중독으로 유발된 골질대사 문란에 대하여 예방, 치료작용이 있다. 또한 골질의 밀도저하를 방지하고 골질의 형성을 촉진시키며 골질의 칼슘 흡수를 저해한다[14].

7. 기타

신선한 계관화의 약액을 Mouse의 위에 주입하면 Mouse의 유영시간 및 산소결핍 또는 고온에서의 생존시간을 연장시키고 Mouse의 무스클레글리코겐, 간당원의 비축을 증가시키며 항피로 및 인체내구력을 증강하는 작용이 있다[15].

용도

계관화는 중의임상에서 사용하는 약이다. 양혈지혈[涼血止血, 양혈(涼血)함으로써 지혈함], 지대[止帶, 대하(帶下)를 그치게 함] 등의 효능이 있으며, 각종 출혈증, 대하(帶下, 여성의 생식기에서 나오는 흰빛 또는 누른빛의 병적인 액체의 분비물), 설사, 이질 등의 치료에 사용한다. 현대임상에서는 월경과다, 자궁기능저하, 세균성 이질, 비뇨기감염, 치질 등에 사용한다.

해 설

맨드라미에는 풍부한 단백질, 불포화지방산, β-카로틴, 비타민 B₁, B₂, C 및 구리, 철, 아연, 칼슘 등 인체에 필요한 여러 가지 영양소와 플라보노이드 생물활성성분이 함유되어 있어 비교적 높은 식용가치가 있음과 동시에 지혈, 콜레스테롤 저하 등의 약리효능 및 항피로 등의 보건작용이 있다. 맨드라미는 또 항오염식물로 이산화유황, 염화수소 등 유독기체에 대항하는 효능이 아주 강하고 동시에 관상용으로도 탁월한 가치가 있다.

현대약리연구에 의하면 맨드라미는 항노화, 면역체내구력 증강, 면역효능 조절 등의 작용이 있다. 따라서 지속적인 연구를 통하여 항노화 건강식품을 개발할 수 있을 것으로 기대한다.

참고문헌

1. M Behari, V Shri. Rare occurrence of Δ7-sterols in *Celosia cristata* Linn. *Indian Journal of Chemistry, SectionB:Organic Chemistry Including Medicinal Chemistry*. 1986, **25B**(7): 750-751

2. 翁德寶, 管笪, 徐穎潔, 汪勤. 鷄冠花的營養成分分析. 營養學報. 1995, **17**(1): 59-62

3. 郭立瑋, 殷飛, 王天山, 馬國祥, 潘楊. 雞冠花止血作用及其作用机制的初步研究. 南京中醫藥大學學報. 1996, **12**(3): 24-26

4. 陳靜, 姜秀梅, 李坦, 陳萬宇. 北華大學學報(自然科學版). 2001, **2**(1):39-40

5. 姜秀梅, 郭虹, 孫維琦, 佟冬青, 耿艷. 雞冠花提高S180荷瘤鼠免疫功能及抑瘤作用的研究. 北華大學學報(自然科學版). 2003, **4**(2): 123-124

6. 陳靜, 吳鳳蘭, 張明珠, 范存欣. 雞冠花對小鼠免疫功能的影響. 中國公共衛生. 2003, **19**(10): 1225

7. 郭曉玲, 李萬里, 尉輝傑, 張霞, 李喜龍. 雞冠花黃酮化合物對糖尿病小鼠脾臟及巨噬細胞吞噬功能的影響. 新鄉醫學院學報. 2005, **22**(4): 324-325, 330

8. 陳靜, 劉巨森, 吳鳳蘭, 范存欣, 張明珠, 朱建強, 李坦, 于敬紅. 雞冠花對D-半乳糖致小鼠衰老作用的研究. 中國老年學雜誌, 2003, 23(10): 687-688

9. 阴健. 中藥現代研究与临应用(3). 上海:上海人民出版社. 1997: 143

10. 田玉慧, 李萬里, 薛迎春, 賈文英, 暴秀梅, 田紅召. 雞冠花乙醇提取物對飼高脂大鼠鋅銅鐵鈣的影響. 現代康復. 1998, **2**: 92-93

11. 李萬里, 張志生, 周雲芝, 田玉慧, 暴秀梅, 李素琴. 牛磺酸和雞冠花乙醇提取物對大鼠血脂及脂質過氧化物的影響. 新鄉醫學院學報. 1996, 13(4): 338-341

12. 李萬里, 田玉慧, 沈關心, 楊瑞, 楊獻軍. 雞冠花黃酮類對成骨細胞增殖和TGFb₁的作用. 中國公共衛生. 2003, **19**(9): 1059-1060

13. 李萬里, 田玉慧, 沈關心. 雞冠花黃酮類對成骨細胞礦化和IGF-1的作用. 中國公共衛生. 2003, **19**(11): 1392-1393

14. 李萬里, 王萍, 王守英, 田玉慧, 劉曉麗. 鈣與雞冠花提取物對氟中毒大鼠骨代謝的影響. 新鄉醫學院學報. 1999, **16**(4): 289-291

15. 陳靜, 李坦, 姜秀梅, 韓冬. 雞冠花對小鼠耐力影響的實驗研究. 預防醫學文獻信息. 2000, **6**(2): 109-110

명자나무 貼梗海棠 ^{CP, KHP}

Chaenomeles speciosa (Sweet) Nakai

Flowering Quince

 개요

장미과(Rosaceae)

명자나무(貼梗海棠, *Chaenomeles speciosa* (Sweet) Nakai)의 잘 익은 열매를 건조한 것

중약명: 목과(木瓜)

명자나무속(*Chaenomeles*) 식물은 전 세계에 약 5종이 있는데 아시아 동부에 분포하며 세계 각지에서 재배된다. 중국에는 약 5종이 있으며 이 속에서 현재 약으로 사용되는 것은 약 4종이다. 이 종은 중국의 섬서, 감숙, 귀주, 사천, 운남, 광동 등에 분포하며 미얀마에도 분포하는 것이 있다.

명자나무의 '목과실(木瓜實)'이란 약명은 《명의별록(名醫別錄)》에 중품으로 처음 기재되었으며 《중국약전(中國藥典)》(2015년 판)에서는 이 종을 중약 목과의 법정기원식물로 수록하였다. 주요산지는 중국의 안휘, 절강, 호북, 사천 등이다. 《대한민국약전외한약(생약)규격집》(제4개정판)에는 목과를 "장미과에 속하는 모과나무(*Chaenomeles sinensis* Koehne) 또는 명자나무(*Chaenomeles speciosa* Nakai)의 잘 익은 열매"로 등재하고 있다.

명자나무에는 주로 유기산과 트리테르페노이드 화합물이 있다. 《중국약전》에서는 고속액체크로마토그래피법을 이용하여 건조시료 중 올레아놀산과 우오솔산의 총 함량을 0.50% 이상으로 약재의 규격을 정하고 있다.

약리연구를 통하여 명자나무의 열매에는 간 보호, 소염, 항균, 면역억제 등의 작용이 있는 것으로 알려져 있다.

한의학에서 목과는 평간서근(平肝舒筋)과 위화습(胃化濕)의 효능이 있다.

명자나무 貼梗海棠 *Chaenomeles speciosa* (Sweet) Nakai 꽃이 달린 가지 花枝

명자나무 貼梗海棠 *C. speciosa* (Sweet) Nakai
열매가 달린 가지 果枝

약재 추피목과 藥材皺皮木瓜 Chaenomelis Fructus

🅰 함유성분

열매에는 유기산으로 malic acid, citramalic acid[1], tartaric acid, protocatechuic acid, caffeic acid, chlorogenic acid, 5-O-p-coumaroylquinic acid, ascorbic acid[2], fumaric acid, benzoic acid, draconic acid, phenylacrylic acid[1], shikimic acid, quinic acid[3], 트리테르페노이드 성분으로 올레아놀산, ursolic acid[4], 3-O-acetyl ursolic acid, 3-O-acetyl pomolic acid, betulinic acid[2], 배당체 성분으로 trachelosperoside A-1, chaenomeloside A[4] 등이 함유되어 있다. 또한 butyl 5-O-p-coumaroylquinate[5] 성분이 함유되어 있다.
꽃잎에는 안토시아닌 성분으로 pelargonidin diglycoside, cyanidin diglycoside[6] 등이 함유되어 있다.

oleanolic acid

명자나무 貼梗海棠 ^{CP, KHP}

약리작용

1. **간장 보호**

   목과의 과립제는 Rat의 급성 간장 손상 모델의 간세포 종창과 간세포 비대를 감소시킬 수 있고 간장세포의 수복을 촉진시킬 수 있으며 혈청 글루타민산 피루빈산 트랜스아미나제(GPT)의 분비를 뚜렷하게 낮출 수 있다[7]. 목과의 올레아놀산은 체외배양의 B형 간염바이러스(HBV)의 표면항원(HBsAg), e항원(HBeAg)에 대해 비교적 강한 억제작용이 있다[8].

2. **항염, 진통**

   명자나무 열매의 전제(煎劑)는 단백질로 유발된 Mouse의 관절염에 대해 억제작용이 있다. 또한 목과의 사포닌 성분을 위에 주입하면 프로인트항원보강제와 콜라겐으로 유발된 Rat의 관절염을 억제할 수 있고 속발성 발바닥 종창과 염증성 통증을 감소시킬 수 있다. 또한 활막세포의 형태와 효능을 개선시킬 수 있으며 인터루킨-1, 종양괴사인자-a(TNF-a)와 프로스타글란딘 E_2의 함량을 낮출 수 있다. 그 밖에 초산으로 유발된 Mouse의 경련반응과 포름알데히드의 제2상 반응에 대해서도 억제작용이 있다[9-11].

3. **면역억제**

   명자나무 열매의 전제를 Mouse의 위에 주입하면 비장지수를 뚜렷하게 억제시킬 수 있고 그의 열매 추출액을 복강에 주사하면 Mouse의 복강대식세포의 탐식력과 탐식지수를 뚜렷하게 낮출 수 있다.

4. **항과민**

   목과의 사포닌 성분을 위에 주입하면 시클로포스파미드로 증강된 Mouse의 접촉성 초과민반응에 대해 뚜렷한 억제작용이 있고 Mouse의 흉선 CD_4/CD_8과 Th임파세포 및 세포인자 신생의 평형을 효과적으로 조절해 줄 수 있다[12].

5. **항균**

   목과는 in vitro에서 여러 종의 장도균, 포도상구균, 폐렴구균과 결핵간균에 대해 상이한 정도의 억제작용이 있다. 쯔쯔가무시바이러스에 대해서도 억제작용이 있다.

6. **기타**

   In vitro 실험에서 명자나무의 Butyl-5-O-p-coumaroylquinate는 화합물 48/80으로 유발된 Rat의 비대세포가 방출한 히스타민을 억제할 수 있다[5]. 명자나무 열매수침액은 또한 항종양작용이 있다.

용 도

목과는 중의임상에서 사용하는 약이다. 서근활락[舒筋活絡, 근육을 이완시키고 경락(經絡)을 소통시켜 줌], 제습화위(除濕和胃, 습을 제거하여 화위하는 것) 등의 효능이 있으며, 풍습비통(風濕痺痛, 풍습으로 인해 관절이 아프고, 통증이 심해지는 증상), 토사전근(吐瀉轉筋, 구토와 설사가 같이 나타나면서 쥐가 나는 병증), 소화불량 등의 치료에 사용한다.

현대임상에서는 간염, 풍습성 관절염, 급성 세균성 이질 등의 병증에 사용한다.

해 설

명자나무는 중국위생부에서 규정한 약식동원품목*의 하나이다. 명자나무는 식용, 약용, 관상의 가치를 겸비한 식물로 그 열매는 영양가가 풍부하여 목과음료, 목과식초, 건조목과 등 식품으로 개발되었다. 목과에는 올레아놀산이 풍부히 함유되어 있어 위장관의 기능을 개선시킬 수 있으며 간장을 보호하는 작용이 있으며 건강식품으로 개발될 수 있다.

참고문헌

1. 高誠偉, 康勇, 雷澤模, 段志紅, 李蕾. 皺皮木瓜中有機酸的研究. 雲南大學學報(自然科學版). 1999, **21**(4): 319-321

2. 郭學敏, 章玲, 全山叢, 洪永福, 孫連娜, 劉明珠. 皺皮木瓜中三萜化合物的分離鑒定. 中國中藥雜誌. 1998, **23**(9): 546-547

3. 陳洪超, 丁立生, 彭樹林, 廖循. 皺皮木瓜化學成分的研究. 中草藥. 2005, 36(1): 30-31

4. 赵宇新. 木瓜果實中具有體外組织子抑制活性的新三萜類化合物, 國外醫學: 中醫中藥分冊. 2005, 27(1): 53-54

5. 張貴峰. 木瓜中新的奎尼酸衍生物. 國外醫學: 中藥中藥分冊. 2003, **25**(2): 77

6. CF Timberlake, P Bridle. Anthocyanins in petals of *Chaenomeles speciosa. Phytochemistry.* 1971, **10**(9): 2265-2267

7. 田奇偉. 木瓜舒肝沖劑治療急性黃疸型肝炎的臨床療效觀察. 中草藥. 1989, **20**(2): 4, 48

8. 劉厚佳, 胡晉紅, 孫蓮娜, 蔡漆, 石晶, 劉濤. 木瓜中齊墩果酸抗乙型肝炎病毒研究. 解放軍藥學學報. 2002, **18**(5): 272-274

---

* 부록(502~505쪽) 참고

9. M Dai, W Wei, YX Shen, YQ Zheng. Glucosides of *Chaenomeles speciosa* remit rat adjuvant arthritis by inhibiting synoviocyte activities. *Acta Pharmacologica Sinica*. 2003, **24**(11): 1161-1166

10. Q Chen, W Wei. Effects and mechanisms of glucosides of *chaenomeles speciosa* on collagen-induced arthritis in rats. *International Immunopharmacology*. 2003, **3**(4): 593-608

11. 汪倪萍, 戴敏, 王華, 張玲玲, 魏偉. 木瓜苷的鎮痛作用. 中國藥理學與毒理學雜誌. 2005, **19**(3): 169-174

12. 鄭詠秋, 魏偉, 汪倪萍. 木瓜苷對環磷酰胺增強的小鼠接觸性超敏反應的影響. 中國藥理學與毒理學雜誌. 2004, **18**(6): 415-420

감국 野菊 CP, KHP, JP

Chrysanthemum indicum L.

Wild Chrysanthemum

개요

국화과(Asteraceae)

감국(野菊, *Chrysanthemum indicum* L.)의 꽃을 건조한 것

중약명: 야국화(野菊花)

국화속(*Chrysanthemum*) 식물은 전 세계에 약 30종이 있으며 중국, 일본, 한반도, 러시아 등지에 분포한다. 중국에 약 17종이 있는데 이 속에서 현재 약으로 사용되는 것은 약 4종이며 중국 각지에 모두 분포한다.

감국은 '고의(苦薏)'란 명칭으로 《본초경집주(本草經集注)》에 맨 처음 기재되었고 《본초습유(本草拾遺)》에서 야국으로 기재되었다. 감국은 일종의 다형성적 종으로 생태적 혹은 지리적으로 군락을 형성한다. 형태(體態), 엽형(葉型), 엽서(葉序), 산형화서 양식 등으로 구별되며 경엽모피(莖葉毛被) 모양 등 다양한 특징이 있다. 이와 같은 내용은 역대의 본초서적에서도 묘사되었다. 《중국약전(中國藥典)》(2015년 판)에서 이 종을 중약 야국화의 법정기원식물로 수록하였다. 중국 각지에서 모두 생산되며 주요산지는 호북, 안휘, 강소, 강서 등이다.[1] 《대한민국약전외한약(생약)규격집》(제4개정판)에는 감국을 "감국(*Chrysanthemum indicum* Linne, 국화과)의 꽃"으로 등재하고 있다.

감국에는 주로 정유성분, 플라보노이드, 테르페노이드 등이 함유되어 있다. 《중국약전》에서는 고속액체크로마토그래피법을 이용하여 리나린의 함량을 0.80% 이상으로 약재의 규격을 정하고 있다.

약리연구를 통하여 감국의 화서에는 항균, 항바이러스, 항염, 해열, 진통, 면역기능 제고 등의 작용이 있는 것으로 알려져 있다.

한의학에서 야국화는 소풍청열(疏風淸熱), 해독소종(解毒消腫) 등의 효능이 있다.

감국 野菊 *Chrysanthemum indicum* L.

약재 야국화 藥材野菊花 Chrysanthemi Indici Flos

1cm

함유성분

지상부에는 정유성분으로 borneol, chrysanthenone, bornyl acetate[2], germacrene D, camphor, α-thujone, α'-cadinol, camphene, α-, β-pinenes, zingiberene, cis-chrysanthenol, piperitone, 1,8-cineole[3], 세스퀴테르펜 락톤으로 angeloylcumambrin B, arteglasin A, angeloylajadin[4] 등이 함유되어 있다.

꽃에는 정유성분이 함유되어 있는데[2, 5], 그 함량과 품질은 생산지 및 추출방법에 따라 크게 다르며[6-7] 세스퀴테르페노이드 성분으로 handelin[8], chrysanthemol, chrysanthetriol[9], chrysantherol[10], kikkanols A, B, C, D, E, F[11-12], 트리테르페노이드 성분으로 α-, β-amyrins, lupeol[13] 그리고 플라보노이드 성분으로 buddleoside (linarin, acaciin), luteolin, chrysanthemin, acacetin7-O-β-D-galactopyranoside[14], apigetrin, diosmetin 7-O-β-D-glucopyranoside, quercetin 3,7-di-O-β-Dglucopyranoside, (2S)/(2R)-eriodictyol-7-O-β-D-glucopyranosiduronic acids[15], 5-hydroxy-6,7,3',4'-tetramethoxyflavone[16] 등이 함유되어 있다.

또한 (1R,9S,10S)-10-hydroxyl-8(2',4'-diynehexylidene)-9-isovaleryloxy-2,7-dioxaspirodecane[17]이 함유되어 있다.

뿌리에는 알칼로이드 성분이 함유되어 있다[18].

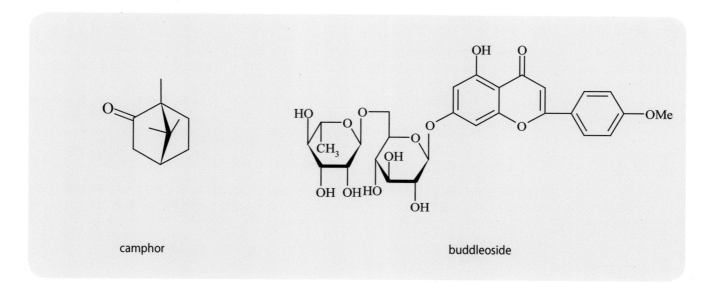

camphor

buddleoside

약리작용

1. 항병원미생물

야국화의 물 추출물과 정유성분은 *in vitro*에서 모두 뚜렷한 항균과 항바이러스작용이 있는데 특히 황색포도상구균, 대장간균[19], 녹농간균, 플렉스네리이질간균 등과 바이러스를 억제하는 작용이 있다[20]. 물 추출물이 정유성분보다 대부분 효과가 강력한데 폐렴연쇄구균에 대한 효과는 정유성분이 더 좋다. 이소니아지드, 스트렙토마이신, 파라아미노살리실산, 내성균, 렙토스피라 등에 대해 모두 억제작용이 있다[21].

2. 항염, 면역조절

야국화의 정유성분을 위에 주입하면 디메칠벤젠으로 유발된 Mouse의 귓바퀴 종창을 뚜렷하게 억제할 수 있고 물 추출물을 위에 주입하면 단백질로 유발된 Rat의 발바닥 종창을 뚜렷하게 억제할 수 있다[22]. 야국화의 플라보노이드를 위에 주입하면 디메칠벤젠으로 유발된 Mouse의 귓바퀴 종창, 카라기난으로 유발된 Rat의 발바닥 종창 및 Rat의 면구육아종을 뚜렷하게 억제함과 동시에 농도 의존적으로 Rat의 복강대식세포의 프로스타글란딘 E_2와 류코트리엔 B_4(LTB$_4$) 분비를 억제할 수 있다[23]. 야국화의 부탄올 추출물을 Mouse에 경구투여하면 비장세포의 항체수치 및 면양적혈구의 면역기능을 증강시킬 수 있다. 또한 Mouse 혈청 중의 면역글로불린 G(IgG)와 면역글로불린 M(IgM)의 수치를 뚜렷하게 제고시키며 면역기능이 저하된 Mouse의 체액성 면역 및 세포매개 면역기능을 제고할 수 있다[24]. 야국화의 열수 추출물을 위에 주입하면 집토끼의 III형 알레르기 반응에 대해 조절작용이 있다[25].

3. 해열, 진통

야국화의 주사액을 정맥에 주사하면 트리플백신으로 인한 집토끼의 발열에 대해 뚜렷한 해열작용이 있다. 또한 야국화는 뚜렷한 진통작용이 있다[21].

4. 심혈관계에 대한 영향

야국화의 주사액을 정맥에 주사하면 마취된 고양이의 관상동맥 혈류량을 뚜렷하게 증가시킬 수 있고 심근의 산소 소모량을 낮출 수 있다. 개에 대한 심근혈액결핍 실험에서도 뚜렷한 심근 보호작용이 있다. 야국화의 에탄올 침고(浸膏) 수용액을 복강에 주사하거나 위에 주입하면 마취되지 않은 Rat 및 마취된 고양이와 개에 대해 모두 뚜렷한 혈압강하작용이 있다[26].

5. 혈소판응집에 대한 영향
야국화의 에칠아세테이트 추출물은 *in vitro*에서 아데노신이인산(ADP)으로 인한 혈소판응집을 현저하게 억제할 수 있으며 그 활성 성분은 플라보노이드 화합물이다[27].

6. 항산화
야국화의 다당은 *in vitro*에서 활성산소 유리기의 수준을 뚜렷하게 낮출 수 있다[28]. 야국화의 물 추출물은 *in vitro*에서 Rat의 심장, 뇌, 간, 신장조직 등의 자동 지질과산화물(LPO)과 과산화수소로 유발된 적혈구 LPO 및 용혈현상을 억제할 수 있다. 물 추출액을 위에 주입하면 Mouse의 글루타치온과산화효소(GSH-Px)와 카탈라아제의 활성을 뚜렷하게 제고시킬 수 있다[29].

7. 항종양
야국화의 주사액은 *in vitro*에서 인체전립선암세포 PC3과 인체전골수성 백혈병세포 HL-60의 증식을 억제할 수 있다[30].

용도

야국화는 중의임상에서 사용하는 약이다. 청열해독(淸熱解毒, 화열을 깨끗이 제거하고 몸의 독을 없이함) 등의 효능이 있으며, 옹저정절(癰疽疔癤, 악창과 부스럼)로 인한 인후종통(咽喉腫痛, 목 안이 붓고 아픈 증상), 습진 및 피부소양(皮膚瘙癢, 피부가 가려운 증상) 등의 치료에 사용한다.
현대임상에서는 분강결핵(盆腔結核), 만성 분강염(盆腔炎, 골반내염), 급성 이질, 만성 전립선염, 다종의 악성 종양, 고혈압, 협심증 등에 사용한다.

해설

감국은 중국 각지에 모두 자생하며 꽃 외에도 감국의 뿌리, 줄기, 잎도 약으로 사용할 수 있다. 감국의 임상치료효과는 비교적 확실하며 흔히 청열해독 유형의 상용약으로 사용한다. 감국은 윤기가 나는 황색을 띠고 향기로우며 영양성분이 풍부하게 함유되어 있기 때문에 사계절 모두에 적합한 건강음료로 활용이 가능하다. 함유된 황색소(黃色素)는 음식 첨가제로 쓰인다.

참고문헌

1. 王惠淸. 中藥材産銷. 成都:四川科學技術出版社. 2004: 494-495

2. B Stoianova-Ivanova, H Budzikiewicz, B Koumanova, A Tsoutsoulova, K Mladenova, A Brauner. Essential oil of *Chrysanthemum indicum*. *Planta Medica*. 1983, 49(4): 236-239

3. CU Hong. Essential oil composition of *Chrysanthemum boreale* and *Chrysanthemum indicum*. Han'guk Nonghwa Hakhoechi. 2002, 45(2): 108-113

4. K Mladenova, E Tsankova, B Stoianova-Ivanova. Sesquiterpene lactones from *Chrysanthemum indicum*. *Planta Medica*. 1985, 3: 284-285

5. SY Zhu, Y Yang, HD Yu, Y Yue, GL Zou. Chemical composition and antimicrobial activity of the essential oils of *Chrysanthemum indicum*. *Journal of Ethnopharmacology*. 2005, 96(1-2): 151-158

6. 張永明, 黃亞非, 陶玲, 黃際薇. 不同産地野菊花揮發油化學成分比較研究. 中國中藥雜誌. 2002, 27(4): 265-267

7. 周欣, 莫彬彬, 趙超, 楊小生. 野菊花二氧化碳超臨界萃取物的化學成分研究. 中國藥學雜誌. 2002, 37(3): 170-172

8. 陳澤乃, 徐佩娟. 野菊花內酯的結構鑒定. 藥學學報. 1987, 22(1): 67-69

9. 于德泉, 謝風指, 賀文義, 梁曉天. 用二維核磁共振技術研究野菊花三醇的結構. 藥學學報. 1992, 27(3): 191-196

10. DQ Yu, FZ Xie. A new sesquiterpene from *Chrysanthemum indicum*. *Chinese Chemical Letters*. 1993, 4(10): 893-894

11. M Yoshikawa, T Morikawa, T Murakami, I Toguchida, S Harima, H Matsuda. Medicinal flowers. I. Aldose reductase inhibitors and three new eudesmane-type sesquiterpenes, kikkanols A, B and C, from the flowers of *Chrysanthemum indicum* L. *Chemical & Pharmaceutical Bulletin*. 1999, 47(3): 340-345

12. M Yoshikawa, T Morikawa, I Toguchida, S Harima, H Matsuda. Medicinal flowers. II. Inhibitors of nitric oxide production and absolute stereostructures of five new germacrane-type sesquiterpenes, kikkanols D, D monoacetate, E, F, and F monoacetate from the flowers of *Chrysanthemum indicum* L. *Chemical & Pharmaceutical Bulletin*. 2000, 48(5): 651-656

13. K Mladenova, R Mikhailova, A Tsutsulova, K Beremliiski, B Stoianova-Ivanova. Triterpene alcohols and sterols in *Chrysanthemum indicum* absolute. *Doklady Bolgarskoi Akademii Nauk*. 1989, 42(9): 39-41

14. A Chatterjee, S Sarkar, SK Saha. Acacetin 7-O-b-D-galactopyranoside from *Chrysanthemum indicum*. *Phytochemistry*. 1981, 20(7): 1760-1761

15. H Matsuda, T Morikawa, I Toguchida, S Harima, M Yoshikawa. Medicinal flowers. VI. Absolute stereostructures of two new flavanone glycosides and a phenylbutanoid glycoside from the flowers of *Chrysanthemum indicum* L.:their inhibitory activities for rat lens aldose reductase. *Chemical & Pharmaceutical Bulletin*. 2002, 50(7): 972-975

16. YJ Nam, HS Lee, SW Lee, MY Chung, ES Yoo, MC Rho, YK Kim. Effect of kikkanol F monoacetate and 5-hydroxy-6, 7, 3', 4'-tetramethoxyflavone isolated from *Chrysanthemum indicum* L. on IL-6 production. *Saengyak Hakhoechi*. 2005, 36(3): 186-190

17. WM Cheng, TP You, J Li. A new compound from the bud of *Chrysanthemum indicum* L. *Chinese Chemical Letters*. 2005, 16(10): 1341-1342

18. HA Al-Najar, J Sadiq. Effects of *Chrysanthemum indicum* alkaloids on carrageenin induced edema and abdominal constriction response. *Alexandria Journal of Pharmaceutical Sciences*. 1996, **10**(2): 152-155

19. BC Aridogan, H Baydar, S Kaya, M Demirci, D Ozbasar, E Mumcu. Antimicrobial activity and chemical composition of some essential oils. *Archives of Pharmacal Research*. 2002 , **25**(6): 860-864

20. 任愛農, 王志剛, 盧振初, 王禮文, 吳亦倫. 野菊花抑菌和抗病毒作用實驗研究. 藥物生物技術. 1999, **6**(4): 241-244

21. 王本祥. 現代中藥藥理學. 天津:天津科學技術出版社. 1997: 260-264

22. 彭敬紅. 中藥苦蔘. 野菊花對淺部眞菌的抑菌作用觀察. 鄖阳醫學院學報. 1988. 17(4): 225-226

23. 王志剛, 任愛農, 許立, 孫曉進, 華興邦. 野菊花抗炎和免疫作用的實驗研究. 中國中醫藥科技. 2000, **7**(2): 92-93

24. 張駿艷, 張磊, 金涌, 程文明, 過林, 鄒宇宏, 彭磊, 張茜, 李俊. 野菊花總黃酮抗炎作用及部分機制. 安徽醫科大學學報. 2005, **40**(5): 405-408

25. 程文明, 李俊, 胡成穆. 野菊花提取物的抗炎及免疫調節作用. 中國藥理通訊. 2005, **22**(3): 49

26. 張淑萍, 李雅玲, 鄭芳. 中藥野菊花對家兔模型SIL-2R, IL-6, TNF-α的影響. 天津中醫. 2000, **17**(2): 34-36

27. 陳日炎, 關雄泰, 江黎明, 梁念慈. 野菊花抗血小板聚集有效成分的篩選. 廣東醫學院學報. 1993, **11**(3): 101-103

28. 李貴榮. 野菊花多糖的提取及其對活性氧自由基的清除作用. 中國公共衛生. 2002, 18(3): 269-270

29. 嚴亦慈, 婁小娥, 蔣惠娣. 野菊花水提液抗氧化作用的實驗研究. 中國現代應用藥學雜誌. 1999, **16**(6): 16-18

30. 金沈銳, 祝彼得, 秦旭華. 野菊花注射液對人腫瘤細胞 SMMC7721, PC3, HL-60 增殖的影響. 中藥藥理與臨床. 2005, **21**(3): 39-40

국화 菊 CP, KHP, JP

Chrysanthemum morifolium Ramat.
Chrysanthemum

 개요

국화과(Asteraceae)

국화(菊, *Chrysanthemum morifolium* Ramat.)의 꽃을 건조한 것

중약명: 국화(菊花)

국화속(*Chrysanthemum*) 식물은 전 세계에 약 30종이 있으며 중국, 일본, 한반도, 러시아 등지에 분포한다. 중국에 약 17종이 있는데 이 속에서 현재 약으로 사용되는 것은 약 4종으로 중국의 각 성에서 모두 난다.

국화(菊花)는 '국화(鞠華)'란 약명으로 《신농본초경(神農本草經)》에 상품으로 처음 기재되었으며 역대의 본초서적에도 많이 기재되었는데 그 기원식물은 모두 국화 및 재배로 변화된 종이다[1]. 중국은 역사적으로 예국(藝菊)과 약국(藥菊)의 재배가 평행하게 발전되어 왔다. 《중국약전(中國藥典)》(2015년 판)에서는 이 종을 중약 국화의 법정기원식물로 수록하였으며 주요산지는 섬서, 감숙, 하남, 안휘, 절강, 강서 등이다. 《대한민국약전외한약(생약)규격집》(제4개정판)에는 국화를 "국화과(Compositae)에 속하는 국화 (*Chrysanthemum morifolium* Ramatuelle)의 꽃"으로 등재하고 있다.

국화에는 주로 정유, 플라보노이드, 세스퀴테르페노이드, 트리테르페노이드 등의 성분이 있다. 《중국약전》에서는 고속액체크로마토그래피법을 이용하여 건조시료 중 클로로겐산의 함량을 0.20% 이상으로, 루테올로시드의 함량을 0.080% 이상으로, 3,5-디카페오일 퀸산(3,5-dicaffeoyl quinic acid)의 함량을 0.70% 이상으로 약재의 규격을 정하고 있다.

약리연구를 통하여 국화에는 해열, 항염, 항균, 항바이러스, 항산화 등의 작용이 있는 것으로 알려져 있다.

한의학에서 국화는 산풍청열(散風清熱), 평간명목(平肝明目)의 효능이 있다.

국화 菊 *Chrysanthemum morifolium* Ramat.

약재 국화 藥材菊花 Chrysanthemi Flos

1cm

함유성분

꽃에는 정유성분이 함유되어 있는데, 그 품질과 함량은 종에 따라 그리고 가공 방법에 따라 크게 다르며, borneol, bornyl acetate, chrysanthenone, camphor[2] 등이 함유되어 있고, 플라보노이드 성분으로 apigenin[3], acacetin, luteolin[4], quercetin, diosmetin[5], acacetin-7-O-β-D-galactopyranoside[6-7], acacetin-7-O-β-D-glucoside, luteolin-7-O-β-D-glucoside[8], diosmetin-7-O-β-D-glucoside[5], apigenin-7-O-β-D-glucoside, apigenin7-O-β-D-(4'-caffeoyl) glucuronide, apigenin-7-O-β-D-glucuronide[9-10], 세스퀴테르페노이드 성분으로 chrysanthediol A, chrysanthediacetates B, C[11], 그리고 트리테르페노이드 성분으로 taraxasterol, faradiol[12], (24S)-25-methoxycycloartane-3β,24-diol, (24S)-25-methoxycycloartane-3β,24,28-triol, 22α,-methoxyfaradiol[13], heliantriols A1, B0, B2, C, faradiol α-epoxide, maniladiol, erythrodiol, longispinogenin, uvaol, calenduladiol[14-15], 16β,22α-dihydroxypseudotaraxasterol-3β-O-palmitate, lup-16β,28-dihydroxy-3β-O-palmitate, pseudotaraxasterol[16] 등이 함유되어 있고, 또한 isobutylamides[17] 등이 함유되어 있다.

잎에는 chlorogenic acid, 3,5-O-dicaffeoyl quinic acid, 3',4',5-trihydroxyflavanone-7-O-glucuronide[18] 등의 성분이 함유되어 있다.

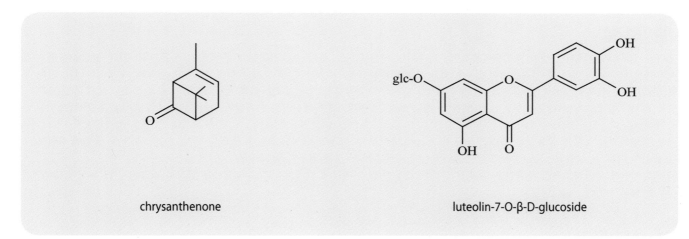

chrysanthenone · luteolin-7-O-β-D-glucoside

 약리작용

1. **해열**

   국화의 침고(浸膏)를 복강에 주사하면 발열된 집토끼에 대해 해열작용이 있다[2].

2. **항염**

   국화의 추출물을 Mouse의 복강에 주사하면 피하에 히스타민을 주사하여 유발된 모세혈관 투과성의 증가를 길항할 수 있다[2]. 국화에서 분리해 낸 타라사스테롤, 파라디올, 헬리안트리올 등은 12-O-tetradecanoylphorbol-13-acetate(TPA)로 유발된 Mouse의 염증에 대해 뚜렷한 억제작용이 있다[12-13, 19].

3. **항병원미생물**

   국화에 함유된 트리테르페노이드 성분은 검은 곰팡이균, 녹농간균 등에 대해 억제작용이 있다[15]. 국화에 함유된 Apigenin-7-O-β-D-(4'-caffeoyl)glucuronide, Acacetin-7-O-β-D-galactopyranoside 등 플라보노이드 화합물은 항인체면역결핍바이러스(anti-HIV)의 작용이 있다[6-7, 9]. 국화의 에탄올 추출물을 복강에 주사하면 Mouse의 접종말라리아원충의 생장발육을 억제할 수 있고 클로로포름 추출물을 복강에 주사하면 Rat의 접종말라리아원충의 포자에 대해 뚜렷한 억제작용이 있다[20-21].

4. **심혈관계에 대한 영향**

   국화의 물 추출물은 혈액결핍성 재관류로 유발된 Rat의 심근수축기능 및 관상동맥 혈류량 감소를 길항할 수 있으며 심근혈액부족 혹은 혈액부족에 대해 뚜렷한 보호작용이 있다[22-23]. 국화의 에칠아세테이트 추출물은 페닐레프린으로 유발된 Rat의 혈관수축을 농도 의존적으로 억제할 수 있고 명확한 혈관이완작용이 있다[24]. 국화의 알코올 추출액은 *in vitro*에서 농도 의존적으로 어린 소의 혈관평활근 세포괴사를 억제할 수 있다[25].

5. **항산화, 항노화**

   국화의 물 추출물 및 플라보노이드에는 뚜렷한 항산화 활성이 있다[26-29]. 물 추출물을 위에 주입하면 Mouse의 혈중 글루타치온과산화효소(GSH-Px)의 활성을 뚜렷하게 증강할 수 있고 D-갈락토오스로 유발된 지질과산화(LPO)를 뚜렷하게 억제할 수 있다. 인체세포의 유리기에 대한 제거작용을 증강할 수 있으며 노화를 억제시킬 수 있다[30-31].

6. **항종양, 항돌연변이**

   국화에서 분리해 낸 트리테르페노이드 성분은 TPA로 유발된 Mouse의 피하종양에 대해 뚜렷한 억제작용이 있고 인체암세포에 대

국화 菊 CP, KHP, JP

해 세포독성이 있다[12, 14]. 국화의 메탄올 추출물(주로 플라보노이드를 함유)에는 항돌연변이작용이 있다[4].

7. 기타

국화의 에탄올 추출물(주로 플라보노이드를 함유)을 위에 주입하면 Rat의 사이토크롬 P450에 대해 뚜렷한 억제작용이 있다[32].

용도

국화는 중의임상에서 사용하는 약이다. 소산풍열[疏散風熱, 풍사(風邪)와 열사(熱邪)를 소산(消散)시키는 것], 풍열감모[風熱感冒, 감모(感冒)의 하나로 풍열사(風熱邪)로 인해 생긴 감기], 정창종독[疔瘡腫毒, 독기를 감수하여 생긴 정창(疔瘡)이 진행되면서 붓고 아픈 것] 등의 치료에 사용한다.

현대임상에서는 결막염, 고혈압, 관상동맥죽상경화증, 심교통(心絞痛, 가슴이 쥐어짜는 것처럼 몹시 아픈 것) 등의 병증에 사용한다.

해 설

국화는 중국위생부에서 규정한 약식동원품목*의 하나이며 화서 외에도 줄기, 잎, 뿌리 모두를 약으로 사용할 수 있다. 2,000여 년의 재배과정에서 산지와 생태 및 가공방법이 상이함에 따라 8대 주류상품으로 나뉘는데 절강 동향(桐鄉)과 해녕(海寧)의 항국(杭菊), 안휘 보현(亳縣)의 보국(亳菊), 하북 안국(安國)의 기국(祁菊), 안휘 저현(滁縣)의 저국(滁菊), 하북 무척(武陟)의 회국(懷菊), 안휘 흡현(歙縣)의 공국(貢菊), 절강의 황국(黃菊), 산동 제녕(濟寧)의 제국(濟菊) 등이다. 그중 생산량과 판매량이 가장 많은 것은 약차(藥茶)가 병행되는 항국이다.

근래 각국에서는 국화의 함유성분에 대한 연구가 비교적 많아졌다. 하지만 상이한 품종의 국화는 산지, 지형, 채집 등 방법에 따라 용도와 효능이 다르다. 그들의 성분, 약용효과가 동일한지에 대해서는 더 많은 연구가 필요하다.

국화의 에탄올과 클로로폼 추출물은 항말라리아원충작용이 있기 때문에 말라리아 치료의 새로운 약으로 개발할 수 있는지에 대해서는 주목할 필요가 있다.

참고문헌

1. 林慧彬, 鍾方曉, 王學榮, 林建強, 林建群. 菊花的本草考證. 中醫研究. 2005, **18**(1): 27-29

2. 王本祥. 現代中藥藥理學. 天津：天津科學技術出版社. 1997: 161-164

3. S Sinha, RK Khanna, SN Srivastava, A Singh. Occurrence of apigenin and its glucoside in the flowers of *Chrysanthemum morifolium*. *Himalayan Chemical and Pharmaceutical Bulletin*. 1986, **3**: 8-9

4. M Miyazawa, M Hisama. Antimutagenic activity of flavonoids from *Chrysanthemum morifolium*. *Bioscience, Biotechnology, and Biochemistry*. 2003, **67**(10): 2091-2099

5. 賈凌雲, 孫啟時, 黃順旺. 滁菊中黃酮類化學成分的分離與鑒定. 中國藥物化學雜誌. 2003, **13**(3): 159-161

6. CQ Hu, K Chen, Q Shi, RE Kilkuskie, YC Cheng, KH Lee. Anti-aids agents, 10. Acacetin-7-O-b-D-galactopyranoside, an anti-HIV principle from *Chrysanthemum morifolium* and a structure-activity correlation with some related flavonoids. *Journal of Natural Products*. 1994, **57**(1): 42-51

7. HK Wang, Y Xia, ZY Yang, SL Natschke, KH Lee. Recent advances in the discovery and development of flavonoids and their analogues as antitumor and anti-HIV agents. *Advances in Experimental Medicine and Biology*. 1998, **439**: 191-225

8. 劉金旗, 沈其權, 劉勁松, 吳德林, 王擧濤. 貢菊化學成分的研究. 中國中藥雜誌. 2001, **26**(8): 547-548

9. JS Lee, HJ Kim, YS Lee. A new anti-HIV flavonoid glucuronide from *Chrysanthemum morifolium*. *Planta Medica*. 2003, **69**(9): 859-861

10. KH Lee, WH Yoon, CH Cho. Anti-ulcer effect of apigenin-7-O-b-D-glucuronide isolated from *Chrysanthemum morifolium* Ramataelle. *Saengyak Hakhoechi*. 2005, **36**(3): 171-176

11. LH Hu, ZL Chen. Sesquiterpenoid alcohols from *Chrysanthemum morifolium*. *Phytochemistry*. 1997, **44**(7): 1287-1290

12. K Yasukawa, T Akihisa, T Oinuma, T Kaminaga, H Kanno, Y Kasahara, T Tamura, K Kamaki, S Yamanouchi. Inhibitory effect of taraxastane-type triterpenes on tumor promotion by 12-O-tetradecanoylphorbol-13-acetate in two-stage carcinogenesis in mouse skin. *Oncology*. 1996, **53**(4): 341-344

13. M Ukiya, T Akihisa, K Yasukawa, Y Kasahara, Y Kimura, K Koike, T Nikaido, M Takido. Constituents of compositae plants. 2. Triterpene diols, triols, and their 3-O-fatty acid esters from edible chrysanthemum flower extract and their anti-inflammatory effects. *Journal of Agricultural and Food Chemistry*. 2001, **49**(7): 3187-3197

14. M Ukiya, T Akihisa, H Tokuda, H Suzuki, T Mukainaka, E Ichiishi, K Yasukawa, Y Kasahara, H Nishino. Constituents of Compositae plants III. Anti-tumor promoting effects and cytotoxic activity against human cancer cell lines of triterpene diols and triols from edible chrysanthemum flowers. *Cancer Letters*. 2002, **177**(1): 7-12

15. CY Ragasa, F Tiu, JA Rideout. Triterpenoids from *Chrysanthemum morifolium*. *ACGC Chemical Research Communications*. 2005, **18**: 11-17

16. 胡立宏, 陳仲良. 杭白菊的化學成分研究：兩個新三萜酯的結構測定. 植物學報. 1997, **39**(1): 85-90

17. R Tsao, AB Attygalle, FC Schroeder, CH Marvin, BD McGarvey. Isobutylamides of unsaturated fatty acids from *Chrysanthemum morifolium* associated with host-plant resistance against the western flower thrips. *Journal of Natural Products*. 2003, **66**(9): 1229-1231

18. CW Beninger, MM Abou-Zaid, ALE Kistner, RH Hallett, MJ Iqbal, B Grodzinski, JC Hall. A flavanone and two phenolic acids from *Chrysanthemum morifolium* with

---

* 부록(502~505쪽) 참고

phytotoxic and insect growth regulating activity. *Journal of Chemical Ecology.* 2004, **30**(3): 589-606

19. K Yasukawa, T Akihisa, Y Kasahara, M Ukiya, K Kumaki, T Tamura, S Yamanouchi, M Takido. Inhibitory effect of heliantriol C, a component of edible Chrysanthemum, on tumor promotion by 12-O-tetradecanoylphorbol-13-acetate in 2-stage carcinogenesis in mouse skin. *Phytomedicine.* 1998, **5**(3): 215-218

20. 趙燦熙, 雷穎, 吳艳, 阮和球. 菊花乙醇提取物抗瘧效應實驗研究(一)－對紅細胞內期約氏瘧原蟲的效應. 華中醫學雜誌. 1997, **21**(1): 26-27

21. 趙燦熙, 阮和球, 吳艳, 雷穎. 菊花抗瘧效應實驗研究(二)－對約氏瘧原蟲紅外期的效應. 華中醫學雜誌. 1997, **21**(2): 77-78

22. 徐萬紅, 曹春梅, 夏強, 蔣惠娣, 葉治國. 杭白菊提取液對抗缺血再灌注引起的離體大鼠心肌收縮功能下降. 中國病理生理雜誌. 2004, **20**(5): 822-826

23. HD Jiang, Q Xia, WH Xu, M Zheng. *Chrysanthemum morifolium* attenuated the reduction of contraction of isolated rat heart and cardiomyocytes induced by ischemia/reperfusion. *Pharmazie.* 2004, **59**(7): 565-567

24. 蔣惠娣, 王玲飛, 周新妹, 夏強. 杭白菊乙酸乙酯提取物的舒血管作用及相關機制. 中國病理生理雜誌. 2005, **21**(2): 334-338

25. 方雪玲, 胡曉彤, 王琦, 陳齊興, 方向明. 杭白菊萃取液對小牛血管平滑肌細胞凋亡影響的實驗研究. 浙江醫學. 2002, **24**(9): 526-527, 530

26. 孔琪, 吳春. 菊花黃酮的提取及抗氧化活性研究. 中草藥. 2004, **35**(9): 1001-1002

27. PD Duh, YY Tu, GC Yen. Antioxidant activity of water extract of harng jyur (*Chrysanthemum morifolium* Ramat). *Lebensmittel-Wissenschaft und-Technologie.* 1999, **32**(5): 269-277

28. PD Duh, GC Yen. Antioxidative activity of three herbal water extracts. *Food Chemistry.* 1997, **60**(4): 639-645

29. PD Duh. Antioxidant activity of water extract of four harng jyur (*Chrysanthemum morifolium* Ramat) varieties in soybean oil emulsion. *Food Chemistry.* 1999, **66**(4): 471-476

30. 劉世昌, 李獻平, 劉敏, 倪允孚, 曹凱, 李素婷. 四大懷藥對小鼠血液中谷胱甘肽過氧化物酶活性和過氧化脂質含量的影響. 中藥材. 1991, **14**(4): 39-40

31. 林久茂, 莊秀華, 王瑞國. 菊花對D-半乳糖衰老抗氧化作用實驗研究. 福建中醫藥. 2002, **33**(5): 31

32. 侯佩玲, 喬晉萍, 張瑞萍, 崔立傑, 再帕爾. 阿不力孜, 李亞偉. 菊花提取物對大鼠肝微粒體細胞色素P450的影響. 中醫藥學報. 2003, **31**(3): 47-48

치커리 菊苣 ^{CP}

Cichorium intybus L.
Chicory

개요

국화과(Asteraceae)

치커리(菊苣, *Cichorium intybus* L.)의 지상부 혹은 뿌리를 건조한 것

중약명: 국거(菊苣)

치커리속(*Cichorium*) 식물은 전 세계에 약 6종이 있으며 유럽, 아시아, 북아프리카에 분포한다. 주로 지중해와 서남아시아 지역에 분포하는데 중국에 3종이 있으며 동북, 화북, 서북 및 산동, 신강 등에 분포한다. 현재 약으로 사용되는 것은 약 2종으로 북경, 흑룡강, 요녕, 섬서, 산서, 강서 등에 분포한다.

국거는 위구르의 전통약이며 《위구르약지(維吾爾藥志)》, 《중국민족약지(中國民族藥志)》 등에 기재되었다. 《중국약전(中國藥典)》 (2015년 판)에서는 이 종을 위구르 전통 약재 국거의 법정기원식물의 하나로 수록했다. 주요산지는 요녕, 길림, 산동, 강서와 신강 등이다. 신강은 중국의 야생 치커리의 주요 분포지역인데 중국의 서남, 화남 등 많은 지역에서 인공재배된다[1].

치커리에는 주로 세스퀴테르펜, 트리테르페노이드, 플라보노이드, 유기산 등의 성분이 있다. 《중국약전》에서는 열침법 측정을 이용하여 국거의 알코올 용해성 엑스함량을 10% 이상으로 약재의 규격을 정하고 있다.

약리연구를 통하여 치커리는 간장 보호, 항위궤양, 강혈지(降血脂), 항혈당, 혈중 요산 강하, 항병원미생물, 항산화 등의 작용이 있는 것으로 알려져 있다.

한의학에서 국거는 청간이담(淸肝利膽), 건위소식(健胃消食), 이뇨소종(利尿消腫) 등의 효능이 있다.

치커리 菊苣 *Cichorium intybus* L.

약재 국거 藥材菊苣 Cichorii Radix

1cm

함유성분

전초에는 세스퀴테르펜 락톤 성분으로 8-deoxylactucin, lactucin, lactupicrin (lactucopicrin)[2], cichoriolide A, cichoriosides A, B, C[3], magnolialide, artesin[4], intybulide A[5], 3,4-dihydrolactucin[6], desacetylmatricarin[7], 플라보노이드 성분으로 kaempferol, isoscutellarin, quercetin[6-7], 쿠마린류 성분으로 cichoriin, umbelliferone, esculetin, cichoriin-6'-p-hydroxyphenyl acetate[6-8], 유기산으로 caffeic acid, chicoric acid[7, 9] 등이 함유되어 있다.
뿌리에는 세스퀴테르펜 락톤 성분으로 magnolialide, artesin[10], lactucin, lactupicrin[11], 8-deoxylactucin, 11β,13-dihydrolactucin[12], cichoriosides B, C[13], 트리테르페노이드 성분으로 taraxerone[13], α-amyrin[14] 등이 함유되어 있다.
꽃에는 안토시아닌 성분이 함유되어 있다[15].
씨에는 cichosterol 성분 등이 함유되어 있다[16].

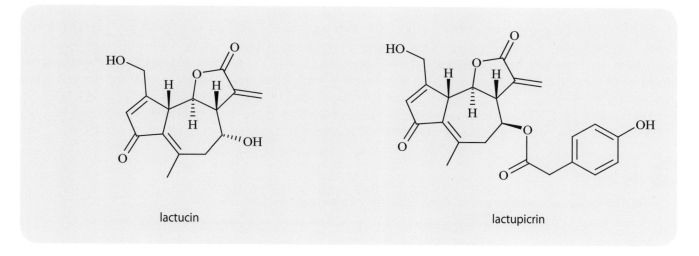

lactucin   lactupicrin

 약리작용

1. 간장 보호

    치커리의 씨에 함유된 메탄올 추출물은 아세트아미노펜으로 유발된 Rat의 알칼리포스파타제(ALP), 글루타민산 옥살로초산 트랜스아미나제(GOT)와 글루타민산 피루빈산 트랜스아미나제(GPT)의 수치가 상승하는 것을 뚜렷하게 낮출 수 있다. 알코올 추출물과 페놀 성분 AB-IV는 사염화탄소로 유발된 Rat의 간 손상에도 뚜렷한 보호작용이 있다[17-18].

2. 항위궤양

    치커리 뿌리의 물 추출물 혹은 메탄올 추출물을 복용하면 에탄올로 인한 Rat의 위궤양을 감소시킬 수 있다[19].

3. 심혈관계에 대한 영향

    국거산(菊苣酸)은 Rat의 적출된 주동맥혈관 평활근에 대해 이완작용을 할 수 있다[9]. 국거의 유효 부위 α-아미린을 위에 주입하거나 피하에 직접 약으로 주입하면 고혈당과 고지혈이 있는 집토끼의 주동맥평활근 세포막유동성 손상을 억제할 수 있다. 또한 지질과산화(LPO)를 저해할 수 있으며 주동맥평활근 세포의 생장기능을 보호할 수 있다[20].

4. 항혈지, 항혈당, 혈중 요산 강하

    치커리의 뿌리를 먹이면 Rat의 혈장 콜레스테롤과 중성지방의 수치를 뚜렷하게 낮출 수 있다[21]. 국거의 추출물을 먹이면 고혈당복합고혈지모델의 토끼에 대해 혈장 폰빌레브란트인자(vWF), 엔도셀린, 혈전소 A₂(TXA₂) 등의 함량을 낮출 수 있고 프로스타사이클린의 함량을 높일 수 있다[22]. 고혈지, 고혈당, 고알칼리 사료로 유발된 고요산(高尿酸), 고중성지방 합병의 고혈당 증상이 있는 Rat의 위에 국거의 추출물을 주입하면 혈청의 요산과 중성지방 및 혈당의 함량을 뚜렷하게 낮출 수 있다[23].

5. 항병원미생물

    국거의 석유에스테르 추출물, 분지포자균[24], 에칠아세테이트 추출물은 방사형사양간균, 녹농간균 등에 대해 뚜렷한 억제작용이 있고[25] 치커리 씨의 석유에스테르 추출물은 항진균작용이 있다[26]. 치커리 뿌리의 물 추출물은 항말라리아원충작용이 있는데 그의 항말라리아활성 성분은 락투신과 락투코피크린이다[11].

6. 항콜린에스테라아제

    치커리 뿌리의 디클로로메탄 추출물에서 분리해 낸 8-데옥시락투신과 락투코피크린은 *in vitro*에서 농도 의존적으로 아세틸콜린에스테라제의 활성을 뚜렷하게 억제한다[27].

치커리 菊苣 CP

7. 기타

국거는 종양세포의 성장을 억제시킬 수 있고[4] 항산화[28-29] 등의 작용이 있다.

용도

국거는 신강 위구르의 전통적인 민족약이다. 청간이담[清肝利膽, 간을 식혀 주며 담(膽)을 이롭게 함], 건위소식(健胃消食, 위를 튼튼하게 하고 음식을 소화시키는 효능) 등의 치료에 사용한다.

현대임상에서는 A형과 B형을 제외한 간염, 황달형 간염, 담낭결석, 당뇨병, 급성 신장염, 기관지염 등의 병증에 사용한다.

해 설

치커리는 중국위생부에서 규정한 약식동원품목*의 하나로 중국, 유럽, 중동, 아프리카, 아메리카, 유럽 등지에 모두 분포하는데 약용과 식용의 가치가 매우 높다. 초약(草藥) 치커리는 유럽의 민간약학에서 식욕부진과 소화불량의 치료에 사용하며 인도전통의학에서는 두통, 피부과민, 구토, 설사 등의 치료에 치커리를 사용한다[30]. 치커리는 채소로 유럽 등지에서 장기간 식용해 왔는데 맛이 좋으며 영양가가 높아 식이법이 다양하게 발전하였다. 근래 중국시장에서도 상당히 환영받고 있으며 고품질 사료로서 치커리는 생산량이 많고 활용범위가 광범위한 것이 특징이다.

동속식물인 모국거(毛菊苣, *Cichorium glandulosum* Boiss. et Huet)도 《중국약전》에 민간약 국거의 법정기원식물로 수록되었다. 모국거는 주로 중국 신강의 아커소, 차말 등지에 분포한다. 그의 함유성분과 약리작용에 대한 발전된 연구가 필요할 것으로 생각된다.

참고문헌

1. 張霞, 王紹明, 惠俊愛, 張玲. 新疆野生菊苣生物學特性的初步研究. 石河子大學學報(自然科學版). 2003, **7**(1): 55-58

2. J St. Pyrek. Terpenes of Compositae plants. Part 13. Sesquiterpene lactones of *Cichorium intybus* and *Leontodon autumnalis*. *Phytochemistry*. 1985, **24**(1): 186-188

3. M Seto, T Miyase, K Umehara, A Ueno, Y Hirano, N Otani. Sesquiterpene lactones from *Cichorium endivia* L. and *C. intybus* L. and cytotoxic activity. *Chemical & Pharmaceutical Bulletin*. 1988, **36**(7): 2423-2429

4. KT Lee, JI Kim, HJ Park, KO Yoo, YN Han, KI Miyamoto. Differentiation-inducing effect of magnolialide, a 1β-hydroxyeudesmanolide isolated from *Cichorium intybus*, on human leukemia cells. *Biological & Pharmaceutical Bulletin*. 2000, **23**(8): 1005-1007

5. YH Deng, L Scott, D Swanson, JK Snyder, N Sari, H Dogan. Guaianolide sesquiterpene lactones from *Cichorium intybus*(Asteraceae). *Zeitschrift fuer Naturforschung, B:Chemical Sciences*. 2001, **56**(8): 787-796

6. AM El-Lakany, MA Aboul-Ela, MM Abdul-Ghani, H Mekky. Chemical constituents and biological activities of *Cichorium intybus* L. *Natural Product sciences*. 2004, **10**(2): 69-73

7. MA Aboul-Ela, MM Abdul-Ghani, FK El-Fiky, AM El-Lakany, HM Mekky, NM Ghazy. Chemical constituents of *Cirsium syriacum* and *Cichorium intybus*(Asteraceae) growing in Egypt. *Alexandria Journal of Pharmaceutical Sciences*. 2002, **16**(2): 152-156

8. W Kisiel, K Michalska. A new coumarin glucoside ester from *Cichorium intybus*. *Fitoterapia*. 2002, **73**(6): 544-546

9. N Sakurai, T Iizuka, S Nakayama, H Funayama, M Noguchi, M Nagai. Vasorelaxant activities of caffeic acid derivatives from *Cichorium intybus* and *Equisetum arvense*. *Yakugaku Zasshi*. 2003, **123**(7): 593-598

10. HJ Park, SH Kwon, KO Yoo, WT Jung, KT Lee, JI Kim, YN Han. Isolation of magnolialide and artesin from *Cichorium intybus*:revised structures of sesquiterpene lactones. *Natural Product Sciences*. 2000, **6**(2): 86-90

11. TA Bischoff, CJ Kelley, Y Karchesy, M Laurantos, P Nguyen-Dinh, AG Arefi. Antimalarial activity of lactucin and lactucopicrin:sesquiterpene lactones isolated from *Cichorium intybus* L. *Journal of Ethnopharmacology*. 2004, **95**(2-3): 455-457

12. D Mares, C Romagnoli, B Tosi, E Andreotti, G Chillemi, F Poli. Chicory extracts from *Cichorium intybus* L. as potential antifungals. *Mycopathologia*. 2005, **160**(1): 85-91

13. 何軼, 郭亞健, 高雲艷. 菊苣根化學成分研究. 中國中藥雜誌. 2002, **27**(3): 209-210

14. 杜海燕, 原思通, 江佩芬. 菊苣的化學成分研究. 中國中藥雜誌. 1998, **23**(11): 682-683

15. R Norbaek, K Nielsen, T Kondo. Anthocyanins from flowers of *Cichorium intybus*. *Phytochemistry*. 2002, **60**(4): 357-359

16. B Ahmad, S Bawa, AB Siddiqui, T Alam, SA Khan. Components from seeds of *Cichorium intybus* Linn. *Indian Journal of Chemistry, Section B:Organic Chemistry Including Medicinal Chemistry*. 2002, **41B**(12): 2701-2705

17. AH Gilani, KH Janbaz. Evaluation of the liver protective potential of *Cichorium intybus* seed extract on acetaminophen and CCl₄-induced damage. *Phytomedicine*. 1994, **1**(3): 193-197

18. B Ahmed, TA Al-Howiriny, AB Siddiqui. Antihepatotoxic activity of seeds of *Cichorium intybus*. *Journal of Ethnopharmacology*. 2003, **87**(2-3): 237-240

19. I Gurbuz, O Ustun, E Yesilada, E Sezik, N Akyurek. *In vivo* gastroprotective effects of five Turkish folk remedies against ethanol-induced lesions. *Journal of Ethnopharmacology*. 2002, **83**(3): 241-244

* 부록(502~505쪽) 참고

20. 張冰, 劉小青, 胡京紅, 江佩芬. 菊苣提取物amyrin對家兔主動脈平滑肌細胞膜微粘度的影響. 中國藥理學通報. 1999, **15**(2): 170 -172

21. N Kaur, AK Gupta, SK Uberoi. Cholesterol lowering effect of chicory (*Cichorium intybus*) root in caffeine-fed rats. *Medical Science Research*. 1991, **19**(19): 643

22. 張冰, 劉小青, 胡京紅, 高雲艷, 李雲谷, 何軼. 菊苣提取物對高糖複合高血脂模型兔血漿vWF, ET及PGI₂/TXA₂含量的影響. 北京中醫藥大學學報. 2000, **23**(6): 48-50

23. 孔悅, 張冰, 劉小青, 丁正磊, 王瑩. 菊苣提取物對高甘油三酯, 高尿酸並高血糖血症大鼠影響的實驗研究. 中華中醫藥雜誌. 2005, **20**(6): 379-380

24. Y Abou-Jawdah, H Sobh, A Salameh. Antimycotic activities of selected plant flora, growing wild in Lebanon, against phytopathogenic fungi. *Journal of Agricultural and Food Chemistry*. 2002, **50**(11): 3208-3213

25. J Petrovic, A Stanojkovic, L Comic, S Curcic. Antibacterial activity of *Cichorium intybus*. *Fitoterapia*. 2004, **75**(7-8): 737-739

26. SK Gupta, PK Sharma, SH Ansari. Antimicrobial activity of the seeds of *Cichorium intybus* Linn. *Asian Journal of Chemistry*. 2005, **17**(4): 2839-2840

27. JM Rollinger, P Mock, C Zidorn, EP Ellmerer, T Langer, H Stuppner. Application of the in combo screening approach for the discovery of non-alkaloid acetylcholinesterase inhibitors from *Cichorium intybus*. *Current Drug Discovery Technologies*. 2005, **2**(3): 185-193

28. TW Kim, KS Yang. Antioxidative effects of *Cichorium intybus* root extract on LDL(low density lipoprotein) oxidation. *Archives of Pharmacal Research*. 2001, **24**(5): 431-436

29. SN El, S Karakaya. Radical scavenging and iron-chelating activities of some greens used as traditional dishesin Mediterranean diet. *International Journal of Food Sciences and Nutrition*. 2004, **55**(1): 67-74

30. B LaGow. PDR for Herbal Medicine, 3rd edition. Montvale:Thomson PDR. 2004: 191-192

황새승마 升麻

Cimicifuga foetida L.
Large Trifoliolious Bugbane

개요

미나리아재비과(Ranunculaceae)
황새승마(升麻, *Cimicifuga foetida* L.)의 뿌리줄기
중약명: 승마(升麻)

승마속(*Cimicifuga*) 식물은 전 세계에 약 18종이 있으며 주로 북온대에 분포한다. 중국에는 약 8종, 변이종 3종, 변형종 3종이 있는데 그중 약으로 사용되는 것은 약 6종이다. 이 종은 중국의 섬서, 산서, 하북, 감숙, 사천, 청해, 운남, 서장 지역에 분포하며 내몽고, 러시아, 시베리아에도 분포하는 것이 있다.

'승마'란 약명은 《신농본초경(神農本草經)》에 상품으로 처음 기재되었으며 역대의 본초서적에 많이 기재되었다. 《중국약전(中國藥典)》(2015년 판)에서는 이 종을 중약 승마의 법정기원식물의 하나로 수록하였으며 주요산지는 중국의 사천, 서장, 운남, 청해, 감숙, 섬서, 하남 서부 및 산서 등이다. 《대한민국약전》(11개정판)에는 승마를 "미나리아재비과에 속하는 승마(*Cimicifuga heracleifolia* Komarov), 촛대승마(*Cimicifuga simplex* Wormskjord), 눈빛승마(*Cimicifuga dahurica* Maximowicz) 또는 황새승마(*Cimicifuga foetida* Linne)의 뿌리줄기"로 등재하고 있다.

황새승마의 뿌리줄기에 함유된 주요 활성성분은 트리테르페노이드 사포닌 화합물이다. 또한 쿠마린 및 페놀산 성분이 함유되어 있다. 《중국약전》에서는 건조품을 기준으로 이소페룰산의 함량을 0.10% 이상으로 약재의 규격을 정하고 있다.

약리연구를 통하여 황새승마에는 항균과 항염 등의 작용이 있는 것으로 알려져 있다.

한의학에서 승마는 발표투진(發表透疹), 청열해독(淸熱解毒), 승거양기(升擧陽氣) 등의 효능이 있다.

황새승마 升麻 *Cimicifuga foetida* L.

눈빛승마 興安升麻
Cimicifuga dahurica (Turcz.) Maxim.

약재 승마 藥材升麻 Cimicifuage Rhizoma

1cm

함유성분

뿌리줄기에는 트리테르페노이드와 트리테르페노이드 사포닌 성분으로 actein, 27-deoxyactein, 2'-O-acetylactein, 2'-O-acetyl-27-deoxy-actein, cimisides A, B, C, D, E, F, (23R,24S)-cimigenol-3-O-b-D-xylopyranoside, (23R,24S)-25-O-acetylcimigenol-3-O-β-D-xylopyranoside, cimigenol xyloside, 25-O-acetylcimigenoside, cimicidanol-3-O- arabinoside, cimicidanol, cimicifugosides H-1, H-2, H-4, H-6, cimicifol, 15α:-hydroxycimicidol-3-O-β-D-xyloside, foetidinol, 27-deoxyacetylacteol, acetylacteol-3-O-arabinoside, 7,8-didehydro-27-deoxyactein, (23R,24R)-24-O-acetylshengmanol-3-O-β-D-xylopyranoside, cimigenol, cimigenol-3-O-β-D-xylopyranoside[1-7], 페놀산 성분으로 cimicifugic acid, caffeic acid, ferulic acid, isoferulic acid, sinapic acid, 4-O-acetyl-caffeic acid[8-9], 그리고 쿠마린류 성분으로 esculetin, cimicifugin, nor-cimicifugin, cimifugin glucoside[8-10] 등이 함유되어 있다.

지상부에는 트리테르페노이드 사포닌 성분으로 cimifoetisides I, II, III, cimigenol-3-O-b-D-galactopyranoside, 12β-hydroxycimigenol-3-O-β-D-xylopyranoside, 12β-hydroxycimigenol-3-O-α-L-arabinopyranoside, 25-O-acetyl-cimigenol galactopyranoside, 7β-hydroxycimigenol xylopyranoside, cimigenol-3-O-β-D-xylopyranoside, cimigenol-3-O-α-L-arabinopyranoside, 25-anhydrocimigenol-3-O-β-D-xylopyranoside, cimifoetisides IV, V[11-14] 등이 함유되어 있다.

actein

cimicifugin

황새승마 升麻 CP, KP, JP, VP

약리작용

1. **항균**

승마는 시험관 내에서 결핵간균의 성장을 억제할 수 있을 뿐만 아니라 황색포도상구균, B형 연쇄구균, 백후간균, 상한간균, 녹농간균, 탄저간균, 대장간균과 이질간균 등에 대해 각기 다른 정도의 억제작용을 할 수 있다[15]. *In vitro* 실험에서 시미시푸긴은 백색염주균, 석고상모선균, 홍색모선균, 페루기네오우스소포아선균, 발선모선균, 유모표피사상균 등의 피부진균에 대해 모두 상이한 정도의 억제작용이 있다[16].

2. **진통, 항염**

이소페룰산과 페룰산은 초산으로 유발된 Mouse의 자극반응을 뚜렷하게 억제할 수 있다. 또한 독감바이러스에 감염된 Mouse의 기관지폐포관분비액 중의 인터루킨-8의 수치를 낮출 수 있는데 이소페룰산의 작용이 페룰산보다 강하다[17]. 노르시미푸긴은 카라기난으로 유발된 쥐의 발바닥 종창에 대해 억제작용을 한다[10].

3. **항골질 이완**

승마에 함유된 트리테르페노이드 성분은 난소를 제거한 Rat에서 부갑상선호르몬(PTH)으로 인해 발생한 골다공증에 대한 억제작용이 있으며 메탄올 추출물은 PTH로 인한 배양골조직의 골질이완에 대해 억제작용이 있다[17].

4. **뉴클레오시드 전환 억제**

황새승마의 뿌리줄기에서 분리해 낸 트리테르페노이드 화합물은 식물성 렉틴으로 자극된 임파세포의 티미딘에 대한 전환을 억제할 수 있는데 그중에서 시미사이드의 억제활성이 가장 강력하다[17].

5. **항종양**

승마의 물 추출물은 *in vitro*에서 인체자궁경부암세포 JTC-26의 억제율을 90% 이상으로 상승시킬 수 있다[15].

6. **항궤양**

승마 메탄올 추출물은 초산으로 인한 Rat의 직장궤양에 억제작용을 한다[17].

7. **기타**

승마는 평활근 경련을 이완하고 혈압을 낮추며 혈지를 낮추는 등의 작용이 있다[15].

용도

승마는 중의임상에서 사용하는 약이다. 해표산풍[解表散風, 풍사(風邪)를 인체 밖으로 내보내는 것], 조습지대[燥濕止帶, 습사(濕邪)를 없애고 대하(帶下)를 그치게 함] 등의 효능이 있으며, 상한양명병[傷寒陽明病, 십이경락 중 하나인 양명경(陽明經)에 사기(邪氣)가 침범하여 생긴 증상]에서 나타나는 두통, 치통, 비연(鼻淵, 코에서 끈적하고 더러운 콧물이 흘러나오는 병증), 독사에게 물린 상처 등의 치료에 사용한다. 현대임상에서는 소화성 궤양, 맹장염, 월경불순, 월경통, 골반강염증, 관절강적수, 고환내막적액, 간경화복수(肝硬化腹水, 간경화로 인해 배에 물이 차는 것), 백내장, 화상, 여드름, 황갈반(黃褐斑, 여성들 안면의 광대뼈 부위, 이마, 코에 황갈색 반점이 나타나는 병증), 탈모 등의 치료에 쓰인다. 또 화장품 및 향수의 원료[19-20] 등으로 사용한다.

해 설

동속식물 눈빛승마(安升麻, *Cimicifuga dahurica* (Turcz.) Maxim.)와 승마(大三葉升麻, *C. heracleifolia* Kom.)는 모두 《중국약전》에 수록된 중약 승마의 법정기원식물이다.

눈빛승마의 뿌리줄기에는 시미게놀, 3-aradinosyl-24-O-acetylhydroshengmanol-15-glucoside, 이소페룰산, (E)-3-(3'-methyl-2'-metabutyl)-2-indole, 스티그마스테롤 배당체, 시미시푸가미드, 이소시미시푸가미드, 시미다후린과 시미다후리닌 등의 성분이 있다[18-20]. 눈빛승마의 약리작용은 황새승마와 비슷하고 항돌연변이, 간장항산화효소와 해독효소를 제고하며 유인원후천성면역결핍바이러스(SIV)를 억제하는 작용이[21-23] 있기 때문에 다양한 연구와 개발이 필요하다.

홍콩에서 사용되는 승마 약재 중 국화과식물 화마화두(華麻花頭, *Serratula chinensis* S. Moore.)의 뿌리를 말린 것을 광승마(廣升麻)라고 부른다[24].

광승마는 영남 지역의 관용(慣用)품종이지만 그 내원은 승마보다 못하다. 이 두 가지의 함유성분, 약리작용과 임상치료효과에 대해서는 다양한 비교연구가 추가되어야 한다.

참고문헌

1. 李從軍, 李英和, 陳順峰, 蕭培根. 升麻中的三萜類成分. 藥學學報. 1994, **29**(6): 449-453

2. 李從軍, 陳迪華. 化學學報. 1994, **52**: 722-726

3. 李從軍, 李英和, 蕭培根. 升麻苷F的分離和結構. 藥學學報. 1994, **29**(12): 934-936

4. 鞠建華, 楊峻山. 升麻族植物三萜皂苷的研究進展. 中國中藥雜誌. 1999, **24**(9): 517-521

5. JX Li, S Kadota, XF Pu, T Namba. Foetidinol, a new trinor-triterpenoid with a novel carbon skeleton, from a Chinese crude drug "Shengma"(*Cimicifuga foetida* L.). *Tetrahedron Letters*. 1994, **35**(26): 4575-4576

6. 趙曉宏, 陳迪華, 斯建勇, 潘瑞樂, 沈連鋼, 陳鐸. 升麻中新三萜皂苷. 中國中藥雜誌. 2003, **28**(2): 135-138

7. NQ Zhu, Y Jiang, MF Wang, CT Ho. Cycloartane triterpene saponins from the roots of *Cimicifuga foetida*. *Journal of Natural Products*. 2001, **64**(5): 627-629

8. 趙曉宏, 陳迪華, 斯建勇, 潘瑞樂, 沈連鋼. 中藥升麻酚酸類化學成分研究. 藥學學報. 2002, **37**(7): 535-538

9. 李從軍, 陳迪華, 蕭培根. 中藥升麻的化學成分(V). 中草藥. 1995, **26**(6): 288-289, 318

10. B Lal, VK Kansal, R Singh, C Sankar, AS Kulkarni, VG. Gund. An antiinflammatory active furochromone, norcimifugin from *Cimicifuga foetida*:isolation, characterization, total synthesis and antiinflammatory activity of its analogs. *Indian Journal of Chemistry, Section B:Organic Chemistry Including Medicinal Chemistry*. 1998, **37B**(9): 881-893

11. 潘瑞樂, 陳迪華, 斯建勇, 趙曉宏, 沈連鋼. 升麻地上部分化學成分研究. 藥學學報. 2003, **38**(4): 272-275

12. 潘瑞樂, 陳迪華, 斯建勇, 趙曉宏, 沈連鋼. 升麻地上部分新的三萜皂苷類成分. 中國中藥雜誌. 2003, **28**(3): 230-232

13. 潘瑞樂, 陳迪華, 斯建勇, 趙曉宏, 沈連鋼. 升麻地上部分的三萜皂苷類成分研究. 藥學學報. 2002, **37**(2): 117-120

14. RL Pan, DH Chen, JY Si, XH Zhao, LG Shen. Two new cyclolanostanol glycosides from the aerial parts of *Cimicifuga foetida*. *Journal of Asian Natural Products Research*. 2004, **6**(1): 63-67

15. 王本祥. 現代中藥藥理學. 天津科學技術出版社. 1997: 155-158

16. 常志青, 劉方洲, 梁力, 張致中, 程儌緋, 蘇霄漢, 李長錄. 中藥升麻中抗眞菌成分的實驗研究. 中醫研究. 1990, **3**(3): 26-28

17. 劉勇, 陳迪華, 陳雪松. 升麻屬植物的研究. 國外醫藥:植物藥分冊. 2001, **16**(2): 55-58

18. 張慶文, 葉文才, 趙守訓, 車鎮濤. 興安升麻的化學成分研究. 中草藥. 2002, **33**(8): 683-685

19. 李從軍, 陳迪華, 蕭培根. 興安升麻酚性苷成分的研究. 藥學學報. 1994, **29**(2): 195-199

20. 李從軍, 陳迪華, 蕭培根, 洪少良, 馬立斌. 中藥升麻的化學成分 II. 升麻酰胺的化學結構. 化學學報. 1994, **52**(3): 296-300

21. 林新, 蔡有餘, 李文魁, 蕭培根. 興安升麻總皂苷對大鼠肝微粒體抗氧化酶和解毒谷胱甘肽轉硫酶活性的影向. 中國實驗動物學報. 1994, **2**(1): 8-12

22. 林新, 蔡有餘, 蕭培根. 興安升麻總皂苷對絲裂毒素C誘發人外周血淋巴細胞SCE頻率的影響. 癌變. 畸變. 突變. 1994, **6**(6): 30-33

23. 林新, 蔡有餘, 蕭培根. 興安升麻皂苷體外SIV抑制作用及其机制. 華西藥學雜誌. 1994, **9**(4): 221-224

24. 楊成梓, 艾松軍, 楊思沅, 車蘇容. 香港和內地中藥品种與應用的异同考辨. 福建中醫學院學報. 2003, **13**(4): 31-33

엉겅퀴 薊 CP, KHP

Cirsium japonicum Fisch. ex DC.

Japanese Thistle

 개요

국화과(Asteraceae)

엉겅퀴(薊, Cirsium japonicum Fisch. ex DC.)의 지상부를 건조한 것

중약명: 대계(大薊)

엉겅퀴속(Cirsium) 식물은 전 세계에 약 250~300종이 있으며 유럽, 아시아, 북아프리카와 중앙아메리카 대륙에 광범위하게 분포한다. 중국에 약 50종이 있는데 현재 약으로 사용되는 것은 약 11종이다. 이 종은 중국의 화동, 중남 지역과 하북, 섬서, 호북, 호남, 사천, 귀주, 운남 등지에 분포한다.

'대계'의 약명은 《명의별록(名醫別錄)》에 소계(小薊)와 함께 중품으로 처음 기재되었다. 명나라 이전의 본초 전문서적들에 대계와 소계가 동시에 기록되었고, 명나라의 《본초강목(本草綱目)》과 청나라의 《식물명실도고(植物名實圖考)》에 기재된 것은 모두 이 종과 같은 종이다. 《중국약전(中國藥典)》(2015년 판)에서는 이 종을 중약 대계의 법정기원식물로 수록하였으며 중국의 대부분 지역에서 모두 난다. 《대한민국약전외한약(생약)규격집》(제4개정판)에는 대계를 "국화과(Compositae)에 속하는 엉겅퀴(Cirsium japonicum DC. var. ussuriense (Regel) Kitamura) 또는 기타 동속근연식물의 전초"로 등재하고 있다.

엉겅퀴의 주요 활성성분은 플라보노이드 화합물이며 《중국약전》에서는 고속액체크로마토그래피법을 이용하여 지혈성분 펙톨리나린의 함량을 0.20% 이상으로 약재의 규격을 정하고 있다.

약리연구를 통하여 엉겅퀴는 응혈지혈(凝血止血), 항균 등의 작용이 있는 것으로 알려져 있다.

한의학에서 대계는 지혈, 소창옹(消瘡癰) 등의 효능이 있다.

엉겅퀴 薊 Cirsium japonicum Fisch. ex DC.

약재 대계 藥材大薊 Cirsii Japonici Herba

1cm

약재 대계 藥材大薊 Cirsii Japonici Radix

1cm

함유성분

지상부에는 플라보노이드 성분으로 pectolinarin[1], linarin[2], 5,7-dihydroxy-4',6- dimethoxyflavone[3] 등이 함유되어 있다.
뿌리에는 플라보노이드 배당체 성분으로 4',5,7-trihydroxy-6-methoxyflavone-7-O-α-L-rhamnopyranosyl-(1→2)-β-D-glucopyranoside, linarin, syringin, sinapylaldehyde-4-O-β-D-glucopyranoside, ferulaldehyde 4-O-β-D-glucopyranoside, tachioside[4] 등이 함유되어 있고, 정유성분으로는 aplotaxene, dihydroaplotaxene, tetrahydroaplotaxene, hexahydroaplotaxene[5] 등이 주성분이다. 또한 긴 사슬 구조의 알키놀 성분으로 cis-8,9-epoxyheptadeca-1-en-11,13-diyn-10-ol[6], ciryneols A, B, C, G, H, ciryneone F, 8,9,10-triacetoxy-heptadeca-1-ene-11,13-diyne[7-8] 등이 함유되어 있다.

CH₂═CH ─── (CH₂)₅─CH─CH─CH─C≡C─C≡C─Pr-n

ciryneol A

pectolinarin

 약리작용

1. **지혈**

   Mouse에게 펙톨리나린을 투여하면 응혈시간을 단축시킬 수 있는데 지혈기능은 지혈약 트라넥사민산보다 강력하다[9].

2. **항균**

   대계의 전초 및 플라보노이드는 in vitro에서 황색포도상구균에 대해 억제가 비교적 강력하고 뿌리의 열수 추출물 혹은 전초의 증류액(1:4,000)은 인체결합형 간균에 대해 억제작용을 할 수 있다. 이외에도 녹농간균, 변형간균, 단순대상포진바이러스 등에도 뚜렷한 억제작용이 있다.

3. **심혈관약리**

   1) 심장 억제

   대계의 열수 추출물은 개구리의 적출심장에 대해 뚜렷한 억제작용이 있고 심장수축력을 감소시키며 심장박동을 느리게 하고 지속적으로 방실전도조체(atrial ventricular block)를 유발한다. 토끼의 적출심장 혈류량 측정을 통하여 대계의 열수 추출물은 심장박동 및 심장수축진폭에 대해 뚜렷한 억제작용이 있는 것으로 알려졌다. 개의 in vivo 실험에서 대계의 열수 추출물을 정맥에 주사하면 개의 혈압, 심장수축진폭, 심장박동이 뚜렷하게 낮아진다[10].

   2) 강혈압

   대계의 열수 추출물을 정맥에 주사하면 개의 혈압을 뚜렷하게 내림과 동시에 20분간 유지시키지만 반복적으로 약을 주입하면 빠른 내성이 유발된다. 이외에도 대계의 열수 추출물을 정맥에 주사하면 경동맥 폐색으로 인한 가압반사에 대해 억제작용이 있다[10].

4. **항종양**

   대계의 물 추출물을 위에 주입하면 직접적으로 간암 엽상종이 있는 Mouse의 종양세포 증식을 억제하거나 종양세포막구조를 파괴하고 암종을 괴사시킬 수 있다. 또 Mouse의 탄소분자정화율을 제고하고 면역기관의 중량을 증가시키며 혈청 용혈효소의 수치를 제고하는데 이로써 비교적 강한 항종양작용을 나타낸다[11].

5. 기타

대계의 추출물은 지방의 대사를 촉진시키고[12] 선충을 죽이는 작용이 있다[13]. 대계 중의 친지성(親脂性) 성분은 Mouse의 대뇌기억 손상에도 개선작용이 있다[14].

용도

대계는 중의임상에서 사용하는 약이다. 산어해독소옹(散瘀解毒消癰, 어혈을 풀어 흩으며 종독을 없앰) 등의 효능이 있으며, 혈열[血熱, 혈분(血分)에 사열(邪熱)이 있는 것]로 인한 출혈증, 열독옹종[熱毒癰腫, 열독으로 인한 옹종(癰腫)] 등의 치료에 사용한다.

현대임상에서는 간염, 고혈압, 기능저하성 자궁 출혈 등의 병증에 사용한다.

해설

고대에는 엉겅퀴의 뿌리를 약으로 많이 사용했으며, 줄기와 잎도 약으로 사용했지만 그 용도가 비교적 적었다. 근래에는 지상부 혹은 전초를 약으로 사용한 경우가 비교적 많았지만 각지의 습관에 따라 용법이 상이했다. 예를 들면, 화북 지역에서는 대부분 지상부를 사용했고 화동 지역에서는 대부분 지상부와 뿌리를 사용했으며 중남 및 서남 지역에는 대부분 뿌리를 사용하였다. 《중국약전》 2005년 판에서부터 엉겅퀴의 약용 부위를 지상부로 개정했는데 이는 약용자원의 경제성을 고려한 것이다. 지상부만을 채집하면 이듬해 뿌리에서 다시 지상부가 생장할 수 있다. 따라서 엉겅퀴의 지상부를 뿌리와 비교하여 연구개발할 가치가 있다.

엉겅퀴는 탄약(炭藥)으로 임상에 사용된 역사가 오래되었고 치료효과가 확실하다. 하지만 그 작용 메커니즘에 대해서는 아직까지 정확하게 알 수 없다. 대계탄(大薊炭)의 함유성분과 약리작용 사이의 관계에 대해서 다양한 연구가 필요할 것이다.

참고문헌

1. H Ishida, T Umino, K Tsuji, T Kosuge. Studies on antihemorrhagic substances in herbs classified as hemostatics in Chinese medicine. VII. On the antihemorrhagic principle in *Cirsium japonicum* DC. *Chemical & Pharmaceutical Bulletin*. 1987, **35**(2): 861-864

2. 周文序, 田珍. 中藥大小薊的黃酮類成分的分離和鑒定. 北京醫科大學學報. 1994, **26**(4): 309

3. 顧玉誠, 屠呦呦. 大薊化學成分的研究. 中國中藥雜誌. 1992, **17**(8): 489-490

4. Y Miyaichi, M Matsuura, T Tomimori. Phenolic compound from the roots of *Cirsium japonicum* DC. *Natural Medicines*. 1995, **49**(1): 92-94

5. K Yano. Hydrocarbons from *Cirsium japonicum*. *Phytochemistry*. 1977, **16**(2): 263-264

6. K Yano. A new acetylenic alcohol from *Cirsium japonicum*. *Phytochemistry*. 1980, **19**(8): 1864-1866

7. Y Takaishi, T Okuyama, A Masuda, K Nakano, K Murakami, T Tomimatsu. Acetylenes from *Cirsium japonicum*. *Phytochemistry*. 1990, **29**(12): 3849-3852

8. 植飛, 孔令義, 彭司勳. 大薊化學成分的研究. 藥學學報. 2003, **38**(6): 442-447

9. T Kosuge, K Ishida, Y Ito, H Kato. Pectolinarin as hemostatic. *Japan Kokai Tokkyo Koho*. 1987: 3

10. 馬峰峻, 趙玉珍, 張建華, 王艷, 安應林, 徐志敏. 大薊對動物血壓的影響. 佳木斯醫學院學報. 1991, **14**(1): 10-11

11. 趙鵬, 雷曉梅, 連秀珍, 俞發榮. 甘肅大薊提取物對Hep細胞毒性作用研究. 甘肅科技縱橫. 2005, **34**(4): 214

12. S Mori, J Ichii, H Yorozu, S Kanazawa, Y Nishizawa. Cephalonoplos extracts and compositions containing the extracts to promote fat metabolism for obesity control. *Japan Kokai Tokkyo Koho*. 1996: 9

13. K Kawazu, Y Nishii, S Nakajima. Studies on naturally occurring nematicidal substances. Part 2. Two nematical substances from roots of *Cirsium japonicum*. *Agricultural and Biological Chemistry*. 1980, **44**(4): 903-906

14. M Yamazaki, K Hirakura, Y Miyaichi, M Imakura, M Kita, K Chiba, T Mohri. Effect of polyacetylenes on the neurite outgrowth of neuronal culture cells and scopolamine-induced memory impairment in mice. *Biological & Pharmaceutical Bulletin*. 2001, **24**(12): 1434-1436

Cirsium setosum (Willd.) MB.

Setose Thistle

개요

국화과(Asteraceae)

조뱅이(刺兒菜, *Cirsium setosum* (Willd.) MB.)의 지상부를 건조한 것

중약명: 소계(小薊)

엉경퀴속(*Cirsium*) 식물은 전 세계에 약 250~300종이 있으며 유럽, 아시아, 북아메리카와 중앙아메리카 대륙 등에 광범위하게 분포한다. 중국에는 약 50종이 있는데 현재 약으로 사용되는 것은 약 11종이다. 이 종은 중국의 동북, 화북, 서북, 화동, 서남 및 중남 지역에 부분적으로 분포하며 유럽 동부, 중부, 러시아 동부, 시베리아 및 원동, 몽골, 한반도, 일본에도 분포하는 것이 있다.

'소계'란 약명은 《명의별록(名醫別錄)》에 대계(大薊)와 같이 중품으로 처음 기재되었으며 역대의 본초서적에 다수 기재되었다[1]. 《중국약전(中國藥典)》(2015년 판)에서는 이 종을 중약 소계의 법정기원식물로 수록했다. 주요산지는 중국의 대부분 지역이다. 《대한민국약전외한약(생약)규격집》(제4개정판)에는 소계를 "국화과(Compositae)에 속하는 조뱅이(*Breea segeta* Kitamura) 또는 큰조뱅이(*Breea setosa* Kitamura)의 전초"로 등재하고 있다.

조뱅이의 주요 활성성분으로는 플라보노이드, 유기산 등이 있다. 《중국약전》에서는 고속액체크로마토그래피법을 이용하여 건조시료 중 부들레오시드의 함량을 0.70% 이상으로 약재의 규격을 정하고 있다.

약리연구를 통하여 조뱅이에는 지혈, 항균 등의 작용이 있는 것으로 알려져 있다.

한의학에서 소계는 양혈지혈(涼血止血), 청열소종(淸熱消腫) 등의 효능이 있다.

조뱅이 刺兒菜 *Cirsium setosum* (Willd.) MB.

약재 소계 藥材小薊 Cirsii Herba

1cm

조뱅이 刺兒菜 CP, KHP

함유성분

잎에는 플라보노이드 성분으로 acacetin[2], linarin[3] 등이 함유되어 있다. 지상부에는 플라보노이드 성분으로 hyperin, isokaempferide, quercetin-3-O-β-D-glucopyranoside[4], apigenin, astragalin[5], rutin[6], 스테로이드 성분으로 Ψ-taraxasterol acetate, taraxasterol, β-sitosterol, stigmasterol[7], 유기산 성분으로 protocatechuic acid, chlorogenic acid, caffeic acid[8] 등이 함유되어 있다. 또한 2-(3,4-dihydroxyphenyl)-ethyl-β-D-glucopyranoside, syringin[7], tyramine 등이 함유되어 있으며, 알칼로이드와 사포닌 성분 등이 함유되어 있다[9].

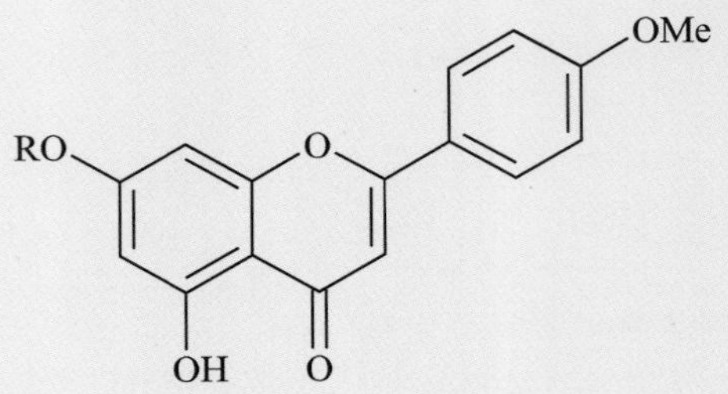

linarin:　R=rha-glc-
acacetin: R=H

약리작용

1. 지혈

   소계의 열수 추출물을 위에 주입하면 Mouse의 응혈시간을 단축시키고 혈액응고를 뚜렷하게 촉진할 수 있는데 그 지혈의 유효성분은 클로로겐산 및 카페인산이다. 그 작용기전은 국부혈관을 수축시켜 섬유질 용해를 억제함으로써 지혈작용을 발휘하는 것으로 알려져 있다[8, 10].

2. 심혈관계에 대한 작용

   소계의 유효성분인 티라민은 Rat의 혈압을 뚜렷하게 상승시키는 작용이 있다. 전초의 물 추출물 혹은 에탄올 추출물은 토끼의 적출 심장과 기니피그의 심방근육에 대해 수축력과 수축빈도를 증강시키는 작용이 있다. 토끼의 귀 혈관과 Rat의 하지혈관에 대해 뚜렷한 수축작용이 있다[9, 11].

3. 항균

   소계의 열수 추출물은 시험관에서 용혈성 연쇄구균, 폐렴연쇄구균, 백후간균 및 녹농간균에 대해 일정한 억제작용이 있고 에탄올 침출물은 인체결핵간균에도 억제작용이 있다[9].

4. 기타

   소계는 또 진정, 면역 촉진 등의 작용이 있다.

용 도

소계는 중의임상에서 사용하는 약이다. 양혈지혈[凉血止血, 양혈(凉血)함으로써 지혈함] 등의 효능이 있으며, 대계와 비슷함으로 흔히 배합하여 함께 사용한다. 이 품목은 이뇨의 효능을 겸하므로 혈림(血淋, 소변에 피가 섞여 나오는 병증)의 치료에 특히 적합하다. 하지만 산어소옹(散瘀消癰, 피가 맺혀서 종기가 된 것을 깨끗이 함)의 효능은 대계보다 약간 못하다.
현대임상에서 산후의 자궁수축부전, 고혈압 등의 병증에 사용한다.

해 설

소계의 기원식물 분류에 관해 학술계에는 아직도 논쟁이 존재한다. 초기의 한 학자는 조뱅이를 조뱅이속(Cephalanoplos)에 넣었고 동시에 두 가지 종으로 분류하였다. 즉, 조뱅이(刺兒菜, Cephalanoplos segetum (Bge.) Kitam. 또는 소자아채)와 각엽자아채(刻葉刺兒菜, C. setosum (MB.) Kitam. 또는 대자아채)이다. 《중국약전》 1985년 판에서도 상술한 분류방법을 채택하였다. 하지만 일부 학자는 논문을 발표하여 조뱅이를 당연히 조뱅이속(Cirsium)에 넣어야 하고 각엽자아채는 다른 일종의 식물로 학명은 C. setosum (Willd.) MB.이며 이명은 C. segetum Bge.이어야 한다고 주장했다. 1990년 이후의 각 판 《중국약전》에서는 모두 이런 분류방법을 적용하였다. 근래 더욱 많은 문헌

보도를 통하여 *Cirsium setosum* (Willd.) MB.와 *C. segetum* Bge.의 형태[12], 과산화물동질효소분석법[13], 염색체형[14] 및 잎의 플라보노이드 화합물에 대한 크로마토그래피에서[15] 비교적 큰 차이가 존재한다고 함으로써, 두 종이 각각 독립적인 종이라는 주장을 뒷받침하였다. 소계는 중국위생부에서 규정한 약식동원품목*의 하나이다.

참고문헌

1. 金延明, 李勝華, 樓之岑. 大薊與小薊品種的本草考證. 中藥材. 1995, **18**(3): 152-154

2. TD Rendyuk, BA Krivut, VI Glyzin. Spectrophotometric method for determining acacetin in the leaves of *Cirsium setosum* (Willd.). *Farmatsiya*. 1978, **27**(2): 68

3. TD Rendyuk, VI Glyzin, AI Shreter. Phytochemical study of *Cirsium setosum* (Wild.). *Acta Pharmaceutica Jugoslavica*. 1977, **27**(3): 135-138

4. AI Syrchina, YA Kostyro, IA Ushakov, AA Semenov. Flavonoids of *Cirsium setosum* (Willd). Bess. *Rastitel'nye Resursy*. 1999, **35**(4): 38-40

5. AI Syrchina, AA Semenov, SV Zinchenko. Investigation of chemical composition of *Cirsium setosum* (Willd) Bess. *Rastitel'nye Resursy*. 1998, **34**(2): 47-49

6. 胡建平, 劉翔. 大薊與小薊化學成分的鑒別. 中藥研究與信息. 2003, **11**(5): 36-38

7. 顧玉成, 屠呦呦. 小薊化學成分研究. 中國中藥雜誌. 1992, **17**(9): 547-548

8. 陳毓, 丁安偉, 楊星昊, 張麗. 小薊化學成分, 藥理作用及臨床應用研究述要. 中醫藥學刊. 2005, **23**(4): 614-615

9. 李郁, 王國棟. 大, 小薊的比較區別. 新疆中醫藥. 2003, **21**(4): 44-45

10. 王淑英. 黑木耳和小薊止血作用的比較. 中華臨床醫藥. 2002, **3**(5): 85

11. 魏彦, 邱乃英, 歐陽青. 大薊, 小薊的鑒別與臨床應用. 北京中醫雜誌. 2002, **21**(5): 296-297

12. 孫稚穎, 李法曾. 刺兒菜複合體的形態學研究. 植物研究. 1999, **19**(2): 143-147

13. 鄂本厚, 尹祖棠. 薊屬二種植物過氧化物同工酶的酶譜式樣及其分類學意義. 西北植物學報. 1995, **15**(3): 184-188

14. 鄂本厚, 尹祖棠. 薊屬兩種植物的染色體研究. 廣西植物. 1995, **15**(2): 172-175

15. 鄂本厚, 尹祖棠. 大刺兒菜和小刺兒菜的植物化學分類學研究. 廣西植物. 1995, **15**(4): 325-326

* 부록(502~505쪽) 참고

223

육종용 肉蓯蓉 CP, KHP

Cistanche deserticola Y. C. Ma
Desert Cistanche

 ## 개요

열당과(Orobanchaceae)

육종용(肉蓯蓉, *Cistanche deserticola* Y. C. Ma)의 육질경(肉質莖)을 건조한 것

중약명: 육종용

육종용속(*Cistanche*) 식물은 전 세계에 약 20종이 있으며 유럽, 아시아 온대의 건조한 지역, 유럽의 이베리아반도로부터 아프리카 북부, 아시아의 아라비아반도, 이란, 아프가니스탄, 파키스탄, 인도 북부를 지나 중국의 서북부, 러시아의 중앙아시아 지역과 내몽고에까지 분포한다. 중국에서 약 5종이 나는데 주로 내몽고, 영하, 감숙, 청해 및 신강 등지에 분포한다. 현재 약으로 사용되는 것은 약 4종으로 이 종의 주요산지는 중국의 내몽고, 영하, 감숙 및 신강이다.

'육종용'이란 약명은 《신농본초경(神農本草經)》에 상품으로 처음 기재되었으며 역대의 본초서적에 다수 기재되었다. 중국에서 오늘날까지 중약 육종용으로 사용된 것은 육종용속의 여러 종 식물이다. 《중국약전(中國藥典)》(2015년 판)에서는 이 종을 중약 육종용의 법정기원식물의 하나로 수록했다. 주요산지는 내몽고, 영하, 감숙, 신강 등지인데 내몽고 및 감숙에서 나는 것이 질이 가장 좋으며 신강에 생산량이 가장 많다. 《대한민국약전외한약(생약)규격집》(제4개정판)에는 육종용을 "열당과에 속하는 육종용(*Cistanche deserticola* Y. C. Ma) 또는 기타 동속근연식물의 육질경(肉質莖)"으로 등재하고 있다.

육종용속 식물의 주요 활성성분으로는 페닐에칠알코올 배당체, 이리도이드 배당체 및 페닐프로필알코올 배당체이다. 《중국약전》에서는 고속액체크로마토그래피법을 통하여 육종용에 함유된 에키나코사이드와 악테오사이드의 총 함량을 0.30% 이상으로 약재의 규격을 정하고 있다.

약리연구를 통하여 육종용은 신경 및 내분비계통조절, 면역조절, 항산화, 면역력 증강, 항노화, 항간염 등의 작용이 있는 것으로 알려져 있다.

한의학에서 육종용은 보신양(補腎陽), 익정혈(益精血), 윤장통변(潤腸通便) 등의 효능이 있다.

육종용 肉蓯蓉 *Cistanche deserticola* Y. C. Ma

약재 육종용 藥材肉蓯蓉 Cistanches Herba

1cm

함유성분

비늘 모양의 잎이 붙어 있는 육질경에는 페닐에칠알코올 배당체 성분으로 cistanosides A, B, C, F, H[1-2], isocistanoside C, echinacoside, acteoside, isoacteoside, 2'-O-acetylacteoside, tubuloside B, osmanthuside B[2], salidroside[3], 이리도이드 성분으로 8-epiloganic acid, 6-deoxycatalpol[2], catalpol, cistanin[3] 그리고 페닐프로필 알코올 배당체 성분으로 syringin[3], syringalide A-3'-α-L-rhamnopyranoside, isosyringalide-3'-α-L-rhamnopyranoside[2] 등이 함유되어 있다. 또한 liriodendrin, betaine[1], galactitol[4] and polysaccharides[5] 성분 등이 함유되어 있다. 신선한 화서에는 6-deoxycatalpol, liriodendrin, 8-epiloganic acid, galactitol[6] 등이 함유되어 있다.

echinacoside

acteoside

 약리작용

1. **남성호르몬 증식작용**

육종용의 열수 추출물을 위에 주입하면 하이드로코르티손으로 인해 신장 및 양기가 허한 Mouse의 무게를 뚜렷하게 증가할 수 있고 내한(耐寒)시간을 뚜렷하게 연장할 수 있으며 일정한 장양(壯陽)작용이 있다[7]. 육종용의 알코올 추출물을 위에 주입하면 장기간의 피질호르몬으로 인해 Mouse의 부신피질위축을 방지할 수 있고 신장기능에 대한 보호작용이 있다[8]. 육종용의 생품과 포제품의 열수 추출물 알코올 용해 부위를 위에 주입하면 거세된 어린 Rat의 정낭전립선의 무게를 뚜렷하게 증가시킬 수 있으며 정상적인 Mouse와 Rat의 고환, 정낭전립선의 무게를 증가시킬 수 있다. 또한 남성호르몬 증식작용이 있는데[9] 그 활성성분은 아마도 악테오사이드와 베타인일 것으로 추측된다[10].

2. **면역계통에 대한 영향**

육종용의 배당체 화합물을 Mouse에게 복용시키면 Mouse의 혈액 중 대식세포의 탐식기능을 강화시키고 면역기관의 무게를 증가시킬 수 있다[11]. 육종용의 배당체를 Mouse의 위에 주입하고 $^{60}Co-\gamma$선을 조사(照射)하면 Mouse의 지발성 알레르기 반응을 증가시키

육종용 肉蓯蓉 CP, KHP

며 흉선지수를 증가할 수 있다. 또한 T임파세포 증식반응을 증가시키며 인터루킨-2의 활성을 제고할 수 있다[12]. *In vitro* 실험에서 육종용의 다당은 세포분열을 촉진시킬 수 있고 Mouse의 흉선세포 증식에 대해 촉진작용을 하는데, 그 작용기전은 흉선임파세포 내의 칼슘 배출을 촉진시키는 것과 연관이 있음을 밝혔다[13].

3. 노화방지

육종용의 배당체 화합물은 *in vitro*에서 활성산소의 유리기를 강력하게 억제할 수 있다. 또한 배당체 화합물을 복용시키면 Rat의 당뇨병, 신장병으로 유발된 유리기 손상에 대해 예방과 수복작용이 있다[10]. 육종용의 다당을 위에 주입하면 오존으로 인해 노쇠해진 Mouse의 대뇌 뉴런 모노아민산화효소-B(MAO-B) 및 젖산탈수소효소(LDH)의 활성을 높일 수 있고 리포푸신의 형성을 낮춤으로써 오존의 대뇌 뉴런구조에 대한 손상을 감소시켜 세포의 노화를 지연시킬 수 있다[14]. 육종용의 배당체를 위에 주입하면 D-갈락토오스로 인해 아급성 노화가 유발된 Mouse의 슈퍼옥시드디스무타아제(SOD)의 활성을 높일 수 있고 뇌와 간 중의 지질과산화물(LPO)의 함량을 뚜렷하게 낮출 수 있으며 항산화 및 노화지연의 작용이 있다[15]. 육종용의 열수 추출물은 또한 초파리의 평균 수명을 연장할 수 있다[16].

4. 심근혈액부족 보호

Rat의 정맥에 육종용의 배당체를 주사한 후, 5분이 지나 다시 관맥을 결찰하고 약을 투입하기 전과 비교하면 육종용의 배당체는 혈액결핍심전도를 뚜렷하게 개선하고 심근경색의 면적을 감소시키며 심근조직 내 크레아틴포스포키나아제의 활력을 높여 줌으로써 심근혈액부족을 완화하는 작용을 나타낸다[17].

5. 진통, 항염

육종용의 50% 에탄올 추출물의 부탄올 부분과 수액 부분은 초산으로 유발된 Mouse의 자극반응과 포르말린으로 유발된 Mouse의 통증을 뚜렷하게 길항할 수 있다. 또한 카라기난으로 유발된 발바닥 종창을 뚜렷하게 감소시킬 수 있으며 진통과 항염작용이 있다[18].

6. 중추신경계에 대한 영향

육종용의 에탄올 추출물 및 수용성 부분은 진정작용이 있고 Mouse의 펜토바르비탈 수면시간을 뚜렷하게 연장시킬 수 있으며 Rat의 자발성 활동을 감소시킬 수 있다[19]. 육종용의 페닐레타노이드 배당체는 카스파제-3의 활성을 억제함으로써 1-methyl-4-phenylpyridinium으로 인한 중뇌신경세포의 괴사를 억제할 수 있다[20].

7. 기타

육종용의 추출물을 위에 주입하면 감염성 쇼크로 유발된 Rat의 급성 폐 손상에 대해 비교적 양호한 보호작용이 있다[21]. 육종용의 추출물을 정맥에 주사하면 Rat의 배뇨 시 방광의 최대압력을 낮출 수 있고 배뇨기능을 개선할 수 있다[22]. 이외에도 *in vivo* 실험에서 육종용에 함유된 악테오사이드는 클로로포름으로 유발된 간 손상에 대해 뚜렷한 보호작용이 있는 것으로 밝혀졌다[23]. 육종용의 배당체를 위에 주입하면 국소 뇌허혈이 있는 Rat의 소뇌괴사 범위를 뚜렷하게 축소할 수 있고 신경증상을 개선할 수 있다. 또한 뇌조직의 SOD와 글루타치온과산화효소(GSH-Px)의 활성을 높일 수 있으며 말론디알데하이드의 함량을 뚜렷하게 낮추어 신경을 보호하는 작용이 있다[24]. 이외에도 깨어 있는 Mouse의 허혈성 재관류 손상에 대해서도 보호작용이 있다[25].

용도

육종용은 중의임상에서 사용하는 약이다. 보신양(補腎陽, 신장의 양기를 보함), 익정혈(益精血, 맑은 피를 보익함) 등의 효능이 있으며, 신양부족[腎陽不足, 신기(腎氣)의 손상으로 전신을 따뜻하게 해 주는 양기가 부족하여 생기는 병증] 등의 치료에 사용한다.
현대임상에서는 파상풍, 소변혼탁, 만성 중이염 등에 사용한다.

해 설

《중국약전》에서는 육종용 외에도 관화육종용(管花肉蓯蓉, *Cistanche tubulosa* (Schrenk) Wight)을 중약 육종용의 법정기원식물로 수록하고 있다. 관화육종용은 육종용과 흡사한 약리작용이 있고 그 함유성분도 대체적으로 비슷하며 주로 페닐에칠알코올 배당체, 다당과 아미노산 화합물 등이 있다. 육종용과 비교해 보면 관화육종용에는 키스타노사이드와 베타인이 함유되어 있지 않다. 또 투부로사이드 A, B, C, D, E, 크레나토사이드, 아독소시딕산, 제니포시딕산, 무사에노시딕산, 8-하이드록시제라니올 등이 있다[26-29].
육종용은 주로 해발 1,200m 이하의 모래언덕에 분포하는데 명아주과(Chenopodiaceae) 식물인 사사(梭梭, *Haloxylon ammodendron* (C. A. Mey.) Bge) 및 백사사(白梭梭, *H. persicum* Bge. ex Boiss.)가 기주(寄主)이다. 관화육종용은 주로 해발 1,200m 이하의 수분이 충분한 정류(檉柳)숲 및 모래언덕에 분포한다. 기주는 위성류속(*Tamarix*) 식물이다.
육종용은 중요한 보익약이다. 특히 중국의 서북 모래언덕 지역에서 생산되어 사막인삼(沙漠人蔘)으로 불린다. 육종용 자원은 이미 고갈되었기 때문에 인공재배된 육종용은 관화육종용과 함께 약용자원을 보존할 수 있는 방법이다.

참고문헌

1. 徐文豪, 邱聲祥, 趙繼紅, 胥雲, 苑可武, 閻泉香, 紀傳永, 秦紅. 肉蓯蓉化學成分的研究. 中草藥. 1994, **25**(10): 509-513

2. K Hayashi. Studies on the constituents of Cistanchis Herba. *Natural Medicines*. 2004, **58**(6): 307-310

3. 徐朝暉, 楊峻山, 呂瑞綿, 楊松松. 肉蓯蓉化學成分的研究. 中草藥. 1999, **30**(4): 244-246

4. 張百舜, 陳雙厚, 趙學文, 劉瑞華. 肉蓯蓉提取物半乳糖醇通便作用的量效研究. 中國中醫藥信息雜誌. 2003, **10**(12): 28-29

5. 陳妙華, 劉鳳山, 許建萍. 補腎壯陽中藥肉蓯蓉的化學成分研究. 中國中藥雜誌. 1993, **18**(7): 424-426

6. 屠鵬飛, 何燕萍, 樓之岑. 肉蓯蓉花序的化學成分研究. 中草藥. 1994, **25**(9): 451-452

7. 古曆努爾, 木特列夫, 劉明菊, 盧景芬. 肉蓯蓉苷類化合物對氧化應激和免疫功能的影響. 中國藥學. 2001, **10**(3): 157-160

8. 鄔利婭·伊明, 王曉雯, 阿斯亞·拜山伯, 蔣曉燕. 肉蓯蓉總苷對^{60}Co照射損傷小鼠T淋巴細胞功能的影響. 新疆醫科大學學報. 2003, **26**(6): 558-560

9. 曾群力, 鄭一凡, 呂志良. 肉蓯蓉多糖的免疫活性作用及機制. 浙江大學學報(醫學版). 2002, **31**(4): 284-287

10. 吳波, 顧少菊, 傅玉梅, 雅來. 肉蓯蓉和管花肉蓯蓉通便與補腎壯陽藥理作用的研究. 中醫藥學刊. 2003, **21**(4): 539, 548

11. 潘玉榮, 閔凡印. 肉蓯蓉醇提物對陽虛動物模型腎臟, 腎上腺的影響. 實用中醫藥雜誌. 2004, **20**(7): 357

12. 何偉, 舒小奮, 宗桂珍, 師明朗, 熊玉蘭, 陳妙華. 肉蓯蓉炮製前後補腎壯陽作用的研究. 中國中藥雜誌. 1996, **21**(9): 534-537

13. 何偉, 宗桂珍, 武桂蘭, 陳妙華. 肉蓯蓉中雄性激素樣作用活性成分的初探. 中國中藥雜誌. 1996, **21**(9): 564-565

14. 王德俊, 孫紅亞, 鄧揚梅, 盛樹青. 肉蓯蓉多糖對衰老小鼠大腦神經元影響的形態學研究. 實用醫藥雜誌. 2001, **14**(1): 1-3

15. 吳波, 傅玉梅. 肉蓯蓉總苷對亞急性衰老小鼠抗脂質過氧化作用的研究. 中國藥理學通報. 2005, **21**(5): 639

16. 塞冬. 淫羊藿, 肉蓯蓉, 巴戟天對果蠅壽命影響的研究. 老年醫學與保健. 2004, **10**(3): 140-141

17. 毛新民, 王曉雯, 李琳琳, 王雪飛. 肉蓯蓉總苷對大鼠心肌缺血的保護作用. 中草藥. 1999, **30**(2): 118-120

18. LW Lin, MT Hsieh, FH Tsai, WH Wang, CR Wu. Anti-nocieptive and anti-inflammatory activity caused by *Cistanche deserticola* in rodents. *Journal of Ethnopharmacology*. 2002, **83**(3): 177-182

19. MC Lu. Studies on the sedative effect of *Cistanchedeserticola*. *Journal of Ethnopharmacology*. 1998, **59**(3): 161-165

20. 蒲小平, 李燕雲. 肉蓯蓉苯乙醇苷抗中腦神經元凋亡機制的研究. 中國藥理通訊. 2002, **19**(4): 50-51

21. 尹剛, 王志強, 黃美蓉. 肉蓯蓉對感染性休克大鼠急性肺損傷的影響. 中醫藥學報. 2004, **32**(3): 62-64

22. 沈連忠, 仲曉燕, 王淑仙. 肉蓯蓉對大鼠排尿過程的影響. 中藥新藥與臨床藥理. 1999, **10**(2): 82-83

23. QB Xiong, K Hase, Y Tezuka, T Tani, T Namba, S Kadota. Hepatoprotective activity of phenylethanoids from *Cistanche deserticola*. *Planta Medica*. 1998, **64**(2): 120-125

24. 蔣曉燕, 王曉雯, 王雪飛, 劉鳳霞, 孟新珍, 朱偉江. 肉蓯蓉總苷對大鼠灶性腦缺血損傷的影響. 中草藥. 2004, **35**(6): 660-662

25. 孟新珍, 王曉雯, 蔣曉燕, 劉鳳霞, 帕爾哈提·克里里木. 肉蓯蓉總苷對清醒小鼠腦缺血再灌注損傷的保護作用. 中國臨床神經科學. 2003, **11**(3): 239-242

26. H Kobayashi, H Oguchi, N Takiwa, T Miyase, A Ueno, K Usmanghani, M Ahmad. New phenylethanoid glycosides from *Cistanche tubulosa*(Schrenk) Hook. f. I. *Chemical & Pharmaceutical Bulletin*. 1987, **35**(8): 3309-3314

27. F Yoshizawa, T Deyama, N Takizawa, K Usmanghani, M Ahmad. The constituents of *Cistanche tubulosa*(Schrenk) Hook. f. II. Isolation and structures of a new phenylethanoid glycoside and a new neolignan glycoside. *Chemical & Pharmaceutical Bulletin*. 1990, **38**(7): 1927-1930

28. 宋志宏, 屠鵬飛, 趙玉英, 鄭俊華. 管花肉蓯蓉的苯乙醇苷類成分. 中草藥. 2000, **31**(11): 808-810

29. 宋志宏, 莫少紅, 陳燕, 屠鵬飛, 趙玉英, 鄭俊華. 管花肉蓯蓉化學成分的研究. 中國中藥雜誌. 2000, **25**(12): 728-730

불수 佛手 ^{CP}

Citrus medica L. var. *sarcodactylis* Swingle

Fleshfingered Citron

개요

운향과(Rutaceae)

불수(佛手, *Citrus medica* L. var. *sarcodactylis* Swingle)의 열매를 건조한 것

중약명: 불수

귤나무속(*Citrus*) 식물은 전 세계에 약 20종이 있으며 원산지는 아시아 동남부 및 남부로 현재 열대 및 아열대 지역에서 흔히 재배된다. 중국산이 약 15종인데 그중 대다수가 재배종이다. 이 속 식물에서 현재 약으로 사용되는 것은 약 10종, 변이종 3종 및 여러 가지 재배종이 있다. 이 종은 중국의 절강, 강서, 복건, 광동, 광서, 사천, 운남 등지에서 광범위하게 재배된다.

불수는 '구연(枸櫞)'이란 약명으로 송(宋)나라 《본초도경(本草圖經)》에 처음 기재되었으며 《중국약전(中國藥典)》(2015년 판)에서는 이 종을 중약 불수의 법정기원식물로 수록했다. 주요산지는 중국의 광동, 광서, 복건, 사천, 절강 등이다. 사천에서 나는 것을 천불수(川佛手)라고 하며 광동 및 광서에서 생산되는 것을 광불수(廣佛手)라고 한다.

불수에는 정유, 플라보노이드, 쿠마린 등의 성분이 함유되어 있다. 《중국약전》에서는 고속액체크로마토그래피법을 이용하여 건조 시료 중 헤스페리딘의 함량을 0.030% 이상으로 약재의 규격을 정하고 있다.

약리연구를 통하여 불수에는 거담평천(祛痰平喘), 면역증강 등의 작용이 있는 것으로 알려져 있다.

한의학에서 불수는 행기지통(行氣止痛), 서간화위(舒肝和胃), 화담(化痰) 등의 효능이 있다.

불수 佛手 *Citrus medica* L. var. *sarcodactylis* Swingle

불수 佛手
C. medica L. var. *sarcodactylis* Swingle

약재 불수 藥材佛手 Citri Sarcodactylis Fructus

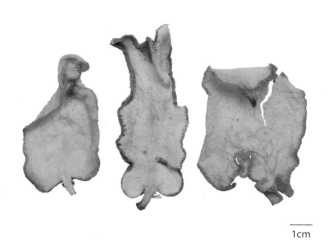

1cm

함유성분

열매에는 정유성분으로 limonene, 1-methyl-2-(1-methylethyl)benzene, γ-terpinene, α-pinene, β-pinene, citronellal, citronellol, linalool, p-cymene, geranial, citronellic acid, α-terpineol, neral[1-4], 플라보노이드 성분으로 3,5,6-trihydroxy-4',7-dimethoxyflavone, 3,5,6-trihydroxy-3',4',7-trimethoxyflavone[5], diosmin, hesperidin, 3,5,8-trihydroxy-4',7-dimethylflavone, 디테르페노이드 성분으로 limonin, nomilin[6], 그리고 쿠마린류 성분으로 citropten (limettin), 6,7-dimethoxycoumarin, cis-head to tail-3,3',4,4'-citropten dimer, cis-head to head-3,3',4,4'-citropten dimer 등이 함유되어 있다.

3,5,6-trihydroxy-4',7-dimethoxyflavone: R=H

3,5,6-trihydroxy-3',4',7-trimethoxyflavone: R=OMe

불수 佛手 ^{CP}

불수 佛手 CP

약리작용

1. **거담(祛痰), 지해(止咳), 평천(平喘)**
   불수의 알코올 추출액을 위에 주입하면 암모니아수로 유발된 Mouse의 기침 횟수를 뚜렷하게 줄일 수 있고 호흡기 타액 분비량을 증가시킬 수 있으며 연장 히스타민으로 유발된 천식잠복기를 뚜렷하게 연장할 수 있다. 또한 기침잠복기를 연장할 수 있는데 이는 농도 의존적으로 작용한다. 그 밖에 Mouse의 항스트레스능력을 제고시킬 수 있다.

2. **면역증강**
   불수의 다당은 시클로포스파미드로 인해 면역기능이 낮아진 Mouse의 복강대식세포의 탐식률과 탐식수치를 높일 수 있으며 용혈효소와 용혈반의 형태 및 임파세포의 전화를 촉진함과 동시에 외주혈T임파세포 비율을 뚜렷하게 제고할 수 있다. 불수의 다당은 또한 대식세포의 저하된 인터루킨-6의 수치를 높여 준다[9].

3. **항종양**
   불수의 다당을 Mouse의 위에 주입하면 이식성 종양 HAC22에 대해 비교적 좋은 억제작용을 보이는데 약을 주입한 후에는 Mouse의 무게가 뚜렷하게 증가된다[10].

4. **피부와 모발영양**
   불수의 추출물은 Mouse의 피부 중 슈퍼옥시드디스무타아제의 활성을 뚜렷하게 제고할 수 있고 피부 중의 콜라겐 함량을 증가시킬 수 있다. 또한 지질과산화물(LPO)인 말론디알데하이드의 함량을 감소시킬 수 있으며 모발의 생장을 촉진시킬 수 있다[11].

5. **기타**
   불수는 또 위장평활근의 경련을 이완할 수 있고 관상동맥 혈류량과 혈압을 내리는 등의 작용이 있다.

용도

구연은 중의임상에서 사용하는 약이다. 소간해울[疏肝解鬱, 간의 소설(疏泄)기능이 저하된 것을 개선하여 막힌 것을 뚫어 냄], 이기화중[理氣和中, 이기하여 중초(中焦)를 조화롭게 하여 기능을 정상으로 만드는 효능] 등의 효능이 있으며, 간위기통[肝胃氣痛, 정지(情志)가 울결(鬱結)되어 간기(肝氣)가 위(胃)를 침범하여 발생한 위통], 비위기체(脾胃氣滯, 비위의 기가 막힌 것), 흉민협통(胸悶脇痛, 가슴이 답답하며 옆구리가 아픈 것) 등의 치료에 사용한다.

현대임상에서는 식욕부진, 월경통, 월경불순 등에 사용한다.

해 설

불수는 중국위생부에서 규정한 약식동원품목*의 하나이다. 불수화(佛手花)는 불수의 꽃과 꽃봉오리인데 역시 약으로 사용되며, 아침에 해가 뜨기 전, 꽃이 피기 전에 채집하여 사용한다. 소간이기(疏肝理氣), 화위쾌격(和胃快膈) 등의 작용이 있어 주로 간위기통, 식욕부진 등을 치료한다.

불수의 흔히 볼 수 있는 혼용품으로 채소의 일종인 호박과(葫蘆科)의 식물 불수과(佛手瓜, *Sechium edule* (Jacq.) Swartz)의 말린 열매가 있다.

불수의 열매는 영양이 풍부하고 비타민 C와 칼슘이온의 함량이 풍부하며 건강기능성 및 식품의 원료로 개발·이용될 수 있다. 이외에도 불수에는 정유성분이 함유되어 있고 향기가 진하여 세계 일부 국가에서는 이미 불수유(佛手油)를 일종의 천연향료로 각종 화장품과 식품에 널리 사용하고 있다. 불수유는 용도가 다양하고 수요가 크며 경제적 이용 가치가 매우 높다.

참고문헌

1. G Singh, IPS Kapoor, OP Singh, PA Leclercq, N Klinkby. Studies on essential oils. Part 26:Chemical constituents of peel and leaf essential oils of *Citrus medica* L. *Journal of Essential Oil-Bearing Plants*. 1999, **2**(3): 119-125

2. 王俊華, 符紅. 廣佛手揮發油化學成分的GC-MS分析. 中藥材. 1999, **22**(10): 516-517

3. 金曉玲, 徐麗珊, 鄭孝華. 佛手揮發油的化學成分分析. 分析測試學報. 2000, **19**(4): 70-72

4. 金曉玲, 徐麗珊. 佛手揮發性成分的GC-MS分析. 中草藥. 2001, **32**(4): 304-305

5. 何海音, 凌羅慶. 中藥廣佛手的化學研究. 藥學學報. 1985, **20**(6): 433-435

6. 何海音, 凌羅慶, 史國萍, 張寧, 毛泉明. 中藥廣佛手的化學成分研究. 中國中藥雜誌. 1988, **13**(6): 352-354

---

* 부록(502~505쪽) 참고

7. 金曉玲, 徐麗珊, 何新霞. 佛手醇提取液的藥理作用研究. 中國中藥雜誌. 2002, **27**(8): 604-606

8. 黃玲, 張敏. 佛手多糖對小鼠免疫功能影響. 時珍國醫國藥. 1999, **10**(5): 324-325

9. 黃玲, 鄺棗園, 張敏. 佛手多糖對免疫低下小鼠細胞因子的影響. 現代中西醫結合雜誌. 2000, **9**(10): 871-872

10. 黃玲, 鄺棗園. 佛手多糖對小鼠移植性肝腫瘤HAC22的抑制作用. 江西中醫學院學報. 2000, **12**(1): 41, 47

11. 邵鄰相. 佛手和枸杞提取物對小鼠皮膚膠原蛋白, SOD含量及毛髮生長的影響. 中國中藥雜誌. 2003, **28**(8): 766-769

귤 橘 CP, KP, JP

Citrus reticulata Blanco

Tangerine

개요

운향과(Rutaceae)

귤(橘, *Citrus reticulata* Blanco)의 잘 익은 열매껍질을 건조한 것

중약명: 진피(陳皮)

유과(幼果) 혹은 미성숙한 열매의 열매껍질을 말려 약으로 사용하는데 청피(青皮)라고 한다. 귤의 흰색 섬유질을 제거한 외층 열매껍질 및 성숙된 씨를 말려 약으로 사용하는데 각각 귤홍(橘紅)과 귤핵(橘核)이라고 한다.

귤나무속(*Citrus*) 식물은 전 세계에 약 20종이 있는데 원산지는 아시아 동남부와 남부이며 현재 열대와 아열대 지역에 모두 재배된다. 중국에 약 15종이 있는데 그중 대다수는 재배종으로 모두 약으로 사용한다. 귤은 주로 중국의 남부 지역에 분포한다.

진피는 '귤피(橘皮)'란 명칭으로《신농본초경(神農本草經)》에 상품으로 처음 기재되었으며, 청피란 명칭은《진주낭(珍珠囊)》에 처음 기재되었다. 중국에서 오늘날까지 중약 진피, 청피의 약재로 사용된 것은 모두 귤 및 그 재배변종(栽培變種)이다.《중국약전(中國藥典)》(2015년 판)에서는 귤 및 그 재배변종을 중약 진피, 청피의 법정기원식물로 수록하였으며 주요산지는 중국의 강소, 안휘, 절강, 광동, 사천, 호북, 호남, 복건, 대만 등이다.《대한민국약전》(11개정판)에는 진피를 "운향과에 속하는 귤나무(*Citrus unshiu* Markovich) 또는 귤(*Citrus reticulata* Blanco)의 잘 익은 열매껍질로", 청피를 같은 식물의 "덜 익은 열매껍질"로 등재하고 있다.

귤나무속 식물에는 주로 정유와 플라보노이드 성분이 함유되어 있으며 이 속 식물에 일반적으로 함유된 활성성분은 헤스페리딘이다.《중국약전》에서는 헤스페리딘을 대조품으로 고속액체크로마토그래피법을 이용하여 진피 약재에 함유된 헤스페리딘의 함량을 3.5% 이상으로, 청피 약재에 함유된 헤스페리딘의 함량을 5.0% 이상으로 약재의 규격을 정하고 있다.

약리연구를 통하여 진피에는 위장운동 촉진, 항위궤양 등의 작용이 있다. 청피에는 위장평활근 억제, 항위궤양, 심혈관계 흥분 등의 작용이 있는 것으로 알려져 있다.

한의학에서 진피는 이기건비(理氣健脾), 조습화담(燥濕化痰) 등의 효능이 있고 청피에 소간파기(疏肝破氣), 소적화체(消積化滯) 등의 효능이 있다.

귤 橘 *Citrus reticulata* Blanco

약재 진피 藥材陳皮 Citri Reticulatae Pericarpium

1cm

함유성분

열매껍질에는 정유성분으로 D-limonene, β-terpinene, β-myrcene, m-cymene, β-terpineol, β-pinene[1-2] 그리고 플라보노이드와 플라보노이드 배당체 성분으로 hesperidin, neohesperidin, tangeretin, citromitin, 5-O-demethylcitromitin, sinensetin, nobiletin[3-4] 등이 함유되어 있다.

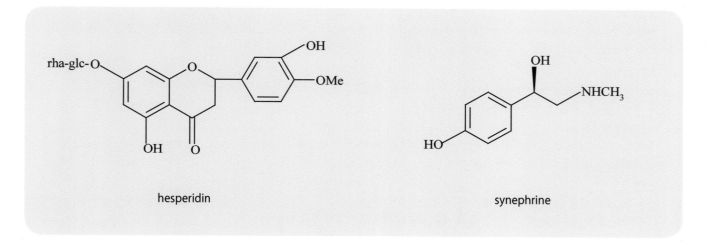

hesperidin

synephrine

 약리작용

진피

1. **거담(祛痰), 평천(平喘), 지해(止咳)**
   진피의 정유 및 리모넨은 자극성 거담작용이 있고 진피의 알코올 추출물은 히스타민으로 유발된 기니피그의 적출기관의 수축을 길항할 수 있다. 진피의 열수 추출물을 위에 주입하면 Mouse 기관지의 효소분비량을 뚜렷하게 증가시킬 수 있다[9].

2. **위장운동 조절**
   진피의 열수 추출물을 복용하면 네오스티그민으로 유발된 Mouse의 위장공복 촉진과 소장 추진운동 항진을 길항할 수 있고 아트로핀 및 아드레날린으로 유발된 Mouse의 위장공복 촉진을 억제하는 등 위장에 대한 억제작용이 있다[10]. 그와 반대로 진피의 열수 추출물을 복용하였을 때 Mouse의 위장공복 및 소장추진운동을 촉진할 수도 있으며 아트로핀으로 유발된 장추진운동 억제를 길항할 수 있다[11].

3. **평활근에 대한 작용**
   진피의 열수 추출물은 Mouse, Rat의 적출된 결장평활근의 수축폭과 빈도를 감소시킬 수 있고[12] 토끼의 적출된 주동맥평활근 수축력을 제고할 수 있는데 이는 농도 의존적으로 작용한다[13].

4. **혈압 상승**
   진피의 수용성 알칼로이드는 Rat의 혈압을 뚜렷하게 높일 수 있는데 일정 농도 범위 내에서 농도와 시간에 비례한다[14].

5. **활성산소 제거 및 항산화**
   진피의 75% 추출물, 에탄올 추출물, 정유성분에는 뚜렷한 활성산소 제거와 항산화 활성이 있다[15-18].

6. **항종양**
   진피의 추출물(주요성분은 노피레틴)은 *in vitro*에서 인체폐암세포, 인체직장암세포 및 신장암세포에 대해 모두 뚜렷한 생장억제작용이 있다. 또한 위에 주입하면 Mouse의 의식성 종양인 육종 S180과 간암의 생장을 억제함과 동시에 암세포의 자멸을 촉진하는 작용이 있다[19-20].

7. **기타**
   귤즙은 Rat의 죽상동맥경화를 억제할 수 있고 콜레스테롤과 중성지방의 함량을 낮출 수 있다[21]. 귤 뿌리의 에탄올 추출물은 Mouse의 간장에 대한 만손주혈흡충의 감염을 뚜렷하게 감소시킬 수 있다[22].

귤 橘 CP, KP, JP

청피

1. **위장운동 조절**
청피 및 그 초제(醋製) 열수 추출물은 Rat의 적출된 십이지장의 자발활동을 억제할 수 있고 아세틸콜린으로 유발된 위장관 수축작용을 뚜렷하게 길항할 수 있으며 소장을 이완시킬 수 있다[23].

2. **평활근에 대한 작용**
청피와 진피는 모두 Rat 실험 소장평활근 수축곡선의 평균 진폭을 감소시킬 수 있는데 청피의 작용이 진피보다 강하다[24]. 청피의 열수 추출물은 농도 의존적으로 Rat의 적출된 자궁평활근의 수축활동을 억제할 수 있다[25].

3. **혈압 상승**
청피의 주사액을 복강에 주사하면 국부뇌허혈이 있는 Rat의 혈압을 뚜렷하게 상승시키고 뇌경색조직을 축소시킬 수 있으며 뇌수종을 감소시킬 수 있는 등 뚜렷한 뇌 보호작용이 있다[26].

4. **보간이담(保肝利膽)**
청피의 열수 추출물을 십이지장에 주입하면 Rat의 담즙분비량을 뚜렷하게 증가시킬 수 있고 사염화탄소로 손상된 Rat의 담즙분비를 촉진함과 동시에 간세포기능을 보호하는 작용이 있다[27].

5. **진통**
청피 및 그 포제품 물 추출물을 복용하면 초산으로 유발된 Mouse의 자극반응을 감소시킬 수 있고 열판자극으로 유발된 통증에 대해 뚜렷한 통증역치 상승이 나타나는데 초제품(醋製品)의 진통작용이 가장 탁월하다[28].

용도

귤은 중의임상에서 사용하는 약이다.

진피

이기건비[理氣健脾, 이기하고 비허(脾虛)로 인한 운화기능 감퇴를 치료함], 조습화담[燥濕化痰, 습사(濕邪)를 제거하고 가래를 없애는 것] 등의 효능이 있으며, 비위기체(脾胃氣滯, 비위의 기가 막힌 것), 습담[濕痰, 습하고 탁한 것이 체내에 오래 정체되어 생기는 담(痰)] 등의 치료에 사용한다.
현대임상에서는 급성 유선암 등의 병증에 진피를 사용한다. 진피의 추출물은 혈압을 상승시키는데 그의 주요 활성성분은 시네프린으로 감염성 쇼크와 유행성 출혈열로 인한 저혈압의 병증에 사용한다.

청피

소간파기[疏肝破氣, 간기(肝氣)가 울결(鬱結)된 것을 흩어트리고 없애는 효능] 등의 효능이 있으며, 기체혈어(氣滯血瘀, 기가 몰린 지 오래되어 어혈이 생긴 것)의 징가적취[癥瘕積聚, 여성 생식기에 발생하는 종괴(腫塊)로 인한 동통] 등의 치료에 사용한다.
현대임상에서는 쇼크의 병증에 사용하는데 예를 들면 출혈열 저혈압 쇼크, 감염성 쇼크, 심원성 쇼크, 과민성 쇼크와 신경원성 쇼크이다.

해설

귤의 건조한 외층 과일 껍질은 약으로 쓰는데 귤홍(橘紅)이라고 한다. 또한 잘 익은 씨를 말려 약으로 쓰는데 귤핵(橘核)이라고 한다. 귤홍은 산한(散寒), 조습(燥濕), 이기(利氣), 소담(消痰) 등의 작용이 있으며 귤핵(橘核)은 이기(理氣), 산결(散結), 지통(止痛) 등의 작용이 있다. 귤은 중국에서 광범위하게 재배되는데 귤잎도 약으로 사용할 수 있다. 열매는 주로 식용으로 이용되는데 풍부한 비타민과 기타 인체에 유용한 물질이 있다. 따라서 귤은 약용가치와 경제가치가 매우 높은 식물이다.

참고문헌

1. 龔范, 梁逸曾, 宋又群, 彭源貴, 崔卉. 陳皮揮發油的氣相色譜/質譜分析. 分析化學. 2000, **28**(7): 860-864

2. VS Mahalwal, M Ali. Volatile constituents of the fruit peels of *Citrus reticulata* Blanco. *Journal of Essential Oil-Bearing Plants*. 2001, **4**(2-3): 45-49

3. BP Chaliha, GP Sastry, PR Rao. Chemical investigation of *Citrus reticulata*. *Indian Journal of Chemistry*. 1967, **5**(6): 239-241

4. M Iinuma, S Matsuura, K Kurogochi, T Tanaka. Studies on the constituents of useful plants. V. Multisubstituted flavones in the fruit peel of *Citrus reticulata* and their examination by gas-liquid chromatography. *Chemical & Pharmaceutical Bulletin*. 1980, **28**(3): 717-722

5. S Tosa, S Ishihara, M Toyota, S Yosida, H Nakazawa, T Tomimatsu. Studies of flavonoids in Citrus. Analysis of flavanone glycosides in the peel of Citrus by high-performance liquid chromatography. *Shoyakugaku Zasshi*. 1988, **42**(1): 41-47

6. 錢士輝, 陳廉. 陳皮中黃酮類成分的研究. 中藥材. 1998, **21**(6): 301-302

7. FQ Chen, L Hou. Determination of synephrine in citrus plants. *Yaowu Fenxi Zazhi*. 1984, **4**(3): 169-171

8. M Saleem, N Afza, M Aijaz Anwar, MS Ali. Aromatic constituents from fruit peels of *Citrus reticulata*. *Natural Product Research*. 2005, **19**(6): 633-638

9. 楊錫倉, 王曉莉, 王雨靈, 鄧霽玲. 不同貯存年限的陳皮藥效比較. 中華實用中西醫雜誌. 2003, **3**(16): 1032

10. 官福蘭, 王汝俊, 王建華. 陳皮及橙皮苷對小鼠胃排空, 小腸推進功能的影響. 中藥藥理與臨床. 2002, **18**(3): 7-9

11. 李偉, 鄭天珍, 瞿頌義, 田治峰, 邱小青, 丁光輝, 衛玉玲. 陳皮對小鼠胃排空及腸推進的影響. 中藥藥理與臨床. 2002, **18**(2): 22-23

12. 李紅芳, 李丹明, 瞿頌義, 鄭天珍, 李偉, 丁永輝, 衛玉玲. 枳實和陳皮對兔離體主動脈平滑肌條作用機理探討. 中成藥. 2001, **23**(9): 658-660

13. 劉克敬, 謝冬萍, 李偉, 瞿頌義, 鄭天珍, 楊穎麗. 陳皮, 黨參等中藥對大鼠結腸肌條收縮活動的影響. 山東大學學報(醫學版). 2003, **41**(1): 34-35

14. 沈明勤, 葉其正, 常複蓉. 陳皮水溶性總生物鹼的升血壓作用量-效關係及藥動學研究. 中國藥學雜誌. 1997, **32**(2): 97-100

15. 王姝梅, 何春美. 陳皮提取物清除氧自由基和抗脂質過氧化作用. 中國藥科大學學報. 1998, **29**(6): 462-465

16. 蘇丹, 秦德安. 陳皮提取液抗氧化及延緩衰老作用的研究. 華東師範大學學報(自然科學版). 1999, **1**: 110-112

17. AH El-Ghorab, KF El-Massry, AF Mansour. Chemical composition, antifungal and radical scavenging activities of Egyptian mandarin petitgrain essential oil. *Bulletin of the National Research Centre*. 2003, **28**(5): 535-549

18. AM Rincon, VA Marina, FC Padilla. Chemical composition and bioactive compounds of flour of orange (*Citrus sinensis*), tangerine(*Citrus reticulata*) and grapefruit (*Citrus paradisi*) peels cultivated in Venezuela. *Archivos Latinoamericanosde Nutricion*. 2005, **55**(3): 305-310

19. 錢士輝, 王佾先, 亢壽海, 楊念雲, 袁麗紅. 陳皮提取物體外抗腫瘤作用的研究. 中藥材. 2003, **26**(10): 744-745

20. 錢士輝, 王佾先, 亢壽海, 楊念雲, 袁麗紅. 陳皮提取物體內抗腫瘤作用及其對癌細胞增值週期的影響. 中國中藥雜誌. 2003, **28**(12): 1167-1170

21. JA Vinson, X Liang, J Proch, BA Hontz, J Dancel, N Sandone. Polyphenol antioxidants in citrus juices:*in vitro* and *in vivo* studies relevant to heart disease. *Advances in Experimental Medicine and Biology*. 2002, **505**: 113-122

22. MA Hamed, MH Hetta. Efficacy of citrus reticulata and mirazid in treatment of schistosoma mansoni. *Memorias do Instituto Oswaldo Cruz*. 2005, **100**(7): 771-778

23. 黃華, 曾春華, 毛淑傑, 梁日欣. 青皮及醋製青皮對離體腸管運動的影響. 江西中醫學院學報. 2005, **17**(2): 52-53

24. 楊穎麗, 鄭天珍, 瞿頌義, 李偉, 謝冬萍, 丁永輝, 衛玉玲. 青皮和陳皮對大鼠小腸縱行肌條運動的影響. 蘭州大學學報(自然科學版). 2001, **37**(5): 94-97

25. 劉恒, 馬永明, 瞿頌義, 丁永輝, 衛玉玲. 青皮對大鼠離體子宮平滑肌運動的影響. 中草藥. 2000, **31**(3): 203-205

26. 劉傳玉, 李承晏, 曾慶杏. 青皮注射液聯合亞低溫治療局灶腦缺血再灌注損傷的實驗研究. 武漢大學學報(醫學版). 2004, **25**(1): 65-68

27. 隋艷華, 趙加泉, 崔世奎, 孫學惠. 香附, 青皮, 刺梨, 茵陳, 西南獐牙菜對大鼠膽汁分泌作用的比較. 河南中醫. 1993, **13**(1): 19-20, 44

28. 張先洪, 毛春芹. 炮製對青皮鎮痛作用影響. 時珍國醫國藥. 2000, **11**(5):413-414

위령선 威靈仙 CP, KHP, JP

Clematis chinensis Osbeck

Chinese Clematis

 개요

미나리아재비과(Ranunculaceae)

위령선(威靈仙, *Clematis chinensis* Osbeck)의 뿌리와 뿌리줄기를 건조한 것

중약명: 위령선

으아리속(*Clematis*) 식물은 전 세계에 약 300종이 있으며 각 대륙에 분포하는데 주로 열대와 아열대에 분포하나 한대 지역에도 분포하는 것도 있다. 중국에 약 108종, 아종 1종, 변이종 47종이 있는데 이 속에서 현재 약으로 사용되는 것은 약 70종이다. 이 종은 중국의 화동 지역과 섬서, 하남, 호북, 호남, 광동, 광서, 사천, 귀주, 운남 등에 분포하며 베트남에도 자생하는 것이 있다.

'위령선'의 약명은 《개보본초(開寶本草)》에 처음으로 기재되었다. 중국에서 오늘날까지 사용된 중약 위령선은 이 속의 여러 종 식물이며 《중국약전(中國藥典)》(2015년 판)에서는 이 종을 중약 위령선의 법정기원식물의 하나로 수록하였다. 주요산지는 중국의 강소, 절강, 강서, 호남, 호북, 사천 등이다. 《대한민국약전외한약(생약)규격집》(제4개정판)에는 위령선을 "미나리아재비과에 속하는 으아리(*Clematis manshurica* Ruprecht), 가는잎사위질빵(*Clematis hexapetala* Pallas) 또는 위령선(*Clematis chinensis* Osbeck)의 뿌리 및 뿌리줄기"로 등재하고 있다.

위령선에는 주로 사포닌, 쿠마린, 플라보노이드, 안토시아닌, 알칼로이드 등의 화합물이 함유되어 있는데 그중에서 사포닌 화합물의 함량이 가장 높다. 《중국약전》에서는 고속액체크로마토그래피법을 이용하여 건조시료 중 올레아놀산의 함량을 0.30% 이상으로 약재의 규격을 정하고 있다.

약리연구를 통하여 위령선은 항균, 담즙분비 촉진, 항말라리아, 항종양 등의 작용이 있는 것으로 알려져 있다.

한의학에서 위령선은 거풍습(祛風濕), 통경(通經), 진통 등의 효능이 있다.

위령선 威靈仙 *Clematis chinensis* Osbeck

약재 위령선 藥材威靈仙
Clematidis Radix et Rhizoma

1cm

면단철선련 棉團鐵線蓮 *C. hexapetala* Pall.

모주철선련 毛柱鐵線蓮 *C. meyeniana* Walp.

함유성분

뿌리에는 protoanemonin, anemonin[1] 성분 등이 함유되어 있다. 이것은 주로 oleanane type 트리테르페노이드 사포닌 성분이며, 그것의 당체로는 hederagenin 23-O-α-L-arabinopyranoside (CP$_0$), CP$_1$, CP$_2$, CP$_{2b}$, CP$_3$, CP$_{3b}$, CP$_4$-CP$_{10}$[4-7], huzhongoside B, clematichinenosides A, B, C[2, 8] 등의 올레아놀산과 hederagenin[2-3] 성분이 함유되어 있다. 또한 clemochinenoside A[9], clemaphenol A, dihydro-4-hydroxy-5-hyroxy-methy-2(3H)-furanone, isoferulic acid, 5-hydroxymethyl-2-furancarboxaldehyde, 5-hydroxy-4-Opentanoic acid[1] 등이 함유되어 있다.

지상부에는 protoanemonin, anemonin 등의 성분이 함유되어 있으며, 쿠마린류 성분으로 clematichinenol 성분이 함유되어 있다. 또한 (+)-syringaresinol, (-)-syringaresinol-4'-O-β-D-glucoside, acacetin 7-α-L-rhamnopyranosyl-(1-6)- β-D-glucopyranoside[10] 등의 성분이 함유되어 있다.

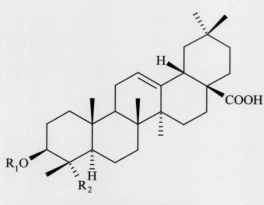

hederagenin: R$_1$=H, R$_2$=CH$_2$OH
oleanolic acid: R$_1$=H, R$_2$=CH$_3$
CP$_1$: R$_1$=3-O-α-ara, R$_2$=CH$_2$OH

protoanemonin

위령선 威靈仙 CP, KHP, JP

약리작용

1. 항균
In vitro 실험에서 위령선에 함유된 프로토아네모닌에는 항균 항바이러스 활성이 있으며[11] 여러 종의 그람음성간균과 그람양성구균에 대해 억제작용이 있다[12].

2. 항염
위령선의 주사액을 근육에 주사하면 디메칠벤젠으로 유발된 Mouse의 귓바퀴 종창을 뚜렷하게 억제시킬 수 있고 지편(紙片)으로 유발된 Rat의 육아조직 생장을 억제시킬 수 있다[13]. 위령선의 물 추출물을 복강에 주사하면 Mouse의 귓바퀴 종창 및 Rat의 발바닥 종창에 대해 모두 뚜렷한 억제작용이 있다. 또한 모세혈관 투과성을 낮추며 초산으로 유발된 Mouse의 복강 염증성 삼출을 뚜렷하게 억제시킬 수 있다[14]. 위령선의 주사제를 무릎관절에 주사하면 파파인으로 유발된 Rat의 골관절염의 발전을 늦출 수 있다. 그 작용 기전은 아마도 연골세포에 대한 보호를 통해 관절연골의 퇴화를 억제하는 것으로 생각된다. 반면 정상적인 관절에 대해서는 뚜렷한 영향을 주지 않는다[15].

3. 진통
위령선의 주사액을 근육에 주사하면 Mouse의 경련반응 횟수를 뚜렷하게 감소시킬 수 있고 잠복기를 연장시킬 수 있다[13]. 위령선의 물 추출물을 복강에 주사하면 열판자극으로 유발된 Mouse의 뒷다리 꼬임 시간을 뚜렷하게 늦출 수 있고 Mouse의 경련반응 횟수를 감소시킬 수 있다[14].

4. 경련억제
위령선의 주사액은 기니피그의 적출된 회장을 이완함과 동시에 히스타민과 아세틸콜린으로 유발된 회장수축반응을 억제시킬 수 있다[13].

5. 항종양
위령선의 사포닌은 *in vitro*에서 배양된 에를리히복수암(EAC), 복수형 육종 S180과 간암복수세포 Hep A에 대해 뚜렷한 억제작용이 있다. 위령선의 사포닌을 위에 주입하면 효과적으로 S180 엽상종이 있는 Mouse의 종괴 성장을 억제할 수 있다[16]. 위령선의 사포닌은 *in vitro* 배양된 전골수성 백혈병세포 HL-60에 대해서도 억제작용이 있다[2].

6. 담즙분비 촉진
위령선의 열수 추출물을 위에 주입하면 황색땅쥐의 담결석 형성을 뚜렷하게 예방할 수 있는데 그 효과는 우루소데옥시콜산을 복용하는 것과 유사하다. 또한 위령선의 대용량 투여는 혈청 콜레스테롤 수치를 낮출 수 있다[17].

7. 항말라리아
위령선의 추출물을 위에 주입하면 접종말라리아원충에 걸린 Mouse의 적혈구원충감염률을 억제시킬 수 있는데 그 가운데 60% 에탄올 위령선 괴근(塊根) 추출물의 효과가 가장 뛰어나 억제율은 78%에 달한다[18].

8. 기타
위령선은 혈압을 낮추고 간을 보호하며 면역억제작용이 있다[19~21].

용도

위령선은 중의임상에서 사용하는 약이다. 거풍습(祛風濕, 풍습이 겹친 것으로 관절이 아프고, 만지면 통증이 심해지는 것), 통경락(通經絡, 경락을 소통시키는 효능) 등의 효능이 있으며, 풍습비통(風濕痹痛, 풍습으로 인해 관절이 아프고, 통증이 심해지는 증상), 제골경인(諸骨梗咽, 생선가시나 닭 뼈 등이 목에 걸린 병증) 등의 치료로 사용한다.

현대임상에서는 풍습성 관절염, 만성 담낭염, 인후염, 치통, 발뒤꿈치의 통증 등에 사용한다.

해 설

동속식물 면단철선련(棉團鐵線蓮, *Clematis hexapetala* Pall.)과 으아리(東北鐵線蓮, *C. mandshurica* Rupr.)의 뿌리와 뿌리줄기도 《중국약전》에서는 위령선 약재의 법정기원식물로 수록하였다. 면단철선련과 으아리는 위령선과 모두 유사한 약리작용이 있고 그 함유성분도 대체적으로 비슷하며 주로 프로토아네모닌, 아네모닌과 올레아난형 트리테르페노이드 사포닌 화합물이 있다. 위령선과 비교하면 면단철선련에는 사포닌이 함유되어 있지 않고 클레마토사이드 B가 함유되어 있다[22~25]. 또한 으아리에도 사포닌이 함유되지 않은 반면 클레마토사이드 A, A′, B, C[26~29] 등이 함유되어 있다.

면단철선련은 위령선과 비교하여 심근혈액부족을 보호하고 항이뇨작용이 있다[30]. 모주철선련(毛柱鐵線蓮, *C. meyeniana* Walp.)은 영남 지역에 광범히 분포하며 민간에서 약으로 사용한다.

위령선은 주로 중국의 화동 지역에 분포한다. 반면 면단철선련은 중국의 동북 등 북방 지역에 분포하며 남방 장강 유역에는 거의 분포하지 않는다. 으아리는 중국의 동북 지역에서 야생자원으로 아주 풍부하게 분포한다.

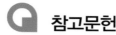 **참고문헌**

1. 何明, 張靜華, 胡昌奇. 威靈仙化學成分研究. 中國藥學雜誌. 2001, **10**(4): 180-182

2. Y Mimaki, A Yokosuka, M Hamanaka, C Sakuma, T Yamori, Y Sashida. Triterpene saponins from the roots of *Clematis chinensis*. *Journal of Natural Products*. 2004, **67**(9): 1511-1516

3. BP Shao, GW Qin, RS Xu, HM Wu, K Ma. Triterpene saponins from *Clematis chinensis*. *Phytochemistry*. 1995, **38**(6): 1473-1479

4. H Kizu, T Tomimori. Studies on the constituents of Clematis species. V. On the saponins of the root of *Clematis chinensis* Osbeck. *Chemical & Pharmaceutical Bulletin*. 1982, **30**(9): 3340-3346

5. H Kizu, T Tomimori. Studies on the constituents of Clematis species. III. On the saponins of the root of *Clematis chinensis* Osbeck. *Chemical & Pharmaceutical Bulletin*. 1980, **28**(12): 3555-3560

6. H Kizu, T Tomimori. Studies on the constituents of Clematis species. II. On the saponins of the root of *Clematis chinensis* Osbeck. *Chemical & Pharmaceutical Bulletin*. 1980, **28**(9): 2827-2830

7. H Kizu, T Tomimori. Studies on the constituents of Clematis species. I. On the saponins of the root of *Clematis chinensis* Osbeck. *Chemical & Pharmaceutical Bulletin*. 1979, **27**(10): 2388-2393

8. BP Shao, GW Qin, RS Xu. Saponins from *Clematis chinensis*. *Phytochemistry*. 1996, **42**(3): 821-825

9. CQ Song, RS Xu. Clemochinenoside A, a macrocyclic compound from *Clematis chinensis*. *Chinese Chemical Letters*. 1992, **3**(2): 119-120

10. BP Shao, P Wang, GW Qin, RS Xu. Phenolics from *Clematis chinensis*. *Natural Product Letters*. 1996, **8**(2): 127-132

11. A Toshkov, V Ivanov, V Sobeva, T Gancheva, S Rangelova, V Toneva. Antibacterial, antiviral, antitoxic and cytopathogenic properties of protoanemonin and anemonin. *Antibiotiki*. 1961, **6**: 918-924

12. N Didry, L Dubreuil M Pinkas. Antibacterial activity of protoanemonin vapor. *Pharmazie*. 1991, **46**(7): 546-547

13. 章蘊毅, 張宏偉, 李佩芬, 陳濱凌, 馮晶. 中成藥. 2001, **23**(11): 808-811

14. 周效思, 易德保. 威灵仙鎮痛抗炎藥效研究. 中華臨床醫藥. 2003, 4(15): 12-13

15. 華英彙, 顧湘傑, 陳世益, 曹俊, 鮑根喜, 李雲霞, 朱文輝. 威靈仙注射液對骨關節炎影響的實驗研究. 中國運動醫學雜誌. 2003, **22**(4): 420-422

16. 邱光清, 張敏, 楊燕軍. 威靈仙總皂式的抗腫瘤作用. 中藥材. 1999, **22**(7): 351-353

17. 徐繼紅, 耿寶琴, 雍定國. 威靈仙預防膽結石的實驗研究. 浙江醫科大學學報. 1996, **25**(4): 160-161

18. 黃雙路, 蔣智清. 威靈仙提取方法與抗瘧作用研究. 海峽藥學. 2001, **13**(4): 22-24

19. CS Ho, YH Wong, KW Chiu. The hypotensive action of *Desmodium styracifolium* and *Clematis chinensis*. *American Journal of Chinese Medicine*. 1989, **17**(3-4): 189-202

20. HF Chiu, CC Lin, CC Yang, F Yang. The pharmacological and pathological studies on several hepatic protective crude drugs from Taiwan(I). *American Journal of Chinese Medicine*. 1988, **16**(3-4): 127-137

21. 宋躍. 威靈仙, 棉團鐵線蓮, 粘魚鬚影響免疫器官質量的比較研究. 現代中西醫結合雜誌. 2002, **11**(14): 1316

22. 金洙哲, 李相來, 李鍾一. 長白山若干抗癌植物的藥理評價及應用. 延邊大學農學學報. 2004, **26**(1): 27-31

23. 江濱, 廖心榮, 賈向雲, 葉曉雯, 丁靖塏, 喻學儉, 吳玉. 威靈仙和顯脈旋複花揮發油成分的研究和比較. 中國中藥雜誌. 1990, **15**(8): 40-42

24. 王曉丹, 宗希明, 李海達. 黑龍江產14種中草藥中8種元素含量測定. 微量元素與健康研究. 1998, **15**(2): 42-43

25. LA Udal'tsova, SA Minina, ZI Chernysheva. Phytochemical study of the six-petal clematis-*Clematis hexapetala*. *Trudy Leningradskogo Khimiko-Farmatsevticheskogo Instituta*. 1968, **26**: 195-199

26. 孫付軍, 李曉晶. 東北铁线莲及基挥发油急性毒性試驗研究. 現代中藥研究與實踐. 2005, **19**(1): 41-42

27. KH Il, RK Il, CI Guk. The behavior of protoanemonin in distilled *Clematis mandshurica* liquid. *Choson Minjujuui Inmin Konghwaguk Kwahagwon Tongbo*. 2004, **5**: 48-50

28. AY Khorlin, VY Chirva, NK Kochetkov. Triterpene saponins. XV. Clematoside C, a triterpene from the roots of *Clematis manshurica*. *Izvestiya Akademii Nauk SSSR, Seriya Khimicheskaya*. 1965, **5**: 811-818

29. 典靈輝. 中藥材威靈仙的研究進展. 西北藥學雜誌. 2004, **19**(5): 231-232

30. 宋志宏, 趙玉英, 段京莉, 王璇. 鐵線蓮屬植物的化學成分及藥理作用研究概況. 天然產物研究與開發. 1995, **7**(2): 66-72

수구등 繡球藤 ^{CP}

Clematis montana Buch.-Ham.

Anemone Clematis

 개 요

미나리아재비과(Ranunculaceae)

수구등(繡球藤, *Clematis montana* Buch.-Ham.)의 덩굴줄기를 건조한 것

중약명: 천목통(川木通)

으아리속(*Clematis*) 식물은 전 세계에 약 300종이 있으며 전 세계의 각 대륙에 분포한다. 주로 열대, 아열대 및 한온대 지역에 분포하며 중국에 약 108종, 아종 1종, 변이종 47종이 있는데 이 속에서 현재 약으로 사용되는 것은 약 70종이다. 이 종은 주로 중국의 서남, 서북, 동부와 남방 각지에 분포하며 히말라야 서부로부터 네팔, 스리랑카, 인도 북부에도 분포한다.

'수구등'이란 약명은 《식물명실도고(植物名實圖考)》에 처음으로 기재되었으며 《중국약전(中國藥典)》(2015년 판)에서는 이 종을 중약 천목통의 법정기원식물의 하나로 수록하였다. 주요산지는 중국의 사천, 서장, 운남, 귀주, 대만 등이다.

철선련에는 주로 트리테르페노이드 사포닌 등의 화합물이 함유되어 있는데 그중 사포닌 화합물의 함량이 가장 높다. 《중국약전》에서는 약재의 성상, 대조품을 이용한 박층크로마토그래피법으로 약재의 규격을 정하고 있다.

약리연구를 통하여 수구등에는 이뇨작용이 있는 것으로 알려져 있다.

한의학에서 천목통은 청열이뇨(淸熱利尿), 통경하유(通經下乳) 등의 효능이 있다.

수구등 繡球藤 *Clematis montana* Buch.-Ham.

약재 천목통 藥材川木通
Clematidis Montanae Caulis

5cm

소목통 小木通 *C. armandii* Franch.

함유성분

덩굴줄기에는 oleanane type 트리테르페노이드 사포닌 성분으로 clemontanoside C[1], hederagenin-(3-O-β-ribopyranosyl)(1→3)-α-rham-nopyranosyl(1→2)-α-arabinopyranosido-28-O-α-L-rhamnopyranosyl (1→4)-β-D-glucopyranosyl(1→6)-β-D-glucopyranoside, hederagenin-(3-O-β-ribopyranosyl)(1→3)-α-rhamnopyranosyl-(1→2)-α-arabinopyranoside[2] 등이 함유되어 있으며, 올레아놀산, β-amyrin, β-sitosterol, β-sitosterol-β-D-glucoside[3] 등이 함유되어 있다.
잎에는 트리테르페노이드 사포닌 성분으로 clemontanosides A, B[4,5] 등이 함유되어 있다.
뿌리에는 clemontanosides E, F[6,7] 등이 함유되어 있다.

약리작용

1. 이뇨

천목통의 열수 추출물을 Rat의 위에 주입하고 24시간 후에 요액(尿液)을 수집해 보면 그 평균 배뇨백분율은 $167.32 \pm 4.91\%$로 뚜렷한 이뇨작용을 보인다. 천목통의 물 추출 알코올 침제를 토끼의 정맥에 주사하여 1시간 후의 소변량을 측정하면 $24 \pm 1mL/h$로 뚜렷한 이뇨작용을 나타냄과 동시에 칼륨, 나트륨, 염소이온의 배출량 등을 증가시킨다.

수구등 繡球藤 CP

hederagenin

clemontanoside A

용도

천목통은 중의임상에서 사용하는 약이다. 이뇨통림(利尿通淋, 이뇨시키고 소변이 잘 통하게 함) 등의 효능이 있으며, 열림삽통(熱淋澀痛, 임병의 하나로 오줌의 빛이 붉어지고 아랫배가 몹시 아픔) 경폐유소(經閉乳少, 월경이 막히고 유즙이 적은 것), 습열비통[濕熱痹痛, 습(濕)이 울체된 채 오래되어 열상(熱象)을 나타내어 저리고 아픈 병증] 등의 치료에 사용한다.

현대임상에서는 비뇨기결석, 요로감염, 신염수종(腎炎水腫, 신장염으로 인해 전신이 붓는 증상), 전립선비대, 유방창통(乳房脹痛, 유방이 부풀어 오르고 터질 듯이 아픈 병증) 등의 병증에 사용한다.

해 설

《중국약전》에서는 동속식물 소목통(小木通, *Clematis armandii* Franch.)을 중약 천목통의 법정기원식물로 수록하였다. 천목통은 주로 사천성에서 생산되므로 얻어진 이름이다.

중국의 북방 지역에서는 관목통(關木通)을 한동안 널리 사용하였는데, 이는 쥐방울과(쥐방울덩굴과, Aristolochiaceae) 식물인 등칡(東北馬兜鈴, *Aristolochia manshuriensis* Kom.)의 덩굴줄기를 말린 것이다. 관목통은 천목통과 명칭이 비슷하지만, 관목통에는 아리스톨로크산이 함유되어 신장에 아주 심각한 부작용을 유발할 수 있기 때문에[8]《중국약전》2005년 판부터는 관목통을 삭제하였다.

참고문헌

1. RP Thapliyal, RP Bahuguna. Clemontanoside-C, a saponin from *Clematis montana*. *Phytochemistry*. 1993, **33**(3): 671-673

2. RP Bahuguna, RP Thapliyal, N Murakami, T Tanase, T Kaiya, J Sakakibara. Saponins from *Clematis montana*. *International Journal of Crude Drug Research*. 1990, **28**(2): 125-127

3. RP Thapliyal, RP Bahuguna. Constituents of *Clematis montana*. *Fitoterapia*. 1993, **64**(5): 472

4. RP Bahuguna, JS Jangwan, T Kaiya, J Sakakibara. Clemontanoside A, a bisglycoside from *Clematis montana*. *Phytochemistry*. 1989, **28**(9): 2511-2513

5. JS Jangwan, RP Bahuguna. Clemontanoside B, a new saponin from *Clematis montana*. *International Journal of Crude Drug Research*. 1990, **28**(1): 39-42

6. RP Thapliyal, RP Bahuguna. Clemontanoside-E, a new saponin from *Clematis montana*. *International Journal of Pharmacognosy*. 1994, **32**(4): 373-377

7. RP Thapliyal, RP Bahuguna. An oleanolic acid based bisglycoside from *Clematis montana* roots. *Phytochemistry*. 1993, **34**(3): 861-862

8. A Tanaka, S Shinkai, K Kasuno, K Maeda, M Murata, K Seta, J Okuda, A Sugawara, T Yoshida, R Nishida, T Kuwahara. Chinese herbs nephropathy in the Kansai area:a warning report. *Nippon Jinzo Gakkai Shi*. 1997, **39**(4): 438-440

벌사상자 蛇床

Cnidium monnieri (L.) Cuss.

Common Cnidium

 개요

산형과(Apiaceae/Umbelliferae)

벌사상자(蛇床, *Cnidium monnieri* (L.) Cuss.)의 열매를 건조한 것

중약명: 사상자(蛇床子)

갯사상자속(*Cnidium*) 식물은 전 세계에 약 20종이 있으며 주로 유럽과 아시아에서 난다. 중국에 4종, 변이종 1종이 있으며 중국 각지에 분포한다. 이 속에서는 현재 오직 1종만이 약으로 사용된다.

'사상자'란 약명은 《신농본초경(神農本草經)》에 상품으로 처음 기재되었으며 역대의 본초서적에 다수 수록되었다. 《중국약전(中國藥典)》(2015년 판)에서는 이 종을 중약 사상자의 법정기원식물로 수록하였다. 주요산지는 하북, 절강, 강소, 사천 등이며 내몽고, 섬서, 산서 등지에서도 나는 것이 있다. 《대한민국약전외한약(생약)규격집》(제4개정판)에는 사상자를 "산형과에 속하는 벌사상자(*Cnidium monieri* (L). Cussion) 또는 사상자(*Torilis japonica* Decandolle)의 열매"로 등재하고 있다.

벌사상자의 주요 활성성분은 쿠마린과 정유성분이 있다. 오스톨을 지표성분으로 약재의 품질을 결정하며 《중국약전》에서는 고속액체크로마토그래피법을 이용하여 사상자 중의 오스톨 함량을 1.0% 이상으로 약재의 규격을 정하고 있다.

약리연구를 통하여 벌사상자의 열매에는 항바이러스, 항적충, 노화방지, 항히스타민, 항진균, 항알레르기, 항종양 등의 작용이 있는 것으로 알려져 있다[1-3].

한의학에서 사상자는 온신장양(溫腎壯陽), 조습살충(燥濕殺蟲), 구풍지양(驅風止癢)의 효능이 있다.

벌사상자 蛇床 *Cnidium monnieri* (L.) Cuss.

약재 사상자 藥材蛇床子 Cnidii Fructus

1cm

함유성분

열매에는 주로 쿠마린 성분으로 osthol, cnidiadin, imperatorin, auraptenol, columbianadin, isogosferol, demethylauraptenol, bergapten, archangelich, xanthotoxin, xanthotoxol, O-isovalerylcolumbianetin, angelicin, O-acetylcolumbianetin, isopimpinellin, columbianetin, oroselone, cnidimol B, cnidimarin, cnidinonal[1,4-5] 등이 함유되어 있다. 그중에서 osthol의 함량은 총 쿠마린 함량의 60%로 가장 함이 함유되어 있다. 또한 1.3% 정유성분으로 여기에는 myrcene, isoborneol, bornyl acetate[6] 등이 함유되어 있다.

osthol

xanthotoxin

 약리작용

1. **항미생물**

   In vitro 실험에서 사상자의 열수 추출물은 음도적충에 대한 살멸작용이 있다[7].

2. **성호르몬 양 작용**

   피하에 사상자의 에탄올 추출액을 주사하면 Mouse의 발정기가 연장되고 발정기간이 단축되며 거세한 쥐에게도 발정기가 나타난다. 이외에 사상자의 침고(浸膏)는 Mouse의 전립선, 정낭(精囊), 항문근, 난소 및 자궁의 무게를 증가시킨다[4].

3. **심혈관계에 대한 작용**

   사상자의 물 추출물을 복강에 주사하면 클로로포름으로 유발된 Mouse의 심실경련에 대한 예방작용이 있다. 정맥에 주사하면 염화칼슘으로 유발된 Rat의 심실경련 및 아코니틴으로 유발된 Rat의 심박부절에 대해 현저한 예방, 치료효과가 있다[8]. 마취된 개의 정맥에 오스톨을 주사하면 외주혈관의 저항 및 혈압을 낮출 수 있고 심장기능을 억제함과 동시에 심전도의 P-R간기를 늦출 수 있다[9]. 오스톨은 기니피그의 적출심방 실험에서 세포 밖 칼슘의 역류를 억제할 수 있다[10].

4. **호흡계통에 대한 작용**

   시험관 실험에서 사상자의 쿠마린은 기니피그의 기관지평활근을 확장함과 동시에 히스타민으로 유발된 기관지평활근의 수축을 길항할 수 있다[11]. 오스톨은 Mouse 수동피부과민반응(PCA)을 비교적 강하게 억제하며 히스타민으로 유발된 기니피그의 천식에 대한 보호작용이 있다[2].

5. **항골질 이완**

   고용량의 사상자 쿠마린을 위에 주입하면 난소를 제거한 Rat의 혈청 말론디알데하이드의 함량을 뚜렷하게 제고시키며 자궁발육을 촉진할 수 있다. 또한 골흡수를 억제하고 혈청 중의 인 함량을 낮추며 혈청 중의 오스테오칼신의 함량을 높임으로써 골질밀도를 뚜렷하게 개선할 수 있다[12]. 신생 Rat의 두개골성골세포의 모델에서 사상자 쿠마린의 항골질 감소작용은 그 성골세포가 일산화질소, 인터루킨-1 및 인터루킨-6의 생성을 억제함으로써 그 기능을 조절하는 것과 연관된다[13].

6. **학습기억력 개선**

   오스톨을 피하에 주사하면 스코폴라민과 난소 제거로 인한 암컷 Rat의 기억력장애 현상을 개선할 수 있다. 그 학습기억의 작용기전은 여성호르몬 및 중추의 아세틸콜린 신경계를 활성화하는 것과 관련된다[14].

7. **항인체면역결핍바이러스 활성**

   사상자의 메탄올 추출물은 항인체면역결핍바이러스(anti-HIV) 활성이 있는데 활성형 임페라토린이 HIV의 활성을 억제한다[3].

8. **기타**

   오스톨과 임페라토린 등은 비교적 강한 항돌연변이 활성이 있고 암세포 HeLa-S3의 생장에 대한 억제작용이 있다[2].

벌사상자 蛇床 ^{CP, KHP, JP}

용도

사상자는 중의임상에서 사용하는 약이다. 살충지양(殺蟲止癢, 기생충을 제거하고 가려움증을 가라앉힘), 온신장양(溫腎壯陽, 신장을 따뜻하게 하고 양기를 보충해 주는 효능), 산한[散寒, 한사(寒邪)를 없애는 효능] 등의 효능이 있으며, 음부습양(陰部濕癢, 음낭 부위에 땀이 차면서 가려운 증상), 한습대하(寒濕帶下, 한습이 있고 대하가 있는 것), 습비요통(濕痹腰痛, 습비로 인한 허리통증) 등의 치료에 사용한다. 현대임상에서는 음도적충(陰道滴蟲, 부녀자의 생식기에서 분비되는 누런 분비물), 피부궤양 등에 사용한다.

해 설

사상자는 임상에서 흔히 사용되는 중약이다. 현대임상에서는 대부분 조습(燥濕), 거풍(祛風), 살충작용에 사용되고 외용으로는 외과, 부인과 및 피부과의 모든 질병의 치료에 사용된다. 예전의 문헌 기재 및 현재의 다양한 약리연구를 통하여 사상자는 보허(補虛)작용이 있는 것으로 알려져 있다. 사상사는 자원이 풍부하고 가격이 저렴하여 다양한 개발 잠재력이 있는 보신장양(補腎壯陽) 및 지능증진의 약재이다.

사상자의 약물작용 및 항종양과 항돌연변이 기능을 발견하여 이후의 암종 화학요법 약물의 치료 분야에 사용하면 중약 보조제 및 암 예방 용도의 첨가제 등에서 새로운 가능성이 제시될 수 있다.

참고문헌

1. 張新勇, 向仁德. 蛇床子化學成分的研究. 中草藥. 1997, 28(10): 588-590

2. 沈麗霞, 張丹參, 張力. 蛇床子化學成分藥理作用與應用的研究. 醫學綜述. 2003, 9(9): 565-567

3. 田部井由紀子. 和漢藥抗HIV作用的研究(2):生藥提取物與歐芹屬素乙的抗HIV作用. 國外醫學:中醫中藥分冊. 1997, 19(6): 45

4. 姜濤, 李慧梁. 中藥的研究進展. 中草藥. 2001, 32(2): 181-183

5. JN Cai, P Basnet, ZT Wang, K Komatsu, LS Xu, T Tani. Coumarins from the fruits of *Cnidium monnieri*. *Journal of Natural Products*. 63, 2000, 63(4): 485-488

6. 秦路平, 吳煥, 王騰蛟, 蘇中武, 李承祜. 蛇床子和興安蛇床果實揮發油的成分分析. 中草藥. 1992, 23(6): 330

7. 孫啟祥, 聶紅霞, 胡紅梅. 常用中草藥對陰道滴蟲作用的測定. 中華腹部疾病雜誌. 2004, 4(9): 688

8. 連其深, 張志祖, 曾靖, 上官珠. 蛇床子水提取物的抗心律失常作用. 中國中藥雜誌. 1992, 17(5): 306-307

9. 李樂, 莊斐爾, 趙更生, 趙東科. 蛇床子素對麻醉開胸犬心電圖和血流動力學的影響. 中國藥學與毒理學雜誌. 1994, 8(2): 119-121

10. 李樂, 莊斐爾, 楊琳, 張彩玲, 趙更生, 趙東科. 蛇床子素對離體豚鼠心房的作用. 中國藥理學報. 1995, 16(3): 251-254

11. 陳志春, 段曉波. 蛇床子總香豆素止喘作用機理探討. 中國中藥雜誌. 1990, 15(5): 48-50

12. 張巧艷, 秦路平, 黃寶康, 鄭漢臣, 王寅, 王昊, 陳磊. 蛇床子總香豆素對去卵巢大鼠骨質疏鬆的作用. 中國藥學雜誌. 2003, 38(2): 101-103

13. 張巧艷, 秦路平, 田野蘋, 鄭漢臣, 黃寶康, 劉祖德, 黃矛. 蛇床子總香豆素對成骨細胞產生NO, IL-1及IL-6的影響. 中國藥學雜誌. 2003, 38(5): 345-348

14. MT Hsieh, CL Hsieh, WH Wang, CS Chen, CJ Lin, CR Wu. Osthole improves aspects of spatial performance in ovariectomized rats. *The American Journal of Chinese Medicines*. 2004, 32(1): 11-20

만삼 黨蔘 CP, KP

Campanulaceae

Codonopsis pilosula (Franch.) Nannf.

Pilose Asiabell

 개요

초롱꽃과(Campanulaceae)

만삼(黨蔘, *Codonopsis pilosula* (Franch.) Nannf.)의 뿌리를 건조한 것

중약명: 당삼(黨蔘)

더덕속(*Codonopsis*) 식물은 전 세계에 약 40종이 있으며 아시아 동부와 중부에 분포한다. 중국에 약 39종이 있는데 주로 서남부 지역에서 난다. 이 종은 중국의 서장, 사천, 운남, 감숙, 섬서, 영하, 청해, 하남, 산서, 하북, 내몽고, 흑룡강, 길림성 등에 분포하며 한반도, 몽골과 러시아의 원동 지역에도 분포하는 것이 있다. 야생에서도 대량으로 재배된다.

'당삼'이란 약명은《본초종신(本草從新)》에 처음으로 기재되었다. 최초에는 산서의 상당(上黨)에서 생산된 오갈피나무과 인삼(人蔘, *Panax ginseng* C. A. Mey)이었으나 과도하게 채집되고 환경파괴로 인해 상당의 인삼이 점차적으로 감소되면서 소실되었기에 기타 인삼과 비슷한 형태의 식물이 점차 상당인삼(上黨人蔘)을 대체하였다. 청나라의 의사들은 이런 종의 약재의 효능이 인삼과 다르다는 것을 인식하여 점차적으로 당삼(黨蔘)으로 명명하게 되었다. 현재 중약 당삼으로 사용되는 것은 더덕속의 여러 종 식물이며《중국약전(中國藥典)》(2015년 판)에서 이 종을 중약 당삼의 법정기원식물의 하나로 수록했는데 산지에 따라 동당(東黨), 노당(潞黨) 및 서당(西黨)으로 나뉜다. 동당은 야생품으로 주로 흑룡강, 길림, 요녕 등에서 나며, 노당은 재배품으로 주로 산서, 하남, 내몽고, 하북 등에서 난다. 서당은 주로 감숙, 사천 등에서 난다.《대한민국약전》(11개정판)에는 당삼을 "초롱꽃과에 속하는 만삼(*Codonopsis pilosula* Nannfeldt), 소화당삼(素花黨蔘, *Codonopsis pilosula* Nannfeldt var. *modesta* L. T. Shen) 또는 천당삼(川黨蔘, *Codonopsis tangshen* Oliver)의 뿌리"로 등재하고 있다.

더덕속 식물에 주로 함유된 활성성분으로는 당류와 배당체 성분이 있다.《중국약전》에서는 알코올 용해성 침출물을 지표로 하여 45% 에탄올의 침출물 55% 이상으로 약재의 규격을 정하고 있다.

약리연구를 통하여 당삼은 조혈기능 촉진, 위장수축 조절, 항궤양, 인체면역증강 등의 작용이 있는 것으로 알려져 있다.

한의학에서 당삼은 보중익기(補中益氣), 건비익폐(健脾益肺)의 효능이 있다.

만삼 黨蔘 *Codonopsis pilosula* (Franch.) Nannf.

약재 당삼 藥材黨蔘
Codonopsis Radix

5cm

만삼 黨蔘 CP, KP

함유성분

뿌리에는 당류가 많이 함유되어 있는데, 주로 과당과 이눌린 그리고 I, II, III, IV 등 네 가지 형태의 이종다당류 CP가 함유되어 있다. 또한 정유성분이 많이 함유되어 있는데, 주로 지방족 탄화수소와 소량의 모노테르페노이드 그리고 세스퀴테르페노이드 성분인 codon-olactone[2], atractylenolides II, III[3], 8β-hydroxyasterolide[4] 등이 함유되어 있다.

또한 배당체 성분으로 tangshenoside I[5], syringin, n-hexyl-β-D-glucopyranoside[3], 스테롤 성분으로 δ-spinasterol, Δ7-stigmasterol과 그 배당체, 트리테르페노이드 성분으로 taraxerol, taraxeryl acetate[6], 쿠마린 성분으로 angelicin, psoralen[7], 다당류 성분으로 tetradeca-4E, 12E-diene-8,10-diyne-1,6,7-triol-6-O-β-D-glucoside, tertradeca-4E,12E-diene-8,10-diyne-1,6,7-triol[8], lobetyolin[9], organic acids, codopiloic acid[2], vanillic acid, 2-furancarboxylic acid[3] 등이 함유되어 있다.

뿐만 아니라, syringaldehyde, pyridinemethanol[3], perlolyrine[4], 5-hydroxymethyl-2-furaldehyde, bis-(2-ethylhexyl)-phthalate[10], codon-opsine[7] 등이 함유되어 있다.

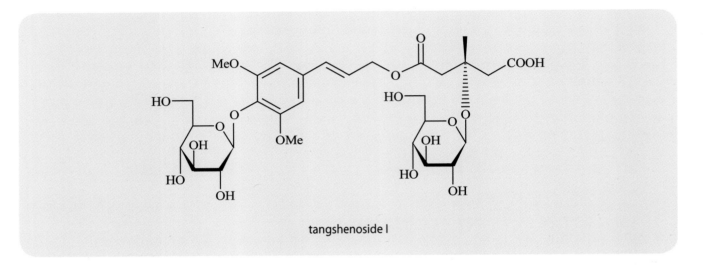

tangshenoside I

약리작용

1. 소화계통에 대한 영향

1) 근장력(筋張力) 증가

당삼의 열수 추출물은 Rat의 적출된 위의 평활근장력을 증강할 수 있고 위와 유문수축도의 평균 진폭 및 유문근육의 운동수치를 제고시킬 수 있으며 적출된 근섬유에 대해 흥분작용을 나타낸다[11].

2) 위장관운동 조절

당삼의 열수 추출물 알코올침액을 위에 주입하면 Rat의 위전도율 문란을 조절해 주고 위 운동 항진을 억제할 수 있다. 당삼의 부탄올 추출물은 스트레스로 인해 Rat의 위공복 유도가 가속되는 것을 늦출 수 있다[12]. 당삼의 열수 추출물은 Mouse 소장의 퇴진운동을 빠르게 함과 동시에 아트로핀과 노르에피네프린의 장추진운동에 대한 억제작용을 길항할 수 있는데 이는 당삼에 위장관운동을 촉진시키는 작용이 있다는 것을 의미한다[13].

3) 항위궤양

당삼의 추출물은 Mouse, Rat, 토끼 등 여러 종류의 동물 모델에 대해서 스트레스, 초산자극, 수산화나트륨, 유문결찰 및 소염통증형 위궤양에 대해 모두 뚜렷한 치료작용이 있다[14].

4) 장관 손상에 대한 보호

당삼의 열수 추출물을 위에 주입하면 심한 화상을 입은 기니피그의 혈액 중 가스트린과 모틸린의 농도를 뚜렷하게 제고할 수 있고 종양괴사인자(TNF)의 분비를 억제할 수 있다. 또한 화상 후에 실조된 위장기능을 조절해 줄 수 있으며 장원성(腸源性) 감염을 예방·치료할 수 있다[15].

2. 인체면역력 증강

In vitro 실험에서 당삼의 물 추출물은 쥐의 J774 대식세포의 탐식활성을 뚜렷하게 증가시킨다[16]. 당삼의 다당을 위에 주입하면 2,4-디니트로플루오로벤젠(DNFB)으로 인해 유발된 시클로포스파미드에 의해 면역억제가 유도된 Mouse의 지발성과민반응(DTH)을 억제할 수 있고 면역이 억제된 Mouse의 혈청 용혈효소 항체성장수치를 제고할 수 있다. 또한 체액성 면역에 대해 비교적 강한 촉진작용이 있다[17].

3. 혈액과 조혈계통에 대한 영향

1) 조혈기능 강화

당삼의 다당을 위에 주입하면 용혈성 혈허모델 Mouse의 외주혈헤모글로빈의 함량을 높여 줄 수 있으며 ^{60}Co-γ선을 조사(照射)한 Mouse에 대하여 비장결절생성을 촉진함으로써 비장조혈기능을 촉진시킬 수 있다[17].

2) 강혈지(降血脂)

당삼의 사포닌을 위에 주입하면 고지혈증이 있는 Rat의 혈청 총콜레스테롤(TC), 중성지방(TG) 및 저밀도지단백콜레스테롤(LDL-C)의 함량을 낮춰 줄 수 있으며 일산화질소와 고밀도지단백콜레스테롤(HDL-C)의 함량을 높여 줄 수 있을 뿐만 아니라 HDL-C의 비율을 높일 수 있다[18].

4. 심장혈관계통에 대한 작용

1) 항심뇌혈액부족

당삼의 물 추출물을 복강에 주사하면 피투이트린으로 인해 실험성 심근혈액결핍이 생긴 Rat의 심전도T파를 높임과 동시에 심장박동을 느리게 하며 심근혈액부족에 대해 뚜렷한 보호작용이 있다[19]. 당삼의 침고(浸膏)를 위에 주입하면 Rat의 혈액부족으로 인한 재관류 후의 뇌조직 속 아데노신삼인산(ATP)의 함량을 높여 줄 뿐만 아니라 Na$^+$/K$^+$-ATP 효소의 활성을 증가시킴으로써 뇌조직의 손상 정도를 감소하여 뇌 보호작용을 유도한다[20].

2) 강혈압

당삼의 열수 추출물은 노르에피네프린으로 인해 내피가 진정된 적출 주동맥근섬유에 대해 예비 수축작용을 일으킬 수 있는데 그 적출 혈관근섬유에 대한 이완작용은 아마도 내피세포가 일산화질소를 신생함으로써 나타나는 것으로 보인다[21].

5. 중추신경계통에 대한 영향

1) 진정수면

당삼의 물 추출물을 복강에 주사하면 펜토바르비탈과 에칠에테르로 인한 수면시간을 늦출 수 있다[22].

2) 기억 개선

당삼의 물 추출물을 복강에 주사하면 스코폴라민으로 유발된 Mouse의 학습기억장애를 뚜렷하게 개선할 수 있고[22] 당삼의 열수 추출물을 위에 주입하면 페닐아이소프로필아데노신(PIA)으로 저하된 Mouse의 학습기억행위를 길항하는 작용이 있다[23].

6. 간 보호

당삼의 에탄올 추출물을 위에 주입하면 사염화탄소로 유발된 Mouse의 간장 손상에 대해 양호한 보호작용이 있다[24].

용 도

당삼은 중의임상에서 사용하는 약이다. 보중익기[補中益氣, 비(脾)를 보양하고 아래로 처진 비기(脾氣)를 일으키는 효능], 건비익폐[健脾益肺, 비(脾)가 허한 것을 보(補)하고 폐(肺)를 보익함] 등의 효능이 있으며, 중기(中氣)의 부족으로 인해 몸이 허한 권태무력(倦怠無力, 피곤하여 힘을 쓰지 못하고 몸을 움직일 수 없어 마치 게으른 듯이 보이는 증상), 기진양상(氣津兩傷, 기와 진액이 모두 상함)의 기단구갈(氣短口渴, 숨이 가쁘고 구갈이 있는 것) 및 기혈쌍휴[氣血雙虧, 기허로 인한 기능쇠퇴와 혈허로 인한 조직기관의 실양(失養)이 동시에 존재하는 병증]로 인한 두훈심계(頭暈心悸, 어지러우며 심장이 심하게 뛰는 것) 등의 치료에 사용한다.

현대임상에서는 빈혈, 백혈병, 혈소판 감소병, 원발성재생불량성 빈혈, 탈라세미아(유전적인 결함으로 인해 적혈구 내 헤모글로빈 기능에 장애를 일으키는 질병), 신경관능증(神經官能症) 등의 병증에 사용한다.

해 설

《중국약전》에서는 동속식물 소화당삼(素花黨蔘, *Codonopsis pilosula Nannf.* var. *modesta* (Nannf.) L. T. Shen) 및 천당삼(川黨蔘 *C. tangshen* Oliv.)을 중약 당삼의 법정기원식물로 수록하였다. 약용 당삼은 내원이 다양하고 분포가 광범위하며 약재의 규격이 통일되지 않아 품질이 각각 다르다. 따라서 사용할 때 산지와 품질에 대해 특별히 주의하여야 한다. 상품으로는 산서의 노당(潞黨), 감숙의 문당(紋黨), 사천의 정당(晶黨), 산서의 봉당(鳳黨)이 가장 유명한 도지(道地) 약재이다. 산서의 능천현(陵川縣)에는 현재 당삼의 대규모 재배단지가 조성되어 운영 중이다.

참고문헌

1. 譚龍泉, 李瑜, 賈忠建. 黨參揮發油成分的研究. 蘭州大學學報(自然科學版). 1991, **27**(1): 45-49
2. 王惠康, 何侃, 毛泉明. 黨參的化學成分研究II. 黨參內酯及黨參酸的分離和結構測定. 中草藥. 1991, **22**(5): 195-197
3. ZT Wang, GJ Xu, M Hattori, T Namba. Constituents of the roots of *Codonopsis pilosula*. *Shoyakugaku Zasshi*. 1988, **42**(4): 339-342
4. T Liu, WZ Liang, GS Tu. Separation and determination of 8 β -hydroxyasterolid and perlolyrine in *Codonopsis pilosula* by reversed-phase high-performance liquid

chromatography. *Journal of Chromatography.* 1989, **477**(2): 458-462

5. 韓桂茹, 賀秀芬, 楊建紅, 湯田真道, 笠井良次, 大谷和弘, 田中冶. 黨蔘化學成分的研究. 中國中藥雜誌. 1990, **15**(2): 41-42

6. MP Wong, TC Chiang, HM Chang. Chemical studies on Dangshen, the root of *Codonopsis pilosula. Planta Medica.* 1983, **49**(1): 60

7. 朱恩圓, 賀慶, 王崢濤, 徐珞珊, 徐國鈞. 黨蔘化學成分研究. 中國藥科大學學報. 2001, **32**(2): 94-95

8. H Noerr, H Wagner. New constituents from *Codonopsis pilosula. Planta Medica.* 1994, **60**(5): 494-495

9. 賀慶, 朱恩圓, 王崢濤, 徐珞珊, 胡之璧. 黨蔘中黨蔘炔苷HPLC分析. 中國藥學雜誌. 2005, **40**(1): 56-58

10. TT Trinh, VS Tran, L Wessjohann. Chemical constituents of the roots of *Codonopsis pilosula. Tap Chi Hoa Hoc.* 2003, **41**(4): 119-123

11. 李偉, 鄭天珍, 張英福, 瞿頌義, 丁永輝, 衛玉玲. 黨蔘, 枳實對大鼠胃肌條收縮運動的影響. 中國中醫基礎醫學雜誌. 2001, **7**(10): 31-33

12. 侯家玉, 姜澤偉, 何正正, 姜名瑛. 黨蔘對應激型胃潰瘍大鼠胃電, 胃運動和胃排空的影響. 中西醫結合雜誌. 1989, **9**(1): 31-32

13. 鄭天珍, 李偉, 張英福, 瞿頌義, 丁永輝, 衛玉玲. 黨蔘對動物小腸推進運動的實驗研究. 甘肅中醫學院學報. 2001, **18**(1): 19-20

14. ZT Wang, Q Du, GJ Xu, RJ Wang, DZ Fu, TB Ng. Investigations on the protective action of *Codonopsis pilosula* (Dangshen) extract on experimentally-induced gastric ulcer in rats. *General Pharmacology.* 1997, **28**(3): 469-473

15. 王少根, 徐慧芹, 陳俠英. 黨蔘對嚴重燙傷豚鼠腸道的保護作用. 中國中西醫結合急救雜誌. 2005, **12**(3): 144-145

16. 賈泰元, BHS Lau. 黨蔘對鼠J744巨噬細胞吞噬活性的增强效應. 時珍國醫國藥. 2000, **11**(9): 769-770

17. 張曉君, 祝晨蔯, 胡黎, 賴小平, 莫建霞. 黨蔘多糖對小鼠免疫和造血功能的影響. 中藥新藥與臨床藥理. 2003, **14**(3): 174-176

18. 蕭松柳, 徐先祥, 夏倫祝. 黨蔘總皂苷對實驗性高脂血大鼠血脂和NO含量的影響. 安徽中醫學院學報. 2002, **21**(4): 40-42

19. 張曉丹, 佟欣, 劉琳, 朱英淑. 黨蔘, 黃芪對實驗性心肌缺血大鼠心電圖影響的比較. 中草藥. 2003, **34**(11): 1018-1020

20. 陳健, 胡長林. 黨蔘對大鼠腦缺血再灌注損傷的保護作用. 中國老年學雜誌. 2003, **23**(5): 298-300

21. 李丹明, 李紅芳, 李偉, 鄭天珍, 張英福, 瞿頌義, 丁永輝, 衛玉玲. 黨蔘和丹蔘對兔離體主動脈平滑肌運動的影響. 甘肅中醫學院學報. 2000, **17**(2): 15-17

22. 張曉丹, 劉琳, 佟欣. 黨蔘, 黃芪對中樞神經系統作用的比較研究. 中草藥. 2003, **34**(9): 822-823

23. 姚嫻, 王麗娟, 劉干中. 黨蔘對苯異丙基腺苷所致小鼠學習記憶障礙的影響. 中藥藥理與臨床. 2001, **17**(1): 16-17

24. 崔興日, 南極星, 呂慧子, 姜英子. 黨蔘提取物對急性肝損傷小鼠肝臟的保護作用. 延邊大學醫學學報. 2004, **27**(4): 262-264

율무 薏苡 CP, KP, JP

Coix lacryma-jobi L. var. *mayuen* (Roman.) Stapf
Job's Tears

 ## 개 요

벼과(Gramineae)

율무(薏苡, *Coix lacryma-jobi* L. var. *mayuen* (Roman.) Stapf)의 잘 익은 씨를 건조한 것

중약명: 의이인(薏苡仁)

율무속(*Coix*) 식물은 전 세계에 약 10종이 있으며 주로 아시아의 열대에 분포한다. 중국에 약 6종이 있는데 현재 약으로 사용되는 것은 오직 1종뿐이다. 이 종은 중국의 남북 각지에 광범위하게 분포하며 세계의 열대, 아열대에서 재배되거나 야생한다.

'의이인'이란 약명은 《신농본초경(神農本草經)》에 상품으로 처음 기재되었으며 역대의 본초서적에도 많이 기재되었다. 중국에서 생산되는 율무는 여러 개의 변이종이다. 《중국약전(中國藥典)》(2015년 판)에서는 이 종을 중약 의이인의 법정기원식물로 수록했다. 주요산지는 중국의 복건, 강소, 하북, 요녕 등이며 사천, 강서, 호남, 호북, 광동, 광서, 귀주, 운남, 섬서, 절강 등에도 재배하는 것이 있다. 《대한민국약전》(11개정판)에는 의이인을 "율무(*Coix lacryma-jobi* Linne var. *ma-yuen* Stapf, 벼과)의 잘 익은 씨로서 씨껍질을 제거한 것"으로 등재하고 있다.

율무의 주요 활성성분은 글리세라이드 성분과 다당이다. 《중국약전》에서는 고속액체크로마토그래피법을 이용하여 건조시료 중 트리올레오일글리세롤의 함량을 0.50% 이상으로, 율무 음편(飮片)의 경우 0.40% 이상으로 약재의 규격을 정하고 있다.

약리연구를 통하여 율무는 항종양, 인체면역력 제고, 진통, 해열, 항염, 항혈당 등의 작용이 있는 것으로 알려져 있다.

한의학에서 의이인은 건비이습(健脾利濕), 청열배농(清熱排膿)의 효능이 있다.

율무 薏苡 *Coix lacryma-jobi* L. var. *mayuen* (Roman.) Stapf

약재 의이인 藥材薏苡仁 Coicis Semen

1cm

율무 薏苡 CP. KP. JP

의이 薏苡 *C. lacryma-jobi* L. var. *mayuen* (Roman.) Stapf

함유성분

열매와 씨에는 다당류 성분으로 coixans A, B, C[1], 페닐프로파노이드 성분으로 4-ketopinoresinol, threo-1-C-syringylglycerol, erythro-1-C-syringylglycerol[2], 1-C-(4-hydroxyphenyl)-glycerol, 1,2-bis-(4-hydroxy-3-methoxyphenyl)-1,3-propanediol, dehydrodiconiferyl alcohol, 4-hydroxycinnamic acid 성분으로 2-(2-hydroxy-4,7-dimethoxy-1,4-2H-benzoxazin-3-one)-β-D-glucopyranoside[3], coixol 등이 함유되어 있다. 또한 2,6-dimethoxy-p-hydroquinone-1-O-β-D-glucopyranoside[2], 4-hydroxybenzaldehyde[4], chlorzoxazone[5], mayuenolide[6], adenosine[2] 등이 함유되어 있다. 씨에는 61~64% triacylglycerol이 들어 있는 2~8% lipids(coixenolide)를 함유하고 있는데 여기에는 불포화지방산이 풍부하다[7].

뿌리에는 또한 benzoxazolones 성분으로 coixol[8], 6-methoxybenzoxazolinone, 2-hydroxy-7-methoxy-1,4(2H)-benzoxazin-3-one, 2-O-glucosyl-7-methoxy-1,4(2H)-benzoxazin-3-one[9], 2-O-β-D-glucopyranosyl-7-methoxy1,4(2H)-benzoxazin-3-one[10], benzoxazinoids I, II[11] 등이 함유되어 있다.

4-ketopinoresinol

coixol

약리작용

1. 면역증강

의이인의 다당은 시클로포스파미드로 면역이 저하된 Mouse의 복강 내 대식세포의 탐식률과 탐식수치를 뚜렷하게 제고시킬 수 있으며 용혈효소 및 용혈반의 형성과 임파세포 전이를 촉진시킬 수 있다[12]. 의이인의 에스테르는 S180, EAC, L615 엽상종이 있는 Mouse의 적혈구막 Na^+/K^+-ATP 효소의 활성을 뚜렷하게 낮출 수 있는데 그 작용은 용량에 비례하여 나타난다[13]. 동시에 엽상종이 있는 Mouse의 적혈구 C_{3b}수용체화환율(RBC·C_{3b}RR)과 적혈구 C_{3b}수용체화환촉진율(RFER)을 제고할 수 있고 적혈구 면역복합물 수용체화환율(RBC·ICRR), 적혈구 C_{3b}수용체화환억제율(RFIR)을 낮출 수 있다[14].

2. 항혈당

의이인의 다당을 복강에 주사하면 정상적인 Mouse 및 알록산으로 인해 당뇨병에 걸린 Mouse와 아드레날린 고혈당이 있는 Mouse의 혈당수치를 낮출 수 있다[15]. 의이인의 다당은 스트렙토조토신으로 인해 II형 당뇨병에 걸린 Rat의 혈관 저항을 개선할 수 있다. 간의 당 함량과 글루코기나아제의 활성을 증가시킬 수 있고[16], Rat의 혈청 지질과산화물(LPO)의 수치를 낮출 수 있으며 적혈구와 이자세포의 슈퍼옥시드디스무타아제 활성을 뚜렷하게 제고할 수 있다[17].

3. 항종양

의이인유(薏苡仁油)는 Mouse의 S180 육종과 HAC 간암 이식종양에 대해 뚜렷한 억제효과가 있다[18]. 의이인의 주사액은 무혈청으로 배양된 Rat 주동맥의 혈관 형성을 억제할 수 있으며[19], Mouse의 S180 이식종양의 혈관 생성에도 뚜렷한 억제작용이 있다[20]. 의이인의 추출물은 Mouse의 SGC-7901 위암 이식종양의 세포자멸을 유도할 수 있고[21], *in vitro*에서 간암 p53 인자의 발현을 증가하도록 유도할 수 있으며 세포자살을 유도할 수 있다[22]. 의이인의 에스테르는 *in vitro*에서 인후암세포 Hep-2의 DNA 손상을 유도할 수 있고 그 증식을 뚜렷하게 억제할 수 있다[23]. 인체자궁경부암 HeLa의 분열 G_2기 진입을 저해할 수 있고 Fas유전자의 발현을 증가시킬 수 있으며 HeLa의 괴사를 유도할 수 있다[24]. 의이인의 에스테르는 용량에 비례하여 인체비암 CNE-2Z와 nude mice의 이식종양 생장을 억제할 수 있으며 선택적으로 종양세포를 사멸할 수 있다[25]. 의이인의 에스테르를 소량으로 단시간에 사용하면 CNE-2Z 세포주기를 S기에 정지하게 할 수 있다. 대량을 장시간 투입하면 G_2/M기에 정체되게 하고[26] 동시에 ^{60}Co선의 CNE-2Z에 대한 살상작용을 선택적으로 증강시킨다[27]. 의이인의 추출액은 *in vitro*에서 인체췌장암 PaTu-8988의 괴사를 유도하는데 용량과 시간에 비례한다[28].

4. 항염

의이인의 메탄올 추출물은 농도 의존적으로 γ-interferon-lipopolysaccharides로 인해 RAW264.7 세포가 일산화질소를 신생하는 것을 뚜렷하게 억제할 수 있고 일산화질소합성효소(NOS) mRNA의 발현과 유피올에스테르로 인해 초산화음이온이 생성되는 것을 뚜렷하게 억제할 수 있다[29].

5. 기타

코익솔은 또 진정, 해열, 진통 등의 작용이 있다. 의이인유는 골격근의 수축작용을 억제할 수 있다.

용 도

의이인은 중의임상에서 사용하는 약이다. 이수삼습[利水滲濕, 체내에 습(濕)을 원활하게 돌려서 소변 등으로 배출시키는 효능], 건위[健脾, 위(胃)의 소화기능을 강하게 함] 등의 효능이 있으며, 소변불리(小便不利, 소변배출이 원활하지 못함), 각기(脚氣, 다리가 나무처럼 뻣뻣해지는 병증), 습비구련[濕痹拘攣, 풍한습(風寒濕)의 사기가 팔다리의 관절과 경락에 침입해서 생기는데 그중에서 습사(濕邪)가 성하여 손발이 굳어져서 마음대로 쓰지 못하는 병], 폐옹(肺癰, 폐에 농양이 생긴 병증), 장옹(腸癰, 아랫배가 뭉치어 붓고, 열과 오한이 나며, 오줌이 자주 마려운 증세가 있으며, 대변과 함께 피고름이 나오는 병) 등의 치료에 사용한다.

현대임상에서는 여러 종의 암증, 당뇨병, 평편사마귀, 관절염 및 좌골결절활낭염 등의 병증에 사용한다.

해 설

율무는 중국위생부에서 규정한 약식동원품목*의 하나이다. 중국에는 율무속의 여러 종 식물이 분포한다. 율무(薏苡, *Coix lacryma-jobi* L. var. *ma-yuen* (Roman.) Stapf) 외에 또 착과의이(窄果薏苡, *C. stenocarpa* Balansa), 의미(薏米, *C. chinensis* Tod.), 영주(薏苡, *C. lacryma-jobi* L.), 염주의이(念珠薏苡, *C. lacryma-jobi* L. var. *maxima* Makino), 대만의이(臺灣薏苡, *C. chinensis* Tod. var. *formosana* (Ohwi) L. Liu) 등이 있으나 모두 개발되어 이용되지는 않았다. 상술한 변이종 식물 중 착과의이의 종자유(種子油)의 함량이 가장 높고, 의이의 총 다당의 함량이 가장 높다[7]. 율무속 종자유와 다당은 각각 상이한 식용과 약용가치가 있으므로 다양한 연구를 통하여 율무속 식물자원에 대한 개발을 추진해야 한다.

중약 의이인의 전통약용 부위는 씨이고 의이의 뿌리에도 벤조사조리논 등 활성성분이 함유되어 있어 역시 개발·이용할 가치가 있는 자

___
* 부록(502~505쪽) 참고

율무 薏苡 CP. KP. JP

원이다. 율무는 자원이 풍부하고 중국에서 널리 재배된다. 절강 태순현(泰順縣)에서는 이미 율무의 대규모 재배단지가 조성되었다.

참고문헌

1. M Takahashi, C Konno, H Hikino. Isolation and hypoglycemic activity of coixans A, B and C, glycans of *Coix lachryma-jobi* var. *ma-yuen* seeds. *Planta Medica*. 1986, **1**: 64-65

2. H Otsuka, M Takeuchi, S Inoshiri, T Sato, K Yamasaki. Phenolic compounds from *Coix lachryma-jobi* var. *ma-yuen*. *Phytochemistry*. 1989, **28**(3): 883-886

3. J Katakawa, T Tetsumi, S Kamei, T Iida, M Katai. Phenolic compounds of fruit of *Coix lachryma-jobi* L. *Natural Medicines*. 2000, **54**(5): 257-260

4. J Hofman, O Hofmanova, V Hanus. 1, 4-Benzoxazine derivatives in plants. New Type of glucoside from Zea mays. *Tetrahedron Letters*. 1970, **37**: 3213-3214

5. Y Gomita, Y Ichimaru, M Moriyama, K Fukamachi, A Uchikado, Y Araki, T Fukuda, T Koyama. Behavioral and EEG effects of coixol (6-methoxybenzoxazolone), one of the components in *Coix Lachryma-Jobi* L. var. *ma-yuen* Stapf. *Nippon Yakurigaku Zasshi*. 1981, **77**(3): 245-259

6. CC Kuo, WC Chiang, GP Liu, YL Chien, JY Chang, CK Lee, JM Lo, SL Huang, MC Shih, YH Kuo. 2, 2'-Diphenyl-1-picrylhydrazyl radical-scavenging active components from Adlay (*Coix lachryma-jobi* L. var. *ma-yuen* Stapf) Hulls. *Journal of Agricultural and Food Chemistry*. 2002, **50**(21): 5850-5855

7. 董雲發, 潘澤惠, 莊體德, 劉心恬, 馮煦. 中國薏苡屬植物種仁油脂及多糖成分分析. 植物資源與環境學報. 2000, **9**(1): 57-58

8. T Koyama, M Yamato. Constituents of Coix species. I. Constituents of the root of *Coix lachryma-jobi*. *Yakugaku Zasshi*. 1955, **75**: 699-701

9. N Shigematsu, I Kouno, N Kawano. The root constituents of *Coix lachryma-jobi* L. *Yakugaku Zasshi*. 1981, **101**(12): 1156-1158

10. T Nagao, H Otsuka, H Kohda, T Sato, K Yamasaki. Benzoxazinones from *Coix lachryma-jobi* var. *ma-yuen*. *Phytochemistry*. 1985, **24**(12): 2959-2962

11. H Otsuka, Y Hirai, T Nagao, K Yamasaki. Anti-inflammatory activity of benzoxazinoids form roots of *Coix lachryma-jobi* var. *ma-yuen*. *Journal of Natural Products*. 1988, **51**(1): 74-79

12. 苗明三. 薏苡仁多糖對環磷酰胺致免疫抑制小鼠免疫功能的影響. 中醫藥學報. 2002, **30**(5): 49-50

13. 張闖, 李常國, 張旗軍. 薏苡仁酯對荷瘤小鼠Na⁺/K⁺-ATPase活性的影響. 黑龍江醫藥. 2000, **13**(2): 89-91

14. 楊生, 王英傑, 張闖. 薏苡仁酯對荷瘤小鼠紅細胞免疫功能的影響. 黑龍江醫藥. 1999, **12**(6): 343-345

15. 徐梓輝, 周世文, 黃林清. 薏苡仁多糖的分離提取及其降血糖作用的研究. 第三軍醫大學學報. 2000, **22**(6): 578-581

16. 徐梓輝, 周世文, 黃林清, 黃文權, 袁林貴. 薏苡仁多糖對實驗性2型糖尿病大鼠胰島素抵抗的影響. 中國糖尿病雜誌. 2002, **10**(1): 44-48

17. 徐梓輝, 周世文, 黃林清. 薏苡仁多糖對實驗性糖尿病大鼠LPO水平, SOD活性變化的影響. 成都中醫藥大學學報. 2002, **25**(1): 38, 43

18. 范偉忠, 章榮華, 傅劍雲. 薏苡仁油對小鼠移植性腫瘤的影響. 上海預防醫學雜誌. 2000, **12**(5): 210-211, 217

19. 姜曉玲, 張良, 徐卓玉, 郭成浩. 薏苡仁注射液對血管生成的影響. 腫瘤. 2000, **20**(4): 313-314

20. 馮剛, 孔慶志, 黃冬生, 黃濤, 盧宏達, 費顏, 馮覺平. 薏苡仁注射液對小鼠S180肉瘤血管形成抑制的作用. 腫瘤防治研究. 2004, **31**(4): 229-230, 248

21. 鄭世營, 李德春, 張志德, 沈振亞, 匡玉庭. 薏苡仁提取物誘導胃癌細胞SGC-7901凋亡和抑制增殖的體內實驗. 腫瘤. 2000, **20**(6): 460-461

22. 韋長元, 朱挺, 唐宗平, 埃高莫. 比佐, 劉劍侖, 楊南武. 薏苡仁提取物對人肝癌細胞增殖, 凋亡及p53表達的影響. 廣西醫科大學學報. 2001, **18**(6): 793-795

23. 蕭立峰, 張天虹, 劉江濤, 楊紅, 李玉春. 中藥薏苡仁酯作用喉癌Hep-2細胞的體外研究. 哈爾濱醫科大學學報. 2004, **38**(3): 252-253, 262

24. 韓蘇夏, 朱青, 杜蓓茹, 杜蘭. 薏苡仁酯誘導人宮頸癌HeLa細胞凋亡的實驗研究. 腫瘤. 2002, **22**(6): 481-482

25. 李毓, 胡笑克, 吳棣華, 熊帶水. 薏苡仁酯對人鼻咽癌細胞裸鼠移植瘤的治療作用. 腫瘤防治研究. 2001, **28**(5): 356-358

26. 李毓, 胡祖光, 胡笑克. 薏苡仁酯對人鼻咽癌細胞周期的影響. 華夏醫學. 2004, **17**(2): 131-132

27. 陳寧, 熊帶水, 馮惠強, 李毓. 薏苡仁酯對輻射誘導的人鼻咽癌細胞凋亡的促進作用. 華夏醫學. 2001, **14**(3): 257-259

28. 鮑英, 夏璐, 姜華, 章永平, 喬敏敏, 張學軍, 袁耀宗. 薏苡仁提取液對人胰腺癌細胞凋亡和超微結構的影響. 胃腸醫學. 2005, **10**(2): 75-78

29. WG Seo, HO Pae, KY Chai, YG Yun, TH Kwon, HT Chung. Inhibitory effects of methanol extract of seeds of Job's Tears(*Coix lachryma-jobi* L. var. *ma-yuen*) on nitric oxide and superoxide production in RAW264. 7 macrophages. *Immunopharmacology and Immunotoxicology*. 2000, **22**(3): 545-554

30. 范偉忠, 章榮華, 傅劍雲. 薏苡仁油的毒性研究及安全性評價. 上海預防醫學雜志. 2000, **12**(4): 178-179

닭의장풀 鴨蹠草 ^{CP}

Commelina communis L.

Common Dayflower

 개요

닭의장풀과(Commelinaceae)

닭의장풀(鴨蹠草, *Commelina communis* L.)의 지상부를 건조한 것

중약명: 압척초(鴨蹠草)

닭의장풀속(*Commelina*) 식물은 약 100종이 있으며 전 세계에 광범위하게 분포한다. 주로 열대, 아열대 지역에서 생장한다. 중국의 남부 각 성에 7종이 있으며 이 속에서 현재 약으로 사용되는 것은 약 4종이다. 이 종은 운남, 사천, 감숙 등의 남북 각지에 분포하며 한반도, 일본, 베트남, 러시아의 원동 지역 및 북아메리카에도 분포하는 것이 있다.

'압척초'란 약명은 당(唐)나라 《본초습유(本草拾遺)》에 처음으로 기재되었으며 역대의 본초서적에 많이 기재되었다. 《중국약전(中國藥典)》(2015년 판)에서는 이 종을 중약 압척초의 법정기원식물로 수록하였다. 주요산지는 중국 동남부 지역이다.

닭의장풀의 전초에는 플라보노이드 배당체와 알칼로이드 등의 성분이 있다. 《중국약전》에서는 약재의 성상, 현미경 감별 특징, 성미 및 박층크로마토그래피법으로 약재의 규격을 관리하고 있다.

약리연구를 통하여 닭의장풀은 항균, 항염, 지해(止亥), 간 보호 등의 작용이 있는 것으로 알려져 있다.

한의학에서 압척초는 청열해독(淸熱解毒), 이수소종(利水消腫) 등의 효능이 있다.

닭의장풀 鴨蹠草 *Commelina communis* L.

닭의장풀 鴨蹠草 CP

함유성분

전초에는 friedelin, loliolide, β-sitosterol, daucosterol, n-triacontanol, p-hydroxycinnamic acid, D-mannitol[1] 등이 함유되어 있다.
지상부에는 알칼로이드 성분으로 1-carbomethoxy-β-carboline, harman, norharman[2], 2,5-dihydroxymethyl-3,4-dihydroxypyrrolidine, 1-de-oxymannojirimycin, 1-deoxynojirimycin, α-homonojirimycin, 7-O-β-D-glucopyranosyl-α-homonojirimycin[3] 등이 함유되어 있다.
꽃잎에는 플라보노이드 성분으로 flavocommelin, commelinin[4], flavocommelitin[5], 그리고 안토시아닌 성분으로 malonylawobanin[6] 등이 함유되어 있다.

1-carbomethoxy-β-carboline: R=COOCH₃
harman: R=CH₃
norharman: R=H

flavocommelin: R=D-glc
flavocommelitin: R=H

약리작용

1. 항균

   In vitro 실험에서 압척초의 열수 추출물은 황색포도상구균, 백색포도상구균, 용혈성 연쇄구균, 이질간균, 대장간균 및 고초간균 등에 대해 억제작용이 있다[7-8]. 압척초의 에칠아세테이트 추출액은 황색포도상구균, 백색포도상구균, 대장간균 및 상한간균에 대해 억제작용이 있다. 또한 압척초에서 분리해 낸 P-하이드록시신나믹산의 항균효과가 더욱 높으며[1] 압척초의 지상부에 함유된 메탄올 추출액은 우치세균, 변형연쇄구균에 대해서도 비교적 양호한 항균작용이 있다[2].

2. 지해

   압척초의 석유에테르와 메탄올 추출물은 분기수기무로 유발된 Mouse의 기침반응에 대해 억제작용을 하는데 압척초에서 분리해 낸 D-만니톨이 그 유효성분으로 확인되었다[1].

3. 진통

   압척초의 열수 추출물을 위에 주입하면 초산자극과 열판자극 실험 Mouse에 대해 뚜렷한 진통작용이 나타난다[7].

4. 항염

   압척초의 열수 추출물을 Mouse의 위에 주입하면 디메칠벤젠으로 유발된 귓바퀴 종창에 대해 뚜렷한 억제작용이 있다[7].

5. 간장 보호

   압척초의 물 추출물을 위에 주입하면 사염화탄소와 에탄올로 인해 간장 손상이 유발된 Mouse의 글루타민산 피루빈산 트랜스아미나제(GPT)와 글루타민산 옥살로초산 트랜스아미나제(GOT)의 활성을 뚜렷하게 높여 준다[9].

6. 기타

   압척초 및 그 변이종의 추출물은 항혈당작용이 있다[3, 10]. 그 외에도 압척초는 *in vitro*에서 항세균내독소작용이 있다[7].

용도

압척초는 중의임상에서 사용하는 약이다. 청열해독(淸熱解毒, 화열을 깨끗이 제거하고 몸의 독을 없애함), 이수소종[利水消腫, 이수(利水) 하여 부종을 가라앉혀 줌] 등의 효능이 있으며, 풍열감모[風熱感冒, 감모(感冒)의 하나로 풍열사(風熱邪)로 인해 생긴 감기], 열병발열(熱病 發熱, 열병으로 발열하는 것), 옹종[癰腫, 옹저(癰疽) 때 부어오른 것]과 정독[疔毒, 정창(疔瘡)이 중해지고 악화되는 것], 소변열림삽통(小便 熱淋澀痛, 임병의 하나로 오줌의 빛이 붉어지고 아랫배가 몹시 아프며 소변이 잘 나오지 않으면서 아픈 것) 등의 치료에 사용한다.

현대임상에서는 호흡기감염, 고열, 수두, 유행성 편도선염, 급성 바이러스성 간염, 고혈압, 다래끼 등에 사용한다.

해 설

닭의장풀은 운남, 감숙 등의 남북 각 지역에 분포한다. 일반적으로 잡초로서 주로 밀, 콩, 옥수수, 채소 등 농작물에 해를 끼친다. 닭의장풀은 분포 면적이 넓고 생산량이 많으며 천연남색 연료로 쓰일 뿐만 아니라 여러 종의 열증(熱證)에 모두 좋은 효과가 있다. 근래의 연구에서 아주 좋은 항혈압작용이 발견되었는데 추가적인 연구를 통해 개발과 그 용도 범위가 발전할 가능성이 높다.

참고문헌

1. 唐祥怡, 周茉華, 張執候, 張有斌. 鴨蹠草的有效成分研究. 中國中藥雜誌. 1994, **19**(5): 297-298

2. K Bae, W Seo, T Kwon, S Baek, S Lee, K Jin. Anticariogenic b-carboline alkaloids from *Commelina communis*. *Archives of Pharmacal Research*. 1992, **15**(3): 220-223

3. HS Kim, YH Kim, YS Hong, NS Paek, HS Lee, TH Kim, KW Kim, JJ Lee. alpha-Glucosidase inhibitors from *Commelina communis*. *Planta Medica*. 1999, **65**(5): 437-439

4. KI Oyama, T Kondo. Total synthesis of flavocommelin, a component of the blue supramolecular pigment from *Commelina communis*, on the basis of direct 6-C-glycosylation of flavan. *Journal of Organic Chemistry*. 2004, **69**(16): 5240-5246

5. K Takeda, S Mitsui, K Hayashi. Anthocyanins. LIV. Structure of a new flavonoid in the blue complex molecule of commelinin. *Shokubutsugaku Zasshi*. 1966, **79**(10-11): 578-587

6. T Goto, T Kondo, H Tamura, S Takase. Structure of malonylawobanin, the real anthocyanin present in blue-colored flower petals of *Commelina communis*. *Tetrahedron Letters*. 1983, **24**(44): 4863-4866

7. 呂貽勝, 李素琴, 丁瑞梅. 鴨趾草藥理學研究. 安徽醫科大學學報. 1995, **30**(3): 244-245

8. 萬京華, 章曉聯, 辛善祿. 鴨蹠草的抑菌作用研究. 公共衛生與預防醫學. 2005, **16**(1): 25-27

9. 張善玉, 張藝蓮, 金在久, 方海玉, 權文傑. 鴨蹠草對四氯化碳和乙醇所致肝損傷的保護作用. 延邊大學醫學學報. 2001, **24**(2): 98-100

10. M Shibano, D Tsukamoto, Y Tanaka, A Masuda, S Orihara, M Yasuda, G Kusano. Determination of 1-deoxynojirimycin and 2, 5-dihydroxymethyl 3, 4-dihydroxypyrrolidine contents of *Commelina communis* var. *hortensis* and the antihyperglycemic activity. *Natural Medicines*. 2001, **55**(5): 251-254

중국황련 黃連 CP, KP, JP

Coptis chinensis Franch.

Coptis

개요

미나리아재비과(Ranunculaceae)

중국황련(黃連, *Coptis chinensis* Franch.)의 뿌리줄기

중약명: 황련(黃連)

황련속(*Coptis*) 식물은 전 세계에 약 16종이 있으며 북온대에 분포하고 대다수는 아시아 동부에 분포한다. 중국에 약 6종이 나는데 서남, 중남, 화동과 대만에 분포한다. 이 종에서 현재 약으로 사용되는 것은 6종이며 중국의 사천, 중경, 귀주, 호남, 호북, 섬서 남부에서 난다.

'황련'이란 약명은 《신농본초경(神農本草經)》에 상품으로 처음 기재되었으며 역대의 본초서적에 많이 수록되었다. 중국에서 오늘날까지 약으로 사용된 것은 이 속의 여러 종 식물이다. 《중국약전(中國藥典)》(2015년 판)에서는 이 종을 중약 황련의 법정기원식물의 하나로 수록했다. 주요산지는 중국의 사천, 중경, 호북, 호남, 섬서, 감숙 등이다. 중경의 석주(石柱)와 남천(南川), 호북의 내봉(來鳳)과 은시(恩施)에서 생산량이 가장 많다. 《대한민국약전》(11개정판)에는 황련을 "미나리아재비과에 속하는 황련(*Coptis japonica* Makino), 중국황련(中國黃連, *Coptis chinensis* Franchet), 삼각엽황련(三角葉黃連, *Coptis deltoidea* C. Y. Cheng et Hsiao) 또는 운련(雲連, *Coptis teeta* Wallich)의 뿌리줄기로서 뿌리를 제거한 것"으로 등재하고 있다.

중국황련의 주요 활성성분은 알칼로이드 화합물이다. 그중 프로토베르베린 알칼로이드는 중국황련의 특징적인 성분이다. 《중국약전》에서는 고속액체크로마토그래피법을 이용하여 황련의 건조시료 중 베르베린 염산염의 경우, 베르베린의 함량을 5.5% 이상, 에피베르베린 0.80%, 콥티신 1.6% 이상, 팔마틴 1.5% 이상, 황련 음편(飮片) 중 베르베린 염산염의 경우 베르베린의 함량을 5.0% 이상, 에피베르베린, 콥티신, 팔마틴의 총 함량을 3.3% 이상으로 약재의 규격을 정하고 있다.

약리연구를 통하여 황련은 균 제거, 항염 등의 작용이 있는 것으로 알려져 있다.

한의학에서 황련은 청열조습(淸熱燥濕), 사화해독(瀉火解毒) 등의 효능이 있다.

중국황련 黃連 *Coptis chinensis* Franch.

운련 雲連 *C. teeta* Wall.

삼각엽황련 三角葉黃連
C. deltoidea C. Y. Cheng et Hsiao

약재 황련 藥材黃連 – 미련 味連	약재 황련 藥材黃連 – 운련 雲連	약재 황련 藥材黃連 – 아련 雅連

1cm

1cm

1cm

함유성분

뿌리줄기에는 알칼로이드 성분으로 berberine, coptisine, worenine, palmatine, jatrorrhizine, epiberberine, magnoflorine, columbamine, coptine[1-2] 등이 함유되어 있다.
또한 ferulic acid, lariciresinol, p-phydroxyphenothyl trans-feruloyl ester[1] 성분 등이 함유되어 있다.

berberine

coptisine

약리작용

1. 항병원미생물

    In vitro 실험에서 황련의 물 추출물은 대장간균, 황색포도상구균, 녹농간균, 살모넬라균, 유문나선간균, 폐렴구균, 이질간균, 용혈성 연쇄구균, 상한간균, 임구균 및 음구간균 등에 대해 모두 뚜렷한 억제작용이 있다[3-7]. 황련의 열수 추출물은 인플루엔자바이러스, 콕사키바이러스 B₃ 및 유레아플라스마 등에 대해 모두 살상 혹은 억제작용이 있다[8-10].

2. 항염

    베르베린은 자이모산활성플라스마(ZAP)로 유발된 중성립세포의 주화성과 다형핵백혈구효모다당으로 유도된 발광을 억제할 수 있고 포스포리파제 A₂의 활성을 억제할 수 있으며 또 Rat의 염증성 조직의 프로스타글란딘 E₂의 함량을 감소시킬 수 있다[11].

3. 강혈당

    베르베린을 위에 주입하면 정상적인 Mouse와 포도당을 주사하여 고혈당이 초래된 Mouse 및 스트렙토조토신으로 인해 당뇨병에 걸린 Rat에 대해 모두 혈당을 내리는 작용이 있다. 또한 당뇨병성 신경병변에 대해 치료작용이 있다. 그 밖에 신경전도 속도를 뚜렷하게 제고할 수 있고 인슐린의 수치를 상승시킬 수 있으며 혈청 생장호르몬의 함량을 낮출 수 있고 생장억제효소의 함량을 높일 수 있다[12-13].

4. 심혈관계에 대한 작용

    베르베린은 란겐도르프 역행관류가 있는 Rat의 완전한 심장허쇠 모델에 대해 에너지 보존작용이 있고 일정한 정도에서 심장쇠약 발생 시 심근의 고성능 인산 화합물의 저장량을 증가시킬 수 있다[14-15]. 베르베린은 염화칼슘, 아코니틴, 염화바륨, 아드레날린, 염화콜린으로 유발된 Mouse의 심실성 심박부조에 대해 모두 길항작용이 있다. 동시에 베르베린은 기니피그에 대해 혈압을 낮출 수

중국황련 黃連 CP, KP, JP

있고 심근수축력과 수축빈도를 증강하는 작용이 있다[16].

5. 항종양

In vitro 실험에서 베르베린은 에를리히복수암(EAC), 임파종 NK/LY, 간암세포 HepG2와 인체전골수성 백혈병세포 HL-60의 증식 분열에 대해 모두 뚜렷한 억제작용이 있다. 베르베린과 BCNU 1,3-bis(2-chloroethyl)-1-nitrosourea를 병용하면 인체뇌교질종양 세포와 Rat의 뇌종양세포에 대해 모두 세포독성작용이 있다[17]. 황련의 열수 추출물은 nude mice의 자궁경부암 이식종양, 인체비인 암세포 HNE1와 HNE3에 살상작용이 있다[17-19].

6. 항산화

황련의 열수 추출물을 위에 주입하면 알록산으로 유발된 Rat의 지질과산화(LPO)에 대해 억제작용이 있으며 췌장과 간장 중의 말론 디알데하이드(MDA)의 함량을 낮출 수 있다. 황련의 물 추출물은 *in vitro*에서 또 Rat의 MDA 활성을 낮출 수 있다. 황련의 생품, 청 초품 및 주자품(酒炙品)의 물 추출물과 알코올 추출물은 *in vitro*에서 크산틴-크산틴산화효소 계통으로 유도된 과산화물음이온과 펜 톤 반응으로 생성된 하이드록시 유리기를 제거함과 동시에 유리기로 유도된 Mouse의 간장균질 LPO 작용을 억제할 수 있다[20-21].

7. 기타

황련은 또 면역조절, 이담(利膽), 진정, 해경(解痙), 항궤양 및 자궁평활근을 흥분시키는 등의 작용이 있다[1, 6, 22].

용도

황련은 중의임상에서 사용하는 약이다. 청열조습[淸熱燥濕, 열기를 내리며 습사(濕邪)를 제거하는 것], 사화해독[瀉火解毒, 화열(火熱)과 열결(熱結)을 풀어 주면서 해독하는 것] 등의 효능이 있으며, 위장습열(胃腸濕熱, 습열이 비위에 조금씩 쌓인 증상), 고열번조(高熱煩躁, 가 슴속이 달아오르면서 답답하고 편안치 않아서 팔다리를 가만히 두지 못하는 증상), 옹저정독[癰疽疔毒, 옹(癰)과 저(疽)에 정창(疔瘡)이 중해지 고 악화되는 병증], 피부습창(皮膚濕瘡, 피부에 습창이 있는 것), 이목종통(耳目腫痛, 이목에 피부가 부으면서 동통이 있는 것), 간화범위[肝 火犯胃, 정서적으로 울체가 심하여 간기(肝氣)의 소설(疏泄)이 안 되므로 위(胃)가 영향을 받아 화강(和降)작용이 안 되는 병증], 협륵동통(脇 肋疼痛, 옆구리가 아픈 증상), 구토탄산[嘔吐吞酸, 기가 역상(逆上)하여 음식물을 게우고 위중(胃中)에 신물이 넘치는 증상] 등의 병증에 사용 한다.

현대임상에서는 세균성 이질, 국부화농성 감염, 화상, 부정맥, 고혈압, 당뇨병, 위염, 위 및 십이지장궤양 등의 병증에 사용한다.

해설

《중국약전》에 수록된 동속식물 운련(雲連, *Coptis teeta* Wall.)과 삼각엽황련(三角葉黃連, *C. deltoidea* C. Y. Cheng et Hsiao)을 중약 황련 의 또 다른 두 개의 법정기원식물로 게재하였다. 운련과 삼각엽황련은 황련과 비슷한 약리작용이 있고 함유성분도 대체로 비슷하며 주 로 알칼로이드 성분이 있다.

황련의 약효는 광범위하고 전 세계의 다양한 지방에서 모두 약으로 쓰이며 특히 항암과 혈당강하의 효능이 대중의 관심을 받고 있다. 특 히 최근 베르베린이 스타틴과 다른 경로로 강혈지(降血脂)작용이 있다는 것이 증명되어 국제적인 주목을 받고 있다[23]. 황련은 뿌리줄기 외에 수염뿌리와 잎에 모두 그 알칼로이드가 함유되어 베르베린, 콥티신, 메칠황련염 등의 알칼로이드로 쓰인다. 황련에서는 또한 광범 위한 항균작용이 있는 천연색소를 분리해 냈다[24-25].

현재 사천의 아미(峨嵋), 홍아(洪雅), 대읍(大邑), 중경의 석주(石柱)에는 각각 중국황련의 대규모 재배단지가 조성되었다.

참고문헌

1. 蘭進, 楊世林, 鄭玉權, 邵家斌, 李勇. 黃連的研究進展. 中草藥. 2001, **32**(12): 1139-1141

2. G Schramn, WD Tang. Pharmacognosy of coptis, Chinese pharmacopeia 1953. *Pharmazie*. 1959, **14**: 405-408

3. 張莉萍, 周蓓, 袁文俊. 黃連水浸出液與鹽酸小檗鹼水溶液抑菌效果對比研究. 蘇州醫學院學報. 1999, **19**(3): 271

4. 陳波華, 邢洪君, 張影, 羅榮, 呂亞濱, 閆燦霞. 淺述黃連等中藥抑制幽門螺桿菌生長的試驗研究. 黑龍江醫藥. 1996, **9**(2): 115-116

5. 賈海驊, 王侖, 胡海翔. 中藥複方及黃連對肺炎球菌DNA合成的抑制作用. 中國中醫基礎醫學雜誌. 1999, **5**(10): 33-34

6. 陳淑清, 陳淑杰, 劉衛建, 周群英, 方忻平, 帥紅, 謝成科. 不同產地黃連的體外抑菌活性與鎮靜作用. 華西藥學雜誌. 1990, 5(3): 168-170

7. 盛麗, 高農, 張曉菲. 19味中藥對淋球菌流行株的敏感性研究. 中國中醫藥信息雜誌. 2003, **10**(4): 48-49

8. 吳強, 任中原. 幾種中藥的抗病毒研究. 天津醫學院學報. 1990, **14**(1): 51-54

9. 馬伏英. 黃連等中藥抗柯薩奇B3病毒性心肌炎的實驗研究. 武警醫學. 1997, **8**(4): 193-195

10. 張賽娟, 翁華. 苦參, 黃連和黃芩對體外解脲支原體的作用. 寧波醫學. 1996, **8**(6): 336

11. 蔣激揚, 耿東升, 吐爾遜江. 托卡依, 劉發. 黃連素的抗炎作用及其機制. 中國藥理學通報. 1998, **14**(5): 434-437

12. 劉衍興, 郭輝. 小檗鹼及其脂質體降血糖作用實驗研究. 基層中藥雜誌. 1999, **13**(1): 18-19

13. 華衛國, 宋菊敏, 廖茵, 李永方, 莫啟忠. 黃連素對糖尿病性神經病變大鼠神經傳導速度的影響及激素的調節. 標記免疫分析與臨床. 2001, **8**(4): 212-214

14. 周祖玉, 孫愛民, 徐建國, 藍庭劍. 黃連素對離體灌流心臟的能量保存作用. 華西醫科大學學報. 2002, **33**(3): 431-433

15. 周祖玉, 徐建國, 藍庭劍. 黃連素對灌流心臟發生心衰的保護作用. 華西醫科大學學報. 2001, **32**(3): 417-418

16. 邢翔飛, 陳賢琴. 小檗鹼抗心律失常作用. 新醫學. 1990, **21**(4): 206-207

17. 周本杰. 黃連及黃連素抗腫瘤研究概況. 中藥材. 1998, **21**(10): 536-537

18. 田道法, 陶正德, 於南平. 黃連與抗瘤藥對HNE3細胞rDNA活性的抑制作用比較. 湖南中醫學院學報. 1990, **10**(3): 152-154

19. 田道法, 唐發清. 黃連及其複方對鼻咽癌荷瘤裸鼠的治療作用. 湖南中醫學院學報. 1996, **16**(1): 43-45

20. 宋魯成, 陳克忠, 朱家雁. 黃連對大鼠脂質過氧化及抗氧化酶活性的影響. 中國中西醫結合雜誌. 1992, **12**(7): 421-423

21. 楊澄, 仇熙, 孔令東. 黃連炮製品清除氧自由基和抗脂質過氧化作用. 南京大學學報(自然科學). 2001, **37**(5): 659-663

22. 魯彥, 秦曉民, 徐敏東, 李德紅. 黃連水煎劑對未孕大鼠子宮平滑肌電活動的作用及其機制研究. 中成藥. 2002, **24**(6): 444-446

23. W Kong, J Wei, P Abidi, M Lin, S Inada, C Li, Y Wang, S Si, H Pan, S Wang, J Wu, Y Wang, Z Li, J Liu, JD Jiang. Berberine is a novel cholesterol-lowering drug working through a unique mechanism distinet from statins. *Nature Medicine*. 2004, 10(12): 1344-1351

24. 陳建英, 吳永堯. 黃連綜合利用研究. 湖北民族學院學報(自然科學版). 1996, **14**(2): 90-91

25. 方忻平, 王天志, 張浩, 謝成科. 黃連屬植物根莖, 根及葉生物鹼的研究. 中藥材. 1989, **12**(3): 33-35

중국황련 대규모 재배단지

황련 日本黃連 KP, JP

Coptis japonica Makino

Japanese Coptis

개 요

모근과(Ranunculaceae)

황련(日本黃連, *Coptis japonica* Makino)은 뿌리줄기를 건조한 것

중약명: 일본황련(日本黃連)

황련속(*Coptis*) 식물은 전 세계에 약 16종이 있으며 대부분 북온대에 속하는 아시아 동부에 분포한다. 중국에는 6종이 있는데 서남, 중남, 화동 및 대만에 분포하며 모두 약으로 쓸 수 있다. 이 종의 주요 분포지역은 일본이다.

일본은 나라시대(奈良時代, A.D. 707~793)부터 중국의 황련을 사용했지만 에도시대(江戶時代)부터는 일본황련을 재배하여 중국으로 역수출하였다. 오늘날 일본황련은 일본 수출 생약 중 가장 많은 비중을 차지하며 주로 동남아시아 지역에 수출된다[1].《일본약국방(日本藥局方)》(제15판)에 이 종이 기재되어 있으며[2], 황련의 주요산지는 일본의 후쿠이[福井], 돗토리[鳥取], 니가타[新潟], 이시카와[石川], 효고[兵庫], 고치[高知] 등이고, 시장에서의 상품은 산지에 근거하여 카가황련[加賀黃連], 에치젠황련[越前黃連], 단바황련[丹波黃連], 인슈황련[因州黃連] 등으로 나뉜다[3].《대한민국약전》(11개정판)에는 황련을 "미나리아재비과에 속하는 황련(*Coptis japonica* Makino), 중국황련(中國黃連, *Coptis chinensis* Franchet), 삼각엽황련(三角葉黃連, *Coptis deltoidea* C. Y. Cheng et Hsiao) 또는 운련(雲連, *Coptis teeta* Wallich)의 뿌리줄기로서 뿌리를 제거한 것"으로 등재하고 있다. (258쪽 "중국황련" 참조)

황련에 포함된 주요 활성성분은 알칼로이드와 리그난 등의 화합물이다. 연구에 의하면 이 종에 들어 있는 알칼로이드는 뛰어난 약리활성을 가지고 있으며 중요한 유효성분이자 품질관리를 위한 지표성분이다[3].《일본약국방》(제14판)에서는 베르베린의 함량을 4.2% 이상으로 약재의 규격을 정하고 있다[2].

약리연구에 의하면 항염, 항균, 항종양, 항산화 등의 작용이 있는 것으로 알려져 있다.

한의학에서 황련은 주로 설사를 멈추게 하거나 위를 튼튼하게 하는 데에 효능이 있다.

황련 日本黃連 *Coptis japonica* Makino

약재 일본황련 藥材日本黃連 Coptidis Rhizoma

1cm

함유성분

뿌리줄기에는 알칼로이드 성분으로 berberine, palmatine, jatrorrhizine, coptisine, worenine, magnoflorine[3], 리그난류 성분으로 wooreno-sides I, II, III, IV, V[4], (+)-isolariciresinol, (+)-lariciresinol glycoside, (+)-pinoresinol, (+)-pinoresinol glycoside, (+)-syringaresinol glycoside[5] 등이 함유되어 있다. 씨에는 fraxin, feruloyl quinic acid[6] 등이 함유되어 있다.

coptisine

woorenoside I: R=β-D-glc

약리작용

1. **항균**

    황련의 추출물은 겹무늬썩음병균, 탄저병균, 푸른곰팡이균 등에 대해 강한 억제작용이 있다[7]. 또한 베르베린염 화합물, 팔마틴요오드화물은 in vitro에서 비피도박테리움 롱검, 비피도박테리움 비피덤, 가스괴저균, 클로스트리디움 파라푸트리피쿰에 대하여 강렬한 억제작용이 있는 것으로 알려져 있다[8].

2. **항염**

    분리하여 얻어 낸 우레노사이드 I, II, III, IV, V, 피노레시놀, 이소라리시레시놀 등은 종양괴사인자-α(TNF-α)의 신생을 억제하고 시린가네시놀 배당체는 임파세포의 증식을 억제한다[4-5]. 대식세포와 수지상세포의 유도과정에서 베르베린을 처리하면 인터루킨-12가 현저히 증가되고 CD4+ T세포의 감마 인터페론-γ의 생산능력을 증강시키지만 인터루킨-4를 유도하는 능력은 저하시킨다[9]. 최근의 기전연구에 의하면 베르베린은 체내외 실험에서 모두 약물 의존성이 있음을 발견하였는데 프로스타글란딘 E2와 사이클로옥시게나제-2(COX-2)의 합성을 억제시킴으로써 항염작용을 유도한다[10].

3. **심혈관계에 대한 영향**

    Mouse 부신의 복부 주동맥을 결찰한 후에 베르베린을 복용시켜 심장 비대에 대한 작용을 관찰하면 불규칙적인 심장의 기능을 정상화함과 동시에 압력과다로 인한 좌심실의 비대도 억제한다는 것을 발견했다[11]. 최근 연구에서는 베르베린이 혈장 중의 아드레날린과 노르에피네프린 수치를 낮춤과 동시에 좌심실조직 중의 아드레날린 수치도 낮춘다는 것이 증명되었다[12].

4. **항종양**

    고속액체크로마토그래피법과 RT-PCR을 통하여 베르베린에는 일정한 의존성이 있으며 뇌암세포 G9T/VGH와 GBM 8401의 N-아세틸기전이효소 활성을 억제하는 것을 발견하였다[13]. 또한 베르베린은 체외 자궁경부암세포 HeLa와 백혈병세포 L1210에 대해 모두 세포독성을 가지고 있는데 광학현미경의 검측을 통하여 베르베린이 DNA 토포이소머라아제를 유도하여 세포자살을 유발하는 것을 발견하였다[14-15]. 베르베린은 KB 세포주의 괴사를 유도하지만, PGE2에 의해 부분적으로 역전될 수 있으며 기전 연구를 통하여 베르베린이 약물 의존성이 있음과 동시에 COX-2와 단백질 Mcl-1에 대한 억제능력이 있음이 알려졌다[16].

5. **항산화**

    In vitro 실험에서 추출물은 페록시니트라이트(ONOO-) 및 일산화질소합성효소(NOS)와 과산화물음이온을 효과적으로 제거할 수 있으며 in vivo 실험에서도 ONOO-의 생성을 현저히 억제할 수 있다. 활성에 대한 관찰을 통하여 베르베린, 팔마틴, 콥티신을 함유하고 있는 알칼로이드 부위의 활성이 가장 탁월한 것으로 알려졌다[17].

6. 기타

베르베린과 팔마틴은 도파민의 생합성을 억제하며[18] 베르베린, 팔마틴, 콥티신 등을 풍부히 함유한 알칼로이드 부위는 모노아민산 화효소(MAO)의 활성을 현저하게 억제한다[19]. 베르베린은 또 항불안 활성뿐만 아니라[20] 콜레스테롤을 낮추는 작용도 있다[21]. 메탄올 추출액은 신경생장인자(NGF)가 유도한 신경돌기의 생장을 촉진시킬 수 있다[22].

용도

황련은 일본의 한방 및 그 제제에서 많이 사용한다. 설사를 멎게 하거나 고미건위약 제조 등의 효능이 있으며, 위약(胃弱), 식욕부진, 위와 복부의 팽창, 소화불량, 이질 등의 병증에 사용한다.

해 설

황련과 중국황련은 같은 속이지만 서로 다른 종의 약용식물로 같은 고대약방 중에서 항상 같은 용도로 사용되었다. 이 두 가지의 화학, 약리, 임상 등에 대해서는 다양한 비교연구가 필요하다.

근래에는 베르베린의 약리활성연구에서 새로운 활성을 많이 발견하였는데 항불안, 항종양 활성뿐만 아니라 콜레스테롤 저하 등의 활성도 있기 때문에 자원개발 및 용도범위를 확대할 필요가 있다.

참고문헌

1. 何三民, 劉寶玲. 日本商品黃連的簡況與鑒別. 中國中藥雜誌. 2003, **28**(6): 578-579

2. 日本公定書協會. 日本藥局方. 十五版. 東京: 廣川書店. 2006: 3477-3479

3. 日本公定書協會. 日本藥局方解說書. 十五版. 東京: 廣川書店. 2006: 1187-1188

4. JY Cho, KU Baik, ES Yoo, K Yoshikawa, MH Park. *In vitro* antiinflammatory effects of neolignan woorenosides from the rhizomes of *Coptis japonica*. *Journal of Natural Products*. 2000, **63**(9): 1205-1209

5. JY Cho, ARKim, MHPark. Lignans from the rhizomes of *Coptis japonica* differentially act as anti-inflammatory principles. *Planta Medica*. 2001, **67**(4): 312-316

6. M Mizuno, H Kojima, M Iinuma, T Tanaka. Chemical constituents and their variations among *Coptis species* in Japan. *Shoyakugaku Zasshi*. 1992, **46**(1): 42-48

7. IM Chung, SB Paik. Isolation and activity test of antifungal substance from *Coptis japonica* extract. *Analytical Science & Technology*. 1997, **10**(2): 153-159

8. SH Chae, IH Jeong, DH Choi, JW Oh, YJ Ahn. Growth-inhibiting effects of *Coptis japonica* root-derived isoquinoline alkaloids on human intestinal bacteria. *Journal of Agricultural and Food Chemistry*. 1999, **47**(3): 934-948

9. TS Kim, BY Kang, D Cho, SH Kim. Induction of interleukin-12 production in mouse macrophages by berberine, a benzodioxoloquinolizine alkaloid, deviates CD4+ T cells from a Th2 to a Th1 response. *Immunology*. 2003, **109**(3): 407-414

10. CL Kuo, CW Chi, TY Liu. The anti-inflammatory potential of berberine *in vitro* and *in vivo*. *Cancer Letter*. 2004, **203**(2): 127-137

11. Y Hong, SC Hui, TY Chan, JY Hou. Effect of berberine on regression of pressure-overload induced cardiac hypertrophy in rats. *The American Journal of Chinese Medicine*. 2002, **30**(4): 589-599

12. Y Hong, SS Hui, BT Chan, J Hou. Effect of berberine on catecholamine levels in rats with experimental cardiac hypertrophy. *Life Science*. 2003, **72**(22): 2499-2507

13. DY Wang, CC Yeh, JH Lee, CF Hung, JG Chung. Berberine inhibited arylamine N-acetyltransferase activity and gene expression and DNA adduct formation in human malignant astrocytoma (G9T/VGH) and brain glioblastoma multiforms (GBM 8401) cells. *Neurochemical Research*. 2002, **27**(9): 883-889

14. S Jantova, L Cipak, M Cernakova, D Kost' alova. Effect of berberine on proliferation, cell cycle and apoptosis in HeLa and L1210 cells. *The Journal of Pharmacy and Pharmacology*. 2003, **55**(8): 1143-1149

15. V Kettmann, D Kosfalova, S Jantova, M Cernakova, J Drimal. *In vitro* cytotoxicity of berberine against HeLa and L1210 cancer cell lines. *Pharmazie*. 2004, **59**(7): 548-551

16. CL Kuo, CW Chi, TY Liu. Modulation of apoptosis by berberine through inhibition of cyclooxygenase-2 and Mcl-1 expression in oral cancer cells. *In Vivo*. 2005, **19**(1): 247-252

17. T Yokozawa, A Ishida, Y Kashiwada, EJ Cho, HY Kim, Y Ikeshiro. Coptidis Rhizoma: protective effects against peroxynitrite-induced oxidative damage and elucidation of its active components. *The Journal of Pharmacy and Pharmacology*. 2004, **56**(4): 547-556

18. MK Lee, HS Kim. Inhibitory effects of protoberberine alkaloids from the roots of *Coptis japonica* on catecholamine biosynthesis in PC12 cells. *Planta Medica*. 1996, **62**(1): 31-34

19. MK Lee, SS Lee, JS Ro, KS Lee, HS Kim. Inhibitory effects of bioactive fractions containing protoberberine alkaloids from the roots of *Coptis japonica* on monoamine oxidase activity. *Natural Product Sciences*. 1999, **5**(4): 159-161

20. WH Peng, CR Wu, CS Chen, CF Chen, ZC Leu, MT Hsieh. Anxiolytic effect of berberine on exploratory activity of the mouse in two experimental anxiety models: interaction with drugs acting at 5-HT receptors. *Life Science*. 2004, **75**(20): 2451-2462

21. WJ Kong, J Wei, P Abidi, MH Lin, S Inaba, C Li, YL Wang, ZZ Wang, SY Si, HN Pan, SK Wang, JD Wu, Y Wang, ZR Li, JW Liu, JD Jiang. Berberine is a novel cholesterol-lowing drug working through a unique mechanism distinct from statins. *Nature Medicine*. 2004, **10**: 1344-1351

22. K Shigeta, K Ootaki, H Tatemoto, T Nakanishi, A Inada, N Muto. Potentiation of nerve growth factor-induced neurite outgrowth in PC12 cells by a Coptidis Rhizoma extract and protoberberine Alkaloids. *Bioscience, Biotechnology, and Biochemistry*. 2002, **66**(11): 2491-2494

동충하초 冬蟲夏草 CP, KHP

Cordyceps sinensis (Berk.) Sacc.
Chinese Caterpillar Fungus

 개요

동충하초과(Clavicipitaceae)

진균 중국동충하초균(冬蟲夏草菌, *Cordyceps sinensis* (Berk.) Sacc.)의 자좌(子座)와 그 기주는 편복아과(蝙蝠蛾科, 박쥐나방과) 곤충인 충초편복아(蟲草蝙蝠蛾, *Hepialus armoricanus* Oberthür)의 복합충체를 건조한 것

중약명: 동충하초(冬蟲夏草)

동충하초속(*Cordyceps*) 진균은 전 세계에 약 300종이 있는데 주로 유라시아 대륙, 자바, 스리랑카, 태즈메이니아, 일본열도, 중국 및 오스트레일리아 등지에 비교적 많이 분포한다. 중국에만 약 60종이 있는데 현재 정식으로 보고된 동충하초균은 30여 종에 달하며 약용으로 사용할 수 있는 것은 약 5종이다[1-4].

'동충하초'의 약명은 《본초비요(本草備要)》에 처음으로 기재되었으며 중국 특산의 유명한 보양강장약이다. 《중국약전(中國藥典)》 (2015년 판)에 기재된 이 종은 중약 동충하초의 법정기원식물이다. 동충하초의 주요산지는 중국의 사천, 서장, 청해, 귀주, 운남 등 이며 사천성의 생산량이 가장 많다. 전통적으로 서장(西藏) 동충하초의 질이 가장 뛰어난 것으로 인정받고 있다[2]. 《대한민국약전외 한약(생약)규격집》(제4개정판)에는 동충하초를 "매각균과(Hypocreaceae)에 속하는 동충하초균(冬蟲夏草菌, *Cordyceps sinensis* Sacc)이 박 쥐나방과(Hepialidae) 곤충의 유충에서 기생하여 자란 자실체(字實體)와 유충의 몸체"로 등재하고 있다.

동충하초 중에 함유된 성분은 비교적 복잡할 뿐만 아니라 유효성분도 명확하지 않다. 주요성분으로는 뉴클레오사이드, 스테롤, 다 당류, 아미노산 및 여러 종의 미량원소 등이 있다. 《중국약전》에서는 고속액체크로마토그래피법을 이용하여 아데노신의 함량을 0.010% 이상으로 약재의 규격을 정하고 있다.

약리연구를 통하여 동충하초에는 면역력 증강작용, T임파세포 전화, 대식세포 탐식기능 강화 및 인체의 여러 가지 질병에 대한 저 항력 증강 등의 효능이 있는 것으로 알려져 있으며 동시에 결핵간균, 포도상구균, 연쇄구균, 폐렴구균 등 병균에 대한 억제작용이 있다. 최근에는 인공으로 발효시킨 균사체도 점차 약용으로 사용하고 있다.

한의학에서 동충하초는 익신장양(益腎壯陽), 보폐평천(補肺平喘) 등의 효능이 있다.

중국동충하초 冬蟲夏草 *Cordyceps sinensis* (Berk.) Sacc.

약재 동충하초
藥材冬蟲夏草 Cordyceps

0.5cm

함유성분

동충하초에는 뉴클레오티드 성분으로 adenosine, adenine, hypoxanthinine nucleoside, uracil, thymine, uridine, guanidine, thymidine, 3'-deoxyadenosine (cordycepin), 스테로이드 성분으로 ergosterol peroxide, cholesteryl palmitate, ergosterol, 다당류 성분으로 galactomannan, 알코올 성분으로 D-mannitol (cordycepic acid)이 함유되어 있으며, 사람에게 필요한 다량의 조단백질과 아미노산류, 미량원소 및 비타민 성분 등이 함유되어 있다[5]. 두 개의 활성성분인 H1-A[6]과 (24R)-ergosta-7,22-dien-3b,5α,6β-triol[7]은 신장질환자의 신기능 개선에 효과적이다.

ergosterol peroxide   H1-A   adenine: R=H
adenosine: R=ribose

 약리작용

1. 면역계통에 대한 영향

동충하초를 달인 약액은 *in vitro*에서 NK세포의 세포자연사를 촉진시키고 NK세포와 K562의 결합률을 제고시키며 NK세포의 살상활성을 촉진시킬 수 있다[8]. 동충하초의 균사체배양액을 복용시키면 실험용 Mouse의 대식세포 활성을 촉진시키고 조혈인자의 분비를 증강시킨다[9]. 동충하초의 정제배양액의 물 추출물을 복강에 주사하면 Mouse 복강대식세포의 탐식능력을 촉진할 수 있고 임파세포의 E-로제트형성률을 명확히 제고시킬 수 있다[10]. 동충하초를 달인 약액을 위에 주입하면 H22 간암화학치료를 거친 Mouse의 NK세포활성 및 인터루킨-2(IL-2)의 수준이 명확히 증가할 뿐만 아니라 임파세포 전화지수도 명확히 상승한다[11].

2. 호흡계통에 대한 영향

인공배양한 동충하초균 분말 수용액을 만성 폐쇄성 폐질환(COPD)에 걸린 Rat에게 먹이면 COPD 염증의 정도를 경감할 수 있으며 동시에 IL-2를 억제하여 COPD에 걸린 Rat의 Th1/Th2류 세포인자를 저하시키거나 평행을 유지하는 데 관여하기도 한다[12]. 동충하초의 알코올 추출물은 *in vitro*에서 기관지폐포세척액(BALF) 중의 인터루킨-1β, 인터루킨-6, 종양괴사인자-α(TNF-α), 인터루킨-8 등을 억제함으로써 기관지의 Th1/Th2의 사이토카인 평형을 유지할 수 있다[13].

3. 중추신경계통에 대한 작용

동충하초의 발효액을 위에 주입하면 Mouse의 자발적인 활동을 억제하고 Mouse의 수면잠복기를 단축하며 Mouse의 펜토바르비탈나트륨으로 유도된 수면의 지속시간을 연장하는 등 중추신경계통에 대해 일정한 억제작용이 있다[14]. 동충하초의 알코올 추출물은 Mouse에 대하여 니코틴 및 펜틸레네테트라졸로 유발된 경련을 억제하며 비정상적인 체온변화를 감소시킬 수 있다.

4. 심혈관계에 대한 영향

인공배양한 동충하초균 분말의 알코올 추출물을 Rat의 비순환형 적출심장에 주입하면 심근기능대사를 개선하고 허혈성 재관류손상을 개선할 수 있다[15]. 또한 동충하초의 알코올 추출물도 아드리아마이신으로 유발된 심근손상에 명확한 보호작용이 있다[16]. 동충하초 알코올 추출물을 위에 주입하면 콕사키바이러스에 의해 바이러스성 심근염에 걸린 Mouse의 말초혈 IDN-γ 신생을 유도하여 심근손상을 감소시키고 생존율을 증가시킨다[17]. 동충하초를 달인 약액을 위에 주입하면 신장성 고혈압이 있는 Rat의 혈압을 뚜렷하게 낮춤과 동시에 신장성 고혈압에 병행하여 발생하는 심근 비대를 감소시킨다[17]. 인공재배한 동충하초 균사체의 석유에테르 추출물을 위에 주입하면 아코니틴으로 유발된 Rat의 심박부조를 뚜렷하게 감소시키고 심박실상의 유발시간을 연장시키며 지속시간 및 강도를 저하시키고 염화바륨으로 유발된 심박부조에도 일정한 길항작용이 있다[19]. 또 우아바인의 심장독성을 길항하고 인체의 항산화 효율을 제고한다[20].

동충하초 冬蟲夏草 CP, KHP

5. 항종양

코르디세핀을 복용하면 피하접종 B16-BL6 흑색종이 있는 Mouse의 종양세포에 대해 뚜렷한 억제작용이 있다[21]. 인공배양한 동충하초균사의 다당 추출물을 복강에 주사하면 B16 흑색종이 있는 Mouse의 종양성장을 억제할 수 있다[22]. 동충하초의 물 추출물은 *in vitro*에서 B16 흑색종의 세포괴사를 유도하며 메토트렉세이트 정맥주사와 함께 엽상종에 걸린 Mouse의 생존시간을 연장할 수 있다[23]. 동충하초의 현탁액을 복용하면 사염화탄소(CCl₄)로 유발된 Rat의 간 손상을 경감시킬 수 있고 간의 섬유화를 억제할 수 있다[24]. 또한 동충하초의 현탁액을 위에 주입하면 CCl₄ 및 에탄올로 유발된 Rat의 간섬유화 형성시기 간세포 재생을 촉진하고 만성 간염이 간경화 단계로 발전하는 속도를 늦출 수 있다[25]. 동충하초의 물 추출물을 위에 주입하면 어린 암컷 Mouse의 복수형 간암 피하이식 종양에 대해 성장에 현저한 억제작용이 있다[26]. 동충하초의 다당은 *in vitro*에서 Rat의 간성상세포(HSC)의 증식을 현저히 억제함과 동시에 일정한 범위 내에서 HSC에 대한 농도 의존적 억제작용을 보인다[27].

6. 기타

동충하초 및 그 추출물은 성호르몬 유사작용이 있으며[28-29] 강혈당[30], 항노화[31], 항스트레스[32] 등의 작용이 있다.

◐ 용도

동충하초는 중의임상에서 사용하는 약이다. 익정장양[益精壯陽, 정기(精氣)를 보익하고 허쇠한 심, 신의 양기를 강장(强壯)시킴], 보폐평천(補肺平喘, 폐를 보하여 기침을 치료함) 등의 효능이 있으며, 폐신양허로 인한 기침과 호흡 미약, 피로로 인한 해수(咳嗽, 기침), 가래에 피가 섞여 나오는 것, 병후 신체 허약, 식은땀이 나면서 찬 것을 꺼리는 것 등의 치료에 사용한다.

현대임상에서는 신장쇠약, 성기능 저하, 관심병(冠心病, 관상동맥경화증), 심박부조, 고지혈증, 고혈압, 알레르기성 비염, B형 간염 및 갱년기 증상 등에 사용하기도 한다.

◐ 해설

오늘날까지 각기 다른 지역에 동충하초속 여러 가지 진균이 통용되는 현상이 있다. 예를 들면 아향방충초(亞香棒蟲草, *Cordyceps hawkesii* Gray), 향방충초(香棒蟲草, *Cordyceps barnesii* Thwaites ex Berk et Br.), 양산충초(凉山蟲草, *C. liangshanensis* Zang, Liu et Hu), 용충초(蛹蟲草, *C. militaris* (L.) Link) 등이다. 동충하초의 동속자원 개발과 이용은 이후 동충하초 내원의 부족에 중요한 해결방법이 될 것이다[33-35].

천연 동충하초 자원은 이미 멸종에 임박해 있고 최근의 인공재배 동충하초 기술은 여전히 시험연구 단계에 있을 뿐 아직 구체적인 생산에 성공하였다는 보도는 없다. 하지만 인공발효배양의 동충하초균사체 및 반인공재배 동충하초 기술은 이미 개발되었으며 이미 대량으로 시장에 진출하고 있다[1-2].

따라서 사람들의 동충하초 약용 가치에 대한 인식이 점차 늘어나면서 수요도 지속적으로 증가되었지만, 그 자원이 한정되어 있기 때문에 시장에는 가짜 동충하초가 자주 거래되고 있고 주의를 요한다. 따라서 동충하초와 위조품의 감별에 대한 필요성도 급속히 대두되고 있는 실정이다[36].

◐ 참고문헌

1. 王國棟. 冬蟲夏草類生態培植應用. 北京: 科學技術文獻出版社. 1995: 4-6

2. 徐錦堂. 中國藥用真菌學. 北京: 北京醫科大學, 中國協和醫科大學聯合出版社. 1997: 354-385

3. 雲南植物研究所. 雲南植物志. 第七卷. 北京: 科學出版社. 1997: 455

4. 應建浙, 卯曉嵐, 馬啟明, 宗毓艷. 文華安. 中國藥典真菌圖鑒. 北京: 科學出版社. 1987: 21

5. 徐文豪, 薛智, 馬建民. 冬蟲夏草的水溶性成分-核苷類化合物. 中藥通報. 1988, **13**(4): 226-228

6. LY Yang, A Chen, YC Kuo, CY Lin. Efficacy of a pure compound H1-A extracted from *Cordyceps sinensis* on autoimmune deisease of MRL lpr/lpr mice. *The Journal of Laboratory and Clinical Medicine.* 1999, **134**(5): 492-500

7. CY Lin. (24R)-Ergosta-7, 22-dien-3b, 5a, 6b-triol from *Cordyceps sinensis* for improving kidney function in renal diseases. *Japan Kokai Tokkyo Koho.* 2002: 17

8. 盛秀勝, 方愛仙. 冬蟲夏草對人體免疫細胞作用的體外實驗研究. 中國腫瘤. 2005, **14**(8): 558-560

9. JH Koh, KW Yu, HJ Suh, YM Choi, TS Ahn. Activation of macrophages and the intestinal immune system by an orally administered decoction from cultured mycelia of *Cordyceps sinensis. Bioscience, Biotechnology, and Biochemistry.* 2002, **66**(2): 407-411

10. 陳愛葵, 龍曉鳳, 張樹地, 曹曉春. 冬蟲夏草精粉對小白鼠免疫功能的影響研究. 中醫藥學刊. 2004, **22**(9): 1756-1757

11. 孫艷, 官傑, 王琪. 冬蟲夏草對H22肝癌小鼠化療後免疫功能的影響. 中國基層醫藥. 2002, **9**(2): 127-128

12. 劉進, 童旭峰, 管彩虹, 沈華浩, 呂慶華. 冬蟲夏草對慢性阻塞性肺疾病大鼠Th1/Th2類細胞因子平衡的干預作用. 中華結核和呼吸雜誌. 2003, **26**(3): 191-192

13. YC Kuo, WJ Tsai, JY Wang, SC Chang, CY Lin, MS Shiao. Regulation of bronchoalveolar lavage fluids cell function by the immunomodulatory agents from *Cordyceps sinensis. Life sciences.* 2001, **68**(9): 1067-1082

14. 曹曦, 明亮, 李靜, 黃茸茸, 丁婷. 冬蟲夏草發酵液的鎮靜催眠作用. 安徽醫科大學學報. 2005, **40**(4): 314-315

15. 劉鳳芝, 李延平, 黃明莉, 姜傑玲, 謝振華, 趙雅君, 孫金聖, 王孝銘. 冬蟲夏草醇提取物對大鼠缺血再灌注過程心肌保護作用研究. 中國病理生理雜誌. 1999, **15**(3): 240-241

16. 許宏遠, 鄭昕, 徐長慶, 趙亞君, 劉鳳芝. 冬蟲夏草對阿霉素心肌損傷的保護作用. 中醫藥學報. 2000, **3**: 64

17. 朱照靜, 李峰, 饒邦複, 高興玉. 冬蟲夏草增強病毒性心肌炎小鼠免疫反應. 中藥藥理與臨床. 2002, **18**(6): 22-24

18. 吳秀香, 馬克玲, 李淑雲, 安鼎偉, 夏桂蘭. 冬蟲夏草降壓作用實驗研究. 錦州醫學院學報. 2001, **22**(2):10-11

19. 龔曉健, 季暉, 曹祺, 李紹平, 李萍. 人工蟲草提取物抗心律失常作用的研究. 中國藥科大學學報. 2001, **32**(3): 221-223

20. 季暉, 龔曉健, 盧順高, 曹祺, 李紹平, 李萍. 人工蟲草菌絲體提取物抗哇巴因所致心臟毒性作用的研究. 中國藥科大學學報. 2000, **31**(2): 118-120

21. N Yoshikawa, K Nakamura, Y Yamaguchi, S Kagota, K Shinozuka, MKunitomo. Antitumour activity of cordycepin in mice. *Clinical and Experimental Pharmacology & Physiology.* 2004, **31**(suppl 2): S51-53

22. JY Yang, WY Zhang, PH Shi, JP Chen, XD Han, Y Wang. Effects of exopolysaccharide fraction (EPSF) from a cultivated *Cordyceps sinensis* fungus on c-Myc, c-Fos, and VEGF expression in B_{16} melanoma-bearing mice. *Pathology-Research and Practice.* 2005, **201**(11): 745-750

23. K Nakamura, K Konoha, Y Yamaguchi, S Kagota, K Shinozuka, M Kunitomo. Combined effects of *Cordyceps sinensis* and methotrexate on hematogenic lung metastasis in mice. *Receptors and Channels.* 2003, **9**(5): 329-334

24. X Zhang, YK Liu, W Shen, DM Shen. Dynamical influence of *Cordyceps sinensis* on the activity of hepatic insulinase of experimental liver cirrhosis. *Hepatobiliary & Pancreatic Diseases International.* 2004, **3**(1): 99-101

25. 劉玉佩, 沈薇. 蟲草菌絲對大鼠實驗性肝纖維化肝細胞增生的影響. 世界華人消化雜誌. 2002, **10**(4): 388-391

26. 劉名光, 陶立新, 梁新強, 岳惠芬, 鄺國乾. 冬蟲夏草對未成年小鼠腹水型肝癌移植瘤生長影響的性別差異分析. 廣西醫科大學學報. 2001, **18**(1): 21-23

27. 顏吉麗, 李華, 范鈺, 張錦生, 黃富春. 蟲草多糖對大鼠肝星狀細胞核因子-κB活性和腫瘤壞死因子-α表達的影響. 復旦學報(醫學版). 2003, **30**(1): 27-29

28. CC Hsu, YL Huang, SJ Tsai, CC Sheu, BM Huang. *In vivo* and *in vitro* stimulatory effects of *Cordyceps sinensis* on testosterone production in mouse Leydig cells. *Life Sciences.* 2003, **73**(16): 2127-2136

29. BM Huang, CC Hsu, SJ Tsai, CC Sheu, SF Leu. Effects of *Cordyceps sinensis* on testosterone production in normal mouse Leydig cells. *Life Sciences.* 2001, **69**(22): 2593-2602

30. 黃志江, 季暉, 李萍, 謝林, 趙小辰. 人工蟲草多糖降血糖作用及其機制研究. 中國藥科大學學報. 2002, **33**(1): 51-54

31. 葉加, 李長齡, 蔡少青, 石崎雅敏, 片田順規. 冬蟲夏草提取物延緩衰老實驗研究. 中國中藥雜誌. 2004, **29**(8): 773-776

32. JH Koh, KM Kim, JM Kim, JC Song, HJ Suh. Antifatigue and antistress effect of the hot-water fraction from mycelia of *Cordyceps sinensis*. *Biological & Pharmaceutical Bulletin.* 2003, **26**(5): 691-694

33. YC Kuo, SC Weng, CJ Chou, TT Chang, WJ Tsai. Activation and proliferation signals in primary human T lymphocytes inhibited by ergosterol peroxide isolated from *Cordyceps cicadae.* Pharmacol *British Journal of Pharmacology.* 2003, **140**(5): 895-906

34. KM Kim, YG Kwon, HT Chung, YG Yun, HO Pae, JA Han, KS Ha, TW Kim, YM Kim. Methanol extract of *Cordyceps pruinosa* inhibits *in vitro* and *in vivo* inflammatory mediators by suppressing NF-kappa B activation. *Toxicology and Applied Pharmacology.* 2003, **190**(1): 1-8

35. H Lee, YJ Kim, HW Kim, DH Lee, MK Sung, T Park. Induction of apoptosis by *Cordyceps militaris* throug hactivation of caspase-3 in leukemia HL-60 cells. *Biological & Pharmaceutical Bulletin.* 2006, **29**(4): 670-674

36. YN Hu, TG Kang, ZZ Zhao. Studies on microscopic identification of animal drugs' remnant hair (1):Identification of *Cordyceps sinensis* and its counterfeits. *Natural Medicines.* 2003, **57**(5): 163-171

산수유나무 山茱萸 CP, KP, JP, VP

Cornus officinalis Sieb. et Zucc.
Asiatic Cornelian Cherry

 개요

층층나무과(Cornaceae)

산수유나무(山茱萸, *Cornus officinalis* Sieb. et Zucc.)의 잘 익은 열매의 과육을 건조한 것

중약명: 산수유(山茱萸)

층층나무속(*Cornus*) 식물은 전 세계에 4종이 있으며 주로 유럽 중부와 남부, 아시아 동부 및 북아메리카 동부에 분포한다. 중국에 약 2종이 있으며 모두 약으로 사용할 수 있다. 이 종은 중국의 산서, 섬서, 감숙, 산동, 강소, 절강, 안휘, 강서, 하남, 호남 등지에 분포하며 한반도와 일본에도 분포한다.

산수유의 약명은 《신농본초경(神農本草經)》에 처음으로 기재되었으며 《중국약전(中國藥典)》(2015년 판)에 수록된 본종은 중약 산수유의 법정기원식물이다. 주요산지는 중국의 절강, 하남, 안휘, 섬서, 산서이며 사천에서도 생산된다. 《대한민국약전》(11개정판)에는 산수유를 "산수유나무(*Cornus officinalis* Siebold et Zuccarini, 층층나무과)의 잘 익은 열매로서 씨를 제거한 것"으로 등재하고 있다.

산수유나무의 주요 함유성분은 이리도이드 배당체와 수용성 탄닌이다. 《중국약전》에서는 고속액체크로마토그래피법을 이용하여 건조시료 중 모로니시드와 로가닌의 총 함량을 1.2% 이상으로, 음편(飲片) 중 두 성분의 총 함량을 0.70% 이상으로 약재의 규격을 정하고 있다.

약리연구에 의하면 산수유나무에는 면역조절, 강심(強心), 항쇼크, 혈소판응집 억제, 항혈전 형성, 항염 등의 작용이 있는 것으로 알려져 있다.

한의학에서 산수유는 보익간신(補益肝腎), 삽정고탈(澀精固脫)의 효능이 있다.

산수유나무 山茱萸 *Cornus officinalis* Sieb. et Zucc.

약재 산수유 藥材山茱萸 Corni Fructus

1cm

함유성분

과육에는 이리도이드 성분인 loganin, morroniside, 7-O-methyl morroniside, 7-O-ethyl morroniside, 7-dehydrologanin, dehydromorronia-glycone[1-2], cornin, cornuside, sweroside 등이 함유되어 있으며, 트리테르페노이드 성분인 ursolic acid, 올레아놀산[1], 탄닌 성분인 isoter-chebin, tellimagrandin I, II, 2,3-di-O-galloyl-D-glucose, 1,2,3-tri-O-galloyl-β-D-glucose, 1,2,3,6-tetra-O-galloyl-β-D-glucose, gemin D, camptothins A, B[3], cornusiins A, B, C, D, E, F, G[3-4], 1-O-galloyl-4,6-HHDP-β-D-glucose, 1,2,3,4,5-penta-O-galloyl-β-D-glucose[1] 등이 함유되어 있고, 유기산으로 tartaric acid, malic acid, citric acid, amber acid, galic acid[5] 등과 Cornus officinalis polysaccharides[6], dimethyltetrahy-drofuran cis-2,5-dicarboxylate[7] 등이 함유되어 있다.

loganin

cornin

약리작용

1. **강심, 항쇼크**

   고양이의 정맥에 산수유 주사제(물 및 알코올 추출액)를 주사하면 심근수축을 증강시킬 수 있고 외주혈관을 확장하며 혈압을 상승시킬 수 있다. 실혈성(失血性) 쇼크가 있는 토끼의 정맥에 산수유 주사제를 주사하면 신속히 혈압이 상승하며 심장박동의 진폭이 증가한다. 또한 실혈성 쇼크가 있는 Rat에게 주사하면 혈압의 하강을 연장시킴과 동시에 생존시간을 연장시킨다[8].

2. **면역조절**

   산수유를 달인 약액은 Mouse의 흉선을 위축시키고 망상내피세포에 대한 탄소분자 제거율을 떨어뜨리며 면양적혈구(SRBC) 또는 2,4-디니트로클로로벤젠(DNCB)으로 유발된 Mouse의 지발성과민반응(DTH)을 억제하고 2,4-DNCB로 유발된 Rat의 접촉성 피부염을 경감시킨다. 또한 Mouse의 혈청 용혈효소항체 및 면역글로블린 G의 함량을 증가시킬 뿐만 아니라 면역조절의 작용도 보인다[9]. 연구를 통하여 산수유를 달인 약액은 α-하이드록시산을 체외에서 신속히 신생되게 하여 배양세포를 사멸시키며 배양된 임파세포의 임파전이를 완전히 상실시킬 뿐만 아니라 인터루킨-2(IL-2)의 생장과 임파인자활화살상세포(LAK)의 활성을 저해한다. 하지만 Mouse의 복강에 주사하면 α-하이드록시산을 생성할 때 상술한 3종의 면역지표를 뚜렷하게 상승시킨다. 산수유의 배당체는 *in vitro*에서 Mouse의 임파세포 전화와 LAK의 성장을 뚜렷하게 억제하며 *in vivo*에서는 IL-2의 생성을 억제한다. 로가닌은 면역시스템에 대해 양방향 조절작용이 있으며 IL-2의 합성을 촉진한다[10].

3. **혈소판응집 억제 및 항혈전**

   산수유 주사제는 *in vitro*에서 아데노신이인산(ADP), 콜라겐, 아라키돈산 등에 의해 유도되는 혈소판응집을 뚜렷하게 억제한다. 산수유 주사제는 또 쥐의 경동맥과 경외정맥측지 순환의 혈전 형성을 억제할 수 있다[9].

4. **항심박부절**

   산수유의 수액 및 알코올 추출액은 아코니틴으로 유발된 Rat의 심박실상 잠복기를 연장할 수 있고 염화칼슘으로 유발된 Rat의 심실세동의 발생과 사망률을 감소시킬 수 있으며 아코니틴으로 유발된 Rat의 적출 좌심실유두근부절의 역치값을 명확히 제고하고 아코니틴과 염화칼슘으로 유발된 Rat의 좌심실유두근수축실조에 대해서도 명확한 역전을 유도한다[11].

5. **강혈당**

   산수유를 달인 약액은 알록산 당뇨병에 걸린 Rat의 혈당치를 인하시키고 간의 글리코겐 함량을 증가시킨다[12]. 산수유의 이리도이드 성분은 스트렙토조토신 당뇨병에 걸린 Rat의 혈당치를 낮추고 당뇨병으로 유발된 심장과 신장병변에도 보호작용이 있다[13-14].

산수유나무 山茱萸 CP, KP, JP, VP

6. **항염**

산수유를 달인 약액은 초산으로 유발된 Mouse의 복강모세혈관의 투과율을 높이고 Rat의 면구육아조직을 증식시키며 디메칠벤젠으로 유발된 Mouse의 귓바퀴 종창 및 단백질로 유발된 Rat의 발바닥 종창 등의 염증에 대한 억제작용이 있다. 산수유를 달인 약액에는 또한 Rat의 부신 내의 아스코르브산 함량을 저하시키는 물질이 있다[15]. *In vivo* 실험을 통하여 산수유 배당체는 양호한 항염작용을 가지고 있음이 밝혀졌다[16]. 산수유 배당체는 카라기난으로 유발된 Rat와 Mouse의 발바닥 종창을 억제할 수 있고 프로인트항원 보강제에 의해 발생한 Rat의 관절염도 억제하는 작용이 있다[16].

7. **항균**

In vitro 실험에서 산수유를 달인 약액은 황색포도상구균, 이질간균 및 근색모선균 등 진균에 대해 억제작용이 있다. 산수유의 신선한 과육에는 상한간균과 이질간균 등에 대한 억제작용이 있다[10].

8. **기타**

산수유의 다당에는 항산화 활성이 있으며[17] 간을 보호하고 항종양과 항인체면역결핍바이러스(anti-HIV) 등의 작용이 있다[9].

용도

산수유는 중의임상에서 사용하는 약이다. 보익간신[補益肝腎, 간음(肝陰)과 신음(腎陰)이 모두 소모되어 허해진 것을 보하는 것], 수렴고삽[收斂固澀, 수삽(收澁)하는 약물로써 기혈진액이 밖으로 과도하게 배출되는 것을 막는 효능] 등의 효능이 있으며, 간신휴허[肝腎虧虛, 간음(肝陰)과 신음(腎陰)이 모두 소모되어 허해진 병리 상태], 붕루하혈(崩漏下血, 월경주기와 무관하게 불규칙적인 질 출혈이 일어나는 병증), 월경과다, 대한림리(大汗淋漓, 땀이 많이 나오며 소변이 잘 나오지 않고, 배뇨 시 통증이 있는 증상), 체허욕탈증[體虛欲脫證, 몸이 허해서 탈증(脫證)이 생기려고 하는 것], 소갈증(消渴證, 물을 많이 마시고 소변량이 많은 증상) 등의 치료에 사용한다.

현대임상에서는 실혈성 쇼크, I형 당뇨병, 화학치료의 보조제, 화학치료 후의 백혈구 감소, 견주염(肩周炎, 오십견) 및 재발성 구강궤양 등의 병증에 사용한다.

해설

독성연구를 통하여 산수유는 무독물질로 동물체에 대하여 독성 유전 및 축적이 없으며 식용으로서의 안전성이 검증되었다. 따라서 약용과 식용에 함께 사용할 수 있다[18]. 또한 산수유에는 아주 높은 영양가치가 있어 보건품 혹은 식품으로서의 개발에 다양한 가능성이 제기되고 있다.

산수유나무의 약용 부위는 과육이며 최근에는 산지에서 산수유의 과육만 가공한 후, 산수유의 씨 부분을 버리고 있다. 그러나 연구에서 산수유의 핵에도 항균과 항산화작용이 있음이 발견되었다. 때문에 이에 대한 종합적인 이용연구가 추가될 필요가 있다[19-20]. 현재 하남의 서협(西峽), 남양(南陽), 절강의 임안(臨安), 섬서의 불평(佛坪) 등지에 이미 산수유나무의 대규모 재배단지가 세워져 있다.

참고문헌

1. 楊晋, 陳隨清, 冀春茹, 劉延澤. 山茱萸化學成分的分離鑒定. 中草藥. 2005, 36(12): 1780-1782

2. 徐麗珍, 李慧穎, 田磊, 李克明, 李斌, 錢天秀, 孫南君. 山茱萸化學成分的研究. 中草藥. 1995, 26(2): 62-65

3. T Hatano, N Ogawa, R Kira, T Yasuhara, T Okuda. Tannins of cornaceous plants. I. Cornusiins A, B and C, dimeric monomeric and trimeric hydrolyzable tannins from *Cornus officinalis*, and orientation of valoneoyl group in related tannins. *Chemical & Pharmaceutical Bulletin*. 1989, **37**(8): 2083-2090

4. T Hatano, T Yasuhara, R Abe, T Okuda. Tannins of cornaceous plants plants. Part 3. A galloylated monoterpene glucoside and a dimeric hydrolyzable tannin from *Cornus officinalis*. *Phytochemistry*. 1990, **29**(9): 2975-2978

5. 周兆祥, 楊更生. 山茱萸果實中有機酸, 糖, 維生素和微量元素的研究. 林産化學與工業. 1989, **9**(2): 57-65

6. 楊雲, 劉翠平, 王浴銘, 劉建鑫, 張智軍. 山茱萸多糖的化學研究. 中國中藥雜誌. 1999, **24**(10): 614-616

7. DK Kim, JH Kwak. A furan derivative from *Cornus officinalis*. Archives of Pharmacal Research. 1998, **21**(6): 787-789

8. 劉洪, 許惠琴. 山茱萸及其主要成分的藥理學研究進展. 南京中醫藥大學學報. 2003, **19**(4): 254-256

9. 載岳, 杭秉茜, 黃朝林, 李佩珍. 山茱萸對小鼠免疫系統的影響. 中國藥科大學學報. 1990, **21**(4): 226-228

10. 赵武述, 張玉琴, 李潔, 呼懷民, 赵世萍, 薛智. 山茱萸成分的免疫活性研究. 中草藥. 1990, **21**(3): 17-20

11. 闫潤紅, 任晉斌, 劉必民, 王世民. 山茱萸抗心律失常作用的實驗研究. 山西中醫. 2001, **17**(5): 52-54

12. 舒思潔, 龐鴻志, 明章銀, 鄭敏, 李立中. 山茱萸抗糖尿病作用的實驗研究. 咸寧醫學院學報. 1997, **11**(4): 148-150

13. 時艷, 許惠琴. 山茱萸環烯萜總苷對實驗性糖尿病心臟病變的保護作用. 南京中醫藥大學學報. 2006, **22**(1): 35-37

14. HQ Xu, HP Hao. Effects of iridoid total glycoside from *Cornus officinalis* on prevention of glomerular overexpression of transforming growth factor beta 1 and matrixes in an experimental diabetes model. Biological & Pharmaceutical Bulletin. 2004, **27**(7): 1014-1018

15. 戴岳, 杭秉茜, 黃朝林. 山茱萸對炎症反應的抑制作用. 中國中藥雜誌. 1992, **17**(5): 307-309

16. 赵世萍, 陳玉武, 郭景珍, 付桂香, 龔海洋, 李克明. 山茱萸總甙的抗炎免疫抑制作用. 中日友好醫院學報. 1996, **10**(4): 294-298

17. 李平, 王艳輝, 馬潤宇. 山茱萸多糖PFCAIII的理化性質及生物活性研究. 中國藥學雜誌. 2003, **38**(8): 583-586

18. 張蘭桐, 袁志芳, 杜英峰, 王春英. 山茱萸的研究近況及開發前景. 中草藥. 2004, **35**(8): 952-955

19. 尚遂存, 關宏良, 李向書, 雷玉萍. 山茱萸肉核抑菌作用的對照試驗. 河南中醫藥學刊. 1994, **9**(6): 21-22

20. 劉亞竟, 蕭學風, 孫志雲, 張金英, 田淑艷, 江行本. 山茱萸果核提取物抗氧作用的研究. 林產化學與工業. 1990, **10**(4): 217-221

연호색 延胡索 CP, KP, JP

Corydalis yanhusuo W. T. Wang

Yanhusuo

 개요

양귀비과(Papaveraceae)

연호색(延胡索, *Corydalis yanhusuo* W. T. Wang)의 덩이뿌리를 건조한 것

중약명: 연호색, 원호(元胡)

갯괴불주머니속(*Corydalis*) 식물은 전 세계에 약 428종이 있으며 주요 분포지역은 북온대 지역으로 북아프리카에서 인도 사막의 변두리까지 분포한다. 개별적인 종은 동아프리카 초원 지역에도 분포한다. 중국에 약 288종이 있는데 남북 각 지역에 보편적으로 분포하지만 서남 지역에 가장 많이 분포한다. 특히 아시아 고산 침엽수림 지역에 가장 많이 집중되어 있다. 이 속에서 약용으로 사용하는 것은 34종, 변이종 5종이며 중국의 안휘, 강소, 절강, 호북, 하남 등에 분포한다.

'연호색'의 약명은 처음으로 《본초습유(本草拾遺)》에 기재되었다. 《중국약전(中國藥典)》(2015년 판)에 기재된 이 종은 중약 연호색의 법정기원식물이다. 주요산지는 중국의 절강, 호북, 강소 등이다. 야생자원은 거의 멸종되어 대부분이 재배종이다. 절강의 동양(東陽)에서 나는 것의 품질이 가장 우수한 것으로 평가된다[1~2]. 《대한민국약전》(11개정판)에는 현호색을 "양귀비과에 속하는 들현호색(*Corydalis ternata* Nakai) 또는 연호색(*Corydalis yanhusuo* W.T.Wang)의 덩이줄기"로 등재하고 있다.

연호색에는 여러 가지 알칼로이드가 함유되어 있으므로 이것을 주요 활성성분으로 한다. 《중국약전》에서는 고속액체크로마토그래피법을 이용하여 건조시료 중 테트라하이드로팔마틴의 함량을 0.050% 이상으로, 음편(飮片) 중 0.040% 이상으로 그 약재의 규격을 정하고 있다.

약리연구를 통하여 연호색은 진통, 진정, 관상동맥 확장, 항심박부절, 항궤양 등의 작용이 있는 것으로 알려져 있다.

한의학에서 연호색은 활혈산어(活血散瘀), 이기지통(理氣止痛)의 효능이 있다.

연호색 延胡索 *Corydalis yanhusuo* W. T. Wang

약재 연호색 藥材延胡索
Corydalis Rhizoma

1cm

함유성분

덩이뿌리에는 여러 종류의 알칼로이드 성분으로 (+)-corydaline, (±)-tetrahydropalmatine (THP), (-)-tetrahydrocoptisine, (-)-tetrahydrocolum-bamine, (+)-corybulbine, dehydrocorydaline (DHC), (+)-glaucine, protopine, α-allocryptopine, (-)-tetrahydroberberine, palmatine, columbamine, (+)-N-methyllaurotetanine, dehydroglaucine, yuanhunine[3], isocorybulbine, saulatine[4], leonticine, dihydrosanguinarine, berberine, dehydronantenine, coptisine, corydalmine, dehydrocorydalmine 등이 있다.

tetrahydropalmatine   protopine

약리작용

1. 진통, 진정

연호색의 추출액을 위에 주입하고 Mouse의 꼬리자극과 열판자극 시험법으로 측정한 결과 연호색에는 뚜렷한 진통효과가 있다. 연호색 알칼로이드, THP, 코리달린 등에는 모두 비교적 강한 진통활성이 확인되었으며 중독성에 대한 결과는 없었다[5]. 연호색을 복용하면 냉각으로 유발된 동통에도 비교적 좋은 완화작용이 있다[6]. 비교적 다량의 THP를 피하에 주사하면 진정과 최면작용이 있다. 테트라하이드로베르베린에도 진정작용이 있고 연호색과 THP를 통하여 뇌 속의 도파민 수용체를 차단하고 진정과 최면작용을 유도할 수 있다[7-8].

2. 심장 보호, 항심박부절, 혈압강하

연호색의 데하이드로코리달린(DHC)을 복강 내에 주사하면 Mouse의 압력상승과 감압으로 인한 산소결핍 내성을 명확히 제고시킨다. 또한 DHC를 정맥에 주사하면 마취된 고양이의 관상동맥을 확장시킬 수 있고 관상동맥 내 혈류량을 증가시키며 심박을 늦춘다. Rat의 복강에 연호색 속 DHC를 주사하여 피투이트린(PIT) 관찰을 위한 심전도검사를 실시하면 T파변화와 심박부절에 대한 보호작용이 있었다[9]. 연호색 알칼로이드를 정맥에 주사하면 Rat의 관상동맥 결찰로 인한 급성 심경색의 적혈구응집지표가 명확히 감소하고 혈액점도가 인하되며 N-BT 염색에 나타나는 심근경색범위도 감소한다. 크레아틴포스포키나아제(CPK), 알라닌아미노기전이효소(ALT), α-수산화부티레이트탈수소효소(α-HBDH) 등 심근효소의 활성을 저하시킨다[10]. THP를 복강에 주사하면 PIT에 의한 Rat의 급성 심근허혈에도 보호작용이 있으며 심전도검사에서 이소프레날린에 의해 억제된 심전도 ST계단을 상승시킨다. 또한 심근조직의 CPK와 젖산탈수소효소(LDH)의 분비를 억제하며 CPK 혈청과 LDH의 수준을 감소시키고 심근조직의 슈퍼옥시드디스무타아제의 활성을 증강시킨다. 또한 말론디알데하이드의 합성을 억제하고 혈청 유리지방산(FAA)의 함량을 감소시키며 심근괴사 면적을 감소시킨다[11-12]. 연호색 알칼로이드에도 유사한 작용이 있다[13]. 연호색 알칼로이드를 정맥에 주사하면 아코니틴으로 유발된 Rat의 심박부절과 이소프레날린으로 유발된 Rat의 심근빈혈에 대하여 모두 뚜렷한 보호작용이 있다[14]. THP는 in vitro에서 기니피그의 심근세포에 대해 정류포타슘전류(IK)와 내향정류포타슘전류(IK1)에 대해 뚜렷한 연장효과가 있으며 활동전위과정(APD)과 유효불응기(ERP)를 뚜렷이 연장시킨다[15]. THP가 혈압을 낮추는 작용은 뇌의 도파민 수용체를 저지함과 동시에 시상하부의 5-하이드록시트리프타민의 분비를 감소시키는 것과 연관된다[16-17].

3. 항궤양

THP는 Rat의 위점막에 대해 기본적인 위산분비를 억제하고 히스타민으로 유발된 Rat의 위산분비에도 비경쟁적인 억제작용이 있다[18]. 또한 Rat의 유문결찰과 아스피린으로 유발된 위궤양에도 보호작용이 있다[8].

4. 갑상선 기능 항진 억제

THP는 갑상선 기능 항진에 대해 억제작용이 있는데 그 작용기전은 갑상선세포를 직접 억제하는 것이 아니고 갑상선자극호르몬을 억제하는 것과 관련이 있다[19].

5. 기타

THP를 정맥에 주사하면 Rat의 국부뇌허혈성 재관류 손상에 대해 보호작용이 있다[20]. 연호색 추출물을 위에 주입하면 Mouse의 면역력을 증강시키는데 이는 학습능력에 대한 제고 및 항산화작용과 관련이 있다[21]. 디메칠푸마레이트는 Rat의 퀴논환원효소(QR)와 글루타치온-S-전이효소(GSTs)의 활성에 대한 유도작용이 있다[22]. 연호색 알칼로이드는 *in vitro*에서 I형 인체면역결핍바이러스(HIV-1)의 역전사효소의 발현을 억제할 수 있다[23]. 또한 연호색 추출물은 *in vitro*에서 유선암세포 MCF-7/VCR의 약물 저항성을 유의하게 역전시킨다[24].

용 도

연호색은 중의임상에서 사용하는 약이다. 지통(止痛) 등의 효능이 있으며, 기체어혈(氣滯瘀血, 기가 몰린 지 오래되어 어혈이 생긴 것)로 인한 각종 통증 등의 치료에 사용한다.

현대임상에서는 연호색을 일반적인 신경통, 요통, 관절통, 경통, 궤양동통, 종양동통, 만성으로 허리와 다리가 아픈 것 등 여러 가지 통증 및 소화성 궤양, 침표성 위염 등의 병증에 사용한다.

해 설

연호색은 한약에서 통증억제와 관련된 중요한 약으로 확실한 진통활성이 있고 그 작용 부위도 광범위하다. THP의 진통 유효성분은 이미 개발되어 진통제로 임상에서 오랫동안 사용되어 왔다. 임상에서 연호색을 많이 복용하거나 장기적으로 사용했을 경우, 급성 중독과 신경계통에 대한 부작용 반응이 보고되었으며[25], 한방에서는 전통적으로 임신부에 대한 사용을 금하고 있다.

참고문헌

1. 徐國鈞, 何宏賢, 徐珞珊, 金蓉鸞. 中國藥材學. 北京: 中國醫藥科技出版社. 1996: 542-547
2. 許翔鴻, 余國奠, 王峥濤. 野生延胡索種質資源現狀及其質量評價. 中國中藥雜誌. 2004, **29**(5): 399-401
3. 傅小勇, 梁文藻, 涂國士. 東陽元胡塊莖中的生物鹼的化學研究. 藥學學報. 1986, **21**(6): 447-453
4. 許翔鴻, 王錚濤, 余國奠, 阮碧芳, 李軍. 延胡索中生物鹼成分的研究. 中國藥科大學學報. 2002, **33**(6): 483-48[6]
5. 徐婷, 金昔陸, 曹惠明. 延胡索乙素藥理作用的研究進展. 中國臨床藥學雜誌. 2001, **10**(1): 58-60
6. CS Yuan, SR Mehendale, CZ Wang, HH Aung, TL Jiang, XF Guan, Y Shoyama. Effects of *Corydalis yanhusuo* and *Angelicae dahuricae* on cold pressor-induced pain in humans:A controlled trial. *Journal of Clinical Pharmacology*. 2004, **44**(11): 1323-1327
7. 許守璽, 陳嬿, 金國章. 四氫原小檗鹼同類物對腦內多巴胺受體的親和力比較. 科學通報. 1985, 6: 468-471
8. 王本祥. 現代中藥藥理學. 天津: 天津科學出版社. 1997: 894-897
9. 蔣燮榮, 吳慶仙, 施化蓮, 陳衛平, 常思勤, 趙樹儀, 田秀英, 周連發, 果淑敏, 李元靜. 脫氫紫堇鹼對心血管系統的藥理作用. 藥學學報. 1982, **17**(1): 61-65
10. 劉劍剛, 劉立新, 馬曉斌, 王楊慧, 戴梅芳. 延胡索鹼注射液對大鼠實驗性急性心肌梗塞和紅細胞流變性的作用. 中藥新藥與臨床藥理. 2000, **11**(2): 76-79
11. 閔清, 舒思潔, 吳基良, 劉超, 劉彤雲. 延胡索乙素對大鼠實驗性心肌缺血的保護作用. 中國基層醫藥. 2001, **8**(5): 430-431
12. 閔清, 白育庭, 舒思潔, 吳基良, 劉彤雲. 延胡索乙素對異丙腎上腺素所致心肌壞死的保護作用. 中醫藥學報. 2001, **29**(4): 44-45
13. 邱蓉麗, 李祥, 陳建偉, 李璘. 延胡索總生物鹼抗心肌缺血作用的實驗研究. 中國中醫藥科技. 2001, **8**(4): 265
14. 馬勝興, 陳可冀, 馬玉玲, 包曉峰. 延胡索抗心律失常作用的初步試驗. 中藥通報. 1985, **10**(11): 41-42
15. 劉玉梅, 周宇宏, 單宏麗, 馮鐵明, 喬國芬, 楊寶峰. 延胡索乙素對豚鼠單個心室肌細胞鉀離子通道的影響. 中國藥理學通報. 2005, **21**(5): 599-601
16. FY Chueh, MT Hsieh, CF Chen, MT Lin. DL-tetrahydropalmatine-produced hypotension and bradycardia in rats through the inhibition of central nervous dopaminergic mechanisms. *Pharmacology*. 1995, **51**(4): 237-244
17. FY Chueh, MT Hsieh, CF Chen, MT Lin. Hypotensive and bradycardic effects of dl-tetrahydropalmatine mediated by decrease in hypothalamic serotonin release in the rat. *The Japanese Journal of Pharmacology*. 1995, **69**(2): 177-180
18. 李毓, 王建華, 勞紹賢, 陳蔚文. 延胡索乙素對離體大鼠胃酸分泌的抑制作用. 中國藥理學通報. 1993, **9**(1): 44-47
19. MT Hsieh, LY Wu. Inhibitory effects of (+/-)-tetrahydropalmatine on thyrotropin-stimulating hormone concentration in hyperthyroid rats. *Journal of Pharmacy and Pharmacoclogy*. 1996, **48**(9): 959-961
20. 梁健, 王富强, 鄭平香, 梁京生. 延胡索乙素抗脂質過氧化作用與對腦缺血再灌注大鼠行爲及病理改變的保護. 中國藥理學通報. 1999, **15**(2): 167-169
21. 徐麗珊, 韓建標, 樓蕓萍. 延胡索對小鼠學習能力及抗氧化作用的影響. 浙江師大學報(自然科學版). 2001, **24**(4): 374-376

22. 王立新, 林三仁. 延胡索酸二甲酯對大鼠醌還原酶和谷胱甘肽-S-轉移酶的誘導作用. 中華預防醫學雜誌. 1999, **33**(6): 366-368

23. HX Wang, TB Ng. Examination of lectins, polysaccharopeptide, polysaccharide, alkaloid, coumarin and trypsin inhibitors for inhibitory activity against human immunodeficiency virus reverse transcriptase and glycohydrolases. *Planta Medica*. 2001, **67**(7): 669-67[2]

24. 譚成, 俞惠新, 林秀峰, 陳波, 張榮軍, 蔡剛明, 蕭曄, 曹國憲. 中藥逆轉乳腺癌細胞多藥耐藥性的實驗研究. 中藥藥理與臨床. 2005, 21(3): 32-34

25. 陳江平. 急性延胡索中毒的急救. 急診醫學. 1999, **8**(5): 361

연호색 대규모 재배단지

산사나무 山楂 ^{CP, KP}

Crataegus pinnatifida Bge.
Chinese Hawthorn

개요

장미과(Rosaceae)

산사나무(山楂, *Crataegus pinnatifida* Bge.)의 잘 익은 열매를 건조한 것

중약명: 산사(山楂)

산사나무속(*Crataegus*) 식물은 전 세계에 약 1,000여 종이 있으며 북반구에 널리 분포되어 있다. 북아메리카에 종류가 가장 많고 중국산은 약 17종, 변이종 2종이 있다. 이 속에서 약으로 사용되는 것은 8종이며 주로 중국의 흑룡강, 길림, 요녕, 내몽고, 하북, 하남, 산동, 산서, 섬서와 강소 등에서 생산된다.

산사를 《신수본초(新修本草)》에서는 적과목(赤爪木)의 열매라고 기재하였으며 《본초강목(本草綱目)》에서는 '적과목이, 즉 산사이다'라고 명확히 밝히고 있는데 중국 고대 본초서적의 산사와 관련된 기록은 모두 이 속의 여러 종 식물을 말한다. 《중국약전(中國藥典)》(2015년 판)에 기재된 이 종은 중약 산사의 법정기원식물의 하나이며 주요산지는 중국의 하북, 산동, 요녕, 하남 등지이다. 《대한민국약전》(11개정판)에는 산사자를 "장미과에 속하는 산사나무(*Crataegus pinnatifida* Bunge) 및 그 변종의 잘 익은 열매"로 등재하고 있다.

산사나무속 식물에는 주로 유기산과 플라보노이드 화합물이 들어 있다. 산사나무 중의 플라보노이드 화합물은 심혈관질환을 예방, 치료하고 혈지를 낮추는 효과가 있다. 또한 유기산은 소화되지 않는 음식을 소화시키는 유효성분이다. 《중국약전》에서는 고속액체크로마토그래피법을 이용하여 건조시료를 기준으로, 산사 내 유기산과 구연산의 함량을 5.0% 이상, 산사 음편(飮片) 중 유기산과 구연산의 함량을 4.0% 이상으로 약재의 규격을 정하고 있다.

약리연구를 통하여 산사나무에는 소화 촉진, 강혈지(降血脂), 혈관내피세포 보호, 항산화, 강혈압 및 면역 촉진 등의 작용이 있는 것으로 알려져 있다.

한의학에서 산사는 소식화적(消食化積), 행기산어(行氣散瘀)의 효능이 있다.

산사나무 山楂 *Crataegus pinnatifida* Bge.

산리홍 山里紅 *C. pinnatifida* Bge. var. *major* N. E. Br.

약재 산사 藥材山楂 Crataegi Fructus

1cm

함유성분

열매에는 플라보노이드 성분으로 quercetin-3-O-α-L-rhamnopyranosyl(1→6)-β-D-glucopyranoside, quercetin-3-O-β-D-galactopyranoside, quercetin[1], hyperoside, 트리테르페노이드 성분으로 uvaol, ursolic acid, 3-oxoursolic acid[2], 유기산으로 caffeic acid, protocatechuic acid, phloroglucinol, pyrogallol[3], chlorogenic acid 등이 함유되어 있다. 또한 (-)-epicatechin, flavan polymers 등이 함유되어 있다.

hyperoside

uvaol

 약리작용

1. **소화 촉진**

산사에 포함된 지방분해효소는 지방의 소화를 촉진시킴과 동시에 위장 소화효소의 분비를 증가시키고 위장효능에 대해 일정한 조절작용을 나타낸다. 또한 토끼의 기능 항진성 십이지장의 평활근을 억제하고 Rat의 느린 위장평활근 수축작용을 약하게 증강시킨다. 산사의 알코올 추출액 및 용해액은 아세틸콜린 및 황산바륨이온으로 유발된 토끼와 Mouse의 시험관 위장평활근 수축에 대해 뚜렷한 억제작용이 있으며 Rat의 이완상태 위장평활근에 대해서도 수축·촉진작용이 있다.

2. **심혈관계에 대한 영향**

1) 심장에 대한 영향

산사의 추출물을 위에 주입하면 관상동맥 결찰로 인한 Rat의 혈청 크레아틴포스포키나아제의 활성과 심근경색의 면적을 뚜렷하게 감소시키고 명확한 심근보호작용이 있다[10]. 산사 잎의 플라보노이드는 심근허혈이 있는 Rat 및 포유기 Rat의 혈액결핍으로 손상된 심근세포에 대해서도 뚜렷한 보호작용이 있는데 이는 활성산소의 제거와 지질과산화(LPO) 반응 또는 열충격단백질 70(HSP 70)의 노출증강과 관련이 있다[4-6]. 이외에 산사 잎의 플라보노이드는 심근허혈성 재관류로 유발된 Rat의 심장기능의 약화에 대해서도 보호작용이 있는데 그 작용기전은 에너지 대사장애를 개선하는 것과 활성산소 혹은 혈청 유해산소를 억제하는 것과 연관이 있다[7]. 산사의 추출물은 시험관 및 시험관 외의 두꺼비의 심장수축력을 증강시키고 산사산은 피로누적으로 인한 두꺼비의 심장박동 정지를 회복시키는 작용이 있음과 동시에 관상동맥 순환으로 유발된 강심(强心)작용을 개선할 수 있다. 산사 침출액 및 플라보노이드 배당체를 정맥에 주사하면 관상동맥의 혈류량을 증강시킬 수 있다. 또한 개에게 산사를 먹이면 좌심실의 혈류량이 증가되며 고양이의 정맥에 센토레아와 아글리콘의 중합체를 주사하면 용량 의존적으로 심장 혈류량이 증가될 수 있다.

2) 혈관내피세포에 대한 보호작용

산사의 플라보노이드와 산사 잎의 플라보노이드는[8] 산화형 저밀도지단백(LDL)과 크산틴산화효소 및 포스파티딜콜린과 크산틴산화효소의 융합체에 의해 유도된 혈관내피세포 손상을 유의하게 억제한다[9].

3) 강혈압

에탄올 침출물을 정맥에 주사하면 마취된 토끼의 혈압을 낮추며 산사 플라보노이드를 정맥에 주사하면 고양이의 혈압하강을 유도하며 그 외 각종 추출물은 토끼와 고양이의 중추혈압 강하작용이 뚜렷하다. 산사 플라보노이드, 트리테르페노이드 및 가수분해물을 정액에 주사하거나 복강 및 십이지장에 주사하면 마취된 고양이에 대하여 모두 다른 정도의 혈압 강하작용이 있다.

4) 강혈지

산사 및 산사 플라보노이드는 고밀도지단백콜레스테롤(HDL-C) 사료를 먹인 Rat의 혈청 총콜레스테롤(TC), 저밀도지단백콜레스테롤(LDL-C), 아포지단백 B의 농도를 억제함과 동시에 HDL-C와 아포지단백 AI의 농도를 높일 수 있다. 그러나 중성지방에 대해서는 영향이 그다지 크지 않다. 또 Rat의 간장 LDL 수용체 수준과 단백질 수준을 높인다는 것을 알 수 있다[10]. 산사에서 분리해 낸 하이페로사이드와 우르솔산은 Mouse 혈청 TC에서 HDL-C의 비율을 낮출 수 있다[11]. 산사 플라보노이드와 산사 즙은 고지혈

산사나무 山楂 CP, KP

증에 걸린 Rat의 혈청, 간장의 중성지방, 간장의 콜레스테롤을 뚜렷이 낮춘다[12]. 산사의 추출물은 또한 Rat의 혈청 중성지방 함량을 낮출 수 있다[13].

5) 항산화
산사 및 산사의 플라보노이드는 혈청과 간장의 말론디알데하이드(MDA)의 함량을 낮추고 적혈구와 간장의 슈퍼옥시드디스무타아제(SOD) 활성을 증강시키며 동시에 글루타치온과산화효소(GSH-Px)의 활성을 증가시킨다[10]. 산사의 물 추출물은 *in vitro*에서 유해산소를 제거하고 Rat의 체내 SOD 활성을 증강시키며 MDA의 함량을 감소시킨다[14]. 산사의 안토사이아니딘에는 자유 라디칼을 뚜렷하게 제거하는 작용과 LPO를 억제하는 효능이 있다[15]. 산사를 달인 약액은 Mouse의 혈청 치오아세트아미드, 적혈구 내의 SOD 활성 및 적혈구막 Na$^+$/K$^+$-ATP 효소의 활성을 유도할 수 있으며 동시에 뇌조직의 칼슘이온과 MDA의 함량을 낮추며 인체항산화 능력을 증강시킨다[16]. 그 밖에 산사의 추출액은 LDL의 산화를 억제할 수 있다[17].

6) 기타
산사나무 잎 추출물은 *in vivo* 혹은 *in vitro*에서 집토끼의 혈소판응집을 뚜렷하게 억제한다[18].

3. 면역 촉진
산사를 달인 약액과 물 추출물 및 알코올 추출물을 Mouse에게 투여하면 흉선과 비장의 중량, T임파세포 전화율 및 T임파세포 α-나프틸아세테이트에스테라제의 수준을 상승시킴으로써 세포매개면역을 유도한다[19-20].

4. 항균
산사는 이질간균, 황색포도상구균, B형 연쇄구균, 대장간균, 변형간균, 탄저간균, 백후간균, 상한간균, 녹농간균 등에 대해 항균활성이 있다. 일반적으로 그람양성균에 대한 항균작용이 그람음성균에 대한 항균작용보다 더 강력하다.

5. 간장 보호
산사나무 잎과 뽕잎의 30% 메탄올 추출물을 함께 복용하면 사염화탄소로 유도된 간 손상 Mouse에 대하여 보호작용이 있다[21]. *In vitro* 실험을 통하여 산사 열매에 함유된 플라보노이드 성분은 지질다당(LPS)으로 유도된 대식세포 RAW264.7의 프로스타글란딘 E$_2$와 일산화질소의 방출을 감소시킨다. *In vivo* 실험에서 산사 열매에 함유된 플라보노이드 성분은 혈청 중의 알라닌과 아스파트산아미노기전달효소(AST)를 감소시키고 LPS로 간장 유도성 산화질소합성효소(iNOS)와 사이클로옥시게나제-2의 발현을 감소시킴으로써 간 보호작용을 나타낸다[22].

6. 기타
산사에는 암 예방, 세포독성[2] 및 정자의 기형 억제[23] 등의 작용이 있다.

용도

산사는 중의임상에서 사용하는 약이다. 소식화적(消食化積, 음식에 체한 것을 소화시켜 내려보내고 비위의 소화기능을 회복시켜 줌), 행기산어(行氣散瘀, 기를 행하게 하여 어혈을 풀어 줌) 등의 효능이 있으며, 육류로 인한 식적(食積, 음식물이 하룻밤을 지나도 소화되지 않고 위장에 정체되어 있는 증상), 설사와 이질이 있으면서 배가 아픈 것, 산통, 어체(瘀滯, 뭉치고 얽혀서 정체되는 병증)로 인한 흉복동통 등의 치료에 사용한다.

현대임상에서는 소화불량, 고혈지증, 협심증, 고혈압, 급성 장염, 바이러스성 이질, 신우신염, 유미뇨(乳糜尿, 우유와 같이 뿌옇게 혼탁된 오줌), 동상, 통경(痛經, 월경통), 폐경, 산후복통[惡露不盡, 오로부진(惡露不盡)이라고도 하며, 해산한 뒤 3주 이상 지나서 백대하까지도 없어야 할 시기에 피가 계속 나오는 병증], 산증 혹은 고환종양 등의 병증에 사용한다.

해 설

산사나무는 중국위생부에서 규정한 약식동원품목*의 하나이다. 《중국약전》에서는 산사나무 외에 또 산리홍(山裏紅, *Crataegus pinnatifida* Bge. var. *major* N. E. Br.)을 중약 산사의 법정기원식물 내원종으로 정하고 있다. 산리홍의 자원은 아주 풍부하고 유기산도 많이 함유하고 있다. 산리홍은 신선한 것을 그대로 먹을 수 있으며 각종 식품, 음료, 과일주 등으로 가공할 수 있는데 이러한 특성은 천연식품 혹은 음료로도 아주 뛰어난 개발가치가 있음을 의미한다.

산사나무의 열매가 임상 사용이나 개발에 주로 사용된다. 보고에 따르면 산사나무의 씨, 잎 부위에는 일정한 양의 플라보노이드 성분이 함유되어 있고[24], 산사나무 잎이나 꽃의 추출물은 충혈성 심장쇠약에 대한 안정작용이 있으며[25], 《중국약전》에도 산사나무 잎의 약효가 기재되어 있다. 때문에 산사나무 자원의 종합적인 이용, 개발을 고려할 필요가 있다.

현대약리연구에서 산사는 심혈관계통에 아주 우수한 약리활성을 가지고 있다. 《독일약전(獨逸藥典)》에서 독일에서의 산사제제는 심근수축력을 증강하고 관상동맥 혈류량을 증가시키는 유효성분이 있다고 기술하고 있다.

---

* 부록(502~505쪽) 참고

참고문헌

1. SS Hong, JS Hwang, SA Lee, XH Han, JS Ro, KS Lee. Inhibitors of monoamine oxidase activity from the fruits of *Crataegus pinnatifida* Bunge. *Saengyak Hakhoechi*. 2002, **33**(4): 285-290

2. BS Min, YH Kim, SM Lee, HJ Jung, JS Lee, MK Na, CO Lee, JP Lee, KH Bae. Cytotoxic triterpenes from *Crataegus pinnatifida*. *Archives of Pharmacal Research*. 2000, **23**(2): 155-158

3. JS Kim, GD Lee, JH Kwon, HS Yoon. Identification of phenolic antioxidative components in *Crataegus pinnatifida* Bunge. *Han'guk Nonghwa Hakhoechi*. 1993, **36**(3): 154-157

4. 林秋實, 陳吉棣. 山楂及山楂黃酮預防大鼠脂質代謝紊亂的分子機制研究. 營養學報. 2000, **22**(2): 131-136

5. 李貴海, 孫敬勇, 張希林, 楊振寧, 周超, 楊書斌. 山楂降血脂有效成分的實驗研究. 中草藥. 2002, **33**(1): 50-52

6. 高瑩, 蕭穎. 山楂及山楂黃酮提取物調節大鼠血脂的效果研究. 中國食品衛生雜誌. 2002, **14**(3): 14-16

7. 李廷利, 劉中申, 梁德年. 山里紅水浸膏對SHR大鼠實驗性高脂血症治療作用的研究. 中醫藥學報. 1989, **2**: 45-47

8. 常翠青, 陳吉棣. 山楂總黃酮對人血管內皮細胞的作用. 中國公共衛生. 2002, **18**(4): 390-392

9. 葉希韻, 王耀發. 山楂葉總黃酮對血管內皮細胞氧化損傷的保護作用. 中國現代應用藥學雜誌. 2002, **19**(4): 265-268

10. 楊利平, 王春霖, 王永利, 李蘊山, 傅紹萱. 山楂葉提取物對家兔血小板聚集和大鼠實驗性心肌缺血的影響. 中草藥. 1993, **24**(9): 482-483

11. 閔清, 白育庭, 舒思潔, 吳基良, 劉彤雲. 山楂葉總黃酮對大鼠心肌缺血再灌注損傷的保護作用. 中藥藥理與臨床. 2005, **21**(2): 19-21

12. 葉希韻, 張隆, 張靜, 王燿發. 山楂葉總黃酮對乳鼠心肌細胞缺血缺氧損傷的實驗研究. 中國現代應用藥學雜誌. 2005, **22**(3): 202-204

13. 閆波. 山楂總黃酮TFC對心肌缺血大鼠熱休克蛋白70表達的影響. 中華中西醫學雜誌. 2005, **3**(7): 7-9

14. 閔清, 白育庭, 吳基良, 舒思潔, 劉彤雲. 山楂總黃酮對心肌缺血再灌注損傷大鼠心功能的影響. 中國藥學雜誌. 2005, **40**(7): 515-517

15. 王文. 山楂提取液對大鼠血清SOD, MDA的影響. 贛南醫學院學報. 2003, **23**(4): 136-138

16. 王繼峰, 王石泉, 湯國枝, 張鶴雲, 張太平, 袁達文, 金以豐. 山楂原花色素的抗氧化作用研究. 天然產物研究與開發. 2001, **13**(2): 46-49

17. 王建光, 楊新宇, 葉輝, 張濤, 楊晶, 白書閣. 山楂對D-半乳糖致衰小鼠抗氧化系統及鈣穩態影響的實驗研究. 中國老年學雜誌. 2003, **23**: 609-610

18. CY Chu, MJ Lee, CL Liao, WL Lin, YF Yin, TH Tseng. Inhibitory Effect of Hot-Water Extract from Dried Fruit of *Crataegus pinnatifida* on Low-Density Lipoprotein (LDL) Oxidation in Cell and Cell-Free Systems. *Journal of Agricultural and Food Chemistry*. 2003, **51**(26): 7583-7588

19. 常江, 金治萃, 高光, 王陸一, 李雪蓮. 山楂煎劑對小鼠細胞免疫的影響. 包頭醫學院學報. 1996, **12**(4): 10-11

20. 金治萃, 高光, 常江, 賈彥彬, 王陸一. 山楂注射液對小鼠免疫功能的影響. 包頭醫學院學報. 1997, **13**(1): 6-7

21. HJ Kim, JK Kim, WK Whang, IH Ham, SH Kwon, S Hwang-Bo, HJ Kim. Effects of Mori folium and *crataegus pinnatifida* leave extracts on CCl₄-induced hepatotoxicity in rats. *Yakhak Hoechi*. 2003, **47**(4): 206-211

22. Kao ES, Wang CJ, Lin WL, Yin YF, Wang CP, Tseng TH. Anti-inflammatory potential of flavonoid contents from dried fruit of *Crataegus pinnatifida in vitro* and *in vivo*. *Journal of Agricultural and Food Chemistry*. 2005, **53**(2): 430-436

23. 崔太昌, 劉秀卿, 徐厚銓, 武國娟, 張忠彬. 山楂提取物對環磷酰胺致小鼠精子畸變的抑制作用. 中國公共衛生. 2002, **18**(3): 266-267

24. 陳堅, 陳代鴻. 山楂果肉, 核, 葉中總黃酮的含量測定與比較. 基層中藥雜誌. 1999, **13**(4): 8-9

25. JG Zapfe. Clinical efficacy of crataegus extracts WS 1442 in congestive heart failure NYHA class II. *Phytomedicine*. 2001, **8**(4): 262-266

파두 巴豆 ^{CP, KP, JP}

Croton tiglium L.

Croton

 개요

대극과(Euphorbiaceae)

파두(巴豆, *Croton tiglium* L.)의 잘 익은 열매를 건조한 것　　중약명: 파두

파두의 씨를 부스러뜨려 구운 후에 유지 일부를 제거한 것　　중약명: 파두상(巴豆霜)

파두속(*Croton*) 식물은 세계에 약 800종이 있으며 전 세계의 열대 및 아열대 지역에 광범위하게 분포하지만 아메리카 열대 지역에 가장 풍부하다. 중국에는 약 21종이 있으며 현재 약으로 사용되는 것은 5종이다. 이 종은 중국의 절강, 복건, 강서, 호남, 광동, 해남, 광서, 귀주, 사천, 운남 등에 분포하며 아시아 남부와 동남아시아에도 분포한다.

'파두'란 약명은 《신농본초경(神農本草經)》에 처음으로 기재되었으며 하품에 속해 있다. 《중국약전(中國藥典)》(2015년 판)에 수록된 이 종이 중약 파두의 법정기원식물이다. 주요산지는 중국의 사천, 운남, 광서, 귀주, 호북 등이며 사천의 생산량이 가장 많다. 그 밖에 광동, 복건, 절강에서도 나는 것이 있다. 《대한민국약전》(11개정판)에는 파두를 "파두(*Croton tiglium* Linne, 대극과)의 씨이다. 이 약은 씨껍질을 제거하여 쓴다"로 등재하고 있다.

파두 씨에는 파두유(巴豆油)가 들어 있는데 그 특이성분으로는 파두산 등 지방산류 글리세라이드이다. 파두유 중에는 크로톤수지, 포르볼, 포름산, 부틸산 및 크로톤산의 결합으로 이루어진 유지가 있다. 파두 씨에는 크로틴, 크로토노시드 및 이소구아닌 등이 들어 있다. 《중국약전》에서는 건조시료를 기준으로, 파두 중 지방유 함유량이 22.0% 이상, 이소구아노신 0.80% 이상, 파두상(巴豆霜, 껍질을 벗기고 기름을 빼낸 파두 씨의 가루) 중 지방유의 함량을 18.0~20.0% 이상, 이소구아노신의 함량이 0.80% 이상으로 약재의 규격을 정하고 있다.

약리연구를 통하여 파두에는 사하작용과 항병원미생물, 항종양 등의 작용이 있는 것으로 알려져 있다.

한의학에서 파두는 사하한적(瀉下寒積), 거담리인(祛痰利咽)의 효능이 있다.

파두 巴豆 *Croton tiglium* L.

약재 파두 藥材巴豆 Crotonis Fructus

1cm

함유성분

씨에는 34~57% 파두유와 18% 단백질이 함유되어 있다. 파두유에는 crotonic acid, tiglic acid와 또한 crotonoleic acid, tiglic acid, palmitic acid, stearic acid 그리고 oleic acid의 glycerides를 함유하고 있다. 또한 phorbol, 4-deoxy-4α-phorbol 유도체 성분이 함유되어 있다. 씨에는 toxic globulin crotins I, II가 함유되어 있다. 또한 cocarcinogen C-3[1], crotonoside, isoguanine 등이 함유되어 있다[2].

phorbol

crotonoside

 약리작용

1. **사하작용**

   파두의 알코올 추출물은 Rat의 장도상피세포의 Na+, Cl−이온의 전달을 촉진하여 사하작용을 일으킨다[3]. 파두상을 위에 주입하면 Mouse의 위장유동운동을 뚜렷하게 증강시키고 장중첩증의 환원을 촉진한다. 파두상은 농도 의존적으로 토끼의 적출회장에 대한 수축폭을 증가시킨다[4]. 파두유를 위에 주입하면 Mouse의 소장조직 중의 단백질 발현의 차이를 유발하며[5], 개 위장의 근전도 활성변화와 구토를 유발한다[6]. 크로톤산을 위에 주입하면 동물의 장관유동운동 증가를 유도하고 장점막충혈과 장괴사를 유발할 수 있다.

2. **항균**

   파두유는 *in vitro*에서 황색포도상구균, 독감간균, 백후간균, 녹농간균, 결핵간균 H37RV[7] 등에 대하여 억제작용이 있고 리팜피신, 이소니아지드, 이중 내성 병원균 등에 대해 멸균작용이 있다[8].

3. **종양에 대한 영향**

   파두 추출물은 Mouse의 육종 S180, 자궁경부암 U14, 에를리히복수암(EAC) 등에 대해 뚜렷한 억제작용이 있다. 파두 알칼로이드는 알칼리포스파타제와 젖산탈수소효소(LDH)의 활성을 저하시키며 세포분화를 유도한다[9]. Rat의 이식성 피부암 내에 파두유 유제를 주사하면 종양의 퇴화를 유발하고 피부암의 진행을 늦춘다. 파두 알칼로이드를 복수성 간암에 걸린 Mouse의 위에 주입하면 암 세포질막의 콘카나발린 A(Con A) 수용체가 확산되는 속도를 뚜렷하게 감소시키고 세포기질의 결합구조를 변화시킨다[10]. 파두유는 약한 발암성이 있음과 동시에 특정 발암물질의 발암작용을 촉진하기도 한다. 파두유 중의 12−O−tetradecanoylphorbol−13−acetate(TPA)는 암을 유발하는 주요 활성성분으로 Mouse에게 파두유를 먹여 30주가 경과하면 전 위부의 유두상류 및 암을 유발한다. 파두유를 발암물질인 3−메칠콜란트렌과 함께 사용하면 Mouse의 위암발생률을 15%에서 55%로 증가시키고 역치 이하 농도의 3−메칠콜란트렌으로 유발된 Mouse 피부 유두암의 발생률을 70%에 도달하게 한다. 7,12−디메칠벤즈안트라센은 Mouse의 피부암을 유도하는데 파두유 및 파두 추출물을 동시에 사용하여 12~380일 후에는 40~60%로 발생이 증가된다[11]. 인체대식세포바이러스(HCMV) AD169주 접종으로 자궁경부암에 걸린 Mouse의 자궁경부에 파두유를 주입하면 종양촉발작용이 나타난다[12]. 파두유를 복강 내에 주사하면 Rat의 간 α1억제유전자 3 RNA의 수준을 감소시키고 암유전자와 c−fos RNA를 증가시킨다[13]. 파두 추출물은 *in vitro*에서 세포 증식을 가속화하고 이배체 DNA의 함량을 증가시킨다. 또한 세포의 악성변화를 촉진하고 정상인의 장내 상피세포의 성장을 늦추거나 괴사시키기도 한다[14].

4. **염증유발과 면역억제**

   파두유를 피부에 바르면 Mouse 귓바퀴에 급성 수종을 유발하고[15] Rat의 피부에 바르면 국부 히스타민의 방출을 유도한다. 파두상 및 그의 약재는 Mouse의 복강대식세포의 대식활성을 뚜렷하게 억제한다[16].

5. 항바이러스

파두 씨에 함유된 유폴디아실 성분은 I형 인체면역결핍바이러스(HIV-1)로 유도된 MT-4세포의 병리학적 변화를 뚜렷하게 억제하며 단백질인산화효소 C의 활성을 증강시킨다[17-18]. TPA는 임파절세포의 신생을 유도하여 인체포진바이러스 4형(EBV) 초기 임파섬유아세포주의 형성을 유도한다[19]. 파두유를 피하에 주사하면 유행성 일본뇌염바이러스에 감염된 Mouse의 사망률을 낮추고 생존시간을 연장시킨다.

6. 기타

파두의 물 추출물을 귀 정맥에 주사하면 담즙분비장애가 있는 토끼의 담즙과 췌장액의 분비를 유도한다. 파두의 침출액은 다슬기를 죽일 수 있는데 씨의 약효가 가장 강하고 속껍질의 약효가 그다음이며 겉껍질에는 약효가 없다.

용도

파두는 중의임상에서 사용하는 약이다. 준하냉적[峻下冷積, 센 설사약이나 축수약(逐水藥)으로 실증변비(實證便秘), 냉적(冷積), 수음(水飮)이 머물러 있는 것을 치료함], 축수퇴종[逐水退腫, 몸속의 수기를 빼내어 붓기를 가라앉힘], 거담리인[祛痰利咽, 담(痰)을 제거하고 인후를 이롭게 함] 등의 효능이 있으며, 한적변비[寒積便秘, 장위(腸胃)에 침입한 찬 기운이 기와 혈액순환을 장애하여 생기는 변비], 후비담조(喉痺痰阻, 목이 메어 숨을 못 쉬고 삼키지도 못하는 병), 옹종[癰腫, 옹저(癰疽) 때 부어오른 것]에 농이 생겨 터지지 않는 증상 등의 치료에 사용한다.

현대임상에서는 장경색(腸梗塞, 장이 막힘), 디프테리아로 인한 어린아이의 아구창(鵝口瘡), 유벽(乳癖, 유방에 생긴 덩어리나 멍울), 급성맹장염 등의 병증에 사용한다.

해설

생파두는 홍콩상견독극중약[香港常見毒劇中藥] 31종(광물성 제외)*의 목록에 들어 있다. 중약이론에서 파두와 견우자(牽牛子)는 "19외(十九畏)" 배합금기 약재 중의 하나이다. 때문에 일반적으로 이 둘은 함께 배합하여 사용되지 않는다. 현대의 연구를 통하여 파두와 견우자를 함께 사용하여 Mouse에 대한 파두상의 사하작용을 관찰해 보면, 면역기능을 약화시키고 항염효과를 감소시키거나 약화시키며 물리적 자극에 대한 반응을 둔화시키고 위점막의 손상을 증가시킨다는 것을 알 수 있다. 파두상을 단독으로 사용하면 Mouse의 응혈시간을 단축시키고 체중감소를 단축시키지만 사망에 이르게 하지는 않는다. 파두상을 견우자와 함께 사용하면 응혈시간을 연장하는 효과가 있지만 체중감소와 함께 사망을 초래하게 된다[20].

파두는 잘 익은 씨를 약으로 사용하는 것 외에도 기타 부분을 약으로 사용할 수 있다. 파두껍질의 효능은 중기(中氣)를 따뜻하게 하고 쌓인 것을 제거하며 독을 풀고 벌레를 죽인다. 파두껍질은 설사, 이질, 복부가 부어올라 아픈 것, 연주창, 담핵(痰核) 등을 치료한다. 파두잎의 효능은 풍사를 제거하고 순혈(順血)하며 독을 풀고 벌레를 죽인다. 파두 잎은 풍습으로 저리고 아픈 것, 타박상으로 부어올라 아픈 것, 대상포진 등을 치료한다. 파두 뿌리의 효능은 중기(中氣)를 따뜻하게 하고 차가운 기를 흩뜨리며 풍사를 제거하고 아픈 것을 멈추게 한다. 파두 뿌리는 위가 아픈 것, 한습으로 인해 저리고 아픈 것, 이빨이 아픈 것, 외상으로 부어올라 아픈 것, 옹저(癰疽)와 정창(疔瘡) 등을 치료한다.

파두에는 항암활성이 있고 반대로 발암활성도 있다. 현대의 연구자료에 의하면 항암의 주요 활성성분은 알칼로이드이고 암을 유발하는 활성성분은 디테르페노이드이다. 또한 디테르페노이드는 파두의 사하작용을 유발하는 성분이다. 그 밖에 파두에는 독성 단백질이 들어 있다. 파두의 활성과 독성 성분 및 분자구조에 대해서는 좀 더 자세한 연구가 필요하다.

참고문헌

1. ER Arroyo, J Holcomb. Structural studies of an active principle from *Croton tiglium*. *Journal of Medicinal Chemistry*. 1965, **8**(5): 672-675.

2. JH Kim, SJ Lee, YB Han, JJ Moon, JB Kim. Isolation of isoguanosine from *Croton tiglium* and its antitumor activity. *Archives of Pharmacal Research*. 1994, **17**(2): 115-118

3. JC Tsai, SL Tsai, WC Chang. Effect of ethanol extracts of three Chinese medicinal plants with laxative properties on ion transport of the rat intestinal epithelia. *Biological & Pharmaceutical Bulletin*. 2004, **27**(2): 162-165

4. 孫頌三, 趙燕潔, 周佩卿, 夏運峰. 巴豆霜對瀉下和免疫功能的影響. 中草藥. 1993, **24**(5):251-252, 259

5. 王新, 張宗友, 時永金, 蘭梅, 韓全力, 吳漢平, 金建平, 樊代明. 巴豆提取物誘導小鼠小腸組織中蛋白質差異表達的初步研究. 胃腸病學和肝病學雜誌. 2000, **9**(2): 103-106

6. 許繼德, 樊雪萍, 張經濟, 胡國慶. 巴豆油所致的嘔吐過程中狗胃腸道電活動的改變. 現代中西醫結合雜誌. 2003, 12(6): 577-578

7. 趙中夫, 劉明社, 武延儁, 賈晉太. 巴豆油體外抗結核分枝桿菌作用實驗研究. 長治醫學院學報. 2004, **18**(1): 1-3

---

* 산두근(山豆根), 속수자(續隨子), 천오(川烏), 천선자(天仙子), 천남성(天南星), 파두(巴豆), 반하(半夏), 감수(甘遂), 백부자(白附子), 부자(附子), 낭독(狼毒), 초오(草烏), 마전자(馬錢子), 등황(藤黃), 양금화(洋金花), 귀구(鬼臼), 철봉수[鐵棒樹, 또는 설상일지호(雪上一枝蒿)], 요양화(鬧羊花), 청랑충(靑娘蟲), 홍랑충(紅娘蟲), 반모(斑蝥), 섬수(蟾酥)

8. 趙中夫, 劉明社, 武延雋. 巴豆油抗多重耐藥結核分枝桿菌作用實驗研究. 長治醫學院學報. 2004, **18**(4): 241-243

9. 趙鳳鳴, 許冬青, 王明艷, 顧海, 耿潔. 巴豆生物鹼對人胃癌細胞SGC-7901的誘導分化作用研究. 中醫藥學刊. 2005, **23**(1): 134, 184

10. 劉秀德, 隋在雲. 巴豆總生物鹼對癌細胞質膜流動性及胞漿基質結構的影響. 山東中醫學院學報. 1995, **19**(3): 192-194

11. BL Van Duuren, L Langseth, A Sivak, L Orris. Tumor-enhancing principles of *Croton tiglium*. II. A comparative study. *Cancer Research*. 1966, **26**(8): 1729-1733

12. 魯德銀, 左丹, 郭淑芳, 鄧培, 王志潔, 孫瑜. 巴豆油對人巨細胞病毒誘發小鼠宮頸癌的促進作用. 湖北醫科大學學報. 1997, **18**(1): 1-4

13. 趙玫, 趙清正, 張春燕, 侯充, 郭金利, 王萍, 劉立新, 姚紅蕓, 于樹玉. 致癌劑DEN, 促癌劑巴豆油對大鼠肝α1抑制因子3基因表達的影響. 生物化學雜誌. 1992, **8**(6): 730-734

14. 蘭梅, 王新, 吳漢平, 樊代明. 巴豆提取物對人腸上皮細胞生物學特性的影響. 世界華人消化雜誌. 2001, **9**(4): 396-400

15. 張靜修, 王毅. 生, 熟巴豆對比實驗. 中藥材. 1992, **15**(9):29-30

16. 柯岩, 趙文明. 疔毒丸對小鼠巨噬細胞活性抑制作用的觀察. 首都醫學院學報. 1993, **14**(1): 16-18

17. S El-Mekkawy, MR Meselhy, N Nakamura, M Hattori, T Kawahata, T Otake. 12-O-acetylphorbol-13-decanoate potently inhibits cytopathic effects of human immunodeficiency virus type 1 (HIV-1), without activation of protein kinase C. *Chemical* & *Pharmaceutical Bulletin*. 1999, **47**(9):1346-1347

18. S El-Mekkawy, MR Meselhy, N Nakamura, M Hattori, T Kawahata, T Otake. Anti-HIV-1 phorbol esters from the seeds of Croton tiglium. *Phytochemistry*. 2000, **53**(4): 457-464

19. Y Ito, M Kawanishi, T Harayama, S Takabayashi. Combined effect of the extracts from *Croton tiglium*, *Euphorbia lathyris* or *Euphorbia tirucalli* and n-butyrate on Epstein-Barr virus expression in human lymphoblastoid P3HR-1 and Raji cells. *Cancer Letters*. 1981, **12**(3): 175-180

20. 蕭慶慈, 曾昌銀, 毛小平, 毛曉健. 巴豆牽牛子配伍的研究. 雲南中醫學院學報. 1998, **21**(2): 1-5, 13

선모 仙茅 CP, KHP

Curculigo orchioides Gaertn.

Curculigo

 개요

수선화과(Amaryllidaceae)

선모(仙茅, *Curculigo orchioides* Gaertn.)의 뿌리줄기를 건조한 것

중약명: 선모

선모속(*Curculigo*) 식물은 전 세계에 약 20종이 있으며 아시아, 아프리카, 호주 열대와 아열대 지역에 분포한다. 중국에 7종이 있는데 이 속에서 현재 약으로 사용되는 것이 3종이다. 이 종은 중국의 강소, 절강, 강서, 복건, 대만, 호남, 광동, 광서, 사천, 귀주, 운남 등에 분포되어 있으며 일본 및 동남아시아 각국에도 분포하고 있다.

'선모'라는 약명은《뇌공포자론(雷公炮炙論)》에 처음으로 기록되었으며 역대의 본초서적에 모두 기재되었다.《중국약전(中國藥典)》 (2015년 판)에 수록된 이 종은 중약 선모의 법정기원식물 내원종이다. 주요산지는 중국의 사천이며 그 밖에 광동, 광서, 운남, 귀주 등지에도 나는 것이 있다.《대한민국약전외한약(생약)규격집》(제4개정판)에는 선모를 "선모(*Curculigo orchioides* Gaertner, 수선화과)의 뿌리줄기"로 등재하고 있다.

선모에는 주로 시클로아르테인 트리테르펜 및 그 배당체인 메칠페놀과 클로알메칠페놀의 배당체 화합물이 있다.《중국약전》에서는 고속액체크로마토그래피법을 이용하여 건조시료 중 쿠르쿨리고시드의 함량을 0.10% 이상으로, 음편(飮片) 중 그 성분 함량을 0.080% 이상으로 약재의 규격을 정하고 있다.

약리연구를 통하여 선모에는 진정, 항경궐(抗驚厥, 갑자기 몹시 놀라서 정신을 잃고 넘어지며 몸이 싸늘해지는 증상), 항노화 등의 작용이 있는 것으로 알려져 있다.

한의학에서 선모는 보신양(補腎陽), 강근골(強筋骨), 거한습(祛寒濕) 등의 효능이 있다.

선모 仙茅 *Curculigo orchioides* Gaertn.

선모 仙茅 *Curculigo orchioides* Gaertn.

약재 선모 藥材仙茅 Curculiginis Rhizoma

1cm

함유성분

뿌리줄기에는 cycloartane type 트리테르페노이드와 그 배당체 성분으로 curculigenins A, B, C[1-2], curculigosaponins A, B, C, D, E, F, G, H, I, J, K, L[1-4], curculigol[5] 등이 함유되어 있으며, 메칠벤질 알코올과 클로로메텔벤질 알코올 배당체 성분으로 curculigoside, orcinol glucoside, curculigine A, B, C, curculigoside B[6], corchioside[7], 트리테르페노이드 성분으로 3β,11α,16β-trihydroxycycloartane-24-one-3-O-[β-D-glucopyranosyl(1→3)-β-D-glucopyranosyl(1→2)-β-D-glucopyranosyl]-16-O-a-L-arabinopyranoside, (24S)-3β,11α,16β,24-tetrahydroxycycloartane-3-O-[β-D-glucopyranosyl(1→3)-β-D-glucopyranosyl(1→2)-β-D-glucopyranosyl]-24-O-β-D-glucopyranoside[8] 등이 함유되어 있다.

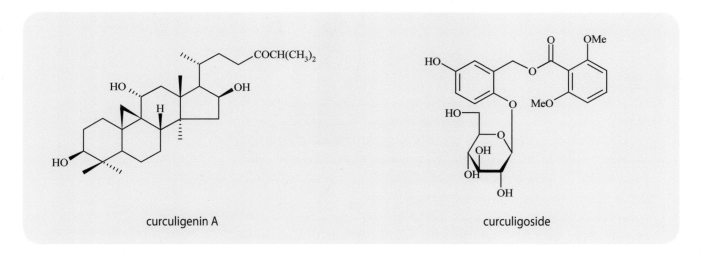

curculigenin A

curculigoside

선모 仙茅 CP, KHP

약리작용

1. 적응력 강화
선모의 알코올 추출물을 Mouse에 주입하면 산소결핍 상태에서의 생존시간을 뚜렷하게 연장시킨다. 선모의 알코올 추출물을 Mouse의 복강에 주사하면 항고온(抗高溫)작용이 뚜렷하게 나타난다[9].

2. 항노화
선모는 누에의 유충기, 성장기, 총 수명 등을 뚜렷하게 연장시킨다. 또 Mouse의 생존기간 및 평균 생존시간을 연장시킴과 동시에 심장, 뇌의 리포푸신 함량을 뚜렷하게 낮춘다.

3. 면역증강
선모 다당을 in vitro에서 단독으로 사용하면 Mouse의 비장임파세포의 증식을 촉진할 수 있다. 콘카나발린 A(Con A)가 존재하는 조건에서 선모 다당은 흉선세포 증식에 상호작용이 있으며 in vitro에서 나일론 섬유 콜로니에서 분리된 Mouse의 비장 T세포의 증식에 뚜렷한 자극효과가 있다. 또한 in vitro에서 하이드로코르티손 억제로 인한 Con A의 비장 T세포의 증식에 대해 길항작용이 있다. 하이드로코르티손으로 유도된 면역억제는 Mouse의 흉선 및 비장중량 감소, 흉선세포 및 비장 T세포, B세포의 증식에 대해 뚜렷한 억제작용이 있다[10].

4. 골질세포 감소 억제
선모의 알코올 추출물과 골질형성세포 UMR106을 함께 배양하여 3-(4,5-dimethyl-2-thiazoyl-2,5-diphenyl tetrazolium(MTT)법으로 세포 증식을 검출한 결과 선모는 뼈를 이루는 골질형성세포의 증식에 뚜렷한 촉진작용이 있다[11].

5. 진정, 항경궐
선모의 알코올 추출물에는 뚜렷한 진정작용이 있는데 선모의 알코올 추출물을 Mouse의 복강에 주사하면 펜토바르비탈로 유발된 수면시간을 뚜렷하게 연장시킬 수 있다. 또 피크로톡신으로 유발된 Mouse의 진동성 경궐의 출현시간을 늦춘다[9].

6. 항염
선모의 알코올 추출물을 복강에 주사하면 파두유(巴豆油)로 유발된 Mouse의 귓바퀴 종창에 대해 뚜렷한 억제작용이 있다[9].

7. 기타
선모를 달인 약액은 Na^+/K^+-ATP 효소의 활성을 뚜렷하게 제고한다. 또 관상동맥 확장과 심박동의 속도를 가속하는 작용이 있으며 푸린계통 전화효소의 활성을 증가시킴과 동시에 콜레시스토키닌의 분비를 촉진한다[12].

용 도

선모는 중의임상에서 사용하는 약이다. 온신장양(溫腎壯陽, 신장을 따뜻하게 하고 양기를 보충해 주는 효능), 강근골(強筋骨, 근육과 뼈를 강하고 튼튼하게 함) 등의 효능이 있으며, 신양부족[腎陽不足, 신기(腎氣)의 손상으로 전신을 따뜻하게 해 주는 양기가 부족하여 생기는 병증], 설사 등의 치료에 사용한다.

현대임상에서는 선모를 남성갱년기 합병증[14], 불임증, 폐경, 기능저하성 자궁 출혈, 유선증식[13], 겉에 나는 부스럼과 종기에 동통이 있는 것 등의 병증에 사용하기도 한다.

해 설

선모는 다양하게 쓰이는 전통 중약이다. 근래 선모에 대한 보고가 비교적 많지만 주로 임상용도 방면에 집중되어 있을 뿐, 그의 활성성분과 작용기전에 대한 연구는 비교적 적다. 선모의 유효한 이용을 위해 반드시 다양한 연구와 개발이 필요하다.

참고문헌

1. JP Xu, RS Xu, New cycloartane sapogenin and its saponins from *Curculigo orchioides*. *Chinese Chemical Letters*. 1991, **2**(3): 227-230

2. JP Xu, RS Xu. Cycloartane-type sapogenins and their glycosides from *Curculigo orchioides*. *Phytochemistry*. 1992, **31**(7): 2455-2458

3. JP Xu, RS Xu, XY Li. Glycosides of a cycloartane sapogenin from *Curculigo orchioides*. *Phytochemistry*. 1991, **31**(1): 233-236

4. JP Xu, RS Xu, XY Li. Four new cycloartane saponins from *Curculigo orchioides*. *Planta Medica*. 1992, **58**(2): 208-210

5. TN Misra, RS Singh, DM Tripathi, SC Sharma. Curculigol, a cycloartane triterpene alcohol from *Curculigo orchioides*. *Phytochemistry*. 1990, **29**(3): 929-931

6. 徐俊平, 徐任生. 仙茅的酚性苷成分研究. 藥學學報. 1992, **27**(5): 353-357

7. TN Misra, RS Singh, DM Tripathi. Aliphatic compounds from *Curculigo orchioides* rhizomes. *Phytochemistry*. 1984, **23**(10): 2369-2371

8. 李寧, 賈愛群, 劉玉青, 周俊. 仙茅中兩个新的环阿尔廷醇型三萜皂苷. 雲南植物研究. 2003, **25**(2): 241-244

9.   陳泉生, 陳萬群, 楊士琰. 仙茅的藥理研究. 中國中藥雜誌. 1989, **14**(10): 42-44

10. 周勇, 張麗, 趙離原, 張桂燕, 馬學清, 葛東宇, 汪傳江, 嚴宣佐. 仙茅多糖對小鼠免疫功能調. 上海免疫學雜誌. 1996, **16**(6): 336-338

11. 高曉燕, 杜曉鵑, 趙春穎. 补肾中藥對成骨样細胞UMR106增殖的影響(I). 承德醫學院學報. 2001, **18**(4): 283-285

12. 黃有霖. 仙茅的研究進展. 中藥材. 2003, **26**(3): 225-228

13. 曹建西, 陳劍. 仙茅乳瘤消湯治療乳腺增生病202例療效观察. 河南中醫藥學刊. 2001, **16**(1): 15

14. 楊曉勇. 仙茅湯加味治療男性更年期綜合症48例. 湖南中醫雜誌. 2002, **18**(5): 32

온울금 溫鬱金 ^{CP, KP}

Curcuma wenyujin Y. H. Chen et C. Ling

Zhejiang Curcuma

개요

생강과(Zingiberaceae)

온울금(溫鬱金, *Curcuma wenyujin* Y. H. Chen et C. Ling)의 뿌리줄기를 건조한 것

건조한 뿌리줄기를 세로로 자른 조각

중약명: 아출(莪朮), 울금(鬱金)

중약명: 편강황(片薑黃)

강황속(*Curcuma*) 식물은 전 세계에 약 50종이 있으며 주로 동남아시아에서부터 호주 북부에 분포한다. 중국에서 나는 것은 7종이며 모두 약으로 쓸 수 있다. 온울금은 중국의 절강에 분포한다.

'아출'과 '울금'의 약명은 《약성론(藥性論)》에 처음으로 기재되었고, '편강황'이란 약명은 《본초강목(本草綱目)》에 처음으로 기재되었다. 《중국약전(中國藥典)》(2015년 판)에 수록된 이 종은 중약 울금과 아출의 법정기원식물의 하나로 기재하였으며, 편강황의 법정기원식물로 기재하였다. 주요산지는 중국 절강이다. 《대한민국약전》(11개정판)에는 울금을 "생강과에 속하는 온울금(*Curcuma wenyujin* Y. H. Chen et C. Ling.), 강황(薑黃, *Curcuma longa* Linne), 광서아출(廣西莪朮, *Curcuma kwangsiensis* S. G. Lee et C. F. Liang) 또는 봉아출(蓬莪朮, *Curcuma phaeocaulis* Val.)의 덩이뿌리로서 그대로 또는 주피를 제거하고 쪄서 말린 것"으로 등재하고 있다.

강황속 식물의 주요 활성성분은 정유와 쿠르쿠민 화합물이다. 《중국약전》에서는 정유함량측정법을 이용하여 정유함량을 1.5%(mL/g) 이상으로, 음편(飮片) 중 정유함량 1.0%(mL/g) 이상으로, 편강황 중 정유함량을 1.0%(mL/g) 이상으로 약재의 규격을 정하고 있다.

약리연구를 통하여 온울금은 혈관이완, 진통, 간 보호, 항종양 등의 작용이 있는 것으로 알려져 있다.

한의학에서 아출은 파혈행기(破血行氣)하고 소적지통(消積止痛)하는 효능이 있다. 울금은 활혈지통(活血止痛)하고 행기해울(行氣解鬱)하는 효능이 있다. 편강황은 활혈행기(活血行氣)하고 통경지통(通經止痛)하는 효능이 있다.

온울금 溫鬱金
Curcuma wenyujin Y. H. Chen et C. Ling

약재 울금 藥材鬱金 덩이뿌리 塊根
Curcumae Wenyujin Radix

1cm

약재 아출 藥材莪朮 뿌리줄기
Curcumae Wenyujin Rhizoma

약재 편강황 藥材片薑黃 뿌리줄기
Wenyujin Concisum Rhizoma

1cm

1cm

함유성분

뿌리줄기에는 정유성분으로 curdione, curcumol, β,δ,γ-elemene, germacrone, germacrene, camphor, curcumalactone, neocurdione, wenjine, furanodiene, curcumenone[1-4] 등이 함유되어 있다.
덩이뿌리와 뿌리줄기에는 쿠르쿠민 성분으로 curcumin, demethoxycurcumin, bisdemethoxycurcumin[5] 등이 함유되어 있다.

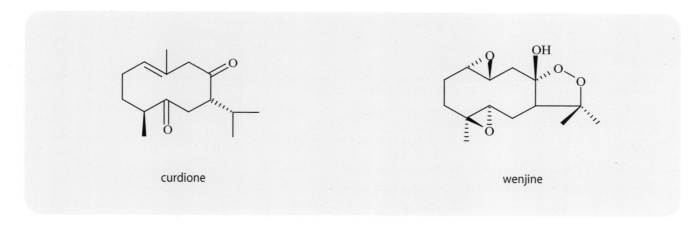

curdione

wenjine

약리작용

1. **혈관이완**
   온울금 뿌리줄기의 메탄올 추출물 및 커큐민, 세스퀴테르페노이드 성분을 Rat의 적출동맥혈관에 주입시키면 혈관을 이완하는 작용이 있다[6].

2. **진통**
   온울금의 덩이뿌리의 생품과 포제품(식초로 구운 것)의 추출물을 Mouse에게 복용시키면 초산으로 인한 자극반응 횟수를 감소시킬 수 있으며 Mouse의 열판자극으로 인한 동통반응의 통증역치를 제고시킨다. 그중 식초제품의 작용이 가장 강력하게 지속된다[7].

3. **간 보호**
   온울금의 주사액(정유만 함유된 것)은 in vitro에서 $^{14}CCl_4$ 대사물과 간미립체지질과 단백질 공유결합에 대하여 강한 억제작용을 유발한다. 또한 복강에 주사하면 사염화탄소로 유발된 중독성 간염에 걸린 Rat의 비장세포 용균반형성세포(PFC)를 감소시킨다. 그 밖에 지질을 제거하고 간의 섬유화작용을 억제할 수 있다[8-9].

4. **항종양**
   온울금 덩이뿌리를 수증기에 증류한 증류액을 위에 주입하면 인체위암을 이식한 nude mice의 이식종양이 자라는 것을 뚜렷하게 억제하며 암세포 중의 혈관내피성장인자(VEGF)의 발현을 조절하고 암세포 내의 모세혈관 밀도를 감소시킨다[10]. 온울금 뿌리줄기의 초임계 이산화탄소 추출로 얻어낸 정유를 in vitro에서 폐선암세포 SPC-A-1에 주입하면 뚜렷한 억제작용이 있다[11]. 온울금 덩이뿌리의 추출물, 에테르 추출물, 알코올 추출물을 위에 주입하면 Mouse의 위조직과 혈장의 생장억제효소 수준을 제고한다[12].

5. 항산화

온울금 덩이뿌리의 수증기 증류액을 위에 주입하면 Mouse의 방사선으로 유발된 지질과산화(LPO)의 함량을 억제시키고 슈퍼옥시드디스무타아제의 활성을 제고하며 글루타치온과산화효소(GSH-Px)의 활성호르몬을 제고시킨다. 이러한 작용은 산화효소의 보호 또는 활성, LPO 생성의 감소 등을 통해서 진행되는 것으로 예측된다[13-14].

용도

울금은 중의임상에서 사용하는 약이다. 양혈행기지통[涼血行氣止痛, 혈분(血分)의 열사(熱邪)를 제거하고 기를 소통시켜 통증을 멎게 함] 등의 효능이 있으며, 기체혈어(氣滯血瘀, 기가 몰린 지 오래되어 어혈이 생긴 것)로 인한 흉협복통, 열병신혼(熱病神昏, 높은 열을 동반한 병으로 정신이 혼미하거나 정신을 잃은 것), 전간담폐증(癲癇痰閉證, 경련·의식장애 등 발작을 계속 되풀이하여 담이 막히는 증상), 간담의 습열증, 기화상역(氣火上逆)으로 인한 출혈증, 코피 및 부녀의 월경 출혈 등의 치료에 사용한다.

현대임상에서는 생리통, 폐경, 고지혈증, 중풍(뇌혈전) 회복기의 반신불수, 타박상 등의 병증에 사용한다.

해 설

현재 생강과 강황속 식물은 사용 시 혼동을 유발할 수 있다. 온울금의 각기 다른 부위와 상이한 가공방법에 따라 《중국약전》에서는 세 가지로 나누어 사용한다. 덩이뿌리는 중약 울금의 내원종이며, 뿌리줄기는 중약 아출의 내원종 중 하나이다. 또한 뿌리줄기를 세로로 썬 것은 중약 편강황의 유일한 내원종이다. 이 종은 일약다용(一藥多用)의 용도로 깊게 연구할 필요가 있다.

온울금은 임상용도가 다양하지만 온울금의 함유성분과 약리작용의 연구보고는 상대적으로 비교적 많지 않은데 이에 대해서는 추가적인 연구가 필요하다.

참고문헌

1. T Ohkura, J Gao, T Nishishita, K Harimaya, T Kawamata, S Inayama. Identification of sesquiterpenoid constituents in the essential oil of *Curcuma wenyujin* by capillary gas chromatographic mass spectrometry. *Shoyakugaku Zasshi*. 1987, **41**(2): 102-107

2. J Gao, J Xie, Y Iitaka, S Inayama. The stereostructure of wenjine and related (1S, 10S), (4S, 5S)-germacrone-1(10), 4-diepoxide isolated from *Curcuma wenyujin. Chemical & Pharmaceutical Bulletin*. 1989, **37**(1): 233-236

3. T Ohkura, JF Gao, JH Xie, S Inayama. A GC/MS (gas chromatographic-mass spectrometric) study on constituents isolated from *Curcuma wenyujin. Shoyakugaku Zasshi*. 1990, **44**(3): 171-175

4. 李愛群, 胡學軍, 鄧遠輝, 姚崇舜, 王淑君, 陳濟民. 溫莪朮揮發油的成分. 中草藥. 2001, **32**(9): 782-783

5. 陳健民, 陳毓亨, 余竟光. 薑黃屬根莖和塊根中薑黃素類化合物的含量測定. 中草藥. 1983, **14**(2): 59-62

6. Y Sasaki, H Goto, C Tohda, F Hatanaka, N Shibahara, Y Shimada, K Terasawa, K Komatsu. Effects of Curcuma drugs on vasomotion in isolated rat aorta. *Biological & Pharmaceutical Bulletin*. 2003, **26**(8): 1135-1143

7. 邱魯嬰. 炮製對鬱金鎮痛作用影響的研究. 時珍國醫國藥. 2001, **12**(6): 501

8. 張偉榮. 溫鬱金注射液對¹⁴CCl₄代謝物與肝微粒體脂質和蛋白質共價結合的抑制作用研究. 中醫藥學報. 1990, **2**: 46-48

9. 俞彩珍, 王德敏, 李宗梅. 中藥溫鬱金對病毒性肝炎治療作用的研究. 黑龍江中醫藥. 1992, **5**: 44-45

10. 王佳林, 呂宾, 倪桂宝, 麻林愛, 徐毅. 溫鬱金對VEGF和MVD在人胃癌裸小鼠移植瘤中表達的研究. 腫瘤. 2005, **25**(1): 55-57

11. 聶小華, 敖宗華, 尹光耀, 陶文沂. 提取技術對溫莪朮揮發油化學成分及其體外抗腫瘤活性的影響. 藥物生物技術. 2003, **10**(3): 152-154

12. 徐毅, 呂宾, 項柏康, 丁志山. 溫鬱金對鼠血漿和胃組織生長抑素水平的影響. 中國中西醫結合消化雜誌. 2004, **12**(4): 222-224

13. 王濱, 曹軍. 溫鬱金提取液抗自由基損傷的實驗研究. 中國中醫藥科技. 1996, **3**(1): 21-22

14. 王濱, 周麗, 牛淑冬, 曹軍, 陳曉冬. 溫鬱金提取液在輻射損傷過程中對抗氧化酶活力的影響. 中醫藥學報. 2000, **28**(2): 74-75

갯실새삼 菟絲子 CP, KHP

Convolvulaceae

Cuscuta chinensis Lam.

Chinese Dodder

 개요

메꽃과(Convolvulaceae)

갯실새삼(菟絲子, *Cuscuta chinensis* Lam.)의 잘 익은 씨를 건조한 것

중약명: 토사자(菟絲子)

새삼속(*Cuscuta*) 식물은 전 세계에 약 170종이 있으며 전 세계의 난 · 온대 지역에 넓게 분포한다. 주요산지는 아메리카이며 중국에 9종이 있다. 이 속 식물 중에서 약재로 사용되는 것이 4종이다. 갯실새삼은 중국 각지에 대부분 분포하는데 북방의 각 성에 주로 분포한다.

'토사자'의 약명은 《신농본초경(神農本草經)》에 상품으로 처음 기재되었으며, 역대 본초서적에 많이 수록되었다. 《중국약전(中國藥典)》(2015년 판)에 수록된 이 종은 중약 토사자의 법정기원식물이다. 주요산지는 중국의 산동, 하북, 산서, 섬서, 강소 등이다. 《대한민국약전외한약(생약)규격집》(제4개정판)에는 토사자를 "갯실새삼(*Cuscuta chinensis* Lamark, 메꽃과)의 씨"로 등재하고 있다.

갯실새삼에 주로 함유된 성분은 플라보노이드 화합물이며 그 외에 리그난, 쿠마린 등의 성분이 있다. 그중 플라보노이드 성분이 갯실새삼의 주요 약리활성성분이다. 대다수 갯실새삼에 대한 연구에서는 플라보노이드 성분인 쿠에르세틴과 캠페롤을 지표성분으로 하여 약재의 규격을 정하고 있다. 《중국약전》에서는 고속액체크로마토그래피법을 이용하여 건조시료 중 히페로시드의 함량을 0.10% 이상으로 약재의 규격을 정하고 있다.

약리연구를 통하여 갯실새삼에는 성기능 증강, 정자운동 촉진, 면역력 조절, 간 보호, 항노화 및 눈을 밝게 하는 작용이 있다.

한의학에서 토사자는 보간신(補肝腎), 명목(明目), 익정(益精), 안태(安胎)의 효능이 있다.

갯실새삼 菟絲子 *Cuscuta chinensis* Lam.

갯실새삼 菟絲子 CP, KHP

새삼 金燈藤 *C. japonica* Choisy

화남토사자 華南菟絲子 *C. australis* R. Br.

약재 토사자 藥材菟絲子 Cuscutae Semen

1cm

약재 대토사자 藥材大菟絲子 Cuscutae Japonicae Semen

1cm

함유성분

씨에는 플라보노이드 성분으로 quercetin, astragalin, hyperin, quercetin-3-O-β-D-galactoside-7-O-β-D-glucoside[1], kaempferol, 4',4,6-trihy-droxyaurone[2], isorhamnetin[3], 리그난류 성분으로 neo-sesamin[2], d-sesamin[3], cuscutosides A, B[4], neocuscutosides A, B, C[5], 그리고 알칼로이드 성분으로 cuscutamine[4] 등이 함유되어 있다. 또한 lecithin, cephalin[6] 등이 함유되어 있으며, 두 개의 산성 다당류 H_2, H_3와 두 개의 중성 이종다당류 H_6, H_8가 분리되었다[7-9].

전초에는 d-sesamin, 9(R)-hydroxy-d-sesamin, d-pinoresinol[10] 등이 함유되어 있다.

hyperin

neo-sesamin

약리작용

1. 생식계통에 대한 작용

토사자를 달인 약액은 초파리에 대해 성활력작용이 있다. 토사자는 인체의 정자운동을 촉진한다[11-12]. 토사자의 플라보노이드를 위에 주입하면 Rat의 뇌하수체, 난소, 자궁중량을 증가시키며 난소융모자극호르몬/황체형성호르몬의 분비 및 뇌하수체에 대한 생식선자극호르몬 방출호르몬의 반응성을 증강시킨다. 토사자의 플라보노이드는 미성년 수컷 Mouse의 고환 및 부고환의 중량을 증가시킨다. 체외배양된 인체조임융모 조직의 분비 및 Rat의 적출고환간질 세포에서 테스토스테론의 분비를 촉진한다[13-14]. 토사자의 플라보노이드를 위에 주입하면 스트레스성 Rat 하구뇌신경전달물질인 β-아드레날린을 감소시키고 뇌하수체의 LH 수준을 상승시키는데 이는 토사자의 플라보노이드가 뇌하구–뇌하수체–성선축의 기능을 조절함으로써 발현되는 것으로 보인다[15].

2. 면역조절

토사자의 유효성분인 하이페린의 중용량(300mg/kg & 150mg/kg)을 복강에 주사하면 Mouse의 흉선중량, 복강대식세포의 탐식기능, 비장 T임파세포 및 B임파세포의 증식 등에 뚜렷한 억제작용이 있다. 소용량(50mg/kg)을 주사하면 Mouse의 비장 T임파세포, B임파세포의 증식반응과 복강대식세포의 탐식기능 증강이 뚜렷하다. *In vitro* 실험에서도 적당한 농도의 하이페린이 면역세포의 기능을 증강하는 효과가 뚜렷하다는 것이 증명되었다[16].

3. 항노화

토사자를 달인 약액을 위에 주입하면 D–갈락토오스로 유발된 노화모델 Mouse의 적혈구 C_{3b}수용체환화율(RBC · C_{3b}RR)을 높이고 Mouse의 면역복합물화환율(ICR)을 저해한다. 노화모델 Mouse의 적혈구 면역효능을 뚜렷하게 증강하고 노화작용을 지연시키는 작용이 있다[17].

4. 간 보호

사염화탄소로 유발된 Mouse의 간 손상에 토사자 추출액을 주입하면 혈청 글루타민산 피루빈산 트란스아미나제(GPT), 혈중 젖산, 초성포도산 등의 수준을 낮추고 간의 당원과 부신의 아스코르브산 수준을 높여 준다. 이와 같은 작용으로 토사자는 간 보호 활성이 있음을 알 수 있다[18].

5. 명목작용

토사자를 위에 주입하면 D–갈락토오스로 유발된 Rat의 백내장 형성을 늦출 수 있는데 그 작용기전은 알도스환원효소의 활성을 저해하고 다원알코올탈수효소, 헥소키나아제, 포도당–6–인산탈수소효소 등의 활성을 증강시킴으로써 발현한다. 토사자는 또한 백내장에 걸린 Rat의 수정체 중의 효소이상변화를 억제하거나 바로잡을 수 있다[19].

6. 기타

Mouse의 유영 및 산소결핍 내성 실험에서 토사자를 달인 약액을 위에 주입하면 비특이성 저항력을 증강시킬 수 있다[11].

용 도

토사자는 중의임상에서 사용하는 약이다. 보신고정[補腎固精, 신기(腎氣)가 견고하지 못해 발생하는 유정(遺精), 활설(滑泄)을 치료함], 양간명목[養肝明目, 간(肝)의 음액(陰液)을 보태어 주어 눈을 밝게 함] 등의 효능이 있으며, 신허요통(腎虛腰痛, 신장의 기능이 허약해져서 나타

갯실새삼 菟絲子 ^{CP. KHP}

나는 요통), 간신부족[肝腎不足, 간신음허(肝腎陰虛)와 같은 뜻으로 간과 신장의 음혈이 부족하여 허약함]으로 인한 눈의 영양결핍 및 목혼목암(目昏目暗, 눈이 어두워져 잘 보이지 않는 병증), 시력감퇴, 비장과 신장이 허하여 생기는 설사, 간신부족으로 인한 신허소갈[腎虛消渴, 신(腎)의 정기(精氣)가 부족함으로 인한 소갈(消渴)] 등의 치료에 사용한다.
현대임상에서는 만성 전립선염[19] 등의 병증에 사용한다.

 ## 해 설

토사자 외에 동속식물인 새삼(金燈藤, *Cuscuta japonica* Choisy, 일본토사자 혹은 대토사자라 불림), 남방토사자(南方菟絲子, *C. australis* R. Br.) 등이 있으며 중국의 대부분 지역에서는 토사자를 약으로 쓴다. 특히 남방토사자는 이미 토사자 약재의 주류품종의 하나로 인정받고 있다. 연구에서 증명된 바와 같이 남방토사자와 갯실새삼의 주요 함유성분과 효능은 매우 유사하다. 더욱 다양한 연구개발을 통하여 갯실새삼의 약용자원을 광범위하게 이용할 필요가 있다.

 ## 참고문헌

1. 金曉, 李家實, 閻文玫. 菟絲子黃酮類成分的研究. 中國中藥雜誌. 1992, **17**(5): 292-294

2. 王展, 何直升. 菟絲子化學成分的研究. 中草藥. 1998, **29**(9): 577-579

3. 葉敏, 閻玉凝, 喬梁, 倪雪梅. 中藥菟絲子化學成分研究. 中國中藥雜誌. 2002, **27**(2): 115-117

4. S Yahara, H Domoto, C Sugimura, T Nohara, Y Niiho, Y Nakajima, H Ito. An alkaloid and two lignans from *Cuscuta chinensis. Phytochemistry*. 1994, **37**(6): 1755-1757

5. SX Xiang, ZS He, Y Ye. Furofuran lignans from *Cuscuta chinensis. Chinese Journal of Chemistry*. 2001, **19**(3): 282-285

6. 許益民, 王永珍, 郭戎, 于漣, 姜小平. 五子衍宗丸及其組成中藥磷脂成分的分析. 中草藥. 1989, **20**(7): 15-17

7. 王展, 方積年. 具有抗氧化活性的酸性菟絲子多糖H2的研究. 植物學報. 2001, **43**(3): 243-248

8. 王展, 方積年. 菟絲子多糖H3的研究. 藥學學報. 2001, **36**(3): 192-195

9. 王展, 鮑幸峰, 方積年. 菟絲子中兩個中性雜多糖的化學結構研究. 中草藥. 2001, **32**(8): 675-678

10. 葉敏, 閻玉凝, 倪雪梅, 喬梁. 菟絲子全草化學成分的研究. 中藥材. 2001, **24**(5): 339-341

11. 宓鶴鳴, 郭澄, 宋洪濤, 郭良君, 喬智勝, 張芝玉, 蘇中武, 鄭漢臣, 李承祐. 三種菟絲子補腎壯陽作用的比較. 中草藥. 1991, **22**(12): 547-550

12. 彭守靜, 陸仁康, 俞麗華, 王福楠. 菟絲子, 仙茅, 巴戟天對人精子體外運動和膜功能影響的研究. 中國中西醫結合雜誌. 1997, **17**(3): 145-147

13. 秦達念, 佘白蓉, 佘運初. 菟絲子黃酮對實驗動物及人絨毛組織生殖功能的影響. 中藥新藥與臨床藥理. 2001, **11**(11): 349-351

14. 王建紅, 王敏璋, 伍慶華, 閔建新, 陳曉凡, 歐陽棟. 菟絲子黃酮對應激大鼠卵巢內分泌的影響. 中草藥. 2002, **33**(12): 1099-1101

15. 王建紅, 王敏璋, 歐陽棟, 伍慶華. 菟絲子黃酮對心理應激雌性大鼠下丘腦β-EP與腺垂體FSH, LH的影響. 中藥材. 2002, **25**(12): 886-888

16. 顧立剛, 葉敏, 閻玉凝, 賈翎, 趙建晴. 菟絲子金絲桃苷體內外對小鼠免疫細胞功能的影響. 中國中醫藥信息雜誌. 2001, **11**(8): 42-44

17. 王昭, 朴金花, 張鳳梅, 李晶, 白大芳, 楊晶. 菟絲子對D-半乳糖所致衰老模型小鼠紅細胞免疫功能的影響. 黑龍江醫藥科學. 2003, **12**(26): 16-17

18. 郭澄, 蘇中武, 李承祐, 張芝玉, 鄭漢臣. 中藥菟絲子保肝活性的研究. 時珍國藥研究. 1992, **3**(2): 62-64

19. 王本祥. 現代中藥藥理學. 天津 : 天津科學技術出版社. 1997: 1248-1250

천우슬 川牛膝 CP

Cyathula officinalis Kuan
Medicinal Cyathula

 개요

비름과(Amaranthaceae)

천우슬(川牛膝, *Cyathula officinalis* Kuan)의 뿌리를 건조한 것

중약명: 천우슬

배현속(*Cyathula*) 식물은 전 세계에 약 27종이 있으며 주로 아시아, 호주, 아프리카, 아메리카에 분포한다. 중국산은 약 4종이 있으며, 이 속에서 약재로 사용되는 것은 3종이다. 이 종은 중국의 사천, 운남, 귀주 등지에 분포한다.

'천우슬'의 약명은 《전남본초(滇南本草)》에 처음으로 기재되었으며 천우슬의 분포와 이용은 중국의 서남 지역에서 가장 많다. 《중국약전(中國藥典)》(2015년 판)에 수록된 이 종은 중약 천우슬의 법정기원식물이다. 천우슬은 주요산지인 사천의 천(川)에서 유래한 이름이다. 주요산지는 사천의 천전현(天全懸)이며 그로 인하여 예전에는 천전우슬(天全牛膝)이라고 불렸다. 《대한민국약전》(11개정판)에는 우슬을 "비름과에 속하는 쇠무릎(*Achyranthes japonica* Nakai) 또는 우슬(*Achyranthes bidentata* Blume)의 뿌리"로 등재하고 있다.

천우슬의 주요 활성성분으로는 케토스테로이드 화합물 외에 다당류 등이 있다. 《중국약전》에서는 고속액체크로마토그래피법을 이용하여 건조시료를 기준으로 천우슬 중 시스애스테론의 함량을 0.03% 이상으로 약재의 규격을 정하고 있다.

약리연구를 통하여 천우슬에는 항종류, 항염, 면역효능 증강 등의 작용이 있는 것으로 알려져 있다.

한의학에서 천우슬은 활혈통경(活血通經), 통리관절(通利關節)의 효능이 있다.

천우슬 川牛膝 *Cyathula officinalis* Kuan

천우슬 川牛膝 CP

1cm

함유성분

뿌리에는 sterones 성분으로 cyasterone, isocyasterone, capitasterone[1-3], amarasterones A, B, precyasterone, sengosterone[4-6], post-sterone, epicyasterone[7-8], 그리고 다당류 성분으로 Cyathula officinalis polysaccharides (RCP), fructan CoPS3[9-10] 등이 함유되어 있다. 또한 두 개의 cyasterone stereoisomers인 28-epi-cyasterone, 25-epi-28-epi-cyasterone[11]과 여기에 더하여 2,3-isopropylidene cyasterone, 24-hydroxy-cyasterone, 2,3-isopropylidene isocyasterone[12] 등이 함유되어 있다.

cyasterone

약리작용

1. **항염, 진통**

   천우슬을 달인 약액을 위에 주입하면 디메칠벤젠으로 유발된 Mouse의 귓바퀴 종창을 감소시킬 수 있다. 천우슬을 달인 약액을 위 혹은 피하에 주사하면 카라기난으로 유발된 Mouse의 발바닥 종창을 뚜렷하게 억제한다. 천우슬을 달인 약액을 위에 주입하면 Rat의 단백에 의해 유발된 발바닥 종창을 명확히 억제함과 동시에 Mouse의 초산으로 인한 경련을 감소시킨다.

2. **혈류변화학적 영향**

   천우슬을 달인 약액을 위에 주입하면 피가 뭉친 Rat의 혈장점도를 명확히 낮추며 적혈구의 변형능력을 증강시킨다. 또한 아드레날린으로 유발된 Mouse의 장계막미세순환장애를 개선한다[13].

3. 면역효능 증강

천우슬 다당류를 위에 주입하면 Mouse의 망상내피계통의 탐식 및 용혈용균반형성세포(PFC)의 반응능력을 증강하고 Mouse 적혈구 C_{3b}수용체화환율($RBC \cdot C_{3b}RR$)을 제고하며 면역복합물화환율(ICR)을 낮추고 자연살상세포(NK-cell)의 살상활성을 증강한다[14-15].

4. 항종류

천우슬의 다당류를 위에 주입하면 Mouse의 복수형 종양 S180 및 간암세포 H22의 증식을 억제하고 시클로포스파미드로 유발된 정상 혹은 담낭암에 걸린 Mouse의 백혈구 감소에 대하여 뚜렷한 회복작용이 있다[16-17].

5. 항병독

천우슬의 다당황산염은 *in vitro*에서 II형 단순포진바이러스로 유발된 세포병변을 강력하게 억제한다[18].

6. 항생육

Mouse의 위에 천우슬의 벤젠, 에칠아세테이트, 에탄올 추출물을 주입하면 항생육, 항착상작용이 있다. 그중 벤젠 추출물의 작용이 가장 강력하다[19].

7. 기타

천우슬을 달인 약액을 위에 주입하면 Mouse의 혈청, 간, 신장조직 중의 단백질과 RNA의 합성을 촉진하고 Rat의 적출자궁에서 수축을 억제한다. 천우슬의 추출물은 Trp-P-1로 유발된 세포돌연변이를 강력하게 억제한다[20].

용 도

천우슬은 중의임상에서 사용하는 약이다. 활혈거어(活血祛瘀, 혈액순환을 촉진하여 어혈을 제거함), 거풍이습[祛風利濕, 풍사(風邪)를 제거하고 습사(濕邪)가 정체된 것을 잘 행하게 해 줌], 축수통경[逐水痛經, 몸속의 수기를 빼내고 경폐(經閉)를 치료하여 월경이 재개되게 함] 등의 효능이 있으며, 풍습비통(風濕痺痛, 풍습으로 인해 관절이 아프고, 통증이 심해지는 증상), 포의불하[胞衣不下, 태아를 분만한 후 태반(胎盤)이 잘 나오지 않는 증상], 산후어혈로 인한 복통, 열림(熱淋, 임병의 하나로 오줌의 빛이 붉어지고 아랫배가 몹시 아픔) 및 석림(石淋, 임증의 하나로 음경 속이 아프면서 소변에 모래나 돌 같은 것이 섞여 나오는 병증)과 풍습으로 인한 요슬산연(腰膝酸軟, 허리와 무릎이 시큰거리고 힘이 없어지는 증상), 타박상 등의 치료에 사용한다.

현대임상에서는 천우슬을 잇몸이 부어올라 아픈 데, 소아마비 후유증 등의 병증에 사용한다.

해 설

우슬과 천우슬의 기원식물은 각기 비름과(Amaranthaceae)의 비름속(*Achyranthes*)과 배현속(*Cyathula*)에 속하는데 양자의 함유성분은 뚜렷한 차이가 있다. 중의이론에서는 양자의 효능은 기본적으로 유사하다고 인정하고 있지만, 우슬은 간과 신장을 보익하고 근골을 튼튼하게 하는 데 특징이 있고, 천우슬은 혈액순환을 개선하고 뭉친 것을 푸는 데 특징이 있다. 근래 학계에서는 이와 같은 평가에 대하여 논쟁의 여지가 있어, 이후 양자의 차이점에 대하여 전면적이고도 체계적인 연구가 필요할 것이다. 사천에는 현재 천우슬의 대규모 재배단지가 세워져 있다.

참고문헌

1. H Hikino, Y Hikino, K Nomoto, T Takemoto. Steroids. I. Cyasterone, an insect metamorphosing substance from *Cyathula capitata*:structure. *Tetrahedron*. 1968, **24**(13): 4895-4906

2. H Hikino, K Normoto, T Takemoto. Steroids. XII. Isocyasterone, an insect metamorphosing substance from *Cyathula capitata*. *Phytochemistry*. 1971, **10**(12): 3173-3178

3. T Takemoto, K Nomoto, Y Hikino, H Hikino. Structure of capitasterone, a novel C29 insect-molting substance from *Cyathula capitata*. *Tetrahedron Letters*. 1968, **47**: 4929-4932

4. T Takemoto, K Nomoto, H Hikino. Structure of amarasterone A and B, novel C29 insect-molting substances from *Cyathula capitata*. *Tetrahedron Letters*. 1968, **48**: 4953-4956

5. H Hikino, K Nomoto, R Ino, T Takemoto. Structure of precyasterone, a novel C29 insect-moulting substance from *Cyathula capitata*. *Chemical & Pharmaceutical Bulletin*. 1970, **18**(5): 1078-1080

6. H Hikino, K Nomoto, T Takemoto. Steroids. IX. Sengosterone, an insect metamorphosing substance from *Cyathula capitata*:structure. *Tetrahedron* 1970, **26**(3): 887-898

7. H Hikino, K Nomoto, T Takemoto. Poststerone, a metabolite of insect metamorphosing substances from *Cyathula capitata*. *Steroids*. 1970, **16**(4): 393-400

8. H Hikino, K Nomoto, T Takemoto. Structure of isocyasterone and epicyasterone, novel C29 insect-moulting substances from *Cyathula capitata*. *Chemical & Pharmaceutical Bulletin*. 1971, **19**(2): 433-435

9. 劉穎華, 何開澤, 張軍峰, 蒙義文. 川牛膝多糖的分離, 純化及單糖組成. 應用與環境生物學報. 2003, **9**(2): 141-145

10. XM Chen, GY Tian. Structural elucidation and antitumor activity of a fructan from *Cyathula officinalis* Kuan. *Carbohydrate Research*. 2003, **338**(11): 1235-1241

11. K Okuzumi, N Hara, H Uekusa, Y Fujimoto. Structure elucidation of cyasterone stereoisomers isolated from *Cyathula officinalis*. *Organic & Biomolecular Chemistry*. 2005, **3**(7): 1227-1232

12. R Zhou, BG Li, GL Zhang. Chemical study on *Cyathula officinalis* Kuan. *Journal of Asian Natural Products Research*. 2005, **7**(3): 245-252

13. 陳紅, 石聖洪. 中藥川, 懷牛膝對小鼠微循環及大鼠血液流變學的影響. 中國微循環. 1998, **2**(3): 182-184

14. 李祖倫, 石聖洪, 陳紅, 劉友平. 川牛膝多糖的免疫活性研究. 中藥材. 1998, **21**(2): 90-92

15. 李祖倫, 石聖洪, 陳紅, 劉友平. 川牛膝多糖促紅細胞免疫功能研究. 中藥藥理與臨床. 1999, **15**(4): 26-27

16. 陳紅, 劉友平. 川牛膝多糖抗腫瘤作用初探. 成都中醫藥大學學報. 2001, **24**(1): 49-50

17. 宋軍, 楊金蓉, 李祖倫, 陳紅, 劉友平. 川牛膝多糖對小鼠肝癌細胞H22抑制作用研究. 中藥藥理與臨床. 2001, **17**(3): 19

18. 劉穎華, 何開澤, 楊敏, 蒲薔, 張軍峰. 川牛膝多糖硫酸酯的體外抗單純皰疹病毒2型活性. 應用與環境生物學報. 2004, **10**(1): 46-50

19. 李乾五, 葛玲, 李生正, 丁東寧. 川牛膝提取物抗生育作用的實驗研究. 西安醫科大學學報. 1990, **11**(1): 27-29

20. M Niikawa, AF Wu, T Sato, H Nagase, H Kito. Effects of Chinese medicinal plant extracts on mutagenicity of Trp-P-1. *Natural Medicines*. 1995, **49**(3): 329-331

Asclepiadaceae

Cynanchum atratum Bge.

Blackend Swallowwort

개요

박주가리과(Asclepiadaceae)

백미꽃(白薇, *Cynanchum atratum* Bge.)의 뿌리 및 뿌리줄기를 건조한 것

중약명: 백미(白薇)

백미꽃속(*Cynanchum*) 식물은 전 세계에 약 200종이 있으며, 아프리카 동부, 지중해 지역 및 유라시아 대륙의 열대, 아열대 및 온대 지역에 분포한다. 중국에 53종이 있는데 12종은 변종이다. 중국의 이 속 중에서 약재로 사용되는 것은 25종으로 중국의 동북, 화북, 화동 및 서남 등지에 분포하며 한반도와 일본에도 분포하는 것이 있다.

'백미'의 약명은《신농본초경(神農本草經)》에 중품으로 처음 기록되었으며, 역대 본초서적에 많이 수록되어 왔는데 오늘날의 약용품 종과도 동일하다.《중국약전(中國藥典)》(2015년 판)에 수록된 이 종은 중약 백미의 법정기원식물의 하나이다. 주요산지는 중국의 안휘, 하북, 요녕, 길림 및 흑룡강 등지이다.《대한민국약전외한약(생약)규격집》(제4개정판)에는 백미를 "박주가리과에 속하는 백미꽃 (*Cynanchum atratum* Bunge) 또는 만생백미(蔓生白薇, *Cynanchum versicolor* Bge.)의 뿌리 및 뿌리줄기"로 등재하고 있다.

백미꽃의 주요성분은 C_{21}-스테로이드 배당체이다.《중국약전》에서는 대조 약재를 이용한 박층크로마토그래피법으로 약재의 규격을 관리하고 있다.

약리연구를 통하여 백미꽃 추출물 중에는 당분과 수용성 사포닌이 들어 있어 퇴열작용과 항염작용을 하는 것으로 알려져 있다.

한의학에서 백미는 청열양혈(淸熱凉血), 이뇨통림(利尿通淋), 해독료창(解毒療瘡) 등의 효능이 있다.

백미꽃 白薇 *Cynanchum atratum* Bge.

약재 백미 藥材白薇
Cynanchi Atrati Radix et Rhizoma

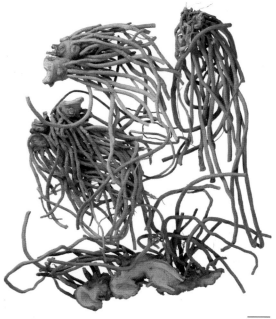

1cm

백미꽃 白薇 CP. KHP

🜨 함유성분

뿌리에는 주로 C_{21}-steroidal 배당체 성분으로 cynatratosides A, B, C, D, E, F[1-2], glaucosides C, D, H[2-3], cynanosides A, B, C, D, E, F, G, H, I, J[4], atratosides A, B, C, D[5], atratoglaucosides A, B[6], cynascyroside D[3], C_{21} steroid sapogenins 성분으로 atratogenins A, B[5], glaucogenins A, C[2, 6], 7-desoxyneocynapanogenin A[6] 등이 함유되어 있다. 또한 유기산으로 syringic acid, azelaic acid, suberic acid, succinic acid[3] 등이 함유되어 있다.

atratoside A

🜨 약리작용

1. 해열
   백미 추출물을 복강에 주사하면 효모로 유발된 Rat의 고열을 뚜렷하게 하강시키는 퇴열작용이 있다[7].

2. 항염
   백미 추출물을 복강에 주사하면 파두유(巴豆油)로 유발된 Mouse 귓바퀴의 급성 삼출성 염증을 뚜렷이 억제하는 작용이 있다[7].

3. 심장자극
   백미에 함유된 C_{21}-스테로이드 배당체 성분은 심근수축력을 증강하고 빠른 심장박동을 늦출 수 있다.

4. 항종양
   In vitro 실험에서 백미에 함유된 아트라토 배당체 A, B 등은 Mouse의 대식세포 RAW264.7에서 생성되는 종양괴사인자-α (TNF-α)와 소교질신경세포 N9에 대해 억제작용이 있다[6].

5. 기억력 개선
   백미에 함유된 키나트로시드 B 등 C_{21}-스테로이드 배당체는 항아세틸콜린에스테라제 활성이 있다. 수동회피실험과 물 미로실험에서 키나트로시드 B를 복강에 주사하면 스코폴라민으로 유발된 Mouse의 기억결핍을 명확히 개선한다[8].

6. 기타
   백미의 추출물을 위에 주입하면 Mouse에 대해 일정한 거담작용이 있다[9].

용 도

백미는 중의임상에서 사용하는 약이다. 이뇨통림(利尿通淋, 이뇨시키고 소변이 잘 통하게 함), 해독요창[解毒療瘡, 독성을 없애 주고 악창(惡瘡)을 치료함] 등의 효능이 있으며, 혈열독성(血熱毒盛)으로 인한 창옹종독(瘡癰腫毒, 부스럼의 빛깔이 밝고 껍질이 얇은 종기가 헌 곳 또는 헌데의 독), 폐열해수(肺熱咳嗽, 폐열로 기침할 때 쉰 소리가 나고 가래도 나오는 증상), 음허로 인한 외감(外感) 등의 치료에 사용한다. 현대임상에서는 뇌경색 후유증, 홍반성으로 다리가 아픈 것 등의 병증에 사용하기도 한다.

해 설

《중국약전》에서는 백미 이외에 또 만생백미(蔓生白薇, *Cynanchum versicolor* Bge.)를 수록했는데, 이는 중약 백미의 법정기원식물 내원종이다. 만생백미와 백미는 유사한 약리작용을 가지고 있을 뿐만 아니라 그 함유성분도 대체적으로 비슷하다. 양자 모두의 주요성분으로 C_{21}-스테로이드 배당체를 가지고 있다. 백미와 비교해 볼 때, 만생백미는 키나데라토시드와 아트라토시드 등을 함유하지 않고 있지만 키나노빌시코시드 A, B, C, D, E, 니오키나빌시코시드, 테비토시드[10-12] 등을 함유하고 있다. 약리연구를 통하여 백미 추출물은 일정하게 가래를 제거하는 작용이 있지만, 기침을 완화하는 작용과 숨을 고르게 하는 작용은 가지고 있지 않다. 하지만 만생백미의 추출물은 일정하게 숨을 고르게 하는 작용을 가지고 있으나, 기침과 가래를 제거하는 작용은 가지고 있지 않다[9].

근래의 연구에서 백미의 주요성분인 C_{21}-스테로이드 배당체는 기억력 감퇴에 대해 일정한 개선작용이 있는 것으로 알려졌다. 따라서 조로성 노년치매의 약물로 우선 사용된다.

참고문헌

1. ZX Zhang, J Zhou, K Hayashi, H Mitsuhashi. Studies on the constituents of asclepiadaceae plants. LVIII. The structures of five glycosides, cynatratosides -A, -B, -C, -D and -E, from the Chinese drug "pai-wei", *Cynanchum atratum* Bunge. *Chemical & Pharmaceutical Bulletin.* 1985, **33**(4): 1507-1514

2. ZX Zhang, J Zhou, K Hayashi, H Mitsuhashi. Studies on the constituents of Asclepiadaceae plants. LXI. The structure of cynatratosides-F from the Chinese drug "Pai-wei", dried root of *Cynanchum atratum* Bunge. *Chemical & Pharmaceutical Bulletin.* 1985, **33**(10): 4188-4192

3. KY Lee, H Sung, YC Kim. New acetylcholinesterase-inhibitory pregnane glycosides of *Cynanchum atratum* roots. *Helvetica Chimica Acta.* 2003, **86**(2): 474-483

4. H Bai, W Li, K Koike, T Satou, YJ Chen, T Nikaido. Cynanosides A-J, ten novel pregnane glycosides of *Cynanchum atratum*. *Tetrahedron.* 2005, **61**(24): 5797-5811

5. ZX Zhang, J Zhou, K Hayashi, K Kaneko. Studies on the constituents of Asclepiadaceae plants. Part 68. Atratosides A, B, C and D, steroid glycosides from the root of *Cynanchum atratum*. *Phytochemistry.* 1988, **27**(9) 2935-2941

6. SH Day, JP Wang, SJ Won, CN Lin. Bioactive constituents of the roots of *Cynanchum atratum*. *Journal of Natural Products.* 2001, **64**(5): 608-611

7. 薛寶雲, 梁愛華, 楊慶, 傅梅紅, 王玠. 直立白薇退熱抗炎作用. 中國中藥雜誌. 1995, **20**(12): 751-752

8. KY Lee, JS Yoon, ES Kim, SY Kang, YC Kim. Anti-acetylcholinesterase and anti-amnesic activities of a pregnane glycosides, cynatroside B, from *Cynanchum atratum*. *Planta Medica.* 2005, **71**(1): 7-11

9. 梁愛華, 薛寶雲, 楊慶, 李澤琳, 王玠, 傅梅紅. 白前與白薇的部分藥理作用比較研究. 中國中藥雜誌. 1996, **21**(10): 622-625

10. SX Qiu, ZX Zhang, L Yong, J Zhou. Two new glycosides from the roots of *Cynanchum versicolor*. *Planta Medica.* 1991, **57**(5): 454-456

11. SX Qiu, ZX Zhang, J Zhou. Steroidal glycosides from the root of *Cynanchum versicolor*. *Phytochemistry.* 1989, **28**(11): 3175-3178

12. 邱聲祥, 張壯鑫, 周俊. 蔓生白薇中白薇新苷的分離和結構鑒定. 藥學學報. 1990, **25**(6): 473-476

유엽백전 柳葉白前 CP, KHP

Cynanchum stauntonii (Decne.) Schltr. ex Lévl.

Willowleaf Swallowwort

 개요

박주가리과(Asclepiadaceae)

유엽백전(柳葉白前, *Cynanchum stauntonii* (Decne.) Schltr. ex Lévl.)의 뿌리줄기 및 뿌리를 건조한 것

중약명: 백전(白前)

백미꽃속(*Cynanchum*) 식물은 전 세계에 약 200종이 있으며 아프리카 동부, 지중해 지역, 유라시아 대륙의 열대, 아열대, 온대 지역에 분포한다. 중국에 약 53종이 있는데 12종이 변이종이다. 중국의 이 속 식물 중에 약으로 사용되는 것은 25종이다. 이 종은 중국의 감숙, 안휘, 강소, 절강, 호남, 광동, 광서, 귀주 등에 분포한다.

'백전'의 약명은 《명의별록(名醫別錄)》에 중품으로 처음 기재되었으며, 역대 본초서적에 많이 수록되었다. 중국에서 현재까지 중약 백전을 약으로 사용한 의가들이 말한 백전은 이 종과 원화엽백전(芫花葉白前, *Cynanchum glaucescens* (Decne.) Hand.-Mazz.)이다. 《중국약전(中國藥典)》(2015년 판)에 수록된 이 종이 중약 백전의 법정기원식물의 하나로 수록되었다. 주요산지는 중국의 절강, 안휘, 복건, 강서, 호북, 호남, 광서 등이다. 《대한민국약전외한약(생약)규격집》(제4개정판)에는 백전을 "박주가리과에 속하는 유엽백전(*Cynanchum stauntoni* (Decne) Schltr. ex Levl.) 또는 원화엽백전(芫花葉白前, *Cynanchum glaucescens* Hand.-Mazz.)의 뿌리줄기 및 뿌리"로 등재하고 있다.

유엽백전의 주요 함유성분은 C_{21}-스테로이드이다. 《중국약전》에서는 약재의 성상과 이화학 감별을 통하여 약재의 규격을 정하고 있다.

약리연구를 통하여 유엽백전에는 진해(鎭咳), 거담(祛痰), 평천(平喘), 항염 등의 작용이 있는 것으로 알려져 있다.

한의학에서 백전은 강기(降氣), 소담(消痰), 지해(止咳) 등의 효능이 있다.

유엽백전 柳葉白前 *Cynanchum stauntonii* (Decne.) Schltr. ex Lévl.

약재 백전 藥材白前 *Cynanchi Stauntonii Rhizoma et Radix*

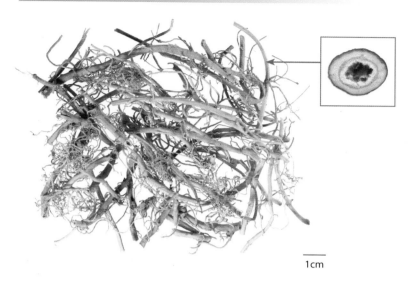

1cm

함유성분

성분으로 C$_{21}$-steroids 성분으로 A, B[1], 트리테르페노이드 성분으로 hancockinol[2], 스테로이드 성분으로 stauntonine, anhydrohirundigenin, anhydrohirundigenin monothevetoside, glaucogenin-C mono-D-thevetoside[3], 그리고 정유성분 등이 함유되어 있다[4].

stauntoside A

유엽백전 柳葉白前 CP, KHP

약리작용

1. **진해**

   백전의 알코올 추출물과 석유에테르 추출물을 위에 주입하면 암모니아수로 유발된 Mouse의 기침을 뚜렷하게 억제하는 작용이 있고 기침의 횟수를 감소시키며 기침의 잠복기를 연장할 수 있다. 알코올 추출물은 진해작용에 좋은 효과가 있다[5].

2. **거담**

   페놀레드 실험에서 백전의 추출물, 알코올 추출물, 석유에테르 추출물을 위에 주입하면 Mouse에 뚜렷한 거담작용이 있다. 그중에서 알코올 추출물의 작용이 가장 강력하다[5].

3. **항염**

   백전의 추출물을 복강에 주사하면 파두유(巴豆油)로 유발된 Mouse 귓바퀴의 급성 삼출성 염증에 명확한 항염효과가 있다[5]. 백전의 알코올 추출물을 위에 주입하면 디메칠벤젠으로 유발된 Mouse의 귓바퀴 종창과 카라기난으로 유발된 발바닥 종창을 억제할 수 있다[6].

4. **진통**

   Mouse의 열판자극과 초산으로 인한 경련에 대한 실험에서 백전의 알코올 추출물을 위에 주입하면 명확한 진통작용이 있다[6].

5. **항혈전**

   백전의 알코올 추출물은 Rat의 동맥 내 혈전 형성시간과 응혈시간을 뚜렷하게 연장한다[6].

6. **항유감바이러스**

   In vitro 및 *in vivo* 실험에서 백전의 정유에는 항유행성 감기바이러스의 작용이 있다[4].

7. **소화계통에 대한 영향**

   백전의 알코올 추출물을 위에 주입하면 Mouse의 침수스트레스성 궤양, 염산성 궤양, 인도메타신-에탄올성 위궤양의 형성에 명확한 억제작용이 있고 센나엽(番瀉葉)과 피마자유(蓖麻子油)로 유발된 Mouse의 설사 횟수와 발생률을 감소하며 마취된 Rat의 담즙분비를 일시적으로 증가시킨다[7].

용도

백전은 중약임상에서 사용하는 약이다. 강기화담(降氣化痰, 기가 역상하는 것을 끌어내리고 가래를 없앰), 해수담다(咳嗽痰多, 기침할 때 소리가 나고 많은 가래도 나오는 증상), 흉민천촉(胸悶喘促, 가슴이 답답하며 몹시 숨이 차고 힘없는 기침을 자꾸 하는 병증) 등의 병증에 사용한다.

현대임상에서는 감기해수염, 천식, 기관지염, 백일해, 간염, 부종, 비장비대증, 위통 등의 병증에 사용하기도 한다.

해 설

《중국약전》에는 유엽백전 외에 또 동속인 원화엽백전을 수록하고 있는데, 이는 중약 백전의 법정기원식물 가운데 하나이다. 원화엽백전과 유엽백전에는 유사한 약리작용이 있지만 숨을 고르게 하는 작용은 유엽백전이 더 뚜렷한데[4, 8] 그 함유성분은 대체로 유사하다. 원화엽백전과 유엽백전을 비교해 보면, 원화엽백전에는 hancockinol이 함유되어 있지 않지만 배당체 A, B, C, D, E, F, G, H, I, J[9-11]가 함유되어 있는 동시에 글루코게닌 A, B가 있다[12].

유엽백전은 근래 백전의 주류상품이며 호북과 강서에 대규모 재배단지가 세워져 있다. 호북의 생산량이 중국에서 가장 많다[13].

참고문헌

1. N Zhu, M Wang, H Kikuzaki, N Nakatani, CT Ho. Two C21-steroidal glycosides isolated from *Cynanchum stauntoi*. *Phytochemistry*. 1999, **52**(7): 1351-1355

2. 邱聲祥. 柳葉白前化學成分研究. 中國中藥雜誌. 1994, **19**(8): 488-489

3. P Wang, HL Qin, L Zhang, ZH Li, YH Wang, HB Zhu. Steroids from the roots of *Cynanchum stauntonii*. *Planta Medica*. 2004, **70**(11): 1075-1079

4. ZC Yang, BC Wang, XS Yang, Q Wang. Chemical composition of the volatile oil from *Cynanchum stauntonii* and its activities of anti-influenza virus. *Colloids and Surfaces. B, Biointerfaces*. 2005, **43**(3-4): 198-202

5. 梁愛華, 薛寶雲, 楊慶, 傅梅紅, 王丐. 柳葉白前的鎮咳, 祛痰及抗炎作用. 中國中藥雜誌. 1996, **21**(3): 173-175

6. 沈雅琴, 張明發, 朱自平, 王紅武. 白前的鎮痛, 抗炎和抗血栓形成作用. 中國藥房. 2001, **12**(1): 15-16

7. 沈雅琴, 張明發, 朱自平, 王紅武. 白前的消化系統藥理研究. 中藥藥理與臨床. 1996, **12**(6): 18-21

8. 梁愛華, 薛宝云, 楊慶, 李澤林. 芫花葉白前的鎮咳, 祛痰及平喘作用. 中國中藥雜誌. 1995, **20**(3): 176-178

9. T Nakagawa, K Hayashi, K Wada, H Mitsuhashi. Studies on the constituents of Asclepiadaceae plants-LII. The structures of five glycosides glaucoside A, B, C, D, and E from

Chinese drug "Pai-ch'ien" *Cyanchum glaucescens* Hand-Mazz. *Tetrahedron*. 1983, 39(4): 607-612

10. T Nakagawa, K Hayashi, H Mitsuhashi. Studies on the constituents of Asclepiadaceae plants-LIV. The structures of glaucoside-F and -G from the Chinese drug "Pai-ch'ien" *Cynanchum glaucescens* Hand-Mazz. *Chemical & Pharmaceutical Bulletin*. 1983, **31**(3): 879-882

11. T Nakagawa, K Hayashi, H Mitsuhashi. Studies on the constituents of Asclepiadaceae plants. LV. The structures of three new glycosides glaucoside-H, -I, and -J from the Chinese drug "Pai-ch'ien", *Cynanchum glaucescens* Hand-Mazz. *Chemical & Pharmaceutical Bulletin*. 1983, **31**(7): 2244-2253

12. T Nakagawa, K Hayashi, H Mitsuhashi. Studies on the constituents of Asclepiadaceae plants. LIII. The structures of glaucogenin-A, -B, and –C mono-D thevetoside from the Chinese drug "Pai-ch'ien", *Cynanchum glaucescens* Hand-Mazz. *Chemical & Pharmaceutical Bulletin*. 1983, **31**(3): 870-878

13. 瑪依拉, 傅梅紅, 方婧. 中藥白前及其同屬植物近10年研究概況. 中國民族民間醫藥雜誌. 2003, **6**(6): 318-322

Cynomoriaceae

쇄양 鎖陽 CP, KP

Cynomorium songaricum Rupr.

Songaria Cynomorium

 개요

쇄양과(Cynomoriaceae)

쇄양(鎖陽, *Cynomorium songaricum* Rupr.)의 육질경을 건조한 것

중약명: 쇄양

쇄양과에는 1속 2종이 있는데 지중해 연안, 북아프리카, 중부아시아 및 중국의 서북과 북부 사막 지역에 분포한다. 중국에서 이 속 1종이 약으로 사용된다. 중국의 신강, 청해, 감숙, 영하, 내몽고, 섬서 등에 분포한다. 쇄양은 백자속(*Nitraria*)과 홍사속(*Reaumuria*) 등 식물의 뿌리에서 주로 기생한다. 중앙아시아, 이란, 몽골 등의 국가에도 분포하는 것이 있다.

'쇄양'이란 약명은 《본초연의보유(本草衍義補遺)》에 처음으로 기재되었으며 역대 본초서적에 다수 수록되었다. 《중국약전(中國藥典)》(2015년 판)에 수록된 이 종은 중약 쇄양의 법정기원식물이다. 주요산지는 중국의 내몽고, 영하, 감숙, 청해 등이다. 《대한민국약전》(11개정판)에는 쇄양을 "쇄양(*Cynomorium songaricum* Ruprecht, 쇄양과)의 육질경"으로 등재하고 있다.

쇄양의 주요 활성성분은 트리테르페노이드 화합물이다. 이외에 쇄양에는 정유, 탄닌 등의 성분이 있다. 《중국약전》에서는 약재의 성상, 박층크로마토그래피법, 이물, 수분, 총회분 함량, 산불용성 회분, 알코올 침출물 등으로 약재의 규격을 정하고 있다.

약리연구를 통하여 쇄양에는 면역을 증강시키고 성적 성숙을 촉진시키며 장을 매끄럽게 하여 변을 통하게 하고 항노화 및 항산화작용이 있는 것으로 알려져 있다.

한의학에서 쇄양은 보신양(補腎陽), 익정혈(益精血), 윤장통변(潤腸通便) 등의 효능이 있다.

쇄양 鎖陽 *Cynomorium songaricum* Rupr.

약재 쇄양 藥材鎖陽 Cynomorii Herba

1cm

함유성분

육질경에는 트리테르페노이드 성분인 cynoterpene, ursolic acid, acetyl ursolic acid, urs-12-ene-28-oic acid, 3β-propanedioic acid monoester[1], malonyl oleanolic hemiester[2], 배당체인 phloridzin, rutin, (-)-isolariciresinol 4-O-β-D-glucopyranoside, (7S,8R)-dehydrodiconiferyl alcohol-9'-β-glucopyranoside, zingerone-4-O-β-glucopyranoside, naringenin-4'-O-glucopyranoside[2-4], 그리고 정유성분으로 palmitic acid, oleic acid, 2-furancarbinol[5] 등이 함유되어 있다. 또한 nicoloside, gallic acid, methyl protocatechuicate, p-hydroxy benzoic acid, (-)-catechin[3], amber acid[4], tannins[6], steroids[7], active polysaccharides[8] 등이 함유되어 있다.

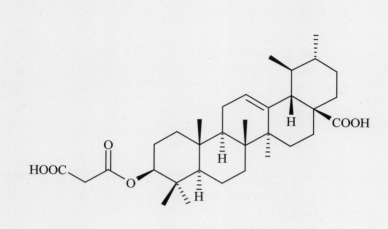

cynoterpene

약리작용

1. **성기능에 대한 영향**

    염제(鹽製) 쇄양 추출물은 정상 및 양기가 허한 Mouse의 고환, 부고환, 포피선의 효능을 뚜렷이 촉진하는 작용이 있다. 포제하지 않은 쇄양에서도 억제작용이 나타난다[9]. 쇄양의 알코올 추출물은 어린 수컷 Rat의 혈장 테스토스테론 함량을 제고하고 성적 성숙작용을 촉진한다[10].

2. **면역효능 증강**

    쇄양의 열수 추출물은 양기가 허하거나 정상인 Mouse의 체액성 면역에 뚜렷한 촉진작용이 있는데 이는 비장임파세포 수의 증가 및 비장중량 증가와 관련이 있다. 쇄양에는 또 양기가 허한 Mouse의 중성립세포 수를 감소시킴으로써 인체체구조의 방어기능을 증강한다[11]. 쇄양의 알코올 추출물은 면역이 억제된 Mouse의 복강 내에 있는 대식세포 탐식효능과 비장임파세포의 전화기능을 회복시킨다. 아울러 정상 Mouse의 비장 용혈용균반형성세포(PFC) 수치를 증가시킨다[10].

3. **윤장통변**

    쇄양의 열수 추출물은 Mouse의 장유동을 증강하고 배변시간을 단축시킨다. 그 유효성분은 무기물이며 작용기전은 무기입자가 수용액 중에 염을 형성하여 사하작용을 유발하게 되는데 황산마그네슘, 황산나트륨 등의 형태로 작용하며 장을 매끄럽게 함으로써 배변시키는 작용이 있다[12].

4. **항노화, 항산화**

    쇄양은 초파리의 수명을 연장할 수 있고 Mouse의 슈퍼옥시드디스무타아제(SOD)의 활성을 증강하고 말론디알데하이드의 함량을 감소시킨다. 쇄양은 또 백주(白酒)로 인해 손상이 유발된 Mouse의 SOD의 활성저하를 억제하고 지질과산화(LPO) 증가를 감소시킨다[13-14]. *In vitro* 실험에서 쇄양의 탄닌은 활성산소를 직접적으로 제거한다[14].

5. **항산소 결핍**

    쇄양 중에서 추출해 낸 당류, 배당체(소량의 탄닌 함유), 글리코시드(소량의 트리테르페노이드 함유) 등은 Mouse의 상압 산소결핍, 이

쇄양 鎖陽 CP. KP

소프레날린황산염으로 유발된 산소결핍에 의한 생존시간을 연장시키는데 Mouse의 정맥에 주사하면 산소결핍으로 인한 생존시간을 연장함과 동시에 머리가 절단된 Mouse의 입을 벌리는 시간과 횟수를 증가시킨다[15].

6. 혈소판응집 억제
    쇄양의 배당체와 글리코시드는 아데노신이인산(ADP)으로 유도된 Rat의 혈소판응집에 대해 농도 의존적인 억제작용이 있다[15].

7. 기타
    쇄양에는 항전간(抗癲癇)[16], 항궤양[17], 기억력 개선[18], 항후천성 면역결핍바이러스(HIV)[19], 백혈병세포 HL-60을 괴사시키는[20] 작용이 있다.

용도

쇄양은 중의임상에서 사용하는 약이다. 보신양(補腎陽, 신장의 양기를 보함), 익정혈(益精血, 맑은 피를 보익함) 등의 효능이 있으며, 진액의 소모로 인해 생기는 장조변비(腸燥便秘, 대장의 진액이 줄어들어 대변이 굳어진 것) 등의 치료에 사용한다.
현대임상에서는 원발성 혈소판응집 감소성 자반(紫癜, 열병으로 자색의 반점이 발생하는 증상), 발기부전, 천식, 소아마비 후유증, 자궁하수 등에 사용하기도 한다.

해설

쇄양은 중약일 뿐만 아니라 몽약(蒙藥)이기도 하다. 때문에 '조란고요(烏蘭高腰)'라고 부르기도 한다. 몽의학에서 쇄양은 설사를 멈추고, 위를 튼튼하게 하는 효능이 있다고 여기며 동시에 장열(腸熱), 위염, 소화불량, 이질 등의 치료에 사용하기도 한다[21]. 근래 쇄양의 연구는 중의이론을 중심으로 전개되는 추세를 보이기 때문에 설사를 멈추고 위를 튼튼하게 하는 연구에 대해서는 추가적인 연구가 필요하다.
쇄양은 영양가가 비교적 높기 때문에 건강식품으로 개발될 가능성이 높다.
쇄양은 사막 지역에서 자라므로 생태환경의 안정에도 중요한 가치가 있다. 따라서 쇄양을 식물자원으로 개발하는 동시에 인공재배, 조직배양 등 기술을 습득하여 천연으로 사막에서 성장하는 약용식물자원으로 지속적으로 이용될 수 있도록 해야 한다.

참고문헌

1. 馬超美, 賈世山, 孫韜, 張義文. 锁阳中三萜及甾体成分的研究. 藥學學報. 1993, 28(2): 152-155

2. 馬超美, 中村憲夫, 服部征雄, 蔡少青. 鎖陽的抗艾滋病毒蛋白酶活性成分(2) - 齊墩果酸丙二酸半酯的分離和鑒定. 中國藥學雜誌. 2002, 37(5): 336-338

3. ZH Jiang, T Tanaka, M Sakamoto, T Jiang, I Kouno. Studies on a medicinal parasitic plant:lignans from the stems of *Cynomorium songaricum. Chemical & Pharmaceutical Bulletin.* 2001, **49**(8): 1036-1038

4. 陶晶, 屠鵬飛. 鎖陽莖的化學成分及其藥理活性研究. 中國中藥雜誌. 1999, 24(5): 292-294

5. 張思巨, 張淑運. 常用中藥鎖陽的揮发成分研究. 中國中藥雜誌. 1990, 15(2): 39-41

6. 張百舜, 張潤珍, 李川. 絡合量法測陽鞣質含量. 中草藥. 1992, **23**(11): 577-578

7. 徐秀芝, 張承忠, 李沖. 鎖陽化學成分的研究. 中國中藥雜誌. 1996, 21(11): 676-677

8. 張思巨, 張淑運, 扈繼萍. 鎖陽多糖的研究. 中國中藥雜誌. 2001, 26(6): 409-411

9. 丘桐, 延自强, 李萍, 楊斌武. 鹽鎖陽與鎖陽對小鼠睪丸, 附睪和包皮腺組織學的比較研究. 中藥藥理與臨床. 1994, **5**: 22-25

10. 石剛剛, 屠國瑞, 王金華, 熊玉蘭, 宗桂珍, 張思巨, 張淑運, 師明朗. 鎖陽對小鼠免疫機能及大鼠血浆睪酮水平的影響. 中國醫藥學報. 1989, 4(3): 27-28

11. 鄭雲霞, 孫啟祥, 延自强. 鎖陽對小鼠免疫功能的影響. 甘肅中醫學院學報. 1991, 8(4): 28-30

12. 張百舜, 魯學書, 張潤珍, 顧麗貞. 鎖陽通便有效組分的研究. 中藥材. 1990, 13(10): 36-38

13. 盛惟, 劉炳茹, 徐東升, 其木格, 圖雅. 天然鎖陽與栽培鎖陽抗衰老作用的比較. 中國民族醫藥雜誌. 2000, **6**(4): 39-40

14. 張百舜, 李向紅, 秦林, 魯學書, 閻月, 李玲慧, 刁偉珍, 段紹瑾. 鎖陽清除自基的作用. 中藥材. 1993, 16(10): 32-35

15. 俞騰飛, 田向東, 朱惠珍. 鎖陽三种总成分耐缺氧及對血小板聚集功能的影響. 中國中藥雜誌. 1994, 19(4): 244-246

16. 胡艳丽, 王志祥, 肖文禮. 鎖陽的抗缺氧效應及抗實驗性癲癇的研究. 石河子大學學報. 2005, 23(3): 302-303

17. 那生桑, 蘇喜格達來, 吳恩. 鎖陽煎劑對劫物實驗性胃潰瘍的作用. 北京中醫藥大學學報. 1994, 17(6): 32-33

18. 趙永青, 王振武, 景玉宏. 鎖陽對痴呆病模型鼠記憶相關腦區超微結構的影響. 中國臨床康復. 2002, 6(15): 2220-2221

19. N Nakamura. Inhibitory effects of some traditional medicines on proliferation of HIV-1 and its protease. *Yakugaku Zasshi.* 2004, **124**(8): 519-529

흰독말풀 白花曼陀羅
D. metel L.

독말풀 曼陀羅
D. stramonium L.

다투라 아르보레아 木本曼陀羅
D. arborea L.

함유성분

꽃에는 알칼로이드 성분으로 scopolamine, hyoscyamine[1-2], atropine[3], aposcopolamine (apohyoscine)[4] 등이 함유되어 있다.
씨에는 α, β-scopodonnines[5], hyoscyamine, atropine[7], scopolamine, meteloidine, daturadiol, daturaolone[6], lectins I₁, I₂[8] 등이 함유되어 있다.
지상부에는 스테로이드 락톤 성분의 withametelinone[9], withametelinols A, B[10], witharifeen, daturalicin, daturacin[11-12] 등이 함유되어 있다.

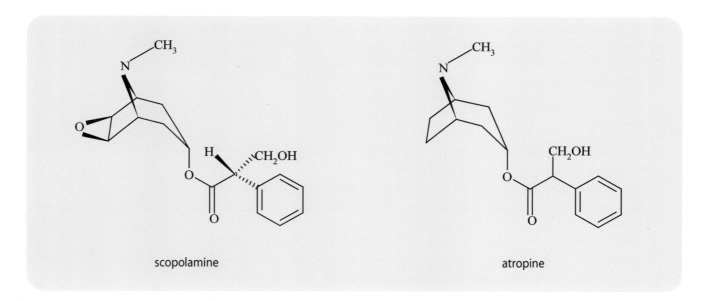

scopolamine

atropine

약리작용

1. 마취작용

    앙금화제제(주요성분은 스코폴라민)와 클로로프로마진을 함께 사용하여 정맥주사로 투여하면 말에 대한 마취실험에서 상호작용이 있을 뿐만 아니라 그 작용시간을 2~4시간 연장할 수 있다[13].

2. 진통

    양금화의 추출물을 위에 주입하면 연속적인 모르핀 사용으로 발생한 진통작용의 내수성 발전을 저지할 수 있고 Mouse의 모르핀에 대한 작용의 민감성을 회복시킬 수 있다[14].

3. 항균

털독말풀 지상부의 메탄올 추출물을 사용하면 그람양성간균의 성장을 억제할 수 있다[15].

4. 항산화

양금화의 알칼로이드(주요성분은 스코폴라민)는 막 지질과산화(LPO) 작용을 억제할 수 있고 허혈성 재관류로 인한 토끼 뇌조직의 말론디알데하이드(MDA)의 함량을 감소시키며 병리형태학적 변화를 경감시킨다[16]. 양금화의 알칼로이드를 정맥에 주사하면 장계막상동맥의 협착으로 유발된 장허혈모델에 대해 보호작용이 있고 혈액 중의 슈퍼옥시드디스무타제 활성을 높일 수 있다. 또한 혈액과 소장조직 중의 MDA와 혈중 젖산 함량을 감소시킬 수 있다[17].

5. 기타

양금화의 유효성분인 스코폴라민과 아트로핀은 중추신경계통에 대하여 선(先)흥분, 후(後)억제의 작용이 있다. 스코폴라민은 호흡중추를 흥분시켜 호흡을 빠르게 함과 동시에 클로르프로마진으로 유발된 호흡중추 억제를 길항하는 작용이 있다. 스코폴라민과 아트로핀은 혈관경련을 억제할 수 있음과 동시에 α−수용체를 차단하는 작용이 있다[18].

용도

양금화는 중의임상에서 사용하는 약이다. 지해평천(止咳平喘, 기침을 멈추게 하고 천식을 안정되게 함), 진통지경(鎭痛止痙, 통증을 진정시키며 경련을 멈추게 함) 등의 효능이 있으며, 천식, 풍습비통(風濕痹痛, 풍습으로 인해 관절이 아프고, 통증이 심해지는 증상), 타박상, 전간, 어린아이의 만경풍(慢驚風, 어린아이가 위장병으로 몸이 점점 허약해져서 경련을 일으키는 병), 마취작용 등의 치료에 사용한다.

현대임상에서는 만성 기관지염, 각종 쇼크, 호흡장애, 정신병, 강직성 척추염, 유풍습성 경추합병증, 마른 버짐[20−22] 등의 병에 사용하고, 전신마취, 진통, 해독 등에 사용한다.

해설

털독말풀은 중국의 전통적인 마취약이다. 《본초강목》에도 기재되어 있으며 《중국약전(中國藥典)》에서는 오직 흰독말풀(다투라메텔, 白花曼陀羅, Datura metel L.)만을 수록하여 정품 약재로 취급한다. 천식과 해수(咳嗽), 풍습으로 인해 저리고 아픈 것 등에 사용한다고 기록하고 있으며 흰독말풀은 홍콩상견독극중약[香港常見毒劇中藥] 31종(광물성 제외)*에 속하고 임상용도 시에는 사용량을 정확하게 제한한다. 상품시장과 임상에서 북양금화는 일부 지역에서 흰독말풀과 동일하게 유통하거나 사용한다. 이 두 종류 이외에 약으로 자주 사용되거나 관상용의 동속식물로는 독말풀(曼陀羅, Datura stramonium L.), 다투라 아르보레아(木本曼陀羅, D. arborea L.)가 있다.

흰독말풀의 생리활성이 비교적 강하기 때문에 세계시장에서 수요가 비교적 많다. UN국제무역센터에서 발표한 자료에 의하면, 다투라는 현재 세계시장에서 생산과 유통량이 가장 많은 8종의 약용식물 가운데 하나이다.

참고문헌

1. PG Xiao, LY He. Ethnopharmacologic investigation on tropane-containing drugs in Chinese solanaceous plants. *Journal of Ethnopharmacology*. 1983, **8**(1): 1-18

2. 何麗一, 蕭培根. 中藥洋金花和天仙子的質量鑒別. 中藥通報. 1982, **6**(3): 8-10

3. 金斌, 金蓉鸞, 何宏賢. 反相離子對HPLC法測定洋金花類生藥中的東莨菪鹼和阿托品. 中國藥科大學學報. 1991, **22**(3): 181-183

4. L Witte, K Muller, HA Arfmann. Investigation of the alkaloid pattern of *Datura innoxia* plants by capillary gas-liquid-chromatography-mass spectrometry. *Planta Medica*. 1987, **53**(2): 192-197

5. SF Aripov, B Tashkhodzhaev. α - and β -scopodonnines from seeds of *Datura inoxia*. *Khimiya Prirodnykh Soedinenii*. 1991, **4**: 532-537

6. SR Zielinska, K Szepczynska. Alkaloids occurring during development of *Datura innoxia plants*. *Pharmaceuticae et Pharmacologicae*. 1972, **24**(3): 307-311

7. F Pagani. Phytoconstituents of the Burundi drug Rwiziringa. *Bollettino Chimico Farmaceutico*. 1982, **121**(5): 230-238

8. SV Levitskaya, SA Asatov, TS Yunusov. Isolation of two lectins from *Datura innoxia* seeds. *Khimiya Prirodnykh Soedinenii*. 1985, **2**: 256-259

9. BS Siddiqui, S Afreen, S Begum. Two new withanolides from the aerial parts of *Datura innoxia*. *Australian Journal of Chemistry*. 1999, **52**(9): 905-907

10. BS Siddiqui, IA Hashmi, S Begum. Two new withanolides from the aerial parts of *Datura innoxia*. *Heterocycles*. 2002, **57**(4): 715-721

11. BS Siddiqui, S Arfeen, F Afshan, S Begum. Withanolides from *Datura innoxia*. *Heterocycles*. 2005, **65**(4): 857-863

12. BS Siddiqui, S Arfeen, S Begum, FA Sattar. Daturacin, a new withanolide from *Datura innoxia*. *Natural Product Research*. 2005, **19**(6): 619-623

* 산두근(山豆根), 속수자(續隨子), 천오(川烏), 천선자(天仙子), 천남성(天南星), 파두(巴豆), 반하(半夏), 감수(甘遂), 백부자(白附子), 부자(附子), 낭독(狼毒), 초오(草烏), 마전자(馬錢子), 등황(藤黃), 양금화(洋金花), 귀구(鬼臼), 철봉수[(鐵棒樹), 또는 설상일지호(雪上一枝蒿)], 요양화(鬧羊花), 청랑충(青娘蟲), 홍랑충(紅娘蟲), 반모(斑蝥), 섬수(蟾酥).

13. 陳金漢, 劉蘇玲, 遲國成, 袁萍, 張文. 洋金花製劑麻醉作用的動物實驗. 中草藥. 1996, **27**(2): 101-102

14. 劉振明, 陳萍, 衣秀義, 冉玫. 洋金花對嗎啡鎮痛作用耐受性的影響. 時珍國藥研究. 1996, **7**(4): 210-211

15. F Eftekhar, M Yousefzadi, V Tafakori. Antimicrobial activity of *Datura innoxia* and *Datura stramonium*. *Fitoterapia*. 2005, **76**(1): 118-120

16. 吳和平, 龍漢珍, 王焱林. 洋金花總生物鹼對缺血再灌注腦組織病理形態和丙二醛的影響. 醫學新知雜誌. 1994, **4**(4): 160-161

17. 何麗婭, 羅德生, 董加召, 李映紅, 周水生, 吳和平. 洋金花總生物鹼對動物腸缺血再灌注損傷的防治作用. 醫學理論與實踐. 1994, **7**(8): 5-7

18. 李英霞, 彭廣芳, 張素芹. 洋金花研究概況. 山東醫藥工業. 1989, **8**(1): 40-43

19. 王本祥. 現代中藥藥理學. 天津: 天津科學技術出版社. 1997: 1050-1056

20. 鄭春雷, 王雷. 洋金花酒治療類風濕性頸椎綜合症的療效觀察. 遼寧中醫學院學報. 2001, **3**(2): 115-116

21. 康秋華, 祝天來, 李軍. 洋金花複方製劑內服外敷配合睡眠療法治療銀屑病. 山東中醫雜誌. 1999, **18**(10): 453-454

22. 靳小中, 陳勇偉. 洋金花在戒毒中的作用. 海軍醫學雜誌. 2003, **24**(1): 36-37

털독말풀 재배모습

금채석곡 金釵石斛 CP, KHP

Dendrobium nobile Lindl.
Noble Dendrobium

 개요

난초과(Orchidaceae)

금채석곡(金釵石斛, *Dendrobium nobile* Lindl.)의 줄기를 건조한 것

중약명: 석곡(石斛)

석곡속(*Dendrobium*) 식물은 전 세계에 약 1,000종이 있으며 아시아의 열대와 아열대 지역에서부터 대양주에까지 광범위하게 분포한다. 중국에 약 74종, 변이종 2종이 있다. 이 속에서 현재 약재로 사용되는 것은 7종이다. 이 종은 중국의 대만, 호북, 홍콩, 해남, 광서, 사천, 귀주, 운남, 서장 등에 분포하며 인도, 네팔, 부탄, 미얀마, 태국, 라오스, 베트남 등에도 분포한다.

'석곡'의 약명은 《신농본초경(神農本草經)》에 상품으로 처음 기재되었으며, 역대 본초서적에도 다수 기재되었다. 고대로부터 지금까지 석곡의 기원은 주로 석곡속의 여러 식물이며 《중국약전(中國藥典)》(2015년 판)에 수록된 이 종은 중약 석곡의 법정기원식물 가운데 하나이다. 금채석곡의 주요산지는 중국의 광서, 운남, 귀주 등이다. 《대한민국약전외한약(생약)규격집》(제4개정판)에는 석곡을 "난초과에 속하는 금채석곡(*Dendrobium nobile* Lindley), 환초석곡(環草石斛, *Dendrobium loddigesii* Rolfe.), 마편석곡(馬鞭石斛, *Dendrobium fimbriatum* Hook. var. oculatum Hook.), 황초석곡(黃草石斛, *Dendrobium chrysanthum* Wall. ex Lindley) 또는 철피석곡(鐵皮石斛, *Dendrobium candidum* Wall. ex Lindley)의 줄기"로 등재하고 있다.

석곡의 주요 함유성분은 세스퀴테르페노이드 알칼로이드와 정유이다. 《중국약전》에서는 고속액체크로마토그래피법을 이용하여 건조시료 중 덴드로빈의 함량을 0.40% 이상으로 약재의 규격을 정하고 있다.

약리연구를 통하여 석곡에는 면역 촉진, 소화기능 양방향 조절 등의 작용이 있는 것으로 알려져 있다.

한의학에서 석곡은 익위생진(益胃生津), 자음청열(滋陰淸熱)의 작용이 있다.

금채석곡 金釵石斛 *Dendrobium nobile* Lindl.

철피석곡 鐵皮石斛 *D. candidum* Wall. ex Lindl.

약재 석곡 藥材石斛 Dendrobii Caulis

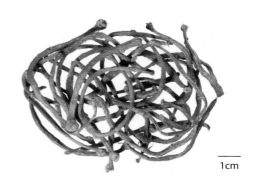

1cm

0.5cm

함유성분

줄기에는 세스퀴테르페노이드 알칼로이드 성분이 특징적으로 구성되어 있다. 그 성분을 보면 dendrobine[1], nobiline[2], 4-hydroxydendro-xine[3], 6-hydroxydendroxine[4], dendroxine[5], dendrine[6], 3-hydroxy-2-oxodendrobine[7], dendronobiline A[8], 그리고 quaternary 암모늄알칼로이드 성분으로 N-methyldendrobium iodide, N-isopentenyldendrobium bromide, dendrobine N-oxide, N-isopentenyl-6-hydroxydendro-xium chloride[9], 세스퀴테르페노이드와 그 배당체 성분인 nobilomethylene[3], denbinobin[10], 7,12-dihydroxy-5-hydroxymethyl-11-isopropyl-6-methyl-9-oxatricyclo[6.2.1.02,6] undecan-10-one-15-O-β-D-glucopyranoside[11], dendrosides A, D, E, F, G[12-13], dendronobilosides A, B[12] 등으로 구성되어 있다. 또한 4,7-dihydroxy-2-methoxy-9,10-dihydrophenanthrene[10], pimaradiene[14], gigantol[15] 성분 등이 함유되어 있다. 육질경에는 정유성분으로 그 주성분은 manool이다[16].

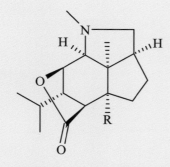
dendrobine: R=H
6-hydroxydendrobine: R=OH

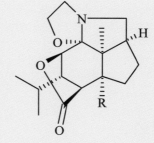
dendroxine: R=H
6-hydroxydendroxine: R=OH

약리작용

1. 면역 촉진

금채석곡을 달인 약액을 위에 주입하면 Mouse의 복강대식세포의 탐식효능에 대해 증강작용이 있으며 동시에 하이드로코르티손으

317

금채석곡 金釵石斛 CP, KHP

로 조성된 면역기능 저하를 회복시키는 작용이 있다[17]. *In vitro* 실험에서 덴드로시드 A와 덴드로노비로시드 A는 Mouse의 T임파세포와 B임파세포의 증식을 촉진시키는 작용이 있다[12]. 덴드로시드 D, E, F는 콘카나발린 A 혹은 지질다당(LPS)류에 의한 Mouse의 비장세포의 증식반응을 뚜렷하게 촉진시킨다[13].

2. 평활근에 대한 영향
금채석곡에 함유된 덴드로빈은 적출된 토끼의 장관활동을 억제할 수 있으며 동시에 적출된 기니피그의 자궁수축을 유발할 수 있다[18].

3. 실험성 백내장 치료
금채석곡을 달인 약액을 위에 주입하면 Rat의 D−갈락토오스 백내장에 대하여 연장 및 치료작용이 있고[19], 수정체 내의 콜레스테롤을 정상적으로 회복시킬 수 있으며 지질과산화물(LPO)을 뚜렷하게 저하시킨다[20]. 또 백내장 수정체의 과도하게 상승된 갈락토오스, 갈락토오스 알코올, 코엔자임 II(NADP)의 수준을 정상화할 뿐만 아니라 원형 코엔자임 II(NADPH)의 수준도 정상적으로 회복시킨다[21]. 효모활성 이상에 대해서도 억제 또는 회복작용이 있다[22].

4. 항종류
금채석곡 성분 가운데 4,7−dehydroxy−2−methoxy−9,10−dihydrophenanthrene과 덴비노빈은 *in vitro*에서 인체폐암세포 A549, 인체난소선암세포 SK−OV−3과 인체전골수성 백혈병세포 HL−60에 대해 현저한 세포독성작용이 있다. 또한 4,7−dehydroxy−2−methoxy−9,10−dihydrophenanthrene을 복강에 주사하면 Mouse의 S180 이식종양에도 억제작용이 있다[10].

5. 항균
금채석곡의 수증기 증류액은 *in vitro*에서 대장간균, 고초간균, 황색포도상구균 등을 억제할 수 있다[23].

6. 기타
금채석곡의 추출물은 Mouse의 파골세포의 형성에 대해 억제작용이 있다[24]. 기간톨은 항돌연변이 활성이 있다[15]. 석곡은 또 기니피그 및 집토끼의 혈당을 올리거나 혈압을 낮추고 호흡 및 심장수축 등을 감소시키는 작용이 있다.

용도

석곡은 중의임상에서 사용하는 약이다. 양음청열[養陰淸熱, 음액(陰液)을 자양하는 약으로 음허로 나는 열을 치료하는 것], 익위생진(益胃生津, 위장을 도와 진액이 생기게 함) 등의 효능이 있으며, 신허목암[腎虛目暗, 신허(腎虛)로 인해 눈이 침침하고 사물이 흐릿하게 보이는 증상], 신허위비[腎虛痿痺, 신허로 인해 관절과 기육(肌肉)이 시큰거리면서 아픈 증상] 등의 치료에 사용한다.
현대임상에서는 인후염, 백내장, 비인암(鼻咽癌, 비와 인후에 생긴 암), 홉킨스씨병, 임파육종(淋巴肉腫, 임파선에 생긴 악성 종양) 등의 병증에 사용한다.

해 설

《중국약전》에는 금채석곡 외에 또 철피석곡(鐵皮石斛, *Dendrobium candidum* Wall. ex Lindl.), 마편석곡(馬鞭石斛, *D. fimbriatum* Hook. var. *oculatum* Hook.) 및 이와 유사한 종의 신선한 줄기 혹은 마른 줄기를 중약 석곡의 법정기원식물로 수록하고 있다. 기타 몇 종의 석곡과 금채석곡에는 비슷한 약리작용이 있고 함유성분도 대체적으로 유사한데 주로 세스퀴테르페노이드 알칼로이드가 있다.
금채석곡은 일반적으로 사용하는 중요한 중약이다. 또한 꽃 모양이 독특하고 꽃이 아름답기에 관상용으로도 가치가 뛰어나다. 금채석곡도 현재 중국에서 아주 희귀한 중약이며 수출 약재로서 중점보호 약용식물로 관리되고 있다. 금채석곡은 해마다 그 수요량이 비교적 많이 늘어나고 있기 때문에 매우 비싼 약재이다. 금채석곡의 약재자원은 여전히 야생 위주이며 자원 확보를 위한 금채석곡 인공재배가 연구 중이고 원산지의 생태 및 환경을 보호하고 있다.

참고문헌

1. Y Inubushi, Y Sasaki, Y Tsuda, B Yasui, T Konita, J Matsumoto, E Katarao, J Nakano. Structure of dendrobine. *Tetrahedron*. 1964, **20**(9): 2007-2023

2. S Yamamura, Y Hirata. Structures of nobiline and dendrobine. *Tetrahedron Letters*. 1964, **2**: 79-87

3. T Okamoto, M Natsume, T Onaka, F Uchimaru, M Shimizu. Alkaloidal constituents of *Dendrobium nobile*(Orchidaceae). Structure determination of 4-hydroxydendroxine and nobilomethylene. *Chemical & Pharmaceutical Bulletin*. 1972, **20**(2): 418-421

4. T Okamoto, M Natsume, T Onaka, F Uchimaru, M Shimizu. The structure of dendramine (6-hydroxydendrobine) and 6-hydroxydendroxine, the fourth and fifth alkaloid from *Dendrobium nobile*. *Chemical & Pharmaceutical Bulletin*. 1966, **14**(6): 676-680

5. T Okamoto, M Natsume, T Onaka, F Uchimaru, M Shimizu. The structure of dendroxine, the third alkaloid from *Dendrobium nobile*. *Chemical & Pharmaceutical Bulletin*. 1966, **14**(6): 672-675

6. Y Inubushi, J Nakano. Structure of dendrine. *Tetrahedron Letters*. 1965, **31**: 2723-2728

7. HK Wang, TF Zhao, CT Che. Dendrobine and 3-hydroxy-2-oxodendrobine from *Dendrobium nobile*. *Journal of Natural Products*. 1985, **48**(5): 796-801

8.   QF Liu, WM Zhao. A new dendrobine-type alkaloid from *Dendrobium nobile*. *Chinese Chemical Letters*. 2003, **14**(3): 278-279

9.   K Hedman, K Leander. Orchidaceae alkaloids. XXVII. Quaternary salts of the dendrobine type from *Dendrobium nobile*. *Acta Chemica Scandinavica*. 1972, **26**(8): 3177-3180

10.   YH Lee, JD Park, NI Baek, SI Kim, BZ Ahn. *In vitro* and *in vivo* antitumoral phenanthrenes from the aerial parts of *Dendrobium nobile*. *Planta Medica*. 1995, **61**(2): 178-180

11.   Y Shu, DM Zhang, SX Guo. A new sesquiterpene glycoside from *Dendrobium nobile* lindl. *Journal of Asian Natural Products Research*. 2004, **6**(4): 311-314

12.   WM Zhao, QH Ye, XJ Tan, HL Jiang, XY Li, KX Chen, AD Kinghorn. Three new sesquiterpene glycosides from *Dendrobium nobile* with immunomodulatory activity. *Journal of Natural Products*. 2001, **64**(9): 1196-1200

13.   QH Ye, GW Qin, WM Zhao. Immunomodulatory sesquiterpene glycosides from *Dendrobium nobile*. *Phytochemistry*. 2002, **61**(8): 885-890

14.   舒瑩, 郭順星, 陳曉梅, 王春蘭, 楊峻山. 金釵石斛化學成分的研究. 中國藥學雜誌. 2004, **39**(6): 421-422

15.   M Miyazawa, H Shimamura, S Nakamura, H Kameoka. Antimutagenic activity of gigantol from *Dendrobium nobile*. *Journal of Agricultural and Food Chemistry*. 1997, **45**(8): 2849-2853

16.   李滿飛, 徐國鈞, 吳厚銘, 平田義正, 丹羽正武. 金釵石斛精油化學成份研究. 有機化學. 1991, **11**(2): 219-224

17.   施子棣, 何季芬, 張桂蘭, 蔣時紅. 金釵石斛水煎液對小白鼠腹腔巨噬細胞吞噬功能影響的實驗觀察. 河南中醫. 1989, **2**: 35-36

18.   KK Chen, AL Chen. The pharmacological action of dendrobine, the alkaloid of Chin-shih-hu. *Journal de Pharmacologie*. 1935, **55**: 319-325

19.   楊涛, 梁康, 張昌穎. 四種中草藥對大鼠半乳糖性白內障防治效用的研究. 北京醫科大學學報. 1991, **23**(2): 97-99

20.   楊涛, 梁康, 侯緯敏, 張昌穎. 四種中草藥抗白內障形成中晶狀體脂類過氧化水平及脂類含量的變化. 生物化學雜誌. 1992, **8**(2): 164-168

21.   楊涛, 梁康, 侯緯敏, 張昌穎. 四種中草藥對大鼠半乳糖性白內障氧化還原物質及糖類含量的影響. 生物化學雜誌. 1992, **8**(1): 21-25

22.   楊涛, 梁康, 侯緯敏, 張昌穎. 四種中草藥對大鼠半乳糖性白內障相關酶活性的影響. 生物化學雜誌. 1991, **7**(6): 731-736

23.   鄭曉珂, 曹新偉, 馮衛生, 匡海學. 金釵石斛的研究進展. 中國新藥雜誌. 2005, **14**(7): 826-829

24.   J Yin, Y Tezuka, K Kouda, Q Le Tran, T Miyahara, YJ Chen, S Kadota. Antiosteoporotic activity of the water extract of *Dioscorea spongiosa*. *Biological* & *Pharmaceutical Bulletin*. 2004, **27**(4): 583-586

술패랭이꽃 瞿麥 CP, KHP

Dianthus superbus L.

Fringed Pink

 개요

석죽과(Caryophyllaceae)

술패랭이꽃(瞿麥, *Dianthus superbus* L.)의 지상부를 건조한 것

중약명: 구맥(瞿麥)

패랭이꽃속(*Dianthus*) 식물은 전 세계에 약 600종이 있는데 북온대에 광범위하게 분포하고 있다. 그 대부분이 유럽과 아시아에서 자생하고 소수가 아메리카와 아프리카에서 자생한다. 중국에는 약 16종, 변이종 10종이 있으며 이 속에서 약으로 사용되는 것은 8종이다. 이 종은 중국의 동북, 화북, 서북, 화동, 하남, 호북, 사천, 귀주, 신강 등지에 분포하며 러시아의 시베리아, 카자흐스탄, 몽골, 한반도, 일본에도 분포하고 있다.

'구맥'이란 약명은 《신농본초경(神農本草經)》에 중품으로 처음 기재되었으며, 역대 본초서적에도 기록이 있다. 《중국약전(中國藥典)》(2015년 판)에서는 이 종을 중약 구맥의 법정기원식물의 하나로 수록하고 있다. 주요산지는 중국의 하북, 하남, 섬서, 산동, 사천, 호북, 절강, 강소 등이다. 《대한민국약전외한약(생약)규격집》(제4개정판)에는 구맥을 "석죽과에 속하는 술패랭이꽃(*Dianthus superbus* var. *longicalycinus* Williams) 또는 패랭이꽃(*Dianthus chinensis* Linne)의 지상부"로 등재하고 있다.

구맥의 주요 함유성분으로는 사이클로펩티드, 안트라퀴논, 플라보노이드 등이 있다. 《중국약전》에서는 약재의 성상, 현미경 감별특징, 성미, 박층크로마토그래피법을 이용하여 약재를 관리하고 있다.

약리연구를 통하여 구맥은 이뇨, 항생육, 평활근 흥분 등의 작용이 있는 것으로 알려져 있다.

한의학에서 구맥은 이뇨통림(利尿通淋), 활혈통경(活血通經) 등의 효능이 있다.

술패랭이꽃 瞿麥 *Dianthus superbus* L.

약재 구맥 藥材瞿麥 Dianthi Herba

1cm

패랭이꽃 石竹 *D. chinensis* L.

함유성분

지상부에는 고리형 펩티드 성분으로 dianthins A, B, C, D, E, F[1-2], 안트라퀴논 성분으로 physcion, emodin, emodin-8-O-glucoside[3], 플라보노이드 성분으로 homoorientin, orientin[4] 등이 함유되어 있다. 또한 methyl 3,4-dihydroxybenzoate, methyl 3',4'-dihydroxyphenyl propionate[3] 등이 함유되어 있다.

dianthin A   orientin

술패랭이꽃 瞿麥 CP, KHP

약리작용

1. **이뇨**
   구맥의 에탄올 추출물과 열수 추출물에는 모두 이뇨작용이 있다. 구맥을 달인 약액을 위에 주입하면 집토끼의 배뇨량이 증가되지만 뚜렷하지는 않다[5].

2. **항생육**
   구맥에서 분리해 낸 메칠 3,4-디하이드록벤조산염은 임신한 Rat의 자궁근육을 흥분시킴과 동시에 피투이트린과 상호작용이 있으며[3] 임신한 Mouse 자궁의 자발성 수축강도와 빈도를 증강시킬 수 있다. 임신한 Mouse의 생육 실험과 유전 독성 실험에서 구맥의 열수 추출물은 착상기, 임신초기, 임신중기 등에 비교적 현저한 유산 유발 및 사태작용이 있다. 또 투여량의 증가에 따라 작용이 증가되지만 상술한 투여량 증가로 인한 유전 독성은 나타나지 않는다[6].

3. **평활근 흥분**
   구맥의 열수 추출물은 토끼의 적출된 장, 마취된 개의 장관 및 개의 만성 탈장에 대해 흥분작용이 있다. 이 작용은 디펜하이드라민과 파파베린의 억제를 통해서 발현된다. 구맥의 에탄올 추출물은 마취된 토끼의 자궁 및 Rat의 적출된 자궁근육질에 대하여 명확한 흥분작용이 있다.

4. **기타**
   구맥에는 항균, 심장억제, 항비뇨생식기감염, 항트라코마병원체[7], 항담배모자이크바이러스(anti-TMV)[8], 항돌연변이[9] 등의 작용이 있다.

용도

구맥은 중의임상에서 사용하는 약이다. 활혈통경(活血通經, 혈액순환을 촉진하여 월경이 재개되게 함)의 효능이 있으며, 습열로 인한 임병, 혈과 열이 막힌 폐경이나 월경불순 등의 치료에 사용한다.
현대임상에서는 구맥을 비뇨계통감염, 만성 전립선염, 폐경, 피부습진[10] 등의 병증에 사용한다.

해설

《중국약전》에서는 술패랭이꽃 외에 또 패랭이꽃(石竹, *Dianthus chinensis* L.)을 중약 구맥의 법정기원식물로 기록하고 있다. 패랭이꽃과 술패랭이꽃을 비교하면 패랭이꽃의 꽃이 달린 전초에는 디안치네노사이드 A, B, C, D, 디안토사이드 및 항암활성의 안토시아닌과 플라보노이드 화합물 등이 있다. 꽃에는 유게놀, 페닐에탄올, 벤질벤조에이트 등이 있다[11]. 약리작용으로 볼 때 패랭이꽃의 이뇨작용은 술패랭이꽃보다 강하다[5].

참고문헌

1. YC Wang, NH Tan, J Zhou, HM Wu. Cyclopeptides from *Dianthus superbus*. *Phytochemistry*. 1998, **49**(5): 1453-1456

2. PW Hsieh, FR Chang, CC Wu, KY Wu, CM Li, SL Chen, YC Wu. New cytotoxic cyclic peptides and dianthramide from *Dianthus superbus*. *Journal of Natural Products*. 2004, **67**(9): 1522-1527

3. 汪向海, 巢啟榮, 黃浩, 王霆. 瞿麥化學成分研究. 中草藥. 2000, **31**(4): 248-249

4. LM Seraya, K Birke, SV Khimenko, LI Boguslavskaya. Flavonoid compounds of *Dianthus superbus*. *Khimiya Prirodnykh Soedinenii*. 1978, **6**: 802-803

5. 李定格, 周風琴, 姬廣臣, 張增敏, 史仁華. 山東產中藥瞿麥利尿作用的研究. 中藥材. 1996, **19**(10): 520-522

6. 李興廣, 高學敏. 瞿麥水煎液對小鼠妊娠影響的實驗研究. 北京中醫藥大學學報. 2000, **23**(6): 40-42

7. 李建軍, 涂裕英, 佟菊貞, 汪培土. 瞿麥等12味利水中藥體外抗泌尿生殖道沙眼衣原體活性檢測. 中國中藥雜誌. 2000, **25**(10): 628-630

8. HJ Cho, SJ Lee, S Kim, BD Kim. Isolation and characterization of cDNAs encoding ribosome inactivating protein from *Dianthus sinensis* L. *Molecules* and *Cells*. 2000, **10**(2): 135-141

9. H Lee, JY Lin. Antimutagenic activity of extracts from anticancer drugs in Chinese medicine. *Mutation Research*. 1988, **204**(2): 229-234

10. 王本祥. 現代中藥藥理學. 天津: 天津科學技術出版社. 1997: 558-560

11. HY Li, K Koike, T Ohmoto. Triterpenoid saponins from *Dianthus chinensis*. *Phytochemistry*. 1994, **35**(3): 751-756

상산 常山 ^{CP, KHP}

Saxifragaceae

Dichroa febrifuga Lour.
Antifebrile Dichroa

 개 요

범의귀과(Saxifragaceae)

상산(常山, *Dichroa febrifuga* Lour.)의 뿌리를 건조한 것

중약명: 상산

상산속(*Dichroa*) 식물은 전 세계에 약 12종이 있으며 아시아 동남부의 열대와 아열대 지역에 대부분 분포하고 소수가 태평양의 도서에 분포한다. 중국에 약 6종이 있으며 이 속에서 약으로 사용되는 것은 1종이다. 이 속은 중국의 섬서, 감숙, 호북, 호남, 화동 및 서남 지역과 서장 등이다. 인도, 베트남, 미얀마, 말레이시아, 인도네시아, 필리핀, 일본 등에도 분포한다.

'상산'의 약명은 《신농본초경(神農本草經)》에 하품으로 처음 기재되었으며, 《중국약전(中國藥典)》(2015년 판)에 수록된 이 종은 중약 상산의 법정기원식물 내원종이다. 주요산지는 중국의 사천, 귀주, 호남, 광서, 호북 등이다. 《대한민국약전외한약(생약)규격집》(제4개정판)에는 상산을 "상산(*Dichroa febrifuga* Lour., 범의귀과)의 뿌리"로 등재하고 있다.

상산의 뿌리에는 주로 알칼로이드가 있다. 연구결과에 의하면 상산 중의 디치로아페브리푸긴은 항말라리아의 유효성분이다. 《중국약전》에서는 약재의 성상, 현미경 감별 특징, 성미, 박층크로마토그래피법을 이용하여 약재를 관리하고 있다.

약리연구를 통하여 상산에는 항말라리아, 최토(催吐), 항염, 항종류 등의 작용이 있는 것으로 알려져 있다.

한의학에서 상산은 절학(截瘧)과 거담(祛痰)의 효능이 있다.

상산 常山 *Dichroa febrifuga* Lour.

약재 상산 藥材常山 Dichroae Radix

1cm

상산 常山 CP, KHP

함유성분

뿌리에는 0.1% 알칼로이드 성분이 함유되어 있는데 α-dichroine (isofebrifugine), β-dichroine (febrifugine), γ-dichroine, dichroidine, quinazolone. 등이다. 또한 umbelliferone, dichrins B와 halofuginone[1] 등이 함유되어 있다.
잎에는 0.2% 알칼로이드 성분이 함유되어 있는데, 그중에서 0.14% dichroine은 활성성분으로 뿌리보다 10배 이상 높게 함유되어 있다. 또한 β-dichroines(febrifugine)과 소량의 트리메칠아민이 함유되어 있다.

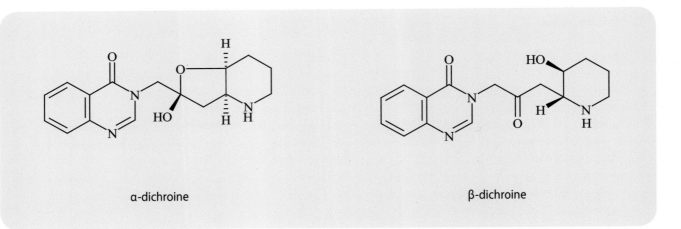

α-dichroine   β-dichroine

약리작용

1. 항말라리아
   상산의 항말라리아성분은 α-디치로온, β-디치로온, γ-디치로온 등이다. 이들 성분은 닭의 말라리아에 대한 키닌 효과의 1:100∼150배에 해당한다. 또한 상산의 β-디치로온은 오리의 말라리아에 대하여 효과가 키닌의 약 100배에 해당한다. 상산의 γ-디치로온은 금사공작과 원숭이의 말라리아에도 효과적이다. 상산의 복합 추출물은 배양된 악성 말라리아원충과 동물실험성 말라리아에 대해 모두 비교적 좋은 치료효과가 있다. β-디치로온의 대사물과 그의 합성유도체에도 유사한 항말라리아효과가 있는데 독으로 인한 부작용은 대폭 감소된다[2].

2. 적충 소멸
   In vitro 실험에서 상산을 달인 약액은 뚜렷한 적충(滴蟲) 소멸작용이 있음과 동시에 농도가 높을수록 작용시간이 연장되어 적충의 살멸률을 더욱 높여 준다[3].

3. 평활근에 대한 영향
   상산의 복합 알칼리는 적출된 동물의 평활근에 대하여 자발성 수축과 아세틸콜린으로 유발된 수축을 억제할 수 있다. 비임신자궁, 임신조기자궁의 자발성 수축 및 옥시토신으로 유발된 임신자궁의 수축에 모두 현저한 이완작용이 있다[4].

4. 항염
   상산 추출액은 지질다당(LPS)과 인터페론으로 유발된 Mouse 복강대식세포의 산화질소 생성과 종양괴사인자-α(TNF-α)를 억제하는 작용이 있다[5]. 상산 추출액은 LPS로 유발된 Rat의 간장패혈증을 억제하는 작용이 있는데 그 항염작용은 면역과 관련된 단백질을 조절하는 것과 관련이 있다[6].

5. 항종양
   γ-디치로온은 in vitro에서 Rat와 Mouse의 에를리히복수암(EAC)세포에 대해 뚜렷한 억제작용이 있다[7].

6. 기타
   상산 중의 할로푸지논은 상처의 유합과 I형 콜라겐 합성을 조절할 수 있고 흉터 형성을 방지할 수 있다[1]. 또한 상산은 해열 및 항바이러스 등의 작용이 있다.

용도

상산은 중의임상에서 사용하는 약이다. 청열해독(淸熱解毒, 화열을 깨끗이 제거하고 몸의 독을 없이함), 활혈지통(活血止痛, 혈액순환을 촉진하여 통증을 멈추게 함), 맹장염, 장옹복통(腸癰腹痛, 장옹이 있고 복통이 있는 것), 열독창양(熱毒瘡瘍, 열독이 치성(熾盛)하여 장부(臟腑)에 쌓여 발생하는 창종), 타박상, 풍습비통(風濕痹痛, 풍습으로 인해 관절이 아프고, 통증이 심해지는 증상), 경폐(經閉, 월경이 있어야 할 시기에 월경이 없는 것) 등의 치료에 사용한다.

현대임상에서는 또 급성 맹장염, 만성 골반염, 결장염, 바이러스성 간염, 황달 등의 병증에 사용한다.

 ## 해 설

토상산(土常山)은 범의귀과 수국속(*Hydrangea*) 식물 산화수구(傘花繡球, *Hydrangea umbellate* Rehd.)로 중국의 장강유역에 분포하며, 이는 상산의 대체품으로 사용된다. 그중 산화수구의 뿌리 중에서 추출해 낸 α−디치로온, β−디치로온, γ−디치로온 등은 닭의 말라리아에 뚜렷한 억제작용이 있다.

상산을 전통 중의에서는 말라리아를 치료하는 약물로 사용하는데 현대의 연구를 통해서 뚜렷한 항학(抗瘧)작용이 확인되었지만 그 부작용이 비교적 크기 때문에 본격적으로 사용되지는 못했다. 하지만 말라리아원충 약물의 지속적인 관심으로 인하여 상산에 대한 관심이 날로 증폭되고 있다. 상산은 뿌리를 약으로 사용하는 것 외에 줄기와 잎[고대의 촉칠(蜀漆)]도 항학에 대해 유의한 효과가 있다. 또한 잎과 줄기는 뿌리보다 채집이 용이하기 때문에 이에 대한 연구가 필요하다.

 ## 참고문헌

1. 張恒術, 黃崇本. 中藥黃常山中常山酮對傷口癒合和瘢痕形成的作用. 中國臨床康復. 2003, 7(23): 3196-3197

2. S Hirai, H Kikuchi, HS Kim, K Begum, Y Wataya, H Tasaka, Y Miyazawa, K Yamamoto, Y Oshima. Metabolites of febrifugine and its synthetic analogue by mouse liver S9 and their antimalarial activity against plasmodium malaria parasite. *Journal of Medicinal Chemistry*. 2003, **46**(20): 4351-4359

3. 劉永春, 郭永和, 王冬梅, 秦劍. 常山花椒苦參體外抗陰道毛滴蟲效果觀察. 濟寧醫學院學報. 1997, **20**(3): 45

4. 趙燦熙. 常山總鹼對大白鼠腸及子宮平滑肌的影響. 海南醫學. 1991, **2**(3): 41-43

5. YH Kim, WS Ko, MS Ha, CH Lee, BT Choi, HS Kang, HD Kim. The production of nitric oxide and TNF-alpha in peritoneal macrophages is inhibited by *Dichroa febrifuga* Lour. *Journal of Ethnopharmacology*. 2000, **69**(1): 35-43

6. BT Choi, JH Lee, WS Ko, YH Kim, YH Choi, HS Kang, HD Kim. Anti-inflammatory effects of aqueous extract from *Dichroa febrifuga* root in rat liver. *Acta Pharmacologica Sinica*. 2003, **24**(2): 127-132

7. EM Vermel, SA Kruglyak-Syrkina. Anticancer activity of the alkaloid febrifugine in animal experiments. *Voprosy Onkologii*. 1960, **6**(7): 56-61

백선 白鮮 CP, KP

Dictamnus dasycarpus Turcz.
Dense-fruit Pittany

개요

운향과(Rutaceae)

백선(白鮮, *Dictamnus dasycarpus* Turcz.)의 뿌리껍질을 건조한 것

중약명: 백선

백선속(*Dictamnus*) 식물은 전 세계에 5종이 있으며 주로 유라시아 대륙에 분포한다. 중국산이 1종이며 약으로 사용된다. 중국의 동북에서부터 동남까지 분포한다.

'백선'의 약명은 《신농본초경(神農本草經)》에 중품으로 처음 기재되었으며, 역대 본초서적에서 그 기록을 찾아볼 수 있다. 《중국약전(中國藥典)》(2015년 판)에 수록된 이 종은 중약 백선피의 법정기원식물이다. 주요산지는 중국의 요녕, 하북 및 산동 등이다. 그 밖에 강소, 산서, 길림, 흑룡강, 내몽골 등에도 나는 것이 있다. 《대한민국약전》(11개정판)에는 백선피를 "백선(*Dictamnus dasycarpus* Turczaininov, 운향과)의 뿌리껍질"로 등재하고 있다.

백선피에는 주로 알칼로이드와 플라보노이드 성분이 함유되어 있다. 《중국약전》에서는 고속액체크로마토그래피법을 이용하여 건조시료 중 프락시넬론의 함량을 0.050% 이상, 오바쿠논의 함량을 0.15% 이상으로 약재의 규격을 정하고 있다.

약리연구를 통하여 백선의 뿌리껍질에는 항균, 항염, 지혈, 세포면역 및 체액성 면역억제 등의 작용이 있는 것으로 알려져 있다.

한의학에서 백선피는 청열조습(淸熱燥濕), 거풍지양(祛風止癢), 해독 등의 효능이 있다.

백선 白鮮 *Dictamnus dasycarpus* Turcz.

약재 백선 藥材白鮮 Dictamni Cortex

1cm

함유성분

뿌리껍질에는 알칼로이드 성분으로 dictamnine, γ-fagarine[1], preskimmianine, skimmianine, dasycarpamine, trigonelline, O-ethylnordictamnine, O-ethylnor-γ-fagarine, O-ethylnorskimmianine, isomaculosidine, 리모노이드 성분으로 rutaevin, obacunone, limonin[2], limonin disophenol[3], 스테로이드 성분으로 pregnenolone, campesterol, 세스퀴테르페노이드 배당체로 dictamnosides A, B, D, F, G, H, I, J, K, L, M[4-5], 플라보노이드 성분으로 wogonin[3] 등이 함유되어 있다. 또한 dictamnol, fraxinellone, 6β-hydroxyfraxinellone[6], fraxinellonone, kihadinin B, dasycarine[3], 배당체로 dasycarpusides A, B, 1-O-α-rhamnopyranosyl-(1″→6′)-β-glucopyranoside, 2-methoxy-4-acetylphenol-1-O-α-rhamnopyranosyl-(1″→6′)-β-glucopyranoside, 2-methoxy-4-(8-hydroxyethyl)-phenol-1-O-α-rhamnopyranosyl-(1″→6′)-β-glucopyranoside][7] 등이 함유되어 있다.

dictamnine   fraxinellone   obacunone

 약리작용

1. **항균**

   백선피의 열수 추출물은 in vitro에서 임구균에 대하여 경미한 억제작용이 있으며[8] 딕탐닌은 in vitro에서 사카로마이세스 세레비시아 GL7과 프로토트히카 위커하미에 대하여 항균작용이 있다. 직접 혹은 간접적으로 진균세포 유전물질의 합성에 영향을 주어 정상세포 주기를 완성하지 못한 진균의 성장을 억제하며 심지어 사멸을 유도한다[9]. 백선피의 추출물은 in vitro에서 근색모선균, 동심성모선균, 허란씨황선균 등 여러 가지 피부진균에도 상이한 정도의 억제작용이 있다. 백선피의 열수 추출물을 복용하면 간흡충에 감염된 집토끼 흡충의 산란을 억제하는데[10] 충체 형태에 대해서는 뚜렷한 영향이 없다[11].

2. **항염**

   백선피 물 추출물, 알코올 추출물 및 산 추출물을 위에 주입하면 디메칠벤젠으로 유발된 Mouse의 귓바퀴 종창, 거름종이로 유발된 Mouse의 육아종 및 카라기난으로 유발된 Rat의 발바닥 종창 등에 억제작용이 있다[12]. 또한 백선피 추출물을 복용하면 단백으로 유발된 Mouse의 발바닥 염증을 억제할 수 있다[13].

3. **면역조절**

   백선피 추출물을 복용하면 염화피크릴로 유발된 Mouse의 접촉성 피부염 지발성과민반응(PC-DTH) 및 면양적혈구(SRBC)로 유발된 Mouse의 발바닥 지발성과민반응(DTH) 등에 뚜렷한 억제작용이 있다. SRBC 및 용혈용균반형성세포(PFC) 수치와 혈청 용혈효소의 수준을 뚜렷하게 억제하는 작용이 있는데 비장중량에는 영향이 없으며 그에 대한 세포면역과 체액면역에 대해서도 억제작용이 있다[13]. 백선피의 다당을 위에 주입하면 Mouse의 시클로포스파미드(Cy)로 유발된 외주혈백혈구를 감소시키고 보호하는 작용이 있다. 또한 Cy의 작용하에서 비장중량이 증가되기도 한다[14].

4. **간 보호**

   백선피의 다당을 위에 주입하면 사염화탄소로 간 손상이 유발된 Mouse의 글루타민산 피루브산 트랜스아미나제(GPT) 활성을 뚜렷하게 낮추고 간당원의 함량도 현저하게 높여 주며 펜토바르비탈나트륨으로 유도된 수면시간을 현저히 단축시킨다[15]. 백선피의 추출물은 in vitro에서 염화피크릴로 인해 DTH가 유발된 Mouse의 간 손상과 간비실질세포 중에 침윤된 T임파세포의 효능을 억제하고 세포면역성 간 손상을 개선할 수 있다[16].

백선 白鮮 CP. KP

5. 지혈

백선피의 알코올 추출물을 위에 주입하면 Mouse의 꼬리가 잘린 후의 출혈시간과 출혈량을 뚜렷이 감소시킴과 동시에 Mouse의 복 강모세혈관 투과성을 뚜렷하게 감소시킨다[17].

6. 소화계통에 대한 영향

백선피의 에탄올 추출물을 위에 주입하면 Mouse의 센나엽으로 인한 설사, 수침 스트레스성 궤양, 염산성 궤양 및 인도메타신—에탄 올궤양 등에 모두 뚜렷한 억제작용이 있으며 Mouse의 피마자유(蓖麻子油)로 인한 설사에 대해서도 뚜렷한 억제작용이 있고 Rat의 담즙유량도 뚜렷하게 증가시킬 수 있다[18].

7. 항종양

다시카로파민 A는 in vitro에서 인체폐암세포 A—549에 대한 세포독성이 있다. 백선피 중에서 분리해 낸 페놀 배당체 성분은 T세포 의 증식에도 억제작용이 있다[5, 7]. 오바쿠논은 in vitro에서 빈크리스틴을 증가시킬 수 있는데 이런 항암약물은 백혈병세포 L1210 등 에 대해서도 세포독성을 나타낸다[19].

8. 기타

백선피 추출물은 혈관을 느슨하게 할 수 있고[20] 멜라닌색소포의 증식을 자극할 수도 있으며[21] 개구리의 적출심장에 대한 흥분 및 심근장력을 촉진할 수 있다. 또한 자궁평활근에 대한 수축작용도 있다.

용도

백선피는 중약임상에서 사용하는 약이다. 청열조습[淸熱燥濕, 열기를 내리며 습사(濕邪)를 제거하는 것], 거풍해독[祛風解毒, 풍(風)을 제 거하고 해독함] 등의 효능이 있으며, 습열로 인한 창독(瘡毒, 헌데의 독기), 습진과 버짐, 황달과 혈뇨, 습열로 저리고 아픈 것 등의 치료에 사용한다.

현대임상에서는 피부궤양, 두드러기, 습진, 피부소양(皮膚瘙癢, 피부가 가려운 증상), 급성 간염, 만성 간염, 풍습성 관절염 등의 치료에 사용한다. 외용으로는 임파절염증, 외상 출혈, 버짐 등의 병증에 사용한다.

해설

연구에 의하면 백선피 추출물은 멜라닌색소포의 증식을 유도할 수 있을 뿐만 아니라[21] 자외선의 조사(照射) 조건하에서 딕탐닌은 유전 자 이중나선의 피리딘염기 형성을 유도한다. 이러한 성질은 백전풍(白癜風) 및 소버짐 치료약물인 8—메톡살렌과 유사하다. 때문에 백선 피에서 백전풍과 소버짐의 치료약물을 개발해 내기 위한 다양한 연구가 필요하다. 그 밖에 백선피의 유효성분인 프락시놀론은 Rat에 대 하여 항생육, 항수정작용이 있는데 이는 피임약물 연구에 대안을 제시할 수 있을 것으로 기대된다.

백선피는 다양한 약물가치가 있을 뿐만 아니라 천연방부제[22], 미용 미백제[23], 살충제[24-25] 등에도 활용가치가 있다. 이외에 백선은 관상 식물로도 가치가 있다[26].

참고문헌

1. H Kanamori, I Sakamoto, M Mizuta. Further study on mutagenic furoquinoline alkaloids of Dictamni Radicis Cortex:isolation of skimmianine and high-performance liquid chromatographic analysis. *Chemical & Pharmaceutical Bulletin*. 1986, **34**(4): 1826-1829

2. 王兆全, 許鳳鳴, 安詩友. 白鮮皮的化學成分硏究. 中國中藥雜誌. 1992, **17**(9): 551-552

3. 杜程芳, 楊欣欣, 屠鵬飛. 白鮮皮的化學成分硏究. 中國中藥雜誌. 2005, **30**(21): 1663-1666

4. WM Zhao, SC Wang, GW Qin, RS Xu, K Hostettmann. Dictamnosides F and G-Two novel sesquiterpene diglycosides with α-configuration glucose units from *Dictamnus dasycarpus*. *Indian Journal of Chemistry, Section B:Organic Chemistry Including Medicinal Chemistry*. 2001, **40B**(8): 748-750

5. J Chang, LJ Xuan, YM Xu, JS Zhang. Seven new sesquiterpene glycosides from the root bark of *Dictamnus dasycarpus*. *Journal of Natural Products*. 2001, **64**(7): 935-938

6. WM Zhao, JL Wolfender, K Hostettmann, RS Xu, GW Qin. Antifungal alkaloids and limonoid derivatives from *Dictamnus dasycarpus*. *Phytochemistry*. 1997, **47**(1): 7-11

7. J Chang, LJ Xuan, YM Xu, JS Zhang. Cytotoxic terpenoid and immunosuppressive phenolic glycosides from the root bark of *Dictamnus dasycarpus*. *Planta Medica*. 2002, **68**(5): 425-429

8. 盛麗, 高農, 張曉非. 19味中藥對淋球菌流行株的敏感性硏究. 中國中醫藥信息雜誌. 2003, **10**(4): 48-49

9. 王理達, 果德安, 袁蘭, 何其華, 胡迎慶, 屠鵬飛, 鄭俊華. 3种抗眞菌生藥生活成分對兩种眞菌細胞遺傳物師的影響. 藥學學報. 2000, **35**(11):860-863

10. JK Rhee, BK Baek, BZ Ahn. Alternations of *Clonorchis sinensis* EPG by administration of herbs in rabbits. *American Journal of Chinese Medicine*. 1985, **13**(1-4): 65-69

11. JK Rhee, BK Baek, BZ Ahn. Structural investigation on the effects of the herbs on *Clonorchis sinensis* in rabbits. *American Journal of Chinese Medicine*. 1985, **13**(1-4): 119-125

12. 譚家莉, 謝艷華, 匡威. 白鮮皮抗炎作用的實驗硏究. 中國新醫藥. 2004, **3**(8): 35-36

13. 王蓉, 徐强, 徐麗華, 杭秉茜. 白鮮皮的免疫藥理學硏究I. 對細胞免疫及體液免疫的影響. 中國藥科大學學報. 1992, **23**(4): 234-238

14. 李岩, 曲紹春, 劉傑, 孫文娟, 羅基花. 白鮮皮粗多糖升白細胞作用的初步研究. 長春中醫學院學報. 1995, **11**(3): 48

15. 劉冰, 龐慧民, 陳敏怡. 五加皮的體內抗誘變性研究. 癌變. 畸變. 突變. 1999, **11**(1): 11-14

16. 陸朝華, 曹勁松, 凡華, 徐強. 白鮮皮水提物改善遲發型變態反應性肝損傷的作用機理. 中國藥科大學學報. 1999, **30**(3): 212-215

17. 睢大員, 于曉鳳, 呂忠智, 李淑慧, 紀躍華. 白鮮皮止血作用的藥理研究. 白求恩醫科大學學報. 1996, **22**(6): 608

18. 朱自平, 張明發, 沈雅琴, 王紅武. 生甘草和白鮮皮對消化系統的藥理實驗研究. 中國中西醫結合脾胃雜誌. 1998, **6**(2): 95-97

19. H Jung, DE Sok, Y Kim, B Min, J Lee, K Bae. Potentiating effect of obacunone from *Dictamnus dasycarpus* on cytotoxicity of microtuble inhibitors, vincristine, vinblastine and taxol. *Planta Medica*. 2000, **66**(1)4: 74-76

20. SM Yu, FN Ko, MJ Su, TS Wu, ML Wang, TF Huang, CM Teng. Vasorelaxing effect in rat thoracic aorta caused by fraxinellone and dictamine isolated from the Chinese herb *Dictamnus dasycarpus* Turcz:comparison with cromakalim and Ca²⁺ channel blockers. *Naunyn-Schmiedeberg's Archives of Pharmacology*. 1992, 345(3): 349-355

21. ZX Lin, JRS Hoult, A Raman. Sulphorhodamine B assay for measuring proliferation of a pigmented melanocyte cell line and its application to the evaluation of crude drugs used in the treatment of vitiligo. *Journal of Ethnopharmacology*. 1999, **66**(2): 141-150

22. 樊憲偉, 張霞, 王紹明. 概況. 特產研究. 2003, **25**(3): 50-52

23. 尚靖, 敖秉臣, 劉文麗, 徐建國. 七種增白中藥在體外對酪氨酸酶的影響. 中國藥學雜誌. 1995, **30**(11):653-655

24. 鞏忠福, 王建華. 19種植物提取物的殺蟎活性觀察. 中國獸藥雜誌. 2002, **36**(1): 6-8

25. ZL Liu, YJ Xu, J Wu, SH Goh, SH Ho. Feeding deterrents from *Dictamnus dasycarpus* Turcz against two stored-product insects. *Journal of Agricultural and Food Chemistry*. 2002, **50**(6): 1447-1450

26. 周繇. 長白山野生花卉資源及園林應用(五). 園林. 2002, **9**: 35

둥근마 黃獨

Dioscorea bulbifera L.

Airpotato Yam

 개요

마과(Dioscoreaceae)

둥근마(黃獨, *Dioscorea bulbifera* L.)의 덩이줄기를 건조한 것

중약명: 황약자(黃藥子)

마속(*Dioscorea*) 식물은 전 세계에 약 600종으로 열대와 온대 지역에 광범위하게 분포한다. 중국에 55종, 변이종 11종, 아종 1종이 있다. 주요 분포지역은 중국의 서남과 동남부 등이다. 이 속에서 약으로 사용되는 것은 35종이고 이외에 식용으로 사용되는 것이 여러 종 있다. 이 종은 중국의 화동, 중남, 서남 및 섬서, 감숙, 대만 등에 분포한다. 일본, 한반도, 인도, 미얀마, 호주, 아프리카에도 분포한다.

'만주황약자(萬州黃藥子)'라는 약명은 《천금방(千金方)·월령(月令)》에 처음 기재되었으며 《개보본초(開寶本草)》에도 황약근(黃藥根)이란 이름으로 기재되었다. 황약자라는 약명은 가장 먼저 《전남본초(滇南本草)》에 기재되었다. 주요산지는 중국의 호북, 호남, 강소 등이며 하남, 산동, 절강, 안휘, 복건, 운남, 귀주, 사천, 광서 등지에서도 나는 것이 있다.

둥근마의 주요 활성성분으로는 스테로이드 사포닌과 디테르페노이드락톤 화합물이다. 그중에 항종양작용의 유효성분으로는 디오스불빈 A, B, C 및 디오스신 등이 있다[1].

약리연구를 통하여 둥근마에는 항갑상선종, 항종양, 항병독 등의 작용이 있는 것으로 알려져 있다.

한의학에서 황약자는 산결소영(散結消瘿), 청열해독(清熱解毒), 양혈지혈(涼血止血) 등의 효능이 있다.

둥근마 黃獨 *Dioscorea bulbifera* L. 웅주 雄株

둥근마 黃獨 *D. bulbifera* L. 자주 雌株

약재 황약자 藥材黃藥子
Dioscoreae Bulbiferae Rhizoma

1cm

함유성분

덩이줄기에는 스테로이드 사포닌 성분으로 prosapogenin A, taccaoside[2], 디테르페노이드 락톤 성분으로 diosbulbins A, B, C, D, E, F, G, H[3-4], diosbulbinosides D, F[1], neodiosbulbin, 5-ureidohydautotion[5], 3α-hydroxy-13β-furan-11-keto-apian-8-en-(20,6)-olide, 13β-furan-11-keto-apian-3(4),8-dien-(20,6)-olide, 7α-methoxy-13β-furan-11-keto- apian-3(4),8-dien-(20,6)-olide[6], 플라보노이드 성분으로 3,7-dimethoxy-5,4'dihydroxyflavone, 3,7-dimethoxy-5,3'4'trihydroxyflavone[7], myricetin, hyperin, myricetin-3-O-β-D-galactoside, myricetin-3-O-β-D-glucoside[8], caryatin, 7,4'dihydroxy-3,5-dimethoxyflavone[9], 3,5,3'-trimethoxyquercetin, kaempferol-3-O-β-D-galactopyranoside[10] 등이 함유되어 있다. 또한 vanillic acid, isovanillic acid[10], succinic acid, shikimic acid[11], (+)-epicatechin[10], 1-(3-aminopropyl)-2-pipecoline[12] 등이 함유되어 있다.

diosbulbin A

약리작용

1. 항갑상선종

황약자는 요오드가 결핍된 사료 또는 갑상선 약물로 유발된 실험성 갑상선종에 대해 치료작용이 있다. 치오시안산칼륨으로 유발된 경증의 갑상선종에도 효과가 있다.

둥근마 黃獨

2. 항종양

황약자의 에탄올 추출물은 Mouse의 간암 H22, 육종 S180과 복수종(腹水腫)에 대해 억제작용이 있다[13]. 디오스불빈 A, B, C 및 디오스게닌 등에도 항종양의 작용이 있는데 특별히 갑상선종양에 독특한 치료효과가 있다. 황독유는 자궁암, Mouse의 백혈병 615에도 일정한 억제작용이 있다[1].

3. 항병독

황약자의 에탄올 추출물은 바이러스의 유전자를 억제할 뿐만 아니라 RNA 전사도 억제하며 바이러스를 사멸시킨 세포 또는 약물대조세포에 대해서도 억제작용이 있다[1].

4. 항균

황약자의 추출액은 *in vitro*에서 근색모선균, 동심성모선균, 허란씨황선균 등의 피부진균을 억제할 수 있다.

5. 항염

황약자 메탄올 추출물은 디메칠벤젠으로 유발된 Mouse의 귀염증, 단백과 카라기난으로 유발된 Rat의 발바닥 종창, Rat의 면구육아종에도 뚜렷한 억제작용이 있다[14]. 디오스불빈 B는 항염 활성성분 가운데 하나이다[15].

6. 기타

황약자에 들어 있는 일종의 다당은 Mouse의 혈당을 낮출 수 있다.

용도

황약자는 중의임상에 사용하는 약이다. 소담연견산결[消痰軟堅散結, 탁담(濁痰), 어혈 등으로 인해 응어리가 형성된 것을 풀어 줌], 청열해독(淸熱解毒, 화열을 깨끗이 제거하고 몸의 독을 없이함), 양혈지혈[涼血止血, 양혈(涼血)함으로써 지혈함] 등의 효능이 있으며, 갑상선종, 창양종독(瘡瘍腫毒, 피부질환으로 생긴 종기에서 나오는 독), 인후종통(咽喉腫痛, 목 안이 붓고 아픈 증상), 뱀에게 물린 상처, 혈열(血熱, 혈분(血分)에 사열(邪熱)이 있는 것)로 인한 토혈(吐血, 피를 토하는 병증), 코피, 객혈(喀血, 피가 섞인 가래를 기침과 함께 뱉어 내는 것), 기침, 천식, 백일해 등의 치료에 사용한다.

현대임상에서는 황독을 또 갑상선종[16], 아급성 갑상선염[17], 갑상선, 식도, 코와 인후, 폐, 간, 직장 등 여러 가지 악성 종양[18-19]과 자궁경부염, 은설병[銀屑病, 홍반(紅斑)과 구진(丘疹)으로 인하여 피부 표면에 여러 층으로 된 백색 비늘가루가 생기는 병증] 등의 병증에 사용한다.

해 설

식물 함유성분의 종별 특성으로 볼 때 둥근마의 함유성분인 스테로이드 사포닌은 마속 식물의 기본적인 특징이다. 이 유형의 성분들은 가장 원시적인 뿌리줄기조직에만 존재하며 기타 조직에는 존재하지 않는다. 둥근마의 조직은 비교적 진화된 뿌리줄기에 속하는데 그와 스테로이드 사포닌을 포함하지 않는 마조직 및 복엽조직 등은 동일한 진화의 과정에 있는 것으로 볼 수 있다. 때문에 초기의 연구자들은 둥근마에는 스테로이드 사포닌이 존재하지 않는다고 생각하기도 했다. 그러나 1990년대 이래 연구자들은 둥근마에서 디오스게닌, 프로사포게닌, 타크카오시드 등 스테로이드 사포닌계 화합물을 분리해 냈다[2]. 이를 통하여 초기연구에서 둥근마에 스테로이드 사포닌이 함유되지 않았다는 오류는 시정되었다[1].

둥근마 중의 주요성분으로는 디오스게닌, 디오스불빈 등이 있는데 이들은 항종양의 작용이 있지만 독성도 있기 때문에 오래 복용하면 독성이 축적될 수 있다. 따라서 예로부터 신중히 사용되었다. 둥근마에서 확실한 항종양작용이 있는 함유성분을 찾아내고 독성을 적게 하는 안전성이 있는 화합물을 찾는 것이 이후의 둥근마 연구에서 중요한 방향이 될 것이다.

참고문헌

1. 林厚文, 張罡, 趙宏斌, 張純, 劉皋林. 黃藥子的研究進展. 中草藥. 2002, **33**(2):175-177

2. 李石生, 鄧京振, 趙守訓. 黃獨塊莖的甾体類成分. 植物資源與環境. 1999, **8**(2):61-62

3. Y Ida, S Kubo, M Fujita, T Komori, T Kawasaki. Furanoid norditerpenes from Dioscoreaceae plants, V. Structures of the diosbulbins-D, -E, -F, -G, and -H. *Justus Liebigs Annalen der Chemie*. 1978, 5: 818-833

4. T Kawasaki, T Komori, S Setoguchi. Furanoid norditerpenes from Dioscoreacae plants. I. Diosbulins A, B, and C from *Dioscorea bulbifera* forma spontanea. *Chemical & Pharmaceutical Bulletin*. 1968, 16(12): 2430-2435

5. 傅宏征, 林文翰, 高志宇, 小池一男, 李巍, 二階堂保. 2DNMR研究新味喃二萜類化合物的結構. 波譜學雜誌. 2002, **19**(1): 49-55

6. SZ Zheng, Z Guo, T Shen, XD Zhen, XW Shen. Three new apianen lactones from *Dioscorea bulbifera* L. *Indian Journal of Chemistry, Section B:Organic Chemistry Including Medicinal Chemistry*. 2003, **42B**(4): 946-949

7. 李石生, IA Iliya, 鄧京振, 趙守訓. 黃獨中的黃酮和蒽醌類化學成分的研究. 中國中藥雜誌. 2000, **25**(3): 159-160

8. 高慧媛, 吳立軍, 尹凱, 唐婷慧, 王玉松. 中藥黃獨的化學成分的研究. 瀋陽藥科大學學報. 2001, **18**(6): 414-416

9. 高慧媛, 盧熠, 吳立軍, 高棟才. 中藥黃獨的化學成分的研究. 瀋陽藥科大學學報. 2001, **18**(3): 185-188

10. 高慧媛, 隋安麗, 陳藝虹, 張曉燕, 吳立軍. 中藥黃獨的化學成分的研究. 瀋陽藥科大學學報. 2003, **20**(3): 178-180

11. HY Gao, LJ Wu, M Kuroyanagi. Seven compounds from *Dioscorea bulbifera* L. *Natural Medicines*. 2001, **55**(5): 277

12. 周家容, 張焜, 黃劍明, 黃慧明. 黃藥子中抑制MetAP2組分的分離鑒定. 仲愷農業技術學院學報. 2002, **15**(2): 15-19

13. 陳曉莉, 吳少華, 趙建斌. 黃藥子醇提物對小鼠移植瘤的抑瘤作用. 第四軍醫大學學報. 1998, **19**(3): 354-355

14. 李萬, 阮金蘭, 黃玉斌. 黃獨抗炎作用的實驗研究. 實用醫藥雜誌. 1996, **9**(4): 20-22

15. 譚興起, 阮金蘭, 陳海生, 王菊英, 王傑松. 黃獨抗炎作用的實驗研究. 第二軍醫大學學報. 2003, **24**(6): 677-679

16. 李仁廷. 黃獨物治療甲狀腺腺瘤116例. 四川中醫. 2001, **19**(10): 25

17. 李國進. 黃藥子在治療並急性甲狀腺炎中的作用. 天津中醫藥. 2003, **20**(2): 9

18. 劉靜, 張潤蓮. 黃藥子臨床應用新得. 中國民族民間醫藥雜誌. 1996, **3**: 31-32

19. 唐迎雪. 黃藥子古今臨床應用研究. 中國中藥雜誌. 1995, **20**(7): 435-438

Dioscoreaceae

서여 薯蕷 ^{CP}

Dioscorea opposita Thunb.

Common Yam

 개요

마과(Dioscoreaceae)

서여(薯蕷, *Dioscorea opposita* Thunb.)의 덩이줄기를 건조한 것

중약명: 산약(山藥)

마속(*Dioscorea*) 식물은 전 세계에 약 600여 종이 있으며 열대 및 온대 지역에 분포한다. 중국산은 약 55종, 변이종 11종, 아종 1종이 있는데[1] 주로 중국의 서남과 동남부의 각 성에 분포한다. 이 속에서 약으로 사용되는 것은 25종이며 이외에 식용으로 사용되는 것이 여러 종이 있다. 이 종은 중국의 동북, 화동 지역, 하북, 하남, 호북, 호남, 귀주, 운남 등에 분포하며 한반도와 일본에도 분포한다.

서여는 '산약'이란 이름으로 《신농본초경(神農本草經)》에 상품으로 처음 기재되었으며 역대의 본초서적에 다수 기재되었다. 문자의 피휘(避諱)로 인해 송나라 후기부터 본초서적에 산약의 이름이 나타났다. 역대의 본초서적 중에서 기재된 산약은 대체로 약용과 식용 두 가지 유형이 있는데 약용 산약은 대부분 인공재배되는 이 종을 가리키며 식용 산약은 모두 서(薯)라고 불렀다. 마속에서 식용되는 종은 종류가 비교적 복잡하다. 《중국약전(中國藥典)》(2015년 판)에 수록된 이 종은 중약 산약의 법정기원식물이다. 주요산지는 중국의 하남 신향(新鄕)이고 많이 나는 곳은 하남 심양현[沁陽懸], 옛날에는 회경부(懷慶府)에 소속이다. 옛날에는 회산약(懷山藥)이라고도 불렸는데 생산량이 많았을 뿐만 아니라 품질도 우수했다. 이외에 중국의 하북, 섬서, 강소, 절강, 강서, 귀주, 사천 등에도 나는 것이 있지만 생산량이 비교적 적다. 《대한민국약전》(11개정판)에는 산약을 "마과에 속하는 마(*Dioscorea batatas* Decaisne) 또는 참마(*Dioscorea japonica* Thunberg)의 주피를 제거한 뿌리줄기(담근체)로서 그대로 또는 쪄서 말린 것"으로 두 종만 등재하고 있으며 중국약전의 것과 학명이 다르다.

마속 식물에는 주로 다당류와 스테로이드 사포닌이 함유되어 있다. 특히 마속 식물의 뿌리줄기 중에 함유된 디오스게닌은 합성 스테로이드호르몬의 원료이다. 《중국약전》에서는 약재의 성상, 현미경 감별 특징, 성미, 박층크로마토그래피법을 이용하여 약재를 관리하고 있다.

약리연구를 통하여 서여에는 거담(祛痰), 탈과민, 강혈지(降血脂), 항종류(抗肿瘤) 등의 작용이 있다.

한의학에서 산약은 보비양위(補脾養胃), 생진익폐(生津益肺), 보신삽정(補腎澀精) 등의 효능이 있다.

서여 薯蕷 *Dioscorea opposita* Thunb.

약재 산약 藥材山藥 Dioscoreae Rhizoma

1cm

부채마 穿龍薯蕷 *D. nipponica* Makino 수컷 雄	천룡서여 穿龍薯蕷 암컷 雌

함유성분

덩이줄기에는 Dioscorea opposita 다당류인 mannose, glucose, galactose 등이 6.45:1:1.26의 분자비로 구성되어 있으며, 또한 mannans I_a, I_b, I_c[2], allantoin, dopamine, batatasine hydrochloride[3], polyphenoloxidase[4], abscisin II[5] 등이 함유되어 있다. 또한 여러 종류의 스테로이드 성분으로서 cholestanol, (24R)-α-methyl cholestanol, (24S)-β-methyl cholestanol, 콜레스테롤 및 그 유도체가 함유되어 있다. 3,4,6-trihydroxyphenanthrene-3-O-β-D-glucopyranoside[7]가 배당체로 최근에 새롭게 분리되었다. 또한 Dioscorea bulbifera 다당류인 RDPS-1이 함유되어 있다.

영여자에는 5종의 식물생장조절물질인 batatasins I, II, III, IV, V가 함유되어 있다.

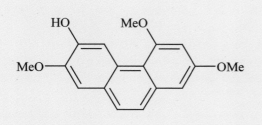

batatasin I   batatasine hydrochloride

서여 薯蕷 ^{CP}

약리작용

1. 위장운동 조절

산약은 위장공복 촉진을 억제하며 아세틸콜린에 대한 길항작용이 있고 염화바륨으로 유발된 회장의 강직성 수축작용 및 네오스티그민의 부하로 인한 Mouse의 위장추진운동의 증강에 대해 억제작용이 있다[8].

2. 항산화, 항노화

산약의 다당을 사용하면 비타민 C-NADPH와 Fe^{2+}-시스테인으로 유발된 마이크로솜 지질과산화(LPO)의 함량을 낮춤과 동시에 크산틴-크산틴산화효소 시스템에서 생성되는 과산화기 및 펜톤반응 시스템에서 생성되는 과산화기에 대한 제거작용이 있다. 이는 산약의 다당에 비교적 좋은 *in vitro* 항산화 활성이 있음을 보여 주는 것이다[9]. 산약은 또 Mouse의 체내 글루타치온과산화효소 (GSH-Px), 과산화효소, 슈퍼옥시드디스무타제, 뇌 Na^+/K^+-ATP 효소 등의 활성을 증가시키고 모노아민산화효소-B(MAO-B)의 활성 및 LPO와 리포푸신의 형성을 억제할 수 있다. 이로써 산약은 아주 좋은 항산화 및 항노화작용이 있음을 알 수 있다[10-11].

3. 면역조절

Mouse에게 산약의 다당을 주입하면 시클로포스파미드로 유발된 면역기능저하를 제고시킬 수 있으며 대식세포의 탐식백분율과 탐식수치를 증강시킬 수 있다. 용혈효소와 용혈반의 형성 및 임파세포전화를 촉진하는 작용이 있음과 동시에 외주혈T임파세포의 전화율을 뚜렷하게 상승시킨다[12]. 산약 다당류는 특이성 세포면역과 체액성 면역기능을 제고시킬 수 있으며 또 비특이성 면역기능도 강화시킬 수 있다[13].

4. 강혈당

산약을 달인 약액을 Mouse의 위에 주입하면 정상적인 Mouse의 혈당을 낮출 수 있고 알록산으로 유발된 Mouse의 당뇨병을 예방하고 치료할 수 있으며 아드레날린 혹은 포도당으로 유발된 Mouse의 혈당상승을 뚜렷하게 길항하는 작용이 있다[14]. 산약의 다당은 혈당을 낮출 수 있는 유효성분이며 그 작용은 인슐린 분비 증가 및 손상된 이자 β 세포효능을 개선하는 것과 연관된다[15].

5. 항종양

산약 다당류 RDPS-1은 이식성 Mouse의 흑색종 B16과 루이스폐암종(LLC)에 대해 뚜렷한 억제작용이 있다[16].

6. 기타

산약을 달인 약액을 Mouse에게 주입하면 전립선과 정낭선의 중량을 증가시킬 수 있고 웅성호르몬의 신생을 촉진하는 작용이 있다. 산약 중의 알란토인에는 마취, 진통, 항자극, 상피성장 촉진, 소염, 항균작용 등이 있다[17-18]. 산약의 활성다당은 *in vitro*에서 항돌연변이작용이 있다[19].

용 도

산약은 중의임상에서 사용하는 약이다. 익기양음(益氣養陰, 기를 돋우고, 음기를 길러 줌), 보비폐신[補脾肺腎, 비폐신(脾肺腎)을 보하는 것], 고정지대[固精止帶, 신기(腎氣)가 견고하지 못해 발생하는 유정(遺精), 활설(滑泄)을 치료함] 등의 효능이 있으며, 비장과 위의 허약증, 폐와 신장의 허약증, 음허로 인한 내열(耐熱, 높은 열을 견딤), 갈증으로 물을 많이 마시는 것, 소갈증(消渴證, 물을 많이 마시고 소변량이 많은 증상) 등의 치료에 사용한다.

현대임상에서는 과민성 대장증상, 천식, 만성 폐쇄성 폐병, 폐원성(肺源性) 심장병, 만성 요도염 등의 병증에 사용한다.

해 설

산약은 중국위생부에서 규정한 약식동원품목*의 하나이다. 마속 식물의 원시 종으로는 순엽서여(盾葉薯蕷, *Dioscorea zingiberensis* C. H. Wright) 등이 있는데 짧거나 가로로 자라는 지하경, 즉 뿌리줄기를 가지고 있다. 비교적 진화한 종으로는 구형, 원주형, 불규칙형의 지하경을 가지고 있다. 뿌리줄기와 덩이줄기, 두 가지 용어의 개념에 근거하여 이런 유형의 기관을 덩이줄기라고 통칭한다.

약용 외에 산약은 요리의 재료로 사용되고 각종 음료로 개발되고 있으며 케첩과 통조림으로 개발되기도 하였다. 근래에는 신선한 산약의 절편을 직접 차로 우려 마시기도 한다. 산약은 생산량이 비교적 많고 사용량도 많으며 수출량도 고정되어 있는데 이는 서여의 재배구조를 조정하기 때문이다. 따라서 서여는 고효율의 농작물로 발전할 수 있는 유리한 조건을 갖추고 있다고 할 수 있다. 중국의 하남에는 이미 서여의 대규모 재배단지가 세워져 있다.

이 속의 식물인 부채마(穿龍薯蕷, *D. nipponica* Makino)의 뿌리줄기도 약으로 쓸 수 있는데 근육을 풀어주고 혈액순환을 개선하며 바람을 제거하고 아픈 것을 멈추게 하는 효능이 있다. 부채마와 순엽서여에는 주로 디오스신이 함유되어 있는데 이는 사포닌을 생산하는 중요한 원료이다. 현재 중국에는 이미 대규모 생산단지가 조성되었다.

---

* 부록(502~505쪽) 참고

참고문헌

1. 劉鵬, 郭水良, 呂洪飛, 謝小偉, 吳曉淵. 中國薯蕷屬植物的研究綜述. 浙江師大學報(自然科學版). 1993, **16**(4): 100-106

2. K Ohtani, K Murakami. Structure of mannan fractionated from water-soluble mucilage of Nagaimo (*Dioscorea batatas* Dence). *Agricultural and Biological Chemistry*. 1991, **55**(9): 2413-2414

3. T Tono. Tetrahydroixoquinoline derivative isolated from the acetone extract of *Dioscorea batatas*. *Agricultural and Biological Chemistry*. 1971, **35**(4): 619-621

4. S Imakawa. Brownig of Chinese yam (*Dioscorea batatas*). *Hokkaido Daigaku Nogakubu Hobun Kiyo*. 1967, **6**(2): 181-192

5. T Hashimoto, T Ikai, S Tamura. Isolation of (+)-abscisin II from dormant aerial tubers of *Dioscorea batatas*. *Planta*. 1968, **78**(1): 89-92

6. T Akihisa, N Tanaka, T Yokota, N Tanno, T Tamura. 5α-Cholest-8(14)-en-3β-ol and three 24-alkyl-D8(14)-sterols from the bulbils of *Dioscorea batatas*. *Phytochemistry*. 1991, **30**(7): 2369-2372

7. M Sautour, A Mitaine-Offer, T Miyamoto, H Wagner, M Lacaille-Dubois. A new phenanthrene glycoside and other constituents from *Dioscorea opposita*. *Chemical & Pharmaceutical Bulletin*. 2004, **52**(10): 1235-1237

8. 李樹英, 陳家暢, 苗利軍, 梁擁軍, 王學超. 山藥健脾胃作用的研究. 中藥藥理與臨床. 1994, **1**: 19-22

9. 何書英, 詹彤, 王淑如. 山藥水溶性多糖的化學及體外抗氧化活性. 中國藥科大學學報. 1994, **25**(6): 369-372

10. 詹彤, 陶靖, 王淑如. 水溶性山藥多糖對小鼠的抗衰老作用. 藥學進展. 1999, **23**(6): 356-360

11. 苗明三. 懷山藥多糖抗氧化作用研究. 中國醫藥學報. 1997, **12**(2): 22-23

12. 苗明三. 懷山藥多糖對小鼠免疫功能的增強作用. 中藥藥理與臨床. 1997, **13**(3): 25-26

13. 趙國華, 王贇, 李志孝, 陳宗道. 山藥多糖的免疫調節作用. 營養學報. 2002, **24**(2): 187-188

14. 郝志奇, 杭秉茜, 王瑛. 山藥水煎劑對實驗性小鼠的降血糖作用. 中國藥科大學學報. 1991, **22**(3): 158-160

15. 胡國強, 楊保華, 張忠泉. 山藥多糖對大鼠血糖及胰島釋放的影響. 山東中醫雜誌. 2004, **23**(4): 230-231

16. 趙國華, 李志孝, 陳宗道. 山藥多糖RDPS-I的結構分析及抗腫瘤活性. 藥學學報. 2003, **38**(1): 37-41

17. 顧文珍, 秦萬章. 尿囊素的作用及其臨床應用. 新藥與臨床. 1990, **9**(4): 232-234

18. 聶桂華, 周可范, 董秀華, 張村. 山藥的研究概況. 中草藥. 1993, **24**(3): 158-160

19. 闞建全, 王雅茜, 陳宗道, 賀稚非, 王光慈. 山藥活性多糖抗突變作用的體外實驗研究. 營養學報. 2001, **23**(1): 76-78

서여 대규모 재배단지

천속단 川續斷

Dipsacus asper Wall. ex Henry

Asper-like Teasel

개요

산토끼꽃과(Dipsacaceae)

천속단(川續斷, *Dipsacus asper* Wall. ex Henry)의 뿌리를 건조한 것

중약명: 속단(續斷)

산토끼꽃속(*Dipsacus*) 식물은 전 세계에 약 20종이 있으며 주로 유럽, 북아프리카, 아시아에 분포한다. 중국에 9종, 변이종 1종, 재배종 2종이 있다. 천속단속 식물의 뿌리, 잎의 대부분을 약으로 쓸 수 있다. 천속단은 주로 중국의 강서, 호북, 호남, 광서, 사천, 운남, 귀주, 서장 등에 분포한다.

'속단'이란 약명은 처음 《신농본초경(神農本草經)》에 상품으로 처음 기재되었으며, 《식물명실도고(植物名實圖考)》의 묘사와 부록의 그림들은 이 종을 가리킨다. 《중국약전(中國藥典)》(2015년 판)에 수록된 이 종은 중약 속단의 법정기원식물이다. 주요산지는 중국의 호북, 사천, 귀주, 운남, 호남, 강서 등이다. 《대한민국약전외한약(생약)규격집》(제4개정판)에는 속단을 "천속단(*Dipsacus asperoides* C. Y. Cheng et T. M. Ai, 산토끼꽃과)의 뿌리"로, 한속단을 "한속단[*Phlomis umbrosa* Turczaninow, 꿀풀과(Labiatae)]의 뿌리"로 등재하고 있다.

산토끼꽃속 식물의 주요 함유성분으로는 트리테르페노이드 사포닌, 이리도이드 배당체 등이 있다. 《중국약전》에서는 고속액체크로마토그래피법을 이용하여 건조시료 중 아스페로사포닌 Ⅵ의 함량을 2.0% 이상으로, 음편(飮片) 중 그 성분의 함량을 1.5% 이상으로 약재의 규격을 정하고 있다.

약리연구를 통하여 천속단에는 피를 멈추게 하고 손상된 뼈를 빨리 아물게 하며 자궁수축을 낮추는 등의 작용이 있는 것으로 알려져 있다.

한의학에서 속단은 보간신(補肝腎), 지혈안태(止血安胎), 속근골(續筋骨) 등의 효능이 있다.

천속단 川續斷 *Dipsacus asper* Wall. ex Henry

약재 속단 藥材續斷 Dipsaci Radix

1cm

함유성분

뿌리에서 트리테르페노이드 사포닌 성분 22종이 분리되었다. 이들 모두는 oleanane type[1]의 성분으로 asperosaponins F, H1[2], dipsacus saponins B, C[3], 이리도이드 성분으로 sylvestroside III[4], loganic acid-6'-O-β-D-glucoside[5], sweroside, loganin, cantleyoside[6] 등이 함유되어 있고, ethyl propionate, 4-methyl phenol, 3-ethyl-5-methyl-phenol, 2,4,6-tri-butyl-phenol, carvotanaceton[7] 성분 등이 비교적 풍부하다. 또한 3,5-di-O-caffeoyl quinic acid[8] 등이 함유되어 있다.

asperosaponin F

sylvestroside III

천속단 川續斷 CP, KHP

약리작용

1. **뼈 손상 유합 촉진**

   천속단 추출액 및 사포닌 추출물을 위에 주입하면 Rat의 손상된 뼈의 유합을 촉진시킬 수 있는데 천속단의 사포닌이 유합작용의 주요 활성성분이다[9]. *In vitro* 실험에서 천속단 추출액은 Rat의 조골세포의 분화, 증식, 괴사 방지를 촉진시키는데 이로써 골절유합을 촉진하고 골다공증을 방지하는 작용이 있다[10].

2. **노인성 치매 억제**

   천속단의 복합 추출물을 알루미늄으로 유도된 알츠하이머병에 걸린 Rat의 위에 주입하면 β−아밀로이드전구체단백질(β-APP)이 신경뉴런에 과도하게 발현되는 것을 억제하는 작용이 있다[11].

3. **항노화**

   천속단 추출액은 누에의 유충기, 고치기, 성충기 등의 생존을 한시적으로 연장하고 몸길이와 체중의 증가를 완만하게 하며 뽕잎 섭취량을 감소시킴으로써 항노화작용을 유도할 수 있다[12].

4. **면역계에 대한 영향**

   천속단의 추출액을 위에 주입하면 Mouse의 산소결핍내성을 제고할 수 있고 Mouse의 강제유영 지속시간을 연장하며 Mouse 대식세포의 탐식기능을 촉진할 수 있다[13]. 천속단에서 추출된 알코올을 침전시켜 얻어낸 다당류 DAP-1은 면역조절작용을 가지고 있는데 포활성이 뚜렷하다. 또 임파세포의 유사분열을 촉진하는 작용이 있다[14].

5. **생식기에 대한 영향**

   천속단의 추출물, 알칼로이드, 정유 등에는 모두 Mouse의 임신 전 혹은 적출된 임신자궁의 수축을 억제하는 작용이 있다. 추출물과 정유에는 임신한 Mouse의 실험관자궁의 자발수축빈도를 뚜렷하게 억제시키는 작용이 있다. 천속단의 알칼로이드와 정유는 임신한 Rat의 적출된 자궁의 수축도를 뚜렷하게 억제시킨다[15]. 또한 알칼로이드를 십이지장에 사용하면 임신한 Rat의 적출된 자궁평활근의 자발수축운동을 뚜렷하게 억제시키며 난소를 제거한 후에 유발된 유산에 대해 길항작용이 있다[16].

6. **항염**

   천속단의 70% 에탄올 추출물을 위에 주입하면 Rat의 단백으로 인한 발바닥 종창, 디메칠벤젠으로 유발된 귓바퀴 종창, 초산으로 유발된 Mouse의 복강모세혈관 투과성 증가 및 종이절편으로 인한 육아조직의 증생을 뚜렷하게 억제하는 작용이 있다. 그 작용기전은 아마도 알레르기 반응의 억제 및 항산화작용과 관련될 것으로 생각된다[17].

7. **기타**

   천속단 또는 그 포제품은 지혈, 진통, 혈종 제거, 음도모적충 소멸 등의 작용이 있다[18].

용도

천속단은 중의임상에서 사용하는 약이다. 보간신(補肝腎, 간과 신장이 음허한 것을 보하는 것), 강근골(強筋骨, 근육과 뼈를 강하고 튼튼하게 함), 지혈안태[止血安胎, 출혈을 멎게 하고 태기(胎氣)를 안정시킴], 요상속절(療傷續折, 상한 것을 치료하고 끊어진 것을 이음) 등의 효능이 있으며, 간신부족[肝腎不足, 간신음허(肝腎陰虛)와 같은 뜻으로 간과 신장의 음혈이 부족하여 허약함], 요통, 풍습비통(風濕痹痛, 풍습으로 인해 관절이 아프고, 통증이 심해지는 증상), 타박상, 골절, 종통(腫痛, 피부가 부으면서 동통이 있는 것), 태동불안(胎動不安, 임신 기간 중 갑자기 복통이 생기면서 하혈이 수반되는 증상), 붕루(崩漏, 월경주기와 무관하게 불규칙적인 질 출혈이 일어나는 병증) 등의 치료에 사용한다. 현대임상에서는 습관성 유산, 기능저하성 자궁 출혈, 풍습성 관절염 등의 병증에 사용한다.

해설

역대 본초서에서 기록한 천속단의 품종은 비교적 복잡하다. 당(唐), 송(宋) 시기에 사용한 '토속단(土續斷)'은 꿀풀과 한속단(糖蘇, *Phlomis umbrosa* Turcz.)라고 하는데 《대한민국약전외한약(생약)규격집》(제4개정판)에는 한속단이라고 하여 등재되어 있으며, 그 역사가 비교적 오래되었지만 치료효능은 천속단보다 못하다. 오늘날에는 그 사용도가 일부 지역에 국한되었다.

참고문헌

1. 王岩, 周莉玲, 李銳. 川續斷的研究進展. 時珍國醫國藥. 2002, **13**(4):233-234

2. 魏峰, 樓之岑, 劉一民, 繆振春. 用核磁共振新技術測定川續斷皂苷F和H1兩個新皂苷的結構及光譜規律研究. 藥學學報. 1994, **29**(7): 511-518

3. KY Jung, JC Do, KH Son. Triterpene glycosides from the roots of *Dipsacus asper*. *Journal of Natural Products*. 1993, **56**(11): 1912-1916

4. 魏峰, 樓之岑. 川續斷中林生續斷苷III的結構研究. 中草藥. 1996, **27**(5): 265-266

5. H Tomita, Y Mouri. An iridoid glucoside from *dipsacus asperoides*. *Phytochemistry*. 1996, **42**(1): 239-240

6. K Isao, T Akiko, N Miho, K Nobusuke. Acylated triterpene glycoside from roots of *Dipsacus asper*. *Phytochemistry*. 1990, **29**(1): 338-339

7. 吳知行, 周勝輝, 楊尚軍. 川續斷中揮發油的分析. 中國藥科大學學報. 1994, **25**(4): 202-204

8. YS Kwon, KO Kim, JH Lee, SJ Son, HM Won, BS Chang, CM Kim. Chemical constituents of *Dipsacus asper*(II). *Saengyak Hakhoechi*. 2003, **34**(2): 128-131

9. 紀順心, 吳雪琴, 李崇芳. 中藥續斷對大鼠實驗性骨損傷癒合作用的觀察. 中草藥. 1997, **28**(2): 98-99

10. 程志安, 吳燕峰, 黃智清, 曾志勇, 謝文峰, 羅懿明, 蕭勁夫, 劉尚禮. 續斷對成骨細胞增殖, 分化, 凋亡和細胞週期的影響. 中醫正骨. 2004, **16**(12): 1-3

11. 錢亦華, 胡海濤, 楊杰, 張樟進, 王唯析, 楊廣德. 川續斷對Alzheimer病模型大鼠海馬內澱粉樣前體蛋白表達的影響. 中國神經科學雜誌. 1999, **15**(2): 134-138

12. 雷志群. 續斷等中藥抗衰老作用的實驗研究. 浙江中醫學院學報. 1997, **21**(2): 39

13. 石扣蘭, 李麗芬, 李月英, 王樹華. 川續斷對小鼠免疫功能的影響. 中藥藥理與臨床. 1998, **14**(1): 36-37

14. Y Zhang, H Kiyohara, T Matsumoto, H Yamada. Fractionation and chemical properties of immunomodulating polysaccharides from roots of *Dipsacus asperoides*. *Planta Medica*. 1997, **63**(5): 393-399

15. 龔曉健, 吳知行, 陳真, 劉曉東, 劉國卿. 川續斷對離體子宮的作用. 中國藥科大學學報. 1995, **26**(2): 115-119

16. 龔曉健, 季暉, 王青, 吳知行, 劉國卿. 川續斷總生物鹼對妊娠大鼠子宮的抗致痙及抗流產作用. 中國藥科大學學報. 1997, **29**(6): 459-461

17. 王一濤, 王家葵, 楊奎, 毛潔. 續斷的藥理學研究. 中藥藥理與臨床. 1996, **3**: 20-23

18. 辛繼蘭, 趙雅娟. 續斷及其炮製品的藥效學研究. 中醫藥學報. 2002, **30**(4): 16-17

편두 扁豆

Dolichos lablab L.

Hyacinth Bean

개요

콩과(Leguminosae)
편두(扁豆, *Dolichos lablab* L.)의 씨를 건조한 것
중약명: 백편두(白扁豆)

편두속(*Lablab*) 식물은 전 세계에 약 1종, 아종 3종이 있으며 원산지는 인도이다. 약으로 사용되는 편두는 1종이며 중국 각지에서 재배한다.

편두는 '변두(藊豆)'라는 약명으로 《명의별록(名醫別錄)》에 상품으로 처음 기재되었으며, 역대 본초서적에 많이 기록되어 있다. 《중국약전(中國藥典)》(2015년 판)에 수록된 이 종은 중약 백편두의 법정기원식물이다. 주요산지는 중국 대부분의 지역이다. 《대한민국약전》(11개정판)에는 백편두를 "편두(*Dolichos lablab* Linne, 콩과)의 잘 익은 씨"로 등재하고 있다.

편두에 함유된 주요성분은 트리테르페노이드 사포닌이다. 《중국약전》에서는 약재의 모양, 조직, 분말 특징 등으로 약재의 규격을 정하고 있다.

약리연구를 통하여 편두의 씨에는 항균, 항종류(抗肿瘤), 면역증강 등의 작용이 있는 것으로 알려져 있다.

한의학에서 백편두는 건비화습(健脾化濕), 화중소서(和中消暑) 등의 효능이 있다.

편두 扁豆 *Dolichos lablab* L.

약재 백편두 藥材白扁豆 Lablab Album Semen

1cm

 함유성분

씨에는 단백질과 지방[1] 그리고 트리테르페노이드 사포닌 성분으로 3-O-[α-L-rhamnopyranosyl-(1→2)-β-D-galactopyranosyl(1→2)-β-D-glucuronopyranosyl(1→)]-22-O-[2,3-dihydro-2,5-dihydroxy-6-methyl-4H-pyran-4-one(2'→)]-3β,22β,24-trihydroxyolean-12-en-28-al[2], lablabosides A, B, C, D, E, F[3] 등이 함유되어 있다. 또한 phytohemagglutinin[4], trigonelline, 3-O-β-D-glucopyranosyl gibberellin A 등이 함유되어 있다.

꽃에는 플라보노이드 성분으로[5] luteolin, cosmosiin, luteolin-4'O-β-D-glucopyranoside, luteolin-7-O-β-D-glucopyranoside, rhoifolin 등이 함유되어 있다.

 약리작용

1. **항균**

   백편두의 물 추출물은 이질간균에 대하여 억제작용이 있다.

2. **항종양**

   125I-소편두응집소(125I-LCA)는 인체간암세포를 이식한 Nude Mouse에 대하여 치료작용이 있고 이식된 암세포의 성장에 뚜렷한 억제작용이 있으며 종양을 괴사 또는 감소시킨다[6].

3. **면역증강**

   백편두는 in vitro에서 E-로제트 반응을 47.50%(정상률 38.50%)까지 상승시키며 T임파세포에 대한 촉진작용이 있으나 체외임파전환율에 대해서는 뚜렷한 작용이 관찰되지 않았다. 그러나 백편두가 임파전환율을 제고하거나 인터루킨-2의 수준을 제고할 수 있다는 보고가 있다[7].

4. **강혈지(降血脂)**

   백편두의 폴리덱스트로오스 성분은 혈청과 간장 중의 저밀도지단백(LDL)을 낮추고 고밀도지단백(HDL) 수준을 높인다[8].

5. **적혈구응집작용**

   백편두에는 적혈구 응집작용이 있어 혈액형검사에 사용된다[4]. 백편두에는 응집소 A와 B가 함유되어 있으며 응집소 A는 물에 용해되지 않는데 가령 사료에 넣어 Rat에게 먹이면 성장을 억제할 수 있고 심지어 간장 국소성 괴사를 유발하기도 한다. 가열 후에는 독성이 대폭 감소된다.

6. **항트립신**

   백편두의 응집소 B는 항트립신 활성작용이 있다[9].

7. **기타**

   백편두의 응집소를 in vitro에서 고체미립자의 부유 상태로 배양하면 조혈세포의 원시활성을 연장한다. 따라서 유전자요법 가운데 줄기세포이식에 사용할 수 있다[10].

편두 扁豆 CP, KP, JP

용도

백편두는 중의임상에서 사용하는 약이다. 건비화습(健脾化濕, 비장이 허약함으로 인한 운화기능 감퇴를 치료함), 소서(消暑, 더위를 가시게 함) 등의 효능이 있으며, 비허습성(脾虛濕盛, 비의 음양이 부족함으로 인해 발생하는 각종 병증), 운화실상(運化失常, 비장의 운화기능이 정상에서 벗어남), 식소변당(食少便溏, 식사를 지나치게 적게 하여 대변이 무른 증상), 비허로 인한 습탁하주[濕濁下注, 습열(濕熱)과 같은 것이 아래에 뭉치는 증상], 백색대하(白色帶下), 서습토사[暑濕吐瀉, 서열(暑熱)에 습(濕)을 수반하는 병증으로 인해 구토하고 설사하는 병증] 등의 치료에 사용한다.

현대임상에서는 약물, 음식물, 에탄올 등으로 유발된 구토와 설사, 복통, 만성 신염, 빈혈, 구강염 등의 병증에 사용한다.

해설

편두화(扁豆花)는 일반적으로 식품과 한약으로 사용된다. 편두화에는 더위를 풀고 습을 풀며 중초를 조화롭게 하고 비장을 튼튼하게 하는 효능이 있다. 편두화는 여름에 더위와 습에 상한 것, 열이 나는 것, 설사, 이질, 적백(赤白)의 대하(帶下), 타박상으로 부어오른 것 등의 병증에 치료효과가 있다. 편두의(扁豆衣)는 편두의 씨껍질을 말린 것으로 비장을 튼튼하게 하고 습을 제거하는 효능이 있다. 편두의는 비장이 허하여 습이 생긴 것, 더위를 먹거나 습이 성해 구토와 설사가 있는 것, 무좀과 부종 등의 병증에 효과가 있다. 편두엽(扁豆葉)에는 더위를 풀고 습을 이롭게 하며 독을 풀고 부은 것을 가라앉히는 효능이 있다. 편두엽은 더위와 습으로 인해 나는 구토와 설사, 부스럼과 종독(腫毒), 뱀과 벌레에게 물린 상처 등에 효과가 있다. 편두등(扁豆藤)에는 습을 제거하고 중초를 조화롭게 하는 효능이 있다. 편두등은 더위와 습으로 인한 구토와 설사가 멎지 않을 때 사용하면 효과가 있다. 편두근(扁豆根)에는 더위를 풀고 습을 제거하며 피를 멈추게 하는 효능이 있다. 편두등은 더위와 습으로 인한 설사, 이질, 임탁(淋濁), 대하, 변에 피가 섞이는 등에 사용하면 효과가 있다.

백편두와 백편두화는 중국위생부에서 규정한 약식동원품목*의 목록에 들어 있으며 편두 씨는 백색, 흑색, 적갈색 등 여러 가지가 있다. 약으로 사용하는 것은 백편두이며 흑색의 편두, 작두(鵲豆, 까치콩)는 약으로 사용되지 않는다. 적갈색이 나는 편두는 광서의 민간에서 '홍설두(紅雪豆)'라 불리는 것으로 간을 맑게 하고 소염작용에 쓰이며 눈에 각막의 백탁(白濁)이 생기는 것을 치료할 수 있다.

참고문헌

1. OOA El Siddig, AH El Tinay, AWH Abd Alla, AEO Elkhalifa. Proximate composition, minerals, tannins, *in vitro* protein digestibility and effect of cooking on protein fractions of hyacinth bean(*Dolichos lablab*). *Journal of Food Science and Technology*. 2002, **39**(2): 111-115

2. Y Yoshiki, JH Kim, K Okubo, I Nagoya, T Sakabe, N Tamura. A saponin conjugated with 2,3-dihydro-2,5-dihydroxy-6-methyl-4H-pyran-4-one from *Dolichos lablab*. *Phytochemistry*. 1995, **38**(1): 229-231

3. H Komatsu, T Murakami, H Matsuda, M Yoshikawa. Medicinal foodstuffs. XIII. Saponin constituents with adjuvant activity from hyacinth bean, the seeds of *Dolichos lablab* L.:Structures of lablabosides D, E, and F. 1998, **48**(4): 703-710

4. S Mackerle. Phytohemagglutinins in legal-medical practice. *Acta Universitatis Palackianae Olomucensis, Facultatis Medicae*. 1965, **38**: 199-228

5. 梁僑麗, 丁林生. 扁豆花化學成分研究. 中國藥科大學學報. 1996, **27**(4): 206-207

6. 張世民, 吳孟超, 陳漢, 徐登仁, 潘文舟. 125I小扁豆凝集素對裸鼠移植性人肝癌靶向定位和治療的研究. 中華實驗外科雜誌. 1992, **9**(2):69-70

7. J Favero, F Miquel, J Dornand, JC Mani. Determination of mitogenic properties and lymphocyte target sites of *Dolichos lablab* lectin(DLA):comparative study with concanavalin A and galactose oxidase cell surface receptors. *Cellular Immunology*. 1988, **112**(2): 302-314

8. CF Chau, PCK Cheung. Effects of the physico-chemical properties of three legume fibers on cholesterol absorption in hamsters. *Nutrition Research*. 1999, **19**(2): 257-265

9. Y Furusawa, Y Kurosawa, I Chuman. Purification and properties of trypsin inhibitor from Hakuhenzu bean(*Dolichos lablab*). *Agricultural and Biological Chemistry*. 1974, **38**(6): 1157-1164

10. G Colucci, JG Moore, M Feldman, MJ Chrispeels. cDNA cloning of FRIL, a lectin from *Dolichos lablab*, that preserves hematopoietic progenitors in suspension culture. *Proceedings of the National Academy of Sciences of the United States of America*. 1999, **96**(2): 646-650

* 부록(502~505쪽) 참고

곡궐 槲蕨

Drynaria fortunei (Kunze) J. Sm.
Fortune's Drynaria

 개요

고관초과(Polypodiaceae)
곡궐(槲蕨, *Drynaria fortunei* (Kunze) J. Sm.)의 뿌리줄기를 건조한 것
중약명: 골쇄보(骨碎補)

곡궐속(*Drynaria*) 식물은 전 세계에 약 16종이 있으며 주로 아시아에서부터 대양주에 걸쳐 분포한다. 중국에 약 9종이 있는데 약으로 사용되는 것이 5종이다. 이 종은 양자강 이남 각 성에 분포하며 베트남, 라오스, 캄보디아, 태국, 인도에도 분포하는 것이 있다.

'골쇄보'란 약명은 《약성론(藥性論)》에 처음으로 기재되었으며 《중국약전(中國藥典)》(2015년 판)에 수록된 이 종이 중약 골쇄보의 법정기원식물 내원종이다. 주요산지는 중국의 호남, 절강, 광서, 강서 등이다. 《대한민국약전》(11개정판)에는 골쇄보를 "곡궐(*Drynaria fortunei* J. Smith, 고란초과)의 뿌리줄기로서 그대로 또는 비늘조각을 태워 제거한 것"으로 등재하고 있다.

곡궐에는 플라보노이드와 트리테르페노이드가 함유되어 있는데 그중 나린진은 손상된 뼈에 대해 뚜렷한 유합작용이 있다. 《중국약전》에서는 고속액체크로마토그래피법을 이용하여 나린진의 함량을 0.50% 이상으로 약재의 규격을 정하고 있다.

한의학에서 골쇄보는 보신강골(補腎強骨), 속상지통(續傷止痛) 등의 효능이 있다.

곡궐 槲蕨 *Drynaria fortunei* (Kunze) J. Sm.

약재 골쇄보 藥材骨碎補 Drynariae Rhizoma

1cm

곡궐 槲蕨 CP, KP

애강궐 崖姜蕨 *Pseudodrynaria coronans* (Wall.) Ching

함유성분

뿌리줄기에는 플라보노이드 성분으로 naringin, (-)-epiafzelechin-3-O-β-D-allopyranoside, (-)-epiafzelechin[1], dihydroflavonoid glycoside, 트리테르페노이드 성분으로 fern-9(11)-ene, diploptene, cyclolaudenol[2], cycloardenyl acetate, cyclomargenyl acetate, cyclolaudenyl acetate, 9,10-cyclolanost-25-en-3b-yl acetate, fern-7-ene, filic-3-one, hop-22(29)-ene, hop-21-ene, diplopterol, cyclomargenol, 24-en-cycloartenol, cyclolaudenone, 24-en-cycloartenone, 25-en-cycloartenone[3-4] 등이 함유되어 있다. 또한 methyl eugenol[5], neoeriocitrin, protocatechuic acid, succinic acid 성분과 정유성분으로 n-heptadecane, n-octadecane, n-nonadecane, n-eicosane, hexahydrofarnesy-lacetone[6] 등이 함유되어 있다.

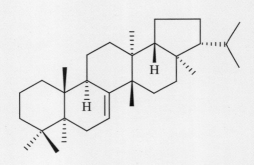

fern-7-ene

약리작용

1. 골격에 대한 영향

1) 골격생장발육 촉진

골쇄보의 추출액은 병아리의 골격발육성장에 뚜렷한 촉진작용이 있는데 약물투여군의 대퇴골의 수분 함량, 체적, 단위 피질골 내의 칼슘, 인, 하이드록시프롤린 및 헥소사민의 함량이 대조군에 비하여 높게 나타났다[7]. 골쇄보의 주사액은 배양 중인 닭의 골배아 조직에서 칼슘과 인의 축적을 촉진시킬 수 있고 배양조직 중의 알칼리포스파타제(ALP)의 활성을 촉진하며 당단백의 합성을 촉진할 수 있다. 동시에 당단백의 합성 촉진이 칼슘화를 촉진하는 주요요인임이 증명되었다[8].

2) 골절부 유합 촉진

골쇄보를 달인 약액은 Rat의 실험성 뒷다리 골절의 유합을 촉진하는 작용이 있는데 나린진이 주요 활성성분이다[9]. 골쇄보가 골절 유합을 촉진하는 원리는 혈중 칼슘과 인 농도의 증가, 혈청 ALP의 활성, 골구조조직의 형질전환생장인자-β_1(TGF-β_1) 발현 증가 등과 관련이 있다[10].

3) 항골다공증

골쇄보를 달인 약액은 아세트산코르티손으로 유발된 Rat의 골질 손실에 일정한 억제작용이 있다[11]. 난소 제거로 유발된 Rat의 골질 감소에도 억제작용이 있다. 골쇄보를 달인 약액은 골소주(骨小柱)의 너비와 밀도를 증가시키며 골소주의 간극을 감소시킴으로써 골다공증이 발생하는 것을 방지할 수 있다[12].

2. 항아미노글리코사이드 및 항생소독성

골쇄보는 스트렙토마이신으로 유발된 기니피그 달팽이관의 1, 2차 모세포 손상을 경감시킬 수 있다[13]. 또한 스트렙토마이신으로 유발된 Mouse의 운동평행기능 실조, 체중저하, 신장기능 손상 등 독성 반응을 감소시킬 수 있다[14]. 골쇄보와 카나마이신을 함께 사용했을 때 카나마이신은 기니피그 달팽이관의 독성을 감소시킬 수 있는데 그 해독작용의 기전은 아마도 신장과 심장에 대한 보호작용을 통하여 발현되는 것으로 생각된다[15].

3. 항염

골쇄보의 플라보노이드는 디메칠벤젠으로 유발된 Mouse의 귓바퀴 종창과 단백으로 유발된 Rat의 발바닥 종창 및 면구육아종에 대하여 억제작용이 있다. 또한 초산으로 유발된 Mouse의 복강세포혈관확장과 삼투율 증가에 대해서도 길항작용이 있다[16].

4. 진통

골쇄보의 플라보노이드는 자극통증에 대한 역치값을 상승시킬 수 있고 초산으로 유발된 Mouse의 자극반응과 열판자극으로 인한 통증에도 뚜렷한 억제작용이 있다[17].

5. 강혈지(降血脂)

골쇄보 주사액은 고지혈증이 있는 집토끼의 혈지, 콜레스테롤, 트리글리세리드를 감소시킴과 동시에 동맥죽상경화로 인한 반괴의 형성을 방지할 수도 있다[18].

6. 항급성 신장기능 감퇴

골쇄보의 플라보노이드 화합물을 돼지 혹은 Mouse의 근육에 주사하면 신장독성을 예방할 수 있고 신장기능을 촉진할 수 있으며 신장상피소관세포의 재생을 촉진하는 작용이 있다. 급성 신장기능 감퇴에 대해서도 보호작용이 있다[19].

7. 기타

골쇄보의 디하이드로플라보노이드 배당체에는 진통작용이 있다[5].

용 도

골쇄보는 중의임상에서 사용하는 약이다. 활혈속상, 보신강골[補腎強骨, 신(腎)을 보하고 뼈를 강하게 함] 등의 효능이 있으며, 타박좌상, 근골의 손상, 혈어종통(血瘀腫痛, 피가 맺혀서 피부가 부으면서 쑤시고 아픔), 신허로 인한 요슬산연(腰膝酸軟, 허리와 무릎이 시큰거리고 힘이 없어지는 증상), 이명(耳鳴, 귀울림)과 이롱(耳聾, 소리를 듣지 못하는 증상), 치아가 흔들리는 것, 치통, 오랜 설사, 원형탈모증, 백전풍(白癜風, 피부에 흰 반점이 생기는 병증) 등의 치료에 사용한다.

현대임상에서는 원발성 골다공증, 골절, 퇴행성 골관절염, 스트렙토마이신 부작용 등의 병증에 사용한다.

해 설

홍콩과 광동 지역 등 골쇄보를 습관적으로 사용하는 지역에서는 수룡골과 식물인 애강궐(崖姜蕨, *Pseudodrynaria coronans* (Wall.) Ching) 의 뿌리줄기를 사용하는데 중약명은 대쇄보(大碎補)이다. 효능은 골쇄보와 유사하며 《광동중약지(廣東中藥志)》에 수록되어 있다.

참고문헌

1. EJ Chang, WJ Lee, SH Cho, SW Choi. Proliferative effects of flavan-3-ols and propelargonidins from rhizomes of *Drynaria fortunei* on MCF-7 and osteoblastic cells. *Archives of Pharmacal Research*. 2003, 26(8): 620-630

2. 劉振麗, 呂愛平, 張秋海, 張玲. 骨碎補脂溶成分的研究. 中國中藥雜誌. 1999. 24(4): 222-223

3.   李順祥, 龍勉, 張志光. 骨碎補的研究進展. 中國中醫藥資訊雜誌. 2002, **9**(11): 75-78

4.   周銅水, 周榮漢. 槲蕨根莖脂溶性成分的研究. 中草藥. 1994, **25**(4): 175-178

5.   李军, 賈天柱, 張穎, 王振海. 骨碎補的研究概況. 中藥材. 1999, **22**(5): 263-266

6.   劉振麗, 張玲, 張秋海, 丁家欣. 骨碎補揮發油成分分析. 中藥材. 1998, **21**(3): 135-136

7.   馬克昌, 高子范, 馮坤, 劉月桂, 張靈菊, 劉萬治, 劉鮮茹, 閆會民, 李洪超. 骨碎補提取液對小鶏骨發育的促進作用. 中醫正骨. 1990, **2**(4): 7-9

8.   馬克昌, 朱太詠, 劉鮮茹, 劉萬智. 骨碎補注射液對培養中鶏胚骨原基鈣化的促進作用. 中國中藥雜誌. 1995, **20**(3): 178-180

9.   周銅水, 劉曉東, 周榮漢. 骨碎補對大鼠實驗性骨損傷癒合的影響. 中草藥. 1994, **25**(5): 249-250, 258

10.   王華松, 黃掠霞, 許申明. 骨碎補對骨折癒合中血生化指標及TGF-β1表達的影響. 中醫正骨. 2001, **13**(5): 6-8

11.   吳克昌, 高子范, 張靈菊, 劉鮮茹, 劉萬智, 閆會民, 劉月桂, 馮坤, 李鴻超. 骨碎補對大白鼠骨質疏鬆模型的影響. 中醫正骨. 1992, **4**(4): 3-4

12.   馬中書, 王蕊, 丘明才, 王玉坤, 鄭方道, 張鑫. 四種補腎中藥對去卵巢大鼠骨質疏鬆骨形態的作用. 中華婦産科雜誌. 1999, **34**(2): 82-85

13.   戴小牛, 童素琴, 賈淑萍, 陶艷梅. 骨碎補對鏈霉素耳毒性解毒作用的實驗研究. 南京鐵道醫學院學報. 2000, **19**(4): 248-249

14.   王淑蘭, 薛貴平, 侯大宜, 王玉珍, 王淑強, 左東升. 骨碎補甘草對鏈霉素毒性反應的對抗作用. 張家口醫學院學報. 1993, **10**(3): 19-20, 54

15.   張桂茹, 王重遠, 劉莉, 宋士杰. 中藥骨碎補對卡那霉素耳毒性預防效果的實驗研究. 白求恩醫科大學學報. 1993, **19**(2): 164-165

16.   劉劍剛, 谢應鳴, 邓文龍, 徐哲. 骨碎補總黃酮抗炎作用的實驗研究. 中國天然藥物. 2004, **2**(4): 232-234

17.   劉劍剛, 谢應鳴, 赵晉宁, 邓文龍, 徐哲. 骨碎補總黃酮膠囊對實驗性骨質疏鬆症和鎮痛作用的影響. 中國實驗方劑學雜誌. 2004, **10**(5): 31-34

18.   王本祥. 現代中藥藥理學. 天津科學技術出版社. 1999: 1269

19.   M Long, D Qiu, F Li, F Johnson, B Luft. Flavonoid of *Drynaria fortunei* protects against acute renal failure. 2005, **19**(5): 422-427

팔각련 八角蓮

Dysosma versipellis (Hance) M. Cheng ex Ying

Common Dysosma

 개요

매자나무과(Berberidaceae)

팔각련(八角蓮, *Dysosma versipellis* (Hance) M. Cheng ex Ying)의 뿌리 및 뿌리줄기를 건조한 것

중약명: 팔각련

귀구속(*Podophyllum/Dysosma*) 식물은 중국 특유의 속으로 약 7종이 있으며 중국의 아열대 상록활엽림대에 분포한다. 그중 팔각련은 중국의 3급 보호식물로 지정되어 있으며 이 속에서 약으로 사용되는 것은 5종이다. 이 종은 주로 화중, 화동, 화남 등지에 분포되어 있다.

팔각련은 '귀구(鬼臼)'라는 이름으로 《신농본초경(神農本草經)》에 하품으로 처음 기재되었다. 중국 고대에서 사용되었던 귀구는 이 종과 동속인 육각련(六角蓮 *D. pleiantha* (Hance) Woods)이다. 이 종의 주요산지는 호북과 사천이다.

팔각련속(*Dysosma*) 식물의 주요 활성성분은 리그난 화합물이다[1]. 현대의 연구를 통하여 팔각련속 식물 중에는 일반적으로 활성형 포도필로톡신 성분이 함유되어 있음이 확인되었다. 문헌에서는 주로 포도필로톡신을 대조성분으로 약재의 규격을 정하고 있다[2].

약리연구를 통하여 팔각련에는 항병독, 살충, 심혈관 등에 일정한 작용이 있는 것으로 알려져 있다.

한의학에서 팔각련은 화담산결(化痰散結), 거어지통(祛瘀止痛), 청열해독(淸熱解毒) 등의 효능이 있다.

팔각련 八角蓮 *Dysosma versipellis* (Hance) M. Cheng ex Ying

팔각련 八角蓮

육각련 六角蓮 *Dysosma pleiantha* (Hance) Woods

약재 팔각련 藥材八角蓮
Dysosmatis Versipellis Rhizoma et Radix

1cm

함유성분

뿌리줄기에는 리그난류 성분으로 podophyllotoxin[2], diphyllin, picropodophyllin[3], 플라보노이드 성분으로 kaempferol, quercetin, kaempferol-3-O-β-glucopyranoside, quercetin-3-O-β-glucofuranoside[3] 등이 함유되어 있다.

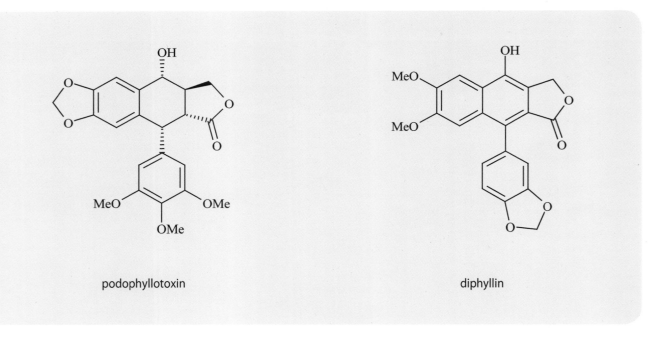

podophyllotoxin

diphyllin

약리작용

1. 항바이러스, 살충

   팔각련의 수용성분인 캠페롤과 피크로포도필린은 *in vitro*에서 콕사키바이러스 B_{1-6}과 I형 단순포진바이러스(HSV-1)에 대하여 뚜렷한 억제작용이 있다. quercetin-3-O-β-D-glucofuranoside는 HSV-1에 대하여 억제작용이 있다[3]. 팔각련의 수용성 추출물은 *in vitro*에서 HSV-1에 대하여 비교적 좋은 억제작용이 있다[4].

2. 심혈관계에 대한 영향

   팔각련 중에서 추출해 낸 결정성분은 개구리의 적출된 심장에 대해 흥분작용이 있고 토끼의 귀혈관에 대해 확장작용이 있다. 반면에 개구리의 뒷다리 혈관, 집토끼의 소장 및 신장혈관에 대해서는 약한 수축작용이 있다[5].

3. 평활근에 대한 영향

팔각련에서 추출한 결정성분은 토끼의 적출된 소장평활근에 대해 억제작용이 있고 토끼와 기니피그의 자궁에 대해서도 흥분작용이 있다.

용도

팔각련은 중의임상에서 사용하는 약이다. 청열해독(淸熱解毒, 화열을 깨끗이 제거하고 몸의 독을 없이함), 화담산결[化痰散結, 담(痰)을 삭혀 뭉친 것을 풀어 줌], 거어지통[祛瘀止痛, 어혈(瘀血)을 제거하고 통증을 멈추어 줌] 등의 효능이 있으며, 기침, 인후종통(咽喉腫痛, 목 안이 붓고 아픈 증상), 나력(瘰癧, 림프절에 멍울이 생긴 병증), 영류(癭瘤, 병적으로 불거져 나온 살덩이), 통증, 정창(疔瘡, 급성 화농성 창증으로 부스럼의 형태가 마치 못머리처럼 생긴 것), 독사에 물린 상처, 비증(痹證, 관절이 아프고 저린 감이 있으며 심하면 부으면서 팔다리의 운동장애가 있는 병증), 타박상 등의 치료에 사용한다.

현대임상에서는 인후종통, 편도선염, 임파절염, 이하선염, B형 뇌염[6-8], 유행성 출혈열[9], 대상포진, 단순포진, 위통, 악성 종양, 유선암 등의 병증에 사용한다.

해설

이 식물종은 현재 중국의 약용 팔각련 상품의 주류품종으로 주로 야생이 약으로 사용되고 있다. 한의학에서는 전통적으로 임부와 신체가 허한 자에게 이 품목의 사용을 금하고 있다. 이 속의 식물에는 일반적으로 피크로포도필린이 들어 있는데 이 피크로포도필린은 항암작용이 있는 것이 증명되었지만 독성이 매우 강하기 때문에 직접적인 임상용도가 불가능하다. 피크로포도필린은 합성 항암약에 있어서 중요한 화합물이기 때문에 팔각련은 중요한 자원식물로 간주되고 있다. 따라서 인공재배가 증가되어야 하고 자원보호와 개발 이용이 필요하다.

동속식물인 육각련(六角蓮, *Dysosma pleiantha* (Hance) Woods)도 중약 팔각련의 기원식물 내원종이다. 육각련과 팔각련에는 유사한 약리작용이 있는데 함유성분도 대체적으로 비슷하다. 주로 리그난 화합물이 포함되어 있다.

팔각련에 함유된 피크로포도필린은 배추흰나비벌레에 대해 거식(拒食)활성이 있고, 빨간날개집모기의 생장발육에도 뚜렷한 억제작용이 있어 추가적인 연구를 통하여 식물살충제를 개발할 가능성이 있다[10].

참고문헌

1. 姚莉韻, 王麗平, 黃文紅. 八角蓮屬藥材及南方山荷葉中氨基酸與多種元素分析. 中藥材. 1998, 21(7): 351-354

2. 俞培忠, 姚莉韻, 王麗平. HPLC法測定4種八角蓮中鬼臼毒素的含量. 上海醫科大學學報. 1998, 25(6): 452-453

3. 姚莉韻, 王麗平. 八角蓮水溶性有效成分的分離與抗病毒活性的測定. 上海第二醫科大學學報. 1999, 19(3): 234-237

4. 張敏, 施大文. 八角蓮類中藥抗單純疱疹病毒作用的初步研究. 中藥材. 1995, 18(6): 306-307

5. 應春燕, 鍾成. 八角蓮中毒機理探討. 廣東藥學. 1997, 3: 43, 33

6. 馮乃華, 柴樹榮. 八角蓮中毒致死亡1例. 臨床薈萃. 2003, 18(4): 226-227

7. 陸志檬, 戴祥章, 王耆煌, 徐斌, 丁長囡, 顧祖萬. 八角蓮治療乙型腦炎的動物實驗. 上海第二醫科大學學報. 1992, 12(4): 308-311

8. 戴祥章, 王耆煌, 郁仁海, 施向程, 沈能享, 吳雨春. 八角蓮治療乙型腦炎85例. 上海第二醫科大學學報. 1993, 13(1): 91-92

9. 季青, 嚴潤民, 周幼雯, 儲峰. 八角蓮注射液治療流行性出血熱86例療效觀察. 中國中西醫結合雜誌. 1996, 16(10): 620-621

10. 劉艷青, 張守剛, 程潔, 高蓉, 蕭杭. 幾種鬼臼毒素類物質生物活性的研究. 毒理學雜誌. 2005, 19(3): 275-276

한련초 鱧腸 CP, KHP

Eclipta prostrata L.
Yerbadetajo

 개 요

국화과(Asteraceae)

한련초(鱧腸, *Eclipta prostrata* L.)의 지상부를 건조한 것

중약명: 묵한련(墨旱蓮)

한련초속(*Eclipta*) 식물은 전 세계에 4종이 있으며 주로 남아메리카와 대양주에 분포한다. 중국에 1종이 있는데 약으로 사용된다. 본종은 세계의 열대 및 아열대 지역에 광범위하게 분포하며 중국의 각 성에 자생한다.

'예장'이란 약명은 한련초(旱蓮草)라는 명칭으로 《신수본초(新修本草)》, 《도경본초(圖經本草)》에 처음 기재되었으며, 이후 역대의 본초서적에 기록이 있는데 오늘날의 약용 및 기원과 일치한다. 《중국약전(中國藥典)》(2015년 판)에 수록된 이 종은 중약 묵한련의 법정기원식물이다. 주요산지는 중국의 강서, 절강, 강소 및 호북 등지이다. 《대한민국약전외한약(생약)규격집》(제4개정판)에는 한련초를 "한련초(*Eclipta prostrata* Linne, 국화과)의 전초"로 등재하고 있다.

한련초에는 주로 트리테르페노이드 사포닌이 있다. 그 밖에 티오펜, 플라보노이드, 쿠마린 성분 등이 있다. 《중국약전》에서는 고속액체크로마토그래피법을 이용하여 건조시료 중 웨델로락톤의 함량을 0.040% 이상으로 약재의 규격을 정하고 있다.

약리연구를 통하여 묵한련에는 지혈, 항염, 간 보호, 면역조절 등의 작용이 있는 것으로 알려져 있다.

한의학에서 묵한련은 양혈지혈(凉血止血), 자보간신(滋補肝腎) 등의 효능이 있다.

한련초 鱧腸 *Eclipta prostrata* L.

약재 묵한련 藥材墨旱蓮 Ecliptae Herba

1cm

함유성분

지상부에는 트리테르페노이드 사포닌 성분으로 ecliptasaponins A, B, C, D[1-3], eclalbasaponins I, II, III, IV, V, VI, VII, VIII, IX, X, XI, XII[4-5], 트리테르페노이드 성분으로 echinocystic acid, 올레아놀산[1] 티오펜 성분으로 α-terthienyl, α-terthienylmethanol, α-formylterthienyl, 5-(3-buten-1-ynyl)- 2,2''-bithienyl[6-7], 쿠마린 성분으로 wedelolactone, demethylwedelolactone, isodemethylwedelolactone, demethylwedelolactone-7-O-glucoside[5, 8], 플라보노이드 성분으로 quercetin, ecliptine, apigenin, luteolin, apigenin-7-O-glucoside, luteolin-7-O-glucoside[5, 7], 그리고 정유성분으로 δ-guaiene, neodihydrocarvenol, epoxycaryophyllene[9] 등이 함유되어 있다.

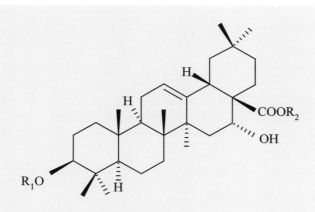

echinocystic acid : R₁=R₂=H
ecliptasaponin A: R₁=glc, R₂=H
ecliptasaponin B: R₁=glc-(1→4)-glc, R₂= glc

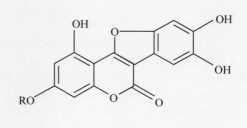

wedelolactone: R=CH₃
demethylwedelolactone: R=H

약리작용

1. 지혈

   묵한련의 열수 추출물을 위에 주입하면 위장출혈이 있는 Mouse의 응혈효소의 시간과 부분적인 응혈활성효소의 시간을 단축시키고 섬유단백원의 함량과 혈소판수치를 높이며 위점막출혈의 횟수를 줄이는 등의 뚜렷한 지혈작용이 있다[10].

2. 항염

   묵한련의 물 추출물을 위에 주입하면 파두유(巴豆油)로 유발된 Mouse의 귓바퀴 종창, 카라기난 또는 포름알데히드로 유발된 Rat의

한련초 鱧腸 CP, KHP

발바닥 종창, 초산으로 유발된 Mouse의 피부모세혈관 투과성 상승 등에 대하여 현저한 억제작용이 있고 히스타민으로 유발된 Rat의 피부모세혈관 증가에 대해서도 뚜렷한 억제작용이 있다. 양쪽 부신을 제거한 후에도 항염작용은 여전히 존재하는데 묵한련의 물추출물은 Mouse의 면구육아조직의 증식에 뚜렷한 억제작용이 있고 카라기난으로 유발된 흉강삼출액 중의 백혈구 수량 및 염증성조직 중의 프로스타글란딘 E_2의 함량을 감소시킬 수 있다[11].

3. 뱀독 제거
묵한련의 추출물을 위에 주입하면 꼬리가 짧은 살모사, 사도살모사, 백미살모사, 첨문살모사의 독으로 유발된 Rat의 발바닥 종창과 꼬리가 짧은 살모사의 독으로 생긴 면구육아종에 뚜렷한 억제작용이 있다. 또한 말레이반도의 문공규사, 브라질규사, 살모사의 독으로 인한 Mouse의 치사작용에 있어서 이들 뱀독으로 유발된 피하출혈을 억제할 수 있다. 이러한 작용은 프로테올리스와 포스포리파아제 A_2에 대한 길항으로 발현된다. 웨델로락톤과 디메칠웨델로락톤은 이러한 작용의 주요 활성성분이다[12-14].

4. 간 보호
묵한련의 에탄올 추출물 및 물 추출물을 복강에 주사하면 파라세타몰로 유발된 급성 간 손상 Mouse의 혈청 알라닌아미노기전이효소(ALT), 아스파르산아미노기전달효소(AST)의 상승을 억제할 수 있는데 에탄올 추출물의 효과가 더 뚜렷하다[15]. 묵한련의 에탄올 추출물의 에칠아세테이트를 위에 주입하면 사염화탄소로 유발된 Mouse의 간 손상에 대해서도 뚜렷한 보호작용이 있다[6].

5. 면역기능에 대한 영향
묵한련의 에칠아세테이트 추출물을 위에 주입하면 Mouse의 탄소제거율과 비장지수를 현저하게 억제할 수 있고 지발성과민반응(DTH)을 억제할 수 있으며 용혈효소의 농도를 낮출 수 있다. 또한 Mouse의 흉선지수를 뚜렷하게 제고할 수 있으며 시클로포스파미드(Cy)로 유발된 면역효능 저하 Mouse에게도 효과가 있다. 묵한련의 물 추출물을 위에 주입하면 Mouse의 DTH와 혈청 용혈소의 항체 농도를 제고할 수 있으며 Cy로 유발된 Mouse 흉선세포의 괴사를 억제할 수 있다[16-18].

6. 심혈관계에 대한 영향
묵한련은 기니피그 적출심장의 관상동맥 혈류량을 상승시킬 수 있고 심전도 T파를 개선할 수 있다. 묵한련의 디클로로메탄, 메탄올 추출물은 α-아드레날린수용체, 안지오텐신 II(Ang II) 수용체, 3-hydroxy-3-methylglutaryl 보조효소 A에 대하여 저지 혹은 길항작용이 있다[5, 7].

7. 항돌연변이
묵한련의 열수 추출물을 위에 주입하거나 또는 복강에 주사하면 Cy로 유발된 Mouse의 골수적혈구미분핵에 뚜렷한 억제작용이 있고 항돌연변이 활성이 있다[19].

8. 기타
묵한련은 또 억균(抑菌)[7], 타이로시나아제 활성[20], 외주백혈구 활성 등의 작용이 있다[7].

용도

묵한련은 중의임상에서 사용하는 약이다. 보익간신[補益肝腎, 간음(肝陰)과 신음(腎陰)이 모두 소모되어 허해진 것을 보하는 것], 양혈지혈[凉血止血, 양혈(凉血)함으로써 지혈함] 등의 효능이 있으며, 간신음허[肝腎陰虛, 간음(肝陰)과 신음(腎陰)이 모두 허한 병증]로 인한 두운목현(頭暈目眩, 머리가 어지럽고 눈앞이 아찔한 것), 수발조백(鬚髮早白, 나이는 많지 않으나 머리카락과 수염이 회백색으로 세는 증상), 요슬산연(腰膝酸軟, 허리와 무릎이 시큰거리고 힘이 없어지는 증상), 유정(遺精, 성교 없이 정액이 흘러나오는 병증), 이명(耳鳴, 귀울림), 음허화동[陰虛火動, 음정(陰精)이 휴손되어 허열(虛熱)이 매우 심한 병증], 혈열망행[血熱妄行, 혈분(血分)에 열이 몹시 성하여 혈이 혈맥을 따라 제대로 순환하지 못하고 혈맥 밖으로 나오는 증상] 등의 치료에 사용한다.

현대임상에서는 관심병(冠心病, 관상동맥경화증), 급성 황달형 간염, 상부소화관 출혈, 기능성 자궁 출혈 등 여러 가지 출혈성 증상의 병증에 사용한다. 외용으로는 수답성 피부염, 편평성 사마귀, 지루성 피부염 등의 병증에 사용한다.

해설

한련초는 중의학에서 사용된 역사가 유구할 뿐만 아니라 카리브해 국가인 트리니다드토바고(Trinidad and Tobago)의 민간에서 사냥꾼들이 자신과 사냥개의 외상, 피부병, 뱀에게 물린 상처, 전갈에게 물린 상처, 버짐 등의 치료에 사용해 온 약이다[21]. 인도의 전통의학에서도 사용되고 있으며 현대의 연구를 통해서 한련초에 항균, 소염, 지열, 항사독 등의 작용이 있음이 알려져 있으며 여러 가지 뱀독으로 야기된 치사와 출혈에도 우수한 억제작용이 있음이 밝혀졌다. 한련초에서 뱀독에 대한 길항제와 건강입욕제의 개발이 유망하다.

참고문헌

1. 張梅, 陳雅妍. 旱蓮草化學成分旱蓮苷A和旱蓮苷B的分離和鑒定. 藥學學報. 1996, **31**(3): 196-199

2.　張梅, 陳雅妍. 旱蓮草化學成分的研究. 中國中藥雜誌. 1996, **21**(8): 480-481

3.　張梅, 陳雅妍, 邸曉輝, 劉梅. 旱蓮草中旱蓮苷D的分離和鑒定. 藥學學報. 1997, **32**(8): 633-634

4.　趙越平, 湯海峰, 蔣永培, 王忠壯, 易楊華, 雷其雲. 中藥墨旱蓮中的三萜皂苷. 藥學學報. 2001, **36**(9): 660-663

5.　湯海峰, 趙越平, 蔣永培. 中藥墨旱蓮的研究概況. 西北藥學雜誌. 1999, **14**(1): 32-33

6.　韓英, 夏超, 陳小媛, 向仁德, 劉樺, 閏清, 許德義. 墨旱蓮化學成分及藥理活性的初步研究. 中國中藥雜誌. 1998, **23**(11): 680-682

7.　王本祥. 現代中藥藥理學. 天津: 天津科學技術出版社. 1997: 1366-1368

8.　張金生, 郭倩明. 旱蓮草化學成分的研究. 藥學學報. 2001, **36**(1): 34-37

9.　余建清, 于懷東, 鄒國林. 墨旱蓮揮發油化學成分的研究. 中國藥學雜誌. 2005, **40**(12): 895-896

10.　王建, 白秀珍, 楊學東. 墨旱蓮對熱盛胃出血止血作用的研究. 數理醫藥學雜誌. 2005, **18**(4): 375-376

11.　胡慧娟, 周德榮, 杭秉茜, 馬嵬. 旱蓮草的抗炎作用及機制研究. 中國藥科大學學報. 1995, **26**(4): 226-229

12.　陳建濟, 施東捷, 李克華, 劉廣芬, 王晴川. 墨旱蓮對4種蝮蛇毒引起的炎症和出血的影響. 蛇志. 2005, **17**(2): 65-68

13.　P Pithayanukul, S Laovachirasuwan, R Bavovada, N Pakmanee, R Suttisri. Anti-venom potential of butanolic extract of *Eclipta prostrata against* Malayan pit viper venom. *Journal of Ethnopharmacology*. 2004, 90(2-3): 347-352

14.　PA Melo, MC do Nascimento, WB Mors, G Suarez-Kurtz. Inhibition of the myotoxic and hemorrhagic activities of crotalid venoms by *Eclipta prostrata*(Asteraceae) extracts and constituents. *Toxicon*. 1994, **32**(5): 595-603

15.　李春洋, 白秀珍, 楊學東. 墨旱蓮提取物對肝保護作用的影響. 數理醫藥學雜誌. 2004, **17**(3): 249-250

16.　劉雪英, 王慶偉, 蔣永培, 趙越平, 湯海峰. 墨旱蓮乙酸乙酯總提物對正常小鼠免疫功能的影響. 中草藥. 2002, **33**(4): 341-343

17.　王怡薇, 周慶峰, 白秀珍. 墨旱蓮水煎劑對DTH和血清溶血素抗體的影響. 錦州醫學院學報. 2003, **24**(6): 28-29

18.　景輝, 白秀珍, 劉玉鈴, 李艷琴. 墨旱蓮抗環磷酰胺誘導的胸腺細胞凋亡的實驗研究. 錦州醫學院學報. 2004, **25**(5): 22-24

19.　翁玉芳, 唐政英, 陳麗麗, 何霜梅. 墨旱蓮對環磷酰胺引起染色體損傷的防護作用. 中藥材. 1992, **15**(12): 40-41

20.　徐秋, 吳可克, 陳麗鳳, 劉建峰, 劉偉. 旱蓮草對酪氨酸酶激活作用的動力學研究. 大連輕工業學院學報. 2000, **19**(1): 25-27

21.　C Lans, T Harper, K Georges, E Bridgewater. Medicinal and ethnoveterinary remedies of hunters in Trinidad. *BMC Complementary and Alternative Medicine*. 2001, **1**: 10

초마황 草麻黃

Ephedra sinica Stapf

Ephedra

개요

마황과(Ephedraceae)

초마황(草麻黃, *Ephedra sinica* Stapf)의 줄기를 건조한 것

중약명: 마황(麻黃)

마황속(*Ephedra*) 식물은 전 세계에 약 40종이 있으며 아시아, 아메리카, 유럽 동남부, 아프리카 북부의 건조 지역 및 사막 지역에 널리 분포한다. 중국에 12종, 변이종 4종이 있다. 이 속에서 약으로 사용되는 것은 10종이며 주로 중국의 요녕, 길림, 내몽고, 하북, 섬서, 산서, 하남 등에 분포한다.

'마황'이란 약명은 《신농본초경(神農本草經)》에 중품으로 처음 기재되었다. 중국에서 고대에서부터 현재에 이르기까지 사용된 중약 마황은 이 속의 여러 가지 식물이며, 《중국약전(中國藥典)》(2015년 판)에 수록된 이 종이 중약 마황의 법정기원식물 가운데 하나이다. 주요산지는 중국의 하북, 산서, 신강, 내몽고 등이다. 《대한민국약전》(11개정판)에는 마황을 "마황과에 속하는 초마황(*Ephedra sinica* Stapf), 중마황(中麻黃, *Ephedra intermedia* Schrenk et C. A. Meyer) 또는 목적마황(木賊麻黃, *Ephedra equisetina* Bunge)의 초질경"으로 등재하고 있다.

마황속 식물의 주요성분으로는 알칼로이드, 정유, 플라보노이드 등이 있다. 《중국약전》에서는 고속액체크로마토그래피법을 이용하여 건조시료를 기준으로 측정 시, 에페드린 염산염과 슈도에페드린 염산염의 총 함량을 0.80% 이상으로 약재의 규격을 정하고 있다. 약리연구를 통하여 초마황에는 중추신경 흥분, 땀 유발, 항과민, 이뇨, 항저혈압, 독감바이러스 억제, 해열, 진정 등의 작용이 있는 것으로 알려져 있다.

한의학에서 마황은 발한산한(發汗散寒), 선폐평천(宣肺平喘), 이수소종(利水消腫) 등의 효능이 있다.

 초마황 草麻黃 *Ephedra sinica* Stapf

약재 마황 藥材麻黃 Ephedrae Herba

1cm

중마황 中麻黃 *E. intermedia* Schrenk et C. A. Mey.

목적마황 木賊麻黃 *E. equisetina* Bge.

함유성분

줄기에는 알칼로이드 성분으로 l-ephedrine, d-pseudoephedrine, l-norephedrine, d-norpseudoephedrine, l-methylephedrine, d-methylpseudoephedrine(이 세 쌍의 입체이성체는 주요 활성성분임)[1], ephedroxane[2], 정유성분으로 α, β-terpineols, γ-eudesmol, 2,3,5,6-tetramethylpyrazine, dihydrocarveol[3-4], 플라보노이드 성분으로 apigenin, tricin, kaempferol, herbacetin, 3-methoxyherbacetin, kaempferol rhamnoside[5] 등이 함유되어 있다.

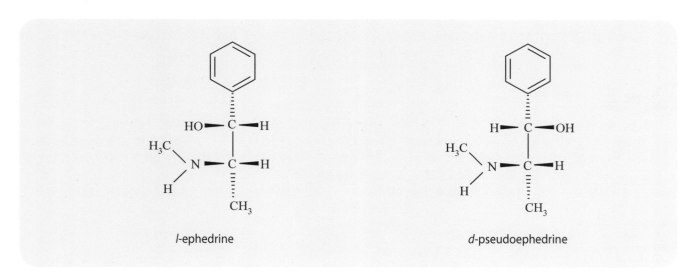

l-ephedrine

d-pseudoephedrine

약리작용

1. 발한

   Rat에게 에페드린과 노르에페드린을 복용시키면 발바닥에서 땀이 나는 것을 촉진시킬 수 있다.

2. 진통, 항염

   에페드린을 위에 주입하면 빙초산으로 유발된 Rat와 Mouse의 경련 횟수를 뚜렷하게 감소시키고 디메칠벤젠으로 유발된 Mouse의 귓바퀴 종창을 억제할 수 있다[6]. 슈도에페드린을 복강에 주사하면 파두유(巴豆油)로 유발된 Mouse의 종창, 카라기난 혹은 포름알데히드로 유발된 Rat의 면구육아종을 억제할 수 있다. 마황의 열수 추출물을 위에 주입하면 생리식염수 흡입으로 천식이 유발된 기니피그의 폐와 기관지내벽 및 주위 폐조직의 염증성 세포침윤을 감소시킬 수 있고 폐포관 분비액 중의 세포 수와 세포인자 인터루킨-5의 농도를 뚜렷하게 감소시킬 수 있다[7].

3. 평천(平喘), 진해(鎭咳), 거담(祛痰)

   토끼의 적출된 폐와 기관지에 대해 에페드린과 슈도에페드린은 기관지 확장을 유도할 수 있으며 에페드린을 *in vitro*에서 사용하면 기

초마황 草麻黃 CP, KP, JP, VP

니피그의 적출된 기관지평활근을 이완시킬 수 있고 카르바콜(CCH)로 유발된 기관지경련에 대해 억제작용이 있다[8]. 또한 마황의 정유성분을 복강에 주사하면 기니피그의 히스타민 반응으로 인한 기침 유발시간을 현저하게 감소시킬 수 있다. 마황의 물 추출물은 기계적으로 유발된 해수(咳嗽)에 뚜렷한 억제작용이 있다. 마황의 정유를 위에 주입하면 Mouse의 기관지분비효소에 대한 촉진작용이 있다.

4. 이뇨

마취된 원숭이와 집토끼의 정맥에 슈도에페드린을 주사하면 뚜렷한 이뇨작용이 있다.

5. 중추신경 흥분

에페드린과 슈도에페드린을 복강에 주사하면 펜토바르비탈나트륨으로 유발된 Mouse의 수면시간을 단축시킬 수 있으며 고용량과 한계량의 펜틸레네테트라졸을 병용했을 때 상호작용이 있다[9]. 에페드린을 복강에 주사하면 대뇌동맥경색(MCAO)에 걸린 Rat의 횡목행주운동(橫木行走運動)을 개선할 수 있으며 생장관련단백-43(GAP-43)과 시냅토파이신의 발현 수준을 높인다[10]. 모리스수중미로 측정에서 에페드린과 노르에페드린을 위에 주입하면 정상적인 Mouse의 기억능력을 증진하고 스코폴라민으로 유발된 기억장애와 아질산나트륨으로 유발된 기억공고장애 및 에탄올로 유발된 기억재현장애를 뚜렷하게 개선한다[11-12].

6. 심혈관계에 대한 영향

에페드린과 슈도에페드린을 복강에 주사하면 농도 의존적으로 기니피그의 적출된 심장의 우심방 박동과 좌심방 수축력을 증가시키고[13] 저농도의 에페드린으로 전처리를 하면 노르에피네프린으로 인한 Rat와 집토끼의 대동맥 수축작용을 억제할 수 있다. 반면 고농도를 사용할 경우에는 증강작용을 한다[14]. 마황 열매의 다당을 정맥에 주사하면 집토끼의 동맥혈압을 뚜렷하게 낮출 수 있으며 티프루자마이드로 β-수용체를 저지한 집토끼에 투여하면 혈압을 신속히 낮추어 제로수치에 이르게 하여 동물의 사망을 초래한다[15].

7. 기타

마황의 물 추출물을 복강에 주사하면 정상 Mouse의 혈당이 일시적으로 상승한 후에 지속적으로 하강한다[16]. 마황의 알칼로이드는 스트렙토조토신으로 유발된 고혈당 Mouse의 혈당을 뚜렷하게 감소시킨다[17]. 마황의 알코올 추출물은 in vitro에서 지방세포의 지방합성을 촉진하고 노르에피네프린의 지방분해 촉진작용을 억제할 수 있다[18]. 마황은 또 독감바이러스[19-20]와 전분효소 활성을 억제할 수 있다[21]. 마황 뿌리의 알칼로이드에는 땀을 멈추게 하는 작용이 있다. 마황의 알칼로이드와 비알칼리성 성분을 꼬리정맥에 주사하면 염화철 국소성 뇌빈혈에 걸린 Rat에게 상당한 혈전용해작용이 있고[22] 마황 열매의 다당은 in vitro에서 항응혈작용을 나타낸다[23].

용도

마황은 중의임상에서 사용하는 약이다. 발한해표[發汗解表, 발한시키고 표(表)에 있는 사기(邪氣)를 없애 줌], 선폐평천[宣肺平喘, 폐기(肺氣)를 잘 통하게 하여 숨을 편하게 함], 이수소종[利水消腫, 이수(利水)하여 부종을 가라앉혀 줌] 등의 효능이 있으며, 풍한감모[風寒感冒, 풍사(風邪)와 한사(寒邪)가 겹쳐 오한이 나면서 열이 나고 머리와 온몸이 아프며 코가 막히고 기침과 재채기가 나며 혀에 이끼가 끼고 맥이 부(浮)한 증상], 해수(咳嗽, 기침), 천식, 풍수수종(風水水腫) 등의 치료에 사용한다.

현대임상에서는 천식, 저혈압, 비점막 종창으로 유발된 코 막힘, 비만, 상풍감기, 과민성 비염 등의 상호흡도 질병을 치료할 때 사용한다.

해 설

이 식물종은 현재 중국 약용 마황 상품의 주품종으로 야생품의 생산량이 많아 상품 대부분이 채집에 의존하고 있으며 알칼로이드의 함량이 비교적 높고 품질도 비교적 좋다. 《중국약전》에서는 또 동속식물인 중마황(中麻黃, Ephedra intermedia Schrenk et C. A. Mey.)과 목적마황(木賊麻黃, E. equisetina Bge.)을 중약 마황의 법정기원식물로 수록하고 있다. 상이한 기원의 마황에 따라 알칼로이드의 함량이 서로 다르고 품종에 따라 1배 이상의 차이가 나기도 한다. 때문에 마황을 사용할 때에는 품종과 품질에 대한 문제를 고려하여야 한다.

마황 및 그의 약재는 유럽과 아메리카 국가들에서 다이어트 약으로 널리 사용되고 있는데 그 효과가 불확실하고 부작용이 비교적 많아 사용이 금지되었다[24].

마황 및 그 제품은 항상 공급이 수요를 만족시키지 못하고 있어 현재 중국 제2기 《국가중점보호야생식물명록(國家重點保護野生植物名錄)》에 포함되었다. 따라서 품질의 안정을 위해서는 마황 생산단지의 조성과 마황 자원의 보호가 이루어져야 한다.

초마황, 중마황, 목적마황의 뿌리와 뿌리줄기도 약으로 쓸 수 있는데 중약명은 마황근(麻黃根)이다. 마황근에는 고표지한(固表止汗)의 효능이 있어 마황과 상반되므로 사용 시에 여러 가지로 주의해야 한다.

참고문헌

1. 張建生, 田珍, 樓之岑. 十二種國産麻黃的品質評價. 藥學學報. 1989, **24**(11): 865-871

2. C Konno, T Taguchi, M Tamada, H Hikino. Ephedroxande, anti-inflammatory principle of *Ephedra* herbs. *Phytochemistry*. 1979, **18**(4): 697-698

3. 吉力, 徐植靈, 潘炯光, 楊健. 草麻黃中麻黃和木賊麻黃揮發油化學成分的GC–MS分析. 中國中藥雜誌. 1997, **22**(8): 489-492

4. 孫靜雲. 麻黃新的有效成分研究. 中草藥. 1983, **14**(8): 345-346

5. O Purev, F Pospisil, O Motl. Flavonoids from Ephedra sinica Stapf. *Collection of Czechoslovak Chemical Communications*. 1988, **53**(12): 3193-3196

6. 戴貴東, 閆林, 余建強, 鄭萍, 李漢青. 偽麻黃鹼鎮痛, 抗炎作用的研究. 陝西醫學雜誌. 2003, **32**(7): 641-642

7. 楊禮騰, 熊瑛, 李國平, 孫興旺, 程德雲. 麻黃調控哮喘豚鼠氣道炎症的作用. 中國呼吸與危重監護雜誌. 2005, **4**(6): 473-474

8. 許繼德, 謝強敏, 陳季強, 卞如濂. 麻黃鹼與總皂苷對豚鼠氣管平滑肌鬆弛的協同作用. 中國藥理學通報. 2002, **18**(4): 394-396

9. 蔣袁絮, 閆琳, 余建強, 王銳, 金少舉, 劉利軍. 麻黃鹼, 偽麻黃鹼及其水楊酸衍生物對小鼠中樞神經系統作用的比較. 中草藥. 2004, **35**(11): 1274-1277

10. 趙曉科, 蕭農, 周江堡, 張曉萍. 麻黃鹼對腦缺血大鼠運動功能恢復的影響及分子機制研究. 中國康復醫學雜誌. 2005, **20**(3): 172-175

11. 常福厚, 劉素珍, 王艳秋, 楊懷江. 甲基麻黃鹼對小鼠記憶障礙的影響. 內蒙古醫學院學報. 1999, **21**(1): 28-30

12. 常福厚, 劉素珍, 辛忠, 王成. 麻黃鹼衍生物對小鼠學習記憶的影響. 內蒙古醫學院學報. 2000, **22**(4): 252-255

13. 戴貴東, 李漢青. 偽麻黃鹼和麻黃鹼對離體豚鼠心房作用的機理研究. 西北藥學雜誌. 2001, **16**(1): 24-25

14. 戴貴東, 鄭萍, 李漢青. 偽麻黃鹼和麻黃鹼對離體兔和大鼠主動脈環的影響. 寧夏醫學院學報. 2001, **23**(5): 318-319

15. 邱麗穎, 呂莉, 王德寶, 焦宏, 王書華, 安芳. 麻黃果多糖對家兔動脈血壓的影響機制研究. 張家口醫學院學報. 1999, **16**(2): 1, 5

16. 游龍, 王耕. 影響血糖升降的65種中藥. 中國中醫藥信息雜誌. 2000, **7**(5): 32-33, 37

17. LM Xiu, AB Miura, K Yamamoto, T Kobayashi, QH Song, H Kitamura, JC Cyong. Pancreatic islet regeneration by ephedrine in mice with streptozotocin-induced diabetes. *American Journal of Chinese Medicine*. 2001, **29**(3-4): 493-500

18. 蔣明, 高久武司, 奧田拓道. 麻黃胰島素樣作用的實驗研究. 中國藥學雜誌. 1997, **32**(12): 782

19. N Mantani, T Andoh, H Kawamata, K Terasawa, H Ochiai. Inhibitory effect of Ephedrae herba, an oriental traditional medicine, on the growth of influenza A/PR/8 virus in MDCK cells. *Antiviral Research*.1999, **44**(3): 193-200

20. N Mantani, N Imanishi, H Kawamata, K Terasawa, H Ochiai. Inhibitory effect of (+)-catechin on the growth of influenza A/PR/8 virus in MDCK cells. *Planta Medica*. 2001, **67**(3): 240-243

21. K Kobayashi, Y Saito, I Nakazawa, F Yoshizaki. Screening of crude drugs for influence on amylase activity and postprandial blood glucose in mouse plasma. *Biological & Pharmaceutical Bulletin*. 2000, **23**(10): 1250-1253

22. 李姿嬌, 楊屹, 丁明玉, 趙中振, 劉德麟. 麻黃成分的分離及其中非麻黃鹼部分溶栓作用的研究. 中國藥學雜誌. 2004, **39**(6): 423-425

23. 邱麗穎, 王書華, 呂莉, 王德寶. 麻黃果多糖的抗凝血機制研究. 張家口醫學院學報. 1999, **16**(1): 3-4

24. MH Pittler, E Ernst. Dietary supplements for body-weight reduction:a systematic review. *American Journal of Clinical Nutrition*. 2003, **79**(4): 529-536

음양곽 淫羊藿 CP, KP, JP, VP

Berberidaceae

Epimedium brevicornum Maxim.
Short-horned Epimedium

개 요

매자나무과(Berberidaceae)

음양곽(淫羊藿, *Epimedium brevicornum* Maxim.)의 지상부를 건조한 것

중약명: 음양곽

삼지구엽초속(*Epimedium*) 식물은 전 세계에 약 50종이 있으며 알제리, 이탈리아 북부에서부터 흑해, 서부 히말라야 일대, 중국, 한반도 및 일본 등지에 분포한다. 중국산은 약 40종으로 오늘날 이 속 식물의 대부분이 여기에 속한다. 중국에서 약으로 사용되는 것은 약 20종이며 이 종의 주요 분포지역은 중국의 섬서, 감숙, 산서, 하남, 청해, 호북, 사천 등이다.

'음양곽'이란 중약명은 《신농본초경(神農本草經)》에 중품으로 처음 기재되었으며 중국의 고대부터 현재까지 사용되어 온 중약 음양곽은 이 속에 속한 식물이다. 《중국약전(中國藥典)》(2015년 판)에 수록된 이 종은 중약 음양곽의 법정기원식물 중 하나이다. 주요산지는 중국의 섬서, 산서, 하남, 광서 등이다. 《대한민국약전》(11개정판)에는 음양곽을 "매자나무과에 속하는 삼지구엽초(*Epimedium koreanum* Nakai), 음양곽(*Epimedium brevicornum* Maximowicz), 유모음양곽(柔毛淫羊藿, *Epimedium pubescens* Maximowicz), 무산음양곽(巫山淫羊藿, *Epimedium wushanense* T. S. Ying) 또는 전엽음양곽(箭葉淫羊藿, *Epimedium sagittatum* Maximowicz)의 지상부"로 등재하고 있다.

삼지구엽초속 식물의 주요 활성성분은 플라보노이드 화합물이며 리그난, 안트라퀴논, 알칼로이드, 다당류, 정유 등이 있다. 삼지구엽초속 식물에는 8-이소프렌플라보놀 및 배당체 화합물이 있다. 이 음양곽의 배당체 이카리인은 이 속 식물의 특징적인 성분이다. 《중국약전》에서는 고속액체크로마토그래피법을 이용하여 건조시료 중 이카리인의 함량을 0.50% 이상으로, 음편(飮片) 중의 그 성분의 함량을 0.40% 이상, 음양곽자(炙)의 경우 이카리인과 바오후오시드 I의 총 함량을 0.60% 이상으로 약재의 규격을 정하고 있다.

약리연구를 통하여 음양곽에는 성선기능(性腺機能) 촉진, 골 형성 촉진, 혈액학적 지표개선, 심근허혈(心筋虛血)에 대한 보호, 항종양, 면역조절, 항우울 등의 작용이 있는 것으로 알려져 있다.

한의학에서 음양곽은 보신장양(補腎壯陽), 강근건골(强筋健骨), 거풍습(祛風濕), 강심력(强心力) 등의 효능이 있다.

음양곽 淫羊藿 *Epimedium brevicornum* Maxim.

전엽음양곽 箭葉淫羊藿
E. sagittatum (Sieb. et Zucc.) Maxim.

유모음양곽 柔毛淫羊藿 *E. pubescens* Maxim.

삼지구엽초 朝鮮淫羊藿 *E. koreanum* Nakai

약재 음양곽 藥材淫羊藿 Epimedii Brevicorni Herba

1cm

icariin

icariside I

음양곽 淫羊藿 CP, KP, JP, VP

🔵 함유성분

지상부에는 플라보노이드 성분으로 icariin, epimedoside A, icarisides I, II, 2‴-O-rhamnosyl icariside II, sagittatoside B, ikarisosides A, C, F[1-2], wushanicariin, baohuoside VI, kaempferol-3,7-O-α-L-di-rhamnoside, hexandraside E[3], epimedins A, B, C, hyperoside, β-anhydroicaritin[4-6], breviflavone B[7] 등이 함유되어 있다.

🔵 약리작용

1. 성선기능 촉진

음양곽의 침출고는 하이드로코르티손에 의해 유발된 수컷 Rat의 성선 손상을 개선할 수 있고 테스토스테론의 분비량을 높이며 에스트라디올의 농도를 증가시킨다[8]. 음양곽 물 추출물의 분획물은 농도 의존적으로 페닐레프린 또는 전기자극을 가한 해면체 평활근에 대해 이완작용이 있음과 동시에 내성을 증가시킨다. 또한 L-아르가닌 및 Mouse의 해면체조직 중의 cGMP의 신생을 증가시킨다[9]. Mouse의 해면체 내에 음양곽 추출물을 주사하면 발기기능을 촉진할 수 있는데 연구를 통하여 장기적으로 이카리인을 투여한 Rat에서 발기기능장애를 개선하고 거세한 Rat의 음경해면체에서 일산화질소합성효소(NOS)와 관련된 mRNA와 단백질의 발현을 증가시킬 수 있다. 또 이카리인은 농도 의존적으로 집토끼의 음경해면체 평활근의 NOS의 활성을 증강시킴과 동시에 일산화질소의 신생을 증가시킨다[10-12]. 음양곽의 폴리페놀 추출물 중 비극성 부위, 음양곽 70% 에탄올 추출물 및 브레비플라본 B 화합물에는 에스트로겐 유사작용이 있다[7, 13-14].

2. 골 형성 촉진

음양곽의 플라보노이드, 에탄올 추출물, 부탄올 추출물, 이카리인 화합물, 이카리시드 I, II 및 에피메딘 B, C는 in vitro에서 배양된 골질세포에 대하여 증식 촉진과 분화작용이 있으며 동시에 파골세포(破骨細胞)의 수치와 파골세포의 흡수효능을 감소시킨다[15-18]. 음양곽의 플라보노이드는 난소를 절제한 Mouse의 골세포 흡수를 억제하고 골세포의 생장을 촉진한다[19]. 연구를 통해 음양곽의 플라보노이드가 성선을 보호하는 기전은 골 흡수와 골세포의 인터루킨-6 및 종양괴사인자-α(TNF-α)의 mRNA의 발현을 억제함으로써 발현되는 것으로 유추할 수 있으며 골 형성과 형질전환생장인자-β₁(TGF-β₁)의 mRNA 합성을 촉진함으로써 골다공증을 예방하는 것으로 생각된다[20-22].

3. 심혈관계에 대한 영향

음양곽 추출물은 마취된 개의 외주혈관 저항력과 좌심실이완 말기압력을 낮출 수 있고 관상동맥 혈류량, 심출 혈류량, 맥박 수출량 등을 증가시킬 수 있다[23]. 또 적출된 심장에 대해 피투이트린 및 관상동맥 결찰로 유발된 심근허혈에 대해 보호작용이 있으며[24-25] 동시에 음양곽의 물 추출물은 칼슘에 대한 항활성작용이 있다[26]. 이카리인은 노르에피네프린, 염화칼륨, 염화칼슘으로 인해 수축된 토끼 대동맥의 용량곡선에 대하여 비경쟁적 길항작용이 있다. 노르에피네프린으로 유도된 토끼의 대동맥의 세포 외 칼슘에 의존하는 수축반응을 뚜렷하게 억제한다[27]. 동시에 산소결핍으로 인한 혈관내피세포 및 뉴런의 손상에 대해 보호작용이 있는데 이에 대한 작용기전은 항지질과산화물(anti-LPO) 생성, 슈퍼옥시드디스무타아제 활성증가 및 항세포 괴사유발 등과 관련된 것으로 생각된다[28-29].

4. 항종류

이카리인은 in vitro에서 급성 골수성 백혈병세포의 괴사를 유도하는데 그 작용기전은 텔로메라제의 활성억제 및 bcl-2, c-Myc 유전자의 mRNA 합성과 단백질의 발현을 저해하는 것과 관련된다[30-33]. 또 고전이성 폐암세포막의 유동성을 제고할 수 있고 막 표면의 HLA-ABC 항원의 발현을 증가시키며 종양세포의 항원성을 증가시킨다[34].

5. 면역조절

음양곽의 플라보노이드는 정상적인 Mouse의 단핵대식세포의 탐식능력을 뚜렷하게 증가시키고 혈청 용혈효소의 항체생성 수준을 제고하며 시클로포스파미드(Cy)로 유발된 Mouse 단핵대식세포의 탐식능력을 현저하게 길항한다. 또한 혈청 용혈효소의 항체생성 수준과 지발성과민반응(DTH)의 강도를 낮출 수 있다. 그 밖에 과민반응이 시작되기 전에 Cy로 유발된 DTH의 증강을 억제할 수 있는데 이러한 면역조절작용은 T_H/T_S 비율을 조절하는 작용과 관련이 있다[35]. 이카리인의 농도 의존성은 식물성혈구응집소로 유발된 편도선단핵세포가 생성하는 인터루킨-2, 3, 6 등과 관련된다. 또한 편도선단핵세포의 자연살상세포(NK-cell), 임파인자활성화살상세포(LAK-cell)의 세포살상활성 등을 제고할 수 있다. 기전연구를 통하여 이카리인은 Mouse 비장임파세포의 인터루킨-3 mRNA 및 인터루킨-6 mRNA의 발현을 촉진시킬 수 있음이 밝혀졌다[36-37].

6. 기타

음양곽 추출물 및 이카리인에는 항우울작용이 있다[38-39]. 음양곽의 플라보노이드에는 항암작용이 있으며[40] 이카리인은 활성산소로 인한 Rat의 뇌 손상에 대해 보호작용이 있다[41].

🔵 용도

음양곽은 중의임상에서 사용하는 약이다. 온신장양(溫腎壯陽, 신장을 따뜻하게 하고 양기를 보충해 주는 효능), 강근골(强筋骨, 근육과 뼈를 강하고 튼튼하게 함), 거풍습(祛風濕, 풍습이 겹친 것으로 관절이 아프고, 만지면 통증이 심해지는 것) 등의 효능이 있으며, 신허양위(腎虛陽痿, 발기부전), 불임 및 소변빈삭(小便頻數, 배뇨 횟수가 잦은 것), 간신부족[肝腎不足, 간신음허(肝腎陰虛)와 같은 뜻으로 간과 신장의 음혈이 부족하여 허약함]으로 인한 근골비통(筋骨痺痛, 근육과 뼈가 저리고 아픔), 풍습구련마비(風濕拘攣癱瘓, 풍습으로 손발이 굳어서 마음대로 쓰지 못하는 증상) 등의 치료에 사용한다.

현대임상에서는 관심병(冠心病, 관상동맥경화증), 신경쇠약, 만성 기관지염, 바이러스성 심근염, 백혈구 감소증, 부인의 갱년기 증상 및 고혈압 등에 사용한다.

 ## 해 설

《중국약전》에서는 음양곽 외에 조선음양곽(朝鮮淫羊藿, *Epimedium koreanum* Nakai), 전엽음양곽(箭葉淫羊藿, *E. sagittatum* (Sieb. et Zucc.) Maxim.), 유모음양곽(柔毛淫羊藿, *E. pubescens* Maxim.), 무산음양곽(巫山淫羊藿, *E. wushanense* T. S. Ying) 등 4종의 동속식물을 수록하고 있는데 이들 모두가 중약 음양곽의 법정기원식물이다. 5종 음양곽의 주요성분은 비교적 일치하지만 서로 다른 종의 식물에 함유된 성분의 종류 및 함량의 차이는 비교적 크다[42-43]. 《중국약전》에서는 플라보노이드와 이카리인의 함량을 품질평가의 표준으로 보고 있다.

음양곽 중에는 이카리인 외에 에피메딘 B, C 등이 함유되어 있는데 이들 성분은 이카리인에 비하여 수용성이 높으며 함량도 비교적 높을 뿐만 아니라 음양곽의 다당과 유사한 면역자극 유사작용이 있어 이에 대한 추가적인 연구를 진행할 필요가 있다. 중국은 전 세계 음양곽속 약용식물의 분포 중심지로 자원 확보가 유리한 점이 있다. 따라서 현대적 약리연구와 전통 의학적 경험을 융합하여 발전된 연구개발을 수행할 수 있을 것이다.

 ## 참고문헌

1. 徐綏緒, 王志學, 吳立軍, 王乃利, 陳英傑. 淫羊藿苷及Epimedoside A的分離與鑒定. 中草藥. 1982, **13**(5): 9-11

2. 郭寶林, 余競光, 肖培根. 淫羊藿化學成分的研究. 中國中藥雜誌. 1996, **21**(5): 290-292

3. 閻文玫, 符穎, 馬艷, 李嚴巍, 張學著, 辛峰. 心葉淫羊藿黃酮類化學成分研究. 中國中藥雜誌. 1998, **23**(12): 735-736

4. BL Guo, WK Li, JG Yu and PG Xiao. Brevicornin, a flavonol from *Epimedium Brevicornum. Phytochemistry.* 1996, **41**(3): 991-992

5. 王明權, 彭昕, 甘祺鋒. 心葉淫羊藿的化學成分研究. 2005, **19**(2): 39-42

6. 李遇伯, 孟繁浩, 鹿秀梅, 李發美. 淫羊藿化學成分的研究. 中國中藥雜誌. 2005, **30**(8): 586-588

7. SP Yan, P Shen, MS Butler, Y Gong, CJ Loy, EL Yong. New estrogenic prenylflavone from *Epimedium brevicornum* inhibits the growth of breast cancer cells. *Planta Medica.* 2005, **71**(2): 114-119

8. 許青媛. 淫羊藿對大鼠性腺功能的影響. 中藥藥理與臨床. 1996, **2**: 22-24

9. JH Chiu, KK Chen, TM Chien, WF Chiou, CC Chen, JY Wang, WY Lui, CW Wu. *Epimedium brevicornum* Maxim extract relaxes rabbit corpus cavernosum through multitargets on nitric oxide/cyclic guanosine monophosphate signaling pathway. *International Journal of Impotence Research:Official Journal of the International Society for Impotence Research.* 200[6]

10. KK Chen, JH Chiu. Effect of *Epimedium brevicornum* Maxim extract on elicitation of penile erection in the rat. *Urology.* 2006, **67**(3): 631-635

11. 劉武江, 辛鍾成, 付傑, 辛華, 袁亦銘, 田龍, 楊新宇, 郭應祿. 淫羊藿苷對去勢大鼠陰莖海綿體一氧化氮合酶亞型mRNA和蛋白表達的影響. 中國藥理學通報. 2003, **19**(6): 645-649

12. 楊春, 辛鍾成, 付傑, 袁亦銘, 丁儀, 辛華, 汪澤厚. 淫羊藿苷對兔陰蒂海綿體平滑肌細胞NO及NOS活性的影響. 中國男科學雜誌. 2005, **19**(1): 6-10

13. A De Naeyer, V Pocock, S Milligan, D De Keukeleire. Estrogenic activity of a polyphenolic extract of the leaves of *Epimedium brevicornum. Fitoterapia.* 2005, **76**(1): 35-40

14. CZ Zhang, SX Wang, Y Zhang, JP Chen, XM Liang. *In vitro* estrogenic activities of Chinese medicinal plants traditionally used for the management of menopausal symptoms. *Journal of Ethnopharmacology.* 2005, **98**(3): 295-300

15. 劉思金, 賈桂英, 薛延, 王芋, 劉亞軍, 勞爲德. 淫羊藿總黃酮對體外培養的人成骨樣細胞增殖和骨形成功能的影響. 中國新藥雜誌. 2003, **12**(6): 432-435

16. 張秀珍, 韓峻峰, 楊黎娟, 錢國鋒. 淫羊藿總黃酮對體外培養骨細胞功能的影響. 中國新藥與臨床雜誌. 2004, **23**(9): 602-605

17. FH Meng, YB Li, ZL Xiong, ZM Jiang, FM Li. Osteoblastic proliferative activity of *Epimedium brevicornum* Maxim. *Phytomedicine.* 2005, **12**(3): 189-193

18. 蔡曼玲, 季暉, 李萍, 王明權. 5種淫羊藿黃酮類成分對體外培養成骨細胞的影響. 中國天然藥物. 2004, **2**(4): 235-238

19. G Zhang, L Qin, WY Hung, YY Shi, PC Leung, HY Yeung, KS Leung. Flavonoids derived from herbal *Epimedium brevicornum* Maxim prevent OVX-induced osteoporosis in rats independent of its enhancement in intestinal calcium absorption. *Bone.* 200[6]

20. 馬慧萍, 賈正平, 葛欣, 何曉英, 陳克明, 白孟海. 淫羊藿總黃酮抗大鼠實驗性骨質疏鬆作用研究. 華西藥學雜誌. 2002, **17**(3): 163-167

21. 陳虹, 張秀珍. 淫羊藿苷對大鼠成骨細胞分泌細胞因子的影響. 同濟大學學報(醫學版). 2005, **26**(2): 5-7, 16

22. 馬慧萍, 賈正平, 白孟海, 葛欣, 何曉英, 陳克明. 淫羊藿總黃酮對大鼠實驗性骨質疏鬆生化學指標的影響. 中國藥理學通報. 2003, **19**(2): 187-190

23. 岳攀, 王秋娟, 胡哲一, 孔令義. 淫羊藿提取物對犬血流動力學的影響. 中國天然藥物. 2004, **2**(3): 184-188

24. 郭英, 謝建平, 曾博程, 莫正紀. 淫羊藿提取物對大鼠急性心肌缺血的影響. 華西藥學雜誌. 2005, **20**(1): 44-45

25. 黃秀蘭, 張雪靜, 王偉, 周亞偉. 淫羊藿總黃酮注射液對垂體後葉素致大鼠心肌缺血的影響. 中華中醫藥雜誌. 2005, **20**(9): 533-534

26. 王少峽, 房蓓, 張志國. 淫羊藿提取物對大鼠胸主動脈Ca²⁺內流量的影響. 天津中醫學院學報. 2003, **22**(2): 16-18

27. 關利新, 衣欣, 楊履艷, 呂怡芳. 淫羊藿苷擴血管作用機制的研究. 中國藥學通報. 1996, **12**(4): 320-322

28. 吉瑞瑞, 李付英, 張雪靜, 段重高, 周亞偉. 淫羊藿苷對缺氧誘導血管內皮細胞損傷的保護作用. 中國中西醫結合雜誌. 2005, **25**(6): 525-530

29. 李梨, 吳芹, 蔣青松, 周歧新, 石京山. 淫羊藿苷對原代培養神經元缺氧缺糖損傷的保護作用. 中國腦血管病雜誌. 2004, **1**(8): 359-361

30. 趙勇, 張玲, 崔正言, 李淑貞. 淫羊藿苷對HL-60細胞增殖與分化的影響. 中國藥學通報. 1996, **12**(1): 52-54

31. 李貴新, 張玲, 王薈, 毛海婷, 崔正言, 李曉冰. 淫羊藿苷誘導腫瘤細胞凋亡及其機制的研究. 中國腫瘤生物治療雜誌. 1999, **6**(2): 131-135

32. 葛林阜, 董政軍, 姜國勝, 黃寧, 唐天華, 王魯群, 馬煥文, 孔凡盛, 周芳, 郭鵬. 淫羊藿苷對急性早幼粒白血病細胞端粒酶活性的影響. 2002, **9**(1): 36-38

33. 張玲, 王薈, 毛海婷, 溫培娥, 崔樹齡, 李曉冰. 淫羊藿苷抑制腫瘤細胞端粒酶活性及其調節機制的研究. 中國免疫學雜誌. 2002, **18**(3): 191-194, 196

34. 毛海婷, 張玲, 王薈, 溫培娥, 崔樹齡. 淫羊藿苷對人高轉移肺癌細胞膜的影響. 中藥材. 1999, **22**(1): 35-36

35. 張逸凡, 于慶海. 淫羊藿總黃酮的免疫調節作用. 瀋陽藥科大學學報. 1999, **16**(3): 182-184

36. 趙勇, 張玲, 王薈, 毛海婷, 崔正言. 淫羊藿苷的體外免疫調節作用研究. 中草藥. 1996, **27**(11): 669-672

37. 曹穎瑛, 鄭欽岳, 張國慶, 曹尉尉. 淫羊藿苷促進小鼠脾細胞IL-3 mRNA及IL-6 mRNA的表達. 第二軍醫大學學報. 1998, **19**(2): 199-200

38. 鍾海波, 潘穎, 孔令東. 淫羊藿提取物抗抑鬱作用研究. 中草藥. 2005, **36**(10): 1506-1510

39. Y Pan, L Kong, X Xia, W Zhang, Z Xia, F Jiang. Antidepressant-like effect of icariin and its possible mechanism in mice. *Pharmacology, Biochemistry, and Behavior*. 2005, **82**(4): 686-694

40. 張逸凡, 于慶海. 淫羊藿總黃酮的抗炎作用. 瀋陽藥科大學學報. 1999, **16**(2): 122-124, 133

41. 李梨, 吳芹, 周歧新, 石京山. 淫羊藿苷對氧自由基所緻大鼠腦緻粒體損傷的保護作用. 中國藥理學與毒理學雜誌. 2005, **19**(5): 333-337

42. 郭寶林, 蕭培根. 淫羊藿屬藥用植物的質量評價和資源開發前景. 天然產物研究與開發. 1996, **8**(1): 74-78

43. 郭寶林, 王春蘭, 陳建民, 蕭培根. 藥典內5種淫羊藿中黃酮類成分的反相高效液相色譜分析. 藥學學報. 1996, **31**(4): 292-295

비파나무 枇杷 ^{CP, KP, JP}

Eriobotrya japonica (Thunb.) Lindl.

Loquat

 개요

장미과(Rosaceae)

비파나무(枇杷, *Eriobotrya japonica* (Thunb.) Lindl.)의 잎을 건조한 것

중약명: 비파엽(枇杷葉)

비파나무속(*Eriobotrya*) 식물은 전 세계에 약 30종이 있으며 아시아의 온대 및 열대 지역에 분포한다. 중국산은 약 13종이 있는데 이 속에서 약으로 사용되고 있는 것은 1종이다. 이 종의 주요 분포지역은 중국의 감숙, 섬서, 하남, 강소, 절강, 안휘, 강서, 복건, 대만, 광동, 광서, 사천, 운남 등이다. 중국 각지에서 광범위하게 재배하고 있으며 사천과 호북에 야생하는 종이 있다. 일본, 인도, 베트남, 미얀마, 태국, 인도네시아 등의 국가에서도 재배되고 있다.

'비파엽'이란 약명은 《명의별록(名醫別錄)》에 중품으로 처음 기재되었으며, 역대 본초서적에도 많이 기록되었고 현대의 약용품종도 일치한다. 《중국약전(中國藥典)》(2015년 판)에 수록된 이 종은 중약 비파엽의 법정기원식물이다. 주요산지는 중국의 광동, 광서, 강소, 절강 등이다. 강소의 것이 생산량이 가장 많은데 소파엽(蘇杷葉)이라고도 부르며 광동의 것이 품질이 가장 좋은데 광파엽(廣杷葉)이라고 부른다. 《대한민국약전》(11개정판)에는 비파엽을 "비파나무(*Eriobotrya japonica* Lindley, 장미과)의 잎"으로 등재하고 있다.

비파나무의 주요 활성성분은 트리테르페노이드 및 세스퀴테르페노이드 화합물이다. 《중국약전》에서는 고속액체크로마토그래피법을 이용하여 건조시료 중 올레아놀산과 우르솔산의 총 함량을 0.70% 이상으로 약재의 규격을 정하고 있다.

약리연구를 통하여 비파엽에는 진해(鎭咳), 거담(祛痰), 항염 등의 작용이 있는 것으로 알려져 있다.

한의학에서 비파엽은 청폐지해(淸肺止咳), 강역지구(降逆止嘔) 등의 효능이 있다.

비파나무 枇杷 *Eriobotrya japonica* (Thunb.) Lindl. 열매가 달린 가지 果枝

비파나무 枇杷 CP, KP, JP

비파나무 枇杷 *E. japonica* (Thunb.) Lindl.
꽃이 달린 가지 花枝

약재 비파엽 藥材枇杷葉 Eriobotryae Folium

1cm

함유성분

신선한 잎에는 0.045~0.108% 정유성분인 nerolidol, farnesol[1] 이 함유되어 있다.

잎에는 트리테르페노이드 성분으로 ursolic acid, maslinic acid, methyl maslinate, euscaphic acid[2], 2α-hydroxyursolic acid[3], 23-trans-p-coumaroyltormentic acid, 23-cis-p-coumaroyltormentic acid, 3-O-trans-caffeoyltormentic acid, 3-O-trans-p-coumaroylrotundic acid[4], 3-O-trans-feruloyl euscaphic acid[5], 3α-trans-feruloyloxy-2α-hydroxyurs-12-en-28-oic acid[6], 세스퀴테르페노이드 배당체인 nerolidol-3-O-α-L-rhamnopyranosyl(1→2)-β-D-glucopyranoside, nerolidol-3-O-α-L-rhamnopyranosyl(1→4)-α-L-rhamnopyranosyl(1→2)-b-D-glucopyranoside[7], flavonoids, (2S),(2R)-naringenin 8-C-α-L-rhamnopyranosyl-(1→2)-β-D-glucopyranosides, cinchonain-Id-7-O-β-D-glucopyranosides[8] 등이 함유되어 있다.

또한 잎과 씨에는 amygdalin[9-10]이 함유되어 있다.

euscaphic acid

amygdalin

약리작용

1. 평천(平喘), 진해, 거담

비파엽 중에 함유된 아미그달린은 체내에서 대사되어 미량의 청산으로 변화되어 평천과 진해작용을 나타낸다[10]. 비파엽의 디클로로메탄과 에칠아세테이트 추출물을 위에 주입하면 이산화황가스로 유발된 Mouse의 해수(咳嗽)잠복기를 뚜렷하게 연장시킬 수 있다. 분리된 에리오보트로시드 I과 우르솔산, 트리테르페노이드산 및 비파엽의 에탄올 추출물의 부탄올 침출부위를 위에 주입하면 구연산의 분무로 유발된 기니피그의 해수잠복기를 뚜렷하게 연장시키며 해수의 횟수를 감소시킨다[11-12]. 비파엽의 열수 추출물을

Mouse에게 사용하면 기침을 멈추게 하는 작용과 거담작용이 뚜렷하게 나타나며 위에 주입하면 그 효과가 복강주사보다 우수하다[13].

2. 항염

비파엽의 디클로로메탄과 에칠아세테이트 추출물 및 에탄올 추출물의 부탄올 침출물을 위에 주입하면 디메칠벤젠으로 유발된 Mouse의 귓바퀴 종창에 대해 뚜렷한 억제작용이 있다[11-12]. 비파엽의 추출물을 위에 주입하면 애주번트관절염(AA)을 경감시키고 Rat의 원발성 및 속발성 발바닥 종창을 경감시키며 다발성 관절염의 체적을 감소시킬 수 있다. In vitro에서 AA를 증가시키며 콘카나발린 A 및 지질다당(LPS)으로 유발된 Rat의 비장임파세포 증식반응을 경감시키며 비장임파세포에서 인터루킨-2의 분비를 억제함과 동시에 복강대식세포 인터루킨-1의 과도한 생성을 억제할 수 있다[14].

3. 강혈당

비파엽 메탄올 추출물의 세스퀴테르펜 배당체와 폴리하이드록실레이트 트리테르페노이드는 유전성 당뇨에 걸린 Mouse의 혈당을 뚜렷하게 낮출 수 있고 폴리하이드록실레이트 트리테르페노이드는 정상적인 Rat의 혈당도 낮출 수 있다[15].

4. 간 기능 개선

비파나무 씨의 70% 에탄올과 메탄올 추출물을 경구투여하면 디메칠니트로사민으로 유발된 Rat의 혈액 중의 아스파트산아미노기전달효소(AST), 알라닌아미노기전이효소(ALT) 및 간 중의 하이드록시프롤린의 농도를 저하시키고 간 중의 비타민 A의 농도를 높여주며 간의 섬유화 진전을 억제하는 작용을 나타낸다[16].

5. 항종양

비파엽에 함유된 트리테르페노이드 화합물은 12-O-tetradecanoylphorbol-13-acetate(TPA)로 유도된 엡스타인바바이러스(EBV)의 초기에 항원활성을 억제할 수 있으며 그중 유카픽산은 체내의 7,12-디메칠벤즈안트라센(DMBA)과 TPA로 유발된 Mouse 암종의 진행을 억제할 수 있다[17].

6. 기타

비파나무 씨의 70% 에탄올 추출물을 Rat에게 투여하면 항암약물인 아드리아마이신으로 유발된 신장병 등 부작용을 경감시킬 수 있다[9]. 비파엽의 에탄올 추출물과 물 추출물은 손상된 신장과 신장쇠약으로 인한 신장기능을 개선할 수 있으며 물 추출물은 글리세롤에 의해 유발된 신장쇠약에 대해 보호작용이 있다[18].

용도

비파엽은 중의임상에서 사용하는 약이다. 청폐화담지해(淸肺化痰止咳, 폐를 깨끗이 하여 가래를 삭이고 기침을 멎게 함), 강역지구(降逆止嘔, 기가 치솟은 것을 내리고 구토를 멈추게 함) 등의 효능이 있으며, 폐열해수(肺熱咳嗽, 폐열로 기침할 때 쉰 소리가 나고 가래도 나오는 증상), 위열구토[胃熱嘔吐, 위(胃)에 사열(邪熱)이 있어 토하는 증], 헛구역질, 열병으로 인한 구갈(口渴) 및 소갈(消渴) 등의 치료에 사용한다. 현대임상에서는 백일해, 만성 기관지염, 만성 신염, 방광염, 요도염, 여드름 등에 사용한다.

해설

비파나무의 전초는 광범위하게 사용된다. 비파나무의 신선한 열매는 우수한 열매자원이다. 열매에는 풍부한 단백질, 지방, 비타민 C, 칼슘, 마그네슘, 철 등의 성분이 함유되어 있기 때문에 영양적 가치가 매우 높다. 비파나무의 열매는 생것으로도 먹을 수 있고 통조림으로도 만들 수 있으며 과일즙과 잼으로 만들 수도 있다. 비파나무 열매의 씨도 약으로 사용할 수 있는데 가래를 풀고 기침을 멈추게 하며 간을 소통시키고 기를 움직이게 하며 이뇨작용을 통하여 부은 것을 가라앉히는 작용이 있다. 또한 비파나무의 마른 목재는 세밀하고도 조직이 치밀하여 조각에 사용된다. 비파나무의 꽃은 진귀한 꿀 자원으로 '비파꿀'은 고급 자양품이다. 비파는 아시아, 유럽, 아프리카, 호주 등 많은 국가에 전파되었다.

참고문헌

1. R Suemitsu, S Fujita, T Iguchi. Determination of components of essential oil of *Eriobotrya japonica*. *Shoyakugaku Zasshi*. 1973, **27**(1): 7-11

2. M Shimizu, H Fukumura, H Tsuji, S Tanaami, T Hayashi, N Morita. Anti-inflammatory constituents of topically applied crude drugs. I. Constituents and anti-inflammatory effect of *Eriobotrya japonica* Lindl. *Chemical & Pharmaceutical Bulletin*. 1986, **34**(6): 2614-2617

3. ZZ Liang, R Aquino, V De Feo, F De Simone, C Pizza. Polyhydroxylated triterpenes from *Eriobotrya japonica*. *Planta Medica*. 1990, **56**(3): 330-332

4. N De Tommasi, F De Simone, C Pizza, N Mahmood, PS Moore, C Conti, N Orsi, ML Stein. Constituents of *Eriobotrya japonica*. A study of their antiviral properties. *Journal of Natural Products*. 1992, **55**(8): 1067-1073

5. M Shimizu, N Eumitsu, M Shirota, K Matsumoto, Y Tezuka. A new triterpene ester from *Eriobotrya japonica*. *Chemical & Pharmaceutical Bulletin*. 1996, **44**(11): 2181-2182

6. H Ito, E Kobayashi, SH Li, T Hatano, D Sugita, N Kubo, S Shimura, Y Itoh, T Yoshida. Megastigmane glycosides and an acylated triterpenoid from *Eriobotrya japonica*. *Journal of Natural Products*. 2001, **64**(6): 737-740

비파나무 枇杷 CP, KP, JP

7. N De Tommasi, F De Simone, R Aquino, C Pizza, ZZ Liang. Plant metabolites. New sesquiterpene glycosides from *Eriobotrya japonica*. *Journal of Natural Products*. 1990, **53**(4): 810-815

8. H Ito, E Kobayashi, Y Takamatsu, SH Li, T Hatano, H Sakagami, K Kusama, K Satoh, D Sugita, S Shimura, Y Itoh, T Yoshida. Polyphenols from *Eriobotrya japonica* and their cytotoxicity against human oral tumor cell lines. *Chemical* & *Pharmaceutical Bulletin*. 2000, **48**(5): 687-693

9. A Hamada, S Yoshioka, D Takuma, J Yokota, T Cui, M Kusunose, M Miyamura, S Kyotani, Y Nishioka. The effect of *Eriobotrya japonica* seed extract on oxidative stress in adriamycin-induced nephropathy in rats. *Biological* & *Pharmaceutical Bulletin*. 2004, **27**(12): 1961-1964

10. 莊永峰. 高效液相色譜法測定枇杷葉中苦杏仁苷含量. 海峽藥學. 2002, **14**(5): 64-65

11. 王立爲, 劉新民, 余世春, 蕭培根, 楊峻山. 枇杷葉抗炎和止咳作用研究. 中草藥. 2004, **35**(2): 174-175

12. 鞠建華, 周亮, 林耕, 劉東, 王立爲, 楊峻山. 枇杷葉中三萜酸類成分及其抗炎, 鎮咳活性研究. 中國藥學雜誌. 2003, **38**(10): 752-757

13. 錢萍萍, 田菊雯. 枇杷葉對小鼠的止咳, 祛痰作用. 現代中西醫結合雜誌. 2004, **13**(5): 580, 663

14. 葛金芳, 李俊, 姚宏偉, 金湧, 高暑, 胡成穆, 張磊. 枇杷葉提取物對佐劑性關節炎的作用及部分機制研究. 中國藥理通訊. 2003, **20**(3): 48

15. N De Tommasi, F De Simone, G Cirino, C Cicala, C Pizza. Hypoglycemic effects of sesquiterpene glycosides and polyhydroxylated triterpenoids of *Eriobotrya japonica*. *Planta Medica*. 1991, **57**(5): 414-416

16. Y Nishioka, S Yoshioka, M Kusunose, T Cui, A Hamada, M Ono, M Miyamura, S Kyotani. Effect of extract derived from *Eriobotrya japonica* on liver function improvement in rats. *Biological* & *Pharmaceutical Bulletin*. 2002, **25**(8): 1053-1057

17. N Banno, T Akihisa, H Tokuda, K Yasukawa, Y Taguchi, H Akazawa, M Ukiya, Y Kimura, T Suzuki, H Nishino. Anti-inflammatory and antitumor-promoting effects of the triterpene acids from the leaves of *Eriobotrya japonica*. *Biological* & *Pharmaceutical Bulletin*. 2005, **28**(10): 1995-1999

18. GA El-Hossary, MM Fathy, HA Kassem, ZA Kandil, HAA El-Latif, GG Shehabb. Cytotoxic trierpenes from the leaves of *Eriobotrya japonica* L. growing in Egypt and the effect of the leaves on renal failure. *Bulletin of the Faculty of Pharmacy*. 2000, **38**(1): 87-97

두충 杜仲

Eucommia ulmoides Oliv.

Eucommia

 개요

두충과(Eucommiaceae)

두충(杜仲, *Eucommia ulmoides* Oliv.)의 나무껍질을 건조한 것 　　　중약명: 두충

두충나무의 잎 　　　중약명: 두충엽(杜仲葉)

두충속(Eucommia) 식물은 전 세계에 오직 1종이 있는데 중국의 고유종이며 중국의 화중, 화서, 서남 및 서북 각지에 분포한다.
'두충'이란 약명은 《신농본초경(神農本草經)》에 상품으로 처음 기재되었으며 역대 본초서적에 많이 수록되어 있다. 《중국약전(中國藥典)》(2015년 판)에 수록된 이 종은 중약 두충의 법정기원식물이다. 주요산지는 중국의 사천, 귀주, 호북 등이며 운남, 강서, 호남 등지에서도 나는 것이 있다. 귀주와 사천의 생산량이 가장 많고 품질도 뛰어나다. 《대한민국약전》(11개정판)에는 두충을 "두충(*Eucommia ulmoides* Oliver, 두충과)의 줄기껍질로서 주피를 제거한 것"으로, 《대한민국약전외한약(생약)규격집》(제4개정판)에는 두충엽을 같은 식물의 잎으로 등재하고 있다.

두충나무의 껍질에는 리그난, 페닐프로파노이드, 이리도이드, 두충교 등의 성분이 있다. 《중국약전》에서는 고속액체크로마토그래피법을 이용하여 두충 중의 피노레시놀디글루코피라노시드(pinoresinol-di-O-β-D-glucopyranoside)의 함량을 0.10% 이상으로, 두충엽 중의 클로로겐산 함유량을 최소 0.080% 이상으로 약재의 규격을 정하고 있다.

약리연구를 통하여 두충에는 골대사 조절, 항노화, 면역조절, 혈압강하 등의 작용이 있는 것으로 알려져 있다.

한의학에서 두충은 보간신(補肝腎), 강근골(強筋骨), 안태(安胎)의 효능이 있다.

두충 杜仲 *Eucommia ulmoides* Oliv.

약재 두충 藥材杜仲
Eucommiae Cortex

1cm

1cm

두충 杜仲

함유성분

나무껍질에는 다량의 리그난류 성분으로 pinoresinol-di-β-D-glucoside, (+)-pinoresinol, (+)-epipinoresinol, syringaresinol, syringaresinol-diglucoside, (+)-syringaresinol-O-β-D-glucopyranoside, (+)-pinoresinol-O-β-D-glucopyranoside, (+)-1-hydroxypinoresinol-4′,4″-di-O-β-D-glucopyranoside, (+)-1-hydroxypinoresinol-4″-O-β-D-glucopyranoside, (+)-1-hydroxypinoresinol-4′-O-β-D-glucopyranoside, (+)-medioresinol, (+)-medioresinol-di-O-β-D-glucopyranoside, (+)-1-hydroxypinoresinol, hedyotol C-4″,4‴-di-O-β-D-glucopyranoside, syringylglycerol-β-syringaresinol ether-4″,4‴-di-O-β-D-glucopyranoside, (+)-olivil, (-)-olivil-4′,4″-di-O-β-D-glucopyranoside, (-)-olivil-4′-O-β-D-glucopyranoside, (-)-olivil-4″-O-β-D-glucopyranoside, (+)-cyclo-olivil[11]이 함유되어 있으며, 이리도이드 성분으로 aucubin, geniposide, geniposidic acid, genipin, eucommiol, eucommioside[2], 다당류 성분으로 eucommans A, B[3-4], 펩타이드 성분으로 eucommia antifungal protein 1, 2[5-6] 등이 함유되어 있다.

또한 guttapercha[7] 성분이 함유되어 있다.

잎에는 리그난류 성분으로 pinoresinol-di-β-D-glucoside, syringaresinol-diglucoside, (+)-olivil, geniposidic acid methyl ester[8], 이리도이드 성분으로 aucubin, geniposidic acid, eucommiol, ajugoside, harpagide acetate, reptoside, 1-deoxyeucommiol, ulmoidosides A, B, C, D[2], 플라보노이드 성분으로 quercetin, kaempferol, astragalin, hirsutin, rutin[8], 페닐프로파노이드 성분으로 ursolic acid, p-coumaric acid, caffeic acid ethylester, chlorogenic acid, coniferin[9], 정유성분으로 2-hexenal, 1H-imidazole-2-methanol, 2-furanmethanol, hexadecanoic acid[10] 등이 함유되어 있다. 또한 guttapercha[7], loliolide[11] 성분 등이 함유되어 있다.

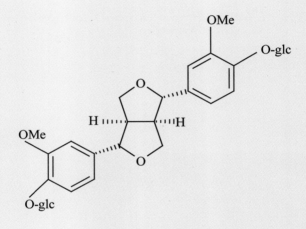

pinoresinol-di-O-β-D-glucopyranoside

약리작용

1. **골절유합 촉진, 골질유실 저해**

   두충의 열수 추출물을 위에 주입하면 수술로 유발된 일본 큰귀흰토끼의 경골중하단 1/3 경계의 골절 및 골 손상에 대해서 골밀도(BMD)의 침적을 촉진하고 창상성 골절의 유합을 촉진한다[12]. 두충엽의 추출물을 위에 주입하면 당뇨에 걸린 Rat와 당뇨와 거세가 병행된 Rat의 대퇴골 선밀도(BWD) 및 BMD를 제고할 수 있으며 혈청 에스트라디올의 농도를 높일 수 있다. 또한 에스트로겐 유사작용도 가지고 있다[13-14]. 두충엽은 in vitro에서 배양한 조골세포의 증식과 배양기 중의 알칼리포스타파제(ALP)의 분비에 대해 뚜렷한 촉진작용이 있다. 두충엽의 비극성 추출물을 위에 주입하면 골다공증에 걸린 Rat의 골밀도를 증가시키고 뼈의 파손을 감소시키며 뼈의 안정을 유도한다[15].

2. **항노화**

   D-갈락토오스로 인해 쇠약해진 Mouse에게 두충을 달인 약액을 복용시킨 후에 광전현미경으로 고환을 관찰하면 두충을 달인 약액이 정자의 생성과정을 활성화하고 정자세포의 생성을 증가시키는 것을 알 수 있다[16]. 또한 뇌와 간 조직 중에 슈퍼옥시드디스무타아제, 일산화질소합성효소(NOS)와 글루타치온과산화효소(GSH-Px)의 함량을 증가시킨다[17].

3. **면역조절**

   두충 물 추출물의 알코올 침출액을 위에 주입하면 정상적인 Mouse의 비특이성 면역과 특이성 체액면역을 억제할 수 있다. 하이드로코르티손으로 유발된 Mouse에 대해서도 면역억제작용이 있다. 두충은 뇌하수체-부신계통을 자극할 수 있고 특이성 체액면역을 억제하는 효과가 있다[18]. 두충의 다당류는 망상내피세포를 흥분시킬 수 있고 인체 비특이성 면역기능을 증가시킬 수 있다. 두충의 리그난과 이리도이드 성분에는 또한 항보체결합 활성이 있다[19]. 두충엽의 에탄올 추출물을 복강에 주사하면 콘카나발린 A의 자극으로 인한 Mouse 비장세포의 증식반응 및 복강대식세포의 탐식작용을 뚜렷하게 증강시킬 수 있다[20].

4. 적응작용

두충을 달인 약액을 위에 주입하면 Mouse의 유영시간을 연장할 수 있다. −3℃의 저온환경 및 산소결핍 조건에서의 생존시간을 연장할 수 있다. 또 외부자극에 대한 내성을 증강시킬 수 있다[21].

5. 혈압강하작용

두충의 물 추출물을 위에 주입하면 신장동맥 결찰법에 의해 고혈압에 걸린 Rat의 혈압을 뚜렷하게 낮출 수 있다[22]. 두충의 리그난, 이리도이드, 지질다당(LPS), 아우쿠빈, 클로로겐산 등에도 각기 다른 정도의 혈압강하효과가 있다[23]. 또한 두충의 껍질 중에는 미량원소 아연과 칼슘이 비교적 많이 함유되어 있기 때문에 혈압강하작용이 있다고 보고한 연구결과도 있다[24]. 두충엽의 침고(浸膏)를 정맥에 주사하면 마취된 고양이에 대해 완만한 혈압강하작용이 유지된다. 두충에 들어 있는 혈압강하작용의 유효성분으로는 pinoresinol-di-O-β-D-glucopyranoside와 코니페린이 있는데 코니페린은 안지오텐신과 cAMP 억제효능이 있고 관상동맥의 혈류량을 증가시키는 작용이 있다[8].

6. 진정

두충 물 추출물의 알코올 침출액을 위에 주입하면 Mouse의 자발활동 횟수를 뚜렷하게 감소시키고 펜토바르비탈나트륨 한계사용량으로 유발된 Mouse의 수면 유도율을 증가시키며 수면시간을 연장할 수 있다. 펜토바르비탈 Mouse 모델에 사용하면 Mouse의 수면 잠복기를 단축할 수 있으며 펜토바르비탈 수면에서 깨어난 Mouse에게 사용하면 다시 수면을 유도할 수 있는데 이는 농도 의존적 관계가 있다. 그 밖에 두충의 물 추출물 알코올 침출액을 위에 주입하면 니케타미드로 유발된 Mouse의 사망률을 뚜렷하게 감소시킨다[25].

7. 태아 보호

두충엽의 충제를 위에 주입하면 뇌하수체후엽호르몬으로 유발된 Rat 자궁평활근의 강력한 수축을 길항할 수 있으며 뇌하수체후엽호르몬으로 유발된 동물의 유산 횟수를 뚜렷하게 감소시킬 수 있으며 새끼의 수량도 상대적으로 증가시킬 수 있다[24].

8. 기타

두충과 두충엽에는 항균, 항바이러스, 말초순환 촉진, 항종양, 근육의 항피로능력 향상, 상처 유합 등의 작용이 있다[7-8, 26-27].

용 도

두충은 중의임상에서 사용하는 약이다. 보간신(補肝腎, 간과 신장이 음허한 것을 보하는 것), 강근골(強筋骨, 근육과 뼈를 강하고 튼튼하게 함), 안태[安胎, 태기(胎氣)를 안정시킴] 등의 효능이 있으며, 간신부족[肝腎不足, 간신음허(肝腎陰虛)와 같은 뜻으로 간과 신장의 음혈이 부족하여 허약함]으로 인한 요슬동통(腰膝疼痛, 허리와 무릎의 통증), 하지무력 및 양위(陽痿, 발기부전), 소변빈삭(小便頻數, 배뇨 횟수가 잦은 것), 간신허약, 하원불고[下元不固, 신기(腎氣)가 튼튼하지 못한 것]로 인한 임신하혈, 태동불안(胎動不安, 임신 기간 중 갑자기 복통이 생기면서 하혈이 수반되는 증상), 태루하혈(胎漏下血, 임신부가 통증 없이 소량의 하혈을 하는 것), 낙태 등의 치료에 사용한다.

현대임상에서는 고혈압, 골다공증, 습관성 유산, 신염 등의 병증에 사용한다.

해 설

약용 외에 두충나무의 껍질, 열매, 나뭇잎 중에 함유된 두충교는 천연고분자 원료이며 그와 천연고무를 동질이성체로 여기고 있다. 두충교는 절연성이 좋고 산과 알칼리 및 습기에 강하며 가소성이 뛰어나다. 또한 형상기억의 특성이 있어 화학공업과 의약에 좋은 원료로 사용되고 있다[7].

두충나무는 중국 2급 보호수종에 속하는데 두충의 껍질을 채집하려면 일반적으로 15~20년의 시간이 걸린다. 20년 후에는 그 성장속도가 차츰 늦어지고 50년 후에는 나무의 성장이 기본적으로 멈추게 되고 전체 식주가 자연적으로 고사하게 된다.

두충엽의 자원은 상대적으로 풍부한데 근래에는 두충엽에 대한 연구가 각광을 받고 있다. 두충엽과 두충나무 수피의 함유성분 및 약리작용은 유사하며 자원을 쉽게 얻을 수 있고 안전성이 높다. 현재 두충 보건차 등이 보건품으로 개발되어 있다[8].

두충나무의 주요 재배 지역은 사천의 청천현(青川縣)이고 도강언(都江堰)과 팽주(彭州)에도 두충 생산단지가 있으며 귀주의 준의현(遵義縣)에도 두충나무 재배단지가 세워져 있다.

참고문헌

1.　趙玉英, 耿權, 程鐵民. 杜仲化學成分研究槪況. 天然産物研究與開發. 1995, 7(3): 46-52

2. 王文明, 寵曉萍, 成軍, 趙玉英. 杜仲化學成分研究概況(II). 西北藥學雜誌. 1998, **13**(2): 60-62

3. R Gonda, M Tomoda, N Shimizu, M Kanari. An acidic polysaccharide having activity on the reticuloendothelial system from the bark of *Eucommia ulmoides*. *Chemical & Pharmaceutical Bulletin*. 1990, **38**(7): 1966-1969

4. M Tomoda, R Gonda, N Shimizu, M Kanari. A reticuloendothelial system-activating glycan from the barks of *Eucommia ulmoides*. *Phytochemistry*. 1990, **29**(10): 3091-3094

5. 劉小燭, 胡忠, 李英, 楊俊波, 李炳鈞. 杜仲皮中抗真菌蛋白的分離和特性研究. 雲南植物研究. 1994, **16**(4): 385-391

6. RH Huang, Y Xiang, XZ Liu, Y Zhang, Z Hu, DC Wang. Two novel antifungal peptides distinct with a five-disulfide motif from the bark of Eucommia ulmoides Oliv. *FEBS Letters*. 2002, **521**(1-3): 87-90

7. 管淑玉, 蘇薇薇. 杜仲化學成分與藥理研究進展. 中藥材. 2003, **26**(2): 124-129

8. 晏媛, 郭丹. 杜仲葉的化學成分及藥理活性研究進展. 中成藥. 2003, **25**(6): 491-492

9. 成軍, 白焱晶, 趙玉英, 王邠, 程鐵民. 杜仲葉苯丙素類成分的研究. 中國中藥雜誌. 2002, **27**(1): 38-40

10. 郭志峰, 劉鵬岩, 安秋榮, 靳伯禮. 杜仲葉揮發油的GC-MS分析. 河北大學學報(自然科學版). 1995, **15**(3): 36-39

11. N Okada, K Shirata, M Niwano, H Koshino, M Uramoto. Immunosuppressive activity of a monoterpene from *Eucommia ulmoides*. *Phytochemistry*. 1994, **37**(1): 281-282

12. 崔永鋒, 呂光榮, 王琦. 杜仲對兔骨折端骨密度影響的實驗研究. 雲南中醫學院學報. 2002, **25**(3): 16-19

13. 白立緯, 葛煥琦, 張立, 趙麗娟. 杜仲葉醇對糖尿病大鼠骨密度的影響. 吉林大學學報(醫學版). 2003, **29**(5): 587-590

14. 張立, 葛煥琦, 白立緯, 趙麗娟. 杜仲葉醇防治糖尿病合併去勢大鼠骨質疏鬆症的實驗研究. 中國老年學雜誌. 2003, **24**(6): 370-372

15. 胡金家, 王曼瑩. 杜仲葉提取物防治骨质疏松症藥效成分及作用研究. 中華臨床醫藥雜誌. 2002, **3**(3): 52-54

16. 劉東璞, 齊亞靈, 趙文杰, 劉曉梅, 王景霞, 李文. 杜仲對D-半乳糖所致衰老小鼠睪丸的形態學研究. 中國局解手術學雜誌. 2002, **11**(3): 245-246

17. 栗坤, 劉明遠, 魏曉東, 趙文杰, 鄭福祿. 細辛, 杜仲及其合劑對D-半乳糖所致衰老小鼠模型抗氧化系統影響的實驗研究. 中藥材. 2000, **23**(3): 161-163

18. 周彥鋼, 鄭高利, 盛清, 任玉翠. 杜仲對小鼠免疫功能的影響作用. 浙江省醫學科學院學報. 1999, **10**(1): 32-34

19. 胡世林. 國外研究杜仲的某些進展與動向. 國外醫學:中醫中藥分冊. 1994, **16**(5): 13-14

20. 薛程遠, 曲范仙, 劉輝, 白惠卿. 杜仲葉乙醇提取物對小鼠免疫功能的影響. 甘肅中醫學院學報. 1998, **15**(3): 50-52

21. 趙嬌玲, 胡文淑, 江明性. 杜仲的强壯作用及中樞鎮靜作用. 同濟醫科大學學報. 1989, **18**(3): 198-200

22. 黃志新, 岳京麗, 趙鳳生, 沙大年, 范小兵, 藍先德, 槲寄生, 杜仲的降血壓作用和急性毒性的實驗研究. 天然産物研究與開發. 2003, **15**(3): 245-248

23. 胡佳玲. 杜仲研究進展. 中草藥. 1999, **30**(5): 394-396

24. 黃武光, 曾慶卓, 潘正興, 唐繼坤. 杜仲葉沖劑主要藥效學及急性毒性研究. 貴州醫藥. 2000, **24**(6): 325-326

25. 鄭麗華, 鄭高利, 張信岳, 陳珏, 龔維桂. 杜仲對小鼠的中樞鎮靜作用. 浙江省醫學科學院學報. 1999, **10**(3): 19-20

26. 曹力, 張潔, 余潤民. 杜仲對小鼠微循環作用的實驗研究. 江西中醫學院學報. 2001, **13**(3): 112-113

27. 趙輝, 李宗友. 杜仲葉藥理作用研究(II)-抗疲勞及癒傷作用. 國外醫學:中醫中藥分冊. 2000, **22**(4): 211-215

28. 姚家祥, 姚家春, 石根勇. 中藥杜仲葉致突變試驗研究. 蘇州醫學院學報. 1998, **18**(6): 574-575

벌등골나물 佩蘭 CP, KHP

Asteraceae

Eupatorium fortunei Turcz.

Fortune Eupatorium

 개요

국화과(Asteraceae)

벌등골나물(佩蘭, *Eupatorium fortunei* Turcz.)의 지상부를 건조한 것

중약명: 패란(佩蘭)

등골나물속(*Eupatorium*) 식물은 전 세계에 약 600종이 있으며 주로 중남아메리카의 온대 및 열대 지역에 분포한다. 유럽, 아시아, 아프리카, 호주 등의 지역에는 분포하는 종이 극히 적다. 중국에 14종이 있는데 신강과 서장을 제외하고 전국에 분포한다. 현재 약으로 사용되는 것이 약 7종이며 중국의 섬서, 산동, 강소, 절강, 강서, 호북, 호남, 운남, 귀주, 사천, 광동, 광서 등에 분포한다.

호남 장사(長沙) 마왕퇴(馬王堆)에서는 완전한 패란의 마른 씨와 잎 조각들이 발견되었다. 패란을 뜻하는 '난초(蘭草)'라는 약명은 《신농본초경(神農本草經)》에 상품으로 처음 기재되었고 '패란'이란 약명은 《본초재신(本草再新)》에 맨 처음으로 기재되었다. 《중국약전(中國藥典)》(2015년 판)에 수록된 이 종은 중약 패란의 법정기원식물이다. 주요산지는 중국의 섬서, 산동, 강소, 절강, 강서, 호북, 호남 등이며 강소의 생산량이 비교적 많다. 《대한민국약전외한약(생약)규격집》(제4개정판)에는 패란을 "벌등골나물(*Eupatorium fortunei* Turcz., 국화과)의 지상부"로 등재하고 있다.

벌등골나물에는 주로 모노테르페노이드, 세스퀴테르페노이드, 트리테르페노이드 알칼로이드 등의 성분이 있다. 《중국약전》에서는 정유함량분석법을 이용하여 정유함량을 0.30%(mL/g)로, 음편(飮片) 중의 정유함량을 0.25%(mL/g) 이상으로 약재의 규격을 정하고 있다.

약리연구를 통하여 패란에는 거담(祛痰), 항염, 위장운동조절 등의 작용이 있는 것으로 알려져 있다.

한의학에서 패란은 방향화습(芳香化濕), 성비(醒脾), 해서(解暑)의 효능이 있다.

벌등골나물 佩蘭 *Eupatorium fortunei* Turcz.

약재 패란 藥材佩蘭 Eupatorii Herba

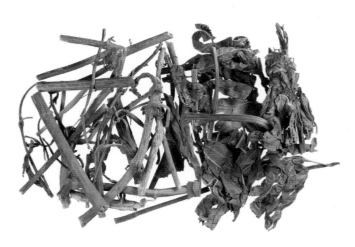

1cm

벌등골나물 佩蘭 CP, KHP

함유성분

지상부에는 정유성분이 함유되어 있으며, 그 품질과 함량은 신선한 것과 건조한 것에 따라 다르며, 생산지와 추출 방법에 따라 크게 다르다. 주요성분으로는 bornylene, caryophyllene, p-cymene, α-phellandene, neryl acetate, thymyl methyl ether[1-3] 등이 있으며, 티몰 유도체인 9-acetoxythymol 3-O-tiglate, 8-methoxy-9-hydroxythymol[4], 모노테르페노이드 성분으로 (1R*,2S*,3R*,4R*,6S*)-1,2,3,6-tetrehydroxy-p-menthane, (1S*,2S*,3S*,4R*,6R*)-1,2,3,6-tetrehydroxy-p-menthane[5], 세스퀴테르페노이드 성분으로 eupafortunin[6], 트리테르페노이드 성분으로 taraxasteryl palmitate, taraxasteryl acetate, taraxasterol[7], β-amyrin acetate, β-amyrin palmitate[8], 알칼로이드 성분으로 supinine[11], rinderine, O-7-acetylrinderine[9], meso-trihydroxypiperidine, 3α,4β,5α-trihydroxypiperidine, 3β,4β,5α-trihydroxypiperidine[10], 유기산으로 fumaric acid, succinic acid, palmitic acid[7-8] 등이 있다.
뿌리에는 lindelofine, supinine[11], euparin[7] 성분 등이 함유되어 있다.

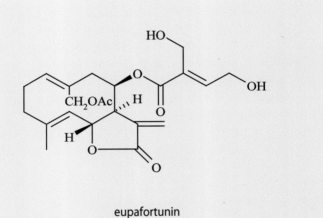

eupafortunin

약리작용

1. **소화작용**
   신선한 패란과 마른 패란의 정유는 *in vitro*에서 인체의 아밀라아제 활성을 증강하는데 신선한 패란의 정유가 말린 정유의 작용보다 강하다[12].

2. **위장운동 조절**
   패란의 열수 추출물은 Rat의 적출된 위평활근육의 장력을 강화한다[13].

3. **거담**
   페놀레드 분비량 실험에서 패란의 정유와 P-시멘을 위에 주입한 Mouse에 대해 뚜렷한 거담작용이 있다.

4. **항염**
   신선한 패란과 건조된 패란의 정유를 위에 주입하면 파두유(巴豆油)로 유발된 Mouse의 귓바퀴 종창에 뚜렷한 억제작용이 있다[12].

5. **항종양**
   *In vitro*와 *in vivo* 실험에서 패란의 알칼로이드에 항종양 활성이 있는 것으로 나타났다. 패란의 에칠아세테이트 혹은 아세톤 추출물은 *in vitro*에서 Mouse의 흑색종양세포 B16의 타이로시나제 활성을 억제한다[14].

6. **칼슘 길항작용**
   ^{45}Ca과막측량기술을 사용하여 패란의 Rat의 대동맥평활근 세포막의 칼슘채널에 대한 영향에 대해 연구한 결과 패란의 핵산 추출부위에 뚜렷한 칼슘 길항작용이 있는 것으로 알려졌다[15-16].

용도

패란은 중의임상에서 사용하는 약이다. 화습[化濕, 상초(上焦)에 있는 습사(濕邪)를 없앰], 해서(解暑, 더위 먹은 것을 풀어 줌) 등의 효능이 있으며, 습체중초증(濕滯中焦證, 중초에 습이 정체된 병증), 외감서습[外感暑濕, 서열(暑熱)에 습(濕)을 수반하는 병증] 혹은 습온초기[濕溫

初起, 습온(濕溫)의 초기 병증] 등의 치료에 사용한다.

현대임상에서는 감기, 설사, 바이러스성 장염, B형 뇌염, 혈전성 정맥염, 만성 기관지염, 뱀에게 물린 상처 등에 사용한다.

 해 설

중약 패란과 택란[澤蘭, 꿀풀과(Labiatae) 식물 쉽싸리(毛葉地瓜兒苗, *Lycopus lucidus* Turcz. var. *hirtus* Regel.)의 지상부를 말린 것]은 오래전부터 일반적으로 혼용되었다. 패란과 택란의 교차 혼용은 이미 역사적으로 존재한 혼란의 문제를 바로잡지 못한 데 그 원인이 있다. 그 밖에 식물분류학적으로 *Eupatorium*으로 명명한 '택란속'을 소홀히 하여 순형과 쉽싸리풀속(*Lycopus*) 식물 쉽싸리를 중약 택란의 본초학적 약물로 간주했기 때문이다. 따라서 *Eupatorium*의 명명을 '패란속'으로 하는 것이 비교적 타당하다.

중약에서 신선한 것을 사용하는 것은 하나의 큰 특색인데 동일량 패란의 정유함량은 신선한 것이 마른 것보다 거의 2배 이상 많다[1]. 마른 패란과 신선한 패란의 정유는 동등한 사용량일 경우 신선한 패란의 항염 등의 작용이 마른 패란보다 강하다[12]. 이는 정유의 함량 및 약리활성의 분야에서 신선한 패란의 치료효과가 마른 패란보다 우수하다는 증거가 된다.

 참고문헌

1. 韓淑萍, 馮毓秀. 佩蘭及同屬3種植物的揮發油化學成分研究. 中國中藥雜誌. 1993, **18**(1): 39-41

2. 崔兆傑, 邱琴, 劉廷禮, 于萍, 李建光. 佩蘭揮發油化學成分的研究. 藥物分析雜誌. 2002, **22**(2): 117-122

3. 曾虹燕, 李京龍. 超臨界CO₂和微波輔助萃取佩蘭揮發油工藝的研究. 食品科學. 2004, **25**(4): 124-128

4. M Tori, Y Ohara, K Nakashima, M Sono. Thymol derivatives from *Eupatorium fortunei. Journal of Natural Products*. 2001, **64**(8): 1048-1051

5. HX Jiang, K Gao. Highly oxygenated monoterpenes from *Eupatorium fortunei. Chinese Chemical Letters*. 2005, **16**(9): 1217-1219

6. M Haruna, Y Sakakibara, K Ito. Structure and conformation of eupafortunin, a new germacrane-type sesquiterpene lactone from *Eupatorium fortunei* Turcz. *Chemical & Pharmaceutical Bulletin*. 1986, **34**(12): 5157-5160

7. M Yoshizaki, H Suzuki, K Sano, K Kimura, T Namba. Lan-so and Ze-lan. I. Constituents of Eupatorium species. 1. *Yakugaku Zasshi*. 1974, **94**(3): 338-342

8. CF Lai, CH Chen. Studies on the constituents of *Eupatorium fortunei* Turcz. 台灣藥學雜誌. 1978, **30**(2): 103-113

9. K Liu, E Roeder, HL Chen, XJ Xiu. Pyrrolizidine alkaloids from *Eupatorium fortunei. Phytochemistry*. 1992, **31**(7): 2573-2574

10. T Sekikoa, M Shibano, G Kusano. Three trihydroxypiperidines, glycosidase inhibitiors, from *Eupatorium fortunei* Turcz. *Natural Medicines*. 1995, **49**(3): 332-335

11. T Furuya, M Hikichi. Constituents of crude drugs. IV. Lindelofine and supinine. Pyrrolizidine alkaloids from *Eupatorium stoechadosmum. Phytochemistry*. 1973, **12**(1): 225

12. 孫紹美, 宋玉梅, 劉儉, 于澍仁. 佩蘭揮發油藥理作用的研究. 西北藥學雜誌. 1995, **10**(1): 24-26

13. 李偉, 鄭天珍, 瞿頌義, 張英福, 田治峰, 丁永輝, 衛玉玲. 佩蘭對大鼠胃肌條運動的作用. 蘭州醫學院學報. 2000, **26**(4): 3-4

14. K Obayashi, A Iwamoto, H Masaki. Evaluation of plant extracts on depigmentation effect in cultured B16 melanoma cells. *Journal of SCCJ*. 1996, **30**(2): 153-160

15. 莫尚武, 張坐奎, 袁鵬飛, 杜興, 吳玉榮, 丁偉璜, 阮小燕. 用⁴⁵Ca跨膜測量技術研究藿香, 佩蘭的鈣拮抗作用的活性成分. 核技術. 1999, **22**(5): 297-300

16. 楊遠友, 劉寧, 莫尚武, 邱明豐, 金建南, 廖家莉. 用⁴⁵Ca研究中藥的鈣拮抗作用及機理. 同位素. 2002, **15**(2): 69-73

17. 何靈秀, 羅集鵬. 澤蘭和佩蘭的本草考證與紫外光譜法鑒別. 中藥材. 2005, **28**(7): 549-551

감수 甘遂 CP, KHP

Euphorbia kansui T. N. Liou ex T. P. Wang

Kansui

개요

대극과(Euphorbiaceae)

감수(甘遂, *Euphorbia kansui* T. N. Liou ex T. P. Wang)의 덩이뿌리를 건조한 것

중약명: 감수

대극속(*Euphorbia*) 식물은 전 세계에 약 2,000종이 있으며 전 세계에 널리 분포한다. 중국산이 약 80종인데 남북에서 모두 난다. 이 속에서 약으로 사용되는 것이 30종이며 중국 각지에서 모두 재배되는데 세계적으로 널리 분포하고 있다.

'감수'라는 약명은 《신농본초경(神農本草經)》에 하품으로 처음 기재되었으며, 역대의 본초서적에 많이 기록되었다. 《중국약전(中國藥典)》(2015년 판)에 수록된 이 종은 중약 감수의 법정기원식물이다. 주요산지는 중국의 섬서, 하남, 산서, 영하, 감숙 등이다. 《대한민국약전외한약(생약)규격집》(제4개정판)에는 감수를 "감수(*Euphorbia kansui* Liou ex Wang, 대극과)의 코르크층을 벗긴 덩이뿌리"로 등재하고 있다.

감수의 주요 활성성분은 디테르페노이드와 트리테르페노이드이다[1].《중국약전》에서는 고속액체크로마토그래피법을 이용하여 건조시료 중 유파디에놀의 함량을 0.12% 이상으로 약재의 규격을 정하고 있다.

약리연구를 통하여 감수에는 설사 유발, 항생육, 면역억제, 항바이러스, 항염 등의 작용이 있는 것으로 알려져 있다.

한의학에서 감수는 사수축음(瀉水逐陰), 파적통변(破積通便) 등의 효능이 있다.

감수 甘遂 *Euphorbia kansui* T. N. Liou ex T. P. Wang

약재 감수 藥材甘遂 Euphorbiae Kansui Radix

1cm

함유성분

뿌리에는 디테르페노이드 성분으로 20-deoxyingenol-3-benzoate, 20-deoxyingenol, 20-deoxyingenol-5-benzoate, 13-oxyingenol-13-dode-canoate-20-hexanoate, ingenol-3-(2,4-decadienoate)-20-acetate, ingenol, 13-oxyingenol, kansuinines A, B, kansuiphorins A, B, C[1, 5], kansuinins A, B, D, E, F, G, H[2, 4], 3-O-(2E,4E-decadienoyl)-20-deoxyingenol, 3-O-(2,3-dimethylbutanoyl)-13-O-dodecanoyl-20-deoxyingenol, 3-O-(2,3-dimethylbutanoyl)-13-O-dodecanoyl-20-O-acetylingenol, 3-O-(2E,4Z-decadienoyl)-20-deoxyingenol[3], 20-O-(2'E,4'E-decadienoyl) ingenol, 5-O-(2'E,4'E-decadienoyl)-ingenol, 20-O-(2'E,4'Z-decadienoyl) ingenol, 3-O-(2'E,4'Z-decadienoyl)-5-O-acetylingenol[4], 그리고 트리테르페노이드 성분으로 γ-euphorbol, α-euphorbol, tirucallol, 11-oxo-kansenonol, kansenonol, kansenone, kansenol, epi-kansenone[6] 등이 함유되어 있다.

γ-euphorbol

13-oxyingenol

약리작용

1. 설사 유발

   생감수 혹은 구운[炙] 감수의 에탄올 추출물을 Mouse에 투여하면 설사를 유발한다.

2. 불임

   감수의 알코올 추출액은 Mouse와 기니피그의 임신을 멈추게 할 수 있고 감수제제를 자궁 내에 주입하면 Mouse 혹은 집토끼 중기 임신의 태아를 사망에 이르게 한다[7]. 또한 감수 에탄올 용액을 임신부의 자궁내막에 주사하면 24~48시간 내에 유산을 초래할 수 있다. 감수의 임신 중기에 대한 유산 유발은 감수가 자궁 내 전립선효소의 합성과 분비를 증가시키고 전립선효소가 자궁을 자극하여 수축을 유도함으로써 유산을 일으키는 것으로 생각된다[8].

3. **면역기능 억제**

복강주사용 감수제제는 면양적혈구(SRBC) 면역과 관련된 $C_{57}BL/6J$ Mouse 흉선 중량을 감소시키며 비장의 중량을 증가시키고 항면양적혈구 항체의 발현을 억제한다. 또한 in vitro에서 식물혈액응고효소(PHA)와 콘카나발린 A(Con A)로 유도된 Mouse 비장세포의 임파세포전화에 대해 중도억제 효과를 나타내며 지질다당(LPS)으로 유도된 임파세포전화에 대해 억제작용을 보임과 동시에 SRBC로 유도된 지발성과민반응(DTH)을 억제한다.

4. **항바이러스**

감수의 물 추출물을 독감바이러스 적응주(FM1) Mouse의 위에 주입하면 그 극성이 비교적 큰 성분이 Mouse의 폐렴에 뚜렷한 억제작용을 보이며 저농도에서 Mouse의 T임파세포에 대한 증식작용이 있다. 칸수이포린 A 등 4종의 디테르페이노드 화합물은 적응주 Mouse의 항바이러스 활성을 농도 의존적으로 촉진하며 Con A로 유도된 임파세포의 증식을 뚜렷하게 증가시킨다[10-11].

5. **항종양**

감수 중의 칸수이포린 A, B에는 Mouse P338 임파세포백혈병 억제활성이 있다[12]. 감수의 테르페르페놀 성분은 7,12-디메칠벤즈안트라센(DMBA)과 12-O-tetradecanoylphorbol-13-acetate(TPA)로 유발된 Mouse 배부(背部)종양의 성장을 억제한다[13].

6. **항염**

감수의 트리테르페놀 성분은 TPA로 유발된 Mouse의 귓바퀴 종창에 뚜렷한 억제작용이 있다[13].

7. **기타**

칸수이닝 E는 TrkA 수용체(신경성장인자의 기능성 수용체)의 신생으로 생성된 섬유세포의 생존기간을 연장한다[2]. 생감수를 저용량으로 사용하면 개구리의 적출된 심장의 수축력을 증강하고 고용량으로 사용하면 억제한다. 칸수이닝 A, B에는 진통작용이 있다. 감수의 인게놀 성분은 RNA 합성을 조절하여 대식세포 γ의 단백질 Fc 수용체 발현을 촉진한다[15]. 감수의 에테르와 에탄올 추출물은 열대집모기와 흰줄숲모기의 3~4령 유충에 대해 살충작용이 있다[16].

용도

감수는 중의임상에서 사용하는 약이다. 사수축음[瀉水逐陰, 수(水)를 없애고 음사(飮邪)를 배출시키는 효능], 소종산결[消腫散結, 옹저(癰疽)나 상처가 부은 것을 가라앉힘] 등의 효능이 있으며, 수종창만(水腫脹滿, 몸이 붓고 배가 몹시 불러오면서 속이 그득한 증상), 흉협정음[胸脅停飮, 가슴과 양 옆구리에 머물러 있는 수음(水飮)], 풍담전간[風痰癲癇, 풍담(風痰)으로 인해 경련·의식장애 등의 발작을 계속 되풀이하는 병증], 창옹종독(瘡癰腫毒, 부스럼의 빛깔이 밝고 껍질이 얇은 종기가 헌 곳 또는 헌데의 독) 등의 치료에 사용한다.
현대임상에서는 장도경색, 장 속에 액체가 쌓여 부어오르고 아픈 것, 복수(腹水, 배에 물이 차는 증상), 임신 중기의 출산유도, 수술 후의 배뇨 곤란, 백일해 등의 병증에 사용한다.

해설

생감수는 홍콩상견독극중약[香港常見毒劇中藥] 31종(광물성 제외)*의 목록에 수록되어 있으며 임상에서 사용 시 각별한 주의가 필요하다.
한의이론 중에서 감수와 감초는 서로 배합을 금하고 있으며 이는 한의학의 "18반(十八反)" 배합금기**에 해당하는 것이다. 일련의 선행연구에서 감수와 감초를 배합하여 사용했는데 그 결과는 서로 달랐다[17]. 최근의 보고에서 감수와 감초의 배합사용은 Rat의 알라닌아미노기전이효소(ALT), 크레아틴포스포키나아제, 젖산탈수소효소(LDH), γ-수산화부티레이트탈수소효소(γ-HBDH) 및 전체 단백 수준 등이 감수를 단독으로 사용했을 때와 비교하여 현저하게 높았으며 심장, 간장, 신장 등에 대한 독성도 증가되었다[18]. 따라서 전통적으로 감수가 감초와 배합되지 않는다는 관점에 대해 일부 과학적인 근거를 제시하였다고 볼 수 있다.
또 다른 연구를 통해 보면 감수와 감초의 합제(合劑)는 Mouse의 S180 암종과 간암 HAC의 생장을 억제하고 종양조직의 괴사를 촉진한다[19]. 그러므로 감수의 주요성분과 작용기전에 대한 연구를 더욱 깊게 수행하고 그 원리를 정확하게 이해함으로써 감수에 대한 활용도를 제고할 수 있을 것이다.

---

* 산두근(山豆根), 속수자(續隨子), 천오(川烏), 천선자(天仙子), 천남성(天南星), 파두(巴豆), 반하(半夏), 감수(甘遂), 백부자(白附子), 부자(附子), 낭독(狼毒), 초오(草烏), 마전자(馬錢子), 등황(藤黃), 양금화(洋金花), 귀구(鬼臼), 철봉수[(鐵棒樹), 또는 설상일지호(雪上一枝蒿)], 요양화(鬧羊花), 청랑충(靑娘蟲), 홍랑충(紅娘蟲), 반모(斑蝥), 섬수(蟾酥)

** 감초(甘草)와 감수(甘遂), 대극(大戟), 해조(海藻), 원화(芫花, Daphne genkwa Sieb. et Zucc)의 배합을 금하며, 오두(烏頭)와 패모(貝母), 괄루(瓜蔞), 반하(半夏), 백렴(白蘞), 백급(白芨)의 배합을 금하고, 질려(藜蘆)와 인삼(人蔘), 사삼(沙蔘), 단삼(丹蔘), 현삼(玄蔘), 세신(細辛), 작약(芍藥)의 총 18품목의 배합을 금하는 것을 말함.

참고문헌

1. WF Zheng, Z Cui, Q Zhu. Cytotoxicity and antiviral activity of the compounds from *Euphorbia kansui. Planta Medica*. 1998, **64**(8): 754-756

2. Q Pan, FCF Ip, NY Ip, HX Zhu, ZD Min. Activity of macrocyclic jatrophane diterpenes from *Euphorbia kansui* in a TrkA fibroblast survival assay. *Journal of Natural Products*. 2004, **67**(9): 1548-1551

3. LY Wang, NL Wang, XS Yao, S Miyata, S Kitanaka. Studies on the bioactive constituents in euphorbiaceae. 3. Diterpenes from the roots of *Euphorbia kansui* and their *in vitro* effects on the cell division of Xenopus (part 2). *Chemical & Pharmaceutical Bulletin*. 2003, **51**(8): 935-941

4. LY Wang, NL Wang, XS Yao, S Miyata, S Kitanaka. Diterpenes from the roots of *Euphorbia kansui* and their *in vitro* effects on the cell division of Xenopus. *Journal of Natural Products*. 2002, **65**(9): 1246-1251

5. 潘勤, 閔知大. 甘遂中巨大戟萜醇型二萜酯類化學成分的研究. 中草藥. 2003, **34**(6):489-492

6. LY Wang, NL Wang, XS Yao, S Miyata, Kitanaka S. Euphane and tirucallane triterpenes from the roots of *Euphorbia kansui* and their *in vitro* effects on the cell division of Xenopus. *Journal of Natural Products*. 2003, **66**(5): 630-633

7. 王秋靜, 于曉鳳, 劉宏雁, 呂忠智, 呂怡芳. 複方甘遂製劑宮內給藥終止動物中期妊娠及毒性實驗. 白求恩醫科大學學報. 1994, **20**(5): 461-4632

8. 石大維, 韓向陽, 郭靜德. 甘遂中期妊娠引産婦女血漿及羊水中前列腺素含量的變化. 哈爾濱醫科大學學報. 1990, **24**(3): 166-169

9. 張傑. 甘遂醇液與利凡諾用於中期妊娠引産的對比觀察(附1900例). 中華實用醫學. 2002, **4**(20): 39-40

10. 鄭維發, 陳才法, 朱愛華, 李夢秋. 甘遂醇提物抗流感病毒FM1有效部位的篩選. 中成藥. 2002, **24**(5): 362-365

11. 鄭維發. 甘遂醇提物中4種二萜類化合物的體內抗病毒活性研究. 中草藥. 2004, **35**(1): 65-68

12. TS Wu, YM Lin, M Haruna, DJ Pan, T Shingu, YP Chen, HY Hsu, T Nakano, KH Lee. Antitumor agents, 119. Kansuiphorins A and B, two novel antileukemic diterpene esters from *Euphorbia kansui. Journal of Natural Products*. 1991, **54**(3): 823-829

13. K Yasukawa, T Akihisa, ZY Yoshida, M Takido. Inhibitory effect of euphol, a triterpene alcohol from the roots of *Euphorbia kansui*, on tumour promotion by 12-O-tetradecanoylphorbol-13-acetate in two-stage carcinogenesis in mouse skin. *The Journal of Pharmacy and Pharmacology*. 2000, **52**(1): 119-124

14. Y Zeng, JM Zhong, SQ Ye, ZY Ni, XQ Miao, YK Mo, ZL Li. Screening of Epstein-Barr virus early antigen expression inducers from Chinese medicinal herbs and plants. *Biomedical and Environmental Science*. 1994, **7**(1): 50-55

15. T Matsumoto, JC Cyong, H Yamada. Stimulatory effects of ingenols from Euphorbia kansui on the expression of macrophage Fc receptor. *Planta Medica*. 1992, **58**(3): 255-258

16. 潘實清, 王玲, 羅海華, 鄭小英, 龍啓才, 黃炯烈. 甘遂和貫衆不同提取液對蚊幼蟲的殺傷作用. 熱帶醫學雜志. 2002, **2**(3): 252-254

17. 吳坤, 陳炳卿, 張桂荃, 任瑩, 韓向陽, 穀正兆. 中藥甘遂注射液的毒性試驗研究. 哈爾濱醫科大學學報. 1990, **24**(6): 484-486

18. 楊致禮, 王佑之, 吳成林, 陳懷濤, 黃有德, 王秋蟬, 程雪峰. "十八反" 中海藻, 大戟, 甘遂和芫花反甘草組的毒性試驗. 中國中藥雜志. 1989, **14**(2): 48-50

19. WQ Huang, Y Luo. Impact of combining liquorice with kansui root, spurge, seaweed or lilac Daphne flower bud on the functions of heart, liver and kidney in rats. *Chinese Journal of Clinical Rehabilitation*. 2004, **8**(18): 3682-3683

20. 張騰, 陳瑜. 甘遂甘草合劑抗腫瘤的實驗研究. 中醫藥研究. 1999, **15**(3): 41-42

속수자 續隨子 CP, KHP

Euphorbia lathyris L.

Caper Euphorbia

개요

대극과(Euphorbiacece)

속수자(續隨子, *Euphorbia lathyris* L.)의 씨를 건조한 것   중약명: 천금자(千金子)

씨의 유지   중약명: 천금자유(千金子油)

대극속(*Euphorbia*) 식물은 전 세계에 약 2,000종이 있으며 전 세계에 널리 분포한다. 중국산은 약 80종으로 중국의 남북에서 모두 나며 이 속에서 약으로 사용되는 것은 약 30종이다. 이 종은 세계적으로 널리 분포하는 종으로서 전 세계의 열대와 온대 지역에 분포한다. 중국의 대부분 지역에 모두 분포하는데 재배의 역사도 비교적 오래되었다.

'속수자'란 약명은 천금자란 이름으로 《개보본초(開寶本草)》와 《촉본초(蜀本草)》에 처음 기재되었으며, 역대 본초서적에도 기재되었다. 《중국약전(中國藥典)》(2015년 판)에 수록된 이 종은 중약 천금자와 천금자상(千金子霜)의 법정기원식물이다. 주요산지는 중국의 요령, 길림, 하북, 산서, 강소, 절강, 복건, 하남, 사천, 운남, 대만 등이다. 《대한민국약전외한약(생약)규격집》(제4개정판)에는 속수자를 "속수자(*Euphorbia lathyris* Linne, 대극과)의 씨"로 등재하고 있다.

속수자의 주요 함유성분으로는 디테르펜, 쿠마린, 플라보노이드 등이 있다. 속수자에는 풍부한 지방산이 함유되어 있으며 함유량은 50%에 달한다. 《중국약전》에서는 고속액체크로마토그래피법을 이용하여 건조시료를 기준으로, 속수자 중 지방유 함량을 35.0% 이상, 유포비아스테로이드의 함량을 0.35% 이상으로 약재의 규격을 정하고 있다.

약리연구를 통하여 속수자에는 사하(瀉下), 항균, 항종양 등의 작용이 있는 것으로 알려져 있다.

한의학에서 속수자와 속수자유는 축수소종(逐水消腫), 파혈소어(破血消瘀) 등의 효능이 있다.

속수자 續隨子 *Euphorbia lathyris* L.

약재 속수자 藥材續隨子 Euphorbiae Semen

0.5cm

함유성분

씨에는 디테르펜 에스테르 성분으로 6,20-epoxylathyrol-5,15-diacetate-3-phenylacetate[1], 7-hydroxylathyroldiacetate-dibenzoate[2], lathy-rol-3,15-diacetate-5-benzoate[3], ingenol-20-hexadecanoate[4-5], ingenol-3-hexadecanoate[4-5], ingenol-3-tetradeca-2,4,6,8,10-pentaenoate[4],

ingenol-3-hexadecanoate

6,20-epoxylathyrol-5,15-diacetate-3-phenylacetate

속수자 續隨子 CP, KHP

17-hydroxyjolkinol-15,17-diacetate-3-O-cinnamate, 17-hydroxyisolathyrol-5,15,17-tri-O-acetate-3-O-benzoate[6], lathyrol-3,15-diacetate-5-nicotinate, 7-hydroxylathyrol-5,15-diacetate-3-benzoate-7-nicotinate[7], 7-hydroxylathyrol-5-acetate-3,7-dibenzoate[8], ingenol-1-H-3,4,5,8,9,13,14-hepta-dehydro-3-tetradecanoate, lathyrol-3,15-diacetate-5-benzoate, ingenol-3-hexadecanoate[5], lathyranoic acid A[8] 등이 함유되어 있다. 또한 쿠마린 성분으로 daphnetin, esculetin, euphorbetin, isoeuphorbetin, aesculetin[9] 등이 함유되어 있다. 줄기에는 16-hydroxy-ingenol, ingenol과 긴사슬불포화지방산 에스테르로 구성되어 있는 흰색의 유액이 들어 있다[4].

 약리작용

1. 항종양
In vitro 실험에서 속수자의 메탄올 추출물은 인체자궁경부암세포 HeLa, 인체백혈병세포 K562, 인체단핵세포성 백혈병세포 U937, 인체전골수성 백혈병세포 HL-60, 인체간암세포 HepG2 등에 뚜렷한 세포독성이 있다. *In vivo* 실험에서 메탄올 추출물을 위에 주입하면 Mouse의 육종 S180과 에를리히복수암(EAC)에도 비교적 양호한 억제작용이 있는데[10] ingenol-3-hexadecanoate가 주요 활성성분이다[5]. 속수자의 종자유는 인체임파세포의 생성을 유도하고 엡스타인바바이러스(EBV)의 초기 및 바이러스캡시드항원(VCA)의 발현을 유도하여 비인암세포 P3HR-1에 대해 상호작용을 나타낸다[11]. *In vitro* 실험을 통하여 속수자는 Rat의 원대배양 폐섬유세포 증식에 뚜렷한 억제작용이 있으며 농도 의존적으로 작용한다[12]. 속수자 씨의 디테르펜 화합물은 멜라닌세포계 종양에 걸린 Mouse의 흑색종 생성에 대해 억제작용이 있다[13].

2. 설사 유발
속수자의 종자유는 위장점막에 강렬한 자극작용이 있어 설사를 유발하는 강도가 피마자유(蓖麻子油)의 3배에 달한다[14].

3. 진정, 진통
다프네틴을 위에 주입하면 Mouse의 초산으로 유발된 자극반응과 열판자극으로 인한 통증에 비교적 좋은 진통효과가 있다[15]. 다프네틴을 복강에 주사하면 Mouse에게 진정과 최면작용이 있으며 바르비탈류 약물과 상호작용이 있다. 바르비탈류 약물을 Mouse에게 사용하면 수면역치를 낮출 수 있으며 수면시간을 연장한다[16].

4. 항염
다프네틴은 단백 혹은 덱스트란으로 유발된 Rat의 급성 관절염에 뚜렷한 억제작용이 있다[16].

5. 항균
In vitro 실험을 통해 다프네틴은 황색포도상구균, 대장간균, 플렉스네리이질간균 및 녹농간균의 성장에 억제작용이 있으며[16] 에스쿨레틴은 장관 내 대장간균의 생존을 억제할 수 있다[17].

6. 기타
속수자 씨 중의 에스쿨레틴은 타이로시나아제의 활성을 억제할 수 있다[9].

 용 도

생속수자는 중의임상에서 사용하는 약이다. 사하축수(瀉下逐水, 설사로 몸 안의 물을 몰아냄), 파혈소어[破血消瘀, 몸 안에 뭉친 나쁜 피를 약(藥)으로 없어지게 하고 어혈을 삭여 없앰] 등의 효능이 있으며, 수종(水腫, 전신이 붓는 증상), 팽창, 징가[癥瘕, 여성 생식기에 발생하는 종괴(腫塊)], 경폐(經閉, 월경이 있어야 할 시기에 월경이 없는 것), 개선(疥癬, 개선충의 기생으로 생기는 전염성 피부병), 악창[惡瘡, 창양(瘡瘍)으로 인한 농혈(膿血)이 부패하여 오래되어도 낫지 않는 병증]과 종독(腫毒, 헌데에 독이 생긴 증상), 사마귀, 독사교상(毒蛇咬傷, 짐승, 뱀, 독벌레 등 동물에게 물려서 생긴 상처) 등의 치료에 사용한다.

현대임상에서는 후기 혈흡충성 복수(腹水, 배에 물이 차는 증상)와 독사에게 물린 상처 등의 병증에 사용한다.

 해 설

속수자는 홍콩상견독극중약[香港常見毒劇中藥] 31종(광물성 제외)*의 목록에 들어 있으며 임상에서 사용 시 특별히 주의하여야 한다.
속수자 씨에는 지방유가 48% 내지 50% 함유되어 있는데 속수자유 중에는 주로 유산 89.2%, 팔미틱산 5.5%, 아유산 0.4%, 아마산 0.3%가 있다. 전초에는 탄화수소가 풍부하게 함유되어 있는데 이는 인공 석유의 원료이다. 인공재배의 유료(油料) 품종은 아프리카의 열대지역에서 이미 대규모로 재배되는데 이를 통하여 다양한 개발과 종합적 이용에 대한 방안을 모색해야 한다.

---

* 산두근(山豆根), 속수자(續隨子), 천오(川烏), 천선자(天仙子), 천남성(天南星), 파두(巴豆), 반하(半夏), 감수(甘遂), 백부자(白附子), 부자(附子), 낭독(狼毒), 초오(草烏), 마전자(馬錢子), 등황(藤黃), 양금화(洋金花), 귀구(鬼臼), 철봉수[鐵棒樹, 또는 설상일지호(雪上一枝蒿)], 요양화(鬧羊花), 청랑충(靑娘蟲), 홍랑충(紅娘蟲), 반모(斑蝥), 섬수(蟾酥)

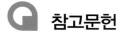 참고문헌

1. W Adolf. *Euphorbia lathyris. Tetrahedron Letters*. 1970, **26**: 2241-2244

2. P Narayanan, M Roehrl, K Zechmeister, DW Engel, W Hoppe, E Hecker, W Adolf. Structure of 7-hydroxylathyrol, a further diterpene from *Euphorbia lathyris. Tetrahedron Letters*. 1971, **18**: 1325-1328

3. W Adolf, E Hecker. Further new diterpene esters from the irritant and cocarcinogenic seed oil and latex of the caper spurge (*Euphorbia lathyris* L.). *Experientia*. 1971, **27**(12): 1393-1394

4. W Adolf, E Hecker. On the active principles of the spurge family. III. Skin irritant and cocarcinogenic factors from the caper spurge. *Zeitschrift fuer Krebsforschung und Klinische Onkologie*. 1975, **84**(3): 325-344

5. H Itokawa, Y Ichihara, K Watanabe, K Takeya. An antitumor principle from *Euphorbia lathyris. Planta Medica*. 1989, **55**(3): 271-272

6. W Adolf, I Koehler, E Hecker. Lathyrane type diterpene esters from *Euphorbia lathyris. Phytochemistry*. 1984, **23**(7): 1461-1463

7. H Itokawa, Y Ichihara, M Yahagi, K Watanabe, K Takeya. Lathyrane diterpene from *Euphorbia lathyris. Phytochemistry*. 1990, **29**(6): 2025-2026

8. SG Liao, ZJ Zhan, SP Yang, JM Yue. Lathyranoic acid A:first secolathyrane diterpenoid in nature from *Euphorbia lathyris. Organic Letters*. 2005, **7**(7): 1379-1382

9. Y Masanoto, H Ando, Y Murata, Y Shimoishi, M Tada, K Takahata. Mushroom tyrosinase inhibitory activity of esculetin isolated from seeds of *Euphorbia lathyris* L. *Bioscience, Biotechnology, and Biochemistry*. 2003, **67**(3): 631-634

10. 黃曉桃, 黃光英, 薛存寬, 孔彩霞, 何學斌. 千金子甲醇提取物抗腫瘤作用的實驗研究. 腫瘤防治研究. 2004, **31**(9): 556-558

11. Y Ito, M Kawanishi, T Harayama, S Takabayashi. Combined effect of the extracts from *Croton tiglium, Euphorbia lathyris* or *Euphorbia tirucalli* and n-butyrate on Epstein-Barr virus expression in human lymphoblastoid P3HR-1 and Raji cells. *Cancer Letters*. 1981, **12**(3): 175-180

12. 楊珺, 王世嶺, 付桂英, 郭華, 吳坤. 千金子提取液對大鼠肺成纖維細胞增殖的影響及細胞毒性作用. 中國臨床康復. 2005, **9**(27): 101-103

13. CT Kim, MH Jung, HS Kim, HJ Kim, SG Kang, SH Kang. Inhibitors of melanogenesis from *Euphorbia lathyris* semen. *Saengyak Hakhoechi*. 2000, **31**(2): 167-173

14. CD Dey. Study of the laxative action of *Euphorbia lathyris* seed oil. *Journal of Experimental Medical Sciences*. 1967, **10**(4): 79-81

15. 葉和楊, 熊小琴, 邱偉, 王中平, 蕭漢躍, 何蔚, 劉建新, 曾靖. 瑞香素對醋酸, 熱板及電刺激致痛小鼠的鎮痛作用. 中國臨床康復. 2005, **9**(22): 174-176

16. 鄭建靖, 石森林. 瑞香素的藥理研究進展. 浙江中醫學院學報. 1999, **23**(4): 50-51

17. SH Duncan, EC Leitch, KN Stanley, AJ Richardson, RA Laven, HJ Flint, CS Stewart. Effects of esculin and esculetin on the survival of *Escherichia coli* 0157 in human faecal slurries, continuous-flow simulations of the rumen and colon and in calves. *The British Journal of Nutrition*. 2004, **91**(5): 749-755

대극 大戟 ^{CP, KHP}

Euphorbia pekinensis Rupr.

Spurge

개요

대극과(Euphorbiaceae)

대극(大戟, *Euphorbia pekinensis* Rupr.)의 뿌리를 건조한 것

중약명: 경대극(京大戟)

대극속(*Euphorbia*) 식물은 전 세계에 약 2,000종이 있으며 전 세계에 널리 분포한다. 중국에 약 80종이 있는데 남북에서 모두 난다. 이 속에서 현재 약재로 사용되는 것은 약 30종이며 중국 동부의 각 성에 분포한다. 한반도와 일본에도 분포하는 것이 있다. '대극'이란 약명은 《신농본초경(神農本草經)》에 하품으로 처음 기재되었으며, 역대의 본초서적에 많이 기록되었다. 《중국약전(中國藥典)》(2015년 판)에 수록된 이 종은 중약 대극의 법정기원식물 가운데 하나이다. 주요산지는 중국의 강소 등이다. 《대한민국약전외한약(생약)규격집》(제4개정판)에는 대극을 "대극(*Euphorbia pekinensis* Ruprecht, 대극과)의 뿌리"로 등재하고 있다.

대극에는 주로 디테르페노이드, 플라보노이드, 수용성 히스타민 등의 성분이 있다. 《중국약전》에서는 고속액체크로마토그래피법을 이용하여 건조시료를 기준으로, 대극 중 유파디에놀의 함량을 0.6% 이상으로 약재의 규격을 정하고 있다.

약리연구를 통하여 대극에는 인체 평활근 조절, 혈관확장 등의 작용이 있는 것으로 알려져 있으며 피부에 자극적이다.

한의학에서 대극은 설수축음(泄水逐飮), 소종산결(消腫散結), 화담해독(化痰解毒) 등의 효능이 있다.

대극 大戟 *Euphorbia pekinensis* Rupr.

약재 경대극 藥材京大戟
Euphorbiae Pekinensis Radix

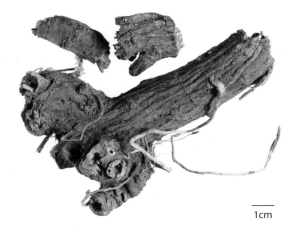

1cm

함유성분

뿌리에는 디테르페노이드 성분으로 euphpekinensin[1], 플라보노이드 성분으로 quercetin[2], 쿠마린 성분으로 7-hydroxycoumarin 등이 함유되어 있다. 또한 octadecanyl-3-methoxy-4-hydroxybenzeneacrylate, 2'2-dimethoxy-3'3-dihydroxy-5'5-O-6'6-biphenylformic anhydride, d-pinoresinol, 3,4-dimethoxybenzoic acid, 3,4-dihydroxybenzoic acid[2] 등이 함유되어 있다.

지상부에는 gallic acid, 3-O-galloyl-(-)-shikimic acid, corilagin, geraniin, quercetin-3-O-(2″-O-galloyl)-β-D-glucoside, kaempferol-3-O-(2″-O-galloyl)-β-D-glucoside, (-)-quinic acid, (-)-shikimic acid, ellagic acid, kaempferol, quercetin, quercitrin, rutin, quercetin-3-O-(2″-O-galloyl)-β-D-rutinoside, 1,3,4,6-tetra-O-galloyl -β-D-glucose[3] 등이 함유되어 있다.

octadecanyl-3-methoxy-4-hydroxybenzeneacrylate

2,2'-dimethoxy-3,3'-dihydroxy-5,5'-oxygen-6,6'-biphenylformic anhydride

약리작용

1. **이뇨**

   대극의 알코올 추출물은 개의 신장용적을 뚜렷하게 감소시키며 실험성 복수 Rat 모델에 대극을 달인 약액이나 알코올 침출액을 투여하면 뚜렷한 이뇨반응이 나타난다[4]. 대극을 달인 약액은 겐타마이신으로 유발된 Rat의 급성 신장기능부전을 해소하는 이뇨작용이 있다. 신사구체여과율과 신장세뇨관 재흡수에 불리한 영향이 있다[4].

2. **설사 유발**

   대극의 생것과 말린 것을 달인 약액은 동물의 적출회장에 대해 흥분작용이 있고 평활근의 장력을 강화할 수 있으며[4] 장유동 증가 및 설사 유발작용이 있다. 대극의 에탄올 및 열수 추출물에도 실험동물에 대한 사하작용이 있다[4].

3. **혈압강하**

   대극 추출액은 말초혈관에 대하여 확장작용이 있고 항아드레날린작용을 통해 혈압을 하강시키는 작용이 있다.

4. **진통**

   대극을 달인 약액을 위에 주입하면 전기자극을 받은 Mouse에 대해 진통작용이 있다[4].

5. **항염**

   대극의 석유에테르 추출물을 Mouse 혹은 Rat의 위에 주입하면, 카라기난으로 유발된 발바닥 종창을 경감할 수 있는데 복강에 주사하면 효과가 더욱 강력하다[4]. 애주번트 혹은 포름알데히드로 유발된 관절염에 대해 뚜렷한 항염활성이 있다. 또한 카라기난으로 유발된 Rat의 흉막염의 삼출액을 감소시키며 백혈구의 수치를 증가시킨다. 그 밖에 초산으로 유빌된 혈관투과성 증가를 억제할 수 있고 애주번트로 유발된 염증의 계발감염 및 손상을 억제할 수 있으며 케모카인과 세포유주를 억제한다[4].

대극 大戟 CP, KHP

6. 항종양

대극의 디테르페노이드 성분에는 세포독성이 있다[1]. 대극주사액을 사용하면 L615 백혈병에 걸린 Mouse의 생존기간을 연장할 수 있음과 동시에 암세포 S기의 유전자 합성을 저해한다[6].

7. 기타

알코올 추출물은 적출된 임신자궁에 대해 흥분작용이 있고 대극을 달인 약액은 개구리의 적출된 심장에 대해 고농도에서 억제작용이 있다[4]. 대극의 신선한 잎은 황색포도상구균과 녹농간균에 대하여 억제작용이 있다[4]. 대극 중의 플라보노이드 배당체는 I형 인체면역결핍바이러스(HIV-1)의 활성을 억제할 수 있다[5].

용도

대극은 중의임상에서 사용하는 약이다. 사수축음[瀉水逐陰, 수(水)를 없애고 음사(飮邪)를 배출시키는 효능], 소종산결[消腫散結, 옹저(癰疽)나 상처가 부은 것을 가라앉힘] 등의 효능이 있으며, 수종창만(水腫脹滿, 몸이 붓고 배가 몹시 불러오면서 속이 그득한 증상), 옹종창독(癰腫瘡毒, 살갗에 생기는 종기가 곪아 터진 뒤 오래도록 낫지 않아 부스럼이 되는 병증), 나력담핵(瘰癧痰核, 목 부위의 임파선 종기로 인하여 피하에 담으로 멍울이 생기는 병증) 등의 치료에 사용한다.

현대임상에서는 만성 인후염, 임파결핵, 간경화복수(肝硬化腹水, 간경화로 인해 배에 물이 차는 것), 신염수종(腎炎水腫, 신장염으로 인해 전신이 붓는 증상), 결핵성 흉막염, 임파결핵, 백일기침, 광조형 정신분열증, 급성 유선염, 골질증식, 유행성 이하선염 등[4]의 병증에 사용한다.

해설

중약 "18반(十八反)" 배합금기* 약재 중에는 대극과 감초를 함께 사용할 수 없는 것으로 되어 있다. 연구를 통하여 대극과 감초를 배합하여 사용하면 Mouse의 LD₅₀을 감소시킬 수 있고 독성을 증가시키며[4] 글루타민산 피루빈산 트랜스아미나제(GPT) 수치를 높일 수 있다[7]. 만약 대극과 감초를 분리하여 침출한 후에 다시 혼합하여 주사하면 독성이 일정 부분 경감되지만 여전히 단독사용에 비해 독성이 크다. 대극과 감초를 함께 사용하면 Rat의 알라닌아미노기전이효소(ALT), 크레아틴포스포키나아제, 젖산탈수소효소(LDH), γ-수산화부티레이트 탈수소효소(γ-HBDH), 총 단백질 등에 대해 단독으로 사용했을 때보다 수치가 상승하며 심장, 간장 등에 대한 독성이 증강된다[8]. 서로 다른 용량의 대극과 감초를 배합하여 사용할 때 특정한 사용량은 Mouse에 대하여 뚜렷한 독성 반응을 보이지 않는다. 또 다른 사용량은 Mouse의 체중을 낮추는데 심지어 사망에도 이르게 한다. 이러한 결과는 대극과 감초의 배합이 독성을 나타내거나 그러하지 않는 용량을 보여 주는 실험이다. 감초의 용량이 대극보다 많을 때 진통작용이 증강된다. 두 약을 혼합하여 사용했을 때 개구리의 적출심장과 실험집토끼의 소장에 대한 작용을 증강시키며 이뇨 및 사하작용이 감소된다[4].

전통적으로 대극이 감초를 꺼리는 약이라고 금하는데, 현대과학으로도 이에 대하여 일정 부분 입증되었다. 그러나 절대적인 것은 아니므로 이들에 대한 추가적인 연구가 필요하다.

참고문헌

1. LY Kong, Y Li, XL Wu, ZD Min. Cytoxic diterpenoids from *Euphorbia pekinensis*. *Planta Medica*. 2002, **68**(3): 249-252

2. 孔令義, 閔知大. 大戟根化學成分的研究. 藥學學報. 1996, **31**(7): 524-529

3. EI Hwang, BT Ahn, HB Lee, YK Kim, KS Lee, SH Bok, YT Kim, SU Kim. inhibitory activity for chitin synthase II from Saccharomyces cerevisiae by tannins and related compounds. *Planta Medica*. 2001, **67**(6): 501-504

4. 杜貴友, 方文賢. 有毒中藥現代研究與合理應用. 北京: 人民衛生出版社. 2003: 641-645

5. MJ Ahn, CY Kim, JS Lee, TG Kim, SH Kim, CK Lee, BB Lee, CG Shin, H Huh, J Kim. Inhibition of HIV-1 integrase by galloyl glucoses from Terminalia chebula and flavonol glycoside gallates from *Euphorbia pekinensis*. *Planta Medica*. 2002, **68**(5): 457-459

6. 尚溪瀛, 文成英, 劉麗波. 大戟注射液對L615白血病小鼠體內藥物實驗及DNA含量的檢測. 中醫藥學報. 2000, **2**: 76

7. 楊致禮, 王佑之, 吳成林, 陳懷濤, 黃有德, 王秋蟬, 陳雪峰. "十八反" 中海藻, 大戟, 甘遂和芫花反甘草組的毒性試驗. 中國中藥雜誌. 1989, **14**(2): 48-50

8. WQ Huang, Y Luo. Influence of Licorice root and Peking Euphorbia root in combination on function and pathological morphology of heart, liver and kidney in rats. *Chinese Journal of Clinical Rehabilitation*. 2004, **8**(30): 6804-6805

* 감초(甘草)와 감수(甘遂), 대극(大戟), 해조(海藻), 원화(芫花, *Daphne genkwa* Sieb. et Zucc)의 배합을 금하며, 오두(烏頭)와 패모(貝母), 괄루(瓜蔞), 반하(半夏), 백렴(白斂), 백급(白芨)의 배합을 금하고, 질려(藜蘆)와 인삼(人參), 사삼(沙參), 단삼(丹參), 현삼(玄參), 세신(細辛), 작약(芍藥)의 총 18품목의 배합을 금하는 것을 말함.

Evodia rutaecarpa (Juss.) Benth.
Medicinal Evodia

 개요

운향과(Rutaceae)

오수유(吳茱萸, *Evodia rutaecarpa* (Juss.) Benth.)의 갓 잘 익은 열매를 건조한 것

중약명: 오수유

쉬나무속(*Evodia*) 식물은 전 세계에 약 150종이 있으며 아시아, 아프리카 동부 및 대양주에 분포한다. 중국에 약 20종, 변이종 5종이 있다. 이 속에서 약으로 사용되는 것이 약 6종이며 이 종은 중국의 진령 이남 각 성에 분포한다.

'오수유'란 약명은 《신농본초경(神農本草經)》에 중품으로 처음 기재되었으며 역대 본초서적에 많이 기록되었으나 각 기록 속의 약재는 쉬나무속의 여러 종 식물이었다. 《중국약전(中國藥典)》(2015년 판)에 수록된 이 종은 중약 오수유의 법정기원식물 가운데 하나이다. 주요산지는 중국의 광서, 귀주, 운남, 사천이며 호남, 절강, 섬서 등에도 나는 것이 있다. 약용은 통상적으로 재배품 위주이다.

《대한민국약전》(11개정판)에는 오수유를 "운향과에 속하는 오수유(*Evodia rutaecarpa* Bentham), 석호(石虎, *Evodia rutaecarpa* Bentham var. *officinalis* Huang) 또는 소모오수유(疎毛吳茱萸, *Evodia rutaecarpa* Bentham var. *bodinieri* Huang)의 열매로서 거의 익어 벌어지기 전에 채취한다"로 등재하고 있다.

오수유에는 주로 알칼로이드 화합물, 에보디아민, 플라보노이드 등의 성분이 함유되어 있으며 정유도 있다. 오수유의 주요 활성성분으로는 퀴놀론 알칼로이드와 인돌퀴나졸린 알칼로이드 등이 있는데 이들 성분은 이 속 식물의 특징적 성분이다. 《중국약전》에서는 고속액체크로마토그래피법을 이용하여 건조시료 중 에보디아민과 루테카르핀의 총 함량을 0.15% 이상, 리모닌의 함량을 0.20% 이상으로 약재의 규격을 정하고 있다.

약리연구를 통하여 오수유에는 항염, 진통, 항위궤양, 혈전 형성 억제, 항균, 살충 등의 작용이 있는 것으로 알려져 있다.

한의학에서 오수유는 산한지통(散寒止痛), 소간하기(疏肝下氣), 온중조습(溫中燥濕) 등의 효능이 있다.

오수유 吳茱萸 *Evodia rutaecarpa* (Juss.) Benth.

오수유 吳茱萸 CP, KP, JP, VP

약재 오수유 藥材吳茱萸 Evodiae Fructus

1cm

함유성분

열매에는 알칼로이드 성분으로 evodiamine, rutaecarpine, hydroxyevodiamine, dihydrorutaecarpine, wuchuyine, evocarpine, dihydroevo-carpine, dehydroevodiamine[1-3], wuchuyuamides I, II[4], acetonylevodiamine[5], evodianinine[6], berberine[7], 리모닌 성분으로 limonin, rutae-vin, evodol, obacunone, 플라보노이드 성분으로 hyperoside, isorhamnetin-3-O-galactoside[8] 등이 함유되어 있다. 또한 정유성분으로 evodene[9]이 함유되어 있다.

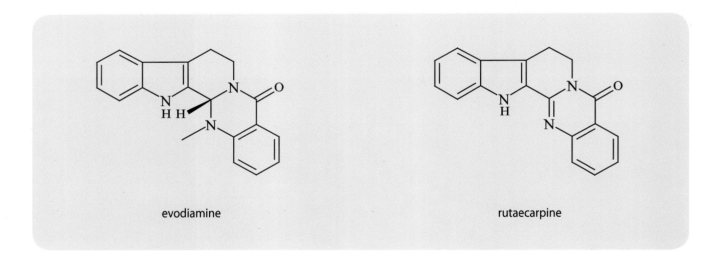

evodiamine

rutaecarpine

약리작용

1. 항염, 진통

    루테카르핀은 배양된 골수원성비대세포(BMCC)의 사이클로옥시게나제-1 및 사이클로옥시게나제-2 의존성 프로스타글란딘 D2의 신생과 외부에서 유입된 아라키돈산이 전화되어 생성된 프로스타글란딘 E2를 억제할 수 있다. 복강에 루테카르핀을 주사하면 카라기난으로 유발된 Rat의 발바닥 종창에도 억제작용이 있다. 오수유의 추출 부위를 위에 주입하면 애주번트관절염(AA)에 걸린 Rat의 뒷다리 종창을 뚜렷하게 감소시킬 수 있으며 Rat의 흉선과 비장지수를 뚜렷하게 개선할 수 있다[10-11].

2. 위장관에 대한 영향

    오수유 클로로포름 추출물은 정상적인 Mouse의 위장공복 유도를 억제할 수 있고 네오스티그민과 메토클로프라미드로 유발된 위장공복 항진을 길항할 수 있으며 아트로핀의 위장공복 억제작용을 증강시킬 수 있다. 또한 in vitro에서 염화바륨 및 아세틸콜린으로 유발된 Rat의 회장수축을 억제하고 평활근의 장력을 증가시킨다[12].

3. **심장 보호**

에보디아민과 루테카르핀은 기니피그의 적출된 심방의 수축력을 증강시키며 수축빈도를 증가시킬 수 있다. 루테카르핀은 항원공격으로 인한 기니피그의 심기능 억제를 감소시킬 수 있으며 내원성 칼시토닌 유전자와 관련 있는 펩타이드의 분비를 촉진하고 종양괴사인자-α(TNF-α)의 농도를 저하시킨다[13-14].

4. **혈압강하, 혈관확장**

정맥에 루테카르핀을 주사하면 Rat의 혈압을 낮추고 칼시토닌 유전자 관련 펩티드(CGRP)의 농도를 높일 수 있는데 이 작용은 캡사이이신 수용체(VR1)의 활성 및 CGRP의 분비 촉진과 관련이 있다[15].

5. **항혈소판응집**

루테카르핀은 in vitro에서 포스포리파아제 C의 활성을 억제함으로써 콜라겐으로 인한 혈소판응집을 억제할 수 있다[16]. 루테카르핀을 Mouse의 정맥에 주사하면 아스피린과 유사한 항혈소판응집작용이 있으며 아데노신이인산(ADP)에 의해 유발된 급성 폐혈전전색이 있는 Mouse의 사망률을 감소하는 등 항혈전 형성작용이 있다[17].

6. **항종양**

에보디아민은 결장암 26-L5, 루이스폐암종(LLC), 흑색종 B16-F10의 침습을 억제할 수 있고 접종결장암세포 26-L5가 있는 Mouse의 간과 폐의 전이율을 낮출 수 있다[18]. 에보디아민은 인체자궁경부암세포 HeLa의 카스파제 단백효소 의존성 괴사를 유발한다[19].

7. **학습기억 촉진**

데하이드로에보디아민에는 아세틸콜린효소 활성을 억제하고 아밀로이드유사단백(Aβ 25-35)으로 유도된 Mouse의 학습기억장애와 건망증을 억제할 수 있다[20].

8. **기타**

오수유의 열매 추출물이나 에보디아민을 Mouse 혹은 Rat에게 먹이면 신장과 부고환 주위 지방량 혈청 유리지방산, 간의 지질, 중성지방(TG), 콜레스테롤 등의 수준을 뚜렷하게 낮출 수 있다[21]. 루테카르핀은 항원공격으로 인한 기니피그의 치명적인 흉부대동맥 혈관의 수축반응을 억제할 수 있다[22].

용도

오수유는 중의임상에서 사용하는 약이다. 산한지통(散寒止痛, 오한을 없애고 통증을 멈추는 효능), 온중지역[溫中止逆, 중초(中焦)를 따뜻하게 하여 오심구토의 상역감을 가라앉힘], 조양지사(助陽止瀉, 보양하여 설사를 그치게 함) 등의 효능이 있으며, 한사(寒邪)로 인한 간경(肝經)의 모든 통증, 위한구토(胃寒嘔吐, 위가 허한 데다 한사를 받거나 찬 음식을 먹었을 때 위가 차져서 생기는 병증), 허한으로 인한 설사 등의 치료에 사용한다.

현대임상에서는 고혈압, 심교통(心絞痛, 가슴이 쥐어짜는 것처럼 몹시 아픈 것), 풍습성 관절염, 약물성 간 손상, 신경성 트림 등의 병증에 사용한다.

해 설

《중국약전》에서는 이 식물종 외 2종의 변이종을 수록했다. 석호(石虎, *Evodia rutaecarpa* (Juss.) Benth. var. *officinalis* (Dode) Huang)와 소모오수유(疏毛吳茱萸, *E. rutaecarpa* (Juss.) Benth. var. *bodinieri* (Dode) Huang)는 중약 오수유의 법정기원식물 내원종이다.

임상에서 사용하는 오수유는 대부분 포제과정을 거친 것이다. 하지만 오수유를 포제한 후에는 주요 활성성분인 알칼로이드의 함량에 변화가 발생한다. 동일한 품종에도 각기 다른 포제방법이 있는데 그와 함께 알칼로이드의 함량도 달라진다. 오수유의 서로 다른 품종은 알칼로이드 성분도 비교적 큰 차이가 있는데 이에 대한 추가적인 연구가 필요하다. 최근 사천에 오수유의 재배단지가 조성되었다.

참고문헌

1. R Tschesche, W Werner. Evocarpine, a new alkaloid from *Evodia rutaecarpa*. *Tetrahedron*. 1967, **23**(4): 1873-1881

2. T Kamikado, S Murakoshi, S Tamura. Structure elucidation and synthesis of alkaloids isolated from fruits of *Evodia rutaecarpa*. *Agricultural and Biological Chemistry*. 1978, **42**(8): 1515-1519

3. CH Park, SH Kim, W Choi, YJ Lee, JS Kim, SS Kang, YH Suh. Novel anticholinesterase and antiamnesic activities of dehydroevodiamine, a constituent of *Evodia rutaecarpa*. *Planta Medica*. 1996, **62**(5): 405-409

4. GY Zuo, XS Yang, XJ Hao. Two new indole alkaloids from *Evodia rutaecarpa*. *Chinese Chemical Letters*. 2000, **11**(2): 127-128

5. 左國營, 何紅平, 王斌貴, 洪鑫, 郝小江. 吳茱萸果實的一種新吲哚喹唑啉生物鹼-丙酮基吳茱萸鹼. 雲南植物研究. 2003, **25**(1): 103-106

6. QZ Wang, JY Liang. Studies on the chemical constituents of *Evodia rutaecarpa* (Juss.) Benth. *Acta Pharmaceutica Sinica*. 2004, **39**(8): 605-608

7. 張起輝, 高慧媛, 吳立軍, 張磊. 吳茱萸的化學成分. 瀋陽藥科大學學報. 2005, **22**(1): 12-14

8. 潘浪勝, 呂秀陽, 吳平東. 吳茱萸中二種黃酮類化合物的分離和鑒定. 中草藥. 2004, **35**(3): 259-260

9. 王銳, 倪京滿, 馬星. 中藥吳茱萸揮發油成分的研究. 中國藥學雜誌. 1993, **28**(1): 16-18

10. TC Moon, M Murakami, I Kudo, KH Son, HP Kim, SS Kang, HW Chang. A new class of COX-2 inhibitor, rutaecarpine from *Evodia rutaecarpa*. *Inflammation Research*. 1999, **48**(12): 621-625

11. 蓋玲, 蓋雲, 宋純清, 胡之璧. 吳茱萸B對大鼠佐劑性關節炎的治療作用. 中成藥. 2001, **23**(11): 807-808

12. 戴媛媛, 刘保林, 窦昌貴. 吳茱萸氯仿提取物對胃排空的影響. 中藥藥理與臨床. 2003, **19**(3): 16-19

13. Y Kobayashi, K Hoshikuma, Y Nakano, Y Yokoo, T Kamiya. The positive inotropic and chronotropic effects of evodiamine and rutaecarpine, indoloquinazoline alkaloids isolated from the fruits of *Evodia rutaecarpa*, on the guinea-pig isolated right atria:possible involvement of vanilloid receptors. *Planta Medica*. 2001, **67**(3): 244-248

14. 易宏輝, 让蔚清, 譚桂山, 徐康平, 劉桂珍, 李元建. 吳茱萸次鹼對心臟過敏損傷的保護作用. 中南藥學. 2003, **1**(5): 262-265

15. CP Hu, L Xiao, HW Deng, YJ Li. The depressor and vasodilator effects of rutaecarpine are mediated by calcitonin gene-related peptide. *Planta Medica*. 2003, **69**(2): 125-129

16. JR Sheu, YC Kan, WC Hung, CH Su, CH Lin, YM Lee, MH Yen. The antiplatelet activity of rutaecarpine, an alkaloid isolated from *Evodia rutaecarpa*, is mediated through inhibition of phospholipase C. *Thrombosis Research*. 1998, **92**(2): 53-64

17. JR Sheu, WC Hung, CH Wu, YM Lee, MH Yen. Antithrombotic effect of rutaecarpine, an alkaloid isolated from *Evodia rutaecarpa*, on platelet plug formation in *in vivo* experiments. *British Journal of Haematology*. 2000, **110**(1): 110-115

18. M Ogasawara, T Matsunaga, S Takahashi, I Saiki, H Suzuki. Anti-invasive and metastatic activities of evodiamine. *Biological* & *Pharmaceutical Bulletin*. 2002, **25**(11): 1491-1493

19. 費曉方, 王本祥, 池島喬. 吳茱萸鹼誘導人子宮頸癌HeLa細胞凋亡的機制研究. 藥學學報. 2002, **37**(9): 1348-1352

20. HH Wang, CJ Chou, JF Liao, CF Chen. Dehydroevodiamine attenuates beta-amyloid peptide-induced amnesia in mice. *European Journal of Pharmacology*. 2001, **413**: 221-225

21. Y Kobayashi, Y Nakano, M Kizaki, K Hoshikuma, Y Yokoo, T Kamiya. Capsaicin-like anti-obese activities of evodiamine from fruits of *Evodia rutaecarpa*, a vanilloid receptor agonist. *Planta Medica*. 2001, **67**(7): 628-633

22. 禹靜, 让蔚清, 譚桂山, 徐康平, 劉桂珍, 李元建. 吳茱萸次鹼和辣椒素對過敏反應所致血管收縮的影響. 中南藥學. 2003, **1**(4): 200-203

무화과 無花果 BP

Ficus carica L.

Fig

개요

뽕나무과(Moraceae)

무화과(無花果, *Ficus carica* L.)의 신선한 열매 및 건조한 열매

중약명: 무화과

무화과속(*Ficus*) 식물은 전 세계에 약 300종이 있으며 아프리카 동부, 아시아와 호주 등지에 분포한다. 중국에 약 40여 종이 있으며 이 속에서 약으로 사용되는 것이 19종, 아종 1종, 변이종 8종이 있다. 이 종의 원산지는 지중해와 아시아 서부이고 현재 중국 각지에서 재배되고 있다.

'무화과'란 약명은 《구황본초(救荒本草)》에 처음으로 기재되었다. 《영국약전(英國藥典)》에 수록된 이 종이 약물로 사용된다[1]. 주요 산지는 중국의 광동, 복건, 강소, 절강, 호북, 안휘, 하남, 산동, 운남, 대만 등이다. 신강(新疆)의 아도십(阿圖什)에 거대한 무화과 과수원이 있는데 '무화과의 고향'이라고 불린다[2].

무화과의 주요 활성성분으로는 쿠마린, 트리테르페노이드, 정유 등이 함유되어 있다[3]. 그중 페닐알데히드는 중요한 항암 활성성분이다[4].

약리연구를 통하여 무화과에는 항균, 인체면역기능 증강, 다양한 종양에 대한 억제작용이 있는 것으로 알려져 있다[5].

한의학에서 무화과는 청열생진(淸熱生津), 건비개위(健脾開胃), 해독소종(解毒消腫) 등의 효능이 있다.

무화과 無花果 *Ficus carica* L.

약재 무화과 藥材無花果 Fici Fructus

1cm

무화과 無花果 BP

함유성분

열매와 잎에는 쿠마린 성분으로 6-(2-methoxy-Z-vinyl)7-methyl-pyranocoumarins, bergapten, psoralen[6-7], umbelliferone, scopoletin[8], 스테로이드 성분으로 9,19-cyclopropane-24,25-ethyleneoxide-5-en-3β-spirostol[9], 사포닌 성분으로 Δ5,22-cyclopentyloxil-22-deisopentyl-3β-hydroxyl-furanstanol[10], 정유성분으로 α-propylfuran, p-methyl-phenylformic acid, phenyl aldehyde[11], 플라보노이드 성분으로 schaftoside, isoschaftoside[12] 등이 함유되어 있다. 또한 1α-O-[2'-(2'-methyl-5'-isopropyl-3'-enbihydrofuryl)]-β-D-lactose[10] 성분이 함유되어 있다.

bergapten

psoralen

약리작용

1. 항종양, 항돌연변이
   무화과 물 추출물을 위에 주입하면 Mouse의 에를리히복수암(EAC), 육종 S180, HepA 간암, 루이스폐암종(LLC) 등에 뚜렷한 억제작용이 있다[4]. 그 항종양작용은 아마도 무화과 다당이 슈퍼옥시드디스무타아제와 글루타치온과산화효소(GSH-Px)의 활성을 제고하여 활성산소의 농도를 낮추는 것과 연관된 것으로 생각된다[13]. In vitro에서 무화과 열매에서 얻어진 플라보노이드와 트리테르페노이드 화합물은 인체임파세포의 미핵 형성을 억제하며 미토마이신과 γ-선에 의해 유발된 임파세포전화율을 뚜렷하게 억제하는 작용이 있는데 이를 통해 뚜렷한 항돌연변이작용이 있음을 알 수 있다[14].

2. 면역기능에 대한 영향
   C3b수용체 로제트 검사를 통하여 무화과 추출액을 경구투여하면 육종이 있는 Mouse의 적혈구 면역기능을 제고한다[15]. 무화과의 물 추출물은 Mouse의 탄소분자제거율 K값을 일정하게 제고할 수 있으며 비장지수를 대조치보다 뚜렷하게 높일 수 있는데 이를 통하여 세포면역의 기능이 증강되는 것을 알 수 있다[4]. 무화과의 다당을 위에 주입하면 Mouse의 혈청 용혈효소의 항체 수준을 뚜렷하게 증가시키고 지발성과민반응(DTH)의 강도를 높인다. In vitro 실험에서 일정한 용량을 사용했을 경우 Mouse의 복강대식세포의 탐식활성을 뚜렷하게 증강시키는 것으로 밝혀졌다[16-17].

3. 진통
   무화과 추출액을 육종에 걸린 Mouse(열판자극)의 위 및 정상적인 Mouse(초산자극)의 위에 주입했을 때 모두 뚜렷한 진통작용이 있었다[18].

4. 기타
   무화과 잎의 추출물은 항균[19], 항뉴캐슬바이러스[20], 항단순포진바이러스[21], 혈압강하[22], 노화억제[23] 등의 작용이 있다.

용도

무화과는 중의임상에서 사용하는 약이다. 청열생진(清熱生津, 열기를 식히고 열로 인해 고갈된 진액을 회복시켜 줌), 건비개위[健脾開胃, 비(脾)를 튼튼하게 하고 위(胃)를 열어 줌], 해독소종[解毒消腫, 해독하여서 피부에 발생된 옹저(癰疽)나 상처가 부은 것을 삭아 없어지게 함] 등의 효능이 있으며, 인후종통(咽喉腫痛, 목 안이 붓고 아픈 증상), 건해사성, 장조변비(腸燥便秘, 대장의 진액이 줄어들어 대변이 굳어진 것), 식욕부진, 소화불량성 설사, 이질, 옹종[癰腫, 옹저(癰疽) 때 부어오른 것], 선질[癬疾, 인설(鱗屑)을 동반한 가려움증이 있는 피부질환] 등의 치료에 사용한다.
현대임상에서는 만성 설사, 치질 출혈, 위암, 장암, 식도암, 방광암 등의 병증에 사용한다.

해 설

무화과에는 단백질, 유지, 비타민, 아미노산, 다당류, 미량원소 등 영양성분이 풍부하여 영양적 가치가 아주 높은 식품이다. 현재 무화과는 재배에서부터 가공 및 판매에 대한 전문적인 업체가 있다. 무화과의 말린 과일, 설탕절임, 잼, 과즙발효주 등 각종 새로운 상품들이 시장에 출시되고 있다.

무화과 추출물은 항종류(抗肿瘤), 면역기능 강화, 항돌연변이작용 등이 있다. 무화과는 독이 없고 자원이 풍부하기 때문에 다양한 연구가치가 있으며 항종양, 항돌연변이, 항노화 등의 약물로 개발이 기대된다.

이외에 무화과 잎에는 비교적 높은 골질보강 물질이 들어 있고 광과민작용이 있으며 그 제제로는 백전풍(白癜風)을 치료할 수 있다. 무화과 잎과 열매에는 비교적 많은 셀레늄이 들어 있어 비교적 높은 항암작용이 있다[24].

참고문헌

1. British Pharmacopoeia Commission Office. British Pharmacopoeia. United Kingdom: British Pharmacopoeia Commission Office. 2002: 756

2. 融甫. 果中明珠無花果. 食品與生活. 2002, **4**: 52

3. 莫少紅. 無花果研究進展. 基層中藥雜誌. 1998, **12**(2): 54-55

4. 王佾先, 張香蓮, 高凌, 張琴芬, 亢壽海, 王業遵, 馬凱, 姜衛兵, 汪良駒. 無花果抗癌作用的研究. 癌症. 1990, **9**(3): 223-225

5. 徐新春, 吳明光. 無花果本草考證. 中國中藥雜誌. 2001, 26(6): 392

6. 尹衛平, 陳宏明, 王天欣, 蔡孟深. 具有抗癌活性的一个新的香豆素化合物. 中草藥. 1997, **28**(1): 3-4

7. 孟正木, 王佾先, 紀江, 鍾維濤. 無花果葉化學成分研究. 中國藥科大學學報. 1996, **27**(4): 202-204

8. MA Ashy, BAH EI-Tawil. Constituents of local plants. Part 7:The coumarin constituents of *Ficus carica* L. and *Convolvulus aeyranisis* L. *Pharmazie*. 1981, **36**(4): 297

9. 尹衛平, 陳宏明, 王天欣, 蔡孟深. 9, 19-环丙基-24, 25-环氧乙烷-5俙-3β螺甾醇的化學結构和抗癌活性. 中國藥物化學雜誌. 1997. **7**(1): 46-47

10. 尹衛平, 陳宏明, 王天欣, 蔡孟深, 閻福林, 吳標, 席茶英. 从無花果中提取新的皂苷和糖苷化合物及其活性研究. 中草藥. 1998, **29**(8): 505-507

11. 尹衛平, 陳宏明, 王天欣, 蔡孟深, 任桓甫, 紫整秋. 無花果抽提物抗肿瘤成分的分析. 新鄉醫學院學報. 1995, **12**(4): 316-319

12. F Siewek, K Herrmann, L Grotjahn, V Wray. Isomeric di-C-glycosylflavones in fig (*Ficus carica* L.). *Journal of Biosciences*. 1985, **40**(1-2): 8-12

13. 朱凡河, 王紹紅, 徐麗娟. 荷S180小鼠血清MDA, SOD和GSH-Px 的變化及無花果多糖對其影響. 中國民族民間醫藥雜誌. 2002, **4**: 231-232

14. 馬國建, 孟正木, 王佾先, 張琴芬, 薛开先. 無花果提取物致突變及抗突變研究. 癌變. 畸變. 突變. 2002, **14**(3): 177-180

15. 張琴芬, 王佾先, 亢壽海. 無花果口服液對紅細胞免疫功能的測定. 江蘇中醫. 1993, **14**(7): 44

16. 戴偉娟, 司端運, 辛勤, 王清. 無花果多糖免疫藥理作用的初步研究. 中國民族民間醫藥雜誌. 2000, **3**: 160-162

17. 戴偉娟, 司端運, 芬艾蘭, 辛勤, 王清. 無花果多糖對小鼠遲發型超敏反應的影響. 濟寧醫學院學報. 1999, **22**(4): 26-27

18. 王佾先, 張琴芬, 高凌, 徐榮華. 無花果提取液鎮痛作用的研究. 癌症. 1993, **12**(3): 265

19. 于福泉, 劉玉國. 無花果葉治療慢性腸炎. 山東醫藥工業. 2001, **20**(4): 45

20. 王桂亭, 王皥, 宋艷艷, 賈存顯, 姚蘋, 王志玉, 許洪芝. 無花果葉提取物抗新城疫病毒的實驗研究. 中國人獸共患病雜誌. 2005, **21**(8): 710-712

21. 王桂亭, 王皥, 宋艷艷, 賈存顯, 王志玉, 許洪芝. 無花果葉抗單純疱疹病毒的實驗研究. 中藥材. 2004, **27**(10): 754-756

22. 莊志發, 馮紫慧. 食藥兼用無花果的開發利用. 山東食品發酵. 2003, **3**: 47-49

23. 蕭碧玉, 鄧淑文, 馬龍, 吾爾古麗. 新疆維吾你族的几種藥食兼用果實對果蠅奉命的影響. 中國老年學雜誌. 1996, **16**: 291-292

24. 董善士, 祝昱, 安登魁, 王伯先, 高凌, 張琴芬. 中藥無花果及其口服液中微量元素硒的測定. 現代應用藥學. 1992, **9**(2): 57-59

Apiaceae

회향 茴香 CP, KP, BP, EP, IP, JP, VP, USP

Foeniculum vulgare Mill.

Fennel

 개요

산형과(Apiaceae/Umbelliferae)

회향(茴香, *Foeniculum vulgare* Mill.)의 잘 익은 열매를 건조한 것

중약명: 소회향(小茴香)

회향속(*Foeniculum*) 식물은 전 세계에 약 4종이 있으며 유럽, 아메리카 및 아시아 서부에 분포한다. 중국에 1종이 있는데 약으로 사용되며 중국 각지에서 재배가 가능하다.

회향은 '회향자(茴香子)'란 약명으로 《신수본초(新修本草)》에 처음 기재되었고, '소회향'이란 약명으로 《본초몽전(本草蒙筌)》에 처음 기재되었다. 옛 서적에 기록된 회향은 오늘날의 약용품종과 일치하며 《중국약전(中國藥典)》(2015년 판)에 수록된 이 종이 중약 소회향의 법정기원식물이다. 주요산지는 중국의 내몽고, 산서, 흑룡강 등이며 내몽고에서 나는 것이 질이 우수하고 산서의 생산량이 가장 많다. 그 밖에 남방 각지에서도 재배한다. 《대한민국약전》(11개정판)에는 회향을 "회향(*Foeniculum vulgare* Miller, 산형과)의 잘 익은 열매"로 등재하고 있다.

회향에는 주로 정유와 쿠마린 성분이 있다. 《중국약전》에서는 정유함량분석법을 이용하여 소회향 중 정유함량을 1.5%(mL/g) 이상, 가스크로마토그래피법을 이용하여 건조시료를 기준으로 트란스아네솔의 함량을 1.4% 이상으로, 음편(飮片) 중의 그 성분 함량을 1.3% 이상으로 약재의 규격을 정하고 있다.

약리연구를 통하여 회향에는 위장운동 촉진, 기관지평활근 이완, 항위궤양, 간 보호 등의 작용이 있는 것으로 알려져 있다.

한의학에서 회향은 산한지통(散寒止痛), 이기화위(理氣和胃) 등의 효능이 있다.

회향 茴香 *Foeniculum vulgare* Mill.

약재 소회향 藥材小茴香 Foeniculi Fructus

1cm

함유성분

열매에는 정유성분으로 trans-anethole, limonene, fenchone, estragole, γ-terpinene, α-pinene 등이 함유되어 있다. 또한 anisaldehyde, carvone, trans-β-ocimene[1-3] 등의 성분이 있으며, 쿠마린 성분으로 xanthotoxin, imperatorin, bergapten, marmesin[4], 글루코피라노사이드 성분으로 foeniculosides I, II, III, IV, V, VI, VII, VIII, IX, (1′R,1′S)-erythro-anethole-glycol-2′-O-β-D-glucopyranoside, (1S,2S,4S,6R,7S)-2,6,7-trihydroxy-fenchane-2-O-β-D-glucopyranoside, trans-p-menthane-7,8-diol 7-O-β-D-glucopyranoside[5-8] 등이 함유되어 있다.

잎과 꽃에는 또한 정유성분으로 limonene, trans-anethole, α-pinene[1], 그리고 쿠마린 성분으로 xanthotoxin, bergapten, isopimpinellin, scopoletin, umbelliferone, marmesin[9] 등이 함유되어 있다. 꽃에서는 Kaempferol-3-O-α-L-(2″,3″-di-E-p-coumaroyl)-rhamnoside 성분이 분리되었다[10].

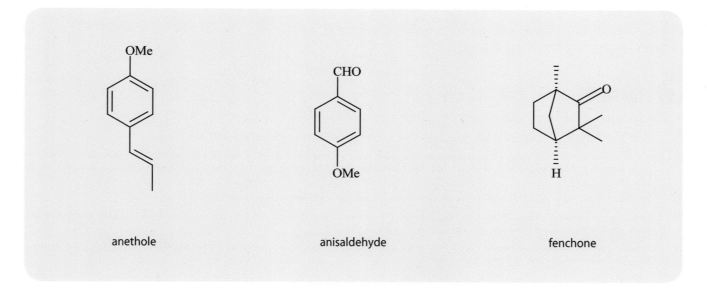

anethole   anisaldehyde   fenchone

약리작용

1. 위장운동 조절

   회향의 열수 추출물은 토끼의 적출된 장을 수축시키고 장의 유동운동을 촉진한다. 또한 회향을 복용시키면 펜토바르비탈나트륨에 의한 토끼의 위장운동 감퇴를 회복시킨다.

2. 항균

   In vitro 실험에서 회향의 정유 및 트랜스-아네톨과 펜촌은 대장간균, 살모넬라균, 황색포도상구균, 변형연쇄구균 등에 대해 뚜렷한 억제작용이 있다[11-12].

3. 간 보호

   회향의 정유는 사염화탄소로 유발된 Rat의 간섬유화에 대해 보호작용이 있다[13]. 회향분말 현탁액을 위에 주입하면 Rat의 간장염증을 억제하고 간세포를 보호하며 섬유화가 진행된 간장의 콜라겐을 분해하고 간장의 섬유화작용을 반전시키는데 그 작용기전은 아마도 지질과산화(LPO) 및 간성상세포(HSC)의 활성화 및 증식과 관련된 것으로 보인다[14].

4. 기관지평활근 이완

   회향의 정유 및 에탄올 추출물은 아세틸콜린으로 유발된 기니피그의 적출된 기관지경련에 뚜렷한 억제작용이 있는데 그 작용기전은 아마도 칼륨채널의 개방과 관련이 있을 것으로 생각된다[15].

5. 항돌연변이

   In vitro 실험에서 회향수 및 에탄올 추출물은 유리기 제거와 항산화작용이 있다[16]. 회향액을 위에 주입하면 시클로포스파미드로 유도된 Mouse의 골질세포염색체 돌연변이 유발빈도를 낮출 수 있다[17].

6. 살충

   회향의 추출물 및 펜촌은 진드기 및 모기에 대해 살멸작용이 있다[18-19].

7. 기타

   회향유, 아네톨, 아니스알데하이드 등은 in vitro에서 5-플루록시리딘에 대해 일정한 흡수억제작용이 있다[20-21].

용도

회향은 한의임상에서 사용하는 약이다. 산한지통(散寒止痛, 오한을 없애고 통증을 멈추는 효능), 이기화중[理氣和中, 이기하여 중초(中焦)를 조화롭게 하여 기능을 정상으로 만드는 효능] 등의 효능이 있으며, 한산복통[寒疝腹痛, 복통의 하나로 한습사(寒濕邪)가 배 안에 몰려 배가 매우 아픈 병증], 고환추창동통(睾丸墜脹疼痛, 고환이 늘어지고 부으면서 아픔), 하복냉통(下腹冷痛), 통경(痛經, 월경통), 중초허약, 한체[寒滯, 한기(寒氣)가 내려가지 않고 걸리거나 막히는 증상] 등의 치료에 사용한다.

현대임상에서는 위궤양, 만성 위염, 수술 후에 배가 부어오르는 것, 고환내막에 정액이 쌓인 것, 어린아이의 설사, 만성 인후염, 과민성 대장증후군, 턱관절장애 등의 병증에 사용한다.

해설

회향은 중국위생부에서 규정한 약식동원품목*의 하나이다. 회향은 약으로 사용되는 외에 그 줄기와 잎을 채소로 사용할 수 있고 열매는 조미료로 사용되는 등 용도가 다양한 식물이다.

참고문헌

1. 趙淑平, 叢浦珠, 權麗輝, 李重九. 小茴香揮發油的成分. 植物學報. 1991, **33**(1): 82-84

2. 吳玫涵, 聶凌雲, 劉雲, 張雷, 魏立平. 氣相色譜-質譜法分析不同產地小茴香藥材揮發油成分. 藥物分析雜誌. 2001, **21**(6): 415-418

3. MC Diaz-Maroto, IJ Diaz-Maroto Hidalgo, E Sanchez-Palomo, M Soledad Perez-Coello. Volatile components and key odorants of fennel (*Foeniculum vulgare* Mill.) and thyme (*Thymus vulgaris* L.) oil extracts obtained by simultaneous distillation-extraction and supercritical fluid extraction. *Journal of Agricultural and Food Chemistry*. 2005, **53**(13): 5385-5389

4. E AM El-Khrisy, AM Mahmoud, EA Abu-Mustafa. Chemical constituents of *Foeniculum vulgare fruits*. *Fitoterapia*. 1980, **51**(5): 273-275

5. M Ono, Y Ito, T Ishikawa, J Kitajima, Y Tanaka, Y Niiho, T Nohara. Five new monoterpene glycosides and other compounds from Foeniculi Fructus (fruit of *Foeniculum vulgare*). *Chemical & Pharmaceutical Bulletin*. 1996, **44**(2): 337-342

6. J Kitajima, T Ishikawa, Y Tanaka. Water-soluble constituents of fennel. II. Four erythro-anethole glycol glycosides and two p-hydroxyphenylpropylene glycol glycosides. *Chemical & Pharmaceutical Bulletin*. 1998, **46**(10): 1591-1594

7. T Ishikawa, J Kitajima, Y Tanaka. Water-soluble constituents of fennel. III. Fenchane-type monoterpenoid glycosides. *Chemical & Pharmaceutical Bulletin*. 1998, **46**(10): 1599-1602

8. T Ishikawa, J Kitajima, Y Tanaka. Water-soluble constituents of fennel. IV. Menthane-type monoterpenoids and their glycosides. *Chemical & Pharmaceutical Bulletin*. 1998, **46**(10): 1603-1606

9. ME Abdel-Fattah, KE Taha, MH Abdel Aziz, AA Missalem, EAM El-Khrisy. Chemical constituents of *Citrus Limonia* and *Foeniculum vulgare*. *Indian Journal of Heterocyclic Chemistry*. 2003, **13**(1): 45-48

10. FM Soliman, AH Shehata, AE Khaleel, SM Ezzat. An acylated kaempferol glycoside from flowers of *Foeniculum vulgare* and *F. dulce*. *Molecules*. 2002, **7**(2): 245-251

11. I Dadalioglu, GA Evrendilek. Chemical compositions and antibacterial effects of Essential Oils of Turkish Oregano (*Origanum minutiflorum*), Bay Laurel (*Laurus nobilis*), Spanish Lavender (*Lavandula stoechas* L.), and Fennel (*Foeniculum vulgare*) on common foodborne pathogens. *Journal of Agricultural and Food Chemistry*. 2004, **52**(26): 8255-8260

12. JS Park, HH Baek, DH Bai, TK Oh, CH Lee. Antibacterial activity of fennel (*Foeniculum vulgare* Mill.) seed essential oil against the growth of *Streptococcus mutans*. *Food Science and Biotechnology*. 2004, **13**(5): 581-585

13. H Oezbek, S Ugras, I Bayram, I Uygan, E Erdogan, A Oeztuerk, Z Huyut. Hepatoprotective effect of *Foeniculum vulgare* essential oil:a carbon- tetrachloride induced liver fibrosis model in rats. *Scandinavian Journal of Laboratory Animal Science*. 2004, **31**(1): 9-17

14. 甘子明, 方志遠. 中藥小茴香對大鼠肝纖維化的預防作用. 新疆醫科大學學報. 2004, **27**(6): 566-568

15. MH Boskabady, A Khatami, A Nazari. Possible mechanism(s) for relaxant effects of *Foeniculum vulgare* on guinea pig tracheal chains. *Pharmazie*. 2004, **59**(7): 561-564

16. M Oktay, I Gulcin, OI Kufrevioglu. Determination of *in vitro* antioxidant activity of fennel (*Foeniculum vulgare*) seed extracts. *Lebensmittel-Wissenschaft und-Technologie*. 2003, **36**(2): 263-271

17. 多力坤. 買買提玉素甫, 王德萍, 艾台買提, 古麗思瑪依, 牙里坤. 小茴香和洋茴香抗突變作用的初步研究. 中國公共衛生. 2001, **17**(7): 647

18. HS Lee. Acaricidal activity of constituents identified in *Foeniculum vulgare* fruit oil against *Dermatophagoides* spp. (Acari:Pyroglyphidae). *Journal of Agricultural and Food Chemistry*. 2004, **52**(10): 2887-2889

19. AF Traboulsi, S El-Haj, M Tueni, K Taoubi, NA Nader, A Mrad. Repellency and toxicity of aromatic plant extracts against the mosquito *Culex pipiens molestus* (Diptera:Culicidae). *Pest Management Science*. 2005, **61**(6): 597-604

20. 沈琦, 徐蓮英. 小茴香對5-氟脲嘧啶的促滲作用研究. 中成藥. 2001, **23**(7): 469-471

21. 沈琦, 孫霞, 邱明豐, 賈偉, 徐蓮英. 茴香醛, 茴香腦以及肉桂醛對5-氟脲嘧啶體外透皮吸收的影響. 中國天然藥物. 2005, **3**(2):101-105

* 부록(502~505쪽) 참고

회향 대규모 재배단지

연교 連翹 CP, KP, JP, VP

Forsythia suspensa (Thunb.) Vahl
Weeping Forsythia

 개요

물푸레나무과(Oleaceae)

연교(連翹, *Forsythia suspensa* (Thunb.) Vahl)의 잘 익은 열매를 건조한 것

중약명: 연교

개나리속(*Forsythia*) 식물은 전 세계에 약 11종이 있으며 주로 아시아 동부 지역에 분포한다. 중국에 약 7종, 변이종 1종이 있으며 이 속에서 약으로 사용되는 것이 6종이다. 이 종은 중국의 하북, 산서, 섬서, 감숙, 산동, 강소, 안휘, 하남, 호북, 사천 등에 분포한다.

'연교'란 약명은 《신농본초경(神農本草經)》에 하품으로 처음 기재되었으며 역대 본초서적에 많이 기록되어 있다. 《중국약전(中國藥典)》(2015년 판)에 수록된 이 종은 중약 연교의 법정기원식물이다. 이 품목이 많이 재배되는 주요산지는 중국의 섬서, 산서, 하남, 산동 등이다. 《대한민국약전》(11개정판)에는 연교를 "물푸레나무과에 속하는 의성개나리(*Forsythia viridissima* Lindley) 또는 연교(*Forsythia suspensa* Vah)의 열매이다. 열매가 막 익기 시작하여 녹색 빛이 남아 있을 때 채취하여 쪄서 말린 것을 청교(靑翹)라 하고, 완전히 익었을 때 채취하여 말린 것을 노교(老翹)라 한다"로 등재하고 있다.

연교의 주요 활성성분으로는 리그난 및 리그난 속의 배당체, 페닐에타노이드 배당체, 에칠사이클로헥산올 등이 있다. 《중국약전》에서는 고속액체크로마토그래피법을 이용하여 건조시료를 기준으로 측정 시 포르시딘의 함량을 0.15% 이상, 포르시토사이드의 함량을 0.25% 이상으로 약재의 규격을 정하고 있다.

약리연구를 통하여 연교에는 항병원미생물, 항염, 해열, 진토(鎭吐), 이뇨, 강심(强心), 항종양 등의 작용이 있는 것으로 알려져 있다.

한의학에서 연교는 청열해독(淸熱解毒), 소종산결(消腫散結) 등의 효능이 있다.

연교 連翹 *Forsythia suspensa* (Thunb.) Vahl

약재 연교 藥材連翹 Forsythiae Fructus

1cm

함유성분

열매에는 리그난류 성분으로 phillygenin, (+)-pinoresinol, phillyrin, (+)-pinoresinol-β-D-glucoside[1], (+)-epipinoresinol-β-D-glucoside, (+)-pinoresinol monomethyl ether-β-D-glucoside[2], forsythenside A, B[3], forsythenin, ocotillone, ocotillol monoacetate[4], calceolarioside A, plantainoside A[5], 트리테르페노이드 성분으로 3β-acetyl-20,25-epoxydammarane-24α-ol, 3β-acetyl-20,25-epoxydammarane-24β-ol[6], phenylethanoid glycosides, forsythosides A, B, C, D, E[5, 7-8], 에칠시클로헥사놀 성분으로 rengyosides A, B, C[10], suspensasides A, B[11], rengyol[8], rengyoxide[8], rengyolone[8], p-hydroxy phenylacetic acid[2] 등이 함유되어 있다.

잎과 꽃에는 (+)-pinoresinol-β-D-glucopyranoside[12], rutin[13], forsythiaside, suspensaside, acteoside, β-hydroxyacteoside[14] 등의 성분이 함유되어 있다.

줄기껍질에는 (+)-epipinoresinol-4″-β-D-glucoside[1] 등의 성분이 함유되어 있다.

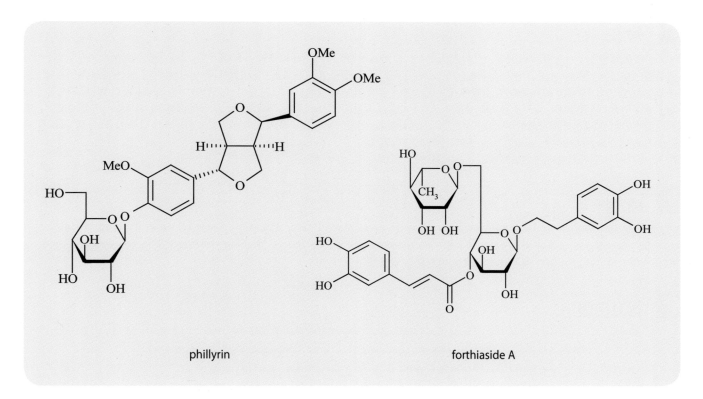

phillyrin

forthiaside A

 약리작용

1. 항병원미생물

연교 열매의 추출물은 *in vitro*에서 황색포도상구균, 폐렴연쇄구균[15], 백색포도상구균, A형 연쇄구균[16] 등에 대하여 모두 억제작용이 있다. 연교 물 추출물은 인체자궁암세포 HeLa 중의 호흡기세포융합바이러스(RSV)를 억제할 수 있으며[17] 인체인후암세포 Hep-2의 I형 단순포진바이러스(HSV-1)의 복제를 억제할 수 있다[18].

2. 항염

포르시토사이드는 *in vitro*에서 엘라스타제의 활성을 억제할 수 있는데 이로써 항염활성이 나타난다[19]. 연교 추출물은 대장간균으로 인해 복막염에 걸린 Rat의 염증성 인자 과다노출을 억제할 수 있다[20]. 연교 중의 페네틸 배당체는 리폭시게나제의 활성을 억제할 수 있으며 리그난은 포스포디에스테라아제의 활성을 억제할 수 있다.

3. 강혈지(降血脂), 다이어트

필리린은 고지혈에 걸린 Mouse의 총콜레스테롤(TC)과 트리글리세리드 및 저밀도단백콜레스테롤(LDL-C)을 낮춰 주며 고밀도지단백콜레스테롤(HDL-C)의 함량을 높여 주고[21] 죽상동맥경화 지수를 낮춘다. 영양성 비만에 걸린 Mouse의 지방습중(脂肪濕重)과 지방계수를 낮추며 지방세포의 수를 증가하고 세포직경을 줄인다. 공장용모의 표면적을 줄이고 Lee's 수치를 감소시키는 등 다이어트 효과가 있다[22].

4. 간 보호

연교잎 추출물은 알록산으로 인한 Mouse의 산화적 손상인 간장, 심근, 대퇴근, 뇌조직, 적혈구 등의 말론디알데하이드(MDA), 슈

연교 連翹 CP, KP, JP, VP

퍼옥시드디스무타아제(SOD), 페록시다아제, 혈청 알라닌아미노기전이효소(ALT), 아스파르트산아미노기전달효소(AST), 알칼리포스파타제(ALP) 등의 비정상적인 과다생성을 억제한다[23]. 연교를 달인 약액은 사염화탄소(CCl₄)로 인해 간 손상이 유발된 Rat의 혈청 글루타민산 피루브산 트랜스아미나제(GPT), ALP 등을 낮춤과 동시에 CCl₄ 중독에 대해 예방효과가 있다[24].

5. 기타

연교 추출물은 원숭이 피하에 주사된 아포모르핀과 표범과 개구리에 구리황산을 투여하여 유발된 구토를 억제할 수 있다[25]. 포르시토사이드는 노르에피네프린으로 유도된 Rat의 혈관수축에 이완작용이 있다[26]. 연교 중의 타닌성분은 암전이인자 및 수용체의 활성을 억제할 수 있으며 *in vitro*에서 종양세포의 전이와 혈관생장을 억제할 수 있다[27]. 포르시토사이드는 과산화유리전자와 수산화유리전자에 비교적 강한 제거작용이 있다[28]. 필리린은 고지혈 ICR Mouse의 혈장 중에 MDA가 축적되는 것을 억제하고 SOD, 카탈라아제의 활성을 촉진한다[21].

용도

연교는 중의임상에서 사용하는 약이다. 청열해독(清熱解毒, 화열을 깨끗이 제거하고 몸의 독을 없이함), 소옹산결(消癰散結, 큰 종기나 상처가 부은 것을 삭아 없어지게 하고 뭉치거나 몰린 것을 헤치는 효능), 소산풍열(疏散風熱, 풍사(風邪)와 열사(熱邪)를 소산(消散)시키는 것] 등의 효능이 있으며, 옹종창독(癰腫瘡毒, 살갗에 생기는 종기가 곪아 터진 뒤 오래도록 낫지 않아 부스럼이 되는 병증), 나력(瘰癧, 림프절에 멍울이 생긴 병증), 담핵(痰核, 피하에 담으로 멍울이 생기는 병증), 외감풍열[外感風熱, 외감(外感) 중 풍열(風熱)이 인체로 침입한 증상], 온병초기[溫病初起, 외감열병(外感熱病)의 초기], 열림삽통(熱淋澀痛, 임병의 하나로 오줌의 빛이 붉어지고 아랫배가 몹시 아픔) 등의 치료에 사용한다. 일반적으로 사용하는 처방으로는 은교산(銀翹散)이 있다.

현대임상에서는 임파절결핵(淋巴結結核), 신결핵(腎結核), 요로감염, 급성 폐농양 등의 병증에 사용한다.

해설

연교의 전통적인 약용 부위는 씨가 달린 열매이다. 연교의 줄기와 잎은 민간에서 사용한다. 근래의 연구에서 연교의 줄기와 잎에 들어 있는 많은 함유성분과 열매의 함유성분은 유사한 것으로 밝혀졌는데[23] 그중 필리린, 포르시토사이드의 함량은 열매보다 높다. 또한 여러 가지 영양성분이 들어 있기 때문에[29] 새로운 자원으로 개발할 가치가 있다.

참고문헌

1. H Tsukamoto, S Hisada, S Nishibe. Studies on the lignans from Oleaceae plants. *Tennen Yuki Kagobutsu Toronkai Koen Yoshishu*. 1983, **26**: 181-188

2. DL Liu, SX Xu, WF Wang. A novel lignan glucoside from *Forsythia suspensa* Vahl. *Journal of Chinese Pharmaceutical Sciences*. 1998, **7**(1): 49-51

3. DS Ming, DQ Yu, SS Yu. New Quinoid Glycosides from *Forsythia suspensa*. *Journal of Natural Products*. 1998, **61**(3): 377-379

4. DS Ming, DQ Yu, SS Yu, J Liu, CH He. A new furofuran mono-lactone from *Forsythia suspensa*. *Journal of Asian Natural Products Research*. 1999, **1**(3): 221-226

5. 張東雷, 張楊, 徐綏緒, 王喆星. 連翹中苯乙苷類化合物. 中國藥學. 1998, **7**(2): 103-105

6. ASS Rouf, Y Ozaki, MA Rashid, J Rui. Dammarane derivatives from the dried fruits of *Forsythia suspensa*. *Phytochemistry*. 2001, **56**(8): 815-818

7. K Endo, H Hikino. Validity of oriental medicine. Part 44. Structures of forsythoside C and D, antibacterial principles of *Forsythia suspensa* fruits. *Heterocycles*. 1982, **19**(11): 2033-2036

8. K Endo, H Hikino. Structures of rengyol, rengyoxide, and rengyolone, new cyclohexylethane derivatives from *Forsythia suspensa* fruits. *Canadian Journal of Chemistry*. 1984, **62**(10): 2011-2014

9. S Nishibe, K Okabe, H Tsukamoto, A Sakushima, S Hisada, H Baba, T Akisada. Studies on the Chinese crude drug "forsythiae fructus". VI. The structure and antibacterial activity of suspensaside isolated from Forsythia suspensa. *Chemical & Pharmaceutical Bulletin*. 1982, **30**(12): 4548-4553

10. K Seya, K Endo, H Hikino. Structures of rengyosides A, B, and C, three glucosides of *Forsythia suspensa* fruits. *Phytochemistry*. 1989, **28**(5): 1495-1498

11. DS Ming, DQ Yu, SS Yu. Two new caffeyol glycosides from *Forsythia suspensa*. *Journal of Asian Natural Products Research*. 1999, **1**(4): 327-335

12. M Tokar, B Klimek. The content of lignan glycosides in Forsythia flowers and leaves. *Acta Poloniae Pharmaceutica*. 2004, **61**(4): 273-278

13. B Klimek, M Tokar. Determination of rutin by HPLC in flowers and leaves of *Forsythia* species. *Herba Polonica*. 2000, **46**(4): 261-266

14. Y Noro, Y Hisata, K Okuda, T Kawamura, T Tanaka, S Nishibe. Phenylethanoid glycosides in the leaves of *Forsythia* spp. *Shoyakugaku Zasshi*. 1992, **46**(3): 254-256

15. 白雲娥, 漆小梅, 楊國紅, 李青山, 王明傑. 連翹提取的物體外抗菌試驗. 山西醫科大學學報. 2003, **34**(6): 506-507

16. 牛新華, 邱世翠, 邸大琳, 柏學蓮, 高飛. 連翹體外抑菌作用的研究. 時珍國醫國藥. 2002, **13**(6): 342-343

17. 田文靜, 李洪源, 姚振江, 董艷梅, 邱海岩, 韓志剛. 連翹抑制呼吸道合胞病毒作用的實驗研究. 哈爾濱醫科大學學報. 2004, **38**(5): 421-423

18. 劉穎娟, 楊占秋, 蕭紅, 文利. 中藥連翹有效成分體外抗單純性皰疹病毒的實驗研究. 湖北中醫學院學報. 2004, **6**(1): 36-38

19. 張立偉, 趙春貴, 王進東, 楊頻. 連翹酯苷分離提取及抑制彈性蛋白酶活性研究. 化學研究與應用. 2002, **14**(2): 219-221

20. 傅強, 崔華雷, 崔乃傑. 連翹提取物抑制內毒素誘導的炎症反應的實驗研究. 天津醫藥. 2003, **31**(3): 161-163

21. 趙詠梅, 李發榮, 楊建雄, 梁俊, 張利順. 連翹苷降血脂及抗氧化作用的實驗研究. 天然藥物研究與開發. 2005, **17**(2): 157-159

22. 趙詠梅, 李發榮, 楊建雄, 安小寧, 周敏鵑. 連翹苷對營養性肥胖小鼠減肥作用的影響. 中藥材. 2005, **28**(2): 123-124

23. 朱淑雲, 楊建雄, 李發榮. 連翹葉提取物對小鼠氧化損傷的保護作用. 中藥藥理與臨床. 2004, **20**(1): 18-20

24. 徐春媚, 王文生, 曹艷紅, 徐志敏. 連翹護肝作用的實驗研究. 黑龍江醫藥科學. 2001, **24**(1): 10, 12

25. K Kinoshita, T Kawai, T Imaizumi, Y Akita, K Koyama, K Takahashi. Anti-emetic principles of *Inula linariaefolia* flowers and *Forsythia suspensa fruits. Phytomedicine.* 1996, **3**(1): 51-58

26. T Iizuka, M Nagai. Vasorelaxant effects of forsythiaside from the fruits of *Forsythia suspensa. Yakugaku Zasshi.* 2005, **125**(2): 219-224

27. X Chen, JA Beutler, TG McCloud, A Loehfelm, Y Lu, HF Dong, OY Chertov, R Salcedo, JJ Oppenheim, OMZ Howard. Tannic acid is an inhibitor of CXCL12 (SDF-1α)/ CXCR4 with antiangiogenic activity. *Clinical Cancer Research.* 2003, **9**(8): 3115-3123

28. 張立偉, 趙春貴, 楊頻. 連翹酯苷抗氧化活性及構效關係研究. 中國藥學雜誌. 2003, **38**(5): 334-337

29. 李發榮, 段飛, 楊建雄. 中藥連翹及連翹葉中連翹苷含量的比較研究. 西北植物學報. 2004, **24**(4): 725-727

물푸레나무 苦櫪白蠟樹 ^{CP, KHP}

Fraxinus rhynchophylla Hance

Retuse Ash

개요

물푸레나무과(Oleaceae)

물푸레나무(苦櫪白蠟樹, *Fraxinus rhynchophylla* Hance)의 나무껍질을 건조한 것

중약명: 진피(秦皮)

물푸레나무속(*Fraxinus*) 식물은 전 세계에 약 60종이 있으며 대부분이 북온대에 분포한다. 중국에 27종, 변이종 1종이 있으며 중국 각지 모든 성에 분포한다. 약으로 사용되는 것은 8종이다.

'진피'는 《신농본초경(神農本草經)》에 처음으로 기재되었다. 역사상의 진피 정품은 물푸레나무과 물푸레나무속 식물의 나무껍질인데 최초로 사용된 것은 소엽침(小葉梣, *Fraxinus bungeana* DC.)이었다. 이후에 절강의 백랍수(白蠟樹, *F. chinensis* Roxb.)의 나무껍질이 약으로 사용되었다. 근래에 자원 및 환경 변화에 따라 진피의 약용식물의 종류는 다소 달라졌지만 여전히 물푸레나무속 식물을 약용으로 사용한다. 《중국약전(中國藥典)》(2015년 판)에는 4종이 수록되었는데 이 종이 중약 진피의 법정기원식물 내원종 가운데 하나이다. 주요산지는 중국의 요녕, 길림의 혼강(渾江)이며 동북진피(東北秦皮)라고도 불린다. 《대한민국약전외한약(생약)규격집》(제4개정판)에는 진피를 "물푸레나무과에 속하는 물푸레나무(*Fraxinus rhynchophylla* Hance) 또는 동속근연식물의 줄기껍질 또는 가지껍질"로 등재하고 있다.

물푸레나무속 식물의 주요 활성성분은 쿠마린이다. 《중국약전》에서는 고속액체크로마토그래피법을 이용하여 건조시료 중 에스쿨린 수화물과 에스쿨레 총 함량을 1.0% 이상으로, 음편(飲片) 중 두 성분 함량을 0.80% 이상으로 약재의 규격을 정하고 있다.

약리연구를 통하여 물푸레나무의 줄기껍질 및 나무껍질에는 항염, 항과민, 이뇨, 항균 등의 작용이 있는 것으로 알려져 있다.

한의학에서 진피는 청열조습(淸熱燥濕), 수삽(收澀), 명목(明目) 등의 효능이 있다.

물푸레나무 苦櫪白蠟樹 *Fraxinus rhynchophylla* Hance

약재 진피 藥材秦皮
Fraxini rhynchophyllae Cortex

5cm

첨엽백랍수 尖葉白蠟樹 *F. szaboana* Lingelsh.

함유성분

나무껍질에는 쿠마린 성분으로 aesculin, aesculetin[1], 6,7-dimethoxy-8- hydroxycoumarin, fraxin[2] 등이 함유되어 있다.
잎에는 aesculin, cichoriin, scopolin, fraxin[3] 등의 성분이 함유되어 있다.

aesculin

aesculetin

물푸레나무 苦櫪白蠟樹 CP, KHP

약리작용

1. **항균**

   진피를 달인 약액은 *in vitro*에서 황색포도상구균 NCT8530, 플렉스네리이질간균 2156, 손네이질간균 1928, 상한간균 0034n, 부상한간균 0007[4], 표피포도상구균[5] 등 여러 종의 세균에 대해 억제작용이 있다.

2. **항염**

   에스쿨린, 에스쿨레틴, 프락신을 복강에 주사하면 카라기난, 텍스트란, 5-하이드록시트립타민, 히스타민, 포름알데히드 등으로 유도된 Rat의 발바닥 종창과 면구육아종을 억제할 수 있다. 진피의 과립제는 전십자인대 절단으로 유발된 토끼의 관절연골 중 기질금속단백효소-1(MMP-1)과 관절액 중의 일산화질소, 프로스타글란딘 E_2의 농도를 뚜렷하게 낮추어 골관절염 발생을 감소시킨다[6]. 진피의 쿠마린을 위에 주입하면 요산나트륨(MSU)으로 유발된 Rat의 급성 발바닥 종창과 집토끼의 급성 통풍성 관절염에 뚜렷한 예방작용이 있다[7].

3. **진해(鎭咳), 거담(祛痰), 평천(平喘)**

   에스쿨린, 에스쿨레틴을 복강에 주사하면 뚜렷한 진해작용, 거담작용 및 평천작용 등이 있다.

4. **기타**

   에스쿨린, 에스쿨레틴에는 진정, 항경련 및 진통작용이 있고 요산 배설을 촉진한다. 에스쿨레틴에는 항응혈과 항혈소판응집작용이 있고 과민반응유발 LTS에 의해 유발된 혈관수축에 대해 보호작용이 있다.

용도

진피는 중의임상에서 사용하는 약이다. 청열조습[淸熱燥濕, 열기를 내리며 습사(濕邪)를 제거하는 것], 청간명목(淸肝明目, 간열을 식혀서 눈을 맑게 함), 지해평천(止咳平喘, 기침을 멈추게 하고 천식을 안정되게 함) 등의 효능이 있으며, 열독으로 인한 설사와 이질, 습열대하[濕熱帶下, 몸 안에 습열이 성해서 대맥(帶脈)의 기능이 저하되어 생긴 대하 증상], 목적종통(目赤腫痛, 눈의 흰자위에 핏발이 서고 부으며 아픈 병증), 눈에 생기는 예막(瞖膜, 흑정이 뿌옇게 흐려지고 시력장애가 따르는 증상), 폐열로 인한 해수(咳嗽, 기침) 등의 치료에 사용한다.

현대임상에서는 만성 기관지염, 우피선[牛皮癬, 완선(頑癬)], 세균성 이질, 급성 간염, 눈 다래끼 등의 병증에 사용한다.

해 설

《중국약전》에 수록된 중약 진피의 법정기원식물은 아래의 3종 동속식물도 포함된다.

첨엽백랍수(尖葉白蠟樹, *Fraxinus szaboana* Lingelsh.)의 줄기껍질과 나무껍질에 함유된 쿠마린 화합물로는 에스쿨린, 에스쿨레틴, 프락신, 스코폴레틴[10-11] 및 2,6-dimethoxy-p-benzoquinone, N-phenyl-2-naphthylamine[11] 등이 있다.

숙주백랍수(宿柱白蠟樹, *F. stylosa* Lingelsh.)의 줄기껍질과 나무껍질에 함유된 쿠마린 성분으로는 에스쿨린, 에스쿨레틴, 프락신, 시린진, stylosin[8], 프락세틴[9] 등이 있다.

백랍수(白蠟樹, *F. chinensis* Roxb.)의 줄기껍질과 나무껍질에 함유된 쿠마린 성분으로는 에스쿨린, 에스쿨레틴, 프락신, 시린진[12], fraxetin-8-glucoside, esculetin-6-O-glucoside[13], 프락세틴 등이 있다.

줄기껍질과 나무껍질에 함유된 리그난 성분으로는 (+)-pinoresinol, (+)-acetoxypinoresinol, (+)-pinoresinol-β-D-glucopyranoside, (+)-syringaresinol-4,4'-O-bis-β-D-glucopyranoside, (+)-cycloolivil[14], (+)-pinoresino-4'-O-β-D-glucoside 등이 있다.

트리테르페놀 성분으로는 우르솔산이 있다[15].

백랍수의 잎에는 올러유러핀, 네오올러유러핀, 시코리인, 프락시노사이드 등이 있다[16].

백랍수는 밀깍지벌레과 곤충 백랍충(白蠟蟲, *Ericerus pela* (Chavannes) Guerin)의 웅체가 서식하는 식물이어서 얻어진 이름이다. 백랍충이 분비한 납입약(蠟入藥)의 명칭은 충백랍(蟲白蠟)이다. 충백랍은 기계공업, 제지공업, 전자공업, 피혁공업에서 없어서는 안 될 원료이다.

진피는 동일한 지역에 서로 다른 품종이 있거나 혹은 동일한 품종이 다른 지역에 있는데 그 소속 지역에 따라 유효성분인 에스쿨린, 에스쿨레틴 등 쿠마린 성분의 차이가 뚜렷하게 나타난다. 그중 섬서 낙남현(洛南縣), 단봉현(丹鳳縣) 일대의 진피가 품질이 우수하다. 이곳은 백랍수의 재배단지가 조성될 수 있는 중요한 지역이다[19].

그 밖에 진피 중의 쿠마린 등 유효성분은 줄기껍질의 끝부분일수록 함량이 더 높다. 나무껍질에는 함량이 비교적 낮아《중국약전》의 규정에 도달하지 못하고 있다. 진피의 음편포제 과정 중 '세정(洗淨)'과 '윤투(潤透, soaking)'는 쿠마린 성분에 비교적 큰 영향을 준다[20].

참고문헌

1. 張秀琴, 徐禮燊. 秦皮中秦皮素的極譜測定. 藥學學報. 1982, **17**(4): 305-308

2. 劉麗梅, 王瑞海, 陳琳, 吳萍, 王麗. 秦皮化學成分的研究. 中草藥. 2003, **34**(10): 889-890

3. YS Kwon, CM Kim. Chemical constituents from leaves of Fraxinus *rhynchophylla. Saengyak Hakhoechi*. 1996, **27**(4): 347-349

4. 楊天鳴, 葛欣, 王曉妮. 秦皮抗菌作用研究. 西北國防醫學雜誌. 2003, **24**(5): 387-388

5. 李仲興, 王秀華, 岳雲升, 趙寶珍, 陳晶波, 李繼紅. 用新方法進行秦皮對308株臨床菌株的體外抑菌活性研究. 中醫藥研究. 2000, **16**(5): 51-53

6. 劉世清, 賀翎, 彭昊, 劉軍. 秦皮對兔實驗性關節炎的基質金屬蛋白酶-1和一氧化氮及前列腺素E2的作用. 中國臨床康復. 2005, **9**(6): 150-152

7. 趙軍寧, 王曉東, 彭曉華, 戴瑛, 宋軍, 鄧治文. 秦皮總香豆素對實驗性痛風性關節炎的影響. 中國藥理通訊. 2003, **20**(2): 61

8. 郭希聖, 章育中. 中藥秦皮的化學研究. 藥學學報. 1983, **18**(6): 434-439

9. 郭希聖, 章育中. 秦皮中香豆素成分的薄層分離和光密度法測定. 藥學學報. 1983, **18**(6): 446-452

10. 鄔家林, 付桂蘭, 曾美怡. 生藥秦皮的質量與資源研究. 藥物分析雜誌. 1983, **3**(1): 12-18

11. 李沖, 涂茂洌, 謝晶曦, 黃靜. 尖葉白蠟樹化學成分的研究. 中草藥. 1990, **21**(8): 2-4, 10

12. 郭希聖, 章育中. 秦皮中有效成分的高效液相層析分離和測定. 藥學學報. 1983, **18**(7): 525-528

13. IH Kim, CJ Kim, CS Yook. The chemical constituents and their pharmacological activities of endemic medicinal plants in Korea. Pharmacologically active constituents of *Fraxinus* species. *Saengyak Hakhoechi*. 1993, **24**(3): 197-202

14. 張冬梅, 胡立宏, 葉文才, 趙守訓. 白蠟樹的化學成分研究. 中國天然藥物. 2003, **1**(2): 79-81

15. 魏秀麗, 楊春華, 梁敬鈺. 中藥秦皮的化學成分. 中國天然藥物. 2005, **3**(4): 228-230

16. H Kuwajima, M Morita, K Takaishi, K Inoue, T Fujita, ZD He, CR Yang. Secoiridoid, coumarin and secoiridoid-coumarin glucosides from *Fraxinus chinensis. Phytochemistry*. 1992, **31**(4): 1277-1280

17. 程志清, 孟楣. 秦皮偽品女貞皮的生藥鑒別. 時珍國醫國藥. 2000, **11**(6): 516-517

18. 崔紅花, 王振月, 左月明, 劉麗梅. 秦皮及其3種混淆品的鑒定研究. 中草藥. 2003, **34**(4): 374-377

19. 左月明, 王振月, 崔紅花, 劉麗梅. 不同地理種源秦皮的樹皮及葉中秦皮甲素, 秦皮乙素的含量測定. 中成藥. 2003, **25**(7): 552-554

20. 蒲旭峰, 淩學青, 莊小洪. 秦皮藥材的質量評價. 華西藥學雜誌. 2002, **17**(2): 4-6

Liliaceae

천패모 川貝母 ^{CP, KP}

Fritillaria cirrhosa D. Don

Tendril-leaved Fritillary

개 요

백합과(Liliaceae)

천패모(川貝母, *Fritillaria cirrhosa* D. Don)의 비늘줄기를 건조한 것

중약명: 천패모

패모속(*Fritillaria*) 식물은 전 세계에 약 60종이 있으며 주요 분포지역은 북반구의 온대 지역이다. 특히 지중해 지역, 북아프리카, 아시아 중부에 많이 분포하며 중국에 약 20종, 변이종 2종이 있다. 이 속에서 약으로 사용되는 것이 10종이다. 이 종의 중약 천패모는 중요한 약재기원 가운데 하나이며 중국의 사천, 청해, 운남, 서장 등에 분포한다. 네팔에도 있다[1].

'패모'란 약명은 《신농본초경(神農本草經)》에 중품으로 처음 기재되었으며 명나라의 《전남본초(滇南本草)》에 처음으로 천패모란 약명이 기록되었다. 《중국약전(中國藥典)》(2015년 판)에 수록된 이 종은 중약 천패모의 법정기원식물이다. 이 품목의 주요산지는 중국의 서장, 사천, 청해 등이다. 《대한민국약전》(11개정판)에는 천패모를 "백합과에 속하는 천패모(*Fritillaria cirrhosa* D. Don), 암자패모(暗紫貝母, *Fritillaria unibracteata* Hsiao et K. C. Hsia), 감숙패모(甘肅貝母, *Fritillaria prezewalskii* Maximowicz) 또는 사사패모(梭砂貝母, *Fritillaria delavayi* Franchet)의 비늘줄기이다. 성상에 따라 송패(松貝) 및 청패(靑貝)로 구분한다"로 등재하고 있다.

천패모의 주요 활성성분은 스테로이드 알칼로이드이다. 《중국약전》에서는 고속액체크로마토그래피법을 이용하여 건조시료 중 시페이민의 함량을 0.050% 이상으로 약재의 규격을 정하고 있다.

약리연구를 통하여 천패모에는 진해(鎭咳), 화담(化痰), 평천(平喘), 억균(抑菌) 등의 작용이 있는 것으로 알려져 있다.

한의학에서 천패모는 청열산결(清熱散結), 화담지해(化痰止咳) 등의 효능이 있다.

천패모 川貝母 *Fritillaria cirrhosa* D. Don

암자패모 暗紫貝母 *F. unibracteata* Hsiao et K. C. Hsia

약재 천패모 藥材川貝母 Fritillariae Cirrhosae Bulbus

1cm

함유성분

비늘줄기에는 스테로이드 알칼로이드 성분으로 imperialine (sipeimine)[2], fritimine, ebeiedine, ebeiedinone, ebeienine, hupehenine, isover-ticine, verticine, verticinone[2-3], (22R,25S)-solanidane-3β-ol[4] 등이 함유되어 있다. 다른 부위에도 비늘줄기에서 발견되는 비슷한 알칼로이드 성분이 함유되어 있다[5].

imperialine

ebeiedine

약리작용

1. 진해, 거담(祛痰)
   천패모의 알칼로이드를 위에 주입하면 암모니아수로 유도된 Mouse의 기침에 뚜렷한 진해작용이 있으며[6] 고양이의 복강에 천패모의 알코올 추출물을 주사하면 후상신경에 전기자극으로 유발된 해수(咳嗽)에 뚜렷한 진해작용이 있다. 천패모의 사포닌을 위에 주입하면 Mouse 호흡기의 페놀레드 분비량을 뚜렷하게 증가시켜 거담작용을 나타낸다[6].

2. 평활근에 대한 영향
   베르티신, 베르티시논 등의 알칼로이드는 평활근에 대해 이완작용이 있고 카르바콜로 유발된 기니피그의 적출된 기관의 수축[7]과 토끼의 적출된 소장의 수축을 억제할 수 있다. 임페리알린 적출된 기니피그의 회장, 토끼의 십이지장, Rat의 자궁, 고양이의 소장 등에 대하여 농도 의존적 이완작용이 있다. 또한 프리티민은 in vitro에서 기니피그의 자궁수축을 유도할 수 있다.

3. 심혈관계에 대한 영향
   프리티민을 고양이의 정맥에 주사하면 혈압을 지속적으로 하강시키며 호흡의 단절을 억제할 수 있다. 마취된 고양이의 정맥에 임페

천패모 川貝母 ^{CP, KP}

리알린을 주사하면 외주혈관확장, 혈압강하, 심전도 무변화가 나타난다. 패모의 알칼로이드는 메톡사민으로 유발된 집토끼의 적출된 대동맥혈관수축에 대해 길항작용이 있다[8]. 패모의 알칼로이드는 기니피그와 Rat의 좌심방 심근수축력을 농도 의존적으로 증가시킨다. 그 작용이 반대로 나타날 수도 있는데 이는 적출된 기니피그의 우심방에 대해서 심박수변동부전을 유발할 수 있기 때문이다[8].

4. 항균

천패모의 알코올 추출물(생약 2g/mL과 동일)을 *in vitro*에서 1:100~1:10,000의 농도로 사용하면 황색포도상구균과 대장간균에 대해 억제작용이 있다. 물 추출물은 노카르디아 아스테로이드의 성장을 억제할 수 있다.

5. 기타

토끼의 정맥에 프리티민을 주사하면 혈당을 높일 수 있다.

용도

천패모는 중의임상에서 사용하는 약이다. 청열화담(淸熱化痰, 열을 내리고 가래를 삭혀 줌), 윤폐지해(潤肺止咳, 폐를 적셔 주고 기침을 멎게 함), 산결소종(散結消腫, 뭉친 것을 풀어 주어 부은 종기나 상처를 치료하는 것) 등의 효능이 있으며, 허로해수[虛勞咳嗽, 허로(虛勞)로 인한 기침], 폐열해수(肺熱咳嗽, 폐열로 기침할 때 쉰 소리가 나고 가래도 나오는 증상), 나력창종(瘰癧瘡腫, 림프절에 생긴 창종) 및 유옹[乳癰, 유방에 발생한 옹종농양(癰腫膿瘍)], 폐옹(肺癰, 폐에 농양이 생긴 병증) 등의 치료에 사용한다.
현대임상에서는 만성 기관지염, 백일해 등의 병증에 사용한다.

해설

천패모의 내원은 여러 종인데 천패모(川貝母, *Fritillaria cirrhosa* D. Don) 외에 동속인 암자패모(暗紫貝母, *F. unibracteata* Hsiao et K. C. Hsia), 사사패모(梭砂貝母, *F. delavayi* Franch.) 감숙패모(甘肅貝母, *F. przewalskii* Maxim. ex Batal) 등 여러 종의 비늘줄기가 모두 약재 천패모의 내원종이다. 《중국약전》에는 또 평패모 약재인 평패모(平貝母, *F. ussuriensis* Maxim.), 이패모(伊貝母)의 약재인 신강패모(新疆貝母, *F. walujewii* Regel), 이리패모(伊犁貝母, *F. pallidiflora* Schrenk) 등이 수록되어 있다. 패모 식물에는 모두 cervine-type 스테로이드 알칼로이드가 들어 있는데 이 성분은 기침을 억제하고 가래를 제거하는 효능이 있다[3].
오두(烏頭)와 부자(附子)는 패모를 꺼리므로 중약 "18반(十八反)" 배합금기*의 하나에 해당한다. 실험연구를 통해 부자를 많이 사용하면 정상적인 Rat의 심박수를 제고할 수 있고 심근수축력을 증가시킬 수 있는데 부자를 패모와 배합하여 사용하면 심근수축력의 증가를 일정하게 낮춘다. 이로써 부자를 패모와 배합하면 패모가 부자의 약리작용을 일정 부분 감소시키는 것을 알 수 있다[9].
《중국식물지(中國植物志)》에는 20여 종의 패모속 식물이 기재되어 있는데 이 속 식물들은 재배를 통하여 약으로 사용할 수 있기에 비교적 많은 사람들이 유통에 종사하고 있다. 그 비늘줄기와 꽃 형태의 변이도 비교적 다양하다. 1980년대 이후, 일부 학자들은 수십여 종의 패모속과 변이종의 등급에 대해 발표했는데 이는 새로운 분류에 해당하며 천패모에 근원을 둔 것만 36종에 달했다[1]. 이런 종들의 대다수는 변이개체로서 현재는 하나로 통합되었다[1]. 최근 사천에 천패모의 재배과학기술 시범단지가 조성되어 있다.

참고문헌

1. 羅毅波, 陳心啓. 中國橫斷山區及其鄰近地區貝母屬的研究(一)-川貝母及其近緣種的初步研究. 植物分類學報. 1996, **34**(3): 304-312

2. 李松林, 李萍, 林鴿, 周國華, 任延軍, 闕寧寧. 藥用貝母中幾種活性異甾體生物鹼的分布. 藥學學報. 1999, **34**(11): 842-847

3. SL Li, P Li, G Lin, SW Chan, YP Ho. Simultaneous determination of seven major isosteroidal alkaloids in bulbs of Fritillaria by gas chromatography. *Journal of Chromatography, A.* 2000, **873**(2): 221-228

4. 嚴忠紅, 陸陽, 丁維功, 陳澤乃. 卷葉貝母化學成分研究. 上海第二醫科大學學報. 1999, **19**(6): 487-489, 507

5. 鍾鳳林, 陳和榮. 川貝母不同部位化學成分的提取分離及其含量的比較分析. 中國中藥雜誌. 1994, **19**(12): 713-715

6. 李萍, 季暉, 徐國均, 徐珞珊. 貝母類中藥的鎮咳祛痰作用研究. 中國藥科大學學報. 1993, **24**(6): 360-362

7. 周穎, 季暉, 李萍, 姜艷. 五種貝母甾體生物鹼對豚鼠離體氣管條M受體的拮抗作用. 中國藥科大學學報. 2003, **34**(1): 58-60

8. 馮秀玲, 董麗霞, 陳曉松, 楊燕, 王嘉陵. 四種貝母生物鹼對離體心肌, 血管及神經生理效應的影響. 中藥藥理與臨床. 1999, **15**(2): 11-13

9. 蕭志傑, 黃華, 曾春華, 曾憲斌, 何穎輝. 附子配貝母對大鼠心功能的影響. 江西中醫學院學報. 2005, **17**(2): 50-51

---

* 감초(甘草)와 감수(甘遂), 대극(大戟), 해조(海藻), 원화(芫花, *Daphne genkwa* Sieb. et Zucc)의 배합을 금하며, 오두(烏頭)와 패모(貝母), 괄루(瓜蔞), 반하(半夏), 백렴(白蘞), 백급(白芨)의 배합을 금하고, 질려(藜蘆)와 인삼(人參), 사삼(沙參), 단삼(丹參), 현삼(玄參), 세신(細辛), 작약(勺藥)의 총 18품목의 배합을 금하는 것을 말한다.

절패모 浙貝母 ^{CP, KP, JP, VP}

Fritillaria thunbergii Miq.

Thunberg Fritillary

 개요

백합과(Liliaceae)

절패모(浙貝母, *Fritillaria thunbergii* Miq.)의 비늘줄기를 건조한 것

중약명: 절패모

패모속(*Fritillaria*) 식물은 전 세계에 약 60종이 있으며 주요 분포지역은 북반구의 온대 지역이다. 특히 지중해 지역, 북아프리카, 아시아 중부에 많이 분포하며 중국에 약 20종, 변이종 2종이 있다. 현재 약으로 사용되는 것이 10종이다. 이 종은 중국의 강소, 절강 등에 분포한다.

'패모'란 약명은 《신농본초경(神農本草經)》에 중품으로 처음 기재되었으며 역대 본초서적에 많이 기록되었다. 《본초강목습유(本草綱目拾遺)》에서 이미 절패모와 천패모(川貝母)를 명확히 분리했다. 《중국약전(中國藥典)》(2015년 판)에 수록된 이 종이 중약 패모의 법정기원식물이다. 주요산지는 중국의 강소, 절강 등이다. 《대한민국약전》(11개정판)에는 절패모를 "중국패모(*Fritillaria thunbergii* Miquel, 백합과)의 비늘줄기이다. 이 약은 크고 심아(芯芽)를 제거한 것을 대패(大貝)라 부르고, 작고 심아를 제거하지 않은 것을 주패(珠貝)라 부르며, 심아를 제거하고 두껍게 쪼갠 것을 절패편(浙貝片)이라 부른다"로 등재하고 있다.

절패모의 주요 활성성분은 스테로이드 알칼로이드이며 디테르페노이드 성분이 주류를 이루고 있다. 《중국약전》에서는 고속액체크로마토그래피법을 이용하여 베르티신과 페이민의 함량을 최소 0.080% 이상으로 약재의 규격을 정하고 있다.

약리연구를 통하여 절패모에는 진해(鎭咳), 거담(祛痰), 진정, 진통 등의 작용이 있는 것으로 알려져 있다.

한의학에서 절패모는 청열산결(淸熱散結), 화담지해(化痰止咳) 등의 효능이 있다.

절패모 浙貝母 *Fritillaria thunbergii* Miq.

약재 절패모 藥材浙貝母 Fritillariae Thunbergii Bulbus

1cm

1cm

절패모 浙貝母 CP, KP, JP, VP

함유성분

비늘줄기에는 스테로이드 알칼로이드와 그 배당체 성분으로 peimine (verticine)[1], peiminine, zhebeinine[2], zhebeiresinol[3], zhebeirine, eduardine[4], zhebeinone[5], peiminoside[1], peimisine[6], verticine N-oxide[7] 등이 함유되어 있다. 또한 디테르페노이드와 그 배당체 성분으로 isopimaran-19-ol, ent-kauran-16β,17-diol[8], ent-15β,16-epoxykauran-17-ol, ent-(16S)-atisan-13,17- oxide[9] 등이 함유되어 있다.

지상부에는 peimine, peiminine, solanidine[10], β1-chaconine, solanidine-3-O-α-L-rhamnopyranosyl-(1→2)-[β-D-glucopyranosyl-(1→4)-]β-D-glucopyranoside, hapepunine 3-O-α-L-rhamnopyranosyl-(1→2)-β-D- glucopyranoside[11] 등이 함유되어 있다.

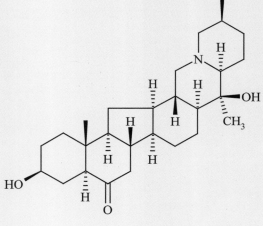

peimine

peiminine

약리작용

1. 진해

베르티신과 페이민을 피하 혹은 위에 주사하면 암모니아수로 인한 Mouse의 해수(咳嗽)와, 기계자극으로 인한 기니피그의 기침, 전기충격으로 인해 기침을 하는 고양이 등에 모두 진해작용이 있다. 베르티신을 복강에 주사하면 아황산가스로 인해 기침하는 Mouse에 진해작용이 있다.

2. 항염

절패모 추출물을 위에 주입하면 디메칠벤젠으로 유발된 Mouse의 귓바퀴 종창, 카라기난으로 유발된 발바닥 종창을 억제하고 아세트산에 의한 Mouse 복강모세혈관의 투과성 증가를 억제할 수 있다[12].

3. 평활근에 대한 영향

저농도의 베르티신을 고양이와 토끼의 적출된 폐에 주입하면 기관지평활근을 확장하는 작용이 있고 분당 유출량이 50% 이상 증가된다. 반면 고농도의 베르티신을 폐에 주입하면 기관지평활근을 수축시키는 작용이 있으며 분당 유출량을 감소시킨다. 절패모의 알코올 추출물은 히스타민으로 유도된 기니피그의 적출된 기관지수축과 아세틸콜린으로 유발된 기니피그의 적출된 회장수축에 대해 이완작용이 있다. 또한 베르티신은 토끼의 적출된 자궁을 수축시킬 수 있는데 이미 새끼를 밴 자궁에 대해 새끼를 배지 않은 자궁보다 더욱 민감하게 작용한다.

4. 항궤양

절패모의 알코올 추출물은 농도 의존적으로 Mouse의 수침자극성 궤양과 염산성 궤양 형성에 억제작용이 있으나 인도메타신-에탄올성 궤양에 대해서는 효과가 뚜렷하지 않다[13]. 절패모의 물 추출물은 in vitro에서 유문나선간균에 뚜렷한 억제작용이 있다[14].

5. 진정, 진통

베르티신과 페이민을 피하에 주사하면 Mouse의 단위시간 내의 활동을 감소시키고 위에 주입하면 펜토바르비탈나트륨으로 유도된 Mouse의 수면율을 제고하며 수면시간을 연장한다. 절패모의 에탄올 추출물을 피하에 주사하거나 혹은 위에 주입하면 아세트산으로 유발된 Mouse의 경련반응과 열 자극으로 유발된 꼬리 흔들기 반응을 억제할 수 있다[13].

6. 심혈관계에 대한 영향

베르티신과 페이민을 개구리의 적출심장에 주입하면 심박을 떨어뜨리고 주기성 조체를 초래할 수 있다. 또한 마취로 인한 고양이, 토끼, 개 등의 혈압을 떨어뜨린다.

7. 항암

절패모는 내약성 백혈병세포 K562/A02와 내약성 유관단백(MRP)을 억제하고 주요 내약기제세포 HL-60/Adr에 근접한 내약역전 활성이 있다[15]. 절패모의 추출물은 또한 비교적 강한 타이로시나아제 억제활성이 있다[16].

용 도

절패모는 중의임상에서 사용하는 약이다. 청열화담(清熱化痰, 열을 내리고 가래를 삭혀 줌), 개울산결(開鬱散結, 막힌 것을 열고 뭉친 것을 흩어지게 함) 등의 효능이 있으며, 풍열[風熱, 풍사(風邪)와 열사(熱邪)가 겹친 것], 조열(燥熱, 바싹 마르고 더움), 담열[痰熱, 담수(痰水)와 열이 서로 뒤엉킨 병증], 해수(咳嗽, 기침), 나력(瘰癧, 림프절에 멍울이 생긴 병증), 영류(癭瘤, 병적으로 불거져 나온 살덩이), 옹양[癰瘍, 기혈(氣血)이 독사(毒邪)에 의해 막혀서(阻滯) 기육(肌肉)과 골(骨) 사이에서 발생하는 창종], 창독(瘡毒, 헌데의 독기), 폐옹(肺癰, 폐에 농양이 생긴 병증) 등의 치료에 사용한다.

현대임상에서는 급·만성 기관지염, 폐렴, 해수 및 지방성 갑상선종, 위궤양 등의 병증에 사용한다.

해 설

패모속 식물에는 일반적으로 스테로이드 알칼로이드가 들어 있는데 이 성분이 가래를 풀고 기침을 멎게 하는 유효성분이다. 때문에 중국산의 대부분 패모속 식물의 비늘줄기는 모두 패모의 약용 부위이다. 각종 패모에 함유된 함유성분의 종류와 함량은 일정한 차이가 있으므로 사용할 때 특별히 주의해야 한다.

절강에서 재배하는 절패모의 변이종으로 동패모(東貝母, Fritillaria thunbergii Miq. Var. chekiangensis Hsiao et K. C. Hsia)가 있는데 산지에서도 절패모로 사용하지만 동패모의 비늘줄기는 비교적 작아 형태적으로 천패모와 가깝다. 그로 인해 광서 등지에서는 동패모를 천패모로 혼동하여 사용하는 오류가 있다[17]. 동패모에 함유된 베르티신, 페이민 등은 패모속 식물에 비교적 일반적으로 함유된 알칼로이드이며 그 외에 dongbeirine, dongbeinine 등이 있다[18]. 그 함유성분은 절패모와 비슷하지만 천패모와 차이가 비교적 크기 때문에[17] 사용에 특별히 주의해야 한다.

참고문헌

1. H Morimoto, S Kimata. Components of *Fritillaria thunbergii*. I. Isolation of peimine and its new glycoside. *Chemical & Pharmaceutical* Bulletin. 1960, **8**: 302-307

2. 張建興, 馬廣恩, 勞愛娜, 徐任生. 浙貝母化學成分研究. 藥學學報. 1991, **26**(3): 231-233

3. 金向群, 徐東銘, 徐亞娟, 崔東濱, 孝延文, 田之悅, 呂揚, 鄭啓泰. 浙貝素的結構測定. 藥學學報. 1993, **28**(3): 212-215

4. JX Zhang, AN Lao, GG Ma, RS Xu. Chemical constituents of *Fritillaria thunbergii* Miq. *Acta Botanica Sinica*. 1991, **33**(12): 923-926

5. 張建興, 勞愛娜, 黃慧珠, 馬廣恩, 徐任生. 浙貝母化學成分研究III浙貝酮的分離和鑒定. 藥學學報. 1992, **27**(6): 472-475

6. 張建興, 勞愛娜, 徐任生. 浙貝母新鮮鱗莖化學成分的研究. 中國中藥雜誌. 1993, **18**(6): 354-355

7. K Junichi, N Naoki, I Yoshiteru, M Kazumoto, K Toshio. Steroid alkaloids of fresh bulbs of *Fritillaria thunbergii* Miq. and of crude drug "Bai-mo" prepared therefrom. *Heterocycles*. 1981, **15**(2): 791-796

8. K Junichi, K Tetsuya, K Toshio. Studies on the constituents of the crude drug "Fritillariae Bulbus." III. On the diterpenoid constituents of fresh bulbs of *Fritillaria thunbergii* Miq. *Chemical & Pharmaceutical Bulletin* 1982, **30**(11): 3912-3921

9. K Junichi, N Naoki, I Yoshiteru, K Tetsuya, K Toshio. Studies on the constituents of the crude drug "FritillariaeBulbus". IV. On the diterpenoid constituents of the crude drug "FritillariaeBulbus". *Chemical & Pharmaceutical Bulletin*. 1982, **30**(11): 3922-3931

10. 嚴銘銘, 金向群, 徐東銘. 浙貝母莖葉化學成分的研究. 中草藥. 1994, **25**(7): 344-346

11. K Junichi, K Tetsuya, K Toshio, S Hans Rolf. Field desorption mass spectrometry of natural products. Part 9. Basic steroid saponins from aerial parts of *Fritillaria thunbergii*. *Phytochemistry*. 1982, **21**(1): 187-192

12. 張明發, 沈雅琴, 朱自平, 王紅武, 馬東衛. 浙貝母的抗炎和抗腹瀉作用. 湖南中醫藥導報. 1998, **4**(10): 30-31

13. 張明發, 沈雅琴, 朱自平, 王紅武, 李芳. 浙貝母的抗潰瘍和鎮痛作用. 西北藥學雜誌. 1998, **13**(5): 208-209

14. Y Li, C Xu, Q Zhang, JY Liu, RX Tan. *In vitro* anti-*Helicobacter pylori action* of 30 Chinese herbal medicines used to treat ulcer diseases. *Journal of Ethnopharmacology*. 2005, **98**(3): 329-333

15. 胡凱文, 鄭紅霞, 齊靜, 侯麗, 左明煥, 陳信義, 孫穎立, 許元富, 邵曉楓, 楊純正. 浙貝母鹼逆轉白血病細胞多藥耐藥的研究. 中華血液學雜誌. 1999, **20**(12): 650-651

16. Z Miao, H Kayahara, K Tadasa. Superoxide-scavenging and tyrosinase-inhibitory activities of the extracts of some Chinese medicines. *Bioscience, Biotechnology, and Biochemistry*. 1997, **61**(12): 2106-2108

17. 張建興, 勞愛娜, 陳秋群, 徐任生. 東貝母化學成分的研究. 中草藥. 1993, **24**(7): 341-342, 347

18. JX Zhang, AN Lao, RS Xu. Steroidal alkaloids from *Fritillaria thunbergii* var. *chekiangensis*. *Phytochemistry*. 1993, **33**(4): 946-947

영지 赤芝 CP, KHP

Polyporaceae

Ganoderma lucidum (Leyss. ex Fr.) Karst.

Glossy Ganoderma

개요

다공균과(Polyporaceae)

진균적지(眞菌赤芝, *Ganoderma lucidum* (Leyss. ex Fr.) Karst.)의 자실체를 건조한 것

중약명: 영지(靈芝)

영지속(*Ganoderma*) 식물은 전 세계에 약 200여 종이 있으며 온대, 아열대 및 열대 지역에 널리 분포한다. 중국산이 약 76종이 있는데 약으로 사용되는 것이 6종이다. 이 종은 중국 서북부의 부분 지역을 제외하고 각지에 모두 분포하며[1] 동남아시아, 아프리카, 유럽, 아메리카에도 분포하는 것이 있다.

'적지'의 약명은 《신농본초경(神農本草經)》에 처음 기재되었으며 역대 본초서적에 기록이 남아 있다. 중국에서 예로부터 오늘까지 사용한 지류(芝類) 약재내원은 매우 혼잡한데 주로 색으로 구분하여 적지(赤芝), 흑지(黑芝), 청지(靑芝), 백지(白芝), 황지(黃芝), 자지(紫芝) 등 6종으로 나뉜다. 《중국약전(中國藥典)》(2015년 판)에 수록된 이 종은 중약 영지의 법정기원식물의 하나이다. 주요산지는 중국의 화동, 서남, 길림, 하북, 산서, 강서, 광동, 광서 등지이다. 재배품은 중국의 대부분 지역에서 난다. 《대한민국약전외한약(생약)규격집》(제4개정판)에는 영지를 "구멍장이버섯과(Polyporaceae)에 속하는 영지(*Ganoderma lucidum* Karsten) 또는 기타 근연종의 자실체"로 등재하고 있다.

적지의 주요 유효성분은 트리테르페노이드와 다당류가 있으며 뉴클레오사이드, 스테롤 등의 성분도 생리활성을 갖는다. 《중국약전》에서는 고속액체크로마토그래피법을 이용하여 건조시료를 기준으로 측정 시, 영지 중 가노데마루시둠다당류의 무수포도당의 함량을 0.90% 이상, 트리테르펜, 스테롤 및 올레아놀산의 함량을 0.50% 이상으로 약재의 규격을 정하고 있다.

약리연구를 통하여 영지에는 진정, 진통, 기침을 멈추게 하는 작용, 거담(祛痰), 평천(平喘), 면역조절, 항종양 등의 작용이 있는 것으로 알려져 있다.

한의학에서 영지는 보기안신(補氣安神), 지해평천(止咳平喘) 등의 효능이 있다.

영지 赤芝 *Ganoderma lucidum* (Leyss. ex Fr.) Karst.

영지 赤芝 CP, KHP

자지 紫芝 *Ganoderma sinense* Zhao, Xu et Zhang

Ganoderma

1cm

함유성분

자실체에는 트리테르페노이드 성분으로 ganoderic acids A-B[2], C (C₁)[3], C₂, D (D₁), D₂, E, F, G, H, I, J, K[4-7], L, M, N, O, P, Q, R, S, T[8-10], U, V, W, X, Y, Z[11-12], AM1, DM, SZ, TR[13-16], lucidenic acids A, B, C, D₁, D₂, E₁, E₂, F, G, H, I, J, K, L, M, N, LM1[4-6, 8-9, 17-18], ganolucidic acids A, B, C, D[8], ganoderenic acid B[13], lucidone C[8], ganolactone, lucidenolactone, ganoderiols A, B, F, ganodermatriol, ganodermanontriol, lucidumols A, B[18-22], 스테로이드 성분으로 ergosterol, ergosta-7,22-dien-3β-ol, 8,9-epoxyergosta-5,22-dien-3b,15-diol, ergosta-7,22-dien-2β,3α,9α-triol, 5α-lanosta-7,9(11),24-trien-3β,26-diol[23-25], 다당류 성분으로 ganoderans A, B, C, BN₃A, BN₃B, BN₃C, GL-A, GL-B, GL-C, GLP_{L1}, GLP_{L2}, GLP_{L3}, GLP_{L4}[26] 등이 함유되어 있다. 자실체에는 또한 알칼로이드, 뉴클레오사이드, 아미노산 그리고 펩타이드가 함유되어 있다.
포자에는 주로 트리테르페노이드와 스테로이드 성분이 함유되어 있다[22, 27-31].

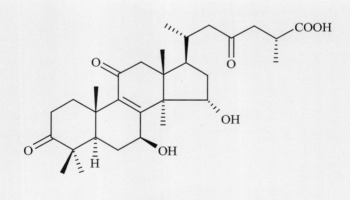

ganoderic acid A

약리작용

1. 진정, 진통

    영지의 알코올 추출물을 복강에 주사하면 Mouse의 자발활동을 억제할 수 있다. 열수 침출물을 위에 주입하면 Mouse의 자발활동을 감소함과 동시에 펜토바르비탈나트륨의 진정작용을 뚜렷하게 증가시킨다[28]. 또한 펜토바르비탈나트륨의 역치값 이하에서 수면을 유도한다.

2. 진통

초산자극과 열판자극 실험에서 적지의 열수 침출물을 위에 주입하면 Mouse의 통증역치값을 상승시키는 등 진통효과가 뚜렷하게 나타나는데 그 활성성분은 가노데릭산 A, B, G, H 등이다[29-30].

3. 지해(止咳), 거담, 평천

영지의 물 추출물, 여과액, 알코올 추출물 및 균사체 알코올 추출물을 복강에 주사하면 암모니아로 유발된 Mouse의 해수(咳嗽)에 진해작용이 있다. 페놀레드 실험에서 적지의 수액 혹은 알코올 추출물을 복강에 주사하면 뚜렷한 거담작용이 있다. 영지 틴크제를 복강에 주사하면 히스타민으로 유도된 기니피그의 천식에 완화작용이 있다.

4. 항심근허혈

영지 추출물은 집토끼의 출혈성 쇼크재관류 모델과 영지다당재관류에 대하여 뚜렷한 심장기능 개선효과가 있고 일산화질소합성효소(NOS)의 활성을 억제할 수 있으며 혈장과 심근 중 일산화질소의 농도를 낮춘다. 또한 혈청 심근효소와 심근의 말론디알데하이드(MDA)의 함량을 낮추며 심근의 슈퍼옥시드디스무타아제(SOD) 활성을 촉진하는 등 심근손상에 뚜렷한 보호작용이 있다[31-32].

5. 간 보호

사염화탄소(CCl_4), D-갈락토사민, 결핵(BCG)백신 합성 지질다당(LPS)으로 유발된 3종의 간 손상 Mouse의 실험모형에 대해 영지산 A와 적지산 A는 간 보호작용이 있는데 위에 주입하면 Mouse의 혈청 알라닌아미노기전이효소(ALT)와 간장 트리글리세리드의 함량을 뚜렷하게 낮춤과 동시에 상이한 정도로 동물의 간 손상을 감소시킨다[33]. 적지의 혼탁액을 위에 주입하면 CCl_4로 유도된 Rat의 간 섬유화를 경감하는 작용이 있다[34].

6. 항종양

영지 다당은 적지의 주요 항종양 활성성분 가운데 하나이다. 영지 다당 GLP_{L1}과 GLP_{L3}은 in vitro에서 인체비강암세포의 증식에 대해 뚜렷한 억제작용이 있으며 GLP_{L3}은 인체위암 BGC 세포와 인체결장암 Caco 세포의 증식에 일정한 억제작용이 있다[19]. In vitro에서 영지산 U-Z는 Mouse 간육종(HTC)의 증식을 뚜렷하게 억제하며 3β-hydroxy-26-O-5α-lanosta-8,24-dien-11-one과 ergosta-7,22-diene-2β,3α,9α-triol은 인체간육종세포와 인체구강상피암세포 KB에 대해서 모두 억제작용이 있다[14].

7. 면역조절

적지의 세포벽을 파괴한 포자분말을 Mouse의 위에 주입하면 콘카나발린 A에 의해 유도된 비장임파세포의 증식능력, Mouse 좌우 족저부 두께 차이의 24시간 측정치, 용혈공반수, 자연살상세포(NK-cell)의 활성, 혈청 용혈효소 항체수치, 비장/체중의 비율 및 Mouse 대식세포 탐식률 등을 증강시킬 수 있다. 영지 다당 GLB_7을 복용하면 Mouse의 B세포의 산성 특이항체 생산능력을 저해할 수 있다[36].

8. 항노화

적지를 먹이면 노령 Mouse의 SOD 활성을 뚜렷하게 증강하고 혈청 중의 일산화지질의 함량을 낮출 수 있으며 광대파리의 수명을 연장시킬 수 있다[37]. 영지를 달인 약액을 위에 주입하면 허혈 Mouse의 자발활동을 촉진하고 뇌와 간 중의 SOD의 활성, 뇌, 간, 심장, 비장, 근육의 MDA 및 리포푸신의 함량을 뚜렷하게 제고함으로써 항노화작용을 발현한다[38].

9. 항 HIV-1 및 HIV-1 단백효소 활성

In vitro 실험에서 가노데릭산 B, 루시두몰 B, 가노더마논디올, 가노더마논트리올 및 가노루시드산 A는 I형 인체면역결핍바이러스(HIV-1)의 단백효소 활성에 대해 뚜렷한 억제작용이 있다. 가노더마논트리올은 HIV-1에 의해 유도되는 MT-4 세포의 세포독성 반응을 억제하는 효과가 있다[12, 26].

10. 기타

적지 자실체의 테르페노이드 화합물에는 히스타민의 방출을 억제하는 효과가 있으며 혈관긴장전화효소를 억제하고 콜레스테롤 합성을 저해하는 등의 효과가 있다[12].

용도

적지는 중의임상에서 사용하는 약이다. 보기안신(補氣安神, 보기하고 정신을 안정시키는 것), 지해평천(止咳平喘, 기침을 멈추게 하고 천식을 안정되게 함) 등의 효능이 있으며, 현기증, 불면, 심계(心悸, 가슴이 두근거리면서 불안해하는 증상), 기력 부족, 허로해수[虛勞咳嗽, 허로(虛勞)로 인한 기침] 등의 치료에 사용한다.

현대임상에서는 종양, 각종 간염, 관심병(冠心病, 관상동맥경화증), 정신쇠약, 노년허약, 만성 기관지염, 고지혈증, 다발성 근육염 등의 병증에 사용한다.

해 설

《중국약전》에서는 적지 외에 자지(紫芝, *Ganoderma sinense* Zhao, Xu et Zhang)를 수록했는데 이 역시 중약 영지의 법정기원식물 내원종이

영지 赤芝 CP, KHP

다. 자지와 적지의 약리작용은 유사하고 그 함유성분들도 대체적으로 동일한데 주로 트리테르페노이드, 다당, 스테로이드 등이며 어떤 성분의 함량은 적지와 차이가 있다. 예를 들면 자지 중의 가노데릭산 B 함량은 매우 적지만 적지 중의 함량은 비교적 높은 편이다[39~40]. 자지는 야생이나 재배하는 것 모두 그 양이 적지보다 적다.

현재 전 세계에서 영지포자에 대한 연구는 비교적 다양하게 진행되고 있다. 영지포자의 에피스포레키틴과 포도당 구성은 그 질이 비교적 견고하고 산알칼리에 견디는 능력이 뛰어나다. 포자가 위 속에 들어간 후에 그 유효성분은 인체에서 흡수와 이용이 매우 어렵다. 영지를 효과적으로 사용하려면 반드시 영지포자의 세포벽을 파괴해야 한다. 그래야만 유효성분을 쉽게 인체가 흡수할 수 있다. 현재 주요 세포벽 파괴방식은 기계파괴, 생물효소파괴, 미립자처리기술파괴 등이 있다. 그중 미립자처리기술파괴의 세포벽파괴율이 가장 높다.

참고문헌

1. 中國科學院中國孢子植物志編輯委員會. 中國真菌志. 第十八卷. 北京 : 科學出版社. 2000: 28-70

2. 王芳生, 蔡輝, 杨峻山, 張聿梅, 侯翠英, 劉俊秋, 赵莫擧. 赤芝子實體中灵芝酸類成分的研究. 藥學學報. 1997. 32(6): 447-456

3. T Kikuchi, S Kanomi, Y Murai, S Kadota, K Tsubono, Z Ogita. Constituents of the fungus *Ganoderma lucidum* (fr.) Karst. II. Structures of ganoderic acids F, G, and H, lucidenic acids D2 and E2, and related compounds. *Chemical & Pharmaceutical Bulletin*. 1986, **34**(10): 4018-4029

4. T Kikuchi, S Kanomi, S Kadota, Y Murai, K Tsubono, Z Ogita. Constituents of the fungus *Ganoderma lucidum* (Fr.) Karst. I. Structures of ganoderic acids C2, E, I, and K, lucidenic acid F and related compounds. *Chemical & Pharmaceutical Bulletin*. 1986, **34**(9): 3695-3712

5. M Hirotani, T Furuya, M Shiro. Studies on the metabolites of higher fungi. Part 4. A ganoderic acid derivative, a highly oxygenated lanostane-type triterpenoid from *Ganoderma lucidum*. *Phytochemistry*. 1985, **24**(9): 2055-2061

6. T Kikuchi, S Matsuda, S Kadota, Y Murai, Z Ogita. Ganoderic acid D, E, F, and H and lucidenic acid D, E, and F, new triterpenoids from *Ganoderma lucidum*. *Chemical & Pharmaceutical Bulletin*. 1985, **33**(6): 2624-2647

7. H Kohda, W Tokumoto, K Sakamoto, M Fujii, Y Hirai, K Yamamoda, H Nakamura, S Ishihara, M Uchida. The biologically active constituents of *Ganoderma Iucidum* (Fr.) Karst. Histamine release-inhibitory triterpenes. *Chemical & Pharmaceutical Bulletin*. 1985, **33**(4): 1367-1374

8. JO Toth, BB Luu, P Jean, G Ourisson. Chemistry and biochemistry of oriental drugs. Part IX. Cytotoxic triterpenes from *Ganoderma lucidum* (Polyporaceae):structures of ganoderic acids U-Z. *Journal of Chemical Research, Synopses*. 1983, **12**: 299

9. JO Toth, B Luu, G Ourisson. Ganoderic acid T and Z:cytotoxic triterpenes from *Ganoderma lucidum* (Polyporaceae). *Tetrahedron Letters*. 1983, **24**(10): 1081-1084

10. T Kubota, Y Asaka, I Miura, H Mori. Structures of ganoderic acid A and B, two new lanostane type bitter triterpenes from *Ganoderma lucidum* (Fr.) Karst. *Helvetica Chimica Acta*. 1982, **65**(2): 611-619

11. 陳若蕓, 于德泉. 灵芝三萜化學成分研究進展. 藥學學報. 1990, **25**(12): 940-953

12. 羅俊, 林志彬. 灵芝三萜類化合物藥理作用研究進展. 藥學學報. 2002, **37**(7): 574-578

13. TS Wu, LS Shi, SC Kuo. Cytotoxicity of *Ganoderma lucidum* triterpenes. *Journal of Natural Products*. 2001, **64**(8): 1121-1122

14. CN Lin, WP Tome, SJ Won. Novel cytotoxic principles of Formosan *Ganoderma lucidum*. *Journal of Natural Products*. 1991, **54**(4): 998-1002

15. 王芳生, 蔡輝, 楊峻山, 張聿梅, 趙英擧. 赤芝子實體中三萜化學成分的研究. 藥學學報. 1996, **31**(3): 200-204

16. 羅俊, 林志彬. 波譜和 X-衍射分析鑒定赤芝子實體三萜類化合物的結構. 中草藥. 2002, **33**(3): 197-200

17. 羅俊, 林志彬. 赤芝子實體新三萜化合物的結構鑒定. 藥學學報. 2001, **36**(8): 595-598

18. HC Chiang, SC Chu. Studies on the constituents of *Ganoderma lucidum*. *Journal of the Chinese Chemical Society*. 1991, **38**(1): 71-76

19. 趙世華, 姚文兵, 庞秀炳, 赵剑, 高向東. 靈芝多糖分離鑒定及抗腫瘤活性的研究. 中國生化藥物雜誌. 2003, **24**(4): 173-176

20. 蔡輝, 王芳生, 張峻生, 張聿梅, 白燕, 張祚新. 赤芝子實體化學成分的研究. 中國中藥雜誌. 1997, **22**(9): 552-553

21. 張晓琦, 殷志琦, 葉文才, 赵守訓. 赤芝子實體化學成分的研究. 中草藥. 2005, **36**(11): 1601-1603

22. RY Chen, DQ Yu. Studies on the triterpenoid constituents of the spores of *Ganoderma lucidum* (Curt. :Fr.) P. Karst. (Aphyllophoromycetideae). *International Journal of Medicinal Mushrooms*. 1999, **1**(2): 147-152

23. 陳若蕓, 于德泉. 赤芝孢子粉三萜化學成分研究. 中國藥學 (英文版). 1993, **2**(2): 91-93

24. BS Min, JJ Gao, N Nakamura, M Hattori. Triterpenes from the spores of *Ganoderma lucidum* and their cytotoxicity against Meth-A and LLC tumor cells. *Chemical & Pharmaceutical Bulletin*. 2000, **48**(7): 1026-1033

25. BS Min, JJ Gao, N Nakamura, M Hattori. Triterpenes from the spores of *Ganoderma lucidum* and their cytotoxicity against Meth-A and LLC tumor cells. *Chemical & Pharmaceutical Bulletin*. 2000, **48**(7): 1026-1033

26. 26. S El-Mekkawy, MR Meselhy, N Nakamura, Y Tezuka, M Hattori, N Kakiuchi, K Shimotohno, T Kawahata, T Otake. Anti-HIV-1 and anti-HIV-1-protease substances from *Ganoderma lucidum*. *Phytochemistry*. 1998, **49**(6): 1651-1657

27. 陳若蕓, 于德泉. 用二維核磁黃振技術研究赤芝孢子內酯A和B的結構. 藥學學報. 1991, **26**(6): 430-436

28. 魏怀玲, 余凌紅, 劉耕陶. 赤芝孢子粉水溶性提取物(肌生注射液)對小鼠的催眠鎮靜作用. 中藥藥理與臨床. 2000, **16**(6): 12-14

29. 林春, 方向, 繆永生, 江明華. 靈芝對小鼠的鎮痛, 鎮靜及其對耐力的作用. 中成藥. 1992, **14**(7): 31-32

30. K Koyama, T Imaizumi, M Akiba, K Kinoshita, K Takahashi, A Suzuki, S Yano, S Horie, K Watanabe, Y Naoi. Antinociceptive components of *Ganoderma lucidum*. *Planta Medica*. 1997, **63**(3): 224-227

31. 楊紅梅, 王黎, 陳潔, 斐瑞, 徐秋霞, 郭安齊, 桂興芬. 失血性休克復蘇時心肌損傷和一氧化氮的變化及靈芝多糖的幹預作用. 中國中西醫結合急救雜誌. 2003, **10**(5): 304-306

32. 楊紅梅, 王黎, 陳潔, 斐瑞, 徐秋霞, 郭安齊, 桂興芬. 失血性休克再灌注心肌損傷機制及靈芝多糖的預防作用. 河南職工醫學院學報. 2003, **15**(3): 8-10

33. 王明宇, 劉強, 車慶明, 林志彬. 靈芝三萜類化合物對3種小鼠肝損傷模型的影響. 藥學學報. 2000, **35**(5): 326-329

34. WC Lin, WL Lin. Ameliorative effect of *Ganoderma lucidum* on carbon tetrachloride-induced liver fibrosis in rats. 2006, **12**(2): 265-270

35. 徐彩菊, 章榮華, 孟佳, 陳玉滿, 傅劍云, 陳江. 納米靈芝壁孢子粉對小鼠免疫功能的影響. 中藥藥理與臨床. 2005, **21**(5): 36-38

36. 江振友, 林晨, 劉小澄, 韋靜, 袁桂秀, 李小蘭. 靈芝多糖對小鼠體液免疫功能的影響. 暨南大學學報(醫學版). 2003, **24**(2): 51-53

37. 邵華強, 盧連華. 靈芝抗衰老作用的實驗研究. 山東中醫藥大學學報. 2002, **26**(5): 385-386

38. 鞏菊芳, 邵鄰相, 金雷. 靈芝促學習記憶及抗衰老作用實驗研究. 時珍國醫國藥. 2003, **14**(10): F003-F004

39. 丁平, 蔡紅軍, 劉艷平, 林麗麗, 徐鴻華. 栽培赤芝與紫芝化學成分的比較. 中藥材. 1999, **22**(9): 433-435

40. 丁平, 徐鴻華, 徐新華. 紫芝與赤芝揮發性成分的研究. 中草藥. 1998, **29**(9): 585-586

Rubiaceae

치자나무 梔子 CP, KP, JP, VP

Gardenia jasminoides Ellis

Cape Jasmine

개요

꼭두서니과(Rubiaceae)

치자나무(梔子, *Gardenia jasminoides* Ellis)의 열매를 건조한 것

중약명: 치자(梔子)

치자나무속(*Gardenia*) 식물은 전 세계에 약 250종이 있으며 열대와 아열대 지역에 분포한다. 중국에 5종, 변이종 1종이 있는데 모두 약으로 쓸 수 있다. 이 종은 주로 중국의 화동, 화중, 화남, 화북 및 서남 지역, 섬서, 감숙 등에서 재배된다. 일본, 한반도, 베트남, 라오스, 캄보디아, 인도, 네팔, 파키스탄, 태평양의 도서와 아메리카 북부에도 야생 혹은 재배하는 것이 있다.

'치자'란 약명은 《신농본초경(神農本草經)》에 중품으로 처음 기재되었으며 중국의 역대 본초서적에 기재되었다. 《중국약전(中國藥典)》(2015년 판)에 수록된 이 종은 중약 치자의 법정기원식물이다. 주요산지는 중국의 호남, 강서, 복건, 절강, 사천, 호북 등이다. 호남에 생산량이 가장 많고 절강에서 나는 것의 품질이 가장 좋다. 《대한민국약전》(11개정판)에는 치자를 "치자나무(*Gardenia jasminoides* Ellis, 꼭두서니과)의 잘 익은 열매로서 그대로 또는 끓는 물에 데치거나 찐 것"으로 등재하고 있다.

치자에는 주로 이리도이드 배당체가 들어 있고 페놀, 디테르페노이드 등의 성분도 있다. 게니포사이드를 주요 활성성분으로 약재의 품질을 규정하고 있다. 《중국약전》에서는 고속액체크로마토그래피법을 이용하여 건조시료 중 게니포시드의 함량을 1.8% 이상으로, 음편(飮片) 중 그 성분 함량을 1.5% 이상으로 약재의 규격을 정하고 있다.

약리연구를 통하여 치자나무에는 간 보호, 이담(利擔), 항염, 진정, 해열 등의 작용이 있는 것으로 알려져 있다.

한의학에서 치자는 사화제번(瀉火除煩), 청열이습(淸熱利濕) 등의 효능이 있다.

치자나무 梔子 *Gardenia jasminoides* Ellis

약재 치자 藥材梔子 Gardeniae Fructus

1cm

 함유성분

열매에는 이리도이드 성분으로 geniposide, gardenoside, genipin-1-β-D-gentiobioside, shanzhiside, gardoside, scandoside methyl ester, geniposidic acid, deacetyl asperulosidic acid, deacetyl asperulosidic acid methyl ester, 10-acetylgeniposide, 6"-p-coumaroyl genipin gentiobioside, penta-acetyl geniposide[1], gardaloside, jasminoside G[2], 유기산 성분으로 chlorogenic acid, 3,4-di-O-caffeoyl quinic acid, 3-O-caffeoyl-4-O-sinapoyl quinic acid, 3,5-di-O-caffeoyl-4-O-(3-hydroxy-3-methyl) glutaroyl quinic acid, 3,4-dicaffeoyl-5-(3-hydroxy-3-methyl glutaroyl) quinic acid, 디테르페노이드 성분으로 crocetin, crocin, ursolic acid, crocin glucoside, monoterpenoids, gardenone, gardendiol[3] 등이 함유되어 있다. 또한 정유성분이 함유되어 있다[4-5].

열매껍질과 씨에는 또한 gardenoside, geniposide, geniposidic acid, genipin-1-β-D-gentiobioside[F] 등이 함유되어 있다.

꽃에는 트리테르페노이드 성분으로 gardenolic acids A, B, gardenic acid, 배당체 성분으로 (R)-linalyl 6-O-α-L-arabinopyranosyl-β-D-glucopyranoside, bornyl 6-O-β-D-xylopyranosyl-β-D-glucopyranoside[6] 등이 함유되어 있다. 잎에는 gardenoside, geniposide, cerbinal, methyl dihydrojasmonate, benzyl acetate, αamyrin cinnamate, limonene, linalool 등의 성분이 함유되어 있다.

geniposide

crocetin

약리작용

1. 진정, 해열

   치자의 크로신은 고용량(140mg/kg)에서 Mouse의 자발활동을 뚜렷하게 감소시킬 뿐만 아니라 Mouse의 기능협조작용에도 영향을 미치며 한계용량의 펜토바르비탈나트륨에 대해서도 상승작용이 있다[7]. 치자 알코올 삼출농축액을 복강에 주사하거나 위에 주입하면 Mouse의 자발활동을 감소시키고 헥소바르비탈로 인한 수면유도효과가 뚜렷하며 Mouse의 수면시간을 연장할 수 있다[8]. Mouse 혹은 Rat의 복강에 치자 알코올 삼출주사액을 주사하면 뚜렷한 체온저하작용이 있으며 7시간 이상 지속되게 한다[8]. 효모로 인해 발열이 유도된 Rat에게 치자를 달인 약액을 복용시키면 뚜렷한 해열작용이 있다.

2. 항염

   치자를 달인 약액을 위에 주입하면 파두유(巴豆油)로 유발된 Mouse의 귓바퀴 염증과 카라기난으로 유발된 Mouse의 발바닥 종창, 가데니아블루와 치자 추출물 및 게니포사이드는 디메칠벤젠으로 유발된 Mouse의 귓바퀴 종창에 뚜렷한 억제작용이 있다. 또한 치자 추출물과 게니포사이드는 포름알데히드로 유발된 Rat의 아급성 발바닥 종창에도 억제작용이 있다[9-10].

3. 소화계통에 대한 영향

   1) 담즙분비에 대한 영향

   치자의 물 추출물 및 알코올 추출물을 집토끼의 정맥에 주사하면 담즙분비량이 증가되는 것을 볼 수 있다. Rat의 십이지장에 게니포사이드를 사용하여 30분이 지나면 담즙분비가 뚜렷하게 촉진되며 지속성도 나타난다. 게니핀을 정맥 내에 주사하거나 십이지장에 투여하면 나트륨데하이드로콜레이트의 이담작용에 준하거나 혹은 더 좋다[11]. 동시에 치자의 물 추출물을 사용하여 4시간 후에 관찰하면 기니피그에서도 담즙분비의 증가가 나타난다. 기전연구에 따르면 이담작용은 게니핀이 가수분해되어 생성된 게니포사이드에 의해 발현된다. 하지만 크로세틴을 사용한 1시간 후에는 Rat의 담즙분비가 뚜렷하게 억제된다[11].

   2) 간장효능에 대한 영향

   게니포사이드와 치자의 복합 추출물은 혈장 중의 요산질소의 농도를 낮추고 간/체중 비율을 증가시키며 간장의 글루타치온 함량과 글루타치온-S-전달효소(GSTs)의 활성을 증가시킨다. 또 다른 분석에서 게니포사이드는 사이토크롬 P450 3A의 탈산화효소 활성을 억제함과 동시에 글루타치온의 함량을 증가시킨다[12]. 게니포사이드와 크로세틴은 사염화탄소(CCl₄)와 아세트아미노펜에 의한 간장 손상에 대해 말론디알데히드의 함량을 제고할 수 있고 글루타치온의 함량을 낮출 수 있으며 글루타치온과산화효소(GSH-Px)

치자나무 梔子 CP, KP, JP, VP

활성을 저해할 수 있다. 또한 간장조직의 병리변화에도 뚜렷한 경감작용이 있는데 게니포사이드의 작용이 크로세틴보다 강하다[11]. 치자를 달인 약액은 정상적인 Mouse의 혈청 중의 빌리루빈 농도를 뚜렷하게 낮출 수 있고 CCl₄와 치오아세트아미드로 유발된 혈청 글루타민산 피루빈산 트랜스아미나제(GPT)의 수준을 제고할 수 있다.

3) 급성 췌장염에 대한 작용

Rat의 급성 출혈괴사성 췌장염의 동물모형에 대하여 치자의 추출액은 혈청과 조직의 과산화물효소의 농도를 감소시킬 수 있다[13].

4. 기타

치자의 알코올 추출액은 장관막소동맥, 뇌조직소동맥, 관상소동맥, 신장소동맥 등에 대한 아드레날린 수축반응과 고칼륨으로 유발된 소동맥수축에 대해 이완작용이 있다[14]. 게니포사이드에는 항혈관증생[15], GSH-Px 활성[16], 신경뉴런 보호[17] 등의 작용이 있으며 크로세틴에는 항산화[18], 항고지혈[19] 등의 작용이 있다. 치자에는 또한 설사 유발, 항병원체, 진통[13], 생식독성[20], 항종양[1] 등의 작용이 있다.

용도

치자는 중의임상에서 사용하는 약이다. 사화제번[瀉火除煩, 성질이 찬 약으로 열이 심하여 생긴 화(火)를 없애고 번조(煩躁)한 것을 제거함], 청열이습[清熱利濕, 열을 내리고 습사(濕邪)를 제거함], 양혈해독[凉血解毒, 양혈(凉血)하고 해독하는 효능], 소종지통(消腫止痛, 부종을 가라앉히고 통증을 감소시킴) 등의 효능이 있으며, 열병으로 인한 번조, 습열황달[濕熱黃疸, 습열(濕熱)의 사기(邪氣)로 인해 온몸과 눈, 소변이 밝은 황색을 띠는 병증], 육혈토혈(衄血吐血, 코피가 나고 피를 토함), 창양종독(瘡瘍腫毒, 피부질환으로 생긴 종기에서 나오는 독), 타박상 등의 치료에 사용한다.

현대임상에서는 급성 간염, 급성 이하선염, 타박상, 관상동맥질환, 소아의 발열 등에 사용한다.

해설

치자는 중국위생부에서 규정한 약식동원품목*의 하나이다. 시장에서 판매되는 상품들 중에서 혼용품인 '수치자(水梔子)'를 볼 수 있는데 이는 대화치자(大花梔子, *Gardenia jasminoides* Ellis var. *grandiflora* Nakai)를 말린 열매이다. 주로 공업용 염료 원료로 사용된다. 동량의 물에 달인 대화치자의 약액은 독성이 치자보다 높으며 일부 약리학적 수치에서 치자와 일정한 차이를 보인다. 이로써 '수치자'는 치자의 약효와 동일하다고 볼 수 없기 때문에 사용할 시 주의가 필요하다[21].

치자나무의 자원은 아주 풍부하고 중국에서는 광범위하게 재배된다. 그중에 호남과 강서에서 재배하는 것이 가장 많다. 강서에는 이미 치자나무의 대규모 재배단지가 세워져 있으며 치자의 질도 매우 좋다. 치자 색소는 국제적으로 중요한 천연식품 착색제로 사탕, 케이크, 음료 및 주류의 발색에 사용된다. 치자나무의 꽃에는 정유가 들어 있는데 여러 가지 향수와 화장품에 사용되며 향비누와 에센스 등의 제조에 사용되는데 고급 향수와 고급 에센스를 만들 수 있다.

참고문헌

1. CH Peng, CN Huang, CJ Wang. The anti-tumor effect and mechanisms of action of penta-acetyl geniposide. *Current Cancer Drug Targets*. 2005, **5**(4): 299-305

2. WL Chang, HY Wang, LS Shi, JH Lai, HC Lin. Immunosuppressive iridoids from the fruits of *Gardenia jasminoides*. *Journal of Natural Products*. 2005, **68**(11): 1683-1685

3. WM Zhao, JP Xu, GW Qin, RS Xu. Two monoterpenes from fruits of *Gardenia jasminoides*. *Phytochemistry*. 1994, **37**(4): 1079-1081

4. 劉潔宇, 張宏桂, 周小平, 李有田, 張連英, 李艶. 中藥梔子揮發油成分分析. 白求恩醫科大學學報. 1999, **25**(1): 25

5. G Buchbauer, L Jirovetz, A Nikiforov, VK Kaul, N Winker. Volatiles of the absolute of *Gardenia jasminoides* Ellis (Rubiaceae). *Journal of Essential Oi lResearch*. 1996, **8**(3): 241-245

6. N Watanabe, R Nakajima, S Watanabe, JH Moon, J Inagaki, K Sakata, A Yagi, K Ina. Linalyl and bornyl disaccharide glycosides from *Gardenia jasminoides* flowers. *Phytochemistry*. 1994, **37**(2): 457-459

7. 彭婕, 錢之玉, 劉同征, 饒淑雲, 曲斌. 京尼平苷和西紅花酸保肝利膽作用的比較. 中國新藥雜誌. 2003, **12**(2): 105-108

8. JJ Kang, HW Wang, TY Liu, YC Chen, TH Ueng. Modulation of cytochrome P-450-dependent monooxygenases, glutathione and glutathione S-transferase in rat liver by geniposide from *Gardenia jasminoides*. *Food and Chemical Toxicology*. 1997, **35**(10/11): 957-965

9. 毛衛, 席力罡, 王曉光, 付維利, 楊玉龍, 郭宏偉, 譚文翔. 梔子提取液治療急性重症胰腺炎的療效及其對髓過氧化物酶的影響. 肝膽胰外科雜誌. 2003, **15**(3): 156-157

10. 姚全勝, 周國林, 朱延勤, 潘玉英, 胡俊鋐, 薛慧中, 張勤. 梔子抗炎, 治療軟組織損傷有效部位的篩選研究. 中國中藥雜誌. 1991, **16**(8): 489-493

11. 趙維民, 季新泉, 葉慶華, 秦國偉, 徐任生, 朱興族. 梔子蘭色素可能爲梔子粉末外用抗炎消腫時的活性物質. 天然產物研究與開發. 2000, **12**(4): 41-44

12. 張陸勇, 季慧芳, 曹于平, 馬曉紅. 梔子西紅花總苷對神經, 心血管及呼吸系統的影響. 中國藥科大學學報. 2000, **31**(6): 455-457

---

* 부록(502~505쪽) 참고

13. 王本祥. 現代中藥藥理學. 天津：天津科學技術出版社. 1997: 292-294

14. 楊翼風, 石磊, 王永信, 劉少輝. 梔子提取物對大鼠阻力動脈鬆弛作用的初步研究. 徐州醫學院學報. 1999, **19**(2): 99-100

15. HJ Koo, S Lee, KH Shin, BC Kim, CJ Lim, EH Park. Geniposide, an anti-angiogenic compound from the fruits of *Gardenia jasminoides*. *Planta Medica*. 2004, **70**(5): 467-469

16. WH Kuo, FP Chou, SC Young, YC Chang, CJ Wang. Geniposide activates GSH S-transferase by the induction of GST M1 and GST M2 subunits involving the transcription and phosphorylation of MEK-1 signaling in rat hepatocytes. *Toxicology and Applied Pharmacology*. 2005, **208**(2): 155-162

17. P Lee, J Lee, SY Choi, SE Lee, S Lee, D Son. Geniposide from *Gardenia jasminoides* attenuate neuronal cell death in oxygen and glucose deprivation-exposed rat hippocampal slice culture. *Biological & Pharmaceutical Bulletin*. 2006, **29**(1): 174-176

18. TQ Pham, F Cormier, E Farnworth, VH Tong, C Van, R Marie. Antioxidant properties of crocin from *Gardenia jasminoides* Ellis and study of the reactions of crocin with linoleic acid and crocin with oxygen. *Journal of Agricultural and Food Chemistry*. 2000, **48**(5): 1455-1461

19. IA Lee, JH Lee, NI Baek, DH Kim. Antihyperlipidemic effect of crocin isolated from the fructus of Gardenia jasminoides and its metabolite crocetin. *Biological & Pharmaceutical Bulletin*. 2005, **28**(11): 2106-2110

20. A Ozaki, M Kitano, N Furusawa, H Yamaguchi, K Kuroda, G Endo. Genotoxicity of gardenia yellow and its components. *Food and Chemical Toxicology*. 2002, **40**(11): 1603-1610

21. 謝宗萬, 李燕立, 岡田稔. 水梔子基原植物及其新學名. (日本)植物研究雜誌. 1990, **65**(4): 121-128

Orchidaceae

천마 天麻 CP, KP, JP

Gastrodia elata Bl.
Tall Gastrodia

개 요

난초과(Orchidaceae)

천마(天麻, *Gastrodia elata* Bl.)의 덩이줄기를 건조한 것

중약명: 천마

천마속(*Gastrodia*) 식물은 전 세계에 약 20종이 있으며 동아시아 및 동남아시아에서부터 호주에까지 분포한다. 중국산 13종이 있으며 이 속에서 사용되는 약재는 1종이다. 이 종은 중국의 길림, 요녕, 하북, 섬서, 감숙, 안휘, 하남, 호북, 사천, 귀주, 운남, 서장 등지에 분포한다.

천마는 '적전(赤箭)'이란 약명으로 《신농본초경(神農本草經)》에 상품으로 처음 기재되었으며, '천마'란 명칭은 최초로 《뇌공포자론(雷公炮炙論)》에 기재되었다. 《중국약전(中國藥典)》(2015년 판)에 수록된 이 종은 중약 천마의 법정기원식물이다. 주요산지는 중국의 귀주, 섬서, 사천, 운남, 호북 등지이며 중국 전역에 판매되고 국외로 수출된다. 《대한민국약전》(11개정판)에는 천마를 "천마(*Gastrodia elata* Blume, 난초과)의 덩이줄기를 쪄서 건조한 것"으로 등재하고 있다.

천마의 주요 함유성분은 페놀류 화합물 및 그 배당체이며 가스트로딘이 주요성분이다. 《중국약전》에서는 고속액체크로마토그래피법을 이용하여 건조시료 중 가스트로딘과 4-사히드록시벤질알콜(4-hydroxybenzyl alcohol)의 총 함량을 0.25% 이상으로 약재의 규격을 정하고 있다.

약리연구를 통하여 천마에는 항경궐(抗驚厥, 갑자기 몹시 놀라서 정신을 잃고 넘어지며 몸이 싸늘해지는 증상), 진정, 기억력 개선, 항노화, 면역증강 등의 작용이 있는 것으로 알려져 있다.

한의학에서 천마는 평간식풍(平肝息風), 지경(止痙) 등의 효능이 있다.

천마 天麻 *Gastrodia elata* Bl.

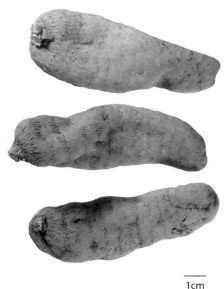

약재 천마 藥材天麻
Gastrodiae Rhizoma

1cm

함유성분

덩이줄기에는 페놀 성분과 그 배당체로 gastrodin, p-methylphenyl-1-O-β-D-glucopyranoside, 3,5-dimethoxy benzoic acid-4-O-β-D-glucopy ranoside[11], p-hydroxybenzaldehyde, p-hydroxybenzyl ethyl ether, p-hydroxybenzyl methyl ether, 2,2'-methylenebis (6-tert-butyl-4-methylphenyl)[2], 4,4'-dihydroxydibenzyl ether, 4,4'-dihydroxydibenzyl sulfone[3], 4-hydroxybenzaldehyde, 4-hydroxy-3-methoxybenzaldehyde[4], vanillyl alcohol, 3,4-dihydroxybenzylaldehyde, 4,4'-dihydroxydiphenyl methane, 4-ethyloxytolyl-4'-hydroxybenzyl ether, 4-hydroxybenzyl methyl ether, 4-(4'-hydroxybenzyloxy)-benzyl methyl ether, bis (4-hydroxybenzyl)-ether- mono-β-D-glucopyranoside, gastrodamine[5], α-acetylamino-phenylpropyl-α-benzoylamino-phenylpropionate, 4-hydroxybenzyl-β-sitosterol ether[6], gastrol[7], 4-[4'-(4''-hydroxybenzyloxy) benzyloxy]-benzyl methyl ether[8], cymbinodin A, bis(4-hydroxybenzyl) sulfide[9] 등이 함유되어 있다. 또한 5-hydroxymethyl-2-furancarboxaldehyde[3]와 천마 다당류[10] 성분이 함유되어 있다.

gastrodin

p-hydroxybenzylalcohol:　　　　　R₁=CH₂OH　R₂=H
p-hydroxybenzaldehyde:　　　　　R₁=CHO　R₂=H
3, 4-dihydroxybenzylaldehyde: R₁=CHO　R₂=OH

 약리작용

1. 중추신경계통에 대한 영향

1) 항경궐

천마는 펜틸레네테트라졸로 유발된 Mouse의 강직성 경궐에 대해 길항작용이 있으나[11-12] 스트리크닌으로 유발된 Mouse의 강직성 경궐에 대해서는 뚜렷한 영향이 없고 그 작용부위 또한 척수가 아니다[12]. 가스트로딘 및 그 배당체는 펜틸레네테트라졸로 유발된 진전성 경궐의 잠복기를 연장시킬 수 있다. 연구에 따르면 천마의 항경궐 유효성분은 가스트로딘, 바닐릴알코올, 바닐린 등이다[13]. 천마 메탄올 추출물의 에칠에테르 부위는 카인산으로 인한 흥분성 중독에 보호작용이 있다[14].

2) 진정, 최면, 항우울

가스트로딘과 펜토바르비탈, 클로랄하이드레이트 및 티오펜탈나트륨 등에 대하여 모두 상호작용이 있으며 Mouse의 수면시간을 연장하고 Mouse의 자발활동을 감소시킨다[13]. 천마는 Mouse의 펜토바르비탈나트륨 한계 사용량에 의한 수면시간을 연장하고 카페인으로 유발된 중추흥분에 길항효과를 나타낸다[12-13]. 또한 천마 물 추출물을 Mouse에게 복용시키거나 천마 페놀 화합물을 Mouse의 복강에 주사하면 항우울작용이 있다[15].

3) 진통

천마의 열수 추출물을 Mouse의 위에 주입하면 초산으로 유발된 경련반응을 억제할 수 있고 경련반응의 잠복기를 연장하거나 경련 횟수를 감소시킨다[16].

4) 기억력 개선

천마의 알코올 추출물은 스코폴라민, 아질산나트륨, 40% 에탄올 등으로 유발된 Mouse의 기억력 장애를 개선하는 작용이 있다[17-18]. 가스트로딘 및 p-하이드록시벤질에탄올은 학습능력에 영향을 주지는 않지만 기억을 공고히 하거나 재현력을 증강시키는데 그 작용기전과 활성성분은 5-HT1A 및 5-HT2 수용체와 관련이 있다[19-20]. 천마의 분말을 복용시키면 D-갈락토오스로 유발된 Mouse의 노화 및 노년 Rat의 도약실패 횟수를 감소시킨다[21-22]. 천마를 사용하면 Rat의 대뇌콜라겐세포를 증가시킬 수 있으며 콜라겐세포군의 면적을 증대시킬 뿐만 아니라 신경뉴런의 활성을 유도하여 기억력 개선을 유도할 수 있다[23].

천마 天麻 CP, KP, JP

2. 항노화

천마의 당류 복합물은 초파리의 평균 수명 및 최고 수명을 연장한다. Mouse의 혈청 중의 슈퍼옥시드디스무타제 활성을 제고하고 말론디알데하이드의 함량을 낮출 수 있다[24]. 천마의 분말을 복용하면 D-갈락토오스에 의해 노화가 유발된 Rat의 심근 지방갈색질을 감소시키고 노년 Rat의 혈청 지질과산화물(LPO)의 함량을 낮출 수 있다[21-22].

3. 심혈관계에 대한 영향

1) 혈압과 혈관에 대한 작용

천마 주사액을 토끼의 귀 정맥에 주사하거나 천마 추출물을 십이지장에 주입하면 혈압을 뚜렷하게 낮출 수 있다[25]. 가스트로딘을 정맥에 주사하면 고양이의 혈압을 낮출 수 있고 외주혈관의 저항력을 낮출 수 있으며 동맥혈관 중의 혈류관성을 증가시킬 뿐만 아니라 중앙과 외주혈동맥혈관의 순응성을 증가시킬 수 있다. 또한 집토끼의 주동맥혈관 평활근세포의 증식을 억제할 수 있다[26-29]. 천마를 주사하면 심박을 늦출 수 있고 심장의 혈액 수출률을 증가시킬 수 있으며 심근의 산소 소모량을 낮출 수 있음과 동시에 혈압을 낮출 수 있다[13].

2) 미세순환 개선

천마 주사액을 경외정맥에 주사하면 마취된 Rat의 장관막동맥의 혈관직경을 확장시킬 수 있고 혈류량을 빠르게 할 수 있다[13]. 천마를 달인 약액은 아드레날린으로 유발된 Rat의 혈관 수축효과를 억제할 수 있고 미세순환장애를 방지할 수 있으며 혈전 형성을 방지할 수 있다. 허혈, 산소결핍 및 혈액재관류로 인한 Rat의 뇌조직 손상에 보호작용이 있다[13]. 천마 메탄올 추출물의 에칠에테르 부위는 게르빌루스 Mouse의 전심성 허혈에 대해 보호작용이 있다[28].

4. 면역증강

천마주사액은 Mouse의 면역효능과 혈청 용혈세균효소의 활성을 뚜렷하게 증강시킬 수 있고 Mouse의 지발성 알레르기 반응을 제고할 수 있다[29]. 가스트로딘 주사액을 통한 용혈용균반형성세포(PFC) 실험, 면역로제트형성세포 실험, 항면양세포항체 실험 등에서 Mouse의 비특이성 면역과 특이성 면역의 세포면역과 체액면역에 대해 모두 뚜렷한 증강작용이 있다[29]. 천마의 다당은 인체 비특이성 면역 및 세포면역의 작용이 있다[30].

5. 항염

천마의 알코올 추출액은 디메칠벤젠으로 유발된 Mouse의 귓바퀴 종창, 카라기난과 혈청으로 유발된 Rat 혹은 Mouse의 발바닥 종창에 대해 억제작용이 있다. 또 초산으로 유발된 Mouse의 복강모세혈관 투과성을 제고할 수 있다[31].

6. 기타

천마에는 간 보호[32] 및 신경뉴런 보호작용이 있다[33].

용 도

천마는 중의임상에서 사용하는 약이다. 식풍지경[息風止痙, 내장병변(內臟病變)으로 발생한 풍병(風病)을 치료함], 평억간양[平抑肝陽, 간(肝)의 양기를 안정시킴], 거풍통락[祛風通絡, 풍사(風邪)로 생긴 병을 물리쳐서 경락에 기가 잘 통하게 함] 등의 효능이 있으며, 간풍내동[肝風內動, 병의 진행 과정에서 온몸이 떨리고 어지러우며 경련이 일어나는 따위의 풍(風) 증상], 경간추축(驚癎抽搐, 간질발작), 현기증, 두통, 사지구련(四肢拘攣, 팔다리의 근육이 오그라드는 증상), 풍습비통(風濕痹痛, 풍습으로 인해 관절이 아프고, 통증이 심해지는 증상) 등의 치료에 사용한다.

현대임상에서는 불면, 두통, 이명(耳鳴, 귀울림) 등 신경쇠약증과 현기증, 전간, 고혈압, 노인성 치매 등의 병증에 사용한다.

해 설

천마의 용도는 다양하며 약용과 식용으로 동시에 사용할 수 있다. 따라서 여러 가지 종류의 약과 기능성 식품의 원료로 사용된다. 야생 품종은 시장의 수요를 충족시킬 수 없으며, 현재 천마의 인공재배연구에 성공하여 사천과 섬서에 천마의 대규모 재배단지가 조성되었다. 연구에 따르면 인공재배의 천마와 야생 천마의 주요 약리작용은 유사하여 대용이 가능하지만 용량의 제한에는 차이가 있다. 따라서 임상에서 사용할 때 품종과 용량 사이의 관계에 주의하여야 한다[12, 16].

참고문헌

1. 黃占波, 宋冬梅, 陳發奎. 天麻化學成分的研究 (I). 中國藥物化學雜誌. 2005, 15(4): 227-229

2. 玉莉, 肖紅斌, 梁鑫森. 天麻化學成分研究 (I). 中草藥. 2003, 34(7): 584-585

3. MK Pyo, JL Jin, YK Koo, HS Yun-Choi. Phenolic and furan type compounds isolated from *Gastrodia elata* and their anti-platelet effects. *Archives of Pharmacal Research*. 2004, 27(4): 381-385

4. JH Ha, SM Shin, SK Lee, JS Kim, US Shin, K Huh, JA Kim, CS Yong, NJ Lee, DU Lee. *In vitro* effects of hydroxybenzaldehydes from *Gastrodia elata* and their analogues on

GABAergic neurotransmission, and a structure-activity correlation. *Planta Medica*. 2001, **67**(9): 877-880

5. 郝小燕, 譚宁華, 周俊. 黔産天麻的化學成分. 雲南植物研究. 2000, **22**(1): 81-84

6. YQ Xiao, L Li, XL You, BL Bian, XM Liang, YT Wang. A new compound from *Gastrodia elata* Blume. *Journal of Asian Natural Products Research*. 2002, **4**(1): 73-79

7. J Hayashi, T Sekine, S Deguchi, Q Lin, S Horie, S Tsuchiya, S Yano, K Watanabe, F Ikegami. Phenolic compounds from Gastrodia rhizome and relaxant effects of related compounds on isolated smooth muscle preparation. *Phytochemistry*. 2002, **59**(5): 513-519

8. HS Yun-Choi, MK Pyo, KM Park. Isolation of 3-O-(4'-hydroxybenzyl)-beta- sitosterol and 4-[4'-(4"-hydroxybenzyloxy)benzyloxy]benzyl methyl ether from fresh tubers of *Gastrodia elata*. *Archives of Pharmacal Research*. 1998, **21**(3): 357-360

9. 肖永庆, 李崩, 游小琳. 天麻有效部位化學成分研究 (I). 中國中藥雜誌. 2002, **27**(1): 35-36

10. 丁晴. 天麻多糖的含量測定. 中藥飲片. 1993, 1: 21-23

11. 代聲龍, 于榕. 天麻對小鼠戊四唑驚厥的保護作用. 中國新藥與臨床雜誌. 2002, **21**(11): 641-644

12. 葉紅, 汪植, 王紹柏, 譚德福. 種麻及商品麻的藥理作用比較II. 時珍國醫國藥. 2003, **14**(12): 730-731

13. 岑信釗. 天麻的化學成分與藥理作用研究進展. 中藥材. 2005, **28**(10): 958-962

14. HJ Kim, KD Moon, SY Oh, SP Kim, SR Lee. Ether fraction of methanol extracts of *Gastrodia elata*, a traditional medicinal herb, protects against kainic acid-induced neuronal damage in the mouse hippocampus. *Neuroscience Letters*. 2001, **314**(1-2): 65-68

15. JW Jung, BH Yoon, HR Oh, JH Ahn, SY Kim, SY Park, JH Ryu. Anxiolytic-like effects of *Gastrodia elata* and its phenolic constituents in mice. *Biological & Pharmaceutical Bulletin*. 2006, **29**(2): 261-265

16. 葉紅, 沈映君, 汪鋆植, 王紹柏, 周敏. 天麻種子, 種麻及商品麻的藥理作用比較I. 時珍國醫國藥. 2003, **14**(9): F003-004

17. 周本宏, 張洪, 羅順德, 蔡鴻生. 天麻提取物對小鼠學習記憶能力的影響. 中藥藥理與臨床. 1996, **3**: 32-33

18. CR Wu, MT Hsieh, SC Huang, WH Peng, YS Chang, CF Chen. Effects of *Gastrodia elata* and its active constituents on scopolamine-induced amnesia in rats. *Planta Medica*. 1996, **62**(4): 317-321

19. MT Hsieh, CR Wu, CF Chen. Gastrodin and p-hydroxybenzyl alcohol facilitate memory consolidation and retrieval, but not acquisition, on the passive avoidance task in rats. 1997, **56**(1): 45-54

20. MT Hsieh, CR Wu, CC Hsieh. Ameliorating effect of p-hydroxybenzyl alcohol on cycloheximide-induced impairment of passive avoidance response in rats:interactions with compounds acting at 5-HT1A and 5-HT2 receptors. *Pharmacology, Biochemistry and Behavior*. 1998, **60**(2): 337-343

21. 高南南, 于澍仁, 徐錦堂. 天麻對老齡大鼠學習記憶的改善作用. 中國中藥雜誌. 1995, **20**(9): 562-563, 568

22. 高南南, 于澍仁, 劉睿紅, 徐錦堂. 天麻對D-半乳糖所致衰老小鼠的改善作用. 中草藥. 1994, **25**(10): 521-523

23. 劉建新, 周天達. 天麻對大鼠大腦膠質細胞影響的實驗研究. 中國中醫基礎醫學雜誌. 1997, **3**(6): 23-25

24. 陶文娟, 沈業壽, 劉如娟, 趙麗娜. 天麻糖複合物抗衰老作用的實驗研究. 生物學雜誌. 2005, **22**(5): 24-26

25. 毛跟年, 張嬌, 聶萌, 王銳. 天麻製劑對家兔血壓的影響. 陝西科技大學學報. 2003, **21**(4): 50-53

26. 王正榮, 羅紅淋, 蕭靜, 郭惠玲, 薛振南. 天麻素對動脈血管順應性以及血流動力學的影響. 生物醫學工程學雜誌. 1994, **11**(3): 197-201

27. 羅紅淋, 蕭靜, 袁淑蘭, 郭惠玲. 天麻注射液對主動脈平滑肌細胞增殖的影響. 華西醫大學報. 1997, **28**(1): 62-65

28. HJ Kim, SR Lee, KD Moon. Ether fraction of methanol extracts of *Gastrodia elata*, medicinal herb protects against neuronal cell damage after transient global ischemia in gerbils. *Phytotherapy Research*. 2003, **17**(8): 909-912

29. 吕國平, 王春芹, 蔡中琴. 天麻素注射液的藥理及臨床研究. 中草藥. 2002, **33**(5): 附003-附004

30. 楊世林, 蘭進, 徐錦堂. 天麻的研究進展. 中草藥. 2000, **31**(1): 66-69

31. 楊萬興, 吕金勝, 封永勇, 向明鳳. 天麻醇提液對動物急性炎症的影響. 藥品研究. 2002, **11**(12): 26-27

32. 楊菁, 白秀珍, 孫黎光, 岳春麗, 莊曉燕. 天麻水煎劑對醋氨酚引起肝損傷的保護作用及機制研究. 數理醫藥學雜誌. 2003, **16**(5): 453-455

33. 李運曼, 陳芳萍, 劉國卿. 天麻素抗谷氨酸和氧自由基誘導的PC12細胞損傷的研究. 中國藥科大學學報. 2003, **34**(5): 456-460

큰잎용담 秦艽 CP, KHP, VP

Gentiana macrophylla Pall.
Large-leaf Gentian

 개 요

용담과(Gentianaceae)

큰잎용담(秦艽, *Gentiana macrophylla* Pall.)의 뿌리를 건조한 것

중약명: 진교(秦艽)

용담속(*Gentiana*) 식물은 전 세계에 약 400종이 있으며 유럽, 아시아, 호주, 뉴질랜드, 북아메리카 및 아프리카 북부에 분포한다. 중국에 247종이 있는데 전국에 보편적으로 분포하며 이 속에서 약으로 사용되는 것은 약 41종이다. 큰잎용담은 중국의 동북, 화북, 서북 및 사천에 분포하며 러시아의 시베리아와 원동 지역 및 몽골에도 분포하는 것이 있다.

'진교'라는 약명은 《신농본초경(神農本草經)》에 중품으로 처음 기재되었다. 중국에서 고대로부터 오늘까지 사용된 약재 진교는 모두 이 속의 여러 종 식물이다. 《중국약전(中國藥典)》(2015년 판)에 수록된 이 종은 중약 진교의 법정기원식물 가운데 하나이다. 중국의 섬서와 감숙은 큰잎용담의 주요산지이며[1] 동북, 내몽고, 산서, 사천에도 나는 것이 있지만 감숙에서 나는 것이 생산량이 가장 많고 품질도 제일 좋다. 《대한민국약전외한약(생약)규격집》(제4개정판)에는 진교를 "용담과에 속하는 큰잎용담(*Gentiana macrophylla* Pallas), 마화진교(*Gentiana straminea* Maxim), 조경진교(*Gentiana crassicaulis* Duthie ex Burk.) 또는 소진교(*Gentiana dahurica* Fisch.)의 뿌리"로 등재하고 있다.

진교에는 주로 세코이리도이드 배당체가 있다. 《중국약전》에서는 고속액체크로마토그래피법을 이용하여 건조시료 중 겐티오피크로시드와 로가닉산의 총 함량을 2.5% 이상으로 약재의 규격을 정하고 있다.

약리연구를 통하여 진교에는 항염, 진통, 간 보호, 혈압강하 등의 작용이 있는 것으로 알려져 있다.

한의학에서 진교는 거풍습(祛風濕), 지비통(止痺痛), 서근활락(舒筋活絡), 청허열(清虛熱), 이습퇴황(利濕退黃) 등의 효능이 있다.

큰잎용담 秦艽 *Gentiana macrophylla* Pall.

약재 진교 藥材秦艽 Gentianae Macrophyllae Radix

1cm

 함유성분

뿌리에는 세코이리도이드 배당체 성분으로 gentiopicroside (gentiopicrin)[2], qinjiaoside A, harpagoside[3], sweroside, 6'-O-β-D-glucosyl-gentiopicroside, 6'-O-β-D-glucosylsweroside, trifloroside, rindoside, macrophyllosides A, B, C, D[4], swertiamarin[5], 트리테르페노이드 성분으로 α-amyrin, 올레아놀산[4], roburic acid[6-7], 플라보노이드 성분으로 kushenol I, isovitexin (saponaretin)[4], 쿠마린 성분으로 erythro-centaurin, erythrocentauric acid[5, 8] 등이 함유되어 있다. 또한 qinjiao amide[8] 성분이 함유되어 있다.

지상부에는 플라보노이드 성분으로 homoorientin, isovitexin[9] 등이 함유되어 있다.

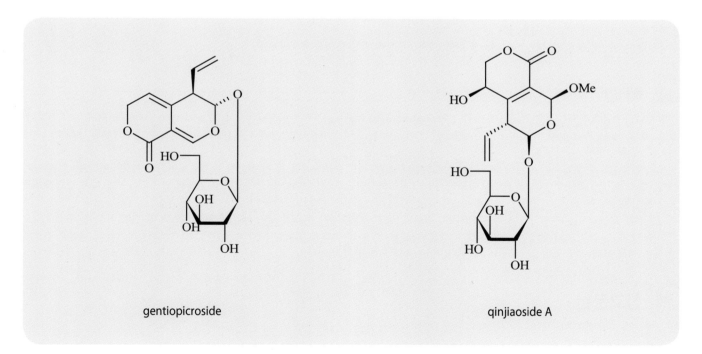

gentiopicroside   qinjiaoside A

 약리작용

1. **항염**

진교의 즙액 및 알코올 추출물을 위에 주입하면 파두유(巴豆油)로 유발된 Mouse의 귓바퀴 종창을 억제할 수 있다[10]. 진교의 에탄올 추출물을 복용하면 프로인트항원보강제(FCA)로 유발된 Rat의 애주번트관절염(AA)을 억제할 수 있으며 염성조직의 프로스타글란딘 E_2 수준을 감소시킬 수 있다[11]. 겐티오피크로사이드를 위에 주입하면 디메칠벤젠으로 유발된 Mouse의 귓바퀴 종창과 초산으

큰잎용담 秦艽 CP, KHP, VP

로 유발된 Mouse의 복강모세혈관 투과성 증가 및 효소다당 A와 카라기난으로 유발된 Rat의 발바닥 종창을 억제할 수 있다[12].

2. 진정, 진통

진교의 즙액 및 알코올 추출물을 위에 주입하면 초산으로 유발된 Mouse의 경련반응을 억제할 수 있다[10]. 진교의 알코올 추출물을 복강에 주사하면 열판자극으로 인한 Mouse의 경련반응을 억제할 수 있다. 진교의 알코올 추출액을 복강에 주사하면 열판자극으로 인한 Mouse의 통증반응시간을 연장할 수 있다[13]. 겐티오피크로사이드와 스웨로사이드를 복강에 주사하면 펜토바르비탈나트륨으로 유발된 Mouse의 수면시간을 연장시키는데 겐티오피크로사이드의 작용이 비교적 강하다.

3. 항균

진교의 알코올 추출액은 이질간균, 상한간균, 폐렴구균 등에 대하여 억제작용이 있다. 또한 물 침출액은 동심성모선균, 허란씨황선균, 오두안소포자균 등에 대하여 억제작용이 있다[14].

4. 간 보호

겐티오피크로사이드를 복용하면 Mouse의 사염화탄소 간 손상 모델과 지질다당(LPS)/아포간균(BCG) 간 손상 모델에 대해 모두 보호작용이 있고 Mouse의 혈청 글루타민산 피루빈산 트랜스아미나제(GPT)와 글루타민산 옥살로초산 트랜스아미나제(GOT)의 수준을 낮출 수 있다[15]. 겐티오피크로사이드는 Mouse, Rat 및 기니피그의 급성, 만성 면역성 간 손상에 대해 뚜렷한 보호작용이 있고 간 손상 모델 동물의 혈청 아미노기전이효소를 낮출 수 있으며 간 조직 종창, 괴사 및 지방변이 정도를 감소시킬 수 있음과 동시에 간의 단백질 합성을 촉진할 수 있다[16]. 겐티오피크로사이드를 위에 주입하면 Rat의 담즙분비량을 증가시키고 담즙 중의 빌리루빈 농도를 제고시킬 수 있다[17].

5. 기타

진교의 알코올 추출물을 고양이 다리정맥에 주사하면 혈압을 뚜렷하게 낮추는 작용이 있다[13].

용도

진교는 중의임상에서 사용하는 약이다. 청열조습[清熱燥濕, 열기를 내리며 습사(濕邪)를 제거하는 것], 사간담화[瀉肝膽火, 간화(肝火)가 왕성한 것을 치료하여 담화를 낮추는 것] 등의 효능이 있으며, 음부 가려움증, 대하습진, 습열황달[濕熱黃疸, 습열(濕熱)의 사기(邪氣)로 인해 온몸과 눈, 소변이 밝은 황색을 띠는 병증], 간열로 인한 두통, 눈의 충혈, 옆구리의 통증과 구고(口苦, 입에서 쓴맛을 느끼는 것), 간경련성 질환, 수족경련 등의 치료에 사용한다.

현대임상에서는 풍습성 관절염, 바이러스성 간염, 두통, 두드러기 등의 병증에 사용한다.

해 설

큰잎용담의 동속식물로는 마화진교(麻花秦艽, *Gentiana straminea* Maxim.), 조경진교(粗莖秦艽, *G. crassicaulis* Duthie ex Burk.), 소진교(小秦艽, *G. dahurica* Fisch.) 등이 있다. 이들은《중국약전》에 수록된 중약 진교의 법정기원식물이며 세코이리도이드 배당체와 겐티오피크로사이드 성분이 있다.

진교의 함유성분에 대해서는 상이한 보고들이 존재하는데 겐티아닌, 겐티아니딘, 겐티아날 등의 알칼로이드가 함유되어 있는 점은 일치한다. 후속 연구를 통하여 밝혀진 알칼로이드인 겐티오피크로사이드 등은 추출물을 정제하는 과정에서 암모니아수에 의한 전화작용을 통해 생성된다[2, 18].

큰잎용담은 오늘날까지 야생자원에 의존하였는데 진교의 약재 생장주기가 비교적 길기 때문에 일반적으로 몇 년의 시간이 지나야 약으로 사용할 수 있었다. 생장환경은 높은 해발의 고산초지, 숲 주변 등 비교적 협소한 지역에 국한되므로 반드시 계획적인 채집을 진행해야 하며 이를 통해 야생 큰잎용담자원의 지속적인 이용을 도모해야 할 것이다.

참고문헌

1. 權宜淑. 中藥秦艽的本草學研究. 西北藥學雜誌. 1997, **12**(3): 113-114

2. T Hayashi, M Higashino. Studies on crude drugs originated from gentianaceous plants. III. The bitter principle of the Chinese crude drug Quinjiao and its contents. *Yakugaku Zasshi*. 1976, **96**(3): 362-365

3. 劉艷紅, 李興從, 劉玉清, 楊崇仁. 秦艽中的環烯醚萜苷成分. 雲南植物研究. 1994, **16**(1): 85-89

4. RX Tan, JL Wolfender, LX Zhang, WG Ma, N Fuzzati, A Marston, K Hostettmann. Acyl secoiridoids and antifungal constituents from *Gentiana macrophylla*. *Phytochemistry*. 1996, **42**(5): 1305-1313

5. 陳千良, 石張燕, 徐光忠, 孙文基. 陝西産秦艽的化學成分研究. 中國中藥雜誌. 2005, **30**(19): 1519-1522

6. TT Jong, CT Chen. Roburic acid, a triterpene 3, 4-seco acid. *Acta Crystallographica, Section C:Crystal Structure Communications*. 1994, **50**(8): 1326-1328

7. Y Kondo, K Yoshida. Constituents of roots of *Gentiana macrophylla*. *Shoyakugaku Zasshi*. 1993, **47**(3): 942-943

8.   陳千良, 孙文基, 徐光忠, 石張燕. 陝西産秦艽脂溶部位化學成分研究. 中草藥. 2005, **36**(1): 4-7

9.   LA Tikhonova, NF Komissarenko, TP Berezovskaya. Flavone C-glycosides from *Gentiana macrophylla. Khimiya Prirodnykh Soedinenii.* 1989, **2**: 287-288

10.   崔景榮, 赵喜元, 張建生, 樓之岑. 四種秦艽的抗炎和鎮痛作用比較. 北京醫科大學學報. 1992, **24**(3): 225-227

11.   FR Yu, FH Yu, R Li, R Wang. Inhibitory effects of the *Gentiana macrophylla* (Gentianaceae) extract on rheumatoid arthritis of rats. *Journal of Ethnopharmacology.* 2004, **95**(1): 77-81

12.   陳長勛, 劉占文, 孫崢嶸, 宋純清, 胡之璧. 龍膽苦苷抗炎藥理作用研究. 中草藥. 2003, **34**(9): 814-816

13.   楊愉君, 馮國基, 邱少銘. ^{60}Co-g射線輻照對秦艽藥理作用的影響. 中藥材. 1994, **17**(1): 31-34

14.   王本祥. 現代中藥藥理學. 天津: 天津科學技術出版社. 1997: 398-400

15.   Y Kondo, F Takano, H Hiroshi. Suppression of chemically and immunologically induced hepatic injuries by gentiopicroside in mice. *Planta Medica.* 1994, **60**(5): 414-416

16.   李艷秋, 趙德化, 潘伯榮, 李保國, 孫文基, 田瓊, 賈敏. 龍膽苦苷抗鼠肝損傷的作用. 第四軍醫大學學報. 2001, **22**(18): 1645-1649

17.   劉占文, 陳長勛, 金若敏, 史國慶, 宋純清, 胡之璧. 龍膽苦苷的保肝作用研究. 中草藥. 2002, **33**(1): 47-50

18.   郭亞健, 陸蘊如. 龍膽苦苷轉化爲秦艽丙素等生物鹼的研究. 藥物分析雜誌. 1983, **3**(5): 268-271

용담 龍膽 CP, KP, JP

Gentianaceae

Gentiana scabra Bge.

Chinese Gentian

 개요

용담과(Gentianaceae)

용담(龍膽, *Gentiana scabra* Bge.)의 뿌리 및 뿌리줄기를 건조한 것

중약명: 용담

용담속(*Gentiana*) 식물은 전 세계에 약 400종이 있으며 유럽, 아시아, 호주, 뉴질랜드, 북아메리카 및 아프리카 북부 등지에 분포한다. 중국에 약 247종이 있는데 전국적으로 분포하며 약으로 사용되는 것이 41종이다. 이 종은 중국의 내몽고, 흑룡강, 길림, 요녕, 귀주, 섬서, 호북, 호남, 안휘, 강소, 절강, 복건, 광동, 광서 등에 분포하며 러시아, 한반도, 일본에도 분포한다.

'용담'이란 약명은 《신농본초경(神農本草經)》에 상품으로 처음 기재되었으며 역대 본초서적에 많이 기록되었다. 중국은 자고이래 용담속의 여러 가지 식물의 뿌리와 뿌리줄기를 약으로 써 왔다. 《중국약전(中國藥典)》(2015년 판)에 수록된 이 종은 중약 용담의 법정기원식물 가운데 하나이다. 주요산지는 흑룡강, 길림, 요녕, 내몽고 등이며 생산량이 많을 뿐만 아니라 품질도 우수하다. 《대한민국약전》(11개정판)에는 용담을 "용담과에 속하는 용담(*Gentiana scabra* Bunge), 과남풀(三花龍膽, *Gentiana triflora* Pallas) 또는 조엽용담(條葉龍膽, *Gentiana manshurica* Kitagawa)의 뿌리 및 뿌리줄기"로 등재하고 있다.

용담속 식물의 주요 활성성분은 세코이리도이드 배당체의 고미(苦味)성분(주로 겐티오피크로사이드)이다. 《중국약전》에서는 고속액체크로마토그래피법을 이용하여 건조시료 중 겐티오피크로사이드의 함량을 3.0% 이상으로, 음편(飮片) 중 그 성분의 함량을 2.0% 이상으로 약재의 규격을 정하고 있다.

약리연구를 통하여 용담에는 간을 보호하고 간을 이롭게 하는 작용이 있는 것으로 알려져 있다.

한의학에서 용담은 청열조습(清熱燥濕), 사간담화(瀉肝膽火) 등의 효능이 있다.

용담 龍膽 *Gentiana scabra* Bge.

약재 용담 藥材龍膽 Gentianae Radix et Rhizoma

1cm

조엽용담 條葉龍膽
G. manshurica Kitag.

과남풀 三花龍膽
G. triflora Pall.

견용담 堅龍膽
G. rigescens Franch.

함유성분

뿌리에는 세코이리도이드 배당체 성분으로 gentiopicroside, sweroside[1], swertiamarin[2], amarogentin[3], 4'-O-β-D-glucopyranosylgentio-picroside, 6'-O-β-D-glucopyranosylgentiopicroside[4], gentiascabraside A, 6β-hydroxyswertiajaposide A, 1-O-β-D-glucopyranosyl-4-epiamplexine, scabrans G3, G4, G5[5], 알칼로이드 성분으로 gentianine[6], gentioflavine[7], 트리테르페노이드 성분으로 (20S)-dammara-13(17), 24-dien-3-one, (20R)-dammara-13(17),24-dien-3-one, chirat-16-en-3-one, chirat-17(22)-en-3-one, 17β,21β-epoxyhopan-3-one[8], 올레아놀산[9] 등이 함유되어 있다.

gentiopicroside

sweroside

swertiamarin

약리작용

1. 간 보호, 이담(利膽)

용담뿌리의 물 추출물과 메탄올 추출물을 위에 주입하거나 혹은 용담가루 약침제를 복강에 주사하면 사염화탄소(CCl_4), D−갈락토

용담 龍膽 CP, KP, JP

사미나이드, 치오아세트아미드 등으로 유발된 Rat 및 Mouse의 급성 간 손상 및 간 섬유화에 대해 보호작용이 있다[10-14]. 겐티오피크로사이드는 *in vitro*에서 인체간암세포 SMMC-7721의 증식을 억제할 수 있다[15].

2. 항염, 진통

   용담의 물 추출물을 위에 주입하면 디메칠벤젠으로 유발된 Mouse의 귓바퀴 종창에 억제작용이 있고 빙초산으로 유발된 Mouse의 경련 횟수를 감소시킨다[16].

3. 항피로, 항산소 결핍

   용담의 물 추출물을 위에 주입하면 산소결핍 시 Mouse의 생존시간을 연장할 수 있으며 동시에 운동 후 혈중 젖산 제거 속도를 뚜렷하게 상승시키고 간당원의 함량을 증가시킨다[16].

4. 갑상선 기능 항진 억제

   뿌리와 뿌리줄기를 달인 약액을 위에 주입하면 갑상선 항진이 있는 Rat의 간의 스테로이드 Δ^4-환원효소의 활성을 억제하는 작용이 있고 갑상선 기능이 항진된 Rat 오줌의 17-하이드록시코르티코스테로이드(17-OHCS)의 배출량을 현저하게 감소시킨다[17].

5. 중추신경계에 대한 영향

   겐티오피크로사이드는 펜토바르비탈나트륨으로 유발된 정상 Mouse의 수면유도에 상호작용이 있고 CCl₄에 중독된 Mouse의 펜토바르비탈나트륨으로 유발된 수면시간을 뚜렷하게 단축시키며 정위반사(正位反射)의 소실시간을 연장한다. 겐티아닌은 신경계통에 대해 흥분작용이 있고 고용량에서는 마취작용이 나타난다[18].

6. 혈당상승

   겐티아닌을 복강에 주사하면 Rat의 혈당을 뚜렷하게 올릴 뿐만 아니라 지속작용이 있다[19].

7. 기타

   용담 추출물은 또 혈소판활성인자(PAF)[20]에 대해 길항작용이 있으며 면역증강, 항균, 항병원체, 건위(健胃), 강혈압 등의 작용이 있다.

용도

용담은 중의임상에서 사용하는 약이다. 청열조습[淸熱燥濕, 열기를 내리며 습사(濕邪)를 제거하는 것], 사간담화[瀉肝膽火, 간화(肝火)가 왕성한 것을 치료하여 담화를 낮추는 것] 등의 효능이 있으며, 음부가 붓고 가려운 것, 대하습진, 황달뇨적(黃疸尿赤, 황달이 있으면서 소변이 붉게 짙어진 병증), 간화두통(肝火頭痛), 안구 충혈, 이롱(耳聾, 소리를 듣지 못하는 증상), 흉협고만(胸脇苦滿, 가슴과 옆구리가 그득하고 괴로운 증상), 간열치성(肝熱熾盛, 간에 여러 가지 열이 생긴 증상), 열극생풍[熱極生風, 사열(邪熱)이 몹시 왕성해서 생긴 풍증(風證)]으로 인한 고열경궐(高熱驚厥, 갑자기 몹시 놀라서 정신을 잃고 넘어지며 몸이 싸늘해지는 것), 수족경련 등의 치료에 사용한다.
현대임상에서는 간과 담낭계통의 염증, 중이염, 요로감염, 음도염, 대상포진, 고혈압, 급성 안구결막염, 습진 등에 사용한다.

해설

《중국약전》에 수록된 용담 중에는 동속식물인 조엽용담(條葉龍膽, *Gentiana manshurica* Kitag.), 과남풀(三花龍膽, *G. triflora* Pall.), 견용담(堅龍膽, *G. rigescens* Franch.) 등의 뿌리와 뿌리줄기도 있다.
각 품종의 용담에 함유된 총 세코이리도이드 배당체와 겐티오피크로사이드의 함량을 측정한 결과, 《중국약전》에 수록된 4종의 용담에 함유된 양이 각각 3.95~7.33%와 3.66~6.34%에 달한다.
최근 용담약재의 주요 내원은 야생자원에 의존하고 있어 증가하는 시장의 수요를 대체하지 못하고 있는 실정이다. 따라서 인공재배기술[21] 및 병충해 방지[22] 등의 재배연구가 진행 중이다.
용담은 전통적으로 뿌리와 뿌리줄기를 약으로 사용해 왔다. 그 대규모 재배 및 재배 경험을 통해 3년생의 용담이 약효가 제일 뛰어난 것으로 알려졌기 때문에 약재의 채집시기도 그 기간으로 제한하고 있다[23].
용담은 또 동물용 의약품으로 만들어져 동물의 소화불량, 충혈성 염증 등을 치료하는 약으로 사용하며 농약으로도 제조되어 살균, 살충제로 사용하기도 한다.
용담속 식물의 대부분은 꽃이 아름답기 때문에 가을철 꽃이 필 때 관상화초로 각광받고 있다[24]. 요녕에 이미 용담의 대규모 재배단지가 조성되어 있다.

참고문헌

1. HQ Tang, RX Tan. Glycosides from *Gentiana scabra*. *Planta Medica*. 1997, **63**(4): 388

2. T Hayashi, C Kosiro. Studies on crude from *Gentiana scabra*. 5. Determination of Gentianae radix Swertiae herba deapensed in bitter peptic preparations in J. P. VIII and stability of bitter principles gentiopicroside and swertiamarin. *Yakuzaigaku*. 1976, **36**(2): 95-100

3. Y Takino, M Koshioka, M Kawaguchi, T Miyahara, H Tanizawa, Y Ishii, M Higashino, T Hayashi. Quantitative determination of bitter components in gentianaceous plants.

Studies on the evaluation of crude drugs. VIII. *Planta Medica*. 1980, **38**(4): 344-350

4.　R Kakuda, T Iijima, Y Yaoita, K Machida, M Kikuchi. Secoiridoid glycosides from *Gentiana scabra*. *Journal of Natural Products*. 2001, **64**(12): 1574-1575

5.　M Kikuchi, R Kakuda, M Kikuchi, Y Yaoita. Secoiridoid glycosides from *Gentiana scabra*. *Journal of Natural Products*. 2005, **68**(5): 751-753

6.　S Shibata, M Fujita, H Igeta. Detection and isolation of an alkaloid gentianine from Japanese gentianaceous plants. *Journal of Social and Administrative Pharmacy*. 1957, **77**: 116-118

7.　楊紹雲, 王薇薇, 李志平, 黃明星. 龍膽化學成分的研究(I). 中草藥. 1981, **12**(6): 7-8

8.　R Kakuda, T Iijima, Y Yaoita, K Machida, M Kikuchi. Triterpenoids from *Gentiana scabra*. *Phytochemistry*. 2002, **59**(8): 791-794

9.　劉明輝, 韓志超, 章漳, 吳立軍. 龍膽的化學成分研究. 瀋陽藥科大學學報. 2005, **22**(2): 103-104, 118

10.　崔長旭, 柳明洙, 李天洙, 張學武. 龍膽草水提取物對大鼠急性肝損傷的保護作用. 延邊大學醫學學報. 2005, **28**(1): 20-22

11.　朴龍, 金英淑, 金艷華. 龍膽草提取物對D-半乳糖致肝損傷的保護作用. 中華綜合臨床醫學雜誌. 2004, **6**(4): 9-10

12.　江蔚新, 薛寶玉. 龍膽對小鼠急性肝損傷保護作用的研究. 中國中藥雜誌. 2005, **30**(14): 1105-1107

13.　柳京浩, 李泰峰, 金香子. 龍膽草提取物對四氯化碳致肝纖維化大鼠TNF-α, HA及NO的影響. 中華綜合臨床醫學雜誌. 2004, 6(1): 12-14

14.　佟麗, 陳育堯, 劉歡歡, 李吉來, 羅佳波. 龍膽粉針劑對實驗性肝損傷的作用. 第一軍醫大學學報. 2001, **21**(12): 906-907

15.　黃馨慧, 羅明志, 齊浩, 王喆之. 龍膽苦苷等6種中草藥提取物對SMMC-7721人肝癌細胞增殖的影響. 西北藥學雜誌. 2001, **19**(4):166-168

16.　金香子, 徐明. 龍膽草提取物抗炎, 鎮痛, 耐缺氧及抗疲勞作用的研究. 時珍國醫國藥. 2005, **16**(9): 842-843

17.　薛惠娟, 趙偉康. 龍膽草對甲亢大鼠肝勻漿類固醇 Δ⁴-還原酶的活性影響. 中國中西醫結合雜誌. 1992, **12**(4): 230-231

18.　楊書彬, 王承. 龍膽化學成分和藥理作用研究進展. 中醫藥學報. 2005, **33**(6): 54-56

19.　張勇, 蔣家雄, 李文明. 龍膽苦甙藥理研究進展. 雲南醫藥. 1991, **12**(5): 304-306

20.　H Huh, HK Kim, HK Lee. PAF antagonistic activity of 2-hydroxy-3-methoxybenzoic acid glucose ester from *Gentiana scabra*. *Archives of Pharmacal Research*. 1998, **21**(4): 436-439

21.　趙敏. 龍膽草全露地育苗技術的研究. 中草藥. 2003, **34**(8): 757-759

22.　H Uga, YO Kobayashi, K Hagiwara, Y Honda, T Omura. Selection of an attenuated isolate of bean yellow mosaic virus for protection of dwarf gentian plants from viral infection in the field. *Journal of General Plant Pathology*. 2004, **70**(1): 54-60

23.　孫暉, 吳修紅, 劉麗, 王喜軍. 規範化種植龍膽質量標準的實驗研究. 中醫藥學刊. 2003, **21**(4): 505, 507

24.　程雪, 羅輔燕, 蘇智先. 四川省野生觀賞植物資源及開發利用. 資源開發與市場. 2004, **20**(2): 131-133

세잎쥐손이 老鸛草 ^{CP, KP}

Geranium wilfordii Maxim.

Wilford Cranesbill

개요

쥐손이풀과(Geraniaceae)

세잎쥐손이(老鸛草, *Geranium wilfordii* Maxim.)의 지상부를 건조한 것

중약명: 노관초(老鸛草)

쥐손이풀속(*Geranium*) 식물은 전 세계에 약 400종이 있으며 세계 각지에 널리 분포한다. 온대와 열대의 산간에 주로 자생하며 중국에 55종, 변이종 5종이 있다. 이 속에서 약으로 사용되는 것은 10종이다. 이 종은 중국의 동북, 화북, 화동, 화중, 섬서, 감숙, 사천 등 지역에 분포하며 러시아의 원동 지역, 한반도, 일본에도 분포하는 것이 있다.

'노관초'라는 약명은 《전남본초(滇南本草)》에 처음 기재되었으며, 역대 본초서적에 많이 기록되었다. 《중국약전(中國藥典)》(2015년 판)에 수록된 이 종은 중약 노관초의 법정기원식물 가운데 하나이다. 주요산지는 중국의 운남, 사천, 호북 등이다. 《대한민국약전》(11개정판)에는 현초를 "쥐손이풀과에 속하는 이질풀(*Geranium thunbergii* Siebold et Zuccarini) 또는 기타 동속근연식물의 지상부로서 꽃이 피기 전 또는 꽃이 필 때 채취한 것"으로 등재하고 있다.

쥐손이풀속 식물의 주요 함유성분으로는 플라보노이드와 탄닌, 유기산 등이 있다. 쿠에르세틴과 캠페롤은 이 속의 모든 식물에 거의 존재하지만 쿠에르세틴글리코시드(quercetin-7-O-glycoside)는 함유하지 않고 있다[2]. 최근 연구에 따르면 이 종에 함유된 제라니놀도 활성성분 가운데 하나이다. 《중국약전》에서는 성상, 이물검사, 수분, 총회분, 산불용성회분, 침출물 등으로 중약 노관초의 규격을 정하고 있다.

약리연구를 통하여 노관초에는 항산화, 간 보호, 항균, 항염, 진통 등의 효능이 있는 것으로 알려져 있다.

한의학에서 노관초는 거풍습(祛風濕), 통경락(通經絡), 지사리(止瀉痢) 등의 효능이 있다.

세잎쥐손이 老鸛草 *Geranium wilfordii* Maxim.

약재 노관초 藥材老鸛草 Geranii Herba

1cm

함유성분

전초에는 geraniin, hyperin 등의 성분이 함유되어 있고, 정유성분으로 rhodinol, citronellol, geraniol[3] 등이 함유되어 있다.

geraniin

 약리작용

1. 항염, 진통

열판자극 및 초산자극 실험을 통하여 노관초 에칠아세테이트 추출물은 진통작용이 있음이 확인되었다. 노관초 에칠아세테이트 및 물 추출물에는 디메칠벤젠으로 유발된 Mouse의 귓바퀴 종창에 뚜렷한 억제작용 및 항염작용이 있다[4]. 노관초 물 추출물은 Mouse의 귓바퀴 종창, 면구육아조직 증생, 복강모세혈관 투과성 등을 높여 주며 Rat의 애주번트관절염(AA)에 대해 뚜렷한 억제작용이 있다[5].

2. 항균

In vitro 실험에서 노관초를 달인 약액은 플렉스네리이질간균, 손네이질간균, 대장간균, 황색포도상구균 민감주 및 녹농간균 등에 대해 억제작용이 있다[6]. 폐렴연쇄구균, 용혈성 연쇄구균에 대해서도 노관초를 달인 약액은 일정한 민감도를 나타내며, 황색포도상구균에도 고도의 민감성을 보인다. 이외 노관초를 달인 약액은 폐렴연쇄구균에 감염된 Mouse에 대해 억제작용이 있는데 아목시실린에 상당하는 효과가 있다[7].

세잎쥐손이 老鸛草 CP, KP

3. **항산화, 간 보호**

노관초 및 그 가수분해물은 지질과산화(LPO)와 비타민 C 자연산화를 억제하는데 그 작용은 탄닌보다 강하다. 유해금속이온 Cr^{6+}, Pb^{2+} 등과 함께 사용할 경우 환원작용이 나타난다[8]. 과산화옥수수배아기름을 Rat에게 먹여 고지혈증 비만이 나타나 간 손상이 발생했을 때 노관초를 투여하면 Rat의 혈청과 간장 내 LPO의 농도를 뚜렷하게 낮출 수 있으며 동시에 혈청 글루타민산 피루빈산 트랜스아미나제(GPT)와 글루타민산 옥살로초산 트랜스아미나제(GOT)의 수준이 상승하는 것을 억제할 수 있다[6, 9]. 노관초는 사염화탄소로 유발된 트리글리세리드의 축적과 LPO를 억제할 수 있으며 동시에 슈퍼옥시드디스무타제 활성의 정상 수준을 유지할 수 있다[10].

4. **기타**

노관초는 종양괴사인자-α(TNF-α)의 분비를 억제할 수 있으며[11] 대식세포의 인산효소 활성을 증강한다. 동시에 체내 탐식 및 식균작용을 억제하는 작용이 있다[12-13]. 이외 노관초에는 강혈압[14], 임신호르몬[15], 항실험성 신장염[16], 항설사작용[17] 등이 있다.

용도

노관초는 중의임상에서 사용하는 약이다. 거풍습(祛風濕, 풍습이 겹친 것으로 관절이 아프고, 만지면 통증이 심해지는 것), 서근활락[舒筋活絡, 근육을 이완시키고 경락(經絡)을 소통시켜 줌], 지사리(止瀉痢, 이질을 멈추게 함) 등의 효능이 있으며, 풍습비통(風濕痹痛, 풍습으로 인해 관절이 아프고, 통증이 심해지는 증상), 습열로 인한 설사와 이질 등의 치료에 사용한다.

현대임상에서는 장염, 세균성 이질, 유선증식, 포진성 각막염 등의 병증에 사용한다.

해설

《중국약전》에서는 세잎쥐손이 외에 쥐손이풀속 식물 야노관초(野老鸛草, *Geranium carolinianum* L.) 및 쥐손이풀속 식물 국화쥐손이(牻牛兒苗, 쥐손이풀, *Erodium stephanianum* Willd.)를 수록하였으며, 이들은 중약 노관초의 법정기원식물이다. 야노관초, 쥐손이풀 및 노관초에는 유사한 약리작용이 있으며 함유성분도 대체적으로 유사한데 주로 탄닌과 정유가 함유되어 있다.

문헌에 의하면 국화쥐손이가 중약 노관초의 대부분을 차지하고 있으며 그 자원도 풍부하다. 본초서적의 기록에 의하면 청나라 이전에는 국화쥐손이를 노관초 약재로 사용하지 않았다. 따라서 이 세 가지 식물에 대해서는 분류학적 추가연구가 필요하다.

《일본약국방(日本藥局方)》(제15판)에 수록된 이질풀(童氏老鸛草, *G. thunbergii* Sieb. et Zucc.)은 일본에서 주로 세균감염으로 유발된 배앓이와 설사, 변비, 장과 위가 좋지 않은 환자들이 차 대신 마셔 위병을 치료한다.

현대연구에 의하면 이질풀에는 아주 뛰어난 항균작용과 설사를 멈추게 하는 작용이 있다[3, 18].

참고문헌

1. 劉娟, 王良信. 老鸛草的本草考證. 中草藥. 1992, **23**(5): 276-277

2. 雷海民, 魏璐雪. 牻牛兒苗科植物化學分類研究. 西北藥學雜誌. 1997, **12**(5): 207-208

3. 周海燕. 老鸛草的研究概況. 國外醫藥. 植物藥分冊. 1996, **11**(4): 164-166

4. 胡迎慶, 劉岱琳, 周運籌, 雷志勇. 老鸛草的抗炎, 鎮痛活性研究. 西北藥學雜誌. 2003, **18**(3): 113-115

5. 馮平安, 賈得雲, 劉超, 王靜. 老鸛草抗炎作用的研究. 安徽中醫臨床雜誌. 2003, **15**(6): 511-512

6. 宋華. 老鸛草的藥理作用研究進展. 中草藥. 1997, **28**: 132-133

7. 納冬荃, 魏群德, 趙淮, 納志雲, 李海林. 老鸛草煎膏的體內外抑菌實驗及急性毒性實驗研究. 1998, **34**: 32-35

8. 杜曉鳴, 郭永沺. 老鸛草素(Geraniin)及其抗氧化作用. 國外醫藥. 植物藥分冊. 1990, **5**(2): 57-62

9. 王本祥. 現代中藥藥理學. 天津: 天津科學技術出版社. 1997: 443-445

10. Y Nakanishi, T Okuda, H Abe. Effects of geraniin on the liver in rats III -correlation between lipid accumulations and liver damage in CCl_4-treated rats. *Natural Medicines*. 1999, **53**(1): 22-26

11. S Okabe, M Suganuma, Y Imayoshi, S Taniguchi, T Yoshida, H Fujiki. New TNF-alpha releasing inhibitors, geraniin and corilagin, in leaves of *Acer nikoense*, Megusurino-ki. *Biological & Pharmaceutical Bulletin*. 2001, **24**(10): 1145-1148

12. Y Ushio, T Fang, T Okuda, H Abe. Modificational changes in function and morphology of cultured macrophages by geraniin. *Japanese Journal of Pharmacology*. 1991, **57**(2): 187-196

13. Y Ushio, T Okuda, H Abe. Effects of geraniin on morphology and function of macrophages. *International Archives of Allergy and Applied Immunology*. 1991, **96**(3): 224-230

14. JT Cheng, SS Chang, FL Hsu. Antihypertensive action of geranin in rats. *The Journal of Pharmacy and Pharmacology*. 1994, **46**(1): 46-49

15. 閆潤紅, 楊文珍, 王世民. 老鸛草孕激素樣作用的實驗觀察. 中藥藥理與臨床. 1998, **14**(4): 29

16. Y Nakanishi, M Kubo, T Okuda, H Abe. Effects of geraniin on aminonucleoside nephrosis in rats. *Natural Medicines*. 1999, **53**(2): 94-100

17.　王麗敏, 盧春鳳, 路雅真, 傅正宗, 劉娟. 老鸛草鞣質類化合物的抗腹瀉作用研究. 黑龍江醫藥科學. 2003, **26**(5): 28-29

18.　日本公定書協會. 日本藥局方(十五版). 東京:廣川書店. 2006: 3539-3540

은행나무 銀杏 ^{CP, KHP, BP, EP, USP}

Ginkgo biloba L.
Ginkgo

개요

은행나무과(Ginkgoaceae)

은행나무(銀杏, *Ginkgo biloba* L.)의 씨를 건조한 것. 잎도 약으로 사용할 수 있다.

중약명: 백과(白果)

은행나무는 세계에서 유일하게 잔존하는 활화석 가운데 하나이며 중생대의 화석식물로 중국의 특유종이다. 은행나무는 중국에서 많이 재배되며 북으로 요녕의 심양, 남으로 광동의 광주, 서로 귀주와 운남 서부에서 동으로 화동의 각 성까지 모두 분포한다. 한반도와 일본 및 유럽과 아메리카에도 재배하는 것이 있다.

은행나무는 '백과'라는 이름으로 《증류본초(證類本草)》에 처음 기재되었다. 《중국약전(中國藥典)》(2015년 판)에서는 씨와 잎을 약재로 수록했고 《대한민국약전외한약(생약)규격집》(제4개정판)에서는 백과를 "은행나무(*Gingko biloba* Linne, 은행나무과)의 열매의 속씨"로 등재하고 있으며[1] 《영국약전(英國藥典)》에서는 은행잎을 약용으로 수록했다[2]. 근래 은행잎은 여러 나라의 약전에 수록되어 있다. 은행나무의 주요산지는 중국의 광서, 사천, 하남, 산동, 호북, 요녕 등지이다.

은행나무의 주요 활성성분은 플라보노이드와 세스퀴테르펜락톤이다. 징코라이드 B와 빌로발라이드는 은행나무의 특징성분이다. 《중국약전》에서는 고속액체크로마토그래피법을 이용하여 은행잎에 함유된 징코라이드 A, B, C와 빌로발라이드의 총함량을 0.25% 이상으로, 쿠에르세틴, 캠페롤, 이소람네틴 등이 포함된 총플라보노이드 배당체의 함량을 0.40% 이상으로 약재의 규격을 정하고 있다. 또한 박층크로마토그래피법을 이용하여 백과의 징코라이드 A, C가 함유되어야 한다고 규정하고 있다.

약리연구를 통하여 은행잎에는 혈관확장, 강혈지(降血脂), 유리기 제거, 항산소 결핍 등의 작용이 있는 것으로 알려져 있다. 은행잎의 표준추출물(EGb761)은 전 세계에서 판매량이 가장 높은 천연 약재의 하나이다.

한의학에서 백과는 염폐정천(斂肺定喘), 지대(止帶), 축뇨(縮尿) 등의 효능이 있다.

은행나무 銀杏 *Ginkgo biloba* L.

약재 백과 藥材白果
Ginkgo Semen

1cm

함유성분

잎에는 모노플라보노이드 성분으로 quercetin, kaempferol, isorhamnetin[3], quercetin-3-rhamnopyranosyl-2-(6-p-hydroxy-ciscinnamoyl)-glucopyranoside, kaempferol-3-rhamnopyranosyl-2-(6-p-hydroxy-cis-cinnamoyl)-glucopyranoside, quercetin-3-rhamnopyranosyl-2-(6-p-hydroxy-cis-cinnamoyl)-glucosyl-7-glucopyranoside[3], 비플라보노이드 성분으로 amentoflavone, bilobetin, ginkgetin, isoginkgetin, 5'-methoxybilobetin, sciadopitysin[3], 카테친 성분으로 (+)-catechin, (-)-epicatechin, (+)-gallocatechin, (-)-epigallocatechin, 락톤 성분으로 ginkgolides A, B, C, J, K, M[4], bilobalide 등이 함유되어 있다. 또한 ginkgoic acid, hydroginkgolic acid, hydroginkgolinic acid, ginnone, bilobanone, ginkgol과 다당류[5] 등이 함유되어 있다.

씨에는 4-O-methylpyridoxol (ginkgotoxin)이 함유되어 있다.

외종피에는 ginkgetin, isoginkgetin, hydroginkgolic acid, ginkgol, ginnol 등이 함유되어 있다.

ginkgolide B

ginkgetin

 약리작용

1. **거담(祛痰)**

   은행 속씨의 알코올 추출물을 복강에 주사한 후, Mouse의 페놀레드 분비 측정을 통해 거담작용이 있음을 밝혀냈다.

2. **심혈관계에 대한 보호작용**

   벡과의 플라보노이드를 정맥에 주사하면 태아 양수로 유발된 집토끼의 어혈 모델에서 장계막 혈관직경, 혈전점도, 혈장점도 등을 증가시킬 수 있고 적혈구응집수치, 변형수치 및 경향지수 등을 감소시킬 수 있으며 혈액유변학적 수치 및 미세순환장애를 뚜렷하게 개선할 수 있다[7]. 은행잎 추출물은 *in vitro*에서 배양된 태아혈관평활근세포(VSMC)의 bcl-2 단백발현 감소를 유도하여 괴사율을 증가시킨다[8]. 백과의 추출물을 위에 주입하면 죽상동맥경화가 있는 Rat의 대동맥 염증유발 사이토카인 인터루킨-1(IL-1)과 종양 괴사인자-α(TNF-α)의 발현을 억제하고 항염세포인자(IL-10, IL-10R)의 발현을 증가시킬 수 있다[9]. 징코라이드 B와 C는 *in vitro*에서 혈소판활성인자(PAF)로 유도된 혈소판응집을 뚜렷하게 억제할 수 있고[10], 징코라이드 B를 정맥에 주사하면 PAF로 유발된 화상을 입은 Rat의 혈압하강을 억제하거나 심장기능을 개선할 수 있다[11]. 백과의 추출물은 외인성 PAF를 증가시켜 기니피그의 적출된 심장의 허혈성 재관류로 인한 손상을 보호할 수 있다[12].

3. **중추신경계에 대한 보호작용**

   징코라이드를 위에 주입하면 마취된 고양이의 뇌혈관 저항을 감소시킬 수 있고 뇌 혈류량을 증가시킬 수 있다[13]. 백과 추출물을 위에 주입하면 D-갈락토오스와 염화알루미늄으로 인해 행동이 둔해진 Rat의 학습과 기억능력을 개선할 수 있다[14]. 은행나무 종자의 외피껍질의 락톤은 D-갈락토오스로 유발된 Mouse의 학습기억과 운동능력을 개선할 수 있고 슈퍼옥시드디스무타아제(SOD) 활성을 제고할 수 있으며 대뇌피질의 콜린에스테라제의 활성과 말론디알데하이드(MDA)의 함량을 저하시킬 수 있다[15]. 징코라이드를 위에 주입하면 급성 불완전성 뇌허혈, 중동맥폐색, 전뇌성 허혈 등이 있는 Rat의 허혈상태를 개선할 수 있고 항허혈성 뇌 손상을 개선할 수 있다[16]. 은행잎 추출물은 *in vitro*에서 저산소 상태, 과산화수소(H₂O₂) 함량, 글루타민산으로 유도된 성상콜라겐세포의 칼륨

은행나무 銀杏 CP, KHP, BP, EP, USP

이온 이상변화 등을 역전시킬 수 있다[17]. 징코라이드 B를 위에 주입하면 뇌혈관재관류 손상 모델 Rat 뇌조직의 SOD, 글루타치온 과산화효소(GSH-Px), 아데노신삼인산(ATP)의 효소 활성, MDA 등의 수준을 뚜렷하게 제고할 수 있다[18].

4. 항산화

은행잎 추출물을 복강에 주사하면 아세트아미노펜으로 유발된 Mouse의 알라닌아미노기전이효소(ALT), 아스파르산 아미노기전달효소(AST), TNF-α 등의 수준을 낮출 수 있으며 글루타치온, MDA 등의 수준과 골수세포형과산화효소(MPO)의 활성을 제고시킬 수 있다[19]. EGb761는 in vitro에서 H_2O_2로 유도된 적혈구용혈반응을 억제할 수 있으며 적혈구의 SOD, Na^+/K^+-ATP 효소와 Mg^{2+}, Ca^{2+}-ATP 효소의 활성을 제고하고 MDA의 수준을 낮출 수 있다[20].

5. 항종양

백과 추출물은 in vitro에서 S180과 H22의 세포성장을 억제할 수 있는데 복강에 주사하면 Mouse의 S180과 H22 이식종양의 생장을 억제할 수 있다[21]. 은행잎의 다당은 in vitro에서 시클로포스파미드 등의 화학약물과 $^{60}Co-\gamma$ 방사능치료를 통한 비인암세포 CNE-2, 자궁경부암세포 HeLa 등에 대하여 살상작용을 증가시킬 수 있다[22]. EGb761은 in vitro에서 중조인체 종양괴사인자-α(rhTNF-α)로 유도된 자궁경부암세포의 괴사를 유도할 수 있다[23].

6. 기타

은행잎의 알코올 추출물과 플라보노이드 배당체는 기니피그의 적출된 평활근에 대하여 경련억제 효과가 있으며 히스타민과 콜린 및 염화바륨으로 유발된 경련을 억제할 수 있다. 징코라이드 B는 Mouse의 만성 염증성 혈관생장을 억제할 수 있다[24]. 빌로발라이드는 in vitro에서 폐 포자층의 증식을 억제할 수 있다[25]. 은행잎 추출물은 또한 노화된 Rat의 신장 및 폐 기능을 개선하는 작용[26]과 에탄올로 유발된 Rat의 위궤양을 억제하는 작용이 있으며[27] 항균[28], 진통[29], 항바이러스 작용 및 면역력 강화[30] 등의 작용이 있다. 백과육과 백과즙에는 항균작용이 있고 겉껍질 추출물에는 항과민작용이 있다.

용도

은행나무는 중의임상에서 사용하는 약이다.
백과(은행 종자)
염폐정천[斂肺定喘, 폐기(肺氣)를 누르고 수렴시켜서 기침을 멈추게 함], 지대[止帶, 대하(帶下)를 그치게 함], 축뇨(縮尿, 소변이 너무 잦을 때 하초의 기운을 공고히 하여 이를 다스림) 등의 효능이 있으며, 대하백탁(帶下白濁, 여성의 질에서 분비되는 대하 중 백색 점액 상태), 소변빈삭(小便頻數, 배뇨 횟수가 잦은 것), 유뇨(遺尿, 스스로 자각하지 못하고 소변이 저절로 흘러나오는 배뇨) 등의 치료에 사용한다.
현대임상에서는 만성 기관지염의 병증에 사용한다.

은행잎
염폐정천[斂肺定喘, 폐기(肺氣)를 누르고 수렴시켜서 기침을 멈추게 함], 활혈지통(活血止痛, 혈액순환을 촉진하여 통증을 멈추게 함) 등의 효능이 있으며, 폐허[肺虛, 폐의 기혈(氣血), 음양(陰陽)이 부족하거나 약해진 상태]로 인한 해수(咳嗽, 기침) 등의 치료에 사용한다.
현대임상에서는 관심병(冠心病, 관상동맥경화증), 심교통(心絞痛, 가슴이 쥐어짜는 것처럼 몹시 아픈 것), 뇌혈관 경련, 허혈성 뇌부전, 기억력감퇴, 노인성 치매, 기관지 천식 등에 사용한다.

해설

백과는 중국위생부에서 규정한 약식동원품목*의 하나이다. 은행은 약품으로 사용하는 것 외에 기능성 식품, 화장품 등으로 사용된다.
은행잎은 모양이 아름다워서 책갈피로도 사용하는데 방충작용이 있다. 은행잎은 농약과 구충약으로 개발될 가능성이 있다.
현재 은행잎은 이미 중국에서 수출량이 가장 높은 약재 가운데 하나이며 연 생산량은 2만 톤에 이른다[31]. 은행의 플라보노이드 배당체 생산량은 100톤에 가까운데 그 80%가 국외로 수출된다[32].
은행나무는 중국의 고유종으로 중국은 전 세계에 은행을 공급하는 대국이다. 약재자원에 대한 지속적인 발전이 이루어지고 있는데 강소에는 이미 은행나무의 대규모 재배단지가 세워져 있다.

참고문헌

1. 蕭培根, 金在佑. 東洋傳統藥物原色圖鑑. 永林社. 1995: 288

2. British Pharmacopoeia Commission Office. British Pharmacopoeia. United Kingdom: British Pharmacopoeia Commission Office. 2002: 822-824

3. 錢天秀, 楊世林, 徐麗珍, 曹瑾. 銀杏研究現狀. 國外醫藥. 植物藥分冊. 1997, **12**(4): 157-163

4. 樓鳳昌, 凌婭, 唐於平, 王穎. 銀杏萜內酯的分離, 純化和結構鑒定. 中國天然藥物. 2004, **2**(1): 11-15

---

* 부록(502~505쪽) 참고

5. 黃桂寬, 曾麒燕. 銀杏葉多糖的化學研究. 中草藥. 1997, **28**(8): 459-461

6. 王杰, 余碧玉, 劉向龍, 張雨梅. 銀杏外種皮化學成分的分離和鑒定. 中草藥. 1995, 26(8): 290-292, 328

7. 劉發明, 李勇劍, 李淑瑋, 馬麗敏, 高爾. 銀杏黃酮磷脂複合物對家兔血液流變性與微循環的影響. 濰坊醫學院學報. 2005, **27**(4): 241-245

8. 董少紅, 高虹, 梁新劍. 銀杏葉提取物對培養中胎兒血管平滑肌細胞Bc1-2蛋白表達量的影響. 中國心血管雜誌. 2005, **10**(4): 241-244

9. 焦亞玲, 芮耀誠, 楊鵬遠, 李鐵軍, 邱彥. 動脈粥樣硬化大鼠主動脈IL-1b, TNFα, IL-10及IL-10R的表達及銀杏葉提取物的作用. 第二軍醫大學學報. 2005, **26**(2): 158-160

10. K Stromgaard, DR Saito, H Shindou, S Ishii, T Shimizu, K Nakanishi. Ginkgolide derivatives for photolabeling studies:preparation and pharmacological evaluation. *Journal of Medicinal Chemistry*. 2002, **45**(18): 4038-4046

11. 殷明, 方之揚, 葛繩德, 劉世康, 陳玉林. 血小板激活因子拮抗劑銀杏苦內酯B對燙傷大鼠心血管功能的影響. 第二軍醫大學學報. 1990, **11**(3): 210-212

12. 王秋娟, 高建. 銀杏內酯對血小板活化因子加重離體豚鼠心肌缺血再灌注損傷的影響. 中國新藥雜誌. 2005, **14**(4): 423-427

13. 徐江平, 李琳, 孫莉莎. 銀杏內酯對犬腦血流量的影響. 中西醫結合學報. 2005, **3**(1): 50-53

14. 李紅枝, 陳偉強. 銀杏葉提取物對雌性阿爾茨海默病大鼠學習記憶能力影響. 武漢大學學報(醫學版). 2005, **26**(5): 582-584

15. 王愛萍, 史明儀, 費文勇, 江雷. 銀杏外種皮內酯對D-半乳糖致腦衰老小鼠的作用. 中國中醫基礎醫學雜誌. 2005, **11**(3): 189-191

16. 任俊, 賈正平, 鄧虹珠, 何曉英, 張汝學, 李琳. 銀杏內酯對三種腦缺血模型大鼠的保護作用. 中藥新藥與臨床藥理. 2005, **16**(1): 41-45

17. Z Li, XM Lin, PL Gong, GH Du, FD Zeng. Effects of *Ginkgo biloba* extract on glutamate-induced [Ca^{2+}]i changes in cultured cortical astrocytes after hypoxia/ reoxygenation, H$_2$O$_2$ or L-glutamate injury. *Acta Pharceutica Sinica*. 2005, **40**(3): 213-219

18. 秦兵, 張根葆, 陳冬雲, 許敏, 李愛華. 銀杏內酯B對腦缺血-再灌注神經元損傷的保護作用. 中國中西醫結合急救雜誌. 2005, **12**(1): 17-20

19. G Sener, GZ Omurtag, O Sehirli, A Tozan, M Yueksel, F Ercan, N Gedik. Protective effects of *Ginkgo biloba* against acetaminophen-induced toxicity in mice. *Molecular and Cellular Biochemistry*. 2006, **283**(1-2): 39-45

20. 李靜, 劉成玉. 銀杏葉提取物(EGb761)對紅細胞脂質過氧化損傷的影響. 中國海洋大學學報. 2005, **35**(3): 487-490

21. 稽玉峰, 黃金活, 梁洪江, 李金昌, 王書浩, 李大鵬, 陶嵐, 張麗, 張華. 銀杏提取物抗腫瘤作用的實驗研究. 中醫研究, 2005, **18**(7): 14-16

22. 侯華新, 黎丹戎, 黃桂寬, 張瑋, 莫丟珍, 宋慧, 周勁帆. 銀杏多糖在腫瘤放射, 化學治療中的增敏作用研究. 廣西醫科大學學報. 2005, **22**(1): 29-31

23. 黃迪南, 侯敢, 劉萬策. 銀杏葉提取物EGb761通過caspase-3抑制TNF-α誘導HeLa細胞凋亡. 腫瘤. 2005, **25**(3): 229-231, 242

24. 歐陽雪宇, 王文杰, 廖文輝, 陳曉紅. 銀杏內酯B對慢性炎症血管生成的抑制作用. 藥學學報. 2005, **40**(4): 311-315

25. 倪小毅, 王健, 陳雅棠, 余登高, 馬經野, 秦德英. 白果內酯抗卡氏肺孢子蟲體外作用的研究. 中國人獸共患病雜誌. 2005, **21**(8): 677-680

26. Y Sun, RY Sun, YW Du, SW Wang. Protective effect of *Ginkgo biloba* extract on lung and kidney function in artificial aging rats. *Chinese Journal of Clinical Rehabilitation*. 2005, **9**(27): 239-241

27. SH Chen, YC Liang, JCJ Chao, LH Tsai, CC Chang, CC Wang, S Pan. Protective effects of *Ginkgo biloba* extract on the ethanol-induced gastric ulcer in rats. *World Journal of Gastroenterology*. 2005, **11**(24): 3746-3750

28. 楊小明, 陳鈞, 錢之玉, 郭濤. 銀杏酸抑菌效果的初步研究. 中藥材. 2002, **25**(9): 651-653

29. 張黎, 趙春暉, 陳志武, 王瑜, 方明, 江勤, 岑德意, 潘見. 銀杏葉總黃酮鎮痛作用及機制的探討. 安徽醫科大學學報. 2001, **36**(4): 263-266

30. Y Zhang, L Ming, WP Li, M Fang, Q Jiang. Effect of extracts of *Ginkgo biloba* leaves on memory and immune function in mice with hydrocortisone. *Acta Universitatis Medicinalis Anhui*. 2001, **36**(3): 181-183

31. RH Chen, DY Lin. The value of *Ginkgo biloba* exploitation and some thinking in China. *Strait Pharmaceutical Journal*. 2001, **13**(14): 60-62

32. WX Ma. Development situation and the value analyses of *Ginkgo biloba* L. *Journal of Biology*. 2003, **20**(4): 34-35

조각자나무 皂莢 CP, KP, KHP

Gleditsia sinensis Lam.
Chinese Honeylocust

개요

콩과(Leguminosae)

조각자나무(皂莢, *Gleditsia sinensis* Lam.)의 가시를 건조한 것   중약명: 조각자(皂角刺)

조협의 발육되지 않은 열매를 건조한 것   중약명: 저아조(豬牙皂)

잘 익은 열매를 건조한 것   중약명: 대조각(大皂角)

주엽나무속(*Gleditsia*) 식물은 전 세계에 약 16종이 있으며 아시아 중부와 동남부 및 아메리카에 분포한다. 중국산은 6종, 변이종 2종이 있으며 중국의 남북 각 성에 널리 분포한다. 이 속에서 약으로 사용되는 것은 4종이다. 조협은 중국의 동북, 화북, 화동, 화남 및 사천, 귀주 등지에 분포한다.

'조협'이란 약명은 《신농본초경(神農本草經)》에 하품으로 처음 기재되었다. 《중국약전(中國藥典)》(2015년 판)에 수록된 이 종은 중약 조각자와 저아조의 법정기원식물임과 동시에 부록 중에 규정한 중약 대조각의 법정기원식물 내원종이다. 조각자의 주요산지는 하남이며 강소, 호북, 광서, 안휘, 사천, 호남 등지에서도 나는 것이 있다. 대조각은 중국의 대부분 지역에서 모두 나는데 산서, 강소, 절강, 강서의 개별 지역에서 약으로 사용한다. 저아조의 주요산지는 산동, 사천, 운남, 귀주, 섬서, 하남 등이다. 《대한민국약전》(11개정판)에는 조각자를 "콩과에 속하는 주엽나무(*Gleditsia japonica* Miquel var. *koraiensis* Nakai) 또는 조각자나무(*Gleditsia sinensis* Lamark)의 가시"로, 《대한민국약전외한약(생약)규격집》(제4개정판)에는 조협을 각각의 식물의 열매로 등재하고 있다.

주엽나무속 식물의 주요 활성성분으로는 트리테르페노이드 사포닌 화합물, 플라보노이드 등이 있다. 《중국약전》에서는 약재의 성상, 현미경 감별 특징, 성미, 박층크로마토그래피법을 이용하여 약재를 관리하고 있다.

약리연구에서 조각자나무의 가시에는 거담(祛痰), 항균, 항암 등의 작용이 있는 것으로 알려져 있다.

한의학에서 조각자는 거담지해(祛痰止咳), 살충산결(殺蟲散結) 등의 효능이 있다.

조각자나무 皂莢 *Gleditsia sinensis* Lam.

약재 저아조 藥材豬牙皂
Gleditsiae Abnormalis Fructus

1cm

조각자나무 皂莢 *G sinensis* Lam. 조각자 皂角刺

약재 조각자 藥材皂角刺
Gleditsiae Spina

1cm

함유성분

열매에는 트리테르페노이드와 그 배당체 성분으로 gledigenin, gledinin, gleditschia saponin, gleditsiosides A, B, C, D, E, F, G, H, I, J, K, N, O, P, Q, gleditsia saponins C', E[1-4] 등이 함유되어 있다.

씨에는 gum, galactomannan[5-6] 등이 함유되어 있다.

잎에는 플라보노이드 배당체로 luteolin-7-glucoside, isoquercitrin, vitexin, isovitexin, orientin, homoorientin[7] 등의 성분이 함유되어 있다.

가시에는 플라보노이드 성분으로 fustin, fisetin, 트리테르페노이드 성분으로 echinocystic acid, 트리테르페노이드 사포닌 성분으로 gleditsia saponin C[8] 등이 함유되어 있다.

약리작용

1. 거담

조협에 함유된 사포닌 성분은 위점막 반사를 자극할 수 있으며 기관지 점액분비를 촉진하는 작용이 있다[9].

2. 항균

조협은 *in vitro*에서 대장간균, 이질간균, 녹농간균, 콜레라균 등 그람음성 장내 병원균에 대해 억제작용이 있다[9].

3. 항종양

조협에서 추출해 낸 트리테르페노이드 사포닌 중 글레디치오사이드 E는 인체간암세포 Bel-7402, 전골수성 백혈병세포 HL-60 등에 대해 세포독성을 나타낸다[10]. Mouse의 위에 저아조 추출물 침고(浸膏)를 매일 300mg/kg 혹은 500mg/kg씩 10일간 복용시키면 Mouse의 육종 S180, 자궁경부종양 U14, 혈성(血性) Sb180 실체종양 등에 대해 비교적 양호한 치료작용이 있다[9]. 조각자나무의 열

조각자나무 皂莢 CP, KP, KHP

gleditsioside A

매 추출물을 사용하면 유선암세포 MCF-7, 간암세포 HepG2 등 4종의 실체종양세포에 대해 항증식활성을 보인다. 또한 인체실체
종양세포의 괴사를 유도할 수 있다[11]. 조각자나무의 열매 추출물은 급·만성 골수성 백혈병 환자의 혈액암세포 생장을 억제할 수
있으며 괴사를 유도하기도 한다[12].

4. 항과민
   저아조 추출물의 부탄올 분획물을 복용시키면 항원으로 유도된 Rat의 실험성 과민성 비염을 억제할 수 있다[13].

5. 기타
   조각자나무의 열매를 달인 약액은 진정과 최면작용이 있다.

용도

조협은 중의임상에서 사용하는 약이다. 거완담(祛頑痰, 기가 정체되어 생긴 울담을 제거하는 것), 통규개비[通竅開閉, 사기(邪氣)가 마음속
깊은 곳을 가로막아 발생하는 정신 혼미를 치료하는 방법], 거풍살충[祛風殺蟲, 풍(風)을 제거하고 살충하는 효능] 등의 효능이 있으며, 완담
조폐(頑痰阻肺, 짙은 가래로 폐를 막는 증상), 기침과 천식으로 가래가 많은 증상, 담성규폐(痰盛竅閉, 담이 성해서 구멍을 막음)로 인한 증
상 등의 치료에 사용한다.
현대임상에서는 기관지염, 천식, 만성 폐쇄성 폐질환, 고지혈증, 면신경염, 안면신경마비, 만성 전염성 간염[14-16], 음도염, 장경색(腸梗
塞, 장이 막힘), 골수암[17-18] 등의 병증에 사용한다.

해 설

조각자나무는 약용 외에도 다양한 이용가치가 있다. 조각자나무는 항한(抗寒), 항풍(抗風), 산과 알칼리에 대한 내성, 적응력 강화 등의 효능이 있으며 일종의 녹화수목으로 널리 식재되기도 한다. 주엽나무속의 열매는 공업 원료로도 용도가 다양한데 식물성 검(구아검)은 중요한 전략적 원료자원이다. 주엽나무속 식물 씨의 핵에 함유된 여러 가지 아미노산, 미량원소, 갈락토만난 등은 인체의 심신 건강에 유익해 과자, 빵, 음료 등의 건강식품으로 만들 수 있다. 밀가루 중에 일정한 조각자나무의 식물성 검[胶]을 섞으면 밀가루의 품질을 제고할 수 있으므로 조각자나무의 식물성 검은 각종 밀가루의 생산에 사용된다.

이외 조각자나무에는 심층청결(深層清潔), 자윤(滋潤), 온화수렴(溫和收斂), 주름개선 등의 효능이 있어 미용 분야에도 많이 사용된다.

참고문헌

1. ZZ Zhang, K Koike, ZH Jia, T Nikaido, DA Guo, JH Zheng. Four new triterpenoidal saponins acylated with one monoterpenic acid from *Gleditsia sinensis*. *Journal of Natural Products*. 1999, **62**(5): 740-745

2. Z Zhang, K Koike, Z Jia, T Nikaido, D Guo, J Zheng. Triterpenoidal saponins acylated with two monoterpenic acids from *Gleditsia sinensis*. *Chemical & Pharmaceutical Bulletin*. 1999, **47**(3): 388-393

3. ZZ Zhang, K Koike, ZH Jia, T Nikaido, DA Guo, JH Zheng. Triterpenoidal saponins from *Gleditsia sinensis*. *Phytochemistry*. 1999, **52**(4): 715-722

4. Z Zhang, K Koike, Z Jia, T Nikaido, D Guo, J Zheng. Gleditsiosides N-Q, new triterpenoid saponins from *Gleditsia sinensis*. *Journal of Natural Products*. 1999, **62**(6): 877-881

5. J Hua, MJ Fan, GW Chang. Studies on the chemical structure of the galactomannan from the seed of *Gleditsia sinensis* Lam. *Zhiwu Xuebao*. 1983, **25**(2): 149-152

6. MR Mirzaeva, RK Rakhmanberdyeva, EL Kristallovich. DA Rakbimov, NI Shtonda. Water-soluble polysaccharides of seeds of the genus Gleditsia. *Chemistry of Natural Compounds*. 1999, **34**(6): 653-655

7. M Yoshizaki, T Tomimori, T Namba. Pharmacognostical studies on Gleditsia. III. Flavonoidal constituents in the leaves of *Gleditsia japonica* Miquel and *G. sinensis* Lamarck. *Chemical & Pharmaceutical Bulletin*. 1977, **25**(12): 3408-3409

8. 李萬華, 傅建熙, 范代娣, 李琴. 皂角刺化學成分的研究–皂苷成分的研究. 西北大學學報(自然科學版). 2002, **30**(2): 137-138

9. 王本祥. 現代中藥藥理學. 天津: 天津科學技術出版社. 1997: 966-968

10. L Zhong, GQ Qu, P Li, J Han, DA Guo. Induction of apoptosis and G2/M cell cycle arrest by gleditsioside e from *Gleditsia sinensis* in HL-60 cells. *Planta Medica*. 2003, **69**(6): 561-563

11. LMC Chow, JCO Tang, ITN Teo, CH Chui, FY Lau, TWT Leung, G Cheng, RS M Wong, ILK Wong, KMS Tsang, WQ Tan, YZ Zhao, KB Lai, WH Lam, DA Guo, ASC Chan. Antiproliferative activity of the extract of *Gleditsia sinensis* fruit on human solid tumour cell lines. *Chemotherapy*. 2002, **48**(6): 303-308

12. LMC Chow, CH Chui, JCO Tang, ITN Teo, FY Lau, GYM Cheng, RSM Wong, TWT Leung, KB Lai, MYC Yau, DA Gou, ASC Chan. *Gleditsia sinensis* fruit extract is a potential chemotherapeutic agent in chronic and acute myelogenous leukemia. *Oncology Reports*. 2003, **10**(5): 1601-1607

13. LJ Fu, Y Dai, ZT Wang, M Zhang. Inhibition of experimental allergic rhinitis by the n-butanol fraction from the anomalous fruits of *Gleditsia sinensis*. *Biological & Pharmaceutical Bulletin*. 2003, **26**(7): 974-977

14. 岳旭東. 皂莢丸在呼吸系統疾病中的應用. 光明中醫. 2002, **17**(101): 12-14

15. 王業龍. 皂莢在喉源性咳嗽中的應用. 山西中醫. 2004, **20**(2): 8

16. 包娜麗, 馬天義, 溫素梅. 皂莢治療慢性傳染性肝炎. 實用中西醫結合雜誌. 1997, **10**(8): 801

17. 尹旭君, 尹浩, 張德秀. 皂莢苦參液治療滴蟲性陰道炎68例. 甘肅中醫. 1996, **9**(3): 35-36

18. 李智. 皂莢臨床新用. 陝西中醫學院學報. 1995, **18**(4): 25

갯방풍 珊瑚菜 ^{CP, KP, JP}

Glehnia littoralis Fr. Schmidt ex Miq.

Coastal Glehnia

 개요

산형과(Apiaceae/Umbeliferae)

갯방풍(珊瑚菜, *Glehnia littoralis* Fr. Schmidt ex Miq.)의 뿌리를 건조한 것

중약명: 북사삼(北沙蔘)

갯방풍속(*Glehnia*) 식물은 전 세계에 약 2종이 있는데 아시아 동부 및 북아메리카 태평양 연안에 분포한다. 중국에 1종이 있는데 약으로 사용된다. 이 종은 중국의 요령, 하북, 산동, 강소, 절강, 복건, 대만, 광동 등에 분포하며 러시아, 일본, 한반도에도 분포한다.

'사삼'이란 약명은 《신농본초경(神農本草經)》에 처음으로 기재되었다. 명나라 이전의 본초에서는 북사삼과 남사삼을 가르지 않았다. 북사삼이란 명칭은 《본초회언(本草匯言)》에서 처음으로 볼 수 있고, 청나라의 《본경봉원(本經逢源)》에서 비로소 북사삼과 남사삼으로 구분되었다. 《중국약전(中國藥典)》(2015년 판)에 수록된 이 종은 중약 북사삼의 법정기원식물이다. 상품은 주로 재배품 위주이며, 주요산지는 산동, 복건, 하북, 강소, 광동 및 요령 등이다. 그중 산동 내양(萊陽)의 갯방풍이 가장 유명하다. 《대한민국약전》(11개정판)에는 해방풍을 "갯방풍(*Glehnia littoralis* Fr. Schmidt ex Miquel, 산형과)의 뿌리"로 등재하고 있다.

갯방풍에는 주로 여러 종의 쿠마린 및 폴리아세틸렌이 있다. 《중국약전》에서는 약재의 성상, 현미경 감별 특징 등을 이용하여 약재의 규격을 정하고 있다. 《대한민국약전》에는 '해방풍'이라는 명칭으로 등재되어 있다.

약리연구를 통하여 해방풍에는 진해(鎭咳), 거담(祛痰), 면역조절, 해열, 진통 등의 작용이 있는 것으로 알려져 있다.

한의학에서 해방풍은 양음청폐(養陰淸肺), 익위생진(益胃生津) 등의 효능이 있다.

갯방풍 珊瑚菜 *Glehnia littoralis* Fr. Schmidt ex Miq.

약재 해방풍 藥材北沙蔘 Glehniae Radix

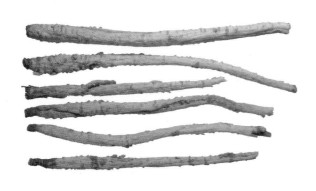

1cm   1cm

함유성분

뿌리에는 쿠마린과 그 배당체 성분으로 psoralen, bergapten, xanthotoxin, imperatorin, isoimperatorin, xanthotoxol, marmesin, scopoletin, ostheol-7-O-β-gentiobioside[1-2], 다당류 성분으로 (9Z)-1,9-heptadecadiene-4,6-diyne-3,8,11-triol, (10E)-1,10-heptadecadiene-4,6-diyne-3,8,9-triol, fal-calindiol, (8E)-1,8-heptadecadiene-4,6-diyne-3,10-diol[3-4], 그리고 리그난류 성분으로 glehlinosides A, B, C[5] 등이 함유되어 있다. 뿌리와 지상부에는 정유성분으로 α-pinene, β-phellandrene[6] 등이 함유되어 있다.

열매로부터 모노테르페노이드 성분인 β-D-Glucopyranosides와 방향족 화합물이 분리되었다[7].

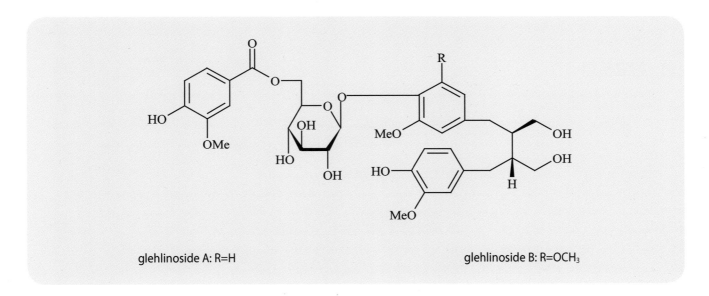

glehlinoside A: R=H   glehlinoside B: R=OCH₃

약리작용

1. 진해, 거담

해방풍의 에탄올 추출물을 위에 주입하면 암모니아수로 유발된 Mouse의 기침 발생빈도를 줄일 수 있고 기침의 잠복기를 연장할 수 있다. 또한 Mouse의 기관지 페놀레드 분비량을 증가시킬 수 있다[8].

2. 면역조절

해방풍을 달인 100% 약액, 5% 알코올 침출액 및 20% 다당을 위에 주입하면 Mouse의 대식세포 탐식기능, 혈청 용균효소의 농도, 지발성과민반응(DTH) 등에 매우 뚜렷한 촉진작용이 있다. 알코올 침출액 및 다당류는 B세포 및 T세포 증식에 대해 억제작용이 있으며 열수 추출물은 B세포 증식에 대해 촉진작용이 있다[9].

3. 항돌연변이

해방풍의 수액과 에탄올 추출물은 농도 의존적으로 in vitro에서 3종의 양성돌연변이원(2-AF, 2,7-AF, NaN₃)에 의해 유발된 돌연변이 상한간균 TA_{98}, TA_{100}의 돌연변이 회복을 억제할 수 있다[10].

4. 해열, 진정, 진통

해방풍의 에탄올 추출물은 상한간균으로 인한 집토끼의 발열에 대해 체온강하작용이 있으며 집토끼의 치아 전기자극에 대해 진통작용이 있다. 갯방풍 뿌리의 메탄올 추출물을 투여하면 최면 유효량의 펜토바르비탈나트륨을 사용한 Mouse의 수면시간을 연장시키며 에칠아세테이트 추출물은 진통작용이 있다[11].

5. 기타

갯방풍 열매의 메탄올 추출물은 종양세포 MK-1, HeLa, B16-F10의 증식을 억제할 수 있다[12]. 갯방풍 뿌리의 수액 추출물은 적혈구의 용혈작용을 강력하게 억제할 수 있고 해방풍 유기용매 추출물은 지질과산화(LPO) 반응에도 억제작용이 있다[13].

용도

해방풍은 중의임상에서 사용하는 약이다. 양음청폐(養陰淸肺, 음이 허한 것을 보하여 폐를 맑게 함), 익위생진(益胃生津, 위장을 도와 진액이 생기게 함) 등의 효능이 있으며, 폐음허로 인해 폐열이 생기거나 건조하여 생기는 건해(乾咳, 마른 기침), 건해담소(乾咳痰少), 인후 건조로 인한 사성, 위음허[胃陰虛, 위(胃)의 음액(陰液)이 부족함]로 인한 진액 부족, 진액 손상으로 인한 구조인건(口燥咽乾, 인후와 입안이 마른 것) 등의 치료에 사용한다.

현대임상에서는 급·만성 기관지염, 폐결핵 등의 병증에 사용한다.

해설

갯방풍은 재배가 위주이며 야생은 매우 적다. 고증에 따르면 중국 고대의 남사삼(南沙蔘)과 북사삼(北沙蔘)은 모두 초롱꽃과 잔대속(Adenophora) 식물로, 갯방풍의 뿌리를 북사삼이라고 부른 것은 청나라 시기부터이다. 갯방풍의 일본어 번역명은 빈방풍(濱防風)으로 역사적으로 특정 시기에 방풍으로 사용되었음을 알 수 있다. 하지만 효능이 상이하여 현재의 방풍과는 차이가 있다.

해방풍에는 비교적 양호한 자음효과가 있는데 그 물질에 대한 작용기전 및 상관약리작용 등에 대해서는 추가적인 연구가 필요하다.

참고문헌

1. H Sasaki, H Taguchi, T Endo, I Yosioka. The constituents of *Glehnia littoralis* Fr. Schmidt et Miq. Structure of a new coumarin glycoside, osthenol-7-O-β-gentiobioside. *Chemical & Pharmaceutical Bulletin*. 1980, **28**(6): 1847-1852

2. J Kitajima, C Okamura, T Ishikawa, Y Tanaka. Coumarin glycosides of *Glehnia littoralis* root and rhizoma. *Chemical & Pharmaceutical Bulletin*. 1998, **46**(9): 1404-1407

3. H Matsuura, G Saxena, SW Farmer, REW Hancock, GHN Towers. Antibacterial and antifungal polyyne compounds from *Glehnia littoralis*. *Planta Medica*. 1996, **62**(3): 256-259

4. 原忠, 趙夢飛, 陳發奎, 門田重利, 李銑. 北沙參化學成分的研究. 中草藥. 2002, **33**(12): 1063-1065

5. Z Yuan, Y Tezuka, WZ Fan, S Kadota, X Li. Constituents of the underground parts of *Glehnia littoralis*. *Chemical & Pharmaceutical Bulletin*. 2002, **50**(1): 73-77

6. M Miyazawa, K Kurose, A Itoh, N Hiraoka, H Kameoka. Components of the essential oil from *Glehnia littoralis*. *Flavour and Fragrance Journal*. 2001, **16**(3): 215-218

7. T Ishikawa, Y Sega, J Kitajima. Water-soluble constituents of *Glehnia littoralis* fruit. *Chemical & Pharmaceutical Bulletin*. 2001, **49**(5): 584-588

8. 屠鵬飛, 張紅彬, 徐國鈞, 徐鉻珊, 金蓉鸞. 中藥沙參類研究V. 鎮咳祛痰藥理作用比較. 中草藥. 1995, **26**(1): 22-23

9. 譚允育, 康娟娟, 王娟娟. 沙參對正常小鼠免疫功能影響的實驗研究. 北京中醫藥大學學報. 1999, **22**(6): 39-41

10. 王中民, 張永祥, 史美育, 尤銀珍, 何秋, 劉榮祖. 北沙參抗突變試驗研究. 上海中醫藥雜誌. 1993, **5**: 47-48

11. E Okuyama, T Hasegawa, T Matsushita, H Fujimoto, M Ishibashi, M Yamazaki, M Hosokawa, N Hiraoka, M Anetai, T Masuda, M Takasugi. Analgesic components of Glehnia root (*Glehnia littoralis*). *Natural Medicines* 1998, **52**(6): 491-501

12. Y Nakano, H Matsunaga, T Saita, M Mori, M Katano, H Okabe. Antiproliferative constituents in Umbelliferae plants. II. Screening for polyacetylenes in some Umbelliferae plants, and isolation of panaxynol and falcarindiol from the root of *Heracleum moellendorffii*. *Biological & Pharmaceutical Bulletin*. 1998, **21**(3): 257-261

13. TB Ng, F Liu, HX Wang. The antioxidant effects of aqueous and organic extracts of *Panax quinquefolium*, *Panax notoginseng*, *Codonopsis pilosula*, *Pseudostellaria heterophylla* and *Glehnia littoralis*. *Journal of Ethnopharmacology*. 2004, **93**(2-3): 285-288

갯방풍 대규모 재배단지

감초 甘草 CP, KP, JP, VP

Leguminosae

Glycyrrhiza uralensis Fisch.

Licorice

개요

콩과(Leguminosae)

감초(甘草, *Glycyrrhiza uralensis* Fisch.)의 뿌리 및 뿌리줄기를 건조한 것

중약명: 감초

가시감초속(*Glycyrrhiza*) 식물은 전 세계에 약 20종이 있으며 전 세계의 각 대주에 보편적으로 분포하지만 유라시아 대륙에 가장 많이 분포한다. 그중에서도 아시아 중부에 집중되어 있다. 중국에 약 8종이 있는데 주로 황하유역 이북의 각 성에 분포하며 개별적인 종은 운남 서북부에서도 볼 수 있다. 중국에서 약으로 사용되는 이 속은 6종이다. 이 종은 주로 중국의 동북, 화북, 서북의 각 성 및 산동에 분포하며 몽골 및 러시아의 시베리아 지역에도 분포하는 것이 있다.

'감초'란 약명은 《신농본초경(神農本草經)》에 상품으로 처음 기재되었으며, 역대 본초서적에 기록이 있다. 중국에서 고대로부터 오늘에까지 사용된 중약재 감초는 가시감초속의 여러 가지 식물이며 《중국약전(中國藥典)》(2015년 판)에 수록된 이 종은 중약 감초의 법정기원식물 내원종 가운데 하나이다. 주요산지는 중국의 내몽고, 감숙, 신강 등이다. 《대한민국약전》(11개정판)에는 감초를 "콩과에 속하는 감초(*Glycyrrhiza uralensis* Fischer), 광과감초(光果甘草, *Glycyrrhiza glabra* Linne) 또는 창과감초(脹果甘草, *Glycyrrhiza inflata* Batal.)의 뿌리 및 뿌리줄기로서 그대로 또는 주피를 제거한 것"으로 등재하고 있다.

가시감초속 식물의 주요 활성성분은 트리테르페노이드 사포닌과 플라보노이드 화합물이다. 《중국약전》에서는 고속액체크로마토그래피법을 이용하여 건조시료를 기준으로 측정 시, 감초 중 리퀴리틴의 함량을 0.50% 이상, 글리시리진산의 함량을 2.0% 이상으로, 음편(飮片) 중 두 성분 함량을 각각 0.45%, 1.8% 이상으로 약재의 규격을 정하고 있다.

약리연구를 통하여 감초에는 부신피질호르몬이 함유되어 있어 소화계통, 면역계통, 심혈관계에 다양한 약리작용이 알려져 있다.

한의학에서 감초에 보중익기(補中益氣), 완급지통(緩急止痛), 윤폐지해(潤肺止咳), 청열해독(淸熱解毒), 조화약성(調和藥性) 등의 효능이 있다.

감초 甘草 *Glycyrrhiza uralensis* Fisch.

약재 감초 藥材甘草
Glycyrrhizae Radix et Rhizoma

1cm

함유성분

뿌리와 뿌리줄기에는 트리테르페노이드 사포닌 성분이 함유되어 있는데, 글리시리진과 글리시리진산의 칼륨과 칼슘염을 포함하는 펜타사이클릭 테르페노이드 사포게닌으로 주로 구성되어 있다. 이 성분은 감초의 단맛을 내는 데 작용한다. 글리시리진산이 가수분해되면 glycyrrhetinic acid가 되어 이것을 또한 18β-glycyrrhetic acid라고 한다.

기타 트리테르페노이드 사포닌 성분으로는 uralsaponins A, B, glyuranolide, uralenolide[1], licoricesaponins A₃, B₂, C₂, D₃, E₂, F₃, G₂, H₂, J₂, K₂[2-3] 등이 있다. 플라보노이드 성분으로는 liquiritigenin, liquiritin, isoliquiritigenin, isoliquiritin, neoliquiritin, neoisoliquiritin, licoricidin, licoricone, formononetin, isoononin, licuraside[4-5], 5-O-methyllicoricidin[6], liquiritigenin-4'-apiosyl(1→2) glucoside, liquiritigenin-7,4'-diglucoside[7], uralenol, neouralenol, uralenin[8] 등이 함유되어 있다.

잎에는 uralenol-3-methylether, uralene[9], uralenneoside[10] 등의 성분이 함유되어 있다. 또한 쿠마린 성분으로 glycycoumarin[11], glycyrol, isoglycyrol[12], neoglycyrol[13], 알칼로이드 성분으로 5,6,7,8-tetrahydro-4-methylquinoline, 5,6,7,8-tetrahydro-2,4-dimethylquinoline[14] 등이 있다.

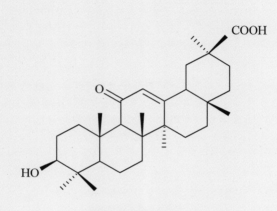

18-glycyrrhetic acid

liquiritigenin

 약리작용

1. 부신피질호르몬 유사작용

감초 및 그의 제제 중에 함유된 글리시리진산과 글리시레트산은 신장의 11-β 하이드록시스테로이드탈수소효소(OHSD)의 활성을 억제할 수 있으며 신장국부의 코르티솔 또는 코르티코스테론의 농도를 높일 수 있다. 뿐만 아니라 국소의 알도스테론 초과수준을 유지하는 작용과 알도스테론 수용체로 생성된 무기질코르티코이드 유사작용이 있다[15]. 이외에 당질코르티코이드 유사작용이 있다[16].

감초 甘草 CP, KP, JP, VP

2. 소화계통에 대한 영향

글리시리직 비스무트칼륨을 위에 주입하면 초산, 수침스트레스 및 유문결찰로 유발된 Rat의 위궤양에 뚜렷한 억제작용이 있으며 위산분비를 억제시키고 위의 단백효소 활성을 억제시킬 수 있다[17]. 감초의 열수 추출물을 위에 주입하면 Rat의 위동력을 억제하는 작용이 있는데 이는 5-하이드록시트리프타민(5-HT), P-물질(SP), 혈관작동성장펩타이드(VIP) 등의 분비장애와 관련이 있다[18].

3. 항염

감초의 열수 추출물을 피하에 주사하면 파두유(巴豆油)로 유발된 Mouse의 귓바퀴 종창, 초산으로 유발된 급성 삼출성 염증 및 만성 육아조직 증식으로 인한 염증 등에 뚜렷한 억제작용이 있다[19]. 그중 글리시리진은 뇌하수체-부신의 효능을 증강시킬 수 있으며 아드레날린의 분비를 증가시켜 항염효과가 있다[20]. 글리시레트산의 항염작용은 염증조직의 프로스타글란딘 E_2의 합성 억제, 염증매개 히스타민 억제, 5-HT의 억제 등과 관련이 있다[21].

4. 항균, 항바이러스

In vitro 실험에서 감초의 열수 추출물은 황색포도상구균, 대장간균, 백색포도상구균, B형 연쇄구균, 녹농간균 등에 대해 억제작용이 있다. 감초의 플라보노이드는 메티실린 민감성 황색포도상구균, 메티실린 내성 황색포도상구균, 마이크로코커스루테우스, 폐렴간균 등에 대해 억제작용이 있다. 글리시레트산은 금황색포도상구균, B형 연쇄구균, 변형연쇄구균에 대해서도 억제작용이 있다[22-24]. 글리시리진은 I형 단순포진바이러스(HSV-1), 중증 급성 호흡기증후군(SARS)바이러스, 대식세포바이러스(CMV) 및 인체면역결핍바이러스(HIV) 등에 대해 억제작용이 있다[25-27]. 감초의 플라보노이드는 HIV의 증식에 대한 억제작용이 있는데 글리시리진의 25배에 달한다. 감초의 열수 추출물은 호흡기세포융합바이러스(RSV)에 대해서도 억제작용이 있다[28].

5. 심혈관계에 대한 영향

글리시리진은 Rat 동맥벽의 리소좀포스포리파아제 A의 활성을 감소시킬 수 있다[29]. 또한 조직 및 혈관벽의 염증반응을 억제할 수 있으며 동맥경화의 발생 및 악화를 방지할 수 있다. 18β-소듐글리시리테이트를 복강에 주사하면 클로로포름으로 유발된 Mouse의 심실경련과 클로로포름-아드레날린으로 유발된 토끼의 심박실상을 억제할 수 있고 염화칼슘으로 유발된 Rat의 심실성 심박실상의 출현시간을 억제시키며 Rat와 토끼의 심박을 늦출 수 있을 뿐만 아니라 부분적으로는 이소프레날린을 억제하여 심박을 가속시키는 작용이 있다[30]. 그 밖에 감초의 물 추출물, 플라보노이드 및 글리시리진 등에는 모두 항심박실상작용이 있다[31-33].

6. 진해(鎭咳), 거담(祛痰)

감초의 플라보노이드, 글리시레트산 및 침고(浸膏)를 위에 주입하면 Mouse의 암모니아수에 의한 기침과 이산화황으로 인한 기침에 뚜렷한 진해작용이 있는데 그중에서 가장 강력한 것은 글리시레트산이다[34]. 이러한 감초 플라보노이드 화합물의 진해작용은 중추 및 외주작용과 관련이 있다[35]. 그 밖에 인후 및 기관지의 분비를 촉진할 수 있으며 이로써 감초는 진해와 거담의 작용을 갖는다[34].

7. 해독

감초 및 그 제제는 특정 약물의 중독, 음식물 중독, 체내 대사산물에 의한 중독 등에 일정한 억제작용이 있다. 해독기전은 글리시리진이 독소와 결합하여 저독 혹은 무독물질로 전화시키는 작용과 글리시리진의 독소 흡착 및 아드레날린 작용 그리고 물에 용해된 후에 생성되는 글리시레트산과 글루쿠론산의 간 보호작용 등과 관련된다[36].

8. 항종양

글리시리진, 글리시리직산, 글리시레트산 등은 각기 다른 정도의 항종양작용이 있으며 그 작용기전은 종양세포괴사, 항산화, 항암 유발, 항돌연변이 및 면역조절작용 등과 관련이 있다[37].

9. 기타

감초는 항산화[36], 항과민[39], 내이청각기능 제고[40], 항뇌허혈[41] 등의 작용이 있다.

용도

감초는 중의임상에서 사용하는 약이다. 보중익기[補中益氣, 비(脾)를 보양하고 아래로 쳐진 비기(脾氣)를 일으키는 효능], 완급지통(緩急止痛, 급한 기운을 완화시키고 통증을 그치게 함), 윤폐지해(潤肺止咳, 폐를 적셔 주고 기침을 멎게 함), 청열해독(淸熱解毒, 화열을 깨끗이 제거하고 몸의 독을 없이함), 조화약성(調和藥性, 약이 가진 독성을 해독하며 약성을 조화시켜 완화작용을 나타내는 것) 등의 효능이 있으며, 심기부족(心氣不足)으로 인한 심맥결대와 비기허약[脾氣虛弱, 비기(脾氣)가 부족하거나 비위가 허약함]으로 인한 권태무력(倦怠無力, 피곤하여 힘을 쓰지 못하고 몸을 움직일 수 없어 마치 게으른 듯이 보이는 증상), 식소변당(食少便溏, 식사를 지나치게 적게 하여 대변이 무른 증상), 담다해수(痰多咳嗽, 가래가 많은 기침), 복부 및 사지의 통증, 열독창양[熱毒瘡瘍, 열독이 치성(熾盛)하여 장부(臟腑)에 쌓여 발생하는 창종], 인후종통(咽喉腫痛, 목 안이 붓고 아픈 증상), 약물이나 식중독 등의 치료에 사용한다.

일반적으로 약성을 높여 주는 작용으로 한약처방에 들어간다.

현대임상에서는 십이지장궤양, 기관지염, 인후염, 만성 간염 등의 병증에 사용한다.

해 설

감초는 중국위생부에서 규정한 약식동원품목*의 하나이다. 《중국약전》에서는 이 식물종 외에 장과감초(脹果甘草, *Glycyrrhiza inflata* Bat.), 광과감초(光果甘草, *G. glabra* L.)를 중약 감초의 법정기원식물로 수록하고 있다. 장과감초와 광과감초 및 감초에는 유사한 약리작용이 있으며 그들의 주요 함유성분도 대체적으로 일치하는데 주요성분으로는 트리테르페노이드 사포닌, 플라보노이드, 쿠마린 화합물 등이다.

감초와 비교해 볼 때 장과감초에는 inflasaponin I, II, VI[42-43] 등의 트리테르페노이드 성분이 함유되어 있으며 glyinflanin G, I-K[44] 등 플라본화합물과 glyinflanin H[44], inflacoumarin A[45] 등 쿠마린 화합물이 있다. 또한 glyinflanin A-F[46] 등 디벤조일메탄류 성분이 있다.

감초와 비교해 볼 때 광과감초에는 glabrolide, isoglabrolide, liquoric acid, glabric acid, glycyrrhetol[1], glabranins A-B[47] 등 트리테르페노이드 화합물이 함유되어 있으며 glabridin, glabrene[48], hispaglabridins A-B[49], glabroisoflavanones A-B[50], kanzonol T[51], X, Y[52], glabrol, shinflavanone, xambioona[53] 등의 플라보노이드 화합물이 있다. 광과감초에는 항신경염과 유리기 제거 활성작용이 있다[54].

감초의 생장은 양지의 건조한 갈색 칼슘토양의 염분이 비교적 적고 토층이 깊으며 배수가 잘 되는 칼슘질의 초원에서 생장하지만 염산 알칼리 토양에서는 생장이 원활하지 않다. 장과감초는 염화토양의 갈대가 자라는 습한 초지에서 생장한다. 현재 감초자원의 연구가 비교적 많지 않고 인공재배기술의 연구수준도 부족하다. 때문에 이 분야의 연구가 확대되어 자원개발과 보호의 모순을 해결해야 한다. 내몽고에는 이미 감초의 대규모 재배단지가 조성되어 있다.

참고문헌

1. 王彩蘭, 韓永生, 丁立. 甘草屬植物中三萜類化學成分研究進展. 河南師範大學學報(自然科學版). 1990, **3**: 39-46

2. I Kitagawa, JL Zhou, M Sakagami, T Taniyama, M Yoshikawa. Licorice-saponins A₃, B₂, C₂, D₃, and E₂, five new oleanene-type triterpene oligoglycosides from Chinese Glycyrrhizae radix. *Chemical & Pharmaceutical Bulletin*. 1988, **36**(9): 3710-3713

3. I Kitagawa, JL Zhou, M Sakagami, E Uchida, M Yoshikawa. Licorice-saponins F₃, G₂, H₂, J₂, and K₂, five new oleanene-triterpene oligoglycosides from the root of *Glycyrrhiza uralensis*. *Chemical & Pharmaceutical Bulletin*. 1991, **39**(1): 244-246

4. 張海軍, 劉援, 張如意. 烏拉爾甘草中黃酮苷類成分的研究. 藥學學報. 1994, **29**(6): 471-474

5. B Fu, H Li, X Wang, FS Lee, S Cui. Isolation and identification of flavonoids in licorice and a study of their inhibitory effects on tyrosinase. *Journal of Agricultural and Food Chemistry*. 2005, **53**(19): 7408-7414

6. YKT Lam, M Sandrino-Meinz, L Huang, RD Busch, T Mellin, D Zink, GQ Han. 5-O-Methyllicoricidin:a new and potent benzodiazepine-binding stimulator from *Glycyrrhiza uralensis. Planta Medica*. 1992, **58**(2): 221-222

7. S Yahara, I Nishioka. Flavonoid glucosides from licorice. *Phytochemistry*. 1984, **23**(9): 2108-2109

8. 賈世山, 馬超美, 王建民. 甘草葉中黃酮類成分的化學研究. 藥學學報. 1990, **25**(10): 758-762

9. 賈世山, 劉冬, 鄭秀萍, 張勇, 李永康. 甘草葉中兩個新異戊烯基黃酮類化合物. 藥學學報. 1993, **28**(1): 28-31

10. 賈世山, 馬超美, 李英和, 郝俊海. 甘草葉中酚酸和黃酮苷類成分的分離鑒定. 藥學學報. 1992, **27**(6): 441-444

11. H Hayashi, K Inoue, K Ozaki, H Wantanabe. Comparative analysis of ten strains of *Glycyrrhiza uralensis* cultivated in Japan. *Biological & Pharmaceutical Bulletin*. 2005, **28**(6): 1113-1116

12. T Shiozawa, S Urata, T Kinoshita, T Saitoh. Revised structures of glycyrol and isoglycyrol, constituents of the root of *Glycyrrhiza uralensis. Chemical & Pharmaceutical Bulletin*. 1989, **37**(8): 2239-2240

13. 王彩蘭, 張如意, 韓永生, 董熙暇, 劉文彬. 烏拉爾甘草中新香豆素的化學研究. 藥學學報. 1991, **26**(2): 147-151

14. YN Han, MS Chung, TH Kim, BH Han. Two tetrahydroquinoline alkaloids from *Glycyrrhiza uralensis. Archives of Pharmacal Research*. 1990, **13**(1): 101-102

15. 葛仁山, 桑國衛. 甘草的鹽皮質激素樣作用及作用機制. 中國藥理學通報. 1996, **12**(2): 117-119

16. 馬藝軍, 林海月, 郭巍. 對甘草藥理作用的新看法. 吉林醫學信息. 2002, **19**(7-8): 42-43

17. 曹蘋, 汪岱迪. 甘草酸鉍鉀對大鼠實驗性胃潰瘍的作用. 中草藥. 2001, **32**(7): 623-625

18. 尋慶英, 王翠芬, 魏義全, 楊德治, 竇國祥. 甘草對大鼠胃動力功能影響的實驗研究. 東南大學學報(醫學版). 2005, **24**(4): 226-229

19. 張寶恒, 賈健寧, 王惠琴, 張京春, 曾路, 張如意. 烏拉爾甘草的抗炎症作用. 中草藥. 1991, **22**(10): 452-453, 474

20. 黃能慧, 李誠秀, 羅俊, 李玲, 李建英. 甘草酸銨的抗炎作用. 貴陽醫學院學報. 1995, **20**(1): 26-28

21. 吳勇傑, 李新芳, 何琳, 劉莉. 甘草次酸鈉的抗炎作用機理. 中國藥理學通報. 1991, **7**(1): 46-49

22. 丁長玲, 邱世翠, 宮照龍, 高飛, 邸大琳. 甘草的體外抑菌作用研究. 時珍國醫國藥. 2002, **13**(9): 518

23. T Fukai, A Marumo, K Kaitou, T Kanda, S Terada, T Nomura. Antimicrobial activity of licorice flavonoids against methicillin-resistant *Staphylococcus aureus. Fitoterapia*. 2002, **73**(6): 536-539

24. 郭朝暉, 于波, 李謙, 吳勇傑, 李新芳. 18β-甘草次酸鈉體外抑菌作用. 中國藥理學通報. 1996, **12**(2): 192

* 부록(502~505쪽) 참고

25. 趙高年, 謝鵬, 李平. 甘草甜素對HSV-1抑制作用的實驗研究. 重慶醫科大學學報. 2005, **30**(2): 243-245

26. 陳悅青, 錢汶, 毛子安. 甘草根活性成分—甘草甜素可抑制SARS病毒複製. 國外醫學:流行病學. 傳染病分冊. 2004, **31**(4): 3

27. 李鐵民, 梁再賦. 甘草提取物及其衍生物的抗病毒研究現狀. 中草藥. 1994, **25**(12): 655-658

28. 董艷梅, 李洪源, 姚振江, 田文靜, 韓志剛, 邱海岩, 朴英愛. 甘草體外抑制呼吸道合胞病毒作用研究. 中藥材. 2004, **27**(6): 425-427

29. Y Shiki, N Sasaki, K Shirai, Y Saito, S Yoshida. Effect of glycyrrhizin on stability of lysosomes in the rat arterial wall. *The American Journal of Chinese Medicine*. 1986, **14**(3-4): 138-144

30. 李新芳, 吳勇傑, 郭朝暉, 劉莉. 18β-甘草次酸鈉對實驗性心律失常的影響. 中國中藥雜誌. 1992, **17**(3): 176-178

31. 黃彩雲, 謝世榮, 楊靜嫻, 黃勝英, 高廣猷. 甘草水提取液抗實驗性心律失常的作用. 大連醫科大學學報. 2003, **25**(1): 13-15

32. 胡小鷹, 彭國平, 陳汝炎. 甘草總黃酮抗心律失常作用研究. 中草藥. 1996, **27**(12): 733-735

33. 胡小鷹, 陳汝炎, 彭國平. 異甘草素抗心律失常作用研究. 中藥藥理與臨床. 1996, **5**: 13-15

34. 俞騰飛, 田向東, 李仁, 朱惠珍. 甘草黃酮, 甘草浸膏及甘草次酸的鎮咳祛痰作用. 中成藥. 1993, **15**(3): 32-33

35. J Kamei, R Nakamura, H Ichiki, M Kubo. Antitussive principles of Glycyrrhizae radix, a main component of the Kampo preparations Bakumondo-to (Mai-men-dong-tang). *European Journal of Pharmacology*. 2003, **469**(1-3): 159-163

36. 許慶鑫, 王正益, 李暉. 甘草解毒機理淺析. 中藥飲片. 1992, **5**: 38-39

37. 孫曉紅, 邵世和, 李洪濤, 周麗琴. 甘草抗腫瘤作用的研究及臨床應用. 北華大學學報(自然科學版). 2004, **5**(6): 540-544

38. 吳碧華, 楊得本, 龍存國, 許可, 胡長林. 甘草總黃酮的體外抗氧化作用. 中國臨床康復. 2004, **8**(36): 8262-8263

39. 金四立, 崔立傑, 王麗芳, 譚穎慧, 殷金珠, 白小薇, 劉淑文, 岳華英. 苦參, 甘草, 枸杞子抗過敏作用機制的研究. 齊齊哈爾醫學院學報. 1995, **16**(2): 81-84

40. 董維嘉, 陳繼生. 甘草次酸對內耳聽覺功能的影響. 中草藥. 1989, **20**(11): 27-28

41. 詹春, 楊靜, 詹莉, 張晶, 張琳. 異甘草素對小鼠腦缺血-再灌注損傷的保護作用. 武漢大學學報(醫學版). 2005, **26**(3): 398-401

42. 鄒坤, 趙玉英, 張如意. 脹果甘草中皂苷I和II的結構鑒定. 藥學學報. 1994, **29**(5): 393-396

43. 鄒坤, 張如意. 脹果皂苷II與脹果皂苷VI的結構鑒定. 實用醫學進修雜誌. 1994, **22**(1): 30-33

44. T Fukai, T Nomura. Isoprenoid-substituted flavonoids from roots of *Glycyrrhiza inflata*. *Phytochemistry*. 1995, **38**(3): 759-765

45. 鄒坤, 張如意, 楊憲斌. 脹果香豆素甲的結構鑒定. 藥學學報. 1994, **29**(5): 397-399

46. L Zeng, T Fukai, T Kaneki, T Nomura, RY Zhang, ZC Lou. Four new isoprenoid –substituted dibenzoylmethane derivatives, glyinflanins A, B, C, and D from the roots of *Glycyrrhiza inflata*. *Hetercocycles*. 1992, **34**(1): 85-97

47. IP Varshney, DC Jain, HC Srivastava. Study of saponins from *Glycyrrhiza glabra* root. *International Journal of Crude Drug Research*. 1983, **21**(4): 169-172

48. T Hatano, T Fukuda, YZ Liu, T Noro, T Okuda. Phenolic constituents of licorice. IV. Correlation of phenolic constituents and licorice specimens from various sources, and inhibitory effects of licorice extracts on xanthine oxidase and monoamine oxidase. *Yakugaku Zasshi*. 1991, **111**(6): 311-321

49. T Kinoshita, K Kajiyama, Y Hiraga, K Takahashi, Y Tamura, K Mizutani. Isoflavan derivatives from *Glycyrrhiza glabra* (licorice). *Heterocycles*. 1996, **43**(3): 581-588

50. T Kinoshita, Y Tamura, K Mizutani. The isolation and structure elucidation of minor isofalvonoids from licorice of *Glycyrrhiza glabra* origin. *Chemical & Pharmaceutical Bulletin*. 2005, **53**(7): 847-849

51. T Fukai, L Tantai, T Nomura. Isoprenoid-substituted flavonoids from *Glycyrrhiza glabra*. *Phytochemistry*. 1996, **43**(2): 531-532

52. T Fukai, CB Sheng, T Horikoshi, T Nomura. Isoprenylated flavonoids from underground parts of *Glycyrrhiza glabra*. *Phytochemistry*. 1996, **43**(5): 1119-1124

53. T Kinoshita, K Kajiyama, Y Hiraga, K Takahashi, Y Tamura, K Mizutani. The isolation of new pyrano-2-arylbenzofuran derivatives from the root of *Glycyrrhiza glabra*. *Chemical & Pharmaceutical Bulletin*. 1996, **44**(6): 1218-1221

54. T Fukai, K Satoh, T Nomura, H Sakagami. Preliminary evaluation of antinephritis and radical scavenging activities of glabridin from *Glycyrrhiza glabra*. *Fitoterapia*. 2003, **74**(7-8): 624-629

감초 대규모 재배단지

다서암황기 多序岩黃芪 ^{CP}

Leguminosae

Hedysarum polybotrys Hand.-Mazz.

Manyinflorescenced Sweetvetch

개요

콩과(Leguminosae)

다서암황기(多序岩黃芪, *Hedysarum polybotrys* Hand.-Mazz.)의 뿌리를 건조한 것

중약명: 홍기(紅芪)

묏황기속(*Hedysarum*) 식물은 전 세계에 약 150종이 있으며 북온대의 유럽, 아시아, 북아메리카, 북아프리카 등에 분포한다. 중국에 약 42종, 변이종 11종이 있으며 이 중 5종을 약으로 사용한다. 이 종은 중국의 감숙, 사천 등에 분포한다.

홍기의 약명은 《명의별록(名醫別錄)》에 처음으로 기재되었다. 《중국약전(中國藥典)》(2015년 판)에 수록된 이 종은 중약 홍기의 법정 기원식물이다. 주요산지는 중국의 감숙이다.

홍기의 주요 유효성분은 플라보노이드 화합물이다. 《중국약전》에서는 약재의 성상, 박층크로마토그래피법과 알코올 수용성 침출물을 통해 약재의 규격을 정하고 있다.

약리연구를 통하여 홍기에는 면역증강, 항노화, 심혈관기능 개선, 간 보호, 진통, 항염 등의 작용이 있는 것으로 알려져 있다.

한의학에서 홍기는 보기고표(補氣固表), 이뇨탁독(利尿托毒), 배농(排膿), 염창생기(斂瘡生肌) 등의 효능이 있다.

다서암황기 多序岩黃芪 *Hedysarum polybotrys* Hand.-Mazz.

약재 홍기 藥材紅芪 Hedysari Radix

1cm

함유성분

뿌리에는 플라보노이드 성분으로 L-3-hydroxy-9-methoxypterocarpan, calycosin, formononetin, ononin, liquiritigenin, isoliquiritigenin, (-)-vestitol, 1,7-dihydroxy-3,8-dimethoxy xanthone[1-3], 벤조퓨라노이드 성분으로 5-hydroxy-2-(2-hydroxy-4-methoxyphenyl)-6-methoxy-benzofuran, 6-hydroxy-2-(2-hydroxy-4-methoxyphenyl)-benzofuran[4], 유기산으로 γ-aminobutyric acid[5], succinic acid, linolenic acid, 4-methoxyphenyl acetic acid[6] 등이 함유되어 있다. 또한 hedysalignan[1] 등의 성분이 함유되어 있다.

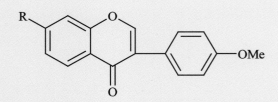

L-3-hydroxy-9-methoxypterocarpan

formononetin: R=OH
ononin: R=Oglc

 약리작용

1. 면역증강

홍기의 열수 추출물은 정상적인 Mouse의 흉선과 비장의 중량을 뚜렷하게 증가시키고 복강대식세포의 탐식기능을 증강시키며 시클로포스파미드로 유발된 토끼의 면역억제에 대해 적혈구와 백혈구의 수량을 증가시키는 작용이 있다[7]. 또한 하이드로코르티손으로 인해 면역억제가 유발된 Mouse의 외주혈T임파세포아군 수준을 증가시킬 수 있다[8]. 홍기의 다당은 호중구의 활성을 뚜렷하게 제고하며 노화 Mouse의 T세포에 대한 항원자극반응을 개선한다[9].

2. 항노화

홍기의 다당은 초파리의 수명을 연장시키며 Mouse의 혈장 지질과산화(LPO)와 비장 내의 지갈소 함량을 감소시킬 수 있다. 또한 Rat의 적혈구 슈퍼옥시드디스무타아제, 혈청 코르티솔 및 테스토스테론의 분비량을 뚜렷하게 제고시킨다[9].

3. 호흡계에 대한 영향

홍기를 달인 약액은 유산으로 유발된 Rat의 호흡장애증후군에 대해 치료작용이 있으며 폐수종, 폐출혈, 충혈, 폐확장부진, 투명막과 염세포침윤 등의 병리변화를 경감시킬 수 있다. 또한 폐표면의 활성물질 함량을 제고하고 I형 폐포상피세포와 모세혈관내피세포를 보호하며 II형 폐포상피세포의 수량을 증가시킴과 동시에 폐포의 층상결합구조를 안정화한다[10].

4. 항골질대사문란, 항골다공증

홍기의 추출액은 프레드니손으로 유발된 Rat의 골다공증에 대해 예방작용이 있고 골질대사문란을 길항하며 골질유실 감소 및 골질형성과 골질의 무게를 증가시키는 작용이 있다[11-12].

5. 심혈관계에 대한 영향

홍기의 열수 추출물을 위에 주입하면 Rat의 대뇌 중의 동맥전색으로 유발된 운동장애에 대해 뚜렷한 개선작용이 있음과 동시에 뇌모세혈관의 투과성을 증가시킬 수 있다[13]. 홍기의 다당을 정맥에 주사하면 집토끼의 좌심실 압력을 낮출 수 있으며 두꺼비의 적출된 심장에 대해서도 억제작용이 있다[14]. 홍기의 물 추출물은 집토끼의 동맥혈압과 시너스 리듬을 저하시킬 수 있으며 두꺼비의 적출된 심근의 수축력을 감소시킬 수 있다[14].

6. 혈류역학적 영향

홍기의 알코올 추출물은 정상 Rat의 혈액점도를 낮출 수 있다. 물 추출물은 정상적인 Rat에서 체외혈전의 건조중량을 감소시킬 수 있고 아드레날린과 얼음물 첨가 목욕으로 발생한 혈어 모델 Rat에서 체외혈전의 건조중량을 감소시킬 수 있다. 양자는 모두 아데노신이인산(ADP)으로 유발된 집토끼의 혈소판응집을 억제할 수 있는데 농도 의존성을 나타낸다[15].

7. 간 보호
홍기의 다당을 위에 주입하면 사염화탄소와 D−갈락토사민으로 유발된 Mouse 간의 말론디알데하이드(MDA) 함량 상승을 억제할 수 있다[16].

8. 진통, 항염
홍기의 물 추출물은 Mouse의 통증역치를 뚜렷하게 제고할 수 있으며 5−하이드록시트리프타민(5−HT)으로 유발된 발바닥 종창, 디메칠벤젠으로 유발된 Mouse의 귓바퀴 종창, Rat의 면구육아증식, 5−HT와 히스타민으로 유발된 모세혈관 투과성 증가에 대해 뚜렷한 억제작용이 있다[17]. 홍기의 물 추출물은 Rat 부신 내의 아스코르브산 함량을 뚜렷하게 감소시킨다. 또한 뇌하수체−부신의 흥분을 통하여 간접적인 항염작용을 나타낼 수 있다[17].

9. 기타
홍기에는 강혈당[18], 강혈지(降血脂)[18], 항바이러스[19], 항종양[20] 등의 작용이 있다.

용도
홍기는 중의임상에서 사용하는 약이다. 보기고표(補氣固表, 기를 도와 체표를 단단하게 함), 이뇨탁독(利尿托毒, 오줌을 잘 나오게 하고 독을 밀어내는 효능), 생기염창(生肌斂瘡, 헌데가 생긴 부위에서 새살이 돋아나는 것) 등의 효능이 있으며, 기허무력(氣虛無力, 기부족에 의한 무력감), 식소변당(食少便溏, 식사를 지나치게 적게 하여 대변이 무른 증상), 오랜 설사로 인한 탈항, 대변에 피가 섞여 나오는 것, 자궁 출혈, 기표불고[肌表不固, 외부를 보호하는 양기가 허해져 쉽게 외사(外邪)가 침입하여 발병하는 것]로 인한 자한(自汗, 병적으로 땀을 많이 흘리는 증세), 기허부종(氣虛浮腫, 기가 허약하여 부어오름), 혈허위황[血虛萎黃, 혈허(血虛)하여 몸이 누렇게 뜬 병증], 옹저불괴[癰疽不壞, 옹저(癰疽)가 생겼으나 썩어 문드러지지 않음] 등의 치료에 사용한다.
현대임상에서는 빈혈, 과민성 대장증상, 외과창양(外科瘡瘍, 체표에 발생하는 부스럼), 비기능성 자궁 출혈 등에 사용한다.

해설
다서암황기에는 다양한 효능이 있고 식감이 뛰어나 동남아시아 지역에서는 환영을 받지만 중국에서의 용도는 서북부 지역에 국한되어 있으며 여전히 수출이 대부분을 차지하여 국내시장에서는 활용도가 떨어지고 있다. 감숙성에서의 다서암황기 재배역사는 매우 길며 품질이 뛰어나서 가장 많이 사용되고 있다. 따라서 대규모 재배단지의 조성을 위한 우수한 여건을 갖추고 있다.
홍기는 《중국약전》에 단일 중약 종으로 수록되어 있지만 다서암황기와 황기의 역사적 기원에 대한 감별이 필요한 실정이다. 다서암황기와 황기의 함유성분 및 약리활성에 대한 연구가 추가적으로 진행되어야 하는데 특히 홍기와 황기의 차이점 및 공통점에 대한 연구가 추가되어야 한다. 이에 대한 연구는 앞으로의 광범위한 임상용도에 대해 과학적인 데이터로 사용될 수 있을 것이다.

참고문헌
1. 海力茜, 張慶英, 梁鴻, 趙玉英, 堵年生. 多序岩黃芪化學成分研究. 藥學學報. 2003, 38(8): 592-595
2. M Kubo, T Odani, S Hotta, S Arichi, K Namba. Studies on the Chinese crude drug haunggi. I. Isolation of an antibacterial compound from Honggi (*Hedysarum polybotrys* Hand.-Mazz.). *Shoyakugaku Zasshi*. 1977, 31(1): 82-86
3. 田宏印. 紅芪化學成分的研究現狀. 西北民族學院學報. 1996, 17(1): 89-91
4. T Miyase, S Fukushima, Y Akiyama. Studies on the constituents of *Hedysarum polybotrys* Hand-Mazz. *Chemical & Pharmaceutical Bulletin*. 1984, 32(8): 3267-3270
5. 趙長琦, 李廣民, 王軍. 中藥紅芪中降壓有效成分γ−氨基丁酸的薄層掃描測定. 西北大學學報(自然科學版). 1995, 25(3): 277-278
6. 楊智, 劉靜明, 王伏華, 崔淑蓮, 樂崇熙. 中藥紅芪的化學成分的研究. 中國中藥雜誌. 1992, 17(10): 615-616
7. 吳敬敏, 張元杏. 紅芪對小鼠免疫功能的影響. 河北醫學院學報. 1994, 15(3): 144-145
8. 馬駿, 任遠, 崔祝梅, 姜曉霞. 紅芪多糖對氫化可的松所致免疫抑制模型小鼠T淋巴細胞亞群的影響. 甘肅中醫學院學報. 2003, 20(3): 18-19
9. 黃正良, 崔祝梅, 任遠, 張堅, 甘敏, 齊文宣, 李茂言, 邱桐, 孫啟祥. 紅芪多糖抗衰老作用的實驗研究. 中草藥. 1992, 23(9): 469-473
10. 白娟, 明彩榮, 井歡, 蔡玉文. 紅芪改善大鼠呼吸窘迫綜合征的實驗研究. 中國中醫藥資訊雜誌. 2003, 10(2): 23-25
11. 芳開鑫, 林智, 王廣芬, 唐道鶴, 謝華. 紅芪水提液對糖皮質激素性骨質疏鬆大鼠骨代謝影響的實驗研究. 中國臨床醫藥研究雜誌. 2005, 135: 4-5
12. 芳開鑫, 林智, 王廣芬, 謝華, 唐道鶴. 紅芪水提液防治大鼠類固醇性骨質疏鬆的實驗研究. 實用中西醫結合臨床. 2005, 5(4): 4-5
13. 權菊香, 杜貴友. 黃芪與紅芪對腦缺血動物保護作用的研究. 中國中藥雜誌. 1998, 23(6): 371-373
14. 權菊香. 紅芪的藥理研究進展. 時珍國醫國藥. 1997, 8(2): 178-180
15. 寇俊萍, 朱海容, 唐新娟, 童純寧, 嚴永清. 紅芪對血液流變性的影響. 中藥藥理與臨床. 2003, 19(4): 22-24
16. 任遠, 馬駿, 崔笑梅. 紅芪多糖對實驗性肝損傷的保護作用(II). 甘肅中醫學院學報. 2000, 17(4): 10-11

17. 崔祝梅, 黃正良, 任遠, 張堅. 紅芪的鎭痛抗炎作用. 中草藥. 1989, **20**(5): 22-24

18. 金智生, 汝亞琴, 李應東, 楚惠媛, 吳立文, 馬駿, 晁梁. 紅芪多糖對不同病程糖尿病大鼠血脂的影響. 中西醫結合心腦血管病雜誌. 2004, **2**(5): 278-280

19. 張宸豪, 高俊濤, 方芳, 李岩, 馬愛新. 紅芪提取物對柯薩奇病毒抑制作用的研究. 吉林醫藥學院學報. 2005, **26**(3): 132-133

20. 崔笑梅, 王志平, 張志華, 任遠, 崔祝梅. 紅芪多糖增强LAK細胞對膀胱腫瘤細胞殺傷作用的實驗研究. 中藥藥理與臨床. 1999, **15**(2): 18-19

다서암황기 대규모 재배단지

원추리 萱草 KHP

Hemerocallis fulva L.

Orange Daylily

 개요

백합과(Liliaceae)

원추리(萱草, *Hemerocallis fulva* L.)의 뿌리를 건조한 것

중약명: 훤초근(萱草根)

원추리속(*Hemerocallis*) 식물은 전 세계에 약 14종이 있으며 대부분이 아시아의 열대 지역에 분포하고 소수가 유럽에 분포한다. 중국산은 11종이 있다. 어떤 종류는 널리 재배되며 식용과 관상용으로 공급되며 대다수 종의 꽃은 식용과 약용으로 사용된다.

'훤초근'이란 약명은《가우본초(嘉祐本草)》에 처음으로 기재되었다. 중국에서 고대부터 오늘에까지 사용해 온 중약재 훤초근은 원추리속의 여러 가지 식물인데 이 종이 그 주류품종이다. 원추리의 주요산지는 중국의 호남, 복건, 강서, 절강 등이다.《대한민국약전외한약(생약)규격집》(제4개정판)에는 훤초근을 "원추리(*Hemerocallis fulva* Linne, 백합과)의 뿌리 및 뿌리줄기"로 등재하고 있다.

원추리속 식물의 주요 함유성분으로는 안트라퀴논, dihydrofuran-γ-lactams, 알칼로이드, 플라보노이드, 나프톨, 스테롤 등이 있다. 그 밖에 사포닌, 지방족 화합물, 단일 벤젠유도체 등이 함유되어 있는 것으로 보고되었다[1]. 최근 학자들의 연구에 의하면 훤초류 식물의 일반적인 활성성분으로는 크리소파놀이 있으며 이는 훤초류 식물의 이뇨성분이다.

약리연구를 통하여 원추리에는 이뇨, 항종양, 항산화, 항균 등의 작용이 있는 것으로 알려져 있다.

한의학에서 훤초는 청열양혈(淸熱凉血), 이뇨통림(利尿通淋) 등의 효능이 있다.

원추리 萱草 *Hemerocallis fulva* L.

황화채 黃花菜 *H. citrina* Baroni

약재 훤초근 藥材萱草根 Hemerocallis Fulvae Radix

1cm

함유성분

뿌리에는 아트라퀴논 성분으로 chrysophanol, methyl rhein, rhein, 1,8-dihydroxy-3-methoxy-anthraquinone[2], 7-hydroxy-1,2,8-trimethoxy-3-methylanthraquinone, 7,8-dihydroxy-1,2-dimethoxy-3-methylanthraquinone[3], 2-hydroxychrysophanol, kwanzoquinones A, B, C, D, E, F, G[4], 트리테르페노이드 성분으로 3α-acetyl-11-oxo-12-ursene-24-oic acid, 3-oxolanosta-8,24-diene-21-oic acid, 3β-hydroxylanosta-8,24-diene-21-oic acid, 3α-hydroxylanosta-8,24-diene-21-oic acid, α-boswellic acid, β-boswellic acid, 11α-hydroxy-3-acetyl-β-boswellic acid, 스피로스타노이드 성분으로 25(R)-spirostan-4-ene-3,12-dione, 디테르페노이드 성분으로 hemerocalla A[6], 플라보노이드 성분으로 2′4,6′-trihydroxy-4′-methoxy-3′-methylchalcone[5], 6-methylluteolin[7], 배당체 성분으로 5-hydroxydianellin, dianellin[7], hemerocalloside[6] 등이 있다.

잎에는 roseoside, phlomuroside, lariciresinol, adenosine, quercetin- 3,7-O-β-D-diglucopyranoside, isorhamnetin-3-O-β-D-6′-acetylglucopyranoside[8] 등의 성분이 함유되어 있다.

꽃에는 cycloheximide, cytokinin[9] 등의 성분이 함유되어 있다.

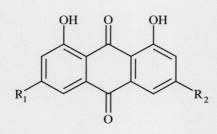

chrysophanol: R₁=H   R₂=CH₃
rhein: R₁=COOH   R₂=H

약리작용

1. 이뇨
   원추리의 뿌리에 함유된 크리소파놀과 레인에는 이뇨작용이 있다[1].

2. 항종양
   원추리의 뿌리에 함유된 안트라퀴논은 *in vitro*에서 인체의 유선, 중추신경계, 결장 및 폐종양세포 증식에 일정한 억제작용이 있다[4].

3. 항산화
   원추리 잎의 메탄올 추출물의 여러 가지 성분은 *in vitro*에서 항지질과산화(anti-LPO) 작용이 있으며[8], 원추리 꽃의 에탄올 추출물에도 아주 강력한 항산화 활성이 있다[10].

4. 성선호르몬 유사작용
   In vitro 실험에서 훤초근은 결핵간균에 대해 일정한 억제작용이 있으며 훤초근 및 원추리의 에칠에테르 침고(浸膏)에는 기니피그의 실험성 결핵에 대해 일정한 치료작용이 있다. 훤초근의 클로로포름 추출물과 여러 가지 안트라퀴논 화합물에도 항균활성이 있다[2].

5. 항흡혈충
   훤초근에 함유된 2-하이드록시크리소파놀과 콴조퀴논 E는 인체병원성 흡혈충의 성충과 꼬리유충단계에는 살멸활성이 있지만 유충단계에서는 살멸작용이 없다[7]. 훤초근은 숙주에 대해 강한 독성이 있지만 안전성 문제로 인해 임상가치는 없다[11].

6. 기타
   원추리 꽃의 침고를 Mouse의 위에 주입하면 명확한 진정작용이 있으며 Mouse의 활동을 천천히 감소시키다가 2시간 후에 천천히 회복시키는데 펜토바르비탈나트륨과 함께 사용하면 사용량을 감소시킨다[12]. 그 밖에 원추리 꽃 추출물은 섬유세포의 증식을 억제할 수 있다[13].

원추리 萱草 ^{KHP}

용도

훤초근

훤초근은 중의임상에서 사용하는 약이다. 청열이습[清熱利濕, 열을 내리고 습사(濕邪)를 제거함], 양혈지혈[凉血止血, 양혈(凉血)함으로써 지혈함], 해독소종[解毒消腫, 해독하여서 피부에 발생된 옹저(癰疽)나 상처가 부은 것을 삭아 없어지게 함], 이뇨통림(利尿通淋, 이뇨시키고 소변이 잘 통하게 함) 등의 효능이 있으며, 황달, 수종(水腫, 전신이 붓는 증상), 임탁(淋濁, 성병의 하나로 소변이 자주 나오고 오줌이 탁하고 요도에서 고름처럼 탁한 것이 나오는 병증), 대하(帶下, 여성의 생식기에서 나오는 흰빛 또는 누른빛의 병적인 액체의 분비물), 코피, 대변에 피가 섞이는 것, 자궁 출혈, 나력(瘰癧, 림프절에 멍울이 생긴 병증), 화농성 유선염, 젖이 나오지 않는 것 등의 치료에 사용한다.

현대임상에서는 간염, 폐결핵, 요로감염, 유선염 등에 사용한다.

훤초의 어린 싹

청열이습[清熱利濕, 열을 내리고 습사(濕邪)를 제거함], 흉격번열(胸膈煩熱, 가슴이 답답하며 열감을 느끼는 것), 황달, 소변단적(小便短赤, 소변이 시원하게 나오지 않고 찔끔거리며 양이 적고 붉은 것) 등의 치료에 사용한다.

해설

중의에서는 원추리의 뿌리를 열을 내리고 소변을 이롭게 하는 약으로 여기지만 원 식물은 예로부터 혼란이 있으며 현대식물학계에서도 상이한 관점이 있다. 송나라 시기의 훤초근 기원식물은 이 종이며 명나라 이후, 여러 가지 기원이 나타나면서 원추리, 황화채(黃花菜, *Hemerocallis citrina* Baroni), 왕원추리(重瓣萱草, *H. fulva* var. kwanso Regel), 북황화채(北黃花菜, *H. lilio-asphodelus* L.), 애기원추리(小黃花菜, *H. minor* Mill.) 등이 출현했다.

《중국약전》 1977년 판에서는 훤초근의 기원을 이 식물종 및 황화채와 애기원추리의 말린 뿌리로 규정했다. 원추리의 뿌리에는 일정한 독과 부작용이 있기 때문에 《중국약전》 1985년 이후의 판본에는 수록되지 않았다.

중국에서 원추리의 뿌리 및 뿌리줄기는 약재로 사용되는 외에 일부[황화채, 다른 이름으로 금침채(金針菜)]의 꽃을 가공하여 식용으로 하고 어떤 종은 관상식물로 사용되고 있다.

원추리는 오랫동안 재배되었으며, 유럽에는 5,000여 종의 품종이 관상용으로 재배되고 있다. 원추리속 여러 가지 종류의 잎은 또한 우수한 섬유 원료로 제지, 밧줄이나 매트의 재료 등에 사용되기도 한다. 꽃이 핀 후에는 땔감으로 사용할 수도 있다.

참고문헌

1. 楊中鐸, 李援朝. 萱草屬植物化學成分及生物活性研究進展. 天然産物研究與開發. 2002, **14**(1): 93-97

2. TM Sarg, SA Salem, NM Farrag, MM Abdel-Aal, AM Ateya. Phytochemical and antimicrobial investigation of *Hemerocallis fulva* L. grown in Egypt. *International Journal of Crude Drug Research*. 1990, **28**(2): 153-156

3. YL Huang, FH Chow, BJ Shieh, JC Ou, CC Chen. Two new anthraquinones from *Hemerocallis fulva*. *Chinese Pharmaceutical Journal*. 2003, **55**(1): 83-86

4. RH Cichewicz, YJ Zhang, NP Seeram, MG Nair. Inhibition of human tumor cell proliferation by novel anthraquinones from daylilies. *Life Sciences*. 2004, **74**(14): 1791-1799

5. 楊中鐸, 李援朝. 萱草根化學成分的分離與結構鑒定. 中國藥物化學雜誌. 2003, **13**(1): 34-37

6. ZD Yang, H Chen, YC Li. A new glycoside and a novel-type diterpene from *Hemerocallis fulva* L. *Helvetica Chimica Acta*. 2003, **86**(10): 3305-3309

7. RH Cichewicz, KC Lim, JH McKerrow, MG Nair. Kwanzoquinones A-G and other constituents of *Hemerocallis fulva* 'Kwanzo' roots and their activity against the human pathogenic trematode Schistosoma mansoni. *Tetrahedron*. 2002, **58**(42): 8597-8606

8. Y Zhang, RH Cichewicz, MG Nair. Lipid peroxidation inhibitory compounds from daylily (*Hemerocallis fulva*) leaves. *Life Sciences*. 2004, **75**(6): 753-763

9. S Gulzar, I Tahir, S Farooq, SM Sultan. Effects of cytokinins on the senescence and longevity of isolated flowers of day lily (*Hemerocallis fulva*) cv. Royal Crown sprayed with cycloheximide. *Acta Horticulturae*. 2005, **669**: 395-403

10. LC Mao, X Pan, F Que, XH Fang. Antioxidant properties of water and ethanol extracts from hot air-dried and freeze-dried daylily flowers. *Food Research and Technology*. 2006, **222**(3-4): 236-241

11. 王本祥. 現代中藥藥理學. 天津：天津科學技術出版社. 1997: 591-592

12. 范斌, 王佳, 許紹芬. 萱草花對小鼠鎮靜作用的實驗觀察. 上海中醫藥雜誌. 1996, **2**: 40-41

13. 何成雄. 萱草花提取液及表皮生長因子對人真皮成纖維細胞增殖的作用. 中華皮膚科雜誌. 1994, **27**(4): 218-220

야생 원추리

사극 沙棘 CP

Hippophae rhamnoides L.
Sea Buckthorn

 개 요

보리수나무과(Elaeagnaceae)

사극(沙棘, *Hippophae rhamnoides* L.)의 잘 익은 열매를 건조한 것

중약명: 사극

몽약(蒙藥)의 명칭으로는 '기차르가나[其察日嘎納]'이고 장약(藏藥)의 명칭으로는 '다푸[達普]'이다.

사극속(*Hippophae*) 식물은 전 세계에 4종, 변이종 5종이 있는데 유라시아 대륙에 널리 분포하며 중국에 4종, 변이종 5종이 모두 있다. 이 종은 중국의 하북, 하남, 내몽고, 산서, 섬서, 감숙, 영하, 신강, 청해, 사천, 운남, 서장 등에 분포하며 러시아, 몽골, 인도, 이란 및 유럽에도 분포하는 것이 있다.

사극계(沙棘系)는 몽골족, 티베트 민족의 상용약재이며《월왕약진(月王藥診)》,《사부의전(四部醫典)》에 처음으로 기재되었다.《중국약전(中國藥典)》(2015년 판)에 수록된 이 종은 몽골 지역 약재와 티베트 지역 약재의 법정기원식물이다. 주요산지는 내몽고, 섬서, 영하, 감숙, 청해 등이다.

사극의 열매에 함유된 주요성분으로는 플라보노이드가 있다.《중국약전》에서는 열침법 측정을 이용하여 알코올 용출물 함량을 25% 이상으로, 자외선흡광광도 측정을 이용하여 플라보노이드 무수루틴의 함량을 1.5% 이상으로, 고속액체크로마토그래피법을 이용하여 이소람네틴의 함량을 0.10% 이상으로 약재의 규격을 정하고 있다.

약리연구를 통하여 사극은 해수담다(咳嗽痰多), 소화불량, 타박상, 위궤양 등에 작용이 있는 것으로 알려져 있다.

한의학에서 사극은 지해화담(止咳化痰), 소식화체(消食化滯), 활혈화어(活血化瘀) 등의 효능이 있다.

사극 沙棘 *Hippophae rhamnoides* L.

함유성분

열매에는 플라보노이드 성분으로 isorhamnetin, isorhamnetin-3-O-β-D-glucoside, isorhamnetin-3-O-β-rutinoside[1], rutin, quercetin, quercetin-7-O-rhamnoside, quercetin-3-O-methyl ether, isorhamnetin-3-O-rutinoside[2], astragalin, quercetin and kaempferol glycosides 그리고 캠페롤 배당체[1] 성분 등이 함유되어 있다. 또한 비타민 성분으로 A, B₁, B₂, C, E, dehydroascorbic acid, folic acid, carotenoid, anthocyanin 등이 함유되어 있다.

씨에는 기름 성분으로 butyric acid, caproic acid, caprylic acid, capric acid, lauric acid, myristic acid, palmitoleic acid, palmitic acid, oleic acid, linoleic acid, linolenic acid, stearic acid 등을 포함하여 비누화 물질이 함유되어 있다. 정유성분으로는 palmitic acid-, palmitoleic acid- 그리고 tri-palmitoleic acid-로 구성된 세 가지 형태의 fatty glycerols을 함유하고 있으며, zeaxanthin, cryptoxanthin[3]의 불검화물을 함유하고 있다.

열매껍질에는 트리테르페노이드 성분으로 ursolic acid, 올레아놀산[4] 등이 함유되어 있다.

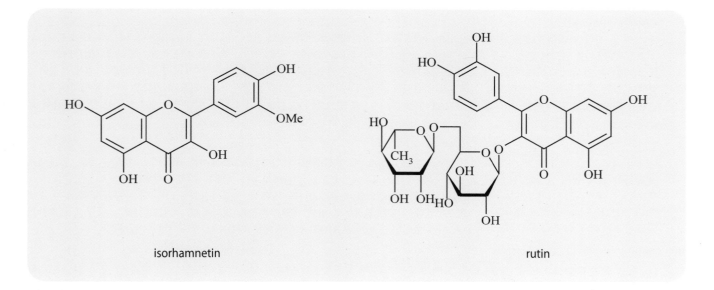

isorhamnetin

rutin

 약리작용

1. 면역기능에 대한 영향

사극의 추출물을 복강에 주사하면 Mouse의 흉선과 비장의 중량을 뚜렷하게 증가시키고 복강대식세포의 닭 적혈구에 대한 탐식기능을 제고시킬 수 있으며 혈청 용균효소의 함량과 외주혈 α-나프틸아세트산에스테르가수분해효소(ANAE⁺)를 제고시킬 수 있다[5]. Mouse에 사극 가루를 투여하면 비장임파세포의 전화를 촉진시킬 수 있고 복강대식세포의 닭 적혈구 탐식기능과 혈청 항체의 농도를 증가시킨다[6]. 사극유와 원액을 위에 주입하면 Rat 혈청 중의 IgG, IgM, C₃의 평균 수준을 높일 수 있다[7]. 사극의 플라보노이드를 복강에 주사하면 Mouse의 비장세포특이성 로제트형성세포(SRFC)의 수량을 증가시킬 수 있다[8]. 사극 씨의 기름은 정상과 D-갈락토사미나이드로 인한 간 손상 Mouse의 대식세포 탐식기능, 혈청 용균효소의 활성, 비장임파세포 전화, 인터루킨-2의 활성을 증강시킬 수 있다[9]. 사극의 플라보노이드를 복강에 주사하면 Mouse의 수동피부과민반응(PCA)을 억제할 수 있다[10].

2. 항종양

사극즙과 사극유를 복강에 주사하거나 위에 주입하면 이식종양 S180, 흑색종 B16, 임파백혈병 P388 등에 모두 뚜렷한 억제작용이 있다. 사극즙은 in vitro에서 S180, P388, L1210, 인체위암 SGC9901 등의 암세포를 살상할 수 있다. 사극즙을 복용하면 니트로소화합물이 Rat의 체내에서 합성되어 유발되는 암종을 유효하게 억제할 수 있다[11]. In vitro 인공위액조건에서 니트로소모폴린의 합성을 저해할 수 있다. 사극즙은 in vitro에서 Mouse의 골수암세포 NS-1, 인체전골수성 백혈병세포 HL-60 및 Mouse의 T임파암세포 YAC-1의 유전자합성을 억제할 수 있다[12]. 사극 씨의 플라보노이드는 in vitro에서 인체간암세포 BEL-7402의 생장을 억제하고 괴사를 유도할 수 있다[13]. 사극유는 아황산가스(SO₂)로 유발된 Mouse의 골수 다염성 적혈구의 미핵 형성 반응을 낮출 수 있고 SO₂로 유발된 돌연변이 반응을 억제할 수 있다[14].

3. 심혈관계에 대한 영향

사극의 플라보노이드는 배양된 신생아 Mouse의 심근세포박동 횟수를 감소시킬 수 있고 박동의 폭을 축소시킬 수 있으며 동시에 이상자발박동을 규칙적으로 회복시킬 수 있다[15]. 사극의 플라보노이드를 복용하면 인체 심장의 수축성과 박출기능을 증강시킬 수 있고 외주혈관의 저항력을 낮출 수 있으며 혈관의 탄성을 증가시킬 수 있다[16]. 사극의 플라보노이드를 정맥에 주사하면 나트륨으로 유발된 고양이 심장의 박출기능과 심근수축기능을 뚜렷하게 개선할 수 있으며[17] 심근이완성도 뚜렷하게 개선된다. 사극을 복용하면 운동으로 인한 Rat의 심근세포 손상을 경감시킬 수 있으며 심근산소결핍에 대해 보호작용이 있다[18].

4. 혈액계통에 대한 영향

사극즙을 위에 주입하면 시클로포스파미드로 인해 빈혈에 걸린 Rat의 응혈시간을 단축시키고 혈소판수치를 증가시킨다. 또한 혈소판응집 기능을 개선하고 혈소판 내의 cGMP 함량을 낮출 수 있다[19]. 사극유를 위에 주입하거나 복강에 주사하면 화학치료를 받은 Rat의 적혈구 조혈기능을 촉진시킬 수 있다[20]. 사극즙은 in vitro에서 재생불량성 빈혈에 걸린 Mouse의 집락형성단위세포(CFU-E 및 BFU-E)와 집락형성단위립세포(CFU-GM)의 집락형성을 유도할 수 있다[21]. Mouse의 정맥에 사극 줄기의 알코올 추출물을 주사하면 Rat의 혈액점도를 촉진할 수 있고 복용하면 Mouse의 응혈시간을 연장할 수 있으며 in vitro에서 집토끼 혈장의 칼슘회복과 응혈효소 복원시간을 연장시킬 수 있다[22]. 사극 줄기의 알코올 추출물을 위에 주입하면 실험성 고지혈증이 있는 Rat의 혈청중성지방과 콜레스테롤 및 간 조직 중의 중성지방 함량을 낮출 수 있으며 정맥에 주사하거나 위에 주입하면 Rat의 실험성 혈전 형성을 억제할 수 있다[23].

5. 소화계통에 대한 영향

사극 씨 및 사극 열매의 기름을 위에 주입하면 사염화탄소, 파라세타몰, 에탄올로 인한 Mouse와 Rat의 간 말론디알데하이드(MDA) 상승을 억제할 수 있으며 혈청 글루타민산 피루빈산 트랜스아미나제(GPT)와 글루타민산 옥살로초산 트랜스아미나제(GOT)의 활성을 억제할 수 있으며 파라세타몰에 중독된 Mouse의 간 글루타치온의 소모를 방지할 수 있다[24-25]. 사극 씨의 기름을 위에 주입하면 수분이 없는 에탄올과 아스피린으로 인한 Rat의 위점막 손상에 대해 보호작용이 있다[26]. 사극 과육의 기름을 위에 주입하면 Rat의 위산과 위단백효소의 분비를 억제할 수 있고 레세르핀과 에칠올 등으로 유발된 Rat의 실험성 위궤양에 보호작용이 있으며 상처 유합을 촉진하는 작용이 있다[27].

6. 항산화, 항노화

사극의 저밀도지단백(LDL)은 in vitro에서 구리이온을 촉매로 쉽게 산화될 수 있다. In vivo에서는 대식세포, 평활근세포, 혈관내피세포 등에 의해 쉽게 산화될 수 있다. In vitro 실험에서 사극유는 이와 같은 산화과정을 억제할 수 있으며 MDA와 이중결합을 감소시킬 수 있다[28]. 사극유는 in vitro에서 고밀도지단백(HDL)으로 손상된 평활근세포 내 지질과산화물(LPO)의 함량을 낮출 수 있으며 슈퍼옥시드디스무타아제의 활성을 제고할 수 있다. HDL 혈청으로 인한 세포막손상을 경감시킬 수 있고 세포의 생장을 보호함과 동시에 촉진시킬 수 있다[29]. 사극 추출물을 위에 주입하면 노화된 Rat의 뇌조직 내부 지갈소를 감소시킬 수 있다[30].

7. 기타

사극유는 동물의 실험성 염증, 삼출, 종창 등에 비교적 양호한 항염작용이 있으며 Mouse의 경도화상 및 말과 양 등의 외상에 대해 유합 촉진작용이 있다. 사극 씨의 플라보노이드와 사극 열매의 플라보노이드는 정상적인 Mouse의 혈당과 혈지농도를 낮출 수 있다[31]. 사극의 복방(複方)은 Rat의 뇌허혈 및 뇌경색에 뚜렷한 보호작용이 있다[32]. 사극 씨의 기름은 Rat의 급성 허혈성 뇌경색에도 뚜렷한 보호작용이 있다[33].

용도

사극은 장의(藏醫)와 몽의(蒙醫)에서 사용하는 약이다. 지해화담(止咳化痰, 기침을 멈추게 하고 가래를 없앰), 건위소식(健胃消食, 위를 튼튼하게 하고 음식을 소화시키는 효능), 활혈화어(活血化瘀, 혈액순환을 촉진하여 어혈을 제거함) 등의 효능이 있으며, 해수담다(咳嗽痰多, 기침할 때 소리가 나고 많은 가래도 나오는 증상), 폐옹(肺癰, 폐에 농양이 생긴 병증)으로 인한 토농(吐膿, 고름을 토하는 병증), 소화불량, 식적(食積, 음식물이 하룻밤을 지나도 소화되지 않고 위장에 정체되어 있는 증상)으로 인한 통증, 위통, 장염, 폐경, 타박과 어혈로 인한 부종 등의 치료에 사용한다.

현대임상에서는 인후염, 위궤양, 피하 출혈, 월경불순 등의 병증에 사용한다.

해설

사극은 중국위생부에서 규정한 약식동원품목*의 하나이다. 열매를 약으로 쓰는 외에 사극의 플라보노이드는 허혈성 심장병, 심교통(心絞痛), 고지혈 등의 병증 치료에 비교적 좋은 효과가 있다. 동시에 항종양, 항염, 항과민, 항노화 및 면역기능 증강 등에 양호한 작용이 있다.

사극은 화상치료, 부인병, 항방사선 등에 비교적 양호한 효과가 있다. 그 밖에 사극엽에는 비교적 높은 조단백, 무기침출물, 조지방, 조섬유 등이 함유되어 있으며, 사극엽에 함유된 비타민 C의 함량은 열매보다 많다. 사극에는 또한 카로틴, 카로티노이드, 아미노산 및 미량원소 등이 함유되어 있어 차로 사용할 수 있고 식품 및 사료로 만들 수도 있다. 사극은 토양유실을 예방할 수 있으며 토양을 비옥하게 하는 작용이 있다.

사극은 일종의 낙엽관목 혹은 소교목으로 분류되며 서북 지역의 주요 수목 품종 가운데 하나이다. 중국의 사극 재배 면적은 전 세계 총

---

* 부록(502~505쪽) 참고

면적의 95% 이상에 해당한다.

 ## 참고문헌

1. L Hoerhammer, H Wagner, E Khalil. Flavonol glycosides of the fruit of the sea buckthorn (Hippophae rhamnoides). *Lloydia*. 1966, **29**(3): 225-229

2. O Purve, Y Zham'yansan, VM Malikov, T Baldan. Flavonoids from Hippophae rhamnoides growing in Mongolia. *Khimiya Prirodnykh Soedinenii*. 1978, **3**: 403-404

3. HP Kaufmann, AV Roncero. Oil from the seed of Hippophae rhamnoides. II. The unsaponifiable matter. *Grasas y Aceites (Sevilla, Spain)*. 1955, **6**: 129-134

4. 路平, 宋玉喬, 方翠芬, 李教社, 蘇琳, 鄒元生, 吳克汶. 中國沙棘果皮化學成分的研究(I). 沙棘. 2002, **15**(4): 25-26

5. 王玉珍, 焦賀芝, 李岷, 李峰, 馬連英, 潘旭, 潘朝. 蒙藥沙棘對小鼠非特異性免疫功能的影響. 内蒙古中醫藥. 1992, **11**(2): 43-44

6. 李麗芬, 石扣蘭, 白建平, 于肯明, 邵鴻娥, 王樹華. 沙棘粉對免疫功能及膽固醇的影響. 西北藥學雜誌. 1994, **9**(5): 218-221

7. 王仙琴, 胡廋和, 劉英姿, 趙晨, 吳若芬, 崔旭華, 劉建梅, 馮曉君. 沙棘對實驗動物體液免疫功能的研究. 寧夏醫學雜誌. 1989, **11**(5): 281-282

8. 鍾飛, 蔣韵, 吳芬芬, 舒榮華, 蔡仙德, 譚劍萍. 沙棘總黃酮對小鼠細胞免疫功能的影響. 中草藥. 1989, **20**(7): 43

9. 覃紅, 程體娟, 佟婉紅, 任雅. 沙棘籽油對肝損傷小鼠免疫功能的影響. 中藥藥理與臨床. 2003, **19**(1): 14-15

10. 黎勇, 柳黃. 沙棘汁對致癌物N-二甲基亞硝胺(NDMA)在大鼠體內合成及誘癌的阻斷與防護作用. 營養學報. 1989, **11**(1): 47-53

11. 郁利平, 隋志仁, 范洪學. 沙棘汁對細胞免疫功能及抑瘤作用的影響. 營養學報. 1993, **15**(3): 280-283

12. 孫斌, 章平, 瞿偉菁, 張曉玲, 莊秀園, 楊煌建. 沙棘籽渣黃酮類化合物誘導人肝癌細胞凋亡研究. 中藥材. 2003, **26**(12): 875-877

13. 孟紫強, 阮愛東, 張波, 桑楠, 張建彪. 二氧化硫對小鼠骨髓細胞微核的誘發及沙棘油的防護作用. 山西大學學報(自然科學版). 2002, **25**(2): 168-172

14. 吳捷, 李孝光. 沙棘總黃酮對培養心肌細胞博動及電活動的影響. 西安醫科大學學報. 1990, **11**(4): 301-303

15. 王秉文, 馮養正, 于佑民, 張慧敏, 朱蓉. 沙棘總黃酮對正常人心功能及血流動力學的影響. 西安醫科大學學報. 1993, **14**(2): 138-140

16. 吳英, 王毅, 王秉文, 雷海鳴, 楊銀京. 沙棘總黃酮對急性心衰犬心功能和血流動力學的影響. 中國中藥雜誌. 1997, **22**(7): 429-431

17. 步斌, 沈異, 雷鳴鳴, 孫君志. 運動負荷與沙棘對大鼠心肌VEGF表達影響的研究. 成都體育學院學報. 2004, **30**(6): 76-79

18. 葛志紅, 梁毅, 陳運賢, 伍耀衡, 周紅, 李達. 沙棘汁對環磷酰胺所致大鼠血小板減少的影響. 中國病理生理雜誌. 2003, **19**(5): 693-695

19. 陳運賢, 鍾雪雲, 劉天浩, 葛志紅. 沙棘油重建造血功能的實驗研究. 中藥材. 2003, **26**(8): 572-575

20. 葛志紅, 梁毅, 伍耀衡. 沙棘汁對再生障礙性貧血小鼠骨髓紅系祖細胞, 粒單系祖細胞的影響. 新中醫. 2003, **35**(9): 73-74

21. 白音夫, 周長鳳, 孫雷, 黨小菊. 沙棘枝對動物血液粘度及凝固作用的影響. 中藥材. 1990, **13**(12): 38-40

22. 白音夫, 孫雷, 黨小菊, 顧凱, 李銳鋒, 馮國慶. 沙棘枝提取物對大鼠實驗性高血脂和血栓形成的影響. 中國中藥雜誌. 1992, **17**(1): 50-52

23. 程體娟, 卜積康, 武莉薇, 馬征蓉, 曹中吉, 李天健. 沙棘籽油的保肝作用及其作用機理初探. 中國中藥雜誌. 1994, **19**(6): 367-370

24. 程體娟, 李天健, 段志興, 曹中吉, 馬征蓉, 張培棧. 沙棘果油的急性毒性及其對實驗性肝損傷的保護作用. 中國中藥雜誌. 1990, **15**(1): 45-47

25. 鍾啓新, 陳再智, 陳小娟, 陳麗娟. 沙棘油的成份對抗胃潰瘍的實驗研究. 廣東醫學. 1995, **16**(6): 405-406

26. 邢建峰, 董亞琳, 王秉文, 侯家玉. 沙棘果肉油對大鼠胃液分泌的影響及抗胃潰瘍作用. 中國藥房. 2003, **14**(8): 461-463

27. 史泓瀏, 蔡海江, 陳秀英, 楊春梅. 沙棘種子油抗氧化作用的研究. 營養學報. 1994, **16**(3): 292-295

28. 王宇, 盧咏才, 劉小青, 郭肇錚, 胡金紅. 沙棘對高脂血清培養平滑肌細胞的保護作用. 中國中藥雜誌. 1992, **17**(10): 624-626

29. 劉志婷, 黃晶, 王永香, 安偉琪. 沙棘提取物對老齡大鼠腦脂褐素的影響. 中國老年學雜誌. 2001, **21**(4): 300-301

30. 鍾飛, 蔣韵, 吳芬芬, 陳春霞, 衛寄英. 沙棘總黃酮的抗過敏作用. 中草藥. 1990, **21**(12): 6, 29

31. 曹群華, 瞿偉菁, 鄧雲霞, 葛志才, 牛偉, 潘一峰. 沙棘籽渣和果渣中黃酮對小鼠糖代謝的影響. 中藥材. 2003, **26**(10): 735-737

32. 高麗萍, 程體娟, 王玉斌, 孫以方, 張堅. 複方沙棘對大鼠及小鼠缺血性腦梗塞的防治作用. 蘭州大學學報(自然科學版). 2003, **39**(3): 53-56

33. 程體娟, 王玉斌, 高麗萍, 孫以方, 張堅. 沙棘籽油對大鼠急性缺血性腦梗死的保護作用. 中國中藥雜誌. 2003, **28**(6): 548-550

약모밀 蕺菜 CP, KHP, JP

Houttuynia cordata Thunb.

Chameleon

 개요

삼백초과(Saururaceae)

약모밀(蕺菜, *Houttuynia cordata* Thunb.)의 신선한 전초와 지상부를 건조한 것

중약명: 어성초(魚腥草)

약모밀속(*Houttuynia*) 식물은 전 세계에 오직 1종이 있으며 아시아 동부와 동남부에 분포한다. 가장 넓은 분포지역은 중국의 장강유역 및 이남이다.

'즙채'의 원명인 '즙'은 《명의별록(名醫別錄)》에 하품으로 처음 기재되었으며, '어성초'란 약명은 《이참암본초(履巉岩本草)》와 《본초강목(本草綱目)》에 처음으로 기재되었다. 《중국약전(中國藥典)》(2015년 판)에 수록된 이 종은 중약 어성초의 법정기원식물이다. 《대한민국약전외한약(생약)규격집》(제4개정판)에는 어성초를 "약모밀(*Houttuynia cordata* Thunberg, 삼백초과)의 지상부"로 등재하고 있다. 또한 《일본약국방(日本藥局方)》에도 기재되었는데 약모밀을 일본에서는 '쥬야쿠(十藥)'라고 부른다. 약모밀은 중국의 중부, 동남 및 서남부 각 성구에서 나며 동으로는 대만, 서남으로는 운남, 서장, 북으로는 섬서와 감숙에 이르기까지 분포한다.

약모밀의 주요 활성성분은 정유와 플라보노이드 화합물이며 그 밖에 알칼로이드, 리그난, 유기산 등이 있다. 《중국약전》에서는 박층크로마토그래피법을 이용하여 메칠노닐케톤을 대조품으로 약재의 규격을 정하고 있다.

약리연구를 통하여 약모밀에는 항균, 소염, 항과민, 면역기능 증강 등의 작용이 있는 것으로 알려져 있다.

한의학에서 어성초는 청열해독(淸熱解毒), 이뇨통림(利尿通淋), 지혈, 거담지해(祛痰止咳), 진통 등의 효능이 있다[1].

약모밀 蕺菜 *Houttuynia cordata* Thunb.

약재 어성초 藥材漁腥草 Houttuyniae Herba

1cm

함유성분

전초에는 정유성분이 함유되어 있다. 줄기와 잎의 정유에는 decanoyl acetaldehyde, 2-undecanone, limonene, elemene, lauryl aldehyde, capryl aldehyde[2-3] 등이 함유되어 있다.

지상부에는 플라보노이드 성분으로 quercetin, isoquercetin, reynoutrin, hyperin, afzerin, rutin[4], 알칼로이드 성분으로 cepharanone B, cepharadione B, 7-chloro-6-demethyl cepharadione B[5], 3,5-didecanoyl pyridine, 3-decanoyl-6-nonyl pyridine, 3-decanoyl-4-nonyl-1,4-dihydropyridine, 3,5-didecanoyl-4-nonyl-1,4-dihydropyridine, 3,5-didodecanoyl-4-nonyl-1,4-dihydropyridine[6] 등이 함유되어 있다.

또한 1,1',1"-(1,3,5-benzenetriyl)tris-1-decanone, caryophyllene oxide, sesamin, vomifoliol[7] 등의 성분이 함유되어 있다.

decanoyl acetaldehyde

2-undecanone

1,1',1"-(1,3,5-benzenetriyl) tris-1-decanone

vomifoliol

약모밀 蕺菜 CP, KHP, JP

약리작용

1. **항균, 항바이러스**

   In vitro 실험에서 어성초의 정유는 황색포도상구균과 팔련구균을 뚜렷하게 억제할 수 있으며 폐렴구균과 B형 용혈성 연쇄구균에도 일정한 억제작용이 있다[8]. 신선한 약모밀의 증류액은 독감바이러스, I형 단순포진바이러스(HSV-1), I형 인체면역결핍바이러스(HIV-1)의 활성을 억제할 수 있는데 그 주요 활성성분은 라우릴 알데하이드와 카프릴 알데하이드 등이다[3, 9]. 그 밖에 어성초 주사액을 복강에 주사하면 Mouse의 에볼라출혈열바이러스(EHFV)에도 일정한 억제작용이 있으며 바이러스의 체내 분포와 발생을 뚜렷하게 변화시킬 수 있다[10]. 평판배양법으로 배양된 녹농균 생물피막에 어성초 주사액과 레보플록사신 주사액을 함께 사용하면 생물피막 세포균에 대하여 협동성 살균작용이 있다[11].

2. **면역증강**

   어성초 주사액을 피하에 주사하면 Rat의 외주혈T임파세포 비율을 뚜렷하게 제고시킬 수 있으며 호중구의 탐식기능을 뚜렷하게 증강시킬 수 있는데 이로써 면역조절작용이 유발된다[12]. 어성초 영양액을 위에 주입하면 방사선 조사(照射)와 시클로포스파미드로 인해 조성된 Mouse의 백혈구 감소에 대해 비교적 좋은 회복작용이 있고 백혈구와 임파세포의 수량을 증가시킬 수 있는데 이를 통하여 면역기능의 손상에 대해서도 일정한 보호작용이 있다[13]. 어성초 추출액을 분무흡입시키면 Rat의 폐T임파세포와 폐포대식세포의 탐식률 및 외주혈T임파세포를 뚜렷하게 증가시키고 외주혈백혈구수치도 낮추어 줄 수 있는데 이는 호흡기 국소의 특이성과 비특이성 면역기능의 작용이다. 또한 전신면역에 대한 작용도 있다[14].

3. **항과민**

   어성초 수액 추출물을 위에 주입하면 화합물(48/80, 펜에칠아민과 포름알데히드가 합성된 취합물)로 유발된 비대세포탈과립작용과 콜히친으로 유발된 Rat의 복강비대세포(RPMC) 변형을 억제할 수 있고 화합물 48/80과 항디니트로페닐 IgE로 유도된 RPMC에서의 히스타민 방출 및 칼슘 흡수를 농도 의존적으로 억제할 수 있다. 또한 체내의 아데노신일인산(AMP) 수준을 높이고 화합물 48/80로 유발된 Mouse의 전신성 과민반응 및 항디니트로페닐 IgE으로 유발된 Rat의 수동피부과민반응(PCA) 등에도 억제작용이 있어 비대세포개별과민반응의 치료에 사용할 수도 있다[15]. 어성초의 정유는 기니피그의 적출된 회장과 폐 조직에서 느린 반응에 대한 길항작용을 나타내는데 기니피그의 적출된 회장의 과민성 수축을 억제할 수 있다. 또한 피하주사는 기니피그의 과민성 천식에도 보호작용이 있다[16].

4. **항산화**

   어성초의 분말을 사료에 섞어 먹이면 고지혈에 걸린 Rat의 외인성 대사효소를 조절할 수 있고 혈장 중의 폴리페놀 농도와 혈액의 항산화 수준을 증가시키며 동시에 저밀도지단백(LDL)의 지체시간을 연장시켜 지질과산화(LPO) 반응을 효과적으로 억제한다[17-19].

5. **기타**

   어성초에는 항돌연변이[18], 항궤양성 결장염[20], 진통[21], 이뇨[22] 등의 활성이 있다.

용 도

어성초는 중의임상에서 사용하는 약이다. 청열해독(淸熱解毒, 화열을 깨끗이 제거하고 몸의 독을 없이함), 소옹배농(消癰排膿, 큰 종기를 삭아 없어지게 하고 고름을 빼내는 효능), 이뇨통림(利尿通淋, 이뇨시키고 소변이 잘 통하게 함) 등의 효능이 있으며, 폐옹토농(肺癰吐膿, 폐옹으로 인해 고름을 토하는 병증), 폐열해수(肺熱咳嗽, 폐열로 기침할 때 쉰 소리가 나고 가래도 나오는 증상), 열독창양[熱毒瘡瘍, 열독이 치성(熾盛)하여 장부(臟腑)에 쌓여 발생하는 창종], 습열로 인한 임병, 습열로 인한 이질 등의 치료에 사용한다.

현대임상에서는 대엽성(大葉性, 허파의 한 엽 전체에 염증이 넓게 생기는 특성) 폐렴, 급성 기관지염, 장염 및 설사, 요로감염, 비규염, 만성 화농성 중이염, 골반내염 등의 병증에 사용한다.

해 설

약모밀은 중국위생부에서 규정한 약식동원품목*의 하나이다. 약모밀에는 단백질, 유지, 비타민 등 영양성분들이 들어 있다. 그 어린잎 및 뿌리줄기는 모두 식용이 가능한 영양가가 높은 야생채소이다. 약모밀의 약용품과 보건품의 개발연구는 지속적으로 진행되고 있으며 어성초 차, 어성초 음료, 어성초 영양액, 어성초 간편식품, 어성초 밀주 등 다양한 상품이 출시되었다.

약모밀은 오늘날까지 야생식물을 주로 사용했는데 근래 수요량이 지속적으로 증가되고 약재의 품질을 보증하게 되면서 인공재배 연구가 시작되었다. 어성초의 성장 습성, 번식 방법, 재배지 선택, 파종, 토양 관리, 병충해 방지 등에 대해 연구를 진행해 왔으며 현재 사천에 대규모 재배단지가 조성되어 있다.

지금까지의 약모밀에 대한 연구와 개발은 대부분 마른 것 혹은 정유로 제작된 주사제로 진행되어 왔다. 따라서 약모밀의 유효성분인 데칸오일아세트알데하이드는 매우 불안정하였고 쉽게 산화될 수밖에 없었다. 연구에 근거하면 마른 어성초는 비벼도 약모밀의 특수한 향

* 부록(502~505쪽) 참고

이 나지 않으며 증류액에서도 알아낼 수 없다. 현재 어성초 주사액은 모두 신선한 어성초를 추출 원료로 하고 있으며 동시에 아황산수소 나트륨과 데칸오일아세트알데하이드를 합성하여 호우투이닌을 만들어 냈는데 이 성분이 약모밀의 원래의 효능을 잘 유지하는 것으로 볼 수 있다.

 ## 참고문헌

1. 曹郡雙, 秦榮和. 魚腥草的藥理作用及臨床應用. 現代中西醫結合雜誌. 2001, **10**(6): 572-573

2. 曾志, 石建功, 曾和平, 賴聞玲. 有機質譜學在中藥魚腥草研究中的應用. 分析化學. 2003, **31**(4): 399-404

3. K Hayash, M Kamiya, T Hayash. Virucidal effects of the steam distillate from *Houttuynia cordata* and its components on HSV-1, influenza virus, and HIV. *Plant Medica*. 1995, **61**(3): 237-241

4. KH Choe, SJ Kwon, DS Jung. A study on chemical composition of Saururaceae growing in Korea. 4. On flavonoid constituents of *Houttuynia cordata*. *Analytical Science* & *Technology*. 1991, **4**(3): 285-288

5. TT Jong, MY Jean. Alkaloids from *Houttuyniae cordata*. *Journal of the Chinese Chemical Society*. 1993, **40**(3): 301-303

6. A Proebstle, A Neszmelyi, G Jerkovich, H Wagner, R Bauer. Novel pyridine and 1, 4-dihydropyridine alkaloids from *Houttuynia cordata*. *Natural Product Letters*. 1994, **4**(3): 235-240

7. TT Jong, MY Jean. Constituents of *Houttuyniae cordata* and the crystal structure of vomifoliol. *Journal of the Chinese Chemical Society*. 1993, **40**(4): 399-402

8. 史蕙, 任利斌. 築產魚腥草揮發油抑菌作用的初步研究. 貴陽中醫學院學報. 1998, **20**(3): 61

9. 郭惠, 姚燦, 何士勤. 魚腥草抗流感病毒誘導細胞凋亡的研究. 贛南醫學院學報. 2003, **23**(6): 615-616

10. 鄭宣鶴, 唐曉鵬, 蘇先獅. 青蒿素等4種中草藥抑制出血熱病毒的實驗研究. 湖南醫科大學學報. 1993, **18**(2): 165-167

11. 李鴻雁, 夏前明, 李福祥, 全燕. 魚腥草與左氧氟沙星聯合應用對生物被膜細菌的清除作用. 中藥新藥與臨床藥理. 2005, **16**(1): 23-26

12. 宋志軍, 王潮臨, 程建祥, 李逢春, 朱作金, 寧耀瑜, 張明安. 魚腥草, 田基黃和丁公藤注射液對大鼠免疫功能的影響. 中草藥. 1993, **24**(12): 643-644, 648

13. 任玉翠, 周彥鋼, 淩文娟, 盛清. 魚腥草營養液升白細胞作用的研究. 預防醫學文獻信息. 1999, **5**(1): 5-6

14. 寧耀瑜, 柯美珍, 周曉玲, 楊志平, 宋志軍. 霧化吸入魚腥草提取液對大鼠呼吸道及全身免疫功能的影響. 廣西醫科大學學報. 1997, **14**(4): 70-72

15. GZ Li, OH Chai, MS Lee, EH Han, HT Kim, CH Song. Inhibitory effects of *Houttuynia cordata* water extracts on anaphylactic reaction and mast cell activation. *Biological* & *Pharmaceutical Bulletin*. 2005, **28**(10): 1864-1868

16. 周大興, 張紅霞, 李昌煜, 張秀堯. 魚腥草油抗慢反應物質及平喘作用的研究. 中成藥. 1991, **13**(6): 31-32

17. YY Chen, CM Chen, PY Chao, TJ Chang, JF Liu. Effects of frying oil and *Houttuynia cordata* thunb on xenobiotic-metabolizing enzyme system of rodents. *World Journal of Gastroenterology*. 2005, **11**(3): 389-392

18. YY Chen, JF Liu, CM Chen, PY Chao, TJ Chang. A study of the antioxidative and antimutagenic effects of *Houttuynia cordata* Thunb. using an oxidized frying oil-fed model. *Journal of Nutritional Science and Vitaminology*. 2003, **49**(5): 327-333

19. EJ Cho, T Yokozawa, DY Rhyu, HY Kim, N Shibahara, JC Park. The inhibitory effects of 12 medicinal plants and their component compounds on lipid peroxidation. *The American Journal of Chinese Medicine*. 2003, **31**(6): 907-917

20. XL Jiang, HF Cui. Different therapy for different types of ulcerative colitis in China. *World Journal of Gastroenterology*. 2004, **10**(10): 1513-1520

21. 李爽, 于慶海, 張勁松. 合成魚腥草素的抗炎鎮痛作用. 瀋陽藥科大學學報. 1998, **15**(4): 272-275

22. 廖德勝, 王敬勉, 趙家振, 衛麗. 魚腥草黃酮的製備及其應用研究. 中國食品添加劑. 2002, **2**: 81-83

헛개나무 北枳椇 KHP

Hovenia dulcis Thunb.
Japanese Raisin Tree

개요

갈매나무과(Rhamnaceae)
헛개나무(北枳椇, *Hovenia dulcis* Thunb.)의 잘 익은 씨를 건조한 것
중약명: 지구자(枳椇子)

헛개나무속(*Hovenia*) 식물은 전 세계에 약 3종과 변이종 2종이 있다. 중국에도 3종, 변이종 2종이 있는데 약으로 사용되는 것은 3종이다. 이 종은 중국의 하북, 산동, 산서, 하남, 섬서, 감숙, 사천, 호북, 안휘, 강소, 강서 등에 분포하며 한반도와 일본에도 있다. 《대한민국약전외한약(생약)규격집》(제4개정판)에는 지구자를 "헛개나무(*Hovenia dulcis* Thunb., 갈매나무과)의 열매자루가 달린 열매 또는 씨"로 등재하고 있다.

'지구자'라는 약명은 《신수본초(新修本草)》에 처음으로 기재되었다. 주요산지는 중국의 섬서, 호북, 강소, 안휘, 복건 등이다.

헛개나무의 주요 활성성분으로는 트리테르페노이드 사포닌 화합물과 플라보노이드가 있다.

약리연구를 통하여 헛개나무는 해주(解酒), 항간손상, 항지질과산화, 강혈당 등의 작용이 있는 것으로 알려져 있다.

한의학에서 북지구는 지갈제번(止渴除煩), 청습열(淸濕熱), 해주독(解酒毒) 등의 효능이 있다.

헛개나무 北枳椇 *Hovenia dulcis* Thunb.

약재 지구자 藥材枳椇子
Hoveniae Dulcis Semen

0.5cm

함유성분

씨에는 트리테르페노이드 사포닌 성분으로 hovenidulciosides A₁, A₂, B₁, B₂, hoduloside III, hovenoside G[1-2], 플라보노이드 성분으로 dihydrokaempferol, quercetin, (+)-3,3′,5′,5,7-pentahydroflavanone, (+)-dihydromyricetin, (+)-ampelopsin, laricetrin, myricetin, hovenitins I, II, III[3-4], 그리고 알칼로이드 성분으로 perlolyrine[5] 등이 함유되어 있다.

잎에는 사포닌 성분으로 hoduloside I, II, III, IV, V, hovenoside I, jujuboside B, saponins C₂, E, H, hovenolactone[6-7] 등이 함유되어 있다.

뿌리껍질에는 사포닌 성분으로 hovenosides G, D, I[8] 등이 함유되어 있다.

hovenidulcioside A₁

hovenidulcioside B₁

헛개나무 北枳椇 KHP

약리작용

1. 주독 해독 및 간 보호

지구자에는 술독을 푸는 효능이 있는데 술을 마시기 전에 복용하면 술을 마신 후에 복용하는 것보다 효과가 더욱 좋다[9]. 혈액 중의 에탄올 농도와 에탄올 대사물의 배출량을 낮춰 주며 에탄올로 유도된 Mouse의 수면시간을 단축시키고 말론디알데하이드(MDA)의 함량을 낮춰 준다. 동시에 글루타치온과산화효소(GSH-Px)의 활성을 제고시킬 수 있다[10-11]. 지구자의 알칼로이드는 에탄올로 야기된 간 손상을 뚜렷하게 길항할 수 있는데 플라보노이드가 보조적 역할을 한다[12]. 지구자의 플라보노이드와 암펠롭신은 에탄올로 유도된 근육이완작용을 억제할 수 있다[13]. 지구자의 물 추출물은 사염화탄소(CCl₄)로 유발된 Mouse의 간 손상에 대해 보호작용이 있고 CCl₄로 유발된 알라닌아미노기전이효소(ALT), 아스파트산아미노기전달효소(AST), 젖산탈수소효소(LDH) 등의 이상수치를 정상화할 수 있음과 동시에 콜레스테롤과 중성지방(TG)을 감소시킬 수 있다. 또 CCl₄로 유도된 체외배양 간세포의 AST 상승을 억제하는 작용이 있다[14]. 지구자의 메탄올 추출물은 D-갈락토사민/지질다당(LPS)으로 유도된 실험성 간 손상에도 보호작용이 있다[15].

2. 항산화

지구자의 호모게네이트를 위에 주입하면 Mouse의 혈청, 간, 신장, 뇌조직 중의 MDA 함량을 감소시킬 수 있는데 뚜렷한 용량 의존성이 있으므로 고용량을 사용하여 Mouse의 혈청, 간, 신장, 뇌조직 중의 MDA의 함량을 대조군과 비교하여 각각 34%, 70%, 9.2%, 26%가량 낮출 수 있다. 그 밖에 Mouse의 간, 신장, 뇌조직 중의 슈퍼옥시드디스무타아제 활성을 제고할 수 있다[16].

3. 혈당강하

지구자의 물 추출물을 알록산으로 인해 당뇨병에 걸린 Mouse에게 주입하면 혈당을 낮출 수 있다. 중·저용량은 Mouse의 간당원 함량을 상승시킬 수 있다[17].

4. 항종양

지구자의 물 추출물은 *in vitro*에서 세포독성작용이 있으며 종양억제작용이 있다. 또한 지구자의 물 추출물은 *in vitro*의 인체간암세포 Bel-7402의 생장을 억제하는데 반수억제농도(ID₅₀)는 14.0mg/mL이다. 체내에 지구자의 물 추출물을 주입하면 Mouse의 간암에 억제작용이 있다[18].

5. 적응력 강화

지구자의 물 추출물을 Mouse의 위에 주입하면 Mouse의 내한(-5℃)과 내열 기능(50℃)을 제고함과 동시에 Mouse의 유영시간과 장대오르기시간을 연장할 수 있다[19].

6. 혈압강하

지구자의 물 추출물과 부탄올 추출물 수용액을 정맥에 주사하면 지구자의 정상 및 마취된 고양이의 동맥혈압을 낮출 수 있다. 이는 농도 의존성을 띠며 사용량에 따라 지구자의 부탄올 추출물 수용액의 효력은 비교적 강해진다. 또한 정맥주사로 유발된 혈압강하 지속시간을 단축시킬 수 있는 반면 지구자의 에칠아세테이트 추출물 수용액은 동맥혈압에 대해 아무런 영향도 없다[20].

7. 기타

지구자의 에탄올 추출물 수용액은 Rat의 식욕을 뚜렷하게 억제시키고 체중을 감소시킬 수 있다[21]. 호베니둘시오사이드는 Mouse의 스트레스성 위궤양에 뚜렷한 억제작용이 있다. 그 밖에 지구자에는 이뇨와 항돌연변이작용이 있다.

용도

지구자는 중의임상에서 사용하는 약이다. 해주독(解酒毒, 술을 과하게 마셔 그 후유증으로 생긴 독을 풀어 주는 효능), 지갈제번(止渴除煩, 갈증을 멈추게 하고 번거로운 느낌을 없애는 것), 지역(止逆, 역상하는 것을 멈추게 함), 이대소변(利大小便, 대소변 둘 다 잘 나오게 함) 등의 효능이 있으며, 숙취, 번갈(煩渴, 가슴속이 답답하고 목이 마른 증세), 구토, 대소변의 불리(不利) 등의 치료에 사용한다.
현대임상에서는 알코올성 간, 화학성 간, 풍습성 류머티즘 등에 사용한다.

해 설

헛개나무는 중국위생부에서 규정한 약식동원품목*의 하나이다. 헛개나무는 정원녹화수종과 약용수종으로 사용할 수 있는데, 그 열매의 육질은 생것으로 먹을 수 있으며 술을 담글 수도 있다. 또한 씨는 약으로 사용할 수도 있다. 헛개나무의 씨는 에탄올 분해를 촉진할 수 있으며 항간중독, 항종류, 인체기능 활성증강 등의 효능이 있다. 헛개나무는 약으로 쓰는 외에 건강식품과 음료를 만들 수 있다.
헛개나무의 동속식물인 지구(枳椇, *Hovenia acerba* Lindl.)와 모과지구(毛果枳椇, *H. trichocarpa* Chun et Tsiang)의 씨도 지구자의 내원품종이다. 융모지구(絨毛枳椇, *H. dulcis* Thunb. var. *tomentella* Makino)와 조선북지구(朝鮮北枳椇, *H. dulcis* Thunb. var. *koreana* Nakai)는 원산이 일본과 대한민국이다. 근래의 연구에 따르면 이 2종의 지구자는 그 함유성분과 약리작용이 비슷하다[22].

---

* 부록(502~505쪽) 참고

헛개나무와 융모지구의 신선한 잎에는 호둘로사이드가 함유되어 있는데 이 사포닌은 선택적으로 감미미각을 억제할 수 있어 감미조절제로 만들 수 있으며 생리학적 연구용 미각(味覺)으로 사용할 수도 있다[6, 23].

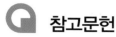 **참고문헌**

1. M Yoshikawa, T Murakami, T Ueda, H Matsuda, J Yamahara, N Murakami. Bioactive saponins and glycosides. IV. Four methyl-migrated 16, 17-seco-dammarane triterpene glycosides from Chinese Natural medicine, Hoveniae Semen Seu Fructus, the seeds and fruit of *Hovenia dulcis* Thunb.:absolute stereostructures and inhibitory activity on histamine release of hovenidulciosides A1, A2, B1, and B2. *Chemical & Pharmaceutical Bulletin*. 1996, **44**(9): 1736-1743

2. K Kawai, T Akiyama, Y Ogihara, S Shibata. Chemical studies on the Oriental plant drugs. XXXVIII. New sapogenin in the saponins of *Zizyphus jujuba*, *Hovenia dulcis*, and *Bacopa monniera*. *Phytochemistry*. 1974, **13**(12): 2829-2832

3. 丁林生, 梁僑麗, 騰艷芬. 枳椇子黃酮類成分研究. 藥學學報. 1997, **32**(8): 600-602

4. M Yoshikawa, T Murakami, T Ueda, S Yoshizumi, K Ninomiya, N Murakami, H Matsuda, M Saito, W Fujii, T Tanaka, J Yamahara. Bioactive constituents of Chinese natural medicines. III. Absolute stereostructures of new dihydroflavonols, hovenitins I, II, and III, isolated from Hoveniae Semen Seu Fructus, the seed and fruit of *Hovenia dulcis* Thunb. (Rhamnaceae):inhibitory effect on alcohol-induced muscular relaxation and hepatoprotective activity. *Yakugaku Zasshi*. 1997, **117**(2): 108-118

5. 金寶淵, 朴萬基, 朴政一. 枳椇子生物鹼成分的研究. 中草藥. 1994, **25**(3): 161

6. K Yoshikawa, S Tumura, K Yamada, S Arihara. Antisweet Natural Products. VII. HodulosidesI, II, III, IV, and V from the leaves of *Hovenia dulcis* Thunb. *Chemical & Pharmaceutical Bulletin*. 1992, **40**(9): 2287-2291

7. Y Kobayashi, T Takeda, Y Ogihara, Y Iitaka. Novel dammarane triterpenoid glycosides from the leaves of *Hovenia dulcis*. X-ray crystal structure of hovenolactone monohydrate. *Journal of the Chemical Society, Perkin Transactions 1:Organic and Bio-Organic Chemistry*. 1982, **12**: 2795-2799

8. O Inoue, T Takeda, Y Ogihara. Carbohydrate structures of three new saponins from the root bark of *Hovenia dulcis* (Rhamnaceae). *Journal of the Chemical Society, Perkin Transactions 1:Organic and Bio-Organic Chemistry*. 1978, **11**: 1289-1293

9. 尹秋霞, 陳英劍, 孫曉明, 薛煉, 武立新. 枳椇子對小鼠血中乙醇浓度變化的影響. 山東中醫藥大學學報. 2003, **27**(4): 310-311

10. 稽揚, 陸紅, 楊平. 枳椇子酒與枳椇子水提取液解酒毒作用比較研究. 時珍國醫國藥. 2001, **12**(6): 481-483

11. 王平. 拐棗果浸清液對個體乙醇代謝的影響. 中南林學院學報. 1997, **17**(3): 65-67

12. 張洪, 葉麗萍, 張如洪, 王鵬. 枳椇子有效部位的初步研究. 廣東藥學院學報. 2003, **19**(2): 111, 115

13. N Murakami, T Ueda, M Yoshikawa, H Matsuda, J Yamahara, M Saito, T Tanaka. Histamine release inhibitory and alcohol induced muscle relaxation inhibitory constituents from Hoveniae Semen Seu Fructus. Absolute structure of methyl-migrated 16, 17-seco-dammarane triterpene glycosides, hovenidulciosides. *Tennen Yuki Kagobutsu Toronkai Koen Yoshishu*. 1995, **37**: 397-402

14. 稽揚, 陸紅. 枳椇子水提取液對四氧化碳對小鼠肝損傷的保護作用. 時珍國醫國藥. 2002, **13**(6): 327-328

15. K Hase, M Ohsugi, Q Xiong, P Basnet, S Kadota, T Namba. Hepatoprotective effect of *Hovenia dulcis* Thunb. on experimental liver injuries induced by carbon tetrachloride or D-galactosamine/lipopolysaccharide. *Biological & Pharmaceutical Bulletin*. 1997, **20**(4): 381-385

16. 王艷林, 韓鈺, 錢京萍. 枳椇子抗脂質過氧化作用的實驗研究. 中草藥. 1994, **25**(6): 306-307, 316

17. 稽揚, 陳善, 張葵榮, 王文俊, 陸紅. 枳椇水提取液對四氧嘧啶糖尿病小鼠血糖和肝糖原含量的影響. 中藥材. 2002, **25**(3): 190-191

18. 稽揚. 枳椇子水提取物細胞毒作用與抑留功效的研究. 中醫藥學刊. 2003, **21**(4): 538, 543

19. 稽揚, 王文俊, 孫芳. 枳椇子水提取液對小鼠綜合体能的影響. 中醫藥學報. 2003, **31**(3): 22-23

20. 稽揚, 姜春來, 張癸榮. 枳椇子對血壓影響的實驗研究. 中醫藥學刊. 2003, **21**(8): 1258-1259

21. 稽揚, 王文俊, 狄亞敏, 張癸榮. 枳椇對小鼠食慾抑制作用的實驗研究. 解放軍藥學學報. 2003, **19**(2): 114-116

22. 陳蕙芳. 朝鮮北枳椇的保肝作用. 國外藥訊. 2003, **4**: 38

23. 23. K Yoshikawa, Y Nagai, M Yoshida, S Arihara. Antisweet natural products. VIII. Structures of hodulosides VI-X from *Hovenia dulcis* Thunb. var. tomentella Makino. *Chemical & Pharmaceutical Bulletin*. 1993, **41**(10): 1722-1725

호랑가시나무 枸骨 ^{CP}

Aquifoliaceae

Ilex cornuta Lindl. ex Paxt.

Chinese Holly

 개요

감탕나무과(Aquifoliaceae)

호랑가시나무(枸骨, *Ilex cornuta* Lindl. ex Paxt.)의 잎을 건조한 것

중약명: 구골엽(枸骨葉)

감탕나무속(*Ilex*) 식물은 전 세계에 약 400종이 있으며 남북반구의 열대, 아열대 지역으로부터 온대 지역에 이르기까지 광범위하게 분포한다. 주요산지는 중남아메리카와 아시아의 열대 지역이다. 중국에는 약 200종이 있는데 진령 남쪽 기슭, 장강 유역 및 이남의 넓은 지역에 분포하며 그중 서남과 하남 지역에 가장 많이 분포한다. 이 속 식물에서 약으로 사용되는 것은 20종이다. 이 종은 중국의 강소, 상해, 안휘, 절강, 강서, 호북, 호남 등에 분포하는데 운남에도 재배하는 것이 있으며 유럽과 아메리카의 일부 국가에도 재배하는 것이 있다.

'구골'이란 약명은 여정항하(女貞項下)로 《신농본초경(神農本草經)》에 처음으로 기재되었다.

《중국약전(中國藥典)》(2015년 판)에 수록된 이 종은 중약 구골엽의 법정기원식물이다. 호랑가시나무의 주요산지는 강소, 하남 등지이며 강소의 생산량이 가장 많고 그 밖에 절강, 안휘, 사천, 섬서에도 나는 것이 있다.

호랑가시나무의 주요 유효성분은 트리테르페노이드 사포닌 화합물이다. 그 밖에 당지질, 유기산, 타닌, 플라보노이드 등의 화학성분이 있다. 《중국약전》에서는 약재의 성상, 현미경 감별 특징, 성미, 박층크로마토그래피법을 이용하여 약재를 관리하고 있다.

약리연구를 통하여 호랑가시나무에는 강심(强心), 피임 등의 작용이 있는 것으로 알려져 있다.

한의학에서 구골엽은 청열양음(淸熱養陰), 평간(平肝), 익신(益腎) 등의 효능이 있다.

호랑가시나무 枸骨 *Ilex cornuta* Lindl. ex Paxt.

약재 구골엽 藥材枸骨葉 *Ilicis Cornutae Folium*

1cm

ilexside II: R=glc

cornutaside A: R₁=

R₂=

cornutaside B: R₁=

R₂=

호랑가시나무 枸骨 ^{CP}

호랑가시나무 枸骨 [CP]

함유성분

잎에는 트리테르페노이드 사포닌 성분으로 cornutasides A, B, C, D, ziyuglucosides I, II, ilexoside II, ilexoside I methyl ester, gougusides I, II, III, IV, V, VI, VII[1], 11-keto-α-amyrin palmitate, α-amyrin palmitate[2], 당지질 성분으로 cornutaglycolipides A, B, 유기산으로 3,4-dicaffeoyl-quinic acid, 3,5-dicaffeoylquinic acid, 3,4-dihydroxycinnamonic acid[1], 플라보노이드 성분으로 quercetin, isorhamnetin, hyperoside[3], 쿠마린 성분으로 aesculetin[3], 그리고 지방족 세스퀴테르페노이드 성분으로 tanacetene[2] 등이 함유되어 있다.

약리작용

1. **심혈관계에 대한 영향**
   기니피그의 심장관류 실험에서 구골엽에는 관상동맥 혈류량을 증가시키는 작용과 심근수축력을 증강시키는 작용이 있는 것으로 알려졌다. 구골엽의 고우구사이드 IV를 정맥에 주사하면 Mouse의 피투이트린으로 유발된 심근허혈에 대해 보호작용이 있고 기니피그 적출심장의 심박과 관상동맥의 혈류량에 영향을 주지 않으면서 심근수축력을 감소시킬 수 있다[4].

2. **항생육**
   구골엽의 아세톤 추출물을 피하에 주사하면 Mouse의 조기임신을 억제할 수 있다. 또한 구골엽의 알코올 추출물을 복강에 주사하면 Mouse의 조기임신, 중기임신, 만기임신 및 Rat의 조기임신을 억제할 수 있다. 구골엽의 알코올 추출물은 기니피그와 Rat의 적출된 자궁에 대해서도 흥분작용이 있다[4-5].

3. **항균**
   In vitro 실험에서 구골엽의 복합 추출물, 에칠아세테이트 추출물, 부탄올 추출물은 백색염주균과 광활염주구균에 뚜렷한 억제작용이 있다[6-7].

4. **면역계통에 대한 영향**
   구골엽의 지용성 추출물은 T임파세포 활성과 증식에 대해 비교적 강력한 억제작용이 있다[8].

5. **기타**
   구골엽의 유기산성분인 3,4-디카페오일퀸산은 프로스타사이클린의 분비를 촉진하는 작용이 있다[9]. 구골엽의 트리테르페노이드사포닌은 in vitro에서 아실코엔자임 A는 콜레스테롤 아실기전이효소의 작용을 억제할 수 있다[10].

용도

구골엽은 중의임상에서 사용하는 약이다. 청허열(淸虛熱, 허해서 나는 열을 깨끗이 제거함), 익간신(益肝腎, 간과 신장을 보익함), 거풍습(祛風濕, 풍습이 겹친 것으로 관절이 아프고, 만지면 통증이 심해지는 것) 등의 효능이 있으며, 음허노열[陰虛勞熱, 허로(虛勞)로 인해 오후가 되면 추워지고 조열(潮熱)이 나는 병], 해수토혈(咳嗽吐血, 기침과 함께 피를 토하는 증상), 두운목현(頭暈目眩, 머리가 어지럽고 눈앞이 아찔한 것), 요슬산연(腰膝酸軟, 허리와 무릎이 시큰거리고 힘이 없어지는 증상), 풍습비통(風濕痹痛, 풍습으로 인해 관절이 아프고, 통증이 심해지는 증상), 백전풍(白癜風, 피부에 흰 반점이 생기는 병증) 등의 치료에 사용한다.
현대임상에서는 감기 예방, 폐결핵, 허리의 근육의 피로로 발생한 손상, 요저동통(腰骶疼痛, 허리 아래쪽 꼬리뼈 부위에 동통이 있는 증상), 풍습성 관절염 등의 병증에 사용한다.

해 설

역사적으로 구골엽을 오인하여 십대공로(十大功勞)로《본초강목습유(本草綱目拾遺)》등의 서적에 기재하였는데, 십대공로의 기원은 매자나무과 식물 빌스바베리(闊葉十大功勞, Mahonia bealei (Forti.) Carr.)의 잎이다. 구골엽과 십대공로의 내원이 혼용된 역사가 아주 오래되었기 때문에 사용할 때 특별히 주의하여야 한다.
호랑가시나무의 어린잎은 고정차(苦丁茶)의 일종으로 풍열(風熱)을 흩뜨리고 머리와 눈을 맑게 하며 번거롭거나 답답한 것을 풀고 혈맥을 통하게 하는 효능이 있다. 민간에서는 고정차를 다이어트 음료로 사용하고 협심증과 고혈압의 치료에도 사용한다.
호랑가시나무의 씨는 간과 신장을 보익하고 근육을 튼튼하게 하며 경락을 통하게 하고 하초를 고삽(固澀)하는 작용이 있다.
호랑가시나무의 껍질은 간과 신장을 보익하고 근육과 뼈를 튼튼하게 하는 효능이 있다.
호랑가시나무의 뿌리는 간과 신장을 보익하고 풍사를 제거하고 열을 내려 주는 효능이 있다.
현대임상에서는 임파선염, 담마진(蕁麻疹), 간염, 이하선염 등의 치료에도 구골을 사용한다.

참고문헌

1. 李維林, 吳菊蘭, 任冰如, 趙友誼, 張涵慶, 鄭漢臣. 枸骨的化學成分. 植物資源與環境學報. 2003, 12(2): 1-5

2. 吳弢, 程志紅, 劉和平, 李顏, 翁桂新, 王崢濤. 中藥枸骨葉脂溶性化學成分的研究. 中國藥學雜誌. 2005, **40**(19): 1460-1462

3. 楊雁芳, 閻玉凝. 中藥枸骨葉的化學成分研究. 中國中醫藥信息雜誌. 2002, **9**(4): 33-34

4. 李維林, 吳菊蘭, 任冰如, 周愛玲, 鄭漢臣. 枸骨中3種化合物的心血管藥理作用. 植物資源與環境學報. 2003, **12**(3): 6-10

5. 魏成武, 楊翠芝, 任華能, 魯維華, 姚朗, 孫正川. 枸骨抗生育作用. 中國中藥雜誌. 1988, **13**(5): 48-50

6. 張晶, 林晨, 岑穎洲, 沈偉哉. 枸骨葉抗真菌作用初探. 中國病理生理雜誌. 2003, **19**(11): 1562

7. 林晨, 張晶, 沈偉哉, 岑穎洲, 江振友. 枸骨葉兩種溶媒萃取物抑制念珠菌機制探討. 中國病理生理雜誌. 2005, **21**(8): 1653-1654

8. 林晨, 譚玉波, 張晶, 沈偉哉, 岑穎洲, 江振友. 枸骨葉五種溶媒萃取物對C57BL/6鼠T淋巴細胞作用研究. 中國病理生理雜誌. 2005, **21**(8): 1654

9. 秦文娟, 吳秀娥, 福山愛保, 山田敏英. 苦丁茶化學成分的研究(II). 中草藥. 1988, **19**(11): 486

10. K Nishimura, T Miyase, H Noguchi. Acyl CoA cholesterol acyltransferase inhibitors from *Ilex cornuta*. *Japan Kokai Tokkyo Koho*. 2001: 9

띠 白茅 CP, KP, JP

Imperata cylindrica Beauv. var. *major* (Nees) C. E. Hubb.
Lalang Grass

개 요

벼과(Gramineae)

모근(白茅, *Imperata cylindrica* Beauv. var. *major* (Nees) C. E. Hubb.)의 뿌리줄기를 건조한 것

중약명: 백모근(白茅根)

백모속(*Imperata*) 식물은 전 세계에 약 10종이 있으며 열대와 아열대 지역에 분포한다. 중국에 약 4종이 있다. 이 속에서 약으로 사용되는 것은 오직 1종이다. 본종은 중국의 동북, 화북, 화동, 중남, 서남 및 섬서, 감숙 등지에 분포하며 한반도와 일본에도 분포하는 것이 있다.

백모근은 '백모'란 약명으로《신농본초경(神農本草經)》에 중품으로 처음 기재되었으며 역대 본초서적에도 기록이 있다.《중국약전(中國藥典)》(2015년 판)에 수록된 이 종이 중약 백모근의 법정기원식물이다. 중국 대부분의 지역에서 모두 나는데 화북 지역의 생산량이 비교적 많다.《대한민국약전》(11개정판)에는 모근을 "띠(*Imperata cylindrica* Beauvois var. *koenigii* Durand et Schinz ex A. Camus, 벼과)의 뿌리줄기로서 가는 뿌리와 비늘모양의 잎을 제거한 것"으로 등재하고 있다.

띠의 함유성분으로는 트리테르페노이드가 대부분이고 그 외 락톤 성분이 있다[1]. 최근의 연구에서 띠 중에 존재하는 활성 α−디페닐디카르복실산염이 항간염 유효성분임이 밝혀졌다[2].《중국약전》에서는 약재의 성상, 현미경 감별 특징, 성미, 박층크로마토그래피법을 이용하여 약재를 관리하고 있다.

약리연구를 통하여 백모근에는 지혈, 항염, 이뇨 등의 작용이 있는 것으로 알려져 있다.

한의학에서 백모근은 양혈지혈(涼血止血), 청열이뇨(清熱利尿) 등의 효능이 있다.

띠 白茅 *Imperata cylindrica* Beauv. var. *major* (Nees) C. E. Hubb.

약재 백모근 藥材白茅根
Imperatae Rhizoma

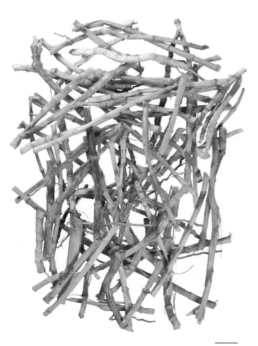

1cm

함유성분

뿌리줄기에는 트리테르페노이드 성분으로 arundoin, cylindrin, isoarborinol[3], fernenol, simiarenol[4], arborinol, arborinol methyl ether, arborinone, friedelin[5], 락톤 성분으로 anemonin, coixol[1] 등이 함유되어 있다.

최근에 Cylindrene[6], imperanene[7], cylindols A, B[8], graminones A, B[9], α-diphenyldicarboxylate (dimethyl-4,4'-dimethoxy-5,6,5'6'-dimethylene-dioxybiphenyl-2,2'-dicarboxylate)[2]과 다당류가 분리되었다[10].

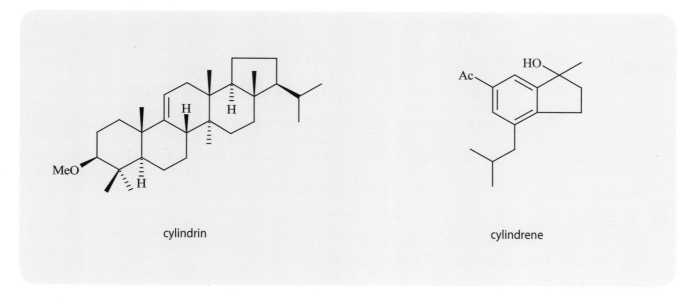

cylindrin

cylindrene

 약리작용

1. **혈액계통에 대한 작용**

   띠 뿌리줄기의 생것과 초탄품(炒炭品)을 물에 달인 약액을 위에 주입하면, 꼬리가 절단된 Mouse의 출혈시간을 뚜렷하게 단축시키고 응혈시간과 혈장 칼슘화 시간을 뚜렷하게 단축시킨다. 또한 *in vitro*에서 Rat의 혈소판 최대 응집률을 억제할 수 있는데 그 작용기전은 내원성 응혈인자의 영향 및 섬유용해 과정과 관련이 있다. 초탄품의 작용은 생품보다 효능이 뚜렷하다[11]. 임펠라넨 S는 혈소판응집을 억제할 수 있는데[7] 이는 백모근 활혈(活血)작용의 유효성분이다.

2. **이뇨**

   띠의 뿌리줄기를 물에 달인 약액을 Mouse의 위에 주입하면 이뇨작용이 나타나는데 이 작용은 백모근에 풍부하게 함유된 칼륨염과 관련이 있다[12].

3. **항간염**

   백모근을 달인 약액을 며칠간 복용시키면 B형 간염 환자들의 B형 간염 표면항원 발현율에 일정한 효과가 있다[13]. 백모근에 함유된 α-디페닐디카르복실산염은 혈청 글루타민산 피루빈산 트랜스아미나제(GPT)의 활성을 뚜렷하게 감소시키며 이것이 백모근의 간염 치료 유효성분일 것으로 생각된다[2].

4. **항염, 진통**

   백모근을 달인 약액을 위에 주입하면 Mouse의 초산으로 유발된 경련반응을 억제할 수 있고 또 모세혈관의 투과성을 억제할 수 있다[12].

5. **면역증강**

   백모근의 열수 추출물을 위에 주입하면 Mouse의 복강대식세포의 탐식기능을 제고할 수 있고, 탐식률과 탐식수치 및 T도움(helper-T)세포의 수치를 뚜렷하게 증가시킬 수 있다. 동시에 인터루킨-2의 생성을 촉진할 수 있으며 인체 비특이성 면역을 증강시킬 수 있다[14]. 백모근의 다당류가 그 활성성분 가운데 하나이다[10].

6. **기타**

   띠의 뿌리줄기에 함유된 cylindrene은 혈관평활근의 수축을 억제할 수 있으며[6], graminone B는 혈관이완작용이 있다[9]. cylindol A는 5-리폭시게나아제를 억제할 수 있고 항산화작용을 나타낸다[8].

띠 白茅 ^{CP, KP, JP}

용도

백모근은 중의임상에서 사용하는 약이다. 양혈지혈[凉血止血, 양혈(凉血)함으로써 지혈함], 청열이뇨 등의 효능이 있으며, 혈열[血熱, 혈분(血分)에 사열(邪熱)이 있는 것]로 인한 출혈증(예: 기침할 때 피가 나는 것, 피를 토하는 것, 코피, 오줌에 피가 섞여 나오는 것), 열림(熱淋, 임병의 하나로 오줌의 빛이 붉어지고 아랫배가 몹시 아픔), 수종(水腫, 전신이 붓는 증상), 열성구갈(熱盛口渴), 위열구토[胃熱嘔吐, 위(胃)에 사열(邪熱)이 있어 토하는 증], 폐열해수(肺熱咳嗽, 폐열로 기침할 때 쉰 소리가 나고 가래도 나오는 증상), 습열황달(濕熱黃疸, 습열(濕熱)의 사기(邪氣)로 인해 온몸과 눈, 소변이 밝은 황색을 띠는 병증] 등의 치료에 사용한다.

현대임상에서는 급성 신염, 요로감염, 당뇨병 등의 병증에 사용한다.

해설

띠는 중국의 일부 지역에서 신선한 뿌리줄기를 약으로 쓴다. 신선한 백모근은 중국위생부에서 규정한 약식동원품목*의 하나이다. 백모근은 급성 신염, 급성 황달간염 등 병증의 치료에 효과가 있다.

신선한 백모근에 지혈과 이뇨작용이 있다는 내용은 고대의 문헌에도 기록이 있다. 이를테면《의학상중참서록(醫學衷中參西錄)》에서 '모근은 반드시 신선한 것을 사용해야 효험이 있다. 봄 전과 가을 후에 잘라 사용하면 맛이 달다. 싹이 나와 무성할 때는 맛이 달지 않지만, 사용해도 효험이 있고 마른 것보다 낫다'라고 기록하였다. 때문에 신선한 백모근을 이용하여 즙을 얻어 백모근 엑스제를 만드는 것이 효과가 좋다.

참고문헌

1. 王明雷, 王素賢, 孫啟時. 白茅根化學及藥理研究進展. 瀋陽藥科大學學報. 1997, **14**(1): 67-69, 78

2. 王明雷, 王素賢, 孫啟時, 吳立軍. 白茅根化學成分的研究. 中國藥物化學雜誌. 1996, **6**(3): 192-194, 209

3. T Ohmoto, K Nishimoto, M Ito, S Natori. Triterpene methyl ethers from rhizome of *Imperate cylindrica* var *media*. *Chemical & Pharmaceutical Bulletin*. 1965, **13**(2): 224-226

4. K Nishimoto, M Ito, S Natori, T Ohmoto. Structures of arundoin, cylindrin and fernenol. Triterpenoids of fernane and arborane groups of *Imperata cylindrica* var *koenigii*. *Tetrahedron*. 1968, **24**(2): 735-752

5. T Ohmoto, S Natori. Triterpene methyl ethers from gramineae plant:lupeol methyl ether, 12-oxoarundoin, and arborinol methyl ether. *Journal of the Chemical Communications*. 1969, **11**: 601

6. K Matsunaga, M Shibuya, Y Ohizumi. Cylindrene, a novel sesquiterpenoid from *Imperata cylindrica* with inhibitory activity on contractions of vascular smooth muscle. *Journal of Natural Products*. 1994, **57**(8): 1183-1184

7. K Matsunaga, M Shibuya, Y Ohizumi. Imperanene, a novel phenolic compound with platelet aggregation inhibitory activity from *Imperata cylindrica*. *Journal of Natural Products*. 1995, **58**(1): 138-139

8. K Matsunaga, M Ikeda, M Shibuya, Y Ohizumi. Cylindol A, a novel biphenyl ether with 5-lipoxygenase inhibitory activity, and a related compound from *Imperata cylindrica*. *Journal of Natural Products*. 1994, **57**(9): 1290-1293

9. K Matsunaga, M Shibuya, Y Ohizumi. Graminone B, a novel lignan with vasodilative activity from *Imperata cylindrica*. *Journal of Natural Products*. 1994, **57**(12): 1734-1736

10. V Pinilla, B Luu. Isolation and partial characterization of immunostimulating polysaccharides from *Imperata cylindrica*. *Planta Medica*. 1999, **65**(6): 549-552

11. 宋勁詩, 陳康. 白茅根炒炭後的止血作用研究. 中山大學學報論叢. 2000, **20**(5): 45-48

12. 于慶海, 楊麗君, 孫啟時, 王素賢, 楊洪菊, 楊靜玉, 徐濤. 白茅根藥理研究. 中藥材. 1995, **18**(2): 88-90

13. 魏中海. 白茅根煎劑治療乙型肝炎表面抗原陽性的臨床療效觀察. 中醫藥研究. 1992, **4**: 30-31

14. 呂世靜, 黃槐蓮. 白茅根對IL-2和T細胞亞群變化的調節作用. 中國中藥雜誌. 1996, **21**(8): 488-489

15. D Koh, CL Goh, HT Tan, SK Ng, WK Wong. Allergic contact dermatitis from grasses. *Contact Dermatitis*. 1997, **37**(1): 32-34

* 부록(502~505쪽) 참고

토목향 土木香 ^{CP, KHP}

Asteraceae

Inula helenium L.

Elecampane Inula

 ## 개 요

국화과(Asteraceae)

토목향(土木香, *Inula helenium* L.)의 뿌리를 건조한 것

중약명: 토목향

금불초속(*Inula*) 식물은 전 세계에 약 100종이 있으며 유럽, 아프리카 및 아시아, 지중해 등지에 주로 분포하는데 러시아의 시베리아 서부에서부터 몽골 북부, 아메리카에도 모두 분포한다. 중국에 20종에 여러 가지 변이종이 있다. 이 속에서 약으로 사용되는 것은 17종이며 중국의 신강 각지에 모두 재배하는 것이 있다.

'토목향'이란 약명은 《본초도경(本草圖經)》에 처음으로 기재되었으며, 역대 본초서적에 기록되었다. 《중국약전(中國藥典)》(2015년판)에 수록된 이 종은 중약 토목향의 법정기원식물이다. 주요산지는 중국의 하북이며 신강, 감숙, 섬서, 사천, 하남, 절강 등지에서도 나는 것이 있다. 《대한민국약전외한약(생약)규격집》(제4개정판)에는 토목향을 "목향(*Inula helenium* Linne, 국화과)의 뿌리"로 등재하고 있다.

토목향에 함유된 주요 활성성분은 세스퀴테르펜이다. 그 밖에 쿠마린, 플라보노이드 등의 성분이 있다. 《중국약전》에서는 고속액체크로마토그래피법을 이용하여 건조시료 중 알란토락톤과 이소알란토락톤의 총 함량을 2.2% 이상으로 약재의 규격을 정하고 있다.

약리연구를 통하여 토목향에는 구충, 항균, 강혈당 등의 작용이 있는 것으로 알려져 있다.

한의학에서 토목향은 건비화위(健脾和胃), 행기지통(行氣止痛) 등의 효능이 있다.

토목향 土木香 *Inula helenium* L.

토목향 土木香 CP, KHP

1cm

함유성분

뿌리에는 정유성분으로(주로 세스퀴테르페노이드 락톤으로 구성됨) alantolactone, saussurealactone, isoalantolactone, dihydroisoalantolactone[1], dihydroalantolactone[2], monoterpenoids, myristicin, β-elemene, aromadendrene[1], 쿠마린 성분으로 xanthotoxin, isopimpinellin, isobergapten[3], 플라보노이드 성분으로 rutin, quercetin[3], 트리테르페노이드 성분으로 dammaradienyl acetate와 그 가수분해물인 dammaradienol[4], 다당류인 inulin, pectin substances, 지방산으로 tartartic acid, succinic acid 등이 함유되어 있다. 또한 10-isobutyryloxy-8,9-epoxythymol isobutyrate와 사포닌[3, 5] 성분 등이 있다.

지상부에는 11(13)-dehydoeriolin과 eudesmanolide[6] 등이 함유되어 있다.

잎에는 alantopicrin[7] 등이 함유되어 있다.

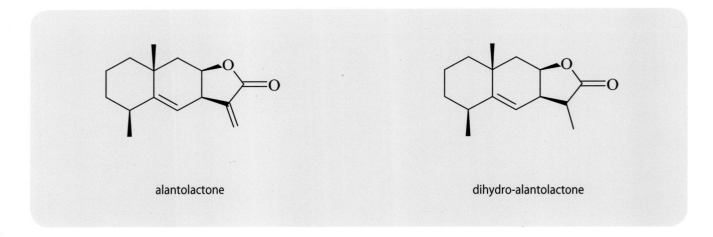

alantolactone

dihydro-alantolactone

약리작용

1. 항균

   토목향의 추출물에는 항균활성이 있고[8] 결핵간균에 대해 비교적 강한 억제작용이 있다[6]. 토목향에 함유된 10-isobutyryloxy-8,9-epoxythymol isobutyrate는 황색포도상구균, 분장구균, 대장간균, 녹농간균, 백색염주균 등에 대해 일정한 항균활성이 있다[5].

2. 구충

   In vitro 실험에서 토목향 추출액은 40일 이내에 회충의 유충을 사멸시킬 수 있고 20일 이내에 회충의 충란을 사멸시킬 수 있다[9]. 또한 집토끼에게 간흡충이 함유된 토목향의 열수 추출물을 투여하면 간흡충의 충란에 대해 아주 좋은 억제작용이 있다[10].

3. 항종양

   토목향의 메탄올 추출액은 인체위암세포 MK-1, 인체자궁경부암세포 HeLa 및 Mouse의 흑색종양세포 B16-F10 등의 증식에 대해 억제작용이 있다[2]. *In vitro* 실험을 통하여 토목향의 에탄올 추출액은 세포독성을 나타내며 라지(Raji)임파모세포의 생장을 억제하고 항암약물의 작용시간과 활성을 증강시킬 수 있는데 그 주요 활성성분은 알란토락톤 등의 세스퀴테르펜 화합물이다[11].

4. 진통

　　Mouse의 초산자극과 열판자극 실험에서 토목향의 뿌리, 줄기, 잎 및 씨의 에탄올 추출물은 모두 뚜렷한 진통효과가 있다[12].

5. 과민성 유발

　　토목향의 추출물은 피부국소투여를 통하여 접촉성 피부염을 일으킬 수 있는데 그 유발원은 세스퀴테르펜 화합물이다. *In vitro* 임파세포전화시험과 Mouse의 민감성 유발시험에서 알란토락톤의 과민유발작용은 이소알란토락톤보다 강하다[13-15].

6. 기타

　　Mouse의 급성 스트레스 실험에서 토목향은 Mouse의 체내기관, 혈장, 당대사, 지질과산화(LPO) 과정 등에 보호작용이 있다[16]. 그 밖에 토목향에는 혈당강하의 작용이 있다.

용도

토목향은 중의임상에서 사용하는 약이다. 건비화위[健脾和胃, 비(脾)를 튼튼하게 하고 위(胃)를 조화롭게 함], 행기지통(行氣止痛, 기를 소통시켜 통증을 멎게 함), 구충 등의 효능이 있으며, 위완흉복동통(胃脘胸腹疼痛, 위와 가슴의 통증), 구토와 설사, 이질, 식적(食積, 음식물이 하룻밤을 지나도 소화되지 않고 위장에 정체되어 있는 증상), 충적(蟲積, 음식이 위 속에서 잘 삭지 않아 마치 벌레가 뭉친 것같이 감각되는 증상) 등의 치료에 사용한다.

현대임상에서는 치통, 만성 위염, 위장기능 문란, 늑간신경통(肋間神經痛), 흉벽좌상(胸壁挫傷, 외부 상처가 없이 내부조직이나 장기가 상한 것) 등에 사용한다.

해설

《중국약전》1985년 판에 수록된 이 종의 동속식물 가지금불초(總狀土木香, *Inula racemosa* Hook. f)도 토목향의 법정기원식물의 하나이다. 이 종은 신강의 천산 아이태산(阿爾泰山) 일대에 분포하며 사천, 호북, 섬서, 감숙, 서장 등에도 재배하는 것이 있다. 그 뿌리에 들어 있는 성분과 효능도 토목향과 거의 유사하다. 《중국약전》1995년 판에서는 토목향만을 법정기원식물 내원종으로 기록하고 있다.

토목향은 유럽에도 재배하는 것이 있는데 유럽에서는 토목향을 이뇨, 거담(祛痰), 건위(健胃) 등에 사용하고, 러시아의 민간에서는 토목향을 암증치료에 사용하고 있다[11]. 중국에서는 토목향을 위장염, 기관지염 및 결핵성 설사 등에 사용한다.

토목향 중에 함유된 대량의 세스퀴테르펜락톤은 항균, 구충, 항종양 등의 작용이 있지만, 동시에 알레르기 유발작용이 있어 쉽게 접촉성 피부염을 일으킬 수도 있다. 연구를 통하여 알란토락톤은 알레르기 유발작용이 비교적 강하고, 이소알란토락톤은 과민유발작용이 없다. 현재는 일종의 피부무자극성 식물 항염제가 개발되었는데 이는 토목향 추출물과 수용성 키토산으로 구성되어 있다. 이 제제는 양전하를 띠므로 음전하를 띠는 세균세포벽에 대하여 비교적 강한 항균활성이 있다. 항균제와 항염제는 의약에 사용할 수 있고 식품과 화장품에도 사용할 수도 있다[17].

참고문헌

1. 戴斌, 丘翠嫦. 新疆木香揮發油氣相色譜-質譜分析. 中藥材. 1995, **18**(3): 139-142

2. T Konishi, Y Shimada, T Nagao, H Okabe, T Konoshima. Antiproliferative sesquiterpene lactones from the roots of *Inula helenium*. *Biological & Pharmaceutical Bulletin*. 2002, **25**(10): 1370-1372

3. SA Matasova, NA Mitina, GL Ryzhova, DO Zhuganov, KA Dychko. Preparation of dried extract from *Inula helenium* roots and characterization of its chemical content. *Khimiya Rastitel'nogo Syr'ya*. 1999, **2**: 119-123

4. I Yosioka, Y Yamada. Isolation of dammaradienyl acetate from *Inula helenium* L. *Yakugaku Zasshi*. 1963, **83**: 801-802

5. A Stojakowska, B Kedzia, W Kisiel. Antimicrobial activity of 10-isobutyryloxy-8, 9-epoxythymol isobutyrate. *Fitoterapia*. 2005, **76**(7-8): 687-690

6. CL Cantrell, L Abate, FR Fronczek, SG Franzblau, L Quijano, NH Fischer. Antimycobacterial eudesmanolides from *Inula helenium* and *Rudbeckia subtomentosa*. *Planta Medica*. 1999, **65**(4): 351-355

7. GF Von. Alantopicrin, a bitter principle from elecampane leaves; contribution to the composite bitter principles. *Archiv der Pharmazie und Berichte der Deutschen Pharmazeutischen Gesellschaft*. 1954, **287**(2): 57-62

8. W Olechnowicz-Stepien, H Skurska. Studies on antibiotic properties of roots of *inula helenium*, compositae. *Archivum Immunologiae et Therapiae Experimentalis*. 1960, **8**: 179-189

9. GMF El, LH Mahmoud. Anthelminthic efficacy of traditional herbs on *Ascaris lumbricoides*. *Journal of the Egyptian Society of Parasitology*. 2002, **32**(3): 893-900

10. JK Rhee, BK Baek, BZ Ahn. Alternations of *Clonorchis sinensis* EPG by administration of herbs in rabbits. *The American Journal of Chinese Medicine*. 1985, **13**(1-4): 65-69

11. NA Spiridonov, DA Konovalov, VV Arkhipov. Cytotoxicity of some Russian ethnomedicinal plants and plant compounds. *Phytotherapy Research*. 2005, **19**: 428-432

12. 王良信. 土木香乙醇提取物的鎮痛作用. 國外醫藥: 植物藥分冊. 2004, **19**(6): 261

13. M Pazzaglia, N Venturo, G Borda, A Tosti. Contact dermatitis due to a massage liniment containing *Inula helenium* extract. *Contact Dermatitis*. 1995, **33**(4): 267

14. E Paulsen. Contact sensitization from compositae-containing herbal remedies and cosmetics. *Contact Dermatitis*. 2002, **47**(4): 189-198

토목향 土木香 ^{CP, KHP}

15. BN Alonso, R Fraginals, JP Lepoittevin, C Benezra. A murine *in vitro* model of allergic contact dermatitis to sesquiterpene α-methylene-γ- butyrolactones. *Archives of Dermatological Research*. 1992, **284**(5): 297-302

16. IV Nesterova, KL Zelenskaia, TV Vetoshkina, SG Aksinenko, AV Gorbacheva, NA Gorbatykh. Mechanism of antistressor activity of *Inula helenium* preparations. *Eksperimental'naia i Klinicheskaia Farmakologiia*. 2003, **66**(4): 63-65

17. 國外藥訊編輯部. 植物抗炎劑. 國外藥訊. 2003, **9**: 37

토목향 재배모습

금불초 旋覆花 CP, KHP

Asteraceae

Inula japonica Thunb.

Japanese Inula

개 요

국화과(Asteraceae)

금불초(旋覆花, *Inula japonica* Thunb.)의 꽃을 건조한 것　　　　　중약명: 선복화(旋覆花)

지상부를 건조한 것　　　　　중약명: 금비초(金沸草)

금불초속(*Inula*) 식물은 전 세계에 약 100종이 있으며 유럽, 아프리카, 아시아에 분포한다. 주로 지중해 지역에 분포하며 러시아의 시베리아 서부로부터 몽골 북부와 북아메리카에도 분포하는 것이 있다. 중국에 20여 종과 다수의 변이종이 있다. 이 속에서 약으로 사용되는 것이 17종이며 이 종의 주요 분포지역은 중국의 동북부, 북부, 동부이다. 일본에도 있다.

'선복화'란 약명은 《신농본초경(神農本草經)》에 하품으로 처음 기재되었으며, 역대 본초서적에 다수 기록되었다. 중국에서 사용해 온 중약 선복화는 국화과의 여러 종 식물의 화서이다. 《중국약전(中國藥典)》(2015년 판)에 수록된 이 종은 중약 선복화의 법정기원 식물의 하나이다. 주요산지는 중국의 하남, 강소, 하북, 절강이다. 하남에 생산량이 가장 많고 강소와 절강에서 나는 것의 품질이 가장 우수하다. 《대한민국약전외한약(생약)규격집》(제4개정판)에는 선복화를 "국화과에 속하는 금불초(*Inula japonica* Thunberg) 또는 구아선복화(歐亞旋覆花, *Inula britannica* Linne)의 꽃"으로 등재하고 있다.

금불초에는 주로 세스퀴테르펜락톤과 플라보노이드 화합물이 있다. 《중국약전》에서는 약재의 성상, 현미경 감별 특징, 성미, 박층크로마토그래피법을 이용하여 약재를 관리하고 있다.

약리연구를 통하여 선복화에는 진해(鎭咳), 거담(祛痰), 항염 등의 작용이 있는 것으로 알려져 있다.

한의학에서 선복화는 강기소염(降氣消炎), 행수지구(行水止嘔) 등의 효능이 있다.

금불초 旋覆花 *Inula japonica* Thunb.

금불초 旋覆花 CP, KHP

약재 선복화 藥材旋覆花 Inulae Flos

1cm

함유성분

두상화서에는 스테로이드 성분으로 taraxasterol[1]과 세스퀴테르페노이드 성분으로 britannilactone, 1-O-acetylbritannilactone, 1,6-O,O-diacetyl-britannilactone[2], britannilide, oxobritannilactone, eremobritanilin[3], 1-O-acetyl-4R,6S-britannilactone[4], bigelovin, 2,3-dihydroaromaticin, ergolide[5], 플라보노이드 성분으로 kaempferol, quercetin, tamarixetin, azaleatin 등이 함유되어 있다.

지상부에는 세스퀴테르페노이드 락톤 성분으로 inulicin[6], deacetyl inulicin[7], tomentosin, ivalin, 4-epi-isoinuviscolide, gaillardin, inuchine-nolides A, B, C[8], 1β-hydroxy-8β-acetoxycostic acid methyl ester, 1β-hydroxy-8β-acetoxyisocostic acid methyl ester, 1β-hydroxy-4α,11α-eudesma-5-en-12, 8β-olide[9] 등이 함유되어 있다.

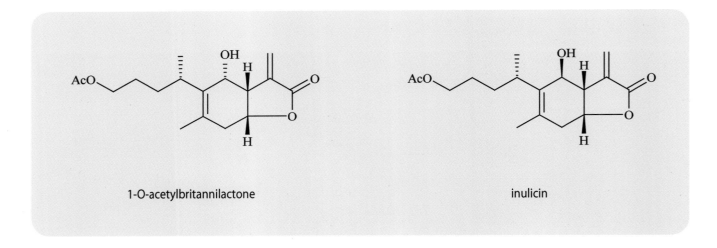

1-O-acetylbritannilactone   inulicin

약리작용

1. **지해(止咳), 거담(祛痰), 평천(平喘)**

   Mouse의 아황산가스 기침 유발 모델에서 선복화를 달인 약액을 복강에 주사하면 진해작용이 나타난다. 페놀레드 시험에서 선복화는 아주 양호한 거담작용이 있다[10]. 선복화의 플라보노이드는 히스타민으로 유발된 기니피그의 기관지 경련성 천식에 뚜렷한 보호작용이 있고 히스타민으로 유발된 기니피그의 기관지 경련에 길항작용이 있다.

2. **항염**

   선복화를 달인 약액을 복강에 주사하면 파두유(巴豆油)로 유발된 Mouse의 귓바퀴 종창에 뚜렷한 억제작용이 있다[10]. *In vitro* RAW264.7 대식세포 항염실험에서 1-O-acetylbritannilatone은 핵전사인자 NF-κB가 타깃 유전자의 프로모터에 결합함으로써 항염반응을 나타내며 사이클로옥시게나제-2와 유도성 산화질소합성효소(iNOS)의 유전자발현을 억제함으로써, 프로스타글란딘 E₂와 일산화질소의 합성을 억제하여 항염작용을 유도한다[11]. 에고라이드, 2,3-디하이드로아로마티신, 비겔로빈은 지질다당(LPS)으로 유도된 산화질소합성 활성에 대하여 일정한 억제작용이 있다[5]. 이눌리신에도 항염작용이 있다[12].

3. 항균

In vitro 실험에서 선복화의 에탄올 추출물은 대장간균, 황색포도상구균, 고초간균 등에 대하여 모두 일정한 억제작용이 있다. 이는 플라보노이드 화합물이 주요 항균성분이기 때문일 것으로 생각된다[13].

4. 간 보호

선복화 열수 추출물을 주사로 투여하면 프로피오니박테리움 아크네스와 LPS로 유발된 간 손상 Mouse의 생존율을 제고할 수 있는데 그 유효성분은 타라사스테롤이다[1].

5. 혈당강하

선복화의 수액 추출물을 위에 주입하면 알록산으로 유발되어 당뇨가 유도된 Mouse의 혈청 중성지방(TG) 함량을 낮추고 혈장 중의 인슐린 농도를 높이며 물과 식물의 소모량을 대폭 감소시킨다. 또한 혈당을 뚜렷하게 낮출 뿐만 아니라 정상적인 Mouse의 혈당에 대한 영향을 아주 작게 한다[14].

6. 항종양

In vitro 실험에서 브리타닐라이드와 에레모브리타닐린은 인체백혈병 P388 세포주의 생장을 억제한다[3]. 1,6-O,O-디아세틸브리타닐락톤도 종양세포에 대해 세포독성이 나타난다[2].

7. 기타

선복화 물 추출물은 *in vitro*에서 돼지 알도스 환원효소에 대해 비교적 양호한 억제작용이 있으며 당성 백내장에 대해 예방효과가 있다[15]. 선복화 에탄올 추출물은 동물성 유지에 대해서도 비교적 양호한 항산화작용이 있다[13]. 이눌리신에는 중추신경계통 자극효과가 있고 장평활근운동, 항궤양, 이뇨, 심장박동억제 등의 약리활성이 있다[12].

용도

선복화는 중의임상에서 사용하는 약이다. 강기화담(降氣化痰, 기가 역상하는 것을 끌어내리고 가래를 없앰), 강역지구(降逆止嘔, 기가 치솟은 것을 내리고 구토를 멈추게 함) 등의 효능이 있으며, 해수담다(咳嗽痰多, 기침할 때 소리가 나고 많은 가래도 나오는 증상), 담음적체(痰飮積滯)로 인한 흉격비만(胸膈痞滿, 가슴이 더부룩하고 그득한 감이 있는 증상), 트림, 구토, 흉협통(胸脇痛, 가슴과 옆구리가 아픈 증상) 등의 치료에 사용한다.

현대임상에서는 급·만성 기관지염, 기관지 천식 등에 사용한다.

해설

《중국약전》에서 규정한 선복화의 정식 내원종은 금불초와 유라시아선복화(歐亞旋覆花, *Inula britannica* L.)의 꽃으로 한정하고 있다. 금불초와 유라시아선복화는 매우 유사한데 잎의 모양과 잔털로 겨우 구별할 수 있다. 함유성분과 약리작용도 큰 차이가 없다.

가는금불초(條葉旋覆花, *I. linariifolia* Turcz.)도 습성과 분포가 선복화와 유라시아선복화에 가깝고 식물형태도 유사하기 때문에 채집과정에 쉽게 혼용될 수 있다. 가는금불초의 꽃을 임상에서 사용할 때 과다한 구토의 부작용이 나타날 수 있으므로 금불초의 약용으로 적합하지 않으며 사용 시 주의가 필요하다.

일본에서 금불초는 위를 튼튼하게 하고 가래를 풀고 소변을 이롭게 하는 약으로 쓰인다. 민간에서는 진토(鎭吐)를 위해 사용한다. 러시아에서는 유라시아선복화를 해경제(解痙劑)로 사용하고 위장동통, 풍습, 치질 등의 치료에 사용한다. 그 밖에 전초 혹은 뿌리줄기를 거담, 이뇨, 발한, 설사약으로 사용할 수 있으며 신선한 잎을 외상에 바르면 피를 멈추게 하는 작용이 있다.

참고문헌

1. K Iijima, H Kiyohara, M Tanaka, T Matsumoto, JC Cyong, H Yamada. Preventive effect of taraxasteryl acetate from *Inula britannica* subsp. *japonica* on experimental hepatitis *in vivo*. *Planta Medica*. 1995, **61**(1): 50-53

2. BN Zhou, NS Bai, LZ Lin, GA Cordell. Sesquiterpene lactones from *Inula britannica*. *Phytochemistry*. 1993, **34**(1): 249-252

3. NS Bai, BN Zhou, L Sang, SM Sang, K He, QY Zheng. Three new sesquiterpene lactones from *Inula britannica*. *ACS Symposium Series*. 2003, **859**: 271-278

4. AR Han, W Mar, EK Seo. X-ray crystallography of a new sesquiterpene lactone isolated from *Inula britannica* var. *chinensis*. *Natural Product sciences*. 2003, **9**(1): 28-30

5. HT Lee, SW Yang, KH Kim, EK Seo, W Mar. Pseudoguaianolides isolated from *Inula britannica* var. *chinenis* as inhibitory constituents against inducible nitric oxide synthase. *Archives of Pharmacal Research*. 2002, **25**(2): 151-153

6. EY Kiseleva, VI Sheichenko, KS Rybalko, AA Ivashenko. Inulicin, a new sesquiterpene lactone from *Inula japonica*. *Khimiya Prirodnykh Soedinenii*. 1968, **4**(6): 386-387

7. RI Evstratova, VI Sheichenko, KS Rybalko. Sesquiterpene lactones from *Inula japonica*. *Khimiya Prirodnykh Soedinenii*. 1974, **6**: 730-733

8. K Ito, T Iida. Seven sesquiterpene lactones from *Inula britannica* var. *chinensis*. *Phytochemistry*. 1981, **20**(2): 271-273

9. C Yang, CM Wang, ZJ Jia, Sesquiterpenes and other constituents from the aerial parts of *Inula japonica*. *Planta Medica*. 2003, **69**(7): 662-666

금불초 旋覆花 ^{CP, KHP}

10. 王建華, 齊治, 賈桂勝, 陳蕾蕊, 林陽. 中藥旋覆花與其地區慣用品的藥理作用研究. 北京中醫. 1997, **1**: 42-44

11. M Han, JK Wen, B Zheng, DQ Zhang. Acetylbritannilatone suppresses NO and PGE$_2$ synthesis in RAW264.7macrophages through the inhibition of iNOS and COX-2 gene expression. *Life Sciences*. 2004, **75**(6): 675-684

12. LF Belova, AI Baginskaya, T Trumpe, SY Sokolov, KS Rybalko. Pharmacological properties of inulicin, a sesquiterpene lactone from *Inula japonica*. *Farmakologiya i Toksikologiya*. 1981, **44**(4): 463-467

13. 王萍, 吳冬青, 李彩霞. 旋覆花乙醇提取物的抗氧化性與抑菌作用研究. 中國醫學理論與實踐. 2005, **15**(1): 142-143, 153

14. JJ Shan, M Yang, JW Ren. Anti-diabetic and hypolipidemic effects of aqueous-extract from the flower of *Inula japonica* in alloxan-induced diabetic mice. *Biological & Pharmaceutical Bulletin*. 2006, **29**(3): 455-459

15. 胡書群, 任孝衝, 趙惠仁. 旋覆花等50種中藥對豬晶體醛糖還原酶的抑制作用. 中西醫結合眼科雜誌. 1992, **10**(1): 1-3

16. 時艷萍, 孫愛麗. 煎服旋覆花出現過敏反應1例. 中華當代醫學. 2005, **3**(1): 86

금불초 재배모습

숭람 菘藍 CP, KHP

Isatis indigotica Fort.

Indigo Blue Woad

개요

십자화과(Cruciferae)

숭람(菘藍, *Isatis indigotica* Fort.)의 뿌리를 건조한 것   중약명: 판람근(板藍根)

잎을 건조한 것   중약명: 대청엽(大青葉)

줄기와 잎을 가공하여 얻어낸 분말 혹은 단괴(團塊)   중약명: 청대(青黛)

대청속(*Isatis*) 식물은 전 세계에 약 30종이 있으며 중유럽, 지중해 지역, 아시아 서부 및 중부에 분포한다. 중국에 약 6종, 변이종 1종이 있으며 이 속에서 약으로 사용하는 것은 2종이다. 이 종은 중국이 원산지로 중국 각지에서 재배한다.

'숭람'이란 약명은 《본초경집주(本草經集注)》에 처음으로 기재되었다. 《중국약전(中國藥典)》(2015년 판)에 수록된 이 종의 뿌리, 잎 혹은 줄기를 가공하거나 건조하여 얻어 낸 분말을 각각 판람근, 대청엽, 청대로 분류하며 모두 약으로 사용된다. 주요산지는 중국의 강소, 안휘이고 그 외에 절강, 하남, 하북, 산동, 요녕, 내몽고 및 서부의 대부분 지역에서 재배한다. 《대한민국약전외한약(생약)규격집》(제4개정판)에는 판람근을 "숭람(*Isatis indigotica* Fortune, 십자화과)의 뿌리"로 등재하고 있다.

숭람에는 주로 인돌, 퀴나졸린 화합물 및 세멘 배당체 화합물 등의 성분이 함유되어 있으나 그 약리활성성분은 명확하지 않다. 현재는 주로 인디고와 인디루빈을 정량검측의 지표로 사용한다[1]. 《중국약전》에서는 고속액체크로마토그래피법을 이용하여 건조시료 중 알에스에피고이트린의 함량을 0.020% 이상으로, 음편(飲片) 중 그 성분의 함량을 0.030% 이상으로, 대청엽의 경우 인디루빈의 함량을 0.020% 이상으로, 청대의 경우 인디고의 함량을 2.0% 이상, 인디루빈의 함량을 0.13% 이상으로 약재의 규격을 정하고 있다.

약리연구를 통하여 숭람에는 항병원미생물, 항바이러스, 해열, 진통, 항염, 항암, 면역증강 등의 작용이 있는 것으로 알려져 있다.

한의학에서 판람근과 대청엽은 청열해독(清熱解毒), 양혈리인소종(凉血利咽消腫) 등의 효능이 있다.

숭람 菘藍 *Isatis indigotica* Fort.

약재 대청엽 藥材大青葉
Isatidis Folium

1cm

약재 판람근 藥材板藍根
Isatidis Radix

1cm

숭람 菘藍 CP, KHP

함유성분

뿌리에는 인돌 성분으로 indigo, indirubin, indoxyl-β-glucoside, isatin[1], (E)-3-(3',5'-dimethoxy-4'-hydroxy-benzylidene)-2-indolinone[2], hydroxy indirubin[3], indole-3-acetonitrile-6-O-β-D-glucopyranoside[4], bisindigotin[5] 등이 함유되어 있으며, 퀴나졸리논 성분으로 isaindigodione, 3-(2'-hydroxyphenyl)-4(3H)-quinazolinone[6], qingdainone, tryptanthrin, 2,3-dihydro-1H-pyrrolo[2,1-O][1, 4] benzodiazepine-5,11(10H,11aH)-dione, deoxyvasicinone[7], isaindigotidione[2], 2,4(1H,3H) quinazolinedione[8], tryptanthrin B[9], 안트라퀴논 성분으로 emodin, emodin-8-O-β-D-glucoside[10], 플라보노이드 성분으로 homovitexin, linarin[10], neohesperidin, liquiritigenin, isoliquiritigenin[11], 리그난류 성분으로 syringin, (+)-isolariciresinol[4], clemastanin B, indigoticoside A[12] 등이 함유되어 있다. 또한 겨자 배당체와 유기산이 함유되어 있다. 잎에는 indirubin, indigo, isatan B, 2,4 (1H,3H)-quinazoline dione, tryptanthrin 등의 성분이 함유되어 있다.

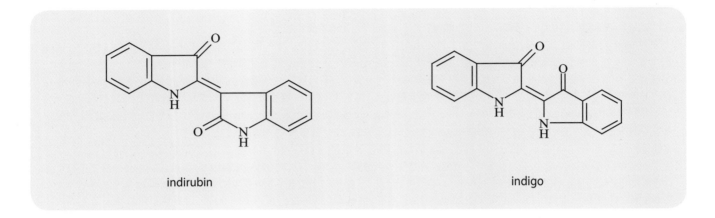

indirubin

indigo

약리작용

1. 항병원미생물

   숭람 추출물의 단량체는 *in vitro*에서 콕사키바이러스 B₃(CVB₃)[13], 아데노바이러스[14], I형 단순포진바이러스(HSV-1)[15], 코로나바이러스(SARS)[16], 독감바이러스, B형 뇌염바이러스 및 볼거리바이러스 등에 억제작용이 있다[17]. 판람근 추출물은 *in vitro*에서 CVB₃에 감염된 Rat의 바이러스성 심근염(VMC) 및 심근세포에 대해 보호작용이 있다[18]. 숭람 잎의 추출물을 위에 주입하면 CVB₃의 감염 초기에 나타나는 Mouse의 VMC의 병리변화에 대해 개선작용이 있다[19]. 숭람 잎과 판람근의 추출물은 *in vitro*에서 황색포도상구균 등의 질병유발성 병원균에 대해 광범위한 항균작용이 있는데[20] 그 고극성(高極性) 부위의 항균활성이 비교적 강하다[21].

2. 항내독소(抗内毒素)

   판람근의 클로로포름 추출물은 *in vitro*에서 내독소의 결합구조를 직접적 파괴한다[22]. 또한 위에 주입하면 지질다당(LPS)의 자극에 의한 Mouse의 대식세포 분비 종양괴사인자-α(TNF-α)와 일산화질소(NO)를 억제할 수 있고 간, 비장, 신장조직 중의 모에신 mRNA 발현[23-24] 및 P38 단핵세포에서 분비된 단백활성효소의 활성을 억제할 수 있으며 Mouse의 사망률을 감소시킬 수 있다[25]. 또한 내독소혈증에 걸린 Mouse의 대식세포막지질의 각 조성부분에 대해 보호작용이 있다[26]. 시링산은 항내독소의 주요 활성성분 가운데 하나이며[27] 대청엽의 시링산 추출부위에서도 항내독소활성이 나타나고 있다[28]. *In vitro* 실험에서 판람근의 클로로포름 추출물은 LPS 자극에 의한 Mouse의 TNF-α와 인터루킨-6의 분비를 억제하고 NO의 농도를 낮출 수 있다[29].

3. 해열, 진통

   판람근의 알코올 추출물을 복강에 주사하면 포르말린으로 유발된 Mouse의 경련반응에 뚜렷한 진통작용이 있으며 LPS로 유발된 Rat의 발열에 뚜렷한 해열작용이 있다[30]. 또한 판람근의 클로로포름 추출물을 집토끼의 이연정맥(耳緣靜脈)에 주사하면 내독소로 유발된 발열을 억제할 수 있다[23].

4. 항염

   판람근의 알코올 추출물을 복강에 주사하면 Rat의 카라기난으로 유발된 발바닥 종창에 뚜렷한 항염작용이 있다[30]. 또 위에 주입하면 디메칠벤젠으로 유발된 Mouse의 귓바퀴 종창에도 뚜렷한 항염작용이 있는데 그 고극성 부위의 항염활성이 비교적 강력하다[21]. 화학발광법 검측을 통하여 판람근의 저극성 유분 및 그의 아류분에도 항염성분이 함유되어 있음이 밝혀졌다[31].

5. 항암

   판람근의 트립탄트린 B는 *in vitro*에서 간암세포 BEL-7402, 난소암세포 A2780의 증식에 대해 억제작용이 있다[9]. 판람근의 고급불포화지방산은 *in vitro*에서 간암세포 BEL-7402의 증식을 억제할 수 있고[32], 복강에 주사하면 Mouse의 이식종양 S180의 성장을 억제할 수 있으며 간암이식종양 H22에 의한 Mouse 생존기간을 연장시킬 수 있다[33]. 판람근 중의 활성단위체와 고급불포화지방산은

*in vitro*에서 간암약재내성세포(BEL-7402/ADM, BEL-7404/ADM), 아드리아마이신 등의 내약활성을 역전시킬 수 있다[34-35].

6. 면역기능 증강

판람근의 다당류를 복강에 주사하면 Mouse의 면역기능을 촉진시킬 수 있고 대청엽을 달인 약액은 *in vitro*에서 콘카나발린 A로 유도된 Mouse의 비장임파세포 인터루킨-2의 분비를 촉진할 수 있으며 면역기능을 증강시킬 수 있다[36].

7. 기타

대청엽의 클로로포름 추출물은 시클로포스파미드에 의한 생식세포의 유전적 손상에 대해 경감작용이 있으며[37], 동시에 Mouse의 배아발육에 대해 보호작용이 있다[38]. 판람근의 고급유분 및 아류분에는 항산화유리기 활성성분이 들어 있다[39]. 판람금의 응집소는 흉선임파세포의 분화를 촉진할 수 있다[40]. 이사틴도 모노아민산화효소(MAO)의 활성을 억제할 수 있다[41].

용 도

숭람은 중의임상에서 사용하는 약이다. 뿌리를 말린 것을 '판람근'이라고 하고 잎을 말린 것을 '대청엽'이라고 하며 줄기와 잎을 가공하여 얻어 낸 분말 혹은 단괴를 '청대'라고 부른다. 이 세 가지는 기본적으로 같은 성질을 지니고 있다. 청열해독(清熱解毒, 화열을 깨끗이 제거하고 몸의 독을 없이함), 양혈리인소염(涼血利咽消炎) 등의 효능이 있으며, 열입영혈(熱入營血), 열독발반[熱毒發斑, 열증(熱證)을 일으키는 병독으로 생긴 반진], 후비구창(喉痺口瘡, 인후와 입안이 허는 병증), 단독옹종(丹毒癰腫, 피부 또는 점막부의 다친 곳이나 헌데에 연쇄상구균이 들어가서 일어나는 급성 전염병), 서열경간[暑熱驚癎, 서사(暑邪)를 받아서 생긴 열증으로 인한 간질], 경풍추축[驚風抽搐, 경풍(驚風)으로 팔다리의 근육이 줄어들기도 하고 늘어나기도 하며 계속 움직이는 병증] 등의 치료에 사용한다.

현대임상에서는 바이러스 및 세균성 질병, 유행성 B형 뇌염, 유행성 감기, 유행성 이하선염, 폐렴, 간염, 렙토스피라증, 대상포진 등의 병증에 사용한다.

해 설

《중국약전》에 수록된 쥐꼬리망초과 식물 마람(馬藍, *Baphicacanthus cusia* (Nees) Bremek.)은 중약 남판람근(南板藍根)의 법정기원식물인데 그 말린 뿌리줄기 및 뿌리를 약으로 쓴다. 마람은 중국의 남방 지역에서 사용한다.

현대의 함유성분과 약리연구의 결과에서 이 품목은 다양한 성분, 다양한 타깃, 다양한 경로를 통해 작용하며 다양한 약리활성을 나타낸다. 이에 반드시 빠른 시일 내에 약리효과의 활성 부위를 찾아내어 메커니즘을 밝혀낼 수 있도록 추가적인 연구와 개발이 진행되어야 한다. 현재 안휘에 숭람의 대규모 재배단지가 조성되어 있다.

참고문헌

1. 崔卓, 王穎, 康廷國. 板藍根有效成分質量研究. 遼寧中醫雜誌. 2004, **31**(8): 692-693

2. 劉雲海, 秦國偉, 丁水平, 吳曉雲. 板藍根化學成分研究 (I). 中草藥. 2001, **32**(12): 1057-1060

3. 丁水平, 劉雲海, 李敬, 秦國偉, 吳曉雲. 板藍根化學成分研究 (II). 醫藥導報. 2001, **20**(8): 475-476

4. 何立巍, 李祥, 陳建偉, 吳健, 孫東東. 板藍根水溶性化學成分的研究. 中國藥房. 2006, **17**(3): 232-234

5. XY Wei, CY Leung, CKC Wong, XL Shen, RNS Wong, ZW Cai, NK Mak. Bisindigotin, a TCDD antagonist from the Chinese medicinal herb *Isatis indigotica*. *Journal of Natural Products*. 2005, **68**(3): 427-429

6. 劉雲海, 秦國偉, 丁水平, 吳曉雲. 板藍根化學成分的研究 (III). 中草藥. 2002, **33**(2): 97-99

7. 劉雲海, 吳曉雲, 方建國, 湯杰. 板藍根化學成分研究 (IV). 醫藥導報. 2003, **22**(9): 591-594

8. 徐麗華, 黃芳, 陳婷, 吳潔. 板藍根中的抗病毒活性成分. 中國天然藥物. 2005, **3**(6): 359-360

9. 梁永紅, 侯華新, 黎丹戎, 秦箐, 邱莉, 吳華慧. 板藍根二酮B體外抗癌活性研究. 中草藥. 2000, **31**(7): 531-533

10. 劉雲海, 吳曉雲, 方建國, 謝委. 板藍根化學成分研究 (V). 中南藥學. 2003, **1**(5): 302-305

11. 何鐵, 魯靜, 林瑞超. 板藍根化學成分研究. 中草藥. 2003, **34**(9): 777-778

12. 張永文, 俞敏倩, 陳玉武, 李克明, 陳建民. 板藍根中的木脂素雙葡萄糖苷. 中國中藥雜誌. 2005, **30**(5): 395-397

13. 趙玲敏, 楊占秋, 鍾瓊, 王薇, 方建國, 湯杰, 丁曉華, 蕭紅. 菘藍的4種單體成分抗柯薩奇病毒作用的研究. 武漢大學學報 (醫學版). 2005, **26**(1): 53-57

14. 趙玲敏, 楊占秋, 方建國, 湯杰, 丁曉華, 蕭紅. 菘藍的4種有效成分及配伍組合抗腺病毒作用的研究. 中藥新藥與臨床藥理. 2005, **16**(3): 178-181

15. 方建國, 湯杰, 楊占秋, 胡姬, 劉雲海, 王文清. 板藍根體外抗單純疱疹病毒 I 型作用. 中草藥. 2005, **36**(2): 242-244

16. CW Lin, FJ Tsai, CH Tsai, CC Lai, L Wan, TY Ho, CC Hsieh, PDL Chao. Anti-SARS coronavirus 3C-like protease effects of Isatis indigotica root and plant-derived phenolic compounds. *Antiviral Research*. 2005, **68**(1): 36-42

17. 王本祥. 現代中藥藥理學. 天津: 天津科學出版社. 1997: 1514-1516

18. 朱理安, 關瑞錦, 胡錫衷. 板藍根對實驗性病毒性心肌炎心肌細胞的保護作用研究. 中華心血管病雜誌. 1999, **27**(6): 467-468

19. 李小青, 張國成, 許東亮, 衛文峰, 李如英. 黃芪和大青葉治療小鼠病毒性心肌炎的對比研究. 中國當代兒科雜誌. 2003, **5**(5): 439

20. 鄭劍玲, 王美惠, 楊秀珍, 吳立軍. 大青葉和板藍根提取物的抑菌作用研究. 中國微生態學雜誌. 2003, **15**(1): 18

21. 湯杰, 施春陽, 徐晗, 王文清, 方建國, 劉雲海. 板藍根抑菌抗炎活性部位的評價. 中國醫院藥學雜誌. 2003, **23**(6): 327-328

22. 劉雲海, 方建國, 謝委. 板藍根抗内毒素機制研究. 中國藥科大學學報. 2003, **34**(5): 442-447

23. 劉雲海, 方建國, 王文清, 湯杰, 施春陽, 謝委. 板藍根抗内毒素活性有效部位研究(I). 中南藥學. 2004, **2**(4): 195-198

24. 劉雲海, 謝委, 方建國, 李敬. 板藍根有效部位F022對脂多糖刺激小鼠組織膜結構伸展刺突蛋白mRNA表達的影響. 醫藥導報. 2006, **25**(1): 1-3

25. 劉雲海, 方建國, 王文清, 湯杰, 施春陽, 伍三蘭. 板藍根抗内毒素活性部位研究(II). 中南藥學. 2004, **2**(5): 263-266

26. 王新春, 許平, 劉北彥, 蕭莉萍, 劉雪松, 劉春麗. 板藍根磷脂對内毒素血症小鼠巨噬細胞膜脂成分的保護作用. 中華急診醫學雜誌. 2005, **14**(7): 577-578

27. 劉雲海, 方建國, 龔雪凡, 謝委. 板藍根中丁香酸的抗内毒素作用. 中草藥. 2003, **34**(10): 926-928

28. 方建國, 施春陽, 湯杰, 王文清, 劉雲海. 大青葉抗内毒素活性部位篩選. 中草藥. 2004, **35**(1): 60-62

29. 劉雲海, 尹雄章, 謝委, 石初晶. 板藍根對脂多糖刺激鼠釋放炎性細胞因子的影響. 中國藥房. 2006, **17**(1): 18-20

30. YL Ho, YS Chang. Studies on the antinociceptive, anti-inflammatory and antipyretic effects of *Isatis indigotica* root. *Phytomedicine*. 2002, **9**: 419-424

31. 秦菁, 賀海平, SB Christensen, HB Rasmussen, A Kharazmi, 陳鳴. 板藍根低極性流分的分離及其免疫活性. 中國臨床藥學雜誌. 2001, **10**(1): 29-31

32. 侯華新, 秦菁, 黎丹戎, 唐東平, 邱莉, 吳華慧, SB Christensen, HB Rasmussen. 板藍根高級不飽和脂肪組酸的體外抗人肝癌BEL-7402細胞活性. 中國臨床藥學雜誌. 2002, **11**(1): 16-19

33. 侯華新, 黎丹戎, 秦菁, 梁綱, 梁永紅, 邱莉, 臧林泉. 板藍根高級不飽和脂肪組酸體内抗腫瘤實驗研究. 中藥新藥與臨床藥理. 2002, **13**(3): 156-157

34. 韋長元, 黎丹戎, 劉劍侖, 梁安民, 姜颭, 唐東平, 侯華新, 秦菁. 板藍根組酸活性單體-5b對不同肝癌耐藥細胞的逆轉作用. 實用腫瘤雜誌. 2003, **18**(1): 44-46

35. 侯華新, 黎丹戎, 韋長元, 秦菁, 姜颭, 唐東平. 板藍根高級不飽和脂肪酸對耐藥肝癌細胞株BEL-7404/ADM逆轉作用實驗. 中國現代應用藥學雜誌. 2002, **19**(5): 351

36. 趙紅, 張淑杰, 馬立人. 大青葉水煎劑調節小鼠免疫細胞分泌IL-2, TNF-α的體外研究. 陝西中醫. 2003, **23**(8): 757

37. 王莉, 邢綏光, 安長新. 菘藍對小鼠生殖細胞損傷的保護作用. 癌變. 畸變. 突變. 2002, **14**(4): 238-240

38. 王莉, 買爾江, 邢綏光, 安長新. 菘藍對小鼠胚胎發育的保護作用. 解剖學雜誌. 2004, **27**(1): 47

39. 秦菁, 侯華新, 邱莉, 吳華慧, 魏猛杰, 潘志松. 板藍根高極性流分及其亞流分抗氧自由基的活性. 中國臨床藥學雜誌. 2001, **10**(6): 373

40. 胡興昌, 張慧綺. 板藍根凝集素對小鼠胸腺淋巴細胞分裂作用的電鏡觀察. 上海師範大學學報(自然科學版). 2002, **31**(1): 61-66

41. N Hamaue. Pharmacological role of isatin, an endogenous MAO inhibitor. *Yakugadu Zasshi*. 2000, **120**(4): 352-362

호도나무 胡桃 CP, KHP, IP

Juglandaceae

Juglans regia L.
Walnut

 개 요

가래나무과(Juglandaceae)
호도나무(胡桃, *Juglans regia* L.)의 잘 익은 씨를 건조한 것
중약명: 호도인(核桃仁)

가래나무속(*Juglans*) 식물은 전 세계에 약 20종이 있으며 남북반구의 온대와 아열대 지역에 분포한다. 중국산이 5종, 변이종 1종이 있으며 이 속에서 약으로 사용되는 것은 3종이다. 이 종은 중국 각지에 분포하며 중앙아시아와 서남아시아 및 유럽에도 분포한다. '호도인'이란 약명은 《천금방(千金方)》에 처음으로 기재되었으며, 역대의 본초서적에 많이 기록되었다. 《중국약전(中國藥典)》(2015년 판)에 수록된 이 종은 중약 호도인의 법정기원식물이다. 주요산지는 중국의 하북, 북경, 산서, 산동 등이다. 《대한민국약전외한약(생약)규격집》(제4개정판)에는 호도를 "호도나무(*Juglans regia* Linne, 가래나무과)의 씨"로 등재하고 있다.

호도나무에는 지방, 단백질 및 스테로이드 성분이 있다. 《중국약전》에서는 약재의 성상과 수분 함량에 따라 약재의 규격을 정하고 있다.

약리연구를 통하여 호도나무의 씨는 강장, 항노화, 항종양 등의 작용이 있는 것으로 알려져 있다.

한의학에서 호도인은 보신(補腎), 온폐(溫肺), 윤장(潤腸) 등의 효능이 있다.

호도나무 胡桃 *Juglans regia* L.

495

호도나무 胡桃 CP, KHP, IP

호도나무 胡桃 *Juglans regia* L.

약재 호도 藥材胡桃 *Juglandis Semen*

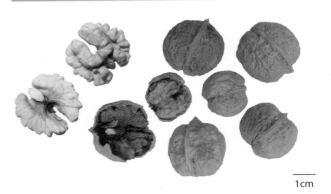

1cm

함유성분

씨에는 지방산 성분으로 linoleic acid, linolenic acid, palmitoleic acid, oleic acid, myristolenic acid[1], 스테로이드 성분으로 β-sitosterol, Δ⁵-avenasterol, campesterol[2], 폴리페놀 성분으로 glansrins A, B, C[3] 등이 함유되어 있다. 또한 serotonin[4], cystine, cysteine, aspartic acid, serine, glycine, alanine, proline, tyrosine, phenylalanine, tryptophan[5] 등이 함유되어 있다.
겉껍질에는 나프토퀴논 성분으로 1,4-naphthoquinone, juglone, 2-methyl-1,4-naphthoquinone, plumbagin[6] 등이 함유되어 있다.
나무껍질에는 (-)-regiolone, juglone, betulinic acid[7] 등이 함유되어 있다.
뿌리껍질에는 3,3'-bisjuglone[8] 등이 함유되어 있다.
잎에는 플라보노이드 배당체 성분으로 juglanin, avicularin, trifolin, hyperin[9] 등이 함유되어 있다.

약리작용

1. 항산화
   호도는 *in vitro*에서 뚜렷한 과산화활성산소의 제거능력이 있다. 그 제거율은 $30.86 \pm 6.27\%$인데 비타민 C보다는 약하다[10]. 호도를 Mouse에게 먹이면 20주 이후에 세포막 Na^+/K^+-ATP 효소의 활성이 상승하고 혈청 지질과산화(LPO)의 수준을 낮춤과 동시에 슈퍼옥시드디스무타아제의 활성을 제고한다[11]. 호도는 염화제이수은($HgCl_2$)으로 인한 Mouse의 혈장, 간, 뇌조직의 혈청 LPO 상승에 대하여 뚜렷한 억제작용이 있다[12].

2. 생장발육 촉진
   호도의 가루를 Mouse에게 먹이면 3주, 4주 연령의 Mouse의 체중을 상승시키며 귓바퀴 분리, 털 생장, 앞니 발육, 바로눕기 및 평면 선회시간에 대하여 상이한 정도로 시간을 단축할 수 있다. 이로써 호도는 일정한 발육과 생육에 대한 작용이 있음을 알 수 있다[13].

3. 학습기억력 촉진
   Mouse에게 호도 추출물을 먹인 후, 도약실험과 물 미로실험을 통해 학습착오의 차수가 뚜렷하게 감소됨을 발견하였으며 뇌 내의 일산화질소 수준을 뚜렷하게 증가시키는 것이 확인되었다[14].

4. 항종양
   성숙되지 않은 호도나무 씨의 껍질(핵도의 청피) 추출물은 Mouse의 이식종양 S180에 대해 억제작용이 있다[15].

5. 기타
   호도는 전뇌 허혈이 있는 Mouse의 생존시간을 연장하며 항스트레스작용이 있다[16].

용도

호도는 중의임상에서 사용하는 약이다. 보신, 온폐정천(溫肺定喘, 폐를 따뜻하게 하여 기침을 그치게 함), 윤장(潤腸, 장의 기운을 원활히 해줌) 등의 효능이 있으며, 폐신허로 인한 천식, 유정(遺精, 성교 없이 정액이 흘러나오는 병증), 소변빈삭(小便頻數, 배뇨 횟수가 잦은 것), 장조변비(腸燥便秘, 대장의 진액이 줄어들어 대변이 굳어진 것) 등의 치료에 사용한다.
현대임상에서는 만성 기관지염, 간경화복수(肝硬化腹水, 간경화로 인해 배에 물이 차는 것), 요로결석, 자궁경부암 등의 병증에 사용한다.

해 설

호도나무의 성숙되지 않은 열매의 육질과 열매껍질을 청호도피(靑胡桃皮)라고 부르는데, 민간에서는 이질, 만성 기관지염, 폐기종, 부스럼과 종기, 완고성 버짐 등의 치료에 사용한다. 호도나무 잎은 민간에서 백색대하 및 개선(疥癬) 등의 치료에 사용한다. 현대의 연구에서 호도나무에는 항균, 항암, 항염, 항산화, 혈관이완 등의 작용이 있는 것으로 밝혀졌다[17-19]. 따라서 호도나무에 대한 다양한 연구와 개발이 필요하다[18].

호도나무의 꽃은 중국 운남의 일부 지역 민간에서 채소로 먹기도 하는데 분석과 측정을 통하여 호도나무의 꽃에는 영양이 비교적 풍부한 것으로 확인되었다. 호도나무의 단백질 함량은 21%로 아주 높으며 칼륨, 철, 망간, 아연, 세레늄 및 β-카로틴, 비타민 B2, 비타민 E, 비타민 C 등의 함량도 비교적 높아 건강식품으로서의 개발과 이용이 다양하게 이루어지고 있다[20].

호도인에는 지방산이 풍부한데 특히 불포화지방산의 함량이 매우 높다. 또한 항산화, 항노화 등의 효능이 있기 때문에 식용유로 개발되고 있다.

참고문헌

1. Z Kawecki, J Jaworski. Fatty acids of crude lipid in stratified walnut seeds, *Juglans regia. Fruit Science Reports*. 1975, **2**(2): 17-23

2. S Amaral Joana, S Casal, A Pereira Jose, M Seabra Rosa, PP Oliveira Beatriz. Determination of sterol and fatty acid compositions, oxidative stability, and nutritional value of six walnut (*Juglans regia* L.) cultivars grown in Portugal. *Journal of Agricultural and Food Chemistry*. 2003, **51**(26): 7698-7702

3. T Fukuda, H Ito, T Yoshida. Antioxidative polyphenols from walnuts (*Juglans regia* L.). *Phytochemistry*. 2003, **63**(7): 795-801

4. L Bergmann, W Grosse, HG Ruppel. Formation of serotonin in *Juglans regia. Planta*. 1970, **94**: 47-59

5. N Nedev, P Prodanski, S Dzhondzhorova. Protein level and amino acid composition in the nuclei of walnut (*Juglans regia*) varieties. *Doklady Akademii Sel`skokhozyaistvennykh Nauk v Bolgarii*. 1971, **4**(3): 295-298

6. N Mahoney, RJ Molyneux, BC Campbell. Regulation of aflatoxin production by naphthoquinones of walnut (*Juglans regia*). *Journal of Agricultural and Food Chemistry*. 2000, **48**(9): 4418-4421

7. SK Talapatra, B Karmacharya, SC De, B Talapatra. (-)-Regiolone, an α-tetralone from *Juglans regia*:structure, stereochemistry and conformation. *Phytochemistry*. 1988, **27**(12): 3929-3932

8. M Pardhasaradhi, BM Hari. A new bisjuglone from *Juglans regia* root bark. *Phytochemistry*. 1978, **17**(11): 2042-2043

9. G Tsiklauri, M Dadeshkeliani, A Shalashvili. Georgia. Flavonol in ordinary nut tree leaves. *Bulletin of the Georgian Academy of Sciences*. 1998, **157**(2): 308-310

10. 韋紅霞, 韋英群, 張樹球, 韋鶯肢, 莫翠新, 唐一衡, 李震. 核桃仁抗超氧陰離子自由基能力的研究. 現代中西醫結合雜誌. 2003, **12**(17): 1823-1824

11. 王素敏, 符雲峰, 董玉枝, 王薇. 胡桃對小鼠組織細胞膜酶及脂質過氧化的影響. 營養學報. 1994, **16**(2): 195-196

12. 江城梅, 仺棣, 趙紅, 馬棟柱, 王允滋. 核桃仁拮抗氯化高汞致衰老和誘變作用. 蚌埠醫學院學報. 1995, **20**(4): 227-228

13. 張立實, 馮曦兮, 趙銳, 吳紫華. 智強核桃粉對小鼠生長發育的影響. 現代預防醫學. 1998, **25**(2): 189-192

14. 趙海峰, 李學敏, 仺榮. 核桃提取物對改善小鼠學習和記憶作用的實驗研究. 山西醫科大學學報. 2004, **35**(1): 20-22

15. 王春玲, 曹小紅. 核桃青皮對S180實體瘤的作用研究. 食品科學. 2004, **25**(11): 285-287

16. 王志平, 楊栓平, 李文德, 楊鎮連. 核桃油及維生素E複合核桃油對動物功能行爲影響的研究. 山西醫藥雜誌. 2000, **29**(4): 325-326

17. 胡博路, 杭瑚. 核桃清除活性氧自由基的研究. 中草藥. 2002, **33**(3): 227-228

18. N Erdemoglu, E Kupeli, E Yesilada. Anti-inflammatory and antinociceptive activity assessment of plants used as remedy in Turkish folk medicine. *Journal of Ethnopharmacology*. 2003, **89**(1): 123-129

19. M Perusquia, S Mendoza, R Bye, E Linares, R Mata. Vasoactive effects of aqueous extracts from five Mexican medicinal plants on isolated rat aorta. *Journal of Ethnopharmacology*. 1995, **46**(1): 63-69

20. 陳朝銀, 趙聲蘭, 曹建新, 張榮慶, 郭家明. 核桃花營養成分的分析. 中國野生植物資源. 1999, **18**(2): 45-47

댑싸리 地膚 CP, KP

Kochia scoparia (L.) Schrad.

Belvedere

 개요

명아주과(Chenopodiaceae)

댑싸리(地膚, *Kochia scoparia* (L.) Schrad.)의 잘 익은 열매를 건조한 것

중약명: 지부자(地膚子)

댑싸리속(*Kochia*) 식물은 전 세계에 약 35종이 있으며 아프리카, 중유럽, 아시아의 온대 지역, 아메리카 북부와 서부 지역에 분포한다. 중국에 약 7종이 있으며 약으로 사용되는 것은 1종이다. 지부는 중국 각지에 모두 분포하고 유럽 및 아시아의 기타 지역에서도 난다.

'지부자'라는 약명은 《신농본초경(神農本草經)》에 상품으로 처음 기재되었으며 역대 본초서적에 많이 기록되었다. 고대의 지부자 약용품종은 오늘날과 일치한다. 《중국약전(中國藥典)》(2015년 판)에 수록된 이 종이 중약 지부자의 법정기원식물이다. 주요산지는 중국의 강소, 산동, 하남, 하북 등이다. 《대한민국약전》(11개정판)에는 지부자를 "댑싸리(*Kochia scoparia* Schrader, 명아주과)의 잘 익은 열매"로 등재하고 있다.

댑싸리에 함유된 주요성분은 트리테르페노이드 사포닌이며 지부자에 함유된 사포닌은 주요 약리활성성분이다. 《중국약전》에서는 모몰딘 Ic를 대조품으로 지부자 약재에 함유된 지부자 사포닌 함량을 1.8% 이상으로 약재의 규격을 정하고 있다.

약리연구를 통하여 지부자에는 항병원미생물, 항염, 항알레르기, 혈당강하, 항위점막 손상 등의 작용이 있는 것으로 알려져 있다.

한의학에서 지부자는 청열이습(清熱利濕), 거풍지양(祛風止癢) 등의 효능이 있다.

댑싸리 地膚 *Kochia scoparia* (L.) Schrad.

약재 지부자 藥材地膚子 Kochiae Fructus

0.5cm

함유성분

열매에는 주로 트리테르페노이드 사포닌 성분으로[1] momordin Ib, Ic, IIc, kochiosides A, B, C[2, 5], 2'-O-β-D-glucopyranosylmomordin Ic, 2'-O-β-D-glucopyranosylmomordin IIc[6], kochianosides I, II, III, IV[7], scoparianosides A, B, C[8], 28-O-β-D-glucopyranosyl oleanolic acid, 3-O-β-D-[6-O-methyl-glucuronopyranosyl] oleanolic acid, stigmasterol-3-O-b-D-glycopyranoside[9] 등이 함유되어 있다. 또한 24-ethyllathosterol[10]과 같은 스테로이드가 함유되어 있다.

지상부에는 알칼로이드 성분으로 harmine, harmane[11] 등이 함유되어 있다.

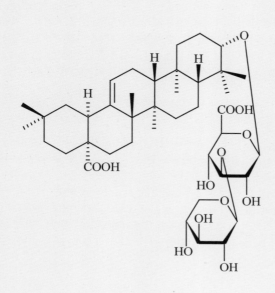

momordin Ic

 약리작용

1. **항병원미생물**

   초임계 이산화탄소(CO_2)로 추출한 지부자유는 *in vitro*에서 황색포도상구균, 표피포도상구균, 석고상모선균, 홍색모선균, 개소포자균 등의 병균을 억제할 수 있다. 초임계 CO_2로 추출한 지부자유는 *in vitro*에서 음도적충에도 비교적 좋은 억제작용이 있는데 그 음도적충 생장의 최저 약물농도는 0.32~1.28mg/mL이다[12–13]. 지부자의 에테르 추출물은 *in vitro*에서 각막질병유발 진균인 *Fusarium moniliforme*의 성장을 억제할 수 있는데 그 최소 항균활성농도는 2.5mg/mL이다[14].

2. **항염**

   지부자의 메탄올 추출물은 완전프로인트항원보강제(FCA)로 유발된 Rat의 애드번트관절염을 억제할 수 있으며 에탄올 추출물에도 유사한 작용이 있다. 주요 항염활성성분은 모몰딘 Ic 및 게닌오레아노릭산이 있다[2, 15]. 지부자의 메탄올 추출물의 항염활성작용기전은 지질다당(LPS)으로 유도된 종양괴사인자–α(TNF–α), 프로스타글란딘 E$_2$, 일산화질소(NO) 등과 같은 염증성 기질을 억제하는 것과 관련이 있다[16].

3. **항알레르기**

   지부자 추출물은 복강대식세포의 탐식효능을 억제할 수 있고[17] 에탄올 추출물을 투여하면 화합물 48/80으로 유발된 Mouse의 긁기반응을 억제하며 Rat의 I, III, IV형 아토피 반응을 억제한다[18–20]. 알코올 혹은 사포닌 추출물을 위에 주입하면 면양적혈구(SRBC)로 유도된 Mouse의 지발성 발바닥 종창 및 염화피크릴로 유도된 Mouse의 귓바퀴 접촉성 피부염을 억제할 수 있다. 속발성 및 지발성 아토피 반응을 억제하는 활성성분은 모몰딘사포닌이다[21].

4. **강혈당**

   지부자의 알코올 추출물과 몰모딘 Ic를 위에 주입하면 포도당으로 유발된 Rat의 혈당상승을 억제할 수 있고[8] 부탄올 추출물, 사포

댑싸리 地膚 CP. KP

닌 및 몰모딘 Ic를 위에 주입하면 Mouse의 위장공복화를 억제할 수 있으며 부탄올과 사포닌을 위에 주입하면 알록산으로 유발된 고혈당 Mouse의 혈당 수준을 낮출 수 있다. 또한 부탄올 추출물은 농도 의존적으로 Rat 소장의 포도당 흡수를 감소시킨다[22~24].

5. 위장에 대한 영향

몰모딘 Ic를 투여하면 알코올로 유발된 Rat의 위장점막 손상을 억제할 수 있다[25]. 지부자의 알코올 추출물을 위에 주입하면 Mouse의 위장공복화를 억제할 수 있는데 그 작용기전은 중추신경계, 카테콜아민, 내원성 프로스타노이드 및 콜린효능신경계 등과 유관된다[26]. 지부자의 부탄올 추출물을 위에 주입하면 다양한 요소로 유발된 소장운동장애를 개선할 수 있다[27].

용 도

지부자는 중의임상에서 사용하는 약이다. 청열이습[淸熱利濕, 열을 내리고 습사(濕邪)를 제거함], 지양(止癢, 부스럼의 가려움을 그치게 함) 등의 효능이 있으며, 임병, 풍진(風疹, 발진성 급성 피부 전염병), 습창(濕瘡, 다리에 나는 부스럼), 전신의 소양(瘙癢, 피부가 가려움), 하초습열(下焦濕熱, 배꼽 아랫부분의 하체에 습기가 많아지면서 열이 심한 증세), 외음부 습양(濕癢, 습하고 가려움) 등의 치료에 사용한다. 현대임상에서는 급성 신염, 비뇨계 결석, 두통, 급성 유선염, 습진, 두드러기 등의 병증에 사용한다.

해 설

댑싸리는 중국 각지에 보편적으로 분포하지만 각기 다른 산지와 상이한 채집시기에 따라 지부자 약재 중의 몰모딘 Ic와 사포닌 함량에 일정한 차이가 있기 때문에 사용할 때 산지와 채집시기를 고려해야 한다[28~29]. 그 밖에 댑싸리의 어린줄기와 잎에도 약용가치가 있는데 지부묘(地膚苗)라고 부른다.

지부자는 임상에서 족선(足癬), 은설병(銀屑病), 습진 등의 피부진균 감염치료에 사용한다.

약리연구를 통해서 지부자에는 여러 가지 균에 대한 억제작용이 있는 것으로 알려져 있다. 최근 임상에서는 항진균, 항생물질 및 그 화학약물의 부작용뿐만 아니라 독의 부작용이 비교적 크기 때문에 지부자에서 항균약이 개발되면 그 전망이 매우 밝다고 하겠다.

지부자의 주요 활성성분인 몰모딘 Ic, 몰모딘 IIc 등의 사포닌 화합물은 화학적 구조상 진세노사이드 R_0과 유사하며 그 활성에 대해서는 추가적인 연구가 필요하다.

참고문헌

1. 文曄, 王志學, 許春泉. 地膚子揮發油成分的研究. 中藥材. 1992, **15**(2): 29-31

2. JW Choi, KT Lee, HJ Jung, HS Park, HJ Park. Anti-rheumatoid arthritis effect of the *Kochia scoparia* fruits and activity comparison of momordin Ic, its prosapogenin and sapogenin. *Archives of Pharmacal Research*. 2002, **25**(3): 336-342

3. 文曄, 陳英傑, 李嘉和, 王志學, 許春泉. 地膚子中皂苷的研究. 中藥材. 1993, **16**(5): 28-30

4. 文曄, 陳英傑, 王志學, 李嘉和, 許春泉. 地膚子化學成分的研究. 中草藥. 1993, **24**(1): 5-7

5. 文曄, 陳英傑, 李嘉和, 王志學, 許春泉. 地膚子中的新三萜皂苷. 中藥材. 1993, **16**(8): 34-36

6. Y Wen, YJ Chen, ZP Cui, JH Li, ZX Wang. Triterpenoid glycosides from the fruits of *Kochia scoparia*. *Planta Medica*. 1995, **61**(5): 450-452

7. M Yoshikawa, Y Dai, H Shimada, T Morikawa, N Matsumura, S Yoshizumi, H Matsuda, H Matsuda, M Kubo. Studies on Kochiae Fructus. II. On the saponin constituents from the fruit of Chinese *Kochia scoparia*(Chenopodiaceae): chemical structures of kochianosides I, II, III, and IV. *Chemical & Pharmaceutical Bulletin*. 1997, **45**(6): 1052-1055

8. M Yoshikawa, H Shimada, T Morikawa, S Yoshizumi, N Matsumura, T Murakami, H Matsuda, K Hori, J Yamahara. Medicinal foodstuffs. VII. On the saponin constituents with glucose and alcohol absorption-inhibitory activity from a food garnish "Tonburi", the fruit of Japanese *Kochia scoparia* (L.) Schrad.:structures of scoparianosides A, B, and C. *Chemical & Pharmaceutical Bulletin*. 1997, **45**(8): 1300-1305

9. 汪豪, 范春林, 王蓓, 戴岳, 葉文才, 趙守訓. 中藥地膚子的三萜和皂苷成分研究. 中國天然藥物. 003, **1**(3): 134-136

10. Y Narumi, M Inoue, T Tanaka, S Takatsuto. Sterols in *Kochia scoparia* fruit. *Journal of Oleo Science*. 2001, **50**(11): 913-916

11. K Drost-Karbowska, Z Kowalewski, JD Phillipson. Isolation of harmane and harmine from *Kochia scoparia*. *Lloydia*. 1978, **41**(3): 289-290

12. 林秀仙, 李菁. 超臨界萃取地膚子油的抑菌作用研究. 中藥材. 2004, **27**(8): 603-604

13. 林秀仙, 李菁, 張淑華, 歐眞蓉, 胡劲維, 葛發欢. 地膚子超臨界CO_2萃取物抗陰道滴蟲藥效學研究. 中藥材. 2005, **28**(1): 44-45

14. 劉翠青, 王桂榮, 劉豔軍. 中藥地膚子乙醚提取物抗角膜真菌作用研究. 中華實用中西醫雜誌. 2005, **18**(5): 658

15. H Matsuda, Y Dai, Y Ido, S Ko, M Yoshikawa, M Kubo. Studies on Kochiae Fructus III. Antinociceptive and antiinflammatory effects of 70% ethanol extract and its component, momordin Ic from dried fruits of *Kochia scoparia* L. *Biological & Pharmaceutical Bulletin*. 1997, **20**(10): 1086-1091

16. KM Shin, YH Kim, WS Park, I Kang, J Ha, JW Choi, HJ Park, KT Lee. Inhibition of methanol extract from the fruits of *Kochia scoparia* on lipopolysaccharide-induced nitric oxide, prostagladin E_2, and tumor necrosis factor-production from murine macrophage RAW264.7 cells. *Biological & Pharmaceutical Bulletin*. 2004, **27**(4): 538-543

17. 戴岳, 黃羅生, 馮國雄, 杭秉茜. 地膚子對單核巨噬系統及遲發型超敏反應的抑制作用. 中國藥科大學學報. 1994, **25**(1): 44-48

18. M Kubo, H Matsuda, Y Dai, Y Ido, M Yoshikawa. Kochiae Fructus. I. Antipruritogenic effect of 70% ethanol extract from Kochiae Fructus and its active component. *Yakugaku Zasshi*. 1997, **117**(4): 193-201

19. H Matsuda, Y Dai, Y Ido, T Murakami, H Matsuda, M Yoshikawa, M Kubo. Studies on kochiae fructus. V. Antipruritic effects of oleanolic acid glycosides and the structure-requirement. *Biological & Pharmaceutical Bulletin*. 1998, **21**(11): 1231-1233

20. H Matsuda, Y Dai, Y Ido, MYoshikawa, M Kubo. Studies on Kochiae Fructus IV. Antiallergic effects of 70% ethanol extract and its component, momordin Ic from dried fruits of *Kochia scoparia* L. *Biological & Pharmaceutical Bulletin*. 1997, **20**(11): 1165-1170

21. 戴岳, 夏玉鳳, 陳海標, 松田秀秋, 久保道德. 地膚子70%醇提取物抑制速發型及遲發型變態反應. 中國現代應用藥學雜誌. 2001, **18**(1): 8-10

22. H Matsuda, Y Li, J Yamahara, M Yoshikawa. Inhibition of gastric emptying by triterpene saponin, momordin Ic, in mice:roles of blood glucose, capsaicin-sensitive sensory nerves, and central nervous system. *Journal of Pharmacology and Experimental Therapeutics*. 1999, **289**(2): 729-734

23. 戴岳, 劉學英. 地膚子總苷降糖作用的研究. 中國野生植物資源. 2002, **21**(5): 36-38

24. 戴岳, 夏玉鳳, 林己蘢. 地膚子正丁醇部分降糖機制的研究. 中藥藥理與臨床. 2003, **19**(5): 21-24

25. H Matsuda, Y Li, M Yoshikawa. Roles of capsaicin-sensitive sensory nerves, endogenous nitric oxide, sulfhydryls, and prostaglandins in gastroprotection by momordin Ic, an oleanolic acid oligoglycoside, on ethanol-induced gastric mucosal lesions in rats. *Life Sciences*. 1999, **65**(2): 27-32

26. 夏玉鳳, 戴岳, 楊麗. 地膚子對小鼠胃排空的抑制作用. 中國天然藥物. 2003, **1**(4): 233-236

27. 戴岳, 夏玉鳳, 楊麗. 地膚子正丁醇部分對小鼠小腸運動的影響. 中藥藥理與臨床. 2004, **20**(5): 18-20

28. 夏玉鳳, 王強, 戴岳, 裴鎧. 不同產地地膚子中皂苷的含量分析. 中國中藥雜誌. 2002, **27**(12): 890-893

29. 夏玉鳳, 王強, 戴岳. 不同採收期地膚子中皂苷的含量變化. 植物資源與環境學報. 2002, **11**(4): 54-55

부 록

■ 중국위생부 약식동원품목

	약재명	한글 약재명	학명	과명	사용 부위
1	丁香	정향	*Eugenia caryophyllata* Thunb.	정향나무과	꽃봉오리
2	八角茴香	팔각회향	*Illicium verum* Hook.f.	목란과	잘 익은 열매
3	刀豆	도두	*Canavalia gladiata* (Jacq.)DC.	콩과	잘 익은 씨
4	小茴香	소회향	*Foeniculum vulgare* Mill.	미나리과	잘 익은 열매
5	小薊	소계	*Cirsium setosum* (Willd.) MB.	국화과	지상부
6	山药	산약	*Dioscorea opposita* Thunb.	마과	뿌리줄기
7	山楂	산사	*Crataegus pinnatifida* Bge.var.*major* N.E.Br.	장미과	잘 익은 열매
			Crataegus pinnatifida Bge.	장미과	
8	马齿苋	마치현	*Portulaca oleracea* L.	마치현과	지상부
9	乌梅	오매	*Prunus mume* (Sieb.) Sieb.et Zucc.	장미과	덜 익은 열매
10	木瓜	모과	*Chaenomeles speciosa* (Sweet) Nakai	장미과	덜 익은 열매
11	火麻仁	화마인	*Cannabis sativa* L.	뽕나무과	잘 익은 열매
12	代代花	대대화	*Citrus aurantium* L.var.*amara* Engl.	운향과	꽃봉오리
13	玉竹	옥죽	*Polygonatum odoratum* (Mill.) Druce	백합과	뿌리줄기
14	甘草	감초	*Glycyrrhiza uralensis* Fisch.	콩과	뿌리와 뿌리줄기
			Glycyrrhiza inflata Bat.	콩과	
			Glycyrrhiza glabra L.	콩과	
15	白芷	백지	*Angelica dahurica* (Fisch.ex Hoffm.) Benth.et Hook.f.	미나리과	뿌리
			Angelica dahurica (Fisch.ex Hoffm.) Benth. et Hook.f.var.*formosana* (Boiss.) Shan et Yuan	미나리과	
16	白果	백과	*Ginkgo biloba* L.	은행과	잘 익은 씨
17	白扁豆	백편두	*Dolichos lablab* L.	콩과	잘 익은 씨
18	白扁豆花	백편두화	*Dolichos lablab* L.	콩과	꽃
19	龙眼肉(桂圆)	용안육(계원)	*Dimocarpus longan* Lour.	무환자나무과	씨의 껍질
20	决明子	결명자	*Cassia obtusifolia* L.	콩과	잘 익은 씨
			Cassia tora L.	콩과	
21	百合	백합	*Lilium lancifolium* Thunb.	백합과	비늘줄기
			Lilium brownie F.E.Brown var.*viridulum* Baker	백합과	
			Lilium pumilum DC.	백합과	
22	肉豆蔻	육두구	*Myristica fragrans* Houtt.	육두구과	씨, 씨 껍질
23	肉桂	육계	*Cinnamomum cassia* Presl	녹나무과	나무껍질
24	余甘子	여감자	*Phyllanthus emblica* L.	대극과	잘 익은 열매
25	佛手	불수	*Citrus medica* L.var.*sarcodactylis* Swingle	운향과	열매

26	杏仁(苦, 甜)	행인	*Prunus armeniaca* L.var.*ansu* Maxim	장미과	잘 익은 씨
			Prunus sibirica L.	장미과	
			Prunus mandshurica (Maxim) Koehne	장미과	
			Prunus armeniaca L.	장미과	
27	沙棘	사극	*Hippophae rhamnoides* L.	보리수나무과	잘 익은 열매
28	芡实	검실(가시연밥)	*Euryale ferox* Salisb.	수련과	잘 익은 씨
29	花椒	화초 (초피나무 열매)	*Zanthoxylum schinifolium* Sieb.et Zucc.	운향과	잘 익은 열매껍질
			Zanthoxylum bungeanum Maxim.	운향과	
30	赤小豆	적소두(붉은 팥)	*Vigna umbellata* Ohwi et Ohashi	콩과	잘 익은 씨
			Vigna angularis Ohwi et Ohashi	콩과	
31	麦芽	맥아(보리)	*Hordeum vulgare* L.	벼과	잘 익은 열매를 발아건조시킨 가공품
32	昆布	곤포(다시마)	*Laminaria japonica* Aresch.	거머리말과	엽상체
			Ecklonia kurome Okam.	다시마과	
33	枣 (大枣, 黑枣)	대추, 흑대추	*Ziziphus jujuba* Mill.	갈매나무과	잘 익은 열매
34	罗汉果	나한과	*Siraitia grosvenorii* (Swingle.) C.Jeffrey ex A.M.Lu et Z.Y.Zhang	박과	열매
35	郁李仁	욱리인	*Prunus humilis* Bge.	장미과	잘 익은 씨
			Prunus japonica Thunb.	장미과	
			Prunus pedunculata Maxim.	장미과	
36	金银花	금은화	*Lonicera japonica* Thunb.	인동과	꽃봉오리 및 꽃대가 달리기 시작할 때의 꽃
37	青果	청과 (감람나무 열매)	*Canarium album* Raeusch.	감람과	잘 익은 열매
38	鱼腥草	어성초	*Houttuynia cordata* Thunb.	삼백초과	신선한 전초 혹은 건조품 지상부
39	姜(生姜, 干姜)	강(생강, 건강)	*Zingiber officinale* Rosc.	생강과	뿌리줄기
40	枳椇子	지구자	*Hovenia dulcis* Thunb.	갈매나무과	약용: 잘 익은 씨 식용: 열매, 잎, 가지줄기
41	枸杞子	구기자	*Lycium barbarum* L.	가지과	잘 익은 열매
42	栀子	치자	*Gardenia jasminoides* Ellis	꼭두서니과	잘 익은 열매
43	砂仁	사인	*Amomum villosum* Lour.	생강과	잘 익은 열매
			Amomum villosum Lour.var.*xanthioides* T.L.Wu et Senjen	생강과	
			Amomum longiligularg T.L.Wu	생강과	
44	胖大海	반대해	*Sterculia lychnophora* Hance	오동과	잘 익은 씨
45	茯苓	복령	*Poria cocos* (Schw.) Wolf	구멍장이버섯과	균핵
46	香橼	향원	*Citrus medica* L.	운향과	잘 익은 열매
			Citrus wilsonii Tanaka	운향과	
47	香薷	향유	*Mosla chinensis* Maxim.	꿀풀과	지상부
			Mosla chinensis 'jiangxiangru'	꿀풀과	
48	桃仁	도인	*Prunus persica* (L.) Batsch	장미과	잘 익은 씨

48	桃仁	도인	*Prunus davidiana* (Carr.) Franch.	장미과	
49	桑叶	상엽	*Morus alba* L.	뽕나무과	잎
50	桑椹	상심(오디)	*Morus alba* L.	뽕나무과	어린 열매
51	桔红(橘红)	귤홍	*Citrus reticulata* Blanco	운향과	외층 열매 껍질
52	桔梗	길경(도라지)	*Platycodon grandiflorum* (Jacq.) A.DC.	오동과	뿌리
53	益智仁	익지인	Alpinia oxyphylla Miq.	생강과	껍질을 벗긴 씨덩이, 향신료용은 열매를 사용
54	荷叶	연잎	*Nelumbo nucifera* Gaertn.	수련과	잎
55	莱菔子	내복자	*Raphanus sativus* L.	십자화과	잘 익은 씨
56	莲子	연자	*Nelumbo nucifera* Gaertn.	수련과	잘 익은 씨
57	高良姜	고량강	*Alpinia officinarum* Hance	생강과	뿌리줄기
58	淡竹叶	담죽엽	*Lophatherum gracile* Brongn.	벼과	줄기잎
59	淡豆豉	담두시	*Glycine max* (L.) Merr.	콩과	잘 익은 씨의 발효 가공품
60	菊花	국화	*Chrysanthemum morifolium* Ramat.	국화과	두상화서
61	菊苣	국거(치커리)	*Cichorium glandulosum* Boiss.et Huet	국화과	지상부
			Cichorium intybus L.	국화과	
62	黄芥子	황개자	*Brassica juncea* (L.) Czern.et Coss	십자화과	잘 익은 씨
63	黄精	황정	*Polygonatum kingianum* Coll.et Hemsl.	백합과	뿌리줄기
			Polygonatum sibiricum Red.	백합과	
			Polygonatum cyrtonema Hua	백합과	
64	紫苏	자소엽	*Perilla frutescens* (L.) Britt.	꿀풀과	잎 (혹은 여린 가지)
65	紫苏子(籽)	자소자(자소의 씨)	*Perilla frutescens* (L.) Britt.	꿀풀과	잘 익은 열매
66	葛根	갈근	*Pueraria lobata* (Willd.) Ohwi	콩과	뿌리
67	黑芝麻	검은깨	*Sesamum indicum* L.	참깨과	잘 익은 씨
68	黑胡椒	흑후추	*Piper nigrum* L.	후추과	
69	槐花, 槐米	괴화, 괴미	*Sophora japonica* L.	콩과	꽃, 꽃봉오리
70	蒲公英	포공영	*Taraxacum mongolicum* Hand.-Mazz.	국화과	전초
			Taraxacum borealisinense Kitam.	국화과	
71	榧子	비자	*Torreya grandis* Fort.	주목과	잘 익은 씨
72	酸枣, 酸枣仁	산조, 산조인	*Ziziphus jujuba* Mill.var.*spinosa* (Bunge) Hu ex H.F.Chou	갈매나무과	과육, 잘 익은 씨
73	鲜白茅根(或干白茅根)	선백모근(간백모근)	*Imperata cylindrical* Beauv.var.*major* (Nees) C.E.Hubb.	벼과	뿌리줄기
74	鲜芦根(或干芦根)	선로근(간로근)	*Phragmites communis* Trin.	벼과	뿌리줄기
75	橘皮(或陈皮)	귤피(진피)	*Citrus reticulata* Blanco	운향과	잘 익은 열매껍질
76	薄荷	박하	*Mentha haplocalyx* Briq.	꿀풀과	지상부
			Mentha arvensis L.	꿀풀과	잎, 새순
77	薏苡仁	이이인	*Coix lacryma-jobi* L.var.*mayuen.* (Roman.) Stapf	벼과	잘 익은 열매
78	薤白	해백	*Allium macrostemon* Bge.	백합과	비늘줄기

78	薤白	해백	*Allium chinense* G.Don	백합과	
79	覆盆子	복분자	*Rubus chingii* Hu	장미과	열매
80	藿香	곽향	*Pogostemon cablin* (Blanco) Benth.	꿀풀과	지상부
81	乌梢蛇	오초사	*Zaocys dhumnades* (Cantor)	뱀과	껍질과 내장을 제거한 부분
82	牡蛎	모려	*Ostrea gigas* Thunberg	조개과	껍질
			Ostrea talienwhanensis Crosse	조개과	
			Ostrea rivularis Gould	조개과	
83	阿胶	아교	*Equus asinus* L.	말과	건조한 혹은 생껍질을 끓여 걸쭉하게 만든 고체
84	鸡内金	계내금	*Gallus gallus domesticus* Brisson	꿩과	모래주머니 내벽
85	蜂蜜	밀봉(꿀)	*Apis cerana* Fabricius	꿀벌과	양조한 꿀
			Apis mellifera Linnaeus	꿀벌과	
86	蝮蛇(蕲蛇)	복사/기사 (살무사)	*Agkistrodon acutus* (Güenther)	번데기과	내장을 제거한 부분
87	人參	인삼	*Panax ginseng* C.A.Mey	두릅나무과	뿌리 및 뿌리줄기
88	山银花	산은화	*Lonicera confuse* DC.	인동과	꽃봉오리 및 꽃이 피기 시작할 때의 꽃
			Lonicera hypoglauca Miq.		
			Lonicera macranthoides Hand.−Mazz.		
			Lonicera fulvotomentosa Hsu et S.C.Cheng		
89	芫荽	호유자	*Coriandrum sativum* L.	미나리과	열매, 씨
90	玫瑰花	장미	*Rosa rugosa* Thunb 또는 *Rose rugosa* cv. Plena	장미과	꽃봉오리
91	松花粉	송화분	*Pinus massoniana* Lamb.	소나무과	건조한 화분
			Pinus tabuliformis Carr.		
92	粉葛	분갈	*Pueraria thomsonii* Benth.	콩과	뿌리
93	布渣叶	포사엽	*Microcos paniculata* L.	피나무과	잎, 새순
94	夏枯草	하고초	*Prunella vulgaris* L.	꿀풀과	이삭
95	当归	당귀	*Angelica sinensis* (Oliv.) Diels.	미나리과	뿌리
96	山奈	산내	*Kaempferia galanga* L.	생강과	뿌리줄기
97	西红花	사프란	*Crocus sativus* L.	붓꽃과	암술머리
98	草果	초과	*Amomum tsao-ko* Crevost et Lemaire	생강과	열매
99	姜黄	강황	*Curcuma Longa* L.	생강과	뿌리줄기
100	萆茇	비파	*Eriobotrya japonica* Lindley	장미과	열매나 잘 익은 이삭

우리나라 식물명 및 약재명 색인

학명 색인